LES MERVEILLES DE LA NATURE

L'HOMME ET LES ANIMAUX

LES INSECTES

A. E. BREHM

MERVEILLES DE LA NATURE

LES INSECTES

LES MYRIOPODES, LES ARACHNIDES ET LES CRUSTACÉS

ÉDITION FRANÇAISE

PAR

J. KÜNCKEL D'HERCULAIS

AIDE-NATURALISTE AU MUSÉUM D'HISTOIRE NATURELLE

PARIS

LIBRAIRIE J.-B. BAILLIÈRE ET FILS

19, rue Hautefeuille, près du boulevard Saint-Germain

******

AVANT-PROPOS

Nous continuons la publication des *Merveilles de la nature* de A.-E. Brehm, et nous allons étudier les *Insectes*, les *Myriopodes*, les *Arachnides* et les *Crustacés*.

Nous n'avons pas voulu donner une simple traduction de l'ouvrage allemand, malgré l'autorité qui s'attachait au nom de M. le Dʳ C.-L. Taschenberg, chargé par A.-E. Brehm de la direction de cette partie de son grand ouvrage. L'édition française diffère notablement de l'original.

Nous nous sommes adressé à M. J. Künckel d'Herculais, aide-naturaliste au Muséum d'histoire naturelle, que des travaux originaux sur l'Organisation et la Biologie des Insectes ont placé haut dans l'estime des Naturalistes. Joignant au charme du conteur et aux qualités solides de l'écrivain les connaissances profondes du savant, il a fait profiter les *Merveilles de la Nature* des travaux postérieurs à la publication de l'édition originale ; il a rectifié bien des erreurs ; il a mis dans l'exposition du sujet un ordre et une méthode qui faisaient souvent défaut.

M. Künckel d'Herculais raconte les mœurs des Insectes les plus remarquables de nos pays, il décrit leurs merveilleuses industries, leurs curieuses Métamorphoses, en un langage savant, mais clair, et par là même accessible aux personnes les plus étrangères à la science.

« L'ouvrage de Brehm, dit un savant russe, dans l'analyse qu'il a donnée de ce livre, est tellement augmenté et modifié dans l'Édition française, qu'on peut le compter parmi les œuvres originales de M. J. Künckel d'Herculais. » (*Zagranitchny Wiestnik*, Moniteur de l'Étranger, 1882, n° 2, fév., p. 64.)

C'est à ceux qui veulent acquérir des connaissances générales sur la vie et les mœurs des Insectes, à ceux qui sont curieux des choses de la nature que ce livre est destiné.

L'auteur s'est attaché de préférence à faire passer sous les yeux les espèces qui sont indigènes, parce que nous avons tout intérêt à ne point les fouler au pied dédaigneusement sans les connaître ; ne risquons-nous pas d'écraser brutalement l'ami ou le serviteur fidèle, de laisser prospérer à nos dépens celui dont le brillant costume nous charme agréablement ?

Quelquefois, pour compléter son histoire, l'auteur tracera le portrait de quelques Animaux exotiques ; ceux-ci n'ont-ils pas reçu pour attirer notre attention tous les dons du ciel, richesse de coloration, formes étranges, mœurs singulières ?

M. Künckel d'Herculais a choisi avec intention les Insectes qui présentent un intérêt général ; et pour ne pas tomber dans une confusion inextricable, il les a décrits en suivant l'ordre méthodique adopté par les Naturalistes.

Tel qu'il est, cet ouvrage s'adresse à la fois aux Naturalistes voués à l'étude des Insectes, aux Agriculteurs, aux Industriels qui s'adonnent à l'acclimatation, à la domestication des espèces utiles, aussi bien qu'à la destruction des espèces nuisibles.

Ce livre s'adresse encore à ceux que l'on est convenu d'appeler *les gens du monde.*

Enfin il ne sera pas déplacé entre les mains des enfants, car à côté de détails peut-être un peu techniques, il renferme des pages d'une lecture attrayante, bien faites pour éveiller et capter leur imagination.

Outre les figures et planches de l'édition allemande, que nous publions intégralement, nous en avons ajouté un grand nombre ; elles ont été dessinées d'après nature par A.-L. Clément et Mesplès et gravées par Vermorcken (d'Anvers) ; c'est dire leur valeur artistique en même temps que leur rigoureuse exactitude scientifique ; elles augmentent la valeur et le charme de cette publication.

15 Mai 1882.

J.-B. BAILLIÈRE ET FILS.

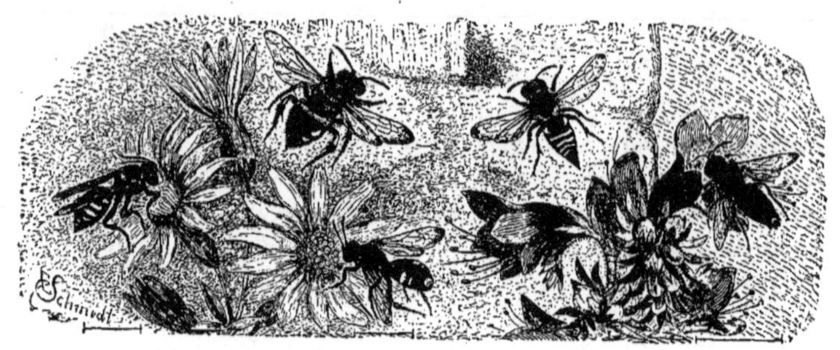

TABLE DES PLANCHES HORS TEXTE

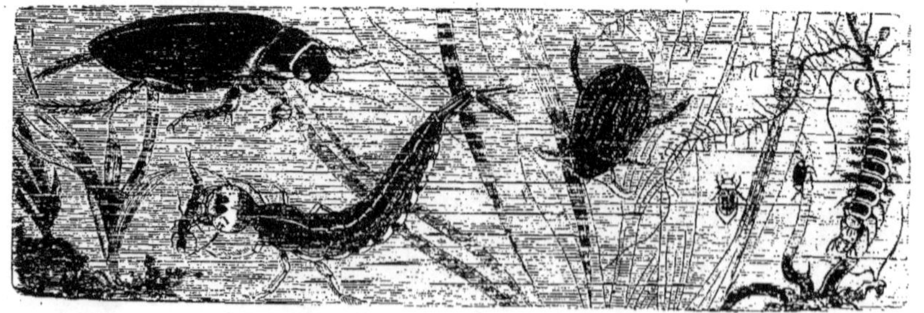

Fig. 1. — Insectes attirés par les Arums Attrape-Mouches et les Stapelia (page 6).

INTRODUCTION

CONSIDÉRATIONS GÉNÉRALES SUR LES ANIMAUX ARTICULÉS.

Les Papillons aux mille couleurs, les Fourmis laborieuses, les Mouches importunes, les Mille-pieds lucifuges, les Araignées tisseuses, et encore bien d'autres animaux, voisins de ces êtres qui vont nous occuper, présentent tous un plan commun d'organisation très différent de celui que nous offrent les animaux dont l'histoire fait le sujet des volumes précédents. Chez les Mammifères, les Oiseaux, les Reptiles, les Batraciens, les Poissons, une charpente interne osseuse ou cartilagineuse sert à l'in-

Brehm.

sertion des parties musculaires qui la recouvrent et qui en masquent les articulations ; ici il existe au contraire un ordre de choses diamétralement opposé. La peau constitue une carapace plus ou moins consistante, qui, pour assurer les mouvements, est divisée en *articles* ou *segments* reliés entre eux par une partie membraneuse.

Chez les uns ces articles se groupent en trois régions, l'une céphalique, la seconde thoracique et la troisième abdominale ; chez d'autres les deux premières régions se fusionnent et se confondent en un *Céphalothorax* ; chez d'autres encore, la tête seule reste distincte pendant que le thorax et l'abdomen sont constitués par une série d'articles semblables entre eux.

La distinction des parties en supérieures et inférieures prend elle-même de l'importance, surtout, par exemple, lorsque à la région dorsale les articles sont plus ou moins confondus, tandis que à la région ventrale ils restent séparés ou inversement. Aux limites de certains segments ou anneaux, comme on les nomme aussi, bien qu'ils forment assez rarement des anneaux fermés, se trouvent insérés des bourrelets, des saillies de formes diverses qui se prolongent dans l'intérieur du corps et servent d'attache aux muscles ainsi qu'à d'autres parties molles.

On peut dire en un mot que la peau articulée constitue un *squelette cutané externe.*

Le plus souvent ce squelette porte aussi des prolongements, des appendices, également articulés, destinés à divers usages, tels que la locomotion, la manducation, l'acte de la reproduction, ou encore à d'autres fonctions, qui jusqu'à présent n'ont pas été toutes déterminées. Parmi ces appendices les plus importants entre tous sont les pattes.

En raison de ce plan d'organisation spécial les animaux en question à corps articulé ont été appelés *Articulés* (INSECTA) pour les opposer au type des animaux vertébrés à moelle épinière précédemment décrits. Mais les Vers annelés sont également articulés et la dénomination d'Insectes a pris, au commencement de ce siècle, un sens plus restreint qu'au temps de Linné. Gerstæcker (depuis 1855) a proposé de lui substituer celle d'*animaux à membres articulés* (ARTHROPODA) qui est généralement adoptée de nos jours.

Les Arthropodes ne se distinguent pas seulement des animaux vertébrés par leur aspect extérieur, mais encore par leur organisation interne, ainsi que nous allons le démontrer par un rapide examen. (Voy. fig. 4.) Chez ceux-ci, en effet, du cerveau, centre principal, part une moelle épinière qui se prolonge à l'intérieur de la colonne vertébrale. Chez ceux-là nous voyons à la partie correspondante un *vaisseau dorsal* uniloculaire ou multiloculaire, c'est-à-dire à une ou plusieurs chambres, principal agent d'une circulation très modifiée, qu'on nomme aussi par analogie le *cœur*. A l'opposé du vaisseau dorsal, le long de la région ventrale, s'étend une paire de cordons nerveux qui, à divers endroits, se renflent en forme de nœuds ou ganglions et constituent la *chaîne* dite *ganglionnaire*, dont l'ensemble représente la moelle ventrale ou système nerveux général. Entre le vaisseau dorsal et la moelle ventrale est situé le canal digestif qui, de même que chez les Vertébrés, aboutit à deux ouvertures, l'une buccale et l'autre anale ; droit dans une partie de son étendue, sinueux dans le reste, il présente des circumvolutions variées, mais dans ses diverses subdivisions il diffère considérablement du canal digestif des animaux supérieurs. Pour se rendre à la bouche, sa partie antérieure s'ouvre un passage entre les deux connectifs reliant les deux ganglions antérieurs ; ces connectifs constituent ainsi un collier œsophagien. En d'autres termes, comme l'a établi Cuvier, chez les Vertébrés le cerveau et la moelle épinière sont situés au-dessus de l'appareil digestif, tandis que chez les animaux articulés — comme chez les Annelés en général — le cerveau seul étant placé au-dessus du canal alimentaire, la chaîne ganglionnaire tout entière s'étend au-dessous du tube digestif ; un collier circa œsophagien relie le ganglion sus-œsophagien ou cerveau au ganglion sous-œsophagien ou premier ganglion de la chaîne ventrale.

Des *muscles*, un *appareil digestif*, des *organes glandulaires* en rapport avec les fonctions digestives et variant quant à la conformation et quant aux usages, des *organes génitaux*, des *appareils servant à la respiration* remplissent la cavité du corps. Les *organes génitaux* qui occupent la majeure partie des segments postérieurs sont pairs comme chez les animaux supérieurs ; ils se partagent en deux moitiés symétriques et débouchent au-devant de l'anus.

Les *organes des sens* atteignent chez les Arthropodes le même degré de perfection que chez les Vertébrés quand ils ne le dépassent pas ; ceux de la vue et du toucher sont universellement répandus ; l'odorat et le goût sont quelquefois d'une subtilité extraordinaire. La tête est le siège essentiel des organes des sens.

La respiration chez les Arthropodes ne se fait point à l'aide de poumons ou de branchies localisées en communication avec la bouche ou une autre ouverture située à la tête. C'est le corps entier qui est mis en réquisition pour cette fonction active. A cet effet il est traversé par un tissu ramifié composé de tubes d'une ténuité extrême appelés *trachées*, qui s'ouvrent à l'extérieur par des ouvertures, nommées *stigmates*, qui donnent accès à l'air. Le système branchial peut aussi exister, et en première ligne il caractérise les Crustacés, animaux aquatiques qui s'éloignent encore à d'autres titres des Arthropodes terrestres et aériens.

L'enveloppe tégumentaire des Arthropodes consiste essentiellement en une peau proprement dite ou hypoderme recouverte par une cuticule plus ou moins épaisse. Celle-ci est riche en azote, insoluble dans l'eau, l'alcool, l'éther, les acides et les alcalis étendus ; sous l'action du feu elle charbonne et se consume sans se fondre comme le fait la corne. Cette substance, la plus inaltérable des matières organiques, a reçu d'Odier, qui l'a découverte en 1823, le nom universellement adopté de *chitine*.

La présence de la chitine suffit à elle seule pour caractériser les Arthropodes. La ressemblance de la chitine avec la corne n'est donc qu'apparente, et si par la suite reviennent les expressions de matière ou de formation cornée il ne faut y voir que des termes consacrés par l'usage dont il n'est pas aisé de se défaire, alors même que depuis longtemps ils ont été regardés comme inexacts et impropres au point de vue scientifique.

Les Crustacés présentent une particularité ; leur enveloppe chitineuse est imprégnée de carbonate et de phosphate de chaux qui donnent à leurs téguments une grande dureté. On dit alors qu'ils sont revêtus d'une *carapace*.

Ces quelques observations préliminaires suffiront pour circonscrire l'ensemble des Arthropodes et mettre en évidence leurs caractères si opposés à ceux des Vertébrés. Cette opposition ne manquera pas de s'accentuer davantage dans les pages suivantes, quand nous considérerons en particulier et de plus près les diverses classes d'Arthropodes.

Celles-ci sont au nombre de quatre : les INSECTES, les MYRIAPODES (plus correctement, les MYRIOPODES), les ARACHNIDES et les CRUSTACÉS. Les trois premières seront seules traitées dans ce volume.

L'*Entomologie* est la partie de la Zoologie qui traite particulièrement des animaux articulés ; l'*Entomographie* est l'histoire de ces êtres ; l'*Entomotomie* est l'étude de leur organisation ; les entomologistes qui renferment leurs connaissances zoologiques dans d'étroites limites se servent souvent pour préciser des termes de *Myriologie*, d'*Arachnologie* ou de *Carcinologie*, lorsqu'ils s'occupent exclusivement soit des Myriopodes, soit des Arachnides, soit des Crustacés.

CONSIDÉRATIONS GÉNÉRALES SUR LES INSECTES. — ORGANISATION.

Les *Insectes* se trouvent partout ; dans l'eau et sur la terre, sur les plantes et les animaux, se traînant sur le sol ou volant dans l'air ; ils sont universellement répandus là où la vie animale est possible, excepté dans la haute mer, car le petit nombre des espèces trouvées sur les algues ou sous les roches sont d'une rareté extrême ; ce sont les Crustacés conformés spécialement pour la vie marine qui remplacent les Insectes au sein des mers.

Plus on se rapproche des pôles, plus les Insectes deviennent rares, pauvres en espèces, bien que parfois les individus d'une même espèce se présentent en plus grand nombre. Par contre ils diminuent jusqu'à disparaître complètement au fur et à mesure que l'on s'élève vers les sommets neigeux des montagnes, par exemple dans les Alpes de la Suisse à une altitude de 2812 mètres au-dessus du niveau de la mer. Ils deviennent d'autant plus nombreux, affectent des formes d'autant plus remarquables, revêtent des couleurs plus variées et plus éclatantes qu'ils habitent une latitude plus chaude.

Les Insectes (*Hexapoda*), arrivés au dernier terme de leur développement, se reconnaissent extérieurement par ce seul fait que leur corps articulé est divisé en trois régions (fig. 2) ; la première ou *tête* porte deux antennes, les yeux et les pièces buccales, la deuxième ou *thorax* toujours six pattes et généralement quatre ou deux ailes, la troisième ou *abdomen* n'est pourvue d'appendices qu'à sa partie terminale, ces appendices étant en rapport avec les fonctions de reproduction. En ce qui concerne leur mode de développement les Insectes se distinguent par la modification de formes qu'ils subissent en passant

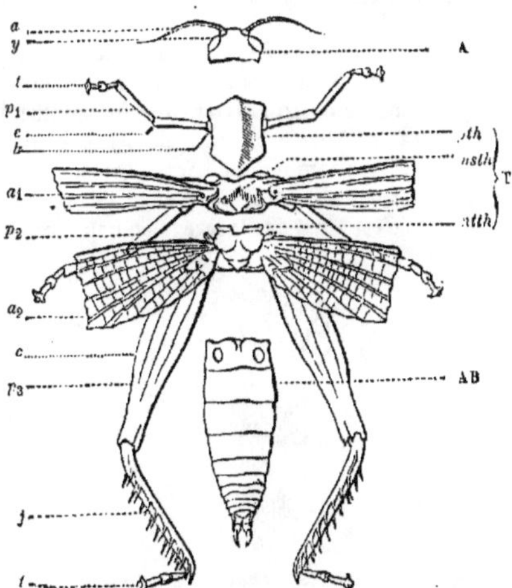

Fig. 2. — Principales parties du corps d'un *Insecte Orthoptère* (*).

par les phases diverses de leur existence. Ils ont ce qu'on appelle des *métamorphoses*.

(*) A, tête. — T, thorax. — AB, abdomen. — y, yeux. — a, antennes. — pth, prothorax. — msth, mésothorax. — mtth, métathorax. — p₁, p₂, p₃, première, deuxième et troisième paire de pattes. — a₁, première paire d'ailes ou ailes supérieures. — a₂, deuxième paire d'ailes ou ailes inférieures. — h, hanche. — c, cuisse. — j, jambe. — t, tarse.

SYSTÈME TÉGUMENTAIRE ET APPENDICULAIRE.

De la tête. — La tête, chez l'Insecte complètement développé, paraît composée d'une seule pièce
rattachée au thorax par une peau mince ; elle peut,
si elle n'est point soudée à ce dernier, se mouvoir
en tout sens ; elle a au contraire ses mouvements
limités, si elle est engagée dans l'ouverture du
thorax, comme le serait un bouchon dans un goulot ou encore si le thorax s'avance au-dessus d'elle
en surplomb. Cependant cette apparence uni-arti-
culée n'est que superficielle, car dans l'origine la
tête est formée de plusieurs anneaux (c'est ainsi
que nous nommerons dorénavant tous les segments
simples); les deux premiers représentent les yeux
et la paire d'antennes, les trois autres chacun une
paire de mâchoires et forment un ensemble d'appareils de la plus haute importance pour l'Insecte ;
la distinction de ces anneaux nous entraînerait
dans des détails tellement minutieux pour la plupart
que nous pouvons pour le moment les passer sous
silence. Cependant avant de les considérer de plus
près remarquons du moins que le *front* occupe l'espace compris entre les contours supérieurs des
yeux, les *joues*, la région s'étendant du bord postérieur des yeux à l'ouverture buccale, la *face*, la
partie antérieure du front dont l'extrémité s'avance
au devant de la bouche pour former l'*épistome*, appelé aussi *chaperon* ou *clypeus*.

Des yeux. — Les yeux des Insectes sont immobiles et solidement fixés de chaque côté de la tête ;
la vue peut chez eux embrasser un champ plus
vaste que chez les Vertébrés aidés de leurs deux
yeux mobiles. Sans remuer son corps l'Insecte voit
par dessus et par dessous et aussi bien en avant
qu'en arrière ; c'est ainsi que le léger Papillon aper-

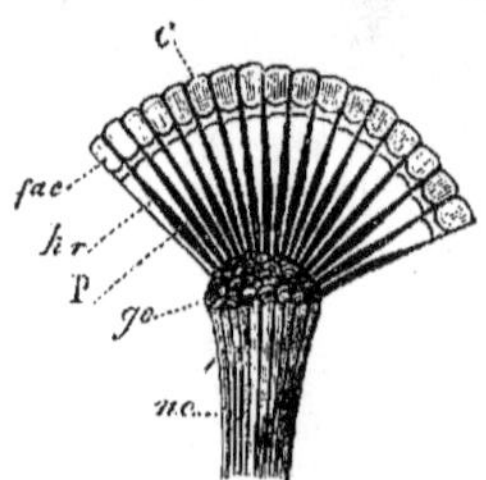

Fig. 3. — Schéma d'un œil rétinien d'Arthropode (*).

cevant sans cesse de quel côté on veut l'approcher
ne se laisse point poursuivre.

La cause de l'étendue si grande du champ de la
vision réside dans la structure de l'œil de l'Insecte.
Cet œil consiste dans la réunion d'une quantité
prodigieuse de petits yeux dont la surface ou facette

(*) C, cornée. — *fac*, cônes. — Kr, bâtonnets. — P, gaines pigmentaires des bâtonnets. — *go*, ganglion du nerf optique. — *no*,
nerf optique (d'après Nuhn).

régulièrement hexagonale se distingue à l'aide d'un
faible grossissement. Ces yeux le plus ordinairement
au nombre de deux à six mille, quelquefois plus,
quelquefois moins, forment de chaque côté une
masse hémisphérique parfois très saillante que l'on
nomme *œil composé* ou *réticulé* ou *à facettes* (fig. 3).

Voici d'après Muller un tableau approximatif qui
permettra de se rendre compte du nombre immense
d'yeux élémentaires qui entrent dans la constitution
d'un œil composé :

Mordelle	25,088
Hanneton	8,820
Libellula	12,514
Papilio	17,355
Sphinx convolvuli	1,300
Cossus ligniperda	11,300
Bombyx mori	6,236
Musca domestica	4,000
Fourmis (d'après Forel)	1 à 1,200

Quelquefois l'on distingue sur les contours des
facettes des inégalités régulières ; s'ils sont munis
de cils la surface cornée générale de l'œil paraît
velue (Abeille, les mâles de quelques Volucelles, etc.).

Sous chaque facette est implanté immédiatement
un *cône* diaphane et réfringent comparable à un
cristallin, entouré d'une couche colorée, c'est-à-
dire, d'une gaine pigmentaire faisant fonction de
choroïde ; l'extrémité de chaque cône est en rapport
avec un filet nerveux. Tous ces cônes sont étroitement rapprochés à leur base d'insertion et leurs filets
nerveux se réunissent pour constituer le *ganglion
optique* qui est relié au renflement ganglionnaire
qu'on est convenu d'appeler cerveau. L'ensemble
d'une facette ou *cornéule*, d'un cône entouré d'une
choroïde, d'un filet nerveux avec cellule nerveuse,
constitue le *bâtonnet optique* ; l'œil composé est donc
une réunion de bâtonnets optiques indépendants.

La puissance, l'étendue de la vue chez l'Insecte
dépendent probablement du diamètre et de la convexité de l'enveloppe cornée et de la distance qui
sépare celle-ci de la membrane rétinienne ; nos
connaissances sur la vision des Animaux articulés
sont d'ailleurs fort incomplètes. Nous savons seulement qu'ils voient les mêmes rayons du spectre
solaire que nous, qu'ils ne voient aucun de ceux
que nous ne voyons pas (M. Bert).

Quelquefois les couches colorées de l'intérieur
produisent d'admirables effets de chatoiement, qui
disparaissent après la mort, mais rappellent le tapis
des Mammifères (*Chrysops*, *Tabanus*, *Hemerobius*).

Les yeux à facettes occupent une surface plus ou
moins grande de la tête. Ils ont souvent leur côté
interne découpé et sont séparés plus ou moins par
une pièce frontale concave qui leur donne l'aspect
réniforme ; quelquefois même ils sont nettement
séparés, comme chez certains Insectes aquatiques,
de manière à permettre la vision au fond des eaux
aussi bien que dans l'espace aérien (Gyrin).

Indépendamment des yeux composés la tête porte

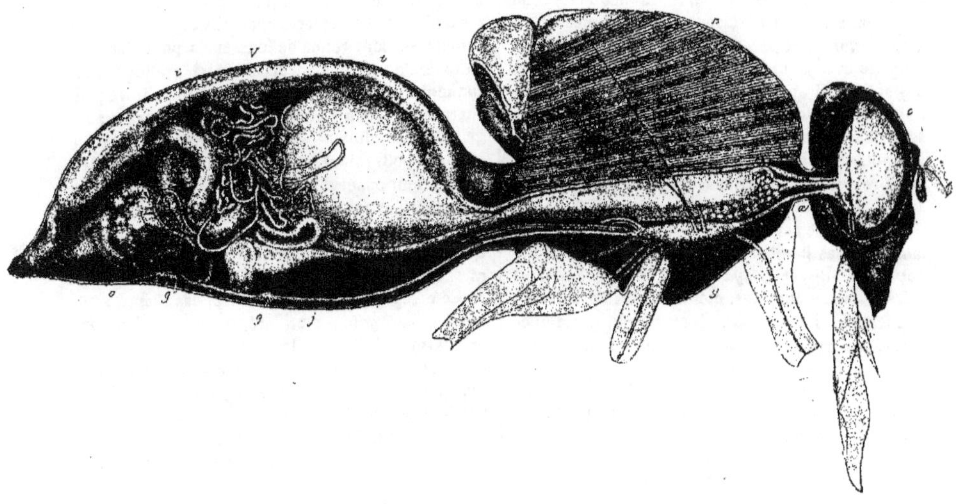

Fig. 4. — Coupe longitudinale d'un Insecte Diptère (*Volucella*) (page 2) (*).

de petits yeux simples nommés *ocelles* ou *stemmates*, habituellement groupés par trois suivant une courbe plane ou réunis en triangle, tantôt plus rarement au nombre de deux rapprochés de la ligne de séparation des yeux composés. Pour l'aspect extérieur, on ne saurait mieux les comparer, qu'à de délicates petites perles enchâssées et montées par un bijoutier.

Chaque ocelle présente une organisation comparable à celle que nous offre l'œil composé ; au-dessous de la cornée unique se trouve d'abord un cristallin unique, puis une série de bâtonnets analogues à ceux des yeux à facettes.

Bien peu d'Insectes possèdent seulement des yeux simples (Chenilles, larves de Tenthrèdes), et bien peu d'entre eux sont aveugles ; quelques Coléoptères qui vivent dans les cavernes ou qui traînent leur existence cachés sous des blocs de pierre, des larves de Coléoptères, d'Hyménoptères, de Diptères amies de l'obscurité sont privées des organes de la vision ; mais ces aveugles ne sont point insensibles à la lumière, car, arrachés de leurs retraites, ils cherchent à fuir, à se dissimuler dans les moindres réduits, tant l'éclat du jour leur impose de souffrances.

Des antennes. — Les antennes, les cornes, suivant la locution vulgaire, constituent la paire antérieure des appendices articulés ; elles sont insérées sur le sommet ou sur les côtés de la tête, tantôt en avant, tantôt en arrière, très souvent sur le bord interne du contour réniforme des yeux. Elles comptent un nombre plus ou moins considérable d'articles et fournissent une première preuve de cette prodigieuse richesse de formes qui se présenteront à nous en maintes occasions.

Sans insister sur ces variations nous observerons que l'article basilaire servant de support se distingue des autres articles par son épaisseur ou sa longueur ; l'ensemble forme la tige. Les articles de cette tige sont semblables entre eux (fig. 7) ou bien les supérieurs sont plus ou moins modifiés, de manière à prendre l'apparence de peigne (fig. 10), de lamelle (fig. 16), de bouton, de massue (fig. 14), s'ils n'affectent pas toute autre disposition. On a des antennes sétacées (fig. 5), sétiformes (fig. 6), filiformes (fig. 7), fusiformes (fig. 8), noueuses, pectinées (fig. 10), flabellées (fig. 11), etc. Les variations de forme sont infinies, suivant les ordres, les familles, les genres et les sexes ; aussi les entomologistes classificateurs ont-ils tiré de la disposition de ces appendices d'excellents caractères (voy. fig. 5 à 18).

Dans les antennes droites, les articles sont en série rectiligne ; dans les antennes coudées ou brisées (fig. 15 et 18), les articles de la tige forment un angle avec l'article basilaire ordinairement allongé. Pendant que chez certains Insectes les antennes sont si petites que pour un œil peu exercé elles peuvent passer complètement inaperçues, chez d'autres elles dépassent plusieurs fois en longueur le corps entier.

Les savants ne sont pas encore d'accord sur les

(*) A, muscle dorsal gauche abaisseur de l'aile. — V, vaisseau dorsal et son aorte *a*. — *t*, la grande ampoule trachéenne abdominale gauche. — *œ*, œsophage, suivi des glandes gastriques en grappe accolées à l'estomac. — *j*, jabot ayant au-dessus deux anses de la glande salivaire gauche. — *i*, intestin avec tubes de Malpighi. — *o*, ovaires. — *c*, cerveau et lobe optique droit. — *g*, ganglion thoracique. — *g'* et *g''*, premier et second ganglion abdominal. (D'après J. Künckel.)

usages des antennes. Il est hors de doute que celles qui sont très développées sont le siège d'un sens servant aux perceptions de l'Insecte dans ses rapports avec le monde extérieur. Dans la plupart des cas, ainsi que l'indique leur nom allemand Fühlhörner (mot à mot : cornes du toucher), elles servent au toucher, ce que démontrent leurs tâtonnements continuels. D'autres fois elles semblent aussi remplir les fonctions dévolues aux appareils auditif et olfactif des animaux supérieurs.

Les mâles de beaucoup de Papillons de nuit, notamment des Bombycides (*Bombyx quercus*, *Aglia Tau*, *Liparis dispar*, *Orgya antiqua*, etc.) recherchent à des distances énormes, même de plusieurs lieues, une femelle introuvable; durant leur vol impétueux, ils redressent leurs antennes fortement pectinées et certainement le sens de l'odorat peut seul les mettre sur la vraie piste. Chacun peut se rendre témoin de ces faits merveilleux, il suffit de dissimuler au fond d'une pièce dont on laisse la fenêtre ouverte une femelle de *Liparis dispar*, espèce très répandue, et on sera tout surpris de voir des mâles la découvrir, fût-elle cachée dans l'endroit le plus retiré ? Les entomologistes ont même basé sur cette faculté remarquable un ingénieux procédé de chasse; lorsqu'ils ont capturé ou obtenu par l'élevage des chenilles des femelles de Bombycides dont ils désirent se procurer les mâles, ils installent l'une d'entre elles dans une boîte couverte d'une gaze et la placent dans un jardin ou sur la lisière d'un bois; bientôt viennent voleter autour de la prisonnière et soupirer en leur langage, les galants, que le naturaliste sans pitié se réjouit de crucifier. Et dire que la peine du talion n'existe pas ! Qui n'a pas été témoin à la campagne de l'arrivée autour du cadavre d'une taupe, autour d'une bouse, d'une foule d'Insectes venant des quatre coins de l'horizon; qui n'a pas vu les Abeilles et les Guêpes voltiger autour des bassines de confiture, les Fourmis découvrir les friandises les mieux dissimulées, les Mouches sentir de bien loin les aliments à leur goût cachés à leurs regards. Et celui qui observe la femelle de l'Ichneumon quand elle se met à la recherche d'une larve dissimulée dans le tronc d'un vieil arbre pour lui confier ses œufs, ne manquera pas de déclarer dans une expression toute humaine, qu'en sondant tous les trous, toutes les anfractuosités, elle a senti et trouvé du bout de ses longues antennes l'objet de ses investigations.

Les erreurs dans lesquelles tombent les Insectes fournissent une preuve éclatante de la délicatesse de leur odorat. Sur le littoral méditerranéen croissent des Aroïdés dont les fleurs exhalent une odeur cadavéreuse des plus pénétrantes; ce sont le Gouet chevelu (*Arum crinitum*), la Serpentaire (*Arum dracunculus*), etc. (fig. 4). Réprimez par amour pour la science votre répugnance, approchez-vous et vous ne serez pas médiocrement surpris de voir se débattre dans le cornet floral (*la spathe*) des Mouches à viande, des Coléoptères nécrophiles; alléchés par l'odeur, ils sont venus de tous côtés pour déposer leurs œufs, et leur méprise est si grande qu'ils confient à la fleur le sort de leur progéniture; ils cherchent alors à s'échapper, les malheureux; ils grimpent hardiment, ils vont prendre leur essor, mais des poils roides, inclinés, se dressent de toutes parts et leur opposent une barrière infranchissable; ils s'épuisent en vains efforts et tombent enfin au fond du gouffre où les attend une mort misérable. Ces Arums ont bien mérité leur nom d'*Attrape-Mouches*. Les fleurs de certaines Asclépiadées, originaires du cap de Bonne-Espérance, les *Stapelia* (*S. hirsuta, variegata*, etc.), répandent au loin les exhalaisons fétides de la chair corrompue, et les Insectes séduits et trompés par ces émanations mensongères arrivent en foule pour mettre en lieu sûr leur postérité; dupes inconscientes, c'est aux dépens de leur propre vie et de celle de leurs descendants qu'ils vont assurer la fécondation et la propagation de la plante.

L'observation démontre donc d'une façon irréfutable que les Insectes ont l'odorat extrêmement développé; mais les auteurs ont émis les opinions les plus divergentes sur le siège de la perception. L'air étant le véhicule nécessaire des odeurs, l'air pénétrant dans des cavités, les fosses nasales, en relation avec les appareils respiratoires, certains anatomistes, et ce ne sont pas les moins célèbres — on compte parmi eux Baster, Lehman, Cuvier, Duméril, Burmeister, Straus-Durckeim, Lacordaire — étaient persuadés que les sensations olfactives ne pouvaient être perçues qu'à l'origine des voies respiratoires, c'est-à-dire au voisinage des stigmates. Les rapports constants chez les Vertébrés de la cavité nasale avec la bouche avaient conduit d'autres naturalistes, notamment Huber, le grand observateur des abeilles, et plus récemment M. Wolf à penser que l'olfaction résidait dans la cavité buccale; Lyonet, Marcel de Serres, Treviranus, etc., supposèrent que les palpes labiaux et maxillaires sentaient les odeurs. Enfin chez tous les Vertébrés et la plupart des animaux les organes des sens sont situés dans la tête et reçoivent des nerfs venant du cerveau; frappé de l'uniformité de cette disposition anatomique, et remarquant que le nez, organe de l'odorat, était toujours placé à la partie antérieure de la tête, de Blainville pensa que les antennes, situées de même chez les Insectes à la région antérieure de la tête et toujours portées en avant pendant la marche et le vol, devaient jouer le rôle de cet organe. Quoi qu'il en soit, des naturalistes profonds observateurs, Réaumur, Rœsel, des entomologistes fort savants, A. Lefèvre, B. Perris, etc., ont considéré les antennes comme des appareils de perception des odeurs. Aujourd'hui c'est l'opinion la plus généralement adoptée, surtout depuis qu'on a fait l'étude microscopique des antennes. Mais il

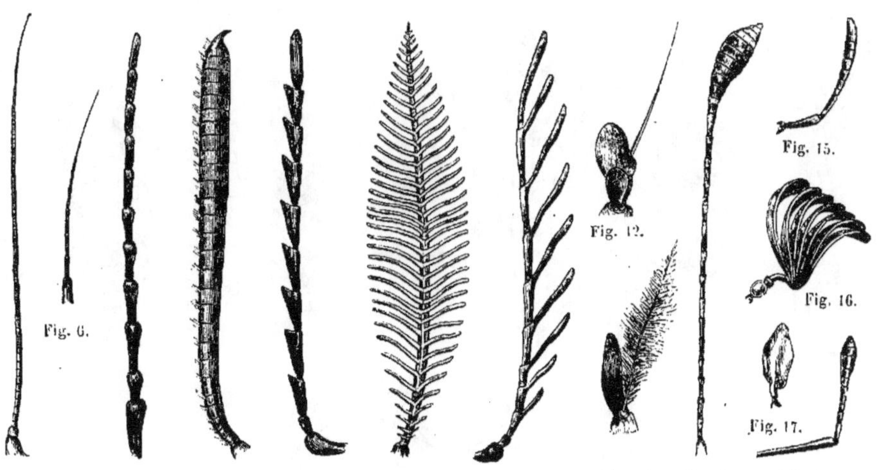

Fig. 5. — Fig. 7. — Fig. 8. — Fig. 9. — Fig. 10. — Fig. 11. — Fig. 13. — Fig. 14. — Fig. 18.

Fig. 5 à 18. — Antennes de différents Insectes (*).

est encore une opinion sur le rôle de ces organes qu'il convient de citer; c'est l'opinion de savants éminents, tels que Kirby et Spence, Straus, Carus, Oken, Burmeister, Newport, Goureau, Landois, d'après laquelle les antennes serviraient à l'audition; Lespès, entraîné par une erreur d'observation, a même décrit et figuré de nombreux otocystes, et récemment M. Graber a cru trouver un appareil auditif dans les antennes de quelques Diptères.

C'est Erichson le premier qui, en 1847, a appelé l'attention sur la structure des antennes en découvrant sur certains articles, ou sur leurs expansions foliacées, de petits trous microscopiques isolés ou rassemblés de manière à simuler un crible; ces trous ou mieux ces pores étant les orifices de petites cavités au fond desquelles était tendue une fine membrane. Hicks a repris l'étude commencée par Erichson et montré que la présence des pores sur les antennes des Insectes avait un grand caractère de généralité. Mais c'est Landois et surtout Leydig qui ont démontré que chacun de ces petits pores était en relation avec une terminaison nerveuse spéciale. Dans un mémoire tout récent (1880) M. Hauser a publié sur la physiologie et l'histologie des antennes, organes de l'odorat, un mémoire très complet accompagné de figures originales où se trouvent représentées les organites servant à percevoir les sensations olfactives, mais les rapports avec les nerfs sont mal définis.

Quant à l'audition, nous avons dit précédemment que beaucoup d'auteurs plaçaient son siège dans les antennes; ils s'appuient pour soutenir leur opinion sur la structure de ces appendices chez quelques insectes, comme les Cigales et les Libellu-

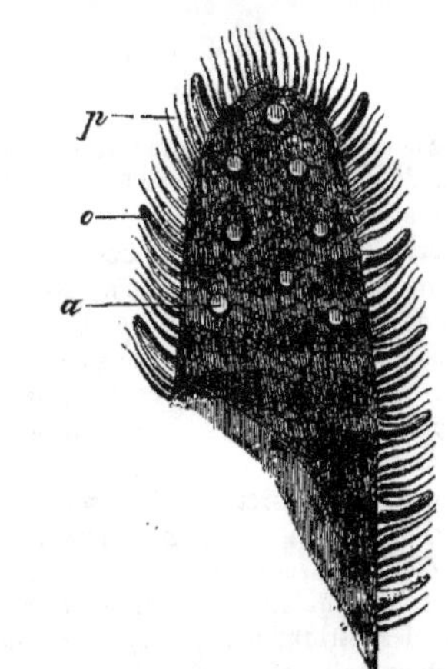

Fig. 19. — Extrémité d'une antenne de la *Formica rufa* (**).

les. Chez celles-ci, en effet, ils sont formés d'une soie, implantée sur quelques articles basilaires très courts, et cette soie, ce style rigide, serait susceptible de transmettre au cerveau les vibrations sonores. D'après cela, une opinion mixte a été sou-

(*) Fig. 5. *Locusta.* — Fig. 6. *Æschna.* — Fig. 7. *Carabus monilis.* — Fig. 8. *Macroglossa stellatarum.* — Fig. 9. *Agriotes.* — Fig. 10. *Saturnia Pyri.* — Fig. 11. *Corymbites aulicus.* — Fig. 12. *Eristalis tenax.* — Fig. 13. *Volucella plumata.* — Fig. 14. *Vanessa Atalanta.* — Fig. 15. *Vespa crabro.* — Fig. 16. *Polyphylla fullo.* — Fig. 17. *Paussus.* — Fig. 18. *Otiorynchus ligustici.* (D'après nature.)
(**) *p*, poils. — *o*, cônes olfactifs. — *a*, dépressions au fond desquelles s'insèrent ces derniers éléments (d'après Leydig).

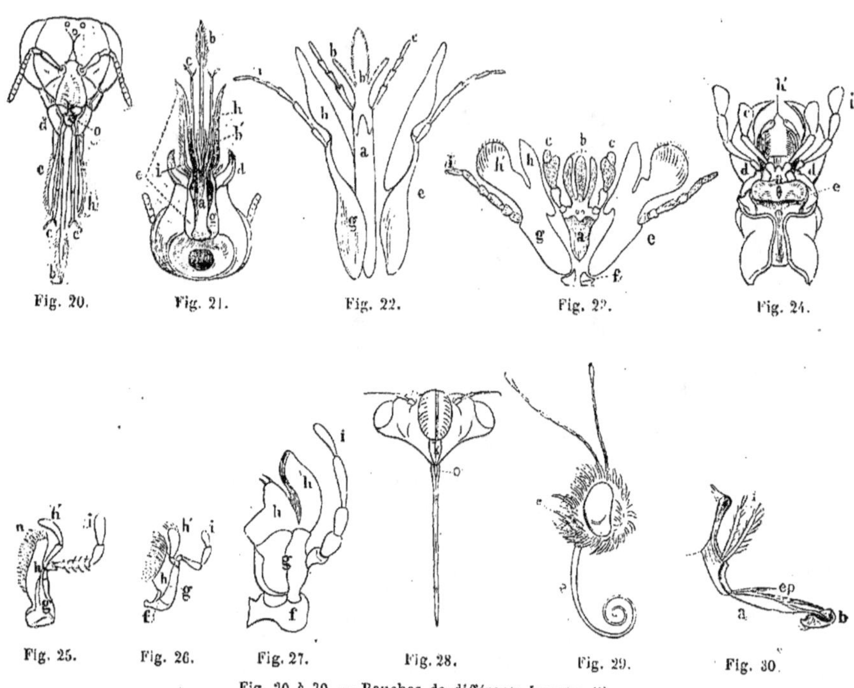

Fig. 20.   Fig. 21.   Fig. 22.   Fig. 23.   Fig. 24.

Fig. 25.   Fig. 26.   Fig. 27.   Fig. 28.   Fig. 29.   Fig. 30.

Fig. 20 à 30. — Bouches de différents Insectes (*).

tenue par plusieurs auteurs. Comme il se peut, disent-ils, que deux fonctions, réparties chez les êtres élevés dans deux appareils distincts, soient, chez les animaux plus inférieurs, dévolues à un seul appareil à moins qu'elles ne fassent complètement défaut, car on ne saurait admettre après tout que nos organes olfactifs soient assimilables à ceux des Insectes, il est très possible que chez les uns les antennes remplacent les oreilles, chez d'autres le nez des animaux supérieurs et que chez d'autres encore elles cumulent la perception des odeurs et celle des sons. Quoi qu'il en soit, on ne saurait révoquer en doute que les Insectes soient capables de percevoir les sons, puisqu'un grand nombre d'entre eux produisent des stridulations, des bourdonnements, des piaulements, et pourquoi les produisaient-ils s'ils ne devaient les entendre ? D'ailleurs tous ces bruits ne sont souvent que des refrains d'amour, ainsi chez les Orthoptères, chez les Cicadides, ce sont les mâles seuls qui portent des instruments de musique, et, Cigales, Grillons, Sauterelles chantent tout le jour pour appeler leurs compagnes. Mais l'audition n'est point localisée dans la tête. (Voy. plus loin, § DES SENS.)

De la bouche. — Les pièces de la bouche sont placées à la partie antérieure de la tête. Leur description pourra être comprise et précisée d'une manière aussi brève que possible à l'aide des figures ci-dessus où les mêmes lettres désignent toujours les mêmes parties. Toutes les variations que présente leur degré de développement peuvent être rapportées à deux types de conformation : l'un servant à mordre, à broyer des aliments solides, l'autre à sucer, à pomper des liquides ; mais il n'en résulte pas que les broyeurs soient privés de la faculté de lécher les liquides. A l'exception du *labre* ou *lèvre supérieure*, pièce impaire, qui forme habituellement une plaque de chitine fixée au devant de l'épistome, mais pouvant aussi se réduire et se souder à ce dernier, les pièces broyeuses consistent évidemment en trois paires d'appendices qui, adaptées à

Fig. 3. — Appareil servant à mesurer la force musculaire des Insectes (page 16).

la manducation, portent le nom de mâchoires et sont attachées aux trois derniers anneaux céphaliques.

La paire supérieure inarticulée constitue les *mâchoires supérieures ou mandibules* (*d*, fig. 20, 21, 24); l'attache mobile qui fixe celle-ci à l'extrémité des joues leur permet de se mouvoir symétriquement l'une contre l'autre comme les deux branches d'une paire de cisailles. Elles sont formées naturellement de chitine, et, qu'elles soient pointues ou tronquées, elles ne sont jamais dentées qu'à leur extrémité ou sur leur bord interne. Normalement elles sont semblables, mais l'une peut être plus robuste que l'autre. Chaque mandibule peut en elle-même, selon sa forme, être comparée à une pioche, à une pelle, à un ciseau, etc.

Chez le Lucane mâle, et les Lucanides en général, les mandibules, semblables au bois des cerfs, dépassant de beaucoup la tête, se dressent menaçantes

BREHM.

et formidables sans pouvoir servir à la manducation ; chez nombre de leurs proches parents, ces mêmes mandibules, contraste singulier, réduites à de minces membranes, sont également impropres à broyer les aliments. Chez le Hanneton mâcheur de feuilles et ses congénères les mandibules sont cachées, mais elles ont la tranche interne élargie à l'instar des dents molaires des Ruminants.

Chez beaucoup d'Insectes, en particulier les Hyménoptères chasseurs et ceux qui hantent les fleurs, gourmets délicats qui ne sont alléchés que par le suc parfumé des nectaires, les mandibules sont extraordinairement fortes, mais servent à tout autre usage qu'à broyer les aliments. Ces mandibules sont devenues les outils indispensables à l'édification des demeures, au maniement des matériaux de construction, à la préhension des aliments destinés à la progéniture.

On nomme *mâchoires inférieures* ou *maxilles*

(*e*, fig. 20, 21, 22, 23, 24, 29) la deuxième paire d'appendices qui le plus souvent est plus faible que la première, mais quelquefois ne le cède en rien à celle-ci (Libellules) ou même la dépasse en solidité (Bousiers). Chaque moitié de ces mâchoires toujours symétriques est composée de plusieurs parties. Une pièce oblique est le *cardo* (*f*, fig. 23, 26, 27) par lequel le maxillaire s'attache sur le côté en dessous ou un peu en arrière de la mandibule. Le cardo, variant de la forme triangulaire à la forme allongée en tige, est le plus souvent de nature cornée. La pièce qui suit immédiatement est la *tige* ou *tronc* (*g*, fig. 21, 22, 23, 25, 26, 27) fixée à angle droit sur le cardo; elle constitue une plaque cornée, généralement plus longue que large ; chez les Abeilles cette pièce ressemble à un peigne parce que sa tranche interne présente une rangée de soies. Du côté interne se trouvent les lobes (*h*, fig. 20. 21. 2*.*, 23, 25, 26, 27) dont la partie basilaire interne sert à la mastication. Si ces lobes sont garnis de dents ou d'épines ils sont aussi résistants que les mandibules, autrement ils ont une consistance plus molle, plus cutanée. La fonction de cette partie est de préparer la nourriture pour faciliter la déglutition. Elle est en fait la pièce la plus importante de l'ensemble des mâchoires. Elle est simple chez certains Coléoptères, chez les Hyménoptères mellifères. Elle peut être longue ou courte; le plus souvent elle se subdivise en deux branches, l'une supérieure dirigée en dehors, et l'autre inférieure dirigée en dedans. De là des dispositions variées dues à la fois à la conformation des lobes et à leur mode d'insertion. Ainsi chez divers Coléoptères par exemple, le lobe interne *h* se rattache dans toute sa longueur au côté interne de la tige *g* (fig. 26). Chez les Tenthrèdes les deux branches sont juxtaposées à l'extrémité (fig. 23) ; d'autres fois, bien qu'attachée d'une manière semblable à la tige, l'une est recouverte par l'autre comme cela se voit pour le lobe membraneux du Lucane. Chez les Sauterelles la branche supérieure recouvre l'inférieure comme d'un casque ou *galea* (fig. 27, *h'*).

Le mode de conformation des mâchoires est caractéristique dans les trois grandes familles de Coléoptères carnassiers, savoir : les Cicindèles, les Carabes et les Dytiques. Ici la branche extérieure se transforme en un corps filiforme, bien articulé, ayant tout à fait la structure des palpes, que nous ne tarderons pas à connaître (*h'*, fig. 24, 25, 26).

L'adjonction de quelques parties accessoires contribue grandement à varier leur aspect. Recouvert de soies serrées, le côté interne devient tantôt une véritable brosse, tantôt un peigne ; quelquefois les soies n'occupent que la pointe ou manquent complètement. Au lieu de poils raides ou mous il peut y avoir des dents mobiles, ou des saillies immobiles, séparées par des entailles. Les Cicindèles se distinguent par la présence d'une dent mobile à l'extrémité du lobe interne (fig. 25, *n*) ; les voraces

Sauterelles, les carnassières Libellules ont plusieurs dents.

A l'extrémité de la tige ou tout près de l'extrémité, le plus souvent dans l'angle formé par le lobe supérieur, est inséré un palpe : le *palpe maxillaire* (*i*, fig. 21 à 27 et fig. 30), semblable à une petite antenne et formé de un à six articles qui peuvent différer entre eux pour la forme et les proportions. Il ne faut pas oublier que c'est la présence de ce palpe qui caractérise la mâchoire et la distingue de la mandibule.

La troisième paire de pièces buccales n'est représentée que par une pièce simple épaissie et fortement entaillée au milieu, c'est la *lèvre inférieure* (*labium*). Cette lèvre représente réellement une paire de mâchoires, ainsi que le prouve la comparaison des pièces buccales des Insectes avec celle des Myriapodes et des Crustacés ; sa profonde division chez divers Coléoptères et Orthoptères et la présence de deux palpes, les *palpes labiaux* (*c*, fig. 20 à 24 et fig. 29) formés de deux à quatre articles, fournissent une nouvelle démonstration. Ordinairement plus courts que les palpes maxillaires, ils sont attachés au bord antérieur ou plus souvent sur le côté de la lèvre inférieure. Chez les Apides ces palpes sont *homomorphes*, lorsque les articles égaux s'emboîtent régulièrement l'un dans l'autre par la pointe (*c*, fig. 22), et *dimorphes* (*c*, fig. 20 et 21) au contraire, quand les deux articles basilaires sont de longues écailles et lorsque les deux articles de l'extrémité affectent la forme de petits lobes atrophiés attachés à la pointe du deuxième article.

Le menton (*a*, fig. 21 à 24) forme la partie postérieure de la lèvre inférieure ; c'est sur cette pièce médiane qu'est insérée la languette (*b*, fig. 20 à 23) membraneuse plus ou moins développée. Le menton est diversement conformé ; il est plus large que long dans la majorité des cas, sa partie antérieure seule étant variable, et se rapproche de la forme carrée. Chez certains Insectes, comme les Abeilles, la forme allongée l'emporte (fig. 22) et il devient presque un tube entourant la languette. Celle-ci (*b*) peut être étendue sur le menton sans le dépasser comme chez la plupart des Coléoptères, peut devenir plus longue ou même entièrement libre en s'attachant seulement au bord antérieur du menton. Elle est à peine distincte si son rôle est nul ou à peu près, dans l'alimentation ; si elle est bien développée, elle a son extrémité arrondie quelque peu tronquée ou trifide comme chez les Tenthrèdes (fig. 23). C'est chez les Abeilles mellifères qu'elle atteint son plus grand développement ; elle peut même dépasser la longueur du corps de l'animal. Son extrémité est alors garnie de villosités servant à retenir le miel avant de le porter à la bouche, et se divise en trois lobes ; les deux latéraux sous le nom de paragloses *b'* se distinguent de la pièce principale. Ces lobes sont à peu près égaux chez les Cimbex (fig. 23) ; d'autres fois (fig. 21) ils embrassent à sa base la pièce principale qui est très allongée, de telle sorte que l'ensemble de l'appareil gustatif rappelle un épi garni de ses barbes.

La puissante organisation de la bouche de ces petits êtres est aussi merveilleuse que préjudiciable aux biens de l'homme comme agent de destruction. On connaît les ravages occasionnés dans les bois de construction de nos maisons par un Coléoptère de 4 millimètres de longueur et ceux que causent d'autres Insectes en s'attaquant aux arbres des forêts. Ce sont des milliers d'hectares qu'ils ont fait tomber sous leur dent, et qu'ils font encore tomber tous les jours (Forêts du Hartz, 1783 ; bois de Vincennes, 1836 ; forêts de la Bohème, 1875, etc.). Que celui qui veut se faire une idée de leur force passe son doigt entre les mandibules d'un Lucane ; s'il veut de plus voir couler du sang, qu'il choisisse pour son épreuve les courtes pinces de la femelle ; plus cruelle encore sera la morsure du Staphylin.

Les métaux eux-mêmes, du moins le plomb, ne sont pas un obstacle invincible à leurs attaques. Des bois habités par des larves xylophages ont été employés dans des constructions, après avoir été recouverts de lames de plomb très épaisses ; rien n'a arrêté les Insectes adultes avides de lumière et de soleil ; ils ont rongé bois et métal, creusant avec une merveilleuse et patiente résignation des trous d'une régularité mathématique. Les *Sirex* (Hyménoptères) n'ont-ils pas eu l'habileté de tarauder la toiture de l'Hôtel-Dieu de Lyon, les chambres de plomb des fabriques d'acide sulfurique de Freiberg ? N'ont-ils pas eu la puissance de perforer les balles de cartouches de nos soldats ? (Guerre de Crimée.) Dans les collections du Muséum d'Histoire naturelle de Paris on pourra voir de curieux échantillons de métaux percés par les Insectes.

Les parties de la bouche servant à la succion apparaissent comme des mâchoires modifiées et méconnaissables ; si différentes qu'elles soient d'un ordre à l'autre, on peut toujours les ramener aux parties correspondantes des parties broyeuses. C'est à de Savigny que revient le grand mérite d'avoir établi en 1816 les homologies des pièces de la bouche des Insectes.

Chez les Punaises, les Cigales, les Notonectes, les Pucerons, et en général chez tous les Insectes Hémiptères, que la conformation semblable de leur bouche a fait appeler Insectes à bec, la forme générale qu'affectent ces pièces est celle d'un bec (fig. 28 et 29, A et B). La troisième paire de mâchoires ou lèvre inférieure des broyeurs devient ici un tube de 3 à 4 articles qui peut être courbé et raccourci, et peut le plus souvent aussi se mouvoir dans toute sa longueur. C'est le fourreau qui dans son espace rétréci recèle quatre soies fines et étroitement serrées. Chaque paire de ces soies répond, l'une aux mâchoires supérieures et l'autre aux mâchoires inférieures. Une petite plaque cornée, insérée à la face supérieure de la naissance du fourreau, représente la lèvre supérieure. Quant aux palpes, on n'en trouve çà et là que des traces.

Tel est l'appareil de succion à l'aide duquel l'animal perce les tissus animaux et végétaux pour y

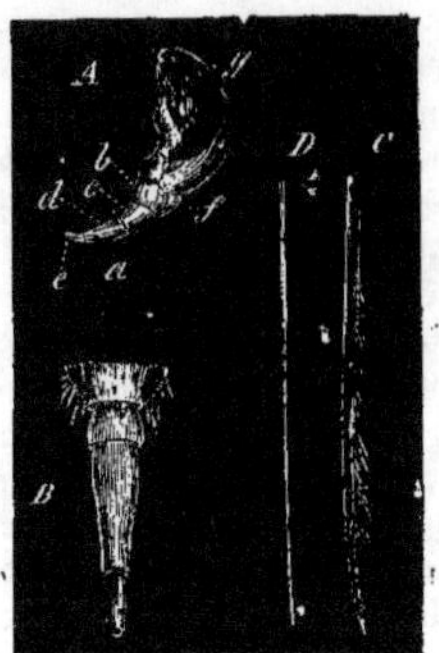

Fig. 32. — Appareil buccal de Notonecte (*).

puiser sa nourriture toujours liquide ; appareil que l'on ne saurait comparer qu'au trocart des chirurgiens. Ce bec, quelquefois de la longueur de la tête et parfois du corps entier, est appliqué pendant le repos sur la ligne médiane et contre le sternum ; mais il forme avec le corps un angle droit ou obtus, quand l'Insecte se redresse pour s'en servir. S'il est court et épais et de plus recourbé, il devient impossible à ce dernier d'en varier la direction.

Chez les Lépidoptères, les homologies des pièces buccales sont plus malaisées à saisir, d'autant mieux qu'atrophiées ou profondément modifiées elles sont dissimulées par des poils et des écailles. Les seules parties apparentes sont la trompe proprement dite, trompe que les Papillons plongent dans les corolles des fleurs pour en pomper le nectar, et de grands palpes c, gracieux ornements qui font saillie en avant des yeux. Si l'on épile avec précaution la tête d'un de ces Insectes, au-dessous de la partie proéminente, on trouve une très petite pièce membraneuse qui repose sur l'origine de la trompe, c'est le labre ; de part et d'autre deux petites pièces représentent les mandibules ; de chaque côté de la base de la trompe des palpes rudimentaires composés de deux articles figurent les palpes maxillaires et viennent démontrer que la trompe, en réalité, est formée par les mâchoires accolées. Une petite pièce triangulaire placée au-dessous figure la lèvre inférieure et supporte deux très longs palpes labiaux c de trois articles couverts de poils ou d'écailles. La trompe, au repos toujours enroulée et dissimulée entre les palpes labiaux, peut chez quelques espèces,

(*) A, tête vue de profil. — *a*, rostre ou lèvre inférieure. — *b*, *c*, *d*, *e*, ses quatre articles. — *f*, labre. — B, rostre isolé. — C, une des mandibules. — D, une des mâchoires.

dans les Sphinx notamment, atteindre une longueur démesurée et peut même chez certaines espèces disparaître complètement. En se juxtaposant, les mâchoires ont laissé entre elles un canal par lequel passent les liquides pompés par l'Insecte, et portent des appareils particuliers qui servent évidemment d'organes du toucher et du goût. La trompe toujours souple et flexible chez la majorité des Lépidoptères est susceptible d'acquérir quelquefois une rigidité extrême et de se transformer en un merveilleux outil perforant, à la fois poinçon, tarière, râpe et lime (*Ophideres*). L'inoffensif Papillon est devenu l'ennemi redoutable des fruits tropicaux.

La structure de l'appareil qu'on est convenu d'appeler *trompe* ou *suçoir* chez les Mouches, les Cousins et les Diptères en général, est extrêmement compliquée par le fait de la variation du nombre des pièces qui la composent; les différents groupes de l'ordre des Diptères ont chacun la bouche construite sur un plan particulier. La trompe est constituée surtout par la lèvre inférieure qui, en se repliant longitudinalement, va fermer la bouche en dessus (fig. 30 *a*) de manière à constituer un canal, et qui souvent, en s'allongeant par devant, devient charnue et se coude afin de pouvoir rentrer plus aisément dans une cavité ménagée à la partie inférieure de la tête. Cette lèvre est la partie de l'appareil buccal qui atteint le développement le plus complet. Quant aux autres pièces qui entrent dans la constitution de la bouche, les auteurs, sans chercher à établir les homologies, se sont, pour la plupart, contentés de les nommer *soies* et, suivant le nombre de soies qu'ils trouvaient, classaient les Diptères en Hexachètes, Tetrachètes, Dichètes (à six soies, à quatre soies, à deux soies). Aujourd'hui on peut préciser davantage et homologuer toutes les parties. Si l'on examine les Cousins et les Taons il est aisé de reconnaître l'existence d'une pièce impaire prolongement du pharynx, l'*épipharynx*, d'une paire de mandibules et de mâchoires pourvues de palpes, toutes ces pièces étant enveloppées par la lèvre inférieure terminée par deux parties charnues juxtaposées dont l'ensemble vu de profil et au repos simule un petit marteau, et vu de face et en action représente une ventouse; ces parties terminales sont les *paraglosses b'*. Si l'on dissèque au contraire la bouche d'un Syrphide, aristale ou Volucelle, on ne trouve que l'*épipharynx* et l'*hypopharynx*, prolongement du pharynx, formant par leur réunion une sorte de bec de plume par lequel la salive se déverse dans l'intérieur de la trompe, une paire de mâchoires, simples pièces de soutien, avec leurs palpes et la lèvre inférieure terminée par les paraglosses. Si l'on soumet au microscope la trompe d'une Mouche proprement dite, d'une *Echinomya* ou de la Mouche de nos maisons par exemple, on constate que la simplification est poussée beaucoup plus loin, les mandibules et les mâchoires elles-mêmes ont disparu; on ne trouve plus que l'épi-

pharynx et l'hypopharynx soudés *ep* constituant un canal par lequel s'écoule la salive, les palpes maxillaires *i* et la lèvre inférieure *a*. Ainsi donc dans la bouche des Diptères la lèvre supérieure et les mandibules disparaissent les premières, les mâchoires s'atrophient ensuite, laissant les palpes comme témoin; la lèvre inférieure, pièce fondamentale, persiste toujours.

C'est dans le pharynx que sont situés les muscles qui, élargissant et rétrécissant la cavité buccale, déterminent l'ascension des liquides. Voici comment opère un Cousin lorsqu'il nous pique et suce notre sang : il applique sur le point de notre individu qu'il a choisi ses paraglosses formant ventouses, perfore la peau de ses mandibules, lancettes acérées, agrandit la piqûre de ses mâchoires, scies délicates, déverse dans la plaie une goutte de salive irritante destinée à produire un afflux de sang, met en action ses muscles pharyngiens, et cela fait, se délecte à loisir du meilleur de nous. Heureux ceux que protège un cuir épais et insensible !

L'organisation des paraglosses des Diptères, et particulièrement des Syrphes et des Mouches, est des plus remarquables; chacun d'eux contient un tronc chitineux longitudinal qui se divise en une série de branches parallèles transversales, tronc et branches sont couverts d'anneaux chitineux semblables à ceux des trachées, d'où leur nom de fausses trachées; les anneaux des branches sont interrompus à la face inférieure de manière à donner au canal qu'elles entourent une grande élasticité. Ces fausses trachées assurent l'extension des paraglosses et leur fonctionnement comme ventouses; leur relâchement détermine l'occlusion de l'orifice buccal. De fort belles terminaisons nerveuses viennent encore donner à ces paraglosses un caractère particulier; le nerf labial se divise en une multitude de filets dont le cylindre axe se rend à une cellule ganglionnaire entourée d'un groupe de cellules du névrilème, et se met ensuite en rapport avec de longs poils placés sur la face supérieure et groupés surtout vers l'extrémité, ou traverse pour faire saillie au dehors des poils rudimentaires situés à la face inférieure : l'on a donc d'un côté des organes de tact d'une délicatesse infinie, de l'autre des organes du goût admirablement disposés.

Du thorax. — Le deuxième groupe des segments du corps de l'Insecte constitue le *tronc*, ou *thorax*, qui porte seul les organes du mouvement. Le thorax est composé lui-même de trois anneaux : le *prothorax*, ou *corselet* des anciens auteurs, auquel sont attachées les pattes antérieures; le *mésothorax*, qui supporte la seconde paire de pattes et les ailes antérieures; et le *métathorax*, où sont insérées les pattes et les ailes postérieures. Ces trois anneaux sont, selon les besoins, inégalement développés, et l'un d'eux devient habituellement prépondérant.

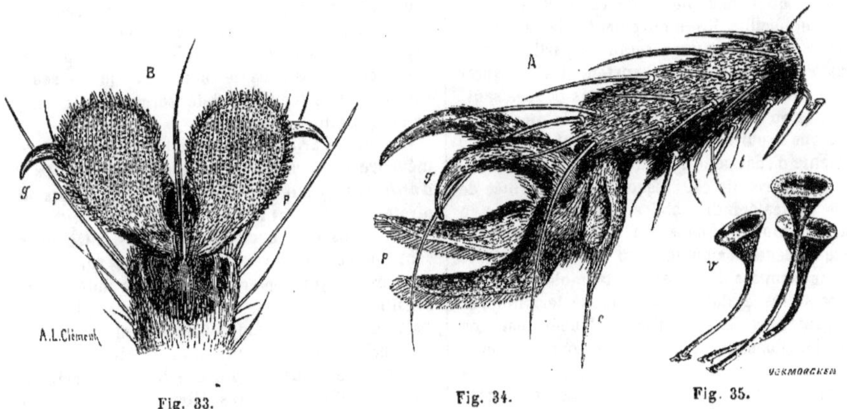

Fig. 33.   Fig. 34.   Fig. 35.

Extrémité des pattes de Mouches. — Disposition et structure des ventouses (*) (page 14).

Chez nombre d'Insectes le prothorax prédomine; libre et fixé par une attache mobile sur le mésothorax, il semble vu, en dessus, former à lui seul le thorax (Coléoptères, Punaises, Sauterelles, etc., etc.). Chez d'autres Insectes, les Diptères, les Lépidoptères, les Hyménoptères par exemple, le prothorax a presque intièrement disparu, alors que le mésothorax a pris un accroissement considérable.

Chaque segment du thorax se divise en deux grandes régions, l'une dorsale qu'on nomme le *tergum*, l'autre sternale, qui a reçu le nom de *pectus*; le *tergum* se subdivise en quatre pièces : le *præscutum*, le *scutum*, le *scutellum* et le *postscutellum*; ces pièces sont inégalement développées dans les différents segments; c'est en général sur la tergum du mésothorax qu'on les aperçoit distinctement. La partie dorsale du prothorax nommée par les entomologistes *bouclier*, qui forme souvent une espèce de couverture aux ailes antérieures, sans que ce soit au préjudice de la mobilité du segment, est le scutum; il se distingue par sa forme et sa coloration, et est seul apparent chez les Coléoptères; dans quelques Orthoptères, on peut au contraire discerner les quatre pièces constituantes du tergum du prothorax. La pièce que les naturalistes désignent sous l'appellation d'*écusson*, et qui s'interpose habituellement entre les élytres sous la forme d'un petit triangle, est le scutellum du mésothorax; chez certains Hémiptères il prend un développement tellement exagéré qu'il recouvre l'abdomen et les ailes (Scutellérides). Le pectus est formé par la réunion de trois pièces essentielles : *sternum*, *épisternum*, *épimère*, auxquelles viennent s'adjoindre dans le mésothorax le *paraptère*.

Nous ne pouvons entrer dans la description de toutes les parties constituantes du squelette des Insectes et discuter leurs attributions; nous ajouterons seulement que le sternum de chaque anneau pénètre dans la cavité du thorax pour constituer suivant la ligne médiane une sorte de squelette interne qui a reçu le nom d'*entothorax* et joue un rôle important : il sert d'attaches à de puissants muscles moteurs des pattes, et protège le système nerveux. Aussi certains naturalistes de l'école philosophique, précurseurs de l'école transformiste, Et. Geoffroy Saint-Hilaire, Carus, Robineau-Desvoidy, l'ont-ils comparé à la colonne vertébrale des animaux supérieurs.

Le premier segment de l'abdomen entre souvent dans la constitution du thorax, ainsi chez beaucoup d'Insectes (Coléoptères, Orthoptères, Hyménoptères) un segment intermédiaire est solidement attaché à la partie dorsale postérieure, figurant la moitié supérieure d'un quatrième anneau thoracique; tandis que chez les Mouches, les Hémiptères, les Libellules, ce même segment forme un anneau complet qui se rattache en dessous à l'abdomen. Chez les Papillons également l'anneau en question est considéré, par quelques auteurs, comme thoracique bien que par sa nature il doive se rattacher à l'abdomen.

Après les antennes et les mâchoires, viennent comme appendices les six membres articulés. Chaque membre est composé à partir de son point d'attache de la *hanche*, du *trochanter*, de la *cuisse*, de la *jambe* et du *tarse* (fig. 2). La hanche ou *coxa* est cette pièce courte, libre qui est plus ou moins enclavée dans la cavité de l'épimère. Le trochanter simple ou double est placé entre la hanche et

<hr>

(*) Fig. 33. Dernier article du tarse de la patte antérieure de la *Musca vomitoria*, vu par la face inférieure et grossi 200 fois. — Fig. 34. Le même vu de profil, grossi 200 fois. *t*, tarse; *g*, griffes; *e*, éperon; *p*, pulvilli couverts de petites ventouses. — Fig. 35. Trois des petites ventouses *v* extrèmement grossies. (D'après Tuffen West.)

la cuisse, qu'il rend plus indépendantes l'une de l'autre et facilite les mouvements de la cuisse. La cuisse ou *fémur* représente la partie la plus robuste du membre entier, surtout des membres postérieurs quand ils sont organisés pour le saut. La jambe ou *tibia* est à peu près de la même longueur que la cuisse, mais relativement étroite, elle augmente d'épaisseur à partir du point d'articulation; son extrémité est presque toujours armée de toutes petites épines mobiles, appelées *éperons* ou épines terminales, tandis que sa surface est parsemée de dents, d'aiguillons ou de soies. Le tarse enfin se compose d'articles courts, mobiles les uns sur les autres et dont le dernier se termine par deux griffes (fig. 33 et 34 *g*) et quelquefois par une seule. Le plus souvent les articles sont en même nombre à toutes les pattes, ils ne sont jamais plus de cinq; mais quelquefois leur nombre est moindre aux membres postérieurs qu'aux antérieurs. En outre, de petits éperons et des *pulvilli* (fig. 33 et 34 *p*) placés entre les griffes donnent une plus grande assurance dans la marche et permettent à beaucoup d'Insectes de circuler sur les corps les plus lisses et d'y prendre les attitudes les plus hardies. Ne demeurons-nous pas surpris de voir les Mouches courir avec aisance sur les vitres, se suspendre sans hésitation au plafond, dormir profondément la tête en bas? Les pulvilli, en effet, sont des sortes de brosses ou de pelotes couvertes de milliers de tigelles minuscules, terminées par d'admirables ventouses microscopiques capables de se modeler sur les rugosités les plus délicates (fig. 33 *p* et 35 *v*).

Les trois paires de membres sont de grandeur trop différente pour qu'il soit possible de les confondre. Les membres antérieurs et postérieurs seuls comportent des modifications importantes, les premiers pour devenir ravisseurs (*Mantis, Vespa*) ou fouisseurs (*Ateuchus, Gryllotalpa*), les derniers pour se rendre propres au saut (*Haltica, Pulex, Locusta*) ou à la natation (*Dytiscus, Hydrophilus, Notonecta*), selon que l'exige la manière de vivre de l'Insecte; les pattes médianes servent seulement à assurer l'équilibre pendant la locomotion.

Les ailes sont exclusivement des appendices du mésothorax et du métathorax (fig. 2 a_1 et a_2), suivant certains naturalistes, Oken, de Blainville, Latreille, Carus, Newport, Owen, etc.; quoique étant des organes de mouvement de même que les pattes, elles ne sauraient être considérées ainsi que ces dernières comme des saillies ou des expansions appartenant au squelette cutané; elles seraient, quelque extraordinaire que cela puisse paraître, des dépendances de l'appareil respiratoire, c'est-à-dire des branchies trachéales aériennes desséchées. Cette manière de voir est absolument erronée, les ailes sont des appendices spéciaux formés par un refoulement de l'hypoderme comme tous les appendices; l'étude du développement postembryonnaire aussi bien que l'observation du déplis-

sement des organes du vol au moment de l'éclosion en fournissent la démonstration; d'ailleurs chez beaucoup d'Insectes, les Diptères, les Coléoptères, par exemple, les ailes ne renferment qu'une seule trachée d'une ténuité infinie serpentant le long de la plus grosse nervure.

Les ailes s'articulent avec le thorax par l'intermédiaire d'une série de petites pièces (*épidèmes d'articulation*) qui assurent leurs mouvements de pivotement pendant le vol.

Tantôt les quatre ailes semblables entre elles sont minces et traversées par des nervures (Névroptères, Hyménoptères), tantôt les antérieures constituent une masse chitineuse durcie, très résistante, deviennent impropres au vol, et servent de bouclier protecteur aux ailes inférieures; elles sont connues sous le nom d'*élytres* (Coléoptères). Chez certains Hémiptères l'élytre n'est fortement chitinisée que dans sa moitié antérieure, sa moitié postérieure restant membraneuse, ce sont des *hémélytres* (Hémiptères hétéroptères). Quelquefois les ailes antérieures présentent une consistance intermédiaire entre celle des élytres et des ailes membraneuses (Orthoptères), on a proposé de les appeler *tegmina*.

Dans les ailes minces et membraneuses les nervures servent de soutien; leurs anastomoses dessinent un réseau et circonscrivent sur toute la surface de l'aile des espaces nommés *cellules*, auxquels il serait préférable de substituer le terme d'*aréoles*, le mot cellule ayant un sens précis dans le langage histologique.

Chez les Diptères les ailes antérieures seules ont conservé leur structure; les ailes postérieures se sont modifiées à tel point qu'elles sont devenues méconnaissables et que beaucoup d'entomologistes les ont considérées comme des organes particuliers; ces *balanciers*, ainsi nommés à cause de leur ressemblance avec l'appareil dont se servent les danseurs de corde pour se maintenir en équilibre, sont bien des appendices du métathorax correspondant aux ailes ainsi que le démontre l'anatomie et le développement. Beaucoup d'Insectes sont complètement aptères.

De l'abdomen. — L'abdomen enfin, qui forme la troisième des grandes divisions du corps de l'Insecte, comprend de trois à neuf anneaux.

Le chiffre de onze segments est rarement atteint parce que les deux derniers entrent dans la composition de l'armure génitale; si le nombre des segments reste en deçà de neuf, ceux qui manquent sont atrophiés ou recouverts par les anneaux voisins, transformés en oviscaptes, en aiguillons, pinces ou autres appendices qui servent habituellement à caractériser le sexe féminin. Ici, mieux que dans toute autre partie du corps, on reconnaîtra que chaque anneau est composé d'un arceau dorsal et d'un arceau ventral, lesquels sont reliés par une membrane plissée aux anneaux voisins, de telle sorte que l'abdomen est susceptible de se dilater et même de s'arrondir comme une outre chez les femelles gonflées d'œufs. Du reste la région dorsale reste molle chez les Insectes dans toute l'étendue de cette partie qui est protégée par les élytres.

En dehors de la conformation que peut avoir l'abdomen, la manière dont ce dernier est attaché au thorax détermine toujours le facies de l'Insecte. Si par exemple, comme chez les Coléoptères, il est étroitement relié bord à bord à la paroi du thorax, on dit qu'il est soudé ; et on pourrait croire qu'il ne forme qu'une seule pièce avec ce dernier s'il ne s'en distinguait par l'absence des pattes. Dans tous les cas où les élytres font défaut l'abdomen est séparé du thorax par un étranglement. Il peut être attaché suivant une ligne transversale ; dans ce cas il est dit *sessile* (*Pimpla*) ; ou *adhérent* s'il est fixé par un point seulement et non rétréci à sa partie antérieure (Abeille commune), ou bien *pédonculé* s'il est rétréci en une sorte de style à son origine (Amnophile). Il est des Insectes qui présentent cette disposition poussée à un tel point d'exagération qu'elle leur donne un cachet de fragilité et d'élégance extrême ; ceux-ci ont la taille fine, tandis que d'autres ont la taille épaisse, entre les deux il y a toutes les transitions imaginables que nos termes insuffisants de sessile, d'à peine pédonculé, etc., ne peuvent désigner que d'une façon vague et incertaine.

Des poils et des écailles. — Le squelette cutané de l'Insecte avec tous ses appendices aussi bien que la physionomie des parties prises isolément, abstraction faite de la forme et de la proportion de ces dernières, de leur nombre, de la solidité de leur surface d'attache, ainsi que de leur coloration et de leurs accessoires, présentent une variation extraordinaire. Telle ou telle partie est plus ou moins couverte de poils, de soies, d'écailles, de pointes ou d'épines serrés ou espacés, et souvent les poils, les soies ou les écailles recouvrent si abondamment le corps entier qu'il est complètement dissimulé.

« Quant à la pompe des vêtements de l'Insecte, — dit Charles Nodier qui se délassait de ses travaux littéraires par l'étude de l'Entomologie, — rien ne peut en donner une idée à ceux qui n'ont vu que les cours de l'Orient dans leur plus magnifique splendeur. La pourpre et la soie, l'azur et le vermillon, l'émeraude et le rubis ne sont que les fastes de l'homme ; je vous montrerai dix mille Insectes qui perdraient tout à échanger leur toilette contre celle de Cléopâtre. On croirait que la nature émerveillée de son ouvrage, quand elle eut produit les pierres précieuses, regretta de ne les avoir pas animées, et que c'est pour réparer sa distraction qu'elle inventa les Insectes. »

Ce ne sont pas seulement les splendides Papillons qui doivent une si attrayante richesse de couleurs aux écailles qui recouvrent leurs ailes ; les Coléoptères et autres Insectes, notamment ceux de la zone torride, acquièrent grâce à elles l'éclat de l'or, de l'argent le plus pur, les reflets changeants de l'opale, le chatoiement des pierreries. Les écailles sont plus caduques et peuvent se détacher en partie jusqu'à rendre l'Insecte méconnaissable (*Polydrosus*). (Voy. pour plus de détail les généralités sur les Papillons et les Coléoptères.)

Les écailles et les poils ne constituent pas toujours le revêtement des téguments des Coléoptères, des efflorescences diversement colorées qu'efface le moindre froissement recouvrent le corps et y forment souvent mille dessins variés (*Larinus*). La peau elle-même, ordinairement de nuance sombre, affecte quelquefois les plus brillantes couleurs, tantôt solides et stables, tantôt fugaces ou ternes après la mort.

Les aiguillons et les épines sont les ornements les plus résistants de l'Insecte ; ils forment des expansions saillantes sur les pattes, surgissent isolés sur diverses parties du corps, et contribuent ainsi à la variation des nuances. Les poils ou les soies constituent le revêtement le plus répandu ; rarement ils disparaissent complètement ; mais ils tendent à manquer sur les régions voisines de l'œil et ces régions sont considérées comme nues.

SYSTÈME MUSCULAIRE.

Puissance musculaire. — Le système musculaire des Insectes ne le cède en rien comme puissance à celui des Animaux vertébrés, on peut même affirmer qu'il est capable de développer un travail infiniment plus considérable ; l'observation le démontre surabondamment. Chacun de nous n'a-t-il pas vu la Fourmi traîner des proies énormes dix fois, vingt fois plus volumineuses qu'elle ; n'a-t-il pas suivi les mouvements incessants de certaines petites Mouches qui, infatigables, se balancent des heures entières autour des rosaces ou des lustres qui décorent nos maisons ; n'a-t-il pas constaté que les Taons suivaient et dépassaient les meilleurs chevaux lancés au galop? Un cerf-volant ne peut-il pas tenir entre ses mandibules, en élevant et abaissant alternativement la tête et le corselet, une règle d'acier de 30 centimètres de long et pesant 400 grammes, et il ne pèse lui que 2 grammes ? (M. de Lucy.) Pour rendre le fait plus saisissable, M. Félix Plateau a entrepris une série d'expériences ingénieuses des plus démonstratives ; il a fait traîner de petits chariots remplis de poids, véritables balances, par de lourds Hannetons transformés en bœufs ; il a chargé de fardeaux des Insectes bons voiliers transformés en oiseaux de proie ; et il a constaté d'abord ce grand fait : c'est que la puissance musculaire est en raison inverse de la taille, les plus petits Insectes étant capables de déployer les plus grands efforts ; puis il a établi qu'un Hanneton

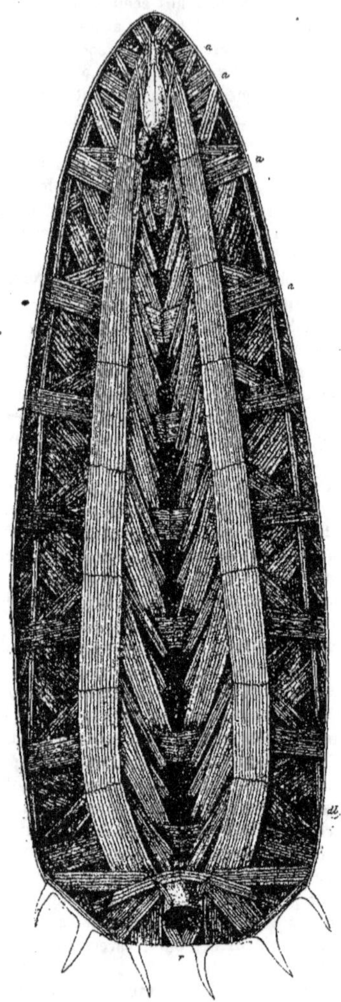

Fig. 36. — Système musculaire d'une larve de Diptère (*Volucella*) (*) (page 18).

était infiniment plus fort qu'un cheval, qu'il était même vingt et une fois plus fort; qu'une Abeille était même trente fois plus vigoureuse; en effet un cheval ne peut exercer un effort supérieur au soixante-septième de son poids, alors qu'un Hanneton traîne aisément une charge équivalent à quatorze fois son poids, qu'une Abeille attelée met sans peine en mouvement un chariot pesant vingt fois plus qu'elle. En d'autres termes un Hanneton peut entraîner facilement quatorze de ses pareils, une Abeille vingt de ses compagnes. Se fait-on une idée des prodiges que l'Homme accomplirait s'il était aussi heureusement doué, s'il avait à son service des animaux domestiques ayant la puissance musculaire de l'Insecte? Nous demeurons étonnés devant les monuments gigantesques de l'antiquité; combien plus gigantesques seraient les constructions que l'homme édifierait s'il avait à son service la force que possède le plus chétif Moucheron! La figure 31 donnera une idée exacte de l'appareil dont

(*) Fig. 36. Système musculaire ventral d'une larve de *Volucella zonaria* (Diptères). *a*, muscles demi-annulaires; *dl*, muscles droits latéraux; *d*, grands droits inférieurs; *r*, rétracteurs; *e*, extenseurs. (D'après M. Künckel.)

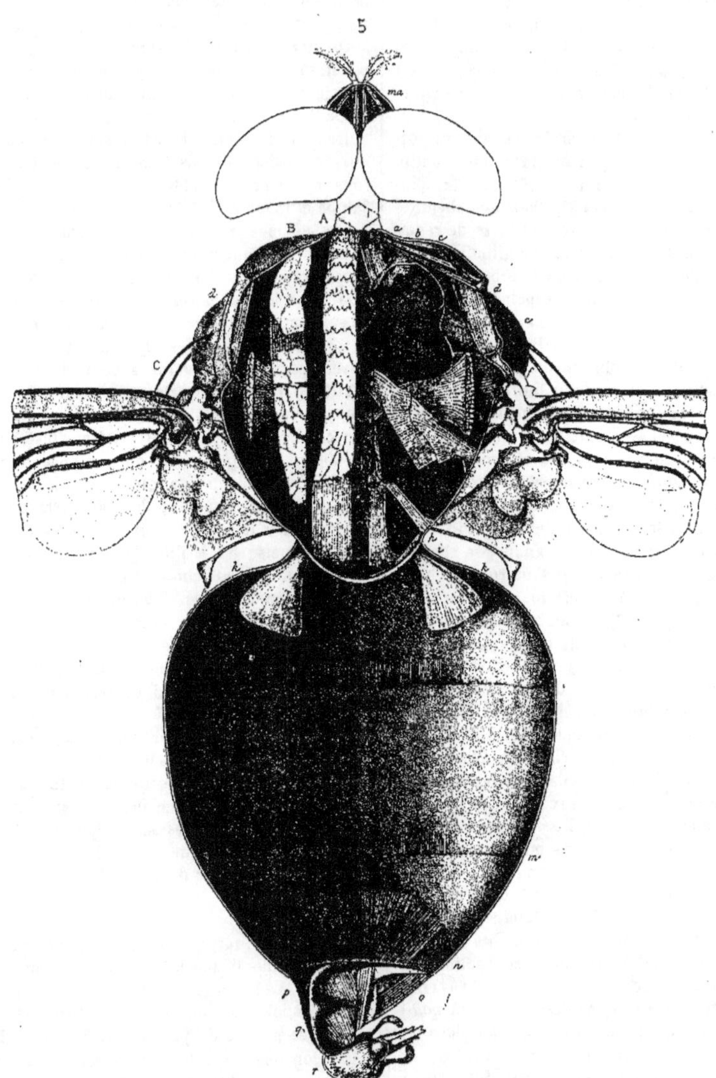

Fig. 37. — Système musculaire d'un Insecte Diptère adulte (*).

(*) Fig. 37. — Système musculaire d'une *Volucella zonaria* adulte (Diptères). — A gauche les grands muscles, tels qu'ils se présentent après l'enlèvement des téguments; à droite, les muscles profonds tels qu'ils se présentent après l'enlèvement des grands muscles. A, grand dorsal abaisseur des ailes; — B, les sternali dorsaux et l'épisternali dorsal élévateurs des ailes; — C, long extenseur du trochanter de la patte moyenne; — a, b, c, muscles moteurs de la tête; — d, extenseur de l'aile; — e, abaisseur du bord antérieur; — f, rétracteur de l'aile et élévateur de son bord antérieur; — h, muscle agissant sur le balancier; — i, abaisseur de l'abdomen; — k, élévateur de l'abdomen; — o, p, q, r, rétracteurs et extenseurs de l'armure génitale. — D'après M. Künckel, *Organisation et développement des Volucelles.*

s'est servi M. Plateau pour mesurer les efforts de
traction que peuvent exercer les Insectes. Les Insectes obligés pour soutenir leur vol de dépenser
une grande force, ne sont pas susceptibles d'emporter des poids énormes, ils ne peuvent guère
transporter de proies plus lourdes qu'eux ; tel est
le cas de la Libellule que nous représentons chargée d'une boule de cire.

Pour déployer une telle énergie les Insectes possèdent un remarquable système musculaire dont la
disposition varie suivant la forme générale du squelette tégumentaire (fig. 36 et 37). Dans une chenille,
dans une larve condamnées à une sorte de reptation (fig. 36), de larges muscles longitudinaux, de
petits muscles obliques assurent la progression, le
même mode de groupement se répétant d'anneaux
en anneaux et se modifiant seulement dans le premier et le douzième. Dans un Insecte adulte des
muscles puissants et volumineux qui occupent la
majeure partie de la capacité thoracique transmettent le mouvement aux ailes ; il est évident qu'ils
n'ont aucun rapport avec ceux des larves ; c'est pendant la métamorphose que la nouvelle musculature
destinée à des fonctions nouvelles s'est constituée.
Chez les Névroptères seulement (Libellules par
exemple) les muscles moteurs des ailes s'insèrent
directement aux organes du vol, tandis que chez les
autres Insectes ils agissent par l'intermédiaire du
tergum et de pièces spéciales formant levier ; ainsi
dans une Mouche (fig. 37), les muscles les plus puissants dirigés longitudinalement et presque horizontalement au nombre de deux (*muscles dorsaux*)
A sont rétracteurs du tergum du mésothorax et en
même temps abaisseurs des ailes ; deux paires de
muscles insérés, d'une part, au tergum et, de l'autre,
au mésosternum et au métasternum (*muscles sternali
dorsaux*), une troisième paire de muscles fixés au
tergum (scutum) du métathorax et à l'épisternum
du même anneau (*muscles épisternali dorsaux*) sont
les élévateurs des ailes. De très petits muscles assurent les mouvements d'extension et de rétraction
de l'aile, règlent son inclinaison ; ce sont les muscles
directeurs *d, e, f*. Chez les Hyménoptères, les Lépidoptères, les Hémiptères, les mouvements des ailes
supérieures et des ailes inférieures sont solidaires,
les ailes de la deuxième paire étant rattachées à celles
de la première paire soit par des crochets (*hamuli*)
(Hym.), soit par un frein (χαλινός) passant dans un
anneau (Lepid. chalinoptères), soit par un autre artifice ; chez les Diptères, bien que les ailes inférieures
transformées en balanciers paraissent rudimentaires, elles jouent le même rôle que si elles étaient
complètement développées, et sont contraintes de
suivre pendant le vol les mouvements des ailes
supérieures. Dans ces quatre ordres de la classe
des Insectes, les muscles élévateurs et abaisseurs
agissent donc à la fois sur les ailes supérieures et
inférieures et sont situés exclusivement dans le
mésothorax. Chez les Névroptères chaque paire

d'ailes jouit d'une indépendance absolue, et possède par conséquent un système moteur distinct ;
le mésothorax et le métathorax renferment chacun
un système de muscles abaisseurs et élévateurs.

Quant aux pattes, elles sont mises en mouvement
par des muscles fixés principalement à l'entothorax
et insérés à la hanche et au trochanter ; les muscles
de la hanche agissent sur la cuisse, ceux de la
cuisse sur la jambe, et même sur les crochets du
dernier article du tarse par l'intermédiaire d'un
long apodème, véritable tendon, qui traverse la
jambe et le tarse (Syrphides, Muscides).

Les anciens anatomistes ont compté chez les
Insectes un nombre de muscles très considérable,
plusieurs milliers dans une chenille ; Lyonet estime
qu'il y en a 4061 dans celle du *Cossus ligniperda* ; ils
se sont mépris et leur appréciation est fort exagérée. Chez les Articulés les muscles ne sont pas
enveloppés par une gaine aponévrotique qui les
mette en relation directe avec les tendons et les
isole les uns des autres ; les faisceaux des fibres
musculaires groupés côte à côte s'insèrent directement aux téguments ou aux apodèmes chitineuses, prolongements internes du squelette qui
remplacent les tendons ; de telle sorte que l'on
a compté des faisceaux de fibres comme des muscles distincts ; en réalité tous les faisceaux qui
ont des points d'attache communs constituent un
seul et même muscle. D'après cela en évaluant
à 546 le nombre des muscles du Ver à soie,
non compris les muscles de la tête (Cornalia),
à 378 le nombre des muscles d'une larve de Diptère, la Volucelle (Künckel) on reste dans les limites d'une saine appréciation. Chez les adultes les
muscles sont moins nombreux et sont beaucoup
mieux délimités que chez les larves.

Les faisceaux musculaires des Arthropodes se
divisent très facilement en fibres enveloppées d'un
sarcolemme et ces fibres se subdivisent très aisément en fibrilles élémentaires d'un millième de
millimètre environ de diamètre. Toutes ces fibrilles
sont striées.

De la locomotion. — Les Insectes rampent,
courent, sautent, nagent, volent et, comme les
Vertébrés, s'adaptent merveilleusement aux milieux
dans lesquels ils doivent passer leur existence.
Les larves privées de pattes se meuvent sur le sol
à la façon des Serpents ; dans le sol et dans leurs
galeries, comme les jeunes lamproies dans le sable
(larves des Tipulides) ; quelquefois elles s'aident
de leurs mandibules (larves de Muscides), souvent
elles utilisent pour progresser les soies (larves de
Puces), les épines (larves des Asilides), les tubercules (larves des Syrphides, larves des Cicindèles),
que portent leurs anneaux. Les Chenilles pourvues
de seize pattes, aussi bien qu'une foule de Coléoptères et d'Orthoptères pourvues de six pattes,
notamment les Carabes et les Blattes, courent avec

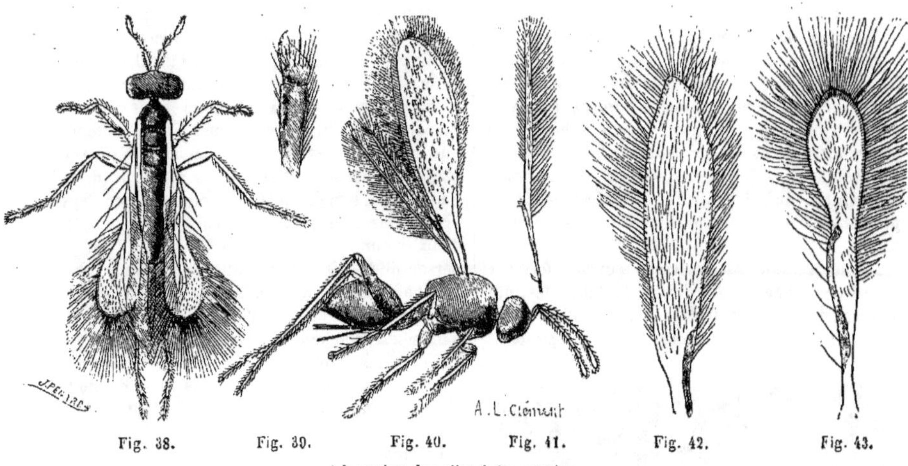

Fig. 38.   Fig. 39.   Fig. 40.   Fig. 41.   Fig. 42.   Fig. 43.

Adaptation des ailes à la natation.

agilité ; en général, ce sont les Insectes aptères, ou ceux qui ne font que rarement usage de leurs ailes, qui sont construits pour la course, je citerai d'une part les Fourmis neutres, de l'autre les Forficules ; quelques chenilles n'ayant de pattes qu'au dernier et au neuvième anneau sont obligées pour progresser de rapprocher leurs pattes postérieures de leurs pattes antérieures en formant une boucle et d'arpenter en quelque sorte le sol d'où leur nom d'arpenteuses (Chenilles des Géométrides). Les Altises, les Orchestes, les Sauterelles, les Criquets, les Puces, etc., sautent à la manière des Kangourous et des Gerboises ; les Gyrins et les Dytiques, les Notonectes, évoluent sur les eaux et dans l'eau avec l'agilité des Palmipèdes et des Poissons : enfin les Papillons, les Mouches, les Libellules, se déplacent dans les airs avec autant d'aisance que les oiseaux réputés les meilleurs voiliers.

Le mécanisme à l'aide duquel dans la marche, le saut, la nage, les muscles sont mis en mouvement est le même que chez les Vertébrés ; ce sont toujours des muscles qui agissent sur des leviers ; seulement chez les Insectes les organes moteurs sont situés à l'intérieur des leviers qu'ils doivent actionner, alors que chez les Vertébrés les muscles sont extérieurs.

Lorsque l'Insecte doit simplement courir sur le sol, les trois paires de membres sont semblables ; mais quand il doit fouir et se mouvoir dans la terre les pattes prothoraciques sont modifiées à la façon des membres antérieurs de la taupe (Taupe-grillon, larves des Cigales, Ateuchus). Quelquefois les pattes de la deuxième et de la troisième paire servent seules à la locomotion ; les pattes antérieures se sont modifiées de manière à servir également à la capture des proies (Mantes et Nèpes), ou même se sont complètement atrophiées (Nymphalides parmi les Lépidoptères). Chez les Dytiscides les trois premiers articles du tarse se sont réunis pour former un organe circulaire couvert à sa face inférieure d'une centaine de ventouses de dimensions variables, qui leur permettent de s'agriffer aux objets ou de se cramponner à leurs femelles. Il est des Hémiptères qui courent sur l'eau de nos ruisseaux et de nos bassins avec une rapidité et une aisance que nous leur envions ; les poils de leurs tarses retiennent des bulles d'air qui les empêchent de s'enfoncer (Hydromètres). Les Insectes qui vivent dans l'eau ont généralement une forme naviculaire, aplatie ou élancée qui favorise leur déplacement ; ce sont les pattes postérieures transformées en rames et dont les tarses sont tantôt élargis (Dytique), tantôt couverts de poils serrés (Hydrophile, Notonecte) qui mettent l'animal en mouvement.

Les membres postérieurs, dont les cuisses sont susceptibles de prendre un développement considérable pour loger des muscles énormes, constituent de puissants ressorts qui permettent aux Puces, par exemple, d'exécuter des bonds prodigieux. Quelques Insectes ont la faculté de sauter et cependant ils ont les membres courts et propres uniquement à la marche ; tels sont les Podurelles et les Elatérides. Un appendice fourchu, inséré sur l'avant-dernier anneau et replié sous l'abdomen peut subitement se détendre, frapper la terre et

Fig. 38, 39 et 43. *Prestwichia aquatica.* — Fig. 38. Femelle grossie 30 fois. — Fig. 39. Tarse de la patte postérieure grossi 250 fois. — Fig. 43. Aile antérieure grossie 60 fois.

Fig. 40, 41 et 42. *Polynema natans.* — Fig. 40. Femelle grossie 30 fois. — Fig. 41 et 42. Aile antérieure et aile postérieure grossies 60 fois. D'après sir John Lubbock.

lancer les Podures dans l'espace. Les Elatérides ou Taupins que le hasard a fait tomber sur le dos, se courbent de manière qu'une pointe que porte leur prosternum s'engage dans une cavité du mésosternum et se tendent ainsi comme des sortes de ressort; puis brusquement faisant échapper la pointe sternale ils se détendent; le bord antérieur du prothorax et l'extrémité des élytres viennent alors frapper le sol; projetés en l'air ils font le saut périlleux et retombent presque toujours sur leurs pattes.

La progression est déterminée quelquefois par un artifice singulier. Les larves de Libellules, qui emmagasinent de l'eau dans leur intestin pour y puiser l'oxygène nécessaire à leur respiration,

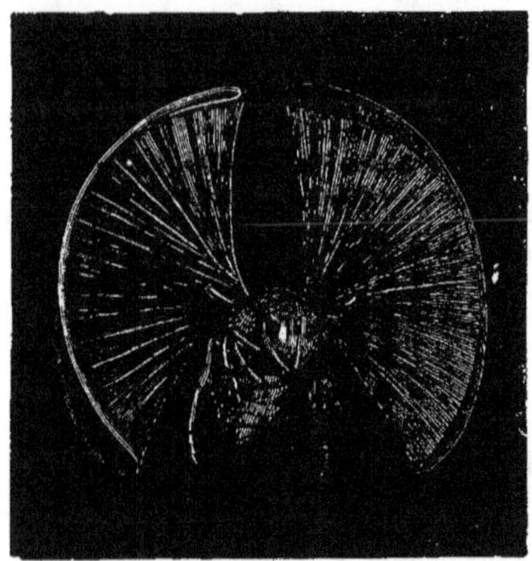

Fig. 44. — Aspect d'une Guêpe à laquelle on a doré le'x-trémité des deux grandes ailes. L'animal est supposé placé dans un rayon de soleil. D'après M. Marey.

peuvent, par une contraction énergique des muscles du rectum, chasser violemment cette eau et par réaction se lancer en avant; renouvelant leur manœuvre plusieurs fois de suite elles échappent à la poursuite de leurs ennemis. Il y a bien des siècles que la nature a imaginé ces appareils propulseurs que l'industrie moderne a cherché à utiliser, car les Libellules vivaient aux époques géologiques les plus reculées.

Mais il est encore une singularité dans le mode de locomotion qu'il est nécessaire de signaler; certains petits Hyménoptères parasites du groupe des Proctotrupides hantent les eaux, chose extraordinaire, et se servent de leurs ailes ciliées comme de nageoires. La découverte de ces Pingouins liliputiens les *Polynema natans* et les *Prestwichia aquatica* faite par sir John Lubbock, en 1863, dans un étang de l'Angleterre est venu transformer bien des idées, soulever bien des problèmes.

«Le vol est la poésie du mouvement». Il n'est

point d'homme, qui, voyant l'Oiseau prendre son essor ou planer des journées entières, l'Insecte voltiger capricieusement ou voler à tire d'ailes, n'ait éprouvé un sentiment d'admiration ; roi de la terre, maître des eaux, l'homme est esclave; le domaine des airs lui est fermé. Faut-il s'étonner que toutes les créatures aériennes aient à ses yeux quelque chose de surnaturel, de sacré, de divin? Faut-il être surpris qu'il ait pourvu d'ailes toutes les créatures enfantées par son imagination, les dieux comme les anges? La légende d'Icare ne personnifie-t-elle pas la lutte de l'homme cherchant à s'emparer de l'empire des airs; et toujours ramené à la réalité et à l'impuissance l'être dominateur est condamné de siècle en siècle à voir l'Insecte qu'il foule aux pieds dédaigneusement posséder une faculté qu'il n'a pas, celle de quitter la terre et de parcourir l'espace au caprice de sa volonté.

Les mathématiciens, les anatomistes ont cherché, les uns à surprendre les principes de la mécanique animale s'appliquant au vol, les autres — ce sont les moins nombreux — à étudier la disposition des pièces solides et des muscles qui mettent en jeu les appareils servant à franchir l'espace. Borelli, Straus-Durckeim, Liais, etc., se sont efforcés de donner la théorie exacte du vol des Oiseaux et des Insectes, M. Maurice Girard a cherché à déterminer le rôle de chacune des ailes et des différentes régions de l'aile, mais ce sont les travaux poursuivis pendant ces dernières années par M. Pettigrew et M. Marey qui nous permettent de bien comprendre les mouvements des ailes, car tous deux ont analysé ces mouvements avec une précision infinie. Hâtons-nous de le dire, les mathématiciens comme les physiologistes ne se sont point attachés à se rendre un compte exact des moyens que l'Oiseau ou l'Insecte avaient à leur disposition pour mettre en action les organes locomoteurs. M. Pettigrew et M. Marey ont tous deux de leur côté découvert le tracé exact des mouvements de l'aile; ils ont reconnu que son extrémité décrivait une courbe en 8 de chiffre qui était l'expression de ses mouvements d'abaissement, d'élévation et de torsion (voy. fig. 44), mais ils ont donné tous deux une explication différente des causes des mouvements de torsion. M. Marey prétend que «les muscles de l'Insecte ne commandent que des mouvements de va et vient» et que «c'est la résistance de l'air qui modifie le parcours de l'aile »; d'après cela reprenant la théorie émise en 1680 par Borelli, développée par Straus-Durckeim, complétée par Liais, l'éminent physiologiste prétend « que l'aile de l'Oiseau, de l'Insecte agit sur l'air à la façon d'un plan incliné pour produire contre cette résistance une réaction qui pousse le corps de l'animal en haut et en avant; l'abaissement de l'aile soulève l'Oiseau ou l'Insecte en lui imprimant une impulsion en avant, l'élévation de l'aile qui s'oriente à la façon d'un cerf-volant soutient le corps de l'animal en attendant le coup d'aile qui va suivre. » Après avoir dit que le poids est nécessaire au vol, M. Pettigrew démontre que toutes les ailes sont des vis par leur structure et par leur fonction et qu'elles agissent comme un véritable cerf-volant à la fois pendant les coups descendant et ascendant; tout en admettant, ce qui est indéniable, que l'aile éprouve de la part de l'air un recul d'en bas et d'en haut, il insiste sur ce fait que la créature volante douée de volonté et capable de se diriger, transmet à ses propres surfaces de déplacement les mouvements particuliers nécessaires à la progression; ces mouvements n'étant nullement le résultat de chocs de courants aériens fortuits qu'elle n'a pas le moyen de régler. A l'exemple du professeur d'Edimbourg, nous ne saurions trop protester contre l'opinion admise par Straus, M. Marey, M. Maurice Girard, etc., l'aile n'est point un organe passif et ses changements de plan pendant le vol ne sont point déterminés par la pression alternative de l'air sur la face supérieure et la face inférieure de l'aile, la région antérieure de l'aile avec ses nervures rigides, restant fixe, la région postérieure membraneuse et flexible s'incurvant seule et tour à tour en haut ou en bas. Chabrier, ayant uniquement représenté dans son travail sur le vol des Insectes les muscles abaisseurs et élévateurs, et n'ayant ni figuré ni mentionné les petits muscles chargés de diriger les mouvements de l'aile, a été la cause involontaire de la généralisation de l'opinion favorable à la passivité des organes du vol. Aussi ne faut-il pas s'étonner que M. Marey ait été entraîné à dire que « l'anatomie de l'Insecte ne révèle pas l'existence de muscles capables de commander tous les mouvements si complexes de l'aile. On ne reconnaît guère, dit-il, dans les muscles moteurs de l'aile que des élévateurs et des abaisseurs ». C'est une grave erreur; indépendamment des grands muscles abaisseurs et élévateurs, il existe une foule de petits muscles qui impriment aux organes du vol mille mouvements et modifient à chaque instant leur inclinaison. Il suffira de jeter un coup d'œil sur la figure 37 pour avoir une idée exacte des muscles qui mettent en jeu les ailes d'une Mouche. A gauche, les téguments étant seuls enlevés on aperçoit en *A* le grand dorsal abaisseur de l'aile gauche, en *B* les deux sternali dorsaux et l'épisternali dorsal élévateurs de l'aile gauche placés à la suite les uns des autres; il est clair que sur le côté droit les mêmes muscles se répètent pour agir sur l'aile droite. A droite le grand dorsal, les sternali dorsaux et l'épisternali dorsal sont enlevés : on aperçoit l'extenseur de l'aile droite *d*, l'abaisseur de son bord antérieur *e*, le muscle rétracteur et élévateur du bord antérieur *f*. Indépendamment de ces muscles, il existe encore d'autres petits muscles agissant sur l'aile, mais qui ne sont point visibles sur la fig. 37, notamment un très petit muscle suspendu à un véritable palonnier; ce muscle

capable d'agir quelque soit l'inclinaison ou la rapidité de vibrations de l'aile, déterminerait, suivant moi, le mouvement en 8 de chiffre. Pour de plus amples détails voy. Künckel, *Recherches sur l'organisation et le développement des Volucelles*. Il est encore une observation qui achèverait de démontrer que l'aile de l'Insecte n'est point passive, et obéit à la volonté : chez les Oiseaux il y a la queue qui sert de gouvernail, tandis que chez les Insectes il n'existe aucun appareil capable de remplir le même rôle, l'abdomen n'ayant que des mouvements très restreints en rapport avec la fonction respiratoire; on ne supposera certes pas que le long et grêle abdomen des *Rhyssa* (Hyménoptères) que, l'abdomen rudimentaire des *Evania* (Hyménoptères), puissent agir à la manière d'un gouvernail.

On a voulu faire jouer un grand rôle pendant le vol à l'appareil respiratoire; on a prétendu que les Insectes, comme les Oiseaux, se transformaient en véritables montgolfières ; « les Criquets voyageurs deviennent de petites montgolfières et tout explique comment ces animaux pesants sont rendus capables de traverser d'immenses espaces » dit un professeur éminent. La haute température de l'Oiseau, l'accroissement de la température des Insectes lorsqu'ils volent, ont fait supposer que l'air contenu soit dans les poches aériennes, soit dans les trachées et les ampoules trachéennes, était capable de s'échauffer suffisamment pour diminuer notablement le poids spécifique de l'animal. M. Pettigrew fait observer avec raison que la légèreté tant vantée des Insectes, des Chauves-Souris et des Oiseaux est illusoire au plus haut degré; ces animaux sont aussi lourds à volumes égaux que la plupart des créatures vivantes et le vol peut être accompli par des êtres qui n'ont ni poches à air, ni os creux, les poches à air se rencontrent chez des animaux qui ne sont jamais destinés à voler; le vol, dit-il, est moins une question de légèreté qu'une question de poids et de puissance appliqués avec intelligence à des surfaces volantes convenablement construites. Nous reviendrons sur la question de l'élévation de la température pendant le vol en traitant de la chaleur animale.

On peut partager les Insectes en deux grandes divisions : 1° ceux qui ont des muscles alaires insérés directement aux ailes et qui ont un système de muscles indépendants pour chacun de ces organes, la plupart des Névroptères, par exemple, chez lesquelles chaque paire d'ailes peut indifféremment concourir au vol sans l'intervention de l'autre paire, de telle sorte que l'ablation d'une paire d'ailes n'entraîne pas l'abolition de la locomotion aérienne; 2° ceux qui n'ont qu'un système de muscles unique mettant en jeu soit une paire d'ailes, soit les deux ailes. Dans le premier cas, une seule paire d'ailes est utilisée dans le vol (Coléoptères, Orthoptères); dans le second cas, les deux paires d'ailes, reliées l'une à l'autre sont entraînées solidairement (Lépidoptères, Hémiptères, Diptères) ; nous avons décrit précédemment (p. 18) le mécanisme qui maintient la solidarité de l'aile inférieure et de l'aile supérieure. Il est essentiel de faire remarquer que les ailes ne jouent pas le même rôle chez tous les Insectes et qu'elles n'ont ni les mêmes dimensions, ni la même structure dans tous les groupes. M. de Lucy a démontré que la surface de l'aile décroît à mesure qu'augmentent les dimensions et le poids de l'animal, ainsi par exemple, le Cousin qui pèse 460 fois moins que le Cerf-Volant a 14 fois plus de surface, que la Coccinelle qui pèse 150 fois moins que le Cerf-Volant a 5 fois plus de surface ; et n'avons-nous pas tous les jours sous les yeux les Papillons (*Limenitis, Morpho*) au corps grêle, aux ailes immenses, les Taons au corps lourd et trapu, aux ailes étroites. On conçoit très bien d'après cela qu'il n'y ait pas de relation fixe entre cette surface et celle de l'animal à élever ; mais il y a, ainsi que le fait observer Pettigrew, une relation invariable entre le poids de l'animal, la surface des ailes et le nombre des oscillations qu'elles font en un temps donné, « le problème du vol se résolvant en un autre de poids, de puissance, de vitesse et de petites surfaces ou bien en un second de faible densité, médiocre puissance, petite vitesse et grandes surfaces, le poids étant une condition *sine qua non* ». Ainsi le nombre des battements ou oscillations de l'aile étant chez une Mouche commune de 330 par seconde, l'Abeille de 190, n'est plus que de 28 chez une Libellule et de 9 chez un Papillon, la Piéride du chou. (M. Marey.)

On croit que chez tous les Insectes en général les nervures constituent un réseau trachéen aérifère auquel on a fait jouer un rôle important. Il n'en est rien : chez les Lépidoptères, les Névroptères, les Hyménoptères, toutes les nervures contiennent une trachée, mais chez les Coléoptères et les Diptères, il y a seulement un rameau trachéen dans la nervure costale ; le développement du réseau trachéen et des nervures est en rapport avec les dimensions de l'aile.

Beaucoup d'auteurs ont voulu faire intervenir les élytres dans le vol et ont prétendu qu'elles servaient souvent de parachute lors de la descente ; l'observation ne justifie point leur opinion. La Cétoine (fig. 53) dont les ailes restent soudées pendant le vol, était une exception embarrassante, mais un jeune naturaliste, M. Poujade, a publié d'excellentes figures représentant une série d'Insectes dans les attitudes du vol, et leur examen nous apprend que beaucoup d'entre eux mettent leurs élytres dans une situation telle qu'elles ne peuvent avoir aucune prise sur l'air ; les Nécrophores (fig. 57 et 58), ainsi que l'avait déjà dit Rœsel, les Silphes, les Staphilins (fig. 51), redressent leurs élytres, les renversent et les disposent sur l'abdomen dans un plan longitudi-

nal ; les *Onthophagus* (fig. 54 et 55) les soulèvent simplement en les faisant tourner autour de la suture comme charnière, les *Hister* (fig. 56) mettent leurs élytres horizontales et perpendiculaires à l'axe du corps, mais étendues elles dépassent à peine les pièces axillaires de l'aile inférieure. Les figures 51 à 58 (p. 25) sont instructives à plus d'un titre, elles nous montrent la position toute spéciale des pattes médianes relevées au-dessus du corps en nous indiquant la position du bord antérieur de l'aile pendant le vol qui permet de comprendre qu'elle fonctionne réellement comme un véritable cerf-volant. Nous avons ainsi une nouvelle confirmation de l'explication du mécanisme du vol que nous avons donné.

De toute façon la surface alaire est infiniment trop considérable ; elle peut être réduite sans préjudice dans de fortes proportions ; des expériences instituées par M. Girard, M. Pettigrew, M. Jousset de Bellesme le démontrent surabondamment. On peut enlever perpendiculairement au bord antérieur le tiers des quatre ailes chez les Libellules, le tiers des deux ailes chez les Mouches sans modifier le vol ; on peut même supprimer complètement l'aile inférieure chez quelques Papillons et chez quelques Hyménoptères sans abolir la locomotion aérienne.

Je rapporterai à ce sujet une expérience personnelle ; ayant fait récolter et transporter dans mon cabinet tous les Bourdons que l'on put saisir en une journée à l'École botanique du Jardin des Plantes de Paris, je les anesthésiais à tour de rôle et sûr de les opérer sans lésion, je leur coupais délicatement les ailes inférieures ; la fenêtre était largement ouverte, le temps était beau, les amputés se réveillèrent l'un après l'autre et prirent leur vol sans paraître affectés le moins du monde de la perte de deux de leurs membres. Le lendemain je capturais sur les fleurs de l'École, à quelques centaines de mètres du lieu d'opération, mes invalides (Künckel).

Cependant chez les Diptères la perte des petits organes rudimentaires, les balanciers (voy. p. 14), qui tiennent la place des ailes inférieures, anéantit le vol ascendant ; physiologistes et naturalistes ont constaté le fait, mais sans pouvoir donner une raison absolument satisfaisante de l'importance de leurs attributions. M. le docteur Jousset de Bellesme à la suite d'expériences intéressantes (1878) a été conduit à penser que les balanciers avaient pour fonction de restreindre la course de l'aile en arrière, de reporter ainsi l'axe de sustentation en avant du centre de gravité et par là, de déterminer le vol ascendant.

De toutes ces expériences qui permettent de mesurer la surface utile de l'aile, il ressort un fait d'une importance capitale : c'est qu'on peut impunément rogner, tailler, mutiler la région postérieure membraneuse de l'aile, mais qu'il es interdit de supprimer et même de léser le bord antérieur rigide, les nervures costales et sous-costales jouant absolument le même rôle que la membrure antérieure du cerf-volant; l'enfant ne sait-il pas par expérience que la destruction ou même la rupture de cette membrure empêche son jouet de s'élever dans les airs?

SYSTÈME NERVEUX.

Le système nerveux des Annelés se compose fondamentalement de deux chaînes ganglionnaires parallèles (comme dans le *Malacobdelle*, sorte de sangsue marine, parasite des Mollusques) rappelant la symétrie bilatérale de tout l'embranchement et disposées de façon à ce que chaque anneau renferme une paire de ganglions, c'est-à-dire, le ganglion correspondant de chacune des deux chaînes; les cordons longitudinaux qui vont d'un ganglion au suivant ont reçu le nom de *connectifs*. Dans les Articulés les ganglions ne sont plus séparés dans chacun des anneaux; ils se rapprochent, et un ou deux cordons transversaux appelés *commissures* les relient; on trouve cette disposition chez les embryons, les larves et certaines formes adultes peu élevées; bientôt la coalescence augmente, la commissure qui unit les ganglions d'un même anneau disparaît, les deux ganglions se groupent sous une enveloppe commune, les connectifs restant distincts; enfin les connectifs finissent par s'accoler et les deux chaînes primitives confondues, entourées d'une gaîne commune, le *névrilème*, se présentent sous l'aspect d'une chaîne simple avec ganglion unique; mais, soumise au microscope, cette prétendue chaîne simple se dédouble et reprend son caractère de dualité. La coalescence au lieu de se faire uniquement dans le sens transversal se fait également et simultanément dans le sens longitudinal; les ganglions se rapprochent, se fusionnent pour former de volumineux centres nerveux et certains anneaux renferment alors les ganglions que devraient posséder leurs voisins. La centralisation passe par toutes les gradations et peut même être poussée si loin que l'on ne voit plus qu'une masse nerveuse dans la tête, — cerveau et ganglion sous-œsophagien réunis, — et une masse nerveuse thoracique (Mouche domestique, Œstre, Punaise des bois, etc.). C'est dans les larves, larves des Coléoptères ou des Hyménoptères par exemple, que l'on rencontre le système nerveux le plus voisin du type primordial, système dans lequel les deux ganglions d'un même anneau tout en étant réunis, sont reliés par deux connectifs distincts et séparés. Le système nerveux du ver de farine (larve de *Tenebrio*) que nous avons représenté ci-contre (fig. 45) présente une telle disposition.

Chez les Insectes à métamorphoses complètes le système nerveux des adultes diffère très sensiblement de celui des larves, généralement le nombre des ganglions est moindre. Herold et Newport chez les Lépidoptères, M. Blanchard chez les Coléoptères ont établi que les ganglions de plusieurs anneaux se fusionnaient par suite du raccourcissement de la chaîne ganglionnaire suivie de l'atrophie de certains connectifs, ainsi qu'on peut s'en convaincre en jetant les yeux sur les fig. 45, 46, 47 et 48. Mais, dans certains cas, le nombre des ganglions paraît augmenter, en effet les centres nerveux très ramassés et confondus en une masse unique dans la larve (fig. 49) se disjoignent dans la nymphe, par suite du développement de longs connectifs, et des ganglions se trouvent rejetés jusque dans l'abdomen; c'est ce qui a lieu chez les Diptères appartenant à la famille des Stratiomydes, à celle des Tabanides, des Conopides, des Syrphides ou des Muscides (Muscides acalyptérées), par exemple chez les Stratiomes, les Taons des bœufs, les Conops, les Platystomes, les Eristales, les Syrphes, les Volucelles, etc. (Künckel, 1808 et 1879). Déjà même chez les Muscides calyptérées la disjonction est manifeste entre le ganglion sous-œsophagien et le centre thoracique unique, comme le montre la fig. 50.

Si l'on envisage le mode de groupement des ganglions, il est facile de voir qu'il est constant dans certains ordres, qu'il varie à l'infini dans certains autres; on peut dire en termes généraux que le nombre des ganglions est constant dans chaque famille de la classe des Insectes. Le zoologiste peut tirer du nombre et du dispositif des centres nerveux d'excellents caractères, pour déterminer les affinités et établir les bases d'une classification naturelle.

Le cerveau ou ganglion sus-œsophagien, émet d'abord une première paire de nerfs, les nerfs antennaires, une seconde paire, les nerfs optiques et une troisième paire, les nerfs de la lèvre supérieure; le ganglion sous-œsophagien envoie dans un ordre invariable une première paire de nerfs aux mandibules, une seconde aux mâchoires, une troisième à la lèvre inférieure ou plutôt aux muscles pharyngiens; chacun de ces organes, antennes, mâchoires, etc., reçoit aussi bien des filets nerveux moteurs agissant sur leurs muscles, que des filets sensitifs se rendant aux appareils servant à la perception des sensations, aux palpes par exemple; ces nerfs moteurs et sensitifs étant confondus sous le même névrilème. De chacun des ganglions qui viennent à la suite part une paire de nerfs qui se distribuent aux muscles de chaque anneau, comme chez la larve de *Tenebrio*, par exemple (fig. 45); même lorsque plusieurs ganglions se sont rapprochés pour former un centre nerveux, il y a généralement autant de nerfs moteurs partant de ce centre qu'il y a de ganglions primitifs. Les centres nerveux thoraciques toujours volumineux, surtout chez les Insectes adultes, à cause de l'importance de leurs attributions sont

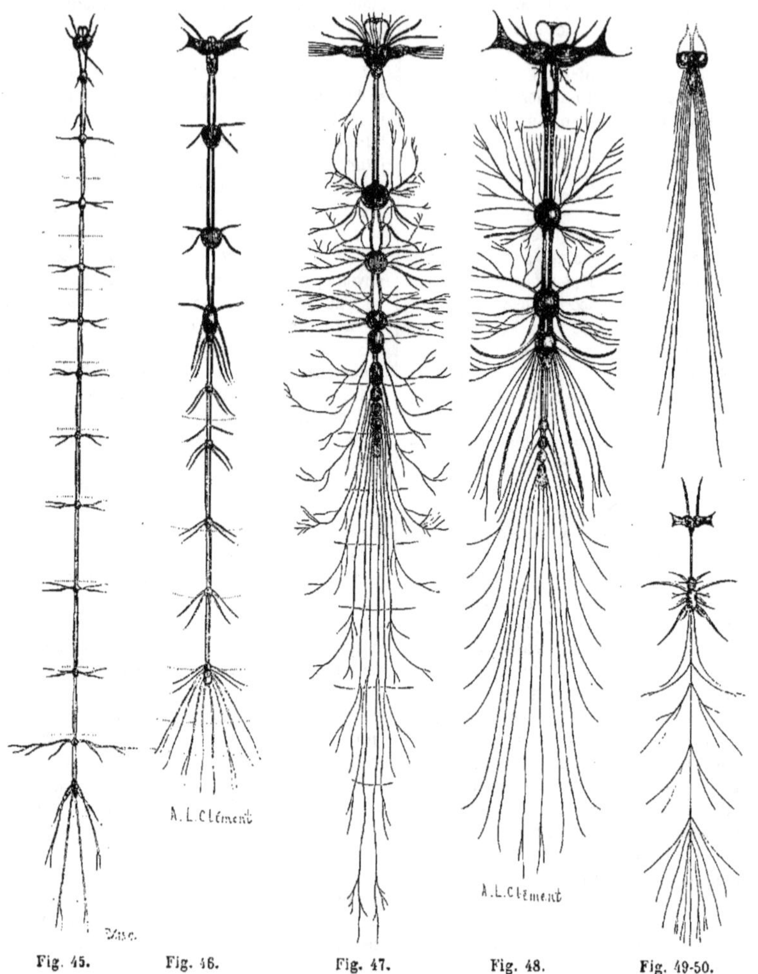

Fig. 45.   Fig. 46.   Fig. 47.   Fig. 48.   Fig. 49-50.

Système nerveux de différents Insectes.

chargés d'innerver les muscles alaires et les muscles des pattes : le centre prothoracique dessert la première paire de pattes ; le mésothoracique, la deuxième paire de pattes et les muscles moteurs de la première paire d'ailes ; le centre métathoracique, la troisième paire de pattes, la deuxième paire d'ailes et les muscles élévateurs et abaisseurs de l'abdomen chargés de lui imprimer le mouvement de va et vient d'un soufflet permettant alternativement aux trachées de se remplir d'air ou de se dégonfler. Le dernier centre abdominal, réunion de plusieurs ganglions, est chargé, de l'innervation des organes génitaux, des muscles moteurs de l'armure génitale et des pièces anales.

Indépendamment du système nerveux principal ou système de la vie animale, correspondant physiologiquement au système nerveux cérébro-spinal des Animaux vertébrés et dont le cerveau seul est au-dessus du tube digestif, il existe un système nerveux viscéral ou système de la vie organique disposé tout entier au-dessus du canal alimentaire. De chaque côté de l'origine du nerf antennaire le

Fig. 45. Larve de Tenebrio. — Fig. 46. Tenebrio adulte. — Fig. 47. Larve de Dytiscus. — Fig. 48. Dytiscus adulte. Ces quatre figures d'après M. Blanchard. — Fig. 49. Larve de Volucella. — Fig. 50. Musca adulte.

Fig. 51. Fig. 52. Fig. 53. Fig. 54 et 55. Fig. 56. Fig. 57. Fig. 58.

Vol des Insectes (page 22).

cerveau émet un nerf qui se rend en avant à un petit ganglion nommé, à cause de sa position, le *ganglion frontal* (fig. 47 et 48) ; de ce ganglion partent : en avant un nerf, qui distribue ses branches au pharynx ainsi qu'à la bouche, et présente quelquefois de petits renflements ganglionnaires ; en arrière, un nerf dit *nerf récurrent* qui passe sous le cerveau, c'est-à-dire sous la commissure qui réunit les deux masses cérébrales ou ganglions cérébroïdes, et se rend immédiatement à un très petit ganglion rattaché de chaque côté à une paire de petits ganglions presque soudés au cerveau et reposant sur la partie aortique du vaisseau dorsal : ce sont *les ganglions angéiens* qui président aux mouvements du cœur ; derrière eux et en relation immédiate se trouve une paire de ganglions placés sur les deux troncs trachéens qui de part et d'autre ont pénétré dans la tête : ce sont les *ganglions trachéens*. Quant au nerf récurrent ou stomato-gastrique, après avoir traversé le petit ganglion impair, il suit la face supérieure de l'œsophage jusqu'au gésier, là il se renfle généralement en un ganglion et distribue ses ramifications à l'estomac. L'ensemble de ce système nerveux a été assimilé au pneumo-gastrique des Vertébrés (Newport, M. E. Blanchard, Leydig).

Il existe encore une troisième forme du système nerveux très distincte surtout chez les chenilles. De la plupart des ganglions de la chaîne ventrale part un mince filet qui se rend à un petit ganglion médian de chaque côté duquel se détache un nerf qui commande les muscles chargés de l'occlusion

Fig. 51, Staphylin. — Fig. 52, Hanneton. — Fig. 53, Cétoine. — Fig. 54 et 55, Onthophagus. — Fig. 56, Hister. — Fig. 57 et 58, Nécrophores.

des stigmates. C'est le système nerveux découvert au dix-huitième siècle par Lyonet, étudié et admirablement figuré par Newport et par Leydig, système que l'on compare aujourd'hui au grand sympathique des Vertébrés.

Les Animaux articulés, les Insectes en particulier, ont donc un ensemble de ganglions qui dirigent l'exécution de tous les actes volontaires, qui président aux mouvements involontaires des différents viscères, des nerfs qui conduisent à la périphérie les manifestations conscientes ou inconscientes des centres nerveux, des nerfs qui rapportent aux centres les impressions perçues à la périphérie par les organes des sens disséminés ou localisés. Les Insectes sont sous ce rapport aussi bien doués que les Animaux vertébrés les plus élevés, puisqu'ils sont pourvus de nerfs de mouvement et de nerfs de sensibilité ; seulement ces nerfs, au lieu d'avoir leurs racines distinctes, sont confondus sous un névrilème commun. Chez les Vertébrés le cerveau est le point de départ unique de tous les actes volontaires et le centre de perception de toutes les sensations ; et il n'en est pas de même chez les Insectes, les ganglions cérébroïdes peuvent être considérés, il est vrai, comme représentant le cerveau, car ils ont une action prépondérante indiscutable, puisqu'ils innervent les principaux organes des sens, tels que ceux de la vue, de l'odorat, du goût, mais ils partagent avec les autres ganglions aussi bien la faculté de commander les mouvements que celle d'enregistrer les sensations. La physiologie expérimentale en fournit la démonstration (Treviranus, Walckenaer, Burmeister, Dugès, Yersin, etc.). Si d'un coup de ciseau, on enlève brusquement la tête d'une Guêpe, si d'un second coup l'on sépare l'abdomen, on voit les trois tronçons conserver leur vitalité, leur motilité, leur sensibilité : la tête agite ses antennes, ouvre et ferme ses mandibules et ses mâchoires ; le thorax remue ses ailes et ses pattes ; l'abdomen darde son aiguillon sur le doigt qui le touche. Le Hanneton dont l'oiseau a arraché les entrailles, dévoré les muscles du thorax, au bout de 24 heures écarte encore les feuillets de ses antennes ; bien plus, une Mouche décapitée prend son vol, se retourne lorsqu'elle est sur le dos, brosse son corps, lisse ses ailes, en un mot fait sa toilette comme si elle n'avait pas été mutilée. Chose plus extraordinaire, les Fourmis privées de leur abdomen sont capables de courir, de se battre, de reconnaître leurs compagnes, de soigner leurs larves (Huber, Ebrard, Forel). Chaque segment du corps ayant sa vie propre, l'Insecte ne meurt pas d'un seul coup, mais graduellement ; il subit en quelque sorte autant d'agonies, autant de morts qu'il a de centres nerveux ; la vie ne s'éteint définitivement que lorsque chaque anneau a épuisé sa vitalité propre ; cela est si vrai que, chez un Taupe-Grillon coupé par le milieu, les mouvements ne s'arrêteront dans la partie antérieure (céphalique et thoracique)

qu'après quatre-vingt-deux heures, et dans la partie postérieure (abdominale) qu'au bout de cent huit heures. Mais dans les mouvements de ces tronçons on constate que la faculté directrice vers un but unique fait défaut ; en interrompant les communications entre le cerveau et les autres centres nerveux, on a supprimé la coordination des mouvements ; le cerveau possède donc une suprématie indéniable sur tous les autres centres nerveux.

On doit à Dujardin une découverte qui, dans ces derniers temps, en se généralisant, a pris une importance considérable. Cet habile observateur a remarqué que sur les lobes cérébroïdes des Abeilles reposait une paire de protubérances qu'il a nommée *les corps pédonculés*, et il a attribué à l'existence de ces proéminences le remarquable développement intellectuel de ces Insectes. Depuis on a constaté (Treviranus, Leydig, Forel, etc.) la présence de ces corps chez d'autres Hyménoptères sociaux (Bourdon, Fourmi, etc.) et on les a comparés à des circonvolutions cérébrales. Sans pousser l'assimilation aussi loin, nous devons admettre, d'après les travaux récents poursuivis en Allemagne (Rabl-Ruckardt, Dietl, Flögel, Berger, etc.), que le cerveau des Hyménoptères industrieux comme celui de tous les Insectes en général présente une organisation beaucoup plus complexe qu'on aurait pu le soupçonner ; mais à l'heure présente nos connaissances sur la structure du cerveau chez les Vertébrés et chez les Invertébrés ne sont pas suffisantes pour que l'on puisse tenter des rapprochements et fixer le siège des différentes facultés intellectuelles. Nous nous bornerons à dire que du cerveau, agglomération de petites cellules, partent des fibres qui se rendent aux ganglions ; les unes traversant pour se rendre aux ganglions suivants, les autres se rendant aux parties qu'elles doivent innerver ; chaque ganglion présente donc un entre-croisement de fibres autour duquel sont groupées des cellules nerveuses, dites cellules ganglionnaires ; ce sont ces cellules qui donnent à chaque ganglion son autonomie propre.

Les nerfs des Articulés et des Invertébrés en général se distinguent de ceux des Vertébrés par un caractère d'une fixité absolue ; ils sont constitués par des fibres élémentaires, réduites au cylindre-axe et réunis sous une gaine commune, le névrilème, sans être jamais entourés de myéline.

ORGANES DES SENS.

Du toucher. — Toutes les régions du corps quelles qu'elles soient sont le siège de la sensibilité générale, on ne peut toucher une région du corps, fût-elle revêtue de la plus épaisse carapace, sans que l'insecte ne manifeste de la crainte, ou ne se mette sur la défensive ; mais dans ce cas la sensibilité est obtuse, lorsque le segment est revêtu de poils rigides, ces poils sont chargés de sentir les moindres frôlements. Certains d'entre eux sont

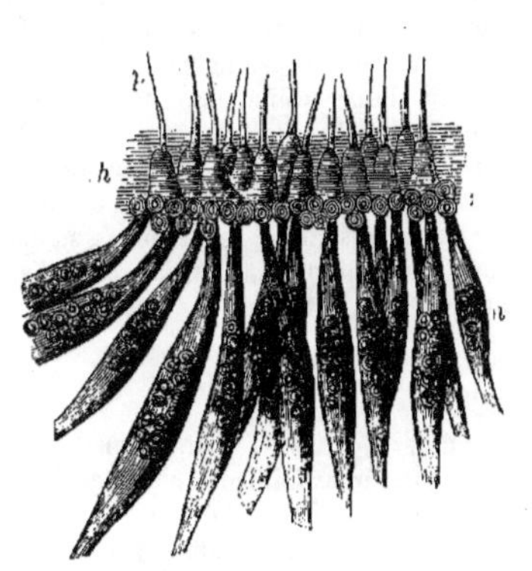

Fig. 59. — Poils tactiles du palpe maxillaire du *Gryllo-talpa vulgaris* (*).

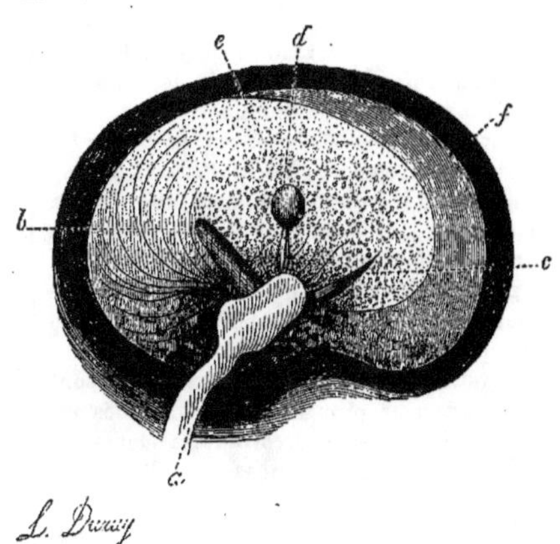

Fig. 60. — Organe de l'ouïe d'un Orthoptère (*Œdipoda cœrulescens*), vu de l'intérieur et à un faible grossissement (page 28) (**).

plus particulièrement organisés pour apprécier et transmettre les sensations les plus délicates ; mais alors très souvent ces poils tactiles sont disposés sur des organes articulés que l'animal peut porter de tous côtés et constituent des appareils de toucher aussi perfectionnés que les corpuscules du tact que possèdent les animaux vertébrés. Les antennes, les palpes maxillaires, les palpes labiaux, les paraglosses, etc., portent à leur extrémité un grand nombre de ces poils qui sont en relation directe avec les centres nerveux. C'est Leydig qui le premier a appelé l'attention sur les terminaisons nerveuses tactiles de la larve d'un Diptère, le *Core-thra plumicornis*. Voici d'ailleurs la structure de ces appareils tactiles; la figure ci-jointe (fig. 59) aidera singulièrement à comprendre la description. Chaque poil rigide est inséré sur le tégument par une partie membraneuse qui lui donne une grande élasticité, une grande souplesse pour éviter les conséquences d'une rupture ; l'âme du poil est en relation directe avec un filament d'aspect particulier qui se rend à une cellule nerveuse située au centre d'un gros renflement rempli de cellules ; ce renflement n'étant en réalité que la dilatation du névrilème d'un nerf. En d'autres termes, le cylindre axe du nerf se rend à une cellule unique, puis se met en rapport avec l'âme du poil, la cellule nerveuse proprement dite étant entourée de nombreuses cellules, dépendant du névrilème, qui la masquent entièrement (Künckel et Gazagnaire).

De la vue. — Nous avons déjà parlé de la vue, en décrivant les yeux ; nous renverrons au cha-

pitre où nous avons longuement décrit ces appendices (voy. p. 4 et 5).

De l'odorat. — Précédemment, après avoir décrit et figuré les antennes, après avoir défini leur structure, nous avons laissé pressentir que nous nous ralliions à l'opinion la plus généralement adoptée, celle qui admet que ces appendices sont des organes du toucher et surtout des organes de perception des odeurs. La physiologie fournit des arguments très démonstratifs qui viennent corroborer les considérations anatomiques. M. Balbiani et M. Auguste Forel ont exécuté une série d'expériences qui semblent prouver péremptoirement que les antennes sont bien le siège de l'odorat. Prenant une série de mâles de Bombyx du mûrier venant d'éclore et ayant la précaution de les isoler et de les éloigner pour qu'ils n'aient aucun contact avec les femelles, le professeur du Collège de France les divise en deux lots, qu'il met dans des boîtes distinctes. L'un des lots est conservé intact, l'autre est mis en expérience : tous les Papillons qu'il renferme ont subi une délicate opération, leurs larges antennes pectinées ont été coupées à la racine. Si on approche la boîte contenant le lot laissé intact des tables sur lesquelles se trouvent les femelles, on voit les Papillons, même à une distance de plusieurs mètres, battre des ailes et entrer dans une violente agitation ; au contraire si on approche des femelles les Papillons dépourvus d'antennes, on est surpris de voir les malheureux amputés demeurer les ailes basses, immobiles, impuissants à manifester la moindre sensation ; l'impression des fortes émanations qu'exhalent les femelles n'est

(*) *n*, renflements nerveux fusiformes; *h*, cellules de l'hypoderme; *c*, couche de chitine avec base d'implantation des poils; *p*, poils tactiles (d'après M. Jobert). C'est au centre de ces renflements que se trouve en réalité la cellule nerveuse ; d'ailleurs le cylindre axe, qui est directement en rapport avec l'âme du poil, pas plus que la cellule nerveuse ne sont figurés.

(**) *a*, nerf acoustique terminé par un ganglion; *b*, *c*, *d*, les trois pièces chitineuses situées à la surface du tympan; *e*, *f*, châssis corné de la membrane tympanique (d'après Leydig).

point parvenue à leur cerveau , l'ablation de leurs antennes les empêche de percevoir les odeurs ; ils n'ont pas d'organes de l'odorat.

Les expériences de M. Forel ont porté sur les Fourmis, et il a constaté que ces Insectes si bien doués, privés de leurs antennes, perdent la faculté de se conduire, de distinguer leurs compagnons de leurs ennemis et *même de découvrir de la nourriture placée à côté d'eux* ; ils ne s'aperçoivent de la présence du miel mis à leur portée que lorsque leur bouche vient par hasard s'y embourber.

L'observation, l'anatomie et la physiologie sont donc d'accord pour prouver que les Insectes ont l'odorat très développé et perçoivent les odeurs par l'intermédiaire de leurs antennes. .

De l'audition. — Lorsque nous avons discuté les fonctions des antennes, nous avons dit que les organes de l'ouïe n'étaient pas situés dans la tête, car Jean Muller et Siebold ont découvert chez les Orthoptères, soit dans la partie postérieure du métathorax (*Acridides*), soit dans les jambes antérieures (*Locustides* et *Gryllides*), un appareil auditif pair composé d'une conque, d'un tympan avec pièces chitineuses jouant le rôle des osselets de l'oreille, d'une vésicule trachéenne, le tout en rapport avec une multitude de terminaisons nerveuses ganglionnaires en forme de bâtonnets ; maintenant que nous savons que le cerveau partage ses attributions avec les ganglions, nous ne serons plus surpris que les appareils auditifs soient innervés par un nerf partant soit du troisième, soit du premier ganglion thoracique. Des considérations d'anatomie philosophique viendraient nous fournir des arguments pour réfuter les objections des anatomistes qui se refusent à enlever au cerveau sa prépondérance comme siège unique de la perception des sensations ; mais nous craindrions de sortir des limites de cet ouvrage en exposant ce qu'on entend par un *zoonite*, c'est-à-dire en expliquant que chaque segment, chaque anneau d'un Annelé peut être considéré comme un animal indépendant ; possédant tous les organes nécessaires à son existence individuelle, l'Annelé et l'Articulé n'étant qu'une colonie d'êtres primitivement distincts dont l'association est graduellement devenue de plus en plus étroite, si étroite même qu'on ne trouve plus que çà et là des vestiges d'une indépendance primordiale. Constater sur un segment l'existence d'un organe, œil (Crustacés du genre *Euphausia*), appareil d'audition (Crustacés du genre *Mysis*, Insectes Orthoptères), appareil de copulation (Insecte Névroptère de la famille des Libellulides), c'est retrouver des témoins de la constitution primitive du zoonite.

Du goût. — Il est encore un sens évidemment localisé dans la tête, c'est celui du goût qui doit se trouver au voisinage de la bouche ; car on sait très bien que les Insectes choisissent leurs aliments et montrent quelquefois des préférences dénotant une grande délicatesse ; les Guêpes ne goûtent-elles pas tous les raisins d'une treille pour ne s'attaquer qu'aux plus sucrés ? M. Wolf a signalé chez les Hyménoptères une région de la bouche qu'il regarde comme servant à l'odorat, mais qui est plutôt le siège de la dégustation ; et l'on a signalé (M. Künckel) des terminaisons gustatives à l'extrémité inférieure de la trompe des Mouches.

APPAREIL DIGESTIF.

L'appareil digestif dans sa disposition la plus simple est un tube intestiniforme qui décrit plusieurs circonvolutions depuis la bouche jusqu'à l'ouverture anale. Ces circonvolutions lui permettent d'atteindre une longueur deux ou trois fois plus grande que le corps et même plus considérable encore ; cet allongement du tube digestif est en rapport avec la nature des aliments que consomme l'Insecte ; chez les Coléoptères carnassiers comme les Carabes et les Dytiques, il est court et ne présente qu'une seule circonvolution ; chez les Hannetons mangeurs de feuilles, il est très long et se contourne plusieurs fois sur lui-même ; chez les Coléoptères coprophages il s'allonge démesurément et s'enroule de manière à occuper toute la cavité abdominale ; les espèces qui ont une nourriture exclusivement animale n'ont pas besoin d'avoir de vastes surfaces d'absorption, tandis que celles qui consomment des aliments déjà digérés ont nécessité de posséder d'immenses surfaces absorbantes, puisqu'elles ont mission d'utiliser les principes nutritifs que les Mammifères herbivores n'ont point assimilés. Une objection très sérieuse en apparence a été faite à cette loi ; les Orthoptères, tels que les Sauterelles, les Criquets, qui ne consomment ordinairement que des matières végétales, ont le tube digestif très court ; mais on oublie que les Orthoptères ont un jabot et des organes glandulaires annexes de l'estomac extrêmement développés ; tandis que chez les Coléoptères, les parois propres du tube alimentaire recélant les glandes chargées de sécréter les liquides digestifs sont dépourvues de glandes salivaires indépendantes.

Le tube digestif (fig. 61, 62 et 63) se compose essentiellement de la *bouche* destinée à la préhension des aliments solides ou liquides ; suivie d'un *pharynx* chitineux ; d'un *œsophage œ* qui très souvent se dilate en un *jabot j*, d'un *gésier* ou *proventricule g* généralement garni intérieurement d'une armature chitineuse ; d'un *estomac* ou *ventricule chylifique e* très dilaté à sa région antérieure, intestiniforme à sa région postérieure et séparé de l'intestin proprement dit par un étranglement valvulaire ; l'*intestin i* d'abord grêle décrit une ou plusieurs circonvolutions et se termine par un *rectum r* droit et élargi qui aboutit à l'anus

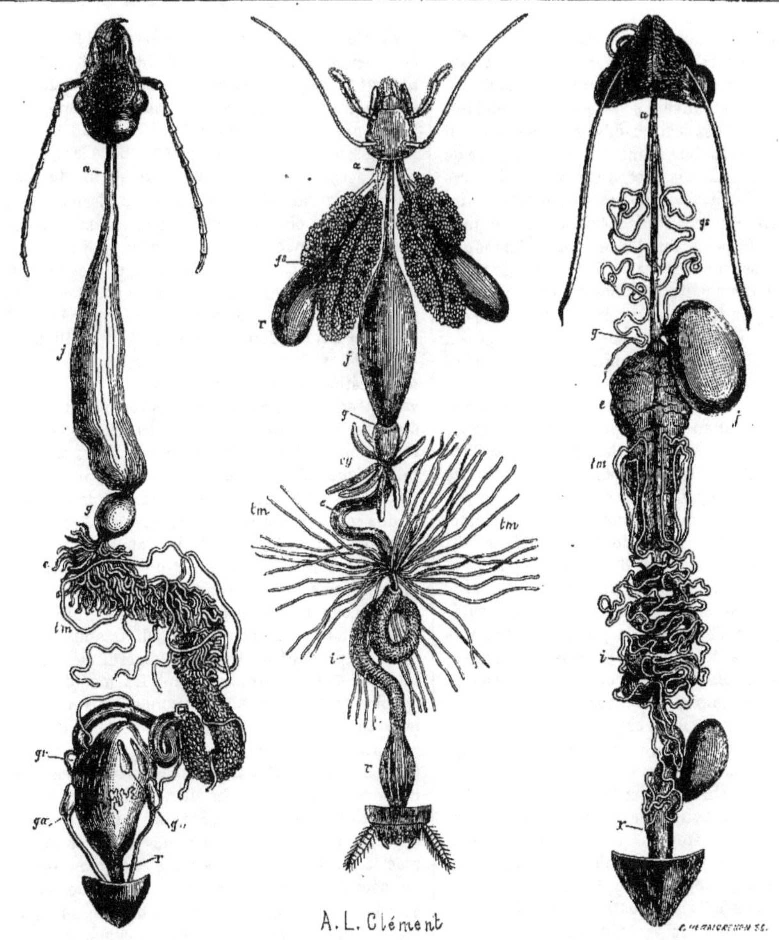

Fig. 61.　　　　　Fig. 62.　　　　　Fig. 63.

Carabus monilis (d'après Newport).　Blatta orientalis (d'après Léon Dufour).　Sphinx ligustri (d'après Newport).

Fig. 61, 62 et 63. — Appareils digestifs d'un Coléoptère, d'un Orthoptère et d'un Lépidoptère (*).

situé dans le dernier anneau. Dans leur plus grand état de complication les glandes annexes comprennent : une, deux ou trois paires de *glandes salivaires gs*, mais plus généralement une seule paire déversant leur sécrétion dans la bouche ou dans son voisinage ; une, deux, trois ou quatre paires de *glandes gastriques cg* terminées en cæcum et débouchant dans l'estomac en avant ou en arrière du gésier ; de longs tubes plus ou moins nombreux, mais presque toujours au nombre de quatre et terminés en cæcum, s'insérant à l'étranglement valvulaire point de jonction de l'estomac et de l'intestin, et ayant reçu le nom de *tubes de Malpighi tm* ; enfin des *glandes rectales gr* et des *glandes anales ga*. Il nous est impossible dans ce résumé sommaire de donner une idée des variations de forme infinies du canal alimentaire et de ses glandes annexes, car il nous faudrait décrire l'appareil digestif d'une multitude d'Insectes ; cependant nous tenterons d'exposer quelques généralités.

Chez beaucoup de Coléoptères les glandes salivaires ne s'isolent pas pour constituer des glandes distinctes, les utricules qui sécrètent la salive sont logés dans la paroi de l'œsophage ; c'est chez les Orthoptères et les Hémiptères qu'elles atteignent le

(*) *œ*, œsophage ; *j*, jabot ; *g*, gésier ; *e*, estomac ; *i*, intestin ; *r*, rectum ; *gs*, glandes salivaires ; *rs*, réservoir des glandes salivaires ; *cg*, cæcums ou glandes gastriques ; *tm*, tubes de Malpighi ; *gr*, glandes rectales ; *ga*, glandes anales.

plus haut degré de complication. Chez les premiers on compte plusieurs paires de glandes, les unes simples, les autres en grappes pourvues de longs conduits excréteurs et souvent de réservoirs pédonculés (fig. 62 *gs* et *r*) ; chez les seconds, non seulement il y a des glandes lobulées ayant chacune une paire de canaux déférents, mais encore une ou deux paires de glandes tubulaires. Chez les Hyménoptères les glandes sont ramifiées. En général, dans la grande majorité des Insectes, aussi bien chez les larves que chez les adultes, les organes producteurs de la salive consistent en une paire de tubes plus ou moins allongés. Ces glandes dans un certain nombre de cas changent d'attribution ; elles deviennent propres à sécréter la soie chez les Chenilles, des venins chez certains Hémiptères et Diptères.

Le jabot est chez les Coléoptères, les Orthoptères une simple dilatation de l'œsophage (fig. 61 et 62 *j*) ; mais chez les Hyménoptères, les Apides et les Vespides surtout, chez les Lépidoptères (fig. 63 *j*) et les Diptères, cet organe est séparé de l'œsophage par un col très resserré qui s'allonge quelquefois démesurément (Diptères) ; il est alors refoulé dans l'abdomen où il prend la forme d'une double poche.

Le gésier des Coléoptères, des Orthoptères présente l'armature la plus compliquée ; une armature composée de séries de plaques chitineuses garnies de dents ; le gésier est rudimentaire et joue simplement le rôle d'une valvule chez les Insectes suceurs ou chez ceux qui vivent de matières molles.

L'estomac ou ventricule chylifique en général est intestiniforme et ne présente aucun caractère particulier ; cependant chez les Coléoptères (fig. 61 *e*), il est presque toujours couvert de milliers de petits cæcums qui lui donnent une apparence villeuse. C'est à l'origine de cet estomac que viennent s'insérer les cæcums gastriques, au nombre de deux, six ou huit chez les Orthoptères (fig. 62 *cg*) ; de quatre à huit chez les Perlides ; de quatre dans les larves de Diptères ; mais dans la majorité des Insectes Coléoptères, Névroptères, Hyménoptères, Lépidoptères, ces cæcums n'existent pas.

Les tubes de Malpighi sont en nombre infiniment variable ; leur longueur, leur mode d'insertion diffèrent d'un groupe à un autre. On en compte quatre chez la plupart des Coléoptères (fig. 61 *tm*), chez les Hémiptères et les Diptères, six chez les Lépidoptères (fig. 63 *tm*), six à huit chez les Névroptères, un nombre considérable chez les Hyménoptères et les Orthoptères (fig. 62 *tm*).

Quant aux glandes rectales (fig. 61 *gr*) on en distingue toujours quatre ou six. Les glandes anales sont toujours paires : elles sont en grappes ou en longs tubes pelotonnés et possèdent de chaque côté un vaste réservoir (fig. 61 *ga*).

Le tube intestinal des larves comparé à celui des adultes présente des différences qui sont d'autant plus accusées que le régime du premier âge et celui de l'Insecte arrivé au terme de son développement

sont plus dissemblables ; la Larve exclusivement carnassière qui vit de purin et la Mouche qui se nourrit de pollen et de miel, la chenille qui dévore les feuilles et le Papillon qui hume le nectar des fleurs ont l'appareil alimentaire construit sur un plan essentiellement différent. C'est dans la nymphe que s'accomplissent les transformations du tube digestif. Herold, Newport, Suckow, Cornalia ont suivi heure par heure le raccourcissement de l'énorme estomac variqueux occupant presque toute la capacité du corps de la Chenille, et son changement en un estomac plus réduit contraint de se loger dans le thorax ; ils ont vu se constituer le jabot qui n'existait pas dans la chenille. Chez les Diptères les organes servant à la digestion subissent des modifications aussi importantes ; les glandes salivaires énormes et ramassées à la région antérieure diminuent de volume et se déroulent dans le thorax et l'abdomen ; les glandes gastriques, longs cæcums cylindriques et libres, deviennent des glandes conglomérées, semblables à des grappes de raisin à grains serrés, et s'accolent au gésier et à l'estomac ; le jabot se constitue tout entier, apparaissant d'abord sur l'œsophage comme un petit bourgeon, prenant peu à peu l'aspect d'une poche simple, puis d'une poche double suspendue à un long pédicelle. (Léon Dufour, Weismann, Künckel.) De tous les organes dépendant de l'appareil digestif ce sont les tubes de Malpighi qui subissent les modifications les plus secondaires, nous en connaîtrons plus loin le motif ; ils changent de position seulement, mais non pas de structure ; serpentant à travers tout le corps des larves, ils sont simplement refoulés dans l'abdomen. Chez un certain nombre de larves (Abeilles, Guêpes, Frelons, Fourmis lions, etc.) ayant des conditions d'existence toutes spéciales l'estomac se termine en cul-de-sac et ne communique pas avec l'intestin ; le rectum sert uniquement à évacuer les produits de sécrétion des tubes de Malpighi ; pendant l'état de nymphe la communication normale se rétablit. D'après ce que nous venons d'exposer, il est clair que chez les Insectes à métamorphoses incomplètes les organes digestifs ne subissent aucune transformation ; le régime étant le même depuis la naissance jusqu'à la mort.

La structure histologique du tube digestif est la suivante dans toute la classe des Insectes. Il n'existe pas de cils vibratiles comme chez les Vertébrés. Une cuticule chitineuse, — c'est là un caractère des plus importants, — dont l'animal se dépouille à chaque mue comme de sa peau ou cuticule externe, tapisse la paroi interne du canal alimentaire ; elle protège la tunique propre (*tunica propria*) ou tunique muqueuse remplie de cellules chargées de sécréter les liquides digestifs ; ces cellules, en se rapprochant et se réunissant, constituent un réseau à mailles hexagonales très élégant sous le microscope ; ce sont les cellules qui, semblables à des villosités, font saillie à l'extérieur et donnent à l'estomac des Coléoptères

(*Dytiscus*, *Carabus*, etc.) un aspect tout particulier. (fig. 61, e). Au-dessus de ces deux tuniques se trouve une couche musculaire composée de fibres striées annulaires et longitudinales ; enfin on a compté une quatrième tunique, mais elle peut être regardée comme appartenant au tissu conjonctif général qui relie entre eux tous les organes. La nature de ces tuniques varie suivant les régions du tube alimentaire et surtout suivant les espèces ; nous ne saurions entrer dans le domaine de l'histologie comparée.

Il convient maintenant de dire quelques mots des fonctions physiologiques des diverses parties de l'appareil digestif. Nous ferons remarquer tout d'abord qu'il ne faut pas prendre à la lettre les noms qui ont été dévolus à chacune de ces parties et admettre que les fonctions correspondent à ces désignations. Le jabot, le gésier, le ventricule chylifique ne sont pas homologues des parties de même nom chez les Oiseaux ; ces noms ont été généralement adoptés pour éviter la création d'appellations nouvelles.

La salive alcaline vient ordinairement se déverser dans la bouche où elle sert tout d'abord à diluer les aliments ; c'est elle que nous voyons perler à l'extrémité de la trompe des Mouches et des Papillons (expériences de Réaumur) pour leur permettre d'attaquer notre sucre cristallisé et de le transformer en eau sucrée. Chez les Coléoptères, où les glandes ne sont pas localisées, les aliments sont imprégnés de salive en traversant l'œsophage. Les matières ingérées s'accumulent dans le jabot qui, chez les Lépidoptères et les Diptères condamnés à un jeûne forcé quand le temps est pluvieux ou lorsque le soleil reste caché, joue le rôle d'une panse comme chez les Ruminants. Beaucoup d'auteurs allemands admettent que le jabot chez ces Insectes, par son élasticité, sert à la succion des matières fluides, et ils l'appellent pour ce motif estomac suceur (*saugmagen*) ; cet organe est un véritable réservoir alimentaire, la succion s'opérant uniquement par le jeu des pièces pharyngiennes.

Sous l'influence de la salive les aliments subissent dans le jabot un commencement de digestion, les matières amylacées se transforment en glucose puis passent dans l'estomac en franchissant le gésier qui, fonctionnant comme valvule, régularise leur introduction, mais qui, à l'instar du gésier des oiseaux, ne broie pas les corps que les pièces buccales n'ont pas suffisamment déchiquetés ; c'est lui qui chez les Coléoptères et les Orthoptères carnassiers tamise en quelque sorte les téguments résistants des Insectes dont ils se nourrissent ; et il s'acquitte si bien de sa fonction que chez un Taupe-grillon il devient impossible de distinguer si les débris qu'on rencontre dans l'estomac appartiennent à tel ou tel Insecte. La digestion proprement dite, c'est-à-dire la transformation, sous l'action de la pepsine, des matières albuminoïdes en chyle,

s'accomplit dans l'estomac. Ce sont surtout les expériences de M. Félix Plateau et celles de M. Jousset de Bellesme qui ont permis de se rendre compte de la marche des phénomènes qui s'accomplissent pendant la digestion. Chez les Articulés, il n'existe aucun vaisseau qui puisse être comparé aux vaisseaux chylifères ; le chyle au fur et à mesure de sa production traverse directement par endosmose les parois du tube digestif et se mêle immédiatement au liquide qui remplit la cavité générale et qu'on nomme improprement le sang, quoiqu'il soit plus rationnel de le comparer à la lymphe.

La sécrétion des tubes de Malpighi vient se jeter dans le canal alimentaire à l'origine de l'intestin, mais son action sur les matières en digestion paraît être nulle ; elle arrive d'abord bien tardivement et sa composition chimique, excluant toute analogie avec la bile, indique sa grande parenté avec l'urine. Les anatomistes ont longtemps considéré ces tubes comme des vaisseaux biliaires, mais la découverte des urates et des calculs uriques a permis de penser que ces organes remplissaient les fonctions des reins ; mais ne voulant pas renoncer complètement à leur première opinion, quelques-uns d'entre eux ont supposé qu'ils jouaient simultanément le rôle du foie et celui des reins. Aujourd'hui, après toutes les recherches qui ont été faites en France et en Allemagne, nous pouvons affirmer que les tubes de Malpighi sont chargés de l'excrétion des urates et de l'acide urique provenant des combustions qui se produisent dans les organes lorsqu'ils sont en action.

Les fonctions des glandes rectales sont absolument inconnues, et le nom de glandes ne paraît guère leur convenir ; Leydig a supposé qu'elles pouvaient bien n'être que des témoins, n'être que des organes déchus de leurs attributions primitives. Suivant lui, et Gegenbaur qui adopte ses idées, ces organes représenteraient les branchies trachéales du rectum des larves des Libellules, et rappelleraient que les Insectes descendent d'une forme ancestrale dont les larves vivaient dans l'eau et possédaient un appareil respiratoire tout à fait semblable.

Les glandes anales à proprement parler n'appartiennent pas à l'appareil digestif ; elles sécrètent simplement un liquide défensif d'une odeur nauséabonde ; ce liquide chez les carabes, par exemple, est de l'acide butyrique (Pelouze).

Corps adipeux. — Dans les mailles du tissu conjonctif, qui relie tous les organes et les maintient dans leurs rapports relatifs, surtout lorsque l'animal exécute de violents mouvements, existent de grosses cellules contenant un noyau la plupart du temps dissimulé par les granulations graisseuses dont elles sont gorgées ; elles ont alors une opacité caractéristique : la lumière ne pouvant les traverser, elles se détachent en noir sous le microscope. L'ensemble de ces cellules qui occupent tous les

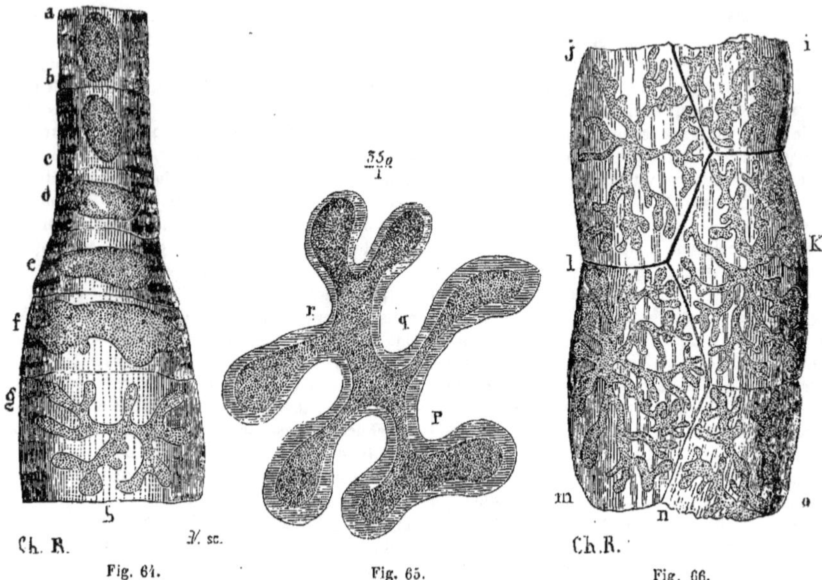

Fig. 64.   Fig. 65.   Fig. 66.

Fig. 64, 65 et 66. — Cellules des glandes séricigènes des Chenilles, très grossies (page 34).

intervalles laissés par les viscères constitue le corps adipeux; sa coloration, ordinairement blanche ou jaunâtre, devient quelquefois orangée, rouge et même verte. A mesure que les larves consomment de la nourriture, on voit les cellules d'abord transparentes se remplir peu à peu de granulations graisseuses et prendre des dimensions de plus en plus grandes; le corps adipeux finit par acquérir un volume considérable et par envelopper de ses larges bandelettes le tube digestif et ses glandes annexes; il devient alors l'effroi des anatomistes dont il met la patience à une rude épreuve. Extrêmement développé dans les larves, il est considérablement réduit chez les adultes. Lorsque la larve se change en nymphe, s'accomplit la transformation des organes et se crée la puissante musculature qui en fait un être aérien; le tissu adipeux ne conserve plus son autonomie, il se dissocie; les granulations graisseuses s'échappent des cellules et se répandent dans la cavité générale, où elles vont se mettre à portée des tissus en voie de transformation afin de leur fournir les éléments nécessaires à leur reconstitution. Le tissu adipeux joue donc pendant la métamorphose

un rôle comparable à celui que le vitellus joue dans l'embryon; tous deux étant essentiellement composés de matières protéiques capables de se transformer en tissus de différente nature; ce tissu adipeux des larves semble donc mériter à juste titre le nom de *vitellus postembryonnaire* (Künckel).

En 1843, MM. Dumas et Milne-Edwards ont montré que les Abeilles nourries exclusivement avec des aliments sucrés créent de toutes pièces la matière grasse qu'elles sécrètent sous forme de cire; depuis, MM. de Lacaze-Duthiers et A. Riche, reprenant la question, sont arrivés à prouver que les Insectes transforment directement l'amidon en graisse. Par l'analyse chimique, ils ont reconnu que les larves gallicoles de *Cynips*, suivies depuis leur sortie de l'œuf jusqu'à l'achèvement de leur croissance, se développent aux dépens de la pulpe des galles : 1° en fixant l'azote dans leurs tissus comme les animaux supérieurs; 2° en transformant en graisse la matière amylacée.

Claude Bernard a constaté chez les larves l'existence d'une matière glycogène; on ignore si elle se trouve dans les cellules adipeuses elles-mêmes ou dans des cellules spéciales; il y a quelque probabilité à supposer qu'elles se trouvent dans des cellules particulières, peut-être dans des cellules groupées entre les faisceaux musculaires qui ne se rattachent pas au corps adipeux, et qui se distinguent par l'aspect et la coloration.

Fig. 64. *a, h*, portion antérieure d'une glande chez une Tinéide; *b, c, d, e*, cellules à noyaux ovoïdes; *f*, cellule à noyau volumineux présentant des saillies; *g*, cellules à noyau complètement ramifié. — Fig. 66, portion élargie des glandes d'une Tinéide montrant plusieurs cellules ramifiées, *i, j, k, l, m, n, o*. — Fig. 65, noyau isolé d'une cellule d'une glande séricigène de Bombycide (d'après Ch. Robin).

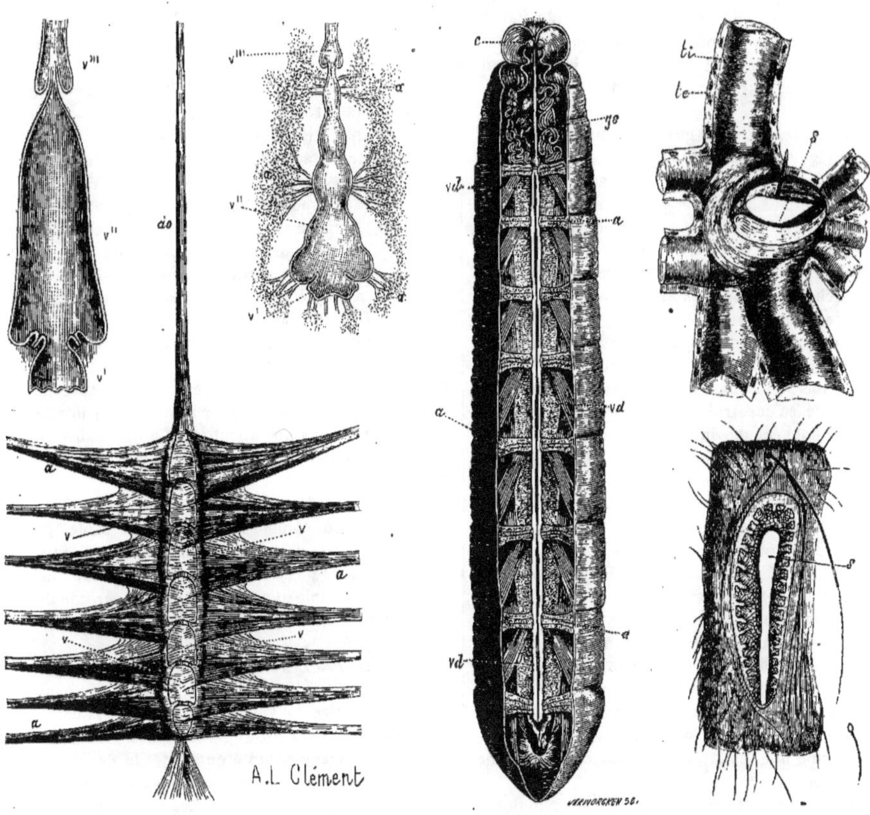

Fig. 67.   Fig. 68.   Fig. 69.   Fig. 70.   Fig. 71.   Fig. 72.

Appareil circulatoire et appareil respiratoire. — Cœur et stigmates (p. 37).

DES SÉCRÉTIONS

Les sécrétions spéciales chez les Insectes sont infiniment variées ; les unes leur permettent de se construire des abris destinés à les soustraire aux intempéries des saisons, à les garantir du bec de l'Oiseau, de la dent du petit Mammifère ; les autres mettent à leur disposition des moyens d'attaque et de défense ; d'autres encore leur fournissent de nombreux produits appropriés aux usages les plus divers. L'Homme est intervenu pour détourner quelques-unes de ces sécrétions de leur emploi na-turel et les utiliser à son profit, de telle sorte que plusieurs d'entre elles ont acquis une si grande importance économique qu'elles tiennent sous leur dépendance le bien-être, le luxe et la santé de populations tout entières. Ce sont les cocons, tissés par la chenille du Bombyx du mûrier, que l'on dévide pour obtenir la soie grège, si légère, si délicate, que le filateur, le teinturier, le fabricant transformeront en splendides étoffes ; l'humble Ver à soie, obscur ouvrier, est l'artisan inconscient de la fortune de millions d'êtres humains. Les Cochenilles fournissent de solides couleurs que

Fig. 67 et 69. Ventriculites ou chambres du vaisseau dorsal des onzième et douzième anneaux de la larve du *Chironomus plumosus* d'après Verloren. — Fig. 67. Diastole. — Fig. 69. Systole ; *v'* première chambre ou ventriculite terminal ; *v''* et *v'''*, deuxième et troisième chambre.

Fig. 68. Vaisseau dorsal ou cœur du Cerf-volant (*Lucanus Cervus*) d'après Newport ; *ao*, aorte ; *v*, vaisseau dorsal proprement dit ; *a*, ligaments suspenseurs ou ailes.

Fig. 70. Vaisseau dorsal ou cœur de la chenille du *Sphinx Ligustri*, d'après Verloren ; *c*, cerveau ; *gs*, glandes séricigènes ;

vd, vaisseau dorsal ; *a*, les ligaments suspenseurs ou ailes.

Fig. 71. Stigmate de Papillon (*Vanessa urticæ*) et les trachées qui en partent ; *te*, tunique externe ou péritrachéenne contenant ses noyaux ; *ti*, tunique interne, avec ses épaississements spiroïdes (fil spiral) ; *s*, ouverture du stigmate entouré de son péritrème. (D'après H. Landois.)

Fig. 72. Stigmate de la mouche commune (*Musca domestica*) ; *s*, ouverture du stigmate ; le péritrème porte une frange garnie de poils ; au dessous on aperçoit la membrane couverte de cellules qui sert à l'occlusion du stigmate. (D'après H. Landois.)

la peinture et la teinture utilisent de mille manières, de précieux vernis que cent industries emploient journellement ; les Cantharides prêtent
aux médecins leurs vertus incomparables.

De la soie. — Un très grand nombre de larves ont
le privilège de sécréter cette substance qu'on nomme
la *soie*. Toutes les Chenilles produisent de la matière
soyeuse en plus ou moins grande abondance ; elle
leur sert dans le premier âge à recouvrir les feuilles et les tiges d'un fin réseau où le jeune animal
implante solidement ses griffes, elle leur permet de
rapprocher des feuilles pour se construire une retraite ; elle leur fournit plus tard le moyen d'échapper à leurs ennemis ou d'éviter des chutes terribles
en leur donnant la facilité de se lancer dans l'espace
suspendues à un câble invisible ; elle leur donne le
moyen de se construire une enveloppe protectrice
quand vient l'époque du passage à l'état de nymphe ;
c'est alors que beaucoup d'entre elles tissent un
cocon à l'intérieur duquel s'effectue la Métamorphose. Les Chenilles ne sont pas seules à produire
de la soie, les Phryganes savent à l'aide de cette
substance se construire d'élégants fourreaux qu'elles ornent de brindilles, de coquillages, de grains
de sable. Certaines larves de Diptères du groupe des
Tipulaires savent également filer, au moment de
leur transformation en nymphe, de petites coques ;
les larves des Puces, elles aussi se construisent de
minuscules cocons. Les larves d'Hyménoptères
avant de se transformer en nymphe sécrètent une
matière qui ne s'étire pas en fil comme la soie,
mais forme une pellicule mince de couleur brune
très friable.

Quels que soient ces Insectes, ce sont toujours
les glandes salivaires qui se sont modifiées pour
remplir une fonction particulière ; elles ne fournissent plus un liquide servant à la digestion, mais
une substance tenace qui s'étire en fil et se solidifie au contact de l'air et de l'eau. Ces glandes
salivaires détournées de leur fonction habituelle
ont reçu le nom de *glandes séricigènes* ; elles consistent en une paire de tubes terminés en cœcums et de longueur très variable suivant l'importance du rôle qu'elles doivent jouer (fig. 70, *gs*).
Chez les Vers à soie elles acquièrent d'énormes
dimensions, s'étendent dans toute la longueur du
corps en décrivant même quelques circonvolutions. Les deux canaux déférents de chacune des
glandes se réunissent dans la tête en un conduit
commun qui vient déboucher dans la lèvre inférieure par un petit tube appelé *filière*. Sur le trajet
du conduit commun se trouve une paire de glandes très minimes produisant une matière visqueuse
de nature spéciale, destinée à maintenir accolés
l'un à l'autre les deux fils au moment de leur passage dans la filière et à les revêtir d'un vernis protecteur qui rend la soie presque inaltérable ; cette
matière a reçu le nom de *grès*, d'où l'appellation de

soie grège donnée à la soie simplement dévidée et
mise en écheveaux sans avoir reçu aucune espèce
d'apprêt.

D'autres Insectes, larves ou adultes, sécrètent des
produits comparables à la soie, mais ce n'est plus
par l'intermédiaire des glandes salivaires détournées de leur fonction normale ; des glandes situées
dans l'abdomen sont chargées de les élaborer. Les
Hydrophilides femelles (*Hydrophilus*, *Hydroé*, voyez
ces mots), à mesure qu'elles pondent, enveloppent
leurs œufs de soie de manière à constituer une coque arrondie qui flotte sur les eaux et qu'un long
pédicelle redressé retient aux plantes aquatiques
(Lyonet). Dans ce cas, les glandes séricigènes accompagnent les glandes ovigères et semblent une
dépendance de l'appareil génital ; elles sont constituées par une série de longs cœcums qui se réunissent de part et d'autre pour former une paire de
conduits déférents qui aboutissent à une paire de
filières rétractiles placées à l'extrémité de l'abdomen.

Les larves des *Myrmeleo* (Fourmilion) se constrai-
sent une coque, composée de grains de sable agglutinés par de la soie, où elles accomplissent leurs
métamorphoses ; cette soie est produite par une
glande abdominale et portée au dehors par une filière anale.

De la cire. — Les anciens et Réaumur lui-même
s'imaginaient que les Abeilles tiraient directement
des fleurs la cire qu'elles emploient dans la construction de leurs gâteaux ; c'est Huber, le grand
observateur aveugle, qui a eu le mérite de reconnaître définitivement le véritable siège de la sécrétion de cette matière grasse, siège entrevu, il est
vrai, en 1768 par un modeste paysan de la Lusace. Ce
sont certains sternites ou, autrement dit, quelques-
uns des arceaux inférieurs de l'abdomen modifiés
dans leur structure histologique qui remplissent la
fonction sécrétoire. A cet effet la région antérieure
des deuxième, troisième, quatrième et cinquième
sternites, c'est-à-dire la région qui est ordinairement invaginée et se trouve recouverte par la région postérieure résistante revêtue de poils des
première, deuxième, troisième et quatrième sternites, devient transparente et forme de part et d'autre de la ligne médiane fortement chitinisée une
paire de cupules à fond plat. La délicate membrane
qui tapisse ces cupules laisse transsuder la cire qui
se solidifie au contact de l'air sous la forme de petites lamelles, que l'Abeille saisit délicatement à
l'aide de la pince que forment la jambe et le premier article du tarse (voy. Abeilles), pour les porter
à sa bouche, les triturer et les malaxer avec sa salive afin de la rendre propre à la construction des
alvéoles.

Les Bourdons, comme les Abeilles, sécrètent de la
cire et l'emploient aux mêmes usages.

D'autres Insectes ont la faculté de laisser transsuder de toute la surface de leur corps des matières grasses analogues à la cire ; des Pucerons, des Cochenilles se couvrent de filaments d'un blanc étincelant simulant un fin duvet : tout le monde connaît le Puceron laniger qui doit son nom à son vêtement laineux. Certains Fulgorides portent sur l'abdomen de longues houppes blanches de même nature, *Phenax*, *Lystra*, *Flata*, etc. Ces flocons cireux constituent pour les Pucerons et les Cochenilles

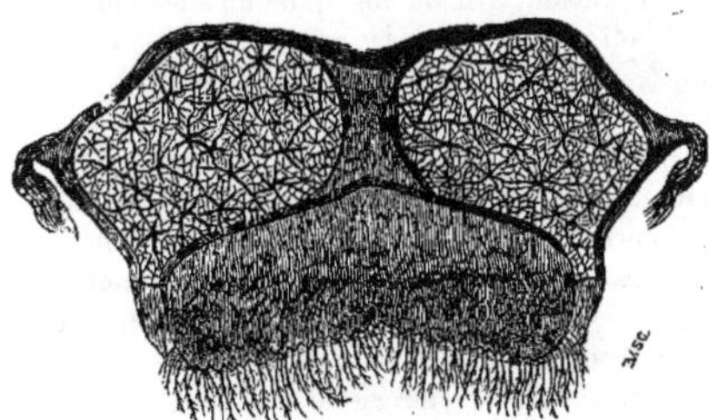

Fig. 73. — Organes ciriers de l'Abeille ouvrière.

une enveloppe protectrice qui les dissimule complètement, mais révèle leur présence ; les arbustes de nos serres, les pommiers de nos jardins sont souvent couverts de taches blanches produites par ces sécrétions cireuses (Cochenille des serres ou *Dactylopius adonidum* ; Puceron lanigère). En Chine la sécrétion du *Coccus Pe-la* est assez abondante pour couvrir certains arbres d'un vêtement blanc ; récoltée, cette cire devient un produit commercial important.

Des venins et des appareils venimeux. — Les Insectes comme les Serpents venimeux ont la faculté de sécréter des venins qui ne le cèdent pas en puissance ; il est heureux qu'ils ne soient émis qu'en petites quantités, car ils produiraient dans l'économie de graves désordres : les piqûres des Abeilles, des Guêpes et des Frelons le démontrent jusqu'à l'évidence. Ces venins ne sont pas destinés à agir uniquement sur les tissus animaux, quelques-uns peuvent désorganiser les tissus végétaux et déterminer des hypertrophies les plus singulières ; les excroissances connues sous le nom de *galles*, et dont les formes sont infiniment variables, sont produites par les piqûres de petits Hyménoptères, les *Cynips*, ou de petits Diptères, les *Cecidomyides gallicoles* ; la variabilité de structure des galles dépend à la fois de l'espèce de l'Insecte, de la plante et de la partie de la plante qui a été lésée.

Les Hyménoptères (Apides, Vespides, Crabronides Scoliïdes, Formicides, Cynipides, etc.) ont seuls l'apanage de posséder un appareil venimeux. Cet appareil se compose essentiellement d'un *organe sécréteur*, d'un *réservoir* et d'un *aiguillon* destiné à inoculer le venin. Chez l'Abeille, ainsi que le montre la figure ci-jointe, il existe une paire de longs tubes *c, c, d, d,*

chargés d'élaborer le venin qui se réunissent en un canal commun pour déboucher dans une poche ovoïde *b*, servant de réservoir ; ce réservoir se prolonge en un conduit qui s'ouvre à la base de l'aiguillon. L'aiguillon ou dard *a* est en réalité constitué par une paire de stylets accolés et finement dentelés sur leur bord externe. M. de Lacaze Duthiers a fort bien étudié les homologies des pièces constituantes de ces aiguillons dans ses recherches sur

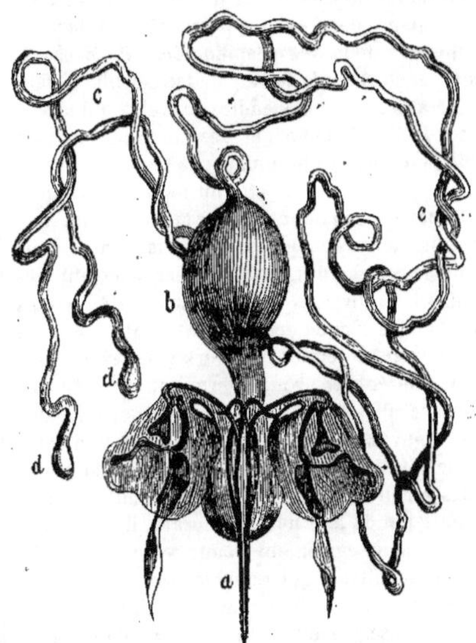

Fig. 74. — Appareil vénénifique de l'Abeille ouvrière (*).

l'armure génitale des Insectes. D'après les expériences de M. Bert, le venin des *Xylocopa violacea* (Apides) n'agirait directement ni sur le système musculaire, ni sur le système nerveux ; il serait poison du sang.

Sécrétions diverses. Odeurs. — Les Insectes sont capables d'émettre les sécrétions odorantes les plus variées ; les unes émanent de toutes les régions du corps, les autres sont localisées dans certaines parties et proviennent de glandes nettement caractérisées ; ce sont pour la plupart des sécrétions défensives destinées à inspirer de la répugnance aux Oiseaux et à tous les insectivores. Nous avons dit précédemment que les glandes anales des Carabes sécrétaient de l'acide butyrique ; mais la nature de la sécrétion varie chez les Carabides ; les *Brachinus*, les *Aptinus* émettent un liquide caustique dont la vaporisation instantanée est accompagnée de crépitations, d'où le nom de *Bombardiers* donné à ces Coléoptères. Quelques Insectes sont si

(*) *a*, aiguillon ; *b*, réservoir à venin ; *c, c, d, d,* tubes sécréteurs du venin.

heureusement doués qu'ils sécrètent plusieurs liquides odorants ; les Dytiques par exemple non contents de rejeter par l'anus l'acide butyrique qu'élaborent leurs glandes anales et qui s'emmagasine dans la grande poche rectale, font suinter par l'articulation de la tête et du thorax un liquide laiteux d'une odeur nauséabonde, provenant d'une paire de glandes logées de chaque côté du tergum du prothorax.

Il me serait impossible d'énumérer toutes les sécrétions, je ne citerai que les plus intéressantes. Les Chenilles de tous les Papilionides (*P. Machaon, Podalirius,* etc.) ont la faculté de faire saillir de leur premier anneau un appendice fourchu qui exhale une odeur d'acide butyrique des plus accusées ; les Chenilles d'*Harpya* ont une poche dans le premier anneau qui s'ouvre et rejette un liquide caustique. Les Punaises exhalent l'odeur repoussante que nous leur connaissons lorsqu'elles lancent le contenu de leurs glandes. Ces glandes affectent des positions bien diverses suivant que ces Hémiptères (Pentatomides, Scutellerides, etc.) sont jeunes ou adultes ; chez les jeunes plusieurs glandes généralement colorées en rouge vermillon sont situées sous les tergites ou arceaux supérieurs de l'abdomen et s'ouvrent en dehors chacune par une paire d'ostioles (Künckel) ; chez les adultes au contraire les ailes recouvrant l'abdomen et rendant impossible l'émission de leur liquide odorant, il existe une glande unique également rouge vermillon et de structure identique qui remplace les précédentes, mais se trouve placée à la région ventrale du mesothorax à la base de l'abdomen et est en relation avec l'extérieur par deux orifices situés entre la seconde et la troisième paire de pattes (L. Dufour).

Chacun sait que la gourmandise développe toutes les facultés des Fourmis, et les invite à découvrir les Pucerons et les Cochenilles, aussi bien sur les tiges que sur les racines des plantes, pour humer la matière sucrée qu'ils émettent. On croyait que cette liqueur était distillée par des glandes spéciales dont les cornes dorsales de l'abdomen chez les Pucerons auraient été les conduits déférents ; il n'en est rien, les Aphides comme les Coccides, ainsi que l'a démontré M. Forel, rejettent le liquide sucré comme matière excrémentitielle. La sécrétion épaisse qui suinte à l'extrémité des cornicules des Pucerons est plutôt défensive ; il est présumable qu'elle provient de glandes représentant les glandes odorifères que nous venons de décrire chez les larves et les nymphes des Pentatomides.

Les larves des Chrysomèles du peuplier possèdent un certain nombre de glandes cutanées (Claus) chargées d'émettre un liquide âcre ; des larves de Tenthrédines ont quelques glandes analogues. Les Coccinelles, les Chrysomèles, les Meloé laissent suinter un liquide orange nauséabond par les articulations des pattes. Les Cicindèles (*Cicindela campestris*) exhalent un parfum très suave d'essence de rose ; les *Aromia moschata* (Cerambycides) répandent autour des Saules une forte odeur de musc qui les décèle ; les Cantharides qui se trouvent en masse sur les fleurs font deviner leur présence par leurs émanations corrosives. Parmi les Lépidoptères, certains Sphinx (*Sphinx convolvuli* et *ligustri*) exhalent une odeur musquée des plus prononcées (M. Maurice Girard).

Nous dirons encore que les Fourmis (*Formica rufa*) produisent l'acide formique qu'elles fournissaient jadis aux chimistes ; ce sont les glandes à venin transformées qui distillent cet acide.

De la phosphorescence. — Il est encore une production qui peut être rangée parmi les sécrétions, c'est la production de la lumière, car l'on dit que les Insectes phosphorescents sécrètent une matière lumineuse, ce qui est une simple conception de l'esprit. Tout le monde connaît les Vers luisants et chacun s'est émerveillé de les voir consteller nos campagnes d'étoiles terrestres. Dans nos contrées ces Lampyres ne sont pas seuls à posséder des propriétés lumineuses ; les Lucioles, ces astres animés si connus des voyageurs qui ont visité les régions méditerranéennes et que les poètes ont chantés tant de fois, les Phosphænes privés d'ailes qui traînent sur le sol une pauvre existence, jettent également de vives lueurs. Chez tous ces Lampyrides les deux sexes et les larves elles-mêmes sont phosphorescents, mais les femelles brillent d'un éclat beaucoup plus vif que les mâles. Les foyers de lumière sont situés sur la face inférieure de l'abdomen sur les deux ou trois avant-derniers sternites. D'autres Coléoptères, les *Pyrophorus* (Elatérides) qui habitent les régions chaudes de l'Amérique, projettent une éclatante lumière et possèdent même un véritable pouvoir éclairant. Les foyers lumineux sont au nombre de trois et ne sont plus dans l'abdomen : deux sont placés sur le prothorax au voisinage des angles postérieurs et apparaissent comme deux taches circulaires, le troisième se trouve sur le sternum du métathorax dans une dépression de sa région postérieure. Dans ces dernières années, des voyageurs, M. Laurent, capitaine de *la Floride*, M. de Dos, ont apporté à Paris quelques-uns de ces Cucujos que l'on a pu conserver vivants assez longtemps pour reconnaître que les récits pittoresques d'outre-mer n'avaient rien d'exagéré. Quels effets merveilleux ces lumières vivantes doivent-elles produire le soir dans leur pays natal au milieu de la chevelure des femmes ou sur leurs vêtements ; et lorsque les Cucujos s'agitent fiévreusement pour s'échapper des prisons de gaze où on les tient captifs ne doivent-ils pas lancer des feux plus éclatants que ceux des diamants ?

Chez les Lampyrides, comme chez les Elatérides, les foyers de lumière consistent en amas de cellules sphériques ayant l'apparence de cellules graisseuses au milieu desquelles dè fines trachées viennent former un lacis des plus serrés, et dont le contenu se compose de globules de matières grasses et de granulations foncées; l'air de ces trachéoles joue un rôle considérable, car toutes les fois que l'activité respiratoire augmente la phosphorescence acquiert le plus vif éclat; des nerfs viennent également y distribuer de nombreux filaments, qui permettent à l'Insecte de régler à sa guise l'intensité de son foyer de lumière. Les physiciens et les anatomistes ont poursuivi des recherches pour trouver les causes de la production de ces phénomènes lumineux, jusqu'ici ils n'ont fourni aucune explication satisfaisante et cependant Macartney, Macaire, Peters, Matteuci, Leydig, Kolliker, Owsjannikow, Targioni Tozetti, Laboulbène et Robin, D. Jousset de Bellesme et d'autres savants distingués ont étudié soit les phénomènes qui accompagnent la production de lumière, soit la structure de ces organes lumineux. D'après Phipson (1871), la substance lumineuse serait un principe immédiat azoté, coagulable, phosphorescent et fort peu stable; la production de lumière résulterait de la désagrégation de cette substance à laquelle il a donné le nom de *noctilucine.*

SYSTÈME CIRCULATOIRE

De la circulation. — Le système circulatoire des Insectes est extrêmement simple, beaucoup plus simple que celui des Crustacés, des Arachnides et des Myriapodes; il ne comporte ni artères, ni veines. Le sang remplissant tous les espaces interorganiques, c'est-à-dire les lacunes, baigne tous les organes; un vaisseau contractile dorsal (fig. 4, *V* page 5 et fig. 70 *vd* page 33) faisant fonction de cœur conduit le sang d'arrière en avant et détermine des courants réguliers descendant entre la paroi du corps et le tube digestif, ainsi que des courants secondaires dans les pattes (voy. fig. 75 et 76). Le sang revient alors au cœur et le cycle circulatoire recommence. Les anciens anatomistes, Malpighi et Swammerdamm tout les premiers, admettaient la circulation; Cuvier avec sa grande autorité intervint pour refuser au vaisseau dorsal le nom et les fonctions d'un cœur; Léon Dufour après lui crut devoir défendre avec opiniâtreté et quelque exagération l'opinion du grand anatomiste. C'est à Carus que revient le mérite d'avoir découvert en 1827 la circulation chez les Insectes, d'avoir établi que le vaisseau dorsal remplissait réellement le rôle d'un cœur. Aujourd'hui chacun peut à l'aide d'un microscope vérifier sur des larves transparentes d'Éphémères les observations de l'anatomiste allemand; celui qui est privé même d'une loupe peut apercevoir les battements rhythmiques du cœur chez des Chenilles à peau transparente comme le Ver à soie, ou chez certaines larves de Diptères. Newport a constaté que le nombre des pulsations du vaisseau dorsal des Chenilles du *Sphinx ligustri* et du *Dicranura vinula* était variable, mais en rapport avec l'activité fonctionnelle des principaux organes (*Sphinx*: 24 à 108 pulsations; *Dicranura*: 31 à 99 pulsations). Chez des larves et des nymphes de Syrphides (Volucelles), on peut compter les battements du cœur qui sont au nombre de soixante par minute environ, lorsque les animaux observés sont au repos. Il est probable et même certain que les mouvements du vaisseau dorsal s'accélèrent pendant la course, la natation et surtout pendant le vol.

Du vaisseau dorsal ou cœur. — On doit à Straus-Durckeim, l'auteur de la belle *Anatomie* du Hanneton, les premières connaissances exactes sur la structure du cœur; depuis on a multiplié les recherches (Newport, Verloren, Graber, etc.), et nous pouvons nous faire une idée très exacte de son organisation. Le vaisseau dorsal peut être considéré comme un muscle creux divisé en une série de chambres (généralement huit, souvent moins) (fig. 68); le nombre des chambres allant croissant avec les progrès de l'âge; chacune de ces chambres ou ventriculites est séparée de la suivante par un repli qui vient former cloison lors de la systole et empêcher le reflux du sang en arrière; dans ces replis, fonctionnant comme valvules, sont ménagées de part et d'autre deux ouvertures permettant l'entrée du liquide sanguin contenu dans la cavité générale; pendant la diastole les orifices de communication inférieurs des chambres, comme les orifices de pénétration du sang, sont béants (fig. 67); pendant la systole la pression de la masse sanguine incluse rabat les valvules, ferme du même coup les orifices inférieurs des chambres comme les orifices de pénétration, (fig. 69) et le sang est ainsi poussé graduellement d'arrière en avant. La progression du liquide sanguin est assurée fort simplement, les ventriculites ne se contractent, ni ne se dilatent simultanément, ils fonctionnent l'un après l'autre, la systole, par exemple, s'étendant progressivement du ventriculite postérieur au ventriculite antérieur. Les figures ci-jointes (fig. 67 et 69) indiquent clairement le mécanisme des mouvements du cœur. La chambre antérieure se prolonge en une aorte très courte chez les larves (fig. 70), de la longueur du thorax chez les adultes (fig. 4, page 5). Chez ces derniers le cœur proprement dit occupe la région dorsale de l'abdomen à laquelle il est retenu postérieurement par des ligaments de tissu conjonctif; de distance en distance d'autres ligaments triangulaires, nommés *les ailes du cœur* en nombre égal à celui des chambres et fixés au tégument par un ligament, le maintiennent et circonscrivent en quelque sorte autour de lui de concert avec les trachées qui les couvrent, une sorte de sinus péricardique. L'aorte s'incurve dès son origine, abandonne la région dorsale et va s'accoler à l'estomac, suit l'œ-

sophage, traverse avec lui le collier nerveux œsophagien et va se terminer sous le cerveau pour verser
dans la tête les ondées sanguines (Voy. fig. 4 a).

En parlant de la digestion nous avons déjà dit, à
propos du passage du chyle dans la cavité générale,
que le sang des Insectes était à proprement parler

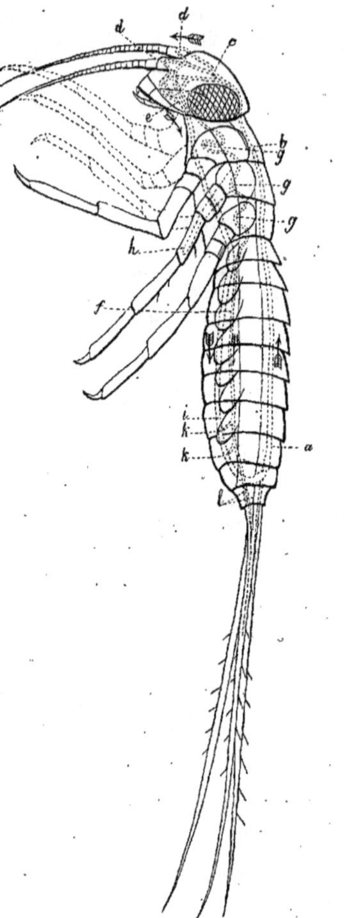

Fig. 75. — Circulation complète.

Fig. 76. — Circulation dans l'abdomen, vue par le haut.

Fig. 77 et 78. — Circulation dans l'*Ephemera vulgata*, d'après Carus.

de la lymphe ; en effet, c'est dans les organes eux-
mêmes que l'air, apporté par les vaisseaux aériens
qui s'y ramifient, agit à la fois sur le sang et les tissus élémentaires. Le liquide qui remplit la cavité,

lymphe ou sang, est généralement incolore ; cependant il est quelquefois teinté de vert ou de jaune ;
dans ce cas la coloration n'est point due à des éléments figurés comparables aux globules rouges du

Fig. 75. *ab*, le cœur ou vaisseau dorsal ; *bc*, sa portion céphalique ;
dd, courants sanguins céphaliques décrivant deux anses à la base
des antennes ; *e*, point où les courants, après s'être recourbés sur
eux-mêmes, se réunissent pour retourner vers l'abdomen ; *f*, le
plus petit et le plus externe des deux courants de retour : il décrit
ordinairement dans les hanches de courtes anses *ggg*, qui, chez les
larves robustes s'étendent jusqu'en *h* ; *i*, le plus gros des deux courants
de retour le plus interne et le plus rapproché du côté ventral, avec

lequel l'externe *f* se réunit en partie par des branches transversales
kk, et qui, probablement, ensuite, reçoit les petits courants des soies
caudales en *l* ; ce courant interne *i*, aboutit enfin au cœur avec le
courant externe *f*. (D'après Carus.)

Fig. 76. *ab*, le cœur ou vaisseau dorsal ; *c*, courant interne de
retour ; *ee*, anastomoses entre les deux courants ; *ff*, origine
hypothétique des courants sanguins des soies caudales. (D'après
Carus.)

sang des Vertébrés, mais au plasma; les éléments figurés du liquide sanguin des Insectes sont des globules incolores, relativement peu nombreux et doués de mouvements amiboïdes, qu'on peut comparer aux globules blancs du sang de tous les Animaux.

SYSTÈME RESPIRATOIRE

La respiration est aussi nécessaire aux Animaux articulés qu'aux Animaux vertébrés. Entre tous les êtres les Insectes sont ceux dont l'appareil respiratoire présente le degré le plus élevé de complication et de perfection. Celui qui pour la première fois cherche à pénétrer l'organisation de ces animaux et ouvre sous l'eau un Hanneton ou tout autre Insecte, sera frappé d'admiration; de tous côtés, des poches, des rameaux aux mille branches brillent d'un éclat argenté; ces poches, ces rameaux, ces ramuscules sont les conduits aériens qui s'insinuent partout, enveloppant tous les organes du lacis le plus délicat. Chez les Vertébrés, chez les Crustacés, chez les Arachnides même, le sang, endigué dans des vaisseaux, va se distribuer par de fines artères à tous les organes; chez les Insectes l'air retenu dans des vaisseaux est porté par de minuscules arborescences à tous les tissus. Suivant la belle expression de Cuvier, chez les Insectes ce n'est pas le sang qui va à la recherche de l'air atmosphérique, c'est l'air qui vient le chercher; autrement dit, c'est la circulation aérienne qui supplée à la circulation sanguine. Les vaisseaux aériens ont reçu le nom de *trachées*; dans leur plus grand état de simplicité, ils consistent en une paire de tubes ou troncs longitudinaux, reliés par des anastomoses, qui vont d'un bout à l'autre du corps, émettant des rameaux se rendant à tous les organes et recevant l'air par des orifices situés à la périphérie, mais dans différentes régions du corps.

Ces orifices sont les *stigmates*; leur situation, leur forme, varient autant que le genre de vie des Insectes; tantôt ils sont situés sur le deuxième et le dernier segment (Larves de Diptères: Muscides, Œstrides, Syrphides, Stratiomydes, Tipulides, etc.); tantôt ils sont portés par tous les anneaux du corps à l'exception du deuxième et du troisième (Chenilles; larves de Coléoptères, d'Hyménoptères, de Diptères

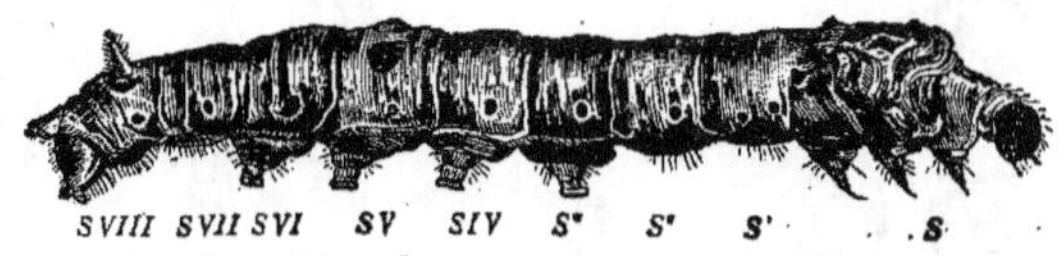

Fig. 77. — Disposition des stigmates chez les Chenilles.

Cécidomyides, Mycétophilides] et tous Insectes adultes). Ces stigmates sont en général sessiles, quelquefois ils sont portés sur de longs pédoncules, prolongements du dernier segment du corps, comme chez les larves de Culicides, de *Ptychoptera*, de Stratiomydes et surtout d'Eristales. Ces dernières ou vers à queue sont bien étranges; elles peuvent allonger leur pédoncule stigmatifère d'une façon si exagérée qu'il dépasse de 5 ou 6 fois la longueur du corps et viennent ainsi respirer à la surface de l'eau alors que leur corps est dans les profondeurs. Chez les Insectes adultes les stigmates sont ainsi constitués (fig. 71 et 72): extérieurement une couronne de poils diversement barbelés qui empêche les poussières de pénétrer dans les troncs trachéens est portée par un cadre chitineux elliptique, le *péritrème*, au-dessous une membrane tendue par son élasticité propre, resserrée par un muscle, maintient la trachée ouverte ou fermée.

Dans la plupart des cas l'air entre directement par ces stigmates dans la trachée; mais souvent il n'y pénètre que par des voies détournées; chez les Hydrophiles et autres Insectes congénères qui viennent respirer à la surface des eaux, l'antenne recourbée permet à l'air de passer sous le corps de l'Insecte où une couche de poils le retient et l'emmagasine pour le conduire peu à peu aux stigmates. Chez certains Hémiptères, les Nèpes, les Ranâtres, l'abdomen se termine par une tige rigide, aussi longue que le corps, qui constitue un siphon respiratoire; ce siphon est formé en réalité par l'accolement de deux tiges creusées en gouttières et dont les bords sont garnis intérieurement de poils très fins, qui assurent l'imperméabilité du canal. C'est à la base de ces siphons que s'ouvrent les véritables stigmates. Bien plus, chez beaucoup d'Insectes aquatiques les stigmates n'existent pas; l'air n'étant plus puisé directement dans l'atmosphère, est emprunté aux gaz dissous dans l'eau. De nouveaux organes ont été créés pour favoriser l'osmose de l'oxygène. Ces organes localisés ou disséminés sur tout le corps sous la forme de poils ou de lamelles, ont reçu le nom de branchies trachéennes; les chenilles des Hydrocampes, les larves des Phryganes sont couvertes de poils branchiaux; les larves d'Ephémères sont revêtues de lamelles branchiales ou de rames pectinées. Poils ou lamelles renferment des petites trachées ou trachéoles en anses chargées de recueillir l'oxygène.

Fig. 77. Chenille du Bombyx du mûrier. *s*, stigmate du premier anneau; *s'*, stigmate du 4e anneau; *s"* à *s'"*, stigmates situés sur les 5e, 6e..... et 11e anneaux.

Ces branchies ne sont pas toujours extérieures ; elles peuvent quelquefois se localiser dans certaines régions du corps et devenir internes ; c'est

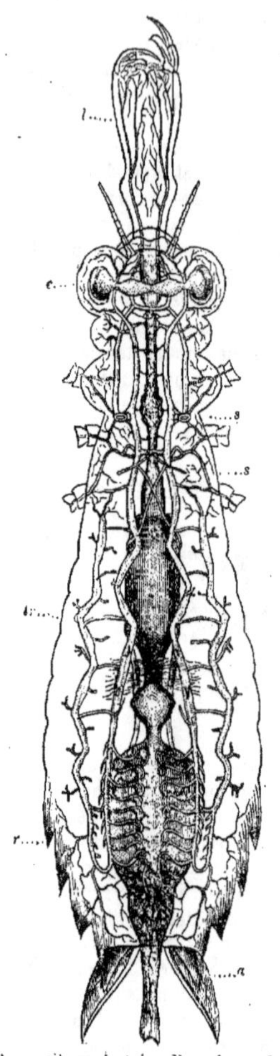

Fig. 78. — Appareil respiratoire d'une larve de Libellule.

ainsi que chez les larves et les nymphes aquatiques des Libellulides (*Libellula*, *Æschna*, *Calopterix*) le rectum se transforme, chose étrange, en appareil respiratoire et renferme les branchies. L'ex-

Fig. 78. *s*, stigmates thoraciques inférieurs imperforés ; *s'*, stigmates thoraciques postérieurs également imperforés ; *a*, les cinq appendices occluseurs de la chambre branchiale ; *r*, rectum transformé en chambre branchiale, sur laquelle on voit les trachées qui ramènent l'air vivifié des lamelles branchiales ; *c*, cerveau et lobes optiques ; *l*, lèvre inférieure transformée en appareil préhenseur. — Au milieu de la figure on aperçoit l'appareil digestif et sur les côtés les doubles troncs trachéens longitudinaux, *tr* ; à l'état naturel ils sont colorés en rose violacé par des granulations pigmentaires (reproduction d'après les préparations et les dessins de M. Gazaguaire).

trémité de l'abdomen porte par exemple chez les Æschnes et les Libellules, cinq appendices lancéolés qui en se rapprochant viennent obturer complète-

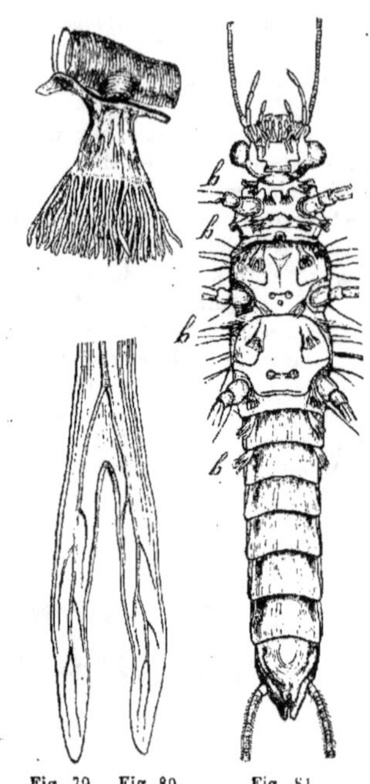

Fig. 79.   Fig. 80.   Fig. 81.

Fig. 79 à 81. — Branchies externes chez un Insecte adulte, le *Pteronarcys regalis*.

ment le rectum transformé en chambre branchiale. Les contractions rhythmiques des arceaux de l'abdomen permettent le renouvellement régulier de l'eau qui occupe cette chambre. Si l'on fend longitudinalement la paroi de la chambre on trouve six bandes branchiales, formées chacune de deux séries de lamelles imbriquées ; chaque lamelle renferme une trachée qui vient y former le plus délicat lacis de trachéoles terminées en anses. Plus de 24,000 de ces lamelles (Oustalet) couvrent le rectum ; on s'explique donc aisément comment les Libellules peuvent extraire l'oxygène nécessaire à leur respiration des eaux les plus fangeuses qui sembleraient se refuser à la vie animale.

Les Insectes adultes ont un système trachéen très variable de formes : tantôt les grands troncs longitudinaux se dilatent et offrent sur leur parcours d'énormes ampoules (Abeille, Mouche, Papillon) (fig. 83), tantôt les rameaux secondaires

Fig. 79. Filament d'une houppe avec sa trachée et ses trachéoles. (D'après Newport.) — Fig. 80. Houppe branchiale. — Fig. 81. *Pteronarcys* adulte vu par la face ventrale. *b*, *b*, *b*, *b*, les houppes branchiales, prothoraciques, mésothoraciques et abdominales.

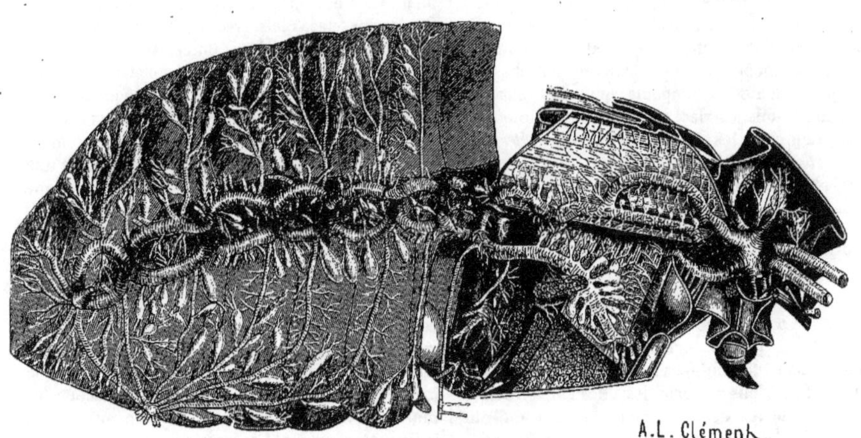

Fig. 82. — Appareil respiratoire d'un Coléoptère (Hanneton).

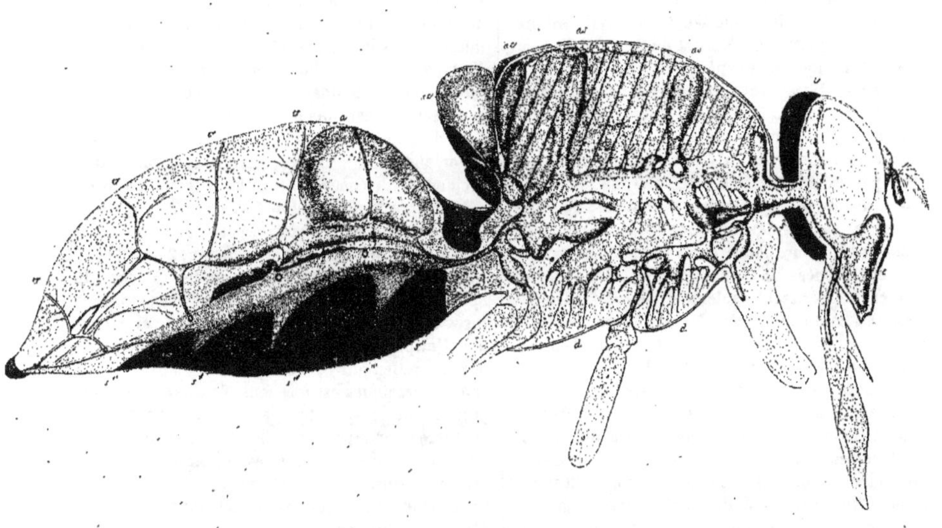

Fig. 83. — Appareil respiratoire d'un Diptère (Volucelle).

Fig. 82. Moitié droite du thorax et de l'abdomen d'un Hanneton grossie huit fois pour montrer par sa face interne la première couche de trachées. On remarquera la tendance qu'ont les rameaux trachéens à se dilater en petites ampoules. — (D'après Straus-Durckeim.)

Fig. 83. Coupe longitudinale et verticale de la *Volucella bombylans*; c, ampoule cervicale; e, ampoule épisternale; as, as', ac, ampoules situées entre les muscles sternalidorsaux et costalidorsaux; sc, ampoule du scutellum; d et d', sacs aériens placés sous les muscles directeurs des ailes; s, stigmate prothoracique; s', stigmate métathoracique; s'', s''', s^{iv}, s^{v}, stigmates abdominaux; a, grande ampoule abdominale; a' et a", autres ampoules représentant morphologiquement le grand tronc trachéen droit de la larve. (D'après Künckel.)

BREHM.

portent seuls de petites ampoules qui peuvent alors se compter par milliers (Hanneton, Cétoine, etc.) (fig. 82). Dans d'autres cas les grands troncs longitudinaux faisant défaut, les stigmates abdominaux indépendamment envoient chacun une branche unique qui se dilate en ampoule, puis distribue des rameaux à tous les viscères ; on observe une telle disposition chez les *Pentatoma* et la *Scutellera nigrolineata* (Hémiptères).

Mais il est un Insecte adulte qui présente une particularité d'un très haut intérêt. Je veux parler d'un Névroptère, très voisin des Perles de nos pays, le *Pteronarcys regalis*, qui habite le Canada ; non content d'avoir une respiration aérienne, c'est-à-dire, de respirer par des stigmates, il possède une respiration branchiale absolument comme les larves des Perles ; des branchies disposées comme des houppes sont disséminées à la face inférieure sur différentes régions du corps, les unes sur le thorax, les autres sur les deux premiers anneaux de l'abdomen (fig. 79, 80 et 81). Newport, qui a fait connaître, le premier, cette singulière disposition de l'appareil respiratoire, appelle avec raison le Pteronarcys un *Amphibie* ; en effet, grâce à la structure mixte de ses organes, il peut vivre dans l'eau sous la pluie des cascades ou voltiger dans l'air.

La résistance des Insectes à l'asphyxie est extraordinaire ; des chenilles ont pu rester sous l'eau pendant 18 jours sans périr (Lyonet) ; des larves de Diptères (Stratiomys) plongées successivement 24 heures dans l'alcool, deux jours dans l'eau et plusieurs jours dans le vinaigre, ont conservé leur vitalité (Swammerdamm). Nous-mêmes nous savons par expérience que nous n'avons jamais pu noyer des larves de Tipules, d'Eristales, de Volucelles, ces larves devenues molles et flasques reprenaient toujours leurs mouvements lorsqu'elles s'étaient séchées au contact de l'air. Les Insectes adultes ne périssent également que difficilement lorsqu'ils sont submergés ; à l'état de nature ils ne se trouvent guère en situation d'être noyés ; plus légers que l'eau, ils ont bien des chances pour que leurs efforts ou le vent les conduise vers un brin d'herbe ou sur la berge ; ils meurent plutôt d'épuisement lorsque leurs tissus sont imprégnés d'eau. Les Insectes résistent donc à la submersion même prolongée. Chacun sait que M. Faucon a basé un procédé de destruction du Phylloxera sur la submersion ; après plusieurs semaines d'inondation beaucoup de Pucerons ont certainement péri, mais quelques-uns d'entre eux ont échappé et sont là pour assurer le repeuplement.

Plongés dans des gaz inertes, azote, hydrogène, les Insectes résistent plusieurs jours sans inconvénient ; plongés dans des gaz délétères, ils résistent d'autant mieux que la proportion de gaz est plus forte ; surpris par les vapeurs méphitiques, ils ont fermé leurs stigmates ; mais lorsqu'on les renferme dans des vases qui ne contiennent que des traces de gaz ou de vapeurs toxiques, ils périssent rapidement. Ce n'est donc pas avec des flots de gaz qu'on tue les Insectes, mais avec des gaz dilués dont on fait durer l'action pendant un certain temps, la diffusion des gaz et des vapeurs délétères est une chose essentielle pour assurer leurs effets toxiques.

Les trachées sont caractérisées lorsqu'on les soumet au microscope par leur structure généralement striée quelquefois réticulée ; elles comprennent une tunique fondamentale pourvue de noyaux et une tunique interne couverte d'anneaux chitineux (fil spiral des auteurs, épaississements spiroïdes) qui n'est qu'un repli de la peau et mue avec elle (fig. 75 et 84).

La respiration des Insectes, étant donnée la complication de leur appareil respiratoire, peut devenir extrêmement active ; quand l'Insecte veut faire une grande dépense de forces, par exemple lorsqu'il veut prendre son vol, il met en action les muscles de son abdomen et gonfle son corps d'air ; le Hanneton, suivant l'expression populaire, compte ses écus. D'après cela on conçoit que le rhythme des mouvements respiratoires soit absolument variable suivant que l'Insecte est en repos ou en mouvement ; d'ailleurs le nombre et la position des stigmates semblent indiquer qu'il y a une respiration générale et non pas une respiration localisée ; la diffusion des branchies chez les larves aquatiques (Phryganides, Chenilles d'*Hydrocampa*, etc.) le démontrent surabondamment. On serait tenté de supposer que certains orifices servent à l'entrée de l'air, d'autres, à la sortie des gaz expirés : à l'inspiration abdominale correspondrait l'expiration thoracique. Il n'en est rien, tous les stigmates servent aussi bien à la pénétration de l'air qu'à l'expulsion des gaz. Pendant le repos on peut suivre les mouvements respiratoires de l'abdomen, 20 à 30 contractions par minute en moyenne, 15 chez le *Sphinx ligustri* adulte et au repos, 42 chez le même Insecte excité ; 37 à 38 chez la Sauterelle verte inactive (Newport) ; pendant le vol on a la certitude que le renouvellement de l'air contenu dans les trachées thoraciques est fort actif, n'en aurait-on pour preuve que les grandes dimensions des stigmates du thorax par rapport à celles des stigmates abdominaux (240 mouvements respiratoires chez l'*Anthophora retusa*, d'après Newport). Dans certains cas cependant quelques stigmates ont une prépondérance fonctionnelle très marquée ; chez les Dyticides notamment qui viennent respirer à la surface de l'eau en émergeant l'extrémité de leur abdomen de manière à laisser passer l'air sous leurs élytres, les deux dernières paires de stigmates placées à la face supérieure des 7e et 8e anneaux ont des dimensions au moins doubles de celles des autres orifices respiratoires abdominaux. Chez les Nèpes et les Ranâtres les deux derniers stigmates en rapport avec le siphon respiratoire jouent également le principal rôle.

On doit à Scheele d'avoir reconnu le premier que les Insectes absorbaient l'oxygène de l'air et exhalaient de l'acide carbonique comme les Animaux vertébrés. Spallanzani fit des expériences comparatives sur la respiration des Articulés et des Vertébrés (Chenilles et Grenouilles, Chenilles et Loirs) qui lui permirent d'affirmer que dans les mêmes

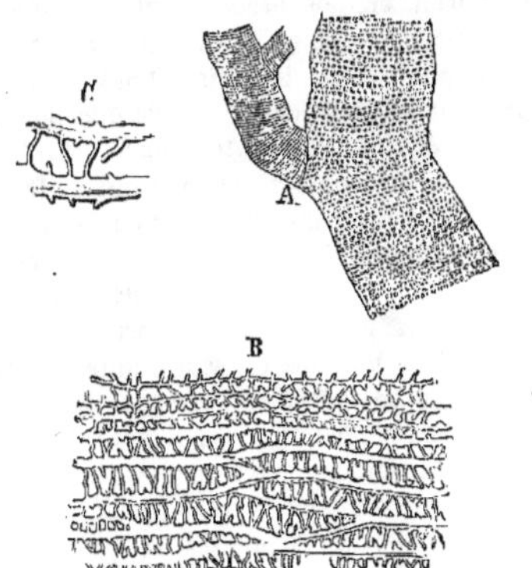

Fig. 84. — Trachée de Grillon domestique, prise près d'un stigmate thoracique.

conditions les Chenilles consommaient plus d'oxygène que les Grenouilles, mais infiniment moins que les Loirs. Les Insectes en général peuvent enlever presque la totalité de l'oxygène à l'air et ont la faculté par conséquent de conserver leur vitalité dans des milieux irrespirables pour les Vertébrés.

De la chaleur animale. — L'activité de la respiration est en rapport avec l'activité musculaire que déploient les Insectes ; aussi ne faut-il pas s'étonner qu'ils soient susceptibles de produire de la chaleur. Réaumur, Spallanzani, Swammerdamm, Huber, Dubost, Newport, ont reconnu que les ruches d'Abeilles pendant la mauvaise saison se maintenaient à une température assez élevée ; Juch, Newport, ont constaté que la température des Fourmilières était plus élevée que celle de l'air ambiant. Newport a établi que les guêpiers et les nids de Bourdons accusaient 10, et même 15° de plus que l'air ambiant. M. Maurice Girard a vu qu'un thermomètre plongé dans une boîte remplie d'Asticots s'élevait de deux degrés et que cet instrument introduit au milieu d'un amas de larves de *Galleria cerella*, Tinéide parasite des Abeilles dont elles dévorent la cire, marquait 12° au-dessus de la

Fig. 84. *A*, tronc principal, à structure réticulée, duquel prit une branche dont la tunique interne se montre avec ses épaississements spiroïdes (fil spiral) ; *B*, partie de la tunique interne du tronc à structure réticulée, grossie ; *C*, petit fragment de cette même partie, grossissement plus fort. Dans ces figures la membrane péritrachéenne à noyaux n'est pas visible. (D'après M. Paul Bert.)

température extérieure. Ces observations et quelques autres démontrent que les Insectes, larves ou adultes, réunis en masse, dégagent de la chaleur. Mais ces observations ne donnent pas la mesure de la chaleur individuelle développée ; Hausmann, Davy, Dutrochet, ont cherché à l'évaluer, mais ce sont surtout les belles recherches de Newport et les excellents travaux de M. Maurice Girard qui ont le caractère de la précision et de l'exactitude. Newport a recherché l'influence des différentes conditions physiologiques sur la production de la chaleur ; il a déterminé les influences du sommeil, de l'hibernation, du froid, de la métamorphose ; il a constaté que les Insectes adultes ont toujours une température supérieure à celle de leurs larves et de leurs chrysalides, que les Insectes qui volent produisent toujours plus de chaleur que ceux qui ont seulement la faculté de marcher ; il a établi la relation qui existe entre le développement de l'appareil respiratoire et le développement du calorique ; il admet enfin que ce sont les changements chimiques que subit l'air respiré qui produisent directement la chaleur animale. M. Girard, non content de vérifier l'exactitude des conclusions de Newport, a découvert un fait important : il a démontré que chez les Insectes capables de voler le thorax était le véritable foyer producteur de la chaleur et il a formulé la loi générale suivante : « Chez les Insectes doués de la locomotion aérienne la chaleur se concentre dans le thorax en un foyer d'intensité proportionnelle à la puissance effective du vol. » M. Girard fait remarquer avec raison que chez les Insectes adultes le thorax renferme les muscles moteurs des ailes et des pattes et que la respiration est plus active pendant le vol dans le thorax que dans l'abdomen. Nous ferons observer que les mouvements respiratoires font continuellement entrer dans les trachées de l'air froid et qu'il y a de ce fait une cause de refroidissement constant ; les véritables foyers calorifiques sont les muscles ; les phénomènes chimiques qui s'accomplissent dans les fibres musculaires lors de leurs contractions et de leurs relâchements alternatifs en présence de l'air et du sang qui baignent leur substance déterminent la production de la chaleur. Dans ces conditions l'excès de la température propre sur la température ambiante est si considérable qu'on peut considérer les Insectes bon voiliers comme des animaux à sang chaud par rapport aux Insectes coureurs, animaux à sang froid.

Les Insectes résistent aussi bien au froid excessif qu'à la chaleur exagérée. Des Chenilles congelées, et même congelées plusieurs fois de suite, peuvent lorsqu'on les réchauffe graduellement revenir à la vie et accomplir leurs métamorphoses (expériences de Lister, du capitaine Ross et de Boisduval). Sous l'influence d'une basse température les Insectes tombent en léthargie mais ne périssent pas ; les hivers les plus rigoureux ne tuent pas les Insectes ; le rude hiver de 1879-1880 en a fourni la démonstration à tous les observateurs. Inversement les Insectes supportent les chaleurs les plus torrides ; certains d'entre eux errent sur le sable surchauffé par le soleil des Tropiques ; quelques Dytiques ont même été trouvés pleins de vie dans des eaux thermales.

DÉVELOPPEMENT ET MÉTAMORPHOSES

Les anciens avaient des idées bien étranges sur la génération des Insectes. Aristote n'a-t-il pas écrit « qu'il y a des Animaux qui naissent d'eux-mêmes sans être produits par des Animaux semblables, et viennent, ou de la terre putréfiée, ou des plantes comme la plupart des Insectes où bien se produisent dans les animaux mêmes des superfluités qui peuvent se trouver dans les différentes parties de leurs corps ». Et le précepteur d'Alexandre rapporte que les Poux naissent de la chair, que les Puces proviennent des ordures, que les Teignes naissent spontanément de la laine. Le limon du Nil ne donnait-il pas naissance à une foule d'animaux? Quel est l'écolier traduisant les *Géorgiques* de Virgile qui n'apprend pas encore de nos jours que le berger Aristée ayant vu mourir ses Abeilles, Cyrène lui donna le moyen de repeupler ses ruches par le sacrifice de quatre jeunes taureaux :

> O prodige ! le sang par sa chaleur féconde
> Dans le flanc des taureaux forme un nombreux essaim,
> Des peuples bourdonnants s'échappent de leur sein,
> Comme un nuage épais dans les airs se répandent
> Et sur l'arbre voisin en grappes se suspendent.
> Delille. *Géorgiques*, liv. IV.

Claudius Ælianus qui vécut 220 ans après J.-C. et qui a écrit un ouvrage sur les animaux, raconte (X, 15) que les Scarabées (κάνθρος) sont tous du sexe mâle. Ils font des boulettes avec le fumier, les roulent au loin, les couvent jusqu'à la sortie des petits et cela pendant vingt-huit jours; ce sont les Insectes que nous appelons aujourd'hui des *Ateuchus*. Les soldats égyptiens portaient un anneau sur lequel était gravée la figure d'un Scarabée, parce que celui-ci n'avait pas de sexe féminin; le législateur ayant voulu exprimer par cet emblème la mâle courage que doit avoir tout défenseur de la patrie.

La croyance à la génération spontanée des Insectes traverse les siècles sans rencontrer de contradicteurs; si bien qu'on trouve relaté dans le *Théâtre d'agriculture et mesnage des champs* d'Olivier de Serres (1599) cet « estrange moien de se pourvoir de Vers-à-soye sans semences » : « Au Printemps un jeune veau est enfermé dans une estable, petite, obscure, sèche, et là nourri avec la seule fueille de Meurier vingt jours durant, sans nullement boire, ni mâger autre chose durant ce temps là ; au bout duquel est tué, et mis dãs une cuve

pour y pourrir. De la corruptiõ de son corps sort abõdãce de Vers-à-soye, qu'on prend avec des fueilles de Meurier s'y attachans ; lesquels nourris et eslevez selon l'art, produisent en leur tõps et soye et semence comme les autres..... Je vous représente ces choses sous le crédit d'autruy, en attendant que la preuve me donne matière de vous asseurer de ce qui en est. Me plaignant avec Pline, en cest endroit, de nos prédécesseurs, comme il faisoit des siens, en ce qu'ils disoient, le vaze de lierre ne pouuoir contenir le vin, et pas un d'eux n'en auoir fait l'expérience..... S'il est question de discourir là dessus, diray, tel engõdrement de Vers-à-soye, n'estre mescroiable puis que de toutes choses en se corrompans, se void tous les jours sortir des vermines diverses selon les diuersitez des matières. Et soient viures, habits, meubles, jusques aux bois, par tout, en la terre, en l'eau, en l'aer, en lieu humide, en sec, treuue on que Nature cree des bestioles, vermisseaux, moucherons, auec autant d'admiration, qu'admirable est le Créateur du monde. » La même légende se trouve reproduite dans un ouvrage publié en 1665 par Christophe Isnard (Mémoires et instructions pour le plant des Meuriers blancs, nourriture des Vers-à-soye). C'est au XVIe siècle que la légende d'Aristée s'était transformée pour s'appliquer aux Vers à soie; Vida, l'auteur d'un poème célèbre intitulé *De Bombicum cura et usu* (1527) qui a eu plus de cinquante éditions, s'était fait l'imitateur de Virgile.

Cependant dès 1638, François Redi, médecin de Florence avait démontré l'absurdité de ces croyances en prouvant que les vers qui naissent dans la chair putréfiée proviennent des œufs déposés par les Mouches. Swammerdamm (1669) et Vallisneri (1700) achevèrent de porter le dernier coup à la doctrine de la génération spontanée des Insectes. Toutefois au XVIIIe siècle cette doctrine trouva de zélés défenseurs dans les Jésuites, notamment dans les pères Kircher et Bonanni; le père Kircher ne dit-il pas qu'il a vu naître des milliers de Fourmis du cadavre d'une seule Fourmi, de sorte, dit-il, que le cadavre semblait se résoudre en Fourmis. Il a fallu le talent d'observation, toute la logique de raisonnement de Réaumur pour renverser de telles assertions; et ce ne fut pas sans peine, car les rédacteurs du journal de Trévoux défendaient en habiles casuistes les membres de leur corporation.

Différences sexuelles. — Les appareils de reproduction distingués en mâle et femelle sont portés par des individus différents, et tout ce qu'on dit des Insectes hermaphrodites se rapporte à des cas de monstruosités, qui se présentent sur un même individu, lorsque l'un de ses sexes est porté à gauche et l'autre à droite ou lorsque diverses parties du corps reproduisent un mélange quelconque des sexes. Un œil exercé distingue souvent avec peine les deux sexes, en raison de leur similitude presque complète, il ne se présente pas moins des cas où les sexes diffèrent d'une manière si frappante qu'on ne peut vraiment faire de reproche aux naturalistes, s'il leur est arrivé d'introduire dans la science des noms différents pour la femelle et pour le mâle d'une même espèce. Ainsi il se peut que ce dernier porte des ailes et que la femelle en soit privée *Orgya antiqua*, que le corps de l'un soit autrement conformé ou coloré que celui de l'autre. Les différences peuvent même s'accuser davantage. Chez les grands Dytiques, les femelles affectent deux formes dissemblables : les unes ont les élytres lisses comme les mâles, les autres en plus grand nombre les ont sillonnées longitudinalement sur plus de la moitié de leur étendue.

Le sexe femelle du grand Lépidoptère diurne de l'Inde, des îles de la Sonde et de la Malaisie, le *Papilio Memnon*, se présente également sous deux formes très distinctes qui voltigent ensemble dans les mêmes localités et ne montrent pas de formes de transition ; chez l'une de ces formes les femelles diffèrent des mâles par la coloration et les dessins et chez l'autre par une longue queue spatulée, qui termine chaque aile postérieure. Les deux sexes d'un autre Papilionide à queue d'hirondelle de l'Amérique du Nord, le *Papilio turnus* offre un fond d'une teinte jaune à New-York et à la Nouvelle-Angleterre, tandis que la femelle est noire dans le sud de l'Illinois. Et dans nos bois humides ne voit-on pas voler la charmante Carte géographique qui, suivant les saisons, se montre sous deux aspects si dissemblables que l'on a pendant longtemps distingué deux espèces : *Vanessa (Araschnia) prorsa et levana?*

Ces phénomènes offerts par une seule espèce ont été désignés sous le nom de Dimorphisme et même sous l'appellation plus générale de Polymorphisme, car il est des cas où une même espèce se présente sous plusieurs formes : tel est le *Papilio Ormenus* des îles Océaniennes, qui a trois sortes de femelles.

Mais rien n'est aussi étrange que le polymorphisme du *Papilio Merope* de l'Afrique australe ; personne n'aurait jamais soupçonné une parenté entre le mâle aux ailes soufrées bordées et tachetées de noir porteur d'une queue spatulée et les femelles sans queue ; les unes à fond noir coupé d'une bande d'ocre pâle et constellé de petites taches jaunes ou blanches, d'autres noires ornées de larges taches blanches, d'autres encore à fond noir interrompu par une large bande orange et semé de quelques taches blanches.

Dans les temps actuels les faits en question ont acquis une grande importance aux yeux de Wallace, de Darwin et ses adeptes dans la théorie de l'origine des espèces. La localisation d'une de ces formes amenée par des causes diverses, donnerait naissance à une espèce ; c'est ainsi que se seraient créés les différents types. Wallace surtout, qui a observé et étudié dans ses voyages la faune des Archipels de la Malaisie, a défendu par de nombreux arguments l'opinion de l'apparition, même actuelle, des espèces nouvelles par isolement et fixation des formes polymorphiques.

Appareils de la reproduction. — Les organes de reproduction occupent généralement la partie postérieure de l'abdomen et consistent chez le mâle en une paire de glandes soit simples, soit multilobées où se développent les éléments fécondateurs, auxquelles s'ajoutent des glandes annexes et souvent des réservoirs formés par la dilatation des canaux déférents des glandes principales ; ces canaux se réunissent en conduit unique qui se termine par un organe diversement conformé. Les femelles ont deux ovaires composés chacun d'un certain nombre de gaînes constituant autant d'ovaires indépendants qui s'ouvrent dans un oviducte dans lequel débouchent une ou plusieurs poches, destinées à recevoir et à conserver le liquide fécondateur, la poche copulatrice et une paire de glandes sébacées. Chez les Lépidoptères, le Bombyx du mûrier par exemple, la séparation des parties est poussée très loin ; un orifice particulier conduit dans la poche copulatrice, qui se relie par un étroit conduit au réservoir des éléments fécondateurs, l'oviducte débouchant au dehors par un orifice distinct. Nous insisterons en parlant du Ver à soie sur l'importance physiologique de cette disposition.

Fig. 85. — OEufs de l'Abeille (*).

Les œufs ne sont fécondés qu'au moment de leur passage, par pénétration des éléments fécondateurs à travers les micropyles (fig. 85), ouvertures microscopiques situées au pôle postérieur de l'œuf.

Parthénogenèse. — Il y a cependant des insectes qui enfreignent la loi générale ; certaines femelles d'Insectes n'ont pas besoin d'être fécondées pour pondre des œufs aptes au développement ou en général pour procréer une génération future, comme certains *Cynips* et *Neuroterus*, quelques Cochenilles (le *Lecanium hesperidum* et autres, les *Kermes*) dont les mâles sont restés inconnus, des femelles de Papillons des genres *Psyche* et *Solenobia*, de nombreux Pucerons qui sont vivipares tout l'été.

Pour désigner cette aptitude chez certaines femelles d'Insectes à pouvoir engendrer sans le secours de la fécondation, Siebold a introduit dans la science le nom de *Parthénogenèse* en l'appliquant

(*) *g*, œufs, grandeur naturelle; *h*, œufs vus à la loupe; *i*, œuf grossi montrant le pôle à micropyle; *j*, micropyle très amplifié.

aux Abeilles et autres Hyménoptères chez lesquels il l'a également observée. Chez ces Hyménoptères, les mâles ne manquent pas, mais certaines femelles parfaites et même des femelles avortées ou ouvrières peuvent, sans avoir jamais subi l'approche d'un mâle, pondre des œufs qui ne donnent jamais naissance qu'à des mâles.

En dehors des cas où la parthénogenèse devient normale, elle se présente encore exceptionnellement dans une série de Papillons, le *Smerinthus populi*, l'*Euprepia caja*, le *Gastropacha pini*, le *Bombyx mori*, et le *Saturnia polyphemus*, et c'est à plusieurs reprises qu'on a observé ce phénomène chez les Insectes. A cause de l'intérêt majeur qui se rattache à la parthénogénèse, nous citerons encore les espèces analogues chez lesquelles elle n'a été observée qu'une seule fois jusqu'à ce jour : *Sphinx ligustri, Smerinthus ocellatus, Euprepia villica, Lasiocampa quercifolia, Odonestis potatoria, Bombyx quercus, Liparis dispar et ochropodia, Orgyia pudibunda et Psyche apiformis*. Nous apprendrons par la suite à connaître de plus près l'un après l'autre ces divers Papillons. Indépendamment des Pucerons qui mettent au monde pendant la belle saison des petits vivants, beaucoup d'autres Insectes sont vivipares, par exemple quelques femelles de Coléoptères de la famille des Staphylinides et de celle des Chrysomélides. Scott a trouvé en Australie une Teigne qu'il appela *Tinea vivipara*, parce qu'en lui comprimant par hasard l'abdomen, il vit aussitôt sortir de celui-ci de petites chenilles. Il est hors de doute et connu depuis longtemps que certaines mouches à viande très communes, les *Sarcophaga*, les *Echinomya* et autres Muscides dont les larves sont parasites, pondent des larves et non des œufs ; chez ces femelles l'oviducte se dilate en une vaste poche contournée en hélice, dans laquelle les œufs s'accumulent et éclosent simultanément. Les Hippobosques, les Nyctéribies et autres singuliers Diptères aux formes étranges qui sucent le sang des animaux, pondent des larves qui se transforment immédiatement en nymphes ; on croyait même, avant les observations de Leuckardt, tant est rapide la métamorphose, qu'ils mettaient au monde les nymphes elles-mêmes et on les nommaient pour cela les *Pupipares*.

Mais les faits les plus étranges, les plus inattendus sont ceux signalés par M. Nicolas Wagner en 1867. Quoique la larve soit l'insecte imparfait et en voie de développement elle semble impropre à la multiplication de l'espèce, à l'acte de reproduction selon la loi, qui veut que cette faculté imprime à tout l'organisme un caractère particulier ; cependant les observations du naturaliste russe ont dévoilé que cette règle restée inviolable jusqu'à ce jour peut néanmoins présenter des exceptions. M. Wagner a constaté que certaines larves de Diptères (Cécidomyes du genre *Miastor*) étaient capables de se reproduire et de mettre au jour de jeunes larves semblables à elles-mêmes ; la viviparité des larves, vérifiée par d'excellents observateurs, établie aujourd'hui avec certitude, est, à n'en point douter, la découverte biologique la plus remarquable de ces vingt dernières années.

Nicolas Wagner trouva à Kasan, en août 1861, sous l'écorce d'un orme mort, des larves blanchâtres de 4 à 5 millimètres de long complètement développées et qui présentaient à l'intérieur et à l'extérieur les caractères indubitables d'une larve de *Cecidomyia*. Au bout de quelque temps l'observateur reconnut dans l'intérieur du corps de ces petits animaux la présence d'autres petites larves arrivées à divers degrés de développement. Admettre que celles-ci devaient être des parasites passant leur existence dans le corps de ces larves vivant à leurs dépens et y accomplissant leurs transformations habituelles, était une supposition toute naturelle. La ressemblance parfaite que présentaient les grandes et les petites larves, mais surtout ce fait que les petites engendraient à leur tour de jeunes larves exactement de la même manière que les premières démontrèrent que cette supposition était erronée, et prouvèrent que toutes ces larves appartenaient à une seule et même espèce.

Nous ne discuterons pas ici les considérations de Wagner, au sujet de cette apparition et du développement général de ces jeunes larves. L'effet produit par sa découverte fut pourtant considérable et invita les naturalistes à poursuivre leurs recherches sur cette apparition. Aussi Fr. Meinert eut la chance de rencontrer en juin sous la souche d'un hêtre, des larves de Diptères vivipares et d'en obtenir plus tard l'Insecte parfait auquel il donna le nom de *Miastor metraloas*. Pagenstecher trouva aussi des larves appartenant aussi à une autre espèce de Diptères vivipares, dans les résidus demi décomposés provenant des presses d'une fabrique de sucre. Depuis, Wagner a obtenu de l'éducation de ces larves, le lilliputien Insecte parfait.

M. Grimm (1869) a observé depuis que certaines nymphes de Chironomes (Diptères) étaient également parthénogénésiques et pouvaient pondre directement. A part les faits que nous venons de raconter et qui sont en pleine contradiction avec les observations faites jusqu'à ce jour, à part les autres cas mentionnés auparavant, la larve de l'Insecte se transforme normalement en une nymphe ou chrysalide immobile.

Des œufs. — L'œuf des Insectes pour en revenir à un développement normal, a une coque coriace dont la face interne est recouverte par la membrane vitelline. Celle-ci enveloppe un liquide limpide dans lequel nagent les globules vitellins ou vitellus, correspondant au jaune de l'œuf de poule, et la vésicule germinative. Les formes comme les dessins souvent admirables, que présente la coque des œufs, offrent une grande variété dans les différents groupes en raison des milieux dans lesquels devront s'effectuer le développement. On trouve parmi ces formes, la sphère, l'hémisphère, le cône, le cylindre arrondi à ses deux extrémités, enfin des solides divers aux extrémités aplaties ou pointues, comme on en rencontre parmi les graines, et il y a des configurations bien différentes encore. La surface est tantôt lisse ou carénée, tantôt régulièrement striée en divers sens. Il est des œufs qui se distinguent par un petit couvercle que le jeune soulève lors de son éclosion, pendant que d'autres n'en ont pas et se déchirent irrégulièrement. D'autres différences dans l'éclat et la couleur surviennent pendant le développement progressif qui a lieu à l'intérieur et trahissent la présence des enveloppes protectrices.

Dépôt des œufs. — Prévoyance des femelles. — Il est naturel que suivant les manières de vivre des Insectes, il y ait aussi diversité dans le choix du lieu que la femelle adopte pour effectuer sa ponte ainsi que dans la manière dont elle dépose ses œufs. Cette diversité est infinie ; chaque espèce, chaque individu mettent en œuvre les ressources d'un art infini pour assurer le dépôt de leurs œufs.

Quelques Insectes au lieu de déposer leurs œufs isolément, les enveloppent d'une coque soyeuse (Hydrophilides) qui vient flotter sur l'eau ; d'autres les entourent d'une coque parcheminée, semblable à un petite fève (Blattides) ; d'autres les insèrent dans une coque rugueuse collée à quelque pierre, à quelque rameau (Mantides). Ces coques ovigères ouvertes montrent les œufs symétriquement disposés dans de petites loges, comme les graines dans l'ovaire des plantes. Les Hémérobes (Névroptères) les placent les uns à côté des autres, mais fixent chacun d'eux isolément à un long pédicule.

Les soins que la femelle donne à ses œufs après la ponte et à sa progéniture après l'éclosion, sont très différents de ceux que donnent les oiseaux, mais elle n'en mérite pas moins notre admiration. Pendant que l'Oiseau couve lui-même ses œufs et élève ses petits, l'Insecte abandonne l'incubation à la chaleur solaire et la plupart du temps, il ne jouit pas du bonheur de voir ses enfants ; ici pendant leur croissance toute affection, toute éducation maternelle restent inconnues. L'unique souci de l'Insecte est d'assurer le sort de ses œufs et ce souci est exclusivement réservé à la femelle.

Un besoin inné auquel on a donné le nom d'instinct, nom qui n'exprime absolument rien, pousse la femelle à trouver la plante dont le jeune après sa sortie de l'œuf se nourrira. Beaucoup d'espèces, dites monophages, n'accepteront pour nourriture que les feuilles, l'écorce ou les racines d'une plante spéciale, et se laisseront mourir de faim, plutôt que d'accepter des aliments différents, fussent-ils tirés de plantes d'espèces congénères ; d'autres espèces, nommées polyphages, se nourrissent de plantes de familles très éloignées, mais qui

se rapprochent par les principes chimiques qu'elles renferment. Les Piérides de la rave n'ont-elles pas su distinguer une affinité entre les Tropéolées et les Crucifères préférant se nourrir des Capucines de nos jardins (*Tropeolum majus*) importées du Pérou que de nos plantes indigènes. Tantôt les œufs sont déposés seulement à proximité des racines, tantôt dans les fissures des troncs, tantôt sur les bourgeons, les feuilles, les fruits, où ils sont fixés par une matière agglutinante : souvent ils sont introduits à l'intérieur à l'aide d'oviscaptes ou de tarières. D'autres Insectes ne vivent à l'état de larve que de plantes pourries ou de matières animales en décomposition, les mères savent les trouver pour assurer le sort de leur progéniture.

De nombreux Cousins, des Mouches, des Libellules et d'autres encore ont une existence aérienne à l'état parfait, tandis que pendant leur jeunesse ils se tiennent dans l'eau ; c'est pourquoi la femelle laisse tomber ses œufs dans l'élément liquide ou les fixe sur les plantes aquatiques. Les uns qui vivent dans le corps d'autres Insectes, ou même d'Animaux à sang chaud, savent bien découvrir l'animal qui doit servir d'habitation à leurs larves, fût-il admirablement dissimulé dans la profondeur des bois, pour le percer de leur longue tarière. Il s'agit pour ces êtres de trouver l'endroit approprié, le mode de fixation avantageux, la manière d'enfouir les œufs s'il le faut pour les préserver contre les froids de l'hiver ou contre d'autres agents nuisibles ; bien que le plus souvent le régime et le séjour de la femelle diffère considérablement de ceux qu'elle avait dans son enfance, elle n'en trouve pas moins avec précision l'abri et la nourriture que sa sollicitude lui indique pour sa progéniture, absolument comme si elle avait conservé le souvenir du temps passé. Cependant, puisque l'Homme n'est point à l'abri de l'erreur en serait-il autrement chez ces êtres placés bien au-dessous de lui ? Taschenberg a trouvé à plusieurs reprises sur des troncs de chêne qui évidemment croissaient dans le voisinage des pins, des œufs du *Sphinx pinastri*, espèce dont la chenille ne se nourrit que des feuilles de ces résineux, et l'on sait que des Mouches, qui déposent leurs œufs dans les matières en putréfaction se laissant induire en erreur par l'odeur des Stapelias, choisissent comme milieu d'incubation ces plantes si impropres à cet usage. Dans nos pays n'avons-nous pas au milieu de nos bois des Arums dont les fleurs exhalent une odeur cadavérique et dont la corolle recèle une foule d'Insectes attirés par de trompeuses émanations ? Les soins donnés à la progéniture sont d'un ordre plus élevé chez les Insectes qui creusent des terriers ou de simples trous dans le sable, dans un mur argileux, dans un bois pourri ; au fond de ces retraites bien aménagées ils entraînent d'autres Insectes ou rassemblent des provisions de miel et de pollen ; puis, la provende assurée, déposent leurs œufs et referment enfin leur demeure pleins de confiance dans l'avenir et en s'abandonnant au sort réservé à tout ce qui est mortel.

Au plus haut degré de l'échelle se placent à ce point de vue les Abeilles, les Fourmis et quelques autres ; ces Insectes vivent en société, sous la forme de véritables états ; mais nous ne nous étendrons que plus tard sur ce sujet.

Développement de l'embryon. — Un grand caractère, reconnu par von Baer, distingue l'embryon des Annelés et des Arthropodes en particulier de l'embryon des Vertébrés. Chez les Annelés le vitellus est toujours dorsal, c'est-à-dire toujours situé au-dessus de l'embryon, de telle sorte que les zonites en entourant le vitellus viennent s'unir sur la face dorsale ; chez les Vertébrés, au contraire, le vitellus est toujours ventral, c'est-à-dire, toujours placé au-dessous de l'embryon, les feuillets du

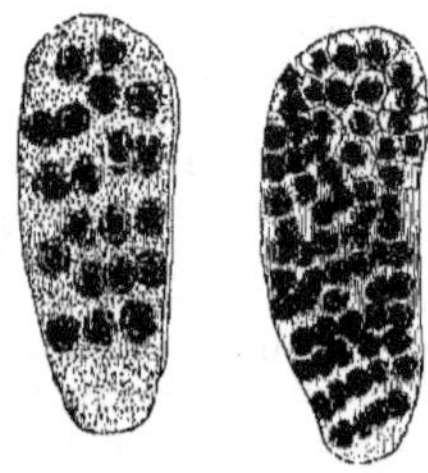

Fig. 86 et 87. — Formation du blastoderme d'un insecte.

blastoderme venant se fusionner sur la face ventrale. La distinction établie par von Baer et basée sur l'interversion dans les positions relatives du vitellus et de l'embryon justifie celle faite par Cuvier et appuyée sur la situation du système nerveux ; en effet chez les Annelés le système nerveux se développe à la région ventrale la plus inférieure, au-dessous du canal digestif, tandis que chez les Vertébrés il se constitue à la région dorsale au-dessus du tube intestinal. Les figures 91 et 92 ci-jointes où nous avons mis en parallèle un jeune poisson sortant de l'œuf et un embryon de *Chironomus* montrent à la fois la position du vitellus et les rapports de situation du système nerveux et de l'appareil digestif chez le Vertébré et l'Articulé.

Sous l'influence de la chaleur l'œuf parcourt les phases de son évolution ; d'après Weismann et Metschnikoff la première phase n'est pas une segmentation totale du vitellus, mais une segmentation partielle qui se manifeste par la formation d'une couche périphérique embryogène dans laquelle apparaissent ensuite des noyaux, centres d'attraction du protoplasma qui constituent ainsi la *membrane germinale* ou *blastoderme* entourant tout

le vitellus. Un épaississement apparaît à la face ventrale de cette membrane, c'est la *bandelette primitive*, premier rudiment de l'embryon. Cette bandelette primitive se partage longitudinalement en deux parties symétriques séparées par un sillon, les *bourrelets germinaux* qui se segmentent chacun transversalement pour former les zonites primitifs. Ici se manifestent donc les premiers indices de la symétrie bilatérale des Arthropodes et de tous les

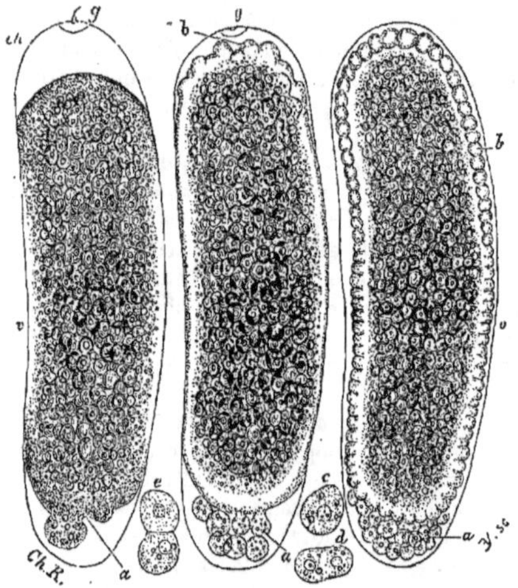

Fig. 88 à 90. - Œufs d'une Tipulide grossis 200 fois.

Annelés. Les bourrelets germinaux s'accroissent peu à peu latéralement de manière à entourer complètement le vitellus et viennent se réunir sur la ligne médiane dorsale ; les zonites sont alors complètement fermés et les arceaux dorsaux constitués.

En même temps se différentient les feuillets du blastoderme ; le feuillet externe formera la peau de l'embryon et le système nerveux comme chez les Vertébrés ; le reste du blastoderme formera les autres organes.

Le développement de l'embryon que nous ne suivrons pas plus loin dans ses détails nous apprend que la tête est composée originairement de plusieurs anneaux primordiaux et que les appendices céphaliques, thoracique et abdominaux se forment par bourgeonnement à la face ventrale de chaque côté de la ligne médiane.

Au bout d'un espace de temps relativement court,

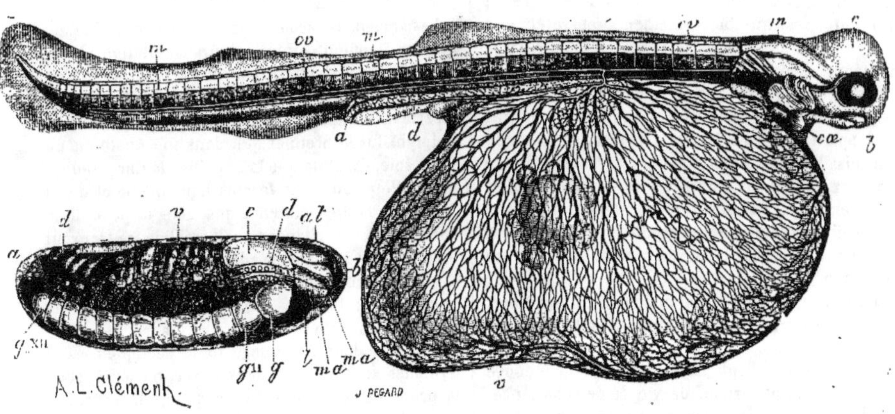

Fig. 91. — Embryon d'un Chironome (Diptère).   Fig. 92. — Jeune Saumon venant d'éclore.

Comparaison de l'embryon de l'Articulé et de l'embryon du Vertébré.

le jeune est assez fort pour briser la coque de l'œuf et commencer son existence indépendante. Le jeune est une Larve qui la plupart du temps n'a pas la moindre ressemblance avec l'Insecte parfait; le plus souvent, il rampe comme un Ver sur le sol ou dans la terre, cherchant sans cesse à apaiser à l'aide de feuilles, d'animaux ou de matières tombés en putréfaction, une faim toujours inassouvie; l'Insecte parfait au contraire sous une physionomie toute différente a les mouvements légers, voltige dans les airs et choisit pour sa nourriture le miel et la rosée du matin. L'état de Nymphe, période de repos, se place entre ces deux états et leur sert de transition. Ainsi donc ce n'est qu'après s'être dépouillé de ses enveloppes de Larve et de Nymphe qu'apparaît l'Insecte parfait, c'est-à-dire dans l'état qui représente l'image (Imago pour les auteurs anglais et allemands) accomplie de l'animal que ces enveloppes avaient masquée.

Développement postembryonnaire. — Métamorphose. — En d'autre termes l'Insecte subit des transformations ou *Métamorphoses complètes*. Cependant tous les Insectes ne subissent pas d'une manière absolue de tels changements; d'autres, en minorité toutefois, dont les Larves ressemblent entièrement à leurs parents, et auxquels il ne manque que des ailes, quelques articles aux antennes ou aux membres, n'ont que des *Métamorphoses incomplètes*; ce sont des êtres de transition entre les Arthropodes à Métamorphoses complètes et ceux qui ne passent point par des Métamorphoses pour arriver à l'état parfait.

Il est des Insectes (Cantharidides) qui subissent des Métamorphoses plus compliquées, ainsi que l'a découvert M. Fabre en 1857, car ils passent successivement par l'état de Larve carnassière, de Larve mellivore, de Pseudonymphe immobile, et enfin de véritable Nymphe avant d'arriver à l'état parfait. On dit que ces Insectes ont une *Hypermétamorphose*.

La Métamorphose des Insectes n'est pas restée inconnue aux observateurs de l'antiquité la plus ténébreuse et a été, de bonne heure, comparée à l'existence corporelle et spirituelle de l'Homme. Swammerdamm, qui a pénétré profondément les mystères de la nature, savait bien jusqu'à quel point il lui était permis de pousser la comparaison; cependant, dans un passage de ses œuvres, il se laisse entrainer : « la Métamorphose des Papillons, dit-il, se passe d'une manière si extraordinaire afin que nous ayons devant les yeux l'image de la résurrection et que nous puissions la toucher de nos mains. »

Regardez cette Larve qui rampe sur la terre et se nourrit d'aliments grossiers; après des semaines, des mois, elle termine son obscure carrière et tombe dans un état de mort apparente; enveloppée d'une sorte de linceul, renfermée dans un cercueil, elle est ordinairement ensevelie sous terre où elle reste immobile. Ranimé par la chaleur des rayons

Fig. 91. — Embryon de *Chironomus*. — v, vésicule vitelline. — c, cerveau ou ganglion sus-œsophagien. — g, ganglion sous-œsophagien. — g,gu... gxii, chaîne ganglionnaire. — at, antennes. — md, mandibule. — ma, mâchoire. — l, lèvre inférieure. — d, région antérieure et postérieure du tube digestif. — a, anus. (D'après M. Weismann.)

BREHM.

Fig. 92. — Jeune Saumon venant d'éclore. — v, vésicule ombilicale ou vitelline. — c, cerveau. — m, moelle épinière. — cv, colonne vertébrale. — b, bouche. — d, tube digestif. — a, anus. — cœ, cœur surmonté de la branchie. (D'après un dessin inédit de M. Gerbe.)

solaires, l'Insecte surgit hors de son tombeau naguère maintenu fermé par la terre, l'air et l'eau ; il rejette ses humbles vêtements et revêt une riche robe de noce pour se préparer à jouir d'une existence accomplie. Toutes ses facultés se développent, et bientôt il gravit le degré le plus élevé de perfection que sa nature lui permette d'atteindre ; il n'appartient plus à la terre, c'est un être aérien qui puise le nectar dans le calice des fleurs, s'enivre d'amour et met en œuvre les admirables facultés que naguère il ne savait pas posséder ; dans son sommeil, il a acquis de merveilleux outils, que des sens d'une perfection idéale lui permettent de mettre en œuvre.

« Voyez le Papillon : c'est moins un animal à part que la floraison d'un autre animal. Le Papillon est un âge du Vermisseau, comme la fleur est un moment passager de la plante. Une créature peu douée en apparence, peu riche de vie et de conscience, condamnée, vous le diriez, à ne représenter, dans la nature, que la laide et pâle existence, à faire nombre et à remplir un des vides de l'échelle infinie, s'éveille tout à coup. L'Insecte lourd et rampant devient ailé, idéal ; sa vie est tout aérienne ; être de terre, pétri de grossières humeurs, il devient hôte de l'air et fils du jour. Qui a fait cette merveille ? L'amour. — Le Papillon, c'est la période d'amour. N'admirez plus s'il épand ainsi ses ailes, s'il caresse toute fleur, s'il poursuit çà et là son joyeux caprice. Tout est d'or à ses yeux, tout nage pour lui dans cette atmosphère embrasée qui fait la beauté des choses. Heureux être ! il s'épanouit à son heure, il rejette sa lourde robe de boue ; il s'enivre, il mène durant quelques moments la plus céleste des vies, puis il meurt. Il ne fleurit que pour mourir. Sitôt qu'il a pu assouvir sa soif, sitôt qu'il a bu sa pleine coupe de joie, il se dessèche. Heureux ! Pour lui, aimer, c'est vivre ; avoir aimé, c'est mourir ! Je ne doute pas que, durant ce court espace, il ne se condense en la conscience de ce petit être tant de volupté, que sa vie fugitive ne l'emporte sur celle des plus puissantes créatures et ne dépasse de beaucoup en valeur celle de la grande majorité des hommes. — Court et brillant éclair, fleur d'un jour, salut à toi, ô bien-aimé de Dieu, à toi dont la vie resserre en quelques heures ces trois moments divins : fleurir, aimer, mourir (1) ! »

Le Papillon doré posé sur la croix tombale de nos morts passe pour une allégorie de la résurrection que chacun peut interpréter à sa manière ; soit comme allégorie de la résurrection dans le sens des idées de Swammerdamm, soit de l'immortalité de l'âme qui dans le cas particulier s'est échappée du corps qui la tenait captive, à l'instar de ce Papillon qui prend son essor vers la lumière céleste après avoir abandonné sur la terre sa dépouille de nymphe :

(1) Ernest Renan, *Caliban*.

« Ne savez-vous pas que nous sommes nés sous la forme d'un Ver pour devenir ce Papillon analogue aux anges ? »

Les anciens regardaient le changement de la Chenille en Papillon comme une transmutation réelle. « *Imò si transmutantur et animalia et plantæ, cur idem metallis denegatum ?* » disait Moufet, l'historien des Insectes à une époque où l'Alchimie était en honneur. Malpighi fut le premier qui, dans son Anatomie du Ver à soie, constata que la Chenille, la Chrysalide et le Papillon sont trois formes d'un même être : et Swammerdamm démontra que, sous la peau de la Larve prête à se changer en Chrysalide, se trouvent les membres de l'Insecte adulte : « La Chenille dit-il, est le Papillon même revêtu d'une membrane qui nous cachait tous ses membres » ; et plus loin le grand anatomiste précise sa pensée sur les Métamorphoses dans une image toute poétique : « Les Nymphes sont cachées dans le ver, ou plutôt sous la peau, de la même manière qu'une fleur tendre est renfermée dans le bouton. » Aux yeux de Swammerdamm, il n'y a ni transmutation ni métamorphose, il y a seulement accroissement par addition de parties, accroissement par *épigénèse*. Réaumur a confirmé les vues de l'observateur hollandais et a montré expérimentalement que les pattes des Papillons n'étaient autres que les pattes écailleuses des Chenilles. Bonnet, le philosophe naturaliste, avait une notion très précise de la Métamorphose lorsqu'il l'analysait sous le rapport psychologique : « L'Insecte, dit-il, qui est d'abord *Chenille*, puis *Chrysalide* et enfin *Papillon*, ne revêt pas autant de Personnalités différentes qu'il revêt de *formes* ; ou, pour m'exprimer correctement, il n'y a pas trois *Moi* dans la Chenille..... La Chenille n'est que le masque du Papillon ; c'est donc toujours la même individualité, le même Moi, mais qui est appelé à sentir et à agir par différents organes en différents (*sic*) périodes de sa vie. » Mais Bonnet avait des idées très confuses sur le phénomène physique de la Métamorphose ; entraîné par sa théorie de l'emboîtement des germes, il prétend que « le germe de l'Insecte qui se métamorphose contient actuellement toutes les enveloppes dont cet Insecte doit se défaire, et tous les organes qui les accompagnent. Ces différentes peaux, emboîtées les unes dans les autres, ou arrangées les unes sur les autres, peuvent être regardées comme autant de germes particuliers renfermés dans le germe principal..... Dans les six premières jambes de la Chenille sont emboîtées les six jambes du Papillon. » Lyonet, Herold ont le mérite de reconnaître dans les Chenilles la présence des rudiments des ailes du Papillon, et Pictet constate que chez les Névroptères (Phryganides), s'il y a relation entre les anciennes pattes et les nouvelles, il y a cette différence que les muscles de l'ancienne jambe ne sont aucunement les muscles de la nouvelle, et que la formation de ces nouveaux organes est tout à fait indépendante des anciens. »

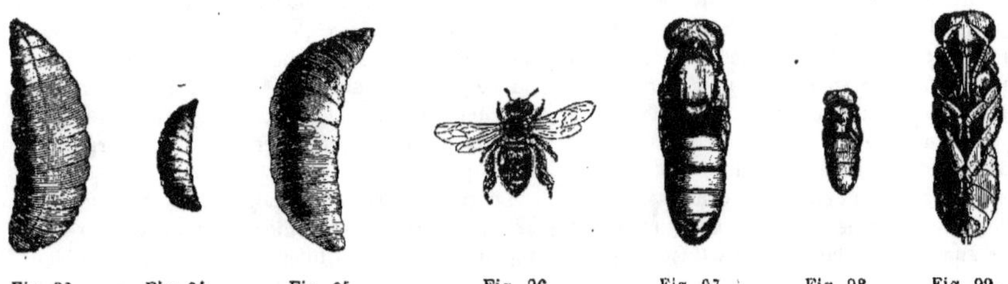

Fig. 93.   Fig. 94.   Fig. 95.   Fig. 96.   Fig. 97.   Fig. 98.   Fig. 99.

MÉTAMORPHOSE COMPLÈTE.

Fig. 93 à 99. — Métamorphose d'un Hyménoptère (Abeille). Larve, nymphe et adulte.

Métamorphose des tissus. — La Métamorphose des formes extérieures des Insectes est toujours accompagnée de la Métamorphose des organes internes ; il n'y a pas seulement apparition d'appareils n'existant pas auparavant, il y a adaptation de certains organes à des fonctions nouvelles, il y a création d'éléments anatomiques nouveaux. On peut concevoir que la patte écailleuse de la Chenille devient la patte du Papillon, mais il est plus difficile de comprendre comment les mandibules et les mâchoires de cette même Chenille vont se modifier pour constituer la trompe du Papillon ; il est encore moins aisé de comprendre comment une Larve apode, qui ne possède que des faisceaux musculaires servant à la reptation, acquiert des mucles puissants capables de mettre en mouvement des rames aériennes. Nous allons esquisser à grands traits ce que nous avons appelé le développement postembryonnaire.

Dans une Larve, quelle qu'elle soit, tout organe appendiculaire qui existera plus tard soit dans la Nymphe, soit dans l'Insecte adulte, se trouve à l'état embryonnaire ; c'est ainsi que les ailes des Lépidoptères, par exemple, existent sous la forme de replis de la peau, que les yeux, les antennes, les pièces buccales, les pattes, les ailes, etc., des Diptères, se montrent sous la forme de petites masses, replis de l'hypoderme. M. Weismann a donné à ces masses le nom de *Scheiben* (disques), nous leur avons préféré (Künckel) le nom d'*histoblastes* qui ne préjuge en rien leur forme et indique leur nature embryonnaire. D'après cela on conçoit très bien que, si un de ces appendices a paru dans la Larve, il se retrouve dans l'adulte en ayant subi des modifications de grandeur et de forme ; c'est ainsi que nous voyons la grande lèvre inférieure préhensile et rétractile des Larves de Libellules devenir la lèvre inférieure courte et immobile des Libellules adultes.

Les modifications de forme des appendices ou leur apparition entraînent des transformations dans le système musculaire ; c'est alors que nous voyons se constituer presque entièrement de nouveaux muscles ; quelques faisceaux peuvent demeurer notamment dans l'abdomen, mais les muscles moteurs des ailes en particulier se constituent de toutes pièces. Certains auteurs (Weismann) admettent que les nouveaux muscles sont constitués par les matériaux des muscles anciens, d'autres (Künckel) pensent qu'ils sont créés avec des matériaux nouveaux, et ne croient pas que des fibres dégénérées puissent reconstituer des fibres actives ; dans ce cas des cellules musculaires embryonnaires se développeraient aux dépens du tissu adipeux. Le système nerveux se modifie d'une manière très remarquable ; dans la plupart des Insectes le nombre des ganglions tend à diminuer par suite de la rétraction des connectifs qui détermine la coalescence de plusieurs d'entre eux chez les Lépidoptères, Coléoptères, etc. (d'après Herold, Newport, M. Blanchard) ; mais chez tous les Diptères appartenant aux cinq grandes familles des Stratiomydes, Tabanides, Syrphides, Conopides, Muscides acalyptérées (d'après Künckel, Ed. Brandt), les ganglions très rapprochés et même confondus dans les Larves, au lieu de se fusionner, se dissocient, et de longs connectifs se constituent pour les réunir les uns les autres. Les organes digestifs subissent aussi des transformations considérables ; c'est ainsi que Herold et Newport nous ont montré heure par heure la transformation de l'estomac long et variqueux de la Chenille en l'estomac court et dilaté du Papillon, l'apparition du jabot, la modification des glandes séricigènes, ainsi que le refoulement dans l'abdomen des tubes de Malpighi. Ces phénomènes sont accompagnés de la mue de la cuticule du tube digestif, de la dégénérescence des fibres de la tunique musculaire ; la tunique propre, restant pour servir de base à la reconstitution générale. L'appareil respiratoire subit lui aussi de grandes modifications ; chez les Larves il y avait généralement un système de trachées longitudinales et transversales tubulaires, il va se constituer sur leur trajet de vastes ampoules ; et dans les Nymphes de Diptères,

<hr>

Fig. 93 et 95, larve grossie, en dessous et en dessus. — Fig. 89, cette dernière de grandeur naturelle. — Fig. 97 et 99, nymphe grossie, en dessus et en dessous. — Fig. 93, nymphe en dessus, de grandeur naturelle. — Fig. 96, adulte de grandeur naturelle.

il apparaîtra un système de transition avec stigmates particuliers et un admirable réseau de trachéoles en anses. Les organes de la reproduction
existaient à l'état embryonnaire dans la Larve, vont
se constituer entièrement dans la Nymphe et se
développer rapidement.

En résumé, dans la Métamorphose des organes
il se passe deux phénomènes bien distincts, le premier phénomène consiste dans la destruction des
éléments anatomiques hors d'usage (histolyse); le
second consiste dans la reconstitution d'autres
éléments anatomiques (histogénèse) ayant à remplir des fonctions nouvelles ou à entrer dans des
organes nouveaux. Les produits provenant des
éléments dégénérés sont enlevés par les tubes de
Malpighi et rejetés sous forme de méconium au
moment de l'éclosion; les matériaux de construction des éléments nouveaux sont puisés dans la
masse du tissu adipeux dissocié qui joue le rôle
d'un vitellus postembryonnaire (Künckel).

Accroissement et mues. — Que le développement soit continu, régulier, comme chez les Insectes à Métamorphoses incomplètes, soit qu'il ait
lieu après des intervalles de repos comme cela a
lieu quand la Métamorphose est incomplète, il est
toujours accompagné du phénomène de la mue qui
se renouvelle plusieurs fois pendant la période d'é-
volution. Le phénomène de la mue consiste essentiellement dans le dépouillement complet de l'enveloppe tégumentaire chitineuse, dans le rejet de
ce qu'on appelle la cuticule.

Les mues ont lieu à des époques déterminées,
elles se font plus tôt chez les uns, plus tard chez les
autres, se renouvellent plus ou moins fréquemment,
ordinairement trois à quatre fois, mais pas plus de
sept à huit fois. Chaque mue est une véritable crise
qui a tous les symptômes d'une maladie; les Larves
demeurent immobiles, cessent de manger et deviennent extrêmement sensibles aux influences extérieures, surtout aux intempéries des saisons; l'ancienne peau se déchire à la région dorsale, et
l'animal, s'aidant de violents mouvements, parvient
à se dégager revêtu d'une livrée plus fraîche, parfois
colorée tout autrement, parfois agrémentée de quelques ornements nouveaux. Tous les appendices,
tous les poils se dégagent de l'ancienne peau; rejetée, cette peau représente le plus délicat mou-
lage d'être vivant qu'on puisse imaginer.

La mue est un phénomène résultant essentiellement de l'accroissement de l'animal; celui-ci, emprisonné dans un vêtement trop étroit, s'en débarrasse pour tirer de sa propre substance un habit
neuf plus ample qui lui permette de prendre un
nouvel embonpoint. En termes scientifiques l'Arthropode se dépouille à différentes reprises, suivant les nécessités de sa croissance, non pas de sa
peau, mais de la cuticule chitineuse qui recouvre
cette peau proprement dite ou *hypoderme*; cet hy-

poderme sécrète de nouveau, sous la forme de
gouttelettes liquides qu'on voit suinter de toutes
parts, une matière qui ne tarde pas à se solidifier
au contact de l'air pour constituer une cuticule
chitineuse (Larves et Nymphes) et même un véritable squelette externe (Insectes à Métamorphoses
incomplètes).

Le renouvellement cutané n'est pas seulement
extérieur, les appareils internes prennent part à ce
rajeunissement; les tubes respiratoires aussi bien
que le canal digestif rejettent leur tunique interne,
et subissent même quelquefois un changement sensible; c'est ainsi que les Larves aquatiques perdent
très généralement leurs branchies à leur dernière
mue, car aucun Insecte adulte, comme nous le savons déjà, ne possède ces organes, à l'exception
toutefois de certains Névroptères, les *Pteronarcys*.

Toutes les Larves, quelles qu'elles soient et quel
que soit le milieu où elles passent leur existence,
sont soumises à la mue; on a pu croire pendant
un certain temps que celles qui sont plongées
dans certains liquides ne muaient pas; cela tenait
à une erreur d'observation, les Larves d'Œstrides
(*Hypoderma*) qui vivent dans la sanie des tumeurs
qu'elles déterminent sous la peau des Bœufs,
des Chevreuils, des Cerfs, les Larves de Muscides
qui pullulent dans les plaies ou les matières en
décomposition toutes fluides changent de peau;
les modifications qui s'accomplissent dans les
pièces buccales et dans les stigmates en fournissent la preuve aussi bien que l'observation directe.

Il est un cas unique où une dernière mue s'accomplit tardivement non plus chez la Larve, mais chez
l'Insecte adulte : les Éphémères, abandonnant leur
enveloppe de Nymphe, quittent les eaux où elles
ont vécu et s'envolent; mais bientôt elles s'arrêtent pour se cramponner solidement aux objets environnants; et l'on est tout surpris de voir de cette
Éphémère sortir une autre Éphémère délicate et
transparente qui ne tarde pas à prendre la volée,
laissant une dépouille qui semble l'Insecte endormi.

C'est seulement pendant la période larvaire que
s'accroît l'Insecte; de là l'incomparable voracité des
Larves et des Chenilles et l'augmentation continue
des proportions de leur canal digestif. La destruction des substances végétales que peuvent occasionner les Larves dans les jardins, les forêts, les champs
et les pâturages, sont surtout appréciés par ceux-là
mêmes qui ont à en supporter les dommages. Une
Chenille peut, par exemple, consommer en vingt-
quatre heures plus du double de son poids de nourriture végétale, et augmenter d'un dixième le poids
de son corps; la Chenille du *Sphinx ligustri*, mauvaise fileuse, lorsqu'elle atteint toute sa taille, pèse
1000 fois plus qu'à sa sortie de l'œuf; le Ver à soie,
qui accumule dans ses glandes séricigènes une
immense quantité de soie, pèse au bout de trente
jours 9 500 fois plus qu'au moment de sa naissance;

il était long de 1 millimètre et sa taille mesure 92 à 96 millimètres. Mais le développement qui dépasse en rapidité tout ce qu'on peut imaginer est celui des Larves des Muscides (*Musca, Calliphora, Lucilia, Sarcophaga*); chacun a pu les voir à l'œuvre ces vulgaires asticots, et observer que leur volume augmentait avec une prodigieuse accélération. Si nos Animaux domestiques possédaient à un tel degré la faculté d'assimilation, ce serait merveille, ils engraisseraient à vue d'œil et leur précocité serait vraiment extraordinaire.

Des Larves. — Les Larves des Insectes qui subissent des Métamorphoses complètes ont la forme allongée et le corps enfermé dans des anneaux égaux et réguliers mais ne sont pas pour cela des Vers dans l'acception zoologique rigoureuse du mot Ver : quoiqu'on ait l'habitude de les désigner ainsi de préférence quand on dit : Vers du blé (Larves de

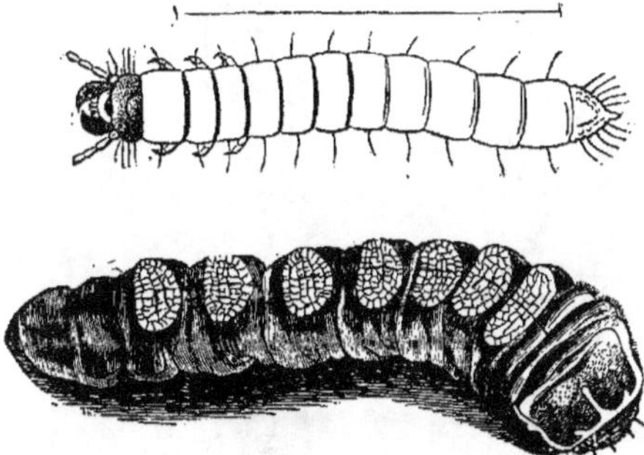

Fig. 100 et 101. — Larve pourvue de pattes et larve apode. (Coléoptères.)

Charançon), Vers de farine (Larves de Ténébrion), Vers de vase (Larves de Chironome), Vers gris (Chenilles d'*Agrostis*), Vers de la noisette (Larves de *Balaninus*), ou de la pomme (Chenilles de *Carpocapsa*); en général quand il s'agit de bois, de fruits attaqués, on dit qu'ils sont piqués des Vers. Ce sont ordinairement les Larves apodes qu'on désigne sous cette appellation.

Malgré leur apparence vermiforme, les Larves présentent entre elles des différences notables. En premier lieu il y a des Larves munies de pattes et d'autres qui en sont privées. Celles-là ont à la suite de la tête cornée trois anneaux qui deviendront la cage thoracique de l'Insecte parfait; ces anneaux portent trois paires de pattes articulées (fig. 95) se terminant en une ou deux griffes et sont nommées pattes thoraciques en raison de leur insertion, mais plus généralement pattes écailleuses, expression peu heureuse passée dans le langage entomologique. Si elles manquent, la Larve est considérée

Fig. 100. — Larve pourvue de pattes (*Blaps*). — Fig. 101. — Larve apode (*Cérambyx*).

comme apode (fig. 101), alors même que des protubérances verruqueuses indiquent la place des appendices locomoteurs. En dehors des pattes thoraciques, il peut encore se présenter sur quelques-uns ou sur la majorité des anneaux des pattes ventrales ou pseudopodes, qui ne sont jamais articulées, mais apparaissent comme des expansions cutanées : telles sont les pattes membraneuses des Chenilles (fig. 102), des Larves de Syrphides (*Eristalis, Helophi-*

Fig. 102. — Larve pourvue de pattes vraies et de pattes membraneuses. (Chenille de Bombycide.)

lus, Volucella, etc.), de Tabanides, etc. Le corps de la Larve étant composé de douze anneaux au plus, sans la tête, le maximum possible du nombre des pseudopodes sera de 24.

La tête cornée a les pièces buccales construites pour la mastication même dans le cas où l'Insecte parfait a la bouche conformée pour la succion; cependant chez les Larves de Muscides, de Syrphides (Diptères) la bouche est déjà disposée pour favoriser la succion.

Les Larves sont tantôt céphalées, c'est-à-dire pourvues d'une tête cornée, tantôt acéphalées, la partie antérieure sans forme déterminée ayant la faculté de sortir et de rentrer; cette extrémité pointue et rétractile n'est pas une tête, car elle ne renferme pas le cerveau, qui est refoulé dans le troisième et le quatrième anneau. Ces Larves seront étudiées de plus près lorsque nous traiterons des Diptères. A l'état de Larve certains Insectes suceurs broient leurs aliments; on peut déjà conclure que la différence de structure de la bouche, en rapport avec la manière de vivre de chaque espèce, laisse entrevoir d'autres différences dans les mœurs.

Parmi les Larves, les unes vivent à l'état de liberté sur les plantes, et il n'est pas rare que leur robe soit revêtue de couleurs brillantes ou d'ornements élégants, poils, épines ou tubercules; d'autres se tiennent sous les pierres, sous les feuilles pourries ou choisissent d'autres retraites cachées qu'elles ne quittent que de temps à autre, surtout la nuit; d'autres enfin ne se montrent jamais au dehors et passent leur existence tantôt dans la terre ou les plantes dont elles creusent et minent diverses parties, racines, tiges ou feuilles; tantôt dans le corps des animaux, tantôt dans l'eau des mares, des rivières et des torrents.

Les Larves lucifuges se distinguent entre toutes par une teinte pâle incertaine; et une coloration plus définie et plus foncée ne se montre que sur les parties

ces habitations varie à l'infini suivant les espèces et les milieux; parmi les Cléoptères les Larves de *Clythra* errent çà et là, portant un abri formé de parcelles de terre agglutinées. Toutes ces Larves se déplacent à l'aide de leurs trois paires de pattes antérieures et se cramponnent au moyen de leurs pattes membraneuses ou de leurs pseudopodes à l'intérieur de leurs fourreaux. C'est dans ces demeures portatives dont elles calfeutrent l'ouverture qu'elles accomplissent leurs métamorphoses; on peut dire qu'elles passent leur vie entière dans un cocon.

Des Nymphes. — L'Insecte, pendant le stade du développement qui précède sa Métamorphose et qui se termine par une dernière mue, est une Nymphe. La Nymphe diffère quelquefois à peine de la Larve (fig. 112); active comme elle, elle continue à prendre de la nourriture, et ses pièces buccales

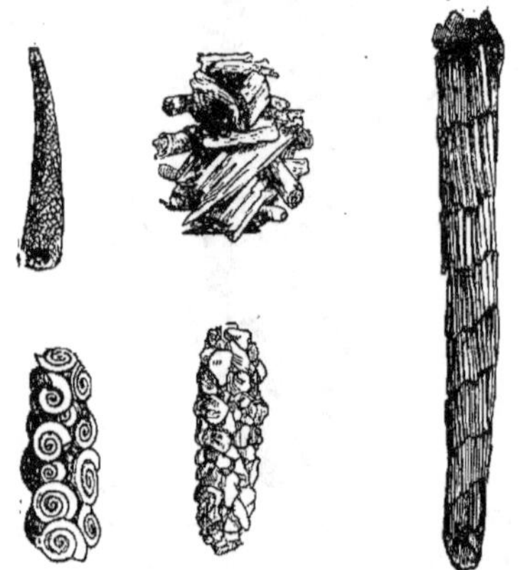

Fig. 103 à 107. — Fourreaux construits par les larves de Phryganides.

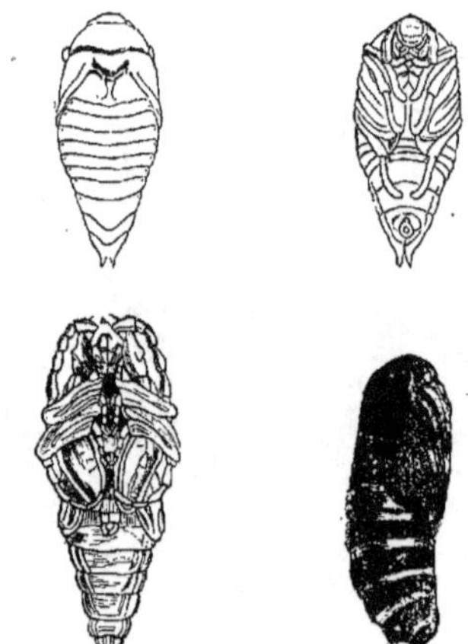

Fig. 108 à 111. — Nymphes et Chrysalides.

fortement imprégnées de chitine; elles sont immanquablement plus claires encore après chaque mue.

Quelques Larves savent se construire un fourreau qu'elles portent avec elles et où elles se réfugient au moindre soupçon de danger; c'est avec la soie qu'elles sécrètent qu'elles construisent leurs demeures, mais elles savent y joindre des bûchettes (Chenilles d'*Œceticus*), des feuilles, des tiges de graminées, des brins de mousse (Chenilles de *Psyche*), des fragments de feuilles découpées, des parcelles d'étoffes empruntées aux matières dont elles se nourrissent (Chenilles des Tinéides); certaines Chenilles de Psychides ont le privilège d'établir des fourreaux contournés en hélice qui imitent à s'y méprendre les coquilles des petits colimaçons; les Larves de Phryganides (Névroptères) se tissent des habitations portatives qu'elles couvrent de fragments de bois, de sable, de débris de coquilles rencontrés au fond des mares et des ruisseaux, et l'aspect de

sont semblables (Libellules, Éphémères, parmi les Névroptères, tous les Orthoptères, tous les Hémiptères, etc.). Les Insectes qui ont de telles Nymphes sont dits à Métamorphoses incomplètes. Les Nymphes peuvent différer absolument des Larves; inactives, ou exécutant à peine quelques mouvements des anneaux de leur abdomen, elles sont incapables de prendre le moindre aliment. Les Insectes qui possèdent de telles Nymphes sont appelés à Métamorphoses complètes. Ici immédiatement après la mue qui donne naissance à la Nymphe apparaissent distinctement sur celle-ci les antennes, les rudiments des ailes, les pattes enveloppées d'une pellicule transparente; la Nymphe reproduit alors les formes exactes du futur Insecte; les trois principales sections du corps ainsi que les anneaux de

Fig. 108 à 110. — Nymphes libres ou en momies. — Fig. 108. Nymphe de Hanneton, vue en dessus. — Fig. 109. Nymphe de Hanneton, vue en dessous. — Fig. 110. Nymphe de Cerambyx. — Fig. 111. Chrysalide de Bombyx.

l'abdomen s'accusent nettement (fig. 108, 109 et 111). On a alors des Nymphes libres semblables à des « momies », (Coléoptères, Hyménoptères ; Phryganides et Myrméléonides parmi les Névroptères; Culicides, Tipulides, Asilides, etc., parmi les Diptères). Cette reproduction n'est pas toujours aussi fidèle ; les appendices peuvent se consolider, se souder, s'appliquer sur le corps, avec lequel ils forment un tout recouvert d'une peau chitineuse durcie, par exemple chez les Papillons, on a alors des Chrysalides.

Le futur Insecte peut encore être mieux emmaillotté si la dernière dépouille se sépare simplement du corps de la Larve pour constituer à la véritable Nymphe une enveloppe protectrice supplémentaire. C'est ce qui arrive chez les Œstrides, les Stratiomydes, Syrphides, les Mouches proprement dites : la peau de la Larve, en se desséchant, conserve sa forme ou prend celle d'un tonnelet et protège la véritable Nymphe enveloppée seulement d'une peau transparente d'une fragilité extrême. Il ne faut pas confondre ces tonnelets avec certains cocons qui leur ressemblent beaucoup par les apparences extérieures et sont fabriqués par les Larves des Hyménoptères.

Très communément, ainsi que nous l'avons déjà dit, la Larve file un petit amas de soie pour se pendre par les pattes postérieures transformées (Lépidoptères nymphalides) qui constituent la prétendue queue des Chrysalides (Künckel), ou bien pour s'attacher par une ceinture de soie et par la prétendue queue (Lépidoptères papilionides) ; elle fait, pour s'en entourer, un cocon soyeux ou une coque de consistance parcheminée, solide et épaisse, qui au dehors ne trahit en rien son origine. Dans la plupart des cocons on distingue les fils avec lesquels ils sont tissés ; dans les coques il est impossible de déceler la nature de la matière constituante.

En général les Nymphes nues ne sont jamais abandonnées aux rayons solaires directs ni aux intempéries ; — les Chrysalides des Lépidoptères diurnes exceptées, — elles restent cachées sous la terre, sous les feuilles, les écorces ou à l'intérieur d'autres corps ; au contraire les Nymphes recouvertes ou entourées d'un cocon se trouvent à l'air libre. On peut admettre que le revêtement, de quelque nature qu'il soit, préserve l'être sans défense contre les mouvements et les froissements, qui seraient une cause perturbatrice pouvant entraver le développement complet de l'Insecte.

Il paraît naturel que la Nymphe se trouve généralement aux endroits où se tenait la Larve, et cependant il n'en est pas toujours ainsi. Aucune Larve vivant dans la terre ne sort, il est vrai, pour se transformer, mais par contre un grand nombre de celles qui ont vécu sur les feuilles, dans les fruits, dans l'intérieur des tiges ou des animaux abandonnent leur premier séjour et vont se métamorphoser dans le sol. On ne saurait toujours dire quel est le motif qui pousse la Larve à changer de domicile. Si la Chenille perforante sort de sa retraite avant de se changer en Nymphe soi-disant parce que le Papillon avec sa bouche désarmée ne pourrait se frayer un passage à travers une tige de roseau, le bois d'un tronc, etc., il ne s'ensuit pas que cette supposition juste en apparence soit fondée ; en effet, c'est précisément parmi les espèces perforantes que nous trouvons peut-être le plus grand nombre de Nymphes qui restent à l'endroit même où la Larve a vécu. Celle-ci avant sa transformation, poussée par son instinct, a ménagé une galerie de sortie et n'a laissé qu'une mince cloison à l'orifice ; quelquefois même, après avoir avoir percé une ouverture complète elle l'a refermée avec un léger tissu soyeux que le Papillon déchirera aussi aisément que la cloison végétale.

Beaucoup de Nymphes sont armées de petites épines où d'autres aspérités peu visibles qui les retiennent aux objets pour donner à l'Insecte parfait un point d'appui et diminuer ainsi les fatigues du pénible travail que nécessite son éclosion.

Certaines larves aquatiques abandonnent l'eau pour se transformer (Larves de Dysticides, d'Hydrophilides parmi les Coléoptères ; Larves de Stratiomyides, d'Éristales, d'Hélophiles, etc., parmi les Diptères). Beaucoup d'autres se changent en Nymphe dans le milieu liquide, mais des modifications profondes se déclarent à ce moment dans leur appareil respiratoire ; tels Insectes Diptères qui respiraient par un siphon caudal (Larves de Cousin, de Ptychoptère), ou par des branchies postérieures (Chironome, etc.), respirent au moyen d'appareils particuliers situés sur le prothorax : ce sont des cornes stigmatifères (*Culex, Corethra*), un long appendice stigmatifère (*Ptychoptera*), des houppes branchiales (*Chironomus*) ; tous ces appendices quels qu'ils soient donnent aux Nymphes les aspects les plus singuliers. Des changements semblables s'accomplissent chez des Larves et des Nymphes terrestres (*Volucella, Syritta* et Syrphides en général).

Durée de l'évolution. — Mais il est aussi des cas où il faut bien reconnaître que nous ne savons pas pourquoi les choses se passent tantôt d'une façon et tantôt d'une autre ; la nature veut-elle seulement nous donner le spectacle de son génie inventif ?

L'Insecte est comme la plante annuelle qui pendant toute son existence ne développe qu'une fois sa tige, ses fleurs et ses fruits et qui, à la maturité, a atteint le but de sa vie, en assurant, par ses graines apte à la germination, la conservation de son espèce. Il a rempli sa tâche quand, après avoir passé par l'état d'Œuf, de Larve et de Nymphe, il a atteint sa maturité et selon la règle s'est accouplé une seule fois. Le mâle meurt bientôt après ; la femelle périt seulement quand elle a pondu ses œufs féconds, ce qui arrive au bout d'un temps assez court ou plus tard à l'approche de l'hiver. La reine des

Abeilles conserve ses fonctions génératrices pendant des années, mais ce fait ne renverse point la règle. L'Insecte, quoiqu'il ne soit pas complètement annuel comme les plantes auxquelles nous l'avons comparé, a donc la vie courte ; mais certaines espèces se reproduisent si rapidement qu'elles ont plusieurs générations dans l'espace d'une année, tandis que d'autres n'en ont qu'une seule au bout de cinq ans.

Au Mexique ce n'est qu'au bout de cent ans que l'Agave produit une hampe florale de la hauteur d'une maison ; au bout de quelques semaines elle se développe en un magnifique lustre pyramidé se ramifiant en un millier de bouquets de fleurs qui brillent comme de petites flammes à l'extrémité des rameaux ; un siècle est nécessaire pour l'accomplissement du phénomène qui exige à peine un an chez nos plantes estivales. De même, dans l'Amérique du Nord, un Insecte exige pour son développement plus de temps que tous les autres ; une Cigale met, dit-on, dix-sept ans, pour arriver au terme de son évolution et a reçu en conséquence le nom de *Cicada septemdecim*. La femelle pond de 10 à 12 œufs dans un sillon profond qu'elle creuse à l'aide de sa tarière tranchante dans un rameau de pommier résultant de la pousse de l'année précédente. A cinquante-deux ou soixante jours de là les larves sortent de leurs œufs, se laissent tomber, puis s'enfouissent à proximité du pied de l'arbre et le rameau meurt et se dessèche. Les Larves se nourrissent sur place pendant dix-sept ans du suc des racines ; on admet une si longue période, parce que c'est au bout de cet espace de temps que les Cigales apparaissent en quantité prodigieuse. Enfin les Nymphes surgissent de leurs retraites souterraines ; cramponnées solidement aux rugosités du sol, elles se débarrassent de la peau qui les revêt ; l'Insecte va jouir de son existence aérienne. Si c'est un mâle, il chante comme notre Grillon ; les femelles s'apprêtent et l'accouplement a lieu ; la ponte ne tarde pas ; au bout de trente-six jours tout est teminé et les Cigales disparaissent de nouveau pendant dix-sept ans.

Il importe, à cette occasion, de porter notre attention sur certaines expressions précises dont il sera souvent fait usage par la suite. Ainsi on dit, par exemple, que la génération d'un Insecte est simple, lorsque celui-ci ne survit pas au cycle de l'année où s'est accomplie sa Métamorphose, alors même qu'il se transforme plusieurs fois ; l'on distingue dans ce cas une génération d'été et une génération d'hiver. Cette dernière embrasse toujours une période de temps plus considérable parce que l'Insecte passe toujours l'hiver à l'état de repos dans n'importe quelles phases de son développement. Bien entendu, il n'est pas question de l'année usuelle, mais bien de l'espace de douze mois qui pour les divers espaces n'a pas le même point de départ. La génération d'été de la grande Piéride du chou par exemple débute en avril-mai, époque de la ponte. Les Papillons qui en proviennent prennent leur essor vers le mois d'août, et la génération estivale est terminée. Avec les œufs de ces Lépidoptères commence la deuxième génération dite d'hiver dont les Chrysalides sont formées avant l'hiver et qui finit en avril avec l'éclosion des nouveaux Papillons. Mais s'il s'agit des Insectes dont l'évolution dure quatre ans comme le Hanneton, ou dix-sept ans comme la Cigale citée plus haut, on n'a qu'à mettre de côté les années du calendrier.

Comparativement à l'immense quantité d'Insectes connus, il en est peu parmi dont on a suivi complètement les phases du développement ; néanmoins ou peut à peu près admettre les lois suivantes comme indication des connaissances acquises à ce sujet :

1° La vie larvaire est plus longue que la vie de l'Insecte parfait, même si ce dernier passe l'hiver ; une exception à cette règle est fournie par les Insectes qui vivent en communauté (Abeilles, Fourmis, Termites).

2° Les Larves mineuses des bois ou des tiges, les Larves souterraines prennent un temps plus long pour se transformer que celles qui vivent sur les plantes, etc., ou hors du sol.

3° Les Larves apodes et surtout les Larves acéphales sont celles qui se développent le plus rapidement.

4° Plus il faut de temps à la Larve pour acquérir son développement complet, plus est courte la vie de l'Insecte parfait.

Les Chrysalides n'éclosent pas toutes avec une parfaite régularité, et souvent la durée de l'évolution est plus longue pour les unes que pour les autres, sans que l'on ait jamais pu connaître le motif de cette anomalie. Au mois de juin 1836 Frauendorf remporta chez lui deux nids du *Gastropacha lanestris*, qu'il avait trouvé en abondance sur un bouleau et qui est si commun en Allemagne. Les Chenilles filèrent leurs cocons en août. Le premier Papillon apparut le 18 septembre, le second le 14 octobre ; tous deux étaient des mâles. Une vingtaine d'individus des deux sexes sortirent au printemps de 1837, ce qui était l'époque normale, d'autres les suivirent en automne, quelques-uns l'année suivante, et l'éclosion du dernier de tous eut lieu le 4 mars 1842. Cet individu était donc resté cinq ans et demi à l'état de Nymphe, il avait mis, à se développer, autant d'années que les premiers éclos avaient mis de semaines. On a fait des observations analogues sur d'autres Papillons, excepté chez les Diurnes et les Tinéides, qui ne présentent pas toutefois de telles différences quant à la durée de leur évolution. Il ne faut pas s'étonner que ces exemples soient surtout connus chez les Lépidoptères, car ce sont eux qui de tout temps ont capté les observateurs et sont le mieux et le plus complètement connus dans leurs Métamorphoses. Nous citerons les observations sui-

Fig. 112.   Fig. 113.   Fig. 114.   Fig. 115.   Fig. 116.

MÉTAMORPHOSE INCOMPLÈTE.

Fig. 112 à 116. — Métamorphose des Névroptères (Libellulides).

vantes faites sur des Hyménoptères : d'une même galle rapportée de la Sénégambie sont sortis des Insectes adultes (*Cynips*) en septembre 1879 et une année après en septembre 1880 (Künckel). J. Smith rapporte que sur deux cent cinquante larves de l'Abeille des murs (*Anthophora parietina*) vingt-cinq se transformèrent en nymphes pendant l'été de 1852 bien que les œufs aient été pondus en 1849 et que le développement de cette espèce s'accomplisse d'ordinaire en l'espace d'un an.

L'expérience a suffisamment enseigné que la chaleur jointe à l'humidité, que l'abondance de nourriture favorisent le développement de la Larve, et que celui-ci est entravé si ces conditions font défaut. Tout éleveur pratique de Lépidoptères sait qu'il peut faire éclore dès le temps de Noël et dans tout l'éclat de ses couleurs, le même Papillon qui à l'état de liberté ne pourrait guère éclore qu'en mai s'il a soin de maintenir la Chrysalide auprès d'un poêle chaud et de l'humecter fréquemment. Tout au contraire, il faut que l'éleveur transporte dans un milieu froid les œufs du Ver à soie s'il ne veut pas s'exposer au danger de voir éclore au printemps les jeunes Chenilles avant que les feuilles de mûrier ne soient poussées. Toutefois, si, immédiatement après la ponte, ainsi que l'a découvert M. Duclaux, on soumet les œufs du Bombyx du mûrier au froid en les laissant séjourner dans une glacière, on sera tout surpris de voir ces œufs, ramenés dans une chambre chaude, éclore rapidement, par une sorte de paradoxe le froid, au lieu de retarder l'évolution, l'a accélérée; on serait tenté

de dire que les œufs ont conscience d'avoir passé l'hiver. Ces exemples ne sont pas de ceux qui se présentent dans la nature, dans la pleine liberté des bois et des champs, ils sont en partie le résultat de l'influence de l'Homme. Mais notre dire est encore confirmé par d'autres exemples. Un observateur attentif peut voir que par un temps défavorable un Insecte peut apparaître quatre semaines plus tard et même davantage que, dans les années propices à son développement, il ne manquera pas de remarquer qu'un même Insecte, qui se transforme fort rapidement durant l'été, met bien plus de temps à accomplir son évolution si le froid, survenant brusquement, l'oblige à hiverner. L'influence de la température de l'année nous est démontrée de la manière la plus frappante lorsque nous considérons un Insecte très répandu à la surface du globe et qui vit dans des contrées où la chaleur moyenne est différente : tel est le Papillon du chou dont nous avons déjà parlé. Dans l'Allemagne septentrionale et centrale, on le voit voler pour la première fois dans la deuxième quinzaine d'avril, puis de nouveau depuis la fin de juin jusqu'en septembre; dans tous les cas sa Chrysalide hiverne. En Sicile où ce prolétaire vit aussi, il voltige de novembre en janvier. Chez nous la Chenille ne résiste pas au froid, bien que quelques Chenilles d'autres espèces hivernent, tandis qu'elle supporte très bien l'hiver plus doux de la Sicile.

On pourrait croire d'après cela que, dans les pays chauds, où les variations de température sont moindres, le développement des Insectes s'accom-

Fig. 113. Nymphe d'*Æschna grandis* en chasse saisissant une larve d'Éphémère. — Fig. 112. Dépouille de Nymphe abandonnée par l'Insecte parfait. — Fig. 115. Nymphe de *Libellula depressa* en chasse s'emparant d'une larve d'Éphémère. — Fig. 116. Dépouille de la Nymphe abandonnée par l'Insecte parfait. — Fig. 114. *Libellula depressa* venant d'éclore.

plit d'une façon plus régulière que dans les zones froides et que sa durée varie seulement suivant les espèces. Mais, l'alimentation qui joue un rôle si important pendant le développement, ainsi que nous l'avons vu, est soumise dans les pays équinoxiaux aux mêmes vicissitudes que chez nous parce que dans ces régions les conditions climatériques ne restent pas les mêmes durant l'année entière, la saison sèche et la saison des pluies alternant comme chez nous l'été et l'hiver. Moritz raconte qu'à Caracas un certain Bombyx qui vit en société file son cocon en novembre, mais attend, pour se transformer, la saison des pluies et ne se change en Chrysalide qu'au mois de mai. Plus loin il mentionne encore une espèce du grand genre *Saturnia* qui éclot d'une façon irrégulière. Un mâle apparut en octobre, un mois après le passage à l'état de Chrysalide, une femelle fit son apparition en décembre, plusieurs individus des deux sexes sortirent de leurs cocons en février ; et il restait encore des Chrysalides vivantes, à la fin du mois, au moment où il expédia sa lettre en Europe.

L'inégalité de l'éclosion des Bombycides est un fait connu de tous ceux qui dans ces dernières années ont tenté d'acclimater en Europe quelques-unes des grandes espèces asiatiques ou américaines pour utiliser leur soie ; souvent il leur est arrivé de voir les mâles et les femelles, au lieu d'éclore simultanément, quitter leurs cocons à de longs intervalles ; dans ces conditions le rapprochement sexuel, lorsqu'il peut réussir, se fait alors que mâles ou femelles sont épuisés et à bout de force ; le petit nombre d'œufs féconds que l'on peut obtenir ne récompense pas des peines que les éducations ont nécessitées. Voulons-nous trouver la raison d'une si frappante irrégularité ; la voici : s'il arrive que l'animal succombe pour avoir suivi la voie normale, il en reste d'autres qui survivent en n'obéissant pas à la loi commune, la nature veut par là assurer la conservation de l'espèce. Dans tous les pays où l'hiver se signale par la neige et la gelée la vie des Insectes est complétement suspendue ; mais le printemps suivant nous apprend chaque fois qu'elle n'avait pas cessé pour cela. Les uns hivernent sous la forme d'un œuf, d'autres sous celle d'une Larve, et parmi elles, cela va sans dire, toutes celles dont l'évolution exige plusieurs années ; ceux-ci traversent la mauvaise saison à l'état de Chrysalide ; ceux-là à l'état d'Insecte parfait. Il est rare qu'un seul et même Insecte passe l'hiver sous deux de ces formes.

Mécanisme de l'éclosion. — Les Insectes pour abandonner leur enveloppe de Nymphe et sortir de leurs cocons ou de leurs coques emploient les moyens les plus variés. Le Papillon cherchant à venir au jour fait effort ; l'enveloppe de la Chrysalide se rompt longitudinalement sur la région dorsale. Il dégage alors peu à peu son thorax, puis sa tête, ensuite ses pattes et enfin ses ailes, des gaines, qui les protégeaient. La plupart des Insectes emploient le même procédé ; quelques-uns cependant usent de différents artifices, mais les efforts qu'ils doivent exercer sont bien faibles puisqu'ils ne sont enveloppés que d'une mince cuticule transparente. Les Lépidoptères dont les Chrysalides sont enfermées dans des cocons n'ont pas seulement à se débarrasser de leur enveloppe de Nymphe, il faut encore qu'ils percent la paroi de leur prison. Réaumur croyait que le Papillon du Ver à soie coupait à l'aide des facettes de ses yeux les fils de son cocon ; de là cette croyance que les cocons ainsi percés ne pouvaient être dévidés ; en réalité le Papillon rejette un liquide particulier qui a la propriété de ramollir la soie et lui permet simplement d'écarter les fils pour s'ouvrir un passage ; aujourd'hui en lestant ces cocons artificiellement on est parvenu à les dévider et à démontrer ainsi que les fils n'étaient nullement rompus.

Les Phryganes éclosent dans l'eau ; les Nymphes libres dans leurs fourreaux s'ouvrent un passage avec leurs mandibules et nagent sur le dos à la façon des Notonectes en s'aidant de leurs pattes intermédiaires ciliées qui font fonctions de rames, jusqu'à ce qu'elles aient rencontré la tige d'une plante aquatique à laquelle elles se cramponnent au moyen de leurs pattes antérieures ; elles sortent alors de l'eau et se débarrassent de leur enveloppe, abandonnant pour toujours les mandibules qui leur ont rendu de si grands services.

Un grand nombre de Diptères qui sont renfermés dans des pupes emploient un singulier moyen pour enfoncer les portes de leur cachot ; les Muscides en particulier méritent qu'on examine leur éclosion, car on a devant soi un curieux spectacle. Elles ont la faculté d'enfler la région frontale de leur tête, c'est-à-dire, de faire saillir entre les deux yeux une sorte de vessie rétractile et d'une blancheur éclatante d'abord très petite qui se gonfle de plus en plus jusqu'à prendre une forme à peu près comparable au mufle d'un Hippopotame, les antennes étant en dessous et se trouvant absolument cachées ; cette vessie se dégonfle, disparaît dans la tête pour reparaître de nouveau et après des apparitions successives, rentre définitivement sans laisser aucune trace de son existence. De Réaumur et Lacordaire admettent que l'air est l'agent du gonflement de l'ampoule ; il n'en est rien. M. Weismann a démontré que la dilatation était due à un afflux de sang et M. Künckel a prouvé que cet afflux était déterminé par la contraction des muscles du thorax. C'est donc la pression du sang qui fait éclater la partie antérieure de la pupe et en détache les premiers segments. La Mouche pour rompre sa coque sait se transformer en presse hydraulique.

Lorsque l'Insecte éclot, ses ailes sont repliées et toutes recroquevillées ; par quel artifice parvient-il à les étendre ? De Réaumur admet que l'air s'in-

LA VIE DES INSECTES DANS LES BRUYÈRES.

BOMBYLE, GUÊPE, AGROTIS, CÉTOINE, ABEILLE, BOURDON, NIDS D'ARAIGNÉE (AGÉLÈNE), POMPILE, ÉCHINOMYE, CICINDÈLE, ACRIDIUM, GEOTRUPES, GRILLON, ETC.

troduit jusque dans les ailes, comme il pénètre dans l'abdomen pour le gonfler et augmenter la capacité du corps ; l'Insecte boit l'air, dit-il, dans son langage imagé. Il n'en est rien, il est aujourd'hui bien démontré que c'est le sang qui est le véritable agent de l'extension des ailes ; en pénétrant entre les deux membranes aussi bien que dans les nervures il contraint l'aile à se défroncer et maintient sa rigidité jusqu'à ce qu'elle se soit affermie et desséchée. Il ressort de cela un enseignement : l'éclosion des Insectes a lieu généralement le matin à la pointe du jour, lorsque les plantes sont couvertes de rosée, parce qu'il faut une atmosphère humide pour éviter une dessiccation funeste qui empêcherait le développement de ces ailes ; c'est pour cela que souvent en captivité les Nymphes venant à éclore dans une chambre trop sèche ne donnent que des Papillons avortés.

M. le Dr Jousset de Bellesme a fait connaître (1878) le mécanisme ingénieux qui concourait au déplissement de l'aile de la Libellule ; le sang est bien l'agent principal du défroncement, mais, pour augmenter la pression du sang, l'Insecte remplit d'air son tube digestif. Réaumur dans ce cas particulier aurait eu raison de dire que l'Insecte buvait de l'air.

PRODUCTION DES SONS.

La plupart des Insectes sont muets. Peu d'entre eux produisent des sons perceptibles et ceux-là depuis l'antiquité les poètes ont essayé de les exalter. Homère compare la parole de ses héros de l'*Iliade* au chant des Cigales et pour les Grecs les stridulations du Grillon et des Sauterelles étaient le complément des charmes de l'été. Anacréon n'a-t-il pas exalté la Cigale ? Annette de Droste Hülshoff chante ainsi dans son poëme intitulé *les Bruyères* :

« Aussitôt les mille touffes de la bruyère s'éveillent et fourmillent ; le Grillon agite rapidement sa petite patte, la frotte contre la colophane de la rosée et chante ainsi sur le violon ses pastorales amours. Le Scarabée donne du cor en maître habile ; le Cousin aiguise prestement ses ailes argentées, pour faire rendre au triangle des sons plus clairs. La Mouche fait à la fois le soprano et le ténor ; et toujours grossissant son précieux trésor le corps entouré de sa riche ceinture, l'Abeille est entrée en scène avec sa voix de basse ; lourdement accroupie dans les fleurs de la bruyère, les pesants Bourdons font gronder la contre-basse..... Jamais chœur n'a fait entendre ainsi les accents de mille voix, comme ceux qui sortent de la verte bruyère » (Pl. I).

Parmi les sons il faut distinguer, d'après Landois, ceux qui sont obtenus par le frottement de certaines parties du corps pourvus de stries, de rides ou d'autres inégalités, et les sons produits dans un appareil vocal dépendant de l'appareil respiratoire comme chez les Animaux supérieurs. Toute une série de Coléoptères font entendre, surtout si on

les serre entre les doigts, un petit bruit, qui n'est dû qu'au frottement l'une contre l'autre des diverses parties de leur corps. Il en est qui font glisser le bord postérieur du prothorax sur le pédoncule du mésothorax couvert de stries transversales : les Capricornes (Cérambycides), les *Lema*, les *Donacia*, etc. Chez les Nécrophores, les Trox, ce sont deux bandelettes étroites, du cinquième anneau abdominal, qui frottent contre des bandelettes transversales de la face inférieure des élytres. Chez les Bousiers (*Geotrupes*), un bruissement sec est obtenu par le mouvement transversal du bord de la hanche postérieure contre le bord du troisième anneau abdominal. Le Criocère rouge du lis promène les stries du bord des élytres contre la surface granuleuse de la partie correspondante de l'abdomen.

Le chant des Orthoptères résonne au loin, mais il ne provient aussi que du frottement des membres postérieurs contre les ailes, ou du frottement de celles-ci entre elles ; ainsi que nous le verrons plus tard en étudiant de près ces Insectes.

Les Cigales chanteuses ont un appareil musical, caché par des opercules ou *volets*, comprenant des corps vibrant directement sous l'action d'un muscle spécial (*timbales*), des membranes vibrants par influence et renforçant le son produit (*miroir et membrane plissée*) et des *cavités sonores* (Voy. Cigale).

Chez les Insectes volant, comme les Abeilles, les Bourdons et leurs congénères, ainsi que chez les Mouches, ce ne seraient pas seulement les rapides vibrations des ailes et des muscles internes qui interviendraient pour produire le bourdonnement. Selon Landois, des appendices foliacés attachés à l'orifice de quelques stigmates frappés par l'air qui s'échappe des trachées entreraient en vibration et concourraient au bourdonnement.

Le *Sphinx atropos* fait entendre un cri perçant, et chacun de chercher comment un Papillon peut crier. Les plus éminents Entomologistes ont émis les opinions les plus diverses sur la production de ce bruit ; il n'y a pas de région du corps qu'ils n'aient considérée comme le siège de la stridulation si singulière de ce Sphinx. Mais il est d'autres Lépidoptères qui portent des appareils musicaux beaucoup mieux connus : ce sont les *Setina* et la *Chelonia pudica*.

Selon M. Perez, les ailes par leurs rapides oscillations produiraient à elles seules le bourdonnement ; il est impossible d'admettre cette manière de voir trop exclusive. En 1875, on a constaté ce fait important, c'est que les *Volucella*, les *Criorhina*, les *Musca* et autres Diptères, sous l'influence de la peur, ramènent leurs ailes dans la position qu'elles prennent pendant le sommeil, et impriment à tout leur corps un frémissement violent et continu en faisant entendre un piaulement des plus aigus ; si à ce moment on saisit l'Insecte entre les doigts, on éprouve une sensation de chatouillement telle que la main s'ouvre malgré soi (Künckel). Il est certain d'après cela que les Insectes

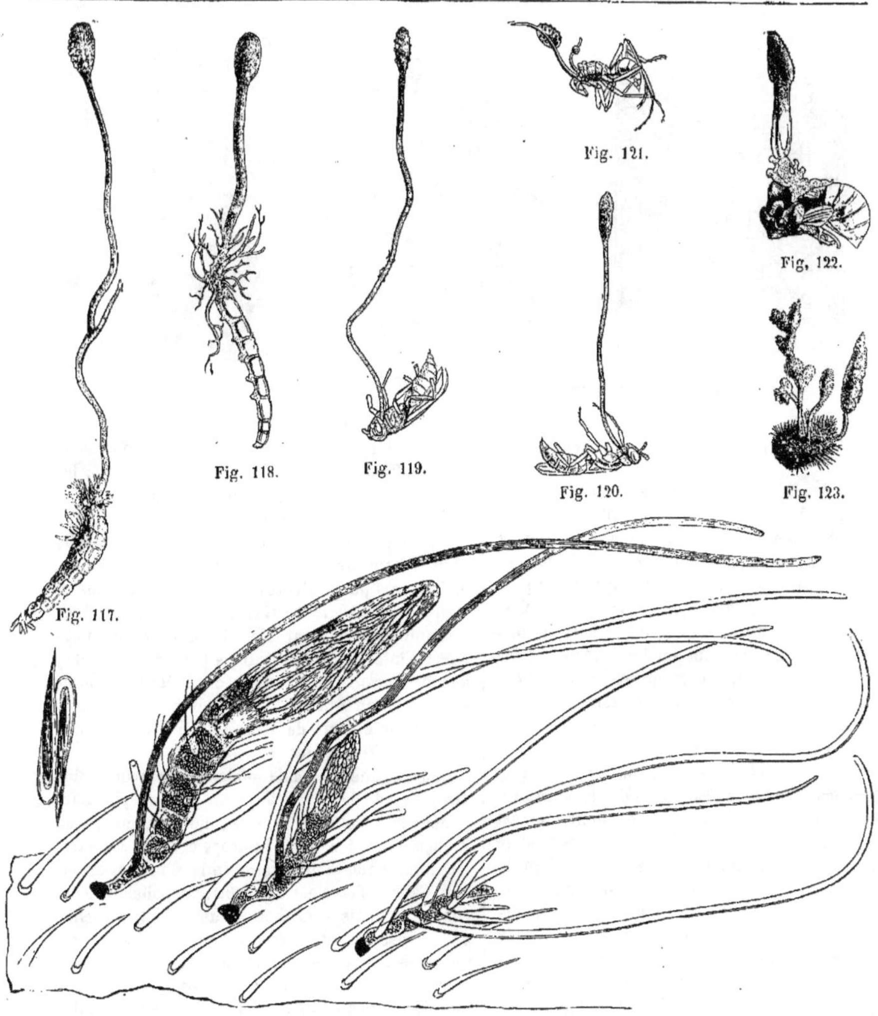

Fig. 121.

Fig. 122.

Fig. 118.

Fig. 119.

Fig. 120.

Fig. 123.

Fig. 117.

Fig. 124.

Fig. 117 à 124. — Les Insectes et leurs Parasites végétaux.

peuvent bourdonner étant au repos sans le concours des ailes, car la section de ces organes n'empêche pas la production d'un son. M. le docteur Jousset de Bellesme a donc eu raison de dire que les Bourdons et les Mouches pouvaient émettre deux sons, un son grave correspondant aux mouvements oscillatoires de l'aile, et un son aigu qui est à l'octave du premier, correspondant au frémissement des muscles du thorax. Il a démontré également que la production des sons était indépendante de la fonction respiratoire et n'était nullement empêchée par l'obturation des stigmates thoraciques.

Fig. 117 et 118. — Deux Larves, portant chacune un Champignon en massue (Clavule). La fig. 117 est la larve d'un Coléoptère du genre *Carabus*; le Champignon est le *Torrubia cinerea*. La fig. 118 est la Larve d'un Hyménoptère du genre *Tenthredo*; le Champignon qu'elle porte est le *Torrubia (Sphæria) entomorrhiza*. — Fig. 119 et 120. — Deux cadavres de Guêpes portant chacune entre la tête et le corselet (sur le cou) le *Torrubia (Sphæria) sphærocephala*. — Fig. 121. — Un cadavre de Fourmi portant un Champignon (*Torrubia myrmecophila*). — Fig. 122. — Une nymphe de Cigale portant le *Torrubia militaris*, var. *sobolifera*). — Fig. 123. — Fragment du cadavre d'une Chenille de Bombyx de la ronce. Cette Chenille est couverte de l'*Isaria farinosa*, qui est le *Torrubia (Sphæria) militaris* à l'état conidiephore (Germain de Saint-Pierre). — Fig. 124. — *Laboulbenia pilosella*, espèce nouvelle trouvée sur les élytres d'un Coléoptère du genre *Lathrobium* (Staphylinide), grossie 400 fois. — *a, b*, fragments de l'élytre hérissés de petits poils; *c*, pédicule du champignon adhérant à l'élytre par une substance noirâtre comme résineuse et dure; *d, e, f*, sporanges à divers degrés de développement; *g, h, i*, longs poils à divers degrés de développement dont les champignons sont hérissés. Les uns sont colorés (*i*), les autres incolores (*g*); *j*, deux spores allongées dont sort le contenu verdâtre. (Ch. Robin.)

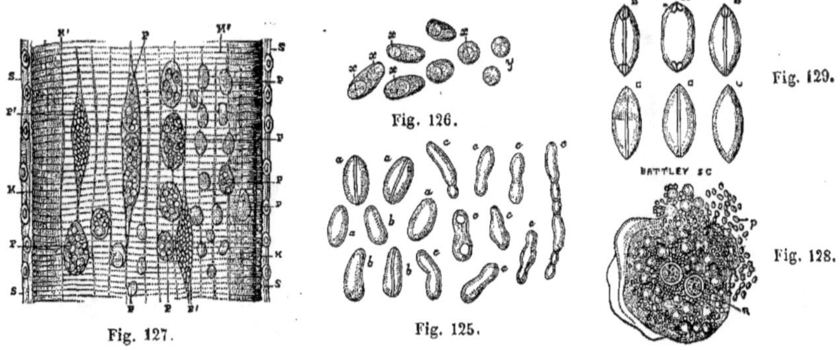

Fig. 126.

Fig. 129.

Fig. 128.

Fig. 127.

Fig. 125.

Fig. 125 à 129. — Psorospermies ou Corpuscules des Vers à soie.

LES INSECTES ET LEURS PARASITES VÉGÉTAUX.

La grande majorité des Insectes vit aux dépens du règne végétal; Larves et Adultes rongent racines, bois, feuilles, fleurs, graines et spores; à son tour le règne végétal s'attaque aux Insectes et vit à leur détriment. L'Insecte s'est acharné à empêcher la propagation de la plante, la plante s'acharné à empêcher la propagation de l'Insecte. Ce sont les Champignons surtout qui se développent sur les Insectes et les font périr; il existe même un groupe entier de ces végétaux qui est désigné sous le nom d'*Entomophytes* ou d'*Entomomycètes*. Au siècle dernier les auteurs ont déjà signalé les plantes qui croissent sur les Larves d'Insectes et les désignaient sous le nom de Mouches végétantes (*The vegetable Fly, Musca vegetabilis*). Le plus curieux de ces champignons est certainement le *Sphæria (Cordyceps) Robertsii* qui se développe sur le premier segment de la Chenille de l'*Hepialus virescens* de la Nouvelle-Zélande et atteint 14 à 15 centimètres de hauteur. Toutes les Sphériacées paraissent se développer sur les Larves et les Nymphes et déterminer leur mort; les unes croissent sur des Chenilles (fig. 123), sur des Larves d'Hyménoptères (fig. 118), de Coléoptères (fig. 117), ou des Nymphes de Cigales (fig. 122), quelquefois même sur des Insectes adultes, des Fourmis (fig. 121), et des Guêpes (fig. 119 et 120). Il est d'autres champignons qui se développent également sur les Insectes, ce sont les *Isaria*, les *Laboulbenia*, les *Stilbum*. Les *Isaria* se rencontrent sur des Carabes vivants, des chenilles d'*Euchelia*, des chrysalides de *Noctua*, des Guêpes, des Papillons, des Araignées; les *Laboulbenia* se trouvent (*L. Rougeti*) sur les antennes des Coléoptères du genre *Brachinus* (*L. Guerini et pilosella*), sur les élytres des Coléoptères, les

Gyrinus et les *Lathrobium*, nous avons représenté le *Laboulbenia pilosella* d'après M. Ch. Robin; les *Stilbum* croissent sur le corps des Charançons.

Une maladie qui cause de grands ravages dans les Magnaneries est la *Muscardine*; cette maladie se manifeste par l'apparition sur les Vers à soie de moisissures pulvérulentes produites par un champignon, le *Botrytis Bassiana*; les spores par leur dissémination sont capables de propager la maladie et d'infester des éducations tout entières. Il y a une quarantaine d'années on a écrit de nombreux mémoires sur la Muscardine, car elle causait à cette époque de vives inquiétudes aux éducateurs de Vers à soie.

Depuis, une nouvelle maladie beaucoup plus grave s'est déclarée; anéantissant pendant plusieurs années la récolte de la soie, non seulement en France, mais dans toute l'Europe et l'Asie Mineure, elle nous a rendu tributaire de la Chine et du Japon. Cette maladie est la *Pébrine*; Cornalia ayant découvert dans les Vers à soie contaminés la présence de corpuscules, elle a reçu le nom de *maladie corpusculeuse*. M. Balbiani a reconnu que ces corpuscules étaient de véritables *Psorospermies*, c'est-à-dire des sortes d'Algues inférieures, comparables à celles que Jean Müller a découvert chez les Poissons. La multiplication de ces Psorospermies est si rapide, qu'elles envahissent peu à peu tous les tissus qu'elles désorganisent; d'une petitesse infinie, grossies 1700 fois elles ont à peine 8 millimètres, elles traversent la paroi de tous les organes et peuvent aussi pénétrer dans l'œuf. On sait que pour éviter la propagation de l'infection corpusculeuse on examine les Papillons; il suffit même de contrôler les femelles; si elles ne renferment pas de Psorospermies, on obtiendra des œufs

---

Fig. 125. — Psorospermies du Ver à soie, dites corpuscules vibrants, grossies 1700 fois. — *a*, formes habituelles; *b*, autres formes; *c*, formes anormales provenant de la soudure de deux ou plusieurs corpuscules en voie de développement. — Fig. 126. — Psorospermies aux différentes phases de leur évolution; *x*, tache claire, probablement le *nucleus*. — Fig. 127. — Portion de l'intestin de la chenille de *Bombyx neustria* rendue artificiellement corpusculeuse. P, masses de matières psorospermiques dans lesquelles les Psorospermies commencent à se former; P', amas de Psorospermies à l'état parfait; S, enveloppe séreuse de l'intestin; M et M', couches de fibres musculaires. — Fig. 128. — Psorospermies P dans l'intérieur des cellules vitellines. — Fig. 129. — Psorospermies d'un Papillon de la Pyrale (*Tortrix viridana*) grossies 1500 fois. — A, vue de face; B, vue de profil; C, après traitement par l'eau salée. (Balbiani.)

sains quand même le mâle serait infesté; en effet, une particularité de l'organisation de l'appareil reproducteur des femelles empêche les corpuscules d'arriver jusqu'à l'œuf.

Les Vers à soie sont affligés d'une troisième maladie non moins désastreuse, la *Flacherie*, qui est caractérisée par la présence d'un ferment en grains de chapelets (Pasteur).

D'autres Algues inférieures habitent l'intestin des Insectes, telles sont : le *Leptothrix Insectorum* qu'on rencontre sur la surface de la muqueuse du rectum des Dytiques, des Gyrins, des Iules; les *Arthromitus* du tube digestif des Iules; les *Moulinéa* de l'intestin des Chrysomèles, des Cétoines, des Gyrins; les *Interobryus*, les *Eccrina* du canal digestif des Iules, des Passales, des Polydesmes.

A l'automne, sur les vitres des appartements, sur les rideaux, les lustres, on trouve des Mouches domestiques mortes, distendues et couvertes d'efflorescences blanches; c'est un Champignon, l'*Empusa Muscæ*, qui couvre de ses spores les Diptères et nous débarrasse de ces hôtes désagréables.

Les Insectes, non contents d'être la proie des Mammifères, des Oiseaux, des Reptiles et de leurs propres congénères, d'être capturés par les plantes elles-mêmes, les Dionées, les Népenthès, les Drosera qui les dévorent et les digèrent, ont leurs tissus rongés par les Cryptogames et les Algues.

DISTRIBUTION GÉOGRAPHIQUE DES INSECTES.

Il n'est pas de région du globe qui soit privée d'Insectes ; les régions circumpolaires, comme la zone torride, ont leurs habitants, et il n'existe pas un coin de la surface de la terre où le naturaliste ne puisse se livrer à l'observation ou faire d'intéressantes récoltes. Les Insectes se répartissent de mille manières, suivant les climats, les productions du sol; ceux qui habitent les contrées tempérées diffèrent essentiellement de ceux qui vivent dans les pays tropicaux ; ceux qui habitent les plaines ne ressemblent guère à ceux qui passent leur existence dans les hautes montagnes; quelques-uns cependant sont cosmopolites. La variation des formes est en rapport avec la diversité des habitudes ; les uns errent sur le sol, les autres se dissimulent sous les pierres, sous la mousse, sous les écorces; ceux-là nagent dans les eaux limpides ou vaseuses, ceux-ci courent sur les plantes ou visitent les fleurs; il en est qui vivent au milieu des matières animales ou végétales en décomposition; beaucoup sont des parasites externes ou internes des animaux. La plupart aiment à se montrer à la clarté du jour lorsque le soleil brille de tout son éclat; quelques-uns fuient la lumière et ne sortent de leur retraite que la nuit, à moins qu'ils ne passent leur existence entière dans des cavernes ou des grottes. Les Insectes sont partout et partout s'imposent à nous tantôt pour nous charmer, tantôt pour nous inspirer la répulsion. Ils nous charment par leurs parures, leurs mœurs, leur intelligence; ils nous inspirent de l'aversion parce qu'ils détruisent les arbres, les plantes, les fruits et mille objets à notre usage, parce qu'ils s'attaquent à nos animaux domestiques et à notre personne ; quelquefois ils nous répugnent parce qu'ils exhalent des odeurs désagréables, mais le plus souvent nous les méprisons sans raison parce que nous les trouvons laids. Quels que soient les milieux et les circonstances, l'observateur pourra donc toujours se livrer à l'étude des Insectes soit dans un intérêt scientifique, soit pour satisfaire sa curiosité.

Influence des saisons et du climat. — Dans les pays froids et tempérés l'apparition de ces Animaux coïncide avec la disparition de l'hiver et le retour du printemps; au retour de la belle saison, ils éclosent ou sortent de leurs cachettes pour mener une existence très active; en France et dans l'Europe tempérée les mois d'avril, mai et juin sont les mois où ils se montrent en plus grand nombre; ils disparaissent presque tous pendant les grandes chaleurs de l'été pour apparaître de nouveau en septembre et en octobre. Aux premières atteintes du froid ils périssent ou prennent leurs quartiers d'hiver. Que celui qui veut se faire une idée de la quantité d'espèces qui hivernent à l'état d'Insecte parfait aille dans les bois en automne alors que l'engourdissement n'a pas encore commencé, qu'il cherche sous les feuilles mortes amassées depuis des années, sous les touffes sèches des broussailles qui croissent aux endroits abrités, sous les pierres et autres endroits préservés de la violence du vent, il trouvera une abondante variété de Coléoptères, de Mouches, de Guêpes, de Punaises, d'Araignées ; çà et là il verra un Papillon de nuit sortant des feuilles sèches, mais tous auront l'air abattu et chercheront à se soustraire au regard le plus vite possible. Parmi ces apparitions on reconnaîtra peut-être des formes que l'on est habitué à voir en d'autres localités pendant la belle saison ; mais beaucoup d'autres qui choisissent ces cachettes pour leur séjour habituel et ne s'exposent que rarement à la clarté du jour. La présence d'une paire d'élytres de Hanneton, d'un Frelon couvert de moisissures et sans pattes ou d'autres débris pourrait faire croire que l'on est tombé sur l'emplacement d'un grand cimetière de ces petits êtres et qu'aucun d'eux ne survit à l'hiver. Retournez-y une seconde fois quand celui-ci nous quitte, quand la gelée et la neige sont passées, prenez quelques poignées de ces feuilles à demi décomposées et mettez-les dans un sac et portez-les chez vous. Après quelques heures de séjour dans une chambre chaude, jetez votre butin sur un tamis de fil de fer; secouez-le au-dessus d'une feuille de papier bien blanc, et vous ne verrez pas sans étonnement l'animation qui règne sur ce papier; si votre mémoire est fidèle, vous reconnaîtrez quantité de ces Insectes que vous avez rencontrés en automne au même endroit. Nous dirons à cette occasion que cette opération constitue une méthode excellente bien connue du collectionneur, pour se procurer des quantités d'Insectes, c'est ainsi qu'il se procurera surtout une foule d'Insectes extrêmement petits qui pendant les excursions d'été ont passé inaperçus ou qu'il a négligé de recueillir parce qu'il poursuivait alors un autre but.

Toutefois il est un certain nombre d'Insectes qui ne craignent pas d'affronter les rigueurs de l'hiver; un petit moucheron, le *Trichocera hiemalis* (Diptère), voltige pendant les belles journées; les *Hibernia*, les *Nyssia* (Lépidoptères) voltigent et pondent en novembre, décembre, février et mars; le *Boreus hyemalis* (Névroptères), le *Cynips aptera* (Hyménoptères), le *Chionea araneoides* (Diptères) et beaucoup de Podurelles courent sur la neige et la glace (*Podura similata, Achorutes tuberculatus, Desoria glacialis*). Dans les prairies du Gornergrat (vallée de Zermatt), que la neige venait à peine d'abandonner nous trouvions en juillet, sous les pierres, les chrysalides des *Arctia Quenseli* et *Cervini*; leurs chenilles avaient résisté aux rudes températures des régions glaciales à 3000 mètres au-dessus de la mer.

Il ne faudrait pas croire que dans les régions tropicales un éternel printemps engage les Insectes à se montrer durant toute l'année; ils apparaissent pendant la saison des pluies et disparaissent pendant la saison sèche qui représente notre hiver.

Dans les régions froides les Insectes ne sont pas moins nombreux que dans les régions tempérées, mais ils n'appartiennent qu'à un petit nombre de genres; la variété des formes augmente au fur et à mesure que la température moyenne devient plus douce et les genres vont toujours se multipliant lorsqu'on avance vers l'équateur. Il est nécessaire de faire remarquer que les espèces boréales descendent en général assez bas vers le sud, tandis que les espèces intertropicales ne remontent que fortuitement vers le nord. Cela se conçoit, les hautes montagnes, les Alpes, par exemple, ne possèdent-elles pas le même climat que la Suède et la Norwège, la flore n'a-t-elle pas les plus grandes analogies? La similitude de la flore entraîne généralement celle de la faune, et nous ne serons pas surpris de trouver en France, comme en Norwège, les *Blethisa* et les *Pelophila* (Coléoptères carabides), de voir voler dans nos Alpes aussi bien qu'en Scandinavie *l'Erebia Lappona*, *l'Argynnis Pales*, *l'Arctia Quenseli*. Si les pays chauds ne nous cèdent qu'un petit nombre d'Insectes, ils enrichissent la faune européenne de quelques-unes de leurs plus magnifiques espèces; le docteur Boisduval a établi que les plus beaux Sphinx (*S. Nerii, Celerio, Atropos* et même *Convolvuli*) étaient originaires de l'Afrique et qu'ils

ne pouvaient se multiplier chez nous qu'à la faveur de certaines conditions climatériques; la jolie *Dejopeia pulchella* nous vient également des pays situés de l'autre côté de la Méditerranée.

Délimitations des Faunes. — Les frontières géographiques pas plus que les frontières politiques ne circonscrivent nettement une Faune; ni les fleuves, ni les montagnes, ni même la mer, n'opposent de barrières infranchissables au passage des Insectes, et leur dispersion est favorisée toutes les fois qu'ils se trouvent transportés dans des milieux propices à leur multiplication. La Faune d'un pays quel qu'il soit a donc toujours des rapports avec celle des pays limitrophes. « Les plus hautes montagnes, les glaciers et les neiges éternelles sont franchis par les Insectes; dans un séjour fait dans la vallée de Zermatt en 1864, traversant le col du Cervin ou col de Saint-Théodule (3350 mètres au-dessus du niveau de la mer), je remarquai dans les névés une foule de trous réguliers cylindriques profonds de quelques centimètres, semblables à ceux que les grosses gouttes d'une pluie d'orage creusent dans la terre poudreuse, au fond desquels gisaient des Insectes généralement morts ou paralysés par le froid; c'étaient de grandes Noctuelles du genre *Triphæna* et surtout un très grand nombre de petits Coléoptères (*Aphodius, Onthophagus*, etc.), principalement des *Aphodius*. La chaleur animale qu'ils possédaient avait été suffisante pour fondre la neige autour d'eux, mais bientôt saisis par le froid, la mort était venue les surprendre. On était au mois de juillet, le soleil dardait ses rayons, le temps était magnifique et je pus suivre tout à mon aise les Insectes qui passaient d'une vallée dans l'autre, du val Tournanche à la vallée de Zermatt au-dessus des névés et des glaciers, sans être engourdis par le froid (Künckel) ». Depuis, les aéronautes ont constaté dans leurs ascensions des faits du même ordre; MM. C. Flammarion et G. Tissandier ont rencontré voltigeant à une altitude de 1750 mètres des Papillons de nos plaines dont le vent ne semblait gêner nullement les évolutions. On pourrait objecter qu'il n'est pas étonnant que des Insectes bons voiliers puissent se transporter ou puissent être transportés à de grandes distances; mais que la dissémination des Insectes aptères demeure inexplicable; ici interviennent certaines considérations climatologiques qui nous permettent de supposer que ces Insectes privés d'ailes, les Carabes par exemple, étaient répandus autrefois sur une aire géographique beaucoup plus étendue et que les modifications apportées par le temps et les hommes les ont condamnés à rester confinés dans les montagnes où ils trouvent encore les conditions biologiques favorables à leur développement.

On conçoit d'après cela qu'il est fort difficile de délimiter une Faune, et c'est ainsi que nous avons vu la Faune de l'Europe prendre une extension de plus en plus grande; c'est ainsi que successivement à l'Europe, limitée primitivement au nord par les Océans, à l'est par les monts Ourals, la mer Caspienne et le Caucase, au sud par la mer Noire et la Méditerranée, on a joint l'Algérie, le Maroc, Madère, les îles Canaries, le delta du Nil, la Palestine, la Syrie, l'Asie Mineure, l'Arménie, enfin tout le nord de l'Asie jusqu'au fleuve Amour, et même le Groënland. Pour justifier l'extension des limites de cette Faune, on a admis comme principe que toute Faune locale qui possédait 60 pour 100 d'espèces européennes devait faire partie intégrale de la Faune de l'Europe. (Staudinger, *Catalogue des Lépidoptères*.)

Les mêmes difficultés existent lorsqu'il s'agit de fixer les limites de la Faune française, et des Entomologistes distingués (M. Fauvel dans sa *Faune gallo-rhénane*) y comprennent les Faunes de la Belgique, de la Hollande, du Luxembourg, de la Prusse rhénane, du Nassau et du Valais. Abstraction faite des montagnes dont nous indiquerons la Faune spéciale et sans étendre la Faune au delà de certaines limites raisonnables, on peut en réalité diviser la France en quatre grandes régions : régions septentrionale, centrale, méridionale et méditerranéenne. La région septentrionale comprend les bassins de la Somme, de la Seine, de la Meuse et de la Moselle ; la région centrale renferme le bassin de la Loire et celui du Rhône jusqu'au bassin de l'Ardèche inclusivement ; la région méridionale est formée par les bassins de la Dordogne, de la Garonne et de l'Adour ; la région méditerranéenne comprend le bassin de l'Aude, de l'Hérault, du Gard, de la Durance, du Rhône inférieur et du Var. La Corse ne doit pas être comprise dans la division précédente ; sa Faune, à bien des titres toute spéciale et intimement liée à celle de l'île de Sardaigne, se rapproche de la Faune italienne. Enfin en dehors de ces quatre grandes régions de la France continentale, il faut admettre la région alpestre, région commençant vers 1300 ou 1400 mètres d'altitude. Les régions septentrionale, centrale et méridionale ont de grandes affinités avec la région alpestre dans les parties qui sont couvertes de forêts et sont loin de renfermer des Faunes parfaitement homogènes ; les espèces méridionales remontent quelquefois jusque dans les régions centrales et septentrionales ; ainsi sur les côtes de l'Océan on retrouve certaines espèces qui appartiennent essentiellement à la Faune du midi, et il arrive même parfois que ces espèces établissent de véritables colonies dans certaines localités favorables ; la forêt de Fontainebleau, par exemple, donne asile à de nombreux représentants des climats plus chauds. La région alpestre peut se subdiviser en deux régions secondaires, la région subalpine et la région alpine proprement dite, toutes deux correspondant exactement à des zones délimitées et caractérisées par les espèces botaniques qui s'y rencontrent. La région subalpine commence à l'alti-

tude de 13 à 1400 mètres, à la limite de la végétation des arbres feuillus (chêne, hêtre, bouleau, etc.), et s'arrête à l'altitude de 2000 mètres dans les Alpes et de 2400 mètres dans les Pyrénées ; elle embrasse par conséquent toute la zone où croissent les arbres résineux. La région alpine commence à l'altitude de 2000 et 2400 mètres et s'étend jusqu'aux neiges éternelles, c'est-à-dire, embrasse toute la zone où poussent le *Rhododendron* et le *Salix herbacea* ; la Faune de cette région ne renferme qu'un petit nombre d'espèces, mais on remarque ce que l'on a observé pour les plantes, beaucoup d'entre elles sont identiques ou apparentées à celles qui vivent dans les pays glacés du nord de l'Europe ; elles sont les survivantes de celles qui habitaient notre pays à l'époque glaciaire.

Si nos Alpes donnent asile à des Insectes polaires, nos départements que baigne la Méditerranée nourrissent une foule d'Animaux qui vivent également dans les pays chauds qui la circonscrivent ; aussi ne faut-il pas s'étonner que la Faune méditerranéenne soit avec la Faune alpestre la plus riche en espèces, la plus remarquable par la variété des types. Pour ne citer que quelques exemples, je rappellerai qu'un Scorpion, le *Buthus* ou *Androctonus occitanus*, si commun en Algérie, se trouve dans nos départements des Pyrénées-Orientales et des Bouches-du-Rhône ; que les *Ateuchus*, ces Coléoptères qui roulent si patiemment la boule faite de bouse destinée à la nourriture de leurs larves, habitent l'Algérie, l'Italie, l'Espagne et notre région méditerranéenne.

Faune des cavernes. — Il est encore une Faune localisée exclusivement en France dans la région méridionale et la région méditerranéenne qui mérite d'appeler l'attention : c'est la Faune souterraine, qui comprend principalement la Faune des grottes.

Les Insectes cavernicoles n'ont été rencontrés en France que depuis une vingtaine d'années ; d'ailleurs il faut bien se rappeler que le premier Insecte habitant des cavernes n'a été découvert en Carinthie par le comte Hohenwart qu'en 1831. Depuis, leur recherche a fait véritablement fureur et les Entomologistes européens et américains ont rivalisé de zèle pour explorer les grottes ; les Alpes, les Pyrénées et les parties des États-Unis situées sous la même latitude sont les seules régions jusqu'à présent dont les anfractuosités et les cavernes aient offert une Faune cavernicole. M. Lucante dans son *Essai géographique sur les cavernes de la France et de l'étranger* estime que le nombre des grottes et cavernes du sud de la France est d'environ 800, mais toutes n'ont pas fourni leur contingent à la faune hypogée.

Si les Entomologistes ont été préoccupés surtout d'accroître le nombre des espèces qu'ils pouvaient accumuler dans leurs collections, ils ont incidem-

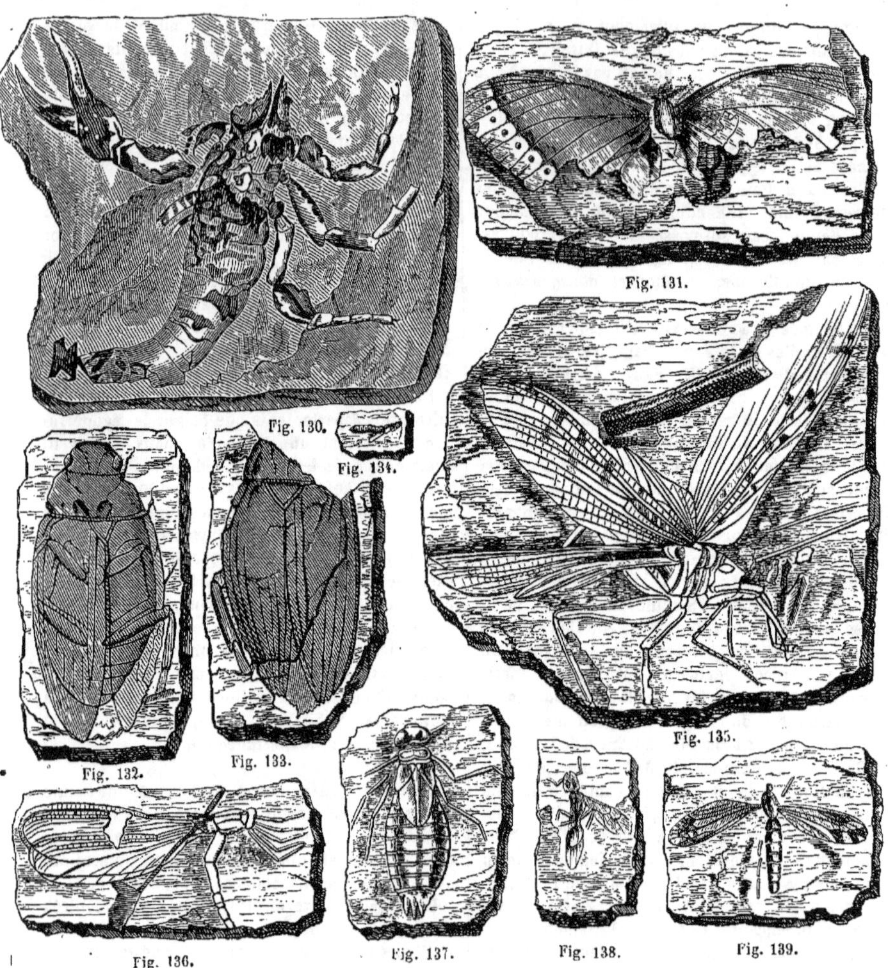

Fig. 131.

Fig. 130.

Fig. 134.

Fig. 135.

Fig. 132.

Fig. 133.

Fig. 136.

Fig. 137.

Fig. 138.

Fig. 139.

Fig. 130 à 139. — Arachnide et Insectes fossiles.

sants. A l'origine, les Insectes habitant les cavernes ont été considérés comme des Animaux absolument aveugles, et le nom d'*Anophtalme* a été, pour ce motif, donné à un des genres de Coléoptères carabides les plus nombreux et les plus répandus ; mais l'observation plus attentive d'un grand nombre d'individus recueillis à toutes les profondeurs dans une même grotte a démontré que ceux qui vivaient au voisinage de l'entrée possédaient des rudiments d'yeux, tandis que ceux qui habitaient les parties les plus reculées, et par conséquent les plus obscures, devenaient complètement aveugles ; on a pu suivre graduellement l'atrophie des organes de la vision. D'autre part, les Zoologistes admirent de prime abord l'existence d'un nombre considérable d'espèces, chaque grotte ayant ses espèces propres, la localisation étant poussée à ses dernières limites. Peu à peu une réaction des plus vives s'est manifestée en faveur d'une opinion toute contraire ; les Animaux cavernicoles ne furent plus

Fig. 130. — *Cyclophtalmus* (*Microlabis*) *Sternbergi* (Terrain carbonifère). D'après Buckland. — Fig. 131. — *Mylothrites Pluto*, Heer (Terrain tertiaire). — Fig. 132 et 133. — *Hydrophilus giganteus*, Heer (Terrain tertiaire). — Fig. 134. — *Lathrobium* (Coléoptère staphylinide) *Œningense*, Heer (Terrain tertiaire). — Fig. 135. — *Gryllacris* (Orthoptère) *Ungeri*, Heer (Terrain tertiaire). — BREHM.

Fig. 136. — *Agrion* (Névroptère) *Ugea*, Heer (Terrain tertiaire). — Fig. 137. — Nymphe de *Libellula* (Névroptère) *calypso*, Heer (Terrain tertiaire). — Fig. 138. — *Myrmica* (Hyménoptère Formicide) *macrocephala*, Heer (Terrain tertiaire). — Fig. 139. — *Tipula* (Diptère (Tipulides) *maculipennis*, Heer (Terrain tertiaire). D'après Oswald Heer.

que les descendants des types vivant à l'air libre, même encore actuellement, ne furent plus que des êtres modifiés et adaptés à des conditions biologiques spéciales ; on considéra les Anophtalmes comme étant en réalité de véritables *Trechus*, les Trechus proprement dits étant des Carabides vivant à l'air libre. N'est-il pas évident que le fait de l'atrophie successive de l'appareil de la vision, que le cantonnement des types dans les grottes d'une même région militent en faveur de la doctrine de la transformation des espèces ? La découverte d'une Faune terricole dont les représentants ont subi dans leurs organes des modifications de même nature que les habitants des cavernes, et doivent être rangés dans le même groupe que ceux-ci est venue apporter un puissant argument aux partisans de l'école transformiste.

C'est surtout l'exploration des grottes situées dans les Pyrénées (départements des Pyrénées-Orientales, de l'Ariège, des Hautes-Pyrénées, des Basses-Pyrénées, de la Haute-Garonne), dans les Corbières et les Cévennes qui a enrichi la Faune française d'un nombre considérable d'espèces d'Articulés, principalement de Coléoptères, d'Arachnides et de Myriopodes. Les Coléoptères appartiennent au genre *Trechus* (Carabides), dont les genres *Anophtalmus* et *Aphænops* créés tout d'abord sur des types aveugles, sont des subdivisions à peine admissibles ; au genre *Adelops* (Silphides), extrêmement nombreux en espèces. Mais les plus curieux de tous les Insectes cavernicoles sont certainement les Orthoptères ; ce sont des Locustides découverts successivement dans les grottes de la Carniole dans celle des Pyrénées, dans la fameuse grotte des Mammouth (Kentucky), dans celle de Cacahuamilpa, près de Mexico et même dans la grotte de Collingwood situé dans la baie du Massacre à la Nouvelle-Zélande. Certaines cavernes des Pyrénées donnent asile à une de ces Sauterelles, le *Dolichopoda palpalis* ; ses longues pattes, ses antennes immenses, ses palpes demésurés lui donnent une physionomie des plus singulières ; elle est pourvue d'yeux, mais des organes de tact perfectionnés lui permettent de se promener à tâtons avec aisance et agilité dans les méandres des cavernes.

Dénombrement des Insectes à la surface du globe. — L'étude de la répartition des Insectes à la surface du globe aurait certainement un grand intérêt, mais elle nécessiterait une énumération de noms propres qui ne serait comprise que par les Entomologistes de profession, le dénombrement des Insectes, quoiqu'il soit très approximatif frappera davantage l'imagination. Linné n'a décrit ou mentionné que 3,000 espèces d'Insectes et il comprenait parmi ces animaux, les Crustacés et les Arachnides ; l'Histoire naturelle descriptive était à ses débuts et nul n'aurait soupçonné à cette époque que des séries de volumes seraient

nécessaires pour énumérer seulement les espèces composant un seul ordre ; en effet, le catalogue de Gemminger et Harold enregistre à lui seul 77,000 espèces de Coléoptères et celui de Kirby 6,933 Lépidoptères diurnes. Tablant sur ces chiffres en tenant compte des espèces inconnues on peut admettre que les Coléoptères comprennent au moins 100,000 espèces et les Lépidoptères 20,000 espèces ; le nombre des Papillons diurnes étant de 7,000 en chiffres ronds, celui des Nocturnes et des Microlépidoptères est certainement triple. En se basant sur ces évaluations faites sur les deux ordres les mieux étudiés, on peut présumer que les Orthoptères comptent 6,000 espèces, les Névroptères 10,000 espèces, les Hyménoptères 80,000, les Hémiptères 50,000, les Diptères 100,000, les Anoploures 10,000 ; ce qui fait un total de 376,000 Insectes, total qui n'a rien d'exagéré, car beaucoup de régions du globe, sans parler du centre de l'Afrique, n'ont point été explorées et les contrées les mieux connues sont loin d'avoir fourni leur contingent de petites espèces. Quant aux Arachnides on en compte en France 2,500 espèces et dans toute l'Europe environ 5,000, et l'on peut admettre que sur toute la terre, sans être taxé d'exagération, il y en a 60 à 70,000 espèces. Lorsqu'on songe que l'on estime qu'il existe sur le globe entier 3,000 espèces de Mammifères, 8 à 10,000 espèces d'oiseaux, 10,000 espèces de Poissons et 3,000 espèces de Reptiles et Batraciens, on sera consterné lorsqu'on saura qu'un ordre d'Insectes, celui des Coléoptères, compte 33 fois autant d'espèces que la classe entière des Mammifères, les Arachnides 20 fois plus et que les Papillons sont au moins deux fois plus nombreux que les Oiseaux. Heureux les naturalistes qui s'occupent des Animaux vertébrés ; ils vivent au milieu d'êtres dont l'Oiseau-Mouche est le plus petit représentant ; ce qui fait sourire l'Entomologiste, car cet Oiseau-Mouche est un géant par rapport aux Insectes qu'il étudie. Quiconque observe les Insectes a devant lui l'infini ; l'infinie variété des formes, l'infinie variété des dimensions.

LES ARTHROPODES AUX DIFFÉRENTES ÉPOQUES GÉOLOGIQUES
(INSECTES, MYRIOPODES ET ARACHNIDES) (1).

Nous venons de voir que le nombre des Animaux articulés vivant à l'époque actuelle était immense et dépassait la limite des conceptions humaines ; non seulement la variété des types est infinie, mais le nombre des individus est considérable ; nous avons reconnu qu'ils habitaient sous toutes les latitudes, qu'ils vivaient dans tous les milieux, excepté dans la mer. Il est présumable qu'aux épo-

(1) Il sera question des Crustacés dans un autre volume de ce recueil.

ques anciennes ils ont été fort nombreux, mais la délicatesse de leurs organes, la fragilité de leurs articulations ont donné toute facilité aux agents destructeurs de dissocier leurs parties, d'anéantir leurs tissus. Seuls les Crustacés à la carapace solide et résistante ont laissé dans tous les terrains les traces de leur existence et même beaucoup d'entre eux (*Trilobites*), qui ne sont pas parvenus jusqu'à nous, caractérisent certaines couches géologiques, et si l'on négligeait l'étude de ces formes disparues, on aurait une connaissance bien incomplète des Crustacés. Les Paléontologistes ont d'ailleurs concentré leurs recherches : sur les Animaux vertébrés, dont les débris gigantesques appelaient particulièrement l'attention et dont la reconstitution mettait sous les yeux des êtres destinés à frapper l'imagination; sur les Mollusques, dont les coquilles admirablement moulées ou conservées se prêtaient à l'étude et à la caractérisation des couches géologiques; sur les innombrables Trilobites dont chacun discutait les affinités zoologiques. Ce n'est qu'accidentellement et à une époque relativement récente que l'on s'est attaché à la recherche et à l'étude des Articulés fossiles et surtout des Insectes, car les travaux de Murchison et Curtis, Berendt, Brullé, Germar, Kock, Leach, Marcel de Serres, Buckland, Brodie, Heer, Hagen, von Heyden, Pictet, Scudder, Weyenberg, Woodward, Oustalet, etc., datent de la seconde moitié du dix-neuvième siècle. Nous ne parlerons pas ici des Crustacés fossiles, nous nous contenterons d'exposer brièvement la répartition géologique des Insectes, des Myriopodes et des Arachnides.

Les Insectes les plus anciennement connus sont apparentés aux Névroptères et ont été trouvés dans le dévonien du Nouveau-Brunswick par le professeur Hartt; quelques fragments d'ailes décèlent leur existence à cette époque reculée. M. Scudder a reconnu une gigantesque Éphémère (*Platephemera antiqua*), un Névroptère présentant quelques traits d'organisation intermédiaires entre les Éphémères et les Libellules (*Homothetus fossilis*), un troisième Névroptère n'ayant de ressemblance avec aucun type connu (*Lithentomum Hartii*) et un quatrième présentant cette particularité d'avoir des vestiges d'un appareil stridulent analogue à celui des Grillons actuels (*Xenoneura antiquorum*).

Dans les terrains carbonifères apparaissent des Myriopodes, des Insectes de différents ordres, des Araignées, des Scorpions. Les Myriopodes ont été rencontrés pour la première fois dans la Nouvelle-Écosse par M. Dawson, depuis ils ont été trouvés dans l'Illinois, la Grande-Bretagne et la Bohême. Les cinq espèces de la Nouvelle-Écosse ont été recueillies dans l'intérieur de troncs d'arbres encore debout (*Sigillariées*) qu'ils fréquentaient probablement pour y trouver leur nourriture et un abri (*Xylobius sigillariæ, similis, fractus, Dawsoni; Archiulus xyloboides*). Toutes ces espèces sont appa-

rentées à nos Iulides contemporains, cependant M. Scudder a cru devoir les grouper dans une famille, celle des *Archiulides*; l'*Euphoberia armigera* de l'Illinois présente cette particularité, qui ne se rencontre dans aucune des espèces actuelles, d'être armé de longues épines. La douceur, l'égalité

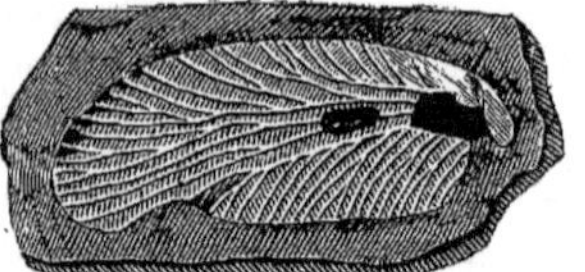

Fig. 140. — Aile de Blattina.

du climat, l'exubérance de la végétation de l'époque houillère furent naturellement très favorables aux Myriopodes. Les Insectes dans les terrains carbonifères sont représentés par des Blattes, des Éphémères, des Libellules et des Charançons. Les Blattes peuvent être comptées au nombre des formes animales les plus anciennes et les moins modifiées : elles subissaient et subissent encore le même nombre de mues (Berendt) et semblent être arrivées jusqu'à nous sans avoir subi de transformations; elles ont été trouvées des deux côtés de l'Atlantique.

Les *Blattina*, Germar, ont été recueillis dans les schistes carbonifères de Wettin, et leurs ailes considérées d'abord comme des feuilles ont été décrites comme telles sous le nom de *Dictyopteris*; elles comptent un certain nombre d'espèces : Germar en a décrit plusieurs et depuis les auteurs (Goldberger, Scudder) en ont signalé d'autres ainsi qu'un genre voisin (*Archimulacris Acadicum*). Quelques Insectes ayant des affinités avec les Sauterelles et les Mantes ont été découverts; M. Woodward a décrit une grande et magnifique Mantide (*Lithomantis carbonarius*) trouvé dans les terrains carbonifères de l'Écosse, véritable représentant de la Faune tropicale moderne, qui a de grandes affinités avec le *Blepharis domina* de l'Abyssinie; M. Goldenberg a signalé dans les houillères de Saarbruck l'existence de Névroptères et d'Orthoptères; M. Charles Brongniart a donné la description et la figure d'un remarquable Phasme (*Protophasma Dumasi*) découvert dans les terrains supra-houillers de Commentry (Allier); les Éphémères sont représentées par des espèces de fortes dimensions (*Haplophlebium Barnesii*, Scud); les Termites ont donné des preuves de leur activité destructive dans les troncs d'arbres des forêts carbonifères (Saarbruck); M. Scudder a constaté que les larves de Libellules vivaient à cette époque (cap Breton); les Charançons eux-mêmes, d'après Buckland, révèlent leur présence dans les minerais de fer de Coalbrook Dale (Angleterre) : ce sont les *Curculionides Ansticii* et *Prestvicii*.

On a reconnu l'existence des Arachnides pulmonées et trachéennes dans les terrains carbonifères. Il y a quelques trente ans la découverte, faite en Bohême par le comte de Sternberg des restes remarquablement conservés d'un Scorpion a fait sensation, et le *Microlabis* (*Cyclophtalmus*) *Sternbergi* a été représenté par tous les Paléontologistes; quoiqu'on ait trouvé depuis dans l'Illinois d'autres Scorpionides (*Eoscorpius carbonarius* et *anglicus*, *Mazonia Woodiana*), à Dudley (Angleterre) une sorte de Phryne l'*Eophrynus Prestwicii*; dans le Lancashire l'*Architarbus subovalis*, H. Woodward et dans l'Illinois l'*Architarbus rotundatus*, Scudder, tous deux apparentés aux Phrynes et aux Phalangides (Faux Scorpions), nous n'avons pu résister au désir de reproduire le type fossile le plus anciennement connu (fig. 130, p. 65). On a signalé en Silésie et dans l'Illinois l'apparition à l'époque de la houille des Lycosides (Aranéides), les *Protolycosa* et les *Arthrolycosa*.

Aux temps houillers on n'a constaté l'existence d'aucun Insecte suceur.

Les Insectes paraissent manquer dans le terrain permien et dans le trias, — quoique M. Dohrn ait décrit un Névroptère, l'*Eugereon Bœckingii*, comme appartenant au permien, — mais ils commencent à se montrer en nombre dans les terrains jurassiques. Les formations liasiques de Schambeles (Argovie), les couches du lias des comtés de Glocester, de Warwick, de Somerset, de Dorset (Angleterre), les schistes de Stonesfield (Angleterre), les calcaires lithographiques de Solenhofen et d'Eischatt en Bavière, ont fourni d'abondantes récoltes d'Insectes fossiles. C'est principalement à Brodie, Germar, von Munster, Hagen, H. Weyenberg que nous devons la connaissance de ces animaux.

Les Névroptères sont extrêmement nombreux. M. Hagen, qui les a parfaitement décrits, mentionne 38 espèces à Solenhofen seulement, — aujourd'hui on peut porter ce nombre à 42, — et en y joignant les espèces trouvées en Angleterre, 27 espèces, on arrive au chiffre important de 69 espèces; une seule d'entre elles étant commune aux deux faunes (*Heterophlebia dislocata*). Il y a parmi elles des Hémerobes (*H. priscus*, *fossilis*), des Fourmilions (*Myrmeléo extinctus*). Parmi les Orthoptères, qui compte pour 50 p. 100 dans le chiffre d'Insectes trouvés à Solenhofen, on distingue des *Forficularia* (Forficulides), des *Gryllites*, des *Phaneroptera* (Locustides), des *Acheta* (id.), des *Locusta* (id.). M. Brodie a représenté un grand nombre de débris de Coléoptères du lias; M. Weyenberg a décrit 29 Coléoptères de Solenhofen : ce sont des : Carabides, Silphides, Histérides, Scarabéides (*Cetonia* ?) Buprestides, Élatérides, Curculionides, Chrysomélides; leur état de conservation généralement défectueux ne permet souvent qu'une détermination générique approximative. Les Hyménoptères sont représentés par les *Apiaria antiqua*, *lapidea*, *veterana*, le *Bombus conservatus*. Les Hémiptères comptent parmi eux des *Naucoris*, des *Belostoma*, des *Nepa*, des *Ricania* (genre aujourd'hui relégué entre les Tropiques), des *Lystra*, etc. M. Weyenbergh a fait une remarquable découverte; il a fait connaître le plus ancien des Lépidoptères, et, chose remarquable, ce Papillon jurassique (Solenhofen) est un *Sphinx* qui rappelle tellement le *Sphinx convolvuli*, le Sphinx du Liseron, si répandu dans nos campagnes, qu'on est porté à se demander si le *Sphinx Snelleni* n'est pas réellement le *Sphinx convolvuli*; nous regrettons de ne pas faire nos lecteurs juges et arbitres. Les Diptères ont laissé également un petit nombre d'empreintes.

Les terrains crétacés ne nous ont transmis aucun débris d'Insectes.

Les terrains tertiaires au contraire conservent en maints endroits les restes d'une Faune excessivement riche; les gisements de Salcedo et de Monte Bolca en Italie, d'Aix en Provence, de Corent et de Menat en Auvergne, de Siebengebirge, de Radoboj en Croatie, d'Œningen et d'Uznach en Suisse, sont célèbres. L'ambre que l'on rencontre sur les côtes de la Baltique et qui n'est que la résine d'arbres disparus (*Pinus succinifer*) a conservé admirablement de nombreux Insectes. La Faune tertiaire est la mieux connue; c'est elle qui présente les types qui rappellent le plus nos formes actuelles, Névroptères, Orthoptères, Coléoptères, Hyménoptères, Hémiptères, Lépidoptères, Diptères, nous ont été transmis, et leur état de conservation est souvent tel qu'il est possible de les décrire avec précision et de les comparer aux Insectes contemporains. C'est à Oswald Heer que nous sommes redevables des plus beaux travaux sur la Paléontologie des Insectes tertiaires, mais il ne serait pas juste de ne pas signaler l'excellente étude comparative faite par M. Oustalet de la faune de l'Auvergne et de la faune d'Aix.

Il suffit de jeter les yeux sur les planches qui accompagnent les mémoires de O. Heer et la thèse de M. Oustalet pour connaître la Faune entomologique tertiaire, pour apprécier sa richesse, pour voir ses affinités avec la faune actuelle, pour reconnaître que certains genres n'existant plus dans nos pays sont relégués non pas sous les tropiques, mais dans des régions à température moyenne douce, à hivers tempérés. Nos lecteurs n'auront qu'à jeter les yeux sur les figures d'Insectes que nous joignons à cet ouvrage (fig. 131 à fig. 139) pour constater que toutes les formes avec lesquelles ils sont familiarisés existaient sur le sol de l'Europe, il y a déjà quelques milliers d'années. Mais au milieu des formes européennes ils seront tout surpris d'apercevoir des formes qui ne se rencontrent plus que sur d'autres continents. Ils reconnaîtront parmi les Névroptères, des Agrions (fig. 136), des Æschnes, des Libellules (larves, nymphes et adultes), des Phryganes avec leurs fourreaux, — ce ne sont pas nos espèces, mais des espèces analogues; — des Termites inconnus aujourd'hui dans nos contrées; parmi les Orthoptères nous trouvons des

Phaneroptera, aujourd'hui confinés en Amérique et aux Indes, des *Gryllacris* (fig. 135) actuellement relégués en Malaisie; parmi les Coléoptères nous rencontrons des Carabides (*Nebria*, *Calosoma*, *Amara*, *Harpalus*), des Dytiscides (*Dytiscus*, *Cybister*, *Dineutes*), des Silphes, des Hister, des Hydrophiles (fig. 132 et 133), des Copris, des Onthophages, des Buprestides (*Chalcophora*, *Capnodis*, *Anthaxia*, etc.), des Elatérides (*Cardiophorus*, *Diacanthus*, *Lacon*, etc.), des Téléphores, des Cantharides, des Cérambycides (*Clytus*, *Mesosa*, *Saperda*, etc.), de nombreux Curculionides (*Bruchus*, *Ryhnchites*, *Brachycerus*, *Lixus*, *Cleonus*, *Cossonus*), des Chrysomélides (*Chrysomela*, *Oreina*, *Gonioctena*), des Coccinelles. Les Hyménoptères apparaissent en nombre; les *Xylocopa*, les *Osmia*, les *Bombus*, les *Anthoporites* nous indiquent que les fleurs étaient apparues; le peuple immense des Fourmis (fig. 138) se montre sous toutes les formes et sous tous les aspects (*Formica*, *Ponera*, *Myrmica*, etc.). Les Hémiptères sont fort nombreux; les Scutellérides (*Pachycoris*, *Tetyra*), les Pentatomides (*Cydnus*, *Pentatoma*, *Eurydema*, *Acanthosoma*), les Coréides (*Palæocoris*, *Alydus*, *Lyromastes*, *Coréites*), les Lygéides (*Lygæus*, *Pachymerus*, *Lygæites*), les Membracides (*Aradus*, *Tingis*), les Réduvides (*Nabis*, *Harpactor*, *Pirates*), les Hydrocorides (*Nepa*, *Naucoris*, *Corisa*), les Cicadides (*Cicada*), les Fulgorides (*Tettigometra*), les Cicadellides (*Cercopis*, *Aphrophora*, *Tettigonia*), les Aphides (*Aphis*, *Lachnus*, *Pemphigus*), ont des représentants qui se rapportent à des genres qui se trouvent actuellement dans l'Europe tempérée; il suffit de jeter un coup d'œil sur les noms génériques que nous venons d'énumérer pour reconnaître le bien fondé de notre assertion; quelques-uns cependant sont particuliers à la faune tertiaire (*Cydnopsis*, *Neurocoris*, *Paleocoris*, *Harmostites*, *Cephaiocoris*, *Dictyophorites*, etc.).

Les Papillons voltigeaient eux aussi à cette époque et malgré leur fragilité ont laissé des témoins admirablement conservés. Lorsque M. de Saporta annonça en 1838 la découverte d'un Papillon dans les terrains tertiaires d'Aix en Provence, ce fut une révolution dans le monde naturaliste, et l'on se partagea en deux camps; les uns se refusèrent à admettre l'assertion du Paléontologiste, les autres l'acceptèrent pour vraisemblable, mais firent la proposition d'une enquête; un dessin fut adressé à M. Audouin, professeur au Muséum, et M. Boisduval fut chargé de son examen. Il reconnut que ce Lépidoptère ne se rapportait à aucune espèce vivant sur notre sol, et crut devoir le rapporter au genre *Cyllo*; mais craignant d'être le jouet d'une supercherie, il n'osa pas se prononcer définitivement avant d'avoir vu le fossile lui-même. M. de Saporta protesta, mais les doutes ne furent levés que lorsqu'il consentit à mettre sous les yeux des Entomologistes, non plus le dessin, mais l'empreinte elle-même; une nouvelle discussion à laquelle prirent part les Lépidoptérologues les plus compétents, s'engagea, et le docteur Boisduval rangea définitivement le Papillon parmi les Satyrides et les *Cyllo* et le baptisa du nom de *C. sepulta*; M. Lefèvre prétendit qu'il ne pouvait prendre place parmi les *Cyllo* et qu'il était intermédiaire entre les Vanesses et les Satyres; aujourd'hui, d'après les remarques et les études de MM. Butler et Scudder, on admet qu'il doit bien se ranger parmi les Satyrides, mais qu'il est allié au *Neorïna Lowii* de Bornéo et aux *Antirrhœa Philoctetes* et *Anchiphlebia Archœa* de l'Amérique tropicale; il a pris le nom de *Neorinopis sepulta*. L'étude de ce Lépidoptère faite et refaite par les Entomologistes les plus compétents démontre donc à elle seule que sur notre sol vivaient des espèces dont les congénères ne se trouvent plus que dans les régions tropicales. Depuis, la découverte d'autres Papillons tertiaires a été faite et nous figurons (fig. 131, p. 65) le *Mylothrites Pluto* (Piéride d'après M. Scudder) trouvé par M. Oswald Heer à Radoboj (Croatie). On connaît actuellement neuf espèces de Lépidoptères des terrains tertiaires.

Il suffira de jeter les yeux sur les noms des Diptères que nous allons énumérer pour reconnaître que beaucoup d'entre eux qui nous sont familiers appartiennent à des genres européens, mais que quelques-uns cependant font partie de la Faune américaine (*Plecia*). Les Tipulides, les Chironomus, les *Plecia*, les *Tipula*, les *Limnobia*, les *Sciara*, etc. existaient comme de nos jours; les Bibionides (*Bibio*, *Protomya*) étaient représentés par de nombreuses espèces; les Asilides, les Syrphides, les Muscides ont laissé mille traces de leur existence.

Il est aussi un calcaire travertin correspondant à une des assises les plus anciennes de l'Eocène qui a conservé de nombreux représentants de la Flore et de la Faune tertiaire; c'est celui de Sézanne (Marne). Ce travertin était déposé au fond d'une vallée où coulait un fleuve dans lequel vivaient des Écrevisses (*Astacus Edwarsi*), des Isopodes (*Heterospheroma priscum*) voisins des *Spheroma* actuels qui sont exclusivement marins. Ici les Animaux et les Plantes ont disparu complètement sans laisser d'empreintes, comme dans les gisements précédents, mais ils ont laissé d'admirables moules qui permettent de les reconstituer avec une merveilleuse fidélité. C'est ainsi que M. Munier-Chalmas par des moulages habilement exécutés avec de l'albâtre finement broyé a pu mettre au jour une Flore et une Faune inconnues. Ce sont des Plantes avec leurs fleurs, leurs fruits, leurs graines (*Buttnériacées*), des Vignes rappelant les espèces américaines (*Vitis Dutaillii*), des Fougères, des Mousses, des feuilles couvertes de Champignons. Ce sont des Insectes Coléoptères adultes (*Trigonodera Heberti*), genre surtout mexicain, des larves de Coléoptères, des Diptères avec leur trompe, leurs balanciers et leurs pattes, des larves de Diptères, des Hémiptères (*Pentatoma Eocenica*) sur lesquels on aperçoit nettement les stigmates et les orifices des glandes odorifères. On peut reconnaître avec tant de précision les plus petits détails de l'organisation externe des Plantes et des Insectes qu'on serait tenté de supposer qu'on a sous les yeux des moulages faits par un ingénieux artifice sur des sujets vivants.

A l'époque tertiaire il existait une Flore qui a été fort bien étudiée, principalement par M. Oswald Heer : ce Paléontologiste éminent a tracé de la végétation de cette époque un tableau saisissant ; cela fait il a mis en parallèle la Faune entomologique. C'est ainsi que nous possédons sur les conditions de la vie dans ces temps lointains des connaissances approfondies. Nous ne saurions mieux faire que d'emprunter à M. Heer les principales conclusions de ses admirables travaux.

A l'époque tertiaire le climat de l'Europe était beaucoup plus chaud qu'il ne l'est actuellement ; la présence des Lauriers et des Figuiers toujours verts, des Acacias, des Cæsalpinias, des Canneliers, des Palmiers en éventail indique une température élevée, mais l'existence des Pins, des Hêtres, des Peupliers, des Charmes, des Noisetiers est incompatible avec un climat réellement tropical. La végétation, tout en renfermant de nombreuses formes tropicales, ressemble avant tout à celle des États du sud de l'Union américaine, à celle de la zone méditerranéenne et également à celle des Canaries et du Japon. Le climat de l'époque tertiaire répondait donc à celui des pays situés entre le 45° de latitude nord et le tropique du Cancer. Les types tropicaux ne pouvaient prospérer et fructifier sans un ciel moins chaud que celui actuel de Madère, par une température minimum de 10 à 20°. Quant aux types de la zone tempérée, qu'ils descendent dans la zone chaude, leur présence dans le pays tertiaire ne peut pas surprendre. Le mélange de Plantes tropicales et de Plantes de la zone tempérée montre que l'hiver était doux et l'été modérément chaud ; l'abondance des végétaux ligneux, des arbres toujours verts, des plantes aquatiques indique que l'atmosphère était humide ; à cet égard le climat ressemblait probablement à celui de la Louisiane, du sud des États-Unis, où l'on trouve de vastes plaines marécageuses comparables à celles qui ont dû exister dans notre pays tertiaire.

D'après cela il ne faut donc pas s'étonner que la Faune des Insectes, qui est en grande partie subordonnée à la Flore, ait présenté des caractères particuliers ; certainement les espèces appartiennent à des genres actuellement répandus sur l'ancien et le nouveau monde ; mais Névroptères, Orthoptères, Coléoptères, Hémiptères ont une physionomie propre qui oblige à les distinguer spécifiquement. Il est certain que les espèces phytophages qui vivaient sur les Plantes aujourd'hui disparues ont dû disparaître avec elles, à moins que certaines circonstances favorables ne leur aient permis

de se plier à des conditions nouvelles et de se modifier comme se sont modifiés les végétaux. M. Heer a cherché à établir les rapports qui reliaient le monde animal au monde végétal ; à cet effet, étant données les connaissances que nous possédons du genre de vie de certains de nos Insectes, il en a présumé le genre de vie de quelques Insectes tertiaires : l'*Ancylocheira Amitu* aurait vécu dans le *Pinus hepios*, le *Saperda Nephele* dans le *Populus Heliadum*, l'*Hylecœtus cylindricus* dans le *Pinus Braunii*, le *Rhynchites Silenus* sur le *Vitis teutonica*, la *Chrysomela Calami* sur le *Phragmites œningensis*, le *Pemphigus bursifex* sur le *Populus latior*, etc. Les Fourmis, les Coccinelles, les Syrphes devaient vivre aux dépens des Pucerons qui couvraient les plantes et les arbres.

Il est un groupe entier dont certainement la plupart des espèces ont dû disparaître avec les grands Herbivores tertiaires, c'est le groupe des Insectes coprophages, autrement dit, des Insectes qui vivent et déposent leurs œufs dans les excréments de ces Mammifères ; cependant quelques-uns d'entre eux sont peut-être parvenus jusqu'à nous, le *Copris subterranea* n'est-il pas tout à fait semblable au *C. lunaris*, le *Geotrupes Germari* ne ressemble-t-il pas au *G. stercorarius*? Les Charançons de tous les Insectes sont certainement les plus nombreux, à l'époque tertiaire, il en est de même aujourd'hui en Europe, comme en France. En général parmi les espèces tertiaires, il est un nombre considérable d'espèces voisines de celles qui vivent actuellement dans l'Europe moyenne ; deux genres de Coléoptères (*Dineutes* [Gyrinides] et *Caryoborus* [Curculionides]) et un genre de Diptères (*Plecia* [Tipulides]) sont exotiques.

En résumé, nous pouvons dire de la Faune de l'époque tertiaire, ce que nous avons dit de la Flore ; elle est un mélange de formes des climats tempérés et des climats tropicaux, mais la présence d'un plus grand nombre de formes de la zone tempérée semblerait indiquer que ces formes sont arrivées jusqu'à nous et sont représentées aujourd'hui par des espèces affines descendant des espèces tertiaires.

De cette rapide étude du monde des Insectes enfouis dans les couches terrestres nous pouvons tirer quelques conclusions d'un haut intérêt. Non seulement la vie animale commence aux époques les plus reculées puisqu'elle a laissé des témoins dans les terrains dévoniens et carbonifères, mais dès l'origine elle se montre sous la forme d'Animaux auxquels nous avons reconnu une organisation très complexe ; ce sont des Névroptères et des Orthoptères des terrains primitifs, Insectes dont nous avons autour de nous de nombreux représentants ; les Névroptères ont été reconnus appartenir aux Ephémérides, aux Libellulides, par conséquent à des Insectes qui passent leur existence tantôt dans l'eau et ayant une respiration branchiale, tantôt dans l'air et ayant alors une respiration aérienne ; les Éphémérides, à l'exemple du *Pteronarcys regalis*, conservaient peut-être à l'état adulte leurs branchies de larve, mais les Libellulides, êtres aériens par excellence, devaient respirer comme nos Libellules actuelles ; d'autre part, nos Libellules sont des Insectes de proie aussi bien à l'état de larve, qu'à l'état adulte ; leurs congénères des couches paléozoïques devaient donc trouver à leur portée une foule d'Animaux aquatiques et aériens dont elles se nourrissaient ; la vie devait à n'en point douter être fort active à ces époques primordiales. Les Blattes qui vivent autour de nous diffèrent peu des Blattes anciennes ; il est donc certain que si certaines formes ont disparu ou se sont transformées, d'autres ont pu parvenir jusqu'à nous en conservant leur organisation primitive.

Les Névroptères sont regardés comme les plus anciens des Insectes, comme les types les plus primitifs ; une de leurs branches aurait donné naissance à l'ordre des Orthoptères ; les rapports entre les deux ordres sont fort étroits et même beaucoup d'auteurs les réunissent. Les Coléoptères seraient issus d'un rameau des Orthoptères et dès leur origine ont varié à l'infini en conservant le même plan d'organisation. Un rameau des Névroptères aurait probablement donné naissance aux Hyménoptères ; nous avons vu qu'ils étaient apparus dès la période jurassique, mais qu'ils ne se montrent en nombre que dans la période tertiaire. Les Hémiptères, d'après Hæckel, descendraient également des Névroptères ; les Lépidoptères également par l'intermédiaire des Phryganides ; les Diptères proviendraient des Hémiptères par atrophie des ailes postérieures.

DISTRIBUTION GÉOLOGIQUE DES INSECTES
ET ORDRE D'APPARITION
(d'après Hæckel).

A Insectes broyeurs. MASTICANTIA	I. Insectes qui mordent. MORDENTIA.	1 Archiptères.... { Mét. inc. / Ail. ég. 2 Névroptères.... { Mét. comp. / Ail. ég. 3 Orthoptères.... { Mét. inc. / Ail. inég. 4 Coléoptères.... { Mét. comp. / Ail. ég.	Premiers fossiles dans les terrains carbonifères.
B Insectes suceurs. SUGENTIA.	II. Insectes qui lèchent. LAMBENTIA.	5 Hyménoptères.. { Mét. comp. / Ail. ég.	Premiers fossiles dans les terrains jurassiques.
	III. Insectes qui piquent. PUNGENTIA.	6 Hémiptères..... { Mét. inc. / Ail. ég. 7 Diptères........ { Mét. comp. / Ail. inég.	
	IV. Insectes qui sucent. SORBENTIA.	8 Lépidoptères... { Mét. comp. / Ail. ég.	Premiers fossiles dans les terrains tertiaires.

Mét. inc. Métamorphoses incomplètes.
Mét. comp. Métamorphoses complètes.
Ailes ég. Ailes égales (ailes antérieures et postérieures ne différant que peu ou point par la forme et la structure).
Ail. inég. Ailes inégales (ailes antérieures et postérieures différant par la structure et la texture).

Nous ferons remarquer d'après ce que nous avons dit plus haut, que les Lépidoptères se sont montrés déjà dans les terrains jurassiques et que le tableau précédent devrait être modifié dans ce sens.

DE LA CHASSE, DE LA RÉCOLTE ET DE LA CONSERVATION DES INSECTES.

Introduction. — Il ne faut pas penser que le hasard mettra toujours les Insectes à portée et qu'il suffira de se baisser pour les ramasser. L'Entomologiste devra développer chez lui tous les instincts, toutes les aptitudes du chasseur déterminé, ne reculant ni devant la fatigue, ni devant les intempéries des saisons ; ce n'est qu'au prix de recherches multipliées à la suite d'excursions sans nombre qu'il pourra rencontrer un gibier qui sait admirablement se dissimuler ; le chasseur qui s'en ira gaillardement le nez au vent comptant sur le soleil et le hasard sera certainement un excursionniste, et même un alpiniste de haut mérite, mais il sera médiocre veneur. Le chercheur d'Insectes doit être un véritable trappeur, il doit savoir où gîte la bête qu'il cherche, il doit connaître ses mœurs, ses habitudes, si elle hante le bois ou la plaine, la vallée ou la montagne ; ce n'est qu'après de longues années qu'il aura acquis cette précieuse expérience, qu'il aura fait provision de mille détails biologiques qui en feront un Naturaliste. Je le répète, c'est l'étude des mœurs des Insectes, étude qui offre un si grand charme qui fait le bon chasseur. Il ne faut pas non plus chasser tout à la fois, le poil et la plume, chasser le Coléoptère et le Papillon, il faut savoir faire un choix, être Coléoptériste ou Lépidoptériste, suivant le langage consacré ; celui qui courra le Papillon aux ailes rapides devra laisser sous la pierre voisine le plus beau Carabe. Mais aussi lorsque vous serez devenu un vrai chasseur d'Insectes, ne pourrez-vous pas vous moquer de ceux qu'on appelle simplement des chasseurs ; ne leur direz-vous pas d'un air goguenard, vous avez la poudre, vous avez le plomb, vous avez des chiens et le carnier souvent vide, moi je n'ai qu'un simple filet, quelque peu d'adresse et pas de chiens, et cependant je ne fais jamais buisson creux ; vous, vous ne pouvez vous livrer à votre plaisir favori que pendant quelques semaines, moi je chasse toute l'année et les forêts les mieux gardées me sont librement ouvertes sans qu'il m'en coûte rien ; n'ai-je pas toutes les supériorités ?

Chasse des Coléoptères. — De tous les ordres d'Insectes, celui des Coléoptères est certainement le plus recherché ; celui dont les mœurs sont les mieux connues ; il est donc facile de donner des renseignements généraux sur les habitudes des différents groupes. Parmi les Coléoptères, les uns sont carnassiers, vivant de proies vivantes ou mortes, et sont carnassiers terrestres ou aquatiques ; d'autres sont herbivores, herbivores terrestres ou aquatiques ; ceux-ci fréquentent les déjections des animaux, ceux-là hantent les fleurs ; un grand nombre sont lignivores, et habitent les troncs d'arbres vivants ou morts ; mais il est certains d'entre eux qui ne se rencontrent que dans des conditions toutes spéciales ; par exemple dans les Fourmilières, dans les Guêpiers. Les Coléoptères carnassiers par excellence sont les Carabides ; ils courent sur le sol, et s'abritent sous les pierres, sous la mousse, les feuilles mortes et les bûches ; les uns vivent dans les plaines cultivées, les autres dans les bois ; pour les récoltes il faudra donc retourner les pierres, gratter la mousse et les feuilles, soulever les bûches et les fagots. La recherche de ces Carabides qui amènera également la rencontre d'un certain nombre de Staphylins, n'exige aucun attirail ; il suffit d'avoir auprès de soi deux flacons, à encolure assez large, l'un contiendra la moitié de sa capacité de sciure de bois blanc tamisée, c'est-à-dire débarrassée des poussières et des éclats de bois, dont les parcelles ayant 1 ½ à 2 millimètres cubes soient imprégnées de benzine, de manière que le gaz délétère en se dégageant constamment entretienne une atmosphère asphyxiante ; l'autre contiendra quelques bandelettes de papier non collé, de papier à filtrer par exemple, sur lesquelles on aura répandu quelques gouttes de benzine ; le grand flacon servira à la récolte des Coléoptères de grande et de moyenne taille, le petit à la récolte des Coléoptères de taille exiguë. Il faut toujours avoir soin de proscrire le coton dans lequel les Insectes embarrassent leurs membres et dont on ne peut les dégager que défraîchis et mutilés. Quant à la capture des carnassiers qui hantent les charognes abandonnées, les Nécrophores, les Silphes, certains Staphylins et Histérides, elle est facile ; il faut seulement braver toute répugnance, retourner à l'aide d'un bâton les cadavres des petits Mammifères, et ramasser à la hâte les hôtes troublés qui fuient de tous côtés ; une paire de bruxelles pourrait être utilisée par les délicats, mais une main gantée sera plus agile et arrêtera promptement les fuyards.

Pour s'emparer aisément de tous ces carnassiers et carnivores, on peut se servir de pièges ; les plus simples de tous consistent en fosses à bords perpendiculaires que l'on creuse dans les endroits favorables pour que les Insectes errants viennent s'y précipiter ; on peut perfectionner ces pièges ; à cet effet on enfouit dans la terre jusqu'au ras du sol soit des pots à fleurs, soit des bocaux dont les bords lisses défient toute tentative d'évasion, un appas, cadavre de taupe, viande crue, etc., placé au fond de ces vases attirera une foule d'animaux nocturnes.

La recherche des Insectes aquatiques, carnassiers ou herbivores, exige l'emploi d'un instrument indispensable, le *Troubleau* ; le troubleau est un filet en grosse toile résistante à tissu clair solidement attaché à un cercle de fer, et fixé à l'aide d'un écrou ou d'une vis de pression à un long et fort manche non flexible fait de bois très résistant ; avec un tel engin on peut fouiller la vase, arracher les herbes flottantes et capturer toute la gent aquatique. A cet effet à chaque coup de filet on déverse la vase et les herbes sur la terre ferme et on attend patiemment que les Insectes *Dytiscus, Cybister, Acilius, Hydaticus, Agabus, Hydroporus, Gyrinus, Colymbetes* etc., Animaux de proie ; *Hydrophilus, Hydroe, Hydrobius, Philhydrus* etc., Animaux herbivores, se dégagent pour s'enfuir et rentrer dans leur élément. S'agit-il de s'emparer des Coléoptères qui grimpent le long des herbes pour prendre leur vol ou fréquentent les fleurs des prairies, le troubleau se transforme en filet fauchoir qu'on promène vivement à travers les herbes en imitant les mouvements du faucheur ; ce filet fait d'une toile forte à tissu plus serré que le précédent rend de grands services et permet de s'emparer d'une foule de petites espèces ; Mordellides, Lycides, Téléphorides, Malachides, Dasytides, Clérides, Cistélides, Œdémérides, Curculionides, Cérambycides etc., tombent infailliblement au fond du filet et vont rejoindre dans des flacons les victimes déjà asphyxiées.

Les fleurs des arbustes, les buissons et les taillis recèlent une foule de Coléoptères que l'œil le plus exercé ne saurait découvrir, un procédé brutal vous permet de les découvrir ; on étend à terre une nappe, la nappe des déjeuners sur l'herbe et, armé d'une canne ou d'un simple bâton on bat les branches et même les fagots et les bourrées à coups redoublés ; on n'a plus qu'à se baisser pour ramasser riche provende. Les Entomologistes de profession ont perfectionné ce genre de chasse ; le parapluie qui accompagne tout promeneur est devenu un précieux auxiliaire ; mais on ne saurait que faire dans ce cas du parapluie de soie, trop élégant, et même du simple parapluie de cotonnade de couleur, trop vulgaire, dont les ronces auraient bientôt raison ; on se sert d'un grand parapluie en toile écrue qui réunit trois avantages, il garantit de la pluie, du soleil et remplace avantageusement la nappe.

Lorsqu'on pénètre au bois, dans les futaies, de vieux arbres montrent leurs troncs vermoulus, leurs écorces fendues, c'est alors que le besoin d'un outil se fait vivement sentir pour fouiller les débris, soulever les écorces ; le couteau serait trop faible, la hache ou même la hachette, difficile à transporter, serait d'un maniement dangereux ; on a imaginé, l'*écorçoir* (fig. 143) ; c'est une tige de fer quadrangulaire légèrement courbée, solidement emmanchée dont l'extrémité élargie, en forme de losange à bords curvilignes tranchants est plate d'un côté et carénée de l'autre ; l'écorçoir est l'engin le plus utilé au chasseur ; de la Brûlerie a eu l'heureuse idée de rendre cet instrument plus maniable, il en a articulé la tige, et l'outil facile à mettre en poche est

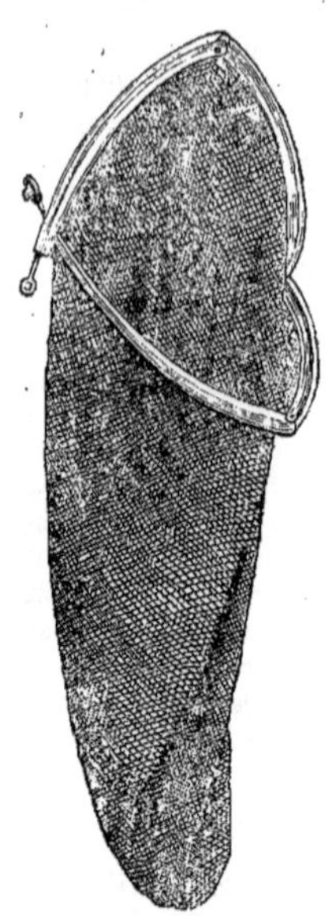

Fig. 141. — Filet destiné à capturer les Insectes, au vol ou au
repos.

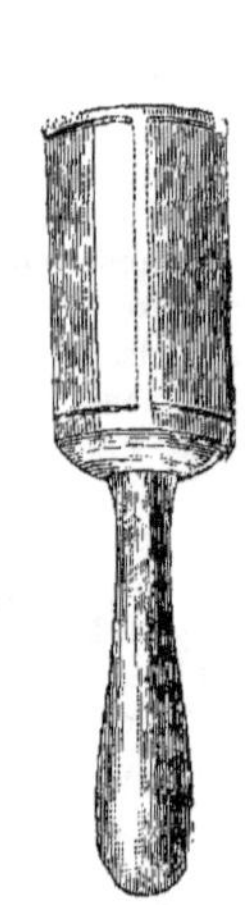

Fig. 142. — Mailloche
servant à imprimer
aux arbres une se-
cousse brusque qui
fasse tomber les In-
sectes.

Fig. 143. — Écor-
çoir destiné à
soulever les
écorces ou à
fouiller la terre.

Fig. 144. — Pince à raquettes,
servant surtout à s'emparer
des Hyménoptères à aiguillon.

devenu par un simple artifice une pioche fort utile, tout en restant un écorçoir. C'est ainsi que grâce à cet instrument on surprendra les Scolytes, les Cucujides, les Longicornes, les Charançons, etc.

Lorsqu'on cherche à connaître les hôtes des four-milières, un engin nouveau devient indispensable ; cet engin est un *tamis* ou *crible* dont le fond est un treillis en fil de laiton ou en fil de fer galvanisé, à mailles assez fines, de deux millimètres environ, muni d'un couvercle ; si l'on se trouve, par exemple, en présence d'un nid de *Formica rufa*, on jette pêle mêle sur le tamis Fourmis et bûchettes et l'on ferme prestement l'appareil pour se préserver des morsures des habitants affolés ; on tamise ensuite tout à son aise, soit sur une nappe, soit dans un sac adapté à l'appareil ; Fourmis et bûchettes restent emprisonnées, tandis que les hôtes d'une taille exi-guë passent à travers les mailles. Il ne faut pas se contenter de jeter sur le crible les débris qui for-ment le monticule caractéristique des Fourmilières, il est nécessaire, si l'on veut capturer tous les Myrmécophiles, de s'emparer des nids entiers et d'opérer avec rapidité afin de ne pas donner aux parasites le temps de s'enfuir. Les époques les plus favorables pour pratiquer ce genre de chasse sont les mois d'automne et d'hiver, depuis octobre jus-

qu'en avril ; l'engourdissement hivernal permet de recueillir les fourmilières sans être inquiété par les habitants.

Dans les guêpiers, notamment dans ceux de la *Vespa germanica*, vivent quelques rares Coléoptè-res, le *Metœcus paradoxus* (Rhipiphorides), par exemple, dont les Larves se développent aux dé-pens du couvain des Guêpes ; pour s'en emparer, il faut commencer par se débarrasser des habitants des nids ; pour cela pendant la saison d'automne, fin septembre et commencement d'octobre, on in-troduit, la nuit venue, dans la galerie qui conduit à l'habitation, un tampon de coton ou de linge, un fragment d'éponge imbibée de benzine en ayant soin d'obturer complètement l'orifice : le lende-main, les Guêpes seront toutes mortes ou anesthé-siées, et l'on pourra extraire le nid sans danger. Mais par ce procédé violent on peut avoir tué non seulement les Hyménoptères, mais encore les larves et les nymphes des Rhipiphores dont on aurait obtenu facilement l'éclosion. On peut éviter facile-ment cet accident. M. Rouget de Dijon a proposé un procédé fort original ; il consiste à mettre la galerie de sortie en communication avec un long roseau ; comme les Guêpes obligées de suivre cet interminable couloir, ne peuvent s'échapper qu'une à une, armé d'une paire de ciseaux et d'une grande somme de patience, exécuteur des hautes œuvres, on les coupe en deux avant qu'elles n'aient pris leur vol. Il est plus commode et plus expéditif de mettre le roseau en rapport avec une cloche à melon; les Guêpes s'y réunissent et il est facile de les asphyxier en masse.

Mais il est encore des infiniments petits qui échappent aux investigations et que le hasard peut seul mettre sous les yeux; il faut les contraindre à sortir de leur retraite, pour cela on injecte de la fumée de tabac dans les fissures étroites où ils se dissimulent; à cet effet on peut se servir avec succès d'une sorte de pipe imaginée par M. J. Grouvelle dans laquelle se consume le tabac, mais dont on repousse la fumée au lieu de l'aspirer.

Il est inutile de dire que l'on ne part pas en chasse muni d'un bagage aussi encombrant; le troubleau ou le filet faucheur, le parapluie, l'écorçoir et les flacons sont seuls vraiment indispensables, on fera bien de se munir également d'un certain nombre de petits tubes qui serviront à emprisonner des larves de Coléoptères que l'on voudrait étudier, ou à isoler les espèces délicates ou d'une grande rareté.

Lorsque la débâcle des glaces et la fonte des neiges amènent des inondations, quand les pluies d'orages, grossissant les cours d'eau, causent des débordements, les habitants des vallées sont dans la consternation, les Entomologistes, oublieux des misères de leurs semblables, sont au comble de la joie; jamais occasion si belle ne s'est présentée de faire de riches récoltes de Coléoptères.

Au moment de la débâcle, des millions d'Insectes, des Coléoptères en grande majorité, sont encore plongés dans leur engourdissement hivernal; quelques-uns seulement qui sommeillaient sur des pentes élevées, exposées au soleil, profitant de l'action bienfaisante de ses rayons, ont commencé à se mouvoir. Voici que viennent mugissants les flots glacés qui minent et bouleversent tout. Les fragments de bois, les chaumes, les roseaux, les graines des plantes unis à tous les débris qui ne manquent jamais sur les rives d'un fleuve sont emportés; ils flottent à la surface, et poussés çà et là, sont rejetés sur les bords où ils restent abandonnés lors du retrait des eaux dessinant par de longues traînées les niveaux atteints pendant la crue. Ces sédiments sont l'expression vivante de tout ce qui se trouvait à la surface du terrain avant la submersion. Si l'on recueille de suite une partie de ces dépôts encore humides, pour la porter chez soi afin d'en remplir partiellement des bocaux maintenus dans une chambre chauffée, aussitôt que les débris seront séchés et que l'action bienfaisante de la chaleur se sera fait sentir, on ne tardera pas à voir régner une grande agitation. Que l'on plonge alors quelques tiges de bois dans les bocaux, bientôt elles se couvriront de Coléoptères de toutes sortes, les uns plus nombreux que les autres et appartenant aux espèces les plus diverses. Que l'on attende au contraire que la chaleur des rayons solaires ait réveillé nos engourdis et suffisamment desséché les débris noyés en ne laissant humides que les couches inférieures; il suffira de soulever, de remuer ces débris pour y apercevoir une animation, un fourmillement extraordinaire; tous les Insectes, qui, charriés par le courant, ont pris terre après avoir échappé à mille dangers, et se sont accoutumés à trouver là une retraite assurée, ont été troublés dans leur quiétude. C'est sous ces roseaux accumulés que vous serez sûr de les rencontrer jusqu'à ce que l'augmentation progressive de la température de l'air les invite à se disperser pour aller à la recherche de leur nourriture, et pour vaquer aux soins de leur reproduction.

Parmi ces Coléoptères, il y a des Punaises, des Araignées, çà et là quelques Chenilles et quelques pupes propres à la vallée du fleuve ou aux autres vallées des affluents qui font partie du même bassin; c'est ainsi qu'à Paris même sont transportés les Insectes qui habitent les montagnes calcaires de la Côte-d'Or et du plateau de Langres, ainsi que ceux qui hantent les montagnes granitiques du Morvan; c'est ainsi que sur les bords de la Gironde se rencontrent les habitants de l'Auvergne entraînés par la Dordogne et ceux des Pyrénées amenés par la Garonne et ses affluents. Remarquons à cette occasion qu'un zélé naturaliste a ainsi à sa disposition un moyen sûr d'apprendre à connaître, d'une part, les Coléoptères qui dans son pays passent l'hiver à l'état parfait et, d'autre part, la Faune des montagnes où les fleuves prennent leur source.

Dans l'inondation produite par l'orage, le tableau présente les péripéties du naufrage. Les coteaux, de même que les prairies, voisines des fleuves, sont pleins d'animation. L'orage éclate et noie champs et forêts sous des cataractes; la gent hexapode, chassée de ses retraites par l'eau qui les envahit, arrachée par l'ouragan à la feuille où elle se cramponne, roule de tous côtés emportée par un déluge imprévu (Pl. II). Éperdu, chacun cherche le salut; un Carabique s'accroche à un brin d'herbe; une Coccinelle le suit, puis une lourde Chrysomèle; tout auprès grimpe un Carabe noir, mais, hélas! la faible feuille plie sous le poids, et l'Insecte devient le jouet des flots; sans perdre sa présence d'esprit il se maintient solidement sur le brin qui doit être sa planche de salut, il se retourne et remonte. C'est en vain; trop lourd, il retombe dans l'élément liquide entraînant la feuille avec lui. Il renonce, et plein d'anxiété rame courageusement; une tige d'ombellifère s'offre à lui et il a encore assez de force pour s'élever un peu au-dessus de l'eau; il rencontre une Chrysomèle et rapidement passe sur son corps; cette dernière effrayée se laisse choir et se trouve dans la situation où était le Carabe; celui-ci accablé se repose enfin, il

Paris, J.-B. Baillière et fils, édit.   Corbeil, Crété, imp.

LES COLÉOPTÈRES PENDANT L'INONDATION.

passe ses antennes à travers ses mandibules, brosse ses élytres et semble se féliciter d'avoir échappé au danger. C'est ainsi que l'on voit passer nageant maint et maint Insecte qui cherche à saisir au passage le moindre fétu.

Sur la rive un groupe de Coléoptères noirs, verts et bleus, semblent se concerter pour éviter le danger, car ils redressent leurs têtes et agitent leurs antennes. Une paire de yeux verts et vitreux sont depuis longtemps dardés sur eux; et prestement, ils sont engloutis dans l'estomac d'une Grenouille; ceux qui n'ont pas été happés gesticulent déconcertés, ahuris. Un tronc de saule dont quelques rameaux retombent et dépassent de beaucoup les herbes avoisinantes, constitue un solide refuge pour ses habitants et un port de salut assuré pour bien des naufragés. Aussi est-il toujours hanté par une nombreuse population. Bien tranquillement un svelte Élatéride se serre contre de jeunes rejetons de groseillier, à côté de lui un Longicorne (*Lamia textor*) aux larges épaules, un Charançon vert (*Chlorophanus viridis*) portant son mâle sur le dos grimpent et fuient l'humidité qui gagne de proche en proche. Ils étaient là tous hébergés et nourris avant l'invasion des eaux et ils continueront leur paisible existence quand celles-ci seront écoulées. Ils y demeureront toujours, monteront un étage de plus s'il le faut, vivant en paix avec leurs voisins Chrysoméliens, verts ou bleus, marcheurs ou sauteurs.

Notre tableau (Pl. II) de la détresse des Coléoptères dans l'inondation ne donne qu'une faible idée d'un des actes de ce drame, où d'autres scènes analogues se reproduisent; si nous tombons sur un emplacement favorable par exemple où l'eau tranquille à sa surface forme une petite baie. Ici le manque de secours est plus grand encore et il n'est plus permis aux noyés de songer à attérir en terre ferme. L'eau charrie des feuilles, des roseaux, des brins de bois, des écorces et d'autres débris de toutes les grandeurs, des bouchons, des graines, etc., tous animés par des nageurs involontaires. Voici venir sur un fragment de roseau un petit *Aphodius*, qui a certainement accompli un long voyage aquatique sur ce frêle esquif; là bas un Cloporte et un Mille-pieds se laissent aller à la dérive et emporter dans le port tranquille. Le calme réside, mais c'est le calme de la désolation. Les fragments charriés se balancent dressés ou penchés; et poussés les uns contre les autres ils cèdent la place à d'autres ou s'étagent les uns au-dessus des autres. Tout bouillonne et se retourne en tous sens, et en silence. On ne voit que des êtres vivants auxquels il est impossible d'atteindre le bord du rivage ou même de se maintenir à la surface des flots. Mettez-vous à la place de ceux qui sont réduits à cette extrémité et vous comprendrez leur lamentable situation. Leur vitalité cependant est plus grande qu'on ne le supposait, elle résiste aux forces de la nature qui renversent des

maisons, roulent des blocs de pierre et malgré tout, le plus souvent, ils sont sauvés, car l'eau ne tarde pas à se retirer et à les laisser à sec.

Si à ce moment on considère ceux qui sont sauvés, on est étonné de les rencontrer en aussi grand nombre. L'inondation les a donc surpris bien subitement, pour qu'ils n'aient pas fait usage de leurs ailes pour s'enfuir; essentiellement marcheurs, ils ne prennent leur vol que lorsque le soleil brille du plus vif éclat ou lorsque l'instinct de la reproduction les oblige à se déplacer. Ce n'est même pas en s'envolant qu'ils cherchent leur salut, lorsqu'ils sont tombés dans un de ces fossés creusés par le forestier.

Préparation des Coléoptères. — Rendu au logis, c'est alors que commence la besogne la plus aride, celle de la préparation; pour ce faire, on verse peu à peu le contenu du flacon rempli de sciure et d'Insectes sur du papier à filtrer et on les pique au fur et à mesure; on emploie à cet effet de longues épingles, dites épingles à Insectes, longues généralement de 16 lignes (36 millimètres), quelquefois de 18 (1); les Entomologistes ont adopté un usage devenu classique, celui de piquer tous les Insectes sur l'élytre droite; on implante l'épingle vers le sommet de manière à ce qu'elle traverse le sternum à droite entre la seconde et la troisième patte. Cela fait, on dispose les embrochés sur une planche de liège et avec de longues épingles, on dispose les pattes et les antennes symétriquement. En Angleterre on a l'habitude d'étendre tous les appendices, mais le moindre heurt peut briser un membre; en France on préfère ranger les pattes sous le corps et replier les antennes en arrière le long du corps; on évite ainsi les chances de rupture et on peut dissimuler habilement la perte d'un membre. On verse également sur du papier à filtrer les petits Coléoptères du second flacon; mais, comme l'exiguïté de leur taille ne permet pas de les piquer, on colle délicatement chacun d'eux sur des petits rectangles ou triangles de carton blanc (fig. 147, p. 79), que l'on embroche avec une des longues épingles à Insectes.

Il va sans dire que ces procédés de préparation ne peuvent être employés que par le Naturaliste sédentaire; ils ne sont pas à la portée du Naturaliste voyageur. Celui-ci doit se borner à retirer les Insectes provenant de ces chasses des flacons de chasse, à les faire sécher, puis à les disposer par lits dans des petites boîtes en les enfouissant sous des couches successives de sciure de bois bien sèche et fortement tassée. Au retour il n'aura qu'à les tirer, à les exposer à l'humidité, sous une cloche (voyez plus loin Ramolissoir), pour rendre la souplesse aux articulations

(1) On trouve ces épingles dans le commerce; celles qui proviennent de fabrication allemande sont les meilleures. Parmi les différents numéros, n°* 1 à 10, les n°* 4, 5 et 6 sont les plus utiles.

et il lui sera aussi facile de les préparer que des Insectes frais.

Chasse des Lépidoptères. — La récolte des Lépidoptères exige des procédés particuliers ; la fragilité de leurs ailes, la délicatesse de leurs écailles que le moindre frottement détache, nécessite une foule de précautions. On se sert pour la chasse du classique filet à Papillons ; ce filet est une longue poche conique en crêpe de soie verte ou en tulle, cousue à un ruban de soie de même couleur qui forme une coulisse dans laquelle s'engage un cercle de fer de 30 centimètres de diamètre environ ; ce cercle se plie en deux ou en quatre et s'emmanche à l'aide d'une vis et d'un écrou à une longue canne de bambou légère et flexible. Avec un peu d'habitude on devient fort habile à saisir même au vol les Papillons les plus rapides ; mais, la capture faite, il faut imprimer un demi-tour au filet de manière à fermer l'entrée pour empêcher la fuite du prisonnier ; cela fait, on l'oblige à se réfugier au fond de la poche de gaze ; avec mille précautions on le contraint peu à peu à demeurer immobile et délicatement, lorsque ses ailes sont relevées, on lui comprime le thorax entre le pouce et l'index afin de le tuer rapidement sans qu'il puisse se débattre. Les Lépidoptérologues disent qu'en agissant ainsi on étouffe le Papillon ; il n'y a là qu'une simple périphrase imagée ; en réalité par la compression on a désorganisé les centres nerveux thoraciques, mais nullement anéanti les fonctions respiratoires. On introduit alors la main dans le filet, puis on le retourne pour recevoir la victime ; ses ailes sont généralement fermées, un léger souffle les entr'ouvre et armé d'une longue épingle à Insecte on le transperce par le milieu du thorax. C'est ainsi qu'on chasse généralement les Papillons diurnes ; la chasse des Nocturnes et des Papillons infiniment petits exige une foule de précautions ; aujourd'hui, pour recueillir ces Lépidoptères dans toute leur fraîcheur et éviter le contact des doigts, on emploie un artifice des plus simples. Lorsque l'Insecte est capturé on introduit dans le filet un flacon à très large goulot et adroitement on force le captif à passer dans cette nouvelle prison ; il s'agite quelque peu, mais au bout de quelques secondes il tombe foudroyé. Ce flacon a été soigneusement préparé ; au fond, quelques morceaux de cyanure de potassium ont été placés, une couche de ouate les enveloppe, un disque de papier collé sur le pourtour les maintient ; sous l'influence de l'air et de l'humidité le cyanure se décompose lentement et se transforme en carbonate de potasse et en cyanogène, c'est-à-dire en acide prussique ; l'atmosphère du flacon contient donc toujours des vapeurs du plus redoutable des poisons. C'est ainsi qu'on peut collectionner dans toute leur splendeur ces minuscules Papillons qu'on appelle des Microlépidoptères dont l'envergure n'excède souvent pas 1 à 2 millimètres et qui sont des chefs-

d'œuvre de délicatesse, des merveilles de beauté

Il est beaucoup de Lépidoptères, le plus grand nombre même, qui dorment le jour et volent seulement la nuit ; les Entomologistes ont imaginé plusieurs artifices pour les prendre aisément. La possession d'une femelle d'une des grandes espèces de Bombycides permet, ainsi que nous l'avons déjà dit page 6, de s'emparer de bien des mâles ; pour cela, on l'installe tout à son aise dans une cage de gaze que l'on place dans un endroit bien choisi, la lisière d'un bois, une clairière ; attirés par des émanations que nos sens impuissants ne peuvent saisir, les mâles ne tardent pas à venir de toutes parts voltiger autour de la captive, et le chasseur sans scrupule et sans cœur voue à la mort ces infortunés soupirants. La *chasse à la lanterne* peut être pratiquée avec quelque succès. Par les belles soirées d'été, lorsqu'on laisse les fenêtres ouvertes, une foule de Papillons de nuit viennent voltiger autour des lumières, décrivent autour d'elles des orbes de plus en plus petits et finissent, fascinés, par se précipiter à travers les flammes. Tous nous les avons vu tomber languissants, les antennes et les ailes brûlées sur nos livres, nos journaux, ou s'épuiser en vains efforts, pour pénétrer à travers les glaces des réverbères, et cherchant à comprendre comment ces êtres qui redoutent la clarté du jour et l'éclat du soleil pouvaient être attirés par la lumière artificielle, nous nous sommes pris pour eux d'une grande pitié, maudissant la fatalité qui les conduisait aveuglément à la mort. On n'a donné jusqu'à présent aucune explication plausible de cette attraction irrésistible ; mais les Entomologistes désireux de s'emparer d'une foule de Papillons de nuit, ont mis à profit l'amour des Insectes nocturnes pour la lumière ; à cet effet ils installent dans un endroit qu'ils jugent propice une nappe sur laquelle ils posent une lanterne dont la flamme puisse jeter une vive clarté ; et ils s'emparent au filet ou au flacon des Noctuelles et des Géomètres qui viennent bientôt voleter aux alentours. Il est un genre de chasse bien connu qui permet de faire à peu de frais d'excellentes captures : c'est la chasse *à la miellée* ; on sait que dans certaines circonstances les feuilles des arbres se couvrent d'un enduit sucré et l'on a pu remarquer que mille Insectes fort alléchés viennent visiter ces feuilles ; imitant la nature, on a eu l'idée d'enduire avec du miel délayé ou de la mélasse les arbres placés sur les lisières ou autour des clairières des bois, les arbres des vergers ; quelquefois à défaut d'arbres on badigeonne des pieux ou des cordes. Pendant le jour ce sont les Mouches, les Abeilles, les Guêpes qui viennent butiner, mais à la nuit close les Papillons nocturnes arrivent à tire d'ailes pour s'installer autour d'une table servie tout à leur goût. Approchez-vous sans crainte, dardez votre lanterne, quelques-uns cherchent à se dissimuler, mais la plupart des soupeurs ne se dérangeront pas, ils se laisseront plutôt empaler sur place que d'abandonner leur festin, tant est grande la puissance de la gourmandise ; il faut dire, pour les excuser, que parmi les hommes bien des gourmands ont su et savent encore mourir à table.

M. de Peyerhimoff a imaginé un *Piège à Papillons* très ingénieux ; il consiste en deux nasses de gaze verte réunis par un cylindre également en gaze percé de larges ouvertures longitudinales ; une forte corde traverse l'appareil de part en part, elle sert à le suspendre à une branche d'arbre et à tendre les nasses. Les Papillons attirés par le miel dont on a enduit la corde, pénètrent par les ouvertures, s'ils veulent s'échapper en voltigeant, ils entrent dans la nasse supérieure, s'ils se laissent choir en s'endormant, ils tombent dans la nasse inférieure. Il suffit d'ouvrir les coulisses qui ferment les extrémités des nasses pour s'emparer des prisonniers. Ce genre de chasse a cet avantage de permettre au chasseur de passer la nuit dans son lit.

Le Lépidoptérologue ne se sert guère de *l'écorçoir*, si ce n'est pour chercher les Chrysalides sous les écorces ou dans la terre au pied des arbres ; mais il peut employer un instrument capable de lui rendre quelques services, le *maillet*. Les Papillons nocturnes ont souvent l'habitude de dormir pendant le jour sur le tronc des arbres ; ils défient le regard et sont souvent posés hors de portée ; si on imprime à l'arbre un brusque ébranlement, ils se laissent choir ; si on a le coup d'œil assez sûr pour reconnaître les points où ils sont tombés on peut faire quelques bonnes prises ; une nappe étendue sur le sol facilite les recherches. Ce ne sont pas tous les maillets que l'on peut utiliser pour ce genre de chasse. Les maillets ordinaires de bois, détérioreraient les arbres et les gardes forestiers seraient en droit de vous dresser procès-verbal ; on emploie des maillets construits spécialement ; ce sont des cylindres de plomb pesant environ un kilogramme, recouverts d'une première garniture de liège, puis d'une seconde garniture de cuir épais, et pourvus d'un manche de bois dur ayant 15 centimètres de long. L'emploi de cet instrument, malgré les perfectionnements de sa construction, doit être réservé ; il peut déterminer la formation de plaies sur les arbres à écorce mince et à bois tendre, principalement sur les arbres résineux.

Quel que soit le mode de chasse, les Papillons transpercés sont piqués solidement dans une boîte munie d'un fond de liège ; mais en voyage et surtout dans les voyages d'outre-mer, il faut procéder différemment ; tous les Papillons dont le corps est grêle, une fois étouffés, ne sont plus embrochés, ils sont mis en *papillote* ; la papillote est un carré de papier qu'on plie en triangle suivant une parallèle à la grande diagonale, de manière à pouvoir replier la partie restante pour la fermer. L'usage des papillotes rend de grands services et permet

d'entasser dans des boîtes des milliers de Lépidoptères qui risquent d'autant moins d'être défraîchis qu'ils sont tassés davantage.

Récolte et éducation des Chenilles. — Aujourd'hui les Entomologistes qui se livrent sérieusement à l'étude des Lépidoptères, se livrent à un tout autre genre de chasse ; ils cherchent les Chenilles et les élèvent avec des soins infinis, les uns pour étudier toutes les formes des Insectes, le plus grand nombre pour obtenir des Papillons qui n'ayant jamais volé soient d'une fraîcheur merveilleuse et n'aient point laissé une écaille aux ronces du chemin, pour voir éclore des variétés ou des aberrations qui donnent un grand prix à leurs collections. La chasse des Chenilles exige une grande patience, une grande étude des mœurs et des connaissances botaniques assez étendues ; certainement le hasard vous mettra en présence d'un certain nombre d'espèces communes errant sur le sol (*Chelonia caja*, *Bombyx rubi*), mais beaucoup d'entre elles se dissimulent sous les feuilles au bas de la plante qui les nourrissent ou au voisinage, et ne sortent que la nuit pour manger ; d'autres vivent dans les tiges, les troncs, les feuilles, les fleurs, les fruits, etc., chacune d'elles ayant un genre de vie particulier ; la grande majorité vit à découvert, les unes sur les plantes basses, les autres sur les arbustes, d'autres sur les arbres, quelques-unes même au sommet des plus grands arbres. Le *filet fauchoir* employé par le Coléoptérologue peut permettre de recueillir certaines d'entre elles, mais il faudra quelque sagacité pour discerner la plante qui la nourrissait ; le *parapluie* est de tous les instruments celui qui rend le plus de services, il permet, lorsqu'on bat les buissons et les taillis méthodiquement, de récolter les Chenilles de tel ou tel végétal ; il sert également à emmagasiner les feuilles sèches et les mousses au milieu desquelles se dissimulent les Chenilles qui vivent sur les plantes herbacées ; le maillet, lorsqu'on bat les arbres au-dessus d'une nappe ou d'un drap, rend quelques services. Il est inutile de dire que le chasseur devra se trouver pourvu d'une boîte à compartiment ou d'un certain nombre de petites boîtes ; les boîtes semblables à celles qu'emploient les pêcheurs à mettre leurs vers, mais pourvues d'une ouverture sur le couvercle sont fort commodes parce que les plantes qu'on y renferme sont préservées de la dessiccation ; le chasseur de Chenilles ne devra pas oublier de porter en bandoulière la classique boîte à herboriser qui lui permettra de conserver fraîches les provisions de bouche, les siennes avant d'entrer en campagne, celles des Chenilles pendant l'excursion.

Ce n'est pas tout que de récolter, il faut encore élever et conduire à bien ; si on a des Chenilles ayant subi leur dernière mue, la peine sera petite, mais si on a des jeunes sujets venant d'éclore la peine sera grande ; et tout dépendra alors d'une bonne installation et surtout de l'expérience.

Pour élever les Chenilles, obtenir leur transformation en Chrysalides, et leur métamorphose en Papillons aussi parfaits de coloration que de forme, il faut s'armer de patience et entourer ses pensionnaires de soins vigilants. Il ne suffit pas de les enfermer dans des boîtes étroites où l'air reste confiné, de leur dispenser de temps à autre d'une main avare, une nourriture flétrie ; et croire que, débarrassé de tout souci, on n'aura plus qu'à attendre l'éclosion des Papillons ; la maladie ne tarderait pas à faire de nombreuses victimes dans ces éducations misérables, et si quelques Chenilles parvenaient à se métamorphoser elles ne donneraient que des Papillons avortés, aux ailes frippées ou recroquevillées. De grandes boîtes carrées en bois, au fond garni d'une couche de mousse, au couvercle aussi élevé que la boîte elle-même, garni sur cinq faces de toile métallique, sont fort utiles, on peut y en-

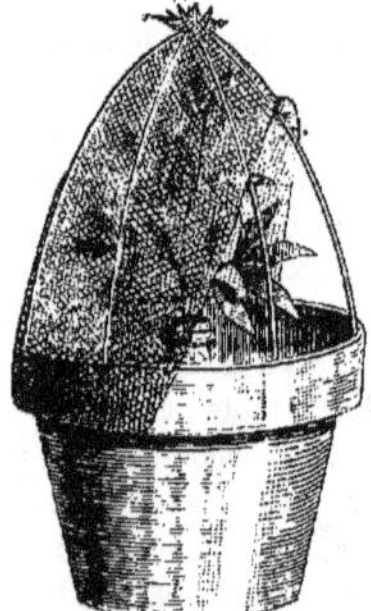

Fig. 145. — Pot disposé pour l'élevage des Chenilles.

fermer des flaçons dans lesquels trempent les tiges des plantes ou les branches des arbres ; les éducations des Lépidoptères diurnes, des *Bombyx*, des *Saturnia*, *Lasiocampa*, *Chelonia*, etc., des Noctuélides (*Catocala*), réussissent parfaitement dans de telles conditions, les Chenilles pouvant se pendre au couvercle, filer leurs cocons dans les angles ou dans les feuilles, se chrysalider dans la mousse. Il faut avoir soin de renouveler l'eau des flacons, de changer les branches assez souvent avant qu'elles ne soient flétries ; de laisser les Chenilles passer elle-mêmes des branches fanées sur les branches fraîches, si on cherchait à les prendre avec les doigts, elle se cramponneraient si fortement qu'on ne saurait les arracher sans les froisser. De temps en temps il faudra arroser ses pensionnaires, car il ne faut pas oublier que la siccité de l'air ambiant est souvent préjudiciable ; à cet effet on projette à l'aide d'un pulvérisateur l'eau qui se dépose en

gouttelettes si fines qu'elles simulent la rosée du matin. Mais la plupart des Chenilles, celles des Noctuelles et des Géomètres, s'enterrent pour se chrysalider, il faut donc les installer de manière à sa

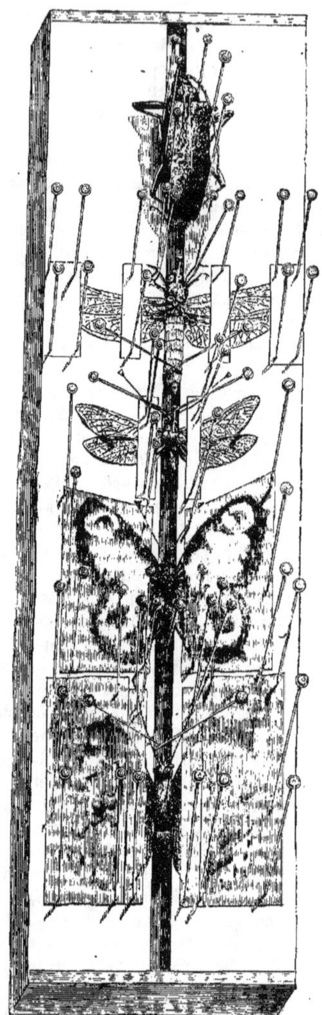

Fig. 146. — Étaloir servant à la préparation des insectes.

qu'elles puissent trouver la terre à leur portée ; à cet effet on rempli des pots à fleurs jusqu'à mi-hau-

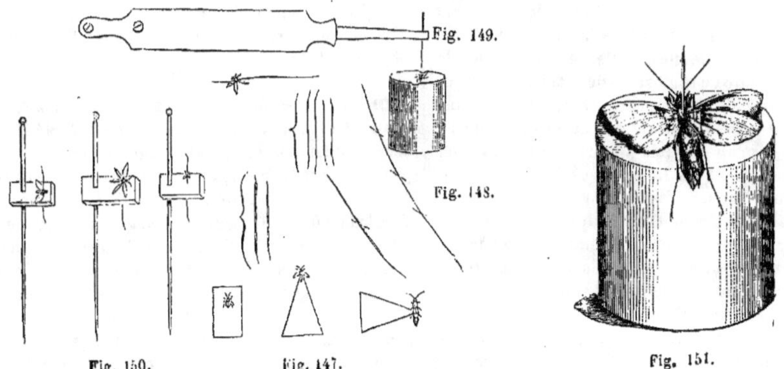

Fig. 147 à 151. — Préparation des petits Insectes.

teur de terre meuble, terre de bruyère ou terre ordinaire mêlée de sable fin, de grès par exemple, en
ménageant au centre un trou pour y loger un bocal
rempli d'eau dans lequel on met les feuilles et les
branches, et on recouvre le tout d'un couvre-plat en
fil de fer et on l'ajuste soigneusement pour que les
élèves ne puissent pas s'évader. Les pots à fleurs et
les couvre-plats constituent l'outillage le moins dis-
pendieux et le plus utile du Naturaliste qui voudra
se consacrer à l'élevage ou aura nécessité de conserver des Insectes vivants pour la dissection.

Mais il est un procédé d'éducation que l'on devra
préférer toutes les fois qu'on pourra le pratiquer:
c'est l'élevage direct sur les plantes et les arbustes,
soit à l'air libre, soit dans un jardin, soit sur des
plantes enracinées cultivées sur des terrasses ou
balcons. Pour cela on dispose les Chenilles sur des
rameaux bien choisis, dépourvues de Pucerons, de
Fourmis, de Perce-oreilles, et on enveloppe les rameaux d'un manchon de toile ou de fort canevas
coulissé aux deux extrémités. Ainsi protégées du bec
des oiseaux et privées de la liberté, les pensionnaires croissent rapidement; on n'a qu'un souci, celui
de les changer de rameaux pour leur assurer une
provende abondante et de surveiller l'époque de
leurs Métamorphoses. Sous le ciel clément de nos
départements méridionaux (Var, Alpes-Maritimes),
ce procédé réussit particulièrement bien et je me
souviens d'avoir vu le jardin d'un Lépidoptérologue
distingué, M. Millière, sous un aspect bien singulier ; ce jardin était un véritable jardin botanique
dans lequel on pouvait rencontrer des échantillons
de toute la flore de la région ; mais toutes les plantes portaient des petits manchons de gaze qui abri-
taient les Chenilles d'une foule d'espèces de Papillons méridionaux rares ou difficiles à se procurer.

Nous ne nous étendrons pas plus longuement sur
ce sujet, nous renverrons les Entomologistes à l'excellent *Guide de l'éleveur de Chenilles* de Berce,
résumé de quarante ans de pratique.

Préparation des Lépidoptères. — On ne se
contente pas de recueillir les Papillons, de les piquer et de les conserver tels quels ; ils meurent dans
les attitudes les plus variées ; quelquefois, les Papillons de jour expirent les ailes relevées ne laissant
voir que la face inférieure, presque toujours les Papillons de nuit succombent les ailes supérieures
rabattues recouvrant entièrement les ailes inférieures ; on est donc obligé de les contraindre à se
montrer sous l'aspect le plus favorable ; mais leur
préparation exige une grande dextérité et une légèreté de main toute féminine. On étend leurs ailes symétriquement au moyen d'un appareil qu'on appelle
un *étaloir*. L'étaloir (fig. 146) est une planchette de
bois tendre creusée en son milieu d'une rainure
au fond de laquelle se trouve une couche d'agave.
On engage le corps du Papillon dans la rainure,
on pique l'épingle qui le traverse dans l'agave
et on l'enfonce jusqu'à ce que les ailes affleurent
les bords de la planchette, puis avec une épingle
d'acier on étend les ailes et on les maintient avec
d'étroites bandelettes de papier glacé solidement
fixées avec des épingles ; cela fait on donne aux
antennes et aux œufs une position convenable et
l'on n'a plus qu'à laisser s'opérer la dessiccation ; au
bout de 8, 10 ou 15 jours, suivant la température et
le volume des Papillons, la préparation est complète
et l'on peut retirer les Insectes de l'étaloir. Il faut
se garder de les enlever trop tôt, dans la crainte
qu'ils ne prennent de mauvaises attitudes, ce qui
obligerait à les étaler de nouveau. Tous les Papil

Fig. 147. Petits Insectes collés sur des morceaux de carton. —
Fig. 148. Fils d'argent ou de platine préparés. — Fig. 149. Manière de piquer un Microlépidoptère. — Fig. 150. Microlépidoptères
et Microhyménoptères préparés et piqués sur des prismes de
moelle de sureau. — Fig. 151. Microlépidoptère très grossi, piqué
sur un billot de moelle, le dos dans une rainure.

lons mal préparés, desséchés ou enfermés dans des papillotes, doivent être exposés à l'humidité qui rend peu à peu à leurs articulations la souplesse et permet d'étendre antennes, pattes et ailes sans la moindre crainte de rupture ou de déchirure ; l'exposition à l'humidité se fait dans un *ramollissoir* ainsi établi : on remplit une terrine ou une cuvette de grès pulvérisé ou de sable fin fortement arrosé, on pique directement les Insectes sur le grès ou bien on les étend sur une feuille de papier, puis on les recouvre d'une cloche dont on lute les bords avec du sable humide ; au bout d'un temps plus ou moins long suivant la saison, suivant la taille des sujets, les animaux sont suffisamment ramollis pour être maniés sans danger. Il faut avoir soin de verser sur le sable quelques gouttes d'alcool dont les vapeurs empêcheront le développement des moisissures.

Si l'on veut conserver des Papillons ou même d'autres Insectes avec toute la souplesse des articulations afin de les préparer à loisir, on peut les enfermer dans un vase hermétiquement clos au fond duquel se trouve une couche de feuilles de Laurier-cerise (*Prunus lauro-cerasus*) hachées qui dégagent de la vapeur d'eau mêlée d'acide prussique qui empêche le développement des moisissures.

Les Anglais ont coutume de disposer leurs Lépidoptères sur des étaloirs peu élevés de manière à ce que étant piqués très bas, les doigts puissent saisir aisément l'épingle, en France on pique plus haut afin de pouvoir assujettir les Insectes dans les boîtes à l'aide d'une pince courbe qu'on passe au-dessous d'eux. Pour donner aux collections un aspect plus agréable, on étend les ailes d'une façon rigoureusement symétrique ; en France on dispose les ailes de façon que le bord inférieur de la première paire d'ailes soit perpendiculaire à l'axe de l'étaloir, puis on ramène les ailes inférieures jusqu'à ce que la portion du bord antérieur des ailes inférieures ordinairement cachées, soit recouverte (fig. 146, p. 78) ; on peut reprocher à ce procédé d'exagérer les mouvements en avant des ailes et de mettre à découvert les replis des ailes postérieures qui emboîtent l'abdomen des Nymphalides comme d'une gouttière ; les Entomologistes anglais et un certain nombre d'amateurs français donnent aux Papillons une attitude plus naturelle en évitant de ramener les ailes antérieures trop en avant. La préparation des petits Insectes : *Microlépidoptères, Microhyménoptères*, etc., exige des soins tout particuliers, il est impossible de les piquer avec les plus fines épingles sans risquer de les détériorer ; on emploie un artifice, au lieu d'épingles on se sert de bouts de fils d'argent ou de platine d'un centimètre de longueur et d'une ténuité infinie ; on saisit avec une pince un de ces fils et, s'aidant d'une loupe, on transperce les Insectes les plus délicats, placés sur le dos, sur un petit bloc de moelle de sureau creusé d'une rainure. La préparation des Microlépidoptères se fait sur de petits étaloirs en glace, les sujets étant placés sur le

dos ; l'opération faite, on enfonce les brins de fil sur des petits prismes de moelle de sureau préparés d'avance qu'on enfile avec des épingles à Insectes (fig. 147 à 151).

Chasse et récolte des Orthoptères, des Névroptères, des Hémiptères et des Hyménoptères. — La chasse des Orthoptères ne comporte pas de procédé particulier ; la plupart étant coureurs ou sauteurs peuvent être pris à la main ou avec le filet fauchoir ; ceux qui atteignent de grandes dimensions méritent d'être recueillis avec quelques précautions : à cet effet on les enfonce dans des cornets de papier résistant bien fermés et on s'efforce de les asphyxier à l'aide de vapeurs délétères pour éviter qu'ils ne déchirent les parois de leurs prisons à belles mâchoires ; on peut également paralyser leurs mouvements au moyen des ligatures faites avec du gros fil autour de leurs robustes membres. Les Orthoptères seront empalés par le milieu du mésothorax.

Les Névroptères sont capturés à l'aide du filet à Papillons et sont étalés comme eux ; les voyageurs pourront sans crainte les enfermer dans des papillotes. On les pique au milieu du mésothorax.

La chasse des Hémiptères ne diffère en aucune façon de celle des Coléoptères ; mais au lieu, lors de la préparation, de les piquer sur l'élytre droite, on les transperce par le milieu de l'écusson.

La récolte des Hyménoptères se fait généralement comme celle des Lépidoptères, car un grand nombre d'entre eux visitent les fleurs, et le filet à Papillons sert à les capturer ; mais la plupart de ces Insectes portent un dard dont ils usent à notre grand détriment pour nous infliger de cruelles piqûres ; l'emploi du flacon au cyanure de potassium ou au chloroforme est absolument indispensable pour les prendre et les asphyxier. On a préconisé pour la chasse des Hyménoptères la pince à raquette (fig. 144, p. 73) ; elle est certainement utile, mais vous oblige à transpercer les Insectes tout vivants. La visite des vieux murs en pisé, des talus ou des sablières exposées au soleil est obligatoire et seule permet de s'emparer aussi bien des Hyménoptères mellifères que des Hyménoptères qui vivent à leurs dépens ; l'éducation des Chenilles, la récolte des Chrysalides procurera une foule de parasites, Ichneumonides et Chalcidides. On prépare les Hyménoptères comme les Papillons, mais souvent on s'épargne la peine de les étaler.

Les Diptérologues sont malheureusement peu nombreux, ils n'ont d'ailleurs aucun procédé de chasse particulier ; le filet à Papillon, le flacon asphyxiant et les épingles sont les seuls engins qu'ils puissent utiliser. On n'étale généralement pas les Diptères, quoi qu'il soit préférable de les préparer pour donner un aspect plus ordonné aux collections.

Types des principaux Ordres de la Classe des Insectes.

Ordre des COLÉOPTÈRES.

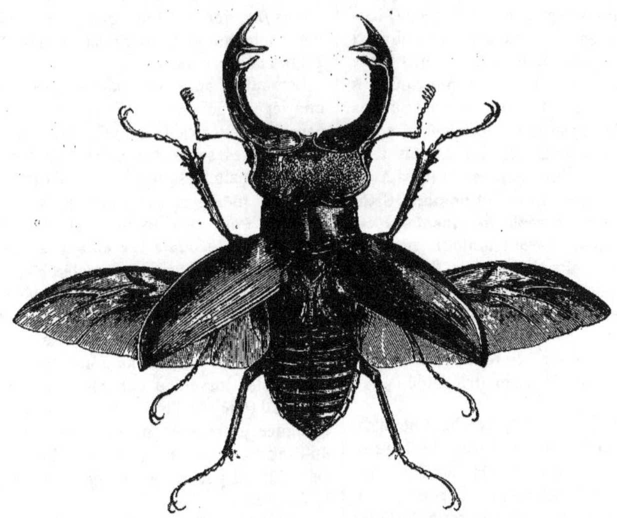

Fig. 152. — Le Lucane cerf-volant (*Lucanus cervus*).

Ordre des ORTHOPTÈRES.

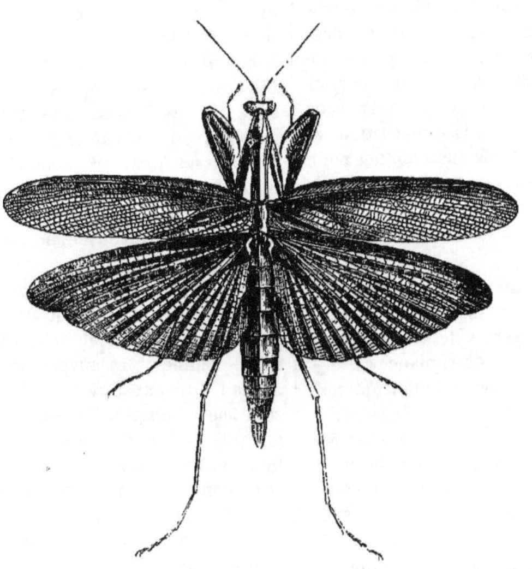

Fig. 153. — La Mante religieuse (*Mantis religiosa*).

Récolte et conservation des Larves, Chenilles, Myriopodes, Arachnides, etc. — Une récolte dont la conservation en collection est plus difficile, est celle des Larves, des Chenilles, des Parasites de Mammifères et d'Oiseaux, des Myriopodes, des Arachnides (Araignées, Scorpions, Ixodes, etc.). Le plus souvent on noie ces animaux dans l'alcool et on les conserve dans de petits tubes ou dans des flacons ; mais il est une précaution à prendre, pour ne pas être désagréablement surpris en les voyant se désorganiser et tomber en pourriture, c'est d'éviter d'employer des alcools trop faibles ou affaiblis par l'eau que rendent les Articulés qu'on y plonge en trop grand nombre. Cette recommandation s'adresse particulièrement aux Naturalistes voyageurs qui devront toujours prendre la peine de changer l'alcool de leurs flacons de chasse pour éviter des mécomptes. Il est certain que l'alcool adultère les couleurs, modifie les formes des animaux mous, mais aucun autre liquide prétendu conservateur n'a pu le remplacer ; il a le grand avantage au retour de permettre l'étude anatomique.

Les collectionneurs, pour préparer les Chenilles en évitant l'emploi de l'alcool, ont imaginé le procédé suivant. On comprime d'abord la Chenille entre les doigts de manière à déterminer la rupture du tube digestif et à obliger tous les viscères à s'échapper par l'ouverture anale ; cela fait, on introduit dans cette ouverture une paille qu'on fixe avec une épingle ; puis par l'intermédiaire de cette paille, on gonfle la peau de la Chenille pour lui rendre sa forme primitive, en la tenant au-dessus d'une plaque de tôle fortement chauffée jusqu'à ce qu'elle soit bien desséchée. Par cette méthode on a l'avantage d'avoir des pièces de collections, dites *soufflées*, qu'on peut mettre à côté des Papillons, mais ces pièces souvent déformées par le gonflement et la dessiccation, et toujours décolorées, ne sont pas aussi bonnes pour l'étude que celles conservées dans l'alcool. Quelques Entomologistes ont la patience de les peindre afin de leur restituer leurs couleurs.

Conservation et classement des collections. — La conservation des collections exige des soins de tous les jours, car les Insectes desséchés ont de nombreux ennemis ; une grande vigilance est nécessaire pour empêcher des Larves de Coléoptères, des Chenilles de Tinéides, des Acariens, de faire des ravages incessants, de commettre d'irréparables dégâts. Les Insectes les plus nuisibles aux collections sont avant tout les larves des Anthrènes (Coléoptères), — celles des *Anthrenus museorum* sont malheureusement trop connues, — qui rongent quelquefois les sujets les mieux préparés au point de ne laisser comme témoins que les épingles ; les larves des Dermestes (Coléoptères) principalement celles des *Attagenus pellio*, des *Dermestes lardarius* s'attaquent de préférence aux nids de Guêpes, le couvain desséché leur offrant un aliment très nutritif ; les larves des *Tribolium ferrugineum* se plaisent à dévorer les Chrysalides encore renfermées dans les cocons (Chrysalides de Vers à soie notamment) ; les larves des Ptines, et surtout celles du *Ptinus fur*, dévastent quelquefois les collections entomologiques, et nous avons vu des Chenilles de Teigne dévorer des Cicindèles.

Lorsqu'on aperçoit sous le corps d'un Insecte une légère poussière, débris des repas des ravageurs, il faut s'empresser d'imprimer à la boîte de brusques secousses qui les forcent souvent à tomber ; mais lorsque les ennemis sont logés dans le corps même des Insectes, il faut les faire déguerpir. Pour cela on introduit dans les cartons un tampon de ouate fixé autour d'une épingle et imprégnée de benzine ou préférablement de sulfure de carbone dont les vapeurs délétères, si les cartons ferment hermétiquement, ne tardent pas à les chasser de leurs cachettes et à les asphyxier ; on les trouve mortes au fond des boîtes. Il est préférable, lorsqu'on connait avec certitude l'Insecte attaqué, de l'isoler et de l'enfermer pendant quelques jours dans un vase bien clos contenant du cyanure de potassium ou du sulfure de carbone ; cela fait on pourra le réintégrer sans crainte dans la collection.

Quand les collections ont été exposées à l'humidité, elles deviennent souvent la proie des Acariens et les *Tyroglyphus entomophagus* réduisent en poussière même les Coléoptères qui semblent les plus résistants. L'humidité détermine l'apparition des moisissures qui sont encore plus funestes que les Insectes et les Acariens rongeurs ; car lorsqu'elles habillent comme d'une toison les Papillons, les Diptères, les Hyménoptères, il est presque impossible de les enlever sans détériorer les sujets ; toutefois un pinceau imbibé d'éther permettra de débarrasser à peu près complètement les Coléoptères et de tenter la conservation des autres Articulés moins bien cuirassés ; l'acide phénique souvent recommandé a l'inconvénient de tâcher les ailes des Papillons.

Il est encore une altération, mal définie quant à sa nature, qui peut entraîner la perte des collections ; c'est cette altération par laquelle les Insectes semblent recouverts de tâches huileuses et qui fait dire aux Entomologistes que les Insectes sont *tournés au gras*. Le mal n'est pas irrémédiable, lorsque les Insectes sont résistants et de coloration sombre comme la plupart des Coléoptères, on se contente de les plonger dans un bain de benzine rectifiée en ayant soin de les y laisser séjourner quelques jours ; lorsque ce sont des Papillons qui sont tournés au gras, on les imbibe de benzine et on les recouvre de terre de Sommières qui a la propriété d'absorber les corps gras ; au bout de 24 heures on pourra les débarrasser au moyen d'un pinceau manié avec légèreté et on sera tout sur-

Types des principaux Ordres de la Classe des Insectes.

Ordre des **NÉVROPTÈRES.**   Ordre des **HYMÉNOPTÈRES.**

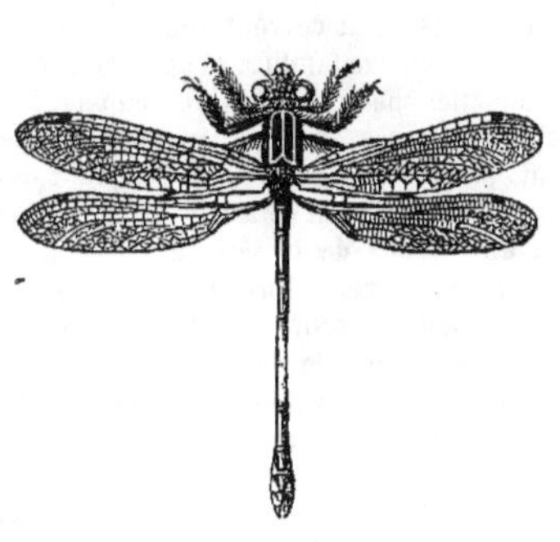

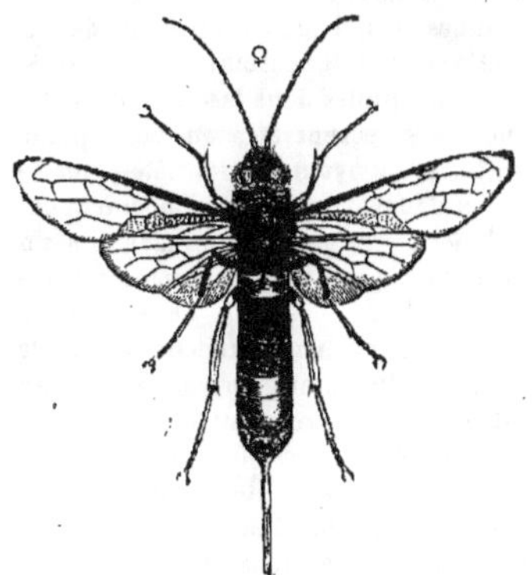

Fig. 154. — La Demoiselle (*Agrion puella*).   Fig. 155. — Le Sirex géant (*Sirex gigas*).

Ordre des **LÉPIDOPTÈRES.**   Ordre des **RHYNCOTES** : Sous-ordre des **HÉMIPTÈRES.**

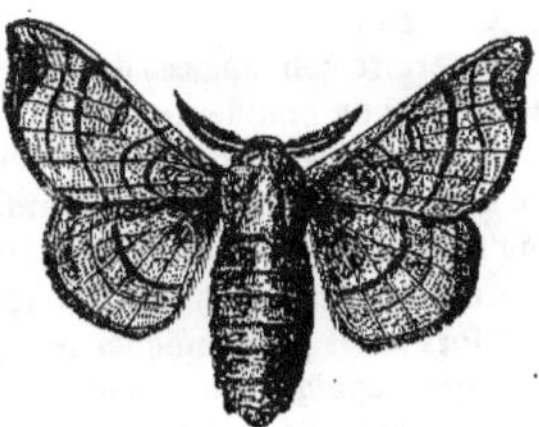

Fig. 156. — Le Papillon du ver à soie (*Bombyx Mori*).   Fig. 157. — Le Pentatome (*Tesseratoma papillosa*).

Ordre des **RHYNCOTES** : Sous-ordre des **HOMOPTÈRES.**

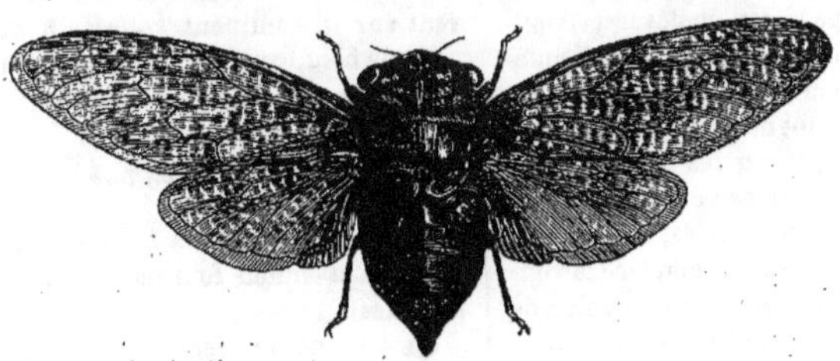

Fig. 158. — La Cigale (*Cicada plebeja*).

pris de les retrouver avec leurs brillantes couleurs.

En résumé la bonne tenue et la propreté, les visites fréquentes, l'isolement des échantillons contaminés, l'emploi des vapeurs de sulfure de carbone, permettront de conserver les collections les plus précieuses. Toutefois lorsque l'on possédera des Insectes d'une grande rareté ou ayant servi de types pour la description, nous conseillerons de les isoler dans des tubes bien bouchés ou dans de petites cages de verres soigneusement calfeutrées.

Les boîtes ou les tiroirs dans lesquels on groupera les collections devront être en bois, plutôt qu'en carton, le carton ayant la propriété d'absorber l'humidité et de favoriser le développement des moisissures; le fond sera garni d'une plaque assez épaisse d'excellent liège et reposera sur une planchette de bois tendre, — le bois de Paulownia qu'emploient les Japonais pour confectionner mille objets serait particulièrement approprié, — afin que les épingles, si elles venaient à traverser le liège, ne soient pas émoussées ou tordues au contact d'un bois résistant. Les boîtes pourront avoir le couvercle vitré, ce qui facilitera la surveillance, à la condition d'être rangées dans des armoires où la lumière ne puisse pas pénétrer, car la lumière est le plus grand agent destructeur des collections; elle anéantit rapidement les plus brillantes couleurs et finit par avoir raison des tons qui nous paraissent les plus solides; les élytres noires et résistantes des plus massifs Coléoptères sont elles-mêmes décolorées. C'est pour cela que dans les Musées on est contraint de ne mettre sous les yeux des curieux que des collections sacrifiées dont il faut renouveler les sujets tous les 8 ou 10 ans; les collections précieuses renfermant les types ou les pièces rares doivent être rigoureusement conservées dans l'obscurité absolue. On sait que le jaune a la propriété d'arrêter les rayons chimiques du spectre solaire, aussi a-t-on proposé de recouvrir les boîtes de verres de couleur jaune; nous croyons cette précaution dispendieuse superflue, puisqu'on peut enfermer les boîtes vitrées dans des armoires. On a proposé, pour atténuer l'action destructive de la lumière, de recouvrir les boîtes vitrées d'écrans mobiles que les visiteurs n'auraient qu'à soulever pour satisfaire leur curiosité. La fermeture des boîtes ou des tiroirs sera aussi hermétique que possible, car les larves d'Anthrènes profitent des moindres fissures pour pénétrer et dévorer Papillons, Sauterelles, Scarabées. On a imaginé différents procédés d'occlusion perfectionnés qui ont été prônés tour à tour; tantôt on a revêtu les gorges de velours, tantôt on a pourvu les boîtes d'une lame de métal souple, de zinc par exemple, pénétrant dans une rainure des couvercles, tantôt on a établi des doubles gorges : rien ne remplace la vigilance, car en ouvrant les boîtes pour intercaler de nouveaux sujets, on peut introduire sans s'en douter l'ennemi dans la place. Pour le rangement des

collections particulières généralement peu considérables, les boîtes seront préférables; pour le classement des grandes collections appartenant à des Musées, les tiroirs offriront de sérieux avantages; en général on groupe alors tiroirs par séries de 8 ou 9 dans des meubles indépendants qu'on peut facilement déplacer et transporter, leurs dimensions étant fort raisonnables.

Quant au classement, il devra toujours être méthodique. Les noms devront être écrits très lisiblement; les noms de familles et de genres tracés sur des étiquettes spéciales figureront en tête, les noms spécifiques tracés sur des étiquettes différentes seront placés au-dessous de chaque spécimen, lorsque le rangement sera fait par lignes horizontales, au-dessous de la série des spécimens qui représentent l'espèce, lorsque le rangement sera fait par colonnes verticales; chaque étiquette portera non seulement le nom latin de l'espèce suivi du nom de l'auteur ayant le premier distingué et décrit l'espèce, mais encore les principaux renseignements biologiques, c'est-à-dire les indications d'habitat, d'époque d'apparition et de régime quand il s'agit d'Insectes phytophages, par exemple, mentionner le nom commun et scientifique des plantes qui les nourrissent. Indépendamment de ces étiquettes qui portent des inscriptions générales, on fixera à l'épingle une petite étiquette sur laquelle seront indiqués les détails particuliers au spécimen lui-même qui méritent d'être conservés; tels sont, par exemple, les certificats d'origine, les dates de capture, etc.

On ne saurait croire combien ces détails vétilleux en apparence, ont une grande importance; il est des groupes entiers d'Insectes qui vivent sur le sol de la France dont nous ignorons les mœurs.

Des étiquettes encadrées de filets diversement colorés ou tirées sur des papiers différemment nuancés sont fort utiles pour indiquer les grandes démarcations géographiques et permettent d'embrasser d'un seul coup d'œil le mode de distribution sur le globe d'une famille, d'un genre et même d'une espèce; au Muséum de Paris, dans les collections entomologiques, la couleur blanche indique les Insectes qui habitent l'Europe; la jaune, ceux qui se trouvent en Asie et dans les îles de la Sonde; la rose, ceux qui proviennent de l'Australie et de toutes les îles Océaniennes; la verte, ceux qui vivent sur le continent américain et aux Antilles, enfin le bleu, ceux qui se rencontrent en Afrique et à Madagascar.

CLASSIFICATION DES INSECTES.

La classification des Insectes repose sur les caractères essentiels fournis par les ailes et les pièces buccales.

C'est Linné, le premier, qui a eu l'idée de se servir des caractères fournis par l'absence ou la pré-

Types des principaux Ordres de la Classe des Insectes.
Ordre des DIPTÈRES.

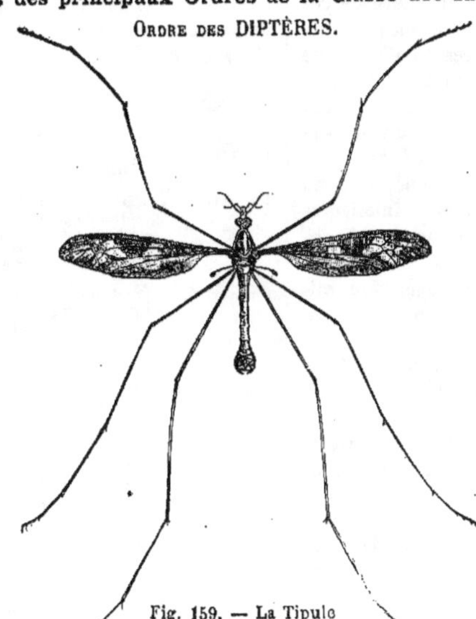

Fig. 159. — La Tipule
géante (*Tipula gigantea*).

Types des Ordres secondaires de la Classe des Insectes.
Sous-ordre des STREPSIPTÈRES.   Sous ordre des THYSANOPTÈRES.   Sous-ordre des THYSANOURES.

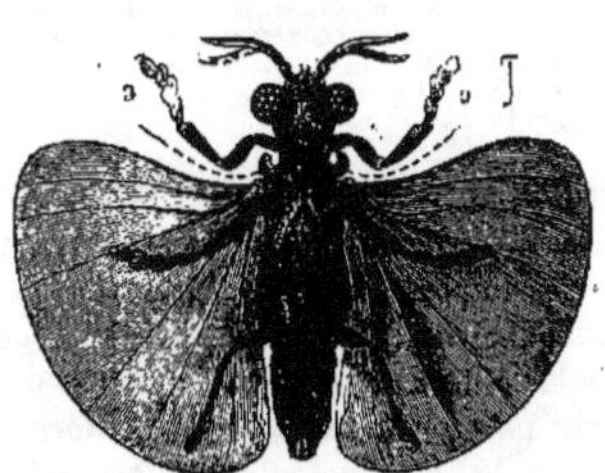

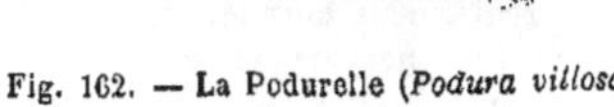

Fig. 160. — Le Xenos très grossi.

Fig. 162. — La Podurelle (*Podura villosa*)
très grossie.

Fig. 161. — Le Thrips des céréales (*Thrips cerealium*) très grossi.

Sous-ordre des ANOPLOURES.   Sous-ordre des APHANIPTÈRES.

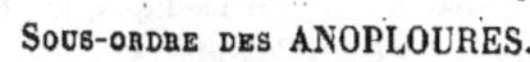

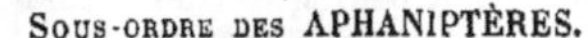

Fig. 163. — Le Pou de la tête (*Pediculus
capitis*) très grossi.

Fig. 164. — La Puce pénétrante (*Rhyncoprion pene-
trans*) très grossie.

sence des organes du vol, par la structure de ces appendices pour partager les Insectes en plusieurs ordres ; remarquant les différences qu'offrait cette structure, il leur attribua une importance considérable et pensa devoir en déduire les appellations des ordres qu'il créait. Ainsi furent introduits dans la science les dénominations :

De *Coléoptères* ou Insectes à ailes supérieures en étui, c'est-à-dire recouvrant les ailes inférieures d'une sorte de carapace (κολεός, enveloppe, étui ; πτερόν, aile), ce sont les Scarabées ;

D'*Hémiptères* ou Insectes à ailes supérieures mi-coriaces et mi-membraneuses (ἡμί, à moitié ; πτερόν, aile`, ce sont les Punaises ;

De *Lépidoptères* ou Insectes couverts d'écailles (λεπίς, écaille ; πτερόν, aile), ce sont les Papillons ;

De *Névroptères* ou Insectes à ailes sillonnées par de nombreuses nervures (νεῦρον, nervure ; πτερόν, aile), ce sont les Demoiselles, les Éphémères, les Fourmilions, etc. ;

D'*Hyménoptères* ou Insectes à ailes membraneuses (ὑμήν membranes ; πτερόν, aile), ce sont les Abeilles, les Guêpes et leurs congénères ;

De Diptères ou Insectes à deux ailes (δίς, deux ; πτερόν, aile), ce sont les Mouches ;

D'*Aptères* ou Insectes privés d'ailes (α, privatif ; πτερόν, aile), c'étaient pour Linné tous les Articulés n'ayant pas d'ailes.

Cette classification présente quelques imperfections ; les caractères tirés de la consistance des ailes n'étant pas suffisants pour caractériser les ordres et préciser leur délimitation, Linnée avait réuni dans l'ordre des Hémiptères, les Punaises, les Cigales, etc., Insectes essentiellement suçeurs, et les Sauterelles, les Grillons, etc., Insectes essentiellement broyeurs. Latreille (1796) reconnut la nécessité d'établir une distinction plus précise, en créant l'ordre des Orthoptères (de ὀρθός, droit, et de πτερόν, aile) renfermant tous les Insectes dont les ailes postérieures à nervures longitudinales droites et rigides ne se replient pas sous les ailes antérieures, par opposition à l'ordre des Coléoptères dont les ailes inférieures ont une ou deux articulations leur permettant de se ranger sous les élytres. Cet éminent Entomologiste s'attacha également à subdiviser les Aptères d'une manière plus naturelle en séparant nettement les Arachnides, les Myriopodes et les Crustacés des Insectes aptères qu'il partagea en *Suceurs* (Puce), en *Thysanoures* (Podurelle) et en *Parasites* (Poux).

Fabricius, célèbre Entomologiste danois, frappé de voir que la disposition, la forme et la structure des dents fournissaient pour la classification des Mammifères d'excellents caractères, pensa que l'armature buccale des Insectes pouvait fournir des caractères de même valeur permettant un groupement rationnel. Cette conception appuyée sur l'observation lui permit d'établir une classification très philosophique (1775 à 1798), mais il remplaça les noms linnéens par d'autres qui ne sont pas tous heureusement choisis ; voici le résumé de sa classification comparée à celle de Linné.

CLASSIFICATION de Fabricius.		CLASSIFICATION de Linné.
ELEUTHERATA. .	Mâchoires nues libres palpigères (de ἐλεύθερος, libre ; γνάθος, mâchoire).	COLÉOPTÈRES.
ULONATA	Mâchoires couvertes par un lobe obtus ou galea (de οὖλον, gencive ; γνάθος, mâchoires pour exprimer que les mâchoires sont engagées dans une sorte de gencive).	ORTHOPTÈRES actuels (1).
SYNISTATA	Mâchoires coudées à leur base et soudées avec la lèvre (de συνίστημι, réunir ; γνάθος, mâchoire).	NÉVROPTÈRES, moins les Libellulides, les Termites, les Thysanoures.
PIEZATA	Mâchoires cornées, comprimées, souvent allongées (de πιέζω, je comprime, j'aplatis, pour exprimer que les mâchoires sont aplaties).	HYMÉNOPTÈRES
ODONATA	Mâchoires cornées, dentées ; deux palpes (de ὀδούς, ὀδοντος, dent ; γνάθος, mâchoire, pour exprimer que les mâchoires sont dentées).	LIBELLULIDES.
GLOSSATA	Bouche munie d'une langue spirale située entre des palpes redressés. (de γλῶσσα, langue ; γνάθος, mâchoire, pour exprimer que ces Insectes lèchent le miel des fleurs).	LÉPIDOPTÈRES
RYNGOTA (2)	Bouche formée par un rostre à gaîne articulée (de ρυγχος, bec ; γνάθος, mâchoire, pour exprimer que la bouche est transformée en bec.	HÉMIPTÈRES.
ANTLIATA	Bouche formée par un suçoir sans articulation (de ἀντλία, canal ; γνάθος, mâchoire, pour exprimer que la bouche est transformée en un canal servant au passage des liquides).	DIPTÈRES et Anoploures, ainsi que les Arachnides pulmonaires

Au siècle dernier la conformation de la bouche des Insectes était mal connue, aussi ne faut-il pas s'étonner des imperfections que présente la classification de Fabricius ; les travaux remarquables de Savigny en établissant les homologies des pièces buccales allaient permettre d'apprécier les mérites de la classification de l'Entomologiste danois en lui donnant toute perfection. Les défauts sautent aux yeux ; certains ordres correspondent exactement aux ordres créés par Linné, par exemple, les *Eleutherata*, les *Piezata*, les *Glossata* ; mais d'autres, mal définis, renferment des animaux fort dissemblables : les *Antliata* ne réunissent-ils pas les Poux, les Araignées et les Mouches ; les Puces à Métamorphoses complètes ne sont-elles pas réunies aux Punaises à Métamorphoses incomplètes ? D'autre part, les caractères assignés aux *Eleutherata*, *Ulonata*, *Synistata*, *Piezata*, *Odonata*, s'appliquent aussi bien à d'autres ordres puisque nous savons que les mâchoires sont toujours accompagnées de palpes et qu'elles sont généralement dentées.

La classification la plus généralement adoptée repose sur trois caractères principaux : métamor-

(1) L'ordre des Orthoptères a été créé par Latreille en 1796.
(2) Qui doit s'écrire plus correctement, ainsi que l'a fait remarquer Burmeister, *Rhynchota* pour *Rhyncognatha*.

phose, conformation de la bouche, forme et structure des ailes. Les Insectes se partagent tout naturellement en deux grandes catégories : les Insectes à métamorphoses complètes, c'est-à-dire, passant par trois formes distinctes (larve, nymphe et adulte), et les Insectes à métamorphoses incomplètes ayant, depuis la naissance jusqu'à la mort, la même organisation et pouvant seulement par un phénomène de mue acquérir des ailes ; mais il est un ordre, celui des Névroptères, qui établit le passage entre les deux grandes divisions en se partageant en deux groupes, l'un passant par une série de métamorphoses (*Névroptères proprement dits*), l'autre n'ayant que des métamorphoses incomplètes (*Pseudo-névroptères*) comme les Orthoptères. La conformation de la bouche fournit les caractères les plus constants, et permet d'établir une gradation entre les différents ordres d'Insectes, les uns étant absolument *broyeurs*, c'est-à-dire, ayant des mandibules, des mâchoires et une lèvre inférieure conformées pour la mastication (*Coléoptères* (fig. 152), *Orthoptères* (fig. 153), *Névroptères* (fig. 154)) ; ceux-ci étant *lécheurs*, c'est-à-dire, ayant des mandibules préhensiles, mais des mâchoires allongées, et une lèvre inférieure, transformée également, très allongée permettant l'absorption des aliments fluides (*Hyménoptères* (fig. 155)) ; ceux-là étant *suçeurs*, c'est-à-dire, ayant toutes les pièces buccales transformées et conformées par la succion des aliments liquides, soit par l'adaptation des mâchoires (*Lépidoptères* (fig. 156)), soit par la transformation de la lèvre inférieure (*Hémiptères, Diptères*) ; tantôt dans ce cas les mandibules et les mâchoires conservant un rôle actif pour la perforation des tissus animaux ou végétaux (*Rhyncotes* subdivisés en *Hémiptères* (fig. 157), en *Homoptères* (fig. 158) et certains *Diptères*), tantôt elles restent sans emploi et demeurent comme des témoins (fig. 159), ou même s'atrophient complètement (autres *Diptères*). Les caractères fournis par les ailes ne viennent qu'en troisième rang, car les organes du vol ne sont pas essentiels et peuvent manquer dans tous les groupes ; mais, comme ces caractères ont servi à Linné à donner les noms des ordres et que ces noms sont passés dans la langue de tous les peuples, ils ont pris conventionnellement une importance primordiale.

Nous avons groupé dans le tableau suivant les caractères essentiels qui permettent de distinguer les ordres de la classe des Insectes ; en regard des grands ordres nous avons placé pour mémoire quelques groupes qui ont été regardés par un certain nombre d'Entomologistes comme des ordres distincts, mais que la plupart des Naturalistes modernes rattachent aujourd'hui aux grands ordres ; nous suivrons leurs errements, désirant avant tout simplifier la classification afin de permettre aux lecteurs de se reconnaître au milieu d'un monde où les habitants se comptent par millions.

Ces sous-ordres ou ordres secondaires sont les *Strepsiptères*, les *Thysanoptères*, les *Thysanoures*, les *Anoploures* et les *Aphaniptères*.

Les *Strepsiptères* forment un petit ordre établi par Kirby ; il se compose d'Insectes parasites des Hyménoptères, que l'on a rattachés tantôt aux Coléoptères, tantôt aux Névroptères, et qui se distinguent par de singulières particularités. Les mâles sont ailés, ont de longues jambes et de gros yeux ; les femelles sont aptères, apodes et aveugles ; les ailes antérieures sont enroulées à leur extrémité (d'où le nom de *Strepsiptères* : de στρέφω, tourner, et de πτερόν, aile) et les ailes postérieures sont plissées longitudinalement (fig. 160).

L'ordre des *Thysanoptères* créé par Haliday comprend de très petits Insectes pourvus de quatre longues ailes membraneuses non réticulées mais frangées de longs cils (d'où leur nom de *Thysanoptères* : de θύσανος, frange ; πτερόν, aile). La conformation de leur bouche, munie de mandibules sétiformes, de mâchoires aplaties, allongées, pointues, à palpes de deux ou trois articles, les rapproche des Orthoptères et des Névroptères ; leurs tarses de deux articles se terminent par des ventouses (fig. 161).

Les *Thysanoures* sont encore de petits Insectes aptères que la constitution de la bouche rapproche des Orthoptères, car ils ont des mandibules et des mâchoires aptes à la manducation ; ils sont caractérisés par la présence à l'extrémité de l'abdomen d'une paire d'appendices ciliés souvent repliés sous le corps et permettant le saut (θύσανος, frange ; οὐρά, queue) (fig. 162).

Les *Anoploures* également aptères, mais dépourvus d'appendices abdominaux (ἄνοπλος, sans armes, sans stylets ; οὐρά, queue) ont la bouche conformée soit pour la succion, soit pour la mastication suivant qu'ils piquent la peau des Mammifères ou entaillent la plume des Oiseaux pour sucer le sang (fig. 163).

Les *Aphaniptères* peuvent être considérées comme des Diptères sauteurs à ailes rudimentaires (ἀφανίζω, cacher ; πτερον, aile) et former une simple famille, celle des *Pulicides* ; en effet, comme eux, ils ont des Métamorphoses complètes ; leur armature buccale présente une construction particulière, mais comme la bouche des Diptères se modifie à l'infini d'un groupe à un autre, on ne doit attribuer qu'une valeur relative à la conformation spéciale des organes de la succion (fig. 164).

Classification des Insectes.

Broyeurs.	Larves et adultes ayant les pièces buccales conformées pour la mastication.	Ailes antérieures fortement chitinisées ayant l'apparence de la corne (Élytres) et ne se croisant jamais. Ailes postérieures membraneuses se repliant transversalement sous les élytres. *Métamorphoses complètes.*	COLÉOPTÈRES.	STREPSIPT. HES.
		Ailes antérieures chitinisées, mais souples (Tegmina) se croisant l'une sur l'autre. Ailes postérieures membraneuses plissées en éventail. *Métamorphoses incomplètes.*	ORTHOPTÈRES.	{ THYSANOPTÈRES. THYSANOURES.
		Quatre ailes membraneuses. *Métamorphoses complètes ou incomplètes.*	NÉVROPTÈRES.	
Lécheurs.	Larves ayant les pièces buccales conformées pour la mastication ou la succion. Adultes ayant les mandibules développées, les mâchoires et la lèvre allongées.	Quatre ailes membraneuses nues, croisées l'une sur l'autre. *Métamorphoses complètes.*	HYMÉNOPTÈRES.	
Suceurs.	Larves ayant les pièces buccales conformées pour la mastication. Adultes ayant les mandibules rudimentaires et les mâchoires transformées en trompe pour la succion.	Ailes couvertes de petites écailles. *Métamorphoses complètes.*	LÉPIDOPTÈRES.	
	Larves et adultes ayant les mandibules et les mâchoires transformées en lancettes et renfermées dans une gaine formée par la lèvre inférieure.	Deux paires d'ailes de consistance variable; les postérieures toujours membraneuses. *Métamorphoses incomplètes.*	TONYRHCES. { HÉMIPTÈRES. HOMOPTÈRES.	ANOPLOURES.
	Larves ayant les pièces buccales conformées pour la mastication ou la succion. Adultes ayant la lèvre inférieure transformée en suçoir ou trompe, les mandibules et les mâchoires ou très développées ou atrophiées; les palpes maxillaires persistant.	Ailes antérieures membraneuses. Ailes postérieures transformées en balanciers. *Métamorphoses complètes.*	DIPTÈRES.	APHANIPTÈRES

C'est à ceux qui veulent acquérir des connaissances générales sur la vie et les mœurs des Insectes, à ceux qui sont curieux des choses de la nature, que ce livre est destiné. Nous nous sommes attachés de préférence à faire passer sous les yeux les espèces qui sont indigènes parce que nous avons tout intérêt à ne point les fouler au pied dédaigneusement sans les connaître; ne risquons-nous pas d'écraser brutalement l'ami ou le serviteur fidèle, de laisser prospérer à nos dépens celui dont le brillant costume nous charme agréablement. Quelquefois pour compléter notre histoire générale, nous tracerons le portrait de quelques animaux exotiques; ceux-ci n'ont-ils pas reçu pour attirer notre attention, tous les dons du ciel, richesse de la coloration, formes étranges, mœurs singulières. Nous choisirons de préférence les Insectes qui présentent un intérêt général; et, pour ne pas tomber dans une confusion inextricable, nous les décrirons en suivant l'ordre méthodique le plus généralement adopté par les Naturalistes.

FIN DE L'INTRODUCTION.

Fig. 165. — Le Goliath de Drury mâle et femelle.

LES INSECTES

LES COLÉOPTÈRES — *COLEOPTERA*
ou *ELEUTHERATA*

Die Käfer. — The Beetle.

Caractères. — Pièces de la bouche indépendantes, disposées pour broyer, et composées d'un labre, d'une paire de mandibules, d'une paire de mâchoires palpigères et d'une lèvre inférieure également porteur de palpes, prothorax libre, c'est-à-dire non soudé au mésothorax, ailes antérieures fortement chitinisées, ayant l'apparence de la corne, réunies suivant la ligne médiane par une suture et nommées *élytres*, de ἔλυτρον, étui, parce qu'elles recouvrent et protègent les ailes postérieures, ailes postérieures membraneuses se repliant transversalement sous les élytres : tels sont les caractères extérieurs des Coléoptères. Leur développement ne s'achève que par une série de transformations : ils sont à Métamorphoses complètes. La tête est rarement libre, elle est le plus souvent plus ou moins engagée dans le corselet, ce qui restreint l'amplitude de ses mouvements. Son mode d'attache ainsi que sa conformation sont infiniment variés. La disposition en rostre due au prolongement de sa partie antérieure est la plus remarquable de toutes ; elle peut être donnée comme une preuve de la grande diversité de forme qu'elle peut présenter.

Nous nous sommes suffisamment étendus sur les pièces de la bouche (1) pour reprendre leur étude ; nous ajouterons seulement que les palpes maxillaires sont formés de quatre articles, les palpes labiaux de trois ou quatre arti-

(1) Pages 5 et suiv.

cles et qu'à la lèvre inférieure le menton dépasse sensiblement la languette qui est le plus souvent indivise. Les yeux à facettes sont entiers ou échancrés, et quelquefois si profondément divisés qu'ils semblent former deux paires d'organes de la vision, une supérieure et l'autre inférieure ; par contre les ocelles simples n'existent que par exception. Nulle part on ne trouve une plus grande variété de formes dans les antennes que chez les Coléoptères (p. 7, fig. 7, 9, 11, 16, 17 et 18). Le nombre le plus constant de leurs articles est de onze, il peut s'élever quelquefois jusqu'à quarante-quatre. Elles diffèrent beaucoup par la longueur et bien davantage par la forme : ce sont des soies, des fils, des massues, des scies, des peignes, des éventails, etc., ou des appendices de conformation irrégulière sans terme de comparaison. Ces formes en peignes, en lamelles, etc., acquièrent de l'importance pour établir des divisions dans certaines familles, ainsi que nous le verrons plus tard.

Le prothorax très développé imprime un cachet particulier à la physionomie de l'Insecte. Le mésothorax est relégué de diverses manières à l'arrière-plan, et de fait il n'exige pas un trop grand volume pour l'attache des muscles, car ce sont surtout les pattes moyennes aux mouvements peu importants qui lui sont subordonnées, ainsi que les élytres qui ne sont pas des organes de vol ; à partir du point où le scutellum se dessine nettement, il se dérobe sous le contour antérieur de l'élytre.

Le segment métathoracique lui-même reste atrophié surtout dans sa partie supérieure ; ce n'est que chez les Coléoptères qui sont condamnés à faire une grande dépense de force pour la natation ou le vol, qu'il se prolonge sur la face ventrale assez en arrière pour couvrir en partie les premiers anneaux de l'abdomen.

Les élytres sont caractéristiques ; leur suture s'étend rigoureusement sur la ligne médiane du corps, et il serait peut-être plus exact de dire qu'elles sont conniventes. Chez quelques types, celles-ci cependant chevauchent l'une sur l'autre, comme on le remarque chez les Meloés et quelques autres Coléoptères ; en général les élytres ne sont pas simplement appliquées sur la partie dorsale, elles entourent et embrassent une partie des côtés du corps par un rebord externe. La saillie angulaire formée par les bords antérieurs et latéraux constitue l'épaule qui peut être plus ou moins saillante.

Ce n'est que sur les élytres tronquées que le bord postérieur affecte une forme angulaire sur la suture et du côté externe ; la plupart du temps, les élytres finissent en pointe ensemble ou séparément et se terminent avec l'extrémité du corps ; quelquefois elle laisse libre cette extrémité ou *pygidium* qui alors est recouvert d'une couche de chitine. L'abdomen n'est guère visible chez les Coléoptères dont les élytres sont tronquées ; chez ceux dont les élytres sont courtes la plus grande partie de l'abdomen reste libre et est recouverte en dessus comme au-dessous d'une carapace chitineuse.

Les ailes postérieures ne sont traversées que par un petit nombre de fortes nervures. Le milieu de leur bord antérieur porte une tache chitineuse, *le stigmate?* indiquant l'articulation, c'est-à-dire la brisure, qui leur permet de se replier afin de se cacher complètement sous les élytres. Du reste dans le mode de plissement il y a quelques différences qui ont reçu des noms spéciaux que nous passerons ici sous silence. Ces ailes membraneuses sont seules propres au vol et chaque fois qu'elles font défaut ou qu'elles sont atrophiées, la faculté de voler se perd et cette anomalie a pour conséquence la soudure longitudinale des élytres le long de leur suture.

Les pattes, généralement grêles et propres essentiellement à la marche et à la course, peuvent, suivant les mœurs, être modifiées en pattes natatoires, fouisseuses ou sauteuses.

Les pattes natatoires sont aplaties dans toutes leurs parties et encore élargies par une rangée de soies ou de cils ; elles ne se meuvent qu'horizontalement et sont presque toujours insérées au dernier anneau thoracique. Les pattes fouisseuses sont généralement des membres raccourcis en forme de tronçon ayant les jambes élargies et dentées sur leur tranche extérieure, et les cuisses courtes et épaisses, disposition qui dans son complet développement est propre aux pattes antérieures. Le saut est effectué à l'aide des pattes postérieures quand celles-ci ont les cuisses renflées et les jambes droites et relativement longues. Quant au nombre des articles des tarses on y a attaché, autrefois du moins, une grande importance pour la classification ; on appelle : Pentamères, les Coléoptères qui présentent cinq articles aux tarses ; Tétramères, ceux qui en présentent quatre, ou sensiblement quatre quand l'un d'eux reste très petit et caché par l'article voisin. Les Hétéromères se distinguent par cinq articles aux tarses antérieurs et quatre aux postérieurs ; tandis que les Trimères n'en ont que trois, au moins aux pattes postérieures.

L'insertion de l'abdomen au thorax est assez profonde pour que le premier anneau de l'abdomen loge les hanches postérieures ; à cet anneau font ordinairement suite six anneaux qui quelquefois aussi se réduisent à quatre. Sur la face dorsale on distingue d'habitude huit anneaux de consistance molle tant qu'ils sont recouverts par les élytres protectrices.

On ne trouve presque jamais chez les Coléoptères de prolongement tubuleux ou de tarière servant à la ponte, ni les pièces accessoires de cet organe, et cette circonstance permet toujours de distinguer ces Insectes des Orthoptères, même de ceux qui ont exceptionnellement les élytres jointes par une suture (Forficules). Cependant, ainsi que nous le verrons plus loin, les Dytiscides ont un oviscapte parfaitement caractérisé.

La forme et les proportions relatives des trois principales parties du corps sont si variées que les Coléoptères ne peuvent être ramenés à un type fondamental unique, car on trouve toutes les transitions entre la forme linéaire et orbiculaire, entre la forme discoïde et la forme sphérique. Tantôt, les contours des trois divisions du corps sont nettement distinctes, tantôt ils sont confondus de manière à constituer un tout. Ici des gibbosités, des cornes, des pointes, parfois de dimensions exagérées, rendent difformes et méconnaissables la tête ou le corselet : nous citerons comme exemple le Goliath de Drury (fig. 165); là des épines, des soies, des poils ou des écailles couvrent l'Insecte d'un revêtement protecteur qui défie les attaques, ou d'une riche parure qui charme par son élégance.

Les couleurs sombres et uniformes prédominent surtout chez ceux qui sont les enfants des régions tempérées et froides; mais nous trouvons aussi des couleurs variées d'une magnificence extrême, et ne le cédant en rien par le brillant de leur éclat aux pierres précieuses et aux métaux.

Nos connaissances sur les Larves des Coléoptères sont encore bien incomplètes, car même en admettant que quelques espèces aient pu être ajoutées au nombre de 681 connues de Chapuis et de Candèze (1853), le chiffre de 1,300 n'en reste pas moins bien faible par rapport à celui des Coléoptères adultes, que l'on peut toujours estimer à 100,000 espèces.

Pour la diversité d'aspect, les Larves sont loin d'approcher seulement des Coléoptères parfaits. Comme la plupart d'entre elles mènent une existence cachée, la lumière leur a refusé les vives couleurs et ce sont les teintes jaunes ou d'un blanc jaunâtre qui dominent. Toutes ont la tête cornée, suivie de douze anneaux, trois thoraciques et neuf abdominaux; chez les Dytiscides, les Hydrophilides, les Donacides, huit seulement sont apparents; elles n'ont point de pattes, ou bien celles-ci sont au nombre de six cornées et attachées aux trois anneaux thoraciques. Le dernier segment abdominal peut porter des appendices de forme et de nature très variables. Les pattes sont formées de cinq articles; on peut y retrouver les mêmes parties que dans les Insectes adultes, c'est-à-dire une hanche, un trochanter, une cuisse, une jambe et un tarse. Ce tarse rudimentaire formé d'un seul article, peut manquer; la jambe se termine alors généralement par une, chez quelques familles, par deux (Cicindélides, Carabides, Dytiscides, Gyrinides), et dans quelques cas par trois griffes (Méloïdes). On trouve tous les passages entre les véritables pattes et de simples tuberculés. La tête qui souvent peut être quelque peu retirée dans les premiers anneaux est inclinée de telle sorte que les pièces de la bouche se rapprochent de la poitrine, ou bien elle se dirige droit en avant et présente

quelques diversités de conformation. Les yeux simples s'ils ne manquent pas, ce qui est le cas le plus fréquent, sont situés sur le côté au nombre de un à six. Beaucoup de Larves ont des antennes filiformes ou cunéiformes, placées sur les côtés de la tête près de l'insertion des mandibules; composées d'un petit nombre d'articles, généralement de quatre, rarement de cinq, souvent de trois ou de deux; quelquefois elles ne sont représentées que par un petit tubercule inarticulé difficilement reconnaissable. Dans un grand nombre d'espèces (Carabides et Chrysomélides) le troisième article, rarement le deuxième, porte vers son extrémité un petit article additionnel. Par exception les antennes peuvent compter un grand nombre d'articles, quarante même chez les *Cyphon*.

L'appareil de la manducation est construit sur le même plan que celui des Coléoptères adultes il est placé à l'intérieur de l'ouverture buccale chez ceux qui broient leurs aliments, et au-devant de celle-ci et la recouvrant un peu chez ceux qui prennent leur nourriture par succion. Chez les carnassiers, la lèvre supérieure manque le plus souvent et l'orifice buccal est dépassé par le prolongement du front ou par un scutelle détaché de celui-ci. Les mandibules ne manquent jamais et sont diversement conformées suivant la nature de l'alimentation : allongées, aiguës, dépourvues de dents chez les espèces carnassières, elles servent surtout à retenir les proies; chez les Dytiscides, elles présentent cette particularité d'être creusées d'un canal qui permet la succion des liquides; courtes, fortes, obtuses et dentées chez les Larves lignivores, elles sont en forme de lames, élargies à leur extrémité et multidentées chez les Phytophages. Les mâchoires généralement libres, parfois soudées à la lèvre inférieure sont analogues à celles des Insectes parfaits. Bien que certaines parties de la lèvre inférieure puissent manquer, celle-ci n'en reste pas moins aussi constante que la mâchoire inférieure elle-même.

Les douze anneaux sont lisses et durs ou mous et ridés transversalement; ils sont ou bien à peu près égaux entre eux, ou bien les trois premiers représentant le thorax dépassent les autres quelque peu. Le dernier anneau présente aussi un aspect particulier, soit par suite d'une modification de forme, soit par suite de la présence d'appendices du rectum ou d'une saillie transformé en fausse patte anale qui servent chez nombre d'espèces à la reptation.

Les stigmates au nombre de neuf paires sont placés sur les côtés du corps, sur le premier anneau ou dans le voisinage de celui-ci, ainsi que sur le quatrième et les huit anneaux qui suivent; chez les Larves des espèces aquatiques (Dytiscides, Hydrophilides) et quelques autres (Donacies), on ne compte que huit stigmates de chaque côté, parce que la neuvième paire disparaît dans la pointe terminale du corps qui constitue un siphon à l'aide duquel elles viennent respirer à la surface de l'eau.

Les Nymphes appartiennent à la catégorie des Nymphes en forme de momies et montrent, distinctes et recouvertes de leurs membranes, les appendices du futur Insecte, savoir, les pattes, les antennes et les ailes, appliquées librement sur le corps. Quand on les inquiète, elles s'agitent avec une vivacité extraordinaire; elles restent étendues et entièrement dégagées dans le gîte creusé artificiellement par les Larves à l'endroit même qu'elles habitaient ou dans le voisinage; rarement les Nymphes reposent dans une coque agglutinée ou se tiennent suspendues par l'extrémité du corps sur la feuille où ont vécu les larves à l'instar des Chrysalides de beaucoup de Papillons.

L'éclosion du Coléoptère exige nn temps plus ou moins long, suivant la taille. En général, la période est ici plus longue que pour tous les autres Insectes. Cette durée trouve suffisamment sa raison d'être dans ce fait qu'un laps de temps assez long est nécessaire pour la consolidation et la coloration des parties riches en chitine et principalement des élytres.

Certains Coléoptères prennent leur essor avec vivacité sous l'action des rayons solaires, d'autres choisissent la nuit pour prendre leurs ébats; quelques-uns ne tombent sous le regard du chasseur à l'affût, ou du savant que par accident; lorsque par une belle nuit d'été on étudie devant sa table de travail en laissant sa fenêtre ouverte, certaines espèces viennent voltiger autour de la lumière. La plupart vivent silencieux et inaperçus soit sur des plantes qui les cachent, et leur existence ne semble pas révélée pour la majorité des hommes, tandis que leur attention est éveillée par le vol capricieux des Papillons qui semblent les narguer, par les balancements aériens des farouches Libellules aux ailes miroitantes, par le saut bruyant des Sauterelles, ainsi que par le bourdonnement des Bourdons et des Abeilles.

Distribution géologique. — Dans les temps passés, alors que de grandes masses d'eau couvraient la terre et qu'il y avait à sa surface d'énormes bouleversements causés par des inondations, bien des Coléoptères ont succombé; quelques-uns par un heureux hasard n'ont point été complètement anéantis et se sont transformés en fossiles que l'on découvre chaque jour. Nous avons vu précédemment qu'ils commençaient dans les terrains carbonifères, mais deviennent plus abondants dans les terrains secondaires et surtout dans les terrains tertiaires et se rencontraient en abondance engagés dans l'ambre.

Nous devrions, en vérité, joindre leur étude à celle des espèces actuellement existantes, mais la Paléontologie entomologique n'est encore qu'à ses débuts, et aucun Naturaliste n'a encore osé entreprendre une étude d'ensemble.

Classification. — Depuis le temps de Linné, nombre d'Entomologistes pleins de zèle se sont efforcés de présenter une méthode aussi naturelle que possible pour grouper les Insectes; aucun ordre n'a été travaillé autant que celui des Coléoptères. Fabricius, Latreille, Westwood, Burmeister, Erichson, Leconte, Lacordaire, et une pléiade d'auteurs modernes, qui se sont occupés isolément de quelques familles, ont conquis les titres les plus méritoires par leurs travaux sur les Coléoptères et leur classification.

Mais, comme nous n'avons ici aucune raison d'opter entre les qualités plus ou moins pratiques de l'une ou de l'autre de ces méthodes, nous suivrons pour le groupement des familles l'ordre admis par le savant professeur de l'Université de Liège, Lacordaire, dans son travail impérissable « *le Genera des Coléoptères* (1) ».

(1) Commencée en 1854 cette œuvre, qui avait absorbé toute l'activité de Lacordaire, serait malheureusement restée inachevée à cause de sa mort prématurée et se serait arrêtée au neuvième volume, avec les Capricornes, si M. le Dr Chapuis n'eût entrepris de la terminer dans l'esprit du maître (1874-1875).

LES CICINDÉLIDES — *CICINDELIDÆ*

Die Sandkäfer.

Caractères. — Les caractères suivants en font un groupe homogène. La tête est relativement courte et grosse, les yeux volumineux et saillants la font paraître excavée en-dessus, le front est plat, les antennes sont allongées et grêles, le menton est profondément échancré, la languette très courte dépourvue de paraglosses est cachée par le menton, les mandibules sont longues, arquées, armées de fortes dents et croisées l'une sur l'autre. Le lobe externe de la mâchoire inférieure est transformé en un palpe à deux articles *h'*, et l'extrémité des mâchoires est munie d'une dent mobile ou onglet *n* (fig. 166). Cette dent mobile qui peut

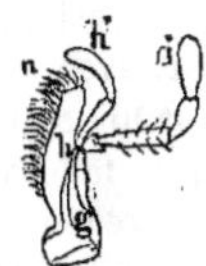

Fig. 166. — Mâchoire de Cicindèle champêtre.

exceptionnellement manquer dans quelques espèces constitue le caractère essentiel qui relie tous les Coléoptères ayant le port des Cicindèles. Le tergum de prothorax offre deux sillons transversaux, l'un antérieur, l'autre postérieur, reliés entre eux par un sillon longitudinal. L'écusson ne manque jamais, mais ne s'interpose que faiblement entre les élytres qui recouvrent complètement l'abdomen. Les ailes en général très développées, s'atrophient quelquefois tout à fait. Les pattes longues et grêles ont cinq articles à leurs longs tarses ; les hanches sont arrondies, élargies seulement dans la paire postérieure ; le trochanter se prolonge fort loin sur la face interne des cuisses des membres de la troisième paire. Les jambes sont toujours terminées par deux épines très acérées. Les pattes antérieures présentent des différences sexuelles par l'élargissement prononcé des trois premiers articles chez le mâle. L'abdomen est composé de sept anneaux chez le mâle et de six chez la femelle, mais dans les deux sexes les trois premiers sont étroitement soudés.

Mœurs, habitudes, régime. — Ce sont des Insectes fort carnassiers, d'une agilité sans égale à la course, au vol rapide, mais de courte durée, qui vivent à découvert et n'ont pas, comme les Carabides, l'habitude de se cacher sous les pierres ou la mousse. Les unes aiment les endroits sablonneux, les landes arides, celles-ci errent sur les rivages des eaux douces ou salées ; celles-là courent sur les feuilles et et les troncs d'arbres.

Distribution géographique. — Près de 700 espèces, 675 d'après le catalogue de la collection de M. le baron de Chaudoir, — réparties en genres divers pour constituer la grande famille des Cicindélides (*Cicindelidæ*), se rencontrent dans toutes les régions du globe.

Nous ne pourrions décrire, ni figurer tous ces remarquables Coléoptères ; mais nous croyons devoir mentionner quelques-unes des formes les plus intéressantes.

LES CICINDÉLINES — *CICINDELINÆ*

Die Cicindelinen.

Caractères. — A l'exception de quelques espèces presque entièrement d'un blanc d'ivoire, elles ont un faciès commun et sont pour la plupart caractérisées par des taches blanches veloutées se détachant sur le fond foncé ou bronzé des élytres, taches qui figurent un dessin en demi-lune sur les épaules, un autre dessin en croissant aux extrémités, une bande brisée ou coudée médiane, découpée de la façon la plus variée. La taille en général n'excède pas de 12 à 15 millimètres.

Indépendamment de tous les caractères communs aux Cicindélides, la tribu des Cicindélines en possède un particulier qui permet de la séparer nettement des tribus voisines : le troisième article des palpes maxillaires est plus court que le quatrième.

Distribution géographique. — Plus de quatre cents espèces se rencontrent sur toute la surface de la terre avec une prédilection marquée pour les régions sèches et sablonneuses tant à l'intérieur des continents que sur les bords de la mer, dans les plaines comme dans les montagnes, en préférant néanmoins les zones chaudes du globe.

LA CICINDÈLE CHAMPÊTRE — *CICINDELA CAMPESTRIS.*

Der Feld Sandkäfer.

La Cicindèle champêtre est un Coléoptère de taille moyenne qui court et vole. Ses mandibules en forme de faucille sont effilées à leur pointe et leur tranche interne est armée de trois dents pointues; elles sont si longues que lorsqu'elles se croisent elles chevauchent l'une sur l'autre de telle sorte qu'elles impriment à sa physionomie une expression sauvage et trahissent un naturel carnassier; des yeux très saillants, une grande mobilité de tous les appendices et surtout des antennes filiformes à onze articles insérées au-dessus de la racine des mandibules complètent le portrait de cette bête féroce.

Le corps dont on pourra remarquer la forme dégagée beaucoup mieux dans les figures de la pl. 1 que dans notre figure 167, est vert mat, la

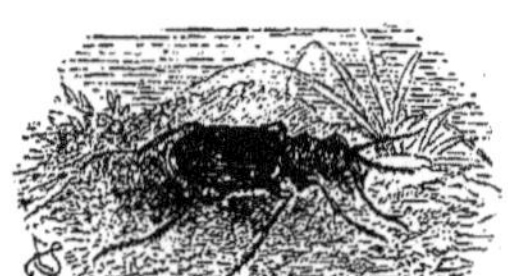

Fig. 167. — La Cicindèle champêtre.

base des antennes, les pattes sensiblement velues sont rouge cuivreux, cinq petits points blancs latéraux et un point discoïdal souvent cerclé de brun sur chaque élytre, permettent de reconnaître entre toutes la *Cicindela campestris.* Il peut y avoir quelques variations dans la couleur du fond qui passe parfois au bleu, ainsi que dans les dessins sur les élytres.

Mœurs, habitudes, régime. — D'une agilité extraordinaire, errant surtout en été sur les chemins ou au milieu des terrains sablonneux, jamais la Cicindèle ne se laisse approcher; elle s'envole d'un trait en laissant l'impression d'un petit éclair bleuâtre, pour s'abattre quelques pas plus loin. A peine jette-t-on les yeux sur le point où elle s'est posée dans l'espoir de la surprendre que, s'élancent de droite et de gauche deux, trois Cicindèles, et avant que l'on ait pu faire un pas toutes ont déguerpi, vous narguant à l'envi; lassées de vos poursuites elles prennent leur

course à travers les herbes et les bruyères.

On voit quantité de ces Animaux courir et voler autour de soi pendant une journée de soleil; mais on ne parvient pas à en saisir un seul si l'on n'emploie quelque artifice. Souvent on réussit, dans ses chasses, à capturer un de

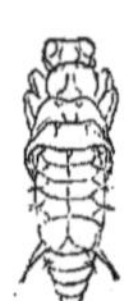

Larve.   Nymphe.

Fig. 168 et 169. — Larve et nymphe de la Cicindèle champêtre.

ces Coléoptères fatigué en jetant sur lui son filet. Captif il ne s'est pas encore rendu. Une ouverture inaperçue, simple écartement de mailles, si les doigts ne la ferment pas immédiatement, lui livre passage, et il s'échappe prestement; saisi, il se débat avec fureur et mord avec rage tout autour de lui, agite ses longues jambes, et autant que sa faiblesse le permet il lutte à outrance pour recouvrer sa liberté; sans se douter que dans sa colère il exhale un parfum de rose fort agréable qui ne vous engage pas à renoncer à sa capture.

Par les temps couverts la Cicindèle champêtre se tient parmi les herbes et les bruyères et montre peu d'activité, mais quand paraît le soleil elle chasse avec ardeur et s'empare avec la sûreté de coup d'œil d'un oiseau de proie des Insectes qui voltigent à sa portée; c'est ainsi

Fig. 170. — Larve de Cicindèle champêtre à l'affût dans sa galerie.

que dans les chemins sablonneux elle s'empare des *Aphodius* à la recherche d'une provende.

La Larve (fig. 168) se fait remarquer par ses

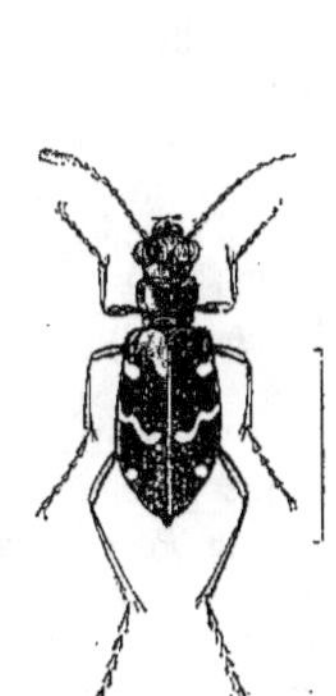

Fig. 171. — Cicindèle sylvatique.

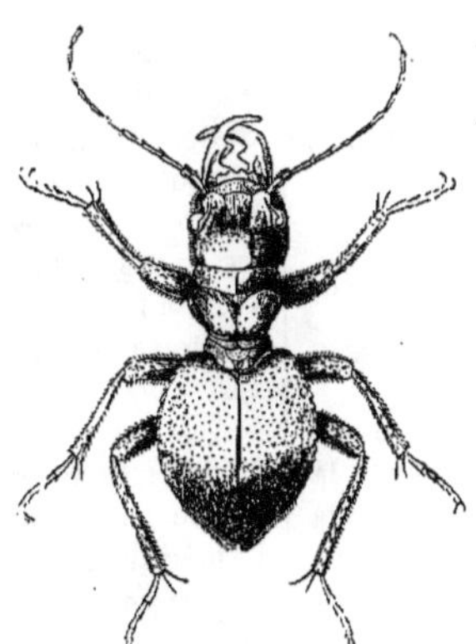

Fig. 172. — Manticore maxillée.

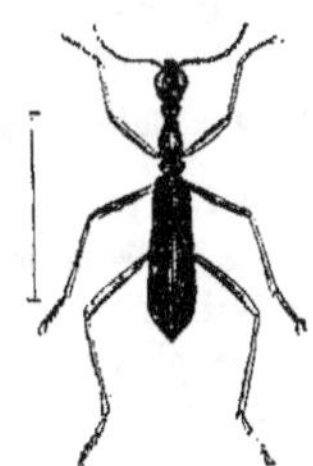

Fig. 173. — Cicindèle au long cou.

formes étranges. Le renflement de la partie inférieure de la face et la présence de deux tubercules dirigés en avant sur le huitième anneau lui donnent un aspect tout particulier. La tête cornée est munie de quatre yeux, deux grands placés en dessus et deux plus petits en dessous; elle porte deux antennes de quatre articles et un appareil masticateur analogue à celui du Coléoptère lui-même. Les trois premiers anneaux ont chacun une plaque dorsale chitinisée en dessus, et en dessous une paire de pattes terminées par une double griffe.

Cette Larve se creuse dans le sable une galerie verticale de la grosseur d'un tuyau de plume ayant jusqu'à 47 centimètres de profondeur. Ce n'est pas à l'aide de ses pattes qu'elle se meut dans le puits qu'elle habite; elle s'arcboute à la façon d'un ramoneur, et les crochets qui font saillie sur les tubercules du huitième anneau lui permettent de se cramponner aux parois et de se mouvoir avec la plus grande facilité. De sa large tête elle ferme l'orifice de sa galerie et attend le passage des petits Carabiques, des Fourmis et autres Insectes errants. La figure 165 la représente à l'affût dans son terrier. Aussitôt que l'un d'eux passe sur ce plancher mouvant, la Larve disparaît au fond de sa retraite, entraînant avec elle sa victime qu'elle se met en devoir de dévorer ou plutôt de sucer pour en extraire les parties liquides. Pour rejeter les débris au dehors, elle met à profit la concavité du sommet de sa tête dont elle se sert comme d'une pelle. Il ne se présente pas toujours à temps voulu, pour assouvir sa faim, une quantité suffisante de victimes; mais, comme tous les Animaux carnassiers, elle peut supporter de longs jeûnes.

On ne sait si elle subit toutes ses transformations dans l'espace d'un an; il est permis d'en douter; comme on a observé la transformation en Nymphe vers la première moitié d'août, il est peu admissible que les diverses phases du développement puissent s'accomplir dans le court espace de temps compri entre la fin de mai, époque où apparaît notre Cicindèle, et le mois d'août.

Avant de se transformer, la Larve élargit le fond de son terrier, et en ferme l'ouverture. La Nymphe (fig. 164) se distingue par la présence d'appendices dorsaux épineux, qui font saillie sur les côtés du cinquième anneau abdominal, et qui sont sans doute destinés à venir en aide au Coléoptère au moment où il se dégage de son enveloppe.

D'après les observations qui ont été faites, l'éclosion de l'Insecte parfait s'effectue au bout de quatorze jours.

Outre la Cicindèle champêtre, il en est encore quelques-unes répandues en France, en Allemagne, et dans l'Europe centrale; telles sont: le *Cicindela hybrida* presque aussi commune que la précédente dans les terrains sablonneux des bois et des dunes; le *C. sylvatica* qui est rare et n'habite que les grands bois comme les forêts de Fontainebleau et de Rambouillet (voir fig. 171); le *C. maritima* des dunes de la Manche et de l'Océan jusqu'en Bretagne; les *C. littoralis* et *flexuosa* des bords de l'Océan, depuis Biarritz jusqu'en Bretagne, et des bords de la Méditerranée; *C. circumdata* des plages méditerranéennes; le *C. littorata* qui court sur le sable sur les rives des fleuves de l'Europe orientale (vallée du Rhône) ; le *C. germanica* qu'on rencontre assez souvent courant dans les chaumes, les prés secs, et quelques autres espèces.

LA CICINDÈLE AU LONG COU — *COLLYRIS LONGICOLLIS.*

Der Langhalsiger Sandkäfer.

Caractères. — La Cicindèle au long cou des Indes Orientales représente par excellence la tribu des Collyrines ; elle en est la forme la plus allongée, la plus grêle ; le troisième article des antennes est très long, mince et aplati ; la lèvre supérieure est si développée, qu'elle recouvre les mandibules ; la tête, très resserrée en arrière, a le front excavé en forme de selle et porte des yeux énormes. Le corps est uniformément d'un bleu noir brillant, hormis les pattes, qui sont rouges (fig. 173).

Distribution géographique. — Les Collyris, extrêmement nombreux en espèces, sont des Coléoptères qui habitent exclusivement le sud de la péninsule indienne et les îles de la Sonde avoisinantes.

Mœurs, habitudes, régime. — D'une agilité hors ligne, ils courent sur les feuilles des plantes basses et des buissons, s'envolent subitement lorsqu'on veut les saisir ; ils affectionnent les endroits humides à la lisière des forêts ou dans les clairières artificielles que les sauvages ouvrent à l'aide du feu, et se livrent à la chasse des très petits Insectes (Dr Harmand).

A Madagascar se montrent de véritables Cicindèles, mais un genre tout particulier s'y trouve cantonné, c'est le genre *Pogonostoma ;* l'Amérique possède les *Ctenostoma ;* les *Therates,* les *Tricondyla* sont confinés dans les îles de la Sonde, aux Moluques, à la Nouvelle-Guinée ; par une exception bien singulière, l'Espagne et l'Afrique possèdent un représentant (*Tetracha euphratica*), d'un genre presque exclusivement américain. Les Manticores, tous relégués dans l'Afrique australe, sont aussi remarquables par leurs formes que par leurs dimensions ; ces géants parmi les Cicindélides sont entièrement noirs ; ils courent sur le sol avec rapidité et se cachent sous les pierres ; nous représentons le *Manticora maxillosa* (fig. 172).

LES CARABIDES — *CARABIDÆ*

Die Laufkäfer.

Caractères. — Les Carabides, désignés fréquemment sous le nom de Carabiques, se rapprochent tellement des Cicindèles par la forme des palpes attachées aux lobes de la mâchoire inférieure, qu'on les aurait laissés dans une seule et même famille s'ils n'étaient pas privés de la dent mobile du lobe interne de la mâchoire. Leur menton est fortement découpé et diversement denté ; leurs pattes moins grêles sont plus robustes, et trois ou quatre articles du tarse des pattes antérieures sont élargis chez le mâle. D'ailleurs leur faciès ne permettra jamais de les confondre avec les Cicindélides.

Leurs mandibules n'ont jamais la longueur qu'elles atteignent chez les Cicindèles et ne sont jamais armées de dents effilées sur leur bord interne. Les élytres atteignent ordinairement l'extrémité de l'abdomen, mais elles sont tronquées et embrassent les côtés du corps ; elles sont lisses ou cannelées longitudinalement ; ces cannelures sont simples, ou ponctuées ou interrompues. Les ailes cachées sous les élytres manquent souvent ou sont réduites à des vestiges ; lorsqu'elles existent, elles servent peu et plutôt la nuit. L'abdomen compte dans les deux sexes six anneaux généralement ; les trois premiers sont fortement soudés entre eux.

Les Carabides ont souvent des couleurs aussi brillantes que les Cicindélides, mais les tons noirs, verts, rouges cuivreux, bruns bronzés, dominent et donnent à la famille un aspect plus uniforme.

Distribution géographique. — Les 8 500 espèces de Carabides se répartissent en 613 genres et habitent toutes les contrées de la terre ; elles semblent prédominer en général sur les autres Coléoptères dans les parties tempérées ou froides, et affectent des formes caractéristiques dans certaines contrées. Ainsi il en est qui ne se montrent que dans les montagnes et jamais dans la plaine et, *vice versâ ;* beaucoup aiment les climats les plus froids, d'autres préfèrent les déserts brûlants.

Mœurs, habitudes, régime. — Ces Insectes

fuient bien plus la lumière du soleil qu'ils ne la recherchent ; aussi se tiennent-ils de préférence pendant le jour sous les pierres, sous les mottes de terre, les bois pourris, etc. Ce sont des Coléoptères nocturnes, essentiellement chasseurs et carnassiers.

Les Larves ne sont malheureusement connues que chez un petit nombre d'espèces. La tête, portée en avant, est munie de six yeux de chaque côté, les uns arrondis, les autres elliptiques ; elle est pourvue d'une armature buccale robuste, mais les mandibules ne servent qu'à maintenir, à blesser la proie et non pas à la broyer ; la bouche, d'ailleurs fort rétrécie, ne peut livrer passage qu'à des aliments fluides. Le corps est recouvert de plaques plus ou moins chitinisées, et le segment abdominal, susceptible de se redresser, se bifurque en deux appendices caractéristiques. Les anneaux thoraciques portent six pattes terminées par deux griffes.

LES ÉLAPHRINES — *ELAPHRINÆ* (1)

Die Elaphrinen.

Caractères. — Les Élaphrines rappellent à bien des égards les Cicindèles, particulièrement par leurs yeux plus proéminents que chez tous les autres Carabides et par la forme générale de leur corps constamment plus petit, ainsi que notre dessin peut en donner une idée. Dans cette tribu le mésosternum est distinct, et les éperons des jambes antérieures sont l'un antéapical, l'autre apical.

Distribution géographique. — Les Élaphres et les Blethises, qui leur ressemblent beaucoup, habitent l'hémisphère boréal.

Mœurs, habitudes, régime. — Par leur manière de vivre les Élaphrines peuvent être considérées également comme établissant la transition entre les Cicindèles et les Carabes. De même que celles-là, elles aiment les rayons du soleil sous l'influence desquels elles courent avec une grande agilité, non pas dans les lieux secs, mais sur les rives vaseuses, sur le bord des mares à demi desséchées, dans les prés humides où les herbes sont clairsemées.

L'ÉLAPHRE DES RIVAGES — *ELAPHRUS RIPARIUS*.

Der Ufer-Raschkäfer.

Le corps vert bronzé de l'Élaphre des rivages

(1)' Ελαφρός, agile.

(*Elaphrus riparius*) est fortement ponctué et quatre rangées de tubercules violets et enchâssés ornent chacune de ses élytres (fig. 174). Le menton est armé d'une dent bifide, et les trois ou quatre articles des tarses antérieurs des mâles sont faiblement élargis et garnis de soies blanches en dessous. En outre, ce Coléoptère possède un appareil stridulant : le côté dorsal de l'avant-dernier segment abdominal est divisé en trois espaces dont les deux latéraux ont leur bord postérieur muni d'une cannelure quelque peu courbée et dentelée. Par les mouvements que

Fig. 174. — Élaphre des rivages.

l'Insecte imprime à son abdomen chaque cannelure vient frotter une nervure saillante, située à la face inférieure des élytres, et un son strident se fait entendre. Landois a décrit avec plus de détail cet appareil musical.

Il ne fuit pas en s'envolant, et, pour échapper, il se fie à la rapidité de sa course afin de trouver une cachette assurée. Avec une célérité incroyable il disparaît sous un morceau d'écorce, une tige de roseau pourri, se dissimule au milieu des joncs et des herbes, ou se cache dans les gerçures du sol qui apparaissent après quelques jours de soleil. C'est dans ces retraites que pendant le mauvais temps il reste inaperçu de la Bergeronnette jaune, du Pluvier et autres Oiseaux insectivores qui dans les mêmes localités surprennent et dévorent la nombreuse engeance d'Insectes qui se délectent au soleil. Il suffit de piétiner la vase toute fendillée pour voir les Élaphres sortir en grand nombre.

L'Élaphre des rivages se trouve dans toute la France au bord des eaux courantes.

Chez nous, indépendamment de l'*Elaphrus riparius*, il est encore quelques espèces qui en sont très voisines, les *E. cupreus, uliginosus, aureus* et le *Blethisa multipunctata*.

LES NOTIOPHILES — *NOTIO-PHILUS* (1)

Caractères. — Insectes de petite taille à corps rectangulaire, déprimé, bronzé très

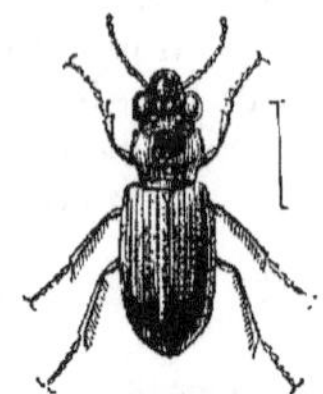

Fig. 175. — Notiophile aquatique.

brillant ; à tête large striée entre deux gros yeux proéminents ; à antennes filiformes de la longueur au plus de la tête et du prothorax ayant les quatre premiers articles glabres ; au labre saillant, arrondi, cachant les mandibules, celles-ci dépourvues de poils sur le côté interne ; à prothorax transversal rétréci à la base, le bord antérieur formant une saillie médiane ; à prosternum très saillant en arrière et recouvrant en partie le mésosternum ; à élytres planes à bords parallèles brillants présentant de chaque côté de la suture un large intervalle lisse, brillant et miroitant, élytres portant une série de lignes de points ou fossettes formant des stries (fig. 175).

Distribution géographique. — Les 23 espèce de Notiophiles connues sont répandues en Europe, dans le Caucase, en Sibérie, dans l'Afrique méditerranéenne et l'Amérique boréale.

Mœurs, habitudes, régime. — Ces petits Élaphrines aux reflets bronzés courent avec une agilité sans égale aux bords des eaux et s'abritent sous les pierres, sous les feuilles sèches, dans les endroits sablonneux, mais humides.

Le *Notiophilus aquaticus* que nous représentons est une espèce répandue dans toute l'Europe.

LES OMOPHRONINES — *OMOPHRONINÆ* (2)

Caractères. — Les Omophronines se distinguent des Élaphrines par un caractère, qui ne

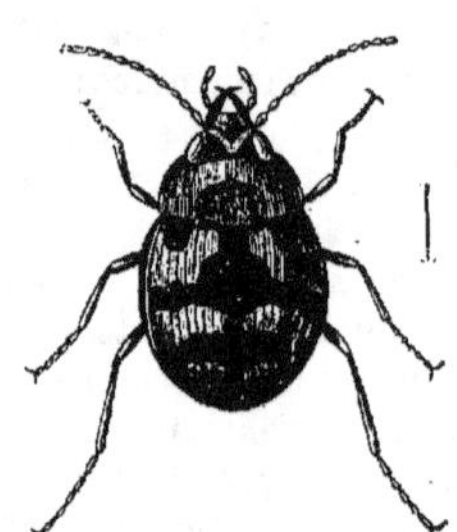

Fig. 176. — Omophron limbé.

se rencontre d'ailleurs chez aucun autre Carabide : le mésosternum est recouvert par le prosternum. Les éperons des jambes antérieures sont l'un apical, l'autre anté-apical. Ce sont des Insectes de taille-au dessous de la moyenne, dont la coloration testacée est presque toujours relevée de bandes ou de taches, d'un vert métallique éclatant. Ils sont tous réunis dans le seul genre *Omophron*.

Distribution géographique. — Les 22 espèces connues habitent aussi bien l'Europe que l'Égypte, le cap de Bonne-Espérance, le Sénégal, Madagascar, l'Inde et l'Amérique du Nord.

Mœurs, habitudes, régime. — Les *Omophron* se rencontrent au bord des eaux courantes où ils vivent en petites sociétés, cachés dans le sable. On peut les déloger de leurs refuges en arrosant le sable ou en le foulant aux pieds.

Nous représentons l'*O. limbatum* (fig. 176), espèce européenne fort commune au bord des rivières, notamment dans toute la France. La seconde espèce d'Europe est cantonnée en Espagne.

(1) Νότιος, humide ; φίλος, ami.
(2) Ὠμόφρων, cruel.

LES CARABINES — *CARABINÆ*

Die Carabinen.

Caractères. — Mésosternum cunéiforme en avant, rejoignant la partie postérieure du prosternum ; celui-ci est plus ou moins prolongé en arrière ; cavités cotyloïdes ouvertes en arrière ; éperons des jambes antérieures tous deux apicaux ; les trois premiers articles des tarses antérieurs généralement dilatés chez les mâles. Derniers articles des palpes maxillaires et labiaux sécuriformes, c'est-à-dire en forme de hache, jamais excavés en dessus. Élytres rebordées. La plupart sont dépourvues d'ailes.

LES NÉBRIES — *NEBRIA* (1)

Caractères. — Antennes grêles, de la longueur au moins de la moitié du corps ; dent du menton médiane, courte, large et bifide ; dernier article des palpes allongé et à peine sécuriforme. Prothorax généralement cordiforme.

Distribution géographique. — Les 110 Nebria connues sont réparties principalement sur le continent européen, dans l'Asie boréale et l'Amérique boréale, l'une d'elles a été trouvée en Océanie (Taïti). Nos Alpes, nos Pyrénées, nos monts d'Auvergne et du Lyonnais, possèdent un certain nombre d'espèces particulières.

Mœurs, habitudes, régime. — Les nombreuses espèces de ce genre vivent sous les pierres au bord des eaux, dans les montagnes à toutes les hauteurs et même au voisinage des neiges éternelles. Les larves de deux d'entre elles (*N. brevicollis* et *Germari*) sont décrites.

Le type du genre est le *Nebria complanata* ou *arenaria* (fig. 177) ; il est large, peu convexe, et atteint une longueur de 17 à 19 millimètres ; de couleur jaune testacée pâle, souvent blanchâtre ; les élytres quelquefois immaculées, ou marquées de petites lignes brun noirâtre, qui peuvent s'élargir et former deux grandes bandes ou fascies. C'est la coloration des téguments, que Latreille a comparée à celle de la robe d'un faon, qui a déterminé le choix du nom générique de *Nebria*. Cette espèce est commune sur les bords de la mer, aussi bien sur les côtes de la Méditerranée que sur celles de l'Océan, mais elles ne dépassent pas la Bretagne.

(1) Νεϐρίας, tacheté comme un faon.

Dans toute la France, sous les pierres et les débris de toute nature, se trouve communément le *Nebria brevicollis* (fig. 178) qui se distingue :

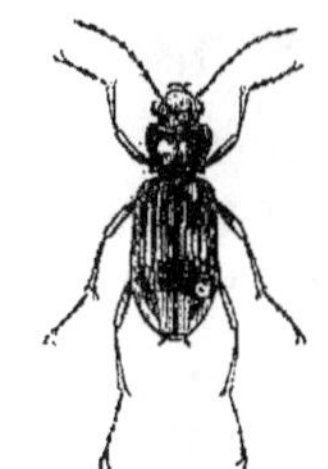

Fig. 177. — Nébrie des sables.

par son prothorax et ses élytres d'un brun noir, luisant, quelquefois rougeâtre ; par ses antennes, ses palpes, ses jambes et ses tarses roux ferrugineux ; par sa tête portant auprès des yeux

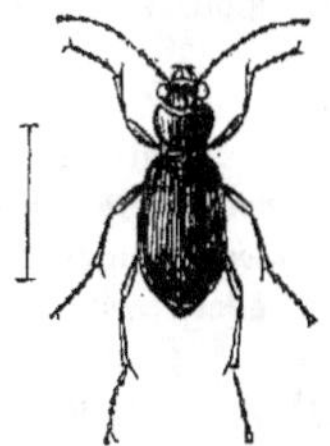

Fig. 178. — Nébrie à cou bref

une forte impression ridée et ponctuée ; par la brièveté de son prothorax, d'où son nom de *brevicollis*, qui est deux fois aussi large que long et rétréci en arrière, à côtés relevés ; par ses élytres à bords moins parallèles que le *N. complanata*, à stries profondes, fortement ponctuées et crénelées.

Nous citerons parmi les autres espèces françaises : le *N. psammodes* qui se trouve sous les pierres au bord des eaux dans nos départements les plus méridionaux ; les *N. livida* des bords du Rhin ; *picicornis* des Vosges, des Alpes, des Pyrénées, *Jockischii*, *nivalis* (*Gyllenhali*), *castanea*, *laticollis* des Alpes ; *rubripes* des monts d'Auvergne ; *Foudrasi* des montagnes du Lyonnais : *Olivieri*, *Lafresnayi*, *Lariollei* des Pyrénées.

LES LEISTUS — *LEISTUS* (1)

Caractères. — Apparentés aux *Nebria*, les *Leistus* sont nettement caractérisés par une foule de traits particuliers. Leurs mandibules non dentées sont largement dilatées en lame aplatie, et leurs mâchoires légèrement ciliées

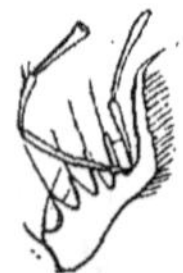

Fig. 179. — Mâchoire de *Leistus*.

du côté interne portent sur le côté externe une sorte de peigne dont les dents sont terminées par un style rigide ; ce qui est une disposition toute spéciale (fig. 179).

Distribution géographique. — On compte trente espèces de Leistus qui sont confinées en Europe et dans l'Asie boréale (*Sitkha*).

Mœurs. — Les Leistus sont des Insectes élégants, de moyenne taille, agiles, qui se cachent sous les pierres, les mousses, les écorces, les feuilles humides.

La France possède : les *L. spinibarbis, puncticeps* et *fulvibarbis* aux teintes bleu foncé métallique ; les *L. rufomarginatus, nitidus, ferrugineus, rufescens* et *piceus* teintés de noir et de brun, *nitidus* seul à reflets verdâtres.

LES CARABES — *CARABUS* (2)

Aucun groupe d'Insectes ne donne une idée plus complète de la famille que le genre *Carabus*, et c'est avec raison qu'il a imposé son nom au groupe entier ; les belles espèces qui le composent seront toujours un objet de prédilection pour le collectionneur, car elles attirent le regard par leur taille, par leurs brillantes couleurs, souvent métalliques, par la conformation générale de leur corps. Dans la nature à l'état de liberté et mieux encore dans une collection bien ordonnée, elles contrastent avec la légion des autres espèces, presque toutes de taille moyenne ou petite ; la plupart des Carabes atteignent en effet une longueur de 22 millimètres et acquièrent plutôt une dimension supérieure qu'une dimension moindre ; le minimum d'a-

(1) Λῃστής, pillard.
(2) Κάραϐος, escarbot.

baissement de la taille paraît être de 15 millimètres.

Caractères. — La tête portée en avant est sensiblement plus étroite que le corselet ; la lèvre supérieure, immobile, soudée à l'épistome, est bilobée et légèrement ou fortement excavée en dessus ; les mandibules lisses n'ont généralement qu'une seule dent à la base, cependant elles en ont quelquefois deux ; les mâchoires sont allongées, à extrémité très aiguë et crochue ; leurs palpes externes ont leur dernier article sécuriforme tronqué ; le menton faiblement échancré est pourvu d'une dent médiane triangulaire, simple, aiguë généralement de même longueur que les lobes latéraux ; le dernier article des palpes est semblable au dernier article du palpe maxillaire externe ; les antennes filiformes ont le troisième article subcylindrique à peine plus long que les autres.

Le prothorax ou corselet, toujours plus large en avant qu'en arrière, est plus ou moins cordiforme avec ses bords latéraux relevés ; il laisse les élytres entièrement libres ; celles-ci, de forme ovale, ont une coloration identique à celle de la tête et du corselet et présentent sur leurs bords des tons plus brillants, tandis que leur surface offre une grande diversité de contexture. Il en est peu qui paraissent lisses même à l'œil nu ; bien au contraire, elles sont comme rayées par une aiguille ; beaucoup ont des cannelures longitudinales régulières ou symétriquement entrecoupées qui produisent l'effet de rugosités ; sur celles qui sont finement striées il y a des rangées régulières de saillies, d'impressions ponctuées ou d'excavations plus grandes rehaussées par une coloration différente ou plus brillante, comme chez notre Carabe doré des jardins. Si la surface devient plus inégale, les côtes longitudinales (trois de chaque côté) forment des côtes séparées par de profonds sillons qui peuvent présenter à leur tour les ornements les plus variés.

A part quelques espèces dont les ailes sont rudimentaires, celles-ci avortent constamment, de sorte que le genre Carabe ne renferme que de vigoureux marcheurs.

Les pattes sont solidement construites ; les cavités cotyloïdes dans lesquelles s'engagent les hanches sont ouvertes en arrière ; chez les mâles seuls, les tibias des pattes de la seconde paire sont garnis en dehors d'une frange de soies rousses, et les trois ou quatre premiers articles des tarses sont élargis et garnis d'une semelle feutrée.

De tous ces caractères, Lacordaire fait remarquer, avec raison, que le seul constant est fourni par le labre, qui est toujours simplement *bilobé*.

Le vert doré, le bleu métallique, le brun bronzé sont avec le noir les couleurs dont sont revêtus les Carabes; suivant les contrées, les tons changent à l'infini, les sculptures des élytres se modifient de mille façons, et l'on voit apparaître une multitude de variétés qui suscitent bien des difficultés pour la détermination et la délimitation des espèces.

Distribution géographique. — Les 285 espèces de Carabes connus sont pour la plupart cantonnées dans l'hémisphère boréal et dans l'ancien monde; l'Europe et l'Asie se partagent presque tous les Carabes; en Europe elles ne dépassent pas la région méditerranéenne, à l'exception de quelques-unes propres à la Syrie, à la Palestine et au Caucase; dans l'Amérique du Nord elles descendent un peu plus vers le sud; il se trouve même une dizaine d'espèces dans l'Amérique du Sud (Chili).

Beaucoup de Carabes n'habitent que les montagnes, ceux des Pyrénées sont d'une grande beauté; les Alpes françaises et les montagnes de l'Allemagne nourrissent la plupart des mêmes espèces.

Mœurs, habitudes, régime. — C'est en soulevant à force de bras les pierres qui gisent sur la pente des montagnes et dans les vallées ainsi que les troncs d'arbres tombés sur le sol des forêts, que le collectionneur pourra rencontrer avec le plus de succès ces beaux Insectes.

C'est là, au milieu des mousses, qu'ils naissent, se cachent le jour, et qu'ils subissent leur engourdissement hivernal. Les espèces de la plaine trouvent des cachettes analogues dans les bois, dans les jardins et les champs, sous les pierres, les mottes de terre, les touffes d'herbe, dans les trous de souris, etc., tous lieux abritant contre le soleil d'autres commensaux qui leur fournissent une abondante nourriture, tels que Limaces, Lombrics, Larves d'Insectes, etc. C'est surtout la nuit que les Carabes se livrent à la chasse, mais pour se dissimuler de nouveau aussitôt que le soleil se lève à l'horizon. Cependant quelques-uns courent pendant le jour, et il n'est personne qui n'ait rencontré sur les chemins dans la campagne le *Carabe doré;* d'un coup de sabot le paysan allant aux champs n'a-t-il pas souvent écrasé un de ses meilleurs serviteurs?

Les quelques Larves connues se ressemblent non seulement par leur manière de vivre, mais encore par leur aspect extérieur. Le corps allongé, demi-cylindrique a sur toute la partie dorsale les anneaux recouverts de plaques chitineuses d'un noir brillant développées surtout sur les trois segments thoraciques. La partie ventrale est plus claire, une peau mince et blanche relie les anneaux, quelques éminences et quelques lignes noires indiquent seulement les points chitinisés (fig. 180 et fig. 185).

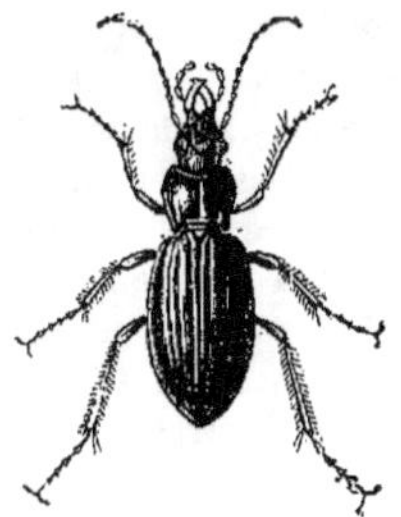

Fig. 180. — Larve de Carabe doré.　　Fig. 181. Carabe doré adulte.

La tête, dirigée en avant, est carrée; elle porte des antennes de 4 articles, 6 yeux disposés en cercle de chaque côté; 6 palpes de couleur brune; des mandibules falciformes; l'ouverture buccale est petite et propre à la succion.

Un sillon fin règne sur le dos, le long des 12 anneaux, dont le dernier se termine à sa partie supérieure par deux pointes épineuses de longueur variable et diversement dentelées selon les espèces, pendant que la partie inférieure se termine par une pièce anale cylindrique que l'animal peut relever à sa guise.

Le premier anneau se distingue de tous les autres par sa longueur, il en est de même des deuxième et troisième, tandis que les suivants sont sensiblement égaux entre eux.

Les Larves vivent dans les mêmes localités et de la même manière que l'Insecte parfait depuis le printemps jusqu'à l'entrée de l'automne; toutefois le développement ne paraît pas se faire partout dans le même espace de temps; ainsi M. Taschenberg a rencontré dans le Thuringerwald, vers la fin d'août (1874) quelques Larves paraissant appartenir aux *Carabus auronitens*, bien que ce dernier se montrât déjà abondamment à l'état parfait. La Nymphe blanche à formes élargies est étendue dans le réduit assez spacieux où la Larve séjournait en dernier lieu; elle n'a besoin que d'un temps relativement court pour accomplir ses Métamorphoses.

LE CARABE DORÉ — *CARABUS AURATUS*.

Der Godthenne.

Le plus connu des Carabes est certainement le *Carabus auratus*, aussi peut-il être pris comme type du genre.

Caractères. — Il appartient aux espèces à élytres fortement cannelées ; chacune de celles-ci a trois côtes aussi saillantes que la suture médiane, et dont les intervalles sont tapissés de fines rugosités. Le dessous du corps est d'un noir brillant, le dessus vert bronzé, rarement bleuâtre ou noirâtre ; les antennes sont noires, mais leurs quatre premiers articles sont roux ; les tibias et souvent les cuisses sont également de couleur rousse ; sa taille est comprise entre 19 et 25 millimètres (fig. 181 et 184).

Distribution géographique. — C'est un Insecte qui habite surtout les plaines et erre à travers les champs cultivés, les jardins, depuis le mois de mars jusqu'au mois de mai et de juin. Il se rencontre communément dans toute l'Europe septentrionale et tempérée, en France, en Suisse, dans l'Allemagne occidentale ; il ne se trouve qu'accidentellement dans le Wurtemberg, la Marche de Brandebourg et la Poméranie ; il est rare en Angleterre et en Suède.

Mœurs, habitudes et régime. — Dans nos campagnes, on le nomme *jardinière* ou *couturière* pour indiquer qu'il fréquente les jardins, — *couturière* en effet est un mot altéré, qui devrait s'écrire *courtilière*, de courtil, vieux mot français qui signifie jardin ; — on le désigne quelquefois par l'appellation de *sergent*, à cause de sa livrée, et de *vinaigrier*, à cause de la propriété qu'il possède de rejeter par l'anus un liquide acide, produit de la sécrétion de glandes, dites, *glandes anales ;* ce liquide, qui exhale une odeur nauséabonde, est de l'acide butyrique, ainsi que Pelouze l'a constaté en 1857.

Les Carabes dorés qui chassent pendant le jour et surtout par les matinées ensoleillées, sont grands destructeurs de Limaces, de Hannetons ; ce sont des Insectes éminemment utiles qu'on ne saurait trop protéger. Malheureusement il n'est personne qui, se promenant à travers la campagne, n'ait vu les sentiers jonchés de leurs cadavres ; le passant, dans l'ignorance des services qu'ils rendent, écrase impitoyablement toutes les fois qu'il les rencontre ses meilleurs serviteurs.

Klingelhöffer de Darmstadt raconte un fait intéressant qui prouve que ce Coléoptère, d'une voracité sans égale, est même doué de la faculté de raisonner. « Dans mon jardin, près d'un banc sur lequel je m'étais assis, un Hanneton était étendu sur son dos et faisait de vains efforts pour se relever ; surgit du bosquet voisin un Carabe ; il s'élance et la lutte s'engage ; pendant cinq minutes, malgré les plus grands efforts, il ne peut s'en rendre maître. Il lutte encore et finit par se convaincre de l'inutilité de son attaque ; il déserte alors la place pour regagner son gîte et attendre une occasion plus favorable. Quelques moments s'écoulent et notre Carabe apparaît de nouveau, mais suivi d'un compagnon, et tous deux, associés, recommençant la lutte, terrassent le Hanneton, s'en rendent maître et l'emportent dans leur retraite, pour lui dévorer les entrailles. »

LE CARABE AUX REFLETS D'OR — *CARABUS AURONITENS*.

Der Gebirgs-Goldhenne.

Caractères. — Le Carabe aux reflets d'or (*Carabus auronitens*), se rapproche beaucoup du précédent, mais sa coloration d'un beau vert métallique doré est plus jaune et partant plus vive ; la suture des élytres et leurs cannelures très saillantes sont noires et les intervalles en sont plus délicatement ridés que chez le Carabe doré. La bouche, le premier article des antennes, les pattes sont brun rougeâtre, toutefois les tarses sont brun noirâtre.

Distribution géographique. — Ce Coléoptère n'est certainement pas rare dans les montagnes de l'Allemagne, dans les Carpathes, les Alpes de la Suisse et dans les montagnes de l'est de la France (Jura, Vosges) ; il ne se rencontre que très disséminé dans la plaine. On l'a capturé dans les grandes forêts de l'Ouest, forêt de la Londe, forêt d'Eu, etc., et même aux environs de Paris dans les forêts de Montmorency, de Marly, de Villers-Cotterets.

Mœurs, habitudes et régime. — Ce Carabe vit habituellement dans les forêts et se réfugie sous les mousses qui recouvrent le tronc des arbres, dans les troncs pourris ; on le chasse de septembre à mars.

Heer a observé en Suisse une Larve qui se transforma en Nymphe le 3 juin et le 15 suivant lui donna l'Insecte adulte. Cette Larve a sur le front une protubérance pointue, deux proéminences obtuses aux bords du bouclier cépha-

Fig. 182. — Carabe   Fig. 183. — Calosome   Fig. 184. — Carabe.   Fig. 185. — Larve
des jardins.   sycophante.   de Carabe.

CARABES ET CALOSOME DORÉ.

lique, et à l'extrémité deux pointes épineuses de la longueur de l'anneau terminal et paraissant trifides par la présence de deux autres épines accessoires. Le Carabe, blanc au moment de l'éclosion, au bout de vingt-quatre heures ne tarde pas à prendre complètement sa coloration et sa consistance habituelle.

Parmi les Carabes, qui, comme les précédents, ont trois côtes saillantes sur chacune des élytres et les intervalles de ces côtes dépourvues de granulations proéminentes, nous devons encore citer : le *C. punctato-auratus* qui est cantonné dans les Hautes-Pyrénées et les Pyrénées ; le *C. festivus* des montagnes d'Auvergne, de l'Aude ; le *C. Solieri* des Basses-Alpes; le *C. nitens*, dont la taille n'excède pas 14 ou 15 millimètres, habitant des dunes où il fréquente les endroits humides : on le rencontre en mai dans le Pas-de-Calais, la Somme, et la Belgique ; le *C. melancholicus*, Carabe plutôt espagnol que français, a été rencontré quelquefois dans les Pyrénées-Orientales.

Il est un groupe de Carabes caractérisés par les nombreuses lignes longitudinales élevées plus ou moins interrompues qui ornent les élytres et représentent des sortes de chaînes, que nous devons mentionner, car il renferme quelques espèces indigènes.

Le *C. catenulatus* est d'un noir foncé violacé, surtout sur les côtés du corselet et des

élytres qui sont d'un beau bleu violacé ; ses élytres sont couvertes de côtes nombreuses ; trois d'entre elles beaucoup plus saillantes, laissant de part et d'autre trois côtes secondaires, sont interrompues et dessinent ainsi des chaînons. Sa taille varie entre 19 et 24 millimètres. Cet Insecte, assez commun dans toute l'Europe, se trouve dans les bois du Nord et du Centre, aussi bien que dans les montagnes ; il s'abrite sous la mousse, les feuilles mortes, les troncs abattus, les pierres. Il n'est pas rare dans les forêts de Saint-Germain et de Fontainebleau.

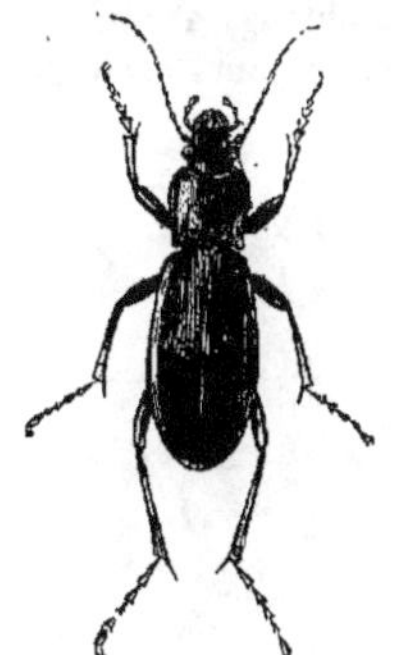

Fig. 186. — Carabe pourpré.

Le *C. purpurascens* que nous représentons (fig. 186), est un Insecte de forme ovale allongé, noir, ayant les côtés du corselet et des élytres d'une belle couleur violette ou verte nuancée de reflets métalliques ; ses élytres sont couvertes de très fines côtes, à intervalles crénelés, interrompus de place en place par de gros points. Commun dans toute l'Europe, il présente de nombreuses variétés locales que les Entomologistes qui ne s'occupent que des Faunes locales se sont empressés d'ériger en espèces. Fort répandu en France, il choisit de préférence, comme habitat, les bois ; il se réfugie au pied des arbres, sous les pierres et sous les écorces.

Dans la section qui comprend les Carabes à élytres couvertes de lignes fines, serrées, très nombreuses et marquées de trois rangées de points enfoncées, il nous faut citer le *C. convexus*, le plus petit des Carabes avec le *C. nitens* et le *Cristofori*, car sa taille varie entre 15 et 19 millimètres ; les *C. nemoralis*, *sylvestris* et *hortensis*.

Le *C. convexus* est court, convexe, de couleur noire passant au noir bleuâtre sur les côtés du corselet et des élytres ; son corselet est court, à peine rétréci en arrière, et couvert de points et de rides sur toute sa surface ; ses élytres sont également courtes et larges. Cantonné dans l'Europe septentrionale et centrale il préfère les collines couvertes d'arbres ; on le rencontre dans les bois qui avoisinent Paris.

Le *C. sylvestris* est un Insecte alpestre qui habite nos Alpes (région alpine) aussi bien que le Jura et les Vosges.

Le *C. nemoralis* atteint 21 à 23 millimètres (fig. 187) ; il est oblong, à peine convexe, de couleur variable. toujours bronzée, mais fon-

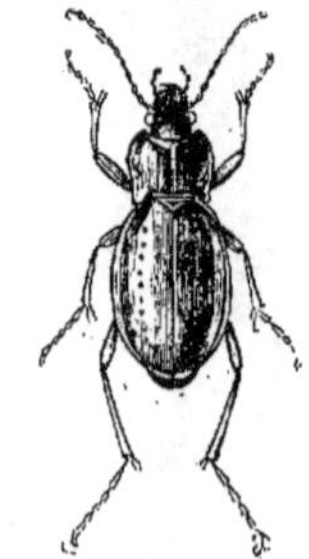

Fig. 187. — Carabe des bois.

cée, passant par les tons noirs à reflets cuivreux et les tons verts métalliques ; sa tête est toujours plus colorée, le corselet est bronzé, les élytres sont vert bronzé métallique, les

bords ont des reflets pourprés ; de fines rugosités simulant des lignes couvrent les élytres qui portent chacune comme signe caractéristique trois lignes de points très brillants. Ce Coléoptère de toute l'Europe septentrionale et tempérée est commun en France sous les pierres, les mousses et les troncs d'arbres de nos bois.

Le *C. hortensis* est de grande taille, car il peut avoir 25 et même 27 millimètres (fig. 177) ; de couleur brune à reflets bronzés, ses élytres sont couvertes de très petites côtes très serrées et sont garnies chacune de trois rangées de gros points formant des excavations à reflets dorés des plus brillants qui rappellent l'éclat des pierres précieuses ; c'est pour cela que Fabricius lui avait donné le nom de *gemmatus* (couvert de pierres précieuses) qu'il mérite infiniment mieux que celui d'*hortensis*, car il est Insecte forestier. Il habite surtout l'Allemagne orientale, s'avance au sud jusqu'au Tyrol et jusqu'à la Suisse, à l'est jusqu'en Russie, au nord jusqu'en Suède.

Parmi les Carabes dont les élytres convexes portent chacune trois côtes entières et présentent dans les intervalles de ces côtes une rangée de granulations saillantes dessinant une chaîne, nous mentionnerons les *C. monilis*, *cancellatus*, *granulatus*, *vagans*, *arvensis* et *Cristofori*.

Le *C. monilis*, grand Insecte de 21 à 29 millimètres de longueur, est allongé et de coloration extrêmement variable ; tantôt il est bronzé brillant, tantôt il est vert métallique ou bleu violacé, quelquefois sa teinte générale cuivreuse est relevée par une bordure verte éclatante, parfois il est presque noir. Répandu dans toute l'Europe tempérée, il se rencontre fort communément dans nos départements du nord, de l'est et du centre aussi bien qu'en Allemagne et qu'en Suisse ; il n'est pas rare aux environs de Paris. C'est un habitant des champs qu'on rencontre presque toute l'année.

Le *C. cancellatus* de 20 à 24 millimètres, ressemble au précédent, mais est plus court, plus convexe et de couleur bronzée, verte ou noirâtre, et se distingue par la teinte noire des trois carènes des élytres et la moindre élévation des granulations. Il se trouve dans l'Europe septentrionale et centrale, n'est pas rare en France, mais ne se rencontre qu'accidentellement dans les environs de Paris ; il devient commun dans les départements de l'Aube, de l'Yonne, de la Côte-d'Or et de la Haute-Marne. Il se tient de préférence dans les jardins, les bois, les prés humides pendant le printemps et l'été: les inondations le transportent loin de son séjour de prédilection.

Le *C. granulatus* est un petit Insecte de 14 à 20 millimètres, aux teintes bronzées, qui habite l'Europe septentrionale et tempérée, même la Sibérie; commun dans les Alpes, il se trouve dans la France septentrionale, mais disséminé; il est rare dans le bassin de la Seine. Habitant des bois et des prés humides et du bord des eaux, il se cache souvent dans les troncs de saules; on le capture depuis avril jusqu'en octobre.

Le *C. vagans* (24 millim.) est cantonné dans la France méridionale, dans les montagnes des départements du Var et des Alpes-Maritimes.

Le *C. arvensis*, d'une taille n'excédant pas 12 à 19 millimètres, est un Coléoptère septentrional qui habite la Suède et la Norvège, l'Angleterre et surtout les montagnes de l'Europe centrale : les Vosges, les Ardennes, les Alpes; ami des forêts, il se réfugie sous les mousses, où on le trouve en hiver.

Le *C. Cristofori* est le plus petit de nos Carabes, car sa taille n'excède pas 13 à 14 millimètres. Sa tête et son corselet ont des reflets de cuivre et d'or un peu éteints, mais ses élytres sont en général d'un vert métallique éclatant; quelquefois d'une teinte cuivreuse, elles deviennent bronzées et presque noires; elles portent trois rangées de granulations séparées par trois côtes, une quatrième côte longe la suture. Son habitat est localisé dans la région alpine des Pyrénées.

Deux espèces de Carabes, *C. clathratus* et *nodulosus*, sont nettement caractérisées et ne ressemblent à aucun de leurs congénères. Les élytres de celui-là ont trois côtes séparées par une rangée de fossettes profondes dorées ou cuivreuses et sont de plus ornées près du bord externe d'une rangée de points enfoncés; fossettes et points tranchent sur le ton brun foncé du corps entier; le *C. clathratus*, rare en France, semble cantonné dans la France méridionale (Camargue, environs de Montpellier) et se retrouve en Belgique. Les élytres de celui-ci semblent rugueuses tant elles sont couvertes de points; elles présentent trois rangées d'impressions alternantes coupant trois lignes à peine saillantes et une rangée de fossettes au voisinage du bord externe; le *C. nodulosus* est est un habitant des Vosges (environs de Phalsbourg).

Il est un groupe de Carabes dont les élytres sont convexes, entièrement lisses ou rugueuses et ornées de trois lignes de gros points qui renferment les plus beaux représentants du groupe, capables de rivaliser par la taille et l'éclat des couleurs avec les Insectes des pays chauds réputés les plus magnifiques.

Le *C. splendens* au corps allongé, de 25 à 27 millimètres, vert doré, aux élytres lisses, étincelantes, est certainement resplendissant; il est cantonné dans les Hautes-Pyrénées où il s'abrite sous les pierres.

Le *C. rutilans*, plus grand que le précédent, 28 à 36 millimètres, est encore plus beau (fig. 188), les tons vert doré qu'il reflète ont

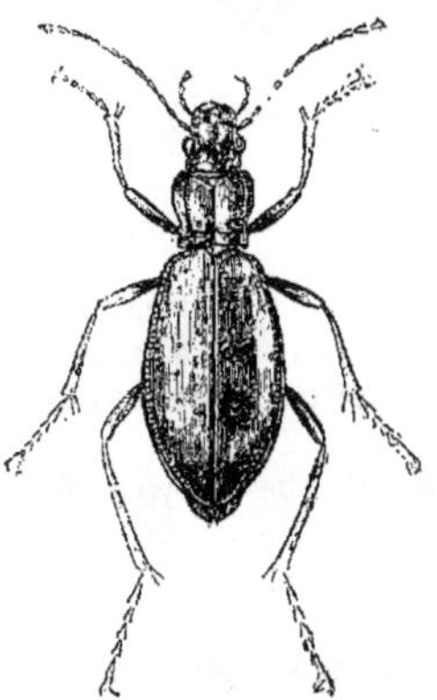

Fig. 188. — Carabe rutilant.

un éclat incomparable; les trois rangées de points qui arment ses élytres jettent des feux rutilants. Ce bel Insecte est également un hôte des Pyrénées, mais des Pyrénées orientales.

Le *C. hispanus* (25 à 28 millimètres), mal dénommé car il est bien français, est fort remarquable (fig. 189); sa tête et son corselet rugueux sont d'un beau bleu violet; ses élytres, couvertes de gros points confluents, brillent de l'éclat de l'or le mieux poli et sont ornées d'une bordure d'or rouge étincelant. Ce Carabe, qui est certainement le plus bel Insecte qui soit en France se trouve sous les pierres au bord des torrents qui descendent des Cévennes; il est cantonné dans les départements du Tarn, de l'Aveyron et de la Lozère.

Le *C. intricatus*, s'il n'a pas l'éclat des précédents, est encore fort beau, car sa coloration bleu violet foncé lui donne un aspect des plus agréables; ses élytres très rugueuses portent trois rangées de gros points écartés. Il a le mérite de se trouver dans toute l'Europe septentrionale et tempérée où il se cantonne dans les forêts; s'il est commun dans les montagnes, les Alpes, les Vosges, par exemple, il est rare dans le bassin de la Seine et se trouve relégué dans les forêts de Fontainebleau et de Compiè-

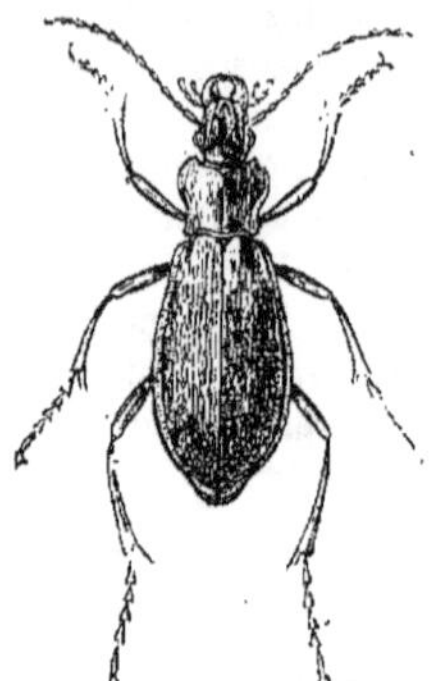

Fig. 189. — Carabe espagnol.

gne, ainsi que dans les forêts de la Normande. Il se cache sous les tas de bois, les fagots ou sous la mousse qui habille le pied des chênes.

Le groupe des Carabes à élytres planes comprend trois espèces françaises qu'il est utile de mentionner : ce sont les *C. Pyrenæus, irregularis* et *depressus*. Le *C. Pyrenæus* de couleur et de forme très variables est généralement bronzé, cuivreux, bleu ou vert avec les bords du corselet et des élytres ceinturés de rouge métallique très brillants ; ses élytres, arrondies à l'extrémité, sont couvertes de gros points enfoncés, disposés en lignes longitudinales régulières ; sa grosse tête lui donne un aspect particulier. C'est un Insecte des Hautes-Pyrénées. Le *C. irregularis* habite le Jura et les environs de Nantua; le *C. depressus* est confiné dans les Alpes suisses et françaises.

LES PROCRUSTES (1) — *PROCRUSTES*

Caractères. — Ces Insectes sont de véritables Carabes, et ils en ont tous les caractères ; ils se distinguent par le seul fait d'avoir le labre divisé en trois lobes.

Distribution géographique. — Les dix-sept espèces de Procrustes connues sont essentiellement européennes et asiatiques, mais elles ne dépassent pas l'Asie Mineure et le Caucase.

(1) Προκρουστής, nom d'un fameux brigand de l'Attique.

Mœurs, habitudes, régime. — Les mœurs des Procrustes sont celles des Carabes; comme eux, ils sont carnassiers.

Le *P. coriaceus* (fig. 190) type du genre, est un Insecte de 34 à 38 millimètres de longueur, noir mat en dessus, aux élytres très convexes,

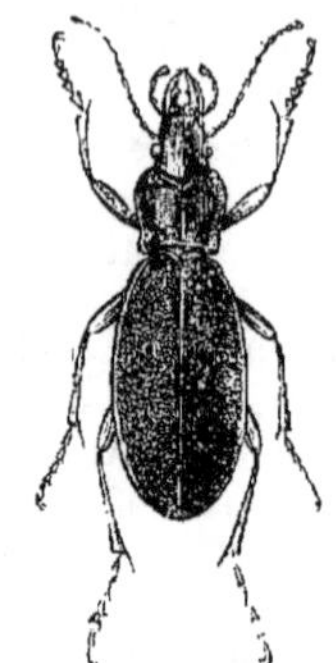

Fig. 190. — Procruste chagriné (1).

rugueuses, noir brillant en dessous, qui se trouve dans toute l'Europe septentrionale et tempérée. En France, il se rencontre assez fréquemment dans nos départements du Nord et du Centre et devient rare dans ceux du Midi. On le chasse en septembre, en octobre et au printemps dans les vignes tout aussi bien que dans les bois ; les mottes de terre, les fagots, les troncs renversés lui servent d'abri. Sa Larve, qui se trouve dans les mêmes localités, se distingue des Larves de Carabes connues par la présence de gros tubercules sur les côtés de chaque segment de l'abdomen.

LES PROCÈRES — *PROCERUS* (2)

Caractères. — Les *Procères* sont les géants des Carabides, les géants des Carabes ; ils ont tous les caractères génériques de ces Insectes; dont ils se distinguent par une seule particularité de r organisation : leurs tarses antérieurs sont simples dans les deux sexes.

Distribution géographique. — Tous les Procères — on en compte cinq espèces, — sont confinés dans les contrées orientales du sud de l'Europe, la Carniole, l'Istrie, la Turquie, la Crimée (*P. gigas, P. scabrosus*); dans le Caucase (*P. caucasicus*), l'Asie Mineure (*P. scabrosus*) et le Liban (*P. syriacus*).

(1) A peau de chagrin.
(2) Προκήρυξ, héraut.

Mœurs, habitudes, régime. — Leurs mœurs sont celles des Carabes ; leurs Métamorphoses

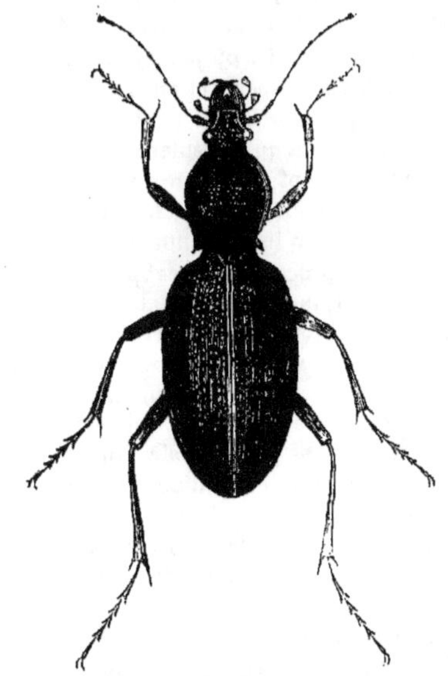

Fig. 191. — Procère scabre (1).

n'ont pas été suivies. Nous représentons le *P. scabrosus* (fig. 191).

LES CALOSOMES — *CALOSOMA* (2)

Caractères. — Leurs caractères principaux sont ceux des Carabes, mais ils se distinguent par quelques particularités; leur corps est plus trapu, plus élargi, leur corselet est plus large que long; leurs élytres sont larges, presque carrées et recouvrent des ailes parfaitement conformées; le deuxième article des antennes est très court, le troisième article est comprimé et tranchant en dessus; enfin les mandibules sont couvertes de fines stries longitudinales.

Distribution géographique. — On compte quatre-vingts espèces de Calosome dispersées çà et là sur toute la surface du globe, mais jamais cantonnées dans certaines régions, comme les Carabes; ils se trouvent en Europe, en Asie, en Amérique, en Océanie et en Afrique. Ils habitent la Sibérie, la Chine, le Japon comme le Caucase et l'Arabie, l'Amérique boréale, le Mexique, le Texas aussi bien que la Colombie, le Brésil, le Chili et la Patagonie; les îles Galapagos comme la Tasmanie, l'Austra-

(1) *Scaber*, raboteux.
(2) Καλός, beau; σῶμα, corps.

lie et la Nouvelle-Calédonie; l'Algérie, le Sénégal, le Cap de Bonne-Espérance de même que Madagascar, les îles Canaries et Madère. La France en possède trois espèces.

Mœurs, habitudes, régime. — Autant les Carabes sont terrestres et marcheurs, autant les Calosomes aiment à grimper et se plaisent à faire usage de leurs ailes; l'épithète de *Carabes grimpeurs* peut donc leur être décernée à juste titre. S'ils grimpent sur les arbres, c'est pour chasser les Chenilles dont ils font grand massacre; leurs Larves ont le même régime.

LE CALOSOME SYCOPHANTE — *CALOSOMA SYCOPHANTA.*

Der Puppenräuber.

Caractères. — Voici encore un des plus grands et des plus beaux Insectes de notre pays (22 à 29 millimètres), qui peut rivaliser par l'éclat des couleurs avec les Carabes pyrénéens ; pour celui qui n'est pas familiarisé avec les habitants de notre sol il semblera importé des régions tropicales. Sa tête et son corselet sont bleu foncé, ses élytres sont vert doré ou rouge doré aux reflets étincelants, et portent quinze stries profondes ponctuées; les intervalles de ces stries sont lisses, mais les quatrième, huitième et douzième sont ornées d'une série de gros points enfoncés; le dessous du corps et les pattes sont noir luisant; les trois premiers articles des tarses antérieurs des mâles sont feutrés en dessous.

Mœurs, habitudes, régime. — Le Calosome sycophante affectionne les forêts de Pins et de Chênes et se montre en grand nombre les années où les Chenilles abondent; il est donc appelé à rétablir l'équilibre en empêchant leur multiplication exagérée. On a suivi les manœuvres d'un Sycophante : il monte sur un arbre, s'empare d'une Chenille, se laisse choir, égorge sa victime, remonte prestement saisir une nouvelle proie, se laisse encore tomber avec elle pour la dévorer tout à son aise et renouvelle ce manège jusqu'à quinze fois (fig. 183).

Abordant franchement le combat, notre Coléoptère se jette hardiment sur sa proie, sans ruser, ni réfléchir; c'est ainsi qu'il s'attaque souvent à la grande Chenille velue qui vit sur le Pin (*Gastropacha pini*). Brusquement assaillie, celle-ci se débat et s'agite frappant violemment à droite et à gauche avec la partie libre de son corps, mais l'ennemi ne se lasse point, il sent sa victime sur un terrain favorable où ses pattes peuvent s'agripper ; il l'entraîne et se laisse tomber de l'arbre avec elle. A terre la lutte continue, mais la malheureuse Chenille a perdu ses avantages ; c'est en vain qu'elle se roidit et se secoue avec violence ; affaiblie, épuisée, elle est bientôt réduite à l'impuissance. Alors le vainqueur se recule, se place au-devant de la proie qu'il a si péniblement terrassée, implante dans son corps ses griffes antérieures, fixe en terre celles des autres membres, et ainsi campé il la déchire à belles mandibules et à belles mâchoires jusqu'à ce qu'il ait converti sa chaire en une sorte de bouillie qu'il avale. S'il survient un importun qui trouble son repos, il agite ses pattes postérieures en manière de menace et de protestation, ou cherche à mordre autour de lui, jusqu'à ce qu'il ait réussi à éloigner l'indiscret.

Ces observations ne sont possibles, comme nous le disions, que dans les années où les Chenilles de Liparides (*Ocneria monacha* et *dispar*), de Processionnaires (*Cnethocampa processionea* et *pityocampa*) se sont multipliées au point de causer de graves désastres aux forêts. Quand celles-ci disparaissent, le Sycophante devient si rare, qu'il peut se passer des années sans que l'on en rencontre un seul.

L'Insecte parfait sort de la Nymphe à la fin de l'été ou en automne, mais l'accouplement n'a lieu qu'après l'engourdissement hivernal. La femelle dépose ses œufs dans la terre.

La Larve, observée tout d'abord par Réaumur, ne diffère guère dans sa conformation générale de celle des Carabes. Comme on la voit d'habitude suffisamment repue, elle paraît moins cylindrique et semble plus large au milieu qu'aux extrémités. De même les plaques chitineuses dorsales ne recouvrent pas entièrement les anneaux, et laissent voir les intervalles de la peau tendue entre ces derniers, ce qui n'a pas lieu chez une Larve amaigrie où les plaques susdites sont nécessairement rapprochées. Les épines cornées du dernier anneau sont terminées en crochets recourbés vers le ciel et ornés d'une dent à leur base.

De même que les Insectes parfaits, les Larves de Calosome hantent les arbres et se nourrissent de Chenilles dont elles percent le ventre de leurs puissantes mandibules ; les victimes qu'elles ont saisies ont beau s'agiter, se tourmenter, marcher, elles ne les abandonnent que lorsqu'elles les ont entièrement sucées. Elles s'établissent souvent, ainsi que Réaumur l'a constaté le premier, dans les nids des Chenilles processionnaires : « Ces vers très

gloutons, dit-il, sçavent se placer à merveille pour que la proie ne leur manque pas, ils sçavent trouver les nids des processionnaires et s'y établir. Il ne m'est guère arrivé de défaire un nid de ces chenilles où je n'aye rencontré quelque ver de cette espèce, et souvent j'y en ai rencontré cinq à six. Là ils peuvent assurément manger autant qu'ils veulent ; il n'y a pas de jour apparemment où chacun d'eux ne fasse périr un bon nombre de ces chenilles ou de leurs crisalides, car ils continuent à se tenir dans les nids des processionnaires après qu'elles se sont métamorphosées en crysalides. » -

Carnassières et féroces, ces Larves ne se contentent pas de se livrer à des razzias terribles ; s'il y a plusieurs locataires dans un même nid, il peut arriver que le plus goulu, qui s'est gorgé au point de ne plus pouvoir faire un mouvement, ne devienne la proie d'un de ses frères plus agile.

Arrivée à terme pour la transformation, la Larve se creuse sous terre un gîte disposé horizontalement et l'état de nymphe ne dure que peu de semaines.

Ce Calosome généralement rare, qu'on rencontre isolément, apparaît quelquefois en grand nombre pendant les mois de mai et de juin ; il y a quelques années le bois de Boulogne était infesté de Chenilles processionnaires, et il n'était pas d'arbre qui ne portât un ou plusieurs de leurs nids, aussi trouvait-on encore assez souvent leur ennemi acharné (1867) ; aujourd'hui la torche ayant été promenée sur tous les nids, les Sycophantes ont disparu. Bouray est une localité des environs de Paris où il se montre assez souvent. En réalité il est plus répandu dans le Midi que dans le Nord.

LE CALOSOME INQUISITEUR — *CALOSOMA INQUISITOR.*

Der Kleine Kletterlaufkäfer.

Caractères. — Ce petit Calosome a la forme du précédent, mais il est plus petit puisqu'il n'a que 14 à 18 millimètres de long ; ses élytres plus convexes sont également couvertes de stries ponctuées ; les intervalles qui séparent ces stries sont ridées au lieu d'être lisses ; les quatrième, huitième et douzième portent de même une série de gros points, mais ceux-ci sont plus profondément enfoncés. Sa coloration est en dessus brun bronzé brillant avec une bordure verte ou plus rarement entièrement bleu foncé, en dessous et sur les bords des

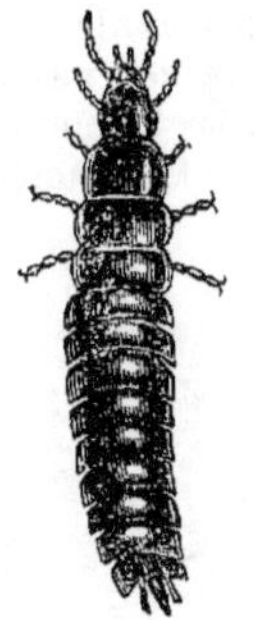

Fig. 192. — Larve.

Fig. 193. — Nymphe.

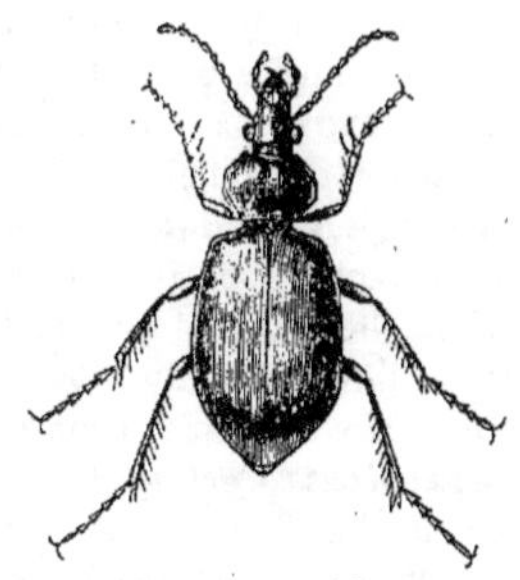

Fig. 194. — Adulte.

Fig. 192 à 194. — Le Calosome de Madère.

élytres elle est vert métallique plus brillant.

Mœurs, habitudes, régime. — Le petit Calosome (*Calosoma inquisitor*) ne se trouve que sur les arbres feuillus des forêts de l'Europe septentrionale et moyenne ; mais il a été capturé également en Portugal, en Algérie, en Syrie. Il ne recherche point les grands arbres, mais les taillis de chêne, de hêtre et de charme, les troncs que l'on peut atteindre avec la main et dont on peut secouer les branches facilement. C'est surtout au printemps, pendant les mois de mai et de juin, que l'on peut les faire tomber en quantité des taillis de chêne que les Chenilles de Tinéides (*Halias quercana et viridana*) dévastent et dépouillent de leur feuillâge. C'est toujours un curieux spectacle de voir à un coup donné sur l'un des troncs, deux ou trois ou même plusieurs Calosomes tomber sur les feuilles sèches, s'y cacher malicieusement pendant que de tout côté les Chenilles semblables à des pendus se maintiennent à un fil. Le danger est-il passé, nos Calosomes se mettent en chasse et s'apprêtent à grimper; chemin faisant, ils pourront trouver un morceau friand qui les dédommagera largement du désagrément qu'on leur a fait subir.

Cet Insecte n'est pas très rare en France, mais, comme le Sycophante, il se montre en grand nombre certaines années; il se trouve dans tous les bois des environs de Paris, à Meudon, à Saint-Germain, à Bondy, etc.

Le *Calosoma Maderæ* ou *indagator* (fig. 192 à 194) est encore un Insecte de nos contrées; c'est un Coléoptère noir foncé terne, d'assez grande taille (26 à 31 millimètres), aux élytres couvertes de stries longitudinales reliées par des rides transversales qui simulent des écailles imbriquées ; ces élytres portent chacune trois rangées de points généralement d'un beau vert métallique.

Ce Calosome, à l'encontre des précédents, ne hante pas les forêts, mais les plaines sablonneuses et même les champs cultivés, où il se livre à la chasse des Chenilles et même des Orthoptères.

Ce rare Insecte est méridional et se trouve aussi en Algérie et en Syrie; on peut dire qu'il n'a été capturé aux environs de Paris qu'accidentellement. M. Lucas a fait connaître sa Larve et sa Nymphe — nous les figurons ici (fig. 192 et 193) — qu'il a rencontrées fréquemment aux environs d'Oran, pendant les mois de janvier, de février et de mars. Extrêmement carnassières les Larves de ce Calosome se nourrissent de Colimaçons et se logent dans les coquilles de leurs victimes.

. L'Europe possède une quatrième espèce, le *C. auropunctatum* qui a été très souvent confondu avec le précédent parce qu'il présente comme lui trois rangées de points enfoncés aux reflets d'un beau vert métallique ; c'est un Insecte rare et septentrional qui vit dans les dunes de sables de la Suède, du Danemark, de l'Allemagne et des côtes de Bretagne (Morbihan).

LES CYCHRINES — *CYCHRINÆ*

Caractères. — Le facies de ces Coléoptères ne permet de les confondre avec aucun autre ; l'allongement de la tête et du prothorax leur donne un aspect tout particulier ; la forme de leurs palpes, à défaut d'autres caractères, suffirait à elle seule pour les différencier des Carabides ; les palpes, en effet, sont longs et leur dernier article, en forme de hache tronquée obliquement, est excavé sur la face supérieure ; leur labre profondément échancré semble fourchu.

Distribution géographique. — Les Cychrines sont des Insectes appartenant essentiellement à l'hémisphère boréal qui habitent l'Europe et surtout l'Amérique du Nord où ils sont fort nombreux. Les Cychrines proprement dits comptent 48 espèces : *Cychrus*, 33 ; *Nomaretus*, 5 ; *Sphæroderus*, 7 ; *Scophinotus*, 3. Un genre fort curieux et très caractérisé (*Damaster*) est cantonné dans les îles de l'archipel du Japon.

Mœurs, habitudes, régime. — Nous ne connaissons que les mœurs de nos espèces indigènes

LES CYCHRES — *CYCHRUS* (1)

Caractères. — Ces Coléoptères moins grands que les Carabes, sont de couleur noire, bronzée ou cuivreuse, et ont une physionomie propre qui les distingue entre tous. Leur tête est allongée, leur prothorax petit, étroit et cordiforme, leurs élytres beaucoup plus larges que le prothorax et soudées embrassent fortement le corps ; le premier article des antennes est allongé et en massue ; le labre est bifide, les mandibules allongées droites, portent plusieurs dents internes à leur extrémité ; les pattes sont longues ; les pattes antérieures larges sont simples et semblables dans les deux sexes. On a constaté que les espèces de nos pays produisaient une stridulation aiguë par le frottement de leur abdomen contre deux petites rainures de leurs élytres.

Distribution géographique. — Régions froides et tempérées de l'Europe et des États-Unis.

Mœurs, habitudes, régime. — Les Cychres habitent exclusivement les forêts, où ils se cachent sous la mousse, les pierres, les troncs renversés et les feuilles mortes ; ils se nourrissent de Mollusques terrestres ; la conformation de la tête se prête merveilleusement à ce régime, elle leur permet de pénétrer dans les petites coquilles des Gastéropodes qu'ils dévorent.

La France possède trois espèces de *Cychrus :* les *C. caraboides* ou *rostratus* (fig. 195), *attenuatus* et *spinicollis*. Le premier est un Insecte entièrement noir aux élytres finement chagrinées, ne présentant aucune trace de dessins en forme de

(1) Κυχρεύς, nom mythologique.

chaînons, qui est commun dans les Alpes et les montagnes, mais ne se trouve que rarement pendant l'hiver dans les parties humides des grands bois à Marly, à Bondy, Montmorency,

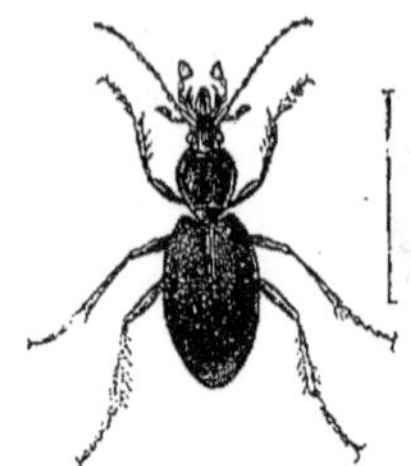

Fig. 195. — Cychre à museau.

Compiègne. Le second est également noir, mais son corselet et ses élytres sont bronzés ; celles-ci sont très rugueuses et portent chacune trois rangées de gros points saillants brillants qui forment des sortes de chaînes ; ce Cychre est plus fréquent dans les montagnes que dans les forêts peu élevées ; les Alpes, les Vosges sont ses habitations de prédilection ; on le capture, mais très rarement, aux environs de Paris dans les forêts de Compiègne et de Senlis. Nous ne citerons que pour mémoire le *C. spinicollis* qui appartient à la faune espagnole, mais a été pris quelquefois dans les Pyrénées.

Chez tous les Carabides dont nous avons parlé jusqu'à présent, les jambes sont entières, c'est-à-dire sans échancrure interne, chez ceux dont nous allons nous occuper, les jambes présentent, au contraire, à leur face interne une échancrure derrière laquelle se trouve l'une des deux épines terminales ou éperons ; aux jambes antérieures l'un de ces éperons est anté-apical, l'autre apical.

Le nombre des Carabides qui présentent ce dernier caractère est de beaucoup le plus considérable, et c'est parmi eux que viennent se ranger toutes ces espèces petites et moyennes noires, vertes ou d'un brun bronzé, presque toutes nocturnes, mais qui errent souvent aussi pendant le jour. Ils sont si nombreux, ces Insectes, si affairés, lorsqu'ils courent çà et là à la recherche d'une retraite ou évitent le pied du passant, qu'on est bien forcé de les apercevoir.

Nous nous permettrons de nous arrêter seulement à décrire les espèces qui méritent attention par quelques particularités de

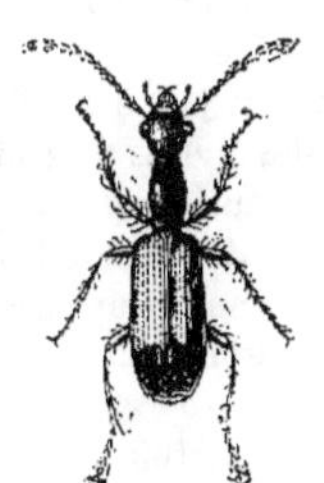

Fig. 196. — Odacanthe melanure.

Fig. 197. — Drypte denté.

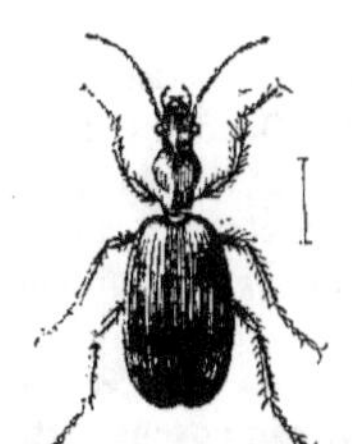

Fig. 198. — Brachine crépitant.

leur organisation ou quelques traits de leurs mœurs.

Un grand nombre de Carabides se ressemblent par leur aspect extérieur autant que par leurs mœurs qui restent à peu près les mêmes. Ils présentent en général les caractères suivants : tête ovale un peu rétrécie postérieurement de manière à présenter une sorte de cou ; antennes fortes et filiformes ; languette grande, cornée, complètement réunie à ses lobes latéraux ou paraglosses ; mandibules assez saillantes plus pointues que recourbées ; le dernier article des palpes n'est jamais subulé, c'est-à-dire terminé en alène ; corselet cordiforme à bords postérieurs parallèles ; élytres généralement plus larges que le corselet, tronquées ou échancrées à leur extrémité, aux angles extérieurs arrondis ; jambes antérieures fortement échancrées, tarses en général semblables dans les deux sexes, les trois premiers articles peuvent être dilatés chez les mâles, rarement chez les femelles, les trois ou quatre premiers articles des pattes intermédiaires sont élargis en même temps que ceux-ci ; corps quelque peu aplati et à abdomen composé de huit anneaux chez le mâle et de sept chez la femelle.

LES ODACANTHINES — *ODACANTHINÆ*

Caractères. — Leur tête est rétrécie en arrière pour former un cou court, très étranglé ; leur prothorax allongé est souvent très long ; les paraglosses sont de même longueur ou plus longues que la languette elle-même ; les tarses filiformes sont semblables dans les deux sexes. Toutes les Odacanthines sont de petite taille.

Distribution géographique. — Ces Insectes sont étrangers à l'Europe, à l'exception des

Odacantha, et sont répartis dans les régions chaudes de l'ancien et du nouveau monde. Les *Casnonia* (68 espèces) appartiennent pour la plupart à l'Amérique du Sud, au grand bassin de l'Amazone, à la Colombie, la Guyane, la Nouvelle-Grenade, quelques-unes sont asiatiques (Chine, Cachemire, Birmanie), australiennes, d'autres africaines (Port Natal, Sénégal, Algérie). Les *Ophionea* (4 espèces) sont des Indes orientales et d'Australie ; les *Stenidia* (7 espèces) sont africaines ; les *Odacantha* ne comptent que trois espèces, une européenne, une sénégalaise et une birmane.

Mœurs, habitudes, régime. — Les *Casnonia* que Lacordaire a observés au Brésil et à Cayenne courent avec la plus grande agilité dans les endroits sablonneux, au bord des eaux et s'envolent à la façon des Cicindèles pour se poser à quelques pas.

Nous connaissons les mœurs de l'*Odacantha melanura*, joli Insecte aux brillantes couleurs dont la taille ne dépasse pas 6 millimètres (fig. 196). Il est facile à distinguer entre tous : sa tête, son corselet, son abdomen sont bleu d'acier, ses élytres fauves portent vers leur extrémité une grande tache également bleu d'acier ; les antennes à l'exception des trois premiers articles, l'extrémité des cuisses sont noirs ; tout le reste du corps est roux testacé ; le corselet couvert de gros points enfoncés porte sur la ligne médiane une dépression très accusée ; les élytres sont ornées de plusieurs séries de points écartés et peu marqués.

Ce petit Carabide est un habitant de la France septentrionale et centrale où il est assez rare ; on le prend de septembre en mai en fauchant les Prêles et les Roseaux qui croissent dans les marécages ou sous les détritus qui se trouvent au bord des marais ; il a été souvent capturé autour des étangs des environs de Paris.

LES GALÉRITINES — *GALERITINÆ*

Caractères. — Ces Insectes ont tous les caractères des Odacanthines, dont ils ne diffèrent en réalité que par la longueur démesurée du premier article des antennes qui est plus grand, toute proportion gardée, que dans tous les autres Carabides.

Distribution géographique. — Tous les genres qui composent cette tribu sont étrangers à l'Europe, à l'exception des genres *Drypta*, *Zuphium* et *Polystichus*. Les espèces qui les composent sont réparties dans les régions chaudes de l'Ancien et du Nouveau Monde.

Mœurs, habitudes, régime. — On connaît les mœurs de nos *Drypta*, *Zuphium* et *Polystichus* indigènes; mais on possède quelques renseignements sur différentes espèces exotiques : Lacordaire a observé à Cayenne les *Calophæna* qui passent leur vie sur les feuilles et s'envolent avec aisance; M. Sallé ainsi que MM. Chapuis et Candèze ont fait connaître les Métamorphoses du *Galerita Lecontei* de l'Amérique du Nord dont la Larve, des plus singulières, est certainement la plus curieuse qui soit parmi les Carabides.

LES DRYPTES — *DRYPTA*

Les Dryptes sont des Insectes de petite taille, fort élégants, dont les 25 espèces sont réparties sur le continent africain et l'Inde. L'Europe possède les *Drypta dentata* et *distincta*.

LE DRYPTE DENTÉ — *DRYPTA DENTATA.*

Le *Drypta dentata* est un bel Insecte allongé, de 7 à 9 millimètres, bleu verdâtre, revêtu d'une fine pubescence grise, et couvert d'une forte ponctuation sur la tête, le corselet et les élytres; la bouche, les pattes et les antennes sont fauves, l'extrémité du premier article, le troisième article des antennes ainsi que les tarses sont noirâtres. Le corselet cordiforme, bien plus étroit que les élytres, est allongé et porte un sillon médian. Le quatrième article des tarses est divisé en deux lobes longs et étroits (fig. 197).

Le *Drypta* se prend dans les endroits humides, soit dans les marécages sous les débris de roseaux fauchés, ou dans les bois sous les fagots, sous les pierres, depuis le mois de septembre jusqu'au mois d'avril. Disséminé çà et là dans toute l'Europe tempérée et méridionale, on le capture assez rarement en France, surtout dans le bassin de la Seine.

Le *Drypta distincta*, qui est jaune avec une bande verte sur la suture des élytres s'étendant jusqu'aux deux tiers de leur longueur, est exclusivement méridional, de la Sicile, de l'Espagne, du Maroc et de nos provinces du midi où il se montre très rarement.

Les *Zuphium* que nous ne citerons que pour mémoire sont des Insectes de petite taille, très plats, noirs, bruns, ferrugineux ou testacés; des taches de l'une ou l'autre nuance se détachent souvent sur un fond de coloration différente. Ils vivent sous les pierres, dans les endroits humides, et exhalent une odeur pénétrante. Les 30 espèces connues sont réparties en Europe, en Asie, en Afrique, en Amérique et même en Océanie; ils sont en général des régions chaudes. La France méridionale donne asile aux *Zuphium olens* et *Chevrolati*.

Les *Polystichus*, qui ressemblent aux Zuphium, sont un peu moins plats; comme eux ils affectionnent les localités humides et s'abritent sous les pierres des pays chauds où on les trouve souvent en société. Moins nombreux que les *Zuphium*, car on n'en compte que 9 espèces, leur aire de distribution géographique est fort étendue. Le *Polystichus vittatus* est un Insecte que les inondations nous apportent du Morvan et de la Côte-d'Or jusqu'à Paris; c'est un Carabide plutôt méridional.

LES BRACHININES — *BRACHININÆ*

Ces Insectes constituent une tribu homogène et leur facies est si particulier que l'Entomologiste le moins habile peut les reconnaître sans hésitation; tous ne possèdent-ils pas la plus remarquable des facultés, celle de lancer avec force par l'anus quelques gouttelettes d'un liquide corrosif, d'une odeur très forte, qui a la propriété de se vaporiser instantanément en produisant une crépitation des plus vives (fig. 199); c'est pour cela qu'on les nomme vulgairement des *Bombardiers*, et c'est pour le même motif que beaucoup d'espèces ont reçu des qualifications qui rappellent cette dénomination populaire. Il suffit, pour observer le phénomène tout à son aise, de plonger un de ces Insectes dans un flacon d'alcool; on entend alors une série de petites crépitations assez fortes, jusqu'à ce

Fig. 199. — Brachine se défendant de l'attaque d'un Carabe.

que notre artilleur condamné à mort, ayant épuisé sa poudre et ses forces, se rende et dépose les armes.

Caractères. — La tête et le prothorax sont toujours plus étroits que les élytres; ce dernier est cordiforme; les élytres, fortement tronquées à l'extrémité, de manière à laisser l'extrémité de l'abdomen à découvert, sont presque toujours couvertes de côtes; d'un pore situé dans l'excavation externe des mandibules sort un poil ou soie.

Les espèces sont assez difficiles à distinguer, parce qu'on se base pour les décrire sur des caractères tirés de la couleur ou de la différence de forme que présentent les diverses parties du corps, caractères qui ne reposent souvent que sur des particularités difficiles à observer. Les espèces les plus grandes atteignent 17 millimètres ½ et ont généralement de jolis dessins jaunes sur un fond noir; celles de nos pays sont munies d'ailes complètement développées, qui manquent à beaucoup d'autres venant du sud de l'Europe ou de l'Amérique du Nord; elles ont les élytres uniformément noires ou rouge-brique, ordinairement à reflets bleuâtres, et n'atteignent qu'une petite taille.

Distribution géographique. — Ces intéressants Coléoptères se trouvent sur tous les points du globe, l'Australie exceptée (l'Australie posséderait cependant deux *Pheropsophus*) et leurs espèces sont plus nombreuses dans les pays chauds que vers le nord; des 10 espèces qui vivent en France, il n'en reste que 4 en Allemagne et une seule en Suède, où elle

est très rare. Ils sont fort nombreux; on en a décrit plus de 230 espèces; le genre *Brachinus* compte à lui seul 150 espèces.

Mœurs, habitudes, régime. — Nous connaissons les mœurs des Brachinines indigènes, ce sont des Insectes qui vivent généralement en petites familles sous les pierres ou sous les détritus végétaux, dans les endroits où règne quelque fraîcheur; leurs Larves ne sont pas connues.

LES BRACHINES — *BRACHINUS*

Caractères. — Nos Brachines indigènes peuvent se partager en deux groupes.

Ceux-là sont aptères, ont les élytres à épaules effacées et dont la base n'est pas beaucoup plus large que le corselet, élytres qui vont s'élargissant peu à peu jusqu'à l'extrémité et sont couvertes de côtes saillantes; leur menton porte une dent médiane souvent échancrée; ils se distinguent encore par la coloration, car ils ont des élytres toujours noires, ce sont les *Aptinus* de beaucoup d'auteurs.

Ceux-ci sont ailés, ont les élytres à épaules accusées, et dont la base est plus large que le corselet, élytres qui sont oblongues ou presque carrées ; leur menton n'a pas de dent médiane, la coloration de leurs élytres est presque toujours bleu foncé ou verdâtre, celle de la tête et du corselet est toujours jaune rougeâtre; ce sont les *Brachinus* proprement dits.

L'*Aptinus displosor* (15 à 18 millimètres) est un Insecte espagnol qui se trouve assez communément dans les Pyrénées orientales, aux environs de Port-Vendres, l'*A. Pyrenæus* (7 à 10 millimètres) habite les Pyrénées (Luchon); l'*A. Alpinus* (10 millimètres) se prend dans les Basses-Alpes.

LE BRACHINE CRÉPITANT — *BRACHINUS CREPITANS.*

L'une des espèces les plus remarquables est le *B. crepitans* qui mesure 6 ½ à 8 milli-

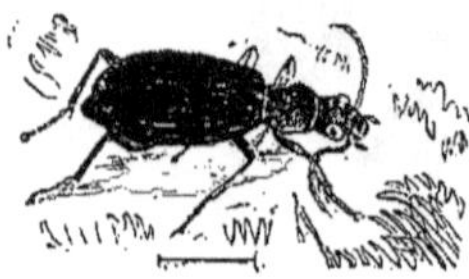

Fig. 200. — Brachine crépitant.

mètres de long. Elle a la tête, les antennes, le corselet et les pattes rouge-brique, les élytres finement striées sans ponctuations d'un bleu foncé passant quelquefois au vert; les parties inférieures sont noires; vus de près, les troisième et quatrième articles des tarses paraissent plus bruns, et tout le corps à l'exception des élytres est revêtu de poils fins; le corselet a les angles postérieurs saillants et pointus (fig. 194 et 200).

Cette espèce, répandue dans toute l'Europe centrale, est sensiblement plus abondante et de plus forte taille dans le midi que vers le nord. Assez commune en France; elle se cache dans les champs sous les pierres, les détritus végétaux; c'est elle que nous représentons grossie dans les figures; c'est encore elle que nous voyons lancer son venin caustique à la face d'un Carabe qui la poursuit pour la dévorer (fig. 199).

On rencontre encore communément en France et dans toute l'Europe, cachées sous les pierres dans les champs et les lieux humides, les petites sociétés du *B. explodens* qui se distingue du précédent, malgré sa coloration semblable, par ses élytres sans stries visibles et la forme de son corselet dont les angles postérieurs sont émoussés, et par sa taille qui n'excède pas 5 à 6 millimètres.

Le *Brachine pistolet* ou *B. sclopeta* est encore une espèce indigène fort commune, facile à reconnaître; ses élytres portent une tache rougeâtre sur la suture derrière l'écusson; sa taille est de 5 à 7 millimètres. Le *B. bombarda*, qui ressemble au précédent, est une espèce de la France méridionale. Le *B. exhalans*, dont

les élytres bleues portent chacune 2 taches jaunes l'une vers la base, l'autre près de l'extrémité, est une espèce du midi de la France. Le *B. humeralis* (8 à 10 millimètres), qui se distingue entre tous par ses élytres jaunes à suture noire finement pointillées et à côtes saillantes, semble cantonné dans la France méridionale entre le Rhône et les Pyrénées.

Le genre *Pseropsophus* (54 espèces) des régions les plus chaudes du globe est représenté en Europe par le *P. hispanicus* qui habite le midi de l'Espagne.

LES LEBIINES — *LEBIINI*

Cette tribu est une des plus nombreuses parmi les Carabides, les espèces qui la composent sont réparties dans plus de 70 genres; certains genres comprennent des centaines d'espèces, ainsi on a décrit 144 *Agra*, 126 *Callida*, 120 *Cymindis*, 76 *Dromius*, 198 *Lebia;* les *Cymindis*, les *Dromius* et les *Lebia*, sont les types génériques autour desquels viennent se grouper tous les représentants de la tribu, représentants qui sont pour la grande majorité exotiques.

Caractères. — La troncature des élytres à leur extrémité est un caractère essentiel de ces petits Insectes au corps déprimé; la soudure de la languette avec ses paraglosses est un autre caractère tout à fait général; la longueur du premier article des antennes est normale.

Distribution géographique. — Parmi les nombreux genres de cette tribu, répartis sur tout le globe, quelques-uns sont européens. Les *Agra* et les *Callida* aux brillantes couleurs métalliques sont arboricoles, et courent sur le feuillage avec agilité; les premiers habitent exclusivement les régions chaudes de l'Amérique, le Mexique, le Brésil, la Guyane, la Colombie, le Pérou, etc., les seconds sont répandus sur une aire géographique plus étendue, ils sont aussi américains qu'africains.

Les *Cymindis*, au vêtement brun, sont cosmopolites, mais, à l'inverse des précédents, ils préfèrent les régions tempérées ou froides, ils aiment les coteaux arides où ils s'abritent sous les pierres et entre les racines des plantes. L'Europe et le bassin de la Méditerranée comptent une trentaine d'espèces. En France, nous avons : le *C. humeralis* des pays montagneux, qui est fort rare aux environs de Paris; le *C.*

melanocephala des Pyrénées orientales ; le *C. oxillaris*, la plus grande de nos espèces (10 millimètres) des montagnes du midi, des hauts plateaux algériens, qui se rencontre très rarement autour de Paris ; le *C. miliaris*, capturé accidentellement à Lardy, à Fontainebleau, est plutôt de l'Europe orientale ; le *C. vaporariorum* est alpestre.

Les *Singilis* sont de très petits Insectes espagnols.

Les *Demetrias* sont de petits Carabides de 4 à 5 millimètres de longueur, de forme allongée, au corps déprimé, aux teintes pâles, testacées ou jaunâtres, qu'on rencontre dans l'Europe boréale et la Sibérie ; en France et même aux environs de Paris, on prend, en fauchant dans les marécages, les *D. monostigma* et *imperialis*, qui volent avec aisance de tige en tige, mais s'abritent souvent sous les roseaux fauchés ; le *D. atricapillus*, qui aime également la fraîcheur, se trouve sous les feuilles, les écorces, les fagots, dans toute l'Europe et très communément dans le bassin de la Seine.

Les *Dromius* sont encore de très petits Insectes répartis dans les deux hémisphères au nord comme au sud de l'équateur ; nos espèces indigènes dont la taille n'excède pas 5 millimètres s'abritent sous les écorces, les mousses, les fagots, dans les endroits humides ; leur corps aplati, allongé, leur permet de se glisser dans les fissures les plus étroites ; tantôt ailés, tantôt aptères, ils sont d'ailleurs fort lestes ; leur couleur est brune ou jaune. Les *D. linearis*, *agilis*, *quadrimaculatus*, *quadrinotatus* sont fort communs aux environs de Paris, d'autres s'y rencontrent plus rarement.

Les *Metabletus* se distinguent à peine des *Dromius* et sont répartis dans les différentes régions de l'hémisphère nord de l'ancien continent, il en est qui sont européens, comme d'autres indiens ; le *M. foveola* n'est pas rare dans toute l'Europe aussi bien que dans nos environs.

Les *Lionychus* (9 espèces) sont des *Dromius* dont le corselet est relié au mésothorax par un étranglement ; ils sont représentés en Angleterre, en France, en Allemagne, par le *L. quadrillum*, petit Carabide, noir bronzé, aux élytres marquées chacune de deux points blancs, qui fréquente le bord des rivières.

Les *Lebia* aux couleurs vives et brillantes, aux membres agiles, sont répandues sur toute la surface du globe, et leurs nombreux représentants, courant sur toutes les plantes à la recherche d'une petite proie, fourmillent dans l'Amérique intertropicale. Ils ne sont pas rares en Europe et la France compte quelques espèces, qui toutes ont le corselet rouge. La Lebie à tête bleue (*L. cyanocephala*), verte, bleue ou violette, aux pattes rouges, aux genoux noirs, à l'écusson et à la poitrine noire, se rencontre çà et là sur les plantes, sous les mousses, les écorces ; la Lebie à tête noire (*L. chlorocephala*), également verte, bleue ou violette, et que la coloration de la tête différencie de la précédente, se prend parfois au printemps sous les pierres, au pied des saules et des peupliers ; le *L. crux minor*, dont les élytres orangées sont ornées de bandes noires qui dessinent une sorte de croix, a été capturé de temps à autre dans les localités sablonneuses, soit courant sur les plantes, soit caché sous les pierres ou les fagots aux environs de Paris ; le *L. marginata* ou *hæmorrhoidalis*, aux élytres noires terminées par une bande rouge, plus commune, erre sur les bruyères, les fougères, les genêts, etc. Les *L. fulvicollis*, *cyatigera* et *turcica* sont encore des espèces françaises. Les *Masoreus*, dont les affinités sont difficiles à établir, sont des Insectes de petite taille propres à l'ancien continent (24 espèces) ; le *M. Wetterhali*, petit Carabide brun rougeâtre de 5 millimètres, se trouve quelquefois dans les terrains sablonneux de nos environs.

LES PÉRICALINES — *PERICALINÆ*

Cette tribu, qui se partage en 17 genres, n'est pas très nombreuse et ne comprend jusqu'à ce jour que 170 espèces environ qui toutes sont étrangères à l'Europe. M. Künckel d'Herculais a appelé récemment l'attention sur l'étrangeté de ses formes, la bizarrerie de sa physionomie (*La Nature*, 1880).

LE MORMOLYCE PHYLLODES — *MORMOLYCE PHYLLODES.*

Les *Lebia* peuvent être mis au nombre des plus charmants des Carabides, mais combien ils nous paraissent chétifs et misérables ces Insectes, lorsque nous les comparons à leurs congénères des pays intertropicaux ? En Australie, aux Indes orientales, en Afrique et surtout à Madagascar, les *Lebia* sont remplacés par des Insectes élégants et de plus grande taille, se dissimulant comme eux sous les écorces ou les troncs d'arbres renversés, les *Thyreopterus* qui se font remarquer notamment par la forme des élytres dont le bord externe, tendant à s'élargir, porte sur son pourtour une légère expansion.

Caractères. — L'île de Java recèle une sorte de Thyréoptère dont tous les organes, comme le fait remarquer Lacordaire, semblent s'être monstrueusement développés, tant ils ont pris un accroissement exagéré : la petite bordure de l'élytre, par exemple, est devenue une immense expansion horizontale, qui donne à l'animal l'aspect le plus original et une apparence foliacée fort singulière (fig. 201). A ces carac-

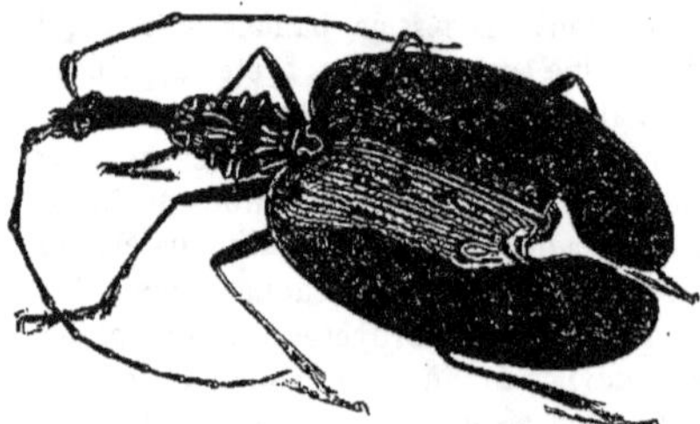

Fig. 201. — Le Mormolyce phyllodes.

tères viennent s'en joindre d'autres, non moins frappants ; la tête s'attache au prothorax par un long cou étranglé, porte de gros yeux ronds, des antennes aussi longues que l'animal tout entier ou peu s'en faut ; le corselet très aplati a la forme d'un losange aux bords denticulés ; les élytres elles-mêmes, indépendamment de leurs expansions démesurées, sont couvertes de stries longitudinales interrompues par quelques tubercules. En jetant les yeux sur la figure ci-contre, on saisira mieux tout ce qu'a d'étrange ce Coléoptère et l'on comprendra que le nom de *Mormolyce* (μορμολύκη) (1), que l'appellation de *phyllodes* (φυλλώδης) (2), lui ont été justement appliquées. Les habitants de Java emploient pour désigner notre Insecte un terme moins savant, mais tout aussi expressif : ils le nomment « *le violon* » ; ce n'est pas qu'ils le croient capable de produire des sons, mais, frappés par les apparences extérieures, ils ont trouvé que sa forme rappelait celle de cet instrument de musique.

Distribution géographique. — Les Mormolyces ne sont pas connus depuis une époque

(1) Qui signifie *spectre*.
(2) Qui veut dire *semblable à une feuille*.

fort ancienne ; recueillis dans la région occidentale de l'île de Java par les voyageurs Kuhl et Van Hasselt, ils furent envoyés pour la première fois en Europe vers 1820 et adressés au Musée de Leyde. Hagenbach s'empressa de décrire et de figurer le *M. phyllodes*, mais les Naturalistes qui l'avaient capturé étant morts, les renseignements biologiques manquèrent à l'auteur pour compléter son travail. Les *Mormolyces phyllodes* demeurèrent fort rares pendant bien des années ; recherchés par les grands musées, enviés par les riches collectionneurs, servant de prétexte à de nombreuses discussions sur leurs affinités naturelles, ils avaient une valeur considérable, aussi ne faut-il pas s'étonner que le Muséum de Paris, il y a quelque vingt ans, ait payé un de ces Insectes, aussi bizarre qu'extraordinaire, la somme énorme de 1,000 francs. Les facilités de communication, la fréquence des voyages, ont tout changé ; les Mormolyces jadis si précieux se sont répandus dans le commerce ; il n'est pas de collections, même particulières, qui n'en possèdent de nombreux représentants : le musée de Gênes en conserve à lui seul 24 exemplaires, et tout récemment MM. Montano et Rey en ont envoyé de nombreux spécimens à notre Muséum. De nouvelles espèces ont été découvertes dans les îles de l'Archipel de la Sonde et sur le continent indien, le *M. phyllodes* a été retrouvé non seulement à Java, à Bornéo, mais à la presqu'île de Malacca. Nous n'avons rien à dire des *M. Hagenbachi* et *Castelnaudi*, ils ne diffèrent du type que par la forme du prothorax et de l'expansion foliacée des élytres. Toutes les espèces de Mormolyces ont entre elles les affinités les plus étroites, leurs mœurs sont identiques et ce que nous dirons de l'une se rapporte rigoureusement à l'autre.

Mœurs, habitudes, régime. — Ces Coléoptères habitent les régions tropicales, et si leur grande taille ne leur permet pas de s'insinuer sous les écorces, la minime épaisseur de leur corps leur est favorable pour se dissimuler sous les troncs d'arbres renversés ; lorsqu'à force de bras on déplace un de ces géants terrassés, on trouve les Mormolyces blottis entre l'écorce et le sol ; aveuglés par la lumière, ils restent immobiles ; revenus promptement de leur surprise, ils détalent avec une agilité incomparable ; si le chasseur ne saisit pas prestement sa proie fascinée, quel que soit son adresse, l'Insecte sera assez habile pour se mettre hors d'atteinte par une fuite précipitée. M. de Castelnau, dans ses excursions à travers la presqu'île de Malacca, a été à même d'étudier les mœurs de ces Coléoptères, mais ce sont les Naturalistes hollandais qui nous ont transmis les remarques les plus intéressantes sur leurs métamorphoses et nous ont fait connaître les larves et les nymphes. Le Naturaliste Overdyk a adressé tout d'abord ses observations accompagnées des pièces à l'appui à M. Verhuel (1) ; plus tard (1861), on a publié d'Overdyk lui-même quelques remarques très intéressantes faites en 1842.

La larve du Mormolyce, par une singulière coïncidence, rappelle tout à fait les larves de nos Carabes et de nos Calosomes, la larve de notre Carabe doré, très répandue dans nos campagnes, et surtout celle du Calosome sycophante qui dévore les chenilles processionnaires du chêne ; si la coloration est différente, la forme générale du corps est la même. Les rapports sont si grands que l'éminent Entomologiste Lacordaire a cru devoir supposer bien à tort que M. Verhuel avait représenté par erreur la larve d'un autre Carabide. La tête de couleur brun foncé, ainsi d'ailleurs que le premier anneau, porte une armature buccale en tous points analogue à celle des *Carabus* et des *Calosoma*, seulement le palpe maxillaire est double au lieu d'être simple ; les deux anneaux suivants sont de teinte moins foncée ; tous les autres sont marqués de taches orangées se détachant sur un fond jaune-vert mat; le douzième anneau, comme celui des larves de Carabes et de Calosomes, supporte une paire d'appendices, qui ne sont plus représentés que par deux stylets filiformes.

Les larves de Mormolyces phyllodes, d'après les observations d'Overdyk, vivent dans d'énormes *Polyporus* qui croissent sur les troncs et les racines pourris des arbres des forêts vierges des montagnes de Java (mont Gedée) ; ces champignons, que les Javanais nomment *Gammur*, ressemblent aux volumineux bolets (des *Polyporus* également) que nous voyons se développer sur nos arbres indigènes ; elles creusent dans leurs tissus des loges où elles se tiennent à l'affût pour saisir les Insectes qui passent à leur portée ; très carnassières, elles poussent la voracité jusqu'à se dévorer entre elles. En l'espace de huit à neuf mois ces larves ont pris tout leur accroissement et se transforment en une nymphe qui se distingue au

(1) *Annales des sciences naturelles*, 1817.

premier aspect par la disposition qu'affectent les longues antennes ; la tête est cachée sous le prothorax et les antennes sont repliées en S pour dissimuler leur longueur.

Au récit d'Overdyk, les Mormolyces sécrètent un liquide corrosif d'une virulence telle que le chasseur, qui les saisit sans crainte, perd pendant vingt-quatre heures l'usage de ses doigts; l'Insecte mort ne conserve pas heureusement ses redoutables propriétés, car les Entomologistes paralysés, temporairement il est vrai, auraient écrit sur ce sujet de gros mémoires.

LES DITOMINES — *DITOMINÆ*

Caractères. — Les Ditomines sont des Insectes de petite et moyenne taille, de couleur noire ou brune, quelquefois bleue ; souvent aptères, qui savent fouir le sable et s'y creuser des retraites, dont nous possédons quelques types génériques, les *Ditomus*, les *Aristus*, les *Apotomus*. Les *Ditomus* sont des Insectes de moyenne taille au corps épais, à la tête volumineuse souvent ornée d'une corne, aux mandibules robustes quelquefois également chargées de cornes, au corselet en forme de croissant aux pointes arrondies, rélié au mésothorax par un étranglement très prononcé. Les *Aristus* sont des Carabides de moyenne taille (11 à 14 millimètres), à la physionomie étrange ; leur tête énorme est supportée par un corselet en forme de demi-lune aux pointes aiguës, cette tête et ce corselet réunis ayant la moitié de la longueur du corps ; un coup d'œil jeté sur la figure ci-jointe permettra de juger de la singularité de ces Animaux. Les *Apotomus* sont de très petite taille, ils se distinguent entre tous les Ditomines par la longueur des palpes maxillaires qui dépasse celle de la tête, laquelle est petite ; le corselet, contrairement à ce qui a lieu chez les *Ditomus* et les *Aristus*, est plus long que large.

Distribution géographique. — Les Ditomines appartiennent pour la plupart à la France méditerranéenne, les *Apotomus* seuls ayant une aire géographique très étendue. Nos espèces indigènes habitent nos départements les plus méridionaux ; cependant le *Ditomus calydonius*, le *Ditomus fulvipes*, l'*Apotomus clypeatus* (fig. 202) ont été capturés de temps à autre aux environs de Paris.

Mœurs, habitudes, régime. — Les *Ditomus* et les *Aristus* ont des mœurs fort curieuses.

Choisissant pour élire leur domicile des friches arides bien ensoleillées, ils se creusent de profonds terriers où ils s'abritent et au fond desquels ils se retirent à la moindre alerte ; ils ne

Fig. 202. — Ariste à bouclier.

sortent que la nuit pour aller aux provisions, car, chose singulière, ces Carabides ne vivent pas de proie, ils récoltent des graines de graminées et d'ombellifères et les entassent dans leurs retraites ; lorsque les grandes pluies inondant leurs terriers les obligent à s'enfuir, ils cherchent un refuge sur les épis de froment et au milieu des ombelles chargées de graines. On ne s'attendait guère à trouver des Insectes granivores parmi les rapaces les plus cruels.

LES ANTHIANINES — *ANTHIANINÆ*

Caractères. — Les *Anthia* sont de grands et beaux Insectes, les mieux doués peut-être de

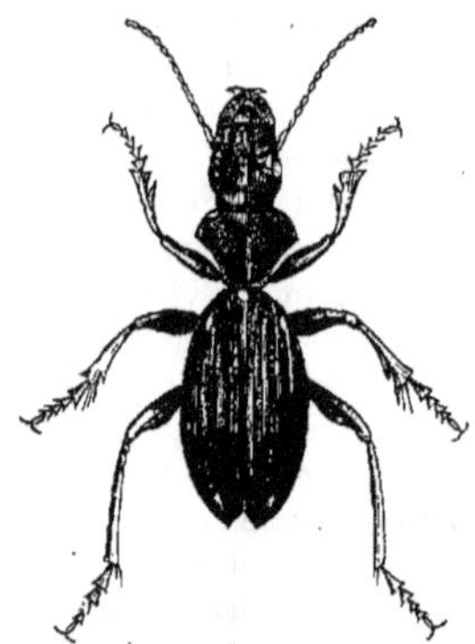

Fig. 203. — Anthia à 10 taches.

tous les Carabides ; la taille, la puissance de leurs mâchoires, la rapidité et l'agilité de leurs membres en font des chasseurs redoutables. Ils sont caractérisés par leur languette qui est très grande, cornée, en forme de spatule concave et dépourvue de paraglosses.

Distribution géographique. — Ils habitent les parties les plus chaudes de l'Afrique (3 espèces seulement sur 51 se trouvent en Arabie et aux Indes) et se livrent à la chasse dans le

désert, on peut dire qu'ils sont les Touaregs de la gent hexapode. Nous représentons l'*A. decemguttata* du Cap de Bonne-Espérance (fig. 203).

LES SCARITINES — *SCARITINÆ*

Caractères. — Un type qui s'éloigne des précédents par sa conformation et par plusieurs caractères propres est celui des Scarites.

Le prothorax est relié au mésothorax par un pédoncule mésothoracique, ce qui lui assure une mobilité extraordinaire ; ce prothorax ou corselet a la forme d'un croissant, l'écusson est nul ; les jambes antérieures larges, palmées, à dents externes très fortes, sont propres à fouir et présentent une échancrure du côté interne ; la tête est large, carrée ; les mandibules sont grandes, menaçantes et presque aussi longues que la tête ; la lèvre supérieure est trilobée ; les antennes courtes insérées sous une expansion du front ont leurs articles moniliformes, c'est-à-dire disposés en grains de chapelet avec l'article basilaire si long que l'antenne semble brisée.

Les espèces qui composent ce genre peuvent être de très petite taille et de très grande taille, toujours sans ornements et sans sculptures, elles sont de couleur noire uniforme.

Distribution géographique. — Les Scaritines, dont on a décrit plus de 800 espèces, habitent toutes les régions du globe ; les *Sca-*

Fig. 204. — Scarite géant.

rites proprement dits (114 espèces), les *Dischirius* (127 espèces), les *Clivina* (204 espèces) comptent dans nos contrées un certain nombre de représentants.

Mœurs, habitudes, régime. — Les *Scarites* se creusent, au bord des fleuves ou dans le voisinage de la mer, des trous en forme de tube qu'ils ne quittent guère le jour et à l'entrée desquels ils se tiennent en embuscade, attendant qu'une proie passe à leur portée.

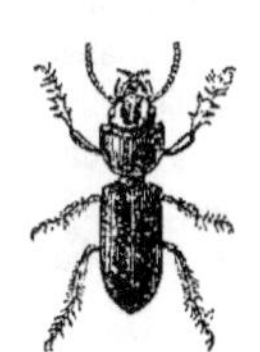

Fig. 205. — Scarite des sables.

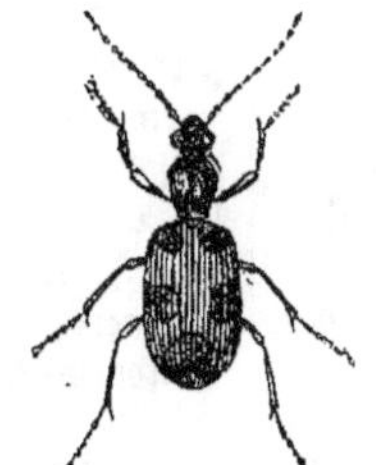

Fig. 206. — Calliste luné.

Fig. 207. — Clivine fouisseuse.

Après le coucher du soleil, ils sortent avec prudence de leur retraite, mais ils s'y précipitent en toute hâte à l'approche d'un danger en cela ils rappellent notre Grillon champêtre. Plus tard, quand l'obscurité est complète, devenant plus hardis, ils se mettent bravement à la poursuite de leur proie.

Lacordaire a trouvé dans les forêts de l'Amérique plusieurs espèces de Scarites sous les pierres et les troncs d'arbres pourris ; à Buenos-Ayres, il a rencontré le *Scarites anthracinus* dans les cadavres d'Animaux desséchés dont il rongerait les parties tendineuses.

Heer a observé à Madère la Larve du *Scarites abbreviatus*; à ce qu'il nous apprend, elle se distingue de la Larve des autres Carabides par une grosse tête privée d'yeux ; les jambes sont assez courtes, les hanches relativement longues et détachées ; le trochanter et les cuisses aplaties ont une double rangée d'épines courtes à leur face interne, et l'anneau terminal est pourvu de deux appendices bi-articulés.

Le Scarite géant (*Scarites gigas* ou *pyracmon*) se distingue : par ses élytres brillantes, brièvement ovales, sans stries, ni ponctuations sensibles, et par la présence d'une dent sur le bord extérieur du corselet. Celui-ci a les angles antérieurs très saillants, et le bord antérieur transversal et rentrant marqué de stries fines (fig. 204). Ce Scarite habite les côtes de la Méditerranée. Un chasseur qui a envoyé d'Espagne plusieurs individus de cette espèce, affirme qu'il est extrêmement difficile de s'en emparer ; pour le capturer à coup sûr il faut boucher avec un bâton ou quelque autre objet, l'entrée de sa retraite avant qu'il soit de retour de ses excursions nocturnes.

D'autres *Scarites* qui se distinguent du précédent par l'existence d'une seule dent au lieu de deux sur le côté externe des jambes inter-

médiaires vivent dans le midi de la France et surtout le littoral Méditerranéen, tels sont les *S. lævigatus* et *arenarius* (fig. 205) qui ont les mêmes mœurs que le *S. gigas*.

Les Carabides fouisseurs de l'Allemagne, du nord de la France et de toute l'Europe tempérée sont de véritables nains à côté des Scarites, ils appartiennent au genre *Clivina* et principalement au genre *Dyschirius*. Le *Clivina fossor* que nous figurons (fig. 207) se trouve au bord des étangs, des mares et dans tous les endroits humides, il se dissimule sous les pierres et les débris qui se trouvent au bord des eaux. Les *Dyschirius* fréquentent également les endroits humides où ils s'abritent dans des galeries, qu'ils abandonnent pour courir ou prendre leur vol; suivant M. Bedel, ils vivraient aux dépens de certains Staphylins, les *Bledius*, qui aiment aussi le bord des eaux où, comme les Taupes, ils se creusent des terriers. Parmi nos nombreuses espèces indigènes, les unes affectionnent les terrains salés du littoral, les autres s'enterrent dans le sol humide ; 13 espèces ont été rencontrées aux environs de Paris.

LES PANAGÉINES — *PANAGEINÆ* (1)

Caractères. — Ce sont de fort jolis Insectes que leur faciès particulier permet de reconnaître au premier coup d'œil ; leur livrée généralement noire et jaune les distingue de tous les Carabides. Leur corselet n'est pas relié au mésothorax par un pédoncule; c'est là ce qui les sépare nettement des Scaritines ; leur tête est petite et rétrécie en arrière ; leur languette est soudée aux paraglosses.

Distribution géographique. — Les *Panageus -vrais* (12 espèces) se rencontrent en Europe,

(1) Πανάγιος, très saint.

dans le nord de la Chine, au Japon, dans l'Amérique du Nord et les Antilles.

Mœurs, habitudes, régime. — Ce sont de charmants Insectes à la parure élégante, car leurs élytres portent des taches oranges qui se détachent sur un fond noir profond ; ils exhalent une odeur pénétrante tout autre que celle des autres Carabides.

Le *P. crux major* se trouve en France toute l'année sous les pierres ou les bois pourris, dans les marécages, les prairies tourbeuses ; le *P. bipustulatus* au contraire ne hante que les bois sablonneux.

LES CHLÆNINES. — *CHLÆNINÆ* (1)

Caractères. — Cette tribu renferme des Insectes aux formes élégantes, qui pour la plupart sont de couleur verte sur laquelle viennent trancher des taches ou des bandes latérales jaunes ; ils sont couverts d'un fin duvet soyeux. Ainsi que les précédents, leur corselet n'est pas rattaché au mésothorax par un pédoncule ; leur tête est petite, rétrécie en arrière, leur languette est libre. Ils exhalent une odeur ammoniacale très accentuée.

Distribution géographique. — Fort nombreux en espèces, — on a déjà décrit 400 es·pèces de *Chlænius* vrais, — les représentants de cette tribu sont répartis sur toutes les régions du globe, mais principalement en Afrique et en Amérique, et ont tous le même genre de vie, ils affectionnent le bord des eaux.

Mœurs, habitudes, régime. — Nous citerons quelques espèces européennes : le *Loricera pilicornis* aux reflets bronzés qu'on trouve dans les endroits vaseux et ombragés, en France comme en Sibérie. Le *Callistus lunatus* (fig. 206), qui est peut-être le plus charmant des Carabides, tant est agréable à l'œil l'harmonieux contraste des couleurs qui le revêtent : sa tête bleue tranche sur son corselet rouge ; ses élytres rouge vif sont relevées chacune par 3 taches noires bleuâtres ; ses pattes sont annelées de rouge et de noir ; c'est un Insecte assez rare, qui habite les collines sèches abritées où il se blottit en famille sous les pierres, ou dans les touffes d'herbe. Les *Oodes* dont le faciès rappelle celui des *Amara*, sont des Insectes noirs habitants des marais où ils grimpent sur les joncs ; on prend parfois dans les environs de Paris, l'*O. helopioides* (fig. 208) et l'*O. gracilis.*

(1) Χλαῖνα, manteau.

Quant aux *Chlænius*, ils ont de nombreux représentants dans nos pays ; nous signalerons : parmi les espèces aux élytres vertes bordées de jaune, couvertes d'une pubescence jaunâtre, les *C. vestitus, velutinus* (fig. 209), *festivus* (Méd.), *variegatus ;* parmi les espèces aux élytres vertes bordées de jaune, mais non pubescentes, les *C. circumscriptus, C. spoliatus ;* parmi

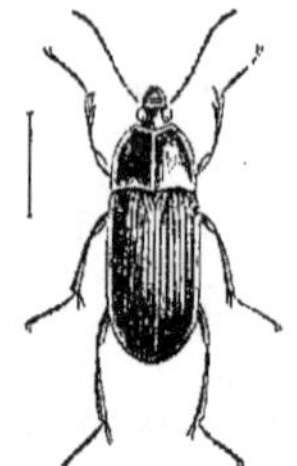

Fig. 208. — Oodes à forme d'Helops.

les espèces aux élytres vertes non bordées de jaune, à la tête ou au corselet cuivreux, les *C. nitidulus* ou *Schrankii, C. nigricornis, C. fulgicollis* (Pyr. or.), *C. chrysocephalus* (Méd.) ; parmi

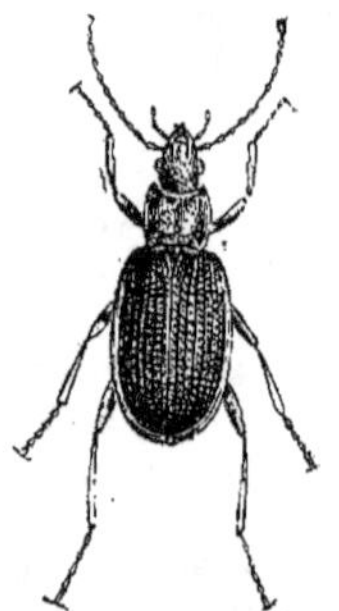

Fig. 209. — Chlœnie veloutée grossie.

les espèces aux élytres noires, à la tête à peine bronzée, les *C. holosericeus, C. sulcicollis ;* et enfin une espèce au-dessus du corps bleu, le *C. azureus* (Fr. mérid.).

LES HARPALINES. — *HARPALINÆ* (2)

Die Harpalinen.

Les Harpalines sont caractérisés incomplètement par la dilatation chez les mâles et quelquefois chez les femelles, des quatre premiers articles des tarses des pattes antérieures et

(2) Ἅρπαλος, ravisseur.

quelquefois des pattes intermédiaires, articles qui sont garnis à la face inférieure d'expansions pectinées et de poils épineux. Cette tribu nécessiterait de nouvelles études.

Les genres *Acinopus, Bradycellus, Harpalus, Amblystomus, Stenolophus,* sont Européens. Nous citerons pour mémoire les *Harpalus* parce que les représentants de ce genre nombreux (350 espèces réparties sur le globe entier) abondent dans nos pays et comptent au nombre des Insectes les plus communs. Nous les voyons courir et voler partout quand le soleil brille ; pendant les chaudes soirées de l'été, lorsque le soir nous laissons nos fenêtres ouvertes, attirés par les lumières, ils viennent s'abattre sur nos livres ; ils ont une préférence marquée pour

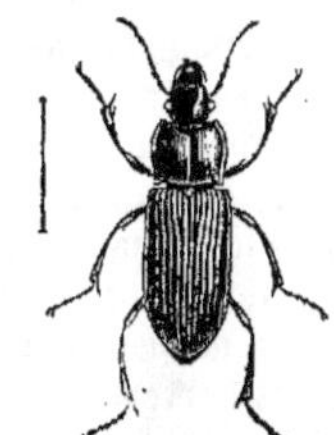

Fig. 210. — Harpale bronzé.

les terrains sablonneux et secs, les friches les plus arides. Dans le bassin de la Seine on en trouve au moins 42 espèces. Sous les pierres ou dissimulés dans les ombelles des carottes on prend communément l'*H. puncticollis ;* on trouve cachée un peu partout et venant aux lumières, l'*H. ruficornis ;* nous figurons le plus commun de tous l'*H. æneus* (fig. 210), qu'il n'est pas rare de voir courir même dans les rues de Paris.

LES ZABRINES. — *ZABRINÆ* (1)

Die Zabrinen.

Nous avons appris à connaître, parmi les Carabides, des Animaux volants, grimpeurs et fouisseurs. Nous allons décrire les mœurs singulières de quelques herbivores souvent fort nuisibles aux céréales.

Caractères. — Les *Zabrus* aux formes lourdes et épaisses établissent une transition entre les Harpalines et les Féronines proprement dits ; ils sont caractérisés par une lèvre supérieure presque carrée bordée en avant, une dent au

(1) Ζαϐρός, vorace.

milieu du menton profondément échancré et par le dernier article des palpes presque cylindrique, toujours plus court que l'avant-dernier. Le corselet bombé, presque rectangulaire, appliqué rigoureusement contre les élytres également bombées et rectangulaires en avant, donnent à ces Coléoptères une conformation peu gracieuse. Les pattes sont robustes, courtes, épaisses. Les jambes des membres antérieurs se distinguent par une particularité : elles ont trois éperons, outre les épines habituelles dont l'une est située sur le bord extérieur et dont l'autre inférieure est placée à l'extrémité, elles portent une troisième épine plus petite implantée à l'extrémité de la jambe à côté de l'épine inférieure et terminale. Chez le mâle, les trois premiers articles des tarses antérieurs sont élargis en forme de cœur, et les élytres sont habituellement plus brillantes que chez la femelle.

Distribution géographique. — Les espèces connues au nombre de 61 habitent de préférence les régions méditerranéennes y compris les Açores, quelques-unes se trouvent dans l'Europe moyenne et une seule espèce est répandue depuis le Portugal jusqu'en Prusse, depuis l'île de Chypre jusqu'en Suède ; son aire d'habitation est donc fort étendue.

LE ZABRE DES CÉRÉALES. — *ZABRUS GIBBUS*.

Der Getreide-Laufkäfer.

Ce Carabique est le Zabrus des céréales (*Zabrus gibbus* ou *tenebrioïdes*) qui par son apparition en quantités innombrables dans quelques contrées a acquis une certaine célébrité, mais à coup sûr une triste célébrité (fig. 211).

Fig. 211. — Adulte. Fig. 212 et 213. — Larve.
Fig. 211 à 213. — Le Zabre des céréales.

Ce fut en 1812, alors que la Larve de notre Coléoptère dévastait les semis d'hiver et plus tard l'orge sortant de terre dans la région maritime de Mansfeld en Saxe, que l'attention fut appelée ; le fait, signalé par Germar, fut mis en doute par les savants qui supposèrent que l'observation reposait sur quelque erreur ; car il ne venait à l'idée de personne que des Larves de Carabides, d'ordinaire si carnassières, puissent avoir un régime herbivore ; aussi la Société des Naturalistes de Halle désigna-t-elle une commission pour étudier la question.

Depuis trente ans l'apparition peu souhaitée du *Zabrus* des céréales s'est renouvelée à plusieurs reprises dans les parties les plus diverses de la province de Saxe, sur les bords du Rhin, dans la province actuelle du Hanovre, en Bohême et ailleurs encore. Passerini a signalé les ravages causés en 1832 et 1833 dans les provinces de Bologne, de Ferrare et dans les Romagnes par ce terrible Insecte ; l'attention étant attirée sur cet ennemi des céréales, on a pu s'assurer de la gravité des dégâts qu'il commettait non seulement à l'état de Larve, mais encore à l'état d'Insecte parfait.

Nous avons figuré le *Zabrus gibbus* de grandeur naturelle (fig. 211) ; il sera facile de le reconnaître à l'aide des caractères génériques que nous venons de décrire et que nous allons encore compléter.

Le corps est noir ou brun-noir en dessus ; le dessous, qui est plat, est couleur de poix ainsi que les pattes ; le corselet légèrement déprimé à sa base est couvert de ponctuations fines et serrées et ses angles postérieurs sont droits ; l'écusson est en triangle aigu ; enfin les élytres, anguleuses aux épaules, sont munies d'une petite dent et sillonnées de stries profondes et ponctuées ; les ailes sont bien développées ce qui n'est toutefois pas le cas pour toutes les espèces.

Le Zabrus des céréales vit soit dans les champs de seigle, de blé ou d'orge, soit à proximité, à l'époque où le contenu des grains est encore laiteux. C'est en été qu'il sort de sa Nymphe. Comme la plupart de ses proches, il se montre fort peu le jour et se cache sous les pierres, les mottes de terre, etc. Aussitôt que le soleil a disparu derrière l'horizon (depuis 8 h. 1/2 environ), il quitte sa retraite, grimpe le long d'un chaume jusqu'à l'épi, et, s'il trouve des grains encore tendres, il s'installe solidement et se met en devoir d'éplucher le grain, puis de le dévorer en commençant par le sommet. Dans cet exercice il déploie une ardeur telle, que ni un coup de vent, ni une secousse inattendue ne peut le faire tomber du poste où il se repaît.

On trouve généralement les épis rongés et sucés de bas en haut, les uns un peu plus que les autres. Breiter rapporte (1869) qu'un champ de seigle du comté de Bentheim, pendant les heures de pâture depuis huit heures et demie du soir jusqu'à sept heures du matin, paraissait entièrement noir ; il n'était pas un épi, qui ne portât un de ces terribles dévastateurs. C'est là d'ailleurs que les deux sexes se rencontrent et s'accouplent.

La femelle fécondée pond ses œufs, sans nul doute, sous terre contre des graminées qui poussent dans les champs ou à côté. Car il est prouvé que les graminées sauvages servent à la nourriture de ce Coléoptère ; on a observé en Moravie, en Bohême et en Hongrie, que les champs les plus exposés à la dévastation sont ceux qui occupent l'emplacement d'anciens prés ou pâturages qui touchent aux prairies.

La Larve ne tarde pas à se montrer et à se nourrir des tendres semis et des feuilles cotylédonaires des graminées ; on l'a rencontrée maintes fois dévastant les semailles d'hiver, soit en automne, soit surtout au printemps qui a suivi l'hivernation. On ne peut guère la confondre avec les autres Larves qui vivent dans les champs dans les mêmes conditions, car elle revêt complètement les caractères propres aux Larves des Carabides (fig. 212 et 213). La tête un peu concave en dessus est plus longue que large et un peu plus étroite que le corselet ; les mandibules se terminent en pointe et le milieu de leur tranche interne est armé de dents mousses. Derrière l'insertion des mandibules se trouvent les antennes de 4 articles et 6 yeux placés perpendiculairement sur 3 rangs de chaque côté ; les palpes ont 4 articles, la lèvre inférieure est bi-articulée. Les plaques dorsales, — celle du premier anneau est plus grande et brune, et les suivantes sont plus petites et rougeâtres, — sont toutes traversées par un léger sillon longitudinal. Outre ces plaques dorsales, les anneaux dépourvus de pattes ont encore nombre de petites taches cornées qui à la face ventrale forment des dessins fort élégants. L'extrémité forme une pointe obtuse qui se partage en 2 appendices charnus bi-articulés qui sont recouverts comme le reste du corps, surtout la tête, de poils épars, courts et sétacés. La Larve adulte mesure 28 millimètres. Pendant le jour elle se tient à une profondeur de 150 millimètres et plus, dans un terrier tubuleux qu'elle s'est creusé et dont elle ne sort que la nuit pour prendre sa nourriture.

La manière dont elle s'y prend pour manger,

comme ses habitudes, présentent une foule de particularités. Ainsi, comme les autres Larves des Carabiques, elle triture ses aliments, c'est-à-dire les feuilles des jeunes plantes, mais sans les avaler; elle se borne à les mâcher et à en boire le suc exprimé. C'est ainsi qu'elle convertit au printemps, lors de la poussée des tiges, quelques pousses en petites pelotes qui se dessèchent, et jonchent le sol.

Les semis peuvent disparaître complètement avant l'hiver; ceux qui auront résisté, au printemps serontdévastés par places,soit sur les lisières, soit au milieu des champs. L'extension des dégâts dépend de l'abondance des Larves qui se groupent sur quelques points, les œufs étant pondus par paquets; d'ailleurs une observation attentive permet de reconnaître quelle est la colonie qui doit être considérée comme le foyer de l'invasion. Quoique l'observation laisse apprécier l'état des dégâts, il faut néanmoins un certain art et une habitude consommée pour bien se rendre compte de la manière dont ces dégâts sont commis: ainsi que nous le disions, la Larve se cache pendant le jour dans sa retraite tubuleuse qu'elle augmente en profondeur à mesure qu'elle grandit elle-même; et ce tuyau, quoique pouvant subir quelques déviations, reste vertical dans sa direction générale. Aussitôt que notre Larve soupçonne l'approche d'un danger, par exemple si elle perçoit à l'instar de la Taupe les vibrations imprimées au sol par un pas vigoureux, elle se laisse tomber au fond de sa retraite. Pour la déterrer, on pourrait donner maints coups de bêche; car si elle est ramenée ainsi à la surface, elle ne tarde pas, recouverte qu'elle est de terre meuble, à s'échapper, à fuir sans être aperçue. Pour la surprendre avec certitude, il faut aller vers le soir s'assurer de l'ouverture et de la direction de sa retraite et en cela on est guidé par les débris desséchés qui la recouvrent ordinairement. On coupe le tuyau par un coup de bêche, et la motte étant rejetée sur le sol, on y trouvera la partie supérieure du tuyau où la larve est encore logée. Celle-ci a été surprise sans avoir pu gagner le fond de sa demeure.

On n'a pas encore réussi à connaître par des éducations artificielles la durée de la vie de cette Larve; ces éducations sont d'ailleurs très difficiles parce qu'en captivité les Larves de Zabre se dévorent entre elles aussitôt qu'on ne leur fournit plus une quantité de céréales suffisantes pour leur entretien.

Le fait particulier de l'existence simultanée de Larves de diverses grandeurs, fait qui se reproduit chez d'autres Larves qui mettent plus d'une année à l'accomplissement de leurs métamorphoses, avait également fait admettre que l'évolution d'une génération demandait plusieurs années; mais on est revenu sur cette opinion grâce à de récentes observations. Les individus provenant d'une éclosion du milieu de juin environ hivernent; après leur engourdissement hivernal, ils passent à l'état de Nymphe à la mi-mai, et à l'état d'Insecte parfait quatre semaines après au plus tard. Ainsi il n'y a réellement qu'une seule génération par an.

La Larve, au moment de se transformer en Nymphe, se retire au fond de son terrier qu'elle agrandit tant soit peu, et là, à l'abri de tout accident, elle subit ses métamorphoses.

D'après les rapports officiels, des champs entiers de seigle deviennent noirs tant sont nombreuses ces Larves dévastatrices; elles vivent si serrées qu'un seul coup de bêche peut en ramener de quinze à trente sur le sol, ainsi qu'on l'a vu en 1869 dans la circonscription de Minden; il devient donc du plus grand intérêt pour le propriétaire des cultures de mettre un terme à ces dévastations ou de les combattre.

Faut-il, comme nous le disions plus haut, déterrer les Larves et s'en emparer? Les Taupes se chargeraient bien mieux de cette besogne, mais elles semblent précisément manquer partout où les Larves du Zabre des céréales se montrent en grand nombre. On doit toujours détacher de l'épi le Coléoptère parfait et le détruire, et cela en tout temps et sans relâche pour prévenir toute éclosion future.

Jul. Kühn conseille de son côté, de procéder à l'extirpation des chaumes .et au hersage de suite après les moissons dans les champs où l'on a remarqué le Coléoptère et où l'on peut présumer que la ponte a eu lieu. Ce procédé hâte la germination des grains tombés et perdus. Aussitôt après on laboure le sol sans hésiter à pleine profondeur. De cette manière on coupe les vivres à la nouvelle génération, surtout si l'on retourne rapidement les champs voisins après la moisson, et si dans les alentours on retarde les semailles autant que le permet la localité.

En outre, il faut observer la plus grande prudence, partout où cet ennemi des céréales a fait son apparition dans la succession des cultures et ne jamais ensemencer successivement ni seigle, ni blé d'hiver, ni orge. L'alter-

Fig. 214. — Abax
strié.

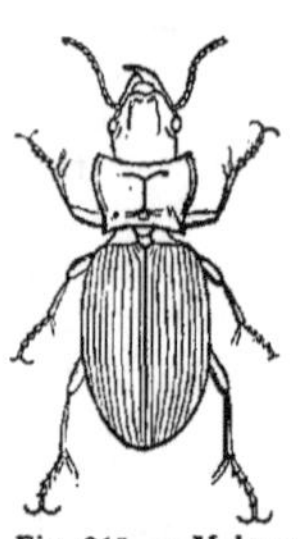

Fig. 215. — Molops
terricole.

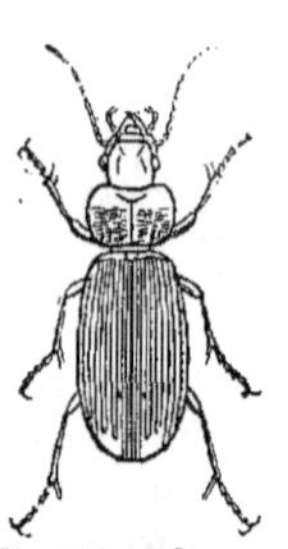

Fig. 216. — Steropo
mouillé.

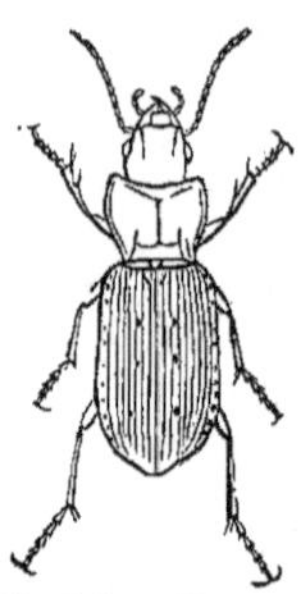

Fig. 217. — Feronie
peu ponctuée.

nance des cultures faite méthodiquement permettra à coup sûr sinon de se débarrasser complètement du *Zabrus*, au moins d'empêcher sa multiplication exagérée. On peut prévenir les dégâts futurs de la manière la plus sûre en établissant autour de la surface infestée, un fossé aussi régulier que possible et creusé dans la partie non attaquée, afin d'être assuré qu'on n'a pas laissé de Larves en dehors de la ligne de démarcation. Ces fossés réunissent les conditions les plus avantageuses s'ils ont de 48 à 62 centimètres de profondeur sur 31 à 39 de largeur; on les remplit alors jusqu'à 7 centimètres et demi de hauteur de chaux fraîchement éteinte ou de lait de chaux.

Si les dégâts se déclarent sur les bords du fossé, on laboure encore la partie infestée à une profondeur de 15 centimètres et on fait périr les Larves derrière la charrue. La destruction doit se faire à peu de distance de la charrue; car les Larves troublées et craintives qui sont contenues dans les mottes soulevées gagnent rapidement le sillon tracé et disparaissent dans les profondeurs. On peut employer avantageusement pour les anéantir le procédé recommandé par Passerini, procédé qui consiste à faire suivre la charrue par les poules et les canards, qui sont très friands d'Insectes. On ne saurait trop insister sur l'emploi de ce moyen pour combattre également d'autres Larves nuisibles.

LES PTÉROSTICHINES — *PTEROS-TICHINÆ* (1)

Die Pterostichinen.

Caractères. — Cette tribu fort nombreuse

(1) Πτερόν, aile; στίζω, ponctuer.

se fait remarquer par l'ampleur des formes comme par l'éclat des vêtements aux reflets souvent chatoyants; ses représentants ont les jambes antérieures robustes et dilatées à leur extrémité, les trois premiers articles des tarses antérieurs, très élargis chez les mâles, triangulaires ou cordiformes; la dilatation des deuxième et troisième articles est si accusée qu'ils sont aussi larges que longs; les tarses portent des crochets simples.

Distribution géographique. — Le nombre des espèces est considérable, on en a décrit près de 800, aussi n'est-il pas étonnant qu'elles se rencontrent sous toutes les latitudes. En présence d'une population si considérable, on a été contraint de créer beaucoup de genres; l'Europe en possède quelques-uns dont les représentants méritent d'être signalés.

Mœurs, habitudes, régime. — Tous ces Carabides très carnassiers se cachent sous les pierres, les souches, les feuilles sèches, les mousses.

Nous signalerons parmi les espèces indigènes : les *Abax ovalis, parallelus, striola* (fig. 214), tous d'un noir profond, qui ne sont pas rares dans les forêts et les bois qui environnent Paris; le *Molops terricola* (fig. 215), noir, luisant en dessus, brun en dessous, aux antennes, aux palpes et aux pattes rouges, qui se trouve assez communément dans les mêmes conditions; le *Steropus madidus* également noir, aux pattes noires ou rousses (fig. 216), est un habitant des mêmes localités; le *Pterostichus (Feronia) parumpunctatus* (fig. 217), noir luisant, quelquefois à reflets irisés, aux élytres marquées de 3 points enfoncés, *oblongopunctatus* (fig. 218), bronzé foncé aux élytres marquées sur les deuxième et troisième stries de 5 à 6 gros points enfoncés, sont assez commues dans les régions montagneuses et dans les forêts, elles appartiennent à la Faune parisienne ; les espèces les plus répandues dans toute la France sont les *P. melanarius*, *nigritus, anthracinus, minor, vernalis ;* le *Pœcilus cupreus* (fig. 219), aux belles teintes vertes, aux reflets métalliques, abonde partout où règne quelque humidité ; les Alpes françaises et suisses recèlent de magnifiques *Pterostichus* aux couleurs éclatantes, *P. rutilans, Prevostii, externepunctata, multipunctata, Yvani, metallica*, etc. Les Pyrénées abritent le *P. Xatarti* dont les élytres ont les tons du cuivre.

Il est un genre qu'il est impossible de passer sous silence, c'est le genre *Amara*, dont les nombreuses espèces d'assez petite taille sont répandues dans les contrées boréales et tem-

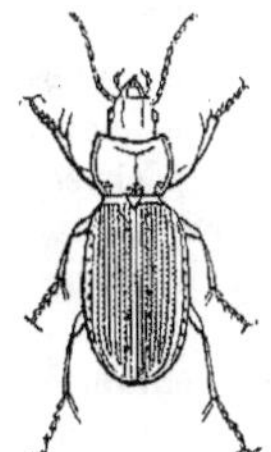

Fig. 218. — Feronie oblongue ponctuée.

pérées de l'Europe, de l'Asie et de l'Amérique, ainsi que dans le nord de l'Afrique ; leur corps de forme ovale, est d'une coloration uniforme, généralement bronzée, parfois jaunâtre ou brune. Ce sont des Carabides qui affectionnent les endroits les plus arides, les plus sablonneux et affrontent les ardeurs du soleil, tantôt cou-

Fig. 219. — Feronie cuivrée.

rant sur le sol, tantôt grimpant sur les graminées et autres plantes basses ; ils sont intéressants par ce fait qu'ils sont herbivores, tout autant que carnassiers. Sur 80 espèces décrites 36 ont été trouvées aux environs de Paris ; les *A. ovata* et *familiaris* sont extrêmement communs.

LES ANCHOMÉNINES — *ANCHOMENINÆ* (1)

Caractères. — Les Anchoménines se distinguent à première vue des Féronines par la gracilité de leurs membres.

Distribution géographique. — Sur 30 genres 8 sont européens, les autres sont presque tous américains.

Mœurs, habitudes, régime. — Les *Sphodrus* sont de grands Insectes noirs (26 à 27 millimètres), brillants, aux élytres plus ternes, qui ont des mœurs très singulières ; amis de l'obscurité, ils passent leur vie dans les souterrains, les caves, les celliers humides. Nous figurons

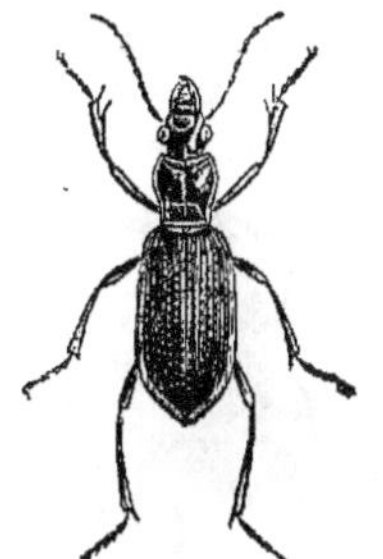

Fig. 220. — Sphodrus leucophtalme.

(fig. 220) le *S. leucophtalmus*, qui est un habitant de nos villes.

Les *Pristonychus*, grands insectes noirs (15

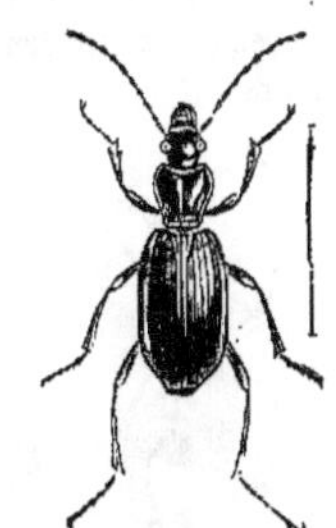

Fig. 221. — Pristonyche terricole.

à 22 millimètres), aux élytres bleues ou violettes, passent aussi leur existence à l'abri de la lumière, choisissant les mêmes retraites, ou se retirant dans les grottes, ils errent quelquefois dans la campagne, ils sortent la nuit pour

(1) Ἄγχομαι, je suis étranglé.

chasser les Cloportes; le *P. terricola* se trouve assez souvent dans toute la France (fig. 221).

Nous citerons pour mémoire les *Calathus*, Insectes noirs, au corselet souvent rouge, qui vivent en société sous les pierres dans les endroits frais, mais qui dérangés dans leur repos savent s'enfuir avec la plus grande célérité.

Les *Anchomenus* ou *Platynus* sont des Insectes vifs et agiles qui vivent en petite société dans les endroits humides, au bord des eaux où ils se cachent sous les pierres, les mousses, les feuilles humides, et les détritus végétaux; leur coloration généralement brune prend parfois un éclat métallique incomparable. On en a décrit plus de 250 espèces.

Le *P. prasinus* à la tête et au corselet vert métallique très brillant, aux élytres jaunes

Fig. 222. — Platyne (Anchomène) vert.

ornées d'une grande tache postérieure verte ou bleue métallique, se rencontre partout où le sol conserve sa fraîcheur et surtout au bord des eaux; chose singulière, lorsqu'on soulève les pierres, on trouve presque toujours les sociétés d'*Anchomenus* mêlées à celles de *Brachinus* (fig. 222). Le *P. sexpunctatus* qu'on trouve au

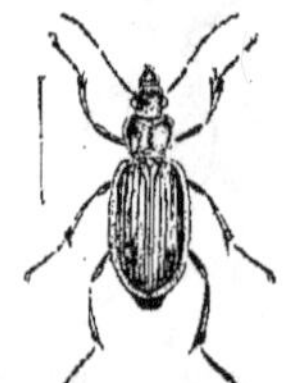

Fig. 223. — Platyne marginé.

voisinage des mares et des étangs est un de nos plus jolis Carabides : sa tête et son corselet sont d'un beau vert métallique; ses élytres rouges cuivreuses ont un éclat fulgurant.

Nous figurons également le *Platynus marginatus* (fig. 223) aux élytres noires relevées par une bordure blanche.

LES POGONINES. — *POGONINÆ* (1)

Caractères. — Cette tribu a les plus grands rapports avec les deux tribus précédentes, mais ses représentants, au lieu d'avoir chez les mâles trois articles des tarses antérieurs dilatés, n'en ont que deux qui sont d'ailleurs triangulaires ou cordiformes; les crochets des tarses sont simples.

LES TRECHUS — *TRECHUS*

Sans parler des petits représentant les *Patrobus*, les *Pogonus*, nous arriverons aux *Trechus* habitant toutes les latitudes, d'une coloration uniforme roussâtre qui les fait ressembler aux Insectes venant d'éclore dont les pigments n'ont pas encore acquis leurs tons définitifs.

LES ANOPHTALMES ET LES APHÆNOPS.

Ces Carabides sont fort intéressants, car ils présentent quelques types aberrants vivant dans des conditions toutes spéciales et fort singulières, les *Anophtalmus* et les *Aphænops*, — ainsi désignés parce qu'on les croyait toujours aveugles.

Distribution géographique. — Ils habitent les parties retirées des grottes de l'Europe méridionale et des États-Unis.

Mœurs, habitudes, régime. — La recherche de ces minuscules Carabides a passionné depuis ces vingt dernières années les Entomologistes qui ont déployé une ardeur sans pareille pour explorer grottes et cavernes afin d'enrichir leurs collections et d'observer les mœurs de ces Animaux hypogés; aujourd'hui, grâce à leurs recherches, nous pouvons écrire l'histoire de ce petit monde souterrain.

L'on a acquis une certitude, à mesure que l'on découvrait des espèces nouvelles, c'est que ces Anophtalmes, ces Aphænops, qui à l'origine paraissaient si nettement caractérisés, présentaient une foule de formes de transition qui les rapprochaient insensiblement des véritables *Trechus* vivant à l'air libre. On a constaté, chose singulière, que ces Insectes aveugles pouvaient recouvrer la vue; tels représentants d'une même espèce qui séjournaient dans les anfractuosités les plus reculées et les plus obscures d'une grotte étaient privés totalement des organes de la vision, tels qui habitaient dans les parties éclairées possédaient des yeux

(1) Πώγων, barbe.

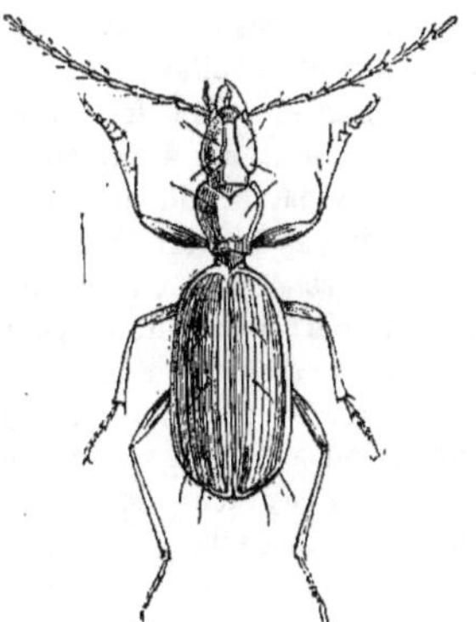

Fig. 224. — Anophtalme de Schmidt.

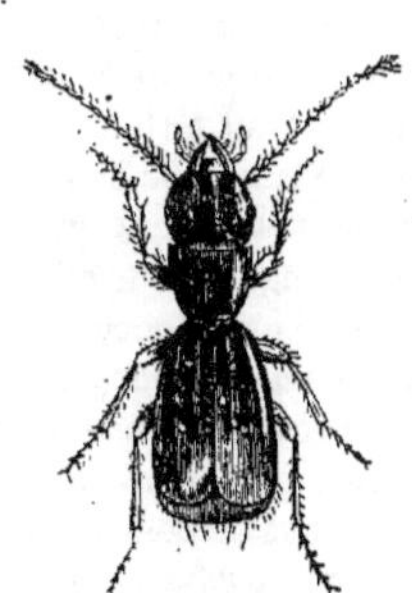

Fig. 225. — Æpus de Robin.

parfaitement conformés; l'on a observé toutes les gradations et l'on a pu assister en quelque sorte à la constitution de l'appareil dioptrique. On peut donc dire aujourd'hui avec MM. Bedel et Simon (1), sans crainte de généraliser hâtivement : « parmi les Trechus, les uns vivent à l'air libre, dans les plaines, sous les feuilles mortes, dans les mousses, sous les pierres; dans les montagnes, sous les grosses pierres, celles surtout qui adhèrent au sol; d'autres sont cavernicoles et se trouvent soit sous les pierres, soit sur les parois des grottes, quelques-uns même s'y enterrent profondément dans l'argile détrempée. » Ces espèces souterraines sont remarquables par les modifications que subit leur organisme : réduction et presque toujours atrophie des yeux, développement de longues soies spéciales servant probablement d'organes de tact, décoloration des téguments et allongement de tous les membres. Le groupe pyrénéen des *Aphænops* présente au plus haut degré la réunion de ces divers caractères et semble le mieux adapté au séjour exclusif des grottes.

L'étude de ces Insectes se prête à une foule de considérations d'un haut intérêt. M. de la Brûlerie qui possédait un rare talent d'observation a publié sur les mœurs des Animaux cavernicoles (2) des remarques critiques fort judicieuses touchant deux grandes questions, l'une toute physiologique, l'autre toute philosophique; nous ne saurions mieux faire que de les reproduire.

Les Insectes privés d'yeux sont-ils néanmoins capables d'être impressionnés par la lumière? Par quelle faculté un Insecte privé d'yeux peut-il arriver à régler ses mouvements et à se conduire en toutes circonstances comme s'il voyait clair, comme s'il savait non seulement ressentir l'impression des rayons lumineux, mais apprécier la forme des objets, aussi bien de ceux qui sont éloignés que de ceux qu'il touche? Ce sont là de graves problèmes. Rien dans l'allure des Anophtalmes ne dénote la cécité : on les voit marcher, courir, s'arrêter, explorer le terrain, chercher leur nourriture, fuir les doigts du chasseur, absolument comme les Insectes qui ont des yeux. Lorsque, dans une caverne, la lumière d'une bougie vient tout à coup surprendre un Anophtalme aveugle ou un Pristonyche dont les yeux sont parfaitement développés, et qui peut vivre à la lumière du jour comme dans les endroits les plus ténébreux, les deux Insectes se comportent de la même manière. S'ils sont au repos sur la paroi de la caverne, il leur arrive le plus souvent de ne pas bouger; est-ce à dire que la lumière est incapable de les impressionner? Non certes, car si, bien souvent, l'Insecte aveugle, comme l'Insecte pourvu d'yeux, reste insensible en apparence et comme livré au sommeil, d'autres fois aussi il semble s'éveiller tout à coup pour se mettre à fuir au plus vite et cela alors que le chasseur est encore à distance. Maintes fois on peut rencontrer des Pristonyches ou des Anophtalmes errant sur le sol qu'ils paraissent sonder avec leurs antennes, sans cesse animées pendant la marche d'un mouvement de va-et-vient pendant lequel alternativement elles s'élèvent en l'air et se

(1) *Liste générale des Animaux cavernicoles.*
(2) *Notes pour servir à l'étude des Coléoptères cavernicoles.*

rapprochent du plan de position au point de l'effleurer avec les poils dont elles sont revêtues; ils marchent lentement, se détournent sans cesse à droite ou à gauche, s'arrêtent souvent, et quel que soit le but de leur promenade, leur attention paraît fortement captivée. Quand la lumière de la bougie commence à se projeter sur eux, ils continuent quelquefois à marcher sans rien changer à leur allure et sans paraître distraits de leur préoccupation; mais le plus souvent, alors que la bougie est encore assez éloignée, ils pressent brusquement leur course et s'enfuient, cherchant à se cacher dans une fissure ou dans un coin moins éclairé. En approchant la lumière davantage, on réussit toujours à faire détaler ceux qui avaient d'abord paru ne pas s'inquiéter. Quand ils sont au repos il faut le plus souvent, pour les décider à fuir, approcher d'eux la bougie à une distance où la main en puisse sentir sensiblement la chaleur, tandis que s'ils sont déjà en mouvement, on obtient le même résultat à distance. Les Insectes aveugles ou oculés sont donc impressionnés par la lumière surtout lorsqu'ils sont en activité. Mais on ne peut admettre qu'ils voient les objets comme nous les voyons, et pourtant, sans aucun doute, ils sont capables d'acquérir à distance la notion de leur présence, car poursuivis ils comprennent le danger et se hâtent de fuir, profitant des moindres accidents de terrain pour se raser ou se dérober. Une particularité remarquable de la structure des Coléoptères aveugles, c'est la tendance qu'ont tous leurs membres à s'allonger, la tendance qu'ont certains de leurs poils à prendre d'énormes dimensions; l'on ne saurait mettre en doute que ce développement exagéré ne soit en relation avec la perte des organes de la vision; la sensibilité tactile singulièrement exagérée vient sans nul doute suppléer la sensibilité optique.

Nous avons vu que l'on avait reconnu l'existence de formes établissant tous les passages entre les *Trechus* vivant à l'air libre, et les *Trechus* cavernicoles; mais on a reconnu de plus qu'une même espèce variait d'une grotte à l'autre dans d'assez grandes limites et formait une quantité de races locales; on a constaté également, lorsque des grottes sont séparées par un assez grand espace, et lorsqu'il n'existe aucune relation souterraine entre elles, que la Faune cavernicole prend en général un caractère particulier, et que les espèces s'individualisent; aussi Lespès a-t-il eu raison de dire: « que chaque caverne ou chaque groupe de cavernes est un centre de création tout à fait distinct. » L'étude des petits habitants des grottes vient fournir aux partisans de la formation continue des espèces de précieux arguments; ces grottes isolées, séparées du monde extérieur, n'offrent-elles pas un terrain favorable où la sélection naturelle met en œuvre tous ses moyens d'action? « Comme la population de chaque caverne, ainsi que le fait remarquer l a Brûlerie, forme un petit monde à part, sans communication avec ses voisins; qu'y a-t-il d'étonnant que ces races, dont aucun croisement n'altère jamais la pureté, aient encore plus de tendance à se fixer que les races des Animaux qui vivent à la surface de la terre? » Y a-t-il rien de surprenant à ce que ces races s'élèvent à la dignité d'espèce ?

Le premier *Anophtalmus* a été découvert en 1842 par Ferd. Schmidt dans l'intérieur de la grotte de Lueg (Carniole) et a reçu en son honneur le nom d'*A. Schmidti* (fig. 219). L'*A. Bilimeki*, également de la Carniole, est la plus grande espèce du genre, elle mesure 8 millimètres de long. Depuis, les découvertes se sont multipliées et on a décrit quarante-sept espèces de ces Carabides hypogés européens, dont vingt et une se trouvent en France, et l'on en découvrira certainement beaucoup d'autres, car on n'a pas exploré toutes les grottes; on a relevé, dans le sud de la France seulement, l'existence de 800 cavernes ou grottes, et toutes n'ont pas été explorées; le catalogue de M. Lucante ne mentionne que cent de ces excavations dans lesquelles on ait trouvé des Animaux articulés.

Les cavernes du Kentucky, notamment la fameuse caverne du Mammouth, ont fourni leur contingent d'espèces, mais ce contingent est faible, car on a décrit seulement six espèces, l'*A. Tellkampfi* est le plus répandu. M. Packard a eu le mérite de nous faire connaître les Métamorphoses jusqu'alors inconnues des Anophtalmes, et il a décrit et figuré la Larve et la Nymphe de l'*A. Tellkampfi;* la Larve qui a quelque rapport avec celle des *Pterostichus* présente cette particularité d'avoir les antennes et les maxillaires bifurqués à leur extrémité, de manière à simuler un double palpe et une double antenne.

LES ÆPUS — *ÆPUS* (1)

Les *Æpus* sont de fort curieux Insectes qui vivent dans la mer, dont les mœurs méritent

(1) 'A privatif; ἔπος, parole.

d'être décrites, car elles offrent des particularités des plus intéressantes.

Caractères. — Très apparentés au *Trechus* dont ils ont les organes buccaux, ils se distinguent par : leur tête carrée et plane, portant de petits yeux déprimés ; leur prothorax assez allongé, très plat et cordiforme ; leurs élytres allongées, planes, tronquées à l'extrémité de manière à laisser la région postérieure de l'abdomen découverte ; et enfin, chose singulière, par la présence d'une longue épine sous le quatrième article des tarses antérieurs. Ils sont absolument privés d'ailes (fig. 220).

Distribution géographique. — On n'a découvert encore que trois espèces d'*Æpus ;* deux sont européennes ; *Æ. marinus et Robini :* la première a été trouvée en Danemark, en Angleterre, en France (île de Noirmoutiers, Calvados entre Luc et Lion-sur-Mer) ; la seconde n'a encore été rencontrée qu'en France (Dieppe, Arromanches, Luc et Lion-sur-Mer, Saint-Vaast-la-Hougue, Brest), en Angleterre et dans les îles de la Manche ; la troisième a été recueillie à Madère.

Mœurs, habitudes, régime. — Les Insectes qui vivent dans l'eau sont en petit nombre, comparativement à ceux qui pullulent sur terre ; quant à ceux qui vivent dans la mer, ils sont d'une rareté excessive ; ces Articulés en effet ne sont pas organisés pour la vie marine, et ils sont remplacés au sein des mers par l'immense population des Crustacés. Cependant au siècle dernier un naturaliste danois, Ström, signala un petit Carabide vivant sur les plages submergées pendant la marée haute ; retrouvé en Angleterre, il fut bien décrit et figuré par les Entomologistes anglais, Leach et Curtis ; mais c'est à Audouin (1834), à M. Charles Robin (1843), au Dr Coquerel (1850) que nous devons la connaissance des mœurs des *Æpus ;* nous ne saurions mieux faire que de reproduire quelques passages de leurs écrits. Citons tout d'abord les *Observations sur un Insecte qui passe une grande partie de sa vie sous la mer.* « Dans un voyage que je fis, dit Audouin en 1822, sur les côtes de la Loire-Inférieure et de la Vendée, je visitai plusieurs des îles de l'Océan dans le but de récolter des Crustacés et d'autres Animaux marins. J'étais un jour, dans le courant de septembre, occupé à explorer l'île de Noirmoutier ; et j'avais profité d'une marée très basse pour m'avancer dans le lit de la mer jusqu'à la distance d'environ 200 toises, lorsque je fus inopinément frappé

par la présence, au milieu de ces profondeurs, d'un très petit animal que de suite je reconnus pour un Insecte. Il courait précipitamment à la surface des pierres, sur les fucus, sur les éponges et sur les autres corps marins que l'eau venait à l'instant d'abandonner, et qui étaient encore mouillés par la dernière vague.

« Au premier abord, je soupçonnai que ce petit Insecte, qui évidemment appartenait à la famille des Carabiques, dont, on le sait, toutes les espèces sont carnassières et constamment terrestres se trouvait là accidentellement, et que peut-être moi-même je l'y avais transporté. Cependant à tout hasard, et comme il me parut curieux, je le saisis. J'étais revenu à mes premières recherches, lorsque j'en fus de nouveau distrait par la rencontre d'un second individu, puis d'un troisième. Plus loin j'en trouvais un quatrième et ailleurs beaucoup d'autres. En moins de six minutes j'en recueillis jusqu'à dix.... Je revins le lendemain, au moment où la mer commençait à baisser, afin de suivre graduellement le flot à mesure qu'il s'éloignait. D'abord je fus très surpris, malgré l'activité de mes recherches, de ne rencontrer aucun de ces Insectes sur le terrain qui découvrait en premier. Ce ne fut qu'après avoir dépassé le niveau des marées ordinaires, et avoir atteint celui des fortes marées que je commençai à les observer..... Ce jour-là je fus mieux favorisé que la veille. J'en vis plus d'une quinzaine, mais au lieu de les saisir, je m'attachai à les étudier dans leurs manœuvres, et je me décidai à ne pas abandonner la place, qu'ils ne l'eussent quittée eux-mêmes.

« Bientôt j'eus lieu de m'applaudir de ma constance. En effet, je pus me convaincre qu'aussitôt que la mer laissait à découvert l'endroit occupé par un de ces Insectes, il en profitait pour se mettre immédiatement en course, et parcourait avec agilité la surface humide du sol ; mais dès que la marée commençait son mouvement d'ascension, et à l'instant où le flot allait couvrir le sol, je vis à plusieurs reprises ces petits Insectes, au lieu de chercher leur salut dans la fuite, s'empresser de se cacher sous quelque pierre voisine, qui, à l'instant, était submergée et recouverte par une masse d'eau toujours croissante.

« Il était donc hors de doute : 1° que ces petits Animaux ne quittaient pas le fond de la mer pour gagner la côte ; 2° que pendant tout le temps de la marée, c'est-à-dire au moins durant six heures, ils restaient dans son fond et recouverts suivant les localités par vingt, trente ou quarante pieds d'eau.

« Mais je viens de dire que je n'avais commencé à rencontrer ces Insectes qu'au plus bas de l'eau, c'est-à-dire dans des lieux fort éloignés de la côte et ne découvrant que très peu de temps, puisqu'ils sont mis à sec les derniers, et se trouvent promptement submergés lorsque le flux arrive. Il en résulte que ces petits êtres ne peuvent respirer librement l'air qu'à des intervalles très éloignés pendant fort peu de temps, et que leur vie sous-marine est infiniment plus longue que leur vie aérienne... Mais la nature, qui est d'autant plus prévoyante, lorsqu'il s'agit de la conservation des êtres, que ces êtres sont exposés à de plus grands dangers, a donné à notre petit Insecte le moyen de s'entourer d'une bulle d'air, et de plus, elle a fait en sorte qu'elle ne puisse que très difficilement leur échapper.

« Si on examine à l'œil nu, et mieux encore à l'aide d'une loupe, la surface de ses élytres, sa tête, son corselet, ses antennes, ses pattes, tout son corps enfin, on voit qu'ils sont couverts de poils dont plusieurs atteignent une assez grande longueur.

« Si ensuite, comme je l'ai expérimenté un grand nombre de fois, on fait passer immédiatement cet insecte de l'air, dans l'eau de la mer, on remarque que chacun de ses poils retient une petite couche du fluide élastique, qui, réunie d'abord en petits sphéroïdes, forme bientôt un petit globule, lequel entoure son corps de toute part, et qui, malgré l'agitation qu'il se donne en courant dans l'eau, au fond, ou contre les parois du vase où on l'a placé, ne s'échappe jamais.... Toujours notre Insecte emporte avec lui une petite couche d'air ; et quand il se cache sous une pierre, il s'y trouve momentanément dans les conditions des Insectes placés librement dans l'air. »

L'Insecte étudié par Audouin était l'*Æpus marinus;* depuis, en 1848, M. le professeur Charles Robin a découvert à Dieppe une nouvelle espèce dont M. le Dr Laboulbène a retracé l'histoire ; les observations sur l'*Æpus Robini* sont venues confirmer celles d'Audouin ; mais celles que feu le Dr Coquerel a pu faire depuis à Brest, sont plus complètes encore ; plus heureux que ses devanciers, il a découvert la Larve. « L'*Æpus Robini*, dit-il, comme M. Robin l'avait observé, ne se rencontre que sous les pierres fortement adhérentes au sol, dans les endroits recouverts d'un gravier grossier et

toujours au-dessous des limites des marées. J'en ai trouvé près de 300 individus dans ces conditions et jamais au delà. Quand la mer vient de se retirer, et que le sable est encore détrempé, on n'en voit pas un seul : ils sont alors cachés dans de petits trous et à une assez grande profondeur. Ils n'en sortent que lorsque le sol commence à être moins humide, et on les voit courir avec la plus grande vitesse, dès qu'on soulève la pierre qui lui servait d'abri.

« Pour mieux observer leurs habitudes, j'en ai conservé plusieurs dans un bocal rempli d'eau de mer et dans lequel j'avais placé des pierres et du gravier. Lorsque je jetais ces Insectes dans l'eau, ils finissaient toujours par gagner une pierre sur laquelle ils se réfugiaient. Pour les faire entrer sous l'eau j'étais obligé de les submerger complètement. Ils marchaient alors contre les cailloux et se cachaient dans une cavité dans laquelle ils se tenaient tranquilles, attendant sans doute que la marée vînt les délivrer. Quoique courant sur ces pierres avec beaucoup d'agilité, une fois recouverts par l'eau, ils n'en sortaient jamais et finissaient toujours par tomber dans un état de mort apparente. J'en ai conservé ainsi, pendant dix-huit heures, sous l'eau. Je les croyais morts, mais les ayant placés au soleil sur une feuille de papier, après quelques minutes, ils revinrent à la vie et se mirent à courir comme auparavant.

« L'existence de ces curieux Insectes est donc entièrement dépendante du phénomène de la marée. Ils demeurent engourdis sous l'eau, tant que la mer est haute, et ne sont actifs et libres que lorsqu'elle se retire. Et si, par une perturbation des lois physiques, l'Océan venait à découvrir nos côtes avec moins de régularité, l'espèce qui nous occupe périrait sans doute : exemple intéressant de ces harmonies admirables qu'on retrouve, à chaque pas, dans l'étude des lois de la nature. Il n'est pas sans intérêt de remarquer encore que cet Insecte ne se trouve pas sur les bords de la Méditerranée où il n'y a pas de marée. Je l'ai cherché bien des fois sans succès sur les côtes de la Provence. »

Comme Audouin, comme M. Laboulbène, Coquerel a constaté que les *Æpus*, à la faveur des longs poils qui les revêtent, s'entouraient d'une couche d'air, mais il a remarqué qu'ils pouvaient emmagasiner sous leurs élytres une provision d'air considérable ; privés d'aile, leurs élytres conservent cependant une certaine mobilité ; au moment d'entrer sous l'eau, ils les

Fig. 227. — Dytique bordé.   Fig. 228. — Sa larve.   Fig. 229. — Acilie sillonnée.   Fig. 230. — Hydropore élégant.   Fig. 231. — Cnemidotus coupé.   Fig. 232. — Larve de l'Hydroé caraboides.

Fig. 227 à 232. — Dyticides et Hydrophilides.

soulèvent et l'on voit une bulle d'air se fixer à leur partie inférieure. La provision qu'ils conservent ainsi autour d'eux suffit pleinement à leur respiration : lorsqu'elle est consommée, les Insectes demeurent dans un état de torpeur et d'engourdissement qui ne cesse qu'au moment où la mer se retire. C'est grâce à cet ingénieux artifice, que ces Carabides dépourvus de branchies peuvent passer la plus grande partie de leur existence au fond des mers.

La Larve de l'*Æpus Robini* se trouve dans les mêmes localités que l'Insecte parfait et vit de la même manière. Ainsi que ce dernier, elle ne présente aucun appareil respiratoire aquatique, mais les longs poils dont elle est couverte font supposer qu'elle respire comme lui à l'aide des bulles d'air qui s'y attachent. Elle est très agile et remarquable par la grandeur de sa tête et de ses énormes mandibules pointues, recourbées, tranchantes, armées d'une forte dent interne très pointue; ses antennes comme celle des Larves d'*Anophtalmus* sont bifurquées à leur extrémité. Les segments thoraciques portent des pattes robustes; l'abdomen, de 9 segments, est garni de longs poils, le dernier segment porte une plaque cornée, qui s'avance entre deux longs appendices blanchâtres couverts de longs poils.

LES BEMBIDIINES — *BEMBIDIINÆ* (1)

Caractères. — Il ne nous reste plus, pour terminer cette rapide étude des Carabides, qu'à mentionner de petits Insectes d'une agilité extrême qui se distinguent entre tous par la

(1) Βέμβιξ, guêpe; εἶδος, qui a l'aspect de.

forme de leurs palpes maxillaires et labiaux : le pénultième article est très renflé vers l'extrémité ; le dernier article, très petit et aciculaire, semble implanté à l'extrémité du précédent.

Distribution géographique. — Cette tribu extrêmement nombreuse, — on en a décrit 565 espèces, dont 384 *Bimbidium*, — habite de préférence les régions froides ou montagneuses des régions boréales ou tempérées.

Mœurs, habitudes, régime. — Les représentants de cette tribu aiment l'humidité, aussi séjournent-ils de préférence au bord des eaux, où on les voit courir au soleil; quelques-uns se tiennent de préférence sur les rivages de la mer ; tous se blottissent sous les pierres et les détritus.

Les *Cillenus* se trouvent sur les plages et, à l'exemple des *Æpus*, se laissent recouvrir par la marée; le *C. lateralis* se rencontre assez souvent sur le littoral de la Manche et de l'Océan.

Les *Anillus* sont aux *Bembidium* ce que les *Anophtalmus* sont aux *Trechus;* ce sont des

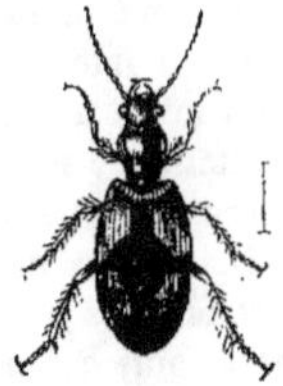

Fig. 226. — Bembidium à quatre taches.

Insectes aveugles qui se réfugient sous les pierres recouvertes de paille en décomposition et qui, arrachés à leurs demeures, courent très vite malgré leur cécité; l'*A. cœcus* des environs de Bordeaux et de Toulouse est le type du genre.

Nous n'essayerons pas d'énumérer tous les *Bembidium* qu'on rencontre sur le globe entier, ni même en France, il suffira de savoir qu'on trouve plus de 50 espèces aux environs de Paris. Nous figurons (fig. 226) le *B. quadrigutta- tum*, qui est répandu dans toute l'Europe sur les bords des étangs et des rivières.

Après avoir dépeint la manière de vivre des Carabides en général, avoir signalé les parti- cularités que présentent quelques groupes et fait comprendre à l'aide de figures la confor- mation fondamentale de ces Insectes, il serait oiseux d'entrer dans plus de détail sur cette famille. Nous ne pouvons que conseiller à celui qui désire voir réunis ses différents représentants d'aller les rechercher dans leur retraite d'hiver depuis le mois d'octobre jusqu'au retour du printemps ou de les surprendre en action pen- dant la belle saison. Pour cela il ne faut ni ar- tifice ni expérience acquise, il suffit de soulever la première grosse pierre venue dans un che- min quelconque de la campagne et d'explorer la terre sous-jacente. On est alors en présence d'un spectacle qui peut différer selon la localité et la saison, mais qui permet de pénétrer les mystères de la vie intime des Insectes; en hiver on les rencontre immobiles, engourdis, et au printemps on les trouve agiles et prompts à prendre la fuite. Au milieu de ce monde varié dominent toujours les Carabides.

LES DYTICIDES — *DYTICIDÆ* (1)

Die Schwimmkäfer.

Le promeneur ami de la nature et observa- teur des petits êtres qui s'offrent à son regard, peut bien rencontrer çà et là quelque Cara- bide; mais s'il veut faire connaissance avec les Insectes qui vivent dans l'eau, il ne saurait se fier au hasard. Pour les observer, il lui faudra déployer plus de zèle, et montrer plus d'intérêt qu'un promeneur ordinaire; il devra nécessai- rement circuler autour des mares et des fossés remplis d'eau stagnante en les examinant atten- tivement. Il y a là bien des merveilles à voir, et bien des enseignements à recueillir pour celui qui s'intéresse aux populations qui passent tout ou partie de leur existence dans les eaux, pour dévorer ou être dévorées. Si les carnassiers aériens ou terrestres se complaisent dans le meurtre, ceux que le sort a renfermés dans un trou plein d'eau d'où la sortie n'est pas aisée et où le faible est toujours à la merci du plus fort, se livrent aux plus horribles tueries.

Puissions-nous assez intéresser nos lecteurs à cette population aquatique, en lui exposant l'histoire des Coléoptères nageurs ou Dytiques pour les engager à se rendre eux-mêmes sur les lieux et à voir de leurs propres yeux. Nous au- rons alors atteint notre but, car nous savons qu'ils seront amplement récompensés de leur curiosité et qu'ils verront bien plus et beaucoup mieux.

Caractères. — Les Dyticides ou Hydrocan- thares, dont nous allons nous occuper, sont des Carabides modifiés pour la vie aquatique (fig. 227, 229, 233 à 240). Mais, comme ce mode d'existence comporte bien moins de variations que la vie à l'air libre, nous trouvons moins de différence dans la conformation.

Les pièces de la bouche et les antennes ne diffèrent en rien de celles des Carabides. La branche externe de la mâchoire subit la trans- formation palpiforme caractéristique. Le corps est universellement élargi et quelque peu aplati; son contour forme un ovale régulier sans inter- ruption, ce qui est dû au profond enchâssement de la tête dans le corselet, à la connivence par- faite de ce dernier avec les élytres et à la vous- sure continue et régulière des parties dorsales et abdominales. Les pattes, et principalement les postérieures, servant de rames, sont très larges, généralement grandes, et de plus, forte- ment ciliées (fig. 227); les hanches transversales prennent ordinairement des dimensions énor- mes, atteignent les côtés extérieurs du corps; elles sont totalement soudées au métasternum. Tandis que le quatrième article des tarses an- térieurs reste atrophié, les trois premiers, et parfois jusqu'à un certain point le suivant, sont élargis chez le mâle d'une manière toute particulière. Les trois premiers segments de l'abdomen sont soudés également.

Les rapports les plus étroits existent entre cette famille et les deux précédentes; la ressem- blance de l'appareil de la manducation dans les

(1) Δυτικός, qui aime à plonger.

trois familles des Cicindélides, des Carabides et des Dyticides avait même conduit les anciens auteurs à les réunir méthodiquement en un seul groupe sous la dénomination de carnassiers (*Adephagi*).

Les seules couleurs que nous présentent ces Coléoptères sont le noir, le brun et aussi le vert-olive chez les grandes espèces, quelques dessins d'un jaune sale se montrent parfois et de préférence sur les bords.

De même que les grands Carabes rejettent par l'anus une liqueur brune d'une odeur repoussante, dans le but de lasser celui qui les a saisis entre les doigts, et de reconquérir leur liberté individuelle, de même les Dytiques lancent à la face de leurs ennemis un liquide incolore d'une odeur nauséabonde, produit de la sécrétion de leurs glandes anales accumulée dans leur vaste poche rectale; ils émettent en outre par les articulations antérieures et postérieures du corselet un liquide laiteux exhalant également une odeur désagréable.

Distribution géographique. — Les 900 espèces connues de Dyticides sont réparties sur toute la terre, mais prédominent toutefois dans les régions tempérées. Elles se ressemblent en général par leur aspect et aussi par la coloration à peu près uniforme, au point que celles qui habitent les zones plus chaudes ne se distinguent aucunement de nos Dyticides indigènes.

Mœurs, habitudes, régime. — Organisés pour la natation, les Dyticides le sont également pour le vol. Comme ils habitent exclusivement les eaux stagnantes qui se dessèchent souvent en été, ils seraient exposés à une mort certaine, s'ils ne possédaient pas d'ailes puissantes. Ils ne quittent jamais leur élément pendant le jour, mais seulement la nuit, en grimpant préalablement le long d'une plante aquatique, pour prendre plus facilement leur essor. Il est aisé de comprendre, d'après cela, comment les plus grosses espèces sont amenées quelquefois à se réfugier dans des tonneaux à eau de pluie, dans des conduits ou divers autres réservoirs; parfois on rencontre ces Insectes le matin couchés sur le dos, résignés à leur sort, à la surface des vitres des serres où des couches qu'ils avaient prises pour la surface brillante d'une pièce d'eau. Beaucoup d'entre eux mettent à profit leur faculté de voler pour se rendre dans les bois et y passer l'hiver, cachés sous la mousse où on les trouve engourdis en compagnie de Carabiques, de Brachélytres et d'autres Insectes.

Comme ils ne respirent point par des branchies, ils ont besoin d'air et le recherchent à la surface de l'eau. De temps à autre on les voit quitter le fond, monter au niveau de l'élément liquide où ils se maintiennent suspendus en équilibre, l'extrémité abdominale émergée (fig. 232); ce qui permet à la dernière paire de stigmates de puiser l'air pur à la surface de l'eau, et au tissu feutré qui revêt l'abdomen de retenir et d'emprisonner sous les élytres au moment où l'Insecte plonge de nouveau une forte couche d'air; pour faciliter la respiration, ces stigmates postérieurs sont au moins trois fois plus grands que les autres. La chaleur des rayons solaires les attire à la surface; par les jours sombres ils s'éloignent et se cachent sous les plantes aquatiques, ou s'enfouissent dans la vase; dans les eaux dépourvues de végétation, ils font eux-mêmes défaut; nous verrons pourquoi tout à l'heure. C'est vers l'automne qu'on les trouve en plus grand nombre; et vraisemblablement ils sont nouvellement éclos et destinés à prendre leurs quartiers d'hiver.

La grande majorité des Dyticides ont les hanches fortes et élargies en avant; leur natation s'exécute par un mouvement synchronique des pattes postérieures et par conséquent entièrement selon les règles techniques de l'art, mais quelques petites espèces aux hanches postérieures étroites meuvent alternativement les pattes de derrière : on peut dire qu'ils nagent en faisant la coupe.

Quant aux Larves, elles ressemblent à celles des Carabides, mais elles en diffèrent notablement et se reconnaissent facilement à leur faciès (fig. 228); le corps, de 12 anneaux recouverts de plaques chitineuses, est mis en mouvement par six pattes grêles, ciliées, terminées par un tarse d'un seul article muni d'une double griffe; le dernier segment seul très résistant est tubuleux et terminé par deux appendices pennés, à insertion articulée, en relation avec la dernière paire de stigmates : ces appendices avaient été autrefois considérés comme des branchies trachéennes. La tête élargie transversalement et dirigée en avant se distingue par ses mandibules falciformes simples, ses mâchoires libres et pourvues de palpes multi-articulés, son menton charnu portant des palpes à 4 articles, par l'absence de languette ainsi que de lèvre supérieure, et enfin par des antennes à 9 articles et 6 yeux simples disposés sur deux rangs de chaque côté. Les mandibules présentent une remarquable disposition; elles ne servent pas soulement à maintenir et à blesser la proie saisie comme chez les Larves de Carabides, mais elles remplissent en même temps les fonctions de l'ouverture buccale qui fait complètement défaut; ces mandibules sont creuses et portent un peu en arrière de leur point terminal une fente qui livre passage aux aliments liquides : le fait de la transformation des mandibules en un appareil de succion est une particularité qui est, à n'en point douter, fort singulière.

LE DYTIQUE BORDÉ — *DYTICUS MARGINALIS.*

Der Gesäumte fadenschwimmkäfer.

Le Dytique bordé (*Dyticus marginalis*) (fig. 227, 233, 234, 235, 236 et 237) est une des plus grandes espèces de la famille ; nous l'avons représenté (fig. 227) suspendu à la surface de l'eau par son extrémité abdominale et tout prêt à s'enfoncer pour fouiller la vase ou se cacher au milieu des racines enchevêtrées ; mais il ne tarde pas à réapparaître pour se lancer à la poursuite de quelque petite Larve ou tout autre habitant de la mare boueuse, et ne revient à la surface que lorsqu'il peut ramener triomphale-

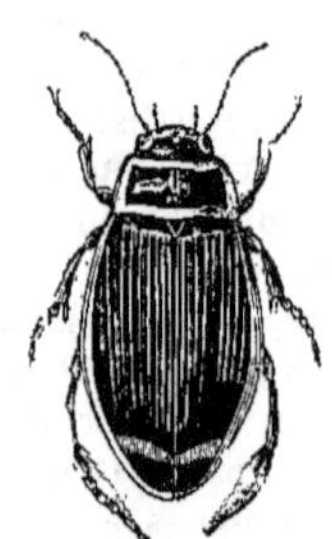

Fig. 233. — Dytique bordé femelle

ment, solidement maintenue dans ses puissantes mandibules, la proie qu'il convoitait. La conformation de son corps et la disposition de ses pattes postérieures, en forme de rames symétriques, lui donnent une merveilleuse agilité ; autant il est prompt et adroit lorsqu'il se meut dans l'élément liquide, autant il est lourd et gauche lorsqu'il se traîne péniblement sur le sol.

Les pattes antérieures et moyennes faites pour grimper et pour empoigner, sont différemment construites dans les deux sexes. Chez les femelles (fig. 233) les 5 articles des tarses, un peu aplatis sur les côtés, sont sensiblement égaux entre eux, sauf le terminal qui est plus long ; chez le mâle (fig. 227) les 3 premiers ar-

ticles des tarses médians sont élargis en semelle et recouverts de brosses courtes et serrées comme chez les Carabiques, tandis que les mêmes articles, étroitement réunis, forment aux pattes antérieures un disque arrondi qui est garni en sus de la brosse de deux grandes cupules et d'une multitude de petites cupules qui constituent un remarquable appareil de fixation. Lorsque l'animal applique ses pattes antérieures sur un corps, par exemple un cadavre submergé, ou sur la surface polie du sternum de la femelle, les cupules font office de ventouses et permettent aux pattes d'adhérer plus solidement peut-être que si l'Insecte déployait un effort musculaire dix fois plus considérable.

La surface supérieure du corps du mâle, brillante et ne se mouillant jamais, est entièrement d'un brun olive foncé à l'exception d'une bordure jaune qui encadre complètement le corselet, et qui se prolonge sur les côtés externes des élytres vers l'extrémité desquelles elle s'efface. La partie inférieure du corps et les antennes à 11 articles sont jaunes, les pattes un peu plus foncées. Chez les femelles (fig. 233) au contraire le corselet reste seul brillant tandis que les élytres sur leur moitié antérieure et même au delà sont creusées de stries profondes; mais, par une bizarrerie inexplicable, on trouve en aussi grand nombre des femelles à élytres lisses comme celles des mâles.

Ce dimorphisme chez les 2 sexes est connu depuis longtemps et l'on s'est efforcé de bonne heure d'en trouver l'explication. On fut tenté naturellement d'admettre que la rugosité des sillons dorsaux devait faciliter l'adhérence du mâle pendant l'accouplement. Kirby et Spence (1), de même que Darwin (2), n'admettent pas cette manière de voir; les premiers font intervenir l'influence immédiate de la sagesse divine, et ce dernier y voit une manifestation de la sélection naturelle. Darwin ajoute: « Si les sillons des élytres ont de l'importance pour faciliter l'accouplement, il en résulte que dans la lutte pour l'existence les femelles qui en sont pourvues doivent avoir un certain avantage sur les autres ; mais, d'après la loi des compensations, ces dernières, alors, au lieu d'avoir des élytres de structure compliquée, auraient en compensation une constitution plus vigoureuse, par exemple, des pattes natatoires plus fortes, et seraient ainsi également privilégiées ; les formes intermédiaires moins

(1) Kirby et Spence, *Introduction à l'Entomologie.*
(2) Darwin, *Descendance de l'Homme.*

Fig. 234 et 235. — Dytique bordé   Fig. 236. — Dytique bordé,   Fig. 237. — Dytique respirant
en train de pondre.   mâle nageant.   à la surface de l'eau.

Fig. 234 à 237. — La ponte des Dytiques.

favorisées devaient disparaître dans le cours des temps. »

Joseph a trouvé récemment une de ces femelles intermédiaires, non pas de l'espèce en question, mais d'une autre fort voisine (*Dyticus dimidiatus*). Cette femelle présente l'indication de sillons dont deux se retrouvent sur le mâle; ils sont étroits et superficiels, les sixième et septième sillons seuls sont plus larges et plus profonds. Donc, s'il existe encore une forme non disparue de femelle au type transitoire, il est probable que des recherches suivies en amèneront encore une deuxième ou même une troisième qui ne sera pas davantage une forme éteinte.

Quant aux pattes natatoires qui seraient plus vigoureuses chez des femelles lisses, l'observation en est si vague et si incertaine que l'un peut l'interpréter dans un sens favorable à sa théorie, que l'autre peut nier son importance; cette assertion peut en somme être rejetée, ce qui bat ici en brèche la théorie de la loi de compensation.

Récemment encore, de Kiesenwetter a fourni une autre explication sur le dimorphisme des femelles de Dytiques, qui s'accorde avec les vues de Darwin. Il part de cette idée, — nous en avons déjà parlé, — que les ailes des Insectes ne sont qu'une sorte d'expansion de la peau, dont les soutiens ou nervures, qui ne sont originairement que des tubes respiratoires modifiés, s'effacent sur les élytres de la plupart des Coléoptères, mais laissent toujours quelque trace; et conclut en considérant le type des élytres à côtes ou à sillon comme plus ancien que celui des élytres lisses, et partant comme le type primordial. Cela concorde avec le fait qu'à l'époque tertiaire il y avait déjà des Dytiques à élytres sillonnées. Doit-on rechercher, poursuit de Kiesenwetter, le type des Articulés aux formes d'une variété infinie dans les espèces vivant dans l'eau où les Insectes sont relativement peu nombreux ? Non, car c'est plutôt sur terre que ce type se montre avec une invraisemblable multiplicité de formes ; on peut donc en toute assurance considérer les Dytiques comme ayant été primitivement des Carabes qui se sont habitués à vivre dans l'eau, ou, pour s'exprimer plus exactement dans le sens darwinien, qui se sont adaptés complètement à la vie aquatique ; et non pas admettre inversement que les Dytiques se sont transformés en carnassiers terrestres. Or, la signification que nous avons donnée de la présence des côtes des élytres s'applique au type Carabe ; il en résulte qu'elle s'applique également au type primordial des Dytiques ; les sillons de la partie antérieure des élytres de ces derniers n'ont commencé à s'effacer que dans les premiers temps de l'adaptation à la vie aquatique, une surface aussi lisse et polie que possible étant éminemment favorable au déplacement dans l'eau ; mais quelques femelles ont conservé les sillons, par suite des avantages qu'elles en ont tirés (par exemple pour l'accouplement), tandis que les mâles les ont perdus. Les femelles lisses (abstraction faite de l'hypothèse qui leur attribue une constitution plus vigoureuse) doivent à l'état de la surface de leur corps une plus grande aisance dans les mouvements sous l'eau ; de leur côté, les femelles sillonnées ont la perspective d'avoir une postérité plus nombreuse.

Ces deux avantages différents suffisent, au point de vue darwinien, pour maintenir à travers les générations les deux formes correspondantes chez les femelles, pour les fixer, ou, pour séparer au moment où l'équilibre s'établit, les individus femelles en deux races distinctes, vivant simultanément et sans mélange en même temps que les formes intermédiaires moins privilégiées disparaissent.

Nous devons laisser au lecteur lui-même le soin de se déclarer pour l'une ou pour l'autre hypothèse ou de n'en accepter aucune en ne reconnaissant dans ces différences qu'une expression de l'universelle et immense richesse de formes des Insectes.

Après cette digression, sur laquelle nous avons cru devoir nous étendre pour montrer combien sur ce terrain la spéculation théorique peut se détourner des recherches proprement dites, nous revenons sur nos pas, à la caractéristique des Dyticides.

Voulons-nous poursuivre plus loin l'étude des Dytiques, et observer toute la gent aqua-tique qui leur est apparentée ; nous n'aurons qu'à en mettre quelques individus dans un aquarium dont le fond caillouteux sera recouvert d'une couche de vase, et où seront disposées des plantes aquatiques qui leur permettront de trouver un abri et des retraites. La grande voracité de ces Animaux est assez difficile à satisfaire ; néanmoins, à défaut de petits Insectes aquatiques et tendres, on peut y suppléer au besoin par des Vers de vase, par du frai de Grenouille ou de Poisson ; on peut encore leur servir le cadavre d'une Souris, ou de tout autre Animal ; et même une tranche de Bœuf. Ils ne sont pas difficiles sur le choix de la nourriture ; mais il ne faut pas oublier que ces féroces carnassiers s'attaquent à tous les Animaux et qu'ils dévorent vivants Carpes et Goujons de forte taille : à l'état de nature ce sont de terribles destructeurs de jeunes Poissons, capables de commettre les plus grands dégâts dans les établissements de pisciculture, s'ils réussissent à se glisser dans les viviers.

C'est à M. le docteur Régimbart que nous sommes redevables d'observations fort intéressantes sur la ponte des Dytiques, observations qu'il fit pour la première fois alors qu'il était encore un jeune élève du lycée d'Évreux. Certains auteurs allemands écrivent encore de nos jours que les Dytiques déposent leurs œufs dans la vase ; c'est une erreur, les femelles sont pourvues d'une tarière qui leur permet d'entailler les tiges des plantes pour y glisser leurs œufs ; mais laissons la parole au jeune Entomologiste : « Au mois de mars 1865, je vis une femelle de *Dyticus marginalis* se poser d'une manière tout à fait insolite sur une tige de jonc ordinaire (*Scirpus lacustris*); elle se tenait la tête en haut, les antennes cachées sous le corselet et les pattes antérieures et intermédiaires embrassant solidement la tige ; en même temps les pattes postérieures, placées parallèlement au corps, s'agitaient doucement et régulièrement sur les côtés de l'abdomen, dont l'extrémité s'écartait et se rapprochait alternativement des élytres (fig. 230). L'Insecte, changeant de place, reprit deux ou trois fois cette position qu'il ne gardait que peu de temps, puis il monta prendre de l'air et redescendit entraînant une énorme bulle. Il se replaça de la même manière sur une nouvelle tige de jonc, avec les mêmes mouvements des nageoires. Puis l'extrémité de l'abdomen s'étant fortement dilatée en s'écartant des élytres, le Dytique fit sortir sa tarière, en appliqua le tranchant sur le jonc et commença à la faire mouvoir d'avant en arrière ; il en résulta une incision longitudinale. Voulant étudier de plus près cette manœuvre qui m'était tout à fait inconnue, je dérangeai l'Insecte qui prit la fuite en rentrant sa tarière. Presque au même moment, il la sortit de nouveau en nageant et laissa tomber un œuf. J'avais le mot de l'énigme : il ne me restait plus qu'à voir opérer l'animal jusqu'au bout sans le déranger. J'eus le bonheur de le voir, après quelques instants, remonter et prendre une grosse bulle d'air pour aller se fixer sur un jonc. La tarière se mut encore d'avant en arrière, avec assez de lenteur. Quand elle eut pénétré jusqu'au centre de la moelle, elle s'arrêta, dirigée obliquement en bas ; enfin elle se gonfla peu à peu et l'Insecte la rentra dans son abdomen pour retourner prendre de l'air. La durée totale de l'opération fut à peu près d'une demi-minute...

« Ayant arraché ensuite quelques tiges de jonc, j'en trouvai qui avaient une ou plusieurs incisions. Ces incisions, ressemblant à la fente longitudinale d'une greffe en écusson (fig. 234 et 235), intéressent l'écorce et la moelle, dans une profondeur qui varie un peu, suivant l'épaisseur de la tige : ainsi, lorsqu'elles sont pratiquées dans le jonc, elles n'ont guère qu'un millimètre et demi de profondeur ; mais dans les pétioles de *Sagittaria*, j'en ai trouvé qui avaient tout près de trois millimètres.

« L'œuf est cylindrique, légèrement arqué, arrondi aux deux extrémités. Il présente de cinq à cinq millimètres et demi de longueur sur un de largeur ; il est situé dans le sens de l'incision, c'est-à-dire parallèlement à l'axe de la tige. Ordinairement les deux lèvres de la fente ne se referment pas exactement sur lui, de sorte qu'on peut l'apercevoir du dehors.....

« Pourquoi ces Insectes cachent-ils ainsi leurs œufs dans les plantes ? Tout d'abord il y a lieu de penser que c'est pour soustraire leur progéniture à la voracité de leurs nombreux ennemis, Poissons, Insectes et autres qui peuplent les eaux. Cette explication est certainement admissible ; mais je pense qu'il y a une autre raison. L'époque de l'éclosion des Larves s'étend en général de la fin de l'hiver au milieu du printemps ; il est rare qu'elle se continue après la fin d'avril. Il n'en est pas de même de la ponte, qui se fait surtout en hiver et au printemps, mais qui a lieu aussi en été

et en automne, de même que l'accouplement. Les œufs, suivant la saison de la ponte, sont donc susceptibles d'attendre plusieurs mois avant d'éclore. Comme le niveau de l'eau est sujet à baisser, ils pourraient se trouver exposés à l'air et se dessécher, mais ils sont contenus dans une plante qui les protège d'abord, et qui leur fournit ensuite l'humidité indispensable à leur conservation. Plus tard les pluies d'automne et l'hiver feront remonter le niveau de l'eau, et les Larves, étant de nouveau submergées, pourront éclore et trouver les conditions nécessaires à leur développement. »

Dans les figures 234 à 237 nous avons représenté la ponte des Dytiques d'après les dessins de M. Régimbart.

Ces œufs mettent douze jours à éclore. Alors de toutes petites Larves fourmillent au sein de l'eau, et par leur prodigieuse voracité, qui ne leur permet pas de se ménager entre elles, témoignent leur hâte de grandir. Après quatre ou cinq jours elles mesurent déjà presque dix millimètres, et font leur première mue ; leur taille a doublé ; elles changent encore de peau une deuxième fois et une troisième fois lorsque l'exige leur rapide accroissement. Sans doute plus d'une de ces Larves, avant de devenir forte, devient la proie de quelque forban plus robuste, tel qu'une Larve de Libellule ; cependant le plus grand nombre arrive à bien. A un âge plus avancé, alors qu'une nourriture plus abondante est devenue nécessaire, l'accroissement est moins rapide.

Dans notre fig. 220, p. 133) nous voyons représentée une Larve ayant atteint son maximum de taille et ayant conservé la conformation qu'elle avait au sortir de l'œuf.

Vivant dans le plus dangereux voisinage, notre Larve de Dytique se poste en embuscade, les mandibules écartées, attendant tranquillement qu'une infortunée Larve de Cousin ou toute autre Larve vermiforme, et d'un aspect rappelant assez le sien, vienne à sa portée ; choisissant le moment favorable, elle se tord comme un serpent et s'élance sur sa victime qu'elle saisit dans ses redoutables pinces ; s'aidant alors de ses pattes, elle se cramponne à quelque plante aquatique et se met en devoir de sucer sa proie. Les rangs s'éclaircissent parmi les Larves d'un aquarium, bien que par précaution les Dytiques adultes aient été retirés. Quoique l'on se soit donné toutes les peines pour procurer une nourriture suffisante à ses élèves, ils ne s'épargnent point et se déchirent à belles dents, soit qu'une trop grande promiscuité surexcite leurs instincts meurtriers, soit qu'ils ne trouvent pas à leur portée une abondante provende pour satisfaire leur vaste appétit. C'est ici qu'on peut assister à toutes les manœuvres, à toutes les ruses qu'oblige à déployer la lutte pour l'existence ; c'est ici que l'on peut être témoin des assauts que se livrent l'adresse et la force, lorsque de jeunes Larves se trouvent mêlées à d'autres qui ont acquis toute leur taille. Les plus petites usant de ruse se défendent assez habilement ; malheur à elles si elles ne sont pas sur leur garde, immédiatement elles sont saisies et dévorées. Celles qui ont atteint toute leur taille deviennent moins voraces, et ne tardent pas à grimper au sommet du fond caillouteux recouvert par la touffe d'herbages qu'on a ménagée dans l'aquarium, et à disparaître complètement dans la terre ; si au bout d'environ quinze jours on écarte les herbes, si on fouille délicatement la couche sous-jacente, on peut trouver à sa grande satisfaction quelques cavités renfermant chacune une Nymphe sur laquelle il était facile de reconnaître la forme du corps et les antennes de l'Insecte parfait.

Après un repos de trois semaines, durant la saison d'été, la peau de la Nymphe se déchire sur le dos, et le Dytique nouveau-né se dégage de sa dépouille ; les Nymphes formées seulement en automne passent l'hiver.

Le Dytique fraîchement éclos met quelque temps à prendre complètement l'aspect de ses parents. D'abord les ailes se déroulent et s'étendent sous les élytres, mais restent encore excessivement tendres ; l'Insecte a acquis sa forme définitive ; mais il est encore d'une consistance extrêmement molle. Dans cet état il est tout à fait impropre à vivre librement dans l'eau, et reste dans son humide berceau. De jour en jour ses téguments durcissent et brunissent, et ce n'est qu'au bout d'une huitaine qu'il est apte à quitter la sombre retraite qui l'a vu naître.

Même alors qu'ils nagent déjà gaiement dans l'eau, on distingue les Dytiques qui sont nouvellement éclos au ton pâle de la région ventrale et à la mollesse relative de l'enveloppe chitineuse. Bientôt ils seront en état de mener activement leur vie de rapine et de tuerie.

Les *Dyticus marginalis* et *circumflexus* sont répandus dans toute l'Europe, et le dernier se prend même en Algérie ; le *D. latissimus*, le géant de tout le groupe (fig. 238 et 240), se trouve en Lorraine, en Alsace, dans tout le nord de l'Allemagne et particulièrement en Prusse, où il est commun ; le *D. Lapponicus* vit en Suède, en Finlande, en Laponie, dans le nord de l'Allemagne et dans quelques lacs glacés des Alpes, le *D. circumcinctus*, espèce fort rare, a été pris plusieurs fois en France, mais se rencontre plutôt dans l'Allemagne boréale : le *D. Pisanus* habite la France méridionale, l'Espagne et le Portugal ; le *D. dimidiatus* et *punctulatus* fréquentent les eaux courantes des contrées tempérées de l'Europe à l'encontre de tous les autres qui préfèrent les eaux stagnantes.

Tandis que chez le genre *Dyticus* ou *Dytiscus* les griffes des pattes postérieures sont sensiblement égales et mobiles, nous voyons dans les Dyticides de taille moyenne des genres *Acilius* et *Hydaticus* deux griffes inégales dont la supérieure est immobile, et dans le *Cybister Rœselii* une seule griffe mobile. En général, les caractères distinctifs attribués aux espèces consistent dans les différences que présente la conformation des griffes et celles qu'offrent les élargissements des pattes antérieures et moyennes.

LES CYBISTETER — *CYBISTETER* (1)

Les *Cybisteter* sont des Insectes de grande taille, tout proches parents des Dytiques ; la plupart sont d'un vert olive foncé en dessus, avec les côtés du prothorax jaune et une bande latérale de même couleur ; cette bande pouvant manquer. Le corps du mâle est lisse, les femelles ont sur leurs élytres de fines stries très serrées qui les recouvrent en totalité ou en partie. L'Europe et la France ne possèdent que le *C. Rœselii* (fig. 239).

LES ACILIES — *ACILIUS* (2)

L'Acilie sillonnée (*Acilius sulcatus*) : la femelle est figurée dans notre figure 229, p. 133 ; le mâle a aux pattes antérieures le même élargissement discoïde que le Dytique, mais il diffère de ce dernier par la structure des griffes aux pattes de derrière et par le défaut de bordure sur le dernier anneau de l'abdomen. Chez les femelles les cannelures longitudinales se prolongent sur

(1) Κυϐιστητήρ, qui fait la culbute.
(2) *Acilia*, nom propre.

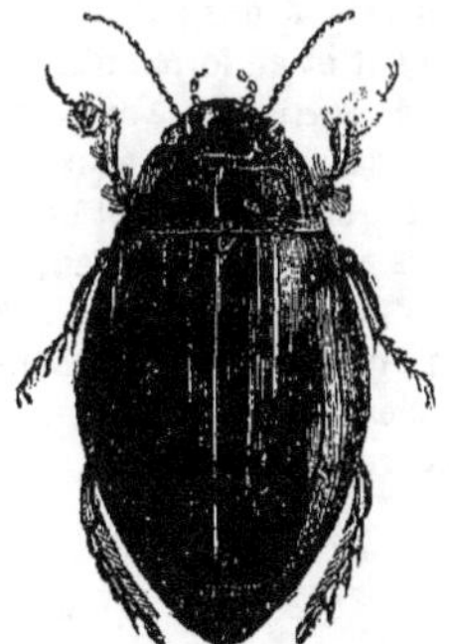 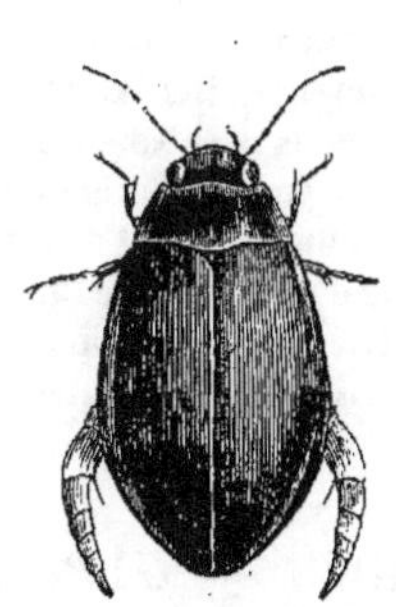 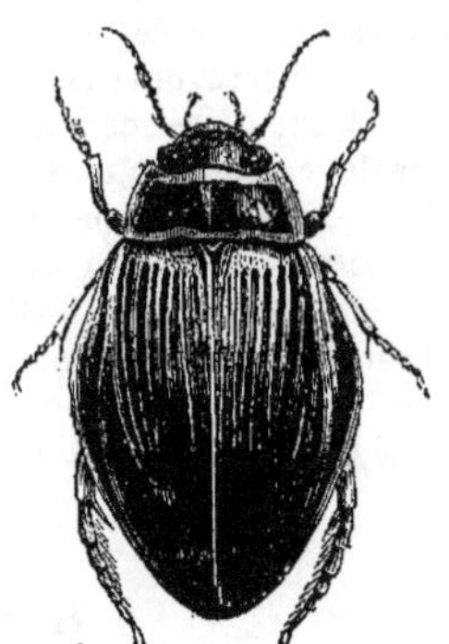

Fig. 238. — Dytique très élargi mâle. Fig. 239. — Cybister de Rœsel. Fig. 240. — Dytique très élargi femelle.

toute l'étendue des élytres, et les quatre intervalles qui les séparent sont pourvus de longs poils ; et il y a de même un bouquet de longs poils à l'extrémité de la ligne médiane jaune qui traverse le corselet.

La partie supérieure du corps est brun-noir, la face inférieure est noire, sauf quelques taches jaunâtres.

La Larve se distingue de celle du Dytique par ses anneaux thoraciques plus allongés.

On trouve toujours les *Acilius* parmi les Dyticides de taille moyenne ou relativement plus petites ; ils ont les mœurs des Dytiques vraies.

LES HYDROPORES — *HYDROPORUS* (1)

Die Hydroporinen.

Caractères. — Les plus petits Dyticides sont les *Hydroporus*, qui atteignent à peine une longueur totale de 4 millimètres et demi ; ils se distinguent par la présence de 4 articles aux tarses des deux premières paires de pattes et par l'apparence filiforme de leurs pattes postérieures.

Distribution géographique. — Les 180 espèces de ce genre sont réparties sur toute la terre, et l'une d'elles se retrouve également en Europe et dans l'Amérique du Nord (*H. nigrolineatus*).

Plusieurs d'entre elles se distinguent par de gracieux et légers dessins qui ont valu à l'une d'elles entre toutes le nom d'*Hydroporus elegans*. Le fond est jaune pâle sur tout le corps, et les élytres sont ornées de jolies hachures

comme l'indique notre gravure (p. 133, fig. 230). Ce Coléoptère compte parmi les célébrités du lac salé de Mannsfeld, ou plutôt des flaques avoisinantes, il ne se retrouve que dans le sud de l'Europe (France, Suisse, Kiew) et dans les localités des côtes de l'Adriatique qui conviennent au séjour des Hydrocanthares en général.

LES HALIPLINES — *HALIPLINÆ* (1)

Die Haliplinen. Die Wassertreter.

Nous ne devons pas omettre de mentionner les *Haliplines* aux pattes grêles et non allongées, dont la conformation s'éloigne à plusieurs égards du type précédent.

Caractères. — La plus grande largeur du corps s'étend d'une épaule à l'autre, et le corselet court, se terminant en arrière par une dent médiane, présente en avant des bords droits ; les antennes, insérées sur les bords latéraux du front, sont assez longues, mais à 10 articles seulement ; l'article terminal des palpes maxillaires est plus cunéiforme que l'avant-dernier ; les pattes et surtout les tarses sont grêles, ces derniers sont pourvus ainsi que les jambes de poils ciliés aux membres antérieurs ; on n'aperçoit des cuisses postérieures que l'extrémité parce qu'une large expansion en forme de plaque, prolongement des hanches postérieures, recouvre presque tout l'abdomen en ne laissant subsister qu'une fente entre lui et elle ; on ne voit point de scutelle ; le *Cnemidotus cæsus*, que nous avons représenté (p. 133, fig. 231) rampant sur une plante aquatique, peut en donner une idée ; ses

---

(1) Ὑδροπόρος, qui traverse les eaux.

(1) Ἁλίπλοος, navigateur.

élytres fortement bombées, à la base desquelles
sont marquées de rangées longitudinales de
ponctuations grossières qui s'effacent vers l'extrémité. Une tache foncée commune aux deux
côtés et quelques autres plus petites relèvent
seules le fond jaune pâle un peu verdâtre de la
surface du corps ; le corselet est couvert en
avant et sur les côtés de points disséminés ; une
rangée de ponctuations imprimées au fond d'un
sillon situé en avant de son bord postérieur.

Plus riche en espèces, peu brillantes, il est
vrai, le genre *Haliplus* se distingue du précédent par le dernier article des palpes maxillaires qui est plus petit et en forme d'alène.

Mœurs, habitudes, régime. — Tous ces petits Animaux vivent au fond des eaux et ne
se voient d'ordinaire que dans le filet de celui
qui drague les mares avec un troubleau, dans
le but d'amasser des matériaux pour sa collection de Coléoptères ; quelquefois cependant ils
abandonnent leur élément pour grimper sur
les plantes et les fleurs aquatiques.

LES GYRINIDES — *GYRINIDÆ* (1)

Die Taumelkäfer.

Caractères. — Nous retrouvons la forme
ovale des genres précédents, mais le corps est
plus aplati sur la face ventrale et plus bombé
sur la face dorsale ; les élytres sont tronquées
à leur extrémité, et laissent à nu l'extrémité
abdominale. Les pattes antérieures s'attachent
à des hanches libres cunéiformes et elles rappellent des bras par leur longueur ; les postérieures solidement fixées au sternum par les
hanches ont les jambes et les tarses élargis en
feuilles rhombiques et entièrement converties
en nageoires. Les antennes, composées de 11
articles dont le dernier est à lui seul aussi long
que les 7 qui le précèdent, n'apparaissent que
comme des moignons.

La disposition des yeux est des plus remarquables : séparés en parties supérieure et inférieure par un large intervalle, ceux-ci permettent à l'Insecte de voir pendant qu'il nage, aussi
bien sous l'eau que dans l'air au-dessus de lui,
mais probablement pas en ligne droite à la surface de l'eau.

Le menton est profondément découpé, à
lobes latéraux très arrondis ; les palpes courts
sont à 3 articles à la lèvre et 4 articles à la mâchoire inférieure. Celle-ci se distingue de celles
des Carabes et des Dytiques en ce que son lobe
externe affecte la forme d'une épine mince,
tandis que chez les autres membres de la famille il s'atrophie complètement et ne prend
jamais la forme d'un palpe.

Les mandibules courtes et tordues se divisent
pour former deux dents.

L'abdomen n'est formé à la région ventrale
que de 6 anneaux dont les 3 antérieurs sont
soudés, le dernier comprimé et arrondi, et d'autres fois au contraire cunéiforme.

Les Gyrinides émettent une sécrétion laiteuse
exhalant une odeur des plus désagréables.

Distribution géographique. — La famille
des Gyrinides se réduit à peu près à 120 espèces, répandues sur toute la terre ; quelquesunes des pays chauds atteignent une taille de
17 millimètres et demi ; leurs dimensions par
conséquent égalent celles de nos Dyticides
moyens (*Acilius*). Le genre *Gyrinus* est riche en
espèces, en partie difficiles à distinguer. Quelques-unes sont communes à l'Europe et à l'Amérique du Nord.

Mœurs, habitudes, régime. — Plus que les
Hydrocanthares précédemment décrits, les
Tourniquets ou Gyrins (*Gyrinus*) attirent l'attention de celui qui s'arrête seulement pendant quelques minutes auprès des eaux. Car
ces petits Coléoptères d'un bleu d'acier éclatant qui les fait apparaître comme autant de
petits éclairs ne peuvent demeurer inaperçus ;
et il vient à l'esprit qu'il n'est pas de compagnie plus gaie, plus heureuse. Voici que la
petite société se groupe en un point, puis chacun glissant à la surface s'élance çà et là : l'un
décrit un grand cercle, un deuxième le suit, un
troisième décrit une orbe en sens contraire, un
quatrième décrit d'autres courbes ou des spirales, et pendant ce jeu alternatif et varié,
tantôt ils se rapprochent, tantôt ils s'éloignent
les uns des autres. Pendant ces mouvements,
d'une exécution si parfaite qu'ils ne pourraient
être surpassés par le patineur le plus habile,
l'eau reste calme sous les individus isolés, et

____

(1) Γυρεύω, tourner.

ce n'est que là où ceux-ci se groupent qu'ils soulèvent des vagues lilliputiennes. Mais tout à coup, qu'une Grenouille se jette lourdement auprès d'eux, qu'une feuille détachée de l'arbre voisin vienne troubler la tranquillité de l'eau ; rapides comme l'éclair, nos petits nageurs se débandent et fuient de tous côtés ; mais, au bout de quelque temps, la panique passée, ils se rassemblent de nouveau pour se livrer à leurs ébats habituels.

On ne jouit du spectacle de leurs évolutions que lorsque le soleil brille ou lorsque le temps est couvert, par les journées à la fois chaudes et lourdes ; par un temps froid ou désagréable on ne voit pas trace de Gyrins ; ces Coléoptères se tiennent alors cachés, soit parmi les plantes aquatiques qui bordent les rives, soit dans la vase au fond de l'eau. Le milieu dans lequel ils vivent se prête peu à l'observation ; leur capture devient nécessaire.

Malinowski, qui a cherché à surprendre les mystères de leur existence, a publié plusieurs études intéressantes dont nous reproduisons les extraits suivants.

Une nombreuse société de *Gyrinus strigipennis* puisée dans un établissement de bains du Danube avait été mise dans un bocal plein d'eau. Quelques jours après, plusieurs Gyrins morts flottèrent à la surface, et l'on avait lieu de supposer que le manque de nourriture les portait à s'attaquer entre eux ; on jeta dans l'eau un morceau de viande fraîche ; à peine celui-ci était-il tombé au fond, que nombre de Gyrins s'y précipitèrent en y enfonçant leurs têtes. Malgré ce régime et le fréquent renouvellement de l'eau, le carnage continua, les débris des cadavres ne cessèrent de venir flotter à la surface, et au bout de peu de temps ils avaient tous succombé. Une autre collection de Gyrins fut emprisonnée avec des racines de roseau, la compagnie témoigna d'une conduite bien plus sociable ; et un seul cadavre vint surnager, et encore n'avait-il été nullement endommagé par ses compagnons.

Quand le Gyrin plonge, il fait provision d'air qui, entraîné par son extrémité abdominale, prend l'aspect d'un globule d'argent. Cette bulle semble entourée d'une matière grasse qui l'isole de l'eau ; car elle se termine en pointe, se laisse comprimer, et adhère si fortement à l'extrémité abdominale, que Malinowski après de vaines tentatives ne réussit qu'une fois à l'en séparer à l'aide d'une petite tige ; détachée, elle est instantanément remplacée par une autre.

Sous l'eau notre Coléoptère se tient d'habitude sur une plante, accroché solidement à l'aide de ses pattes médianes, étendant ses longues pattes antérieures en avant, comme le fait avec les bras l'homme qui s'apprête à nager, et, à l'instar de ces Insectes qui font leur toilette, il les passe sur la tête et le devant du corselet.

Au repos ses palpes seuls sont en mouvement, et il ne se laisse nullement déranger par ce qui se passe autour de lui.

De même que les Dytiques, les Gyrins ont la faculté de voler ; sans ce privilège, ils seraient exposés à périr lorsque les mares et cours d'eaux qu'ils habitent sont à sec. Avant de prendre leur essor, ils grimpent le long d'une plante, écartent les élytres, agitent vivement l'abdomen de haut en bas, jusqu'à ce que, gonflés d'air, ils puissent abandonner la plante et s'élancer en bourdonnant.

LE GYRIN NAGEUR. — *GYRINUS NATATOR*

Considérons de plus près l'une des espèces les plus communes, le *Gyrinus natator* (fig. 241).

Son corps est d'un bleu d'acier éclatant ; le bord inférieur de ses élytres et de son corselet

Fig. 241. — Gyrin nageur.

ainsi que ses pattes sont d'un rouge de rouille ; les élytres ponctuées qui sont ornées de 10 stries délicates deviennent encore plus fines dans le voisinage de la suture.

La Larve, déjà connue de Modeer (1770), est fort allongée et étroite ; elle a la tête plus grande que chacun des 3 anneaux thoraciques, lesquels portent 6 longues pattes terminées par des doubles griffes. Les 8 anneaux plus étroits qui suivent sont munis, les 7 premiers de 1, le huitième de 2 appendices ciliés de la longueur des pattes et qui ne sont autres que les fausses branchies. De cette manière la Larve a une ressemblance éloignée avec un Scolopendre.

Comme la Larve des Dytiques, celle des Gyrins suce sa proie à l'aide de ses mandibules perforées. Quand elle est arrivée à terme, pour se transformer elle se construit sur une plante aquatique ou dans le voisinage de l'eau une coque parcheminée et pointue aux deux extrémités ; la Nymphe a besoin en moyenne d'un mois pour devenir Insecte parfait.

Le passage à l'état de Nymphe paraît se faire après l'hivernation de la Larve, car les Insectes prennent leurs ébats en été. La ponte a lieu au commencement d'août.

Il est à désirer que de nouvelles observations soient poursuivies sur le développement de ces intéressants petits Coléoptères.

LES HYDROPHILIDES — *HYDROPHILIDÆ*

Die Wasserkäfer.

Dans les eaux hantées par les Dytiques et les Gyrins se trouve encore une troisième famille de Coléoptères que l'on a désignés sous le nom d'Hydrophilides (*Hydrophilidæ* ou *Palpicornia*).

Ce sont des Coléoptères qui, par la forme générale de leur corps, ne s'éloignent pas des précédents. Mais, par la structure des pièces de la bouche et des antennes, ils en diffèrent tellement, que dans un système fondé surtout sur les caractères de ces parties, il est impossible de les rattacher à ces derniers.

Caractères. — Les Coléoptères appartenant à cette nouvelle famille ont universellement le menton grand et entier, et les palpes maxillaires, longs et filiformes ; ces palpes atteignent et dépassent même les antennes, à tel point qu'on pourrait les prendre pour celles-ci, d'où le nom de *Palpicornes* donné à ces Insectes.

Les antennes sont courtes ; les articles, dont le premier est droit et allongé, tandis que les autres forment une massue interrompue, sont au nombre de 6 à 9. On trouve des différences semblables dans le nombre des segments de l'abdomen (de 4 à 6) et dans celui des articles des tarses.

Mœurs, habitudes, régime. — Les habitudes des Hydrophilides sont très diverses, et ce nom d'Hydrophile ne leur convient pas à toutes, car, s'il en est qui vivent dans l'eau à la façon des Dyticides, nageant çà et là, s'enfonçant dans la vase, s'accrochant aux plantes submergées, il en est qui sont essentiellement terrestres et vivent les uns dans les bolets, les autres dans les excréments des Animaux herbivores.. La conformation générale du corps, et surtout celle des organes locomoteurs, se modifient suivant ces manières de vivre.

LES HYDROPHILES. — *HYDROPHILUS* (1)

Die Hydrophilinen.

L'HYDROPHILE BRUN — *HYDROPHILUS PICEUS*.

Der Pechschwaze Kolben Wasserkäfer.

Caractères. — L'Hydrophile brun (*Hydrophilus piceus*) et ses congénères, répandus sur presque toute la terre, sont les géants de la famille, et par la forme ovale de leur corps plus ou moins excavé en dessous, fortement bombé en dessus, ils nous offrent un type massif et lourd qui ne se rencontre pas chez les autres Coléoptères ; mais cette forme massive est parfaitement adaptée à la vie aquatique ; le sternum et les sternites de l'abdomen sont taillés comme la carène d'un navire, les élytres forment un toit, ce qui facilite singulièrement le déplacement dans l'eau.

Les antennes ont 9 articles dont le basilaire est ferrugineux et les 4 terminaux sont réunis en une massue brune et feuilletée. De ces articles le premier est brillant, les trois qui suivent sont ternes. De ces trois, enfin, les deux premiers se prolongent en dehors en forme de rameau, pendant que l'article terminal est ovoïde et pointu à l'extrémité. Comme chez les Dyticides, les tarses des quatre pattes postérieures sont transformés en lames et sont fortement ciliés sur leur face interne ; le premier article en est petit et n'apparaît au dehors que comme un simple appendice, le deuxième au contraire dépasse tous les autres en longueur. C'est là un des caractères du groupe entier. Le mâle se distingue aisément de la femelle par l'élargissement en forme de

(1) Ὕδωρ, eau ; φίλος, ami.

Fig. 242. — Larve.   Fig. 243. — Mâle.   Fig. 244. — Femelle venant de filer son cocon.

Fig. 242 à 244. — L'Hydrophile brun.

hache que présente le dernier article de ses tarses antérieurs. Un autre caractère du groupe est très bien accentué ici. Il consiste dans la conformation du mesosternum et du metasternum : ces deux pièces, en forme de carène et fortement sillonnées par devant, se prolongent en arrière en fer de lance allongé dépassant l'insertion des hanches postérieures. De plus, les sternites de l'abdomen sont exhaussés sur sa ligne médiane en arête sensible, de manière à compléter la forme naviculaire de l'animal. Les élytres, striées longitudinalement, et partant quelque peu cannelées à leur extrémité, se terminent sur la ligne de la suture par une petite dent ; les intervalles des stries sont alternativement ponctués.

Il présente dans son organisation externe et interne plusieurs particularités intéressantes. Les antennes jouent un rôle physiologique des plus curieux ; ce sont elles qui assurent l'approvisionnement de l'oxygène nécessaire à la respiration. Lorsque l'Insecte vient à la surface, il sort sa tête de l'eau, l'une des antennes se recourbe de façon à livrer passage à l'air qui va former sous le corps une couche argentée que retient le plus fin duvet. A la faveur de cette disposition une provision de gaz respirable se

trouve toujours à portée des stigmates pour permettre à l'animal de demeurer longtemps sous les eaux.

Entre le thorax et l'abdomen se trouve une grande vessie aérienne ballonnée à paroi membraneuse fort mince ; cette vessie, en rapport avec les nombreuses ramifications trachéennes, permet d'accumuler une provision d'air considérable, et fait en même temps fonction de vessie natatoire. Le canal intestinal s'éloigne notablement de celui des autres Coléoptères aquatiques ; il présente la même disposition que celui des Lamellicornes herbivores, et forme un très long tube régulier partout de même diamètre, ce qui indique un régime végétal.

Mœurs, habitudes, régime. — Ce Coléoptère brun verdâtre, luisant ou couleur de poix, vit dans les eaux stagnantes et courantes. Au printemps, Taschenberg l'a maintes fois rencontré dans les prairies qui étaient inondées par les crues de la Saale, et souvent il était recouvert d'une boue tenace dont il était impossible de le débarrasser complètement. A Paris même il n'est pas rare à la Glacière, dans les eaux empoisonnées de la Bièvre.

Sa nourriture consiste principalement en *Ceratophyllum*, en *Potamogeton*, plantes aquatiques qui encombrent parfois les petits cours d'eau.

Ces Insectes, nourris ainsi en captivité, se portent fort bien et peuvent être conservés pendant longtemps, même d'une année à l'autre ; à défaut de plantes qui font leur nourriture habituelle, ils se contentent de feuilles de salades ; à l'occasion ils ne dédaignent pas une proie vivante et s'attaquent même à de petits poissons ; dans un aquarium ils ne craignent pas de s'en prendre aux Épinoches, aux Larves de Libellules et de les ronger toutes vivantes.

C'est en avril que la femelle fécondée pond ses œufs et s'inquiète d'assurer le sort de sa progéniture ; le procédé suivi est tel qu'il exige une explication détaillée, car nous ne le retrouverons chez aucun Coléoptère n'appartenant pas aux formes voisines. Lyonet a très bien observé les manœuvres des Hydrophiles. La femelle se renverse sur le dos à la surface de l'eau et se tient sous une feuille flottante qu'elle maintient appliquée contre sa face ventrale. Elle fait alors saillir de l'extrémité abdo-

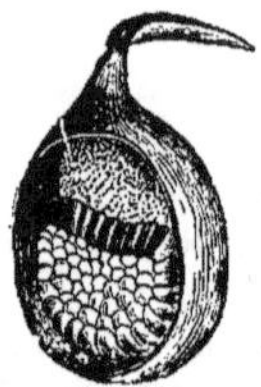

Fig. 245. — Coque ovigère de l'Hydrophile ouverte pour montrer la disposition des œufs.

minale deux tubercules bruns, portant chacun un petit tuyau, véritable filière d'où s'échappent des fils blanchâtres qui, grâce à un mouvement de va-et-vient, finissent par constituer un tissu recouvrant tout l'abdomen de l'Animal. Cela fait, la femelle se retourne, met le tissu sur son dos et se fabrique une deuxième feuille soyeuse qu'elle se met à rattacher à la première par les bords. Finalement, elle enfonce son abdomen dans cette sorte de sac ouvert qu'elle remplit d'œufs à partir du fond ; elle en pond une cinquantaine qu'elle range symétriquement la pointe en haut. A mesure que le sac se garnit, notre Insecte s'avance, et quand il est comble, il retire la pointe de son abdomen. Saisissant alors les bords de l'ouverture avec ses pattes postérieures, il y dépose fil sur fil, jusqu'à ce que l'orifice rétréci de plus en plus soit recouvert d'un bourrelet épais. Puis, filant encore une couche transversale, il achève de fermer

l'orifice par une sorte de couvercle. Au-dessus de ce couvercle l'Hydrophile établit encore une pointe en continuant de filer de haut en bas et vice versa ; en allongeant de plus en plus ses fils, il achève le dôme dont la pointe figure une corne recourbée (fig. 244 et 245).

En quatre ou cinq heures, et après y avoir encore fait çà et là quelques retouches, le chef-d'œuvre est achevé, et l'original petit esquif se balance sur l'eau au milieu des feuilles de plantes aquatiques. Un mouvement brusque des flots le renverse-t-il, aussitôt il reprend sa position la pointe en haut, selon les lois de la pesanteur, car les œufs placés au fond laissent la partie supérieure pleine d'air. Ces coques ovales, masquées par les végétaux auxquels elles restent attachées, échappent souvent au regard.

Seize ou dix-huit jours après, les jeunes Larves éclosent ; mais elles restent encore quelque temps dans leur berceau commun et, à ce que l'on suppose, jusqu'après leur première mue. Comme on ne retrouve dans les coques ouvertes ni débris d'œufs, ni la première peau, ni le tissu plus lâche qui remplissait encore l'intérieur du nid, il faut que ces restes soient dévorés par les nouveau-nés.

Lyonet dans son naïf langage nous dépeint les mœurs de ces Larves avec le grand talent d'observation qui fait le mérite de ses œuvres. « Je pris, dit-il, une trentaine de vers d'une nichée, le 8 juillet, et je les nourris de très petits Limaçons aquatiques, qu'ils mangèrent de la même façon que le font les grands ; c'est-à-dire qu'après avoir saisi l'Escargot avec leurs dents (mandibules), ils se couchèrent à la renverse, et l'appuyant ainsi contre leur dos, qui leur servait de table, ils l'y mangèrent sans que leurs pates (*sic*) leur y fussent d'aucun usage pour tenir l'animal. Au défaut de ces petits Limaçons, ils s'accommodent aussi fort bien de grands découpés en parcelles, et de Têtards de Grenouilles ; mais si l'on néglige de leur donner à manger, ils se dévorent les uns les autres, quoique hors de cette extrémité ils vivent paisiblement ensemble, de façon que je les ai vus manger de compagnie des Têtards sans se les disputer, ils paraissent même se plaire en société. Je les ai souvent trouvés trois ou quatre cramponnés les uns aux autres, qui nageaient ainsi longtemps de compagnie sans se séparer ni se mordre.

« Ils ne demeurent que peu à fond. L'air leur

est de temps en temps nécessaire ; ils le respirent par la queue, ce qu'ils font en l'élevant jusqu'à la surface de l'eau. Quand ils n'ont respiré de quelque temps, on les voit remonter avec empressement pour le faire, et alors ils halètent comme essoufflés ; et si on les empêche par quelque obstacle de porter leur queue à l'air, on les voit avec grande agitation le chercher de leur extrémité postérieure, çà et là, et marquer leur malaise par leur empressement à s'en délivrer. » La nourriture de prédilection des Larves d'Hydrophile consiste donc en Mollusques, Lymnées et Planorbes.

Les aliments ne sont point absorbés comme chez les Dytiques par les mandibules, mais par l'ouverture très étroite du canal alimentaire situé entre celles-ci et le front ; car la lèvre supérieure manque.

La Larve se sent-elle saisie par les doigts ou par le bec d'un oiseau ? Elle fait la morte et laisse pendre son corps flasque comme une dépouille vide. Si cette ruse est inutile, elle décharge par l'anus un liquide noir, d'une odeur fétide, qui en se répandant dans son voisinage sert souvent à la soustraire aux poursuites de ses ennemis.

Cette Larve affectionne l'attitude représentée dans notre gravure (fig. 242) ; et pour donner encore quelques éclaircissements sur ses caractères intimes, nous ajouterons que la tête aplatie ne porte point d'yeux lisses, et que les deux petites tiges attachées au front sont des antennes à trois articles. Ses puissantes mandibules sont armées d'une dent médiane ; les mâchoires inférieures libres , très longues, styliformes, portent à leur extrémité un palpe triarticulé et en dedans un lobe en forme d'épine. Ses pattes courtes sont munies d'une griffe et le dernier anneau abdominal est pourvu d'une paire d'appendices filiformes. La peau est ridée, noirâtre, plus foncée en dessus. Lorsqu'elle a atteint toute sa taille, la Larve quitte l'eau et se creuse dans la terre humide du voisinage, une retraite où elle se change en une Nymphe qui présente une particularité très notable ; elle porte de chaque côté de la tête, au-dessus des yeux, trois pointes recourbées en S et sur le dernier segment une paire de pointes également en forme d'S ; ces expansions chitineuses jouent un rôle important et absolument inattendu. Revêtue d'une peau sans consistance et couchée sur la terre humide de sa cellule, la Nymphe toute fragile ne

tarderait pas à subir les inconvénients d'un séjour dans un local malsain ; c'est pour éviter le contact du sol mouillé que les expansions chitineuses lui ont été données ; en effet elle repose sur leurs extrémités comme sur un trépied, sans que son corps, environné de toutes parts de terre imprégnée d'eau, y touche par aucun point, et c'est dans cette attitude extraordinaire qu'elle se tient jusqu'à ce qu'elle prenne la forme de Scarabée.

Vers la fin de l'été, l'Insecte se dépouille de son enveloppe de Nymphe, et attend sur le lieu de son éclosion, avant de se rendre à l'eau, que ses téguments aient acquis la consistance nécessaire, aient pris leur coloration définitive.

On trouve, quoiqu'assez rarement, en compagnie de l'espèce décrite, une autre espèce plus petite (35 millimètres), et plus noire encore que le *piceus*, l'*H. aterrimus*. Celui-ci a les antennes couleur de rouille uniforme, les élytres plus courtes, sans épine à l'angle sutural, à stries plus marquées, la face sternale de l'abdomen bombée et non carénée sauf le dernier segment, mais avec une carène pectorale non sillonnée.

LES HYDROÉS — *HYDROUS* (1)

Caractères. — Les Hydroés se distinguent des Hydrophiles par la lèvre supérieure bordée, par les mandibules bifides à l'extrémité et par le prosternum muni d'une carène tranchante épineuse en arrière ; la pointe sternale ne dépasse pas les hanches postérieures.

Mœurs, habitudes, régime. — Les femelles construisent un cocon analogue ; mais en employant une feuille étroite qu'elles resserrent par des fils et surmontent de même d'un petit mât.

L'*Hydrous caraboïdes* est fort répandu dans nos eaux et représente une réduction des formes précédentes (il mesure 15 millimètres et demi). Sa larve se distingue par les appendices ciliés qu'elle porte sur les côtés de ses anneaux, appendices qui sont de fausses branchies, et par deux crochets que porte l'anneau terminal.

Nous avons figuré avec les Dytiques (p. 133, fig. 233) une de ces Larves non encore arrivée au terme de sa croissance.

(1) Ὑδρόεις, aquatique.

Il y a encore un nombre considérable de petites espèces de la famille des Hydrophylides, environ 570, vivant inaperçues dans l'eau, et répar-

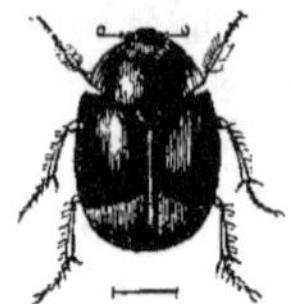

Fig. 246. — Sphœridie scarabeoide.

ties en divers genres par les auteurs. Ce sont : les *Hydrobius*, les *Philhydrus*, les *Laccobius*, les *Berosus*, les *Spercheus* dont la femelle fabrique une coque ovigère qui est maintenue sous l'abdomen par les pattes postérieures, les *Helophorus*, les *Hydrochus*, les *Ochtebius*, les *Hydræna*. En général, ils ont plutôt l'habitude de marcher sur le fond vaseux ou de grimper sur les plantes aquatiques que de nager dans l'élément liquide.

Quelques-unes d'entre elles, aux formes ramassées et bombées, ont déserté leur élément de prédilection, au lieu d'être hydrophiles, ils sont géophiles : les *Sphæridium* (*S. scarabeoides*), et se sont adaptés à la manière de vivre des Bousiers (fig. 246) ; les *Megasternum* (*M. boletophagum*) hantent les champignons, c'est-à-dire les Bolets ; les *Cryptopleurum* (*C. Atomarium*) se trouvent à la fois dans les bouses, les fumiers, les champignons et les Bolets.

LES STAPHYLINIDES — *STAPHYLINIDÆ*

Die Kurzflügler.

Les Brachélytres, c'est-à-dire les Coléoptères à élytres courtes (βρχχός, court, ἔλυτρον, élytre) nommés aussi Staphylins (*Staphylinidæ* ou *Brachelytra*), se distinguent sans peine des autres Coléoptères par le caractère qui leur a valu le nom qu'ils portent ; mais ils n'en présentent pas moins une grande variété dans leur aspect ; leurs mœurs et la conformation des diverses parties du corps (fig. 247 à 252) offrent mille particularités qui dans d'autres familles acquerraient beaucoup plus d'importance.

Distribution géographique. — On connaît aujourd'hui plus de 4,000 espèces de Staphylinides répandues sur toute la surface de la terre.

Caractères. — Bien que chez le plus grand nombre on compte 5 articles aux tarses, il en est qui n'ont que 4 et même 3 articles. Les antennes ont 11 et parfois aussi 12 articles ; elles sont dressées, généralement filiformes et sont coudées sur leur article basilaire ; leur article terminal peut être renflé ; d'autres modifications comprises dans les limites que nous indiquons peuvent se présenter.

Quoique la forme linéaire et allongée du corps soit générale, il est des cas où la partie antérieure étant devenue rectangulaire, l'abdomen qui s'y rattache prend l'aspect d'une queue cylindrique. D'autres fois encore nous voyons des contours fusiformes rappelant les Carabes à col allongé, ou bien encore des formes toutes cylindriques à côté d'espèces complètement aplaties.

Les espèces indigènes ont en partage pour la plupart une robe sombre ou d'un jaune sale, dépourvue d'ornements ; quelques-uns sont d'assez grande taille (20 à 25 millimètres), mais la grande majorité est de très petite dimension. En général leur aspect est peu remarquable ; parmi les exotiques cependant il en est qui se distinguent par un vif éclat métallique.

Mœurs, habitudes, régime. — La plupart vivent à terre, et de préférence en société sous les matières en décomposition, dans le fumier, sur les cadavres, dans les champignons ligneux comme dans ceux qui s'altèrent rapidement, sous les écorces, sous les pierres ou encore dans les endroits sablonneux, souvent en compagnie des Carabides. Un sort commun les rapproche aussi de ces derniers dans le cas d'une inondation soudaine comme celle dont nous avons essayé d'esquisser précédemment un tableau général (page 74 et 75).

Certaines espèces fréquentent les Fourmilières (*Myrmedonia*) ou y vivent exclusivement (*Lomechusa*) ; quelques-unes habitent les Guêpiers (*Velleius*) ; d'autres, au lieu de se complaire dans d'humides foyers de putréfaction, ont des aspirations plus élevées, elles recherchent les fleurs dont elles sucent le nectar.

Sous l'action du soleil les Brachélytres témoignent beaucoup de vivacité et aiment à

Fig. 247.   Fig. 248.   Fig. 249.   Fig. 250.   Fig. 251.   Fig. 252.
Staphylin pubescent.   Oxyporc roux.   Pœdere des rivages.   Staphylin odorant.   Philonte bronzé.   Staphylin césarien.

Fig. 247 à 252. — Les Staphylinides.

voltiger çà et là ; les grandes espèces toutefois volent aussi pendant les belles soirées de l'été. Leur nourriture consiste en substances décomposées, d'origine végétale ou animale, ou en Animaux vivants.

Quelques genres et quelques espèces sont pourvus d'un ou deux ocelles accessoires sur le front, chose rare chez les Coléoptères.

Bien plus remarquable est encore le fait de la viviparité observé récemment par Schiodte chez quelques espèces des genres *Spirachtha* et *Corotoca* qui vivent avec les Termites de l'Amérique du Sud.

Plus que chez tout autre Coléoptère, la Larve des Staphylins ressemble à l'Insecte parfait en raison de l'aspect déjà larviforme que donnent à ce dernier ses élytres courtes, pouvant rester inaperçues, ainsi que l'apparence vermiforme du corps entier. Le petit nombre de celles qui sont connues ont de 4 à 5 articles aux antennes, de 1 à 6 yeux simples de chaque côté, des tarses à 5 articles terminés par une griffe unique, deux stylets bi-articulés à l'extrémité abdominale ; l'anus fait saillie au dehors et sert à la progression, c'est encore là un trait caractéristique. Les Larves des grandes espèces poursuivent les autres Larves ; mais on peut les élever en captivité en les nourrissant avec de la chair. La transformation se fait auprès de l'habitat de la Larve, dans une cavité souterraine où la Nymphe ne reste que quelques semaines avant de se montrer sous la forme d'Insecte parfait.

D'après ce que nous avons dit, il est impossible de jeter un coup d'œil même superficiel sur la famille entière, ni d'exposer l'intérêt général que présentent les représentants de ses nombreuses subdivisions ; nous nous contenterons de nous arrêter aux espèces qui se signalent par une vive coloration ou sur celles que l'on rencontre partout communément et que nous avons figurées dans nos gravures.

LES STAPHYLINS — *STAPHYLINUS* (1)

Die Staphylininen.

Caractères. — Comme caractères du genre entier qui renferme plusieurs espèces élégantes, souvent revêtues de poils serrés qui leur donnent un aspect velouté, les plus belles et les plus grandes de toute la famille, on remarque encore : les antennes droites insérées sur le bord antérieur du front ; les mandibules puissantes, falciformes, recourbées et dirigées en dehors ; les mâchoires inférieures bilobées portant des palpes dépassant de beaucoup les lobes ; la languette petite sinuée en avant avec ses paraglosses coriaces beaucoup plus longues qu'elle et ciliées au côté interne ; la tête carrée aux angles ronds, aussi large ou plus large que le corselet qui est arrondi en arrière et auquel elle est rattachée par un rétrécissement en forme de bouchon ; les élytres arrondies ou brusquement tronquées à l'extrémité ; les hanches des membres antérieurs élargies ; les membres médians fort écartés.

(1) Σταφυλῖνος, staphylin, sorte d'Insecte.

LE STAPHYLIN A RAIES D'OR — *ST. CÆSAREUS*
- ET LE STAPHYLIN A ÉLYTRES ROUGES — *ST. ERYTHROPTERUS.*

Der Goldstreifige moderkäfer.

Le Staphylin à raies d'or (*Staphylinus cæsareus*, fig. 252 et pl. III) qui se trouve fréquemment en compagnie du Staphylin à élytres rouges (*S. erythropterus*) est entièrement noir avec la tête et le corselet vert bronzé et les antennes, les pattes velues et les élytres d'un rouge brun ; les lignes légères qui ornent l'abdomen, le bord antérieur du corselet, sont formées par un tissu de poils couchés d'un jaune d'or. La bordure postérieure jaune d'or du corselet et un corps plus robuste distinguent cette espèce de son sosie.

Le Staphylin à raies d'or se rencontre de préférence dans la forêt où il circule çà et là. Toutefois, d'après quelques observateurs, il paraît aussi vivre à la manière des Calosomes, car M. Taschenberg rapporte qu'il l'a fait tomber en secouant des taillis de chêne dans les localités où il se trouvait à foison. Bien qu'il ne l'ait pas vu manger, son attention étant portée ailleurs à ce moment, il est porté à croire qu'il était en quête d'une nourriture qui ne doit pas consister uniquement en matières décomposées comme on l'a prétendu généralement. Ce qui peut confirmer cette opinion, c'est que Bouché a élevé plusieurs de ces Larves en les nourrissant avec de la chair fraîche.

M. Lucien Tessier a fait connaître récemment (1880) quelques traits particuliers fort curieux des mœurs de ce Staphylin. Cet insecte se creuse sous une pierre, pour y passer l'hiver, un trou cylindroconique de 35 millimètres de profondeur sur 15 millimètres de diamètre, aux parois tellement lisses que l'on pourrait croire sa maison cimentée ; à côté de ce premier appartement, il en creuse un second, mais avec beaucoup moins de soin que le premier. A quoi peut servir ce deuxième compartiment si peu en rapport avec le luxe déployé pour la construction du premier? Mais laissons la parole à M. Tessier. « Dans une chasse d'hiver, j'eus la bonne fortune de rencontrer à l'affût sur le bord de son trou un grand et vigoureux *S. cæsareus* qui se tenait tellement immobile qu'il semblait paralysé par le froid ; il n'en était rien, il guettait un *Carabus granulatus* qui errait en quête d'une proie autour de la pierre qui cachait sa retraite. Mal lui en prit

au Carabe de se diriger vers l'antre du Staphylin, il ne devait plus en sortir ; car à peine arrivé à portée, celui-ci sortant à l'improviste, d'un coup de mandibules lui coupe la tête et rentre dans son trou pour la croquer. Le malheureux décapité continue sa route, titubant de ci de là, le Staphylin abandonne la tête, revient à la charge, et après quelques minutes d'efforts réussit à séparer le corselet qu'il traîne jusqu'à son trou, puis il essaye d'y apporter le reste du corps..... Le lendemain quelle ne fut pas ma surprise en ne voyant plus aucun vestige du Carabe et en retrouvant mon Staphylin au même poste que la veille ; je ne pouvais croire qu'il eût dévoré un si gros Insecte en un seul jour, et je voulus m'en assurer : je relevai complètement la pierre qui servait d'abri, et je retrouvai une grande partie du corps du Carabe dans le deuxième compartiment du logement du Staphylin ; j'y trouvai aussi une vingtaine d'élytres d'Insectes de toute sorte, mais surtout de *Feronia* et de *Bembidium.* J'étais donc fixé maintenant sur l'utilité de ce second logement, il s'agissait de savoir ensuite si cette réserve était faite pour les cas de famine ; je sus plus tard que non : l'instinct de ce Staphylin le pousse à enfouir les cadavres de ces victimes afin d'enlever toute crainte aux Insectes qui viendront se faire massacrer autour de son trou, car il tue pour le plaisir de tuer plutôt que pour satisfaire son appétit.

« Fait-on une chasse sur un cadavre en décomposition d'un petit Mammifère, on y trouvera souvent le *Staphylinus cæsareus* se promenant autour de ce cadavre, non pour prendre part au festin que sont en train de faire une foule d'Insectes, mais bien pour massacrer quelques uns d'entre eux. Les mœurs du *S. erythropterus* sont à peu près les mêmes. »

Notre espèce, de même que celles qui sont voisines et de grande taille, se voient quelquefois par des temps chauds courant sur les chemins, tout affairées. Pendant leur promenade ces Insectes frappent le regard par leur aspect étrange ; à la moindre alerte ils redressent leur abdomen excessivement mobile et le maintiennent courbé en arc au-dessus du thorax ; cette manière de se pavaner semble dénoter une grande irritation, car ils prennent cette attitude pour se mettre sur la défensive lorsqu'on les excite. Ils n'ont des mouvements si lestes, si brusques, que grâce à la merveilleuse flexibilité de leur corps.

LE STAPHYLIN POILU — *ST. PUBESCENS.*

Der Kurzhaarige Staphyline.

Le *Staphylin poilu* (*S. pubescens*, fig. 247) n'affectionne que faiblement la posture dont nous venons de parler.

Le fond de la coloration est brun de rouille, plus foncé sur le corselet et les élytres, plus clair sur la tête; toutefois le corps entièrement recouvert de poils soyeux reflète toutes les couleurs parmi lesquelles le gris argenté domine sur la face inférieure de l'abdomen et de la partie postérieure du thorax, tandis que la face dorsale est parsemée d'inégalités d'un noir velouté.

LE STAPHYLIN ODORANT — *OCYPUS OLENS.*

Der Stinkende Moderkäfer.

Le rapprochement très marqué des hanches médianes est le seul caractère qui distingue le genre *Ocypus* du précédent.

Le *Staphylin odorant* (*Ocypus olens*, fig. 250), un des plus grands et des plus massifs de la famille, est entièrement noir à l'exception de l'extrémité des antennes qui est couleur de rouille; les poils feutrés qui le recouvrent lui donnent un aspect mat. Il est de plus pourvu d'ailes, tandis qu'un de ses congénères de forme plus élancée en est privé. Il affectionne les forêts tout aussi bien que les champs, où on le rencontre errant partout; il n'est pas rare de trouver sa Larve abritée sous les pierres.

Nous citerons encore parmi les espèces indigènes : le grand et beau *S. hirtus*, à la tête et au corselet couverts de poils soyeux jaunes d'or, aux élytres habillées d'une pubescence noire à la base, cendrée à l'extrémité, mais semés de points noirs, aux 3 derniers segments de l'abdomen couverts de poils jaunes d'or, le *S. maxillosus*, à la tête et au corselet noirs, aux élytres revêtues d'une pubescence noire coupée d'une large bande cendrée, semée de points noirs, à l'abdomen couvert d'une pubescence grise, marquée de noir; les *S. nebulosus* et *murinus*, noirs couverts, d'une pubescence serrée, grise, coupée de fascies rousses; le *S. murinus* se distingue par sa taille moindre, par la coloration des palpes et des pattes qui sont entièrement noires et surtout par la

largeur de la tête qui n'excède pas celle du corselet, par la présence de 2 fascies cendrées en dessus et en dessous de l'abdomen; le *S. cyaneus*, noir à reflets bleus sur la tête, le corselet et les élytres.

LES PHILONTHES — *PHILONTHUS* (1)

Caractères. — Le genre *Philonthus* (fig. 251) renferme plus de 100 espèces européennes très difficiles à distinguer et qui présentent tous les caractères des genres précédents dont il ne se distingue que par sa languette arrondie à l'extrémité.

Mœurs, habitudes, régime. — Les *Philonthus* ne sont rares nulle part, ils hantent de préférence les endroits humides où le sol est riche en matières décomposées, mais ne recherchent point précisément le fumier comme leur nom scientifique l'indique à tort.

Le *Philonthus æneus* est des plus communs dans toute la France.

LES OXYPORES — *OXYPORUS* (2)

Des deux jolies espèces que dans notre figure 248 nous avons posées sur un champignon, celle placée vers le bas est l'*Oxyporus rufus* (fig. 248 et 253) qui compte parmi les plus élégants représentants de la famille.

Caractères. — La forme semilunaire de l'article terminal des palpes labiaux constitue le principal caractère qui distingue les *Oxyporus* des 3 genres précédents. Les mandibules en forme de faucille se dressent menaçantes et se croisent pendant le repos.

Mœurs, habitudes, régime. — L'*Oxyporus rufus* vit dans les champignons ligneux ou charnus et ne compte certainement pas parmi les raretés.

Le fond général de sa coloration est noir brillant; le corselet est rouge vif et deux taches de même couleur marquent les épaules, tandis qu'une troisième s'étend sur l'abdomen dont l'extrémité reste noire. Les pattes, leur base exceptée, sont rouges, ainsi que la base des antennes en massue et les pièces de la bouche; toutefois les mandibules sont noires.

(1) Φίλος, ami; ὄνθος, fumier.
(2) Ὀξίπορος, qui va vite.

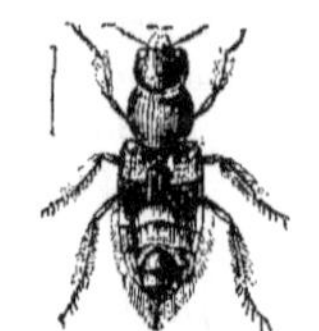

Fig. 253. — Oxypore roux.   Fig. 255. — Claviger testacé.   Fig. 254. — Loméchuse paradoxe.

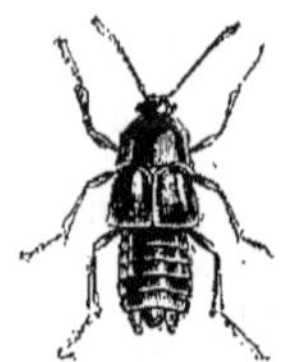

LES PÆDERES — *PÆDERUS* (1)

Die Päderinen.

Tandis que tous les Brachélytres précités et quantité d'autres encore que nous n'avons pas nommés ont les stigmates prothoraciques visibles derrière les hanches antérieures (dans le cas où chez un Insecte desséché le thorax ne s'abaisse pas trop) ; chez les derniers de la famille ces stigmates sont recouverts par un repli chitineux du corselet.

Caractères. — Une lèvre supérieure indivise, un très petit article terminal aux palpes maxillaires, le quatrième article des tarses bilobé, des hanches postérieures cunéiformes, un corselet presque sphérique et des antennes insérées. dans le bord latéral du front : tels sont les caractères du genre *Pæderus*.

Distribution géographique.—Ce genre comprend 30 espèces dont 11 sont européennes.

LE STAPHYLIN DES RIVAGES — *PÆDERUS RIPARIUS.*

Le Staphylin des rivages (*Pæderus riparius*, fig. 249) est rouge, seuls la tête avec l'extrémité des antennes, les genous, les 2 derniers an-

(1) Παιδέρως, vermillon.

neaux thoraciques et la pointe abdominale sont noirs, les élytres grossièrement ponctuées sont bleues.

Ce Coléoptère affectionne le bord des eaux courantes et stagnantes ; il grimpe aussi le long des herbes qui croissent en ces.lieux et se trouve ordinairement en petites familles.

LES LOMÉCHUSES — *LOMECHUSA*

Caractères. — Ces Insectes, les plus intéressants de la nombreuse tribu des Aléocharines, se distinguent entre tous par leur tête engagée dans le prothorax jusqu'aux yeux, par la forme de leur corselet dont les angles postérieurs sont très saillants et par les touffes de poils qui bordent les 3 premiers segments de l'abdomen ; ces poils jouent un rôle physiologique important.

Distribution géographique. — Les Loméchuses sont européennes ; l'une d'elles serait américaine.

Mœurs, habitudes, régime. — Les *Lomechusa*, comme leurs proches parents les *Dinarda*, habitent les fourmillières ; on doit à Lespès d'excellentes observations sur leurs mœurs singulières qui rappellent celles des Clavigers. Nous les décrirons en parlant des Fourmis. Le *L. paradoxa* (fig. 254) se trouve dans toute la France avec la Fourmi rousse.

LES PSÉLAPHIDES — *PSELAPHIDÆ*

Die Pselaphiden.

Les Psélaphides (*Pselaphidæ*) sont des Coléoptères lilliputiens intéressants à bien des titres. qui vivent cachés sous la mousse, les feuilles mortes, les écorces, les pierres et se plaisent même en société des Fourmis.

Caractères. — Ils forment une petite famille qui se lie étroitement aux Staphylins par leurs élytres écourtées qui ne leur permettent pas de couvrir l'abdomen dans toute son étendue. Toutefois il est impossible de confondre les deux familles.

Les Psélaphides ont des formes ramassées

Fig. 256. — Larve.　　　　　　Fig. 257. — Adultes.

Nécrophores enterreurs enfouissant un Mulot.

et leur corps s'élargit de plus en plus vers l'extrémité. Ils ne possèdent point cette faculté dans laquelle les Staphylins sont passés maîtres, de dresser leur abdomen et de le diriger en tous sens parce que les 5 anneaux qui le forment sont emboîtés les uns dans les autres. Par contre ils agitent sans cesse leurs antennes en massue et leurs palpes maxillaires à 1 ou 4 articles qui d'ordinaire s'avancent beaucoup en avant de la bouche; leurs palpes labiaux à 1 ou 2 articles sont au contraire fort courts. Les mâchoires inférieures ont les 2 lobes membraneux, l'externe étant beaucoup plus grand que l'interne. On compte, parfois avec peine, une ou deux griffes aux extrémités.

Mœurs, habitudes, régime. — Celles des espèces dont le sort n'est pas lié à celui des Fourmis, volent et prennent leurs ébats le soir. Dans les inondations d'été, l'eau les entraîne, les enlève à leur retraite et les rejette par centaines avec d'autres compagnons d'infortune sur les rivages sablonneux. C'est dans ces conditions que le collectionneur peut faire une ample moisson de ces petits Coléoptères qu'il serait bien pénible de récolter autrement.

Les Larves sont encore inconnues.

Distribution géographique. — Les Insectes parfaits ont été recueillis dans toutes les régions du globe, l'Asie exceptée où probablement ils sont restés inaperçus à cause de leur petitesse; car dans les pays extra-européens on met plutôt la main sur les formes les plus grandes que sur de petits Coléoptères insignifiants mesurant tout au plus 2 millimètres et demi.

LE CLAVIGER TESTACÉ — *CLAVIGER TESTACEUS.*

Der Gelbe Keulenkäfer.

Le *Claviger testaceus* ou *foveolatus* fortement, grossi dans la figure 255, compte parmi les espèces peu nombreuses et infirmes de naissance dont la manière de vivre est on ne peut plus intéressante.

Caractères. — La conformation générale est celle qui se retrouve dans la famille entière et les caractères particuliers de l'espèce sont : yeux nuls, élytres soudées ayant les angles postérieurs comme ridés et revêtus d'une touffe de poils, élytres portant de plus une forte excavation à la naissance de l'abdomen. Les tarses n'ont point de griffes et leurs deux premiers articles sont si courts qu'ils sont demeurés inaperçus pendant longtemps.

L'abdomen nu et luisant est pourvu seulement à son extrémité de poils semblables à ceux qui recouvrent le reste du corps; il est presque globuleux, légèrement bordé sur les côtés, et les 5 anneaux soudés ne sont distincts qu'à la face inférieure. Le mâle se distingue de la femelle par la présence d'une petite dent à la face inférieure des cuisses et des jambes.

Mœurs, habitudes, régime. — Les Clavigers vivent dans les nids de Fourmis jaunes; lorsque l'on a jeté le trouble dans leurs habitations en soulevant les pierres sous lesquelles elles s'abritent, elles les emportent dans leurs demeures avec la même sollicitude que leurs Nymphes. Cette manière d'agir dénote une réelle solidarité entre les deux Insectes, confirmée d'ail.

leurs par des observations scrupuleuses dues à M. le pasteur P. W. J. Müller de Wasserleben, près de Wernigerode.

Cet observateur intrigué à la vue de cette singulière association, emporta chez lui dans des bocaux, Clavigers et Fourmis, ces dernières à tous les degrés de développement, en y joignant de la terre du nid et des brins de mousse. Dès le jour suivant nos prisonniers ayant repris leur existence accoutumée devinrent l'objet des études les plus zélées et les plus consciencieuses suivies, bien entendu, avec l'aide de la loupe. L'exposé des faits qui va suivre repose sur des observations si souvent répétées qu'il n'est pas possible d'émettre un doute sur leur véracité, ni de supposer quelqu'interprétation erronée.

Mais laissons parler lui-même notre patient investigateur : « Les Fourmis vaquaient sans autre préoccupation à leurs travaux habituels ; les unes soignant et léchant leur progéniture, les autres restaurant la construction du nid en portant de la terre de part et d'autre ; d'autres encore se reposaient en restant immobiles à la même place durant des heures entières ; enfin quelques-unes s'occupaient à faire leur toilette. Chaque Fourmi se nettoyait elle-même autant que j'ai pu voir, mais, de même que les Abeilles, elles laissaient brosser et lécher par leurs compagnes les parties du corps qu'elles ne pouvaient atteindre avec leur bouche et leurs pattes. Pendant ce temps les Clavigers circulaient en toute confiance et librement au milieu des Fourmis, ou bien restaient tranquilles dans les couloirs généralement appliqués contre le verre ; tout semblait indiquer qu'ils se trouvaient dans leurs conditions normales. Suivant mes prisonniers sans relâche et sans en détourner les yeux, je fus stupéfait de voir que chaque fois qu'une Fourmi s'approchait d'un Claviger, elle se mettait à le caresser doucement avec ses antennes, ce à quoi le Claviger répondait avec ses propres antennes, puis elle le léchait sur le dos avec une ardeur évidente ; en commençant toujours par la touffe de poils attachés à l'angle postérieur et externe des élytres.

« La Fourmi écartant ses grandes mandibules se mit alors à sucer à pleine gorgée et à plusieurs reprises toute la touffe qu'elle embrassait ainsi, puis elle lécha encore la partie antérieure du dos et surtout la partie concave. Ce manège était répété toutes les 8 ou 10 minutes, tantôt par l'une, tantôt par l'autre de

ces Fourmis et très fréquemment sur le même individu, quand celui-ci avait rencontré plusieurs Fourmis ; mais finalement elles le laissaient libre après une courte inspection. »

De même que, sur les branches des arbres, les Pucerons fournissent à d'autres Fourmis leur liqueur sucrée et sont pour cette raison recherchés avec tant d'ardeur et traités avec tant de bonté par elles, de même les Clavigers procurent aux Fourmis qui ne montent pas sur les arbres une friandise sucrée qui consiste en un liquide sécrété par les poils. Mais aussi nos Fourmis ne sont pas ingrates.

Écoutons encore le pasteur : « Pour ne pas laisser périr d'inanition mes prisonniers, et pour les observer le plus longtemps possible, je dus naturellement leur procurer une nourriture appropriée. Dans ce but j'humectai à l'aide d'un pinceau les parois du verre près du fond ainsi que quelques brins de mousse avec de l'eau pure, avec du miel étendu d'eau et je disposai encore çà et là quelques petits fragments de sucre et de cerises mûres afin que chacun puisse se servir à son goût. Les Fourmis dans leurs courses arrivèrent successivement et s'arrêtèrent pour lécher avec avidité les parties humectées qu'elles avaient rencontrées. Et bientôt elles se trouvèrent réunies plusieurs ensemble.

« Quelques Clavigers survenus passèrent outre sans participer en rien à ce festin.

« Mais voici que des Fourmis repues se postent immobiles sur le chemin, attendant au passage les Fourmis qui n'avaient pas encore trouvé de nourriture pour leur donner la becquée, puis descendent au fond du vase remplir le même office envers leur progéniture.

« J'avais déjà songé à trouver une autre alimentation pour les Clavigers qui n'avaient touché à rien de ce qui était à leur disposition, lorsque je vis l'un d'eux faire la rencontre d'une Fourmi gorgée de nourriture. Tous deux restèrent immobiles. Je redoublais mon attention et il se présenta à mes yeux le spectacle le plus rare, le plus inattendu. J'acquis la certitude que le Claviger est nourri de la bouche même des Fourmis.

« J'eus de la peine à me convaincre de la réalité du fait, et déjà je commençais à douter de la justesse de mes observations, lorsque je pus le constater de manière à n'en pouvoir douter, en trois et quatre endroits et même davantage.

« Quelques-unes de ces distributions de vivres se faisaient sur les parois immédiates du vase, ce qui me permit d'employer une lentille d'un bien plus fort grossissement et d'observer la manœuvre dans tous ses détails. Chaque fois qu'une Fourmi rassasiée se trouvait en présence d'un Claviger affamé, celui-ci comme s'il flairait la nourriture et demandait sa part, dressait tête et antennes en les dirigeant vers la bouche de la Fourmi et tous deux restaient immobiles. Après un palper et un léger frottement réciproques exécutés avec les antennes, les têtes faisant face, le Coléoptère ouvrait la bouche et la Fourmi faisant de même lui dégorgeait, s'aidant des pièces buccales, la nourriture précédemment prise, laquelle ne tardait pas à être absorbée avec avidité. Le repas terminé, chacun se nettoya les pièces de la bouche en les ouvrant et les fermant alternativement, puis se dirigea de son côté. L'échange de becquées durait d'habitude une douzaine de secondes, et après ce laps de temps la Fourmi se mettait ordinairement en train de lécher les bouquets de poils du Claviger de la manière que nous avons dite.

« C'est de cette manière que dans mes petits bocaux, les Clavigers ont été nourris plusieurs fois et régulièrement dans la journée par les Fourmis, et cela aussi souvent que je mettais à portée la nourriture et l'eau fraîche ; chose d'ailleurs de première nécessité pour les Fourmis. Jamais je ne vis un Claviger toucher aux aliments, tels que : miel, sucre ou fruits mis directement dans le bocal ; à l'exception toutefois de l'humidité condensée sur les parois du verre que le petit Coléoptère se mit quelquefois à lécher.

« Quelque grandes que soient la tendresse et la sollicitude des Fourmis pour leur progéniture, celles qu'elles témoignent aux Clavigers ne paraissent pas moindres. Et c'est une chose vraiment touchante de voir que, même dans les cas où les poils de ces derniers ne sont point fournis en liquide nourricier, la Fourmi en passant devant le Coléoptère lui prodigue ses caresses avec ses antennes ; de voir avec quelle délicate prévenance elle tend la nourriture au Claviger affamé, même avant d'avoir donné à la couvée la part qui lui revient. La Fourmi laisse patiemment passer le Claviger sur son corps, se met même à jouer avec lui : elle saisit parfois avec les mandibules celui de ces Coléoptères qui se trouve sur son passage, le met sur son dos et le promène ainsi à une assez grande distance, puis le dépose de nouveau à terre.

« D'autre part l'attitude pleine de confiance du Coléoptère vis-à-vis des Fourmis n'est pas moins merveilleuse. On ne croirait pas être en présence d'Insectes de genres différents, mais plutôt avoir devant soi les divers membres d'une seule et même famille ; ou mieux encore, les Clavigers ne semblent être que des enfants qui vivent avec assurance et sans souci du lendemain chez leurs parents, recevant d'eux les soins et la nourriture qu'ils peuvent leur demander sans difficulté chaque fois qu'ils en éprouvent le besoin, et leur rendant aussi des services réciproques dans la mesure de leur capacité.

« C'est ainsi que j'ai vu un Claviger nettoyer une Fourmi reposant tranquillement, sommeillant pour ainsi dire : tantôt il s'y prenait par les côtés, tantôt il se posait sur elle, lui brossant le dos et l'abdomen avec sa bouche, et ce manège a duré près d'un demi-quart d'heure. »

Ici s'ajoute encore une observation intéressante : une deuxième espèce de Claviger vit exactement de la même façon chez une autre espèce de Fourmi ; la Fourmi jaune la traite néanmoins de la même manière que celle qui vit auprès d'elle, bien que les deux espèces de Fourmis se fassent la guerre. Dans une récolte on mit par erreur avec des Fourmis jaunes plusieurs de ces Coléoptères et huit ou dix Fourmis de l'autre espèce en question. Aussitôt les Fourmis jaunes, se précipitant sur leurs rivales, les massacrèrent l'une après l'autre ; mais, épargnant les Clavigers, elles les adoptèrent et les nourrirent absolument comme les leurs. Plus tard, plusieurs transports intentionnels de ces deux espèces de Coléoptères d'un flacon dans l'autre où se trouvaient des Fourmis d'espèces étrangères confirmèrent cette observation.

M. Lespès, observateur plein de sagacité, a vérifié les observations du Naturaliste allemand et dans une étude sur la domestication des *Clavigers* par les Fourmis, il a relaté ses observations. « J'ai voulu déterminer, dit-il, si cette domestication est un fait instinctif ou bien le résultat d'une sorte de civilisation... J'ai eu d'abord une société de *Lasius niger* qui nourrissait des *Claviger Duvalii*. Quand j'ai donné des Clavigers de la même espèce à des Fourmis prises dans des sociétés qui n'en avaient pas, j'ai toujours vu les Clavigers mis en pièces et dévorés et non pas soignés et nourris comme dans les sociétés qui en élèvent... J'ai obtenu le même résultat avec les *Lasius niger* de Toulouse et avec ceux de Marseille. Cette observation démontre que l'habitude d'élever des Clavigers et les connaissances nécessaires pour en tirer parti n'appartiennent qu'à quelques sociétés et sont le résultat d'une sorte de *civilisation*.

« Une objection très forte pourrait être faite à cette conclusion. Il serait possible qu'il existât entre les diverses sociétés de la même espèce de Fourmi une sorte de haine qui s'étendrait à leurs Animaux domestiques. Voici comment j'ai déterminé qu'il n'en est rien.

« Dans une société je prends quatre ou cinq ouvrières que j'enferme à part et auxquelles je donne un sirop fortement coloré avec du carmin. Elles en boivent et la couleur rouge apparaît à travers leurs téguments. J'enlève le sirop et je m'assure qu'il n'y en a aucune particule qui reste dans le vase. J'introduis alors une ouvrière d'une société différente. Au bout de quelques minutes de trouble elle est acceptée et la couleur rouge, qui devient visible dans son abdomen, montre bien qu'elle a reçu à manger. Avec un peu de patience, on voit du reste les ouvrières déjà repues lui offrir du sirop sur leur langue. Il n'y a donc aucune haine entre les diverses sociétés de la même espèce..... Il est, je crois, permis de conclure de mes observations que la domestication des Clavigers est non pas un fait instinctif, mais un fait d'intelligence commun à tous les individus de quelques sociétés, un vrai fait de civilisation. »

Quelle merveille ! Les Clavigers sont uniquement et entièrement prédestinés à certaines espèces de Fourmis, et celles-ci par leur instinct inné et la conscience qu'elles ont des jouissances que ces Coléoptères leur procurent, les chérissent, les protègent et les entretiennent comme leurs nourrissons. Les Clavigers, privés d'yeux et d'ailes, sont les plus impotents de tous les Coléoptères; ils sont condamnés à vivre dans les Fourmilières où ils naissent et meurent sans jamais pouvoir déserter les lieux où ils ont reçu le jour.

Qui aurait cherché sous les pierres les preuves d'une amitié si dévouée, d'une telle affection ?

D'après la figure d'une dépouille de Nymphe que notre observateur a trouvée, il est évident que la larve est munie de six pattes. Ainsi que cela se voit pour d'autres Coléoptères, cette Nymphe reste fixée par l'extrémité abdominale dans la peau dont la Larve se dégage pendant la Métamorphose, et sur cette peau on distingue encore les petites pattes.

LES SILPHIDES — *SILPHIDÆ*

Die Aaskäfer.

Caractères. — En raison de la variété de forme des Silphides, on ne peut indiquer comme caractéristique général de ces Insectes, que : leurs antennes ordinairement de 11 articles, rarement de 10, devenant de plus en plus grosses vers l'extrémité ou se terminant brusquement par un bouton ou massue ; leurs lobes de la mâchoire sensiblement distincts, cornés ou cutanés ; leur languette bilobée et leurs élytres n'atteignant ordinairement pas l'extrémité de l'abdomen. Par les hanches saillantes et en forme de coin des pattes antérieures et médianes, par les six anneaux mobiles de leur abdomen, les Silphes se séparent encore de tous les autres Coléoptères à antennes claviformes.

Distribution géographique. — On connaît 460 espèces de Silphides répandues sur tout le globe, mais paraissant plus nombreuses surtout dans les zones tempérées.

Mœurs, habitudes, régime. — On les trouve tous, ou du moins presque tous, auprès des cadavres d'Animaux, soit pour s'en repaître, soit pour y pondre leurs œufs. Quand on les saisit, ils ont la faculté peu agréable de rejeter par l'anus ou par la bouche, quelquefois par les deux extrémités, un liquide infect.

A défaut de leur aliment de prédilection, ils se jettent aussi sur des matières végétales en putréfaction ou s'attaquent aussi à des Insectes vivants sans épargner ceux de leur propre espèce.

Leurs mouvements sont vifs et leur odorat est si subtil qu'il les guide à coup sûr et les conduit à tire d'ailes vers l'endroit où le cadavre d'un Oiseau, d'un Lapin, d'une Taupe, d'un Poisson, etc., commence à entrer en décomposition.

Les Larves se ressemblent entre elles par leur manière de vivre qui est identique à celle de l'Insecte parfait, mais nullement par leur conformation ; ce qui est d'ailleurs en

Paris, J.-B. Baillière et fils, édit. Corbeil, Crété, imp.

INSECTES DES CADAVRES SUR UNE TAUPE.

SYLPHES, TROX, HISTER, STAPHYLINS, DERMESTES, NÉCROPHORE, CALLIPHORE, SARCOPHAGE, ETC.

rapport avec les différences que présentent ces Coléoptères; aussi reviendrons-nous sur ce sujet lors de la description des espèces.

LES NÉCROPHORES — *NECROPHORUS* (1)

Caractères. — Les Nécrophores forment un des genres les plus naturels et les plus homogènes entre tous les Coléoptères; ce sont des Insectes de grande et de moyenne taille, souvent velus en dessous et sur le prothorax, d'une couleur tantôt noire, tantôt noire avec la massue des antennes, le pourtour du prothorax et des bandes ou des taches fauves sur les élytres. Ils se distinguent par les caractères suivants: les 4 derniers articles des antennes sont réunis en bouton; les palpes maxillaires se terminent par un article cylindrique et acuminé au bout et sont beaucoup plus longs que les palpes labiaux; la tête grosse, rétrécie postérieurement en col, est penchée et en partie abritée sous le corselet qui est presque discoïde et largement bordé; les élytres tronquées laissent à nu les 3 derniers anneaux abdominaux; les pattes sont fortes, les postérieures sont attachées à des hanches transversales et rapprochées; les jambes se distinguent par le grand élargissement de leur extrémité et, chez le mâle, par l'élargissement des 4 premiers articles des tarses antérieurs et moyens.

Les uns ont les jambes postérieures recourbées, les autres, droites.

On remarque encore qu'ils font entendre une petite stridulation en frottant contre le bord postérieur des élytres les deux cannelures qui se trouvent sur la face dorsale du cinquième anneau abdominal.

Distribution géographique. — Les 40 et quelques espèces de ce genre sont propres surtout à l'Europe et à l'Amérique du Nord.

Mœurs, habitudes, régime. — Quoique ces Insectes éminemment nocturnes se voient assez souvent courant de ci de là, même en plein jour, c'est autour des cadavres des petits Mammifères qu'on trouve ordinairement les Nécrophores. Bourdonnant comme des Frelons, ils viennent s'abattre autour d'eux en donnant à leurs élytres une posture caractéristique très bien représentée par Rœsel et M. Poujade (voy. pag. 25, fig. 57 et 58). Pareilles à 2 valves, elles se dressent à droite et à gauche; leurs bords in-

ternes se dirigent en dehors pendant que leurs bords externes se rapprochent au-dessus du dos en affectant la disposition d'un toit.

Il arrive ainsi successivement jusqu'à 6 individus (fig. 257) qui se trouvent alors réunis auprès du cadavre qu'il s'agit d'enterrer; ils commencent par explorer le sol pour savoir s'il possède les conditions favorables à l'enfouissement. Nos Coléoptères trouvent-ils que tout est en règle? Ils se placent à une distance convenable l'un de l'autre pour ne pas se gêner réciproquement tout en restant sous le cadavre, repoussent la terre avec leurs pattes, si bien qu'un rempart s'établit tout autour de la Souris que nous prenons pour exemple et qui par son poids ne tarde pas à s'enfoncer. Le travail est-il arrêté par quelque obstacle, ce qui est presque toujours inévitable, tous nos Nécrophores surgissent à la surface, considèrent l'obstacle, dressent d'un air réfléchi tête et antennes, examinent le terrain en spécialistes consommés.

Bientôt tous les travailleurs concentrent leurs efforts sur le point qui offrait quelque résistance, et l'obstacle supprimé ils reprennent tranquillement leur besogne de fossoyeurs.

On ne saurait croire combien il faut peu de temps à ces Animaux pour accomplir leur travail, car la Souris a bientôt disparu et une petite élévation de terre qui ne tardera pas du reste à être égalisée, indique seule encore la place où se trouvait le cadavre. Dans une terre bien meuble, les cadavres peuvent être enfouis jusqu'à une profondeur de 30 centimètres. Gleditsch, qui a tant médité sur les questions de botanique et d'économie, a de son temps souvent et longuement observé ces fossoyeurs à l'œuvre; il nous rapporte qu'en 50 jours, quatre d'entre eux enterrèrent successivement deux Taupes, quatre Grenouilles, trois Oiseaux, deux Sauterelles, les intestins d'un Poisson et deux morceaux de foie de Bœuf.

Pourquoi tant de zèle, d'activité? C'est, a-t-on l'habitude de dire, l'instinct des créatures « inintelligentes », l'impulsion de leur nature, qui nous fait voir merveille sur merveille, dans les manifestations extérieures les plus diverses. La preuve qu'il y a ici en jeu beaucoup plus qu'un instinct aveugle, et qu'il ne peut être question d'inintelligence pas plus pour ces Insectes que pour d'autres qui attirent peu l'attention, nous est fournie par le fait suivant : On suspendit en l'air un cadavre à l'aide d'un fil attaché à un bâton qui était lui-même fixé en terre; les Né-

---

(1) Νεκροφόρος, qui transporte les morts.

crophores accourus, après s'être assuré qu'ils ne pouvaient arriver à leur fin par les procédés ordinaires, parvinrent à faire tomber le corps suspendu (Pl. III).

Parmi les très nombreuses observations qui montrent l'intelligence de ces Insectes, je choisirai celle-ci qui a été faite récemment par M. Thiriat. « Par une chaude journée de juillet, me trouvant, dit-il, dans un petit jardin dont la circonférence était disposée en plate-bande, remplie de fleurs, et le centre en une place sablée et battue, je remarquai sur ce sable une Souris dont un Chat avait croqué la tête. Bientôt, j'entendis le bourdonnement de plusieurs Nécrophores qui, au nombre de deux, vinrent s'abattre sur le petit cadavre. Aussitôt ils s'occupèrent de l'enterrement sur place. Le sol, fortement tassé, et qui avait presque la consistance du béton, ne put être entamé par leurs fortes pattes. Les deux Insectes, après avoir parcouru les environs, montèrent sur la souris et tinrent conseil. Bientôt un des deux s'envola. Environ un quart d'heure après, quatre Nécrophores arrivèrent presque au même instant. Celui qui s'était envolé était probablement au nombre de ceux qu'il était allé chercher. Tous les ouvriers se mirent à l'œuvre : se plaçant sur le dos, sous le cadavre, ils le firent avancer, dans l'espace d'une demi-heure, jusqu'auprès de la plate-bande, où ils voyaient un sol meuble, qui permettait de creuser facilement la fosse. Arrivé au but, il se trouva un obstacle qui n'avait pas été prévu. Une haie de buis nain, formant bordure, interceptait le passage ; il y avait bien un petit intervalle, mais il se trouva trop étroit pour que le cadavre y pût passer. Les Nécrophores essayèrent en vain de creuser la terre en ce point, la terre était trop battue. Il fallait les voir s'agitant, courant aux environs, se consultant et reprenant leur course : on devinait leur anxiété. Explorant la bordure de buis, ils trouvent enfin, à une distance d'un mètre environ, un passage assez étendu entre les touffes. Il s'agit de transporter le cadavre de la Souris jusqu'à ce point éloigné, ou de l'abandonner sans sépulture. Les cinq Insectes se réunissent, et après avoir sans doute délibéré sur la grave question qui se présente, tous se remettent à l'œuvre avec une nouvelle énergie. Poussant, tirant le cadavre le long de la haie de buis, s'arrêtant pour vérifier s'il avançait, puis travaillant de nouveau avec ardeur, les Nécrophores mènent à bien leur opération ; la petite

Souris enterrée à une profondeur d'un décimètre ne montrait plus au dehors que l'extrémité de la queue. Mon observation commencée à deux heures du soir était finie à quatre heures du soir. »

Pour en revenir à la question soulevée, ces Insectes savent fort bien que d'autres Coléoptères vivant de charognes, que de grosses Mouches pleines de sollicitude pour leur progéniture, peuvent survenir, désireuses d'assurer à leur lignée une nourriture abondante et à leur goût. C'est pourquoi les Nécrophores déploient à l'excès force et énergie, non pas pour satisfaire leur gourmandise comme le Chien repu qui cache un os, mais pour pondre leurs œufs sur le cadavre qu'ils ont choisi.

Quant à leurs repas, ils les prennent en compagnie de nombreux compères partageant leurs penchants ou au moins leurs goûts gastronomiques, tels que : Silphes, Dermestes, Hister et quantité de Larves de Muscides grouillantes et repoussantes, qui en peu de temps ont raison de toute charogne non enterrée pour n'en laisser subsister que les os.

Dans notre dessin intitulé « ce que peuvent les forces réunies » (pl. IV) se trouve représenté le début d'une de ces attaques en masse d'un cadavre d'Oiseau. Car les phases subséquentes ne se prêteraient plus à une reproduction artistique ; d'ailleurs dans une autre figure, celle des « Insectes des cadavres » nous avons représenté les espèces les plus connues.

Lorsque le sol présente des conditions défavorables à l'enfouissement ; lorsque par exemple un terrain pierreux, un sous-sol enchevêtré de racines de graminées se jouent des efforts de nos petits mineurs ; ceux-ci s'en rendent compte bien vite, et s'empressent d'utiliser le cadavre qu'ils ont découvert pour leur propre alimentation et non pas pour la ponte ; c'est dans une occasion plus favorable qu'ils sauront déployer leurs facultés et leur intelligence.

Enfin, lorsqu'ils ont surmonté toutes les difficultés grandes ou petites, lorsque l'enterrement est terminé grâce au déploiement de toute leur énergie, a lieu l'accouplement, et la femelle disparaît de nouveau sous terre où elle reste cachée pendant 5 et jusqu'à 6 jours.

Quand elle surgit de nouveau à la surface, elle est à peine reconnaissable, car elle est alors complètement recouverte par une multitude de parasites acariens à 8 pattes (*Gamasus Coleopterorum*). Sa destinée est accomplie, et

Paris, J.-B. Baillière et fils, édit. Corbeil. Crété, imp.

CE QUE PEUVENT LES FORCES COALISÉES.
CHENILLE D'ACRONYCTE, VANESSE, FRELONS, MUSCIDES, SILPHES, BOUSIER, NÉCROPHORES.

une autre créature prend sa place et s'apprête à jouir à sa manière des derniers jours de sa courte existence.

Voulons-nous voir à présent par nous-mêmes les résultats obtenus par nos Coléoptères, c'est le moment de procéder à une opération à la vérité fort malpropre : il s'agit de mettre de nouveau au jour la Souris, si péniblement enterrée par lui, et de la mettre dans un bocal avec une quantité de terre suffisante en ayant soin de rendre une partie du cadavre visible en l'appliquant immédiatement contre les parois du verre ; car en moins de 15 jours les œufs seront éclos.

Les observations subséquentes sont de nature trop peu esthétique pour être décrites longuement et consistent à suivre les Larves se tordant comme des serpents au milieu de la pourriture, saisissant çà et là les parcelles de terre, absolument comme un Chien s'emparant d'un os.

En peu de temps et après plusieurs mues, elles ont atteint toute leur croissance comme la Larve que nous avons figurée (fig. 256, p. 153). Leur teinte générale est d'un blanc sale ; les 6 pattes sont faibles et à une seule griffe, les antennes ont 4 articles et sont, ainsi que la tête et les mandibules, d'un jaune brun ; la même teinte caractérise encore les plaques en forme de couronnes qui surmontent la partie dorsale et antérieure des anneaux du corps et qui servent de soutien et de point d'appui pendant la reptation. Nous remarquons encore que la tête est pourvue d'une lèvre supérieure et que les 6 ocelles latérales forment 2 groupes de chaque côté. Pour se transformer, la Larve s'enfonce davantage dans le sol ou elle se creuse une loge qu'elle cimente avec soin.

La Nymphe, d'abord blanche, devient ensuite jaune et de plus en plus foncée au fur et à mesure que le Nécrophore adulte se développe.

Bien que la marche de la transformation soit assez rapide pour permettre la succession de 2 générations dans l'année, il n'y a qu'une génération par an.

La manière de vivre de tous les Nécrophores est la même.

Le *N. germanicus* est la plus grande espèce d'Europe ; il ne mesure pas moins de 25 à 32 millimètres. Entièrement noir, il est marqué sur le chaperon d'une tache triangulaire rouge fauve et se fait remarquer par la teinte rouge du bord externe des élytres. Il est représenté à gauche de la Pl. IV.

Le *N. humator*, de plus petite taille, 18 à 20 millimètres, est également noir, sauf la massue des antennes qui est rousse.

Il est une série de Nécrophores indigènes qui se distinguent par leurs élytres rouge testacé, à bandes transversales noires ; les uns ont la massue des antennes rousse, les autres, noire. Le plus commun est le *N. vespillo* (16 à 22 mill.) qu'il est impossible de confondre avec ses congénères, ses jambes postérieures étant fortement arquées (fig. 257) ; les *N. vestigator, fossor, ruspator* (fig. 258), se-

Fig. 258. — Nécrophore fureteur.

pultor, aux jambes postérieures droites, habitent tous la France et hantent les charognes ; le *N. mortuorum* qui n'a que 12 à 15 millmètres se trouve également sous les cadavres, mais il préfère les Agarics en décomposition.

LES SILPHES — *SILPHA* (1)

Caractères. — Le genre Silphe (*Silpha*) proprement dit, qui a donné son nom à la famille entière, se distingue par une tête ovale et aplatie, pointue en avant, attachée à un corselet qui la couvre en partie et dont le bord postérieur est semi-circulaire. Ce corselet s'adapte étroitement aux élytres aussi larges que lui et dont l'extrémité arrondie recouvre entièrement la pointe abdominale si toutefois celle-ci n'est pas saillante d'une manière spéciale, comme c'est plus particulièrement le cas pour les femelles.

Les antennes à 11 articles s'épaississent toujours à l'extrémité en une massue de 3 à 5 articles. Un crochet corné arme le côté interne de la mâchoire inférieure et les palpes attachés à celle-ci sont, ainsi que chez les Nécrophores, plus longs que les palpes labiaux.

Distribution géographique. — Les 67 espèces de Silphes sont, à peu d'exceptions près, entièrement noirs et leur genre de nourriture les condamne à passer leur vie, la plupart du

(1) Σίλφη, sorte d'Insecte (la Blatte).

temps, à la surface du sol ; elles habitent toutes les régions de la terre, à l'exception de l'Australie.

LE SILPHE DES RIVAGES — *SILPHA LITTORALIS.*

Caractères. — Ce Silphe, type du genre, *Necrodes*, établit le passage entre les Staphylins et les Silphes, leurs stigmates prothoraciques étant visibles ; c'est un grand Insecte noir luisant de 13 à 25 mill. aux 3 derniers articles des antennes jaunes ; aux élytres fortement tronquées et élargies à l'extrémité,

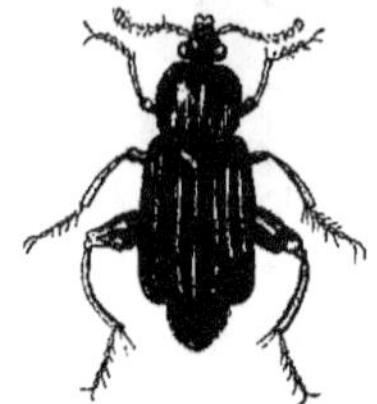

Fig. 254. — Le Silphe des rivages.

portant 3 carènes très accusées ; aux cuisses postérieures énormes, dentées en dessous ; aux jambes arquées (fig. 259 et pl. III).

Mœurs, habitudes, régime. — Le *Silpha littoralis* se trouve sous les charognes. Sa Larve qui se rencontre dans les mêmes conditions a été décrite par Chapuis et Candèze. Il habite la France septentrionale ; mais n'est pas très commun.

LE SILPHE NOIR — *SILPHA ATRATA.*
Der Schwarzglänzende Aaskäfer.

Caractères. — Ses contours sont de forme elliptique ; il est fortement bombé en avant et totalement d'un noir brillant (fig. 260, 261). La tête, dirigée perpendiculairement en dessous, est, de même que chez tous ses congénères, en partie recouverte par un corselet à bords saillants, arrondi en avant en demi-cercle ; ce corselet est assez grossièrement ponctué pour devenir rugueux, excepté à l'extrémité postérieure qui dépasse quelque peu la naissance des élytres. Les élytres sont fortement relevées sur les bords et arrondies en arrière, si bien qu'à la suture elles ne sont point tronquées d'une manière bien appréciable. Le long de chaque élytre s'étendent trois arêtes obtuses également distantes l'une de l'autre ainsi que de la carène formée par la suture médiane.

Les intervalles sont rugueux et grossièrement ponctués. Les jambes et les 5 articles des tarses sont couverts de soies courtes, et les tarses antérieures du mâle sont pourvus de semelles feutrées. Avec ce signalement, il n'est guère possible de confondre cette espèce avec une autre fort voisine, le *S. lævigata.*

Mœurs, habitudes, régime. — Le Silphe noir (*Silpha atrata*) est un des plus répandus ;

Fig. 260.   Fig. 261.   Fig. 262.   Fig. 263.

Fig. 260 à 262. — Silphe noir et sa larve. — Fig. 263. — Hister des fumiers.

à l'état parfait il se trouve pendant tout l'été dans les bois, errant sur les chemins qui les traversent ou s'abritant sous les pierres ou sous la mousse ; il fait une chasse fort active aux Limaces.

La Larve (fig. 262) est noire en dessus, plus claire en dessous ; elle est formé de 12 segments dont les tergites ont la forme de boucliers qui s'élargissent de plus en plus depuis la tête jusqu'au milieu du corps et se rétrécissent ensuite considérablement. Cet élargissement vers le milieu est dû à une extension du bord de chaque bouclier, l'anneau terminal porte à son extrémité 2 appendices charnus. Ceux-ci sont encore dépassés par l'anus qui faisant saillie au dehors aide à la progression. La tête, en partie cachée, porte deux antennes assez longues à 3 articles et derrière celles-ci deux ocelles latérales.

Habituellement cette Larve, comme celles du genre entier, se tient cachée ; elle mue plusieurs fois et s'accroît rapidement. Par suite de sa voracité elle se développe rapidement, et après chacune de ses mues elle reprend sa couleur noire, bien qu'elle soit toute blanche au sortir de sa dépouille. Elle est très mobile et cherche à se cacher aussitôt qu'elle se croit poursuivie. Lorsqu'elle a acquis toute sa taille, elle s'enfonce assez profondément sous terre, se construit une loge où elle devient une

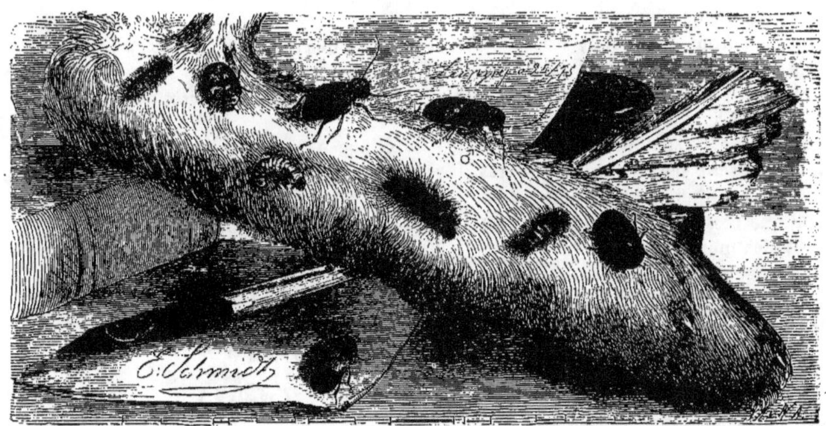

Fig. 264 — Anthrène des Musées et sa Larve (p. 170).   Fig. 265. — Ptine voleur et sa Larve.   Fig. 266. — Dermeste du lard et sa Larve (p. 167).   Fig. 267. — Attagène des pelleteries et sa Larve (p. 168).

Fig. 264 à 267. — Les Dermestides.

Nymphe courbée en forme de point d'interrogation. Le vaste corselet masquant la tête, ne laisse aucun doute sur son identité.

Au bout de dix jours, l'Insecte parfait apparaît. Celui-ci passe l'hiver et peut procréer parfois deux générations par an.

Les grandes crues des rivières de l'Allemagne, du commencement d'avril 1863, amenèrent vivants au milieu de détritus laissés par les inondations, une quantité innombrable de *Silpha atrata*, ainsi que de *Silpha obscura*.

Au premier printemps se fait l'accouplement et immédiatement après a lieu la ponte ; pour mener à bien cette opération, la femelle se sert de la longue extrémité tubuleuse et protractile de son abdomen qu'elle glisse sous des feuilles pourries ou sous la couche superficielle du sol. Tout ce manège prend un temps assez considérable, aussi voit-on ramper les Larves à diverses époques et les trouve-t-on en été en même temps que l'Insecte parfait.

LE SILPHE DES BETTERAVES — *SILPHA OPACA*.

Caractères. — Cette espèce se distingue par un corselet dont les inégalités sont à peine indiquées, par la pubescence soyeuse, grise, qui recouvre le dessus du corps et masque sa couleur noire, sa taille mesure environ 10 mill.

Mœurs, habitudes, régime. — Le *Silpha opaca* est essentiellement phytophage et sa Larve cause dans certaines années des dommages très sensibles aux plantations de Betteraves. Nous devons à Curtis et à Guérin-Meneville de bonnes observations sur les dégâts causés par cet Insecte. Citons tout d'abord l'auteur anglais.

« En juin 1844, mon attention était appelée pour la première fois sur ce sujet par W. Ogilby, qui m'envoya des spécimens de Larves que lui avait remis le Rév. Edward Bowen ; et il m'informait qu'elles avaient mangé toutes les betteraves sur la ferme de John Ferguson, de Castle Forward, Londonderry. Il n'en était plus question lorsque je reçus une communication du Rév. C. Maxwell, de Birdstown, Londonderry, datée du 31 mai 1846, avec une de ces Larves et constatant que ses betteraves étaient dévorées par cet animal, le 9 juin il ajouta que chaque plante avait été anéantie. Le champ fut entièrement couvert de fumier de ferme; vers le 23 avril, environ 5 mille ares furent semés en carottes et 5 mille ares en panais; puis régulièrement un acre de betteraves, ensuite de navets de Suède ; et vers le 1er mai, de betteraves. Chaque récolte promettait de réussir, excepté les betteraves, qui étaient détruites par les Larves en question. On en voyait de grandes quantités parmi elles, mais on n'en trouvait aucune dans la partie du champ consacré aux autres cultures. Peu à peu, cependant, les betteraves furent assaillies par ces mêmes Insectes; il semblait qu'elles étaient attaquées dès qu'elles sortaient de terre, à savoir aux environs du 21 mai ; les Larves disparurent vers le milieu de l'été ; deux seulement purent être trouvées le 24 juin ; elles étaient à l'état de Nymphe, ou mortes de faim faute de nourriture. Ce sont les feuilles qu'elles dévorent en laissant seulement les nervures. En 1847, M. Maxwell, dit dans une lettre datée du 12 juin, que ces animaux destructeurs ont encore visité les mêmes cultures cette année à la même époque et dans les mêmes circonstances, mais en plus grand nombre et avec un accroissement de dégâts… « La récolte est si totalement détruite qu'il n'est plus utile d'essayer d'éloigner ces Insectes par la chaux ou autrement. »

En 1846, M. Bazin et M. Guérin-Méneville constatèrent la présence du *Silpha opaca* dans les champs de betteraves et furent à même de voir leurs dépradations ; depuis, à différentes reprises elles ont fait leur apparition dans nos départements du Nord, où les cultures de betteraves occupent de grandes surfaces pour alimenter l'industrie sucrière ; on a trouvé quelquefois les Larves de Silphe, d'ordinaire si cachées, attachées en quantité si prodigieuse aux jeunes plantes, que celles-ci en étaient toutes noires.

LE SILPHE A CORSELET ROUGE — *SILPHA THORACICA.*

Rothhalsiger Aaskäfer.

Caractères. — Le Silphe à corselet rouge

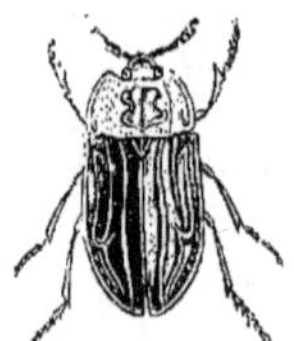

Fig. 268. — Silphe à corselet rouge.

(fig. 268), est l'une des deux espèces d'Europe qui ne sont pas restées fidèles à l'uniforme noir que revêtent toutes les autres, car son corselet est d'un rouge vif. Notre figure 268 la représente d'une manière assez reconnaissable pour nous dispenser de porter davantage l'attention sur elle.

Mœurs, habitudes, régime. — Il n'est pas rare dans les bois sablonneux de toute la France, où on le prend souvent au vol ; il se plaît à dévorer les Escargots écrasés.

LE SILPHE A QUATRE POINTS. — *SILPHA QUADRIPUNCTATA.*

Der vierpunktige Aaskäfer.

Le Silphe à quatre points est l'autre espèce à livrée de couleur, et aux instincts chasseurs (fig. 269).

Le fond de sa coloration est noir, il est vrai ; mais le corselet, le scutellum et quatre petites

Fig. 269. — Silphe à quatre points.

taches sur les élytres sont noirs, tout le reste de la face dorsale est d'un brun jaune verdâtre.

Ces Silphes ne se plaisent point à errer dans les champs et les chemins, ni à se cacher sous les pierres, les mottes et les cadavres ; ils ont des goûts plus recherchés, ils préfèrent la chair fraîche à celle qui est gâtée. Souvent au printemps, quand brille le soleil, ils aiment à voltiger autour des chênes que les Tinéides (*Halias viridana*) dépouillent de leur feuillage, puis à se poser sur l'extrémité des branches pour courir à la recherche de leur proie. Ils se plaisent aussi à grimper dans les buissons, surtout dans les taillis de chênes et de hêtres pour se livrer à la recherche des Chenilles qu'ils se délectent à dévorer. On peut souvent les surprendre à l'œuvre ; il suffit de battre les taillis pour en faire tomber un assez grand nombre, fréquemment en compagnie du petit Calosome inquisiteur.

A terre, le Calosome et le Silphe se conduisent d'une manière fort différente. Le Calosome, comme nous le savons, se dérobe quelquefois à la hâte sous le tapis de feuilles qui couvrent le sol ; le Silphe, au contraire, emploie une ruse bien usitée de ses congénères et de beaucoup d'autres Coléoptères : il penche sa tête en avant bien plus que d'habitude, raidit ses pattes, reste couché immobile sur le dos, et fait le mort ; néanmoins pour jouer ce rôle il n'y met pas tout la ténacité voulue ; revenu de l'effroi qu'il a éprouvé pendant sa chute brutale, il revient bientôt à la vie, et prend la fuite.

Nous citerons encore parmi les espèces françaises, *S. rugosa, sinuata*, qui sont communes partout sous les cadavres, la *S. carinata*, qu'on trouve errante dans nos grandes forêts (Fontainebleau, Saint-Germain-en-Laye, Rambouillet); les *S. tristis, obscura, reticulata*, qui se rencontrent très fréquemment dans la France entière.

LES HISTÉRIDES — *HISTERIDÆ*

Die Stutzkäfer.

Dans le même milieu où se complaisent les Nécrophores et les Silphes, on trouve aussi quelques représentants de la famille des Histérides (*Histeridæ*).

Caractères. — Ce sont des Coléoptères aux formes comprimées, larges et écrasées, parfois complètement plats et recouverts d'une carapace extrêmement dure, d'un brillant extraordinaire, sur laquelle peuvent s'émousser toutes les épingles. En dehors du noir, relevé quelquefois de reflets métalliques bleus ou violets souvent très éclatants, leur coloration n'offre pas d'autre nuance que le rouge. Leur tête petite, étroite, est fortement engagée sous le corselet ; chez beaucoup d'espèces elle peut se rétracter et disparaître entièrement, comme la tête de la Tortue dans sa carapace.

Les mandibules sont dirigées en avant. Les lobes de la mâchoire, dont l'externe est plus grand que l'interne, sont membraneux et ciliés; la languette, courte, se cache d'ordinaire sous le menton; les palpes et maxillaires labiaux sont filiformes.

Le corselet élargi d'avant en arrière, à bords tranchants est rétréci étroitement à la naissance des élytres. Celles-ci, élargies ou non au milieu, sont plus ou moins tronquées à leur extrémité et laissent toujours à nu l'extrémité abdominale (*pygidium*) qui forme une pièce chitineuse triangulaire dont la pointe est arrondie. Les élytres sont parcourues par de fines stries longitudinales qui servent de guide pour la détermination des espèces.

Les pattes sont aplaties et peuvent se rétracter et rentrer dans des cavités creusées sur la face inférieure du corps. Chez tous, les tarses filiformes à 5, rarement 6 articles, se dissimulent plus ou moins dans une rainure creusée le long des jambes.

L'abdomen est composé de cinq segments dont le premier est sensiblement plus long.

La démarche pesante des Hister, en harmonie avec l'ensemble de leur structure, est des plus frappantes ; l'impression que produit leur aspect général est ineffaçable ; les *Hister* sont aux Coléoptères ce que les Tortues sont aux Reptiles. Ce qui contribue encore à rendre leur physionomie originale, c'est l'habitude qu'ils ont de se rétracter et de rentrer la tête et les pattes pour simuler la mort, dès que quelque chose d'inaccoutumé se présente à eux.

Distribution géographique. — Les Histers, au nombre de 1150 espèces, sont répandus sur tout le globe. On doit à M. de Marseul d'excellentes monographies de ces Insectes dont l'étude est si difficile et si aride.

Mœurs, habitudes, régime. — Pendant les chaudes soirées d'été, plus rarement dans le milieu du jour quand le soleil darde ses rayons brûlants, les Histers font usage de leurs ailes; aisément ils peuvent alors franchir quelque distance et aller à la recherche de leur nourriture. Du reste, ils ne se contentent pas d'un régime composé de matières animales en putréfaction ; ils tiennent tout autant aux substances végétales qui sont en voie de désorganisation ; aussi les trouve-t-on en abondance dans le fumier, dans les champignons mous qui s'altèrent rapidement, sous les écorces et enfin, plus rarement, dans les Fourmillières.

Les Larves sont allongées, elles ont 12 anneaux, et le premier anneau ainsi que la tête sont cornés ; par leurs appendices caudaux et leur anus rétractile, elles se rapprochent des Larves des Staphylins. Les pattes extraordinairement courtes et minces restent fort rapprochées des côtés du corps et se terminent par une seule griffe presque sétacée. La tête n'a ni lèvre supérieure, ni languette, ni ocelles, mais elle porte deux antennes à 3 articles, le premier long, le dernier fort court recourbé en dedans. Les mandibules fortes, en forme de faucille, sont garnies de dents sur la tranche interne. La lèvre inférieure, dépourvue de languette, porte des palpes bi-articulés et elle est

fixée sur des tiges libres, soudées entre elles
et qui sont cornées à la base, et charnues au
sommet.

La petitesse de l'ouverture buccale ne permet que l'introduction d'aliments liquides qui
sont tirés de cadavres d'animaux et de substances végétales en décomposition.

LES HISTERS — *HISTER* (1)

Die Histerinen.

Caractères. — Les Histers font partie des
représentants de la famille qui peuvent retirer
leur tête sous la partie avancée du corselet.

Les antennes coudées, se terminant par
une massue de 3 articles, sont insérées sous un
rebord du front et peuvent se replier et se
loger dans une cavité située sur le bord antérieur du prothorax. Les mandibules fortement
saillantes, dentées au milieu, se dressent menaçantes et se dirigent obliquement en bas.
L'extrémité abdominale descend obliquement
et les jambes postérieures sont armées extérieurement de deux rangées d'épines.

Tels sont les caractères communs à tout le
genre Hister abondamment répandu sur
toute la terre.

L'HISTER DES FUMIERS — *HISTER FIMETARIUS.*

Der Mist Stutzkäfer.

Caractères. — Cette espèce (fig. 263 et 270),
dont la taille ne dépasse pas 6 millim., se reconnaît à son prothorax qui se termine en
arrière par un petit prolongement arrondi qui

Fig. 270. — Hister des fumiers.

s'ajuste contre une courbe rentrante du bord
du mésothorax ; elle se distingue encore par la
ponctuation évidente du bord des élytres qui
est replié en dessous ; celles-ci sont marquées
vers le côté de 3 stries dorsales occupant toute
la longueur, d'une quatrième strie dorsale très
petite et d'une cinquième suturale également

(1) *Hister,* histrion.

courte qui s'arrête au milieu de l'élytre. Les
jambes antérieures sont munies de 4 fortes
dents ; la première est petite. L'éclat des
élytres est de plus rehaussé par une large
tache rouge géminée qui se dessine sur chacune d'elles. Nous avons représenté cet Insecte
de grandeur naturelle, (fig. 263), et grossi,
(fig. 270).

Mœurs, habitudes, régime. — L'Hister des
fumiers (*Hister fimetarius* ou *sinuatus*) vit de préférence dans les fumiers des pacages secs et
sablonneux ; de temps à autre on le rencontre
aussi marchant de son pas embarrassé par les
sentiers, où souvent l'écrase le pied des passants auquel ne peut le soustraire son habitude de rentrer tête et pattes sous sa carapace.

LES HÉTÆRIES — *HETÆRIUS* (1)

Caractères. — Les *Hetærius* diffèrent des
Histers par leurs antennes courtes, en massue
et probablement non articulées, et par les jambes élargies munies au dehors d'une espèce
de gouttière pour y loger les tarses.

L'HÉTAIRIE FERRUGINEUSE — *HETÆRIUS FERRUGINEUS.*

Caractères. — L'*Hetærius ferrugineus* ou *ses-
quicornis*, le représentant le plus commun du
genre, est un joli petit Coléoptère de 1mm,15 de
long, jaune de rouille, brillant, recouvert de
quelques poils dressés, au corselet marqué de
rebords saillants, aux élytres finement striées.

Mœurs, habitudes, régime. — Il vit d'ordinaire dans les colonies de la Fourmi des
bois (*Formica rufa*), mais dans des conditions
plus indépendantes que les Clavigers ; car on
l'a aussi rencontré sous des pierres où, il est
vrai, les Fourmis paraissaient avoir eu auparavant leur domicile.

Les collectionneurs qui se font une spécialité
de récolter les espèces « Myrmécophiles », c'est-
à-dire les Insectes qui ne se trouvent que dans
les Fourmilières, tamisent toute la colonie des
Fourmis à travers un crible de fil de fer que
les Fourmis ne traversent point ; puis ils mettent dans un sac tout ce qui a passé (voy. p. 73).
Ce n'est que rentrés chez eux qu'ils se livrent à
l'aise à leurs minutieuses recherches. Ils choisissent, comme étant l'époque la plus favorable pour pratiquer ce genre de chasse, les

(1) 'Εταιρος, camarade.

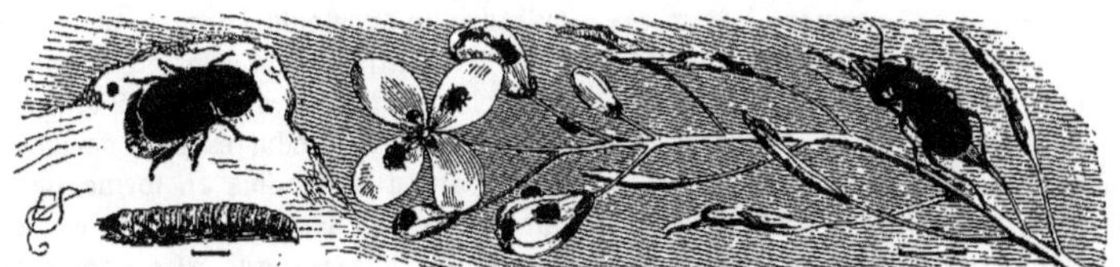

Fig. 271. — Meligethes du colza   Fig. 272. — Meligethes du colza   Fig. 273. — Malachie
et sa Larve (très grossis).   (grandeur naturelle).   bronzée.

mois de mars et d'avril, saison où les Fourmis sont engourdies et peu agressives.

LES SAPRINES — *SAPRINUS* (1)

Les Saprines forment à côté des Histers un des genres les plus riches en espèces de la famille entière : il compte à ce jour 292 espèces. Ils ont la même distribution géographique, la même physionomie, mais ils sont plus brillants et même ils ont un éclat métallique, à reflets bleus, verts ou violets. Ce qui les distingue toutefois, c'est l'absence de la saillie prosternale spéciale aux Histers ; néanmoins ils peuvent rentrer la tête sous le corselet, comme ces derniers ; leur taille n'excède pas 3 ou 4 mill.

Les mœurs sont les mêmes que celles des Histers.

LES NITIDULIDES — *NITIDULIDÆ*

Die Glanzkäfer.

Caractères. — Les Nitidulides reproduisent sur une petite échelle la forme des Histérides sans en avoir la dureté tégumentaire, ni l'uniformité de coloration Les élytres sont d'ordinaire un peu tronquées ; les pattes sont courtes avec les hanches antérieures et postérieures écartées ; les tarses de 5 articles, comptant par exception 4 articles aux pattes postérieures ; les 3 premiers articles sont presque toujours élargis. Les antennes non coudées se terminent en une massue de 3 à 4 articles. La mâchoire inférieure ne comprend d'ordinaire qu'un seul lobe.

Distribution géographique. — Les Nitidulides (*Nitidulidæ*) réunissent environ 800 espèces et forment une famille répandue dans toute l'Europe et l'Amérique, disséminée en Afrique et jusqu'en Australie.

Mœurs, habitudes, régime. — Ces petits Coléoptères vivent isolés ou réunis en troupes ; on les trouve sur diverses fleurs, sous les écorces, sur les exsudations fermentées et mucilagineuses des arbres de nos forêts (chênes, ormes, bouleaux, hêtres), dans les champignons, dans des débris de nature animale ; à ce propos M Taschenberg rappelle un souvenir de sa jeunesse : « Une fois dans un moulin, une de ces espèces sortit par légions (*Nitidula bipustulata*) d'une tourte au café qui m'était offerte et me fit perdre l'appétit de Kermesse que j'avais apporté avec moi. »

LES MELIGETHES — *MELIGETHES* (1)

LE MELIGETHES DU COLZA — *MELIGETHES ÆNEUS.*

Der Raps Glanzkäfer.

Caractères. — Le Meligethes du colza (fig. 271 et 272) est un petit Coléoptère, vert bronzé, qui foisonne sur les fleurs du Colza, du Navet, ainsi que d'autres Crucifères, et se montre plus tard sur les fleurs des plantes les plus diverses ; les individus isolés peuvent rester inaperçus car ils ne mesurent que 2 millim. environ. Cet Insecte a la forme d'un petit carré à angles émoussés et la partie inférieure de son prothorax se termine en arrière par une sorte de pointe. Les jambes des pattes antérieures sont étroites, à bord externe régulièrement denté en scie, celles des autres pattes sont un peu

____
(1) Σαπρός, sale, grossier.

(1) Μελιγηθής, qui cause une douce joie.

plus larges, tronquées obliquement à leur extrémité et recouvertes jusqu'à mi-hauteur de leur bord externe par des soies courtes et très serrées.

Mœurs, habitudes, régime. — Les mœurs et le développement des Meligethes, observés avec le plus grand soin par Heeger, Cornelius Ormerod, et surtout par Perris, sont aujourd'hui parfaitement connues; ce sont des Insectes amis des fleurs, mais amis intéressés, car ils vivent à leurs dépens.

Après l'hivernation les Meligethes quittent leurs retraites et voltigent çà et là avec vivacité pendant les heures ensoleillées ; ils vont à la recherche des plantes pour se nourrir au détriment de leurs boutons et de leurs fleurs, puis finissent par s'accoupler. Trois ou quatre jours après, surtout s'il ne fait pas de vent, la femelle enfonce la pointe extensible de son abdomen dans le bouton d'une fleur et y glisse au fond un œuf ovoïde. Au bout d'une ou deux semaines, selon que le temps est beau ou mauvais, la Larve éclot et se nourrit des parties internes

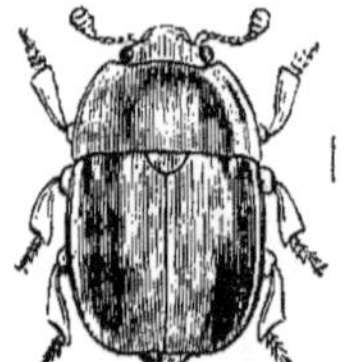

Fig. 274. — Meligethes à pattes rousses.

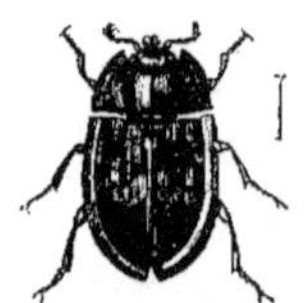

Fig. 275. — Soronia très ponctuée.

de la fleur, rongeant, surtout après avoir grandi, les siliques naissantes auxquelles elle fait bien plus de tort que l'Insecte parfait. Dans l'espace de 10 jours elle mue jusqu'à 3 fois, y compris la mue qui accompagne sa transformation en Nymphe, ce qui réduit son existence à un mois.

Au terme de sa croissance elle mesure tout au plus 4 millim. ½, sa forme est sensiblement cylindrique et sa coloration rappelle beaucoup celle des Haltises. Elle a la tête brune ou noirâtre, les six premiers de ses 12 anneaux sont pourvus de pattes courtes et le dernier se termine par un appendice en forme de verrue. Sur le dos de chaque anneau on remarque — le premier excepté qui est corné — 3 taches épineuses ; au centre de ces taches, les épines sont plus petites et manquent aux anneaux antérieurs, tandis qu'à la circonférence des taches elles sont oblongues et égales entre elles. La tête étroite est pourvue de 3 ocelles simples de chaque côté, d'antennes à 4 articles et d'une lèvre supérieure cornée. Les mandibules, fortes, se sont creusées et leur extrémité finit en pointe.

Il faut avoir l'œil exercé du Naturaliste pour apercevoir ces Larves réunies en société nombreuse sur les fleurs de Colza, et il est aisé de comprendre que, lors de la fructification, la présence des longs pédoncules dénudés et pendants doit être en grande partie être mise sur leur compte.

La Larve pour passer à l'état de Nymphe, se laisse choir et se glisse sous la surface du sol où elle se file un cocon lâche, dans lequel on trouve bientôt après une Nymphe blanche mobile dont l'extrémité se termine par deux appendices charnus.

Au commencement de juin, apparaît le Coléoptère. Des Larves adultes recueillies le 3 juin donnèrent déjà des Insectes parfaits le 27.

Les Meligethes ainsi éclos vaguent sur les fleurs de même que ceux qui ont passé l'hiver, mais ils ne se reproduisent pas dans l'année courante, ils se réservent pour le printemps suivant.

La figure 274 représentant le *Meligethes rufipes* très grossi donne une idée très fidèle du genre.

Les *Soronia* sont des Nitidulides antophiles dont les Larves vivent dans les plaies des arbres (fig. 275).

LES DERMESTIDES — *DERMESTIDÆ*

Die Speckkäfer

Nous traiterons ici de quelques espèces qui fréquentent nos habitations en nous causant de graves préjudices, et méritent d'être traquées et poursuivies sans trêve ni merci, tant elles nous causent de dommages.

Ces Coléoptères, réunion des formes les plus

voisines, comprennent une centaine d'espèces en tout et constituent une famille à laquelle on a donné le nom dérivé de celui des plus grandes espèces, c'est-à-dire le nom de familles des Dermestides (*Dermestidæ*).

Caractères. — Les caractères les plus saillants communs aux divers membres de cette famille sont les suivants :

Corps de conformation assez variée ; mais très entier par suite de la conjonction étroite de ses 3 principaux segments ; tête plus ou moins rétractile généralement ponctuée à la surface et présentant une excavation frontale dirigée en dessous sur laquelle sont attachées les antennes claviformes ; hanches antérieures très rapprochées ; hanches postérieures cylindriques, élargies presque toujours sur les deux faces lesquelles portent un sillon propre à loger les cuisses repliées ; un sillon semblable creusé sur ces derniers reçoit de même les jambes repliées ; les tarses ont 5 articles ; l'abdomen a 5 anneaux. La présence d'un œil lisse ou ocelle sur le front est un caractère des plus remarquables que présente la plupart des genres.

Mœurs, habitudes, régime. — Dans leurs allures et les mœurs il y a également une grande similitude ; ils possèdent tous à un haut degré le talent de la dissimulation. S'ils soupçonnent que quelque danger menace leur intéressante personne, ils rentrent leurs pattes et leurs antennes, renfonçent leur tête sous le corselet, et restent étendus comme morts pendant un laps de temps notable.

D'autre part, ils se font remarquer par leur vie vagabonde et par l'indifférence avec laquelle ils se choisissent une société. Peu leur importe de se trouver à côté d'un Papillon voltigeant au milieu des parfums des fleurs, ou en compagnie de compères lucifuges et malpropres qui se vautrent dans les restes d'une charogne infecte ; il leur est parfaitement égal de se trouver, soit dans le bois pourri d'un tronc d'arbre, soit dans le coin d'une salle à manger, dans la fourrure d'un vieux tapis ou dans nos sophas rembourrés, ou encore dans le corps d'un précieux Coléoptère qui fait l'orgueil du collectionneur ; telles sont leurs habitudes peu difficiles ; cependant celui-ci a une certaine prédilection pour tel milieu et celui-là pour tel autre milieu.

Comme leur nourriture et surtout celle de leurs Larves (à l'état parfait ils sont un peu plus supportables) consiste principalement en toutes sortes de matières animales desséchées, on les trouve partout au dehors comme au dedans de nos habitations, sur les navires, dans les cuirs, dans les collections d'Histoire naturelle, etc. Ils voyagent sur toute la terre et deviennent cosmopolites dans toute l'acception du mot. Grâce à leur existence cachée qui garantit leur sécurité, ils se multiplient beaucoup et peuvent, dans des conditions favorables, causer de réels dégâts dans nos maisons, particulièrement en s'attaquant aux fourrures, aux matelas, aux couvertures et aux tapis de laine de toute sorte, aussi bien qu'aux collections des Musées d'Histoire naturelle.

Il s'agit donc de nous occuper en première ligne de leurs Larves voraces. Celles-ci se distinguent par une robe velue à poils denses et dressés, qui forment çà et là des touffes, surtout en arrière, par des antennes à 4 articles ; ordinairement par des ocelles situées de chaque côté de la tête et par des pattes courtes à une seule griffe. Lors de la transformation, la peau se fend le long de la région dorsale et la Nymphe reste renfermée dans cette dépouille protectrice.

LES DERMESTES — *DERMESTES* (1)

Caractères. — Les Dermestes se distinguent par les caractères génériques suivants : menton plus long que large, arrondi en avant ou légèrement ; languette membraneuse fortement échancrée, ciliée en avant ; lobes des mâchoires, coriaces — l'interne se termine par une forte dent, tandis que l'externe, beaucoup plus grand, est quelque peu tronqué obliquement en avant. — Les palpes maxillaires se terminent par un article cylindrique, les palpes labiaux par un article obtus et ovoïde. Le corset bombé se rétrécit en avant, il présente sur les flancs deux échancrures peu profondes, une fossette pour y loger l'extrémité claviforme des antennes. Les élytres, de même largeur dans toute leur longueur, recouvrent entièrement l'extrémité abdominale et déterminent ainsi la forme presque cylindrique de tout le corps. L'abdomen couvert de poils couchés et feutrés présente comme caractère distinctif chez le mâle une fossette sur le troisième et quatrième anneau ou seulement sur ce dernier.

LE DERMESTE DU LARD — *DERMESTES LARDARIUS.*
Der Speckkäfer.

Le Dermeste du lard (fig. 266) se recon-

(1) Δερμηστής, ver qui ronge les peaux.

naît aisément entre tous ses congénères, par la large bande brun clair transversale qui se détache sur le fond uniforme noir brunâtre des élytres.

Mœurs, habitudes, régime. — La Larve assez allongée, s'amincissant en arrière, est presque deux fois plus longue que l'Insecte parfait; blanche sur le ventre, brune sur le dos, elle est couverte de poils dirigés en arrière dont les plus longs forment des pinceaux à la partie postérieure; à l'extrémité, sur le dernier anneau se dressent encore deux crochets cornés et recourbés en arrière. Grâce à ses 6 pattes et à l'anus qui peut se retourner en dehors, la Larve peut accélérer sa course, mais elle se déplace assez rapidement en marchant de préférence à reculons. On trouve la Larve de mai en septembre, et pendant ce temps elle change quatre fois de peau en trahissant sa présence par sa dépouille qu'elle abandonne et qui reste dans les endroits où les courants d'air ne peuvent l'emporter. Finalement la Larve devient plus massive, moins velue, ce qui indique que sa transformation est proche. Elle se cache alors tant bien que mal dans sa résidence habituelle; puis la peau se fend sur le dos comme dans les mues précédentes, et la Nymphe devient visible tout en restant enfermée en grande partie dans la dépouille. Cette Nymphe a la partie antérieure blanche, la postérieure rayée de brun; elle s'agite vivement si on l'inquiète.

Le Dermeste parfait est généralement développé en septembre; mais reste longtemps renfermé dans la peau fendue de la Nymphe sans sortir de sa double enveloppe; ce n'est qu'au printemps suivant qu'ont lieu l'accouplement et la ponte.

Le Dermeste et sa Larve ne se trouvent pas seulement dans les garde-manger, etc., mais partout où il y a des restes d'origine animale; dans les maisons, les colombiers, sous les charognes, dans les fourrures et les collections zoologiques.

Taschenberg rapporte qu'il est tout saisi au souvenir d'un fait qui démontre suffisamment combien il faut s'acharner à poursuivre de pareils hôtes si on veut autant que possible mettre obstacle aux progrès d'une invasion. « Une petite caisse clouée et remplie de Coléoptères du Brésil, avait été reléguée dans un coin en raison du peu de valeur attribuée au contenu. Un jour qu'on faisait de l'ordre la petite caisse fut examinée à son tour. Chrysomèles, Capricornes, Charançons et autres qui dans ces con-

trées privilégiées pullulent en quantités innombrables, se comptaient par centaines et avaient été reçues comme présent d'un négociant qui résidait dans ce pays. Après avoir enlevé les couches supérieures pour conserver néanmoins les exemplaires les moins détériorés, les parties inférieures furent mises au jour. Tous les vieux cadavres d'Insectes semblaient avoir ressuscité... Quel spectacle! Au milieu d'une poussière brune où étaient ensevelis des fragments de plus en plus petits des Coléoptères brisés et rongés, grouillaient pêle-mêle des centaines de Larves de Dermeste affairées et qui semblaient protester énergiquement par leur attitude contre la perturbation apportée dans leur tranquillité, contre l'atteinte portée aux droits que leur prescrivent les soins de leur couvée. »

« Heureusement qu'un feu clair flambait dans le poêle; nous lui octroyâmes toute la compagnie, afin qu'aucun œuf n'étant sauvé, la dent redoutable des Larves ne puisse exercer ailleurs de désastreux ravages. »

Les nids de Frelons et de Guêpes que l'on désire conserver, deviennent souvent la proie des Dermestes, le couvain abandonné et desséché leur offrant une abondante nourriture.

Les autres Dermestes, gris de souris ou noirs sur le dos (fig. 276), recouverts en dessous de

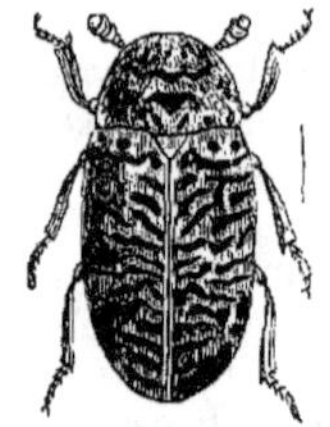

Fig. 276. — Dermeste onduló.

poils serrés et couchés donnant à toute la face inférieure une teinte blanche crayeuse plus ou moins prononcée, se tiennent dans la nature sous les cadavres, parfois parmi les objets d'Histoire naturelle qui ont fait de longues traversées sur mer et auxquels ils ont été adjoints fortuitement pendant l'emballage.

Quant le collectionneur veut, ainsi qu'il le fait pour tous les Insectes qu'il tue, percer d'une épingle le Dermeste, avant sa dessiccation, il éprouve une résistance particulière, en rapport avec la structure de ce Coléoptère. La

Fig. 277. — Nymphe.

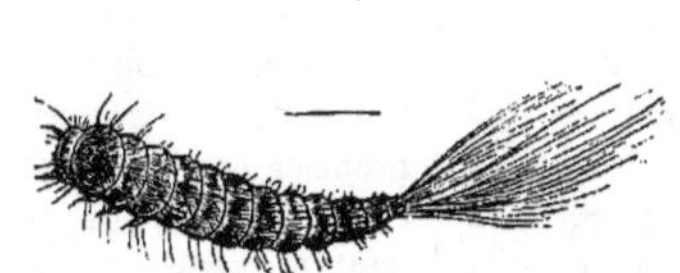

Fig. 278. — Larve.

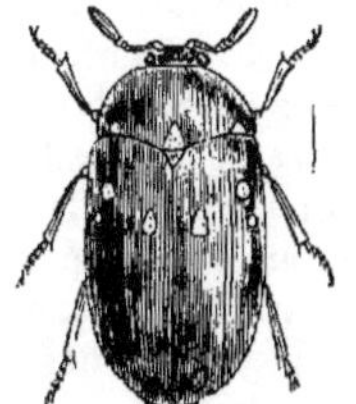

Fig. 279. — Insecte adulte

Fig. 277 à 279. — L'Attagène des pelleteries.

préparation présente pour les Dermestes des difficultés plus ou moins grandes au novice, auquel elle ne réussit presque jamais, non seulement en raison de la dureté des élytres, mais aussi par le fait de la résistance considérable de celle-ci comparativement à celle de la membrane molle qui relie toutes les parties tégumentaires entre elles. Généralement toutes ces parties se déboîtent dès que la pression de l'épingle se fait sentir sur l'élytre. Quelques autres Coléoptères (Silphes, Aphodies) peuvent d'ailleurs présenter le même phénomène. Quand l'Insecte est bien desséché, les parties chitineuses ont acquis quelque consistance, l'épingle peut alors percer l'élytre et traverser le corps entier sans amener de dislocation.

LES ATTAGÈNES — *ATTAGENUS* (1)

Caractères. — Une ocelle située sur la tête distingue le genre *Attagenus* du précédent ; bouche libre, non recouverte par une expansion antérieure du prothorax, hanches médianes très rapprochées: tels sont les caractères qui le séparent des genres sur lesquels nous jetons un coup d'œil.

L'ATTAGÈNE DES PELLETERIES — *ATTAGENUS PELLIO.*
Der Pelzkäfer.

L'*Attagenus Pellio* (fig. 267 et 279) a la forme générale des Dermestes, mais il est plus petit et bombé sur le dos (4 millim. de long). Il est gris noir, avec quelques points blancs formés par des poils argentés situés : trois sur le bord postérieur du corselet, un très accusé sur le milieu de l'élytre, deux à peine visibles et très fugaces sur les côtés de chaque élytre (ils sont trop accusés sur la figure 279).

(1) 'Ατταγήν, nom d'un oiseau.

Mœurs, habitudes, régime. — L'*Attagenus pellio* a une existence libre et choisit son domicile d'été sur les fleurs de l'Épine blanche, de la Reine des prés, des Ombellifères, etc., où il vit en très bonne intelligence avec son digne ami l'*Anthrenus museorum* qui sera décrit plus loin et avec bien d'autres Coléoptères. Là il se couvre de pollen jusqu'à se rendre méconnaissable et mène sans souci une existence agréable.

Mais c'est dans nos appartements, que nous le voyons apparaître en nombre, surgissant de quelque coin poudreux, si un rayon de soleil printanier vient l'inviter à se promener sur le plancher, ou à prendre son essor pour retrouver la liberté ; attiré par la lumière, il croit rencontrer l'espace ; il se trompe grossièrement, il est arrêté par les vitres de nos fenêtres ; chaque fois dans son vol il se heurte la tête contre la vitre éclairée et tombe en arrière ; on le voit alors s'agiter en désespéré sur le rebord de la fenêtre pour se redresser sur ses petites pattes ; il écarte ses élytres comme s'il voulait voler, tourne en tout sens, jusqu'à ce que perdant l'équilibre il s'abatte sur le plancher.

C'est alors que, profitant de sa détresse, on l'écrase sans pitié pour se débarrasser de sa redoutable postérité. Car, tout insignifiant qu'est ce Coléoptère, il faut se garer de sa Larve, hôte néfaste encore plus difficile à poursuivre que l'Insecte parfait.

En réparant un divan qui avait servi dix-sept ans sans désemparer et dont la bourre contenait quantité de soies de porc, le tapissier resta tout confondu à la vue de la multitude de « mites » dont il était farci ; mais en réalité ces mites n'étaient que les peaux des Larves de notre Attagène qui étaient disposées en couches épaisses, ce qui établissait d'une manière indubitable qu'elles avaient été abandonnées par une quantité innombrable d'Insectes nés dans le meuble. On fut obligé, pour pouvoir encore utiliser le matériel, de le mettre au four pour le débarrasser des couvées qu'il devait renfermer encore.

Dans une carapace de Tortue terrestre du musée de Halle, dépouille osseuse dans laquelle il devait y avoir peu de matière nutritive, il y avait cependant pour locataires une garnison de ces destructeurs, dont la présence était trahie par la ceinture de poussière qui se montrait de temps à autre autour de la lourde carapace du Chélonien. Ce n'est également qu'après avoir exposé la Tortue pendant plusieurs heures à la chaleur d'un four qu'on se mit à la restaurer, ce qui fut fait selon les règles, comme il sied à un Musée public.

Pressées par la faim les Larves s'attaquent même aux objets en corne ; une tabatière restée sans usage, un porte-cigare tous deux en corne, furent fortement rongés ; un certain

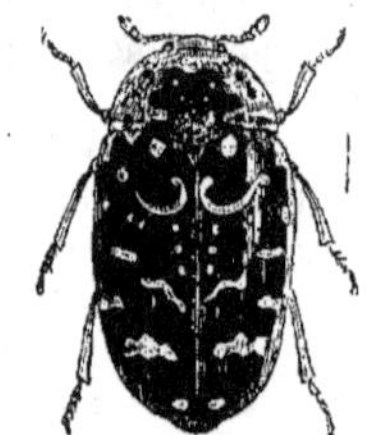

Fig. 280. — Attagène moucheté.

nombre de Larves vivantes trouvées dans le voisinage ainsi que la présence de leurs dépouilles ne laissaient subsister aucun doute sur l'état civil des ravageurs.

La Larve des Attagènes (fig. 278) ressemble beaucoup à celle du Dermeste, mais elle est plus petite et à son maximum de taille n'a point d'appendices en crochet à l'extrémité atténuée de son corps. La tête est grosse, couverte de fins poils, le dos est garni de poils courts jaune brun dirigés en arrière et qui à l'extrémité forment un pinceau terminal. Elle replie volontiers en dessous la partie antérieure du corps, s'avance par saccades, et vit exactement comme l'espèce précédente et de même subit sa transformation vers la fin d'août.

Quand elle en a le choix, elle se nourrit de préférence aux dépens des poils et de la laine, des peaux d'animaux, brutes ou apprêtées, et ce sont celles-ci qui les attirent dans nos habitations, où les fourrures, les matelas rembourrés, les tapis de laines, lui procurent une

retraite d'autant plus sûre que ces objets sont moins battus, moins aérés et moins nettoyés. La transformation en nymphe (fig. 277) s'accomplit sur le théâtre même de leurs méfaits.

C'est aux mois de mai, juin et juillet que la Larve de l'*Attagenus* se développe, alors que précisément les pelleteries sont mises de côté; c'est justement à ce moment qu'elles exigent une aération et un battage des plus actifs.

Nous avons représenté également (fig. 280) un des plus jolis Attagènes floricoles, l'A. moucheté (*A. pantherinus*).

LES ANTHRÈNES — *ANTHRENUS* (1)

Un troisième groupe de la cohorte dévastatrice est le genre Anthrène.

Caractères. — Ce sont des Coléoptères petits et arrondis, couverts de poils ou plutôt d'écailles très caduques grises en dessous, d'une teinte brun foncé, jaunes, blanches en dessus où elles dessinent des fascies.

Les antennes ont 8 articles dont les 2 derniers sont épaissis en un bouton. La tête peut se retirer entièrement sous le prothorax de manière à ne laisser libre que la lèvre supérieure ; le prothorax rétréci en avant porte un lobe médian assez aigu qui recouvre plus ou moins l'écusson ; une saillie prosternale grêle pénètre dans une échancrure du mésosternum, sous le mésothorax fendu transversalement. Le sommet de la tête porte aussi une ocelle.

L'ANTHRÈNE DES MUSÉES. — *ANTHRENUS MUSEORUM*.

Der Kabinetkäfer.

Caractères. — Ce Coléoptère (fig. 259) de 2^{mm},25 de long, couvert en dessus d'écailles brunes, coupées par trois fascies d'écailles grises jaunâtres, se trouve, comme nous avons dit, à la fois sur les fleurs et dans nos habitations; dans ce dernier cas, il fréquente de préférence les collections d'Insectes qui laissent à désirer sous le rapport des soins ; et qui ne sont pas assez souvent passées en revue.

Mœurs, habitudes, régimes. — L'Anthrène est par lui-même encore tolérable, mais sa Larve, de forme un peu écrasée, à poils bruns et dont l'extrémité se termine par un long bouquet de poils tronqué, est un hôte bien nuisi-

(1) Ἀνθρήνη, Bourdon.

ble ; on ne saurait prendre trop de précautions contre son importunité. Au début cette larve est si minuscule, qu'il est difficile de la découvrir ; elle pénètre à travers les moindres fentes et se montre tout à coup dans des réduits que l'on avait crus hermétiquement fermés. Quelque préservées que soient les boîtes à Insectes, cet ennemi apparaît quand même de temps à autre, soit qu'un œuf ait été introduit avec le cadavre d'un Insecte, soit que la Larve ait réussi à trouver quelque passage à travers lequel elle s'est glissée. Celui qui a subi le dommage sentira mieux que qui que ce soit les dégâts qu'une seule de ces Larves peut occasionner. D'ordinaire elle vit à l'intérieur du cadavre de l'Insecte, mais exceptionnellement elle se promène aussi à sa surface, de sorte qu'elle détériore même les parties apparentes.

Dans le premier cas sa présence est trahie par une légère poussière brune répandue sous le corps de l'Insecte habité ; dans le deuxième cas, le plus rapide coup d'œil décèle son passage, car antennes, pattes et ailes menacent de se détacher ; quelquefois même le destructeur finit par faire disparaître sa proie, laissant comme témoin au collectionneur désappointé l'épingle qui embrochait l'Insecte.

Une forte secousse, le choc de la boîte contre l'angle d'une table, mettent facilement à découvert le reclus ; une forte chaleur, le tue, mais il faut avoir la précaution de la rendre insuffisante pour altérer les Insectes de la collection.

Ces Larves s'attaquent aussi aux poils des Mammifères empaillés et les dévorent par places ; elles dévorent également les tuyaux des plumes des Oiseaux ainsi que la peau au voisinage de leurs narines et celle qui recouvre les pieds ; elles se conduisent en tout point comme les espèces des genres précédents.

Si l'on saisit avec une pince une de ces Larves par le milieu du corps pour s'en rendre maître, aussitôt elle se débat d'une façon vraiment étonnante : le bouquet de poils terminal s'étale démesurément et à la base surgissent alors de chaque côté trois faisceaux de poils transparents d'une délicatesse extrême.

On trouve les Larves d'Anthrènes presque toute l'année, ce qui permet de conclure à une certaine inégalité dans le développement ou à l'existence de plusieurs générations par an. C'est en mai et juin, après plusieurs mues,

que la Larve passe à l'état de Nymphe en restant enfermée dans sa dernière peau. Le laps de temps qui s'écoule entre deux mues varie singulièrement, car on a observé jusqu'à six semaines de différence.

Les nombreuses dépouilles que l'on trouve à côté d'un seul Insecte mort, dans une boîte à fermeture hermétique, laissent penser que les mues sont plus nombreuses que chez les autres Coléoptères ; ce que devront encore confirmer des observations suivies.

De même que chez les genres voisins, l'Insecte parfait a l'habitude de rester plusieurs semaines renfermé dans la dépouille de la Nymphe.

LES BYTURES — *BYTURUS* (1)

Caractères. — A la fin de cette famille mentionnons encore un petit genre de Coléoptères dont les caractères concordent avec ceux du genre Dermeste, mais dont la taille ne dépasse pas celle des *Attagenus* et qui porte des appendices aplatis aux deuxièmes et troisièmes articles de tarses et une dent à la racine des griffes.

LE BYTURE TOMENTEUX. — *BYTURUS TOMENTOSUS*.

Der Himbeermade.

Mœurs, habitudes, régime. — Ce genre renferme un Insecte, couvert d'une pubescence jaunâtre ou verdâtre, que les Entomologistes nomment *Byturus tomentosus;* il ne fréquente pas nos habitations, mais hante diverses fleurs et passe inaperçu de tous ceux qui ne sont pas amateurs d'Insectes.

Il n'en est pas de même de sa Larve allongée et dont le dernier anneau est surmonté de deux cornes recourbées et dressées ; elle est sensiblement dépourvue de poils et a de plus des goûts plus délicats que celles des genres précédents.

En effet, les jardiniers la désignent sous le nom de « Ver des framboises », car elle habite ces fruits jusqu'à leur maturité. Dans certaines années favorables elle peut dégoûter bien des personnes susceptibles. Elle se trouve ordinairement sur les fruits mêmes ; mais elle les quitte si on soumet ceux-ci pendant quelque temps à l'immersion.

(1) *Byturus* ou *Biurus*, Ver qui ronge la vigne.

LES BYRRHIDES — *BYRRHIDÆ*

Die Fugenkäfer.

Avant d'entreprendre l'étude de la longue série des familles admises par les auteurs systématiques qui sont bien connus de tous, disons encore quelques mots de la famille des Byrrhides.

Caractères. — Cette famille est caractérisée pour ainsi dire par une exagération de la conformation des Hister. Presque globuleux (de là le nom spécifique de *Byrrhus pilula*), ses représentants ont du reste des habitudes analogues, sauf quelque différence dans le régime ; ils ont de même le talent de faire le mort et ressemblent ainsi à des graines plutôt qu'à des Insectes.

Quand ces Coléoptères ovoïdes et fortement bombés replient les membres il devient très difficile de reconnaître la présence de ces derniers. Les pattes aplaties dont les antérieures sont attachées à des hanches cylindriques ou ovoïdes, et les postérieures à des hanches transversales et très rapprochées, s'appliquent si exactement sur le corps, les jambes entrent si bien dans un sillon de la cuisse, les 5 tarses ramassés entre les jambes et le corps, qu'on peut seulement distinguer quelques sutures, mais nullement des pattes.

De plus la tête rentre en entier sous le corselet, de telle sorte que le front et la face seuls limitent en dessous la partie antérieure du corps, et sont invisibles en dessus. Les antennes légèrement claviformes peuvent se cacher en entier sous les bords du corselet. Les deux lobes des mâchoires sont inermes. On distingue 5 anneaux à l'abdomen et les trois premiers sont soudés entre eux.

Distribution géographique. — Les 133 espèces qui forment toute la famille ne sont ré-pandues qu'en Europe et dans l'Amérique du Nord, et elles sont plus nombreuses dans les montagnes que dans la plaine.

Mœurs, habitudes, régime. — Les Byrrhes sont généralement recouverts de poils bruns veloutés et se nourrissent exclusivement de substances végétales, de mousses, de débris desséchés ; car on les trouve abondamment le long des pentes brûlées du soleil, sous les pierres, mais aussi à de hautes altitudes, dans les montagnes où règne souvent une température peu élevée. En été on les voit marcher de leur pas incertain près des pâturages et ils semblent attendre de préférence la nuit pour prendre leur vol.

Comme ces Coléoptères ne quittent jamais le sol, certaines espèces se rencontrent parmi les débris que nous amènent les inondations du printemps.

Les Larves des Byrrhes, autant qu'on les connaît, sont cylindriques, un peu infléchies sur le dos où elles sont recouvertes de plaques dures, surtout sur les 3 anneaux antérieurs dont le premier est à lui seul aussi long que les deux autres réunis ; et sur le reste des anneaux les plaques sont un peu plus molles et demi-circulaires. Après le premier anneau, ce sont les deux derniers qui sont les plus longs, et le postérieur est pourvu de deux appendices qui aident à la progression concurremment avec les pattes, courtes et à une seule griffe.

Ces Larves se trouvent dans la terre sous les gazons, où elles se transforment en Nymphe ; le Coléoptère éclot avant l'hiver.

Le *Byrrhus pilula* est l'espèce la plus répandue dans toute l'Europe.

LES LUCANIDES — *LUCANIDÆ*

Die Kammhornkäfer.

Les deux groupes des Lucanines et des Passalines, réunis, forment une seule famille séparée récemment de la famille des Scarabéides ou Lamellicornes pour constituer celle des *Lucanides* ou *Pectinicornes*.

Caractères. — Les Lucanides se distinguent par les caractères suivants : les antennes coudées ont les 3 derniers et même les 7 derniers de leurs 10 articles élargis en dents de peignes immobiles. Des deux lobes de la mâchoire, l'interne prend communément la forme de crochet, l'externe rarement. Les 5 anneaux abdominaux sont rectilignes et complètement recouverts par les élytres. Les

Paris, J.-B. Baillière et fils, édit.   Corbeil, Crété, imp.

LE LUCANE CERF-VOLANT ET LE CAPRICORNE HÉROS.

hanches de toutes les pattes sont transversales ; celles du milieu ont seules une forme quelque peu globuleuse. Les tarses de 5 articles sont terminés par des griffes toujours simples ; entre ces derniers se trouve un appendice à deux soies nommé *plantule*.

Distribution géographique. — Répandus sur tout le globe, les Lucanides comptent une foule d'espèces ; le plus récent catalogue de Coléoptères, celui de Gemminger et B. de Harold, estime que le nombre des espèces s'élève à 529.

LES LUCANINES — *LUCANINÆ*

Caractères. — La physionomie rappelle celle de notre Lucane ; le mâle porte en général des mandibules différentes de celles de la femelle et plus ou moins développées en forme de bois.

Autour des *Lucanus* proprement dits, se groupent d'autres genres qui n'ont que peu de représentants en Europe et qui n'ont pas tous ce caractère distinctif ; mais la conformation de leurs antennes et de leur menton les a fait réunir en un seul groupe qui, dans une plus large acception, porte alors le nom de tribu des *Lucanines*. En effet le menton n'est jamais découpé, et il est muni à sa face interne, plus rarement à son extrémité, d'une languette cutanée plus ou moins épaisse, très protractile, à l'aide de laquelle ces Coléoptères lèchent les sucs qui seuls constituent leur nourriture.

Distribution géographique. — L'ancien genre *Lucanus* de Linnée, subdivisé en une foule de genres riches en espèces, constitue aujourd'hui la tribu des Lucanines qui a des représentants dans toutes les parties du globe. C'est en Asie, puis en Amérique qu'ils sont le plus nombreux ; l'Europe ne possède que quelques représentants.

LES LUCANES — *LUCANUS* (1)

Die Lucanen, Die Hirschkäfer.

Caractères. — Les Lucanes sont caractérisés surtout : par des antennes à support grêle précédant le fouet qui porte jusqu'à six lamelles immobiles formant un peigne ; par des mâchoires aux lobes cornés couverts de poils formant pinceau ; par la forme rectangulaire du corps.

(1) *Lucanus*, nom latin d'un Scarabée.

LE LUCANE CERF-VOLANT. — *LUCANUS CERVUS.*
Gemeiner Hirschkäfer.

Chacun reconnaîtra le Lucane mâle, le Grand Cerf-volant (fig. 282) : à sa tête quadrangulaire, plus large que le corselet, armée de grandes mandibules marron munies d'une grosse dent vers le milieu et terminées par deux branches pointues ; à ses jambes antérieures plus longues que les intermédiaires ; et la femelle la Grande Biche (pl. V), à ses mandibules noires, moitié moins longues que la tête, munies de deux dents, à ses jambes de devant élargies, garnies de dents robustes.

C'est un des plus grands et des plus massifs Coléoptères de l'Europe, qui mesure depuis la lèvre supérieure jusqu'à l'extrémité arrondie des élytres jusqu'à 52 millimètres, et à cette longueur s'ajoute encore celle des mandibules qui en ligne droite ont 22 millimètres environ. Une femelle qui a 43 millimètres est déjà d'une belle grandeur. La coloration générale est d'un noir mat ; les élytres sont d'un brun châtain luisant.

Le Lucane commun était déjà reconnu de Pline, qui dit dans un passage de son histoire naturelle : « Les Scarabées ont leurs ailes fragiles recouvertes par des couvercles durs ; aucun d'eux n'est pourvu d'aiguillon. Par contre il est une espèce qui porte des cornes à l'extrémité desquelles se trouvent des fourches à deux branches ; ces cornes peuvent à volonté se fermer et se resserrer. On les suspend au cou des enfants comme un remède. Nigidius les appelle Lucanes. » Mouffet, qui a réuni avec beaucoup de soin dans ses « *Insectorum sive Minimorum Animalium Theatrum* (1) tout ce qui était connu de son temps sur les Insectes, en accompagnant son travail de gravures sur bois la plupart reconnaissables et

(1) On croit que cet ouvrage était originairement de Conrad Gessner ; il aurait passé inachevé dans les mains de Joachim Camerarius. Thomas Penn, qui achetait tous les manuscrits ayant trait à l'Entomologie, les réunit aux collections d'Ed. Wotton qui s'y rapportaient aussi. Penn mourut avant la publication, et Mouffet continua l'œuvre jusqu'à ce que la mort vint à son tour le surprendre. Le manuscrit resta ainsi abandonné pendant trente ans, jusqu'à ce que, par l'autorisation de l'Académie royale, il fût publié en 1634 dans un latin à faire dresser les cheveux (sic). La dernière annonce contredit le titre, et dans la préface Mayerne dit que les héritiers, sans fortune et ne pouvant trouver d'éditeur, avaient laissé de côté le manuscrit ; Mouffet rappelle toutefois qu'il a livré lui-même 150 figures et des chapitres entiers.

empreintes du cachet de cette époque, a aussi représenté le mâle du Lucane ; mais il croit devoir le considérer comme la femelle, se fondant sur le dire d'Aristote, qui prétend que chez les Insectes le mâle est plus petit que la femelle. D'après cela, les mâles de petite taille sont pour lui des femelles.

Aujourd'hui, tous les jeunes gens qui connaissent quelques Coléoptères et habitent les pays où les forêts de Chênes prédominent, savent que les individus qui portent les « bois » sont les mâles, tandis que les individus dont les mandibules ont les dimensions habituelles aux autres Coléoptères sont les femelles.

Les observations les plus récentes ont appris que le plus ou moins d'abondance de nourriture des Larves influe sur la taille future de l'Insecte parfait, et que surtout chez le mâle les mandibules en forme de bois prennent un autre aspect chez le Coléoptère plus faiblement développé comparé aux individus qui ont atteint toute l'ampleur des formes. Par suite on a été conduit à admettre des variétés de moyenne taille et de petite taille, auxquelles on n'a pas donné de dénominations particulières comme on l'avait fait autrefois pour une forme que l'on désigne sous le nom de *Lucanus capreolus* ou *hircus*.

On trouve ce Coléoptère en juin dans les forêts de Chênes où le mâle voltige au crépuscule autour de la cime des arbres, en donnant à son corps une position presque verticale et en produisant un très fort bourdonnement ; les femelles restent plutôt cachées.

Le jour ils errent plus ou moins sur le sol parmi les feuilles sèches dont le bruissement décèle alors leur présence, ou bien ils grimpent sur les troncs d'arbres et se plaisent à sucer les humeurs qui en découlent.

Chop a publié sur les Lucanes dans la *Gartenlaube* d'intéressants renseignements biologiques, et a donné en même temps l'explication de leur apparition en masse dans certaines circonstances. Dans une après-midi extrêmement chaude du mois de juin 1863, cet observateur s'était assoupi sous le frais ombrage d'un Chêne séculaire, épuisé et affaibli par l'âge, lorsqu'un léger bruissement inusité attira son attention. Bientôt ce bruit se propagea et devint un craquellement rappelant celui que produisent les rameaux secs qui se brisent. Peu après, une masse noire se détacha et, comme une apparition, tomba devant lui dans les buissons et disparut. Cette apparition se montra, après de longues recherches, sous la forme d'un Lucane en train de grimper sur la rude écorce du vieil arbre.

Comme le bruissement ne discontinuait pas pendant que notre observateur, affligé d'une myopie désespérante, promenait ses regards de tous côtés, il prêta l'oreille et aperçut enfin sur le tronc, à une hauteur d'environ 4 mètres 50, une masse brune d'un aspect tout particulier. Au bout d'une demi-heure, onze Lucanes des deux sexes étaient tombés à terre, et comme le craquellement s'entendait toujours très distinctement, Chop chercha une échelle afin de pouvoir examiner de plus près cette apparition insolite.

Alors s'offrit à lui un spectacle des plus rares et des plus singuliers. Sur un espace d'environ 82 centimètres carrés de la vieille écorce, s'était répandu un liquide exsudé de l'arbre. C'était autour de cette table couverte du repas le plus alléchant qu'une nombreuse société, à vrai dire fort mélangée, s'était réunie : les convives appartenaient tous à la classe des Insectes. De grosses Fourmis affairées circulaient les unes par-dessus les autres de haut en bas, des Mouches gourmandes de toutes sortes étaient posées et entassées en masses compactes, et des Frelons avides bourdonnaient autour du tronc. Les convives les plus marquants, autant par le nombre que par la physionomie, étaient sans contestation les Lucanes. On en comptait 24, sans les individus cachés par les corps des autres. Certainement c'étaient eux qui jouaient le premier rôle dans ce festin, et malgré la délicatesse et la douceur du régal, ils ne semblaient pas être de bonne humeur ; car les Frelons eux-mêmes se tenaient prudemment sur leurs gardes et restaient à une distance respectueuse des puissantes pinces de leurs lourds compagnons. En effet les Lucanes se battaient avec fureur, et les deux tiers d'entre eux étaient en lutte les uns contre les autres ; comme les femelles se mordaient aussi avec rage à coups de mandibules, il était évident que la cause de la bataille n'était point la jalousie, mais bien la gourmandise et la voracité.

Le combat des mâles entre eux était surtout intéressant.

Deux d'entre eux croisaient face à face leurs mandibules, de telle sorte que les têtes se touchaient, e serraient étroitement. Alors, dressés sur leurs jambes à une certaine hauteur, ils luttaient pleins de colère jusqu'à ce que l'un des combattants épuisé se laissât tomber à terre. De temps à autre un lutteur plus adroit réussissait à saisir son ennemi. Celui-ci, soulevé et maintenu en l'air, s'agitait en vain, il était bientôt jeté en bas de l'arbre. La fermeture des pinces produisait une sorte de grincement ; le frottement de leur courbure interne sur les côtés renflés de la tête de l'adversaire déterminait le craquellement. Au reste le combat paraissait plus terrible qu'il n'était réellement ; le champ de bataille ne comptait ni tués, ni blessés ; une légère morsure à une mandibule témoignait seule de l'ardeur de la lutte.

Le voisinage de l'observateur grimpé sur son échelle n'inquiétait guère les combattants, car les vainqueurs continuaient à humer et à lécher avidement leur friand nectar. Ce n'était que lorsqu'il s'approchait trop près, que son haleine les troublait. Par contre toute la société était fortement impressionnée par le plus faible bruissement, par le craquement de rameaux qui se brisaient ; et alors, tous se dressaient raides sur leurs jambes et semblaient écouter attentivement. Il en était de même lorsqu'un Lucane tentait de revenir à la charge après sa chute ; et debout sur leurs pattes, les mandibules écartées, tous les mâles s'avançaient à quelque distance au-devant de lui dans cette attitude hostile.

Sur le soir la plus grande partie des Lucanes s'envolèrent ; et le bruissement devint plus rare et plus faible, mais se faisait encore entendre à 8 heures au moment où l'observateur quittait la place.

Bien plus sérieux sont les combats que se livrent les mâles pour la possession d'une femelle, comme le prouvent les impressions profondes ou même les trous que l'on voit sur les élytres, la tête ou les mandibules de quelques-uns d'entre eux. Haaber fut témoin près de Prague de l'ardeur avec laquelle ils recherchent les femelles ; il s'empara pendant la nuit, entre 11 heures et minuit et demi, de 75 mâles, tous appartenant à la forme mineure, qui avaient été attirés par une seule femelle. Leurs évolutions nocturnes coïncident donc avec leurs fêtes amoureuses.

Vers la fin de juin ou au commencement de juillet, ces courts ébats sont passés ; l'accouplement qui a eu lieu la nuit a été suivi de ponte ; la femelle a déposé ses œufs dans le bois pourri d'un vieux chêne caduc ; et les carapaces des mâles vidées par les Fourmis ou les Oiseaux, et abandonnées çà et là, indiquent seules que les Lucanes ont vécu au même endroit. Les cadavres des femelles ne se trouvent que rarement, parce que bien peu d'entre elles peuvent ressortir des trous où s'effectue la ponte et aussi parce qu'elles sont environ six fois moins nombreuses que les mâles.

La vitalité de ces Insectes est prodigieuse ; on en a vu résister trois jours et trois nuits à la submersion dans l'eau, ressusciter après quarante minutes d'immersion dans l'alcool et vivre une année entière (oct. 1854 à sept. 1855), sans nourriture, le corps traversé par une épingle et suspendu à un plafond. M. Taschenberg a vu après la copulation des mâles épuisés dévorés vivants par les Fourmis se redresser encore sur leurs longues pattes alors que leur abdomen débarrassé de ses viscères constituait à quelques-unes d'entre elles le plus singulier logement.

Les œufs arrondis, de 2^{mm}, 25 de diamètre, donnent le jour à des Larves dont l'accroissement est fort lent parce qu'elles se nourrissent de bois pourri. Aussi n'atteignent-elles tout leur développement qu'au bout de quatre (cinq ?) ans ; elles ont alors 105 millimètres de long et sont de l'épaisseur du doigt. L'aspect extérieur de la larve rappelle celui des Larves de Lamellicornes.

Sur sa tête cornée est implantée une paire d'antennes à 4 articles dont le dernier est fort court ; le bord interne de ses mandibules servant à la manducation est pourvu de dents courtes émoussées ; les mâchoires ont deux lobes terminés en pointes et sont ciliées à leur face interne. Les 3 premiers anneaux sont, à cause de leurs rides transversales, peu distincts l'un de l'autre, ils portent 6 fortes pattes à une seule griffe qui sont de couleur jaune ainsi que la tête ; les pièces buccales cornées seules sont noires.

Ces Larves étaient, sans aucun doute, déjà connues des anciens, car Pline dit : « Les gros vers vivant dans le bois des chênes creux et qu'on appelle *Cossi* sont considérés comme un mets friand et sont même engraissés avec de la farine. » Il paraît que pendant longtemps elles servaient comme aliment, puisque Hieronymus dit : « Dans le Pont et en Phrygie existent des vers gros et gras, blancs et à tête noirâtre, qui se montrent dans le bois pourri. Ils sont d'un rapport important et passent pour une nourriture très recherchée (1). »

La Larve adulte se bâtit une loge de la grosseur du poing. Elle la construit en terreau ou en terre, à la base du tronc, et elle en polit la paroi interne avec beaucoup de soin. Trois mois se passent avant que la transformation en Nymphe et en Insecte parfait soit accomplie.

Le Lucane reste quelque temps dans son berceau, et si c'est un mâle, ses grandes mandibules sont encore infléchies contre la face ventrale. Quand il sort, il est complètement consolidé et coloré; et il ne voit le jour qu'au bout de sa cinquième (sixième?) année pour ne jouir de son existence ailée que durant quatre semaines. C'est à peu près aussi longtemps qu'on peut le conserver en captivité, si on le nourrit d'eau sucrée (ou mieux avec des baies douces). Swammerdamm avait un Lucane qui le suivait familièrement lorsqu'il lui offrait du miel.

Les communications de Chop nous apprennent que les Lucanes se montrèrent en grande abondance à Sondershausen en 1863. Lüttner se souvient d'un essaim de Lucanes qui se noya dans la Baltique et qui vint échouer près de Libau. Cornélius rapporte qu'en 1867 les Lucanes apparurent en quantité prodigieuse sur un espace restreint de l'Elberfeld, et il rattache à cette apparition la probabilité que cette abondance peut se renouveler tous les cinq ans, rabattant ainsi d'une année la période de développement de 6 ans admise par Rösel. Haaber, que nous avons déjà nommé, croit devoir confirmer cette assertion, en se basant sur le fait de deux apparitions de Lucanes en grandes masses l'une en 1862, l'autre en 1867 dans les environs de Prague. Ici comme dans l'Elberfeld, ils se développent dans de vieilles souches de Chênes, qui semblent particulièrement favorables à leur multiplication.

Il serait bien intéressant dans d'autres pays de suivre également avec attention le cycle évolutif du Lucane.

Ce Coléoptère est répandu dans toute l'Europe moyenne et septentrionale en dépassant même la frontière asiatique, et il ne manque

(1) Dans une savante dissertation Mulsant s'est attaché à démontrer que le *Cossus* des Anciens était la Larve du *Cerambyx heros*. Latreille a fait remarquer que l'épithète de *Cossi* donné à certains consuls romains exprimait qu'ils étaient ventrus et paresseux; on sait que le mot cossu est passé dans notre langue.

certainement que dans les pays dépourvus de Chênes.

LES DORCUS — *DORCUS* (1)

Caractères. — Ces Insectes présentent tous les caractères des Lucanides, mais ils se distinguent toutefois par la conformation des mâchoires; en effet le lobe interne de ces appendices a la forme d'un crochet corné chez les femelles, tandis qu'il reste court et affecte la forme d'un pinceau chez les mâles.

Distribution géographique. — Répartis sur toutes les régions du globe, les Dorcus sont nombreux en espèces; aussi a-t-on été obligé de le subdiviser en plusieurs genres; le genre Dorcus proprement dit compte encore actuellement une quarantaine d'espèces. L'Europe n'en possède qu'un seul représentant.

LE DORCUS PARALLÉLIPIPÈDE. — *DORCUS PARALLELIPIPEDUS.*

Cet Insecte, que Geoffroy dans son langage familier appelle *la Petite Biche*, est un Lucane (fig. 281) dont les mandibules au lieu de prendre un développement considérable sont demeurées courtes, sans même atteindre la longueur de la tête; de forme arquée, elles ont 2 dents

Fig. 281. — Dorcus parallélipipède.

sur le bord interne et se terminent en pointe. La tête, plus étroite que le corselet, est très finement chagrinée; chez la femelle, elle porte sur le front deux petits tubercules. Le corselet, de la largeur du corps, est rebordé et marqué de points plus gros sur les côtés. Les élytres chagrinées offrent parfois des vestiges de stries. Les jambes antérieures sont dentées extérieurement et les 4 premiers articles du tarse sont revêtus en dessous de faisceaux de poils dorés. La couleur générale est noire.

(1) Δορχός, Chevreuil.

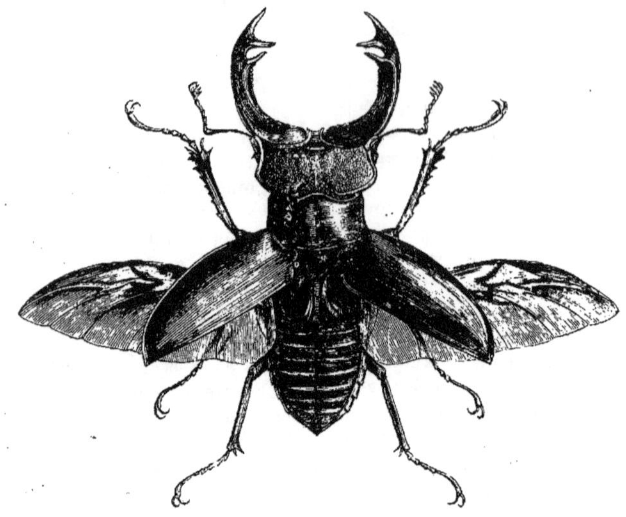

Fig. 282. — Cerf-volant ou Lucane Cerf-volant (p. 173, voy. aussi Pl. V).

Cet Insecte se trouve communément en France et dans toute l'Europe sur les troncs d'arbres, Saules, Hêtres, etc., au cœur pourri, dans lesquels se développe sa Larve; cette Larve a été figurée, par Mulsant.

Une autre espèce, le *Dorcus musimon*, qui habite de préférence la Sardaigne et l'Algérie, a été prise à la Sainte-Baume (Var).

LES PLATYCÈRES — *PLATYCERUS* (1)

Caractères. — Les Platycères sont de charmants Lucanides de petite taille, faciles à reconnaître. Leur tête carrée, échancrée en avant, porte des yeux entiers, c'est-à-dire qui ne sont pas divisés comme ceux des Lucanes et des Dorcus, des mandibules plus courtes que la tête, en forme de tenailles multidentées.

Distribution géographique. — Cantonnés dans l'hémisphère boréal en Europe, en Asie, en Amérique, les Platycères ne comptent que 6 à 7 espèces.

LA CHEVRETTE BLEUE. — *PLATYCERUS CARABOIDES*.

Le seul représentant européen de ce genre

est un joli Insecte tantôt violet ou bleu, tantôt vert ou vert bronzé avec toutes les nuances intermédiaires, dont la taille n'excède pas 11 à 14 millimètres. Il n'est pas rare dans nos bois sur les vieux troncs et se prend parfois au vol en plein jour ; sa nourriture consiste en bourgeons et en feuilles. La Larve creuse ses galeries dans les Hêtres, les Sapins et autres arbres morts.

LES SINODENDRON — *SINODENDRON* (2)

Caractères. — Ce sont des Pectinicornes chez lesquels la physionomie des Lucanides n'est pas reconnaissable parce qu'ils ont emprunté le faciès des *Dynastes* de la famille des Scarabéides. Comme chez ces derniers les mandibules sont semblables dans les deux sexes et la tête du mâle porte une corne recourbée en arrière ; le prothorax cylindrique, aux angles postérieurs arrondis, est fortement excavé en avant; les bords de l'excavation sont denticulés.

Distribution géographique. — Les trois espèces connues sont boréales : deux sont américaines, une européenne.

(1) Πλατύκερως, qui a de larges cornes.

(2) Σίνω, je nuis ; δένδρον, arbre.

LE SINODENDRON CYLINDRIQUE. — *SINODENDRON CYLINDRICUM.*

Cet Insecte (fig. 283) noir, que sa corne frontale et sa forme cylindrique feront toujours reconnaître, est un ami des régions froides ; il se trouve en France dans les montagnes ou les départements septentrionaux, dans les arbres vermoulus (Hêtres, Frênes, Châtaigniers, Pommiers).

Nous citerons pour mémoire deux Luca-

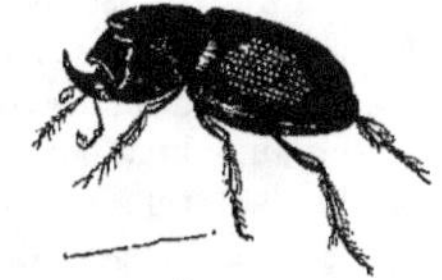

Fig. 283. — Sinodendron cylindrique.

nides indigènes rares, le *Ceruchus tarandus*, espèce alpine, et l'*Æsalus scarabeoides*.

LES PASSALINES — *PASSALINÆ* (1)

Die Passalinen. — Die Zuckerkäfer.

Caractères. — Un deuxième groupe, celui des Passales (*Passalinæ*), a : le menton échancré, — dans l'échancrure est insérée une langue cornée, tridentée, — les lobes des mâchoires cornées, en forme de griffes, les mandibules, de la longueur de la tête, semblables dans les deux sexes, pourvues d'une dent fixée à la base et d'une dent mobile en avant, le labre indépendant.

Les Passalines, surtout les représentants du genre Passale proprement dit, reproduisent à peu près la conformation que nous avons vue chez les Scarites. Le corselet pédiculé est régulièrement transversal et quadrangulaire, un peu rétréci en avant mais non en arrière ; le corps est aplati chez la plupart, à tel point que les élytres fortement sillonnées à la surface deviennent entièrement planes. La tête plus étroite que le corselet est couverte d'inégalités raboteuses, et son bord antérieur est souvent asymétrique. Le fouet des antennes, au moins une fois aussi long que le manche, est rendu rugueux par des soies serrées et les 6 derniers articles se terminent diversement selon les espèces en dents de peigne.

Toutes les espèces sont d'un noir ou d'un brun luisant très prononcé.

Distribution géographique. — Le nombre des espèces s'élève environ au chiffre de 175 ;

les 6 septièmes à peu près sont propres à l'Amérique ; cette tribu n'a aucun représentant en Europe.

Mœurs, habitudes, régime. — Leurs Larves vivent comme celles des Lucanes, dans les ar-

Fig. 284. — Passale interrompu.

bres qui dépérissent ; mais elles sont lisses, sans rides transversales ; leurs antennes n'ont que 2 articles ; les pattes prothoraciques et mésothoraciques sont grandes, tandis que les métathoraciques imparfaitement développées sont réduites à deux mamelons.

Nous figurons (fig. 284) le *Passalus interruptus* ou *cornutus*, grande espèce de l'Amérique du Nord.

LES SCARABÉIDES OU LAMELLICORNES — *SCARABÆIDÆ OU LAMELLICORNIA*

Die Blatthornkäfer.

Les Scarabéides ou Lamellicornes (*Scara-*

bæidæ, *Lamellicornia*) constituent une famille fort bien délimitée, qui renferme à elle seule plus de 630 espèces réparties sur toute la terre ; moins

(1) Πάσσαλος, cheville parce qu'ils percent des trous dans le bois.

nombreuses en Australie, elles fourmillent partout ailleurs ; l'Europe nourrit 385 espèces.

Une pareille richesse en espèces entraîne comme on le pense bien une grande variabilité ; aussi l'œil est-il séduit aussi bien par la grande taille — cette famille renferme les géants des Coléoptères — et la magnificence des vêtements que par la beauté, la singularité des formes et des couleurs.

Dans aucun autre groupe, si ce n'est le précédent, nous ne trouverons d'aussi grandes différences entre les deux sexes dans une même espèce. Souvent les mâles se distinguent des femelles par la présence sur la tête ou le corselet (quelquefois sur tous deux à la fois) de protubérances ordinairement en forme de cornes (fig. 160 et pl. VI et pl. VII) ; souvent encore ils diffèrent tellement des femelles par la coloration et les détails de sculpture, que l'on a de la peine à reconnaître dans les deux sexes une seule et même espèce ; ces différences sont accentuées surtout chez les plus grandes espèces, tandis qu'elles s'amoindrissent chez les autres, jusqu'à disparaître même tout à fait chez les plus petites. Cette loi ne s'applique pas seulement aux espèces, mais encore aux individus. Comme chez les Lucanes, des Larves dont le développement a été entravé produisent des Insectes adultes qui n'ont pas atteint toute l'ampleur de leurs formes ; si ces avortons sont de sexe masculin, ils ressemblent davantage aux femelles par suite de l'atrophie plus ou moins prononcée des divers appendices en forme de cornes, de fourches, etc., qui ornent habituellement la partie antérieure de leur corps.

Malgré toutes les variations dans leur conformation générale les Scarabéides présentent un caractère d'une fixité absolue : leurs antennes sont toujours disposées sur un plan identique. En effet, les 3 à 7 articles terminaux très courts se prolongent universellement en un feuillet mince, beaucoup plus long chez le mâle que chez la femelle, qui forment pendant le repos un appendice terminal où les feuilles serrées l'une contre l'autre constituent par leur juxtaposition une massue lamelleuse. Quand le Coléoptère se prépare à prendre l'essor, ou lorsque ses mouvements s'animent, les lamelles *s'écartent en éventail* (fig. 16). C'est en cela que réside la *différence fondamentale* qui sépare les *Lamellicornes* des *Pectinicornes*.

Les yeux, généralement gros, arrondis, saillants, latéraux, subissent un peu l'empiètement des joues qui les pénètrent plus ou moins ; fré-

quemment ils sont cachés par les angles antérieurs du corselet. Les hanches sont tantôt transversales et logées dans des cavités tantôt coniques et très saillantes en dehors ; les antérieures sont toujours contiguës. Les jambes antérieures sont en général élargies et dentées sur leur bord externe ; les cuisses sont grosses et solides. Les tarses, toujours formés de 5 articles, peuvent manquer aux pattes antérieures (*Scarabæus*); le dernier article porte presque toujours une tige grêle terminée par deux ou plusieurs poils (stylet onguéal) ; les crochets terminaux des tarses sont ou égaux et simples, ou variables. En somme, par suite de leur organisation, ils sont tous des marcheurs gauches et lourds, embarrassés ; ils sont au contraire d'habiles fouisseurs pour ce motif que tous, Coprophages ou Phytophages, sont condamnés à déposer leurs œufs dans la terre ou le bois pourri, que tous, lors de l'éclosion, sont obligés de traverser le sol ou le terreau qui remplit les cavités des arbres. Malgré leurs formes épaisses, la plupart sont d'excellents voiliers. Leurs élytres laissent ordinairement à découvert l'extrémité de l'abdomen ou *pygidium*.

Les Larves sont molles, grasses et le plus souvent ridées ; recourbées en arc, elles ne peuvent jamais se redresser et sont réduites à progresser couchées sur le côté. En raison de cette courbure de leur corps, leurs 6 pattes ne peuvent les aider à marcher sur le sol, aussi se montrent-elles fort embarrassées dès qu'on les retire de leur milieu, leur organisation les condamne fatalement à s'acheminer en fouissant le sol ou le bois pourri. Leurs pattes, assez longues, comptent 5 articles, — la hanche étant la plus développée et le tarse pouvant manquer ; — leurs antennes ont 4 articles, les yeux font défaut, à une seule exception près. Deux robustes mandibules arquées, pourvues d'une dent basilaire, à extrémité dentée ou taillée en biseau, et deux mâchoires à deux lobes portant des palpes de 4 articles, un menton dépourvu de languette et ayant des palpes biarticulées, un labre suffisamment grand pour recouvrir presque entièrement les pièces buccales : telles sont les parties constitutives de la bouche ; l'abdomen de 9 anneaux a son extrémité volumineuse renflée en sac et porte une ouverture anale transversale : ce qui les distingue des Larves de Lucanides. Les téguments transparents sont couverts de soies et de poils.

La Larve du Hanneton, connu sous le nom de Ver blanc (*Enderling* ou *Engerling*), peut servir de type et donne une idée parfaite de toutes les Larves de Lamellicornes.

De même que l'Insecte parfait, la Larve d'un grand nombre d'espèces vivent de substances végétales vivantes, et il en est qui dans certaines conditions causent de grands préjudices aux cultures; tandis que d'autres ne se nourrissent que des parties végétales décomposées et habitent naturellement les cavités des vieux troncs d'arbres carriés, ou pullulent dans le terreau ou la tannée que l'Homme amasse pour ses cultures ou les besoins de son industrie; d'autres, au contraire, se plaisent au sein des matières excrémentitielles que rejettent les Mammifères herbivores. De même que dans d'autres groupes nous trouvons ici des exceptions à la règle, c'est-à-dire des Coléoptères et des Larves qui se nourrissent de charognes.

La durée de l'évolution est d'autant plus longue que les espèces sont plus volumineuses; chez les petites espèces le cycle évolutif est d'une année, chez les grandes de deux, trois années et même davantage.

Lacordaire partage les Lamellicornes en deux grands groupes : les *Lamellicornes laparostictiques* et les *Lamellicornes pleurostictiques* c'est-à-dire en *Coprophages* et en *Phytophages* (*Mistkäfer* et *Laubkäfer*, si nous voulons nous servir de termes allemands exprimant le genre de vie de ces Animaux). Chez les premiers : la languette est toujours distincte du menton et les stigmates abdominaux sont situés sur la membrane qui unit entre eux les arceaux dorsaux ventraux de l'abdomen ; leurs Larves ont les deux lobes des mâchoires libres. Chez les seconds au contraire la languette est le plus souvent cornée et soudée au menton, mais parfois elle est distincte, de consistance coriace ou membraneuse; les stigmates abdominaux sont situés en partie sur la membrane qui réunit entre eux les arceaux dorsaux et ventraux et en partie sur les arceaux ventraux eux-mêmes; leurs Larves ont les deux lobes des mâchoires soudées.

Pour ne pas être trop minutieux, nous passerons sous silence d'autres caractères qui différencient les deux grandes divisions et qu'il serait oiseux d'énumérer.

LES COPRINES — *COPRINÆ*

Die Mistkäfer.

Caractères. — Chez les Coprines le chaperon dilaté en avant et sur les côtés, recouvre

les organes buccaux qui sont absolument invisibles en dessus ; la lèvre supérieure lamelliforme et membraneuse n'est pas apparente, les mandibules, en forme de lamelles, sont membraneuses, à tranche externe cornée ; les mâchoires ont leurs lobes très grands, coriaces ou membraneux, et ciliés ; la languette est également membraneuse ; les palpes maxillaires sont glabres et filiformes ; les antennes insérées sous le chaperon comptent 8 ou 9 articles, le premier très grand, les trois derniers formant la massue ; l'écusson manque généralement ; l'abdomen compte 6 arceaux ventraux soudés ensemble ; les jambes postérieures ne comptent qu'un seul éperon.

Presque tous ces Coléoptères sont de taille moyenne ou petite ; quelques-uns acquièrent une grande taille.

Mœurs, habitudes, régime. — Ils vivent ainsi que leurs Larves dans le fumier et de préférence dans les excréments des Mammifères herbivores, d'où leur nom de *Coprophages;* guidés par un odorat subtil qui leur décèle de fort loin la présence d'une bouse ou d'un crottin, ils arrivent à tire d'aile et ont bientôt constitué une tablée fort respectable.

Les trous, grands ou petits, que l'on aperçoit sous les dépôts stercoraires, indiquent que le sol est miné par eux et qu'ils ont approprié les locaux destinés à leur progéniture. Ceux-ci entraînent dans ces retraites, des aliments qu'ils accumulent autour d'un œuf en quantité suffisante pour nourrir une Larve; ceux-là roulent en boule une masse de matières en la consolidant avec de la terre et du sable, boule qu'ils roulent au loin et qu'ils enfouissent pour la dévorer tout à leur aise; ce sont, suivant l'expression populaire, des *Pilulaires*.

Livingstone parle d'une espèce du Kuruman, probablement un Scarabée appelé par les indigènes « *Skanvangerbeete* », qui nettoie et purifie les villages en s'emparant des ordures fraîches pour se confectionner des boules de la grosseur d'une bille de billard qu'elle enterre avec soin.

LES SCARABÉES — *SCARABÆUS* (1)

Caractères. — Ce sont des Insectes larges, déprimés, qui se font remarquer par la longueur et la gracilité de leurs pattes postérieures aux jambes arquées aux tarses étroits qui contrastent avec la largeur et la structure de leurs pat-

____

(1) *Scarabæus,* escarbot.

tes antérieures aux jambes dilatées et fortement
dentées du côté externe qui ne portent jamais
de tarses; leur chaperon demi-circulaire est
armé de 6 dents; leur prothorax transversal, plus
large que les élytres, est crénelé et cilié latéralement; les jambes médianes et postérieures se
terminent par un grand éperon tranchant.

Distribution géographique. — Essentiellement africains, quelques-uns d'entre eux
habitent l'Asie; trois espèces se rencontrent
dans le midi de la France, sur le littoral méditerranéen.

LE SCARABÉE SACRÉ — *SCARABÆUS SACER*
Der heiliger Pillendreher.

Le Scarabé sacré (*Scarabæus sacer*) est
un Coléoptère dont l'étude offre le plus
grand intérêt biologique et historique; habitant des régions méditerranéennes, il a joué un
rôle important dans le culte des anciens Égyptiens qui voyaient dans les mœurs et la conformation de ce Coléoptère, l'allégorie de la terre,
du soleil et du courage martial; ils l'ont sculpté
dans des proportions colossales, ils l'ont figuré
sur leurs monuments, ils l'ont peint dans
l'intérieur de leurs temples et sur les sarco-
phages qui renferment les momies de leurs
rois (fig. 286, 287 et 288).

Élien dit (1) : « les Scarabées (*Cantharus*)
sont tous du sexe masculin; ils construisent
avec du fumier des boules qu'ils roulent devant
eux, les couvent pendant 28 jours et après ce
laps de temps, les petits en sortent. » Pline, de
son côté, dit (2) : ils font des boules colossales
avec du fumier, les roulent en arrière avec leurs
pattes et y pondent de petits vers (il veut dire
des œufs) d'où il naîtra des Scarabées de leur
espèce, et ils les protègent aussi contre le froid de
l'hiver. » Ailleurs il dit encore que, à côté d'autres remèdes prescrits par la clinique médicale,
l'on suspendra sur le corps, le Scarabée qui
roule des pilules dans le cas de fièvre quarte.
Telles sont les puériles divagations que les anciens nous ont transmis sur les Bousiers.

Après avoir raconté de pareilles fantaisies à
nos lecteurs, nous ne pouvons nous dispenser
de leur montrer l'animal merveilleux sous son
véritable aspect et de décrire les mœurs des
Bousiers dans toute leur exactitude.

Caractères. — Quant à l'espèce elle-même,
voici les particularités qui permettent de la re-

(1) 10, 15.
(2) 11, 28, 34.

connaître (fig. 285) : front rapeux, prothorax
garni sur les côtés de petits points élevés, élytres marquées de six sillons longitudinaux peu

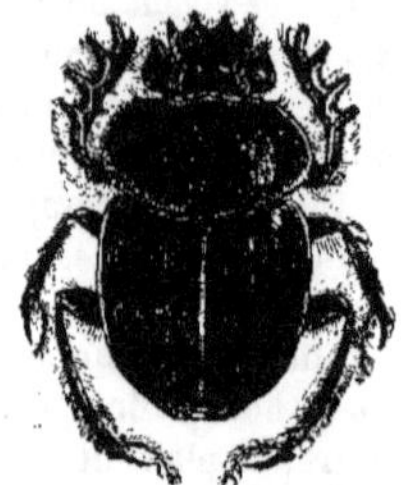

Fig. 285. — Scarabée sacré.

prononcés, cuisses postérieures sans dent à
leur bord postérieur; des franges noires à la
tête, au corselet et aux pattes, rouge-brun aux
jambes postérieures des femelles, une coloration noire faiblement luisante achève de caractériser le Scarabée sacré.

Mœurs, habitudes, régime. — « Si l'on cherche dans les auteurs quelques renseignements
sur les mœurs du Scarabée sacré en particulier,
et sur les rouleurs de pilules de bouse en général, on trouve que la science en est encore
aujourd'hui à quelques-uns des préjugés
ayant cours du temps des Pharaons. » Ainsi
s'exprime un naturaliste de grand talent,
J.-H. Fabre (1); observateur de haut mérite, ses
travaux renferment tous de remarquables découvertes, aussi devons-nous nous estimer
heureux qu'il se soit attaché à pénétrer les
mystères des mœurs des Scarabées; en publiant ses observations nous rendons hom-
mage au patient investigateur et nous reproduisons des pages charmantes.

« Quel empressement autour d'une même
bouse. Jamais aventuriers accourus des quatre
coins du monde n'ont mis une telle ferveur à
l'exploitation d'un placer californien. Avant
que le soleil soit devenu trop chaud, ils sont
là par centaines, grands et petits, pêle mêle,
de toute espèce, de toute forme, se hâtant de
se tailler une part dans le gâteau commun. Il
y en a qui travaillent à ciel ouvert, et ratissent
la surface, il y en a qui s'ouvrent des galeries
dans l'épaisseur même du monceau, à la recherche des filons de choix; d'autres exploitent
la couche inférieure pour enfouir sans délai
leur butin dans le sol sous-jacent; d'autres,
les plus petits, émiettent à l'écart un lopin

(1) J.-H. Fabre, *Souvenirs entomologiques*, 1879.

éboulé des grandes fouilles de leurs forts col-
laborateurs. Quelques-uns, les nouveaux venus
et les plus affamés sans doute, consomment
sur place; mais le plus grand nombre songe à
se faire un avoir qui lui permette de couler de
longs jours dans l'abondance, au fond d'une
sûre retraite. Une bouse, fraîche à point, ne
se trouve pas quand on veut au milieu des
plaines stériles du thym; telle aubaine est une
vraie bénédiction du ciel; les favorisés du sort
ont seuls un pareil lot. Aussi les richesses
d'aujourd'hui sont-elles prudemment mises
en magasin. Le fumet stercoraire a porté l'heureuse nouvelle à un kilomètre à la ronde, et
tous sont accourus s'amasser des provisions.
Quelques retardataires arrivent encore, au vol
ou pédestrement. »

« Quel est celui-ci qui trottine vers le monceau, craignant d'arriver trop tard ? Ses longues
pattes se meuvent avec une brusque gaucherie,
comme poussées par une mécanique que
l'Insecte aurait dans le ventre; ses petites antennes rousses épanouissent leur éventail,
signe d'inquiète convoitise. Il arrive, il est
arrivé, non sans culbuter quelques convives.
C'est le Scarabée sacré, tout de noir habillé, le
plus gros et le plus célèbre de nos Bousiers.
Le voilà attablé côte à côte avec ses confrères,
qui, du plat de leurs larges pattes antérieures,
donnent à petits coups la dernière façon à leur
boule, ou bien l'enrichissent d'une dernière
couche avant de se retirer et d'aller jouir en paix
du fruit de leur travail. Suivons dans toutes
ses phases la confection de la fameuse boule. »

« Le chaperon, c'est-à-dire le bord de la tête,
large et plate, est crénelé de six dentelures
angulaires rangées en demi-cercle. C'est là
l'outil de fouille et de dépècement, le rateau
qui soulève et rejette les fibres végétales non
nutritives, va au meilleur, le râtisse et le rassemble. Un choix est ainsi fait, car pour ces
fins connaisseurs, ceci vaut mieux que cela ;
choix par à peu près, si le Scarabée s'occupe
de ses propres victuailles, mais d'une scrupuleuse rigueur s'il faut confectionner la boule
maternelle, creusée d'une niche centrale où
l'œuf doit éclore. Alors tout brin fibreux est
soigneusement rejeté, et la quintessence stercoraire seule cueillie pour bâtir la couche
interne de la cellule. A sa sortie de l'œuf, la
jeune larve trouve ainsi dans la paroi même
de sa loge un aliment raffiné qui lui fortifie
l'estomac et lui permet d'attaquer plus tard
les couches externes et grossières. »

« Pour ses besoins à lui, le Scarabée est moins
difficile, et se contente d'un triage en gros. Le
chaperon dentelé éventre donc et fouille, éli-
mine et rassemble un peu au hasard. Les
jambes antérieures concourent puissamment
à l'ouvrage. Elles sont aplaties, courbées en arc
de cercle, relevées de fortes nervures et armées
en dehors de cinq robustes dents. Faut-il faire
acte de force, culbuter un obstacle, se frayer
une voie au plus épais du monceau, le Bousier
joue des coudes, c'est-à-dire qu'il déploie de
droite et de gauche ses jambes dentelées et
d'un vigoureux coup de rateau déblaie une
demi-circonférence. La place faite, les mêmes
pattes ont un autre genre de travail : elles recueillent par brassées la matière râtelée par le
chaperon et la conduisent sous le ventre de
l'Insecte, entre les quatre pattes postérieures.
Celles-ci sont conformées pour le métier de
tourneur. Leurs jambes, surtout celles de la
dernière paire, sont longues et fluettes, légèrement courbées en arc et terminées par une
griffe très aiguë. Il suffit de les voir pour reconnaître en elles un compas sphérique, qui,
dans ses branches courbes, enlace un corps
globuleux pour en vérifier, en corriger la
forme. Leur rôle est, en effet, de façonner la
boule. »

« Brassées par brassées, la matière s'amasse
sous le ventre, entre les quatre jambes, qui par
une simple pression lui communiquent leur
propre courbure et lui donnent une première
façon. Puis, par moments, la pilule dégrossie
est mise en branle entre les quatre branches
du double compas sphérique; elle tourne sous
le ventre du Bousier et se perfectionne par la
rotation. Si la couche superficielle manque de
plasticité et menace de s'écailler, si quelque
point trop filandreux n'obéit pas à l'action du
tour, les pattes antérieures retouchent les
endroits défectueux; à petits coups de leurs
larges battoirs, elles sapent la pilule pour faire
prendre corps à la couche nouvelle et emplâtrer
dans la masse les brins récalcitrants. »

« Par un soleil vif on est émerveillé de la fébrile prestesse du tourneur. Aussi la besogne
marche-t-elle vite : c'était tantôt une maigre
pilule, c'est maintenant une bille de la grosseur
d'une noix, ce sera tout à l'heure une boule de
la grosseur d'une pomme. J'ai vu des goulus
en confectionner de la grosseur du poing.
Voilà certes du pain sur la planche pour quelques jours. »

« Les provisions sont faites; il s'agit maintenant de se retirer de la mêlée et d'acheminer les vivres en lieu opportun. Là, commencent les traits de mœurs les plus frappants du Scarabée. Sans délai, le Bousier se met en route ; il embrasse la sphère de ses deux longues jambes postérieures, dont les griffes terminales, implantées dans la masse, servent de pivots de rotation ; il prend appui sur les jambes intermédiaires, et faisant levier avec les brassards dentelés des pattes de devant, qui tour à tour pressent sur le sol, il progresse à reculons avec sa charge, le corps incliné, la tête en bas, l'arrière-train en haut. Les pattes postérieures, organe principal de la mécanique, sont dans un mouvement continuel ; elles vont et viennent, déplaçant la griffe pour changer l'axe de rotation, maintenir la charge en équilibre et la faire avancer par les poussées alternatives de droite et de gauche. A tour de rôle, la boule se trouve de la sorte en contact avec le sol par tous les points de sa surface, ce qui la perfectionne dans sa forme et donne consistance égale à sa couche extérieure par une pression uniformément répartie. »

« Et hardi ! Ça va, ça roule ; on arrivera, non sans encombre cependant. Voici un premier pas difficile : le Bousier s'achemine en travers d'un talus et la lourde masse tend à suivre la pente ; mais l'Insecte, pour des motifs à lui connus, préfère croiser cette voie naturelle, projet audacieux dont l'insuccès dépend d'un faux pas, d'un grain de sable troublant l'équilibre. Le faux pas est fait, la boule roule au fond de la vallée ; l'Insecte, culbuté par l'élan de la charge, gigotte, se remet sur ses jambes et accourt s'atteler. La mécanique fonctionne de plus belle. — Mais prends donc garde, étourdi ; suis le creux du vallon, qui t'épargnera peine et mésaventure : le chemin y est bon, tout uni ; ta pilule y roulera sans effort. — Eh bien, non : l'Insecte se propose de remonter le talus qui lui a été fatal. Peut-être lui convient-il de regagner les hauteurs. A cela je n'ai rien à dire ; l'opinion du Scarabée est plus clairvoyante que la mienne sur l'opportunité de se tenir en haut lieu. — Prends au moins ce sentier, qui, par une pente douce, te conduira là-haut. — Pas du tout, s'il se trouve à proximité quelque talus bien raide, impossible à remonter, c'est celui-là que l'entêté préfère. Alors commence le travail de Sisyphe. La boule, fardeau énorme, est péniblement hissée, pas à pas, avec mille précautions, à une certaine hauteur, toujours à reculons. On se demande par quel miracle de statique une telle masse peut être retenue sur la pente. Ah ! un mouvement mal combiné met à néant tant de fatigue : la boule dévale entraînant avec elle le Scarabée. L'escalade est reprise, bientôt suivie d'une nouvelle chute. La tentative recommence, mieux conduite cette fois aux passages difficiles ; une maudite racine de gramen, cause des précédentes culbutes est prudemment tournée. Encore un peu et nous y sommes ; mais doucement, tout doucement. La rampe est périlleuse et un rien peut tout compromettre. Voilà que la jambe glisse sur un gravier poli. La boule redescend pêle-mêle avec le Bousier. Et celui-ci de recommencer avec une opiniâtreté que rien ne lasse. Dix fois, vingt fois, il tentera l'infructueuse escalade, jusqu'à ce que son obstination ait triomphé des obstacles, ou que, mieux avisé et reconnaissant l'inutilité de ses efforts, il adopte le chemin en plaine. »

« Le Scarabée ne travaille pas toujours seul au charroi de la précieuse pilule : fréquemment il s'adjoint un confrère ; ou pour mieux dire c'est le confrère qui s'adjoint (fig. 289). Voici comment d'habitude se passe la chose. — Sa boule préparée, un Bousier sort de la mêlée et quitte le chantier, poussant à reculons son butin. Un voisin, des derniers venus, et dont la besogne est à peine ébauchée, brusquement laisse là son travail et court à la boule roulante, prêter main-forte à l'heureux propriétaire, qui paraît accepter bénévolement le secours. Désormais les deux compagnons travaillent en associés. A qui mieux mieux, ils acheminent la pilule en lieu sûr. Y a-t-il eu pacte, en effet, sur le chantier, convention tacite de se partager le gâteau ? Pendant que l'un pétrissait et façonnait la boule, l'autre ouvrait-il de riches filons pour en extraire des matériaux de choix et les adjoindre aux provisions communes ? Je n'ai jamais surpris pareille collaboration ; j'ai toujours vu chaque Bousier exclusivement occupé de ses propres affaires sur les lieux d'exploitation. Donc, pour le dernier venu, aucun droit acquis. »

« Serait-ce alors une association des deux sexes, un couple qui va se mettre en ménage ? Quelque temps je l'ai cru. Les deux Bousiers, l'un par devant, l'autre par derrière, poussant d'un même zèle la lourde pelote, me rappelaient certains couplets que moulinaient dans le temps les organes de Barbarie. « Pour monter notre ménage, hélas ! comment ferons-nous. — Toi devant et moi derrière, nous pousserons. »

le tonneau. » De par le scalpel, il m'a fallu renoncer à cette idylle de famille. Chez les Scarabées, les deux sexes ne se distinguent l'un de l'autre par aucune différence extérieure. J'ai donc soumis à l'autopsie les Bousiers occupés au charroi d'une même boule ; et très souvent ils se sont trouvés du même sexe. »

« Ni communauté de famille, ni communauté de travail. Quelle est alors la raison d'être de l'apparente société! C'est tout simplement tentative de rapt. L'empressé confrère, sous le fallacieux prétexte de donner un coup de main, nourrit le projet de détourner la boule à la première occasion. Faire sa pilule au tas demande fatigue et patience ; la piller quand elle est faite, ou du moins s'imposer comme convive, est bien plus commode. Si la vigilance du propriétaire fait défaut, on prendra la fuite avec le trésor ; si l'on est surveillé de trop près on s'attable à deux, alléguant les services rendus. Tout est profit en pareille tactique, aussi le pillage est-il exercé comme une industrie des plus fructueuses. Les uns s'y prennent sournoisement, comme je viens de le dire ; ils accourent en aide à un confrère qui nullement n'a besoin d'eux et, sous les apparences d'un charitable concours, dissimulent de très indélicates convoitises. D'autres, plus hardis peut-être, plus confiants dans leur force, vont droit au but et détroussent brutalement. »

« A tout instant des scènes se passent dans le genre de celle-ci : Un Scarabée s'en va, paisible, tout seul, roulant sa boule, propriété légitime, acquise par un travail consciencieux. Un autre survient au vol, je ne sais d'où, se laisse lourdement choir, replie sous les élytres ses ailes enfumées et, du revers de ses brassards dentés, culbute le propriétaire, impuissant à parer l'attaque dans sa posture d'attelage. Pendant que l'exproprié se démène et se remet sur jambes, l'autre se campe sur le haut de la boule, position la plus favorable pour repousser l'assaillant. Les brassards pliés sous la poitrine et prêt à la riposte, il attend les événements. Le volé tourne autour de la pelote, cherchant un point favorable pour tenter l'assaut ; le voleur pivote sur le dôme de la citadelle et constamment lui fait face. Si le premier se dresse pour l'escalade, le second lui détache un coup de bras qui l'étend sur le dos. Inexpugnable du haut de son fort, l'assiégé déjouerait indéfiniment les tentatives de son adversaire, si celui-ci ne changeait de tactique pour rentrer en possession de son bien. La sape joue pour faire

crouler la citadelle avec la garnison. La boule, inférieurement ébranlée, chancelle et roule, entraînant avec elle le Bousier pillard, qui s'escrime de son mieux pour se maintenir au-dessus. Il y parvient, mais non toujours, par une gymnastique précipitée qui lui fait gagner en altitude ce que la rotation du support lui fait perdre. S'il est mis à pied par un faux mouvement, les chances s'égalisent et la lutte tourne au pugilat. Voleur et volé se prennent corps à corps, poitrine contre poitrine. Les pattes s'emmêlent et se démêlent, les articulations s'enlacent, les armures de corne se choquent ou grincent avec le bruit aigre d'un métal limé. Puis, celui des deux qui parvient à renverser sur le dos son adversaire et à se dégager, à la hâte prend position sur le haut de la boule. Le siège recommence, tantôt par le pillard, tantôt par le pillé, suivant que l'ont décidé les chances de la lutte corps à corps. Le premier, hardi flibustier sans doute et coureur d'aventures, fréquemment a le dessus. Alors, après deux ou trois défaites, l'exproprié se lasse et revient philosophiquement au tas pour se confectionner une nouvelle pilule. Quant à l'autre, toute crainte de surprise dissipée, il s'attelle, et pousse où bon lui semble la boule conquise. J'ai vu parfois survenir un troisième larron qui volait le voleur. En conscience, je n'en étais pas fâché. »

« Vainement je me demande quel est le Proudhon qui a fait passer dans les mœurs du Scarabée l'audacieux paradoxe : « *La propriété, c'est le vol;* » quel est le diplomate qui a mis en honneur chez les Bousiers la sauvage proposition : « *La force prime le droit.* » Les données me manquent pour remonter aux causes de ces spoliations passées en habitude, de cet abus de la force pour la conquête d'un crottin ; tout ce que je peux affirmer, c'est que le larcin est, parmi les Scarabées, d'un usage général. Ces rouleurs de bouse se pillent entre eux avec un sans-gêne dont je ne connais pas d'autre exemple aussi effrontément caractérisé. Je laisse aux observateurs futurs le soin d'élucider ce curieux problème de la psychologie des bêtes, et je reviens aux deux associés roulant de concert leur pilule..... »

« Les choses ne se passent pas toujours de même et la rencontre de deux Bousiers peut être des plus pacifiques ; le nouveau venu, animé en apparence des meilleures intentions, vient obligeamment en aide à son confrère et lui prête son concours pour traîner la boule

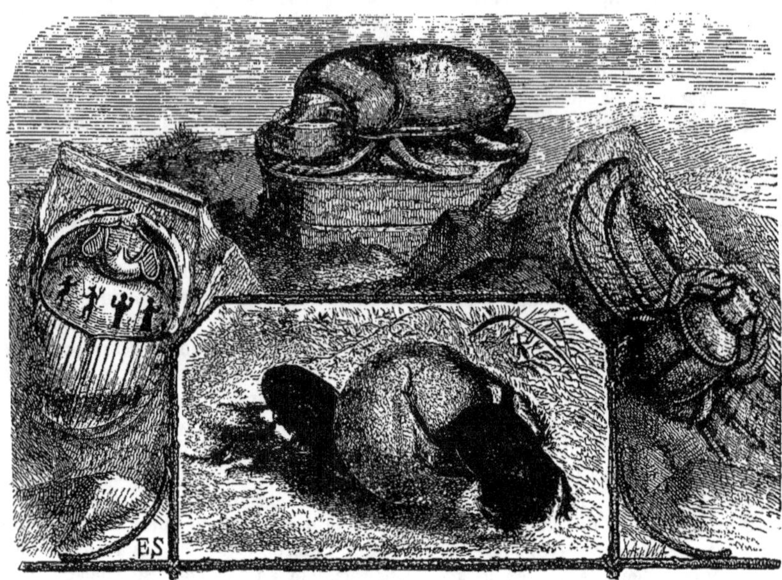

Fig. 286, 287 et 288. — Monuments élevés par les Égyptiens aux Scarabées (p. 181).

Fig. 289. — Scarabées variolés roulant leur boule (p. 183).

Fig. 286 à 289. — Les Scarabées.

qu'il convoite en tapinois. Le mode d'attelage est différent pour chacun des associés (fig. 289). Le propriétaire occupe la position principale, la place d'honneur : il pousse à l'arrière de la charge, les pattes postérieures en haut, la tête en bas. L'acolyte occupe le devant, dans une position inverse, la tête en haut, les bras dentés sur la boule, les longues jambes postérieures sur le sol. Entre les deux, la pilule chemine, chassée devant lui par le premier, attirée à lui par le second. »

« Les efforts du couple ne sont pas toujours bien concordants, d'autant plus que l'aide tourne le dos au chemin à parcourir et que le propriétaire a la vue bornée par la charge. De là des accidents réitérés, de grotesques culbutes dont on prend gaiement son parti : chacun se ramasse à la hâte et reprend position sans intervertir l'ordre. En plaine, ce mode de charroi ne répond pas à la dépense dynamique, faute de précision dans les mouvements combinés ; à lui seul, le Scarabée de l'arrière ferait aussi vite et mieux. Aussi, l'acolyte, après avoir donné des preuves de son bon vouloir, au risque de troubler le mécanisme, prend-il le parti de se tenir en repos, sans abandonner, bien entendu,

la précieuse pelote qu'il regarde déjà comme sienne. Pelote touchée est pelote acquise. Il ne commettra pas cette imprudence : l'autre le planterait là. »

« Il ramasse donc ses jambes sous le ventre, s'aplatit, s'incruste pour ainsi dire sur la boule et fait corps avec elle. Le tout, pilule et Bousier cramponné à sa surface, roule désormais en bloc sous la poussée du légitime propriétaire. Que la charge lui passe sur le corps, qu'il occupe le dessus, le dessous, le côté du fardeau roulant, peu lui importe ; l'aide tient bon et reste coi. Singulier auxiliaire, qui se fait carrosser pour avoir sa part de vivres ! Mais qu'une rampe ardue se présente, et son beau rôle lui revient. Alors, sur la pente pénible, il se met en chef de file, retenant de ses bras dentés la pesante masse, tandis que son confrère prend appui pour hisser la charge un peu plus haut. Ainsi, à deux, par une combinaison d'efforts bien ménagés, celui d'en haut retenant, celui d'en bas poussant, je les ai vus gravir des talus où, sans résultat, se serait épuisé l'entêtement d'un seul. Mais tous n'ont pas le même zèle en ces moments difficiles : il s'en trouve qui, su les pentes où leur concours serait le plus nécessaire, n'ont pas l'air de se douter le moins du monde des difficultés à surmonter. Tandis que le malheureux Sisyphe s'épuise en tentatives pour franchir le mauvais pas, l'autre, tranquillement, laisse faire, incrusté sur la boule, avec elle roulant dans la dégringolade, avec elle hissé derechef. »

« J'ai soumis bien des fois deux associés à l'épreuve suivante pour juger de leurs facultés inventives en un grave embarras. Supposons-les en plaine, l'acolyte immobile sur la pelote, l'autre poussant. Avec une longue et forte épingle, sans troubler l'attelage, je cloue au sol la boule, qui s'arrête soudain. Le Scarabée, non au courant de mes perfidies, croit sans doute à quelque obstacle naturel, ornière, racine de chiendent, caillou barrant le chemin. Il redouble d'efforts, s'escrime de son mieux ; rien ne bouge. — Que se passe t-il donc ? Allons voir. — Par deux ou trois fois, l'Insecte fait le tour de sa pilule. Ne découvrant rien qui puisse motiver l'immobilité, il revient à l'arrière et pousse de nouveau. La boule reste inébranlable. — Voyons là-haut. — L'Insecte y monte. Il n'y trouve que son collègue immobile, car j'avais eu soin d'enfoncer assez l'épingle pour que la tête disparût dans la masse de la pelote; il explore tout le dôme et redescend. D'autres poussées sont vigoureusement essayées en avant, sur les côtés ; l'insuccès est le même. Jamais bousier, sans doute, ne s'était trouvé en présence d'un pareil problème d'inertie. »

« Voilà le moment, le vrai moment de réclamer de l'aide, chose d'autant plus aisée que le collègue est là, tout près, accroupi sur le dôme. Le Scarabée va-t-il le secouer et lui dire quelque chose comme ceci : « Que fais-tu là, fainéant ! Mais viens donc voir, la mécanique ne marche plus ! » Rien ne le prouve, car je vois longtemps le Scarabée s'obstiner à ébranler l'inébranlable, à explorer d'ici et de là, par dessus, par côté, la machine immobilisée, tandis que l'acolyte persiste dans son repos. A la longue, cependant, ce dernier a conscience que quelque chose d'insolite se passe ; il en est averti par les allées et venues inquiètes du confrère et par l'immobilité de la pilule. Il descend donc, et à son tour examine la chose. L'attelage à deux ne fait pas mieux que l'attelage à un seul. Ceci se complique. Le petit éventail de leurs antennes s'épanouit, se ferme, se rouvre, s'agite et trahit leur vive préoccupation. Puis un trait de génie met fin à ces perplexités : « Qui sait ce qu'il y a là-dessous ? » La pilule

est donc explorée à la base, et une fouille légère a bientôt mis l'épingle à découvert. Aussitôt il est reconnu que le nœud de la question est là. »

« Si j'avais eu voix délibérative au conseil, j'aurais dit : « Il faut pratiquer une excavation et extraire le pieu qui fixe la boule. » — Ce procédé, le plus élémentaire de tous et d'une mise en pratique facile pour des fouilleurs aussi experts, ne fut pas adopté, pas même essayé. Le Bousier trouva mieux que l'homme. Les deux collègues, qui de ci, qui de là, s'insinuent sous la boule, laquelle glisse d'autant et remonte le long de l'épingle à mesure que s'enfoncent les coins vivants. La mollesse de la matière, qui cède en se creusant, d'un canal sous la tête du pieu inébranlable, permet cette habile manœuvre. Bientôt la pelotte est suspendue à une hauteur égale à l'épaisseur du corps des Scarabées. Le reste est plus difficile. Les Bousiers, d'abord couchés à plat, se dressent peu à peu sur les jambes, poussant toujours du dos. C'est dur à venir à mesure que les pattes perdent de leur puissance en se redressant davantage ; mais enfin, cela vient. Puis, un moment arrive où la poussée avec le dos n'est plus praticable, la hauteur limite étant atteinte. Un dernier moyen reste, mais bien moins favorable au développement de force. Tantôt dans l'une, tantôt dans l'autre de ses postures d'attelage, l'Insecte pousse, soit avec les pattes postérieures, soit avec les pattes antérieures. Finalement, la boule tombe à terre, si l'épingle, toutefois, n'est pas trop longue. L'éventrement de la pilule par le pieu est tant bien que mal réparé et le charroi aussitôt recommence. »

« Mais, si l'épingle est d'une longueur trop considérable, la pelote, encore solidement fixée, finit par être suspendue à une hauteur que l'Insecte, se redressant, ne peut plus dépasser. Dans ce cas, après de vaines évolutions autour du mât de cocagne inaccessible, les Bousiers abandonnent la place si l'on n'a pas la bonté d'âme d'achever soi-même la besogne et de leur restituer leur trésor, ou bien encore, si on ne leur vient pas en aide en exhaussant le sol au moyen de petites pierres plates..... »

« ..... Si l'Insecte est tout seul en face des difficultés de la boule clouée au sol, s'il n'a pas d'acolyte, ses manœuvres dynamiques restent absolument les mêmes, et ses efforts aboutissent à un succès, pourvu qu'on lui donne l'indispensable appui d'un plate-forme, édifiée petit à petit au moyen de petites pierres. Si pareil secours lui est refusé, le Scarabée, que le toucher de sa chère pilule trop élevée ne stimule plus, se décourage et, tôt ou tard, à son grand regret, sans doute s'envole et disparaît. Où va-t-il? Je l'ignore. Ce que je sais bien, c'est qu'il ne revient pas avec une escouade de compagnons priés de lui venir en aide... Pilule délaissée pour cause de force majeure, est pilule abandonnée sans retour, sans tentative de sauvetage avec secours d'autrui. »

Ainsi donc, l'antique légende qui a cours encore dans la science et se trouve reproduite par les auteurs français et allemands les plus modernes, doit être reléguée parmi les contes de Fées ; le Scarabée dans l'embarras ne s'en va pas à travers les airs à la recherche de camarades complaisants assez aimables pour se déranger de leurs propres occupations pour lui donner un coup de main ; les amis si dévoués, de par la légende, ne sont que des gourmands, dévorés de convoitise, qui ne cherchent qu'à s'emparer de l'appétissante pilule préparée avec amour par un industrieux confrère, des fripons astucieux qui consacrent toute leur intelligence à étudier l'art de détrousser les gens sans les assommer.

Mais reprenons l'histoire de nos laborieux Scarabées. Où roulent-ils ainsi leur boule, image du monde? Nous ne saurions mieux faire que de suivre le charmant conteur provençal, M. Fabre : « Orientés au hasard, à travers plaines de sable, fourrés de thym, ornières et talus, les deux Scarabées collègues quelque temps roulent la pelote et lui donnent ainsi une certaine fermeté de pâte qui est peut-être de leur goût. Chemin faisant, un endroit favorable est adopté. Le Bousier propriétaire, celui qui s'est maintenu toujours à la place d'honneur, à l'arrière de la pilule, celui enfin qui, presque à lui seul, a fait tous les frais du charroi, se met à l'œuvre pour creuser la salle à manger. Tout à côté de lui est la boule, sur laquelle l'acolyte reste cramponné et fait le mort. Le chaperon et les jambes dentées attaquent le sable ; les déblais sont rejetés à reculons par brassées, et l'excavation rapidement avance. Bientôt l'Insecte disparaît en entier dans l'antre ébauché. Toutes les fois qu'il revient à ciel ouvert avec sa brassée de déblais, le fouisseur ne manque pas de donner un coup d'œil à sa pelote pour s'informer si tout va bien. De temps à autre, il la rapproche du seuil du terrier ; il la palpe, et, à ce contact, il semble

acquérir un redoublement de zèle. L'autre, sainte nitouche, par son immobilité sur la boule, continue à inspirer confiance. Cependant, la salle souterraine s'élargit et s'approfondit, le fouisseur fait de plus rares apparitions, retenu qu'il est par l'ampleur des travaux. Le moment est bon. L'endormi se réveille, l'astucieux acolyte décampe, chassant derrière lui la boule avec la prestesse d'un larron qui ne veut pas être pris sur le fait. Cet abus de confiance m'indigne, mais je laisse faire, dans l'intérêt de l'histoire : il me sera toujours temps d'intervenir pour sauvegarder la morale, si le dénoûment menace de tourner à mal. »

« Le voleur est déjà à quelques mètres de distance. Le volé sort du terrier, regarde et ne trouve plus rien. Coutumier du fait lui-même, sans doute ; il sait ce que cela veut dire. Du flair et du regard, la piste est bientôt trouvée. A la hâte, le Bousier rejoint le ravisseur ; mais celui-ci, roué compère, dès qu'il se sent talonné de près, change de mode d'attelage, se met sur les jambes postérieures et enlace la boule avec ses bras dentés, comme il le fait en ses fonctions d'aide. — « Ah ! mauvais drôle ! j'évente ta mèche : tu veux alléguer pour excuse que la pilule a roulé sur la pente et que tu t'efforces de la retenir et de la ramener au logis. Pour moi, témoin impartial de l'affaire, j'affirme que la boule, bien équilibrée à l'entrée du terrier, n'a pas roulé d'elle-même ; d'ailleurs le sol est en plaine ; j'affirme t'avoir vu mettre la pelote en mouvement et l'éloigner avec des intentions non équivoques. C'est une tentative de rapt, ou je ne m'y connais pas. » — Mon témoignage n'étant pas pris en considération, le propriétaire accueille débonnairement les excuses de l'autre, et les deux, comme si de rien n'était, ramènent la pilule au terrier. »

« Mais si le voleur a le temps de s'éloigner assez ou s'il parvient à celer la piste par quelque adroite contre-marche, le mal est irréparable. Avoir amené des vivres sous le feu du soleil, les avoir péniblement voiturés au loin, s'être creusé dans le sable une confortable salle de banquet, et, au moment où tout est prêt, quand l'appétit, aiguisé par l'exercice, ajoute de nouveaux charmes à la perspective de la prochaine bombance, se trouver tout à coup dépossédé par un astucieux collaborateur, c'est, il faut en convenir, un revers de fortune qui ébranlerait plus d'un courage. Le Bousier ne se laisse pas abattre par ce mauvais coup du sort : il se frotte les joues, épanouit les antennes, hume l'air et prend son vol vers le tas prochain pour recommencer à nouveau. J'admire et j'envie cette trempe de caractère. »

« Supposons le Scarabée assez heureux pour avoir trouvé un associé fidèle, ou, ce qui est mieux, supposons qu'il n'ait pas rencontré en route de confrère s'invitant lui-même. Le terrier est prêt. C'est une cavité creusée en terrain meuble, habituellement dans le sable, peu profonde, du volume du poing, et communiquant au dehors par un court goulot, suffisant au passage de la pilule. Aussitôt les vivres emmagasinés, le Scarabée s'enferme chez lui en bouchant l'entrée du logis avec des déblais tenus en réserve dans un coin. La porte close, rien ne trahit au dehors la salle du festin. Et maintenant, vive la joie ; tout est pour le mieux dans le meilleur des mondes ! La table est somptueusement servie ; le plafond tamise les ardeurs du soleil et ne laisse pénétrer qu'une chaleur douce et moite ; le recueillement, l'obscurité, le concert des Grillons, tout favorise les fonctions du ventre. Dans mon illusion, je me suis surpris à écouter aux portes, croyant ouïr pour couplets de table le fameux morceau de l'opéra de *Galathée :* « Ah ! qu'il est doux de ne rien faire, quand tout s'agite autour de nous. »

« Qui oserait troubler les béatitudes d'un pareil banquet ? Mais le désir d'apprendre est capable de tout ; et cette audace, je l'ai eue. J'inscris ici le résultat de mes violations de domicile. — A elle seule, la pilule presque en entier remplit la salle ; la somptueuse victuaille s'élève du plancher au plafond. Une étroite galerie la sépare des parois. Là se tiennent les convives, deux au plus, un seul très souvent, le ventre à table, le dos à la muraille. Une fois la place choisie, on ne bouge plus ; toutes les puissances vitales sont absorbées par les facultés digestives. Pas de menus ébats qui feraient perdre une bouchée, pas d'essais dédaigneux qui gaspilleraient les vivres. Tout doit y passer par ordre et religieusement. A les voir si recueillis autour de l'ordure, on dirait qu'ils ont conscience de leur rôle d'assainisseurs de la terre, et qu'ils se livrent, avec connaissance de cause, à cette merveilleuse chimie qui, de l'immondice, fait la fleur, joie des regards, et l'élytre des Scarabées, ornement des pelouses printanières. Pour ce travail transcendant, qui doit faire matière vivante des résidus non utilisés par le Bœuf, le Cheval et le Mouton, malgré la perfection de leurs voies digestives, le Bousier doit être outillé d'une manière particulière. Et, en effet,

l'Anatomie nous fait admirer la prodigieuse longueur de son intestin, qui, plié et replié sur lui-même, lentement, élabore les matériaux en ses circuits multipliés et les épuise jusqu'au dernier atome utilisable. D'où l'estomac de l'herbivore n'a rien pu retirer, ce puissant alambic extrait des richesses qui, par une simple retouche, deviennent armure d'ébène chez le Scarabée sacré, cuirasse d'or et de rubis chez d'autres Bousiers. »

« Or, cette admirable Métamorphose de l'ordure doit s'accomplir dans le plus bref délai : la salubrité générale l'exige. Aussi le Scarabée est-il doué d'une puissance digestive peut-être sans exemple ailleurs. Une fois en loge avec des vivres, jour et nuit il ne cesse de manger et de digérer jusqu'à ce que les provisions soient épuisées. La preuve en est palpable. Ouvrons la cellule où le Bousier s'est retiré de ce monde. A toute heure du jour nous trouverons l'Insecte attablé, et derrière lui, appendu encore à l'animal, un cordon continu grossièrement enroulé à la façon d'un tas de câbles. Sans explications délicates à donner, aisément l'on devine ce que ledit cordon représente. La volumineuse boule passe, bouchée par bouchée, dans les voies digestives de l'Insecte, cède ses principes nutritifs, et reparaît du côté opposé filée en cordon. Eh bien, ce cordon sans rupture, souvent d'une seule pièce, toujours appendu à l'orifice de la filière, prouve surabondamment, sans autre observation, la continuité de l'acte digestif. Quand les provisions touchent à leur fin, le câble déroulé est d'une longueur étonnante : cela se mesure par *pans* (1). Où trouver le pareil de tel estomac, qui, de si triste pitance, afin que rien ne se perde au bilan de la vie, fait régal une semaine, et même quinze jours durant sans discontinuer. »

« Toute la pelote passée à la filière, l'ermite reparaît au jour, cherche fortune, trouve, se façonne une nouvelle boule et recommence. Cette vie de liesse dure un à deux mois, de mai à juin ; puis, quand viennent les fortes chaleurs aimées des Cigales, les Scarabées prennent leur quartier d'été et s'enfouissent au frais dans le sol. Ils reparaissent aux premières pluies d'automne, moins nombreux, moins actifs qu'au printemps, mais occupés alors apparemment de l'œuvre capitale, de l'avenir de leur race. »

Cherchons maintenant à connaître comment les *Scarabæus* assurent la perpétuité de leur es-

(1) *Pan*, mesure de longueur en usage dans le Midi, comptant 24 centimètres.

pèce. Suivant les auteurs, c'est dans l'intérieur de ces boules promenées par monts et par vaux, qu'ils ont déposé leurs œufs, et chaque boule ne contiendrait qu'un œuf. Fabre, l'ingénieux observateur, a fait table rase des opinions reçues et suivant son expression pittoresque, « la tendresse maternelle ne soumet pas sa progéniture au supplice du tonneau de Régulus ». « J'ai ouvert par centaines, dit-il, les pelotes roulées par les Bousiers ; j'en ai ouvert d'autres extraites des terriers creusés sous mes yeux ; et jamais, au grand jamais, je n'ai trouvé ni loge centrale, ni œuf dans ces pilules. Ce sont invariablement de grossiers amas de vivres, façonnés à la hâte, sans structure interne déterminée, de simples munitions de bouche avec lesquelles on s'enferme pour couler en paix quelques jours de bombance. Les Bousiers mutuellement se les jalousent, se les pillent avec une ardeur qu'ils ne mettraient certainement pas à se dérober de nouvelles charges de famille. Entre Scarabées, le vol des œufs serait une absurdité, chacun ayant assez à faire pour assurer l'avenir des siens. Donc sur ce point désormais aucun doute : les pelotes que l'on voit rouler aux Bousiers jamais ne contiennent d'œufs. »

Fabre ne se rebute pas par l'insuccès de ses observations ; abordant la méthode expérimentale, il organise une vaste volière sur une arène de sable et la peuple de Scarabées : les Oiseaux sont des Coléoptères. Cela fait, il s'ingénie à se procurer la provende nécessaire à ces Coprophages, et le professeur dans son ardeur à voir réussir ses expériences ne craint pas d'aller sur la grande route cueillir, à la dérobée, dans un cornet de papier le pain quotidien de ses élèves. Quelquefois le sort le favorisait : un âne apportant au marché d'Avignon les produits maraîchers de Chateau-Renard ou de Barbentane déposait son offrande en passant devant sa porte, et il la recueillait pieusement. Malgré tous ses soins, les tentatives d'éducation échouèrent ; au bout de quelque temps, les Scarabées consumés de nostalgie, et amoureux de l'espace, se laissèrent misérablement mourir de faim sans livrer leur secret.

Sans se décourager, Fabre lance dans la plaine, une bande d'écoliers, qu'il allèche par l'espoir d'une pièce blanche, à la recherche des fameuses boules qui devaient contenir œuf ou larve ; les bambins, Dieu sait s'ils ont des yeux de Lynx, après mainte et mainte excursion revinrent l'oreille basse.

Aujourd'hui encore les mœurs d'un des Insectes les plus remarquables par son passé historique et légendaire, par ses habitudes étranges, les mœurs d'un des Coléoptères les plus volumineux qui abonde sur tout le littoral méditerranéen, sont mal connues. Les écoliers provençaux de l'avenir seront peut-être plus heureux que les écoliers d'Avignon ; ils sauront peut-être découvrir dans leurs profondes cachettes les Œufs, les Larves et les Nymphes des Scarabées.

Toutefois nous devons dire que Mulsant a décrit, il y a quelques quarante ans, la Larve du Scarabée sacré, sans nous dire toutefois dans quelles conditions il l'avait rencontrée ; sa description mérite donc d'être vérifiée ; la voici telle qu'il l'a donnée :

Sa conformation reproduit celle du Ver blanc ou Larve du Hanneton ; mais elle est plus semicylindrique, avec le dos en partie ardoisé. Ses antennes ont 5 articles, le premier moins grand que le second ; celui-ci à peu près égal aux deux suivants et comme eux subglobuleusement renflé vers le sommet ; le dernier plus court et plus grêle. L'épistome jaunâtre a la forme d'un parallélogramme transversal ; la lèvre supérieure est trilobée, les mandibules noires et cornées à l'extrémité sont armées au côté interne de trois dents peu profondément découpées ; les deux lobes des mâchoires sont garnis de poils épineux et terminés chacun par un crochet unguiforme ; les palpes maxillaires ont 4 articles tandis que ceux des lèvres sont courts et n'en ont que 2.

Cette Larve met plusieurs mois à se développer. Le Bousier sort de sa retraite au printemps suivant ; et les jeunes à l'exemple de leurs parents, sans avoir pu rien apprendre d'eux par l'observation et l'éducation, roulent néanmoins des pilules exactement de la même manière et dans le même but, tant est grande la puissance de l'hérédité.

Le *Scarabæus sacer* (fig. 285) est fort commun dans tous les pays qui circonscrivent la Méditerranée ; on le trouve fréquemment dans le midi de la France et particulièrement en Provence ; il n'est pas rare aux environs de Marseille sur les bords de la mer.

La France compte encore quelques espèces de Scarabées dont les mœurs sont celles du S. sacré ; ce sont des Pilulaires par excellence.

Le *S. semipunctatus* généralement plus petit que le précédent (14 à 31 mill.) se distingue aisément par la ponctuation variolique du prothorax et par la présence d'une saillie en forme de dent sur le bord postérieur des cuisses postérieures. Il fréquente les lieux sablonneux de la France méridionale; il est fort commun sur les plages de Cette, de Palavas (Montpellier) et du golfe Juan.

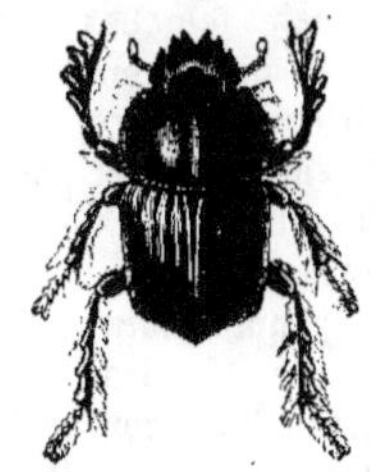

Fig. 290. — Scarabée à large cou.

Le *S. laticollis* (13 à 22 mill.), au prothorax lisse parsemé sur ses bords de points varioliformes, aux élytres lisses creusées de six sillons aussi larges que les intervalles convexes, (fig. 290) est l'espèce circa-méditerranéenne qui remonte le plus vers le nord ; elle se trouve en effet aux environs de Lyon (Monts d'Or, La Pape).

Le *S. variolosus* (13 à 24 mill.), que la présence de nombreux points varioliformes sur le prothorax et les élytres (fig. 289) ne permet de confondre avec aucune autre espèce, est une espèce italienne, espagnole et algérienne.

Le *S. pius* est encore une espèce européenne (Italie, Grèce, Russie méridionale).

Nous devons encore signaler le *S. Ægytiorum* au corps vert doré que Caillaud, le voyageur au Nil Blanc, a rencontré au Sennaar, et qu'il regarde comme un des Scarabées que les Égyptiens adoraient.

Il est encore des Scarabélides indigènes autres que les *Scarabæus*, qui montrent autant de prévoyance et de sollicitude pour leurs enfants et qui, pour les protéger et les nourrir, fabriquent également des pilules ; ce sont les Sisyphes et les Gymnopleures.

LES GYMNOPLEURES — *GYMNO-PLEURUS*

Caractères. — Ces Bousiers ressemblent aux Scarabées, quant à la forme générale ; mais ils possèdent souvent un vif éclat métallique ; ils s'en distinguent par la forte échancrure du bord extérieur des élytres en arrière des épaules et par l'existence des tarses antérieurs dans les deux sexes.

Distribution géographique. — Répandus dans toutes les régions chaudes et tempérées de l'ancien continent, les Gymnopleures sont assez nombreux en espèces ; plus d'une soixantaine ont été décrits.

Mœurs, habitudes, régime. — Ces Insectes sont des Pilulaires émérites qui ont les mœurs des Scarabées.

Nous citerons comme espèces françaises les *G. mopsus*, *Sturmi*, *flagellatus*, des provinces chaudes et tempérées (environs de Lyon)

LES SISYPHES — *SISYPHUS*

Caractères. — Les Scarabéides sont faciles à distinguer des représentants des deux genres précédents, par l'épaisseur de leur corps qui égale souvent la moitié de sa longeur, par l'allongement et la gracilité des pattes postérieures dont les cuisses dépassent notablement l'abdomen ; leurs jambes intermédiaires sont terminées par deux éperons, leurs antennes ne comptent que 8 articles au lieu de 9 ; ils ont des tarses aux pattes antérieures.

Distribution géographique. — Les espèces, au nombre d'une trentaine, sont africaines et indiennes ; une d'elles (fig. 291) habite cependant l'Europe méridionale (*S. Schæfferi*).

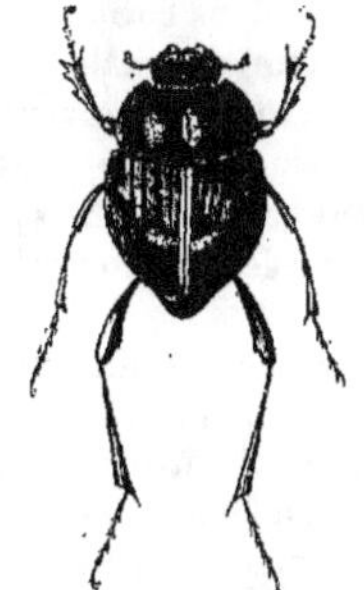

Fig. 291. — Sisyphe de Schæffer

Mœurs, habitudes, régime. — Les manœuvres du *Sisyphus Schæfferi* aux longues jambes qui affectionne les terrains calcaires du centre et du midi de la France sont bien connues : c'est un fabricant de pilules fort habile. Taschenberg rapporte qu'un ami lui envoya d'Espagne une pilule faite par cet Insecte ; elle s'était tellement durcie par la dessiccation à l'air, qu'il fallut la scier en deux pour en étudier la structure intérieure.

Le diamètre total mesurait environ 34 millimètres : la couche extérieure formait une sorte d'écorce de 5 millim. et demi, très dense, le contenu se distinguait nettement par sa structure plus filamenteuse, moins compacte, et s'était quelque peu détaché sous la forme d'une boule distincte par la dessiccation. Dans la boule interne, très dure et fibreuse, se trouvait probablement l'œuf désséché ou la Larve morte en bas âge, qui, si elle avait vécu, aurait consommé la boule intérieure pour atteindre toute sa croissance, tandis que l'écorce aurait servi à la Nymphe de coque protectrice.

D'autres Coléoptères vivent en troupes nombreuses dans les fumiers, les crottins et les bouses dont ils entraînent des fragments dans des trous qu'ils creusent immédiatement au-dessous ; tels sont les *Copris* noirs aux formes carrées et bombées, les brillants *Phanæus* de l'Amérique du Sud, aux reflets métalliques bleus, verts, dorés, rouges, et les petits *Onthophagus* répandus sur toute la terre ; ce sont les *Coprines proprement dits.*

Ils se distinguent à première vue des *Scarabæus* par la conformation des jambes : celles de la deuxième et de la troisième paire de pattes sont dilatées et robustes au lieu d'être grêles ; le premier article de leurs tarses est fort long et de forme variable. Beaucoup d'entre eux portent une ou même deux cornes sur le front, implantées sur la tête du mâle à peu près comme celles d'un taureau ; souvent le corselet est également surmonté d'appendices semblables. Les différences sexuelles, insaisissables chez les Scarabées, sont en général très accusées.

Les Coprines proprement dits ne roulent pas sur le sol des pilules à la façon des Scarabées ; mais certains d'entre eux, *Copris* ou *Onthophagus*, savent en fabriquer de semblables qu'ils enterrent immédiatement et déposent au fond de leurs retraites ; les autres sans industrie se bornent à amasser dans les trous profonds qu'ils creusent les aliments nécessaires à l'alimentation de leurs Larves.

LES COPRIS — *COPRIS* (1)

Caractères. — Indépendamment des caractères indiqués ci-dessus, les Copris en possè-

(1) Κόπρος, excrément.

dent quelques autres. En général de très grande taille ou de taille moyenne, leurs formes sont massives, leur front porte chez les mâles une ou deux cornes, chez les femelles, une simple carène transversale ; leur prothorax grand, convexe, excavé, cornu, ou chargé de tubercules chez les mâles, porte des impressions ou une carène transversale chez les femelles ; leurs pattes sont robustes et construites pour fouir le sol ; leurs jambes antérieures ont trois ou quatre dents ; leurs jambes médianes et postérieures sont très élargies et ciliées.

Distribution géographique. — L'ancien genre *Copris*, aujourd'hui subdivisé en une dizaine de genres, comprend environ 155 espèces. Le genre *Copris* actuel en a conservé pour sa part une cinquantaine ; tous ces Insectes habitent de préférence les régions intertropicales de l'Ancien et du Nouveau-Monde ; cependant quelques-uns d'entre eux vivent en Europe et particulièrement en France, tels sont *C. Hispanus*, exclusivement provençal et languedocien,

Fig. 292. — Copris lunaire.

et *Lunaris* (fig. 292) qui remonte vers le nord et n'est pas très rare.

Mœurs, habitudes, régime. — Les mœurs de nos Copris indigènes sont assez connues. Les mères creusent chacune directement un puits sous la bouse ou sous le crottin qu'elles ont choisis, et aménagent, à un décimètre ou deux, une assez vaste salle ; puis brassées par brassées, elles entraînent à reculons au fond du souterrain des matériaux bruts pris au hasard. La provision faite, chaque femelle s'occupe de faire un minutieux triage ; elle fait choix tout d'abord des matériaux les plus fins, les plus délicats qu'elle dispose avec un soin infini autour d'une niche centrale qui reçoit l'œuf ; cela fait, elle les entoure de couches successives composées d'éléments de plus en plus grossiers, feutrant habilement les brins filamenteux pour obtenir une adhérence parfaite de toutes les parties de consistance différente. « Comment, dans une complète obscurité, au fond d'un terrier qui, encombré de vivres, laisse à peine la

place pour se remuer, le Copris vient-il à bout
d'œuvre pareille, lui si gauche d'allures, si
raide en ses mouvements ? Quand on songe à
la délicatesse du travail accompli et aux grossiers outils de l'ouvrier, pattes anguleuses
pour éventrer le sol et au besoin le tuf, l'idée
vient d'un Eléphant qui s'aviserait de tisser de
la dentelle. Explique qui voudra ce miracle de
l'industrie maternelle (1)? »

« La pilule où l'œuf est renfermé a généralement le volume d'une moyenne pomme. Au
centre est une niche ovalaire d'un centimètre
environ de diamètre. Sur le fond est fixé verticalement l'œuf, cylindrique, arrondi aux
deux bouts, d'un blanc jaunâtre du volume à
peu près d'un grain de froment. La paroi de la
niche est crépie d'une matière brune verdâtre
luisante, demi-fluide, vraie crème stercorale
destinée aux premières bouchées de la Larve.
Pour cet aliment raffiné, la mère cueillerait-elle
la quintessence de l'ordure ? L'aspect du mets
me dit autre chose et m'affirme que c'est là une
purée élaborée dans l'estomac maternel. Le
pigeon sécrète une sorte de laitage qu'il dé-
gorge ensuite à sa couvée. Selon toute apparence, le Bousier a les mêmes tendresses : il
digère à demi des aliments de choix et les dé-
gorge en une fine bouillie, dont il enduit la
paroi de la niche où l'œuf est déposé. A son
éclosion, la Larve trouve de la sorte une nourriture de digestion facile, qui lui fortifie rapidement l'estomac et lui permet d'attaquer les
couches sous-jacentes, auxquels manque ce
raffinement de préparation. Sous l'enduit demi-
fluide est une pulpe de choix, compacte, homogène, d'où tout brin filandreux est exclu. Par
de là viennent des assises grossières, où les
fibres végétales abondent, enfin l'intérieur de
la pelote est composé des matériaux les plus
communs, mais tassés, feutrés en coque résistante. »

« Un changement progressif dans le régime alimentaire est ici manifeste. En sortant de l'œuf, le tout débile vermisseau lè-
che la fine purée sur les murs de sa loge. Il
y en a peu, mais c'est fortifiant et de haute
valeur nutritive. A la bouillie de la tendre
enfance succède la pâtée du nourrisson se-
vré, pâtée intermédiaire entre les exquises dé-
licatesses du début et la nourriture grossière
de la fin. La couche en est épaisse et suffisante
pour faire du vermisseau un robuste ver. Mais

(1) J.-H. Fabre, *loc. cit.*

alors aux forts la nourriture des forts, le pain
d'orge avec ses arêtes, le crottin naturel plein
d'aiguilles de foin. La Larve en est surabondamment approvisionnée, et toute sa croissance
prise, il lui reste une couche formant cloison
autour d'elle. La capacité de l'habitacle s'est
agrandie à mesure que grossissait l'habitant,
nourri de la substance même des murailles ; la
petite niche primitive à parois très épaisses
est maintenant une grande cellule à parois de
quelques millimètres d'épaisseur ; les assises
intérieures de la maison sont devenues Larve,
Nymphe ou Scarabée suivant l'époque. Finalement la pilule est une solide coque, abritant
dans sa loge spacieuse le mystérieux travail de
la Métamorphose. »

Dans les régions chaudes du globe les Copris
atteignent quelquefois une taille énorme, aussi

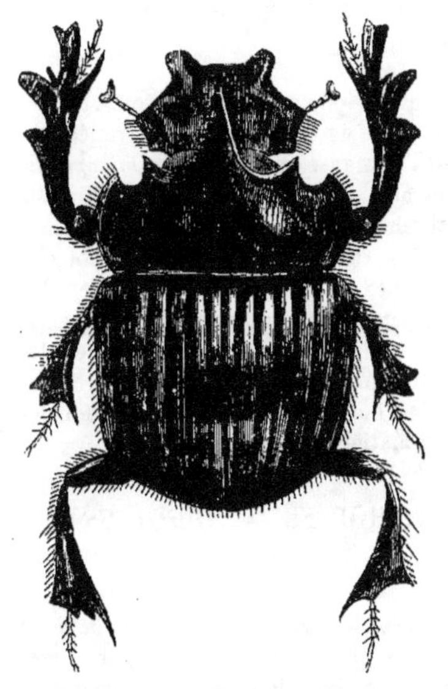

Fig. 203. — Copris Antenor.

avons-nous cru devoir représenter le *Copris*
(fig. 293) ou *Heliocopris Antenor* du Sénégal ;
c'est une espèce absolument noire. En Amérique, depuis les États-Unis jusqu'à la Patagonie, les Copris sont remplacés par les *Phanæus*, qui sont aussi remarquables par l'éclat
de leurs couleurs que par les saillies aux formes bizarres qui décorent leur tête et leur
corselet.

On raconte, que des *Heliocopris Midas* des

Fig. 294. — Les Lèthres céphalotes coupant les tiges de la vigne (p. 196).

Indes orientales sortirent de masses de terre durcie qu'on avait prise pour des « boulets de canon » ; l'un d'eux apparut 13 mois et un autre 16 mois après qu'on eut recueilli ces boulets.

Nous ne saurions passer sous silence les *Bubas* et les *Onitis* de nos côtes méditerranéennes ainsi que l'immense peuplade des *Onthophagus* répandus sur tout le globe et dont la petite taille est rehaussée par mille couleurs éclatantes et par les armatures de la tête et du corselet souvent ornés de cornes fourchues. Ces Onthophages, qui comptent environ 322 espèces, habitent les déjections des Solipèdes et des grands Ruminants ou les matières excrémentitielles de l'homme et même quelquefois les débris de matières animales.

LES APHODIES — *APHODIUS* (1)

Die Aphodiinen. Die Dungkäfer.

Caractères. — Les pièces de la bouche et les antennes des *Aphodius* ont la même conformation que dans les genres précédents ; mais l'abdomen compte cinq anneaux, les jambes postérieures sont terminées par deux épines, et, ce qui achève de les distinguer, l'extrémité arrondie des élytres recouvre chez eux l'extrémité abdominale. Presque tous ont le corps à peu près cylindrique et sont d'assez petite taille, la couleur dominante est en général le noir ou le brun sale. Leur tête semi-circulaire s'aplanit au milieu et porte des yeux indivis. Le corselet est bordé en avant

(1) Ἄφοδος, excrément.

d'une membrane mince, et en arrière un scutellum très distinct lui fait suite. Les hanches moyennes sont rapprochées ; les postérieures, par leur élargissement, couvrent généralement la naissance de l'abdomen.

Distribution géographique. — Ce genre est surtout nombreux dans les zones tempérées et froides de l'Europe (115 espèces).

Mœurs, habitudes, régime. — Ce sont eux qui pendant les belles soirées d'été ou même en plein soleil, se livrent par milliers à ces évolutions aériennes autour d'un fumier comme le feraient les Abeilles autour de leur ruche ; et le tas entier semble parfois s'animer tant ils sont nombreux.

Ils mènent une existence d'autant plus facile qu'ils ne creusent point le sol, ne façonnent point de pilules pour leur descendance, mais qu'ils pondent directement leurs œufs dans le fumier ou les excréments; aussi leur reste-t-il suffisamment de temps, s'ils ne sont pas occupés à lécher leur répugnante friandise, pour prendre leurs ébats à travers les airs quand brille le soleil.

L'APHODIE FOUISSEUSE. — *APHODIUS FOSSOR.*

Grabender Dungkäfer.

L'Aphodie fouisseuse (*Aphodius fossor*) (fig. 296), d'un noir luisant, aux élytres quelquefois rouge-brun, est la plus grande de nos espèces. Elle se reconnaît à son chaperon tronqué auriculé, c'est-à-dire ayant les angles antérieurs recourbés au-devant des yeux, à son front armé de trois tubercules, à son corselet lisse, à ses élytres finement striées arrondies à l'extrémité, avec les intervalles des stries bombés aux abords du scutellum qui est très distinct et enfin au premier article des tarses postérieurs qui est à peu près aussi long que les 4 suivants.

La tête présente des différences sexuelles : les trois tubercules, qui ne sont qu'indiqués chez la femelle, sont plus saillants chez le mâle, et celui du milieu affecte la forme d'une corne.

Fig. 295. — Larve.   Fig. 296. — Aphodie fouisseuse.

La Larve (fig. 295) a : la tête brune avec une impression longitudinale peu profonde à sa partie supérieure, et çà et là quelques longs poils; le chaperon nettement séparé du front; la lèvre supérieure arrondie et velue; 5 articles aux antennes, celui du milieu étant le plus long; les mandibules longues, de couleur noire, et de grandeur inégale, la gauche étant plus longue que la droite, celle-ci portant trois saillies, celle-là, au contraire, étant bifide avec la dent postérieure plus grande que l'antérieure; les mâchoires munies d'une forte dent; les palpes maxillaires de 3 articles; les palpes labiaux de 2 articles seulement. Le corps est comme toujours formé de 12 anneaux quelque peu ridés transversalement.

Cette Larve se trouve toute développée au printemps, simplement étendue dans la terre au-dessous du fumier de l'année précédente, et se transforme rapidement en Insecte parfait.

LES GÉOTRUPINES — *GEOTRUPINÆ*

Die Rosskäfer. Die Geotrupinen.

Certaines grandes espèces de Coprophages de France, d'Allemagne et des pays voisins, confondues autrefois avec beaucoup d'autres sous le nom de Scarabées, sont connues également sous le nom de Bousiers (Géotrupes). Nous les voyons souvent embarrassés dans leur démarche, se traîner sur les chemins, dans les champs et les bois; souvent encore, lorsqu'ils volent à la tombée de la nuit, leur bourdonnement frappe nos oreilles.

Caractères. — Ici la lèvre supérieure et les mandibules sont cornées, au lieu d'être membraneuses comme chez les précédents, et ne sont pas recouvertes par le chaperon; les mâchoires sont semblables à celles des *Scarabæus*

et des *Copris*. Les Géotrupines sont les seuls Scarabéides dont les antennes comptent 11 articles, et ce caractère suffit à lui seul pour les distinguer; les yeux sont complètement partagés en deux parties.

En outre on les reconnaît : à leur chaperon qui porte souvent chez les mâles une corne, un tubercule, ou chez les femelles une carène séparée du front par une ligne droite ou anguleuse; à leur corps ovoïde, raccourci, assez fortement bombé en dessus; à leur corselet quadrangulaire postérieurement qui présente souvent des différences notables suivant les sexes; à leurs élytres couvrant tout l'abdomen et ne laissant à découvert que son extrémité, la brièveté de l'abdomen, de 5 anneaux, est tout à fait caractéristique. Les pattes sont éminemment fouisseuses ; les cuisses antérieures, comme les Lucanides, portent souvent un bouquet de poils formant une tache soyeuse d'un beau jaune doré ; les jambes de la même paire sont dentées en scie sur la tranche externe, et celles des autres pattes se distinguent par leurs carènes situées sur le bord externe.

LES GÉOTRUPES — *GEOTRUPES* (1

Caractères. — Indépendamment des caractères de la tribu, ils en possèdent de particuliers : leur chaperon est rhomboïdal, rebordé, généralement séparé du front par un sillon anguleux ; il est unituberculé en son milieu ; leurs jambes postérieures quadrangulaires, un peu arquées, sont munies de 3 à 5 carènes.

En dessous les hanches postérieures cannelées produisent, par leur frottement contre le bord du troisième anneau abdominal, un bruit stridulent qui du reste paraît être de peu d'importance.

Les Géotrupes sont noirs ou d'un brillant métallique.

Distribution géographique. — Leur extension géographique se borne aux régions tempérées de l'Europe et de l'Amérique du Nord, aux montagnes de l'Himalaya en Asie, au Chili dans l'Amérique du Sud, et en Afrique aux côtes septentrionales; on a décrit 90 espèces environ.

Mœurs, habitudes, régime. — Les Géotrupes ou Bousiers des crottins, ainsi nommés parce que plusieurs espèces hantent de préfé-

(1) Γῆ, terre; τρυπάω, je perfore.

rence le crottin de cheval, ont une forme lourde et des allures gauches bien plus appropriées au métier de fouisseur qu'à la vie aérienne, et de fait leur sort n'a rien d'enviable.

A peine ont-ils quitté leur profonde retraite pour venir à la lumière du jour, que les soucis de leur progéniture les réclame. Chaque espèce suivant ses goûts recherche la bouse ou le crottin abandonnés sur les chemins, dans les bois ou les pâtures; dans la saison avancée elles choisissent aussi les Champignons mous si recherchés à la fois par tant d'Insectes et par les Limaces.

D'abord le Géotrupe pénètre dans le crottin ou le champignon, s'y vautre et apaise sa propre faim, chose essentielle, puis creuse tout près dans le sol un puits ayant jusqu'à 30 centimètres de long. Il comble ensuite ce trou perpendiculaire avec une portion de la matière du crottin ou du champignon et y pond un seul œuf.

Autant il y a d'œufs à pondre, autant il y a de puits à creuser et souvent aussi autant de tas de crottin à chercher; car un individu ne s'empare jamais seul d'un placer. Il est obligé de partager sa fortune avec d'autres compagnons de son espèce, de sa famille, ou de sa race, voir même avec d'autres Coléoptères dont nous nous souvenons bien et dont nous ne parlerons plus; car tout lambeau de terre où la vie a pris naissance n'est pas nécessairement une propriété privée où l'on puisse vivre comme coq en pâte. L'Insecte est condamné au partage; au plus fort, au plus adroit la part du lion.

Aussi la découverte de l'endroit recherché où le Géotrupe puisse couler quelques heures tranquilles est-elle pleine de difficulté; le jour, tout affairé, courant sur le sol, il s'inquiète peu des pieds qui peuvent le martyriser; le soir, il prend son essor et, rasant la terre, le bruit sourd que produit son vol révèle sa présence. Sans cesse en mouvement, il semble ne se reposer jamais. S'il ne prend ses ébats que le soir, c'est qu'il préfère la nuit pour s'accoupler et assurer le sort de sa progéniture.

Son séjour dans un milieu malpropre, ses habitudes fouisseuses, exposent le Géotrupe à être envahi par ces mêmes parasites que nous avons déjà vus sur le corps du Nécrophore dans des circonstances semblables. On aperçoit les Acarides courant les uns après les autres sous le thorax et l'abdomen, et ils deviennent d'autant plus nombreux que le Géotrupe est plus épuisé et qu'à bout de forces, il approche de sa fin.

En automne on trouve çà et là ce Coléoptère étendu sur le dos, cadavre desséché, les pattes raides et écartées, et abandonné de ces parasites eux-mêmes. Il est mort de sa mort naturelle, tandis que d'autres de ses frères sont, de même que certains Bourdons, devenus la proie d'une Pie-Grièche qui les a empalés sur une épine.

Le temps fait disparaître tout ce qui pourrait révéler la demeure future du Géotrupe; un enfoncement circulaire avec quelques ondulations indique seul son emplacement. Durant l'été et l'automne la Larve poursuit son développement au fond du conduit souterrain, passe à l'état de Nymphe et finalement d'Insecte parfait, lequel sort au printemps suivant pour inaugurer sa résurrection en se mettant à l'œuvre dont nous avons esquissé le tableau.

LE GÉOTRUPE PRINTANIER. — *GEOTRUPES VERNALIS.*

Der fruhlings Rosskäfer.

Le Géotrupe printanier (*Geotrupes vernalis*) est la plus petite des espèces de France et d'Allemagne : elle n'a que 13 à 15 millimètres de long, sa surface dorsale polie est d'un noir bleuâtre ou d'un beau bleu d'acier; le dessous du corps et les cuisses sont bleu ou bleu-violet; les jambes sont noires ou en partie bleuâtres.

LE GÉOTRUPE STERCORAIRE. — *GEOTRUPES STERCORARIUS.*

Gemeiner Rosskäfer.

Le Géotrupe stercoraire (*Geotrupes stercorarius*) a les élytres fortement sillonnées; il est

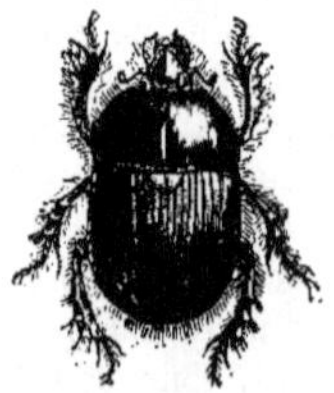

Fig. 297. — Géotrupe stercoraire.

de couleur noire en dessus avec des reflets bleus ou verts, sur le pourtour du thorax et des élytres, le dessous est bleu-violet; sa taille mesure 16 à 27 millimètres (fig. 297).

C'est le seul Géotrupe dont la Larve soit connue avec certitude ; elle est caractérisée par ses antennes de 4 articles et par ses fortes mandibules arquées, tridentées et armées, au milieu, d'une dent trifide, à la base, d'une dent molaire.

LE GÉOTRUPE PHALANGISTE. — *GOETRUPES TYPHÆUS.*

Das Dreihorn.

Le Géotrupe phalangiste (fig. 298) est notre plus belle espèce; remarquable par la forme du corselet du mâle auquel 3 cornes dirigées en avant, ainsi que le représente notre gravure

Fig. 298. Géotrupe Typhæus.

donnent le plus singulier aspect. Les élytres, un peu plus aplaties que chez les autres espèces, sont d'un noir pur très brillant, ainsi que le reste du corps.

Comme cette espèce a les mandibules armées d'une dent externe avant la dent terminale, les lobes internes de la mâchoire plus développés et le menton moins profondément découpé, les auteurs systématiques ont proposé de la séparer des autres sous le nom générique de *Ceratophyus* ou de *Minotaurus.*

Elle se trouve de préférence sur les pâturages secs où paissent les Moutons, dont les excréments, et peut-être ceux des Cerfs et des Chevreuils, constituent la nourriture de prédilection de la Larve et de l'Insecte parfait.

Nous signalerons encore parmi les espèces françaises le *G. mutator*, de toute la France ; le *G. hypocrita* ou *pilularius*, espèce plutôt méridionale ; le *G. sylvaticus*, habitant de nos bois, et le brillant *G. corruscans*, aux reflets vert cuivreux, d'Espagne et des Pyrénées.

LES LÈTHRES — *LETHRUS* (1)

Caractères. — Les Lethrus se rattachent

(1) Étymologie inconnue.

étroitement aux Géotrupes par la conformation générale du corps, mais se distinguent toutefois des autres membres de la famille par leurs antennes dont les deux derniers articles sont inclus dans le troisième qui les précède, comme le serait un oignon dans sa pelure, d'où l'un des noms allemands de ce Coprophage (*Zwiebelhornkäfer*). Par suite de cette structure les antennes ne se déploient pas en éventail et ne semblent formées que de 9 articles. Les mandibules sont grandes, dentées du côté interne et encore plus remarquables chez le mâle, où elles sont armées en dessous d'une grande corne (fig. 294).

Distribution géographique. — Ce genre asiatique, composé de quelques espèces, s'étend depuis la Sibérie jusqu'en Russie, et une espèce (*Lethrus cephalotes*) arrive même jusqu'en Autriche où elle habite les régions sèches et sablonneuses.

Mœurs, habitudes, régime. — Les mœurs curieuses de ces Scarabéides méritent attention ; aussi allons-nous les décrire.

LE LÈTHRE A GROSSE TÊTE. — *LETHRUS CEPHALOTES.*

Rebenschneider.

Ce Coléoptère, par les dommages sensibles qu'il peut occasionner dans les Vignes, a su attirer depuis longtemps l'attention des cultivateurs hongrois et a reçu également le nom de *Coupeur de Vigne.*

D'un noir mat ponctué, aux élytres fort courtes formant presque un demi-cercle, il mesure une vingtaine de millimètres. Les Lèthres se tiennent dans le fumier desséché et auprès des racines de plantes vivaces, où ils vivent par couple, renfermés dans des trous creusés sous terre.

Dès le premier printemps, quand les chauds rayons du soleil pénètrent le sol et font pousser les bourgeons de la Vigne, on aperçoit sur la terre de nombreux trous semblables à ceux qui se voient sur les pâturages et les clairières des bois et qui sont dus à nos Coprophages indigènes. C'est surtout le matin et après trois heures de l'après-midi, que les *Lethrus* sortent de leurs retraites, mais pour y rentrer aussitôt, à l'instar du Grillon champêtre, dès que le moindre bruit les met en alerte. S'ils ne sont pas dérangés, ils s'avancent en toute hâte auprès des Vignes, coupent les bourgeons et les jeunes pousses devant ou non donner des raisins, et les entraînent dans leurs puits en marchant à reculons.

Ce manège dure tout l'été; par un temps pluvieux, le Coupeur de la Vigne ne se montre pas, et pendant les vendanges il est devenu introuvable. D'après Erichson, le Coléoptère moissonne aussi les Graminées et les feuilles de Pissenlit. Mais comme aucun observateur ne parle de la nourriture des Lèthres, et qu'il n'est question que de la coupe des pousses de la Vigne, il est permis de croire que les fragments végétaux fanés servent à la nourriture de l'Insecte, mais surtout et en premier lieu à l'alimentation de la couvée. Lorsqu'une provision suffisante a été introduite, la femelle pond un seul œuf; elle creuse ensuite de nouveaux trous où elle dispose successivement à la façon des Géotrupes les rations destinées à chacun de ses enfants.

Après avoir assuré le sort de sa progéniture, le *Lethrus* a parcouru le cycle de son évolution, et ses descendants ne verront le jour qu'après l'hiver, pour remplir les mêmes fonctions.

Il est difficile, sans nuire aux racines des ceps, de déterrer le Lethrus, aussi, en raison de cet obstacle permanent, la Larve et le développement de notre ennemi de la Vigne ne sont-ils pas encore suffisamment connus.

LES TROGINES — *TROGINÆ*

Caractères. — L'abdomen ne compte plus que cinq segments; les pattes antérieures, au lieu d'être destinées à fouir, ne servent qu'à la locomotion, aussi ne s'élargissent-elles pas et leurs hanches sont-elles très brèves; les élytres recouvrent complètement l'abdomen. Leurs organes buccaux ne présentent rien de particulier.

LES TROX — *TROX* (1)

Ces Insectes, de taille moyenne, de forme ovale, aux téguments solides et raboteux, aux élytres tuberculeuses, aux ailes développées ou avortées, vivent dans les endroits sablonneux, et leur corps est souvent couvert de terre; rare exception chez les Scarabéides, ils recherchent les cadavres dont ils dévorent les tendons. Par le frottement de leurs élytres con-

(1) Θρώξ, qui ronge.

tre l'abdomen ils font entendre une stridulation.

Les *Trox perlatus, hispidus, scaber, sabulosus* (fig. 299), sont des espèces indigènes.

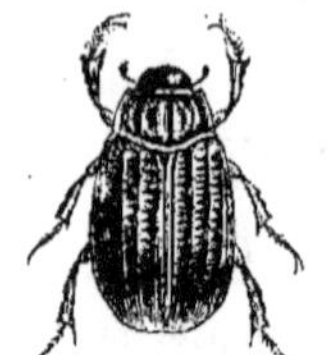

Fig. 299. — Trox des sables.

Le deuxième groupe des Lamellicornes, celui des *Pleurostictica*, comme les appelle Lacordaire, à cause de la différence de position de leurs stigmates abdominaux, comprend les Phytophages, que l'on partage en cinq grandes divisions : les *Mélolonthines*, les *Euchirines*, les *Rutélines*, les *Dynastines* et les *Cétonines*.

LES MÉLOLONTHINES — *MELOLON-THINÆ*

Die Melolonthinen.

L'étude de ce groupe si riche, dont le Hanneton est le type par excellence, est un des plus difficiles de la famille des Scarabéides, car la distinction des espèces repose souvent sur les particularités les plus minutieuses; une grande uniformité dans la distribution des couleurs, brune, gris-brun ou noire, ainsi que dans la physionomie générale caractérise tous ces Coléoptères, si voisins les uns des autres.

On attache surtout quelque importance : en première ligne, aux pièces de la bouche, à la forme des hanches, à la conformation du dernier anneau abdominal; et, en deuxième ligne, à la forme du scutellum, aux dentelures des jambes, aux différences sexuelles, aux griffes doubles et toujours égales qui terminent les pattes, etc.

Caractères. — La tête est le plus souvent carrée ou largement arrondie, ou parabolique en avant des yeux et rebordée au moins sur le bord antérieur; une suture sépare généralement le chaperon du front; les yeux sont presque toujours volumineux et globuleux, engagés dans le prothorax et entamés par une expansion des joues; les antennes ont sept, huit, neuf ou dix articles; la massue, trois à sept ; les mandibules ne dépassent pas le chaperon ; le prothorax est généralement de la largeur des élytres ; celles-ci laissent à découvert l'extrémité de l'abdomen ; les pattes antérieures sont plus longues chez les mâles que chez les femelles, mais leurs jambes sont plus robustes et plus profondément dentées chez les femelles ; les trois derniers stigmates abdominaux divergent faiblement.

Leurs larves, autant qu'on les connaît, se nourrissent de racines, tandis que les Insectes parfaits dévorent les feuilles ; aussi certaines espèces peuvent devenir au plus haut degré nuisibles aux cultures, lorsqu'elles apparaissent en grandes masses concentrées en certains points.

Distribution géographique. — On compte près de 2,000 espèces de Mélolonthides (1931) ; l'Europe nourrit le moins de Mélolonthides (94), l'Afrique le plus grand nombre (361), l'Asie, l'Amérique du Nord et l'Australie chacune environ (de 103-121) une quantité égale, l'Amérique méridionale 264.

LES MÉLOLONTHES — *MELOLONTHA* (1)

Le genre Mélolonthe se distingue de ses voisins : par les 7 feuillets allongés, qui forment

Fig. 300. – Antennes du Hanneton foulon mâle.
Fig. 301. — Antennes de la femelle du Hanneton commun.

la massue de l'antenne chez le mâle (fig. 300), tandis que chez la femelle (fig. 301), ces feuillets sont plus courts et au nombre de 6 seulement ; par les griffes dentées à leur base dans les deux sexes.

Le Hanneton commun (*Melolontha vulgaris*) donne une idée très fidèle du groupe entier.

LE HANNETON COMMUN. — *MELOLONTHA VULGARIS.*

Gemeiner Maikäfer.

Caractères. — Le Hanneton commun est trop connu pour que nous en fassions une lon-

(1) Μηλολόνθη, Hanneton

gue description ; il se reconnaît à ses taches triangulaires d'un blanc crayeux rangées sur les côtés de l'abdomen, à la longue pointe qui termine l'extrémité abdominale, à la couleur testacée des antennes, des jambes et des élytres tranchant sur le fond noir général, et encore à la pulvérulence blanche répandue çà et là sur le corps, pulvérulence qui disparaît plus ou moins par le frottement chez les vieux individus.

Une variété au corselet rouge est assez fréquente. La jeunesse allemande désigne les individus ainsi colorés par le nom de « Turcs rouges » ; les jeunes garçons de l'Alsace nomment les Hannetons à thorax rouge des « rois » et ceux à pattes noires des « rois maures ». Les gamins de Strasbourg appellent plaisamment le Hanneton : *Maiatzel* (merle de mai) au lieu de *Maikäfer*. Les Anglais appellent cet Insecte *Cockchafer*.

C'est à son apparition au mois de mai que le Hanneton doit son nom allemand de « Scarabée de mai », *Maikäfer* ; mais il ne faudrait pas en conclure qu'il ne se montre pas pendant d'autres mois.

Mœurs, habitudes, régime. — Un printemps doux engage le Hanneton à sortir de terre en avril ; un printemps pluvieux le contraint à rester dans le sol, aussi n'apparaît-il qu'en juin. On peut dire que dans les années dites « à Hannetons », notre Insecte vole depuis le mois de mai jusqu'à la mi-juin. Les quelques cas d'apparition de Hannetons en septembre et mars sont tout exceptionnels et en dehors de leur période normale ; mais ils se présentent toujours et doivent être attribués au labour actif de la charrue qui ramène ces Insectes à la surface.

Aussitôt que ces Coléoptères sont sortis de terre et s'ils ne sont pas gênés par le mauvais temps, ils prennent leur essor non seulement dans les soirées chaudes, où, pleins d'activité, ils cherchent à se nourrir et à s'accoupler, mais se montrent encore très remuants pendant le jour soit en plein soleil, soit par un temps lourd.

Lorsque le Hanneton veut prendre son essor, il fait provision d'air ; il imprime à tout son corps un mouvement de va-et-vient, en maintenant ses élytres entr'ouvertes : on dit alors qu'il *compte ses écus*. Il remplit ainsi ses trachées et les ampoules aériennes qui sont disséminées dans tout son corps, ainsi que le montre la belle figure donnée par Strass-

Durckeim que nous avons reproduite (p. 41 ; fig. 82). D'après les recherches de Landois, les branches qui émanent des troncs principaux de ces tubes et qui de là se rendent dans les diverses parties du corps renferment jusqu'à 330 vésicules en partie plus grandes chez le mâle que chez la femelle.

Les Hannetons surgissent d'ordinaire dans des localités déterminées, et leur apparition en grandes masses se rattache à un cycle périodique.

Dans la plupart des contrées de l'Allemagne on voit tous les *quatre ans*, d'après Ratzeburg, le retour de leur néfaste apparition. En Franconie, on signale les années 1805, 1809...1857, 1861, 1865, 1869, 1873 ; en Westphalie 1858, 1862, 1866, 1870, 1874 ; à Berlin 1828, 1832, 1836... 1860, 1864, 1868, 1872, comme remarquables par l'invasion de ces Coléoptères.

Dans la plus grande partie de la Saxe on admet par tradition que les années bissextiles sont aussi des années à Hannetons.

En Suisse les grandes apparitions se reproduisent tous les *trois ans*, comme sur les bords du Rhin et en France. Dans la circonscription de Bâle et dans la région qui en France s'étend jusqu'au Jura et au Rhin les années 1830, 1833, 1836, 1839 furent néfastes. Dans le pays de Berne, dans les parties occidentales et septentrionales de la Suisse, les années 1831, 1834, 1837, 1840, etc., ont été remarquées. Dans le canton d'Uri, ainsi qu'au sud et à l'orient du lac de Lucerne, on a signalé des invasions en 1832, 1835, 1838, 1841, etc.

Sur le Rhin les années 1836, 1839 et 1842 ; sur le Weser les années 1838, 1841 et 1844, furent riches en Hannetons.

Cette différence d'une année dans le cycle évolutif chez un même animal réside dans des causes locales ; quelques degrés de plus ou de moins dans la température moyenne doivent en être la cause principale. Dans l'année bissextile 1864, qui fut en Allemagne une année à Hannetons, ceux-ci, à cause de l'inclémence de la saison, ne se montrèrent qu'aux 13 et 14 mai, et en quantité si prodigieuse que le sol était par places entièrement criblé par leurs trous de sortie. Ils se livrèrent à leurs déprédations jusqu'à la mi-juin, et dépouillèrent complètement les plus beaux Chênes de leur feuillage pour disparaître ensuite totalement ; cependant on trouvait encore le 8 et même le 28 *juillet* quelques paires accouplées.

Qui ne les a vus par paquets de quatre et davantage grimpant sur les Chênes et les arbres fruitiers déjà dépouillés, se débattant, se disputant une rare nourriture ou une femelle ; qui ne les a vus, en traversant un bois effeuillé dans une année qui leur est favorable, se démener sur les épis de seigle, les tiges des graminées ou d'autres plantes basses? ils sont si nombreux que l'air est empesté par l'odeur dégoûtante qu'exhalent leurs excréments.

Ce n'est que dans la nuit avancée et le matin de bonne heure que, suspendus par leurs pattes rapprochées, ils se reposent sur les arbres et les buissons, surtout sur les Pruniers, les Cerisiers de nos jardins et sur les Chênes, les Marronniers, les Érables, les Peupliers et la plupart des autres arbres feuillus des forêts. C'est alors qu'il est le plus facile de les faire tomber et de les ramasser en frappant brusquement les troncs d'arbres et non pas en les secouant.

La femelle fécondée demeure plusieurs jours avant que les œufs aient atteint la maturité nécessaire à la ponte ; puis elle gagne un sol meuble de préférence à d'autres terrains compacts, calcaires ou sablonneux et y pond à une profondeur de 5 à 7 centimètres une trentaine d'œufs un peu allongés, de la grosseur d'un grain de chènevis et légèrement aplatis, qu'elle dépose par petits tas (voir fig. 302). Ce travail accompli, elle ne reparaît plus, quelquefois elle se montre encore à la surface du sol ; mais, épuisée par une telle dépense de forces, elle n'a qu'à subir le même sort que le mâle et à succomber.

Quatre à six semaines après, les Larves sont écloses et se mettent à ronger les fines radicelles des plantes avoisinantes jusque vers la fin de septembre, époque à laquelle elles ont atteint une vingtaine de millimètres et la grosseur d'une petite plume d'oie, après quoi elles pénètrent profondément en terre à 40, 50 et même 60 centimètres, suivant que le thermomètre s'abaisse plus ou moins, pour y subir le sommeil hivernal. Au retour de la belle saison, elles remontent vers la surface et se livrent à leur travail de destruction avec une ardeur redoublée et réparent leurs forces par une nourriture succulente. Alors, âgées d'un an environ, elles sont devenues plus volumineuses ; leur activité dévorante et les dégâts qu'elles commettent les obligent à se disperser de plus en plus. C'est pendant les jours les plus longs de l'année jusqu'à l'équinoxe d'automne que les ravages qu'elles occasionnent sont le plus appréciables. A partir de ce moment, elles redescendent et subissent leur deuxième sommeil hivernal toujours à des profondeurs variables suivant la rigueur de la température. Après ce repos, elles se rapprochent de la surface et recommencent leurs déprédations.

Quand trois années se sont écoulées depuis la ponte, elles ont pris tout leur accroissement et sont aptes à se transformer en Nymphes ; elles s'enfoncent de nouveau dans la profondeur du sol à 1 mètre, 1ᵐ,50, et l'on peut admettre que de août à septembre tous les Vers blancs d'une seule et même année passent à l'état de Nymphe. Avant l'entrée de l'hiver les Hannetons sont entièrement développés et prêts à remplir toutes leurs fonctions, mais s'ils ne sont pas dérangés, ils restent couchés dans leur berceau jusqu'au printemps suivant.

Suivant la profondeur et la consistance du terrain le Hanneton a besoin de plus ou moins

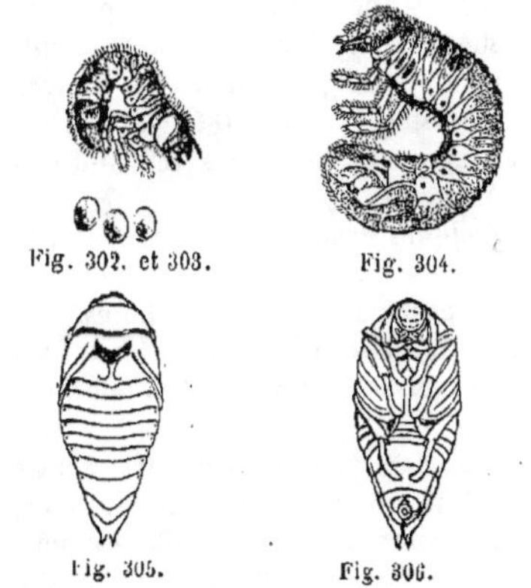

Fig. 302. et 303.   Fig. 304.

Fig. 305.   Fig. 306.

Fig. 302. Œufs. — Fig. 303. Larve âgée d'un an. — Fig. 304. Larve âgée de trois ans. — Fig. 305. Nymphe vue en dessus. — Fig. 306. Nymphe vue en dessous.

de temps pour se dégager et apparaître à la surface du sol ; il choisit toujours pour se montrer les heures de la soirée.

La Larve ou Ver blanc est un ennemi trop redoutable de nos cultures pour que nous passions sous silence sa conformation extérieure, bien que nous en donnions une figure.

Pour compléter la définition de cette Larve, nous ajouterons : les pattes à 4 articles se terminent par une griffe simple et sont de couleur jaune rougeâtre comme la tête ; le corps à rides transversales est d'un blanc sale passant au bleuâtre à l'extrémité ; la tête glabre

est dépourvue d'yeux, mais porte comme caractère distinctif deux antennes à 4 articles dont l'avant-dernier dépasse le dernier en dessous par un prolongement en forme de dent ; les mandibules sont puissantes à tranche large, entière et noire ; les mâchoires ont les lobes soudés et munies de palpes à 3 articles, et enfin la lèvre supérieure dure, en demi-cercle, et la lèvre inférieure pourvue de palpes à 2 articles ferment la bouche des deux côtés.

Dégâts causés par les Hannetons. — Ratzeburg, qui a publié un magnifique ouvrage sur les Insectes nuisibles aux forêts, prétend avec raison que « le Hanneton est le plus terrible destructeur de nos cultures » ; sa multiplication est telle qu'il cause des dommages incalculables aux forêts comme aux céréales ; Larve, il attaque les racines de nos arbres fruitiers, tout aussi bien que celles des végétaux herbacés ; Adulte, il dévore le feuillage des Chênes, des Érables, des Peupliers, des Ormes, des Cerisiers, des Pruniers et de bien d'autres ; la disette le force à s'attaquer même aux Conifères, du moins aux Pins et aux Mélèzes ; s'il s'abat sur les Sapins, ce n'est que pour en dévorer les chatons mâles.

Les Larves que les agriculteurs nomment *mans, vers blancs, turcs, meuniers*, etc., sont en réalité les plus redoutables : Ratzeburg rapporte que dans la plaine de Kolziber elles détruisirent plus de mille arpents de Pins de six à sept ans ; Duponchel rappelle qu'elles anéantirent trois fois de suite des semis de Chênes faits sur une étendue de 6 hectares ; Vibert mentionne la destruction de luzernières, de champs d'Orge et d'Avoine, de semis de Pois, de salades, de plants de Fraisiers, etc. ; et dans ses propres cultures en 1825 et 1826 la disparition de plus cinquante mille plants de Rosiers greffés et non greffés. Ce pépiniériste estime que sur une pièce de terre de trois arpents il y avait plus de 150 mille Vers, c'est-à-dire plus de deux Vers par plant. « Pour la seule année 1825, dit-il, ma perte a surpassé le montant des contributions que ma commune paie à l'état. » M. Marsaux, directeur de la pépinière forestière de Versailles, compte que de 1861 à 1862 la perte matérielle de cette pépinière a été de plus de 1 million de plants de toute nature, et que la perte des pépinières de Saint-Germain a été à peu près égale ; quant aux déprédations commises dans les plantations particulières il rapporte qu'elles furent incalculables. M. Reiset

Fig. 307. — Hanneton commun.   Fig. 308. —Rhizotrogue du solstice, au vol.   Fig. 309. — Hanneton foulon.

Fig. 307 à 309. — Les Hannetons.

estime que d'après les constatations officielles faites en 1866 dans cent soixante et une communes du département de la Seine-Inférieure, les dommages furent évalués à 2,658,702 francs ; si l'on avait étendu l'expertise au département entier et à l'année entière, on serait arrivé à une évaluation dépassant 25 millions. Dans son exploitation, qui comprend une étendue de 100 hectares, cet agriculteur évalue ses pertes à 18,700 francs portant principalement sur la culture de la Betterave ; d'après ses observations, certaines pièces de terre contenaient en moyenne 23 Mans par mètre superficiel ou 230,000 par hectare ; or, comme dans cette étendue de terrain on cultive environ 100,000 pieds de Betteraves, chaque Betterave peut être dévorée par deux Vers blancs ; et comme dans un hectare on élève environ 80,000 pieds de Colza, chaque plante oléagineuse peut être attaquée par plus de deux Vers blancs.

Dans le département de l'Aisne, à différentes reprises, la récolte des Betteraves fut sérieusement compromise.

Pendant les années dites sans Vers blancs :

1858	on récolta	21,000 kilog. à l'hectare.
1859	—	23,800 —
1861	—	25,200 —

Pendant les années à Vers blancs :

1857 on récolta seulement	5,000 kilog. à l'hectare.
1860	—	9,800 —
1862	—	14,900 —

BREHM. — VII.

Ce qui constitue une perte de 60 p. 100.

En 1864 et 1865, dans l'arrondissement de Saint-Quentin, les plantations de Betteraves furent dévastées, et en 1868 la perte sur 10,000 hectares fut estimée à 160 millions de kilogr. de racines (1).

Ces quelques évaluations démontrent surabondamment combien il est nécessaire de procéder à la destruction de pareils hôtes.

Destruction des Hannetons. — Les Larves, comme les Insectes adultes, doivent être détruits.

Quelques Mammifères insectivores sont certainement de grands destructeurs de Mans, la Taupe notamment, et sa voracité est un sûr garant des services qu'elle rend. Pouchet rapporte que l'une d'elles dévora successivement avec la plus extrême gloutonnerie 15 Vers de terre, 6 Mans et 2 Hannetons ; et tous les observateurs (Flourens, Dugès, Pouchet, etc.) sont d'accord pour affirmer qu'elle ne peut rester un seul jour privée de nourriture sans périr d'inanition. Dans les cultures les Taupes sont des hôtes désagréables qui bouleversent les plantations, élevant dans les prés ces monticules qui font le désespoir du faucheur, creusant dans les plates-bandes des galeries sans respecter les racines qui les gênent ; aussi les détruit-on par tous les moyens.

(1) Ces derniers renseignements m'ont été obligeamment fournis par M. Millet, ancien inspecteur des forêts.

INSECTES. — 26

Certains Oiseaux sont de précieux auxiliaires ; les Corbeaux-freux, les Corneilles, les Choucas, les Pies, qui s'abattent sur les sillons, dévorent tous les Mans que la charrue a mis à découvert, mais, hélas ! ces Oiseaux, s'ils rendent des services, sont, dit-on, préjudiciables : les bandes de Freux ne s'attaquent-elles pas aux céréales et ne se gorgent-elles pas de blé germé, les Corneilles, les Pies ne détruisent-elles pas les nichées des Oiseaux Insectivores pour nourrir leurs jeunes ? L'homme intervient pour diminuer le nombre de ses serviteurs ; ne sait-on pas que l'on organise au printemps de grandes destructions de Corbeaux dans les forêts et les parcs où ils se sont établis en famille. Depuis 15 ans, dans le département de la Seine, de Seine-et-Oise, de Seine-et-Marne, de la Marne, de l'Oise, de la Seine-Inférieure, de l'Eure on fait des hécatombes au moment où les jeunes quittent le nid, et cependant on trouve toujours dans leur estomac des Hannetons, des Mans, du gravier, et seulement, par exception, des grains de blé. Les Moineaux, eux aussi, sont des auxiliaires méritants, car ils nourrissent leurs jeunes presque exclusivement avec des Insectes et surtout avec des Hannetons qui offrent de plantureuses ressources alimentaires ; c'est ainsi qu'une nichée de 5 jeunes était alimentée sans relâche depuis 4 heures du matin jusqu'à 7 heures du soir avec des Hannetons dont les élytres avaient été soigneusement enlevés. Mais les Moineaux ont un régime mixte, et, adultes, devenus granivores, ils s'attaquent aux récoltes ; l'homme s'interpose alors pour ne pas les laisser se multiplier outre mesure ; souvent même, au lieu de maintenir un juste équilibre, dans sa fièvre de destruction, il met à prix la tête de ses secourables amis (1).

L'agriculture ne peut donc se reposer sur les animaux sauvages du soin de sauvegarder ses récoltes. On a proposé de faire recueillir les Mans par des femmes et des enfants suivant la charrue ; voici quelques chiffres empruntés à M. Reiset qui démontrent les avantages de cette pratique. « Nous avons pu constater les bons résultats obtenus en ramassant avec soin les Mans dans une pièce de terre qui en était infestée ; trois labours avaient précédé la plantation des Colzas, effectuée pendant les premiers jours d'octobre 1866. Deux femmes suivant la charrue avaient ramassé dans 1 hectare 40 ares de terre :

Au premier labour....	170 kilog.	de Mans.
Au deuxième labour...	111	—
Au troisième labour...	63	—
	344	

« Quinze journées de femmes employées pour exécuter ce travail ont coûté 16 fr. 50, ce qui représente une dépense de 11 fr. 80 pour ramasser les Mans dans un hectare de terre ayant reçu trois labours successifs. Cette minime dépense devait assurer la récolte du Colza, dont le produit a été excellent, tandis que plusieurs fermiers voisins, qui avaient dédaigné de prendre les mêmes soins, ont vu leurs plantations, déjà très compromises avant l'hiver, entièrement perdues au printemps... »

« La quantité de Mans qu'une seule femme peut ramasser dans une journée derrière la charrue varie nécessairement suivant l'abondance de ces Insectes, qui sont souvent agglomérés par place. Dans ma ferme, j'ai vu le produit de la chasse descendre de 25 à 4 kilogrammes d'un jour à l'autre ; mais on peut admettre qu'une seule femme a ramassé en moyenne 18 kilog. de Vers blancs par journée de labour pendant la campagne 1866 à 1867. »

Autant le Hanneton aime le soleil, autant la Larve le fuit ; car, si elle est exposée à ses rayons, elle y résiste peu et périt au bout de peu de temps. Malgré cela, il n'est point pratique, en recueillant les Vers blancs, de les entasser les uns sur les autres, pour les faire mourir au soleil, parce qu'alors ceux qui sont placés au-dessous, suffisamment préservés, retrouvent le salut dans une fuite souterraine. Le vrai moyen de les détruire est de les rassembler à peu de distance derrière la charrue, et de répandre sur eux un lait de chaux.

Les Mans desséchés, qui contiennent en moyenne 7,06 d'azote pour 100, peuvent être utilisés comme engrais si on a soin de les mélanger à de la chaux et à de la terre pour en faire un compost.

Dans ces dernières années on a beaucoup vanté l'emploi des poulaillers roulants que l'on installe au milieu des champs, en se reposant sur les volailles (Poules, Canards, Dindons), du soin d'expurger les terres, celles-ci étant fort avides de Vers blancs ; M. Giot a prôné ce procédé économique de ramassage ; mais, comme le fait remarquer avec raison M. Reiset, sous

---

(1) Je dois ces renseignements à l'obligeance de M. Millet, ancien inspecteur des forêts.

l'influence de cette alimentation les œufs des volatiles prennent une couleur et une saveur repoussantes.

On a préconisé un certain nombre de produits chimiques pour détruire les Mans, mais la plupart ont été reconnus inefficaces ou dangereux pour la végétation ; cependant M. Marsaux a entrepris une série d'expériences pour démontrer que la naphtaline pouvait rendre de grands services. Des expériences préliminaires permirent de constater que la dose d'empoisonnement était de 250 grammes par mètre sur labour de 20 à 25 centimètres, de 125 grammes pour un labour moindre, de 80 grammes pour le simple crochetage du terrain ; dans toutes ces expériences faites avec ces doses la végétation ne fut nullement ralentie ; des Haricots, des Pois, des Choux, des Épinards, des Mâches, des Fraisiers, des Salades semés ou plantés dans le terrain empoisonné germèrent et se développèrent normalement. La vérification faite six heures après l'empoisonnement du sol démontre que sur 25 Larves trouvées, 23 étaient mortes et 2 vivantes ; la vérification faite une heure et demie après le traitement prouva que les Vers agonisaient ; remis en terre, ils périrent dans les 24 heures. Les expériences définitives furent faites sur une étendue de deux hectares cinquante ares et démontrèrent qu'en employant 250 grammes par mètre, soit 2,500 kilogrammes à l'hectare, la destruction était radicale. Il faut avoir soin de faire pénétrer la naphtaline dans le sol au moyen de hersages et de choisir l'époque où les Larves sont remontées à la surface, c'est-à-dire au printemps ; en profitant du moment où elles sont le plus rapprochées de la superficie, on peut réduire la dose à 125 grammes par mètre. Le bas prix de la naphtaline (6 à 8 fr. les 100 kil.) rend son emploi assez pratique.

M. Reiset a vérifié l'exactitude des faits avancés par M. Marsaux, mais il pense que si de la naphtaline peut être employée avec quelques avantages dans les pépinières, les cultures maraîchères et les jardins, elle ne peut être utilisée dans la grande culture ; la dépense devant s'élever à 300 fr. environ par hectare.

Quelquefois, comme en 1876, les intempéries des saisons viennent en aide ; cette année, un temps rude persistant fut très défavorable aux Hannetons pendant tout le printemps et causa parmi eux une grande mortalité ; cette destruction naturelle amena comme le hanne-

tonnage une diminution très notable de dégâts pendant les années suivantes ; en thèse générale, il ne faut pas compter sur l'inclémence du temps et se souvenir du proverbe : Aide-toi, le ciel t'aidera.

En réalité le seul procédé efficace pour se débarasser de ces hôtes destructeurs est la récolte des Insectes adultes, le *hannetonnage pratiqué en grand*. On sera édifié à cet égard par quelques exemples.

L'année 1868 fut marquée en France par une apparition de légions immenses de Hannetons. A Barberie (Oise), M. Lalouette, grand fabricant de sucre, fit procéder au ramassage et offrit une prime de 20 centimes par kilog. de Hannetons adultes ; dans les premiers jours de mai on avait déjà livré à l'usine 3,539 kilog., produit de la chasse de 4 jours ; en estimant que chaque kilogramme renferme 1,200 têtes, on trouve un total de 4 millions 26,800 hannetons détruits pour la modique somme de 707 fr. 80 cent. M. Lepaute, conservateur du bois de Vincennes, organisa des chasses, et le contrôle de destruction a accusé un chiffre de quatre mille décalitres. Le nombre moyen que renferme un décalitre est de 3,000 : 12 millions de Hannetons ont donc été détruits pendant cette campagne.

Le ramassage, commencé le 25 avril, se termina le 30 mai ; il fut effectué par des vieillards, des femmes et des enfants auxquels on avait adjoint les cantonniers du bois. On leur avait délivré les crochets employés pour l'extraction des glaces sur les pièces d'eau et qui servaient très bien, — ayant eu la précaution d'envelopper les ferrements avec du foin afin d'éviter les plaies qu'ils pouvaient occasionner aux arbres, — à secouer les branches et à faire tomber les Hannetons qui étaient recueillis sur de vieilles couvertures. La récolte était reçue chaque soir par les brigadiers des circonscriptions, qui la payaient à raison de 1 fr. à 1 fr. 50 le décalitre, suivant la diminution du nombre des Hannetons.

Sauf une faible fraction qui était donnée en pâture aux Canards et aux Poissons, ces Insectes étaient au fur et à mesure de leur réception jetés dans des tonneaux, où de l'eau bouillante additionnée d'un dizième d'huile lourde était versée immédiatement. La mort était à peu près instantanée ; on les enfouissait ensuite dans des fosses préparées à l'avance, en ayant soin de répandre dessus quelques pelletées de chaux vive, pour aider à leur rapide décomposition, de façon à pouvoir le plus tôt possible les employer comme engrais.

Depuis 1860, le hannetonnage est opéré régulièrement au bois de Vincennes; en 1865, cinq cents décalitres ont été récoltés; en 1868 quatre mille décalitres; si la destruction de 1865 n'avait pas été opérée, on aurait eu 22 millions de Hannetons de plus; les 12 millions détruits en 1868 représentent seulement 266 décalitres qui avaient échappé au précédent massacre.

En 1867, dans le département de la Seine-Inférieure, on a détruit 1 milliard 149 millions de Hannetons qui auraient produit 23 milliards de Larves; le montant des primes s'est élevé à 80,000 francs.

C'est en Suisse et en Allemagne surtout que la destruction a été pratiquée sur une grande échelle; dans le canton de Berne, en 1864 et 1865, on a anéanti 628 millions de Hannetons et 1 milliard 32 millions 132 mille Larves. En 1868, dans la circonscription de la Société agricole centrale de la province de Saxe, d'après les rapports qui ont été fournis à cette occasion, on a détruit dans cette même année 30,000 quintaux de Hannetons. En tenant ce chiffre pour vrai (quoique la destruction non officielle doive encore augmenter ce nombre), cela fait en moyenne à peu près 1,590 millions de ces Coléoptères représentant après revue statistique 5,030 individus par livre. Les peines et les sacrifices inhérents à cette gigantesque campagne de destruction ont eu leur récompense; car au printemps de 1872 ils se montrèrent comme dans bien des années ordinaires et ne purent en aucun cas devenir un fléau comme dans les années favorables à leur propagation.

Nous pourrions multiplier les exemples; aujourd'hui dans certaines localités la jeunesse est stylée et le ramassage de ces Coléoptères se fait en grand par les écoliers qui y mettent toute l'ardeur de leur âge; nous ne saurions trop les encourager. De nos jours on ne songerait plus, comme en 1835, à caricaturer un préfet pour avoir décrété le ramassage des Hannetons; et cependant à cette époque Romieu, préfet de la Sarthe, avait fait anéantir 155 millions de Hannetons.

Le meilleur parti à tirer des Hannetons ainsi rassemblés en masses colossales, est de s'en servir comme engrais; on les tue par l'eau bouillante, par la vapeur, ou tout autre moyen; puis on les mêle à de la chaux; on dispose en-suite des couches alternatives d'Insectes et de terre, de manière à constituer un compost.

On peut en extraire aussi une bonne huile à brûler en les soumettant à la distillation sèche.

Quant au bouillon fortifiant de Hanneton recommandé aux convalescents, il n'est pas besoin d'attendre, pour le préparer, une des années favorables à ces Insectes, on en trouvera toujours assez pour en composer un délicieux breuvage! Il y a cependant certaines personnes qui trouvent dans les Hannetons un régal délicat, le docteur Gastier, ancien représentant du peuple, se délectait à manger ces Coléoptères qu'il épluchait comme des Crevettes; quand revenait le printemps, on ne pouvait lui faire un cadeau plus agréable que celui d'une boîte de Hannetons vivants.

LE HANNETON DU MARRONNIER. — *MELOLONTHA HIPPOCASTANI.*

Rosskastanien-Laubkäfer.

Il est encore une autre espèce très voisine, le *Melolontha hippocastani*. Celui-ci se distingue du Hanneton ordinaire par une taille moindre, par la pointe abdominale rétrécie brusquement et quelque peu élargie de nouveau vers l'extrémité, ainsi que par la coloration rouge de la tête et du corselet qui ne sont noirs que par exception.

Cette espèce, beaucoup moins commune que la précédente, se trouve de préférence dans les grands bois.

LE HANNETON FOULON. — *MELOLONTHA FULLO.*

Der Gerber.

Le *Melolontha fullo* est le plus beau des Hannetons de l'Europe et porte divers noms suivant les pays, tels que : *Foulon, Meunier, Scarabée des vignes, Tigre, Scarabée des sapins, du tonnerre, des dunes.*

Tout en faisant remarquer que Harris a créé, pour lui et quelques espèces exotiques, le genre *Polyphylla*, nous le réunissons aux Hannetons.

Caractères. — On le reconnaît facilement (fig. 309) à ses élytres rouge-brun marbrées de blanc, à l'absence de la pointe abdominale, au nombre d'articles de la massue des antennes de la femelle — on n'en compte que 5, — à la position de la dent qui accompagne chacune des griffes, celle-ci étant fixée au milieu, et non pas à la racine.

Si on le fait tomber de la branche où il s'est accroché, il fait entendre un « cri » très prononcé. Cette stridulation extraordinairement forte est produite par le frottement du bord tranchant de l'avant-dernier anneau abdominal contre une cannelure située sur l'aile à l'endroit où celle-ci est articulée pour la flexion.

Distribution géographique. — Il est répandu dans une grande partie de l'Europe et se trouve en France.

Mœurs, habitudes, régime. — Il affectionne, de préférence à tout autre terrain, les plaines sablonneuses où la Larve ronge les racines des arbrisseaux qui y poussent ; adulte, il s'attaque aux Pins tout aussi bien qu'aux arbres feuillus qui croissent parmi ces Conifères.

On n'a pas encore observé d'apparition envahissante et périodique par grandes masses ; il se montre au contraire tous les ans dans la première moitié de juin en nombre à peu près égal. Cependant Frish rapporte qu'en 1731 les *Foulons* parurent en grande multitude dans la Marche de Brandebourg, rongèrent les feuilles, principalement celles des Chênes, et dépouillèrent aussi beaucoup d'arbres fruitiers. Le gazon même était dévoré par eux quand ils se posaient à terre. Tandis que le Hanneton recherche, tant qu'il en a le choix, les arbres feuillus, le Foulon préfère les Pins. Vers la fin du siècle dernier, d'après Hennert, ils rongèrent toutes les aiguilles des pins des environs de Peitz (Mulsant).

Dans les îles de Ré et d'Oléron, ils se sont parfois multipliés à outrance, par exemple en 1879, et sont devenus fort nuisibles. Les moissonneurs qui ne rentrent pas le blé qu'ils ont battu dans la journée, le recouvrent avec des toiles ; ces abris étaient bientôt criblés de trous, et, si on les soulevait, on voyait des milliers de Foulons en train de dévorer le grain. Quelquefois dans ces localités leurs Larves sont en telle abondance qu'on peut les ramasser à pleins sacs (F. Roland).

La Larve ressemble beaucoup au Ver blanc ; beaucoup plus grande, bien entendu, elle s'en éloigne encore par les mandibules proportionnellement plus fortes, par des antennes plus épaisses et plus courtes et par le défaut de griffes aux pattes postérieures. Elle se nourrit également de racines et peut pour cette raiso

devenir nuisible en dévorant les racines des Graminées, plantées généralement dans les dunes pour fixer les sables mouvants, et plus tard en empêchant le développement des plants de Pins ou les semis d'arbres feuillus en en rongeant les racines et le pivot. La durée de la vie de la Larve n'a pas été déterminée jusqu'à ce jour, mais il est vraisemblable qu'elle embrasse plusieurs années.

LES RHIZOTROGUES — *RHIZOTROGUS*

Caractères. — Les caractères qui distinguent nettement le genre *Rhizotrogus* du genre *Melolontha*, résident dans la forme des antennes et dans la disposition des palpes labiaux : les feuillets de la massue sont réduits à 3, et les palpes labiaux, ovoïdes à leur extrémité, sont insérés sur la face externe de la lèvre inférieure. La pointe abdominale manque ici, comme chez le Foulon.

Distribution géographique. — Les nombreuses espèces (134), absolument étrangères à l'Amérique, sont réparties dans tous les pays qui circonscrivent la Méditerranée ; la France possède à elle seule une douzaine de Rhizotrogues.

LE RHIZOTROGUE DU SOLSTICE. — *RHIZOTROGUS SOLSTITIALIS.*

Der Brachkäfer.

Le Scarabée ou Hanneton de juin, du solstice, de la Saint-Jean, peut être pris pour exemple.

Caractères. — Comme l'indique notre figure 308, il est environ de moitié moins grand que le Hanneton ; il est brun jaunâtre sur le dos ; le derrière de la tête, la surface du corselet et les parties inférieures sont seules plus foncés ; les parties antérieures dorsales, le scutellum et la poitrine sont couvertes de poils longs tandis que l'abdomen est revêtu de villosités plus courtes.

Ce Rhizotrogue diffère du Hanneton à plusieurs égards, tant par ses habitudes que par son développement.

Mœurs, habitudes, régime. — Ainsi que l'indique son nom, il paraît toujours plus tard, à la Saint-Jean, seulement pendant une quinzaine de jours, et en assez grandes masses, mais dans des localités très circonscrites. On ne le voit jamais le jour, parce qu'il se repose alors sur les taillis, et sur les jeunes arbres fruitiers, qui bordent les grands chemins ruraux. Aussitôt que le soleil a disparu à l'horizon, ce Coléoptère vole au-dessus des champs de céréales, autour des petits arbres et buissons avoisinants, et semble mettre une certaine obstination à importuner le plus possible le tranquille promeneur. De même que les Mouches reviennent toujours à la même place qu'elles ont choisie sur le visage, de même le Rhizotrogue, malgré tous les efforts que l'on fait pour le chasser, revient sans cesse tourbillonner autour de la tête du passant. Si ce dernier se décide à s'emparer de l'importun avec la main, il y réussit sans avoir besoin d'une grande habitude, et il parvient ainsi à saisir un grand nombre de ces Insectes.

En les regardant alors de près, on s'aperçoit que ce sont presque tous des mâles. Les femelles restent à terre sur les plantes les plus diverses, et les évolutions vagabondes des mâles semblent surtout avoir pour but de découvrir une compagne. En même temps, ils recherchent une nourriture appropriée et choisissent dans ce but les arbres feuillus ou les conifères, de telle sorte que les pousses du mois de juin ont à souffrir particulièrement de leurs attaques, surtout après une dévastation préalable par les Hannetons.

Les femelles fécondées déposent leurs œufs entre les racines de plantes les plus diverses ; toutefois il paraît que les Graminées et les Céréales ont particulièrement à souffrir des déprédations des Larves.

Ces dernières ressemblent beaucoup au Ver blanc ordinaire ; lorsqu'elles ont acquis toute leur taille, elles peuvent être comparées au Man arrivé à la moitié de sa croissance, mais ayant le corps plus gros et en général des formes plus ramassées.

Taschenberg pense que le développement s'accomplit dans le cycle d'un an ; d'autres auteurs prétendent aussi qu'il exige deux ans, parce qu'après ce cycle ces Coléoptères sont plus abondants.

La durée de la vie de cette espèce et d'autres espèces plus petites appartenant à d'autres genres, paraît être proportionnellement fort courte, à tel point que plusieurs d'entre elles peuvent être considérées comme rares et même très rares ; mais durant des années entières on n'en aperçoit aucun individu ; on les trouverait par centaines si à leur apparition, ou immédiatement après, on se trouvait par hasard sur le lieu de leur naissance.

LES ANOXIES — *ANOXIA*

Caractères. — Ces Insectes, de grande taille, peuvent être confondus avec les Hannetons dont ils ont la physionomie ; mais ils s'en distinguent par leurs antennes dont la massue compte 5 articles chez les mâles et 4 chez les femelles, par leur mâchoire qui porte 6 dents, et par la conformation de leurs pattes. Les poils qui les revêtent en dessus dessinent des bandes et des fascies ; le dessous de leur corps est couvert de longs poils qui forment un duvet laineux. Essentiellement crépusculaires, ils volent seulement à la tombée de la nuit, à peine pendant une heure.

Mœurs, habitudes, régime. — L'*Anoxia villosa* (22 à 27 mill.) n'est pas rare en France dans les localités sablonneuses ; fort abondants dans la plaine des Genneviliers, près Paris, ces Hannetons mettent une persistance inexplicable à pénétrer dans les maisons par les cheminées ; pendant quelques soirées ils s'introduisirent dans un tuyau de poêle obturé avec du papier qu'il rongèrent de désespoir ; ne pouvant s'échapper, ils périrent en laissant la place encombrée de leurs cadavres.

LES HOPLIES — *HOPLIA*

Caractères. — Ce sont de petits et élégants Melolonthides habillés de poils et d'écailles qui leur constituent souvent un riche vêtement ; leurs pattes prennent souvent un grand développement ; les crochets des tarses sont toujours inégaux, et même le plus petit peut disparaître complètement aux pattes postérieures ; les antennes comptent 9 ou 10 articles, les 3 derniers formant seuls la massue.

Distribution géographique. — Les Hoplies sont disséminées sur toutes les régions du globe ; quelques espèces, *H. praticola, philanthus, cærulea, farinosa,* ne sont pas rares en France.

L'HOPLIE BLEUE. — *HOPLIA CÆRULEA.*

L'*H. cærulea* est ce joli Hanneton bleu d'azur, au ventre d'argent, dont la mode s'est

Paris, J.-B. Baillière et fils, édit.

Corbeil, Crété, imp.

L'EUCHIRUS AUX LONGS BRAS.
Mâle et femelle.

emparée pour faire des colliers, des broches
et mille autres bijoux, pour créer d'élégantes
parures où on a su les mêler artistement aux
fleurs pour en rehausser l'éclat. Il est fort
répandu dans le centre et le midi de la
France, notamment dans la vallée de la Loire,
où des industriels vont les récolter par milliers
pour les livrer aux fleuristes.

LES EUCHIRINES — *EUCHIRINÆ*

Ce sont de grands et magnifiques Insectes
qui mettent les Naturalistes dans un grand embarras ; par la taille, la forme des élytres, l'allongement des membres antérieurs chez les
mâles ils rappellent les Dynastides ; par la
forme du prothorax, de la tête, des mandibules, ils ressemblent à certaines Cétonines,
aux *Inca*, aux *Trichius*, notamment ; par la
disposition du labre et la structure des crochets des tarses ils se rapprochent des Mélolonthides. Aussi ne faut-il pas s'étonner que
les Entomologistes aient placé ces Insectes
étranges au gré de leur caprice dans l'un ou
l'autre de ces groupes ; il en est même qui ont
cru devoir les associer aux Coprines, aux
Aphodius. L'Anatomie et l'étude des Métamorphoses pourront seules nous révéler les véritables affinités des Euchirines.

Caractères. — Labre saillant, mandibules
petites, lamelliformes, mâchoires à lobe externe
corné, multidenté avec pinceau de poils ; languette petite, bilobée, soudée à un menton,
large et allongée par une suture apparente ;
pattes antérieures démesurément grandes
chez les mâles, à jambes inermes et arquées,
plus courtes et ramassées chez les femelles à
jambes élargies et multidentées.

Distribution géographique. — La répartition sur le globe de ces Insectes est fort intéressante ; les deux espèces d'*Euchirus* habitent l'une Amboine, l'autre les îles Philippines ;
le *Propomacrus Mac Leayi* se rencontre dans
le nord de l'Inde (l'Assam); le *P. bimucronatus*
se trouve dans la Turquie d'Europe et d'Asie,
et le *P. Davidi* a été nouvellement découvert
au nord de la Chine par l'abbé David, l'éminent missionnaire scientifique.

Mœurs, habitudes, régime. — On sait que
les *P. Mac Leayi* et *Davidi* subissent leurs Métamorphoses dans les troncs vermoulus des
Chênes.

L'EUCHIRUS AUX LONGS BRAS. — *EUCHIRUS
LONGIMANUS.*

Nous n'avons pu résister au désir de mettre
sous les yeux du lecteur ce remarquable et
curieux Insecte (pl. VI) ; le mâle, les pattes
étendues, peut mesurer sans exagération
20 centimètres, ses pattes antérieures mesurant à elles seules près de 10 centimètres ;
nous avons représenté également la femelle,
aux formes moins extravagantes ; tous deux
sont de couleur marron clair, les jambes étant
noirâtres. Il habite Amboine.

LES RUTÉLINES — *RUTELINÆ*

Caractères. — Un autre groupe de Scarabéides, celui des Rutélides, est constitué par
les espèces dont les 3 derniers stigmates, au
lieu d'être situés sur la membrane qui établit
la démarcation entre la partie supérieure et la
partie inférieure de l'abdomen, sont placés sur
les arceaux ventraux, et dont les griffes sont
de grandeur inégale à la même patte. De plus,
leur languette cornée est soudée au menton et
leurs mandibules également cornées ont à leur
côté interne une étroite et courte membrane
ciliée ; leurs antennes ont de 9 à 10 articles
dont les 3 derniers seuls forment la massue ;
leurs épimères métathoraciques, de forme trigone, de grandeur moyenne, sont toujours visibles.

La plupart des Rutélides brillent d'un éclat
incomparable, et possèdent les plus belles couleurs métalliques ; quelques-unes reflètent le
ton de l'or le mieux poli, d'autres semblent
cuirassées d'or ou d'argent.

Distribution géographique. — Cette tribu
compte plus de 600 espèces (661). La minorité des espèces habite l'Europe ; l'Australie,
l'Asie en possède le plus grand nombre (200) ;
vient ensuite l'Amérique méridionale (183) ;
l'Amérique du Nord et l'Afrique en nourrissent
à peu près une quantité égale.

LES ANISOPLIES — *ANISOPLIA*

Caractères. — Ce sont des Insectes de
moyenne taille (9 à 11 mill.), faciles à reconnaître à la forme de leur chaperon qui est acuminé en avant et retroussé, ainsi qu'à la
structure de leurs tarses antérieurs dont le
gros crochet est partagé par une fissure ; le

lobe externe de leurs mâchoires est muni de 6 dents aiguës.

Distribution géographique. — Les espèces sont répandues en Europe ; d'autres sont asiatiques, quelques-unes sont africaines ; l'Amérique n'en possède aucune. Dans l'Inde les *Anisoplia* sont remplacées par les *Dinorhina* qui sont tout voisins.

Mœurs, habitudes, régime. — Elles se tiennent sur différentes plantes basses, les Ombellifères notamment, et particulièrement sur les graminées et les céréales.

L'ANISOPLIE DES CÉRÉALES. — *ANISOPLIA SEGETUM.*

Getreide-Laubkäfer.

Caractères. — La charmante Anisoplie des céréales (*Anisoplia segetum* ou *fruticola*) est d'un vert bronzé brillant, revêtue en dessous de

Fig. 310. — Anisoplie des céréales.

longs poils blancs, avec la tête et le corselet hérissés de poils jaunes ; les élytres sont rouge de rouille chez le mâle, tirant sur le jaune chez la femelle, et chez celle-ci elles sont marquées autour du scutelle par une tache carrée du même vert que le fond général (fig. 310).

Mœurs, habitudes, régime. — L'espèce dont nous parlons se trouve partout sur les épis de Seigle à l'époque de la floraison ou peu après ; elle ronge les parties florales ou les graines, au début de leur développement. Quand elle est posée, elle a, de même que les espèces voisines, l'habitude de diriger obliquement en l'air ses pattes postérieures assez massives, qui du reste ne paraissent pas lui être d'un grand usage dans la marche.

L'Anisoplie vole principalement au-dessus des épis dans ces champs de seigle, et ses évolutions coïncident avec le rapprochement des sexes.

C'est surtout dans les terrains sablonneux où le seigle est déjà d'une venue pénible, qu'elle se montre de préférence, et cause des dommages très sensibles, si elle apparaît en grand nombre.

La Larve, qui ressemble à un jeune Ver blanc, n'est pas considérée comme nuisible par Bouché, qui l'a toujours trouvée dans le fumier pourri et qui l'a élevée avec cette matière, bien qu'il soit possible qu'elle ronge aussi les racines des céréales.

On ne sait rien sur la durée de la vie de cette Larve, et je considère comme annuelle la durée du développement de l'Insecte.

Nous citerons encore parmi les espèces françaises les *A. tempestiva* et *agricola*.

Dans le midi de l'Europe, par exemple en Hongrie (*A. austriaca*), en Russie se trouve une autre espèce, plus forte, qui parfois surgit en immenses légions ; de sorte que la destruction des parties florales peut devenir plus sensible et causer de graves préjudices.

Dans la Russie méridionale les dégâts commencèrent à s'accuser en 1878, et en 1880 ils prirent les proportions d'une calamité.

Une assemblée extraordinaire du zemstvo de Tamboff délibéra, le 10 août 1880, sur les moyens de prévenir les malheurs causés par l'*Anisoplia austriaca*. Il fut décidé qu'on établirait des dépôts de blé et qu'on demanderait une subvention au gouvernement au fur et à mesure des besoins. Le professeur Lindemann fit une conférence où il exposa que l'Insecte nuisible avait ravagé les récoltes dans six gouvernements : ceux d'Orel, Toula, Riazan, Voronège, Penza et Tamboff. Dans le seul district de Ranembourg, du gouvernement de Riazan, l'Anisoplie avait dévoré des blés pour la somme de 200,000 roubles, soit 700,000 francs. Le professeur conclut que si cet Insecte continuait à se propager, sa présence menaçait la Russie d'une véritable calamité au point de vue économique.

Dans la séance du 8 août, le zemstvo de Kamyschin (gouvernement de Saratof) établit que, pour assurer l'alimentation publique du district, et l'ensemencement des terres des paysans, il faudrait 600 mille pouds de blé, et un capital de 800 mille roubles (2 millions 800 mille francs environ).

En cette année 1880, les ravages se sont étendus à 18 provinces, et les pertes ont été évaluées à 1 million de roubles, c'est-à-dire à 350 ou 400 millions.

Fig. 311. — Chrysophore vert doré.

Les paysans, pour empêcher les Anisoplies de dévorer leurs blés, imaginèrent de traîner des cordes sur leurs champs afin de les obliger à s'envoler; mais, hélas! ils ne réussirent qu'à étendre le mal : les Insectes chassés vinrent se poser un peu plus loin et continuèrent leurs méfaits sur la propriété voisine.

N'y aurait-il pas lieu, pour amener la diminution du nombre de ces Insectes, de recommander une pratique de la Lombardie? pour protéger les champs contre les insectes, on a installé des sortes de petits colombiers où les Moineaux trouvent toutes leurs aises pour nidifier. Ces nichoirs artificiels ne rendraient-ils pas d'immenses services en Russie? Peut-on craindre la multiplication exagérée des Moineaux, puisqu'on a la facilité de détruire leurs couvées si on le juge nécessaire? (Millet.)

LES PHYLLOPERTHES — *PHYLLO-PERTHA*

Ces Scarabéides ne sauraient être confondus avec les *Anisoplia*, dont ils ont le faciès; la forme du chaperon, celle du labre et la structure des tarses antérieures étant particulières; en effet le chaperon demi-circulaire ou coupé carrément présente antérieurement un rebord délicat et rectiligne; le labre est découvert et échancré. Le lobe externe des mâchoires porte six dents, comme chez les *Anisoplia*. Les jambes sont munies en dehors de deux dents, et les pattes antérieures se distinguent par leurs griffes plus grandes.

LE PHYLLOPERTHE HORTICOLE. — *PHYLLO-PERTHA HORTICOLA.*

Garten-Laubkäfer.

Un Coléoptère extrêmement commun et des plus proches voisins des précédents, est le petit Scarabée des roses ou des jardins, le petit Hanneton de la Saint-Jean (*Phyllopertha horticola*), qui envahit nos jardins où il ronge les plus belles fleurs si on ne prend pas contre lui les précautions nécessaires.

Le *Phyllopertha horticola* est un Insecte qui atteint de 9 à 11 millimètres de long; il est d'un vert bleuâtre, brillant, très velu, conformé comme l'Anisoplie, mais un peu plus aplati. Sur ses élytres brunes ou noires s'étendent alternativement des stries et des rangées de ponctuations longitudinales et irrégulières.

Ce Coléoptère, très répandu, se montre chaque année, mais ne paraît pas périodiquement en grandes masses ; il ne dépouille pas seulement les plantes d'ornement et les arbres fruitiers de nos jardins, mais il couvre de ses légions les arbustes de pleine terre, surtout en juin.

C'est ainsi que Taschenberg l'a observé par *millions* à Altum, dans l'île de Boskum, vers la fin d'août et au commencement de septembre sur les nerpruns, sur les ronces et les saules nains. Il est paresseux comme ses proches voisins, néanmoins il vole en plein soleil ; sa vie est courte certainement, mais son développement demande plusieurs semaines ; car on le rencontre plus ou moins isolément jusque vers l'automne.

Là où il apparaît en masse jusqu'à devenir un fléau, on peut le recueillir et le détruire le matin ou pendant de mauvais jours en secouant les arbustes où il se tient et en maintenant au-dessous un parapluie ouvert et renversé.

La Larve du *Phyllopertha* vit de racines de divers végétaux et n'épargne point celles des plantes cultivées en pot (*Saxifraga, Trollius*, etc.).

Nous devons présumer que le développement s'accomplit dans l'espace d'une année.

Nous citerons pour mémoire un de nos plus jolis Scarabéides indigènes, l'*Anomala ænea*, dont la belle couleur vert doré passe quelquefois au bleu, au violet et au noir, et que l'on capture même aux environs de Paris sur les saules.

Les Rutélides renferment, à n'en point douter, les plus beaux Coléoptères connus. Les *Pelidnota*, les *Plusiotis*, les *Chalcoplethis*, les *Chrysophora*, les *Chrysina* ont les plus merveilleuses colorations que l'on puisse rêver, « la nature les a revêtues de cuirasses resplendissantes devant lesquelles pâlirait tout le luxe de l'Asie, au jour de triomphe d'un sultan. » Le sauvage lui-même a été séduit par leur éclatante beauté, et, mariant les resplendissantes élytres du *Chrysophora chrysochlora* aux plumes des Tangara, les Indiens du Rio-Napo ont su composer d'agréables parures, notamment des pendeloques pour orner leur chapeau. Les énormes cuisses de ces Rutélides entrent aussi dans la composition des parures de ces Indiens ; enfilées comme des perles, elles composent de gracieux colliers. Nous avons représenté un de ces ornements et un collier d'après les échantillons rapportés par M. André et Ch. Wiener, qui font partie

des collections du musée ethnographique (voir plus loin le chapitre consacré aux Buprestes).

La figure 311 représente fidèlement le *Chrysophora chrysochlora*, le Scarabée chargé d'or et de pierres précieuses ; mais, hélas ! l'artiste malgré son talent n'a pu le revêtir des richestons de sa palette ; il a dû tristement se contenter de reproduire les formes avec une scrupuleuse exactitude.

LES DYNASTINES — *DYNASTINÆ*

Die Riesenkäfer. Die Dynastinen.

Caractères. — Les Scarabées géants (*Dynastidæ*) se distinguent du groupe précédent par leurs griffes toujours égales, et du groupe des anthophiles qui va suivre, par leurs hanches antérieures implantées transversalement.

Chez eux le chaperon se soude avec la face et masque complètement le labre, mais il laisse à découvert le bord extérieur des mandibules. Celles-ci sont cornées, dentées à l'intérieur et le plus souvent pourvues, par petites places, de poils ciliés. Le lobe externe de la mâchoire se soude avec la branche interne, de même que la langue se réunit au menton. Les antennes ont presque toujours 10 articles, dont les 3 terminaux forment la massue terminale dans les deux sexes. Les hanches antérieures transversales sont enfermées dans leurs cavités cotyloïdes ; les 3 derniers stigmates abdominaux divergent fortement en dehors.

Les Dynastides possèdent presque tous des organes stridulants qui fournissent des caractères génériques que Lacordaire a su utiliser ; ce sont généralement des rides transversales ou flexueuses, des rugosités situées sur le pygidium sur lesquelles vient frotter le bord postérieur des élytres ; quelquefois ce sont les élytres qui portent les stries.

Ainsi que l'indique leur nom, les Coléoptères de ce groupe renferment les plus grands et les plus massifs non seulement de tous les Lamellicornes, mais encore de tous les Coléoptères en général. En même temps, c'est ici que se présente d'une manière saisissante les différences sexuelles dont nous avons parlé plus haut. Le plus souvent les mâles ont le prothorax ainsi que la tête surmontés de prolongements en forme de cornes, de pointes de l'aspect le plus étrange, d'excroissances dont la raison d'être est inexplicable et qui ne sont qu'un apanage du sexe mâle ; inutiles à la femelle, ces ornements seraient même incommodes et

Paris, J.-B. Baillière et fils, édit.   Corbeil, Crété, imp.

LE DYNASTES HERCULE,
Mâle et femelle.

gênants au plus haut degré lorsqu'elle doit assurer le sort de sa progéniture. Par contre, celle-ci a souvent le corselet élargi d'avant en arrière et recouvert de rugosités granuleuses, ce qui facilite la pénétration dans la terre, dans le terreau ou les troncs pourris, où elle va déposer ses œufs.

Distribution géographique. — Les Scarabées géants, au nombre de près de 500 espèces, sont presque exclusivement répartis sur les régions les plus chaudes du globe; moitié d'entre eux sont propres à l'Amérique; quelques-unes des grandes espèces se trouvent éparses dans toutes les contrées de la terre.

Mœurs, habitudes, régime. — Pendant le jour, la plupart de ces Coléoptères se cachent dans le bois décomposé, les troncs des arbres, sous les feuilles sèches ou dans d'autres cachettes analogues; la nuit ils se réveillent déployant leur activité, ils se préparent au vol par de longues aspirations, puis soulèvent simplement leurs élytres sans les écarter complètement. Leur vol lourd, bruyant, s'entend de fort loin.

Les quelques Larves qui sont connues vivent dans le bois pourri et ressemblent fort à celles des Phyllophages par leurs rides transverses et leur extrémité abdominale renflée en sac; leur tête paraît relativement très étroite, eu égard au corps gros et ramassé. Leurs mandibules se distinguent par des dents terminales et des stries transversales sur le côté externe; des poils veloutés, plus ou moins serrés et mêlés de quelque soies isolées, recouvrent tout le corps.

La Métamorphose, qui ne s'accomplit qu'au bout de plusieurs années, a lieu dans une coque solide que la Larve se construit avec les matières qui l'entourent et dans laquelle le Coléoptère attend que ses téguments aient la consistance nécessaire pour s'ouvrir un passage sans s'exposer à subir des froissements ou des compressions; leurs cornes monstrueuses et les diverses autres excroissances étranges dont il n'est pas rare de les voir armés, semblent indiquer d'ailleurs que leur dégagement ne pourrait se faire avant leur complète solidification.

LES DYNASTES — *DYNASTES* (1)

Caractères. — Ce genre, indépendamment d'une foule de caractères, se distingue nettement par la présence chez les mâles d'une corne très grande, arquée et plus ou moins dentée, implantée sur le vertex, et d'une corne horizontale plus ou moins longue, velue en dessous, fixée sur le prothorax. En outre, il existe une saillie derrière les hanches antérieures, qui a la forme d'un cône allongé-obtus et est très velue; la naissance de la pointe abdominale (pygidium) porte une frange d'assez longs poils jaunes.

LE DYNASTES HERCULE — *DYNASTES HERCULES*
Herculeskäfer.

Une certaine célébrité se rattache au mâle du Dynastes Hercule (*Dynastes Hercules*), à cause de sa taille énorme et de sa forme bizarre (pl. VII). Il mesure 127 millimètres; un peu moins de la moitié à peu près est la longueur de la corne qui de la région antérieure du prothorax s'étend droit en avant. Cette corne, tapissée en dessous de soies jaunes, recouvre une deuxième corne d'un tiers plus petite, implantée sur la tête et recourbée en dessous. Ces deux cornes portent la première deux crochets latéraux vers le milieu, la seconde plusieurs sur la face interne; elles sont noires comme le fond de tout le corps sur lequel tranche le vert-olive clair des élytres qui ne présentent que quelques taches noires.

Bien différente est la femelle (pl. VII): il n'existe aucune trace d'armure sur la tête ou le thorax; un feutre brun recouvre uniformément le dessus et le dessous du corps; des rugosités grossières donnent à la partie supérieure un aspect mat, les extrémités des élytres étant seules lisses; la teinte générale ne penche point vers le noir pur, mais vers le brun.

Ce magnifique Coléoptère habite l'Amérique tropicale, les Antilles, la Colombie; on le trouve sur les troncs des vieux arbres au cœur vermoulu, il recherche la sève qui s'écoule des arbres abattus; on lui prête une assez singulière habitude, il saisirait entre ses cornes céphalique et thoracique les jeunes pousses des arbres et, imprimant à son corps un mouvement de balancement, il volerait circulairement jusqu'à ce que les branches soient détachées.

Il ne compte pas précisément parmi les raretés, ainsi que l'atteste sa fréquence dans les collections européennes.

Au Mexique se trouve un Dynastes un peu plus petit, le *D. Hyllus;* aux États-Unis (Caro-

(1) Δυνάστης, roi.

line) vit le *D. Tithyrus;* en Colombie habite le *D. Neptunus* d'un noir profond, qui a deux cornes horizontales au prothorax.

Moufet a figuré une autre espèce de Dynastide du Mexique, l'Éléphant (*Megalosoma elephas*), dont le mâle porte sur le front une corne fourchue et sur le prothorax trois cornes horizontales; et il raconte naïvement à son sujet, que « d'après la loi à laquelle sont soumis les Scarabées (*Canthari*), il n'a point de femelle, il est son propre créateur; il engendre lui-même sa progéniture. » Ce que Jean Camerius fils exprime dans le distique suivant en envoyant une image de cet Insecte à Pennius :

Me neque mas gignit, neque femina concipit, autor
Ipse mihi solus, seminiumque mihi.

Telles étaient les connaissances des lettrés des siècles passés; incapables d'observer eux-mêmes, ils répétaient les erreurs des anciens, souvent même en les amplifiant.

LES ORYCTES — *ORYCTES* (1)

Caractères. — Les mandibules sont saillantes, arrondies à l'extrémité, concaves, et le lobe externe de la mâchoire est lamelliforme, arrondi et cilié ; la lèvre inférieure allongée se termine en pointe; les pattes sont robustes; les jambes antérieures sont fortement tridentées ou quadridentées, les autres sont pourvues en dehors de deux carènes obliques. La tête porte une corne arquée chez les mâles, un tubercule chez les femelles ; le prothorax, excavé profondément chez les mâles, est impressionné chez les femelles.

LE SCARABÉE NASICORNE — *ORYCTES NASICORNIS*
Nashornkäfer.

Sous des apparences plus modestes, se présente notre Oryctes nasicorne (*Oryctes nasicornis*, fig. 312 et 313), que les enfants nomment tous

Fig. 312. — Le mâle.

Fig. 313. — La femelle.

Fig. 312 et 313. — *Le Scarabée nasicorne.*

le *Rhinocéros;* le mâle ne porte qu'une grande corne sur la tête et deux éminences égales sur la saillie située au-dessus de la profonde excavation de la moitié antérieure du corselet; ses élytres sont striées par des rangées de points, et le brun-noir de son corps passe fortement au rouge en dessous. La femelle n'a point de corne; un tubercule indique seulement la place de l'ornement de son époux. La taille atteint 26 à 27 millimètres.

Ce gros Coléoptère affectionne le nord de l'Europe, et vit de préférence dans le tan épuisé qui sert en horticulture à faire les couches chaudes ou que l'on étend sur les routes, par exemple à Hambourg, à Brême, etc. Il ne paraît point rare là où il s'est une fois installé: c'est ainsi qu'il est commun à Paris dans le voisinage des tanneries. Les conditions d'existence qui s'offrent à lui en dehors de l'intervention de l'Homme ne se rencontrent pas souvent; aussi est-il rare dans nos campagnes.

Il se montre en juin-juillet; le mâle vole à la tombée de la nuit à la recherche d'une compagne; il périt après l'accouplement, tandis que la femelle s'enfonce dans le tan où elle pond ses œufs séparément.

Ceux-ci éclosent à la fin d'août environ, et les Larves mettent plusieurs années à tirer de la maigre provende qui leur est dévolue les matériaux utilisables. A l'instar des Larves de Lu-

(1) Ὀρύκτης, fossoyeur.

Fig. 314. — Goliath à nez fourchu (p. 215). Fig. 315. — Cétoine dorée (p. 215). Fig. 316. — Trichie fasciée.

canes, elles ont les stigmates plus grands et la tête sensiblement ponctuée.

Pour devenir Nymphes, elles s'enfoncent profondément dans le sol, et se construisent une coque ovoïde dans laquelle on trouve la Nymphe au bout d'un mois et le Coléoptère parfait deux mois après; celui-ci reste enfermé jusqu'à sa parfaite consolidation.

LES CÉTONINES — *CETONINÆ*

Le groupe le plus nombreux parmi les Scarabéides après les Coprines et les Melolonthines est celui des Cétonines. Ici les formes les plus accomplies, les colorations les plus éclatantes font leur apparition.

Caractères. — Le corps ramassé ordinairement, de grosseur moyenne, est sensiblement aplati; il rappelle la forme d'un écusson héraldique. Les élytres, dont les contours n'enchâssent point l'abdomen et qui ne recouvrent pas l'extrémité abdominale, sont réunies le long de la suture; elles se soulèvent légèrement lorsque l'Insecte veut prendre sa volée, mais ne s'écartent presque jamais (fig. 53, p. 25 et pl. I), si ce n'est chez les *Gnorimus* et les *Trichius*. Les hanches antérieures sont cylindro-coniques, tandis que les hanches postérieures sont élargies et s'étendent sur le premier anneau abdominal.

Le chaperon recouvre la lèvre supérieure ainsi que les mandibules et se soude avec la face, de même que la languette cornée se soude au menton. Les mandibules se composent d'une partie externe cornée, mince, étroite, en forme de lancette obtuse, et d'une

partie interne en forme de lamelle; les mâchoires n'ont pas de lobe interne proprement dit, — une dent cornée la remplace, — leur lobe externe, tantôt en lamelle cornée ou coriace, trigone ou lancéolée, tantôt en crochet ou en griffe, est toujours accompagné d'un faisceau de poils. Les antennes, insérées à découvert au bord antérieur des yeux, comptent 10 articles, dont les 3 derniers forment la massue.

Suivant qu'immédiatement derrière l'épaule le bord de l'élytre laisse voir ou non la pièce du métathorax qui porte les hanches (*épimère*), le groupe peut se diviser en deux sections: l'une apparentée aux Cétoines, la plus riche en espèces, et l'autre alliée aux Trichies, relativement pauvre.

Distribution géographique. — Plus d'un tiers du groupe entier habite l'Afrique, la vingt-cinquième partie tout au plus se trouve en Europe; ils ne sont exclus d'aucune contrée du globe, et les formes les plus belles sont propres aux zones torrides.

Mœurs, habitudes, régime. — Ces Coléoptères, amis du soleil, ne redoutent pas la lumière et n'attendent pas la nuit pour sortir de leurs retraites. Représentants les plus nobles et les plus distingués de la famille des Scarabéides, ils savent apprécier les mets les plus délicats dignes de l'état parfait; au lieu de se repaître de feuilles vertes, de champignons pourris ou de matières excrémentitielles, ils recherchent les fleurs aux exhalaisons parfumées ou violentes, celles des Églantiers des bois et des Rosiers de nos jardins, celles des Ronces, des Troènes, des Lierres, etc., se reposent sur les ombelles des Sureaux, n'hésitent pas à plonger dans la corolle des Lys. Ils prennent part au festin en compagnie des volages Papillons, des Mouches joyeuses et des Abeilles en humant le nectar, en dévorant non seulement le pollen, mais les étamines elles-mêmes et quelquefois les pétales; ils se plaisent aussi à sucer les humeurs exsudant des troncs d'arbres.

Les Larves s'éloignent sensiblement de celles des groupes précédents; leur dernier segment abdominal n'est pas divisé en deux par un sillon transversal; leur tête, plus étroite, est moins large que le corps, les rides transversales sont moins prononcées sur les anneaux; une villosité veloutée plus forte couvre leur corps. Elles se rapprochent des Larves du Dynastes géant par les mandibules dentées à l'extrémité et striées transversalement sur la face externe.

Elles vivent exclusivement dans le bois pourri et réduit à l'état de terreau.

LES GOLIATH — *GOLIATHUS*

Les représentants de ce groupe sont les plus remarquables des Cétonines; la taille, l'armature de la tête, l'allongement des pattes antérieures chez les mâles, leur donnent une physionomie particulière qui étonne et charme. Les Goliath sont de magnifiques Insectes dont les dimensions atteignent certainement celles des Dynastides, mais dont le vêtement est infiniment plus agréable; ils n'ont pas, à l'exemple des Rutélines, les couleurs des métaux précieux, ils sont vêtus de fin velours dont les nuances noires, blanches, jaunes, violettes, s'harmonisent pour caresser l'œil.

Caractères. — La tête des mâles est allongée, concave, fortement carénée latéralement en avant des yeux, et surmontée de deux sortes de cornes avec le chaperon prolongé en une grosse pièce partagée en deux cornes courbes, redressées et tronquées; la tête des femelles presque plane ne porte pas de cornes; les pattes antérieures, fort allongées chez les mâles, ont leurs jambes inermes; celles des femelles beaucoup plus courtes ont leurs jambes armées de trois fortes dents. Tels sont les caractères auxquels on reconnaîtra toujours les Goliath (Voy. fig. 160, p. 89).

Distribution géographique. — Les Goliath, dont on ne compte que 5 à 6 espèces, — trois sont les plus anciennnement connues, — habitent l'Afrique australe et particulièrement les côtes de Guinée.

Mœurs, habitudes, régime. — Leurs mœurs sont pour ainsi dire inconnues; suivant le docteur Savage, ils se nourrissent de la sève des arbres.

LE GOLIATH DE DRURY. — *GOLIATHUS DRURYI.*

Riesen-Goliath.

Le mâle du Goliath géant de la Guinée supérieure (fig. 160, p. 89) atteint le développement maximum : sa longueur, depuis le sommet de la tête jusqu'à l'extrémité de l'abdomen, dépasse souvent 10 centimètres; en y comprenant les jambes, sa taille peut mesurer 17 et même 18 centimètres. La tête, inclinée obliquement, porte au-dessus des yeux deux cornes émoussées et dressées, et en avant une corne large, fourchue, à extrémités tronquées. Le menton convexe est plus court que large; le lobe externe des mâchoires est bidenté et très fort. Le corselet presque circulaire, plus large au milieu, présente sur son contour postérieur 3 sinuosités dont la plus petite au-devant du scutellum. Celui-ci est plus porté en arrière que les épaules, c'est-à-dire que la suture des élytres est plus courte que leur bord extérieur. Les pattes très longues contrastent avec celles de la femelle qui sont beaucoup plus courtes, surtout les antérieures. Tels sont les caractères distinctifs du Goliath mâle.

Ce Coléoptère porte un vêtement de velours blanc nacré; le corselet est relevé par 6 bandes longitudinales noires : les élytres sont ornées d'une large bande longitudinale de velours noir.

La femelle (fig. 160, p. 89) a plus de brillant et point d'ornement céphalique, mais porte 3 dents aux jambes antérieures.

Ce beau Coléoptère est connu en Europe depuis 1770, et il est si recherché par les collectionneurs que la paire en a été payée jusqu'à 30 thalers (112 fr. 50).

Nous citerons encore le *G. cacicus*, au thorax de velours-chamois coupé de 6 bandes de velours noir violacé, aux élytres de velours blanc nacré relevées d'une tache triangulaire noire sur les épaules, et le *G. giganteus*, au thorax de velours blanc relevé de 6 bandes de velours noir, aux élytres de velours violet coupées à la base d'une bande de velours blanc sinueuse, espèce des plus rares et des plus remarquables, que les collectionneurs se disputent à prix d'or; il peut valoir 50, 100 et même 150 francs.

LES CÉRATORHINES — *CERATORHINA*

Gabelnase.

Les Cératorhines, apparentées aux Goliaths, composent un genre magnifique. De grande taille, porteurs de riches vêtements, armés — du moins les mâles — de singuliers appendices céphaliques ; ces Insectes comptent parmi les plus beaux Coléoptères.

Caractères. — Le genre *Cerathorina* est caractérisé par la saillie antécoxale du prothorax ; saillie qui est large, plane et arrondie ou anguleuse à l'extrémité ; et par la forme de la mâchoire dont le lobe externe est dentiforme, oblique et porteur d'un pinceau de poils ; tandis que la branche interne, inerme chez le mâle, est terminée le plus souvent par une dent chez la femelle.

Distribution géographique. — Les 23 espèces actuellement décrites sont toutes africaines. Nous signalons :

LE GOLIATH A NEZ FOURCHU. — *CERATORHINA* (*DICRANORHINA*) *SMITHI.*

Ce Scarabéide, remarquable non pas tant par sa taille que par d'autres particularités intéressantes, nous donne une idée très exacte de la conformation de ces Cétonines.

Ce beau Coléoptère (fig. 314) est vert bronzé ; les élytres jaunâtres ont chacune 2 taches noires et une bordure de même couleur ; en dessous l'abdomen est rouge ; les cuisses, les jambes sont rougeâtres.

La femelle, un peu plus large, n'a point d'armure sur la tête ; ses pattes sont plus courtes et ses jambes antérieures ont leur extrémité plus élargie, pourvue en dehors de 3 dents tranchantes qui manquent sur le côté interne qui est pourvu de petites dentelures.

LES CÉTOINES — *CETONIA* (1)

Caractères. — Les Cétoines proprement dites ont pour la plupart le lobe extrême des mâchoires en crochet simple et le lobe interne armé d'une dent ; leur prothorax trapézoïdal est échancré très fortement à la base ; leur prosternum présente très rarement une saillie en avant des cuisses ; toutes, à quelques excep-

(1) Étymologie inconnue.

tions près, ont de belles couleurs à reflets métalliques.

Distribution géographique. — Ces Scarabéides sont européens et asiatiques ; les contrées circa-méditerranéennes sont riches en espèces ; on en a décrit plus d'une centaine (127).

Mœurs, habitudes, régimes. — Essentiellement floricoles, à l'état parfait, leurs Larves vivent dans le bois décomposé.

LA CÉTOINE DORÉE. — *CETONIA AURATA.*

Gemeiner Goldkäfer.

Caractères. — Le Scarabée des Roses ou Cétoine dorée (*Cetonia aurata*) représente la forme fondamentale du groupe entier (fig. 315) ; elle se distingue de quelques autres espèces fort voisines par une ligne saillante qui s'étend de chaque côté de la suture des élytres et qui apparaît comme un sillon, par un appendice en forme de bouton au mésosternum ; le dessous du corps est d'un rouge cuivré, le dessus vert doré brillant, très rarement bleu et encore plus rarement noir. Le chaperon est coupé droit en avant et à bords saillants et épais ; le corselet est ponctué seulement et fortement sur les côtés.

Mœurs, habitudes, régime. — Qui ne connaît ce Coléoptère vert doré aux élytres coupées sur leur moitié postérieure de lignes transversales couvertes d'écailles ; qui ne l'a vu sous les chauds rayons du soleil, voltiger çà et là, faisant entendre son bourdonnement sonore parmi les plantes et les arbustes en fleur, tantôt se posant sur les Roses, les Spirées, les Rhubarbes, ou sur les Épines, les Troënes, les Boules-de-neige sauvages, les Lierres et cent autres ? Elles paraissent dormir alors que, tranquilles, elles rongent les étamines des fleurs ou lèchent les sucs qui s'écoulent des nectaires.

Souvent elles se réunissent sur l'inflorescence des Ombellifères ensoleillées, et l'on aperçoit en même temps quatre ou cinq individus qui scintillent comme des pierres précieuses. Lorsque le soleil brille de tout son éclat, soudain, au gré de ses caprices, la Cétoine part en bourdonnant, les longues ailes étendues hors des élytres à peine soulevées (fig. 53, p. 25 et pl. I). Le ciel est-il couvert, elle reste posée des heures entières à la même place comme endormie, et, si le temps devient désagréable, elle se cache au milieu de l'ombelle, ou s'enfonce dans le cœur des Roses. Si on la saisit, elle rejette par derrière un liquide blanc, gras, salissant, d'une odeur désagréable, dans le but évident de reconquérir sa liberté.

On voit quelquefois, lançant de tous côtés leurs feux étincelants, les Cétoines réunies en troupes serrées sur de vieux Chênes ou d'autres arbres dont les plaies laissent exsuder une sève malade. Attirées comme bien d'autres Insectes, elles y trouvent toutes les jouissances des gastronomes accomplis.

« Jamais je n'oublierai que dans la lande de Dessau, si aimée des Entomologistes collectionneurs du voisinage, un jour, sous la cime d'un vieux Chêne planté au centre d'une clairière, j'aperçus au beau milieu d'une phalange serrée de Cétoines communes une espèce beaucoup plus rare, la *Cetonia speciosissima*, qui brillait de l'or le plus pur, comme une perle sur un diadème. Il était impossible de l'atteindre, mais la tentation était trop grande pour ne pas tout essayer pour entrer en possession d'un tel joyau. Me servant de ma canne comme d'un javelot, je fus assez heureux, après quelques essais infructueux, de faire tomber la *Cetonia speciosissima* avec quelques-unes des autres Cétoines vulgaires effrayées et surprises, tandis que le gros de la troupe s'envola tranquillement au loin en bourdonnant (Taschenberg). »

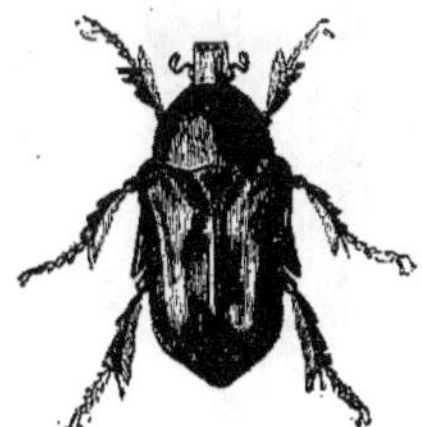

Fig. 317. — *Cetonia affinis.*

Les Cétoines ne sont pas, à proprement parler, nuisibles ; mais dans un jardin, en rongeant les Roses, elles les rendent difformes. Si on se propose de recueillir des graines de quelques plantes, on peut être déçu ; mangeant les étamines et dévorant le pollen des fleurs, elles empêchent la fructification.

Ce n'est pas elle, mais une autre très voisine, propre à l'Europe méridionale, qu'Aristote a nommée *Melolontha aurata ;* cette dernière, concurremment avec le Hanneton, servait de jouet à la jeunesse grecque qui exerçait sur elle mille cruautés enfantines ; ce qui était inévitable, elle servait en même temps de remède.

Semblable au Ver blanc, la Larve est munie d'un chaperon et d'une lèvre supérieure, de mandibules inégales, de palpes maxillaires à 4 articles, de palpes labiaux à 2 articles et d'antennes à 4 articles, le dernier étranglé et finissant en pointe émoussée. Les pattes, courtes, sont privées de griffes et se terminent par un bouton obtus. Un bourrelet saillant sépare la région ventrale de la partie dorsale de l'abdomen.

Elle vit dans le bois pourri, dans le terreau, et se trouve en quantité dans les Fourmilières de la *Formica rufa* où elle se nourrit des parcelles ligneuses que les Fourmis emploient dans leurs constructions et qui finissent par tomber en décomposition.

Au bout de trois ans, arrivée au terme de son accroissement, elle se construit, avec des débris de bois qu'elle agglutine avec soin, une coque solide dont elle polit l'intérieur avec grand soin ; ainsi protégée contre les accidents et les intempéries, elle se transforme en Nymphe.

LA CÉTOINE MARBRÉE. — *CETONIA MARMORATA.*

Marmorirte Cetonie.

La Cétoine marbrée (*Cetonia marmorata*), d'un brun foncé avec quelques lignes fines et blanches ainsi que quelques ponctuations sur la face dorsale très brillante, est un peu plus grande et plus rare que l'espèce précédente.

On la trouve presque toujours dans les vieux saules, ou léchant la sève qui en exsude ; c'est dans leurs troncs vermoulus ainsi que dans ceux des Chênes et des Châtaigniers, que la Larve trouve sa nourriture.

Nous citerons encore parmi nos Cétoines indigènes, la *C. Floricola*, aux innombrables variétés teintées de mille façons, depuis le vert bronzé jusqu'au violet métallique ; la grande et belle *C. speciocissima*, vert doré, aux rebords des élytres bleu-violet ; les *C. affinis* (fig. 317), *floricola, opaca, morio, stictica, hirtella, squalida.*

LES TRICHIES — *TRICHIUS* (1)

Caractères. — Les Trichius ou Scarabées à pinceaux se distinguent des précédents par la conformation de leur corps qui a subi d'importantes modifications. Leur corselet est plus discoïde et non découpé auprès du scutellium, ou plutôt relevé en bourrelet sur le bord et

____

(1) Θρίξ, poil.

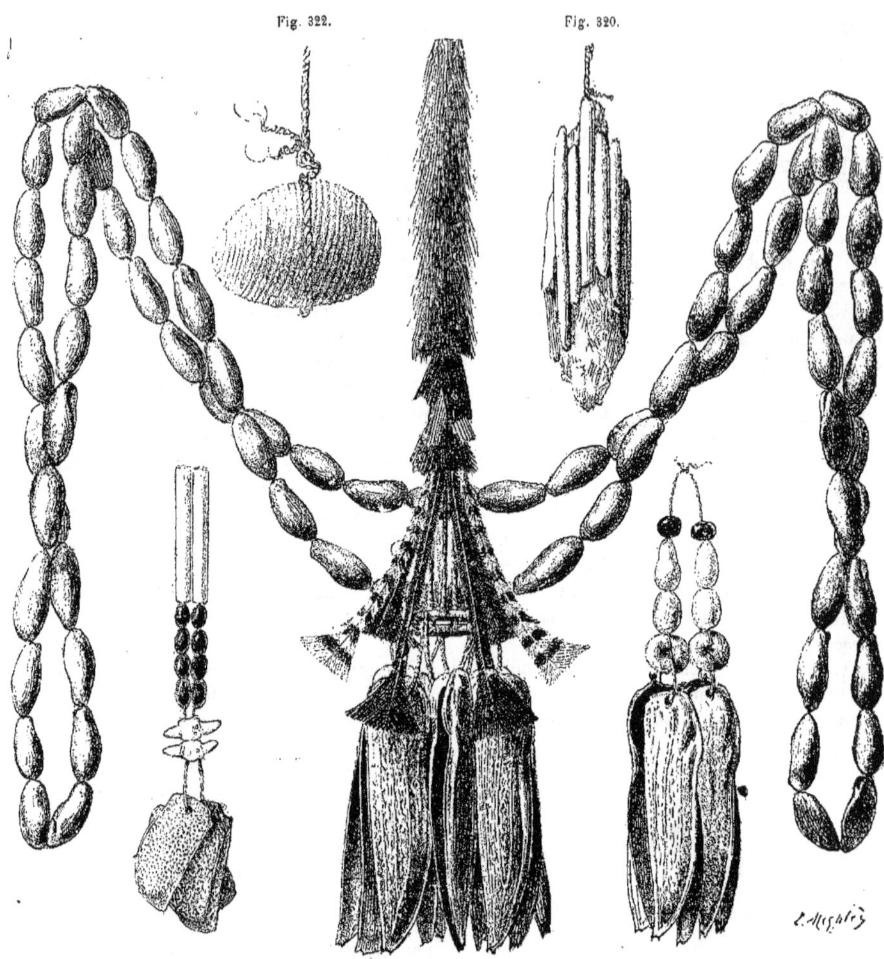

Fig. 318 à 323. — Ornements des Sauvages de l'Amérique du Sud (p. 222) et Fétiches des Nègres.

Fig. 318. — Collier fait avec les cuisses du *Chrysophora chrysochlora* par les Indiens du Rio-Napo. (Musée ethnographique.)

Fig. 319. — Pendeloques des Indiens du Rio-Napo fabriqués avec des os, des graines, des dents de singes et des élytres de *Chrysophora*. (Musée ethnographique.)

Fig. 320. — Coque ovigère ou oothèque d'une Mante suspendue à une Idole nègre. (Musée des Colonies.)

Fig. 321. — Pendeloque de boucle d'oreilles en usage chez les Roucouyennes (bords de l'Amazone) ; elle est composée d'une queue d'Écureuil ornée de plumes noires et blanches de *Trogon*, de plumes bleues pâles de *Manaquin*, de plumes rouges de la queue d'un *Pyranga* à laquelle est suspendue une sorte de petit lustre chargé d'élytres de Buprestes géants. (Musée ethnographique : coll. Crevaux ; coll. Pinart et ancienne coll. du cabinet du roi.)

Fig. 322. — Cocon de Bombycide (*Oiketicus*) suspendu à une Idole nègre. (Musée des Colonies.)

Fig. 323. — Une pendeloque constituant la frange d'un ornement de bras fait entièrement d'os enfilés en usage chez les Indiens du Rio-Napo. La pendeloque est composée de graines et d'élytres de Buprestes géants. (Musée ethnographique : collection André.)

leurs élytres moins larges ne sont pas échancrés aux épaules. Ici les élytres n'étant pas sinués sur leurs bords externes pour li vrer passage aux ailes doivent s'écarter pendant le vol.

Les Larves se rapprochent davantage de celles des Mélolonthides, elles en diffèrent surtout par la forme de l'anus, l'ouverture anale étant trilobée ; la moitié supérieure du lobe transversal se termine en pointe au milieu, tandis que la moitié inférieure présente au même endroit une fente courte.

LA TRICHIE ERMITE. — *OSMODERMA EREMITA*.

Lederkäfer.

La Trichie ermite ou Scarabée à odeur de cuir (fig. 324), mérite d'être mentionnée comme

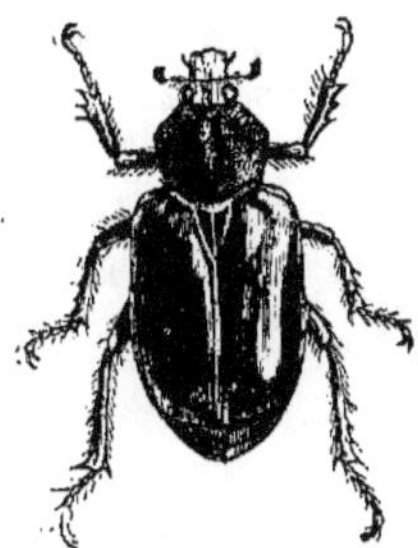

Fig. 324. — La Trichie ermite.

la plus grande espèce de cette section en Europe où elle représente les Goliaths, si nous considérons sa conformation générale et cette circonstance particulière que ses hanches sont encore visibles d'en haut.

Caractères. — Ce Coléoptère d'un brun noir brillant à reflets violets a de 26 à 33 millimètres de long ; il a : la région dorsale antérieure longitudinalement sillonnée ; les élytres sensiblement plus élargies et rugueuses ; le corselet excavé et à bords relevés ; le mâle a au devant des yeux un crochet dressé, tandis que la femelle est dépourvue de cette excroissance. Le lobe externe de la mâchoire est grand, brièvement triangulaire, pointu et corné, tandis que le lobe interne, plus petit, se termine par une dent pointue et crochue.

Mœurs, habitudes, régime. — Cet Insecte que nous appelions pendant notre enfance, à cause de son odeur qui rappelle celle du cuir de Russie, le Scarabée à odeur de cuir, a comme tous ses congénères une allure engourdie et ne se trouve jamais sur les fleurs, mais sur les troncs pourris. Les Saules sont la résidence la plus répandue de notre Coléoptère ; les Chênes, Hêtres, Bouleaux, Tilleuls, et les arbres fruitiers lui servent aussi de logis à condition toutefois qu'ils aient le cœur malade et assez friable pour servir de nourriture à sa Larve ; celle-ci, probablement, met plusieurs années à se développer.

LA TRICHIE FASCIÉE. — *TRICHIUS FASCIATUS*.

Gebänderter Pinselkäfer.

La Trichie fasciée est d'un aspect plus agréable que l'Ermite.

Caractères. — Les hanches ne sont pas visibles d'en haut, les pattes sont plus élancées et les jambes antérieures ont deux dents à l'extérieur chez les deux sexes. Comme chez tous les vrais *Trichius*, le lobe externe de la mâchoire est de consistance coriace, en forme de lancette et porte un pinceau de poils, pendant que le lobe interne est inerme. Le chaperon est plus long que large, à bord antérieur fortement sinueux, couvert ainsi que la tête et le corselet de poils jaunes abondants et longs ; les parties inférieures, l'extrémité anale ainsi que les hanches qui se touchent dans la paire postérieure sont aussi velues, mais les poils sont blanchâtres ; les élytres sont réunies à leur suture par deux bandes jaunes.

Mœurs, habitudes, régime. — Cette espèce est propre aux montagnes et aux collines de l'Allemagne moyenne et méridionale, et se rencontre de juin en août sur les fleurs des prairies et sur les ronces épanouies, parfois en grande abondance surtout dans le Harz ; elle se trouve en France, dans les régions froides et tempérées. Comme les Cétoines, les Trichies plongent au plus profond des fleurs dont ils rongent les parties internes sans remuer sensiblement le corps.

La Larve vit comme celles des autres Cétonines dans le bois pourri des arbres feuillus ; mais sa longévité n'est pas encore déterminée aussi bien que chez les autres espèces. Il est aisé de comprendre du reste que les observations sur toutes les Larves qui vivent de cette manière sont entourées de bien des difficultés.

Dans les environs de Paris une espèce toute voisine (*T. abdominalis*) se rencontre communément.

Il est encore une Trichie indigène qui mérite d'être signalée, c'est la Trichie noble (*Gno-*

rimus nobilis) au corps vert métallique brillant, au ventre orné de taches blanches. Ce bel Insecte qui aime à se reposer sur les ombelles, notamment sur celles des Sureaux, n'est pas rare en France dans les régions au climat froid ou tempéré.

LES VALGUES — *VALGUS* (1)

Caractères. — Il nous faut citer encore ces petits Insectes qui présentent quelques particularités intéressantes : leur corps court est pourvu d'élytres plus brèves que celles des *Trichius;* leur coloration est uniformément noire et ils sont revêtus d'écailles blanches ou jaunâtres qui dessinent des bandes et des taches irrégulières. Par une singulière exception, les femelles sont armées d'une tarière très allongée et barbelée qui leur permet d'introduire leurs œufs dans les arbres morts.

Ce Scarabéide est noir, garni d'écailles blanches qui dessinent sur les élytres une bande basilaire, une tache médiane et une autre à l'extrémité. Nous l'avons représentée (fig. 325), sa taille varie entre 7 et 10 millim.

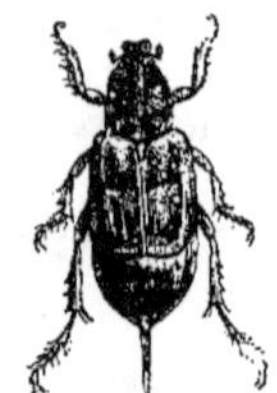

Fig. 325. — Le Valgue hémiptère, femelle.

Sa Larve vit dans le bois pourri des Saules et autres bois tendres; elle réduit souvent en poussière les pieux des palissades.

LES BUPRESTIDES — *BUPRESTIDÆ*

Die Prachtkäfer.

Les Buprestes forment une famille naturelle des plus homogènes, celle des *Buprestidae*, et quoique vivant à l'état parfait, les uns sur les bois, les autres sur les fleurs ou les arbustes, à la façon des Scarabéides, ils s'en éloignent néanmoins par leur aspect extérieur.

Caractères. — Leur corps (fig. 326) est généralement allongé, pointu en arrière, plus ou moins aplati, très rarement cylindroïde et recouvert d'une enveloppe chitineuse épaisse et résistante qui lui donne un port extrêmement roide. Ils reflètent les plus belles couleurs métalliques. La tête, petite, peu mobile, est engagée dans la partie antérieure du corselet; elle est munie de pièces buccales petites. Les deux lobes de la mâchoire, lamelliformes, sont inermes et ciliées. Les antennes comptent onze articles qui, à partir des troisième, quatrième, ou seulement du septième, ont la forme de dents de scie plus ou moins longues, ce qui avait engagé Latreille à leur donner le nom de *Serricornes* (2). Le corselet, peu mobile, s'adapte étroitement aux élytres qu'il égale

à peu près en largeur. Les pattes sont courtes et peu propres à la marche ; les jambes antérieures et les moyennes s'insèrent sur des hanches globuleuses dont la cavité d'insertion reste largement ouverte en arrière, tandis que les jambes postérieures sont insérées sur des hanches, aplaties, lamelliformes et canaliculées. Les cuisses antérieures et moyennes sont accompagnées de trochantins à toutes les pattes ; les tarses ont 5 articles à tous les membres ; l'abdomen compte 5 segments en dessous, les deux premiers étant soudés ensemble. La partie inférieure du prothorax (*prosternum*) se termine par une saillie qui se loge dans une cavité sternale formée par le mésosternum et le métasternum. Une disposition particulière favorise leurs évolutions : leurs ailes sont étendues sous les élytres dans toute leur longueur sans être plissées ni pliées, aussi est-ce avec une égale rapidité qu'elles se déploient et se cachent.

Les Larves (fig. 327) se reconnaissent à première vue à l'élargissement de leur partie antérieure, grosse et discoïde, formée par les trois premiers anneaux, surtout par la région prothoracique, et à laquelle fait suite l'abdomen égal dans son étendue, formé de 9 anneaux qui

(1) *Valgus*, cagneux.

(2) Il comprenait, à vrai dire, parmi les Serricornes beaucoup d'autres Coléoptères, notamment les Elatérides.

semblent le manche d'un pilon. La tête, équila-
térale et rétractile, est cornée seulement aux
bords de la bouche ; elle ne présente aucun vestige d'yeux et porte deux courtes antennes. Les
pièces de la bouche comprennent un labre coriace, deux mandibules courtes et robustes, à
extrémité dentée, deux mâchoires fort petites,
à palpes de deux articles. A part le segment céphalique, toutes les parties du corps sont molles
et dépourvues de téguments cornés. Les robustes anneaux thoraciques sont privés de
pattes. L'anus, qui apparaît comme un treizième anneau, forme un peu le crochet en avant

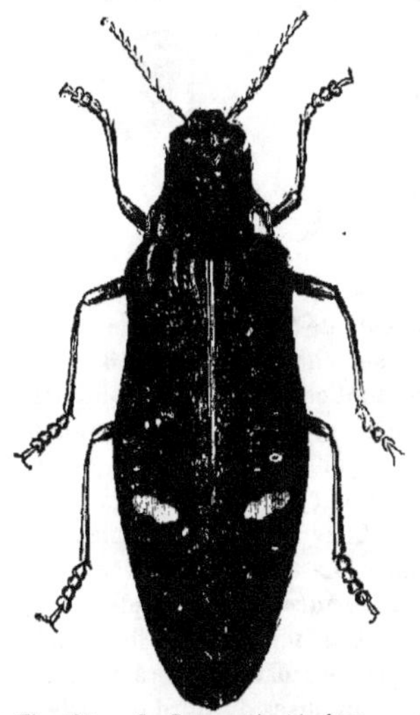

Fig. 326. — Le Catoxanthe bicolore.

et s'ouvre par une large fente longitudinale ;
quelquefois il est muni de deux appendices
en forme de pince. Les stigmates au nombre
de 9 paires, sont arrondis, ceux de la première
paire dorsale sont démesurément grands.

Cette famille est délimitée par les caractères
précédents et par d'autres particularités anatomiques que nous passerons ici sous silence et qui
l'éloigne considérablement d'autres familles.

C'est d'après la distribution des pores microscopiques qui se trouvent sur les antennes et
sont cachés la plupart du temps par des villosités, que l'on a distribué la famille en trois
groupes, savoir : les *Julodines*, les *Chalcophorines* et les *Buprestines* proprement dits.

Distribution géographique. — Le nombre
connu des espèces s'élève à 2,700 environ,
qui se répartissent sur toutes les parties du
globe, mais en proportion bien plus considérable dans les zones chaudes que dans les zones
tempérées et froides. Celles des régions torrides
surpassent aussi de beaucoup les espèces indigènes par l'éclat de leur robe, aux couleurs
vives et aux reflets fulgurants (fig. 326), aussi
leur a-t-on donné le nom de *Richards*. Souvent
le dessus de leur corps est de coloration sombre, tandis que le dessous revêt les tons les
plus magnifiques et jette mille feux étincelants.
Nos Buprestes sont généralement petits, de
couleur insignifiante et peu propres à rehausser leur famille ; ils ne se voient jamais en grand
nombre, aussi ils ne comptent pas au nombre
des Insectes populaires.

Mœurs, habitudes, régime. — Une fois sortis de leur berceau, les Buprestes aiment à se
poser sur les troncs d'arbres, sur les souches,
les tas de bois exposés aux rayons du soleil ; si
on les approche de trop près, ils se laissent
choir, en faisant le mort, ou bien, lorsque le ciel
est sans nuages, ils s'envolent à tire-d'aile.

Les Larves, connues chez quelques espèces
seulement, vivent sous les écorces des arbres
sains ou maladifs, et creusent leurs galeries
sinueuses dans l'écorce, l'aubier ou le bois.

LES JULODINES — *JULODINÆ*

Die Julodinen.

Caractères. — Leurs pores antennaires
sont diffus et cachés par une pubescence ; la
cavité sternale est formée par le mésosternum
seul ; l'écusson manque.

Distribution géographique. — Ce premier
groupe est exclusivement propre aux régions
chaudes de l'Afrique et des Indes orientales ;
quelques espèces cependant appartiennent à
la faune méditerranéenne.

LES JULODIS — *JULODIS* (1)

Caractères. — Le genre type, celui des
Julodis, renferme de nombreuses espèces qui
se signalent par leur forme cylindroïde ; une
section transversale faite à leur corps, donnerait une coupe presque circulaire ; les plus
belles espèces se trouvent le plus souvent en
sociétés nombreuses et se signalent par l'éclat
métallique de la surface du corps, recouvert
d'une couche pulvérulente répartie uniformé-

(1) 'Ιουλώδης, semblable à du duvet.

ment ou bien disposée dans des dépressions de manière à former des taches régulières, ou bien encore groupées de manière à former des rangées de brosses.

C'est ainsi que le *Julodis fascicularis* de l'Afrique méridionale, long de 26 millim. et large de 11 millim. sur 8 millim. 75 d'épaisseur, a sur la surface verruqueuse et vert-bronze de son corps, des pinceaux de poils blancs fixés au fond d'excavations disposées sur plusieurs rangées, au nombre de onze sur le corselet et de cinq sur chacune des élytres quelque peu caudiformes, de telle sorte que l'Insecte a l'aspect d'un hérisson.

Nous possédons en Europe le *Julodis onopordi*, qui se prend en Espagne, et en France autour de la rade de Toulon (Saint-Mandrier), mais est plus commun en Algérie.

LES CHALCOPHORINES — *CHALCO-PHORINÆ*

Die Chalcophorinen.

Caractères. — Les Chalcophorines renferment les plus grandes espèces de la famille, et chez eux (les *Euchroma* exceptés) les pores des antennes sont visibles et dispersés sur les deux faces des articles ; la cavité sternale est formée par le métasternum et par le mésosternum.

On distingue les genres par la longueur comparative des 2 premiers articles des tarses aux pattes postérieures, par le plus ou moins d'apparence du scutellum, par le point de départ de la dentelure en scie des antennes et par d'autres particularités encore.

Distribution géographique. — Ces magnifiques Insectes habitent les uns l'Afrique, les Indes Orientales, l'Australie, les autres les deux continents et surtout l'Amérique. Plusieurs espèces, chose exceptionnelle, se trouvent en Europe.

LES CHALCOPHORES — *CHALCO-PHORA* (1)

Caractères. — De taille moyenne, de couleur métallique, ces Insectes se font remarquer par la présence de sillons et de fossettes sur le prothorax ; les cavités dans lesquelles se logent les antennes sont grandes et plus ou moins trigones.

(1) Χαλχόφόρος, qui porte du cuivre.

LE GRAND BUPRESTE DES PINS. — *CHALCOPHORA MARIANA.*

Grosser Kiefern-Pracht käfer.

Le grand Bupreste des Pins (*Chalcophora Mariana*), une des plus fortes espèces européennes, est d'un brun bronzé recouvert d'une couche blanche poussiéreuse, il est marqué

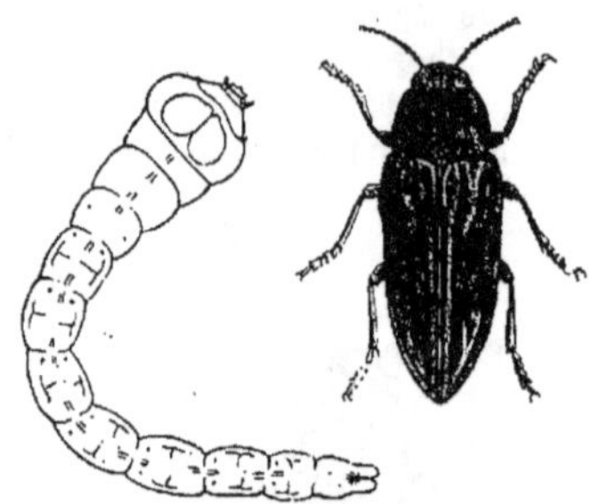

Fig. 327 et 328. — Le grand Bupreste des Pins et sa Larve.

sur le corselet de 5 saillies calleuses longitudinales, et sur chaque élytre de 3 côtes lisses émoussées dont celle du milieu est interrompue par 2 fossettes grossières et quadrangulaires ; il a le corps elliptique, allongé, légèrement bombé. Sa longueur totale varie entre 26 et 30 millimètres. Le scutellum existe, mais il est fort petit et carré. La tête est excavée, et les antennes sont formés d'articles plus longs que larges, dentés en scie à partir du 4e article.

Cette espèce vit dans les forêts de Pins des plaines sablonneuses du nord de l'Allemagne, et en général partout où prospèrent ces Conifères dans toute l'Europe et même en France, mais sans y devenir nuisible, car sa Larve ne se nourrit qu'aux dépens des souches et des troncs d'arbres morts.

Nous l'avons représenté ainsi que sa Larve (fig. 327 et 328), afin de donner une idée de la conformation de la famille par un de ses principaux représentants.

LES EUCHROMES — *EUCHROMA* (1)

Caractères. — Les pores antennaires sont recouverts de villosités. Les antennes, robustes, fortement dentées en scie aiguë, sont portées par une tête plane pourvue de gros yeux ; le prothorax transversal est arrondi sur les côtés ; les

(1) Εὔχρωμα, qui a de belles couleurs.

élytres, allongés, convexes, graduellement rétrécis en arrière, sont échancrés à l'extrémité et portent deux épines terminales ; les pattes robustes ont des tarses dont les quatre premiers articles sont munis de grandes lamelles.

Distribution géographique. — Ce beau genre ne renferme que deux espèces confinées dans le Brésil, la Colombie et le Mexique.

LE BUPRESTE GÉANT. — *EUCHROMA GIGANTEA.*

C'est un grand et magnifique Insecte (fig. 329), type du genre, fort anciennement connu et très répandu dans les collections ; il est remarquable par sa taille aussi bien que par l'éclat de ses vêtements ; sa coloration variant uniformément du vert au rouge cuivreux est relevée sur le corselet par deux grandes taches bleu d'acier ; ses élytres sont couverts de rides qui, accrochant la lumière, en font ressortir les reflets métalliques. Tel est l'aspect qu'il présente lorsque nous le voyons aligné tristement dans nos collections ; vivant, une efflorescence d'un jaune vif le recouvre tout entier.

Usages. — Les sauvages de l'Amérique du Sud, les Indiens Galibis des environs de Cayenne, au siècle dernier, les Roucouyennes et autres tribus des affluents inférieurs gauche de l'Amazone, même encore de nos jours, font entrer les élytres du Bupreste géant dans la composition d'une foule d'objets servant à leur parure. Ils en ornent, par exemple, les pendentifs de leurs immenses boucles d'oreilles aux formes des plus originales, si originales même qu'on aurait quelque difficulté à les faire agréer par nos élégantes. A la longue plume de Ara rouge qui pénètre dans le lobe de l'oreille, est attaché une série de pendants constitués par une queue d'écureuil, ornée de part et d'autre de plumes de Couroucou noir et blanc, taillées en échelons, de plumes de Manaquin bleu pâle, de plumes de Pyranga rouge ; à cette queue est suspendue un petit cercle, formant lustre, chargé d'élytres de Bupreste. Nous n'avons pu résister au désir de figurer (fig. 324) un de ces singuliers ornements que nous avons fait copier sur les échantillons faisant partie du Musée ethnographique de Paris et provenant de l'ancienne collection du Cabinet du roi, des collections Crevaux et Pinard, et dont je dois la communication à l'obligeance de M. le docteur Hamy.

Sur les bords du Rio Napo, les élytres des Buprestes sont employés autrement. Avec des os d'Oiseaux soigneusement enfilés, les Indiens fabriquent de longs brassards dont la frange est entièrement faite d'élytres (fig. 323).

Il ne faudrait pas croire que ce soit l'éclat des Buprestes qui attirent les Indiens ; amis du bruit, le cliquetis des élytres les charment et ils ont su fabriquer à peu de frais des grelots fort originaux.

Nous avons représenté comme type des Buprestides une des plus magnifiques espèces des Indes Orientales, le *Catoxantha bicolor* (fig. 326), du plus beau vert métallique au corselet orné de deux taches oranges cernées de bleu métallique ; au-dessous du corps presqu'entièrement d'une belle coloration jaune-orange très luisante.

LES BUPRESTINES — *BUPRESTINÆ*

Die Buprestinen.

Caractères. — Les Buprestes proprement dits ont les pores antennaires concentrées dans une fossette sur chacun des articles ; ces fossettes étant tantôt inférieures, tantôt terminales, ou situées sur la tranche interne des articles.

Distribution géographique. — Cette tribu, qui est infiniment plus nombreuse que les deux précédentes, a par conséquent une aire de distribution géographique beaucoup plus étendue ; le monde entier est son domaine.

LES POECILONOTES — *POECILONOTA* (1)

Le genre Pœcilonote (*Lampra*) renferme la plus belle entre toutes des espèces de l'Europe, le Bupreste des tilleuls (*Pœcilonota rutilans*), d'un vert d'émeraude et rouge cuivré sur les bords. Les élytres sont parsemés de petites lignes et de petites taches qui simulent une marqueterie noire, tandis que la partie dorsale de l'abdomen est d'un beau bleu d'acier ; aussi, pendant le vol, ce Coléoptère étale-t-il un luxe de couleurs étourdissant. Il atteint une longueur de 12 à 13 millimètres, et il ne se trouve que sur les Tilleuls et entre autres sur les vastes promenades plantées de vieux arbres.

Il est facile de reconnaître les ouvertures de sortie à leur forme lancéolée sur les vieux troncs débiles. Quelques-uns de ces trous sont même bouchés par le front doré des Buprestes qui semblent n'avoir pas eu la force d'élargir suffisamment leurs galeries pour se

(1) Ποικίλος, marqueté ; νῶτος, dos.

frayer un passage. Si la chance ne vous favorise pas pour trouver ces Coléoptères vivants posés sur les troncs des arbres ou marchant sur le sol, vous pouvez, à l'aide d'un couteau, extraire des exemplaires desséchés complètement développés et bien conformés.

Au milieu du jour, lorsque le soleil darde ses plus chauds rayons, heure à laquelle beaucoup d'autres Coléoptères goûtent le repos de l'après-midi, ces Buprestes sont dans leur plus grande activité; il n'est plus possible de se rendre maître d'un seul d'entre eux; leur caractère est devenu méfiant et farouche et à votre approche ils s'envolent à tire-d'aile, à la façon d'ailleurs d'une foule d'autres espèces de Buprestides.

LES BUPRESTES — *BUPRESTIS* (1)

Caractères. — Ils se reconnaissent entre tous à leur prothorax criblé de points enfoncés sans sillon médian, à leurs élytres ponctués, plus ou moins striés, arrondis ou légèrement tronquées à l'extrémité.

Distribution géographique. — Répandus sur le globe entier et surtout dans l'hémisphère boréal, certains d'entre eux sont européens ; nous citerons entre autres les *Buprestis* (*Ancylochira*) *rustica*, *flavomaculata*, *octoguttatata*.

LES CORÆBES — *CORÆBUS* (2)

Caractères. — Ils se distinguent de leurs congénères : par leur tête courte, portant des antennes courtes dentées en scie aiguë à partir du 4ᵉ article, le 3ᵉ article étant égal au 2ᵉ ou plus court ; par leur prothorax transversal, assez convexe, muni en dessus de deux carènes latérales courtes et arquées ; par leur écusson transversal, rétréci et très aigu en arrière ; par leurs élytres oblongues, rétrécies, arrondies et bordées en arrière d'une fine dentelure.

Distribution géographique. — Ces Buprestides, dont les explorations modernes ont accru le nombre, occupent une aire géographique très étendue ; l'Europe, l'Asie tropicale et tempérée, les îles de la Sonde, l'Océanie, les deux Amériques donnent asile à plus de 70 espèces.

Mœurs, habitudes, régime. — Dans ces dernières années, quelques-uns de ces *Coræbus*, que les collectionneurs prisaient beaucoup à cause de leur rareté, se sont multipliés en France d'une manière inusitée, à tel point

(1) Nom d'Insecte.
(2) Κόροιδο;, nom mythologique.

que les Forestiers ont jeté un cri d'alarme.

Dans les Landes, les Hautes-Pyrénées (1860), dans le Var, les Bouches-du-Rhône, la Vaucluse et toute la vallée du Rhône jusqu'à la Grande Chartreuse (1867), dans l'Oise (Chantilly, 1869), dans la Nièvre (1873), etc., on a signalé les dégâts commis par le *Coræbus bifasciatus* sur les Chênes verts, les Chênes lièges, les Chênes yeuses, les Chênes blancs, les Chênes rouvre et pédonculé. Les observations des agents forestiers (MM. Champenois, de Trégomain, Régimbeau, Buffault, etc.), et celles des Entomologistes de profession (Perris, M. Abeille du Perrin, etc.), permettent de relater complètement les mœurs de ce ravageur.

La femelle dépose un œuf à l'extrémité de chaque rameau; la Larve qui éclot sans retard y creuse, d'abord au voisinage de l'écorce, puis en plein aubier, une galerie descendante qui atteint souvent plus d'un mètre. Arrivée au terme de sa croissance, c'est-à-dire au bout de deux ans, elle change brusquement la direction de sa mine et décrit une galerie annulaire complète, déterminant une incision profonde destinée à arrêter la circulation de la sève dont l'afflux viendrait gêner sa transformation en Nymphe; cela fait, elle creuse sous l'écorce une galerie remontante de 5 à 15 centimètres et se pratique en plein bois une loge en forme de boucle aboutissant à l'écorce où elle va accomplir tranquillement ses Métamorphoses.

Toutes les branches où les *Coræbus* ont établi leur domicile ne tardent pas à se flétrir et sont vouées à une mort certaine; fréquemment, lorsque le vent vient à souffler avec violence, elles se brisent à la hauteur de l'incision annulaire qui a affaibli leur résistance, et Larves et Nymphes sont précipitées sur le sol où elles ne tardent pas à périr.

LES AGRILES — *AGRILUS* (1)

Die Agrilinen.

Caractères. — Les nombreuses espèces du genre *Agrilus* s'éloignent notablement des précédentes par la conformation générale de leur corps qui est à peu près cylindrique, étroit et linéaire, tout en ayant la surface aplatie ; leurs antennes sont courtes, grêles, faiblement dentées, à 2ᵉ article souvent plus grand que le 3ᵉ, ce qui est le contraire dans les autres genres de la famille; très distan-

(1) 'Αγρὸ;, champ.

cées des yeux, elles sont insérées dans de grandes excavations frontales, et sont dentées en scie à partir du 4ᵉ article; les palpes maxillaires se terminent par un article ovoïde. Le corselet, plus large que long, est sinué en arrière, l'écusson est triangulaire; les élytres sont plus élargies en arrière, mais sont longues relativement à leur largeur et se terminent en une pointe plus ou moins arrondie. Aux pattes nous remarquons que l'article basilaire des tarses est comprimé et que les griffes sont bifurquées.

Distribution géographique.—Les nombreuses espèces (on en compte plus de 400), dont la distinction présente souvent bien des difficultés, sont répandues sur toute la terre, et abondent en Europe, en France comme en Allemagne.

Mœurs, habitudes, régime. — Les Agrilus, dont les Larves vivent sous les écorces, apparaissent parfois en masses assez considérables pour devenir préjudiciables aux forêts.

L'AGRILE A DEUX POINTS. — *AGRILUS BIGUTTATUS.*

Zweifleckiger Schmalbauch.

Une des plus grandes espèces de l'Allemagne, l'*Agrilus biguttatus*, n'est pas rare sur les Chênes ; elle mesure de 8 millimètres et demi à 11 millimètres de longueur.

Le mâle est bleu verdâtre, la femelle brun verdâtre avec une tache blanche velue sur le dernier tiers de chaque élytre auprès de la suture, d'où le nom spécifique; il existe quelques taches semblables sur les côtés des anneaux abdominaux.

La Larve, qui mesure au maximum 22 millimètres de longueur, sur 3 de largeur est blanche, cylindrique ; apode avec la tête enfoncée dans le premier anneau, elle ressemble absolument à un pilon, comme celle des autres espèces d'*Agrilus*, et a le corps terminé en pinces ; elle se creuse derrière l'écorce des Chênes maladifs des galeries vermiformes de plus en plus larges et acquière tout son accroissement en deux années.

Une autre espèce (*A. viridis*) vivant d'une façon analogue, se présente çà et là en sociétés nombreuses derrière l'écorce des jeunes Chênes dont l'écorce est lisse. Ses Larves creusent leurs galeries depuis le pied de l'arbre jusqu'à la hauteur de 1ᵐ,60 à 2 mètres. Lorsque les arbres sont complètement envahis, il faut faire la part du feu; au mois de mai ou les premiers jours de juin, on les abat, on les décortique et on brûle les écorces.

Les Larves de l'*A. angustulus* habitent les petites branches les plus élevées, et se tiennent surtout sur le côté réchauffé par son exposition au sud-ouest ; de temps à autre elles ont causé des dommages sensibles aux Chênes.

LES TRACHYS — *TRACHYS* (1)

Die Trachysinen.

Caractères. — Ces Buprestes constituent un petit groupe apparenté aux *Agrilus* dont ils possèdent l'organisation, seulement leur corps au lieu d'être grêle et allongé est remarquable par sa brièveté et par sa forme trigone; le prothorax ne porte pas de sillons destinés à recevoir les antennes, celles-ci, au repos, restent rigides ; les tarses sont d'une extrême brièveté. Ces Insectes se distinguent entre tous leurs congénères par l'organisation de leurs Larves qui semblent appartenir à un autre groupe ; en effet ces Larves ont la tête dégagée du prothorax, pourvue de chaque côté d'un œil, et — particularité organique singulière dans une famille où toutes les Larves sont apodes — les trois segments thoraciques portent des pattes de 2 articles terminés par un ongle corné.

Distribution géographique. — L'Afrique, Madagascar et les Indes Orientales nourrissent aussi quelques espèces de ce genre, mais le plus grand nombre néanmoins vit en Europe.

Mœurs, habitudes, régime. — La particularité la plus remarquable des *Trachys* et des genres voisins, *Brachys* et *Aphanisticus*, consiste dans la manière de vivre de leurs Larves qui ne se tiennent pas dans le bois mais se nourrissent du parenchyme des feuilles.

LE TRACHYS MENU. — *TRACHYS MINUTA.*
LE TRACHYS NAIN. — *TRACHYS NANA.*

On trouve sur les feuilles du Saule, un petit Coléoptère presque triangulaire, d'un brun très luisant, marqué de quelques bandes anguleuses dues à des villosités blanches; elle rappelle par son aspect les anthrènes décrits précédemment: c'est le *Trachys minuta.*

Au sujet du développement de cet Insecte, on sait que les Larves sont des mineuses des feuilles du Saule marceau.

La femelle d'une autre espèce le *T. nana*, après avoir hiverné, dépose ses œufs sur la

(1) Τραχὺς, rude.

Fig. 329. — Le Bupreste géant (p. 222).

nervure médiane du Liseron (*Convolvulus arvensis*). La Larve perce la cuticule de la feuille et dévore le parenchyme sans se creuser de galeries ; elle reste logée dans son épaisseur pendant quatre ou cinq semaines, y mue trois fois, et après avoir vidé la moitié de la feuille passe à l'état de Nymphe d'où l'Insecte parfait sort au bout d'une quinzaine de jours.

LES ÉLATÉRIDES — *ELATERIDÆ*

Die Schnellkäfer, Schmiede.

Caractères. — Les Élatérides, aussi nommés Taupins, Maréchaux, Forgerons, rappellent les Buprestides par la forme élancée et entière de leur corps; mais sous plusieurs rapports ils s'en éloignent considérablement; les apparences seules pouvaient autoriser la réunion des deux groupes en un. En les rapprochant l'un de l'autre, nous nous conformons plutôt à l'usage qu'à la raison. Plus nombreux et en partie plus grands et revêtus de couleurs plus vives dans les zones chaudes que dans les régions tempérées, ils sont cependant, pris dans leur ensemble, de taille médiocre et ne présentent que des teintes relativement uniformes ; aussi nous ne retrouverons pas chez eux ce contraste entre les espèces indigènes et exotiques que nous avons vu chez les Buprestides. La tête, fortement enchâssée dans le corselet. est généralement fortement penchée, c'est-à-dire n'est pas posée d'aplomb; et elle est le plus souvent recouverte en dessous par une pièce pectorale, prolongement du prothorax qui forme mentonnière ; les antennes, de 11 à 12 articles, insérées sur le bord antérieur des yeux, sont dentées, souvent pectinées chez le mâle, et quelquefois aussi filiformes ; la lèvre supérieure est distincte; chaque lobe de la mâchoire est lamelliforme et ciliée ; la languette est sans paraglosses.

Comme dans la famille précédente, la cavité, qui sert de base d'insertion aux hanches des pattes antérieures, reste ouverte en arrière; ces hanches sont presque globuleuses, tandis que les hanches postérieures sont aplaties, lamelliformes et canaliculées en arrière; mais ici les trochantins manquent totalement, tandis qu'ils sont toujours distincts chez les Buprestes. Les jambes linéaires portent de courts éperons terminaux, et les tarses de 5 articles sont pourvus en dessous de lamelles ; on distingue 5 segments à l'abdomen.

Une particularité spéciale distinguera presque tous les membres de cette famille de tous les autres Coléoptères. Tombés sur le dos, tous leurs efforts pour se redresser sur leurs courtes jambes seraient impuissants ; la nature les a dotés d'un mécanisme qui leur permet de s'élancer dans l'air et de se retourner en même temps. A cet effet le prothorax jouit d'une grande mobilité et présente un prolongement pouvant se loger dans une cavité du bord antérieur du mésothorax. Si l'Insecte qui a fait une chute malheureuse veut se remettre sur ses pattes, il assujettit l'extrémité de ses élytres contre une base solide, relève son prothorax de manière à arcbouter la pointe prosternale contre le bord antérieur du mésosternum et contracte alors ses puissants muscles thoraciques ; cette pointe fait ressort et s'échappe de la cavité mésothoracique, en produisant un petit bruit sec ; le corps vient alors frapper le sol et rebondissant, se trouve projeté en l'air à une certaine hauteur. Si notre Taupin, en faisant le saut périlleux, est favorisé, il retombe sur ses pieds ; s'il manque son coup, une première et une deuxième fois il use de nouveau de son expédient jusqu'à ce qu'il ait atteint son but. Il est très facile de lui faire répéter cet exercice acrobatique si on le place dans la main en l'étendant sur le dos. Quand on le tient entre les doigts, on sent et l'on voit les secousses brusques de va-et-vient du corselet, pendant qu'on entend le petit bruit sec qui les accompagne. Notre Élater exécute dans nos mains les mêmes manœuvres qu'il déploie chaque fois qu'il cherche à sortir d'une position critique.

Le Taupin ne doit son salut qu'à cet artifice et à ses courtes pattes ; car à peine replacé sur celles-ci il se met à courir précipitamment pour s'éclipser n'importe où. Pour s'échapper, il ne se fie point à ses ailes, dont il ne se sert que pendant les chaudes journées, pour voler d'Ombellifère en Ombellifère, ou se poser sur toute autre fleur riche en miel ; ou bien pour se mettre à la recherche d'une compagne pendant les belles soirées.

Distribution géographique. — Les collections contiennent environ 3,000 espèces, dont bon nombre ne sont pas décrites.

Les Élatérides sont répandus sur toute la terre.

Mœurs, habitudes, régime. — Les mœurs des Élatérides varient suivant les espèces. Les uns recherchent les fleurs et sont d'autant plus vifs que le soleil est plus chaud ; d'autres hantent les buissons, se tiennent sur les feuilles et sont par suite plus abondants dans les bois que dans les prairies et les champs ; si on se rapproche d'eux ils ramènent leurs pattes le long du corps et se laissent choir sur le sol ; faisant le mort, ils disparaissent alors presque toujours à nos yeux malgré les plus scrupuleuses recherches. D'autres encore se cachent pendant le jour sous les écorces ou se logent étroitement dans les bourgeons résineux des Conifères.

Chez nous les Élatérides ou Taupins apparaissent tous avec la verdure du printemps ou plus tard, et disparaissent peu à peu vers l'automne, soit pour quitter la scène après avoir reproduit leur espèce, soit pour passer l'hiver sans avoir pu accomplir leurs devoirs matrimoniaux.

Jusqu'à présent on ne connaît le développement que d'un petit nombre d'entre eux ; on sait que tous passent plusieurs années à l'état de Larve.

Les Larves connues sont vermiformes, cylindriques, légèrement aplaties, complètement recouvertes d'une cuirasse chitineuse luisante, et hexapodes. Elles rappellent au premier coup d'œil les Larves qu'on nomme « Vers de farine », c'est-à-dire les Larves des *Tenebrio*, que nous connaîtrons plus tard. Mais si on compare les deux Larves, on remarque néanmoins une différence sensible dans la physionomie de leurs têtes et dans la conformation des pièces buccales. Les Larves de Taupins ont en effet la tête plane, excavée au milieu et dirigée droit en avant, le labre manque ; les mandibules assez courtes ont une dent médiane interne ; les mâchoires et le menton logés dans une profonde échancrure de la face inférieure de la tête, sont allongés et soudés ensemble dans toute leur longueur, les yeux manquent ; les antennes ont 4 articles, le premier rétractile ; les pattes sont courtes, robustes et à 3 articles.

C'est la diversité de forme du dernier anneau du corps qui paraît pouvoir le mieux établir la distinction des espèces.

Ces Larves vaguent sous terre et vivent cachées dans le sol ou dans l'humus du bois pourri, ou bien encore dans des végétaux morts ou vivants dont ils rongent l'intérieur et aux dépens desquels elles se nourrissent, par exemple les champignons, les racines et les tubercules succulents, et sous ce dernier rapport ils peuvent aussi devenir préjudiciables à nos plantes cultivées.

Elles ne dédaignent pas non plus la chair

des Animaux, et s'entre-dévorent même si elles sont trop à l'étroit, et lorsqu'en même temps la nourriture leur fait défaut; parfois aussi elles pénètrent dans le corps d'autres Larves d'Insectes.

C'est dans le séjour caché où vivait la Larve qu'a lieu la Métamorphose, et la Nymphe élancée, très mobile qui en résulte, y repose dans une loge ménagée dans la terre ou le bois pourri, et d'où certainement l'Insecte parfait sort au bout de peu de temps.

Linné groupait toutes les espèces de la famille des Élatérides dans un genre unique, le genre *Elater*, qui ne renferme aujourd'hui qu'un nombre d'espèces relativement faible.

Latreille réunissait les Élatérides et les Buprestides avec une petite famille intermédiaire celle des Eucnémides que nous passerons ici sous silence, en un seul groupe, celui des *Sternoxes;* actuellement la famille des Élatérides, parfaitement délimitée, étudiée avec un soin extrême par le Dr Candèze, a été divisée en un certain nombre de tribus. Il serait fastidieux de jeter, ne fût-ce qu'un aperçu sur chacune de ces huit sections, et nous n'avons aucune raison d'exposer leurs caractères et de rendre compte de leur classification scientifique; il nous suffira de nous arrêter à quelques points importants qui servent à les distinguer dans leur groupement, et de donner ensuite quelques renseignements sur les espèces intéressantes, à la vérité peu nombreuses.

LES AGRYPNINES — *AGRYPNINÆ*

Die Agrypninen.

Caractères. — Ces Élatérides se distinguent par une suite de particularités qui en font un groupe très homogène et parfaitement caractérisé. L'existence de longues fentes ou sillons sur les côtés du prosternum, servant pendant le repos à recevoir les antennes quand elles se replient, est un trait d'organisation tout à fait spécial. Ces fentes tracent en même temps sur le prothorax la limite des régions sternale et dorsale; celle-ci est bordée d'un ourlet replié en dessous.

LES LACONS — *LACON* (1)

Caractères. — Ces Insectes se reconnaissent aisément par la disposition qu'affectent les sillons prosternaux; ceux-ci en effet sont fermés en arrière, ce qui oblige les antennes à se recourber pour y pénétrer; ils sont généralement couverts de poils qui les revêtent sur tout le corps d'un fin duvet; les deuxième et troisième articles des antennes sont plus courts que le quatrième.

Distribution géographique. — Les Lacons, dont on compte une centaine d'espèces réparties sur tout le globe, nous intéressent à certain titre, l'une d'entre elles, le *Lacon murinus* étant fort commun dans toute l'Europe.

LE LACON GRIS DE SOURIS. — *LACON MURINUS.*

Mäusegrauer Schnellkäfer.

C'est un Coléoptère aux formes élargies et aplaties, au vêtement gris, soyeux qui, adulte, dévore les pédoncules des roses, et à l'état de Larve, commet des dégâts dans les pépinières en rongeant les tendres radicelles des jeunes arbres et arbrisseaux : Pommiers, Poiriers, Pruniers, Cerisiers, etc.

LES ÉLATÉRINES — *ELATERINÆ*

Die Elatérinen.

Caractères. — Les Elatérines proprement dits se distinguent des Agrypnines par l'absence des sillons prosternaux destinés à loger les antennes, de telle sorte qu'au repos celles-ci sont libres ; elles sont plus longues que le prothorax, quelquefois flabellés chez les mâles.

LES ATHOUS — *ATHOUS* (1)

Caractères. — Ces Insectes sont de taille moyenne, allongés, pubescents, aux longues antennes de 11 articles ; aux hanches postérieures étroites s'élargissant graduellement ; aux tarses armés de crochets simples.

Distribution géographique. — Les Athous, qui comptent 120 espèces décrites, sont propres aux zones froides et tempérées de l'hémisphère boréal.

L'ATHOUS VELU. — *ATHOUS HIRTUS.*

Rauher Schmied.

Ce Taupin est une de nos espèces les plus communes qui se montre souvent en grand nombre pendant le courant de l'été sur les fleurs des Ombellifères dans les prés, sur la lisière des bois et le bord des chemins ; il vole de fleur

---

(1) Λάκον, nom propre.

(1) A. privatif; Όσός. agile.

en fleur, pour y puiser le miel, à partir de midi, tant que le soleil reste au-dessus de l'horizon.

C'est un Coléoptère inoffensif, long de 13 millimètres et large de 4 1/2 millimètres; au corps noir luisant, uniformément masqué par une villosité grise, quelquefois à élytres brunes. Le front à bord antérieur très saillant est détaché; les articles du milieu des antennes sont tous aussi larges que longs et triangulaires, le deuxième étant plus court que le troisième. Le corselet, également et finement ponctué, est plus long que large, un peu élargi au milieu et sensiblement rentrant, au devant des deux angles latéraux qui sont fort saillants; les élytres creusées chacune de 9 sillons ou plutôt de 9 lignes de points ont les intervalles finement ponctués et l'extrémité arrondie. Le prosternum s'élargit beaucoup en avant et ne porte point de rainure pour recevoir les antennes. Les hanches postérieures s'élargissent toujours en dedans, les tarses et les griffes sont simples, le premier article étant aussi long que les deux suivants réunis.

La larve de l'*Athous hirtus* est inoffensive comme l'Insecte parfait; elle a la physionomie vermiforme de toutes les Larves d'Elatérides, elle est recouverte de la cuirasse solide jaune rougeâtre habituelle et ses pattes sont de même très courtes, comme on peut le voir dans la figure, p. 104, chez l'Elater des moissons ; mais elle est relativement plus forte, plus aplatie et pourvue de quelques poils sétacés. La tête fortement déprimée, beaucoup plus large que longue, porte une plaque acéphlique, pourvue d'une petite pointe médiane, fermant la bouche en dessus ; les antennes sont courtes et de 3 articles.

Le premier des 12 anneaux du corps est deux fois plus long que les autres qui sont tous égaux ; et sur toute la région dorsale règne un sillon médian enfoncé. Le dernier anneau, à peine un peu plus étroit est dentelé sur les bords, aplati en-dessus, marqué de quelques rugosités et à bord postérieur découpé en demi-cercle ; chaque côté de la découpure porte un appendice bidenté ; ces dents sont divergentes, se dressant vers le ciel, l'interne se recourbant en dedans. Ces dents sont brunes ainsi que les dentelures situées sur les bords de l'anneau. Le ventre aplati est protégé par deux bourrelets saillants qui s'étendent sur toute la longueur du corps, et c'est dans les replis de ceux-ci que se cachent les stigmates ; dans l'anneau postérieur la face ventrale est entou-

rée encore par un autre rebord latéral plus petit. C'est entre ce rebord et la limite antérieure du dernier anneau que s'ouvre l'anus, que la Larve peut faire saillir pour s'en faire faire un appui dans la reptation.

Cette larve, facile à reconnaître par cette description, d'après les observations de Candèze, vit sous les écorces des arbres morts, et se nourrit de Larves.

LES PYROPHORES — *PYROPHORUS* (1)

Les riches contrées de l'Amérique centrale et méridionale nourrissent environ une centaine d'espèces d'Elatérides, qui à côté du privilège caractéristique que possède la famille, partagent encore avec les Lampyres celui de luire dans l'obscurité. Les « mouches de feu » ou *Cucujos* de grande et de moyenne taille appartiennent au genre *Pyrophorus*; elles sont généralement d'un brun sombre et recouvertes d'une fourrure épaisse de poils gris-jaunâtres, et reconnaissables à la tache jaune de cire placée à chaque angle postérieur du corselet, taches qui sont le siège principal d'où émane cette merveilleuse illumination.

Caractères. — Le front de ces Taupins (fig. 330) est tronqué ou arrondi, marqué en avant d'un rebord épais ; les yeux sont très gros, les antennes, à partir du quatrième article, dentées ou non en scie. Le corselet transversal est convexe et se termine postérieurement aux deux angles par une pointe plus ou moins forte. Les tarses sont filiformes, comprimés et velus en dessous.

Distribution Géographique. — Les Pyrophores, dont on a décrit 89 espèces, sont exclusivement américains ; ils sont répandus depuis le sud des États-Unis jusqu'au Chili ; surtout au Brésil et dans les Antilles.

Mœurs, habitudes, régime. — Il ne faut pas s'étonner que ces Insectes, que la nature a doué d'une faculté aussi extraordinaire, aient attiré l'attention des hommes avant l'apparition des Naturalistes.

Déjà Moufet a imparfaitement figuré et décrit (1634) une grande espèce qu'il nomme *Cicindela*, en grec *Kephalolampis*, parce que c'est près de la tête et non à l'extrémité du corps que se trouve l'appareil producteur de la lumière; il rapporte ainsi ce qu'il a trouvé à son sujet dans les relations de voyages d'Oviédo (1526).

(1) Πυροφόρο; qui porte du feu.

« Le Cocujo, quatre fois plus grand que notre espèce volante (il a précédemment décrit le Ver luisant ou Lampyre aussi sous le nom de *Cicindela*), appartient au genre des Scarabées. Les yeux brillent comme une lanterne, et éclairent tellement l'atmosphère, que chacun peut lire dans sa chambre, y écrire ou vaquer à d'autres occupations. Plusieurs réunis donnent une lumière d'une bien plus grande clarté encore, au point qu'une société peut

Fig. 230. — Le Cucujo.

au milieu de la nuit obscure cheminer à son gré à l'aide de ce seul éclairage qui ne peut être soufflé par le vent, ni assombri par l'obscurité, ni éteint par la pluie ou le brouillard. Les ailes ouvertes et étendues, ils brillent d'une lumière aussi vive vers leur partie postérieure.

« Avant l'arrivée des Espagnols, les indigènes ne se servaient pas d'autre lumière soit dans les maisons, soit au dehors. Mais les Espagnols se servent de torches et de lampes pour l'éclairage domestique, parce que la clarté que jette l'Insecte disparaît complètement en même temps que la vie. Toutefois s'ils sont obligés de sortir au dehors pendant la nuit, ou s'ils ont à combattre un ennemi nouvellement arrivé sur le terrain, ce Coléoptère seul leur sert de guide pour trouver leur chemin, et à cet effet chaque soldat est porteur de 4 Cocujos ; de cette manière ils arrivent parfois à déjouer les embûches.

« Ainsi quand le noble Thomas Candisius et le chevalier Robert Dudley, fils du célèbre comte Robert de Leicester, mit le premier le pied sur la côte des Indes Occidentales, et qu'ils abordèrent dans la nuit, ils aperçurent dans la forêt avoisinante une quantité innombrable de lumières semblables à des torches allumées qu'ils virent se rapprocher d'une façon imprévue : ils s'en retournèrent rapidement sur leurs vaisseaux, pensant que les Espagnols s'étaient

établis dans les bois, mèches allumées, avec leurs canons.

On trouve encore d'autres Insectes de ce genre, mais comme le Cocujo tient la première place, Oviédo les passe sous silence.

« Les Indiens ont coutume de se frotter le visage et la poitrine avec un onguent préparé avec cet animal, afin de paraître aux yeux des autres comme une personne incandescente. On ne peut concevoir comment cela serait possible, car avec la vie s'éteint aussi la vertu éclairante du Coléoptère, et ce n'est qu'immédiatement après la mort que l'éclat persiste encore, mais il est certain qu'il ne dure pas longtemps.

« Les Indiens utilisent ces Insectes de cent manières ; ils ne pourraient dormir à cause des piqûres des Moustiques nocturnes si les Cocujos ne chassaient ces Moucherons avec autant d'ardeur que les Hirondelles mettent à la poursuite des Mouches ; ils ne pourraient accomplir leurs travaux nocturnes, sans cet éclairage naturel. Pour se procurer ces précieux Insectes ils ont imaginé plusieurs manières de les capturer, que nous communiquerons au lecteur en partie d'après Pierre Martyr et en partie d'après des témoins oculaires.

« Quand, par la privation de lumière, ils se voient obligés de passer toutes leurs nuits dans l'inaction, ils sortent avec un tison allumé et se mettent à crier *Cucuje*, *Cucuje*, remplissant l'air de leurs appels perçants, jusqu'à ce que les Coléoptères arrivent, soit qu'ils voltigent vers la lumière qui les attirent, soit que fuyant le froid, ils se laissent tomber à terre ; les uns les recueillent avec des branches et des toiles, les autres se servent de filets faits exprès, jusqu'à ce qu'ils puissent les saisir à la main.

« Il y a encore là-bas d'autres Insectes volants qui luisent dans l'obscurité, mais ils sont beaucoup plus grands que nos espèces indigènes et leur lumière vive rayonne fort loin. Ils éclairent si bien que ceux qui entreprennent un voyage, s'attachent à la tête et aux jambes ces Insectes ; de cette façon on les aperçoit de loin, et font reculer de crainte ceux qui ignorent le fait.

« Les femmes ne se servent pas d'autre lumière, la nuit, pour leurs travaux domestiques. »

En exceptant l'assertion erronée d'après laquelle ces Coléoptères chassent aux Mouches, les faits principaux ont été confirmés postérieurement, et on peut aussi admettre que le nom usuel de Cucujo désigne à la Havane et probablement aussi sur le continent, le *Pyrophorus noctilucus*, si largement répandu.

D'après Alex. de Humbold et de Bonpland, la Larve vit aux dépens des plantations de Cannes à sucre, auxquelles elle peut parfois causer de sensibles dommages ; toutefois elle ne semble pas se nourrir de cette seule plante. Peut-être est-ce cette espèce ou une autre de grande taille, portant le nom de *Cucubano* à Porto-Rico, qui vole de mars en mai sur les routes des villages et se montre dans les maisons et sur les chantiers, ce qui porte à croire que sa Larve vit aussi dans le bois.

L'Insecte adulte a été de temps à autre importé accidentellement çà et là en Europe avec des bois du commerce.

En 1766, à Paris, l'apparition d'un de ces Insectes répandit la terreur en voltigeant dans le faubourg Saint-Antoine, ainsi que le rapporte une lettre du docteur Bondazoy insérée dans les Mémoires de l'ancienne Académie des sciences. Depuis, des navires chargés de bois provenant de Saint-Domingue apportèrent quelques Cucujos à Rouen, et en 1806, Snellen Van Vollenhoven en vit un à Leyde, qui fut pris sur du bois de Campêche ; la lumière verte qu'il répandit fut si vive, rapporte-t-il, que l'on put lire sans difficulté le texte d'impression ordinaire.

Les Indiens s'emparent des « Mouches de feu », qui pour eux sont l'objet d'un commerce à la Vera-Cruz, en agitant dans l'air un charbon ardent attaché à un fil, vers lequel les Coléoptères ainsi attirés dirigent leur vol. On les conserve dans de petites cages construites en bois ou avec du fil de fer très fin, et on les nourrit avec des fragments de canne à sucre, en ayant soin de les baigner tous les jours deux fois, afin que le soir ils soient à même de manifester dans tout son éclat leur éclairage fantastique.

On peut les conserver vivants assez longtemps, car récemment on en a transporté plusieurs en Angleterre et en France. M. Laurent, capitaine de la *Floride*, M. de Dos Hermanas, M. Lacazette, ont apporté des Cucujos à Paris et l'on a pu vérifier que les assertions des voyageurs n'avaient rien d'exagéré. Quelques savants, MM. Ch. Robin et Laboulbène ont pu, grâce à cela, étudier les organes phosphorescents de ces Élatérides (Voy. p. 36 et 37).

La force éclairante des Pyrophores sert à des buts différents suivant les pays. Ainsi on en enferme plusieurs dans une calebasse vidée et garnie de trous, qui devient de la sorte une petite lanterne très originale. Très spirituel est l'usage qu'en font les femmes créoles pour rehausser leurs charmes. Le soir elles enferment chaque Coléoptère dans un petit sac de tulle très fin, et réunissant plusieurs de ces sachets elles les disposent en rosettes et les attachent à leur vêtement. Elles savent aussi les mêler avec art à des fleurs faites avec des plumes de Colibris parsemées de brillants, et en former des couronnes dont elles ornent leurs cheveux ; rien n'égale le ravissant aspect de ces parures naturelles.

Nous figurons comme type du genre *Corym-*

Fig. 331. — Corymbites cruciatus.

bites, genre fort nombreux dans nos pays dont les mœurs n'offrent rien de particulier, le *C. cruciatus* (fig. 331).

LES AGRIOTES — *AGRIOTES* (1)

Caractères. — Le front n'est point séparé de la face par un sillon transversal, mais se recourbe au milieu, et en divergeant de chaque côté recouvre la bouche en formant un rebord. Les antennes filiformes ont le premier article cylindrique, tandis que les autres sont égaux et en forme de massue, le dernier seul étant en forme de lancette. Le corselet, aussi long que large, fortement bombé, arrondi sur les côtés, se termine aux angles postérieurs par deux pointes faiblement carénées. La suture pectorale du prothorax paraît double et creusée en avant, sans toutefois former une rainure pour recevoir les antennes.

Distribution géographique. — Ce genre assez nombreux — on compte soixante et onze espèces décrites — habite l'hémisphère boréal de l'Ancien et du Nouveau Monde.

Mœurs, habitudes, régime. — Les Larves de plusieurs espèces européennes, que les cultivateurs désignent ainsi que ses proches alliées sous le nom de *Vers en fil de fer* (*wire worms*) sont

(1) Ἀγριότης, rustique.

on ne peut plus nuisibles, car elles rongent le chevelu et les radicelles des jeunes plantes ; il est vraisemblable qu'elles vivent plusieurs années.

LE TAUPIN DES MOISSONS. — *ELATER SEGETIS*.

Saatschnellkäfer.

L'Elater ou Taupin des moissons (*Agriotes lineatus* ou *segetis*), est une espèce extrêmement répandue (fig. 332) dont la Larve (fig. 333) a attiré l'attention ; bien plus que celles de ses congénères, elle a su acquérir une triste célé

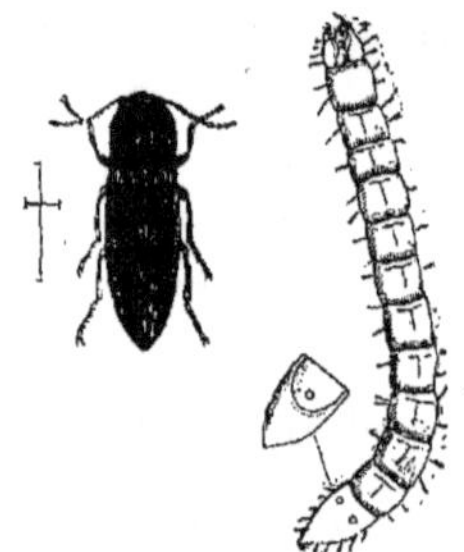

Fig. 332 et 333. — Insecte adulte et sa larve.

Le Taupin des moissons.

brité. Le corps est moins aplani que dans l'espèce précédente et dans bon nombre d'autres, et la figure ci-jointe peut donner une idée de sa forme extérieure.

Sur chaque élytre on compte huit rangées de lignes noires ponctuées, laissant des intervalles égaux dont le deuxième et quatrième à partir de la suture sont un peu plus foncés que les autres. Toute la surface du corps et des pattes a un aspect gris-jaunâtre dû à des poils, tandis que à la face inférieure le fond noir tranche davantage. La longueur totale est à peu près de 9 millimètres.

Mœurs, habitudes, régime. — Ce Taupin vague partout à travers champs, prés et chemins. La femelle dépose ses œufs de diverses manières, dans le voisinage des plantes, sur le sol ou sous terre, et la Larve qui en sort ne tarde pas à se nourrir des parties végétales les plus tendres. Son accroissement est extrêmement lent et dure plusieurs années (probablement 4) avant d'être à terme pour passer à l'état de Nymphe.

Notre figure 333 montre que sa forme est la même que celle des autres Larves d'Elatérides ; chez elle l'anneau terminal finit en une pointe obtuse, et il est marqué à sa partie antérieure de deux dépressions noires et ovales ; en dessous du même anneau, l'ouverture anale en demi-cercle à bordure saillante sert de point d'appui exactement comme nous l'avons indiqué pour la Larve de l'Elater velu. Les autres anneaux, très fermes, cylindriques et jaunes, ne se distinguent guère les uns des autres : le premier et le deuxième sont seuls un peu plus longs. La tête a une forme aiguë, elle est plus foncée vers la bouche, les antennes dont elle est munie ont 3 articles, et les yeux paraissent manquer. Les mandibules sont bi-dentés, les mâchoires allongées portent des palpes de 4 articles, et des lobes en forme de palpes de 3 articles. Sur le menton étroitement rectangulaire s'attache en avant la lèvre inférieure triangulaire, munie de palpes bi-articulés, sans trace de languette. Le front ne forme point séparé et ferme de haut en bas l'ouverture buccale dépourvue de lèvre supérieure.

Le 12 septembre, Taschenberg rapporte qu'il recueillit 12 individus de cette Larve qui avaient élu leur domicile entre les racines d'un chou assez misérable d'aspect et venu dans un champ humide. Ayant pris le soin de les mettre dans un pot de fleurs où il sema des graines de navette dont les futures racines devaient leur servir de nourriture, quand les plantules eurent atteint une hauteur de deux pouces, elles commencèrent à se faner.

C'est dans cet état que le pot fut placé devant la fenêtre de la chambre chauffée. En février suivant quelques Pois y furent plantés, et ceux-ci atteignirent un pied de long, mais grêles et maigres en raison de la saison. Bientôt les Pois se fanèrent subitement. Le 6 juillet, en examinant la terre traversée en tous sens par les racines, trois Coléoptères fraîchement éclos furent découverts ainsi que la fragile dépouille naturellement déformée de la Nymphe ; les autres Larves avaient disparu.

La Nymphe est blanche, a les yeux noirs surmontés d'une petite pointe brune, elle a le corps terminé par 2 petits appendices caudaux ; elle reste, à nu sans coque, couchée dans la terre pendant quelques semaines.

On peut apercevoir depuis le printemps jusqu'en automne cet Elatéride courant à la recherche de sa nourriture et circuler de fleur en fleur sur les prés ; mais il ne faudrait pas croire que les individus vus au premier printemps soient les mêmes qui se montrent en automne. Les Coléoptères les plus vieux sont surtout ceux qui après avoir accompli l'acte de la reproduction périssent peu à peu mais dont certainement quelques individus sont encore vivants au moment même où de nouveaux éclos apparaissent. Ceux-ci se rassemblent vers l'automne et prennent leurs quartiers d'hiver avec d'autres vermines aux approches du mauvais temps.

On a la preuve de l'hivernation de ce Coléoptère par les grandes crues du printemps : les eaux l'entraînent hors de sa retraite avant qu'il soit sorti de son engourdissement et le charrient en grand nombre.

Les Larves de ce Taupin ont attiré l'attention dans les circonstances les plus diverses. Témoignant à peine quelque prédilection pour l'une ou l'autre plante cultivée, elles attaquent toutes celles qui sont à leur portée.

Ainsi des semis d'Avoine à peine germés disparaissent par places entières. En cherchant attentivement on voit que la tigelle a été entaillée ou rongée de part en part au-dessus de la radicelle, et on trouve tout à côté les Larves coupables. Elles causent des dommages aux semis d'hiver en octobre-novembre, mais bien moins qu'aux semis d'été.

Ailleurs elles endommagent de jeunes plants de Pois dont elles rongent la tige souterraine, ou bien s'attaquent aux Betteraves qui à la première ou à la seconde façon sont trouvées fanées par bottes entières.

On a observé qu'elles deviennent plus redoutables dans les sols légers que dans les terres compactes ; mais qu'elles poursuivent leurs dévastations au plus haut degré dans les champs drainés, chaulés et récemment défrichés.

Ce n'est pas seulement dans les champs que ces Larves font sentir leur voracité, mais encore dans les potagers et les jardins d'agrément, détruisant les Carottes, les Choux, les Laitues, les Giroflées, les OEillets, les Liliacées et d'autres végétaux.

Il est donc nécessaire de la détruire. Malheureusement, comme dans la plupart des cas analogues, les moyens que l'on a proposés pour agir contre cet ennemi de la végétation sont insuffisants ou impraticables. Des jardiniers anglais recommandent la méthode des appâts. A cet effet on répand aux endroits attaqués, des trognons de salades (ou d'autres débris équivalents). Les Larves de Taupins n'écoutant que leur gourmandise se jettent en grand nombre sur les trognons pendant la nuit, et il faut chaque matin les enlever et les recueillir. Pour les champs, on a préconisé un autre système, qui suivi et renouvelé trois années de suite, a fait, dit-on, disparaître complètement les Larves ; c'est l'emploi des tourteaux des colza, qu'on brise en morceaux de la grosseur d'une noisette et qu'on enterre en grande quantité jusqu'à une profondeur d'environ 10 centimètres 1/2.

Tous les insectivores, tant parmi les Oiseaux qui parmi les petits Mammifères, poursuivent les Larves de Taupins, et réclament protection. Il est intéressant d'apprendre qu'il existe un petit Hyménoptère, un Ichneumon, qui sait trouver la Larve souterraine pour y déposer ses œufs. Kollar a élevé cet Ichneumonide qu'il appelle le *Bracon dispar*.

LES DASCYLLIDES — *DASCYLLIDÆ*

Die Dascilliden.

La petite famille des Dascyllides mérite d'être mentionnée, non pas parce que ses représentants sont curieux, mais à cause de l'importance considérable que présente la Larve de l'une des espèces qui, à cause de ses mœurs et de sa conformation, peut être confondue par un œil peu exercé avec l'un des plus dangereux ennemis de nos cultures.

LES DASCYLLES — *DASCYLLUS*

Die Dascillinen.

Caractères. — La tête beaucoup plus étroite que le corselet, et penchée et resserrée en avant des yeux, s'avance sous l'apparence d'un museau ; le corselet une fois aussi large que long, rétréci en avant et en arrière où il est presque connivent aux élytres qui sont oblongues, parallèles, arrondies en arrière. Les hanches sont transversales, coniques et dressées ; les tarses ont cinq articles dont les quatre premiers sont pourvus en-dessous d'une lamelle bilobée.

Cette particularité, ainsi que l'existence de fortes mandibules saillantes en croissant, de mâchoire dont le lobe externe est divisé en deux lobes semblables et d'une languette partagée en quatres lobes, caractérisent la famille entière.

Distribution géographique. — Les Dascyllus se trouvent çà et là sur les Ombellifères ou quelques autres plantes.

Fig. 334 à 338. — Lampyre splendidule. ·   Fig. 339 à 342. — Lampyre noctiluque.

Fig. 334, 337 et 338. — Larve.   Fig. 335. — Femelle.   Fig. 339. — Larve.   Fig. 340 (b) — Mâle.   Fig. 341. —
Fig. 336 (a). — Mâle.   Femelle.   Fig. 342. — Mâle retourné.

Fig. 334 à 342. — Les Lampyres.

LE DASCILLE CERVIN. — *DASCILLUS CERVINUS*.
Greiskäfer.

Le *Dascillus çervinus* est un Insecte allongé, oblong, recouvert dé poils gris cendrés fins et serrés; les griffes et, quelquefois aussi, les élytres laissent apercevoir la couleur du fond qui est brun de poix; les antennes sont filiformes; les pattes sont jaune-brun.

C'est un Coléoptère qu'on rencontre plutôt dans la montagne, dans les Alpes françaises et suisses, au mont Pilat, dans l'Allemagne montueuse et en Autriche dans le Niederlausitz, dans la province de Brandebourg et en général, paraît-il, dans les plaines basses de l'Allemagne du Nord.

Mœurs, habitudes, régime. — Taschenberg rapporte qu'on lui envoya, au commencement d'avril 1874, une grande quantité de Larves vivantes, qui avaient causé une vraie panique dans le Niederlausitz où on les avait trouvées en masses innombrables parmi les racines des Graminées d'une prairie, et vraiment ce fut pour la première fois que l'on vit apparaître ce nouvel ennemi de nos cultures resté jusqu'alors inconnu. Il présuma que ces Larves étaient dans leur jeune âge et qu'elles appartenaient à un *Rhizotrogus* ou à un autre Melolonthide, qui se nourrissent des racines des Graminées. En effet ces Larves ressemblent aux Vers blancs par la forme et l'aspect de leurs corps, toutefois elles se distinguent par la grosseur de la tête et par la forme étroite et tronquée de son extrémité postérieure; elle est entièrement chitinisée. La tête est à peu près conformée et disposée comme chez le Ver blanc; elle n'a pas d'yeux et compte quatre articles aux antennes; les mandibules ne ressemblent pas à celles des Melolonthides et sont construites sur un plan très différent : faiblement recourbées, elles sont armées à leur extrémité d'une dent simple et au milieu d'une dent double. Les mâchoires portent des palpes de trois articles ; leurs deux lobes sont cornés, allongés et se terminent par une pointe à double crochet. Les pattes ont des griffes simples, et sont insérées plus près de la ligne pectorale médiane que chez le Ver blanc. D'ailleurs en y regardant de plus près on trouve encore d'autres différences entre les deux Larves qui au premier coup d'œil paraissent si semblables.

Avec l'envoi, il reçut en même temps l'avis que les Graminées n'étaient plus mangées par les Larves et que depuis trois semaines on ne trouvait plus que des individus de 17 millim. de long, mais déjà en partie retirés à une profondeur de 23 centimètres 1/2.

Les Larves furent mises, avec le gazon envoyé, dans un grand vase de verre rempli de terre où l'on sema de l'herbe; à partir du 5 mai quelques Coléoptères firent leur apparition, mais à une seule exception près, ils avaient tous les élytres chiffonnées, indice d'un avortement manifeste. D'après la quantité de Larves, il aurait dû sortir bien plus de Dascillus; et comme en fouillant la terre avec soin on ne rencontra que des vestiges des autres Larves, il est présumable qu'elles s'étaient entre-dévorées.

Il est probable que les œufs avaient été pondus au commencement du printemps précédent.

LES MALACODERMES — *MALACODERMÏDÆ*

Die Weichkäfer.

Caractères. — La famille suivante créée par Latreille réunit sous le nom de Malacodermes ou Coléoptères à peau molle un grand nombre d'espèces, qui possèdent des téguments mous le plus souvent de consistance de cuir souple, des élytres se recroquevillant surtout après la mort ; à ce caractère il faut encore ajouter les suivants : languette cornée ou membraneuse sans paraglosses ; mandibules courtes ; les deux lobes de la mâchoire (l'interne parfois atrophié) foliacées et ciliées ; palpes labiaux tri-articulés ; palpes maxillaires quadri-articulés ; hanches antérieures et moyennes cônico-cylindriques, les postérieures transversales ; les jambes généralement sans éperons terminaux ; tarses à cinq articles, quelquefois les antérieurs à quatre articles chez les mâles ; abdomen ayant jusqu'à six à sept anneaux libres chez quelques mâles, et enfin des antennes de conformation très diverse habituellement de onze, mais quelquefois aussi de dix ou douze articles.

Chez la plupart les différences sexuelles sont très marquées, soit aux antennes, aux élytres, aux ailes, soit aux pattes antérieures ou aux deux derniers anneaux abdominaux.

Distribution géographique. — Les Malacodermes ont des représentants sur tous les points du globe.

Mœurs, habitudes, régime. — La plupart des espèces indigènes fréquentent les fleurs et les végétaux, non pour y chercher des principes sucrés ; mais pour y poursuivre leurs proies.

De même que les Insectes parfaits, les Larves présentent entre elles quelques différences, et nous ne pouvons en dire ici davantage d'une manière générale, si ce n'est qu'elles ont six pattes et qu'elles sont carnivores ; nous les décrirons en traitant des groupes eux-mêmes.

LES LAMPYRINES — *LAMPYRINÆ*

Die Lampyrinen.

Caractères. — Les antennes insérées sur le front sont contiguës ; les mandibules sont grêles ; les palpes sont grands, à dernier article tronqué obliquement ; la tête est recouverte par le prothorax qui est arrondi en avant ; les pattes sont comprimées avec le quatrième article des tarses bilobé ; mais, traits particulièrement remarquables, les derniers segments de l'abdomen sont pourvus à la face ventrale d'organes phosphorescents.

L'appareil consiste en de nombreuses cellules renfermées dans des capsules à parois minces, et dont les unes sont transparentes tandis que les autres contiennent une masse finement granuleuse ; à cette disposition est joint encore un réseau serré de ramifications provenant des tubes aériens. Kölliker croit que ces cellules transparentes constituent l'élément lumineux et que la phosphorescence est produite par les nerfs qui y passent et qui sont soumis à la volonté de l'animal. Matteucci, de son côté, pense au contraire que la masse phosphorescente est mise en combustion par le courant d'oxygène dirigé sur elle par les tubes aériens. Nous n'énumérerons pas toutes les hypothèses que les savants ont émises pour expliquer ces phénomènes lumineux, il faudrait un volume (voy. p. 36 et 37).

Ce qui est certain, c'est que la phosphorescence, relativement faible à l'état de repos, devient plus vive pendant le vol et par suite de causes d'excitations venant de l'extérieur, qu'elle diminue de nouveau par une trop grande irritation, mais demeure sous l'influence de la volonté du petit Insecte.

Moufet, le vieil auteur du dix-septième siècle, traite des « Cicindela » dans son quinzième chapitre et démontre par les nombreuses épithètes qui leur ont été décernées, que depuis l'antiquité l'homme a connu la faculté éclairante de ces Coléoptères nocturnes, et que bien des observateurs se sont occupés de leur manière de vivre. Les Grecs et les Romains leur ont donné de nombreuses dénominations qui désignent cette faculté ou quelquefois aussi le siège d'où elle émane, telles que : *lampuris*, *kysolampis*, *pyrolampis*, *bostrykos*, *pyrgolampis*, etc., chez les Grecs, et *cicindela*, *noctiluca*, *nitedula*, *lucio*, *luciola*, *lucula*, *lucernula*, *venus*, etc., chez les Romains.

Les peuples de race latine ont conservé l'une

ou l'autre de ces dénominations en les modifiant à leur guise ; chez les Italiens on appelle ces Coléoptères : *luciola, lucio, farfalla, bistola, fuogola, lacervola, luiserola;* chez les Espagnols on les nomme *lyziergana, luciernega.*

Les Polonais les appellent *Zknotnike, Chrzazezick, Swiecacy;* les Hongrois *Eyeltwudoeklo, Bogaratska vilantso;* les Français *Ver luisant, Mouche éclairante;* les Anglais *Gloworm, Shineworm, Glassworm;* les Allemands disent *Zinduczele* ou *Liegthmugk, Zindwurmle* pour le mâle suivant les localités ; car dans diverses contrées de l'Allemagne le mâle ailé (*Cicindela*) ne luit pas, mais seulement sa femelle aptère dite (Ver des gazons) *Graswurm, Gugle, Feuerkäfer.* Aux environs de Francfort-sur-le-Mein on appelle ces Coléoptères *Scarabées* ou *Mouche de Saint-Jean.*

Après avoir énuméré tous ces noms, notre auteur anglais poursuit ainsi : « Chez nous les mâles ou Cicindèles ailés ne luisent pas de même qu'au pays des Basques, mais seulement les femelles qui sont des Vers; par contre en Italie et aux environs de Heidelberg les femelles sont toutes privées de la faculté éclairante et les mâles paraissent lumineux. Je laisse aux philosophes le soin de chercher la cause de ces faits. »

Vient ensuite une minutieuse et complète description du mâle ailé, il rappelle que celui-ci porte à son extrémité abdominale deux taches en forme de croissant situées l'une à côté de l'autre, qui émettent pendant la nuit une lumière rappelant le soufre allumé ou des charbons incandescents volant à travers l'atmosphère. Au dire du vieil auteur, jamais en Angleterre le mâle n'est lumineux. Succède la description de la femelle aptère décrite comme un être vermiforme ne progressant que lentement, analogue à une Chenille, qui se nourrit de ses excréments et dont l'extrémité blanchâtre (les trois derniers anneaux) projette une merveilleuse lumière rayonnant comme une étoile terrestre, qui peut rivaliser pour l'éclat avec celle d'une lanterne ou celle du rayonnement lunaire.

Plus loin, il prétend, d'après les observations de deux hommes célèbres, que dans l'accouplement, des paires sont restées unies jusqu'au lendemain de l'après-midi, et que le mâle mourut de suite et la femelle seulement vingt jours après, mais ayant préalablement pondu une grande quantité d'œufs. Quant à ce qu'Aristote dit du développement, Moufet le trouve

inintelligible à cause des dénominations incertaines employées, et il termine son savant mémoire par une poésie dans laquelle la Cicindèle ailée est chantée par Antoine Thylésius.

Dans ces temps on savait donc déjà que la femelle était privée d'ailes en même temps que l'on connaissait plusieurs espèces.

Distribution géographique. — Les Lampyrines, répandus dans tous les pays de la terre, vivent en plus grand nombre dans l'Amérique du sud où ils affectent les formes les plus variées, la plupart toutefois étant ailés dans les deux sexes.

LES LAMPYRES — *LAMPYRIS* (1)

Caractères. — Ils sont faciles à distinguer des autres Lampyrines par la forme de la lame ou repli du prothorax qui est verticale anguleuse ou tronquée vers les hanches antérieures et par la forme du pygidium qui est convexe entier ou échancré. Les femelles sont aptères.

Comme les habitants des Indes occidentales, nous avons nos « Mouches de feu », mais d'une nature assurément fort différente. En Allemagne, en France, vivent deux espèces qui prédominent à tour de rôle suivant les régions.

LE LAMPYRE COMMUN. — *LAMPYRIS SPLENDIDULA.*

Kleines Johanniswürmchen.

La plus petite et la plus répandue est le petit Lampyre commun (*Lampyris splendidula*) (fig. 334 à 338).

On reconnaît facilement le mâle (fig. 336 *a*) gris brun aux deux taches vitreuses de son corselet, qui peuvent aussi se fondre entre elles le long du bord antérieur qui est translucide ; on distingue aisément la femelle (fig. 335) d'un jaune blanchâtre aux deux lobules ou moignons qu'elle porte derrière le corselet, qui sont les vestiges des élytres ; les deux sexes ont les mandibules avancées et courbées en faucille.

La Larve vermiforme (fig. 334, 337 et 338) a les six pattes écartées; sa tête fort petite reste cachée pendant le repos. Les anneaux du corps sont à peu près égaux, le dernier pouvant présenter une sorte d'entonnoir consistant en deux disques à rayons cartilagineux se pénétrant réciproquement et qui sont reliés par une membrane. Les deux disques sont rétractiles

____

(1) Λαμπυρίς, Ver luisant.

et extensibles ; ils forment, en raison de la manière de vivre de la Larve, un appareil indispensable pour le maintien de la propreté.

La Larve, se nourrissant de petits Mollusques, est condamnée à être souillée fortement par l'abondant mucilage qu'ils sécrètent et à être couverte de grumeaux de terre fortement agglutinés ; elle se nettoie à l'aide de sa bouche en forme de suçoir, qu'elle passe à diverses reprises çà et là sur son corps.

Cette manœuvre a sans doute donné lieu à l'assertion erronée rapportée par Moufet, d'après laquelle la femelle confondue avec la Larve se nourrissait de ses propres excréments.

LE LAMPYRE NOCTILUQUE. — *LAMPYRIS NOCTILUCA.*

Grosses Johanniswürmchen.

Le grand Lampyre (*Lampyris noctiluca*) a les mandibules saillantes chez le mâle et ne présente point de taches fenestrales sur le corselet, mais de petites taches phosphorescentes sur la face ventrale de l'abdomen (fig. 339 *b* et 342) ; aussi possède-t-il un faible pouvoir éclairant. Il atteint une longueur de 11 millimètres. La femelle (fig. 341), qui a de 15 à 17 millimètres et demi de long, est privée même de rudiments d'ailes, ce qui lui donne un aspect larvaire ; néanmoins elle se distingue de sa Larve (fig. 340) par le corselet plus développé, la tête moins cachée et un pouvoir éclairant sensiblement plus grand.

Cette espèce paraît être plus abondante dans l'ouest de l'Europe (France) et dans l'Allemagne méridionale que dans le nord.

Mœurs, habitudes, régime. — Les terrains humides et les endroits touffus et ombragés dans le voisinage de l'eau nourrissent de nombreux mollusques terrestres et sont par suite les localités que les Lampyres choisissent par excellence pour leur reproduction. C'est là que pendant les soirées d'été se voient des spectacles qui laissent loin derrière eux les contes imaginaires des Fées et des Elfes. Des centaines d'étincelles traversent en tremblotant l'air embaumé du soir ; elles s'éteignent brusquement, laissant les yeux éblouis, puis les étoiles scintillantes commencent une nouvelle danse silencieuse.

Çà et là sur la terre humide rayonne au crépuscule une fantastique phosphorescence qui éclaire d'une vive lueur tiges, feuilles, brins d'herbe et de mousse ; fixe, immobile et glacée malgré tout son éclat, elle ne brûle pas, elle ne réchauffe même pas ce qui l'approche.

Les étoiles filantes sont les mâles, qui célèbrent leur hymen en dardant leurs rayons au-dessus des étoiles fixes qui sont leurs femelles, et en exécutant une véritable danse aux flambeaux.

A la pointe du jour tout cet éclat disparaît, et la petite étincelle qui brille aujourd'hui sera éteinte demain ; et pour toujours, si le flambeau de l'hymen a été allumé ; sinon le faible Insecte, pendant le jour, se cachera sous l'herbe, et, chaque nuit, errant çà et là, se montrera comme un point lumineux.

Les œufs déposés à terre sont sphériques, colorés en jaune et ne tardent pas à éclore en donnant naissance aux Larves que nous connaissons déjà, et qui arrivées au terme de leur croissance après avoir hiverné ne peuvent être aperçues que par celui qui les recherche ; car, bien qu'elles luisent faiblement, leur lumière toujours dirigée contre le sol ne les décèle que difficilement.

Dans les quelques semaines qui précèdent les évolutions aériennes du mâle, les Larves deviennent plus massives et plus inertes, cessent de manger ; leur enveloppe cuirassée ne tarde pas à se déchirer sur les flancs des 3 premiers anneaux et la Nymphe se dégage.

Il va de soi que celle-ci diffère suivant qu'elle doit donner le jour à un mâle ou à une femelle. La Nymphe mâle montre les futures ailes sous la forme de moignons et ressemble sous tous les rapports à celle de tous les Coléoptères ; la Nymphe femelle affecte une forme intermédiaire entre la Larve et la femelle déjà fort semblables, aussi serait-il trop long d'insister ici avec précision sur les différences que présentent ces trois phases du développement de la femelle ; on peut se borner brièvement à dire que cette Nymphe est comme une Larve immobile légèrement recourbée en dessous.

Osten-Sacken rapporte au sujet de l'espèce de Lampyride, la plus commune aux environs de Washington, le *Lightwingbug* (*Photinus pyralis*), à peu près ce qui suit : le mâle et la femelle se ressemblent complètement, seulement le premier a les antennes plus longues et le pouvoir éclairant plus prononcé, et il a 2 anneaux abdominaux entièrement lumineux, tandis que la femelle n'a qu'une tache phosphorescente demi-circulaire sur l'anneau qui précède l'avant-dernier et seulement 2 petites taches de même nature sur celui-ci.

Cette lumière brille comme un véritable éclair et l'éclat qu'elle répand est vraiment éblouissant quand on tient le Coléoptère dans la main. Si l'on se trouve dans une prairie humide aussitôt après le coucher du soleil, des milliers de Lampyres s'élèvent verticalement dans l'air, se dirigent de côté à quelque distance, puis s'abaissent un peu pour se relever de nouveau. Comme ils ne scintillent qu'en s'élevant on voit toujours monter la grande masse qui n'est composée que de mâles maintenant leur corps droit pendant le vol, de telle sorte que leur extrémité abdominale semble une petite lanterne suspendue. De temps à autre, l'un d'eux plane immobile, vraisemblablement pour se chercher une femelle au milieu du gazon. Les femelles restent immobiles redressant en l'air leur abdomen, et éclairent ainsi le mâle et le guident.

Au début il fait encore assez jour pour suivre le vol de chaque Lampyre. On voit alors à l'entrée de la nuit le mâle, après quelques évolutions vacillantes, descendre à peu de distance d'une femelle. Les éclairs jaillissent de part et d'autre, ils se rapprochent peu à peu jusqu'à ce que finalement ils se rencontrent.

Les points lumineux que l'on aperçoit plus tard dans les herbes ne proviennent plus que des couples, et les quelques mâles isolés que l'on voit encore voltiger dans l'air à cette heure sont ceux qui n'ont pas encore trouvé de compagne.

LES PHOSPHÆNES — *PHOSPHÆNUS* (1)

Il est un petit Lampyrine indigène que nous devons citer à cause de sa singularité, c'est le *Phosphænus hemipterus*. Le mâle de 5 à 6 mill. brun avec les deux derniers anneaux pâles se fait remarquer par son prothorax ogival et surtout par ses élytres qui, réduites à des moignons, couvrent à peine le premier segment abdominal sans cacher les ailes qui manquent complètement. La femelle est encore plus étrange que son époux, quoiqu'elle soit plus grande (7 à 10 mill.) et de même couleur, les élytres réduites à des vestiges sont à peine visibles et les ailes font défaut ; elle est d'ailleurs extrêmement rare à cause de ses habitudes sédentaires et peu lumineuse. Le mâle au con-

traire se traîne pendant le jour un peu partout sur le sol ou les plantes basses ; le soir il projette une faible lumière à l'aide des deux taches phosphorescentes qu'il porte sur son avant-dernier anneau.

LES LUCIOLES — *LUCIOLA* (2)

Les voyageurs qui ont parcouru le midi de l'Europe et surtout l'Italie ont tracé tant de pages merveilleuses sur les Lucioles, petites étoiles vivantes qui voltigent le soir en troupes nombreuses, que nous ne saurions les passer sous silence. Les Lucioles se distinguent aisément des Lampyres par ce fait que leur tête est imparfaitement recouverte par le prothorax et que les deux sexes sont également pourvus d'élytres et d'ailes ; elles se reconnaissent en outre à la brièveté de leur corselet transversal ; les mâles ont trois segments de l'abdomen phosphorescents, les femelles deux seulement.

Nous ne possédons en France, dans les départements du Var et des Alpes-Maritimes, que le *Luciola Lusitanica*; le *Luciola Italica*, l'inspirateur des poètes, habite l'Italie.

LES TÉLÉPHORINES — *TELE-PHORINÆ* (3)

Die Telephorinen.

Caractères. — On a réuni ensemble dans le groupe des Téléphorines un certain nombre de genres qui ont les caractères suivants : une tête libre sans épistome distinct, un labre non distinct, des pattes grêles non comprimées, un trochanter situé au côté interne des cuisses, le quatrième article des tarses bilobé et enfin un abdomen composé de 7 anneaux.

Ils se distinguent des Lampyrines par le mode d'insertion des antennes qui sont implantées sur le front à quelque distance l'une de l'autre, par quelques particularités dans la disposition des pièces buccales ; indépendamment de l'absence de labre, ils ont les mandibules plus longues et souvent bifides ou dentées ; leurs mâchoires sont robustes, grandes et grosses ; les palpes grêles n'ont plus leur dernier article tronqué.

Distribution géographique. — Bien représentée en Europe, cette tribu a la grande majorité des espèces qui la composent réparties dans les deux Amériques.

(1) Φῶς, lumière ; φαινό;, brillant.

(2) *Lucciola*, Ver luisant.

(3) Τῆλε, loin ; φόρος, qui porte.

Mœurs, habitudes, régime. — Plus d'un de nos lecteurs a déjà eu connaissance de récits de journaux parlant de « Vers de neige », c'est-à-dire de vers qui seraient tombés sur la neige à la première pluie d'hiver.

Déjà en 1672 une semblable apparition fut remarquée et consignée avec soin ; et le même « phénomène » eut lieu, comme le raconte Degeer, en janvier 1749, en divers endroits de la Suède, et à cette occasion on rappela qu'antérieurement on avait déjà observé de ces Vers trouvés isolément sur les neiges et les glaces d'un lac, ce qui indiquait visiblement qu'ils y avaient été entraînés par le vent. A la fin d'un hiver rigoureux (11 février 1799), l'apparition se montra de nouveau dans la Rheingau sur la route de montagne à Offenbach, à Bingen, etc., et produisit une telle impression que l'autorité judiciaire du canton de Stromberg dépêcha sur les lieux des agents pour dresser procès-verbal afin de savoir quel jour telles personnes avaient prétendu voir la pluie des Insectes. La superstition, qui cherche toujours dans toute apparition extraordinaire de la nature à voir une intervention, un châtiment céleste, ne tarda pas à pronostiquer cette fois tous les sinistres, la peste, la famine, et les terreurs d'une guerre nouvelle.

Ces mêmes Vers, longs de 13 à 33 millimètres, apparurent en Saxe au mois de février 1811, et en Suisse le 30 janvier 1856. A Mollis dans le canton de Glaris ils couvraient une surface de 25,000 à 30,000 perches carrées (Quadratruthen), agglomérés en quantité si considérable, qu'une surface d'une toise carrée (Quadrat-Klafter) présentait 5 ou 6 amas, et près de la forêt, 12 à 15. Quelques-uns se trouvèrent même sur les toits du village.

On aurait trouvé une explication rationnelle de ce phénomène remarquable, si on l'avait cherchée. Les renseignements pris concordent et permettent d'établir que ces « Vers », que nous connaîtrons bientôt de plus près, avaient été par des causes diverses troublés dans leur retraite et arrachés de leurs asiles ; car, comme nous le verrons plus loin, ils hivernent sous les pierres, les feuilles, les racines d'arbres, etc. Ici ce fut une trop grande humidité due à des pluies continues, ou quelques journées relativement plus chaudes qui les obligèrent de monter à la surface ; là ce furent les bûcherons qui en abattant les Sapins et les Hêtres les amenèrent au dehors en retournant des masses de terres non gelées. Une

autre fois, ce fut un ouragan violent, qui avait soulevé ces petits animaux avec bien d'autres êtres vivants et les avait entraînés au loin et même sur des champs couverts de neige, où il était facile de les apercevoir. La merveille est donc expliquée et les faits naturels auxquels elle se relie éclaircis.

LES TÉLÉPHORES — *TELEPHORUS*

Caractères. — Indépendamment des caractères de la tribu, ils ont encore quelques particularités ; les palpes maxillaires assez courts ont leur dernier article fortement sécuriforme ; les palpes labiaux également courts ont leur dernier article très grand, sécuriforme et presque triangulaire.

Mœurs, habitudes, régime. — Or, il s'agit de savoir quels sont ces Vers qui apparaissent en nombre immense. Nous ne serons pas obligé de le demander à la Hongrie, à la Suède ou à la Suisse, et nous n'aurons pas besoin d'attendre une pluie d'Insectes pour les connaître de plus près.

Si le long des haies, des lisières des bois, près des enclos, des jardins, ou à d'autres endroits analogues, nous retournons en hiver une pierre un peu grosse, nous trouverons au-dessous d'elle, entre autres, une petite bête un peu recouverte de terre, recourbée en croissant, d'un noir velouté et plongée dans son engourdissement hivernal ; ou bien si nous attendons le retour d'une température plus douce, nous verrons le même animal sous la même pierre, mais sorti de sa couchette, se choisir comme proie l'un de ses petits compagnons de sommeil ; nous le rencontrerons aussi sur les chemins en train de sucer quelque petit Coléoptère écrasé.

Partout où nous l'apercevrons, nous le reconnaîtrons toujours facilement, entre tous les Insectes, au tissu feutré et velouté foncé qui recouvre sa face supérieure à l'exception de la moitié antérieure de sa tête. Cette tête aplatie, cornée, pourvue de deux yeux, d'une paire d'antennes bi-articulées, est privée de chaperons et de lèvre supérieure, mais porte de courtes et robustes mandibules armées d'une forte dent au milieu ; des mâchoires découpées en demi-cercle sur lesquelles sont implantés des palpes triarticulés, et une lèvre inférieure assez grande sur laquelle sont fixés des palpes bi-articulés. Les pattes courtes insérées sur les trois premiers anneaux nous ramènent au phénomène précité et nous montrent que nous n'avons pas affaire à un Ver, mais bien à une Larve de Coléoptère qui pour l'ensemble de sa conformation nous rappelle les Larves des Vers luisants figurés p. 233.

A la fin de mars, ou bien encore au commencement d'avril, on peut voir chaque année où les Larves abondent, comment elles s'emparent d'un Lombric ou d'une Larve de Tipule, en s'y implantant si solidement qu'elle se laisse soulever en l'air avec sa proie. Elles sucent complètement leur victime et finissent volontiers par la dévorer entièrement.

L'Entomologiste novice, dans ses chasses aux Chenilles, qui introduit quelques-unes de ces Larves dans ses boîtes pour des études ultérieures, ne se doute pas qu'il a mis le loup dans la bergerie; rentré chez lui il trouvera la plupart des Chenilles attaquées et entamées, sinon déjà mortes; de sorte qu'il apprendra à ses dépens que ces Larves sont des animaux utiles à l'horticulteur et à l'agriculteur.

En avril et mai, elles deviennent lourdes dans leurs mouvements, roulent gauchement çà et là, se raccourcissent complètement et finissent par rester pendant cinq ou six jours à la même place où elles ont passé l'hiver, puis elles se débarrassent de leur peau pour devenir une Nymphe un peu recourbée en avant, d'un rouge pâle, aux yeux noirs.

Quand le printemps montre toutes ses richesses, lorsque l'Épine noire a déjà jeté au vent ses fleurs délicates et l'Épine blanche ouvert ses corolles, mille Coléoptères ont depuis longtemps quitté leur cachette d'hiver, ou se sont dépouillés de leur fragile enveloppe de Nymphe : alors entrent en ligne avec eux certains Coléoptères élancés, aux longues antennes, pas précisément beaux, qui font le siège des fleurs et voltigent de l'une à l'autre, ou restent comme le Hanneton suspendus çà et là aux branches si le temps est rude et humide. Pour trouver leur nourriture, de prédilection ils fréquentent les fleurs, mais ne demandent pas leur subsistance à la fleur même; ils s'emparent des autres Insectes qui s'y rendent dans le but d'y chercher le miel. Du reste ils ne sont pas exclusivement carnassiers et se repaissent aussi de sucs végétaux, et une espèce, le *Telephorus obscurus*, a été aperçue à plusieurs reprises dévorant de jeunes pousses de Chênes, dont elle causait la mort.

Il faut reléguer parmi les fables, malgré de sérieuses affirmations, l'assertion d'après laquelle une espèce d'un jaune de limon, assez commune chez nous, s'attaquerait aux épis encore mous sur lesquels se développe l'ergot du seigle.

LE TÉLÉPHORE COMMUN OU TÉLÉPHORE BRUN.
— *TELEPHORUS FUSCUS.*

Gemeiner Weichkäfer.

Le Téléphore brun (fig. 343) est le plus commun de ces Insectes; ses longues antennes de onze articles, rouge-jaunâtre à la base, sont insérées sur le front et courbées en dessous à leur origine; la tête moitié noire et moitié rouge reste en partie masquée par le corselet arrondi; celui-ci est rouge à l'exception d'une large tache noire médiane antérieure; les élytres sont noires, recouvertes d'une fine pubescence grise; la poitrine est noire, revêtue de poils gris; les pattes relativement grêles sont également noires, parsemées de poils gris avec les tarses de cinq articles rougeâtres, l'avant-dernier étant divisé en 2 lobes. La griffe externe des pattes postérieures porte à sa racine une petite dent qui manque aux autres membres. L'abdomen est noir et rouge.

L'ensemble de ces caractères distingue cette espèce des autres, au nombre de plusieurs centaines, qui ont avec elle la plus grande analogie, et sont surtout spéciales aux zones froides et plus particulièrement aux régions montagneuses.

Nous citerons encore le *T. lividus*, répandu par toute l'Europe, qui est uniformément jaune flavescent avec le corselet armé en son milieu d'une large tache rouge; la poitrine noire, les pattes antérieures et médianes rougeâtres, les pattes postérieures rouges avec le sommet de la cuisse et les quatre cinquièmes des jambes noires; l'abdomen noir et rouge

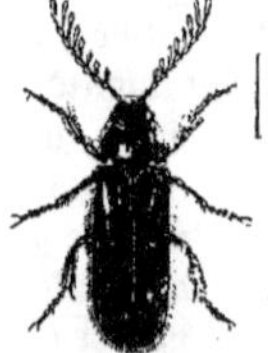

Fig. 343. — Téléphore brun.　Fig. 344. — Drile flavescent mâle.　Fig. 345 -- Drile flavescent femelle.

Le *Drilus flavescens* est un singulier Malacoderme dont le mâle et la femelle fournissent un remarquable exemple de dimorphisme; ils sont tellement différents qu'il est impossible de prime abord de leur trouver une parenté. Le mâle noir aux élytres jaune testacé porte de jolies antennes flabellées (fig. 344) ; la femelle (fig. 345) aptère aux antennes courtes moniliformes, au ventre rebondie, à l'aspect d'une Larve et se traîne péniblement sur le sol. Leurs Larves observées par Mielzinski et par Desmaret se nourrissent de petits Mollusques (*Helix nemoralis* principalement) dont elles habitent les coquilles et où elles accomplissent leurs Métamorphoses.

LES MÉLYRINES — *MELYRINÆ* (1)

Die Melyrinen.

Caractères. — Un certain nombre de Malacodermes de petite taille vivant exclusivement sur les fleurs des plantes herbacées ont été réunis en un groupe, celui des Mélyrines, en raison du mode d'insertion des antennes et de la forme du chaperon. En effet, les antennes sont insérées latéralement au devant des yeux et le chaperon est nettement distinct.

Distribution géographique. — Ce groupe a des représentants dans toutes les régions du globe.

LES MALACHIES — *MALACHIUS* (2)

Caractères. — Ces jolis Insectes dont les couleurs vives rachètent la petitesse de la taille se distinguent entre tous par une particularité fort singulière : ils ont la faculté de faire saillir sur les côtés du corps, quand on les excite d'une façon quelconque ou quand on les saisit, des vésicules rétractiles rouges ou orangées que les anciens auteurs ont nommées des *cocardes*;

les unes sont situées sur le bord antérieur du prothorax, les autres sur les côtés de l'abdomen, derrière les hanches postérieures.

Distribution géographique. — C'est un genre nombreux, limité à l'Europe et aux parties avoisinantes de l'Asie et de l'Afrique.

LA MALACHIE BRONZÉE. — *MALACHIUS ÆNEUS*.

Grosser Blasenkäfer.

Parmi eux, ce sera le *Malachius æneus* (fig 273, page 165) qui nous intéressera davantage. Il ne mesure que 6 millim. 1/2, mais c'est la plus grande espèce indigène.

Ce Coléoptère est d'un vert brillant avec la partie antérieure de la tête jaune d'or, les angles antérieurs du corselet, les élytres, à l'exception d'une large tache suturale, écarlates. Chez le mâle, les deuxième et troisième articles des antennes filiformes se terminent en dessous par un crochet tordu ; les antennes elles-mêmes sont insérées entre les yeux et très bas sur le front. Ce Coléoptère, partout très commun au printemps, a une certaine valeur au point de vue de l'agriculture, à cause de la chasse qu'il fait aux Larves du Meligethes du colza.

La Larve d'un rose pâle, avec la tête et les pattes ferrugineuses, à quatre ocelles de chaque côté, six longues pattes, son abdomen est terminé par deux pointes cornées, recourbées en haut. Elle vit exclusivement de proie, se tient derrière les écorces, sous de vieux toits de chaume ou ailleurs encore, mais préférant toujours plutôt se cacher, que de se tenir au dehors et de courir librement à la surface des végétaux.

LES CLÉRIDES — *CLERIDÆ* (3)

Die Buntkäfer.

Cette grande famille est apparentée à la précédente ; Latreille n'en faisait même qu'une section, cependant elle possède des caractères propres qui la séparent nettement.

Caractères. — Entre tous il en est deux qui ont une véritable importance, l'un qui réside dans les tarses, l'autre qui a son siège dans les hanches ; en effet il existe sous les articles des tarses des lamelles qui ne font jamais défaut, et les hanches sont transversales, enfoncées, recouvertes par les cuisses.

Voici d'ailleurs d'autres caractères qui achèvent de les particulariser : menton carré ou en forme de trapèze ; languette sans paraglosses ; mâchoires à deux lobes lamelliformes et ciliées ; palpes labiaux plus longs que les maxillaires

(1) Étymologie inconnue.
(2) Μαλακός, mou.

(3) Κλῆρος, ver qui vit dans les ruches.

Fig. 346, 347 et 348. — Clairon formicaire.   Fig. 349. — Clairon des Abeilles.   Fig. 350. — Nécrobie à col roux,
(Larve, Nymphe et Adulte.)

avec l'article terminal ; yeux en général échancrés ; antennes de onze articles, flabellées, dentées ou terminées en massue.

Les pattes antérieures sont portées sur des hanches saillantes, cylindro coniques ; les hanches moyennes sont presque globuleuses, écartées, les postérieures ont la disposition indiquée ci-dessus. L'abdomen est composé en dessous de 5 à 6 segments tous libres.

Distribution géographique. — Les espèces, d'un aspect élégant, sont au nombre de plusieurs centaines (700 environ), et se répartissent sur tout le globe ; elles sont particulièrement nombreuses en Amérique.

LES THANASIMES — *THANASIMUS* (1)

Caractères. — Corps oblong ; tête grande, ovalaire ; labre échancré ; mandibules pourvues d'une dent interne ; languette membraneuse, bilobée et ciliée ; antennes assez courtes aux trois articles terminaux formant une massue lâche ; yeux très échancrés ; corselet étranglé à la base avec une dépression triangulaire en dessus ; élytres plus larges que le corselet, parallèles et arrondies au sommet.

LE CLAIRON FORMICAIRE. — *THANASIMUS FORMICARIUS.*

Ameisenartiger Buntkäfer.

Ce joli Insecte (fig. 348) a la tête et le bord antérieur du corselet noir, le reste du corselet, l'écusson, le sommet des élytres rouges, les quatre cinquièmes des élytres noires coupées par deux bandes transversales sinueuses, blanches ; le reste du corps noir.

Ce Coléoptère vit dans le vieux bois et se nourrit de proie ainsi que sa Larve ; il se montre abondamment dans les forêts de Conifères, et se tient surtout sur les troncs abattus ou encore debout et fortement perforés. Là, il court

avec agilité de haut en bas, poursuivant surtout les Bostriches. S'il a réussi à s'emparer de l'un d'eux, il le maintient avec ses pattes antérieures et le dévore.

La Larve (fig. 347), de couleur rose, a le segment prothoracique complètement chitineux sur la face dorsale, tandis que les deux premiers anneaux ne sont marqués que de quelques taches. La tête porte de chaque côté deux rangées de cinq ocelles, des antennes bi-articulées et insérées sous une saillie au-dessus de la racine des mandibules, un chaperon parcheminé, une lèvre supérieure à bordure sinueuse, des palpes maxillaires tri-articulés, des palpes labiaux bi-articulés. Nous figurons la Nymphe (fig. 346).

Cette Larve mérite bien de la forêt, encore plus que l'Insecte parfait, par l'activité qu'elle met à poursuivre sous les écorces les Larves de toutes sortes de Xylophages.

Une espèce voisine, le *T. mutillarius*, d'une taille un peu plus forte, au front jaune, à la tête et au corselet noir, aux élytres rouges à la base, blanches au sommet, noires, coupées de deux lignes blanches sur le restant, a les mêmes mœurs que les précédentes et n'est pas rare à Fontainebleau sur les tas de bois.

LES TRICHODES — *TRICHODES* (1)

Ces Clérides plus robustes, mais de conformation analogue aux précédents, sont de magnifiques Insectes, généralement très velus, d'un bleu foncé ou aux reflets verts, marqués sur les élytres de bandes rouges bordées de bleu ou vice versa ; ils font l'ornement des fleurs.

Caractères. — Ils ont : la lèvre supérieure presque carrée, les mandibules tridentées, les mâchoires formées de deux lobes cornés, velus et pourvus de longs palpes filiformes, les palpes labiaux encore plus longs portant comme les précédents un article terminal triangulaire ; les antennes de onze articles dont les trois derniers forment une massue triangulaire déprimée et tronquée, les yeux fortement échancrés en triangle. Le corselet cylindrique se rétrécit en arrière et les élytres ont exactement la même forme que chez les *Clerus*. Les pattés sont robustes, avec les cuisses postérieures bien plus courtes que l'abdomen ; le premier article très court, avec le deuxième plus long, et les tarses sont longs surtout aux pattes postérieures.

Distribution géographique. — Les vingt-cinq espèces connues ont pour patrie presque exclusive l'hémisphère boréal ; beaucoup d'entre elles hantent les contrées que baigne la Méditerranée ; l'Europe possède quelques espèces dont deux se rencontrent souvent en France et en Allemagne.

Mœurs, habitudes, régime. — Ils se tiennent sur les fleurs, surtout sur les Ombellifères et la Reine des prés (*Spirea ulmaria*), d'où elles chassent les autres Insectes.

LE CLAIRON DES ABEILLES. — *TRICHODES APIARIUS.*

Gemeiner Immenkäfer.

Le Clairon des Abeilles (fig. 349), qui mesure 12 millimètres de long, est entièrement bleunoir, fortement ponctué et très velu ; les élytres d'un rouge vif ont le sommet bleu et sont traversées par deux bandes également bleues qui manquent très rarement ; leur ponctuation grossière devient moins dense en arrière.

On le trouve en mai-juillet ; il n'est rare dans aucune partie de la France et de l'Allemagne.

La Larve ressemble singulièrement à celle du Clairon formicaire, elle est seulement un peu plus ramassée, et sensiblement renflée en arrière. Elle se trouve de préférence dans les ruches de l'Abeille domestique où elle détruit les Larves, les Nymphes et des Abeilles à demi mortes sur le plancher des ruches pauvres, mal tenues où elle se cache dans les fentes pour hiverner. En avril elle recommence à dévorer le couvain jusque vers la fin mai, se rend ensuite dans le sol où elle s'établit dans une coque tapissée à l'intérieur et y devient au bout de trois ou quatre jours une Nymphe très semblable à celle que nous avons figurée (fig. 346). Après quatre ou cinq semaines, le Coléoptère sort de sa retraite.

Quelques Larves semblent déjà se transformer en Nymphe dès la première année et pas-

sent ensuite l'hiver dans cet état. Celles-ci donnent alors le jour au Trichodes au mois de mai suivant.

Une seconde espèce toute voisine (*C. alvearius*) qui se distingue de la précédente par la disposition des taches bleues des élytres, l'écusson étant entouré d'une tache bleue, la tache terminale des élytres n'atteignant pas le bord, se rencontre avec la précédente sur les fleurs, mais sa Larve se tient, à partir de juillet jusqu'en avril de l'année suivante, dans les galeries des *Sirex* dont elle poursuit la Larve, dans les nids des Mellifères sauvages (Osmie, Megachile, Anthophore).

LES NÉCROBIES — NECROBIA (1)

Parmi les Clérides il est un genre qui a acquis une grande célébrité non pas à cause de la beauté de ses couleurs, de la singularité de ses formes, de l'étrangeté de ses mœurs, mais par suite de l'intérêt historique qui s'attache à sa création.

Caractères. — Ce genre qui appartient à la tribu des Corynétines, et qui n'est à vrai dire qu'un démembrement du genre *Corynetes*, se distingue par la forme des antennes qui se terminent en une petite massue de trois articles, par la structure du dernier article des palpes qui est ovalaire et tronqué, par le nombre des articles des tarses dont on ne compte que quatre au lieu de cinq. Ce sont des Insectes de petite taille, les uns entièrement vert bleuâtre, les autres au corps rouge avec les élytres bleues.

Distribution géographique. — Le genre de vie de ces Insectes ne permet pas une localisation déterminée et a entraîné leur dissémination sur tout le globe.

Mœurs, habitudes, régime. — Les Nécrobies vivent exclusivement dans les matières animales desséchées où elles déposent leurs œufs et où se développent leurs Larves.

LA NÉCROBIE A COL ROUGE. — *NECROBIA RUFICOLLIS.*

Ce petit Cléride (fig. 350) fort élégant a la tête bleue verdâtre, les antennes noires, le corselet et l'écusson rouges, les élytres bleues avec la région basilaire rouge, le dessous du corps rouge avec le ventre bleu, les pattes rouges.

(1) Νεκρός, mort ; βιόω, je vis ; dans le sens de je donne la vie au mort.

Cet Insecte a acquis une grande notoriété, parce qu'il a sauvé la vie à Latreille, l'illustre Entomologiste introducteur de la méthode naturelle dans la classification des Insectes; et c'est par reconnaissance que ce savant lui a donné le nom de *Necrobia*. Voici d'ailleurs d'après Bory de Saint-Vincent, témoin et acteur, comment l'Insecte arracha Latreille à la mort la plus misérable.

« Latreille n'était connu, avant 1793, que par des communications d'Insectes nouveaux faites aux Entomologistes de l'époque, et par des mentions de Fabricius et d'Olivier. Prêtre à Brives-la-Gaillarde, il fut arrêté avec les curés du Limousin qui n'avaient pas prêté serment, quoique, ne desservant pas la paroisse, il ne dût pas être compris dans la catégorie. Ces malheureux ecclésiastiques, avec ceux qu'on recruta en chemin, furent conduits à Bordeaux sur des charrettes, pour être embarqués et déportés à la Guyane. Ils arrivèrent vers le mois de juin, et furent déposés à la prison du grand séminaire en attendant qu'un navire fût préparé pour les transporter. On prétend que le proconsul de Robespierre, qui alors représentait le Comité de salut public dans le pays, avait fait disposer le navire pour qu'il pérît en route.

« En ce temps, quoique fort jeune, je m'occupais déjà beaucoup des sciences naturelles : mes parents possédant un beau musée, qui depuis plusieurs générations se formait dans ma famille. Je m'occupais surtout d'Insectes, et suivant des cours d'Anatomie, les élèves en Chirurgie que j'y voyais se faisaient un plaisir de m'apporter les Papillons ou les Coléoptères qui leur tombaient sous la main. Le 9 thermidor qui arriva, comme on pressait la déportation des prêtres, la fit suspendre. Le proconsul sanguinaire fut rappelé à Paris pour rendre compte de sa conduite; un représentant plus doux fut envoyé à sa place. La guillotine fut démontée, les arrêts de mort cessèrent, on ne fit plus d'arrestation; mais les prisons ne se vidèrent que lentement et les condamnés à la déportation n'en devaient pas moins être expédiés. Leur départ fut retardé jusqu'au printemps, et Latreille demeura ainsi détenu et bien malheureux à la prison du grand séminaire.

« Dans la chambre qu'occupait Latreille, était un vieil évêque, bien malade, dont un jeune chirurgien allait chaque matin panser les plaies. Quelques jours avant la mort de ce pauvre Monseigneur, comme le chirurgien achevait son pansement, un Insecte sortit de je ne sais quelle fente du plancher. Latreille le saisit, l'examine, le pique avec une épingle sur un bouchon, et paraît tout content de la trouvaille. C'est donc rare? dit l'élève chirurgien. — Oui, répond l'ecclésiastique. — En ce cas, vous devriez me le donner. — Pourquoi? — C'est que je connais un jeune monsieur qui a une belle collection de bons livres, et me donne diverses choses à mon goût quand je lui porte des petites bêtes. — Eh bien, portez-lui celle-ci; dites-lui comment vous l'avez eue, et priez-le de m'en dire le nom.

« Le petit bonhomme accourut chez moi, me remit le Coléoptère; je me mis à chercher dans Geoffroy, dans ce qui avait paru d'Olivier, dans l'édition de Linné par Villers et dans Fabricius, qui était ce qu'on avait de mieux, y compris le *Systema naturæ* de Gmelin. Le lendemain, quand l'élève vint savoir ma réponse avant d'aller au séminaire, je lui dis que je croyais son Coléoptère non décrit. Ayant ouï cette décision, Latreille vit que j'étais un adepte, et comme on ne donnait point aux détenus de plumes ni de papier, il dit à notre intermédiaire : Je vois bien que M. Bory doit connaître mon nom. Vous lui direz que je suis l'abbé Latreille, qui va mourir à la Guyane avant d'avoir publié son traité sur l'examen des genres de Fabricius. Quand ceci me fut rapporté, je fus de suite trouver mon père et M. Journu-Auber, mon oncle, qui, sortis du fort de Hâ depuis trois mois, avaient repris dans notre ville, où la terreur cessait graduellement, leur grande influence de fortune et de position. Je leur appris qu'un Naturaliste habile était détenu, et les priai de s'intéresser pour lui. Dargelas que je prévins aussi se joignit à nous; on obtint avec quelques difficultés, mais enfin on obtint de l'administration du département, que Latreille sortirait de prison sous caution de mon oncle, de Dargelas et de mon père, comme convalescent, et qu'on le représenterait quand l'autorité le réclamerait. Avec l'ordre de sortie, Dargelas courut au séminaire réclamer le prisonnier. La troupe venait de partir pour le funeste embarquement. Nous courons au port; les malheureux sont déjà sur le ponton. Dargelas prend un bateau, et vient au milieu de la rivière où l'on appareillait; il montre ses pièces; Latreille lui est livré; il nous l'amène, et trois jours après, comme il s'hébergeait avec nous et nous exprimait sa reconnaissance, on apprit que le navire qui portait ses compagnons d'infortune avait sombré en vue de Bordeaux, et que les marins seuls s'étaient sauvés sur la chaloupe du bord.

« Trois mois après, mes parents avaient fait agir à Paris et obtenu la radiation complète de l'honorable victime, qui se rendit à pied dans la capitale. »

LES PTINIDES — *PTINIDÆ*

Caractères. — Les Ptinides sont reconnaissables à leur tête rétractile qui peut rentrer dans l'intérieur du prothorax qui la recouvre alors d'une sorte de capuchon, à leurs antennes de 9 à 11 articles qui ont des formes variables, à leurs yeux arrondis, entiers et saillants, à leurs mandibules courtes et robustes en général, à leur lobe interne des mâchoires souvent extrêmement réduit, à leurs palpes maxillaires comptant quatre articles, à leurs palpes labiaux de trois articles, à leurs hanches dont les antérieures et les médianes sont cylindriques, peu saillantes, et les postérieures transversales élargies ou non, à leurs tarses de cinq articles.

Distribution géographique. — Ces Insectes répandus partout sont souvent cosmopolites à cause du genre de vie de leurs Larves.

Mœurs, habitudes, régime. — A l'état adulte les Ptines proprement dits se cachent sous les écorces des arbres prêts à périr de vétusté, dans les fagots, sous les mousses, dans les herbiers et les collections d'animaux négligés ; sans respect pour la mort ils se réfugient même sous les bandelettes des Momies enfouies dans les nécropoles égyptiennes (*Gibbium*). Jamais ils ne se montrent à nos yeux, car ils sont amis de l'obscurité. Ce ne sont pas eux qui font grand dommage, mais leurs Larves portent partout leurs ravages.

Il est d'autres Ptinides, les *Anobium* et leurs proches parents, qui ne sont pas moins redoutables ; leurs Larves attaquent aussi bien le bois mort encore sur pied, que les planchers, les lambris, les meubles, les bibliothèques, les herbiers ; ce sont elles qui perforent de part en part les manuscrits et les livres les plus précieux, qu'on dit alors piqués des Vers.

LES PTINES — *PTINUS* (1)

Die Ptinen.

Caractères. — Ils se distinguent particu-

(1 Πτηνός, qui vole.

lièrement par le mode d'insertion des antennés, celles-ci en effet sont implantées sur le front ; elles sont filiformes et comptent 11 articles.

LE PTINE VOLEUR. — *PTINUS FUR*.

Der Dieb oder Kräuterdieb.

Le Ptine voleur (*Ptinus fur*) compte parmi les hôtes les plus désagréables de nos maisons, en compagnie desquels nous l'avons figuré (p. 161, fig. 268). Comme eux, il se cache dans les coins, et ne se promène guère que la nuit, montant le long des murs et déployant son activité à rechercher sa nourriture.

Ce Coléoptère, à peine long de 2 millimètres et demi, est d'aspect insignifiant mais différent suivant le sexe. La femelle a les élytres ovalaires fortement ponctuées, striées, ornées antérieurement et postérieurement de deux bandes de poils blanchâtres pouvant souvent disparaître, tandis que le mâle les a presque cylindriques, tachetées ou non, marquées de ponctuations profondes également disposées en séries ; le corselet presque globuleux dans les deux sexes, un peu rétréci en arrière et creusé d'un sillon médian, relevé en carène seulement chez le mâle, est orné de quatre fascicules de poils frisés renversés en arrière ; les cuisses, très grêles à la base, se renflent subitement ; le corps est couleur de rouille dans les deux sexes.

Sa Larve d'un blanc grisâtre, de 4 millimètres et demi de long, privée d'yeux, a la tête brune munie d'antennes fort courtes et de puissantes mandibules, son corps velu porte six pattes ; celui-ci est recourbé en dedans, ce qui montre qu'elle ne prend pas ses aises et qu'elle n'est pas libre de se promener au dehors.

Les Herbiers et les Collections entomologiques sont ses repaires de prédilection, et c'est surtout là que dès la naissance elle commet ses plus grands dégâts ; elle se niche dans les grosses calathides des composées, dans

Fig. 351. — Vrillette marquetée.

Fig. 352. — Ptilinus pectinicornis.

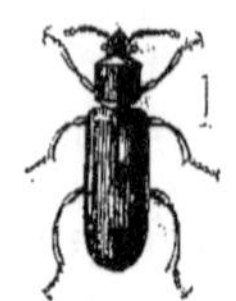

Fig. 353. — Lyctus canaliculé.

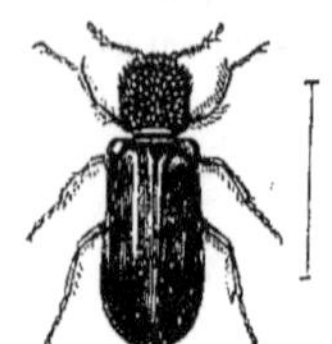

Fig. 354. — Apate capucin.

les fissures des cartons, et, toujours à la recherche des plantes dont elle fait sa pâture, elle perce d'épaisses couches de papiers, perfore les tiges, les feuilles, les fleurs qui lui barrent le chemin. Dans les entrepôts, les chambres remplies de provisions, partout enfin où restent sans être dérangés pendant longtemps des produits assimilables, notre Larve trouve une nourriture suffisante. En août elle relie par des fils les débris qui l'entourent dans sa dernière retraite et passe à l'état de Nymphe. Au bout de quinze jours l'Insecte adulte est en état de jouer son rôle dans la nature.

LE PTINE JAUNE DE LAITON. — *PTINUS HOLO-LEUCUS.*

Messinggelber Bohrkäfer.

De temps à autre on observe dans les habitations quelques autres espèces de ce genre ou d'un genre extrêmement voisin, et entre autres le Ptinus jaune de laiton (*Ptinus hololeucus*) importé dans ces derniers temps en Allemagne par le commerce et qui a beaucoup éveillé l'attention.

Ce Coléoptère de forme ramassée, au corselet globuleux, aux élytres largement ovales, frappe les yeux par sa fourrure jaune de laiton, soyeuse, tant que le frottement n'a pas mis à nu le fond noir du corps.

A cause de sa forme ramassée et de sa lèvre supérieure bordée, par suite de la présence d'une dent émoussée au milieu du menton dont le bord est entier, tandis que chez le Ptinus il est pointu, on a établi pour notre Coléoptère le genre *Niptus*.

Depuis une série d'années il passait des collections anglaises dans celles des Français ou des Allemands et paraissait cantonné dans la Grande-Bretagne, lorsque récemment il s'est montré vivant dans quelques maisons à Hambourg, Zwickau, Rosswein ; il fut envoyé vivant

à la fin d'avril 1873 à M. Taschenberg avec la remarque suivante : observé par places en quantités prodigieuses dans les entrepôts de Quedlinbourg, il commençait à diminuer, mais on l'avait rencontré dans les habitations particulières où il avait été importé par les emballages d'articles de verrerie.

Il est hors de doute que ce Coléoptère est originaire de l'extrême Orient ; car Felderman l'a d'abord dénommé et décrit dans sa faune transcaucasienne.

LES ANOBIES OU VRILLETTES — *ANOBIUM* (1)

Die Klopfkäfer oder Werholzkäfer.

Caractères. — On reconnaît les Anobiums aux caractères suivants : en opposition à ce qui a lieu chez les Ptines, les antennes sont insérées au bord antérieur des yeux ; la massue des antennes formée par les articles 9, 10 et 11 est aussi longue ou plus longue que la tige ; le corselet bossu, en capuchon, à bords tranchants, cache presque entièrement une tête petite, dirigée en dessous ; le corps est cylindrique et pubescent.

L'extrémité des mandibules est bidentée ; la mâchoire est formée de deux lobes velus et porte des palpes filiformes, quadri-articulés, tronqués obliquement en avant ; l'article terminal des palpes labiaux est tronqué et élargi. Aux deux premières paires de pattes, les hanches sont cylindriques, peu saillantes, elles sont à peine écartées dans la paire postérieure ; les cinq articles des tarses sont entiers et peuvent se replier sous le corps comme les antennes ; car ces Coléoptères ont aussi l'habitude de faire le mort, défiant toutes les provocations, toutes

(1) 'Αναβιόω, je ressuscite.

les excitations sans donner signe de vie : aussi leur a-t-on donné le surnom de « boudeur ».

Distribution géographique. — On connaît environ soixante espèces, dont la moitié habite l'Europe.

Mœurs, habitudes, régime. — Tous ces Coléoptères font entendre à certains moments des coups secs à intervalles réguliers rappelent le tic tac d'une montre.

Si l'on entend ce bruit pendant la nuit dans la chambre silencieuse d'un malade, l'antique superstition le considère comme annonçant la dernière heure du patient : « l'Horloge de la mort » a fait entendre son glas funèbre. Mais en recherchant une explication naturelle et rationnelle du fait, on a cru d'abord reconnaître le mouvement rhythmique de la Larve et de l'Insecte parfait rongeant le bois ; mais si on prête l'oreille on constate que si ses coups sont certainement très réguliers, le son qu'ils produisent ne ressemble en rien au tic tac d'une montre. C'est le Coléoptère qui produit ce bruit de la manière suivante : rentrant les pattes antérieures et les antennes, redressant le corps principalement appuyé sur les pattes du milieu, il le projette en avant et frappe le bois avec le front et la partie antérieure du corselet.

Becker à Hilchenbach a fait quelques observations à ce sujet : « Parmi les nombreuses occasions où je guettai, dit-il, les coups frappés, une seule se présenta où je pus voir le Coléoptère frappant en dehors de la galerie ligneuse. Ce fut au 1er mai 1863, vers le soir, que je fus témoin du fait, dans une chambre de mon logement où l'on avait déposé de vieilles planches. En tournant et retournant intentionnellement ces planches, je fus amené à trouver deux *Anobium tessellatum* récemment éclos, que je portai sur une table en les couvrant d'une cloche de verre. Au bout d'une heure je fus saisi d'étonnement, en voyant mes deux *Anobiums* unis de la façon la plus intime. Ceci ayant duré quelque temps et après que tous deux se furent de nouveau séparés à quelques pouces de distance, la femelle se mit à frapper ; le mâle dressa alors les antennes, exactement comme s'il voulait épier, puis il répondit par le même signal ; ce duo d'amour se continua pendant qu'ils se rapprochaient de plus en plus et fut couronné de succès.

« Les sérénades de coups frappés et les rapprochements intimes se répétèrent à des intervalles plus ou moins longs jusque dans l'après-midi du lendemain. Au bout de ce temps les deux Coléoptères se tinrent tranquillement séparés et à distance. Le matin du jour suivant, le mâle trahit dans tous ses mouvements un affaiblissement sensible, ne put bientôt plus marcher, et succomba le lendemain. »

L'année suivante notre observateur reprit ses recherches à nouveau et les confirma. Il raconte qu'il retira d'un vieux bois un couple qu'il sépara en mettant chacun des deux individus dans une boîte d'allumettes vide bien close : « Le 8 avril, raconte-t-il, vers le crépuscule j'entends l'un d'eux frapper ; ce à quoi l'autre répondit bientôt. A mon grand désappointement, le mâle mourut dans la nuit ; mais la femelle me causa une bien agréable surprise ; car en frappant contre la table où elle était placée avec une aiguille à tricoter, elle essaya d'imiter le choc, et me répondit pendant plusieurs jours par son petit signal avec une telle ardeur, qu'elle trahit ses désirs amoureux, mobile de son manège. Le 2 mai mon Coléoptère me répondit pour la dernière fois ; il vécut encore jusqu'au 15, sans avoir, à ma connaissance, pris la moindre nourriture. »

Taschenberg eut l'occasion d'épier, quoique moins complètement que Becker, les manœuvres de cette espèce. « Ce fut les 15 et 16 avril 1872, dit-il, pendant les heures de l'après-midi, que mon attention fut éveillée par des coups très forts. Le premier jour le bruit s'éteignit bientôt et je ne l'entendis pas davantage. Mais le jour suivant il reprit et devint persistant. Je me mis à la recherche de mon sonneur et je finis par trouver au sommet de la fenêtre, derrière un lambeau de tapisserie arrachée, un superbe *Anobium* qui en frappant contre ce papier sec et élastique produisait un bruit extraordinairement sonore. »

« L'Horloge de la mort » des esprits faibles devient donc indubitablement, grâce aux observations de Becker, « l'Horloge de la vie ». C'est pour procréer une nouvelle vie que nos Coléoptères s'appellent en frappant ces coups, tout comme les Lampyrides, plus poétiques sans doute, qui s'invitent aux doux épanchements d'amour au moyen du télégraphe optique qu'ils ont inventé avant l'Homme.

Les Anobies perforent à l'état de Larve le bois mort et de préférence les bois de Conifères, des Peupliers, des Tilleuls, des Bouleaux et des

Aulnes ou d'autres bois tendres d'arbres feuillus et, de là, sont transportés dans des lieux retirés où rien ne les trouble, comme les églises, les châteaux inhabités ; alors ils s'établissent dans les colonnes, les poutres, les sculptures précieuses, les vieux meubles de famille où ils causent des dégâts très sensibles. Les Larves, comme les précédentes, courbées et ridées, munies de six pattes courtes, se creusent des galeries dans le bois en ayant soin de ménager la couche extérieure, et le soir, quand tout est silencieux, elles font entendre leurs raclements dans l'épaisseur d'une vieille clôture, d'une table ou d'une chaise dont elles rongent l'intérieur jusqu'à le réduire en petits fragments et en poussière. Elles ont, paraît-il, acquis toute leur taille en mai ou plus tard suivant les espèces. Alors elles se ménagent une logette un peu spacieuse, pour se transformer en Nymphes, qui, au bout de quelques semaines, deviennent Insectes parfaits. Ceux-ci continuent l'œuvre de la Larve et arrivent enfin à gagner le large en perforant ces milliers de trous parfaitement ronds que les marchands d'antiquité s'ingénient à imiter pour donner aux produits de leur industrie le cachet d'une haute antiquité. Ce sont ces trous qui trahissent à la longue la présence du « Ver » dans les boiseries, les poutres, l'encadrement des fenêtres d'un vieil édifice ; et ces ouvertures servent aussi plus tard aux Larves nouvelles pour rejeter au dehors la « vermoulure ». Si l'Insecte s'est introduit récemment rien ne laisse soupçonner la présence des Larves qui commettront leurs ravages tout à leur aise et l'on ne pourra rien faire ou à peu près pour la conservation de la pièce attaquée.

C'est en juin que le Coléoptère prend son essor ; là où ils ont élu domicile, on les voit accouplés, le mâle plus petit porté par la femelle.

LA VRILLETTE MARQUETÉE. — *ANOBIUM TESSELLATUM.*

Bunter Klopfkäfer.

Le grand *Anobium tessellatum* (fig. 351) est celui qui a les plus fortes dimensions.

Il se distingue de toutes les autres espèces par son corselet non creusé sous les bords, et par la ponctuation fine qui recouvre tout le corps à l'exception des élytres. De plus, les articles des tarses sont triangulaires et la face supérieure du corps est brune, parsemée de marbrures formées de poils gris jaunâtres.

LA VRILLETTE OPINIATRE. — *ANOBIUM PERTINAX.*

Der Trotzkopf, die Todtenuhr.

L'*Anobium pertinax* est noir ou d'un brun couleur de poix, sensiblement plus petit, il a les bords et les angles du corselet arrondis, marqués en dessus d'un creux en losange de chaque côté avec une petite tache de poils jaunes et une ponctuation profonde sur les élytres comme chez les espèces suivantes.

LA VRILLETTE DES TABLES. — *ANOBIUM STRIATUM.*

Gestreiter Werkholzkäfer.

L'Anobie striée (*A. striatum*) est presque de moitié plus petit que le précédent, d'une couleur de poix plus ou moins foncée, couvert de poils fins et courts. Ses élytres sont striées-ponctuées, le corps est arrondi et non tronqué à l'extrémité. Les bords du corselet se courbent en angles vers les épaules, mais sans être entaillés.

LA VRILETTE DU PAIN. — *ANOBIUM PANICEUM.*

Brodkäfer.

L'Anobie du pain (*A. paniceum*), pour citer encore une quatrième espèce ayant la même conformation que les précédentes, a le corselet plan convexe, un peu rétréci en avant et le corps cylindrique brun rougeâtre recouvert d'une fourrure assez épaisse.

Cette espèce ne recherche pas exclusivement, comme semble l'indiquer son nom, le pain dur, mais encore les substances végétales riches en matières amylacées ou sucrées ; elle se tient dans les graineteries, dans les herbiers en compagnie du Ptine voleur ; elle perce même le papier que l'on colle provisoirement avec de l'empois sur les vitres fêlées ; elle hante le biscuit de mer ; partout elle devient fort nuisible.

Ce sont les lieux d'élection de la femelle pour déposer ses nombreux œufs ; les Larves qui éclosent ne tardent pas à convertir les substances attaquées en poussière concurremment avec l'Insecte parfait.

Il est encore quelques *Anobium*, répartis dans des genres particuliers, que nous devons mentionner, car ils peuvent nous être très préjudiciables.

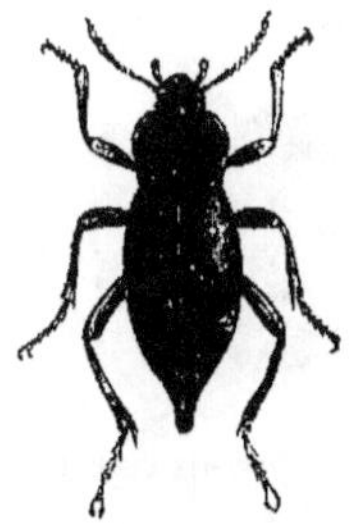

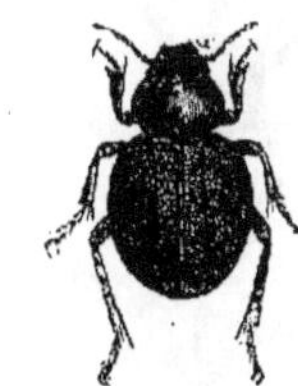

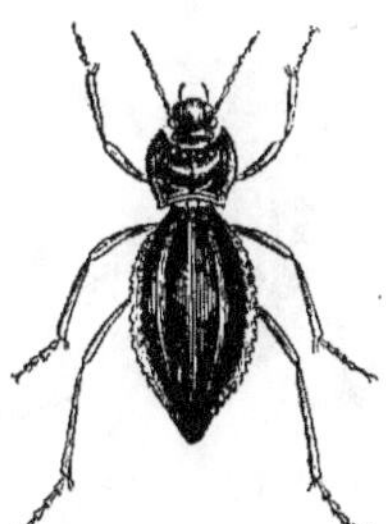

Fig. 357. — Blaps présage de mort.   Fig. 358. — Pimélie variée.   Fig. 359. — Akis algérien.

Le *Ptilinus pectinicornis* (fig. 352) est un petit Insecte mesurant à peine 4 millimètres, de forme cylindrique, que la structure de ses antennes permet de reconnaître entre tous ; ces appendices en effet, pectinés chez les femelles, flabellés chez les mâles, forment d'élégants panaches ; il n'est pas rare dans nos maisons, car sa Larve perfore nos vieux meubles et même des meubles neufs, par exemple lorsque les placages ont été appliqués sur des bois qu'on n'avait pas débarrassés de l'aubier.

Le *Catorama tabaci*, aux antennes terminées en massue, est un petit Coléoptère que M. Guérin-Méneville a découvert dans des cigares de la Havane ; il les perce de part en part et leur ôte toute valeur, puisqu'ils ne peuvent plus être fumés.

L'*Apate* (*Bostrichus*) *capucina* (fig. 354) est le type d'une petite famille, celle des *Apatides* ou *Bostrichides* ; c'est un Insecte de taille moyenne au thorax noir, aux élytres rouges, dont la Larve se développe dans le bois.

Le *Lyctus canaliculatus* (fig. 354), type de la famille des *Lyctides*, est un Coléoptère de 3 à 4 millimètres de longueur de forme allongée, aux élytres marquées de nombreux sillons, dont la Larve se développe dans le bois. Elle réduit en poussière les poutres, les frises, les meubles de Chêne où il reste trace d'aubier.

Les *Trogositides*, aujourd'hui rapprochés des Nitidulides, étaient placés par Latreille à côté des Lyctides. Le *Trogosita mauritanica* (fig. 356),

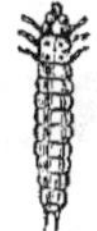

Fig. 355, 356. — Trogosite mauritanienne.
(Larve et adulte.)

qui est le type de la famille, est un Insecte long de 7 à 8 millimètres, noirâtre en dessus, brun plus clair en dessous, avec les élytres striées, qui se réfugie sous les écorces, se trouve dans les noix, le pain, etc. Sa Larve (fig. 355), connue en Provence sous le nom de *Cadelle*, attaque le grain et devient très préjudiciable. L'adulte carnassier détruit la *Tinea granella*.

LES TÉNÉBRIONIDES — *TENEBRIONIDÆ*

Die Schwarzkäfer oder Tenebrioniden.

C'est avec la famille des Ténébrionides (*Melasomata, Tenebrionidæ*) que commence la série des Coléoptères hétéromères. Malgré la diversité de formes qu'affectent les espèces, au nombre de plus de 4,500, réparties dans de nombreuses sections, ces Insectes n'en constituent pas moins un grand groupe isolé et bien défini, et montrant de grands rapports dans la coloration, qui est uniformément noire, et la conformation des tarses.

Caractères. — Les pièces de la bouche sont ainsi constituées : la languette, amplement couverte par le menton inséré dans une échancrure, présente des paraglosses ; les mandibules, courtes et puissantes, sont armées d'une dent molaire à la base et les mâchoires ont deux lo-

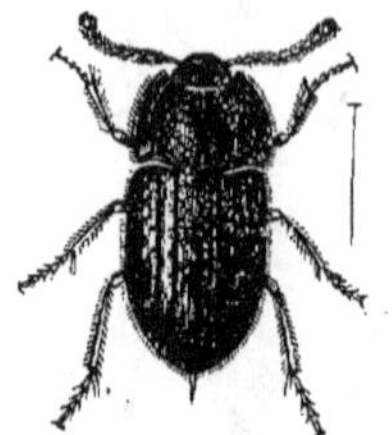

Fig. 360. — Opatre des sables.

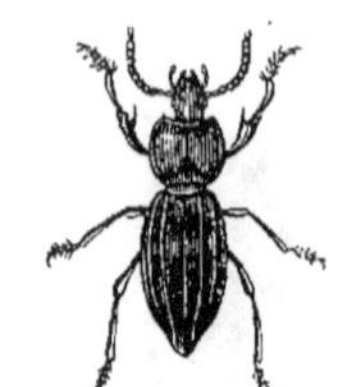

Fig. 361. — Scaurus strié.

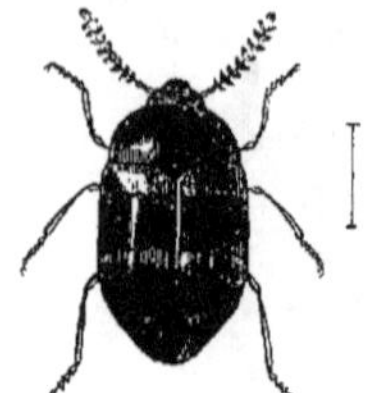

Fig. 362. — Diaperis du Bolet.

bes, dont l'interne est fréquemment armé d'un crochet corné. Les yeux, en général très grands, sont plus larges que longs, le plus souvent plats et arrondis en avant; les antennes de 11, rarement 10 articles, sont implantées sur le côté au-devant des yeux, sous un rebord saillant de la tête. Les hanches sont toujours écartées; les antérieures, globuleuses, sont insérées dans des cavités cotyloïdes closes, et les postérieures sont plus larges que longues. Les griffes des pattes sont simples. On distingue toujours cinq anneaux à l'abdomen. Ainsi revêtus d'une robe noire avec les élytres le plus souvent tout d'une pièce et même soudées entre elles, ils sont lourds et inactifs et généralement incapables de voler par suite de l'atrophie des ailes.

Distribution géographique. — Ces Insectes ont leur principale aire de distribution géographique en Afrique, y compris la région méditerranéenne; s'ils sont peu nombreux dans les Indes et en Australie, ils pullulent dans l'Amérique du Sud, Patagonie, république Argentine, Chili, Bolivie, Pérou, et se retrouvent en Californie et au Mexique.

Mœurs, habitudes, régime. — Parmi les Ténébrionides, les uns fuient la lumière et se plaisent avant tout sur un terrain humide, sous les pierres, parmi les racines pourries ou derrière des lambeaux d'écorce, ainsi que dans les coins malpropres des maisons et contractent au sein de leur milieu peu ragoûtant une odeur désagréable; ce sont des lucifuges fort peu attrayants; les autres aiment au contraire la lumière la plus vive et ne se meuvent que sous l'influence du soleil le plus ardent et errent sur les sables les plus arides.

A côté de ce grand groupe d'Insectes sombres, se placent des espèces plus légères, d'un éclat métallique, pourvues d'ailes et douées de mouvements plus vifs. Celles ci se tiennent sur les troncs des arbres ou même plus haut et avec d'autres familles d'Hétéromères.

Les quelques Larves de Ténébrionides connues montrent une grande unité de conformation : un corps allongé vermiforme ; une tête quelque peu aplatie dont l'extrémité se termine en un ou deux appendices et qui est fortement cuirassée ; 6 pattes à 5 articles ; des antennes à 4 articles ; un lobe à la mâchoire inférieure ; des yeux nuls ou bien au nombre de 2 à 5 de chaque côté de la tête.

LES BLAPS — *BLAPS* (1)

Die Blaptinen.

Caractères. — Tous les Blaps ont la conformation suivante : une lèvre supérieure découverte; l'article terminal des palpes maxillaires sécuriforme; une languette masquée par le menton, tantôt en trapèze, tantôt arrondi; les pattes longues, surtout les postérieures; un petit appendice aux hanches moyennes et postérieures; deux épines terminales ou éperons aux jambes antérieures, et des tarses brièvement ciliés, toujours beaucoup plus courts que les jambes; des élytres soudées, repliées sur les côtés pour embrasser le corps, et souvent terminées en pointe obtuse; les ailes sont avortées.

Dans notre espèce indigène la plus répandue la pointe terminale et saillante des élytres est égale dans les deux sexes, et le mâle se distingue de la femelle par la présence d'un bouquet de poils feutrés jaune sur le bord postérieur du premier anneau abdominal.

Ils laissent aux doigts une odeur fétide.

Distribution géographique. — Ils font partie de la Faune asiatique et de la Faune méditerranéenne; l'espèce suivante est seule répandue dans toute l'Europe.

(1) Βλάπτω, nuire.

LE BLAPS PRÉSAGE MORT. — *BLAPS MORTISAGA*.

Gemeiner Trauerkäfer.

Une série de formes ramassées ou allongées et ayant seulement dans le midi de l'Europe des proportions plus accusées, sont représentées dans nos pays par une espèce (fig. 357) qui hante de préférence les caves et les coins sombres des maisons et se traîne lourdement pour chercher çà et là les matières organiques décomposées dont elle fait sa nourriture.

Cet hôte lugubre tout de noir habillé, qui mène ainsi une misérable existence, a reçu, moins encore de la bouche du peuple que de la plume des auteurs, les noms de « Scarabée funèbre, de Scarabée présage-mort » (*Blaps mortisaga*). Déjà Moufet le mentionne à côté des Blattes, et pense qu'il serait certainement resté inconnu si Pline ne l'avait pas caractérisé d'une manière plus précise par la pointe abdominale que porte son « *Blatta fœtida* » ; car sans cette épithète distinctive, on pourrait facilement le confondre avec d'autres Insectes, notamment avec des Coprophages pilulaires. Bien qu'il soit conformé de telle façon qu'on jurerait qu'il est muni d'ailes, jamais le mâle lui-même n'est ailé, ainsi que Pline l'avait supposé. Moufet poursuit ainsi : « Il vit dans les caves et c'est un amateur habitué du fumier, c'est la nuit qu'il se traîne, embarrassé, mais il retourne sur ses pas, à la moindre lumière ou à la voix de l'homme, pour repasser dans l'obscurité ; en réalité c'est un animal timide et lucifuge au plus haut degré, non à cause de sa faiblesse, mais par la conscience qu'il a de la mauvaise odeur qu'il exhale et des méfaits qui sont à sa charge ; car il recherche une ali-

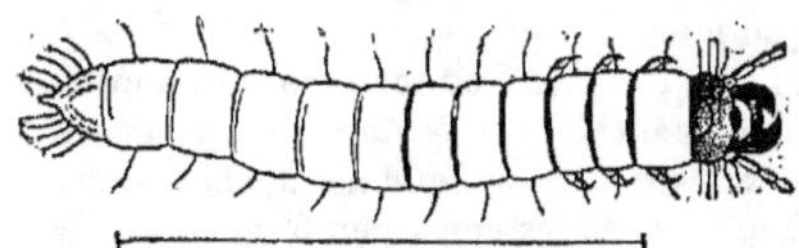

Fig. 363. — Larve de Blaps prolongé.

mentation malpropre, perce le mur d'autrui et offense l'odorat non seulement de ceux qui sont présents, mais encore de tout le voisinage. Il vit solitaire et il est rare d'en voir deux ensemble. Nous ne savons pas s'il est engendré par les ordures ou s'il naît de l'union d'un mâle et d'une femelle. »

Ce dernier problème a été résolu depuis longtemps, et la Larve de ce Coléoptère a été figurée plus tard par plusieurs compatriotes de Moufet. Celle-ci ressemble beaucoup au Ver de farine et elle est conformée comme l'indique notre figure de la Larve du *Blaps producta* (fig. 363).

Au reste Moufet exagère les désagréments et l'horreur de cet Insecte pour la lumière, et il n'y a rien là qui dépasse ce que l'on voit chez d'autres membres de la famille et chez nombre de Coléoptères différents vivant de la même manière.

LES PIMÉLIES — *PIMELIA* (1)

Die Pimeliinen, Feistkäfer.

Caractères. — Ces Coléoptères ont reçu leur dénomination à cause de la forme de leur corps ; car toutes leurs parties sont massives et ramassées, l'article terminal des palpes maxillaires est légèrement triangulaire, la lèvre supérieure, saillante, est sinuée en avant ; le troisième article des antennes assez courtes est extraordinairement long, les jambes antérieures sont trigones et crénelées, tandis que les autres sont comprimées et quadrangulaires ; ce dernier caractère est le plus important.

Les espèces sont très voisines et ne se distinguent souvent que difficilement et seulement par les particularités que présente la surface et par quelques légères différences dans les contours du corps.

Distribution géographique. — Parmi les Pimélies 40 se trouvent en Europe ; le nord de l'Afrique ainsi que l'Asie Mineure en possèdent un plus grand nombre encore.

Mœurs, habitudes, régime. — Les Piméliens se trouvent de préférence sur les bords de la mer où ils se tiennent cachés sous les pierres, dans les coquilles vides, parmi les tas de varechs jetés sur les côtes et parmi les matières décomposées de toutes sortes où le nécessaire ne leur fait jamais défaut.

L'histoire de leur développement a été faite par M. Schiodte.

La seule espèce que nous ayons en France est la *Pimelia bipunctata* qui est fort commune sur les plages méditerranéennes et s'enfonce même assez avant, une lieue ou deux, dans les terres. Elle est noire, avec le prothorax tuberculeux, marqué de deux points enfoncés ; les

(1 Πιμελή, obésité.

élytres portent cinq côtes longitudinales, avec les intervalles ridés et granuleux.

Le *Pimelia distincta* d'Espagne (fig. 358) se distingue par son corselet lisse, luisant, marqué sur les côtés de ponctuations saillantes et par ses élytres couvertes de rugosités et séparées à intervalles égaux par 4 côtes longitudinales luisantes ; la suture représente deux côtes qui ont le même aspect luisant.

LES TÉNÉBRIONS. — *TENEBRIO* (1)

Die Tenebrioninen.

Arrêtons-nous encore à ce genre qui renferme une espèce dont nous pouvons faire connaissance dans nos demeures qu'elle habite sans être nuisible, ni désagréable. C'est du Scarabée de la farine, du Meunier (*Tenebrio molitor*) que nous voulons parler, qui a imposé son nom générique à la famille entière ; non pas que ce soit ce Coléoptère qui la représente le mieux, mais parce qu'on a toujours fait ressortir combien il était universellement connu.

Caractères. — Les *Tenebrio* sont des Insectes de moyenne taille, de couleur brun noirâtre et criblés en dessus de petits points enfoncés ; leur menton plus large que long, en forme de trapèze, leurs yeux transversaux, c'est-à-dire plus larges que longs, divisés par un prolongement des joues, les caractérisent nettement. Leurs antennes assez courtes ont le troisième article plus longs que les suivants ; leur corselet est carré, rebordé sur les côtés ; leurs élytres, un peu plus larges que le corselet, sont allongées, parallèles, très faiblement striées.

Distribution géographique. — L'Europe, l'Afrique et l'Amérique du Nord sont les contrées qu'ils habitent de préférence ; l'une d'entre elles (*T. molitor*) transportée avec les farines, est devenue cosmopolite.

LE TÉNÉBRION DE LA FARINE. — *TENEBRIO MOLITOR.*

Mehlkäfer.

Caractères. — C'est un Insecte brun foncé (fig. 364) avec des reflets plus clairs et rougeâtres sur le ventre. Il est assez comprimé et, sa tête étroite exceptée, d'une largeur égale dans toute sa longueur.

La tête plate, arrondie antérieurement, se dirige droit en avant ; les antennes composées

(1) *Tenebrio*, qui aime l'obscurité.

de onze articles sont filiformes, faiblement épaissies à leur extrémité ; les yeux sont entaillés par les joues ; une dent cornée arme le lobe intérieur de la mâchoire inférieure dont les palpes ont l'extrémité sécuriforme, tandis que les palpes labiaux se terminent en pointe ovoïde tronquée. Outre la ponctuation serrée qui couvre tout le corps, les élytres sont encore couvertes de stries fines, et chez le mâle les jambes antérieures sont arrondies et arquées.

Mœurs, habitudes, régime. — C'est surtout le soir que ce Coléoptère, de 15 millim. de long, déploie son activité et se met à voler ; aussi l'aperçoit-on parfois le matin dans des endroits où on ne le vit jamais auparavant, ce qui explique aisément pourquoi sa Larve est si largement répandue.

Les phases de son évolution s'accomplissent dans l'espace d'une année.

Les noms français et allemand de cet Insecte indiquent son séjour et son lieu de naissance et ne doivent pas nous étonner, si nous

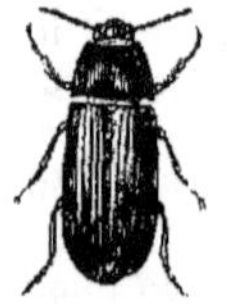

Fig. 364. — Ténébrion de la farine.

Fig. 365. — Larve du Ténébrion de la farine

songeons en passant que nous rencontrons souvent sous la dent, en mangeant notre pain, une des ses élytres brunes ou d'autres débris de son corps et même sa Larve ; c'est le boulanger qui, par manque de soin et de propreté, les a emprisonnés dans sa pâte pour nous les servir cuits au four.

La Larve (fig. 365), ou, comme on l'appelle communément, le *Ver de farine*, ne vit pas du reste exclusivement au fond des huches ou des pétrins, ni dans les coins peu fréquentés des moulins, des boulangeries et des hôtelleries où les poussières alimentaires s'amassent et restent intactes des années entières ; mais elle se trouve encore dans des localités toutes autres et s'y nourrit en même temps de substances bien différentes. Taschenberg rapporte qu'il l'a trouvée en grand nombre dans une caisse contenant une certaine quantité de terre qui était destinée à faire l'élevage des Papillons et lui avait été donnée par un ami demeurant dans une

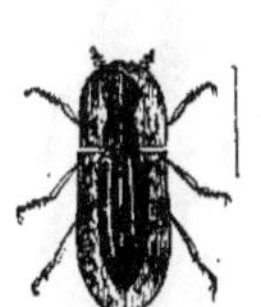

Fig. 366. — Cossyphu
d'Hoffmanseg.

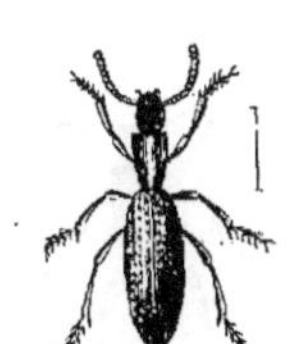

Fig. 367. — Tagen :
filiforme.

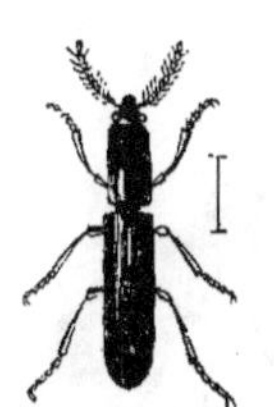

Fig. 368. — Hypophlœus
châtain.

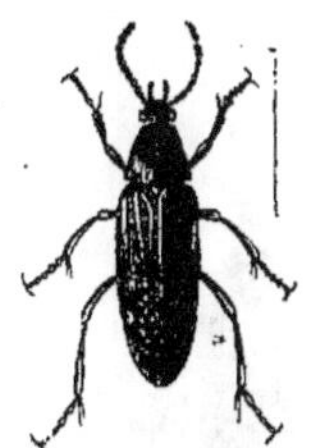

Fig. 369. — Mélandrye
caraboïde.

boulangerie. Les Chrysalides oubliées et abandonnées depuis longtemps ainsi que quelques cadavres de Papillons servirent de nourriture à ces Larves. D'autres en ont trouvé dans le fumier des pigeonniers où mille débris tombent à leur discrétion.

Tous les amateurs d'Oiseaux qui entretiennent des Passereaux insectivores, notamment des Rossignols, en certaine quantité, élèvent des Vers de farine pour procurer de temps à autre cette friandise à leurs pensionnaires ailés. A cet effet on place dans une vieille marmite une certaine quantité de Larves, avec du son, du pain desséché et de vieux chiffons. On met un couvercle pour que les Coléoptères éclos ne puissent pas s'échapper et surtout afin qu'ils déposent de rechef leur couvée à l'endroit même. Cette éducation devient surtout fructueuse, si l'on ajoute de temps en temps le cadavre d'un petit Mammifère ou d'un Oiseau. Adultes et Larves réduisent ces cadavres presque complètement à l'état de squelette, et avec tant de soin qu'ils fournissent ainsi de véritables préparations; débarrassées des quelques fibres restées visibles, puis nettoyées et polies, elles remplissent toutes les conditions exigées pour figurer dans une collection ostéologique.

Avant d'atteindre tout leur développement, les Vers de farine muent quatre fois, et la dépouille peut parfaitement être prise pour une Larve morte, tant les téguments, grâce à leur solidité, conservent la forme du corps. Ces Larves, d'un jaune brillant, ont 26 millim. de long; leur tête est ovoïde et privée d'yeux; l'ouverture buccale est dirigée en dessous; les antennes ont 4 et les pattes 6 articles; enfin le dernier anneau abdominal tronqué porte 2 pointes cornées redressées.

Grâce à la nature de leur tégument et à leur force musculaire, elles peuvent glisser facilement entre les doigts et s'échapper, si on ne les serre pas solidement.

C'est au mois de juin environ qu'a lieu le passage à l'état de Nymphe dans le milieu habituel où séjournent des Larves, et de préférence dans quelque coin entre les joints des planchers dont elles rongent parfois les bords pour se mettre plus à leur aise.

A l'encontre de la Larve, la Nymphe est molle et tendre, de couleur blanche avec les membres distincts et l'extrémité abdominale munie de deux pointes caudales brunes et cornées. Chaque segment abdominal présente sur les côtés un élargissement qui forme un appendice mince, carré, à bords dentés. Le Coléoptère apparaît au bout de quelques semaines : il est d'abord jaune, devient complètement brun, mais reste enfermé et de plus suspendu dans la dépouille, attenant légèrement aux trois principales parties de celle-ci, à la façon des Dermestes.

Nous citerons pour mémoire quelques Ténébrionides de formes diverses, toujours vêtues de noir, qui n'offrent rien d'intéressant; mais ils sont indigènes et peuvent être rencontrés dans nos départements du Midi.

Les *Tentyria* arpentent les plages brûlées du soleil au voisinage de la mer (Provence, golfe de Gascogne).

Les *Stenosis* ou *Tagenia*, également méridionaux (Provence), mais nocturnes, se nourrissent comme les précédents de substances organiques en voie de décomposition ; nous figurons le *T. filiformis* (fig. 367).

Les *Elenophorus* sont représentés dans le midi de la France (Nîmes, Marseille) par l'*E. collaris*, Insecte ami des ruines, des décombres ; il erre la nuit à pas lents pour rechercher les moindres débris organiques.

Les *Akis*, autres lucifuges méridionaux qui vivent dans les mêmes conditions, « se retirent dans le jour dans les grottes, les vieux édifices, surtout au pied des remparts ou des murs de clôture près desquels les dieux termes sont

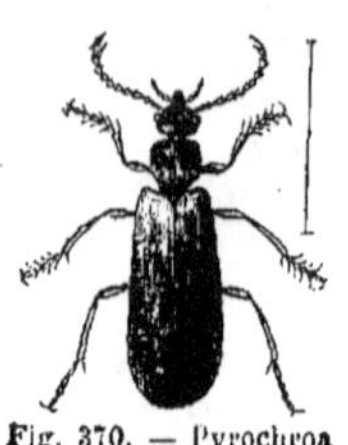

Fig. 370. — Pyrochroa écarlate.

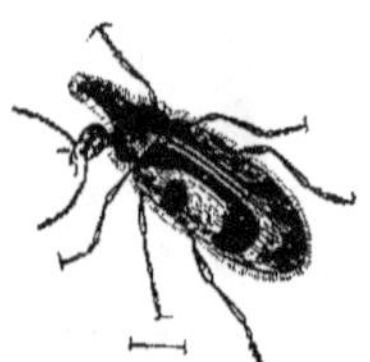

Fig. 371. — Notoxe cornu.

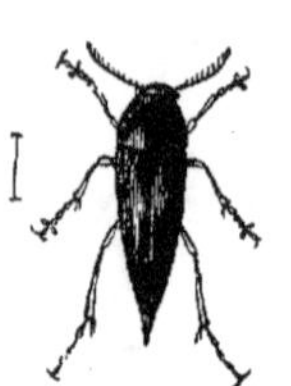

Fig. 372. — Anaspis frontal.

Fig. 373. — Mordelle ornée.

habitués à recevoir un encens peu suave (Mulsant); » en France nous n'avons que l'*Akis punctata*, mais ces Ténébrionides pullulent de l'autre côté de la Méditerranée ; nous figurons l'*A. algeriana* (fig. 359).

Les *Scaurus*, dont les mœurs sont identiques, ont des représentants dans notre Midi ; le *S. striatus* (fig. 361), est une des espèces les plus répandues.

Un Insecte fort commun, l'*Asida grisea*, qu'on rencontre sous les pierres sur les coteaux ensoleillés, est le type du genre *Asida*.

Les Pédines et les Opatres sont des Coléoptères des sables ; le *Pedinus femoralis*, l'*Opatrum sabulosum* (fig. 360), ne sont pas rares aux environs de Paris et se rencontrent partout.

Les *Diaperis* vivent dans les Bolets où ils accomplissent toutes leurs transformations ; le *D. Boleti* (fig. 362), au corps noir brillant, aux élytres noires coupées de trois bandes transversales d'un beau jaune orangé, se trouve souvent en France, particulièrement à Fontainebleau.

Les *Cossyphus* sont des Coléoptères qu'il est impossible de ne pas remarquer, l'expansion membraneuse qui entoure le thorax et leurs élytres leur donnant l'aspect le plus singulier ; le *C. Hoffmanseggi*, de l'Espagne méridionale (fig. 366), donne une idée très fidèle du genre.

Les *Hypophlœus*, aux formes allongées, se dissimulent sous les écorces ; leurs Larves sont les ennemies des Larves des Xylophages ; nous représentons l'*H. castaneus* (fig. 368).

Les *Hélops* sont des Insectes de taille moyenne fort nombreux, au vêtement noir, fauve, quelquefois à reflets métalliques, bronzés ou bleus, qui vivent sous les écorces et ne sont pas rares dans notre pays ; les *H. striatus* et *lanipes* sont les plus répandus.

Nous passerons sous silence toute une série de Coléoptères hétéromères, les *Cistélides*, les *Pythides*, les *Mélandryides*, les *Lagriides*, les *Anthicides*, les *Pyrrochroides*, les *Mordellides*, quoique ces familles aient de nombreux représentants en Europe et en France, mais elles n'offrent pas dans leurs mœurs de particularités assez notables pour mériter attention ; nous nous contenterons de figurer quelques types qui donneront une idée de l'infinie variété des formes que prennent les Coléoptères ; c'est ainsi que nous mettons sous les yeux du lecteur le *Melandrya caraboides* (fig. 369), le *Pyrochroa coccinea* (fig. 370), le *Notoxus monoceros* (fig. 371), l'*Anaspis frontalis* (fig. 372), le *Mordella ornata* (fig. 373).

Nous nous arrêterons maintenant à une petite famille dont les représentants n'intéressent pas l'Homme aux mêmes titres que les précédents, soit par leur abondance ou leur utilité, soit par la répulsion ou l'attrait qu'ils inspirent, mais offrent cependant dans leur manière de se développer des particularités qui les éloignent complètement de tous les Coléoptères examinés jusqu'à présent, aussi croyons-nous devoir en faire une description sommaire.

LES RHIPIPHORIDES — *RHIPIPHORIDÆ*

Die Fächerträger.

Caractères. — La petite famille des Rhipiphorides ou *Porte-éventail* est pauvre en espèces et ne renferme que de petits Coléoptères d'aspect insignifiant, dont la tête est fixée perpendiculairement sur un corselet étroit comme sur une tige et dont les antennes sont en forme de plume chez le mâle, et le plus souvent dentées en scie chez la femelle. La lèvre supérieure n'a point de bordure membraneuse en dedans, et l'article terminal des palpes maxillaires n'est pas sécuriforme comme chez quelques proches alliés. Les élytres dépassent à peine en largeur la base du corselet; elles sont aussi longues que l'abdomen, mais ne le recouvrent pas complètement et sont déhiscentes ; les hanches sont toutes rapprochées, les antérieures reposant sur les intermédiaires, et s'insèrent dans des cavités cotyloïdes très ouvertes ; les tarses sont grêles et comptent, les antérieurs et les médians, 5 articles, les postérieurs 4 articles seulement.

Distribution géographique. — Cette famille a des représentants dans toutes les régions du globe, surtout dans les pays chauds, notamment dans l'Amérique du Sud. Nous avons en Europe et en France un certain nombre d'espèces, notamment le *Rhipiphorus paradoxus* dont les mœurs présentent un grand intérêt.

LES RHIPIPHORES — *RHIPIPHORUS* (1)

Caractères. — Indépendamment des caractères précédents, ils se distinguent par des antennes, insérées aux extrémités de la carène frontale, portant chez les mâles, à partir du 4e article, deux longs appendices et chez les femelles un seul appendice ; les antennes sont donc biflabellées chez les mâles et uniflabellées chez les femelles. Le corselet linéaire, plus long que large, profondément bisinué à sa base, a les angles postérieurs très aigus embrassant les épaules et est creusé au centre de sa surface d'une fossette longitudinale.

Chacune des élytres atteint l'extrémité abdominale ; mais leur terminaison en pointe aiguë s'oppose à ce que les sutures se touchent dans toute leur étendue et les oblige au contraire à rester entrebâillées, disposition qui se présente rarement chez les Coléoptères. Les pattes sont longues et grêles ; et dans la paire postérieure les tarses dépassent en longueur les jambes et les cuisses.

LE RHIPIPHORE PARADOXAL. — *RHIPIPHORUS PARADOXUS.*

Geltsamer Fächerträger.

Le rare Rhipiphore paradoxal, un des plus grands membres de la famille, a 6, 7 et même

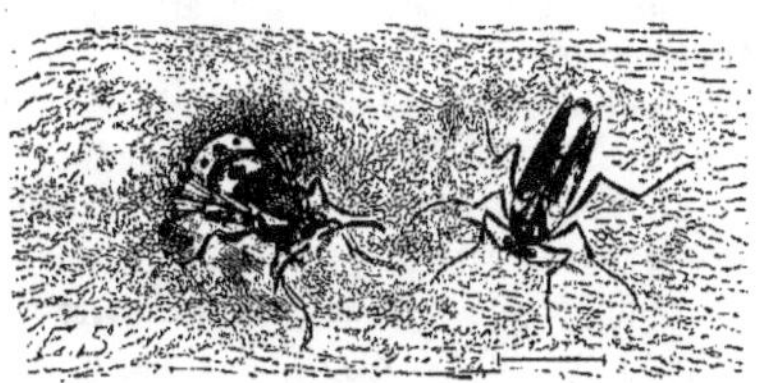

Fig. 374. — Le Rhipiphore paradoxal près de l'orifice d'un Guêpier, grandeur naturelle.

10 millimètres de long ; il est noir avec les bords émoussés du corselet ainsi que l'abdomen jaune rougeâtre ; le mâle a les élytres jaunes en partie ou en totalité (fig. 374).

Notre Coléoptère se développe au milieu des nids souterrains de la Guêpe commune (*Vespa germanica*), dans des conditions qui pendant longtemps ont soulevé de vives controverses.

Andrew Murray prétendit, en 1869, que la Larve vit, à l'instar de la Larve de la Guêpe, dans une cellule où, comme cette dernière, elle serait nourrie par les ouvrières du Guêpier et avec la même alimentation que tous les hôtes normaux des rayons. Cette manière de voir fut contredite, dès 1869, par Smith (1), qui, se fondant sur les observations de Stone, affirma que la Larve du « Porte-éventail » était un véritable parasite.

En effet, d'après Stone, la femelle pond son œuf dans une cellule du Guêpier ; aussitôt

(1) Πτιξ, éventail; ϕορός, qui porte.

(1) Smith, *Ann. and Mag. Nat. Hist.*, sér. IV.

que la Larve de Guêpe, hôte normal de la
cellule, a atteint son développement et que,
prête à se transformer, elle a tissé le couvercle
de sa loge, la jeune Larve issue de l'œuf du
Rhipiphorus paradoxus pénètre dans son corps
et la dévore si complètement dans l'espace de
quarante-huit heures qu'elle n'en laisse que la
peau et les pièces buccales.

L'année suivante, la discussion se renouvela. Murray soutint son opinion ; mais il
s'appuyait encore sur des observations incomplètes et en partie erronées, tandis que Chap-
man, prenait parti pour son adversaire, en
publiant une relation complète des mœurs
du Porte-éventail. Il résulte de ses communications, que la femelle du *Rhipiphorus paradoxus* ne pond vraisemblablement pas son
œuf dans le Guêpier, mais à l'extérieur de
celui-ci.

La Larve à laquelle cet œuf donne naissance
ressemble assez à celle de la Cantharide que
nous apprendrons bientôt à connaître ; elle
mesure 5 millimètres ; sa tête, semblable à
celle d'une Chenille, a les antennes écartées et
les yeux simples, et ses 3 premiers anneaux
portent des pattes articulées dont 3 articles
des tarses sont foliacés et élargis à leur extrémité et pourvus de 2 à 3 griffes ainsi que
d'une ventouse analogue à celle de la trompe
d'une Mouche. Chaque anneau abdominal
porte une soie latérale dirigée en arrière et
tordue, et le dernier est muni d'une double
ventouse semblable à celles dont sont pourvus
les tarses. Il est probable que cette jeune Larve
se rend elle-même dans la cellule occupée par
une Larve de Guêpe et qu'elle la transperce
sur la face dorsale entre le 2⁰ et le 3⁰ anneau
avant qu'elle ait fermé sa loge.

Plus tard on distingue, entre le 3⁰ et 4⁰ anneau, la Larve à travers la peau de la victime.
Le parasite se met en devoir de sucer la
Larve dans laquelle il demeure, de la même
manière que d'autres parasites, sans entamer
les organes essentiels des sujets aux dépens
desquels ils vivent. Son corps se renfle et
dilate singulièrement les membranes interan-
nulaires de l'enveloppe chitineuse de son hôte.
Sur ce, notre parasite rompt la peau de son
logeur, cette fois sur le 4⁰ anneau ; et en
même temps il change de peau pour prendre
l'aspect d'une Larve de Mouche. Sous cette
forme il se fixe solidement à l'aide de ses
ventouses à l'extérieur de ce 4⁰ anneau de la
victime et reste étendu sur le côté de la

Larve de Guêpe. C'est cette forme de Larve
que Murray a trouvée et décrite.

La Larve du *Rhipiphorus* a-t-elle atteint
6 millimètres de long, elle ne tarde pas à muer
de nouveau en s'y prenant de telle sorte que
sa peau se fend sur le dos et que cette récente
dépouille reste interposée entre elle-même et
la peau de la Larve de Guêpe. Puis elle se met
à sucer jusqu'à épuisement cette dernière, et
se transforme dans la cellule.

Le Coléoptère apparaît deux jours plus tard
que les Guêpes écloses dans les cellules voisines. La Métamorphose s'accomplit dans l'espace de douze à quinze jours.

L'Insecte parfait se trouve à la fin d'août et
au commencement de septembre et isolément
sur les fleurs. La prise de ce Coléoptère si
rare et si intéressant est une véritable bonne
fortune due au hasard ; aussi a-t-on eu recours
à un moyen plus sûr pour le capturer.

Le soir, quand les Guêpes ont regagné leur
nid, on bouche l'ouverture avec un tampon de
coton ou d'étoupe imprégné de benzine. On
pousse plus profondément ce tampon à l'aide
d'un deuxième tampon sec, puis on couvre et
ferme l'entrée avec de la terre meuble. Le
lendemain matin, afin d'éviter leurs piqûres, on
s'empare à l'aide d'un filet des quelques habitants retardataires qui, survenus trop tard, n'ont
plus pu pénétrer dans leur nid. Alors on se
met à ouvrir avec prudence l'entrée fermée la
veille, ou bien on pratique une ouverture artificielle pour s'assurer de l'effet produit par
l'huile minérale. S'il n'apparaît plus aucune
Guêpe vivante, on pratique à l'aide d'une bêche une excavation à côté du nid, de manière
à dégager la remarquable construction des
Hyménoptères sans l'endommager ; cela fait, on
peut l'enlever aisément en ayant toutefois la

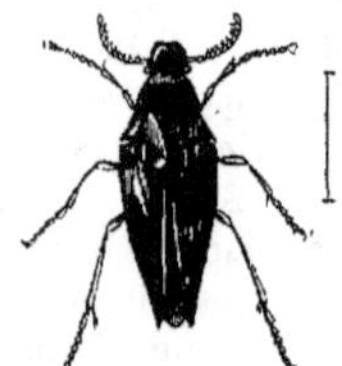

Fig. 375. — Rhipiphore bimaculé

précaution de se munir de gants grossiers pour
éviter toute agression possible de la part des
Guêpes encore vivantes. Cela fait, on pourra
tout à loisir examiner un à un les rayons avec

leurs Larves et y rechercher les Rhipiphores.

Dans les nombreuses extractions de nids de *Vespa germanica* que j'ai faites dans les environs de Lyon à la fin de l'automne pour me livrer à la recherche d'autres ennemis des Guêpes, les Larves de certains Diptères du genre Volucelle, il m'est arrivé souvent de rencontrer des Rhipiphores, et même de les trouver en nombre ; pour cela j'avais soin d'installer les nids enlevés avec grand soin pour ne pas les briser dans des récipients recouverts de toile métallique ; et pendant les belles journées d'octobre je voyais éclore chaque matin des mâles et des femelles de ces rares Coléoptères (Künckel).

Nous figurons encore un Rhipiphoride, l'*Emenadia bimaculata* (fig. 375).

LES MÉLOIDES — *MELOIDÆ*

Die Meloiden.

Cette famille, qui se rattache à la précédente d'une manière intime, a été nommée également famille des *Vésicants* ou des *Cantharides*, parce que certaines espèces produisent un principe spécial, la *Cantharidine*, qui a la faculté de produire des ampoules si on l'applique sur la peau. Aussi est-il employé dans le traitement externe sous forme de vésicatoire, et dans certaines circonstances aussi à l'intérieur.

Les anciens connaissaient déjà les vertus de ces Insectes ; mais il est bien difficile, d'après le nom qu'ils ont décerné à ces animaux et d'après les descriptions qu'ils en ont données, de démêler la vérité à ce sujet. Moufet, dans ses mémoires sur les « Buprestes » et les « Cantharides », tend plutôt à embrouiller la question qu'à l'éclaircir ; car il représente, à côté des « Mouches d'Espagne », quelques Carabes et d'autres Coléoptères qui n'ont aucun rapport avec elles.

A part cette propriété physiologique, qui, comme nous venons de le dire, ne se retrouve pas chez tous les membres de la famille, les espèces ont en commun les caractères suivants :

Caractères. — Tête à sommet fortement penché, placée perpendiculairement, rétrécie au cou postérieurement et visible dans toute son étendue ; antennes de 9 à 11 articles, insérées latéralement et au-devant des yeux, filiformes, épaissies ou affectant des formes irrégulières vers l'extrémité. Le corselet a le bord antérieur plus étroit que la tête, et le bord postérieur beaucoup plus étroit que les élytres. Celles-ci sont flexibles et embrassent imparfaitement l'abdomen. Les hanches antérieures et médianes sont grandes et sont rapprochées ; les tarses antérieurs et médians ont 5 articles, les postérieurs 4 seulement, et les griffes sont bifurquées, mais inégales.

Distribution géographique. — Les espèces, au nombre de plus de 800, appartiennent surtout aux régions chaudes.

Mœurs, habitudes, régime. — La plus grande obscurité a régné pendant longtemps sur les origines des Méloïdes ; aujourd'hui nous connaissons toutes les phases de leur développement et nous pouvons écrire un des plus curieux et des plus attrayants chapitres de l'Histoire des Insectes.

Au siècle dernier, Goedart, Frish, de Geer obtinrent des pontes de femelles de Méloé et observèrent l'éclosion des œufs sans pouvoir élever les jeunes ; ils croyaient d'ailleurs qu'ils vivaient de racines ou de plantes. D'autre part Frish, Réaumur, Linné avaient rencontré sur le corps de différents Hyménoptères mellifères de petits Insectes comparables à des Poux, et ce dernier leur avait donné le nom de *Pediculus apis*. Personne ne soupçonnait qu'il y eût quelque rapport entre ces Parasites et les jeunes Méloés, à tel point que Léon Dufour (1828) décerna à quelques-uns d'entre eux le nom de *Triongulinus Andrenetarum*. Cependant Le Pelletier de Saint-Fargeau et Serville avaient reconnu la similitude des deux formes, ce qui avait permis à Latreille (1817) de soupçonner que les Larves de Méloïdes vivaient dans les nids des Abeilles maçonnes.

C'est à Newport (1851) que revient l'honneur d'avoir le premier, dans ses Mémoires sur les Méloés (1), décrit le développement complet de ces Parasites des Hyménoptères depuis leur sortie de l'œuf jusqu'à leur transformation en Insectes parfaits ; mais c'est à Fabre (1857), qu'appartient la découverte des faits les plus extraordinaires qui accompagnent les Métamorphoses des Méloïdes.

(1) Newport, *On the Natural History, Anatomy and Development of the Oil Beetle, Meloé.*

Fig. 376. — Méloé proscarabée, mâle.

Fig. 377. — Méloé proscarabée, femelle.

Fig. 378. — Méloé autumnal, femelle.

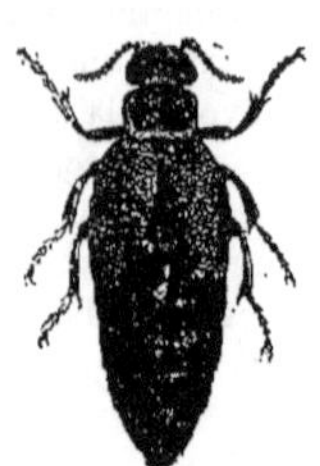

Fig. 379. — Méloé bigarré, femelle.

Fig. 376 à 379. — Les Méloés, grandeur naturelle.

Aux Métamorphoses ordinaires, qui font successivement passer un Coléoptère par les états de Larve, de Nymphe et d'Insecte parfait, les Méloïdes en joignent d'autres qui transforment à plusieurs reprises les apparences extérieures de leurs Larves. Ces Larves, avant d'arriver à l'état de Nymphe, passent par quatre formes que Fabre désigne sous les noms de *Larve primitive* ou *Triongulin, seconde Larve, Pseudochrysalide, troisième Larve.* Ce mode d'évolution qui prélude aux Métamorphoses habituelles par des transfigurations multiples de la Larve méritait certainement un nom particulier ; Fabre a proposé celui d'*Hypermétamorphose* qui est aujourd'hui universellement adopté.

Depuis M. Valéry Mayet (1875) a eu occasion d'étudier l'Hypermétamorphose d'un autre Méloïde et de vérifier les assertions du Naturaliste provençal. Tout dernièrement enfin (1877) aux États-Unis, M. Riley a découvert les mœurs étranges d'une Cantharide et M. Lichteinstein (1879) a réussi à élever artificiellement notre Cantharide commune.

LES MÉLOÏNES — *MELOINÆ*

Die Meloïnen.

Caractères. — Les Méloïnes, qui forment le premier groupe de la famille, se distinguent des Cantharidines par leur métasternum qui est très court et par leurs hanches intermédiaires qui recouvrent les postérieures ; ils sont aptères.

LES MÉLOÉS — *MELOE* (1)

Maiwürmer, Oelkäfer, Oil Beetle.

Caractères. — Les figures que nous donnons de quelques représentants (fig. 376, 377, 378 et 379), la particularité que représentent leurs élytres, les rendent assez reconnaissables pour nous dispenser d'une description détaillée. En effet ces élytres ne sont point conniventes et ne s'appliquent pas le long de leur bord interne pour former une suture droite, comme cela se voit chez la plupart des Coléoptères, mais elles se croisent à leur base, ce qu'on exprime en disant qu'elles sont imbriquées, ainsi que cela a lieu chez les Orthoptères ; chez la femelle elles couvrent seulement une partie de l'abdomen qui est informe et semblable à un sac, pour s'écarter bientôt et se réduire à une paire de petites pièces (fig. 377, 378 et 379) ; chez le mâle qui est beaucoup plus petit et dont l'abdomen n'est point gonflé d'œufs, et reste proportionné aux autres parties du corps, les élytres ne sont point écartées et recouvrent même l'abdomen en entier (fig. 376) ; les deux sexes sont privés d'ailes.

Le nom latin de *Proscarabeus*, que Moufet applique à ce genre, exprime selon lui que ces Coléoptères auraient été pourvus avant les Scarabées d'un sexe mâle et d'un sexe féminin.

Distribution géographique. — Ce genre est très riche en espèces qui, à l'exception de quelques espèces américaines, ne vivent que dans l'ancien monde.

(1) Étymologie inconnue.

Mœurs, habitude, régime. — Les Méloés paraissent de bonne heure dans l'année — on peut déjà rencontrer l'espèce commune au mois de mars, rampant dans l'herbe, s'accrochant aux tiges des Graminées ou se promenant par les chemins ; — ils se montrent surtout en mai pour diminuer de nombre ensuite ; le dernier d'entre eux a disparu vers la fin du mois de juin.

Leur nourriture consiste en plantes basses, surtout celles qui sont jeunes et tendres comme le Pissenlit, la Violette, le Bouton d'or et autres qu'ils consomment matin et soir avec une grande voracité. A cet effet ils se cramponnent à la plante nourricière à l'aide de leurs longues pattes, les antérieures leur servant à la préhension des parties qu'il s'agit de dévorer ; de temps à autre ils interrompent leur repas pour se nettoyer avec les mêmes pattes de devant, car en toute occasion ils affectent de se montrer soigneux de leur personne.

Quand le soleil de midi est devenu brûlant, ils recherchent l'ombre et arrivent tant bien que mal à s'éclipser malgré la lourdeur de leur être.

Si on les saisit, ils replient antennes et pattes, et laissent suinter par les articulations des pattes un liquide jaune ou blanchâtre d'une odeur douce sous forme de gouttes huileuses.

Habitants des prés ils peuvent être avalés par les Animaux herbivores, aussi est-il probable que c'est à ces Coléoptères que s'applique cette remarque de Nicander. « Le bétail enfle après avoir mangé cet Insecte que les bergers nomment Bupreste. » Dans la médecine vétérinaire les Méloés trouvent plusieurs applications, surtout dans certaines maladies des Chevaux ; mais toutefois ils ont sous ce rapport joué un bien plus grand rôle autrefois ; car on rapporte que les Dithmarsches prenaient un breuvage préparé avec des Méloés séchés puis broyés avec de la bière. Cette boisson (*Anticantharinentrank* ou *Kaddentranck* : Kadden veut dire Méloé) devait être spécifique contre la débilité obstinée.

Peu après l'apparition de ces Coléoptères, les sexes ne tardent pas à se rencontrer et à s'accoupler. Le mâle épuisé succombe aussitôt après et la femelle lorsqu'elle a effectué sa ponte. Celle-ci pour arriver à son but se creuse un trou dans un sol un peu ferme à l'aide de ses pattes antérieures, en se servant de ses autres pattes pour repousser la terre. Pendant ce travail elle se retourne fréquemment pour donner au trou une forme à peu près circulaire. Une fois arrivée à une profondeur de 26 millim., son travail préparatoire est terminé ; elle sort de la fosse et se cramponnant sur le bord de celle-ci, elle laisse son abdomen gonflé d'œufs reposer sur le fond de la cavité. Au prix d'efforts renouvelés elle pond une masse d'œufs jaunes cylindriques.

Déjà vers la fin du travail, pendant de courtes interruptions, servant à reprendre haleine, elle commence à remblayer la fosse avec la terre qu'elle peut gratter à l'aide de ses pattes antérieures ; puis retirant son abdomen à demi enfoui elle achève de combler l'ouverture et de faire disparaître toute trace qui révèlerait le précieux dépôt. Ensuite elle s'éloigne avec une vivacité relative et se réconforte par un copieux repas.

Mais cette mère prévoyante n'est pas encore prête à mourir, car sa provision d'œufs n'est point épuisée ; en deux ou trois endroits, elle recommence le même travail pour confier à la terre une prodigieuse quantité d'œufs. Elle dépose ainsi successivement plus d'un millier d'œufs, sans doute dans la crainte que le mauvais temps persistant l'empêche de pondre et cause la perte de toute sa couvée.

Au bout de vingt-huit jours et même de quarante-trois jours, les Larves éclosent et recherchent les plantes les plus rapprochées, les Ombellifères, les Boutons d'or, en un mot toutes les plantes, tant Labiées que Crucifères, et bien d'autres encore, où les Abeilles doivent venir chercher le miel ; elles y grimpent prestement, et on peut les voir sur les fleurs ramassées en pelottes noires compactes.

Dans une éducation artificielle on avait disposé devant la fenêtre un pot de fleurs recouvert d'un morceau de verre. Bientôt après, les petites Larves se mirent à courir sur le vasistas de la fenêtre, puis, se réunissant en groupes plus ou moins nombreux, elles se tinrent assez tranquilles.

Peu de temps après, on vit les Mouches domestiques se traîner péniblement et rester immobiles, étendues sur le dos ; examinées à la loupe, elles apparurent littéralement couvertes de Larves de Méloés. Ces Larves sont donc dans la nécessité de s'attacher au corps d'un autre Insecte, de se cramponner souvent en pure perte sur une espèce quelconque, à défaut de celle qui serait appropriée à leurs besoins. En effet, on les a trouvées cramponnées sur des Diptères (*Eristalis, Calliphora*), sur des

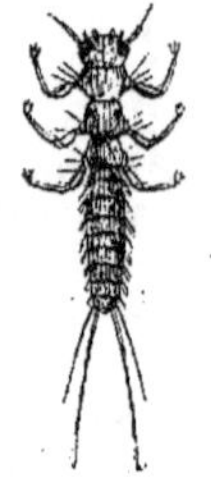

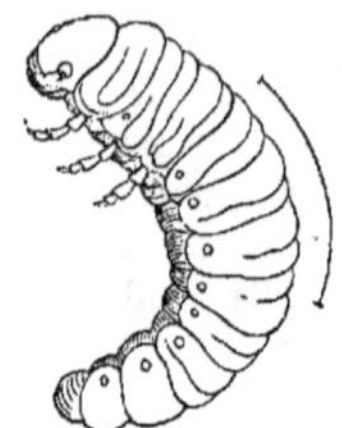

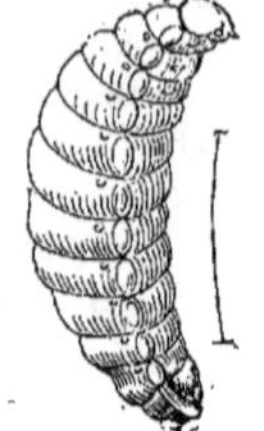

Fig. 380.   Fig. 381.   Fig. 382.   Fig. 383.

Fig. 380. — Première Larve ou Triongulin.   Fig. 381. — Deuxième Larve.   Fig. 382. — Pseudo-chrysalide.   Fig. 383. — Nymphe dans sa dernière peau de Larve.

Fig. 380 à 383. — Développement du Meloë cicatricosus (d'après Newport).

Hyménoptères, qui approvisionnent leurs terriers de Chenilles (*Amnophila*), ou dévorent les Larves des Scarabéides (*Scolia*).

Bien différentes des autres Larves qui au sortir de l'œuf recherchent leur nourriture, elles ont pour but unique de s'installer sur le dos des Abeilles occupées à récolter le miel. Aussi n'apprendrons-nous à les connaître qu'en les retrouvant sur les fleurs ou sur le corps des Abeilles.

La Larve du Méloé ou Triongulin (fig. 380) ressemble beaucoup à celle de la Cantharide que nous décrirons plus tard : elle est allongée, de couleur jaune et très chitinisée. De chaque côté de sa tête triangulaire, elle porte une ocelle et une antenne triarticulée terminée par une soie; les 6 pattes très écartées supportent 3 griffes, et l'abdomen est muni de 4 soies à l'extrémité. Notre petite bête rampe à travers les poils de l'Abeille, sans lui faire aucun mal, et elle ne se sert de son hôte que comme moyen de transport vers le lieu où doit s'accomplir sa destinée.

L'Abeille de son côté n'a souci que de sa progéniture, comme toute honnête femelle d'Insecte; elle construit sa cellule, la remplit du liquide sucré et y pond son œuf. C'est ce moment, que le « Triongulin » guette avec une impatience extrême; il quitte prestement le corps de sa bienfaitrice et se pose sur l'œuf. L'Abeille, après avoir fait tout ce que sa tendresse maternelle lui a prescrit, c'est-à-dire après avoir approvisionné les cellules où doivent se développer ses jeunes, ferme hermétiquement leur entrée, c'est maintenant que notre jeune Larve va commencer sa carrière.

Elle dévore l'œuf, sa première nourriture, puis, déposant le masque qu'elle portait jusqu'à ce moment, elle se transforme en une Larve molle, sensiblement différente d'aspect et qui, étant organisée pour se nourrir de miel, s'accroît et atteint tout son développement sous l'influence de ce régime. Notre figure 381 représente cette Larve. Elle a 12 anneaux, pourvus de stigmates depuis le deuxième thoracique jusqu'au huitième abdominal inclusivement. La tête privée d'yeux est cornée, la lèvre supérieure s'avance en trapèze, les mandibules fortes et courtes sont faiblement courbées et armées d'une dent à l'intérieur; les antennes, les palpes sont triarticulés, les pattes courtes à griffes simples.

On peut se demander avec raison ce que devient le Triongulin qui par erreur grimpe sur une Abeille mâle, sur un Hyménoptère fouisseur ou une Mouche velue et ne peut arriver à son but. Victime de son erreur, il est condamné fatalement à périr.

C'est parce que le développement ultérieur dépend ici de conditions toutes particulières où le hasard joue le rôle principal que la nature a pourvu à la conservation de l'espèce en donnant à la femelle la faculté de pondre des myriades d'œufs. — Newport a compté que l'une d'elles avait pondu 4,218 œufs, — qu'elle a doté les Larves de curieux instincts, et qu'elle les fait naître dans des circonstances qui leur permettent de discerner les Abeilles, surtout des genres *Anthophora, Macrocera, Andrena, Halictus, Eucera, Osmia, Bombus* et autres, qui peuvent assurer leur sort.

On pourrait croire que la Larve, après avoir consommé sa ration de miel, et ayant atteint son développement complet, se transforme au moins en Nymphe à la manière ordinaire. Il n'en est rien pourtant. La peau se fend dans la moitié antérieure du dos et, après avoir été refoulée à demi en arrière, a laissé en partie à découvert une *fausse nymphe* ou *pseudochrysalide* (fig. 382). C'est une masse inerte, de consistance cornée, de couleur ambrée, de 20 mill. de longueur et composée d'une tête suivie de 12 anneaux; courbée en arc, elle a l'abdomen aplati, le dos bombé, une tête, sorte de masque sur lequel sont sculptées plusieurs saillies immobiles qui correspondent aux diverses parties futures de la tête, et des protubérances sur l'emplacement desquelles se montreront les pattes.

A l'intérieur de cette Pseudochrysalide dont l'enveloppe cornée s'isole du contenu, se développe de nouveau une troisième Larve molle et vermiforme qui dans un temps très court devient une Nymphe véritable (fig. 383).

Telle est la marche de la Métamorphose des Méloés ; elle a pu être observée en entier chez les uns et avec quelques interruptions chez les autres.

C'est à Newport et Fabre que nous sommes redevables des belles observations qui nous ont révélé ces faits absolument inattendus et surprenants au plus haut degré; elles ont été poursuivies sur le *Meloe cicatricosus.*

LE MÉLOÉ BIGARRÉ. — *MELOE VARIEGATUS.*

Bunter Oelkäfer.

Le Méloé de mai (*Meloë variegatus* ou *majalis*), est répandu dans toute l'Europe, le nord-ouest de l'Asie et le Caucase et semble particulièrement commun en France et en Allemagne (fig. 379).

Il est d'un vert métallique plus ou moins bleuâtre ou à reflets purpurescents, marqué de grossières rugosités ; le corselet posé d'aplomb se rétrécit un peu en arrière et a ses bords légèrement relevés. Sa longueur totale varie de 11 à 26 millim. selon que la Larve importée dans la cellule de l'Hyménoptère y a trouvé une plus ou moins grande provision de miel.

Cette Larve jeune ou Triongulin a de 2 à 3 millim., elle est d'un noir luisant et organisée comme nous l'avons dit plus haut.

Elle peut être extraordinairement abondante, et partant se trouver aussi sur l'Abeille domestique, mais toutefois dans des conditions particulières.

Ce Triongulin ne se contente pas de se glisser parmi les poils de l'Abeille, mais il pénètre entre les anneaux imbriqués de l'abdomen et détermine chez l'Hyménoptère de violentes convulsions qui causent sa mort.

Il reste posé sur les Abeilles mourantes, qui jonchent le plancher de la ruche, ou bien, après avoir quitté les cadavres, erre çà et là au milieu des débris; mais à son tour il est nécessairement condamné à périr.

On a trouvé en avril-mai, soit le Triongulin du *M. variegatus,* soit celui d'une autre espèce, on ne sait laquelle, mort ou à l'agonie, étendu dans les rayons et à la surface du miel; car, avant d'avoir consommé l'œuf et avoir fait sa première mue, il ne peut se nourrir de miel. Il en résulte que ce n'est point par leur existence parasitaire que les Meloés sont nuisibles aux Abeilles, mais leurs Larves dans le premier âge deviennent préjudiciables aux Abeilles pourvoyeuses par lesquelles elles se laissent introduire dans la ruche, aux ouvrières récemment écloses, aux Faux-Bourdons ainsi qu'à la Reine, sur lesquels elles se cramponnent pour percer leurs téguments.

Les phases ultérieures du développement de cette espèce ne sont pas encore connues.

LE MÉLOÉ COMMUN. — *MELOE PROSCARABÆUS.*

Gemeiner Maiwurm.

Le Méloé commun (*Meloe proscarabæus*) est encore plus répandu que le précédent dans les mêmes contrées.

Il est d'un noir bleu à reflets violets, marqué de ponctuations sur la tête et le corselet; celui-ci presque carré n'est que faiblement rétréci en arrière et arrondi aux angles; les élytres sont marquées de stries transversales leur donnant un aspect gaufré ; chez le mâle le 6ᵉ article des antennes est élargi en disque et échancré en dessous (fig. 376, 377).

La taille varie autant que chez le précédent, et chez les individus petits, les élytres dépassent même l'abdomen.

Le Triongulin un peu plus petit que celui du Meloé précédent, n'a que 2 millimètres un quart; sa tête est aussi plus arrondie, moins triangulaire et la teinte du corps est jaune variant du clair au foncé.

On le trouve également sur l'Abeille domestique et particulièrement entre les poils du thorax, mais il ne perce jamais le corps et par conséquent ne cause aucun dommage.

Les phases ultérieures du développement n'ont pas encore été observées.

Fig. 384. — Mylabre de Fuesslin.

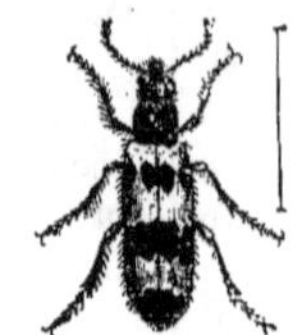

Fig. 385. — Mylabre variable.

Fig. 386. — Cérocome de Schœffer.

Fig. 384 à 386. — Les Mylabres.

Il paraît que parfois cette Larve peut atteindre la deuxième phase de son développement; du moins Assmuss a trouvé dans une ruche informe, peu féconde et presque dépleuplée, une seule fois deux Larves de 13 millimètres de long arrivées à la deuxième phase et qu'il a rapportées à notre espèce parce qu'il avait observé à la fin de mai la première forme du *Meloë proscarabæus* sur ses Abeilles. Malheureusement, malgré tous les soins, elles ne purent être élevées et moururent au bout de peu de jours.

On trouve encore en France quelques autres espèces : le *M. cyaneus, autumnalis* (fig. 378), *violaceus, purpurascens, tuccius, rugosus, brevicollis cicatricosus*.

LES CANTHARIDINES — *CANTHARI-DINÆ*

Die Cantharidinen.

Caractères. — Les Insectes de cette tribu se distinguent nettement des Méloïnes par quelques caractères saillants : leur métasternum, au lieu d'être court, est au contraire fort allongé; leurs hanches intermédiaires, au lieu de recouvrir les hanches postérieures, sont distinctes de ces dernières; au lieu d'être aptères, ils sont presque toujours ailés.

LES MYLABRES — *MYLABRIS* (1)

Die Mylabrinen.

Caractères. — Les élytres, recouvrant presqu'en toit les ailes et le corps, sont toujours élargies posterieurement; le fond en est habituellement noir marqué de bandes légères ou de taches de couleur rouge; quelquefois au contraire ce sont les dessins noirs qui se détachent sur un fond clair ; les cuisses et les jambes sont linéaires, les jambes portent de longs éperons terminaux ; les tarses égaux, longs, un peu aplatis, sont armés de griffes doubles caractéristiques. Les espèces en raison de l'uniformité de leur conformation et de leur coloration sont fort difficiles à distinguer les unes des autres.

Distribution géographique. — Fort riches en espèces, — on en compte plus de 200, — ce genre est essentiellement méditerranéen, africain et asiatique. La France méridionale, la Suisse, possèdent quelques espèces : *M. Fuesslini* (fig. 384), *variabilis* (fig. 385), aux dessins infiniment variables, qui remonte jusqu'au centre de la France et peut arriver près de Paris, *M. quadripunctata, duodecimpunctata, geminata, flexuosa*.

Mœurs, habitudes, régime. — Ce sont des Insectes amis du soleil qui se plaisent sur les Graminées et les plantes basses, et dont les mœurs ne sont pas encore connues; on suppose qu'à l'exemple de leurs congénères ils se développent dans les nids de certains Hyménoptères.

Usages. — Ces Insectes dans beaucoup de pays remplacent les Cantharides pour les préparations médicales, car ils possèdent les mêmes vertus; d'ailleurs ces Mylabres paraissent être les véritables Cantharides des anciens qui les employaient fréquemment en médecine; voici d'ailleurs ce que Dioscoride rapporte à leur sujet : « Les Cantharides qui ont le corps allongé, épais, et les élytres parées de bandes transversales jaunes, sont très efficaces; celles au contraire qui sont de la même couleur n'ont point de vertu. »

Certaines espèces exotiques fort abondantes sont utilisées pour l'extraction de la Cantharidine.

(1) Μυλαβρίς, nom que Dioscoride donne à la Cantharide.

Nous mentionnerons simplement un fort joli

Insecte apparenté au Mylabre, le *Cerocoma Schæfferi*(fig. 386), qu'on trouve dans nos départements méridionaux sur les fleurs des champs (Scabieuses, Marguerites) ; il est reconnaissable entre tous à la forme de ses antennes courtes, de 9 articles, élargies en spatule à l'extrémité, à sa belle couleur passant du bleu au vert métallique, relevé par des poils fins blanc cendré ; les antennes et les tarses étant seuls testacés.

LES SITARIS — *SITARIS* (1)

Die Sitarinen.

Caractères. — Ils sont faciles à reconnaître à leurs élytres béantes dès leur origine, formant une courbe sinuée à partir de la suture, prolongées en queue sur les côtés, extraordinairement amincies à leur extrémité qui se termine en pointe obtuse, et qui ne cachent qu'imparfaitement les ailes bien développées. Les antennes sont filiformes, les mandibules courbées à angle droit vers le milieu, les mâchoires bilobées garnies de poils ; les hanches postérieures sont éloignées des hanches moyennes ; le crochet inférieur des tarses est ordinairement simple, ou parfois pectiné dans la même espèce.

LE SITARIS MURALIS. — *SITARIS MURALIS.*

Rothschulteriger Bienenkäfer.

Ce Sitaris (fig. 387) est un Insecte entièrement noir à l'exception des épaules qui sont jaune rougeâtre (*Sitaris muralis*, travesti par Fabricius en *Necydalis humeralis*), est un Coléoptère intéressant du midi de l'Europe, qui a été observé dans le nord jusqu'au sud du Tyrol et récemment à Francfort-sur-le-Mein où on en a trouvé plusieurs individus contre une maison. Commun dans le midi de la France, on le rencontre quelquefois dans les environs de Paris et même en Normandie. Par sa forme générale, plutôt que par ses Métamorphoses, il rappelle le Rhipiphore Porte-éventail.

Mœurs, habitudes, régime. — C'est aux belles recherches de Fabre (2), que nous devons la connaissance des transformations singulières des *Sitaris*, c'est à ses remarquables observations que nous devons la découverte du phénomène de l'Hypermétamorphose. Mais laissons l'auteur lui-même raconter les péripéties par lesquelles il a dû passer pour arriver à sa découverte et nous admirerons une fois de plus sa merveilleuse sagacité, son admirable patience.

« Le terrain de molasse des environs de Carpentras (Vaucluse) se prête à un genre de constructions économiques qu'on utilise fréquemment dans la campagne, sous forme de hangars, de celliers et enfin de modestes retraites au milieu des vignes. Entre deux puissantes dalles de grès séparées par un lit convenable de terre marneuse ou de sable friable, on pratique une excavation qui a pour plafond la dalle inférieure ; et l'édifice est bâti. »

« ..... Les faces latérales de cette excavation, surtout vers l'entrée, et le plafond, lorsque le roc n'y est pas immédiatement à nu, sont forées d'une multitude d'orifices circulaires pressés l'un contre l'autre jusqu'à se trouver fréquemment contigus. Ces trous arrondis dont la régularité peut défier la tarière, et les corridors capricieusement flexueux auxquels ils servent d'entrée et qui s'enfoncent à 2 ou 3 décimètres dans les parois, sont l'ouvrage d'un Hyménoptère collecteur de miel, d'une Anthophore, *Anthophora pilipes*, fort commune dans ces contrées..... Quand ces abris, ces grottes, soit naturels, soit produits par la main de l'homme, ne sont pas à sa portée, l'Anthophore bâtit ces cellules dans l'épaisseur des nappes verticales d'un sol nu et exposé au midi, comme en présentent les talus des chemins profondément encaissés. Si l'on veut assister aux travaux de l'industrieuse Abeille, c'est dans la dernière quinzaine du mois de mai qu'il faut se rendre sur ces divers chantiers. On peut alors, mais à respectueuse distance, contempler dans toute son activité vertigineuse le tumultueux et bourdonnant essaim occupé à la construction et à l'approvisionnement des cellules. En août et septembre, tout est silencieux, dans le voisinage des nids, car les travaux sont achevés depuis longtemps, comme le témoignerait au besoin les nombreuses toiles d'Araignées qui tapissent tous les recoins, et s'enfoncent en tube de soie dans l'intérieur des galeries de l'Hyménoptère... A quelques pouces de profondeur dans le sol, dorment jusqu'au printemps prochain des milliers de Larves et de Nymphes enfermées dans leurs cellules d'argile. Des proies succulentes, incapables de défense, ne pourraient-elles tenter quelques-

(1) Σιτάριον, grain de blé.
(2) Fabre, *Annales des Sc. nat.*, t. IX, 1857.

parasites assez industrieux pour les atteindre ?...
Ici la surface entière d'un talus à pic ou tout
le plafond d'une grotte est tapissé de cadavres
secs d'un Coléoptère, le *Sitaris muralis*, appen-
dus au réseau soyeux des Araignées. Et donnant la vie au milieu même de la mort, parmi
ces cadavres circulent affairés des Sitaris mâles
s'accouplant avec la première femelle qui passe
à leur portée, tandis que les femelles fécondées
enfoncent leur volumineux abdomen dans l'o-
rifice d'une galerie et y disparaissent à reculons. Il est impossible de s'y méprendre :
quelque grave intérêt amène en ces lieux ces
Insectes qui dans un petit nombre de jours
apparaissent, s'accouplent, pondent et meurent aux portes mêmes des habitations des
Anthophores.

« Donnons maintenant quelques coups de
pioche au sol où doivent se passer les singulières péripéties que l'on soupçonne déjà et où,
l'année dernière, pareille chose s'est passée ;
peut-être y trouverons-nous des témoins irrécusables du parasitisme présumé. Si l'on fouille
l'habitation des Anthophores dans les derniers
jours du mois d'août, voici ce qu'on observe.....
Les cellules de ces Hyménoptères d'une régularité géométrique irréprochable, d'un fini
parfait, sont des ouvrages d'art creusés à une
profondeur convenable dans la masse même
du banc argilo-sablonneux et sans autre pièce
rapportée que l'épais couvercle qui en ferme
l'orifice étroit. Ainsi protégées par la prudente
industrie de leurs mères, hors de toute atteinte
au fond de leurs retraites solides et reculées,
les Larves de l'Anthophore reposent à nu dans
leurs cellules dont l'intérieur est poli avec un
soin minutieux..... Parmi ces cellules, les
unes renferment des Larves et proviennent des
travaux du dernier mois de mai ; les autres,
sans aucun doute plus vieilles, sont occupées
par l'Insecte parfait qui, métamorphosé trop
tard, passera l'hiver dans cette retraite ;
d'autres encore, aussi nombreuses que les
précédentes, renferment un Hyménoptère parasite, une Mélecte (*Melecta armata*), également
à l'état parfait ; enfin les dernières contiennent
une singulière coque ovoïde divisée en segments, pourvus de boutons stigmatiques,
très fine, fragile, ambrée et si transparente
qu'on distingue très bien, à travers sa paroi,
un Sitaris adulte, qui en occupe l'intérieur et se
démène pour se mettre en liberté. Ainsi
s'explique la présence, l'accouplement, la ponte
en ces lieux, des Sitaris..... Mais qu'est-ce que

cette coque bizarre où le Sitaris est invariablement renfermé, coque sans exemple dans l'ordre
des Coléoptères ? »

..... « Les Sitaris ne vivent à l'état parfait,
que le temps nécessaire pour s'accoupler et
pondre. Je n'en ai pas encore vu un seul autre
part que sur le théâtre de leurs amours et en
même temps de leur mort, je n'en ai pas surpris un seul pâturant sur les plantes voisines,
de sorte que, bien qu'ils soient pourvus d'un
appareil digestif normal, j'aurais quelques
raisons de douter s'ils prennent réellement la
moindre nourriture. »

Une fois fécondée, la femelle inquiète se met
aussitôt à la recherche d'un lieu favorable pour
y déposer ses œufs ; après une minutieuse exploration elle choisit une galerie dans laquelle
elle enfonce son abdomen et, la tête pendante
au dehors, elle dépose sa ponte à un pouce ou
deux de l'orifice. « Ce n'est que trente-six heures après que l'opération est terminée, et pendant cet incroyable laps de temps, le patient
Animal se tient dans une immobilité des plus
complètes. Les œufs sont blancs, en forme
d'ovale, et très petits ; leur longueur atteint à
peine les deux tiers d'un millimètre. Ils sont
faiblement agglutinés entre eux et amoncelés
en un tas informe qu'on pourrait comparer à
une forte pincée de semences non mûres de
quelques Orchidées. Quant à leur nombre, j'a-
vouerai qu'il a infructueusement fatigué ma
patience. Je ne crois pas cependant l'exagérer
en l'évaluant au moins à deux milliers... Peu
importe le nombre exact, il suffit de constater
qu'il est fort grand ; ce qui suppose, pour les
jeunes Larves qui en proviendront, de bien
nombreuses chances de destruction, puisqu'une
telle prodigalité de germes est nécessaire au
maintien de l'espèce dans les proportions vou-
lues. »

.... « Ainsi, contrairement à ce que l'on
avait quelque droit de supposer, les œufs ne
sont pas pondus dans les cellules de l'Abeille
maçonne ; ils sont simplement déposés, en un
seul tas, dans le vestibule de son logis. Bien
plus la mère n'exécute pour eux aucun travail
protecteur ; elle ne prend aucun soin pour les
abriter contre les rigueurs de la mauvaise saison;
elle n'essaye pas même, en bouchant tant bien
que mal le vestibule où elle les a pondus à une
très faible profondeur, de les préserver de mille
ennemis qui les menacent ; car, tant que les
froids de l'hiver ne sont pas venus, dans ces
galeries ouvertes circulent des Araignées, des

Acarus, des Larves d'Anthrènes, et autres ravageurs, pour qui ces œufs où les jeunes Larves qui vont en provenir doivent être une friande curée. Par suite de l'incurie de la mère, ce qui échappe à tous ces giboyeurs voraces et aux intempéries de l'hiver doit se trouver en nombre singulièrement réduit. De là, peut-être, la nécessité où est la mère de suppléer par sa fécondité à la nullité de son industrie. »

L'éclosion a lieu un mois après, vers la fin de septembre ou le commencement d'octobre ; les jeunes bestioles noires d'un millimètre à peine de longueur, quoique pourvues de vigoureuses pattes, restent immobiles pêle-mêle avec les dépouilles blanches des œufs, formant un tas pulvérulent pointillé de blanc et de noir, et elles demeureront ainsi sans mouvement jusque vers la fin d'avril. Ces Larves (fig. 388) sont coriaces, d'un noir verdâtre luisant, convexes en dessus, planes en dessous, allongées, augmentant graduellement de diamètre de la tête au bord postérieur du segment métathoracique, puis diminuant rapidement. Leur tête porte des antennes de deux articles surmontées d'un long style, deux paires d'ocelles, des mandibules fortes et aiguës, des mâchoires pourvues de palpes maxillaires assez longs, de deux articles ; les segments thoraciques sont pourvus de pattes robustes, terminées par un puissant crochet long, aigu et très mobile ; le huitième segment abdominal est armé en dessus de deux pointes arquées, courtes et dures ; le neuvième segment est orné de deux longs styles.

Mais revenons aux mœurs des Sitaris et suivons Fabre, le meilleur des guides. « Vers la fin d'avril, les jeunes Larves, jusque-là immobiles et blotties dans le tas spongieux des enveloppes des œufs, sortent de leur immobilité, e dispersent et parcourent en tous sens les boîtes ou les flacons où elles ont passé l'hiver. A leur démarche précipitée, à leurs infatigables évolutions, on devine aisément qu'elles recherchent quelque chose qui leur manque. Cette chose, que peut-elle être, si ce n'est de la nourriture ? N'oublions pas en effet que ces Larves sont écloses à la fin de septembre et que depuis cette époque, c'est-à-dire pendant sept mois complets, elles n'ont pris aucune nourriture, bien qu'elles aient passé cet énorme laps de temps avec toute leur vitalité ,..... il est donc naturel de supposer, en voyant leur agitation actuelle, qu'une faim impérieuse les met ainsi en mouvement. La nourriture désirée ne saurait être que le contenu des cellules de l'Antho-

phore, puisque plus tard on trouve les Sitaris dans ces cellules. Or ce contenu se borne ou à du miel ou à des Larves. J'ai conservé précisément des cellules d'Anthophores occupées par des Nymphes ou par des Larves. J'en mets quelques-unes, soit ouvertes, soit fermées, à la portée des jeunes Sitaris ; j'introduis même les Sitaris dans les cellules, je les dépose sur les flancs de la Larve douillette, je m'y prends de toutes les manières pour tenter leur appétit; et, après avoir épuisé mes combinaisons toujours infructueuses, je reste convaincu que ce n'est ni Larves ni Nymphes d'Anthophore que recherchent mes bestioles affamées. Essayons maintenant le miel. Il faut employer évidemment le miel élaboré par la même espèce d'Anthophore que celle aux dépens de laquelle vivent les Sitaris. Mais cette Anthophore n'est pas fort commune aux environs d'Avignon, et mes occupations ne me permettent pas de me rendre à Carpentras où elle est si abondante. Je perds ainsi à la recherche de cellules approvisionnées de miel, une bonne partie du mois de mai ; je finis cependant par en trouver de fraîchement closes et appartenant en toute certitude à l'Anthophore voulue : j'ouvre ces cellules avec l'impatience fébrile du désir longtemps mis à l'épreuve. Tout va bien : elles sont à demi pleines d'un miel coulant, noirâtre, nauséabond, à la surface duquel flotte la jeune Larve de l'Hyménoptère récemment éclose. Cette Larve est enlevée, et avec mille précautions, je dépose à la surface du miel un ou plusieurs Sitaris. Dans d'autres cellules, je laisse la Larve de l'Hyménoptère et j'y introduis des Sitaris que je dépose tantôt sur le miel, tantôt sur la paroi interne de la cellule, ou simplement à son entrée. Enfin toutes ces cellules, ainsi préparées, sont mises dans des tubes de verres qui me permettront une observation facile, sans crainte de troubler, dans leurs repas, mes convives affamés. Mais que vais-je parler de repas ? Ce repas n'a pas lieu ! Les Sitaris placés à l'entrée des cellules, loin d'y pénétrer, les abandonnent et s'égarent dans le tube de verre ; ceux qui ont été déposés sur la face intérieure des cellules, à proximité du miel, sortent précipitamment à demi englués et trébuchant à chaque pas ; ceux enfin que je croyais avoir le plus favorisés, en les déposant sur le miel même, se débattent convulsivement, s'empêtrent dans la masse gluante et y périssent étouffés. Jamais expérience n'a éprouvé pareille déconfiture. Larves, Nymphes, cellules,

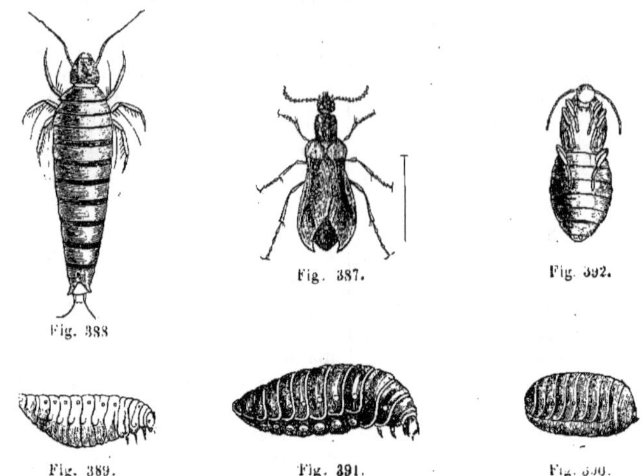

Fig. 387. — Le *Sitaris muralis*, adulte.
Fig. 388. — La première Larve ou Triongulin.
Fig. 389. — La seconde Larve.

Fig. 390. — La Pseudochrysalide.
Fig. 391. — La troisième Larve.
Fig. 392. — La Nymphe (face ventrale).

Fig. 387 à 392. — L'Hypermétamorphose du *Sitaris muralis* (d'après Fabre).

miel, je vous ai tout offert ; que voulez-vous donc, bestioles maudites ? »

« Lassé de toutes ces tentatives sans résultat, je finis par où j'aurais dû commencer, je me rendis à Carpentras. Mais il était trop tard : l'Anthophore avait fini ses travaux, et je ne parvins à rien voir de nouveau. Dans le courant de l'année, j'appris de M. Léon Dufour à qui j'avais parlé des Sitaris, j'appris, dis-je, que l'animal ailé trouvé par lui sur les Andrènes, et décrit sous le nom générique de *Triongulinus*, avait été reconnu plus tard par Newport comme étant la Larve d'un Méloé. Or j'avais trouvé précisément quelques Méloés dans les cellules de la même Anthophore qui nourrit les Sitaris. Les Sitaris se comporteraient-ils en tout comme les Méloés ? Ce fut pour moi un trait de lumière ; mais j'eus tout le temps de mûrir mes projets, il me fallut encore attendre une année.

« Au mois d'avril dernier, mes Larves de Sitaris se sont mises, comme à l'ordinaire, en mouvement. Le premier Hyménoptère venu, une Osmie, a été jeté vivant dans un flacon contenant un certain nombre de ces Larves, et au bout d'un quart d'heure de séjour je l'ai visité à la loupe. Cinq Sitaris étaient implantés dans la toison de son thorax. Le problème est enfin résolu. Les Larves de Sitaris, comme celles des Méloés, se cramponnent à la toison de leurs amphitryons et se font voiturer presque dans sa cellule.... Mais après tant de désappointements, on devient méfiant, aussi convient-il d'aller observer le fait sur les lieux mêmes.....

« J'avouerai que ce ne fut pas sans quelques battements de cœur plus précipités qu'à l'ordinaire que je me trouvai de nouveau en face des talus à pic où niche l'Anthophore. Que va décider l'expérience ? Va-t-elle encore me couvrir de confusion ? Le temps est froid, pluvieux ; aucun Hyménoptère ne se montre sur le petit, nombre de fleurs printanières épanouies. A l'entrée des galeries sont blotties de nombreuses Anthophores immobiles et transies. A l'aide de pinces je les sors une à une de leur cachette pour les examiner à la loupe. La première a des Larves de Sitaris, la seconde en a également, la troisième, la quatrième de même et ainsi de suite... Il y eut là pour moi un de ces moments comme en ont ceux qui, après avoir pendant quelques années tourné et retourné une idée de toutes les manières, peuvent enfin s'écrier : *Eureka*.

« ... En s'attachant ainsi aux Anthophores, les jeunes Sitaris ont évidemment pour but de se faire transporter, au moment opportun, dans les cellules approvisionnées... Mais jusque là il faut que les parasites futurs se maintiennent solidement dans la toison de leur amphitryon, malgré ses rapides évolutions au milieu des fleurs, malgré le frottement de son corps contre les parois des galeries quand il y pénètre pour s'abriter, et surtout malgré les coups de brosse qu'il doit se donner de temps en temps avec les pattes pour s'épousseter, pour se lustrer...

«... Tous les Hyménoptères envahis par ces Larves, et observés jusqu'ici, se sont trouvés, sans une seule exception, des Anthophores mâles... Cependant, c'est sur les femelles que les jeunes Sitaris doivent finalement s'établir, les mâles sur lesquels ils sont en ce moment n'étant pas capables de les introduire dans les cellules, puisqu'ils ne prennent aucune part à leur construction et à leur approvisionnement. Il y a donc à un certain moment passage des Larves des Sitaris, des Anthophores mâles sur les Anthophores femelles ; et ce passage s'effectue, sans aucun doute, lors du rapprochement des deux sexes. Chose étrange: la femelle trouve à la fois dans les embrassements du mâle, et la vie et la mort de sa progéniture... »

Cherchons maintenant à savoir ce que deviennent les Triongulins et suivons toujours pas à pas notre patient observateur.

« Devant une haute masse de terre s'agite, comme dans un ballet, un essaim stimulé par le soleil qui l'inonde de lumière et de chaleur : c'est une nuée d'Anthophores de quelques pieds d'épaisseur... Du sein tumultueux de la nuée s'élève un monotone et menaçant murmure, tandis que la vue s'égare sans pouvoir se retrouver, au milieu des inextricables évolutions de l'ardente colonne. Avec la rapidité de l'éclair, des milliers d'Anthophores s'éloignent incessamment et se dispersent dans la campagne pour butiner ; incessamment aussi des milliers d'autres arrivent, chargés de miel ou de mortier...; malheur à l'imprudent qui pousserait l'audace jusqu'à pénétrer au cœur de l'essaim, et surtout jusqu'à porter une main téméraire sur les demeures en construction. Aussitôt enveloppé par la foule en furie, il expierait sa folle entreprise sous mille coups d'aiguillons. A cette pensée rendue encore plus alarmante par le souvenir de certaines mésaventures dont j'ai été victime en voulant observer de trop près les gâteaux de Frelons, je sens un frisson d'appréhension me courir sur le corps. Et cependant, pour mettre en tout son jour la question qui m'amène ici, il faut nécessairement pénétrer dans le redoutable essaim ; il me faut me tenir des heures entières, tout le jour peut-être, en observation devant les travaux que je vais bouleverser ; et la loupe à la main, scruter patiemment, au milieu du tourbillon furieux, ce qui se passe dans les cellules. L'emploi d'un masque, de gants, d'enveloppes quelconques, n'est pas d'ailleurs possible, car toute la dextérité des doigts et toute la liberté de la vue sont nécessaires pour les recherches que j'ai à faire. N'importe; devrais-je sortir de ce guêpier le visage tuméfié, méconnaissable, il me faut aujourd'hui une solution décisive d'un problème qui m'a trop longtemps préoccupé. Quelques coups de filets donnés, en dehors de l'essaim, sur des Anthophores se rendant à la récolte ou en revenant, m'ont bientôt appris que les Larves de Sitaris sont campées sur le thorax et y occupent la même place que sur les mâles. Les circonstances sont donc des plus favorables, et sans plus de retard, visitons les cellules. Mes dispositions sont bientôt prises : je serre étroitement mes habits, pour ne laisser aux Abeilles que le moins de prise possible, et je m'engage au milieu de l'essaim. Quelques vigoureux coups de pioche qui éveillent dans le murmure des Anthophores un crescendo peu rassurant, m'ont bientôt mis en possession d'une motte de terre, et je fus à la hâte, tout étonné de me trouver encore sain et sauf et de ne pas être poursuivi... Une seconde expédition a lieu, plus longue que la première, et quoique ma retraite se soit opérée sans grande précipitation, aucune Anthophore ne m'atteint de son dard, ne s'est même pas montrée disposée à se précipiter sur l'agresseur. Ce succès m'enhardit ; je reste en permanence devant les constructions, abattant sans relâche des mottes pleines de cellules, et, au milieu du désordre inévitable, répandant à terre le miel liquide ; éventrant des Larves, écrasant des Anthophores occupées dans leurs nids. Toutes ces dévastations n'arrivent qu'à éveiller dans l'essaim un murmure plus sonore, sans être suivi d'aucune démonstration hostile de sa part. Les Anthophores dont les cellules ne sont pas atteintes s'occupent de leurs travaux comme si rien d'extraordinaire ne se passait à côté ; celles dont les habitations sont bouleversées tâchent de les réparer, en planant éperdues devant leurs cellules absentes ; mais aucune ne paraît vouloir fondre sur l'auteur du dégât… N'y aurait-il que les Hyménoptères sociaux qui sachent combiner une défense commune, ou bien qui osent fondre isolément sur l'agresseur pour en tirer une vengeance individuelle ? »

« Grâce à cette bénignité inattendue des Abeilles maçonnes, j'ai pu des heures entières poursuivre à loisir mes recherches, assis sur une pierre au milieu de l'essaim murmurant et éperdu sans recevoir un seul coup d'aiguillon, bien que je n'eusse pris aucune précaution pour m'en préserver. Des gens de la campagne venant à passer et me voyant impassible au milieu du tourbillon furieux d'Abeilles, se sont arrêtés ébahis pour me demander si je les avais conjurées, ensorcelées, puisque je paraissais n'avoir rien à redouter. *Mé moun bel ami, li-z-avé doun escunjurando que vous pougnioun pa, canèu de sor!* Mes divers engins répandus à terre, boîtes, flacons, tubes de verre, pinces, loupes, ont été certainement pris par ces bonnes gens pour les instruments de mes maléfices. »

« Procédons maintenant à l'examen des cellules. Les unes sont encore ouvertes et ne contiennent qu'une provision plus ou moins complète de miel. Les autres sont hermétiquement fermées avec un couvercle ou rondelle de terre. Le contenu de ces dernières est fort variable. Tantôt c'est une Larve d'Hyménoptère ayant achevé sa pâtée ou sur le point de l'achever ; tantôt enfin, c'est du miel avec un œuf flottant à sa surface. Le miel est liquide, gluant, d'une couleur brunâtre et d'une odeur forte, repoussante. L'œuf est d'un beau blanc, cylindrique, un peu courbé en arc, d'une longueur de 4 à 5 mill. sur une largeur qui n'atteint pas tout à fait 1 mill. ; c'est l'œuf de l'Anthophore. Dans quelques cellules, cet œuf nage seul à la surface du miel ; dans d'autres, fort nombreuses, on voit juché sur l'œuf de l'Anthophore, comme sur une espèce de radeau, une jeune larve de Sitaris…… Cet œuf est intact et dans un état irréprochable. Mais voici que la dévastation commence ; la Larve, petit point noir qu'on voit courir sur la surface de l'œuf, s'arrête enfin, s'équilibre solidement sur ses six pattes, puis saisissant, avec les crocs aigus de ses mandibules, la peau délicate de l'œuf, elle la tiraille violemment jusqu'à la rompre, et en fait épancher le contenu dont elle s'abreuve

avec avidité. Ainsi le premier coup de mandibule que le parasite donne dans la cellule usurpée a pour but de détruire l'œuf de l'Hyménoptère. Précaution admirable ! La Larve du Sitaris doit, comme on va le voir, se nourrir du miel de la cellule ; la Larve d'Anthophore qui proviendrait de cet œuf réclamerait la même nourriture : mais la part est trop petite pour toutes les deux ; donc, vite un coup de dent sur l'œuf et la difficulté est levée. Le récit de pareils faits n'a pas besoin de commentaires. Cette destruction de l'œuf embarrassant est d'autant plus inévitable, que des goûts providentiellement imposés portent la jeune Larve à en faire sa première nourriture… »

« … Au bout de huit jours l'œuf épuisé par le parasite ne forme plus qu'une pellicule aride. Le premier repas est achevé. La Larve de Sitaris, dont les dimensions ont à peu près doublé, s'ouvre sur le dos ; et par une fente qui embrasse la tête et les trois segments thoraciques, un corpuscule blanc, seconde forme de cette singulière organisation, s'échappe pour tomber à la surface du miel, tandis que la dépouille abandonnée reste cramponnée au radeau qui a sauvegardé la Larve et l'a nourrie jusqu'ici…… On voit alors flotter, immobile sur le miel, un corpuscule d'un blanc laiteux, ovalaire, aplati et d'une paire de millimètres de longueur. C'est la Larve de Sitaris sous sa nouvelle forme… Pour la décrire en détail attendons qu'elle ait acquis tout son développement, ce qui ne saurait tarder, car les provisions diminuent avec rapidité….. C'est dans la première quinzaine de juillet (au bout de 35 à 40 jours), que la Larve atteint tout le développement qu'elle est susceptible d'acquérir ; elle est molle, blanche, et mesure de 12 à 13 mill. en longueur sur 6 mill. dans sa plus grande largeur (fig. 389). Vue par le dos, comme lorsqu'elle flotte sur le miel, elle est de forme elliptique, atténuée graduellement vers l'extrémité céphalique et plus brusquement vers l'extrémité anale. Sa face ventrale est fort convexe ; sa face dorsale au contraire est à peu près plane.

« Quand la Larve flotte sur le miel liquide, elle est comme lestée par le développement excessif de la face ventrale plongeant dans le miel, ce qui lui rend possible un équilibre qui est pour elle de la plus haute importance. En effet, les orifices stigmatiques rangés sans moyen de protection sur chaque bord du dos-

presque plat, sont à fleur du liquide visqueux, et au moindre faux mouvement seraient obstrués par cette glu tenace, si un lest convenable n'empêchait la Larve de chavirer. Jamais abdomen obèse n'a été d'une plus grande utilité ; grâce à cet embonpoint du ventre, la Larve est à l'abri de l'asphyxie.

« Les segments sont au nombre de 13 y compris la tête. Celle-ci est pâle, molle, comme le reste du corps, et fort petite relativement au volume de l'animal. Les antennes sont excessivement courtes et composées de deux articles cylindriques. J'ai vainement, à l'aide d'une forte loupe, cherché des yeux..... Dans l'état actuel à quoi lui serviraient des yeux au fond d'une cellule d'argile où règne la plus complète obscurité ?..... Le labre est saillant ; les mandibules sont petites, roussâtres vers l'extrémité, obtuses et excavées au côté interne en forme de cuiller ; deux pièces charnues, étroitement accolées à la lèvre, et portant un rudiment de palpes de deux ou trois articles, sont les mâchoires ; une pièce charnue couronnée par deux très petits mamelons est la lèvre inférieure avec ses deux palpes... Ce sont des organes naissants, encore voilés, embryonnaires. Les pattes sont purement vestigiaires, car quoique formées de trois petits articles cylindriques, elles n'ont guère que 1/2 mill. de longueur. L'animal ne peut en faire aucun usage, non seulement dans le milieu coulant où il habite, mais encore sur un sol consistant. Si l'on tire la Larve de sa cellule pour la mettre sur un corps solide, et l'observer plus à l'aise, on voit que la protubérance démesurée de l'abdomen, en tenant le thorax élevé, empêche les pattes de trouver un appui..... Enfin on compte neuf paires de stigmates... Si sous sa première forme, la Larve de Sitaris est organisée pour agir, pour se mettre en possession de la cellule convoitée, sous sa seconde forme elle est uniquement organisée pour digérer les provisions conquises. »

« .... Quand ses provisions sont achevées, la Larve reste un petit nombre de jours dans un état stationnaire, en rejetant de temps à autre quelques crottins rougeâtres, jusqu'à ce que le tube digestif soit totalement libéré de sa pulpe orangée. Alors l'animal se contracte, se ramasse sur lui-même, et l'on ne tarde pas à voir se détacher de son corps une pellicule transparente, un peu chiffonnée, très fine, et formant un sac sans issue, dans lequel vont se passer désormais les phénomènes suivants.

Sur ce sac épidermique, sur cette espèce d'outre transparente formée par la peau de la Larve détachée tout d'une pièce sans aucune fissure, on distingue les divers organes externes très bien conservés : la tête avec ses antennes, ses mandibules, ses mâchoires, ses palpes, les segments thoraciques encore reliés l'un à l'autre par des filaments trachéens. Puis sous cette enveloppe, dont la délicatesse peut à peine supporter le toucher le plus circonspect, on voit se dessiner une masse blanche, molle, qui en quelques heures acquiert une consistance solide, cornée, et une teinte d'un fauve ardent. La transformation est alors achevée. Déchirons ce sac de fine gaze enveloppant l'organisation qui vient de se former et portons notre examen sur cette troisième forme de la Larve de Sitaris. »

« C'est un corps inerte, segmenté, à contour ovalaire, d'une consistance cornée, en tout pareille à celle des Pupes et des Chrysalides et d'une couleur d'un fauve ardent qu'on ne peut mieux comparer qu'à celle des Jujubes (fig. 390)..... Le grand axe de la face inférieure est en moyenne de 12 mill. et le petit de 6 millim. Au pôle céphalique de ce corps se trouve une sorte de masque modelé vaguement sur la tête de la Larve et au pôle opposé un petit disque circulaire profondément ridé dans sa partie centrale. Les trois segments qui font suite à la tête portent chacun une paire de très petits boutons à peine visibles sans le secours de la loupe, et qui sont par rapport aux pattes de la Larve dans sa forme précédente, ce que le masque céphalique est pour la tête de la même Larve. Ce ne sont pas des organes, mais des indices, des traits de repère jetés aux points où doivent plus tard apparaître ces organes. Sur chaque flanc on compte enfin 9 stigmates... »

« Tels sont en peu de mots les caractères extérieurs de la Larve de Sitaris sous sa troisième forme. L'anomalie déjà si manifeste dans le passage de la première forme à la seconde, le devient encore ici davantage ; et l'on ne sait de quel nom appeler une organisation sans terme de comparaison, non pas seulement dans l'ordre des Coléoptères, mais dans la classe entière des Insectes. Si, d'une part, cette organisation offre de nombreux points de ressemblance avec les Pupes des Diptères par sa consistance cornée, par l'immobilité complète de ses divers segments, par l'absence à peu près totale des reliefs qui permettraient de distinguer les parties de l'Insecte parfait ; si,

Fig. 393.   Fig. 394.   Fig. 395.

Fig. 393. — Cellule contenant une Larve de Colletes.
Fig. 394. — Cellule contenant un œuf de Colletes.

Fig. 395. — Cellule contenant une Larve de Sitaris à son
deuxième âge flottant sur le miel.

Fig. 393 à 395. — Nid du Colletes succinctus, d'après V. Mayet.

d'autre part, elle se rapproche des Chrysalides, parce que l'Animal, pour arriver à cet état, a besoin de se dépouiller de sa peau comme le font les Chenilles; elle diffère de la Pupe parce qu'elle n'a pas pour enveloppe le tégument superficiel et devenu corné de la Larve, mais bien un tégument plus interne; et elle diffère des Chrysalides par l'absence des sculptures qui trahissent, dans ces dernières, les appendices de l'Insecte parfait. Enfin, elle diffère encore plus profondément de la Pupe et de la Chrysalide, parce que de ces deux organisations dérive immédiatement l'Insecte parfait, tandis que ce qui lui succède est simplement une Larve pareille à celle qui l'a précédée. Pour une organisation nouvelle j'emploierai volontiers celui de *Pseudo-larve* employé déjà par Newport à propos des Méloés; mais cette expression ne rappelle pas le caractère essentiel de cette organisation, la consistance cornée de ses téguments, son apparence de Pupe ou de Chrysalide; d'ailleurs, elle s'appliquerait beaucoup mieux à la seconde forme que je viens de décrire ou bien à la suivante ou à la quatrième, car dans les deux états, l'animal a vraiment les traits d'une Larve, et cette Larve n'a aucune ressemblance intime avec la Larve primitive ou celle qui est issue de l'œuf. J'emploierai donc pour désigner l'organisation actuelle, la dénomination de *Pseudo-chrysalide*, et je réserverai les noms de Larve primitive, de seconde Larve, de troisième Larve, pour désigner, en peu de mots, chacune des trois formes dans lesquelles les Sitaris ont tous les caractères des Larves. »…..

…..« Quelques Sitaris ne restent guère qu'un mois à l'état de Pseudo-chrysalide. Leurs autres Morphoses s'accomplissent dans le courant du mois d'août, et au commencement de septembre, ils arrivent à l'état d'Insectes parfaits. Mais, en général, l'évolution est plus lente; la Pseudo-chrysalide passe l'hiver, et ce n'est, au plus tôt, qu'au mois de juin de la seconde année que s'opèrent les dernières morphoses. Passons sous silence cette longue période de repos….. et arrivons aux mois de juin et de juillet de l'année suivante, époque de ce qu'on pourrait appeler une seconde éclosion. »

« La Pseudo-chrysalide est toujours enfermée dans l'outre délicate, formée par la peau de la seconde Larve. A l'extérieur rien de nouveau ne s'est passé; mais à l'intérieur de graves changements viennent de s'accomplir… Les téguments cornés de la Pseudo-chrysalide se sont détachés de leur contenu tout d'une pièce, sans rupture, de la même manière que l'avait fait, l'an passé, la peau de la seconde Larve; et ils forment ainsi une nouvelle enveloppe utriculaire sans adhérence aucune avec son contenu, et incluse elle-même dans l'outre façonnée aux dépens de la peau de la seconde Larve. De ces deux sacs, sans issue, emboîtés l'un dans l'autre, l'extérieur, comme on l'a déjà vu, est transparent, souple, incolore et d'une excessive délicatesse; le second est cassant, presque aussi délicat que le premier, mais beaucoup moins translucide à cause de sa coloration fauve qui le fait ressembler à une mince pellicule d'ambre… Enfin dans sa cavité s'aperçoit quelque chose, dont la forme reporte aussitôt l'esprit à la seconde Larve. Et en effet si on déchire la double enveloppe qui protège ce mystère, on reconnaît, non sans étonnement, qu'on a sous les yeux une nouvelle Larve pareille à la seconde (fig. 391). Après une transfiguration inconcevable, l'Animal est revenu à son point de départ! Miraculeuse souplesse de l'organisation qui se prête à de pareils changements à vue !..... Deux jours au plus après sa première apparition, elle retombe dans une inertie aussi complète que celle de la Pseudo-chrysalide... »

« ..... La durée de la troisième Larve n'est guère que de quatre ou cinq semaines ; c'est aussi à peu près la durée de la seconde. Dans le mois de juillet, où la seconde Larve passe à l'état de Pseudo-chrysalide, la troisième passe à l'état de Nymphe, toujours dans l'intérieur de sa double enveloppe utriculaire. Sa peau se fend en avant sur le dos, et à l'aide de quelques faibles contractions qui reparaissent en cette circonstance, elle est rejetée en arrière sous forme de petite pelote. Il n'y a donc rien ici qui diffère de ce qui se passe chez les autres Coléoptères. La Nymphe (fig. 392) qui succède à cette troisième Larve, ne présente non plus rien de particulier ; c'est l'Insecte parfait, au maillot d'un blanc jaunâtre, avec ses divers organes appendiculaires limpides comme du cristal, et étalés sous l'abdomen. Quelques semaines se passent pendant lesquelles la Nymphe revêt en partie la livrée de l'état adulte, et, au bout d'un mois environ, l'Animal se dépouille une dernière fois pour atteindre sa forme finale... Enfin vers le milieu du mois d'août, il déchire le double sac qui l'enveloppe, perce à l'aide de ses mandibules le couvercle de la cellule d'Anthophore, s'engage dans un couloir, et apparaît au dehors à la recherche de l'autre sexe. »

Telles sont les belles observations qui sont venues modifier profondément nos connaissances sur les Métamorphoses des Insectes, en nous faisant connaître des transfigurations multiples des plus étranges ; c'est à Fabre, le brillant continuateur de Réaumur, que revient l'honneur d'avoir découvert l'*Hyperméta-morphose.*

Depuis la publication de ses recherches (1857) de nouvelles études sont venues confirmer la justesse de ses observations. M. Valéry Mayet a publié en 1875 (1) un très intéressant

mémoire sur les *Mœurs et les Métamorphoses du Sitaris colletis* ou *analis* qui habite les cellules d'une Abeille du genre *Colletes* dont les nombreuses colonies s'établissent dans de grandes carrières de sable aux portes même de Montpellier. Les mœurs de ces Sitaris ont la plus grande analogie avec celles des *Sitaris muralis ;* cependant elles en diffèrent par quelques particularités fort curieuses. Ainsi les Triongulins des *Sitaris colletis* n'hivernent pas pelotonnés au milieu des dépouilles de leurs œufs ; éclos du 15 au 30 septembre, quatorze ou quinze jours après la ponte, ils restent quelques jours engourdis, mais se mettent bientôt en campagne, du 30 septembre au 5 octobre, et envahissent les galeries des Abeilles pionnières. C'est la nuit qu'elles les attaquent, lorsque celles-ci, épuisées par le travail d'une longue journée, vont se reposer dans leurs galeries ; elles s'attachent par grappes aux pattes des Hyménoptères et grimpent prestement sur leur dos pour s'installer à la naissance des ailes et se cramponner aux plus longs poils. Ils se fixent indifféremment sur les mâles ou les femelles. « Une fois bien établis, ils attendent patiemment, voiturés du matin au soir, que l'heure de la ponte de l'Abeille soit arrivée. Cette dernière met un jour à peu près pour creuser sa galerie et préparer la cellule qui est une loge en forme de dé à coudre très allongé (fig. 393, 394 et 395) et tapissé d'une couche de matière blanche et transparente. Le jour suivant, la provision de miel est achevée. Au moment sans doute où l'œuf qui vient d'être pondu est fixé par une sécrétion visqueuse aux parois de la cellule, un et souvent plusieurs Triongulins quittent le dos de l'Abeille pour sauter sur l'œuf ou contre la paroi de la loge. La ponte de son œuf terminée, l'Abeille, confiante, ferme sa cellule et va recommencer son travail un nombre de fois égal à celui des œufs qu'elle a à déposer. »

« Sur les six cents cellules environ que j'ai emportées et observées dans mon cabinet, cellules recueillies en octobre, novembre, décembre, janvier, février, mars, avril, mai, juin et juillet, j'en ai trouvé trente ou quarante qui n'étaient habitées ni par des Colletes, ni par des Sitaris. J'ai ouvert toutes ces cellules. Dans toutes j'ai trouvé la provision de miel intacte et à la surface de ce miel, ou immergés dans cette substance, de deux à cinq Triongulins morts. »

.« Sans doute, me suis-je dit, ou l'œuf a été insuffisant pour nourrir plusieurs convives, ou une lutte acharnée, fatale à tous les combat-

(1) V. Mayet, *Annales de la Soc. ent. de France,* 1875

tants, s'est livrée sur cette arène d'un nouveau genre. Mais ce n'était là qu'une hypothèse. Il me restait à la confirmer par l'observation. »

« Désireux d'approfondir ce côté intéressant, j'ai attendu le mois de septembre avec impatience. Je me suis appliqué à observer un grand nombre d'Abeilles en train d'approvisionner leurs cellules. Avec un petit carré de papier blanc fixé dans le talus au moyen d'une épingle, je marquais le matin les galeries où j'avais vu entrer des Abeilles chargées de pollen, et si, le soir, l'approvisionnement était terminé, je m'emparais de la cellule, sinon je remettais au lendemain. »

« J'ai transporté ainsi dans mon cabinet environ quarante de ces cellules, toutes closes du jour ou de la veille. Au moyen de ciseaux bien affilés je les ai coupées à un millimètre au-dessous de l'opercule, de manière à avoir une section bien nette, et les ayant fixées au fond d'une boîte avec une goutte de gomme, j'ai pu observer l'intérieur tout à mon aise. »

« Dans toutes l'œuf de l'Abeille était, non pas posé sur le miel, comme chez les Anthophores et la plupart des Mellifères, mais collé horizontalement par un de ses bouts à la paroi latérale (fig. 394), à deux millimètres au-dessus du miel, la partie convexe tournée vers le haut. Huit renfermaient chacune un Triongulin occupé soit à essayer d'entamer la peau de l'œuf, soit, y ayant réussi, à s'abreuver du liquide albumineux qu'il contient; quatre enfin renfermaient plusieurs Triongulins qui, dans une agitation extrême, se livraient, soit sur l'œuf, soit contre les parois de la cellule, à une lutte acharnée qui parfois durait vingt-quatre heures. »

« J'avais en ce moment-là quatre ou cinq pontes de Sitaris écloses dans des tubes, c'est-à-dire plus de deux mille Triongulins qui ne demandaient que le combat. J'en mis un ou deux dans chacune des cellules qui n'en renfermaient qu'un seul, et j'eus ainsi une douzaine de champs de bataille à observer. La lumière ne paraît nullement gêner les combattants. Tantôt ils se précipitent l'un contre l'autre, les mandibules ouvertes, tantôt ils se poursuivent sur les parois de leur étroit domaine, au risque de tomber dans le miel. Chacun des champions cherche à saisir son ennemi entre les plaques écailleuses qui recouvrent les anneaux. C'est la plus rigoureuse application de la sélection naturelle de Darwin. Quand le plus vigoureux ou le plus habile a

réussi à introduire ses crocs dans le défaut de la cuirasse, il soulève son adversaire à la force des mandibules et le met ainsi dans l'impuissance la plus complète. Le cou tendu, fortement cramponné au moyen des crochets de ses tarses et de l'appareil fixateur dont j'ai parlé plus haut, le vainqueur reste ainsi immobile des heures entières, abaissant seulement de temps en temps son ennemi pour le mieux saisir et le mieux transpercer. Quand le vaincu épuisé par ses blessures est jugé hors de combat, il est précipité dans le miel, où bientôt englué, il achève de mourir. »

« Pendant ce temps-là il arrive souvent qu'un troisième larron profite de la bataille pour s'emparer de l'œuf et y plonger la tête. Quand le vainqueur veut prendre possession du prix de sa victoire, il trouve ainsi la place occupée. Alors c'est une nouvelle lutte qui commence ; mais elle ne ressemble en rien à la première : la ruse seule est employée. Le Triongulin occupé à sucer l'œuf ne se dérange jamais, il est passif sous les coups de son ennemi ; se faisant le plus petit possible. Il resserre tant qu'il peut les anneaux de son abdomen ; mais en général s'il n'est pas vaincu le premier jour, il l'est le second. Son appareil digestif, gonflé par les sucs nourrissants qu'il absorbe, ne tarde pas à distendre les anneaux de son abdomen, et alors l'ennemi, qui veille, a bientôt fait de le blesser à mort. Il est à son tour précipité dans le miel. »

« Débarrassé de tout concurrent, notre Triongulin peut enfin arriver à cette nourriture tant désirée. Il a bientôt trouvé l'ouverture pratiquée à l'œuf par sa dernière victime et il y plonge la tête avec ardeur; mais il n'est pas au bout de ses peines. L'œuf de l'Abeille est juste suffisant pour un Triongulin. Au bout de quatre ou cinq jours, notre affamé est, la tête en bas, au niveau du miel, sur la dépouille fanée de l'œuf qui, détendue, s'est affaissée le long des parois de la cellule. Il lui manque toute la nourriture animale que son dernier ennemi a absorbée avant de mourir, et incapable de subir sa première mue qui ferait de lui une Larve mellivore, il meurt à son tour, reste suspendu à la peau de l'œuf ou va augmenter dans le liquide sucré, le nombre des noyés. »

« Ce qui s'est passé là, sous mes yeux, dans mon cabinet, se passe évidemment dans les cellules enfoncées dans les parois du talus, et c'est ce qui explique ce nombre relativement

Fig. 396. — Larve.　Fig. 397. — Mâle.　　　　Fig. 398 et 399. — Femelles.

Fig. 396 à 399. — La Cantharide.

considérable de cellules pleines de miel et qui ne renferment que des Triongulins englués et la dépouille flétrie de l'œuf de Colletes. Parfois pourtant le Triongulin victorieux doit arriver à opérer sa première mue, car j'ai rencontré quatre ou cinq fois, à côté de deux ou trois Triongulins noyés, une petite Larve mellivore ; mais elle était morte. Elle n'avait pu résister sans doute à la crise occasionnée par une mue opérée dans de si mauvaises conditions. Enfin, de loin en loin, peut-être une fois sur cent, la Larve victorieuse, qui a passé par toutes ces péripéties, arrive à franchir cette crise de la première mue ; mais elle met longtemps à reprendre le dessus. Six mois après, alors que ses congénères qui n'ont pas eu d'ennemis à vaincre sont prêtes à se transformer en Pseudo-nymphes, elle n'a que la grosseur d'une Larve de deux ou trois mois, et n'arrive à son état de Pseudo-nymphe qu'en octobre ou novembre. Le Sitaris met alors deux années au lieu d'une pour subir toutes ses Métamorphoses et achève de se transformer au mois d'août comme ceux qui n'ont qu'un an d'existence. »

« ... Mais revenons au Triongulin qui a été assez heureux pour se trouver seul possesseur d'une cellule, ou qui, s'étant promptement débarrassé de ses ennemis, a trouvé l'œuf intact. Nous l'avons laissé cramponné sur l'œuf, la tête tournée vers l'extrémité qui s'avance au-dessus du miel. Il a fini non sans peine, par entamer l'épiderme luisant qui n'offrait aucune prise à ses mandibules. Par l'ouverture qu'il a pratiquée, il boit avec tant d'avidité que parfois sa tête disparaît jusqu'à la hauteur des yeux, placés pourtant fort en arrière. Le premier jour, l'œuf, encore peu détendu, conserve sa position horizontale, l'Insecte a peu augmenté de vo-

lume ; le second et le troisième jour, l'œuf est un peu affaissé et les plaques du Triongulin se dessinent en noir sur le blanc de sa peau fortement tendue ; le quatrième jour, l'inclinaison de l'œuf est de 45 degrés, et l'Insecte est encore plus gonflé. Enfin, le septième jour, l'enveloppe de l'œuf, complètement vidée, pend inerte au niveau du miel (fig. 395). Le Triongulin, à l'état de véritable boudin, y est accroché, la tête en bas et incapable d'aucun mouvement. Mais bientôt une fente se produit sur son corselet et sur ses deux autres anneaux thoraciques, et le huitième jour ne se passe pas d'ordinaire sans qu'une nouvelle Larve, d'un blanc immaculé, ne soit sortie de la dépouille du Triongulin et ne se soit mise à la nage dans le miel dont elle fera désormais sa nourriture. »

Le développement de la Larve du *Sitaris colletis* s'achève exactement comme celui du *Sitaris muralis*, en passant par cette série de transfigurations que Fabre a si justement appelée l'*Hypermétamorphose*, aussi nous ne nous répéterons pas. Nous ferons seulement remarquer qu'une particularité dans les mœurs des Hyménoptères, détermine dans la manière de vivre des deux espèces de Sitaris, des différences considérables. L'*Anthophora pilipes* dépose chacun de ses œufs à la surface du miel, et le Triongulin du *S. muralis* doit saisir le moment même de la ponte pour s'embarquer sur sa nacelle ; aussi a-t-il toutes les chances pour se trouver seul possesseur de l'œuf convoité ; au contraire, le *Colletes succinctus* fixant son œuf à la paroi de la cellule, tous les Triongulins du *S. colletis* qui abandonneront leur monture seront sûrs de pouvoir atteindre l'objet de leurs désirs ; faudra-t-il alors s'étonner qu'ils soient plusieurs à se disputer leur proie, et qu'ils soient souvent condamnée à la conquérir de haute lutte ?

Fig. 400, 401, 402. — L'Épicaute rayée, mâle et femelle.　　　Fig. 403. — Le Caloptène différentiel.

Fig. 400 à 403. — Les Cantharides américaines et le Criquet dont les œufs servent à la nourriture de leurs Larves.

LES CANTHARIDES — *CANTHARIS* (1)

Die Canthariden.

Caractères. — Les caractères du genre sont les suivants, mais il est juste de dire qu'il les partage pour la plupart avec leurs congénères réparties dans d'autres genres : l'épistome dépasse notablement le niveau de l'insertion des antennes qui comptent toujours 11 articles, mais ne se terminent jamais en massue ; les élytres recouvrent entièrement l'abdomen et sont légèrement déhiscentes à l'extrémité ; elles ont la division supérieure des crochets des tarses non pectinée, et le pénultième article des tarses fort allongé, cylindrique.

Distribution géographique. — Les espèces sont en nombre considérable, plus de 250 sont réparties en Europe, en Afrique, en Asie et en Amérique ; l'Amérique en possède le plus, l'Europe le moins ; l'Australie et les Archipels de la Polynésie et indo-malais n'en possèdent pas.

LA CANTHARIDE — *CANTHARIS VESICATORIA.*

Spanische Fliege.

Caractères. — Ces Insectes sont reconnaissables à leurs belles élytres vert doré fortement granulées, marquées de deux fines nervures longitudinales, à leurs antennes filiformes atteignant la moitié de la longueur du corps

(1) Κανθαρίς, cantharide.

chez le mâle et moitié plus petite chez la femelle. La tête cordiforme, le corselet posé d'aplomb, et obtusément pentagone, caractérisent également ces Coléoptères dont la longueur totale atteint environ 17 à 19 1/2 millimètres.

Distribution géographique. — La Cantharide se trouve en Suède, en Russie, en Allemagne, en France, mais abonde surtout dans le midi de l'Europe.

En Espagne où on les récolte, les Cantharides paraissent bien communes, d'où le nom vulgaire de Mouches d'Espagne. Aujourd'hui, celles qu'on emploie dans les officines sont tirées principalement de la Russie méridionale.

Mœurs, habitudes, régime. — Les Mouches d'Espagne (*Cantharis vesicatoria*) se montrent dans des localités circonscrites en quantité prodigieuse, certaines années, et trahissent au loin leur présence par l'odeur forte qu'elles exhalent ; en nombreuses sociétés, elles dépouillent les plus beaux Frênes de leur feuillage, dénudent ensuite complètement les Lilas et les Troënes, et se déplacent lorsqu'elles ne trouvent plus rien à mettre sous la dent.

D'après les remarques sommaires extraites de son journal entomologique, Taschenberg rapporte que, à Naumbourg, le 16 juin 1850, il a rencontré des masses colossales de *Cantharis vesicatoria*, qui avaient déjà complètement effeuillé les Frênes du voisinage, sur les *Ligustrum vulgare* et les *Thalictrum*.

Quelques années plus tard, il a trouvé des masses aussi considérables dans l'est de la province de Saxe, mais depuis, chose extraordinaire, après un séjour de plus de vingt ans entre ces deux points, à Halle, il ne l'a vue que très isolée et dans de rares années (1873).

La femelle pond dans la terre, de nombreux œufs dont il sort un Triongulin, marchant à reculons ainsi qu'on l'a observé, et ayant la forme qu'indique notre figure 396, mais dont nous ignorons encore la destinée.

Se fondant sur sa ressemblance avec les Triongulins connus et sur la similitude des mœurs des Insectes parfaits de la même famille, on est porté à croire que, comme les Larves des Méloés, des Zonitis et des Sitaris dont le développement est connu, elles vivent en parasites aux dépens de certains Apides, peut-être des Bourdons. On a opposé à cette hypothèse que le nombre immense des Cantharides était inconciliable avec des mœurs parasitaires. Mais, d'autre part, si l'on songe

à l'immense quantité de Bourdons qui sortent de leurs trous au printemps, et si l'on réfléchit que d'autres parasites se multiplient considérablement si leurs hôtes se montrent en nombre extraordinaire ; il n'est pas non plus improbable que de semblables conditions encore ignorées peuvent se présenter et favoriser la multiplication des Cantharides.

M. Lichteinstein a réussi par des éducations artificielles faites avec une patience et une habileté consommée, à obtenir toutes les transformations de la Cantharide ; l'expérience a eu raison de l'observation, mais il reste toujours à connaître les conditions naturelles du développement de ces Méloïdes. Laissons la parole à l'auteur lui-même. « Après bien des essais infructueux je suis parvenu à faire accepter au Triongulin des estomacs d'Abeille à miel d'abord, puis des œufs et de jeunes Larves de diverses espèces d'Abeilles, notamment d'*Osmia* et de *Ceratina chalcites*. Seulement il faut avoir soin de joindre du miel à l'œuf ou à la Larve présentée, car la nourriture n'est propre qu'à cette première forme larvaire et l'instinct semble dicter au petit Triongulin qu'il ne doit toucher à l'œuf ou à la Larve que quand il y aura à côté d'elle le miel suffisant pour alimenter la forme qui va lui succéder. Dès que cette condition est remplie, le Triongulin plonge sans hésiter ses mandibules acérées dans l'œuf ou dans la Larve même bien plus grosse que lui et on le voit rapidement grossir. »

« Du cinquième au sixième jour il change de peau. Il perd ses soies caudales et sa couleur brune : c'est un petit Ver blanc hexapode qui se met à manger le miel. Cinq jours après nouveau changement de peau avec accentuation des premières modifications. Après cinq autres jours, nouvelle mue. Ici les yeux ont tout à fait disparu ; les pattes et les mâchoires sont devenues brunes à l'extrémité et cornées : l'Insecte a l'apparence d'une petite Larve de Scarabée et l'on devine qu'il est destiné à fouir la terre. Elle s'enfonce dans la terre des tubes de verre et forme une loge. Au bout de cinq jours encore, nouvelle mue, mais cette fois ce n'est plus une Larve qui se présente, c'est une pupe assez semblable à une Pupe de Muscide. La couleur est d'un blanc corné, elle est immobile, ayant l'apparence d'une Chrysalide. Cet état dure tout l'hiver, et l'on dirait que la vie s'est retirée complètement de cette Pupe inerte, si de temps en temps, sous l'influence de circonstances que j'ignore, elle ne faisait suinter de ses pores des gouttelettes d'un fluide transparent hyalin. »

« Le 15 avril, cette Pupe brise son enveloppe et il apparaît de nouveau une Larve blanche ressemblant à celle nommée *Scarabéoïde*, mais sans avoir les ongles et les mâchoires robustes, ne montrant que des pattes rudimentaires. Elle ne mange pas et, le 30 avril, elle donne une Nymphe semblable à toutes les Nymphes de Coléoptères avec tous les membres bien visibles. Blanche d'abord, cette Nymphe se colore assez vite ; le 17 mai, elle a déjà une teinte foncée ; le 19, la Cantharide apparaît avec sa brillante cuirasse. L'évolution complète a duré environ un an. »

Récolte. — Quand les Cantharides se trouvent en quantité suffisante pour que leur récolte en vaille la peine, on secoue les branches où elles se tiennent cramponnées pour les faire tomber sur des toiles étendues sur le sol, en procédant le matin de bonne heure ou pendant de mauvais jours lorsqu'elles sont engourdies par le froid ; on les tue soit en les exposant à la vapeur du vinaigre bouillant, soit en les soumettant à l'action de la chaleur artificielle ; puis on les sèche rapidement en les étendant sur des claies ou en les mettant au four. Lorsqu'elles sont bien desséchées, il est nécessaire de les renfermer dans des vases hermétiquement clos pour éviter aussi bien l'humidité qui les altérerait, que les émanations de leur produit actif très volatil qui déterminerait des irritations cutanées très graves et occasionnerait notamment de cruelles ophthalmies.

Usages. — On sait d'ailleurs que, broyées finement et mélangées avec une substance agglutinante, elles constituent les vésicatoires universellement employés comme dérivatif dans les affections aiguës et que l'extrait alcoolique forme ce qu'on appelle la teinture de Cantharide. La trop célèbre Aqua-Tofana ne serait, d'après Ozanari, qu'un extrait alcoolique de Cantharide, décomposé par l'eau.

Ces Insectes étaient déjà employés du temps de Moufet, n'étaient point utilisés en Allemagne ; car il observe que les Belges les nomment « Spansch-vlighe », les Anglais « Cantharis » ou « Spanish Flye, » tandis que les Allemands l'appellent simplement « Scarabée vert » ou « Scarabée d'or ».

La Cantharidine pure se présente sous la forme de cristaux lamelleux, micacés et brillants, très solubles dans l'éther et les huiles grasses. Le prix de ces Coléoptères desséchés varie suivant les circonstances ; un pharmacien qui en avait fait une récolte dans son jardin entre 1850 et 1860, la vendit à Berlin à raison d'un thaler, c'est-à-dire 3 fr. 75, la livre.

LES ÉPICAUTES — *EPICAUTA* (1)

Caractères. — Les Cantharides américaines, le plus souvent noires ou grises par suite d'un revêtement de poils abondants, ou marquées alternativement de raies noires et grises, ont été récemment séparées des *Cantharis* pour former le genre « *Epicauta* » à cause de quelques particularités : leurs antennes sétacées sont plus courtes et à peine aussi longues que la moitié du corps ; leur corselet est plus allongé que large et enfin leurs élytres sont plus rétrécis à l'origine.

Mœurs, habitudes, régime. — Plusieurs espèces de l'Amérique du Nord, telles que *Epicauta cinerea* et *vittata*, très communes aux environs de Saint-Louis, se montrent de temps à autre en quantités innombrables sur les plants de Pommes de terre, dont elles dévorent toutes les feuilles, détruisant ainsi la récolte entière à l'instar du Coléoptère du Colorado, le *Doryphora*, qui a récemment acquis une triste célébrité.

L'observation des mœurs de l'*Epicauta vittata* a conduit M. Riley à faire une série de découvertes d'un haut intérêt qui permettront très probablement de découvrir les transformations encore inconnues de notre Cantharide indigène. M. Riley a constaté tout d'abord que l'abondance extraordinaire des *Epicauta* suivent les apparitions de certains Orthoptères Acridiens (*Caloptenus spretus*) qui causent de grands ravages aux États-Unis, et y remplacent les fameux Criquets voyageurs du nord de l'Afrique ; partant de là, il a pu découvrir que les Larves de certains *Epicauta* vivaient aux dépens des œufs de différentes espèces de Criquets, notamment des œufs du *Caloptenus differentialis*. Ainsi que nous le verrons plus loin, les Criquets enveloppent leurs œufs d'une coque, c'est-à-dire sécrètent une substance particulière qui constitue une coque ovigère ou *Oothèque* qui contient environ 70 à 100 œufs disposés irrégulièrement et qui est coiffée d'un léger couvercle de matière muqueuse. Les jeunes Larves de Cantharides savent se frayer un passage à travers la substance mucilagineuse qui ferme la

---

(1) Ἐπικαίω, brûler à la surface.

coque ; et là tout à leur aise dévorent successivement toute la ponte du malheureux Criquet.

Comme les Méloés, comme les Sitaris, les Épicautes passent par ces remarquables transformations que notre Réaumur moderne Fabre a découvertes et subissent une *Hypermétamorphose.* Mais les différentes formes qu'affectent successivement ces Cantharides américaines diffèrent essentiellement des formes correspondantes des Méloés et des Sitaris, et leur évolution, par suite de la différence des conditions biologiques, présente des particularités fort curieuses.

Depuis juillet jusqu'en octobre chaque femelle d'*Epicauta vittata* creuse dans le sol une cavité dans laquelle elle dépose 130 œufs environ, qu'elle recouvre complètement en grattant le sol avec ses pattes, à l'instar du chat qui dissimule ses émanations révélatrices, et renouvelle la même manœuvre jusqu'à ce qu'elle ait mis en lieu sûr tous ses œufs dont le nombre s'élève à 4 ou 500. Ces Méloïdes ont soin de choisir pour effectuer leur ponte les mêmes endroits chauds bien exposés au soleil qu'affectionnent les Acridiens et où ceux-ci cachent également en terre leurs coques ovigères.

Au bout de huit ou dix jours, suivant la température du sol, les jeunes Triongulins (fig. 406) font leur apparition. D'abord pâles et faibles, ils se colorent rapidement en brun clair et commencent leur vie errante ; lorsque le soleil vient les réchauffer, ils acquièrent toute leur activité et arpentent le sol de leurs longues jambes, scrutant avec leur large tête et leurs robustes mandibules chaque pli, chaque crevasse du terrain, où à l'occasion ils se terrent et se cachent ; les poils épineux qui les hérissent leur facilitant la besogne ; à la moindre alerte ils se roulent en boule comme des Cloportes. Bestioles carnivores par excellence, elles peuvent supporter la faim et résister à 15 jours d'abstinence complète ; on conçoit combien il leur est nécessaire de pouvoir soutenir un long jeûne, car il leur faut souvent plusieurs jours pour trouver une coque ovigère de *Caloptenus.*

Parvenu à cet Oothèque tant désiré, notre Triongulin se creuse une galerie à travers la substance muqueuse qui lui sert de couvercle, avalant, chemin faisant, les déblais qui lui fournissent son premier repas. Hardi à l'ouvrage, il travaille sans trève, ni repos et arrive d'un seul trait jusqu'aux œufs qu'il convoite ; d'un coup de mandibule, il déchire celui qu'il a choisi

et se délecte à en humer le contenu (fig. 405 et 406). Cela dure deux ou trois jours ; il est alors si repu que son corps distendu comme une petite outre est obligé de s'incurver. Incapable de se mouvoir, il ne tarde pas à changer de peau et apparaît sous la forme d'une Larve blanche, molle, pourvue de pattes très réduites, qui rappelle tout à fait par sa forme une Larve de Carabide ; aussi M. Riley la désigne-t-il sous le nom de Larve *Carabidoïdes* (fig. 407 et 408). Cette première transformation s'est effectuée huit jours après la consommation du premier repas. Lorsque cette Larve s'est repue durant huit autres jours environ, une nouvelle mue survient, et il apparaît une nouvelle Larve de physionomie toute différente ; le corps a pris presque complètement l'aspect d'une Larve de Lamellicorne, mais avec les pièces buccales et les pattes rudimentaires ; cette deuxième Larve a revêtu la forme *Scarabæidoïdes.* Au bout de 6 à 7 jours la peau se déchire et tombe, mais l'animal ne subit que de très légères modifications. Il grandit rapidement, sa tête étant constamment plongée dans les œufs si appétissants des Acridides ; mais bientôt il a ménagé dans le sol une petite cavité très lisse où il s'étend sur le côté ; le troisième ou quatrième jour, la mue s'opère et la Pseudochrysalide apparaît avec ses pièces buccales et ses membres complètement rudimentaires. Un long espace de temps s'écoule, l'Insecte hivernant généralement sous cette forme ; mais, au printemps, une nouvelle mue survient et la troisième Larve qui apparaît ne diffère en aucune façon de la dernière forme de la seconde Larve ; très active, elle fouille le sol, mais au bout de quelques jours, elle se transforme en une véritable nymphe qui, 5 ou 6 jours après, donne naissance à l'Insecte parfait.

La nouveauté, l'imprévu de la découverte du Naturaliste américain nous ont engagé à mettre sous les yeux des lecteurs des reproductions très fidèles des figures qui accompagnent son mémoire. Voici d'abord, p. 273 (fig. 403) le Criquet, le *Caloptenus differentialis,* dont les pontes serviront d'aliment aux jeunes Epicautes ; puis les Cantharides elles-mêmes sur les tiges de Pommes de terre qu'elles dévorent (fig. 400 à 403) ; enfin cette série de figures représente (fig. 404) de grandeur naturelle et (fig. 405) grossie, une coque ovigère ouverte montrant le canal que le Triongulin a percé à travers la substance muqueuse qui ferme l'Oothèque et le Triongulin lui-même dévorant un œuf ; puis (fig. 406) la jeune Larve ou Triongulin

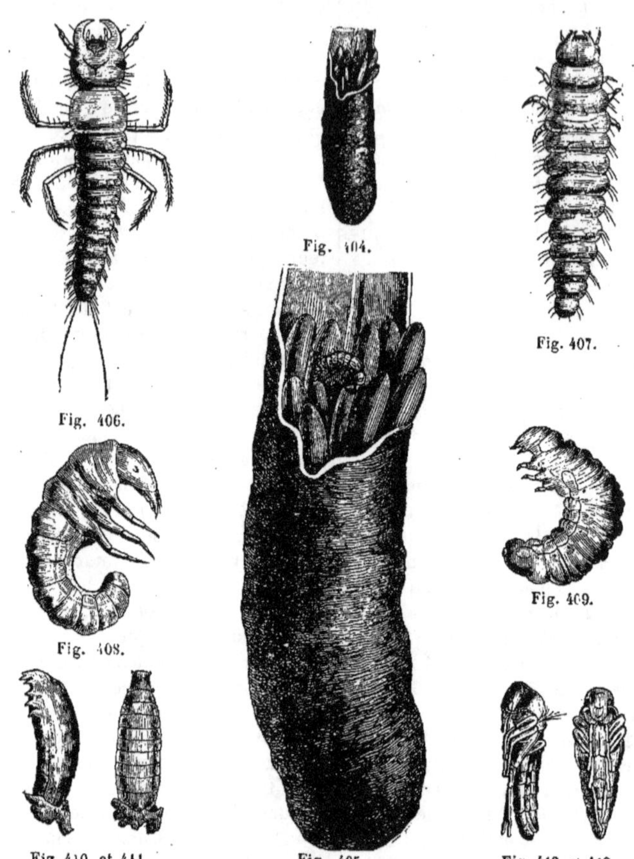

Fig. 404.

Fig. 407.

Fig. 406.

Fig. 408.

Fig. 409.

Fig. 410. et 411.

Fig. 405.

Fig. 412 et 413.

Fig. 404. — Coque ovigère ou Oothèque d'un Acridide, le Caloptenus *differentialis*, de grandeur naturelle.

Fig. 405. — La même, très grossie, montrant le Triongulin dévorant un œuf.

Fig. 406. — Le Triongulin très grossi.

Fig. 407. — La seconde Larve sous la forme *Carabidoïdes*, vue de dos et très grossie.

Fig. 408. — La même, vue de profil et très grossie.

Fig. 409. — La seconde Larve sous sa forme *Scarabæidoïdes*, très grossie.

Fig. 410 et 411. — Pseudochrysalide, vue de profil et sur la face dorsale.

Fig. 412 et 413. — La véritable Nymphe, vue de profil et sur la face ventrale.

Fig. 404 à 413. — Métamorphoses de la Cantharide rayée, d'après M. Riley.

et (fig. 407 et 408) le Triongulin transformé en une Larve affectant une forme *Carabidoïde*, c'est-à-dire, semblable à celle d'une Larve de Carabide, ensuite (fig. 410 et 411) la Pseudonymphe ou fausse Chrysalide (fig. 409), la troisième Larve et enfin (fig. 412 et 413) la Nymphe véritable.

Indépendamment de son intérêt l'observation de M. Riley offre quelques particularités qui méritent d'être signalées ; n'y a-t-il pas quelque chose de singulier de voir un Insecte nuisible à une de nos plantes utiles, s'attaquer dans son premier âge à un Insecte nuisible aux céréales ?

LES OEDÉMÉRIDES — *ŒDEMERIDÆ*

Die Œdemeriden.

Caractères. — Cette famille, la dernière des Coléoptères hétéromères, est très homogène ; elle renferme des Insectes allongés, sveltes, à longues antennes filiformes, à pattes grêles, qui ont le faciès des Longicornes avec lesquels on les a longtemps confondus. Leurs organes buccaux ont la ressemblance la plus étroite avec ceux des Méloïdes ; mais leur tête, au lieu d'être rattachée au prothorax par un col brusquement étranglé, se rétrécit graduellement en arrière, ce qui les différentie complètement. Les quatre tarses antérieurs ont cinq articles ; les postérieurs, quatre articles.

Distribution géographique. — Leur répartition sur la terre est très étendue ; l'Europe, l'Asie, l'Amérique et d'autres régions du globe donnent asile à leurs représentants.

Mœurs, habitudes, régime. — Ce sont des Insectes essentiellement floricoles qui déposent leurs œufs dans le bois décomposé, même parfois dans les bois rejetés par la mer sur la plage et immergés à chaque marée.

LES OEDÉMÈRES — *OEDEMERA* (1)

Ces Insectes, généralement de couleur métallique, sont remarquables par la forme des pattes postérieures chez les mâles : les cuisses sont démesurément renflées et très arquées ; les jambes, robustes et comprimées, sont également arquées et anguleuses à la base.

Nous représentons (fig. 414) l'*Œdemera podagrariæ*, joli Coléoptère qui semble habillé de soie verte et de soie jaune, aux élytres déhiscentes, graduellement rétrécies, à trois nervures saillantes, flaves et bordées de vert bronzé chez

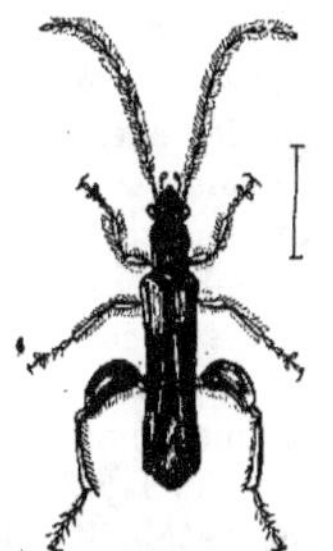

Fig. 414. — OEdémère de la podagraire.

le mâle, d'un beau jaune flave chez la femelle ; il offre de nombreuses variations dans la coloration des différentes parties du corps suivant les sexes et les individus.

Ce charmant Insecte, ornement des fleurs, se trouve dans toute la France, sur les Ombelles et souvent sur l'*Œgopodium podagraria*.

LES CURCULIONIDES OU CHARANÇONS — *CURCULIONIDÆ*

Die Russelkäfer.

Les Curculionides (*Curculionidæ*) ou Charançons, vont maintenant absorber notre attention ; c'est la famille la plus vaste qui existe non seulement dans la classe des Insectes, mais dans le Règne animal ; on a décrit actuellement plus de 10,000 espèces et certainement il en existe plus du double ; ce serait faire injure au lecteur que de s'appesantir trop longuement sur ces milliers d'êtres aux mœurs peu variées ; mais certaines d'entre elles doivent forcément intéresser, parce qu'elles sont des plus nuisibles à nos végétaux alimentaires.

Ils se montrent dans les pays chauds, revêtus des plus riches, des plus éclatantes couleurs, et leur beauté dépasse toute expression ; ils peuvent disputer le prix pour le luxe et l'élégance, aux plus merveilleuses conceptions de l'artiste qui marierait les métaux les plus précieux aux émaux les plus brillants. Dans nos pays ils ont, en général, des vêtements très modestes.

Caractères. — Ainsi que l'indique le nom de *Rhynchophores* qu'on leur a également donné, leur tête se prolonge en un *rostre* ou *bec*, caractère primordial par excellence qui permet de les distinguer entre tous les Coléoptères ; ce

'Οἴδημα, enflure ; μηρός, cuisse.

rostre porte à son extrémité l'appareil buccal qui, sauf l'absence de la lèvre supérieure, est au complet et qui se distingue par ses palpes tri-articulés à la lèvre inférieure et quadri-articulés aux mâchoires. Les mâchoires n'ont d'ordinaire qu'un seul lobe et sont en totalité ou en grande partie recouvertes par le menton dans la première légion de Lacordaire, laquelle se subdivise en outre en sept groupes, ou bien elles sont complètement découvertes, comme dans la deuxième légion qui renferme 76 groupes ou sections. Les mandibules en général sont courtes, de forme très variable. Les antennes, insérées dans une fossette, ont de 8 à 12 articles ; elles sont le plus souvent coudées à partir du deuxième article et terminées par une massue.

Le corselet ou *pronotum* se confond avec les flancs du prothorax. Les hanches antérieures se touchent et sont implantées dans des cavités cotyloïdes fermées, les hanches médianes et postérieures restent séparées. Les tarses, qui ont ordinairement une semelle spongieuse, comptent 4 articles distincts (à l'exception des *Dryophthorus* qui en ont un 5ᵉ) ; le 3ᵉ article est ordinairement bilobé.

L'abdomen, complètement recouvert par les élytres, se compose de 5, rarement de 6 anneaux dont le 3ᵉ et le 4ᵉ sont ordinairement plus courts que les autres.

Le rostre qui affecte presque toutes les formes imaginables, tend en général à s'allonger. Dans bien des cas cependant, lorsque sa largeur se maintient à peu près égale à celle de la tête, on peut, en raison de sa brièveté, se demander si l'on a devant soi un Curculionide, mais l'existence de tous les autres caractères particuliers à la famille, réunis dans l'Insecte, empêche de commettre une fâcheuse méprise. Par contre, dans certains cas il devient filiforme et d'une longueur telle qu'il dépasse celle du corps entier. La brièveté ou la longueur plus ou moins grande de ce rostre change tellement l'aspect du Coléoptère que l'on a partagé les Curculionides en deux groupes principaux opposés l'un à l'autre : celui des *Brévirostres* et celui des *Longirostres*.

Le rostre anguleux ou arrondi, épaissi ou arrondi en avant, droit ou courbé en dessous, peut ou non se replier dans un sillon pectoral ; cette diversité de forme et de situation fournit autant de caractères qui nous serviront à distinguer les genres de la famille qui s'élèvent à 350 environ.

Mais ce n'est pas seulement le bec, ce sont encore les antennes, les pattes, l'aspect général, qui concourent à diversifier, dans des limites fort étendues, les formes des Curculionides ; on peut observer dans cette famille les contrastes les plus extraordinaires entre les formes ramassées globuleuses, et les formes linéaires grêles.

Distribution géographique. — La famille des Curculionides surpasse toutes les autres par sa richesse en espèces ; elle a nécessairement une aire de répartition géographique qui embrasse tout l'univers ; le nombre de leurs représentants l'emporte sur toutes les autres familles à mesure que l'on se rapproche de l'équateur ; on peut dire que les Charançons préfèrent l'Amérique à l'ancien continent ; et que l'Amérique du Sud est une mine inépuisable de ces Insectes.

Tous les Curculionides, à part quelques exceptions de grandeur médiocre, vivent sur les plantes, et, comme le plus souvent les espèces sont spéciales à des espèces végétales parfaitement déterminées, leur répartition géographique correspond rigoureusement à celle des plantes.

Mœurs, habitudes, régime. — Il n'existe aucune partie des végétaux depuis la plus mince radicelle jusqu'au fruit mûr qui soit préservée des attaques des Larves de ces Insectes ; bourgeons, feuilles, fleurs, fruits, tige, écorce, moelle, racine, tout est rongé à l'envi.

Ces Larves ressemblent surtout à celles des *Ptinus*. Elles ont la tête arrondie dirigée en dessous, le corps légèrement courbé, ridé, privé de pattes, plus ou moins velu et un peu atténué en arrière. La tête, cornée, est pourvue d'un chaperon carré, de mandibules courtes et robustes, souvent dentées à l'extrémité, de mâchoires prolongées en un lobe court, anguleux, muni d'un petit palpe de deux ou trois articles, d'un menton charnu, épais, uni à la languette et porteur des palpes biarticulés, très courts. Les antennes sont réduites à deux petites saillies ; les yeux manquent le plus souvent ou sont en petit nombre.

LES SITONES — *SITONES* (1)

Caractères. — Les Sitones (fig. 415 à 417) présentent les caractères suivants : la tête, peu allongée au devant des yeux, forts et saillants,

(1) Σιτώνης, grainetier.

s'amincit légèrement pour se terminer en un bec court, tranchant sur les bords et marqué à sa surface d'un sillon longitudinal. Les antennes, insérées aux angles de la bouche, sont coudées et assez minces, leur fouet se maintient à la hauteur du milieu de chacun des yeux au bord inférieur desquels s'arrête la fente qui le reçoit.

Les élytres sont ensemble plus ou moins cylindriques, toujours plus larges que le corselet, tronquées aux épaules et à l'extrémité; les ailes sont bien développées. Les jambes sont simples, fort longues, sans épines à l'extrémité.

Distribution géographique. — Les 82 espèces de ce genre vivent en Europe et atteignent la région méditerranéenne; quelques-unes se trouvent dans l'Amérique du Nord.

LE SITONES RAYÉ — *SITONES LINEATUS.*

Liniirter Graurüssler.

Caractères. — Le Sitones rayé (*Sitones lineatus*) est un représentant des moins brillants des Curculionides brévirostres (fig. 416). Les écailles ou squames qui le couvrent lui donnent une teinte grise ou gris verdâtre; la tête, 3 raies longitudinales sur le corselet, et les intervalles lisses qui séparent les lignes ponctuées des élytres, portent des squames plus claires et plus jaunes. Lá tête est de plus sillonnée longitudinalement, le corselet quasi-cylindrique un peu renflé toutefois sur les flancs est de beaucoup plus large que long.

Mœurs, habitudes, régime. — En compagnie d'autres espèces dont il est difficile de les distinguer et avec lesquelles ils se confondent souvent, les Sitones rayés se promènent en troupe sur le sol et les plantes basses, après être sortis de leur engourdissement hivernal.

Ils paraissent choisir de préférence pour leur nourriture les Papilionacées, c'est du moins ce que nous apprenons en examinant les champs où se cultivent les Pois, les Fèves, la Luzerne et d'autres plantes fourragères voisines.

On aperçoit souvent des renflements annulaires, soit autour des cotylédons des plantules de ces végétaux, soit autour des feuilles tendres de plantes plus âgées. Ce changement que l'ignorant pourrait attribuer à un état normal à cause de la régularité de l'anneau, est causé par la dent affamée de nos Sitones, qui favorisés par la végétation exubérante des jeunes plantes, dont ils n'épargnent ni les cotylédons, ni les ti-

gelles, a ainsi provoqué un afflux de sève extraordinaire et circonscrit.

Ces enfants des zones froides restent, sous le rapport de la beauté de la coloration, bien en arrière de leurs proches parents des îles Philippines et de la Nouvelle-Guinée. Dans ces dernières contrées, il y a de noirs *Pachyrhynchus*, au corselet et aux élytres renflés, qui sont ornés de bandes, de taches écailleuses d'un bleu d'azur, dorées ou argentées, et qui produisent à l'œil le plus bel effet.

Nous ferons remarquer à cette occasion, pour la gouverne de ceux de nos lecteurs qui auraient l'occasion de voir une grande collection de Curculionides, que, parmi les Brévirostres, ce sont les genres de l'Amérique du Sud, *Cyphus*, *Platyomus* et *Compsus*, qui renferment les espèces qui se distinguent particulièrement par la délicatesse des nuances et le vif éclat métallique de leurs écailles ou squames; ce qui, du reste, confirme ce qu'on observe généralement pour les autres familles ou les autres ordres.

LES OTIORHYNCHES — *OTIORHYN-CHUS* (1).

Die Otiorhynchinen.

Caractères. — Ces Curculionides se distinguent tous par une tête peu inclinée, non enfoncée dans le corselet jusqu'au bord postérieur des yeux et qui se termine en avant par un bec court. Celui découpé à son extrémité s'élargit sur les côtés au delà de l'insertion des antennes qui est située très en avant. Ces découpures antérieures de la tête forment des sortes de lobes et justifient les noms allemands de Charançon à lobes, Charançon à large bouche, qui ont passé dans le langage scientifique. La fossette d'insertion des antennes est située au-dessus du bord supérieur des yeux; elle est beaucoup trop courte pour loger le premier article des antennes. Le fouet antennaire se compose de 10 articles; les deux premiers sont sensiblement plus longs que larges, mais les trois derniers sont si rapprochés qu'ils se réunissent en massue terminale compacte. Le corselet, coupé droit aux deux extrémités, s'élargit au milieu; le scutellum est à peine distinct; les élytres fort dures sont plus larges que le corse-

(1) Ὠτίον, auricule; ῥύγχος, rostre, lobe.

Fig. 415.   Fig. 416.   Fig. 417.

Fig. 415 à 417. — Le Sitones rayé et quelques espèces voisines très grossis.

let, mais peu saillantes aux épaules, rétrécies chez le mâle, un peu plus élancées chez la femelle ; l'extrémité se rétrécit également davantage chez cette dernière.

Les hanches antérieures sont très rapprochées à leur insertion ; les jambes ont toutes un crochet terminal courbé et les tarses quadriarticulés se terminent par des griffes simples. Ces Charançons sont privés d'ailes.

Une coloration sombre, noire ou brune devenant parfois grise par un revêtement d'écailles, est l'apanage du genre entier ; toutefois quelques espèces favorisées sont ornées çà et là d'écailles dorées ou argentées.

Distribution géographique. — Ces Coléoptères aux formes ramassées, dont on a décrit à l'heure actuelle plus de 400 espèces, sont propres surtout à l'Europe, et représentés en outre dans la région méditerranéenne et en Asie ; de toutes les Curculionides indigènes ce sont les plus riches en espèces.

Mœurs, habitudes, régime. — Ces Curculionides, du moins les plus grandes espèces, sont en majorité dévolues aux forêts des montagnes.

L'OTIORHYNQUE NOIR.— *OTIORHYNCHUS NIGER.*
Schwarzer Dickmaulrüssler.

Cet Otiorhynque ou grand Charançon noir, comme l'appellent les forestiers, est un Coléoptère d'un noir luisant aux pattes orangées, mais dont les genoux et les antennes sont également noirs ; ses élytres sont marquées de rangées longitudinales de ponctuations creuses ; et au fond de chacune de celles-ci se trouve un petit poil gris (fig. 418 et 419).

Il se trouve presque toute l'année dans les forêts de Conifères des montagnes, sans précisément manquer tout à fait dans la plaine. Étant aptère, il est attaché au lieu qui l'a vu naître et on est sûr de le retrouver toujours

en août et plus tard là où il s'est installé une première fois, sous la mousse, sous les débris qui couvrent le sol, sous les pierres,etc., où il semble engourdi, tant il est lourd dans ses mouvements.

Quand on voit ce Coléoptère entouré dans son voisinage de débris du corps de ses semblables, on se demande si la pierre qui l'abrite est sa pierre funéraire ou si elle lui sert d'asile pendant son engourdissement hivernal. Les deux suppositions peuvent parfaitement s'accorder : notre Insecte est-il las de l'existence et cherche-t-il un lieu tranquille pour reposer enfin sa tête fatiguée, alors c'est un vieux Coléoptère qui a atteint le terme de sa vie ; veut-il seulement y passer son sommeil d'hiver, c'est que, né au sein de la terre pendant l'été, il a encore à jouir de l'air et de la liberté, avant que la saison inclémente ne le force à se traîner définitivement vers sa retraite.

Que l'hiver ait été rigoureux ou non, c'est vers la Pentecôte que nos Coléoptères sont logés en majorité dans les souches de Sapins et rongent les jeunes troncs immédiatement au-dessus du sol, surtout si à l'abri du gazon ils peuvent se livrer à leur travail en toute sécurité et sans être dérangés. Plus tard ils montent davantage et se délectent aux dépens des jeunes pousses de mai.

Grâce aux crochets terminaux de leurs jambes, ils peuvent se cramponner solidement aux branches au point que le vent le plus violent ne peut les faire tomber ; il faut faire un certain effort pour les détacher avec les doigts, auxquels d'ailleurs ils s'agripent fortement quand on les saisit.

C'est aussi en mai que se fait l'accouplement. La femelle fécondée pénètre alors dans la terre et y dépose un grand nombre d'œufs.

Les Larves aussitôt écloses attaquent les racines des Conifères en y procédant à la façon des Vers blancs, et on les trouve d'habitude réunis en petits groupes. Ces Larves ressemblent beaucoup à celles de l'*Hylobius abietis*, mais elles portent des rangées transversales de crochets épineux et leur corps est fortement velu. Comme durant l'été on trouve ces Larves simultanément à tous les degrés de développe-

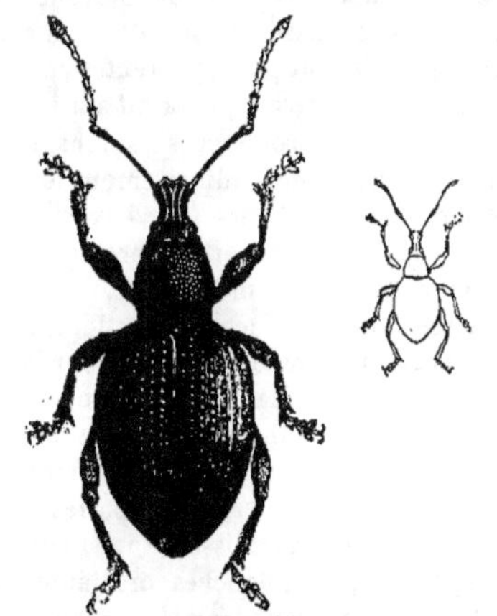

Fig. 418 et 419. — L'Otiorynque noir, de grandeur naturelle et grossi.

ment, il est évident que les Métamorphoses ne s'accomplissent pas d'une manière régulière même si elles se font dans le cycle d'une année depuis l'éclosion de l'œuf jusqu'à la sortie de l'Insecte parfait. Cette irrégularité explique l'apparition successive des Adultes qui depuis juin jusqu'en septembre viennent se joindre à ceux qui ont hiverné.

La première année, les végétaux attaqués commencent par jaunir, et la deuxième ils roussissent et meurent ; aussi est-il nécessaire de combattre à outrance la multiplication de ces Coléoptères en les recueillant et en les détruisant.

L'OTIORHYNQUE FOURCHU — *OTIORHYNCHUS SULCATUS.*

Gefurchter Dickmaulrüssler.

De nombreux Curculionides phytophages à bec lobé, qui ne sont pas aussi exclusivement solidaires de plantes spéciales, ni par conséquent aussi inféodés à leurs lieux de naissance, sont exposés à être entraînés par les inondations et à être jetés çà et là sur les rives au caprice des flots. Aussi ne faut-il pas s'éton-

ner que l'une ou l'autre de ces espèces puisse devenir néfaste à nos cultures.

Tel est l'Otiorhynque fourchu (*Otiorhynchus sulcatus*), espèce plus petite dont le corps noir est marqué irrégulièrement de taches squameuses d'un jaune grisâtre. Ce Curculionide vit sur les jeunes pousses de la Vigne, pendant que sa Larve ronge les racines des Primevères, des Framboisiers, des Saxifrages, des Cinéraires et d'autres plantes. Il est fort préjudiciable aux horticulteurs.

L'Otiorhynque à tête pointue (*O. nigrita*), semblable au précédent, mais d'un ton plus gris, et l'Otiorhynque à bec lobé (*O. picipes*), ont de même de temps à autre endommagé les jets de la vigne ou les scions greffés ; l'Otiorhynque de la Livèche ou *Bécare* (*O. ligustici*) s'est attaqué aux Pêchers de Montreuil.

Ces espèces et d'autres qui se montrent également nuisibles doivent être recueillies aussitôt qu'elles paraissent avant, que la femelle ait déposé ses œufs.

Sous le nom de Curculionides ou de Charançons verts, Ratzeburg a autrefois réuni un certain nombre de Curculionides de genres divers ayant généralement le corps revêtu d'une riche robe écailleuse vert doré, rouge cuivre ou à reflets métalliques bleus, et vivant le plus souvent sur les arbres feuillus dont ils dévorent les bourgeons.

LES PHYLLOBIUS — *PHYLLOBIUS* (1)

Die Grünrüssler.

Le classificateur comprend dans ce groupe les Brévirostres à lobes du genre *Phyllobius*, dont les antennes ont la fossette d'insertion montant presqu'au devant du milieu antérieur des yeux ; ces Coléoptères ont les élytres de forme ovale obtusément anguleuses aux épaules et abritant des ailes complètes.

Ces Charançons vivent sur différentes essences, particulièrement sur les jeunes Hêtres, dont ils criblent les feuilles de petits trous ronds tellement nombreux que les pousses nouvelles dépérissent ou meurent. Ils apparaissent en mai et juin, commettent leurs méfaits et s'accouplent ; les femelles descendent pondre dans la terre où les Larves, se nourrissant, d'après ce que l'on suppose de racines diverses

(1) Φύλλον, feuille ; βιόω, je vis.

séjournent jusqu'au printemps suivant ; elles se métamorphosent alors et les adultes sortent de terre pour grimper sur les arbres.

Les *Phyllobius argentatus* ou *Lisettes argentées* perforent les feuilles des Hêtres, des Chênes, des Bouleaux et de nos arbres fruitiers ; le *P. Pyri* perce les bourgeons des Hêtres, des Chênes et des arbres fruitiers ; le *P. calcaratus* s'en prend aux feuilles et aux bourgeons des Hêtres et des Chênes ; le *P. viridicollis* crible de trous les feuilles et les bourgeons des Chênes, des Hêtres, des Aulnes, des Trembles ; le *P. oblongus* ronge les bourgeons des Hêtres.

C'est ici que viennent encore se ranger quelques genres ailés, placés à la tête de la série, entre autres le genre *Metallites*, à bec quadrangulaire, aplati au sommet, et dont le fouet des antennes a les articles basilaires cunéiformes, ainsi que le genre *Polydrosus* à bec arrondi et à articles basilaires du fouet allongés.

Le *Polydrosus micans* perce en juin les feuilles des Chênes, des Hêtres et des Coudriers.

Le développement de ces Coléoptères vulgaires est jusqu'à présent peu connu, mais par leur robe ils se rapprochent, plus que la plupart des espèces indigènes, des formes brillantes propres aux zones torrides.

LES BRACHYCÈRES — *BRACHY-CERUS* (1)

Caractères. — Les Brachycères rappellent d'une manière singulière les Pimélies (Hétéro-

Fig. 420. — Brachycerus barbarus.

mères), par les proportions massives de leurs diverses parties et leurs couleurs sombres ; aussi du premier coup d'œil on voit qu'ils sont condamnés à se traîner lourdement et gauchement sur la terre et parmi les plantes. En y regardant de plus près, on distingue sur leurs élytres ovales ou rectangulaires des des-

(1) Βραχὺς, court ; κέρας, corne, antenne.

sins hiéroglyphiques lisses ou formant saillie (fig. 420).

La tête posée à peu près d'aplomb a le bec fort, élargi, en avant et séparé par un fort étranglement dû à un sillon transversal ; les antennes sont courtes et se replient dans une fente courbée en arc. Les yeux sont plus ou moins bordés d'un renflement surtout au sommet, ce qui rehausse la rugosité de la surface ; les rugosités sont plus apparentes encore sur le corselet transversal, qui paraît ainsi couvert d'inégalités très prononcées : sillons, bosses, épines latérales, etc. Ordinairement le corselet devient aussi lobé vers les yeux, si bien que ceux-ci semblent couverts et protégés par un abat-jour. Le scutellum manque.

Les élytres varient beaucoup dans leurs formes ; elles suivent délicatement le contour latéral du corps qu'elles enchâssent, ou forment sur les côtés un ourlet plié à angle droit ; elles s'arrondissent aux épaules et en arrière, ou forment un rectangle voire même un carré. Les pattes sont également massives, les cuisses sont singulièrement épaissies ; les hanches médianes se touchent ; les jambes sont droites, anguleuses à leurs extrémités ; les tarses étroits, cylindriques, ont les trois premiers articles épineux ou ciliés.

La carapace chitineuse du corps si épais des Curculionides est en général très dure ; mais ici elle présente un degré de résistance inconnu, une pointe d'acier trempé la traverse difficilement.

Distribution géographique. — Les Brachycères ont leurs nombreuses espèces répandues principalement en Afrique et dans la région méditerranéenne.

Mœurs, habitudes, régime. — D'après les observations de MM. Damry, Laboulbène, Baron, les Larves de ces Curculionides vivent dans les bulbes des Liliacées, celles du *Brachycerus albidentatus* habitent en Corse les bulbes de l'Ail ordinaire et de l'Échalotte (*Allium ascalonicum*) ; celles du *B. Pradieri* ont été trouvées aux Sables-d'Olonne dans les gousses de l'*Allium spherocephalum ;* celles du *B. undatus* attaquent les bulbes de toutes les espèces de Narcisses cultivés ; à Antibes elles ont détruit des collections entières. Chaque bulbe, au dire de Perris, ne contient qu'une seule Larve.

Toutes les espèces de Curculionides qui nous restent à décrire sont comprises dans la deuxième légion de Lacordaire et se caractérisent par des mandibules libres et non recouvertes

LES LIXES — *LIXUS*

Die Eleoninen.

Caractères. — Ces Coléoptères à forme singulièrement allongée et cylindrique sont doués, comme les *Larinus* leurs proches parents, de la faculté remarquable de sécréter une poussière jaune qui les recouvre et qu'ils ont le pouvoir de renouveler jusqu'à un certain point si le frottement les en a dépouillés.

Tous ces Insectes ont le corps cylindrique, le bec très long, et le sillon antennaire prolongé sous le rostre. Les yeux sont de forme ovale ; le corselet a le bord postérieur bisinué. Le scutellum manque. Les cuisses antérieures sont insérées sur des hanches écourtées et les jambes se terminent toutes par un crochet court à l'aide duquel ils se cramponnent solidement.

Distribution géographique. — Ils sont répandus sur toute la terre et leurs Larves, du moins celles des espèces indigènes vivent dans les tiges qu'ils perforent et qui appartiennent à diverses plantes.

Mœurs, habitudes, régime. — Ils ont l'habitude de se laisser choir en repliant leurs pattes s'ils soupçonnent quelque danger ou si l'on imprime la plus légère secousse à leur support, etc.; aussi est-il aisé de les recueillir dans le filet fauchoir qui imprime un brusque balancement aux parties supérieures des plantes qui les nourrissent.

LE LIXE PARALYSANT — *LIXUS PARAPLECTICUS.*

Lähmender Stengelbohrer.

Caractères. — Le *Lixus paraplecticus* est un Coléoptère conformé d'une façon toute particulière. Nos figures 421 et 422 donnent une idée de son aspect ; son corps débarrassé de la fleur qui le recouvre paraît alors être gris brun. Il a le corselet marqué de fortes ponctuations rugueuses et longuement cilié au bord antérieur vers les yeux.

Son nom lui a été donné à tort par suite d'une supposition erronée : les Chevaux seraient paralysés après avoir mangé sa Larve.

Mœurs, habitudes, régime. — Cette Larve vit en effet dans les tiges épaisses et creuses du Cumin de cheval (*Phellandrium aquaticum* ou plus récemment *OEnanthe aquatica*), con-

curremment avec celle de l'*Helodes Phellandrii* et aussi dans les tiges du *Sium latifolium* et d'autres Ombellifères aquatiques.

Si vers la floraison on examine de près, sur le bord d'un marécage, un fourré de la première de ces plantes, on peut observer çà et

Fig. 421. — **Lixe** paralysant sortant d'une tige d'Ombellifère, grandeur naturelle.

là sur les tiges quelques trous du diamètre d'un fort grain de plomb de chasse. Dans ce dernier cas, l'Insecte est déjà sorti ; mais en fendant des tiges d'apparence intacte, on trouve

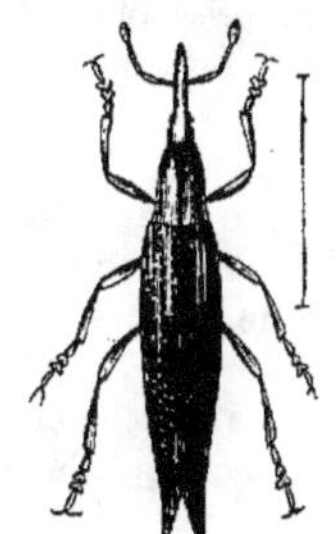

Fig. 422. — **Lixe** paralysant, grossi.

à leur intérieur, libres et isolés entre chaque nœud, des Nymphes ou des Lixes adultes récemment éclos, encore tout blancs et d'autres plus solides, prêts à sortir à leur tour. Entre chaque nœud il n'y a jamais qu'un Lixus, tandis que d'autres habitués se trouvent d'ordinaire en société plus ou moins nombreuse.

Ces Coléoptères hivernent, dans un endroit retiré, assuré à proximité d'une localité qui au printemps fournira de jeunes pousses de la plante nourricière. Taschenberg les a trouvés entièrement développés et amplement couverts de leur poussière farineuse, le 30 septembre 1872, dans une mare presque desséchée entourée de la plante hospitalière sur laquelle il les prit en masse considérable avec le filet fau-

Fig. 423. — Coque
entière.

Fig. 424. — Coque ouverte (*a*) par
le Charançon (*b*).

Fig. 425. — Coque coupée en deux
montrant le Charançon desséché.

Fig. 423 à 425. — Les Coques de Larinus ou Tréhala.

choir ; plusieurs d'entre eux étaient même solidement accouplés. D'après d'autres observateurs, l'accouplement aurait également lieu au printemps suivant.

Si sa demeure est surprise au printemps par l'inondation, le *Lixus* se sert pour se protéger d'un singulier artifice. Il descend sous l'eau en rampant le long de la plante. C'est sur la partie submergée elle-même que la femelle dépose ses œufs un à un à l'époque de l'année où un petit nombre de plantes nourricières seulement ont poussé hors de l'eau. Elle n'attend même pas la venue de celle-ci ; la nature l'a organisée de telle façon qu'elle peut effectuer sa ponte sous l'eau.

Une deuxième espèce partage seule avec celle-ci cette particularité d'avoir les élytres terminées par des pointes fourchues.

LES LARINES — *LARINUS* (1)

Caractères. — Au lieu d'avoir le corps allongé et étroit des *Lixus*, ces Curculionides ont le corps ovoïde ; leur rostre est épaissi, arrondi, un peu arqué, leurs antennes sont courtes, assez fortes, insérées, comme chez les précédents, un peu en avant du milieu du rostre ; leur prothorax moins long que large est bisinué à sa base, lobé derrière les yeux ; l'écusson est très petit ; leurs élytres ovalaires, un peu plus larges que le corselet, sont

(1) Γαρινός, gras, épais.

arrondies à l'extrémité ; ils ont comme les précédents les jambes arquées et les ongles des tarses soudés à la base.

Distribution géographique. — Ce genre comprend de nombreuses espèces (104) confinées pour la plupart dans les régions tempérées et chaudes de l'Europe, de l'Asie boréale et le nord de l'Afrique.

Mœurs, habitudes, régime. — Les *Larins* se rencontrent ordinairement sur les Carduacées qui nourrissent leurs Larves : celles du *L. maculosus* du midi de la France vivent dans les capitules de l'*Echinops ritro;* celles du *L. maurus*, également méridional, se développent dans les capitules du *Buphtalmum spinosum;* celles du *L. cynaræ* (?) habitent les têtes et les tiges des Artichauts du Midi ; celles d'une autre espèce déterminent sur les tiges d'*Onopordon* la formation de sortes de galles.

Usages. — Ce sont certaines de ces galles produites par les Larves pour avoir la facilité de se transformer en Nymphe et qui renferment encore l'Insecte adulte que l'on emploie dans la médecine orientale.

Ces galles ou plutôt ces coques, sont connues à Constantinople sous le nom de *Tricala* ou de *Tréhala*, et sont récoltées en Syrie dans le désert entre Alep et Bagdad sur les rameaux d'une espèce d'*Onopordon;* les Arabes leur donnent le nom de *Thrane*, qui se serait transformé successivement en *Thrale*, *Tréhala* et *Tricala*. Elles sont à peu près de la grosseur d'un œuf de moineau ; ovoïdes et rugueuses, de couleur blanc grisâtre. elles ressemblent aux galles employées dans la teinture (fig. 423); elles sont fixées par le côté au végétal de telle sorte que lorsqu'on les arrache, l'emplacement de la tige est occupé par une fente qui laisse voir la cavité interne ; souvent un trou rond (fig. 424) percé à une extrémité indique que l'Insecte adulte a pris son essor.

Concassées avec l'Insecte qu'elle renferme (fig. 425), ces coques sont traitées par l'eau bouillante, à la dose de 15 grammes par litre d'eau, et l'on prescrit en Turquie et Syrie cette décoction aux malades atteints d'affection des organes respiratoires, notamment de bronchites catarrhales. De saveur sucrée, les Tréhala ne se dissolvent pas entièrement dans l'eau à la température ambiante; elles renferment du sucre réductible, de l'amidon et une substance albuminoïde ; elles mériteraient une étude plus approfondie.

LES HYLOBIES — *HYLOBIUS* (1)

Die Hylobiinen.

Caractères. — Ces Curculionides se distinguent entre tous, par la structure des crochets des tarses qui sont libres; par leurs antennes attachées sur un rostre massif arqué et plus long que la tête, et insérées auprès de la bouche (fig. 428); par leur prothorax rugueux et assez fortement échancré inférieurement; par leur scutellum plan, en triangle curviligne. Ils ont les élytres calleuses avant leur déclivité postérieure ; les cuisses épaisses porteurs de dents en dessous ; les jambes terminées chacune par un fort éperon ; ces éperons permettent à ces lourds Coléoptères de se cramponner si solidement, qu'il devient difficile et même douloureux de les détacher des doigts qu'ils ont saisis.

Distribution géographique. — Ce sont des Insectes répandus principalement dans les régions froides ou tempérées de l'hémisphère boréal; l'Europe possède plusieurs espèces des plus nuisibles.

Mœurs, habitudes, régime. — Les *Hylobius* vivent aux dépens des Conifères qu'ils épuisent en aspirant à l'époque de la montée de la séve le suc des jeunes pousses ; d'autant mieux que à séve ainsi amorcée s'écoule par les nombreux trous pratiqués ; l'écorce se tuméfie et la

(1) Ξύλον, bois; βιόω, je vis.

branche meurt. Ce sont les pépinières ou les plantations qui sont attaquées de préférence par ces Curculionides. Nous avons figuré ci contre les deux espèces qui dans l'aménagement des forêts sont considérées comme les dévastateurs les plus redoutables.

LE GRAND CHARANÇON DU SAPIN — *HYLOBIUS ABIETIS.*

Grosser Fichtenrüsselkäfer

Caractères. — Le grand Charançon ou Hylobius brun des Sapins (*Hylobius abietis*) a une prédilection spéciale pour le Sapin, et se distingue par sa grande taille à laquelle il doit son nom, par sa coloration, au fond brun-marron marqué de taches en bandelettes formées par des brosses de poils jaunes de rouille (fig. 426 et 427).

Mœurs, habitudes, régime. — L'époque principale, à laquelle l'Insecte prend son essor et s'accouple sont les mois de mai et de juin; toutefois on trouve encore quelques couples isolés en septembre; mais à partir de cette époque la femelle ne s'occupe plus de sa couvée. Quand nous parlons du moment où un Insecte prend son essor nous voulons désigner le moment de son apparition générale, sans prétendre qu'il ne vole plus çà et là.

Notre Coléoptère vole en plein soleil, et se transporte au loin pour vaquer aux soins de sa reproduction et rechercher les endroits appropriés à son régime ; dès qu'il n'a pas atteint son but, on le voit se traîner pesamment vers un jeune tronc ou grimper sur une branche, puis s'arrêter et se mettre à dévorer.

Comme nous le disions, c'est un dévastateur des plantations, car il ne peut entamer la rude et épaisse écorce des vieux arbres, mais ronger seulement par place les écorces plus minces. A la suite des blessures faites, la résine exsude, se durcit et donne au tronc ou à la branche un aspect galleux peu agréable; mais bientôt les aiguilles jaunissent et l'arbre entier ne tarde pas à mourir.

Pour s'accoupler le mâle grimpe sur la femelle, et tous deux restent longtemps dans cette posture sous laquelle ils se montrent partout sur les troncs, les bûches, etc. L'acte accompli, ils cessent de manger et le mâle ne tarde pas à mourir, la femelle succombe seulement après avoir effectué sa ponte.

Les œufs d'un blanc sale sont déposés dans les fentes de l'écorce des souches et souvent

Fig. 428.

Fig. 429.

Fig. 426.

Fig. 427.

Fig. 430.

Fig. 426. — Adulte de grandeur naturelle.
Fig. 427. — Adulte très grossi.
Fig. 428. — Rostre de profil très grossi.

Fig. 429. — Larve grossie
Fig. 430. — Nymphe grossie.

Fig. 426 à 430. — Le grand Charançon des Sapins.

sur les nodosités des racines qui font saillie hors du sol, particulièrement au point de section des racines des arbres abattus. Il en résulte que les grandes coupes de Pins et de Sapins qui s'étendent sur une grande surface constituent le milieu le plus favorable pour la reproduction de ce Coléoptère, plutôt que celles qui n'occupent qu'un espace restreint.

Les Larves éclosent environ deux ou trois semaines après, se creusent jusqu'à l'aubier des galeries de plus en plus grandes en rapport avec leur accroissement, perforent même l'aubier sous les écorces légères et poursuivent les ramifications des racines jusque dans la terre, à une profondeur de 64 centimètres au-dessous de la surface du sol.

Finalement à l'extrémité élargie de la galerie se trouve la Nymphe renfermée dans une coque formée de sciure de bois. Nous n'ajouterons pas un mot de plus sur celle-ci ni sur la Larve qui sont figurées toutes deux (fig. 429 et 430).

Le développement n'a pas une régularité qui permette d'en préciser la durée d'une façon rigoureuse; car on trouve en hiver à la fois des Larves, des Nymphes et des Insectes parfaits, soit dans des trous pratiqués par d'autres Insectes, soit dans la terre. On peut admettre soit une génération annuelle, soit une génération bisannuelle; les deux suppositions peuvent être vraies. En effet, si les couvées sont dans une même localité soumises selon les

années à une variation de quelques degrés dans la température moyenne annuelle, il en résulte que les conditions locales sont favorables ou contraires, et peuvent influencer sensiblement leur développement en l'accélérant ou le retardant. Les pontes sont alors plus ou mois précoces ou tardives.

Ainsi que nous l'avons vu, ce n'est point la Larve, mais l'Insecte parfait qui se signale par ses dégâts et entraîne la mort des jeunes plantes qu'elle ronge; mais il est aussi préjudiciable parce qu'il prépare les voies au petit Charançon des Pins; et chacun d'eux de son côté poursuit son travail de destruction.

Nous avons indiqué les marques les plus sensibles de ces dégâts ; mais notre Coléoptère ronge aussi les bourgeons et entrave leur développement, s'attache aux pousses de mai que le vent brise facilement à la moindre entaille, et s'en prend même aux jeunes bourgeons des Bouleaux, des Alisiers et des Sorbiers.

Moyens de destruction. — La manière la plus efficace de prévenir le fléau est de laisser en friche les clairières qui résultent des coupes et d'attendre deux ou trois années avant de procéder à de nouvelles plantations. Car la génération précédente n'existant plus dans les souches des arbres abattus, les Coléoptères qui en proviennent sont forcés par suite de manque de nourriture de se mettre en quête d'autres localités. Cette précaution a été pleinement couronnée de succès dans le

Harz ; il en est d'autres que nous passerons sous silence parce que nous n'écrivons pas ici pour les Forestiers. Signalons toutefois en passant un moyen de destruction des plus sûrs de l'Insecte parfait. On utilise comme piège des fragments d'écorce et des fagots que l'on répand et que l'on ramasse le lendemain de bonne heure ou le soir dans les dernières heures de l'après-midi. On y trouve alors entassés les Curculionides qui affectionnent beaucoup ces débris. Il vaut mieux se servir de l'écorce du Pin que de celle du Sapin qui se dessèche beaucoup plus vite que la première. On plie en dedans les plaques d'écorce et on les étend la face interne contre le sol où on la fixe par une pierre posée sur l'un des bouts.

Dans le royaume de Saxe on recueillit, en 1855, dans toutes les forêts de l'État 6,703,747 individus de notre *Hylobius* et les frais se montèrent à 1933 thalers et 20 1/2 silbergroschen ; l'année précédente, on avait ramassé, du 1er mai au 15 juillet, 7,043,376 Coléoptères au prix de revient de 2001 thalers, 6 1/4 silbergroschen. La journée la plus productive fut le 30 mai.

LE PETIT CHARANÇON DU SAPIN — *HYLOBIUS PINASTRI.*

Kleiner Fichtenrüsselkäfer

Le petit Charançon ou Hylobius brun du Sapin (*Hylobius pinastri*) est de moitié plus petit et se reconnaît à ses poils d'un jaune plus pâle formant plutôt des taches que des bandes.

D'après le conseiller des forêts Kellner, il se trouve abondamment dans les forêts de la Thuringe (1 petit sur 6 gros Hylobius), il est fort nuisible comme le précédent ; toutefois l'aisance de son vol lui permet de se tenir sur des arbres élevés ; en cela il se distingue encore du grand *Hylobius.*

LES PISSODES — *PISSODES* (1)

Caractères. — Les Pissodes sont des Curculionides de petite et de moyenne taille, couverts de rugosités qui diffèrent des Hylobius par leurs antennes attachées sur le milieu du rostre, par leur scutellum arrondi et proéminent, et par leur prothorax qui n'est que faiblement échancré en dessous sur son bord antéro-inférieur.

(1) Πισσώδης, qui produit de la poix.

Kleiner Kiefernrüsselkäfer

Le petit Charançon des Pins ou Pissodes à points blancs (*Pissodes notatus*) se présente à nous comme un deuxième et plus redoutable dévastateur des cultures forestières.

Caractères. — La coloration du corps est brune tirant tantôt sur le jaune, tantôt sur le rouge. Quelques bouquets de poils légers, presque blancs, ornent le corselet et se groupent sur le milieu des élytres par grandes taches et postérieurement sous forme de bandes. Ces pâles dessins ne sont pas toujours identiques par suite du frottement qui a pu détacher des bouquets de poils. Très fréquemment ces poils ou squames disparaissent complètement par l'usure chez de vieux Coléoptères ; le temps imprime donc son cachet au vieil Insecte et la calvitie le rend fort différent du Charançon jeune et fraîchement éclos (fig. 431 et 432).

Notre *Pissodes notatus* se laisse distinguer de plusieurs de ses congénères par l'irrégularité des ponctuations qui marquent ses élytres. En effet ces ponctuations disposées en raies longitudinales deviennent beaucoup plus grosses et presque carrées sur le milieu des élytres, contrastant ainsi avec les points plus petits et arrondis qui les entourent.

Mœurs, habitudes, régime. — De même que le grand Hylobius brun, ce petit Coléoptère paraît aussi en mai, mais toutefois en nombre plus considérable et avec une aire d'extension plus vaste.

Il cherche sa nourriture sur le Pin sylvestre et sur le Pin de Weymouth, dans l'écorce desquels il introduit son bec, en n'y puisant cependant qu'une faible ration alimentaire tout en occasionnant de nombreuses plaies. Celles-ci ressemblent à de grossières piqûres d'aiguilles et donnent lieu à cette exsudation résineuse qui donne un aspect galeux à la surface.

D'habitude il s'attaque aux plants de quatre à huit ans, et si ceux-ci lui font défaut il s'en prend aussi à de plus âgés, mais jamais à des arbres de trente ans environ. Si le temps chaud devient stable, la vitalité du Coléoptère augmente et l'accouplement a lieu. Au moment de la ponte les Hylobius et les Pissodes se conduisent d'une façon fort différente. Ici la femelle ne recherche pas seulement des troncs

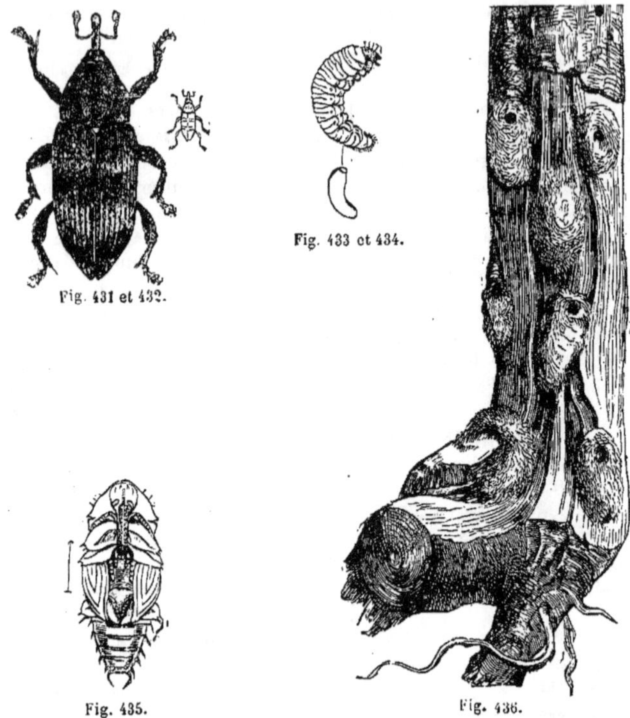

Fig. 433 et 434.

Fig. 431 et 432.

Fig. 435.

Fig. 436.

Fig. 431. — L'Adulte, de grandeur naturelle.
Fig. 432. — L'Adulte, très grossi.
Fig. 433, 434. — Larve, de grandeur naturelle et grossie.

Fig. 435. — Nymphe, grossie.
Fig. 436. — Souche de Pin écorcée en partie pour montrer les galeries des Larves et les Cocons.

Fig. 431 à 436. — Le Pissodes ponctué des Pins.

maladifs de quinze à trente ans, ou des arbres rabougris plus âgés, mais encore des troncs vigoureux et exceptionnellement des souches, des racines ou des bois coupés et amassés.

Les galeries de la Larve sont ordinairement établies au-dessous des premières branches ou un peu au-dessus. Elles serpentent irrégulièrement, en décrivant des circonvolutions peu prononcées, deviennent de plus en plus larges et prennent sous l'écorce une direction descendante à mesure qu'elles s'étendent plus loin (fig. 436).

L'espace n'est point vide dans ces galeries; il est rempli de débris conglomérés, affectant la forme de boudins; et mouchetés de brun et de blanc. A l'extrémité de ces boyaux, la Larve, si l'écorce est mince, se creuse dans la profondeur du bois une cavité ovoïde qui dans les petits troncs pénètre même dans la moelle, et

dans cette retraite se confectionne avec de fins copeaux qu'elle a fabriqués une sorte de coque ayant l'aspect d'un amas de charpie (fig. 436) et dans lequel elle se transforme en Nymphe (fig. 435).

Celle-ci, après un repos de quelques semaines seulement, donne le jour au Coléoptère qui le plus souvent se fraie un passage en automne par un trou qui semble foré par un grain de plomb, et se retire pour passer l'hiver à la base des troncs, dans les fentes de l'écorce, parmi la mousse, ou les feuilles tombées.

Par suite de l'irrégularité dans la marche du développement, il reste toujours quelques Larves et Nymphes au fond de leur retraite. On a même trouvé des Larves isolées dans des cônes de l'année précédente provenant de Pins chétifs.

Comme ce Coléoptère dépense toute son activité à ronger un seul et même arbre, auquel il confie en outre sa progéniture, il devient rapidement nuisible surtout aux jeunes plants, et d'autant plus que d'autres vermines l'aident dans ses déprédations ; aussi faut-il avoir sans cesse l'œil sur lui. La vigilance exige que l'on enlève au fur et à mesure les plants attaqués qui paraissent condamnés.

Le genre *Pissodes* touche de près aux élégants *Heilipus* de l'Amérique du Sud, dont ils sont comme les représentants dans les zones froides de l'hémisphère boréal.

Il est encore toute une série d'espèces du même genre qui intéressent le forestier ; mais leur distinction trop minutieuse nous entraînerait au delà des limites que nous nous sommes tracées.

LES APIONS — *APION* (1)

Die Apioninen.

Les Apions (*Apion*) sont de charmants petits Coléoptères, qui se trouvent partout et demeurent souvent inaperçus à cause de leur petitesse ; quelques-uns se rencontrent toute l'année, car, revenus de leur engourdissement hibernal, plusieurs d'entre eux grimpent sur les buissons aussitôt qu'ils se revêtent de leur verdure pour en redescendre avec la chute des feuilles et reprendre leur sommeil d'hiver ; d'autres fréquentent les plantes basses dont ils se nourrissent ainsi que leurs Larves.

Caractères. — Le corps est pyriforme, plus gros en arrière, aminci en avant où il se termine en un rostre mince et cylindrique qui semble plus long et plus grêle chez la femelle que chez le mâle ; près de la base ou vers le milieu du bec sont insérées des antennes claviformes et non coudées. Le corselet toujours plus long que large est tout à fait cylindrique ou un peu conique ; le scutellum ne forme qu'un point. Les cuisses sont en massue et inermes ; chez quelques espèces les hanches postérieures peuvent être plus épaisses que les antérieures ; les jambes sont droites et les tarses longs, les élytres sont fortement sillonnées. Le deuxième anneau de l'abdomen, séparé seulement du premier par une suture droite très délicate, égale en longueur les deux suivants pris ensemble. Le corps n'est pas orné de

(1) Ἄπιον, poire, par allusion à leur forme.

dessins, mais, le plus souvent, possède un éclat métallique bronzé, noir, bleu ou vert ; quelques espèces sont rouge minium. Cette uniformité d'aspect jointe à une grande petitesse rend la distinction des espèces parfois très difficile.

Distribution géographique. — Les Apions comptent parmi eux plus de 400 espèces réparties sur toute la terre.

Mœurs, habitudes, régime. — Beaucoup d'entre elles sont fort nuisibles, parce que leurs Larves s'attaquent à nos plantes cultivées.

L'APION DU TRÈFLE. — *APION APRICANS*.

Sonneliebendes Spitzmäuschen.

Caractères. — L'*Apion apricans* a le bec faiblement courbé, d'une épaisseur égale dans toute sa longueur, portant les antennes insérées au milieu ; le corselet rétréci en avant est fortement ponctué ; les élytres ovoïdes, globuleuses, sont parcourues de stries ponctuées avec les intervalles légèrement bombés. Ce petit Coléoptère est noir luisant ; la base des antennes, les jambes antérieures, les cuisses des autres pattes sont jaune orangé ; les genoux de toutes les pattes sont noirâtres ainsi que les tarses (fig. 437).

Mœurs, habitudes, régime. — Après l'hibernation a lieu l'accouplement, à la suite duquel la femelle pond plusieurs œufs sur l'inflorescence du Trèfle et sans doute d'autres Trifoliées. Les petites Larves qui atteignent 2 mill. au plus mangent les graines tendres et vertes à peine formées ; perçant le calice, elles rongent une semence, puis elles attaquent une graine voisine et ainsi de suite ; trois ou quatre d'entre elles suffisent pour dévorer toutes les semences d'une tête de Trèfle, qui prend tout à fait l'aspect trompeur de la maturité. A l'époque de la première fenaison, les Larves devenues adultes passent à l'état de Nymphe au milieu des fleurs du capitule. On ignore si, dans une même année, une deuxième génération peut accomplir toutes ses phases.

L'*Apion assimile* et l'*A. trifolii* ont tous deux les mêmes mœurs et l'on sait que beaucoup d'autres espèces vivent d'une manière toute semblable aux dépens des graines de Papilionacées, ou s'introduisent dans les tiges.

Ainsi l'*Apion Craccæ* dévore les graines du *Vicia cracca*, mauvaise herbe qui pullule en maint endroit; l'*Apion ulicis* ronge celles de l'*Ulex europæus*; l'*Apion Sayi* de l'Amérique attaque les semences du *Baptisia tinctoria*; l'*Apion flavipes* vit dans les capitules du Trèfle blanc de Hollande et l'*A. livescerum*, dans ceux du Sainfoin; l'*Apion ulicicola* provoque sur l'*Ulex*

Fig. 437. — L'Apion de Trèfle.

nanus la formation de galles dans lesquelles la Larve hiverne et passe à l'état de Chrysalide; l'*Apion radiolus* perce les tiges des Malvacées (*Malva*, *Althæa*, *Lavatera*) et s'y transforme en Nymphe. Les Larves que l'on a observées se ressemblent tellement, que ce n'est qu'avec peine et à l'aide du microscope que l'on arrive à les distinguer.

Les mœurs des nombreuses espèces qui vivent sur les arbustes nous sont encore inconnues.

LES ATTELABINES. — LES RHYN-CHITINES

Die Attelabinen, Die Rhynchitinen.

Aux Apions se rattachent les Curculionides à antennes droites, non coudées. Quelques espèces présentent le plus vif intérêt, car la femelle assure la destinée de sa progéniture avec un soin et une prévoyance extrêmement rares parmi les Coléoptères.

Pour procurer le nécessaire à sa couvée, la femelle atteint son but en faisant subir les préparations les plus diverses aux parties végétales destinées à ses enfants pour arrêter la sève et les obliger à se faner. Elle nous apprend ainsi que la nourriture des Larves, ainsi fanée ou desséchée, ne doit plus être humectée que légèrement et tout au plus par l'humidité atmosphérique.

L'exposé ultérieur de plusieurs cas déterminés et les habitudes spéciales aux espèces confirmeront et éclairciront davantage ce que nous venons de dire.

LES APODÈRES — *APODERUS* (1)

Caractères. — Le bec gros et court inséré comme une bosse au devant de la tête porte à

(1) "Απο, avec; δέρη, cou.

sa partie supérieure des antennes en massue, non pliées; en arrière des yeux proéminents, la tête présente un étranglement qui se prolonge en un collier conique. Le scutellum est grand, transversal; les élytres droites, plus larges que le corselet et échancrées pour loger l'écusson, s'arrondissent en arrière en laissant à découvert l'extrémité abdominale. Les hanches antérieures saillantes se touchent, les postérieures restant écartées; les cuisses en massue sont inermes; les jambes tantôt droites tantôt courbes se terminent par un crochet chez le mâle et par deux crochets chez la femelle; enfin l'article terminal des tarses porte deux crochets réunis à la base. Les deux premiers anneaux abdominaux sont soudés entre eux.

Distribution géographique. — Ces Insectes sont des habitants de l'ancien continent, on en compte actuellement près de 80 espèces.

L'APODÈRE DU NOISETIER. — *APODERUS CORYLI.*

Hasel-Dickkopskäfer.

Caractères. — L'Apoderus du Noisetier (*Apoderus Coryli*) est un petit Coléoptère d'un noir brillant, aux élytres rouges à leur partie antérieure ainsi que dans les intervalles rugueux qui séparent les stries longitudinales ponctuées, aux cuisses de même nuance excepté aux extrémités. Il est long de 6 1/2 à 9 millim. (fig. 439).

Distribution géographique. — Ce Coléoptère est commun dans toute la France et l'Allemagne, il est tout aussi répandu dans le Nord, même en Suède.

Mœurs, habitudes, régime. — Dans certaines années il se montre au milieu de mai (et même dès la fin d'avril) sur les Noisetiers, sur les basses futaies de Chênes, d'Aulnes, de Hêtres, de Charmes, tant que ces arbres restent sous forme de taillis.

Ses dégâts sur les arbres qu'il ronge, sont insignifiants; par contre les petits rouleaux confectionnés par la femelle qui rappellent assez bien par leur forme un rouleau de monnaie, frappent le regard; attachés par deux ou trois et quelquefois en plus grand nombre sur une large feuille, ils dénotent la laborieuse industrie que la femelle déploie pour amasser des provisions alimentaires. Dans certaines forêts où manquent complètement les deux dernières essences (Hêtre et Charme), on voit souvent les grandes feuilles des rejetons de Chêne presque entièrement converties en rouleaux.

par cette espèce et par une autre l'Attelabe dont nous parlerons bientôt, jusqu'à ne laisser qu'une très faible partie du limbe foliaire.

La femelle procède de la manière suivante : elle coupe transversalement et à quelque distance du pétiole, un des côtés de la feuille, y compris la nervure médiane, puis un peu plus loin, et suivant la même direction, continue la section jusqu'au bord de la feuille.

La feuille, qui alors n'est plus suspendue que par la partie où la section a été interrompue, ne tarde pas à se faner; elle est ensuite enroulée de telle sorte que la nervure médiane reste disposée dans le sens de la longueur. Les deux extrémités du rouleau sont repliées en dedans; il est donc fermé en haut par un rebord de la partie coupée et en bas par des plis faits avec l'extrémité naturelle de la feuille. Dans les plis du rouleau, surtout ceux de l'extrémité, se trouve un petit œuf de couleur ambrée; quelquefois il y en a 2 et même 3 qui sont pondus séparément dans le rouleau et avant que la mère ait mis la dernière main à son œuvre.

Il va de soi que la femelle est obligée de construire nombre de rouleaux et d'y employer un temps considérable, les œufs devant être pondus isolément et à des intervalles de plusieurs semaines. Si durant la seconde moitié de mai le temps est chaud et calme, le travail s'exécute rondement et les rouleaux se multiplient à vue d'œil.

L'intérieur du rouleau sec ou humecté tout au plus par la pluie ou la rosée, sert de nourriture à la Larve qui en convertit entièrement le contenue en excréments vermiculaires filiformes de couleur noire. Dans la plupart des cas le rouleau suspendu et mal nourri est destiné à tomber avant que la Larve ne soit adulte. Taschenberg a encore trouvé, le 25 avril 1872, des Larves bien développées dans des rouleaux qu'il avait recueillis en septembre 1871 et qu'il avait conservés sur du sable suffisamment humide; d'où l'on peut conclure que c'est dans cette même enveloppe qu'elles passent à l'état de Nymphe.

Quoiqu'un grand nombre de feuilles encore amplement garnies de rouleaux fussent restées suspendues jusqu'après l'hiver sur des broussailles, il lui fut impossible d'en trouver pareillement une seule sur les taillis de Chêne, ni sur le sol.

L'opinion de Ratzburg d'après laquelle une génération d'été serait déjà arrivée à terme en août pour procéder de suite à l'enroule-

ment : d'après laquelle les jeunes Larves d'une deuxième génération passeraient l'hiver dans le rouleau, ne doit, si elle est exacte, se rapporter qu'à des cas exceptionnels.

Taschenberg n'a jamais trouvé dans les buissons, des rouleaux marqués de trous de sortie, mais il en a vu un grand nombre restés intacts, nullement rongés dans l'intérieur desquels l'œuf n'était pas arrivé à son développement normal.

Ne serait-il pas rationnel d'admettre aussi que la matière alimentaire offerte à la Larve après l'hiver doit être sensiblement différente de celle que fournissait desséchée pendant l'été?

La Larve couleur de jaune d'œuf est si fortement courbée qu'elle semble pliée en deux; les renflements des trois premiers anneaux passent en dessous, ceux des 3 — 6 anneaux sont surtout plus saillants à la partie dorsale que sur le reste du corps et sont marqués de poils sétacés. La tête, d'un gris brun, plus foncée dans les parties buccales, est un peu tranchante et s'avance obliquement. Comme son corps est fortement courbé, sa longueur totale de 11 millimètres est peu apparente.

L'APODÈRE AU LONG COU. — *APODERUS LONGICOLLIS.*

Langhalsiger Dickkopfrüssler.

Certaines espèces exotiques qui se rapprocheraient beaucoup de notre espèce, n'était la longueur démesurée du cou chez le mâle. Nous

Fig. 438. — L'Apodère au long cou.

figurons (fig. 438) l'*Apoderus longicollis*, espèce javanaise, dont Fabricius qui ne connaissait pas la femelle au cou normal avait fait une espèce distincte en introduisant dans la science le nom d'*Apoderus cygnus* pour le désigner : et de fait, eu égard à la longueur du cou, c'est un cygne dans toute la force du terme. Je n'ai pas

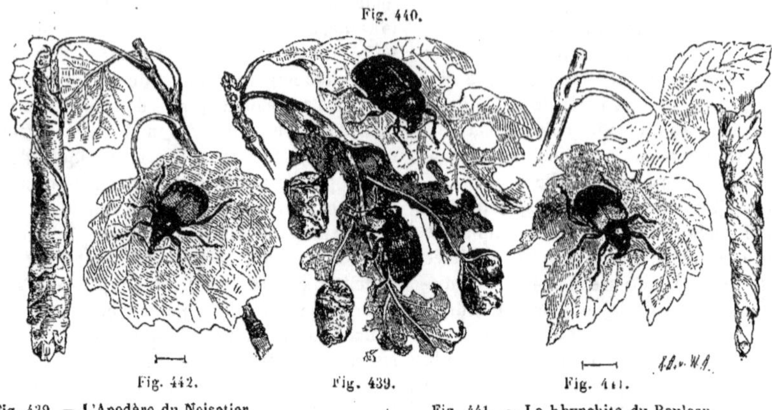

Fig. 440.

Fig. 442.   Fig. 439.   Fig. 441.

Fig. 439. — L'Apodère du Noisetier.
Fig. 440. — L'Attelabe curculionide.

Fig. 441. — Le Rhynchite du Bouleau.
Fig. 442. — Le Rhynchite du Peuplier.

Fig. 439 à 442. — Les Apodères et les Rhynchites rouleurs de feuilles.

cru me pouvoir dispenser de mentionner cette particularité extraordinaire.

LES ATTELABES — *ATTELABUS* (1)

Caractères. — Le rostre est un cylindre épais, élargi en avant, presque aussi large que la tête ; il porte à sa base, vers la partie supérieure et insérées dans une fossette profonde des antennes non coudées, et terminées par une massue de 3 articles ; la tête qui est sans étranglement postérieur, est allongée en arrière des yeux et de forme cylindrique ou conique. Le corselet est hémisphérique, arrondi sur les côtés et comme poli ; le scutellum est presque quadrangulaire. Les élytres, à contours également quadrangulaires, fortement bombées en dessus, plus larges que le corselet, arrondies en arrière et calleuses aux épaules, laissent l'extrémité de l'abdomen à découvert. Les cuisses sont épaisses ; les jambes sont arquées ou droites, munies à l'extrémité d'un crochet simple ou double suivant les sexes ; les antérieures sont dentées en scie sur le côté interne.

Distribution géographique. — Les Attelabes ont une répartition géographique très étendue ; leurs quatre-vingt et quelques espèces habitent les deux hémisphères.

(1) Ἀττέλαϐος, nom d'un insecte chez les Grecs.

L'ATTELABE CURCULIONIDE. — *ATTELABUS CURCULIONOIDES.*

Afterrüsselkäfer.

Caractères. — L'Attelabe curculionide (fig. 440), ressemble par sa conformation et ses mœurs à l'Apodère du Noisetier (fig. 439), mais se distingue à première vue par sa forme ramassée et même presque hémisphérique à la face supérieure.

Ce Coléoptère est d'un noir brillant, avec le corselet et presque toujours les antennes ainsi que les élytres rouges ; celles-ci ont leur surface légèrement marquée de stries ponctuées rugueuses avec les intervalles plus finement ponctués.

Mœurs, habitudes, régime. — On le trouve de mai en juin sur les touffes de Chêne, où la femelle, comme chez l'espèce précédente, confectionne un rouleau pour chacun de ses œufs.

Si on les récolte tous deux, pensant n'avoir que des rouleaux d'*Apoderus*, en voyant les différences que présentent les Larves, il est facile de s'apercevoir que l'on a affaire à **deux** espèces.

En effet cette Larve d'Attelabe a tous ses anneaux marqués de rugosités transversales très velues ; la tête est profondément enchâssée dans le premier anneau qui est grand et carré à sa face dorsale ; la couleur du corps n'est **pas** jaune, mais d'un blanc sale.

Taschenberg rapporte que le 30 juin il

trouva quelques-uns de ces Coléoptères occupés à terminer leurs rouleaux ; ayant emporté quelques-uns de ceux qui étaient achevés, il n'y rencontra qu'un ou même deux œufs d'un jaune verdâtre. Ayant recueilli de rechef de ces cylindres dans la deuxième moitié de septembre, il reconnut, en les examinant le 6 novembre, qu'ils avaient un trou de sortie, parce que la Larve avait pénétré dans le sable sous-jacent pour y subir sa Métamorphose. Il résulte de cette observation qu'il y a une certaine différence dans les mœurs des deux espèces ; la Larve de l'Attelabe entrant dans la terre pour s'y transformer.

LES RHYNCHITES — *RHYNCHITES* (1)

Die Rhinomacerinen.

Les trois espèces susnommées ne sont pas les seules qui déploient leur intelligence à construire une habitation pour leurs Larves. On connaît un certain nombre d'autres Charançons, qui sont appelés les *rouleurs de feuilles*, bien que tous leurs congénères ne soient pas aptes à opérer un tel travail.

Caractères. — De même taille que les Coléoptères précédents ou parfois plus petits, les Rhynchites sont dépourvus de dessins et ont généralement un éclat métallique ou bronzé, bleu, vert ou cuivré.

La tête plus ou moins allongée, cylindrique ou conique, n'a presque jamais d'étranglement en forme de cou ; les yeux sont assez gros, insérés à la base du rostre qui est plus ou moins allongé, ordinairement courbé et porte sur le milieu environ de sa longueur des antennes non coudées à articles lamelleux, dont les trois derniers forment une massue allongée. Le corselet transversal se rétrécit en avant et en arrière ; le scutellum est assez grand. Les élytres toujours plus larges que le corselet, sont courtes et laissent l'extrémité de l'abdomen à découvert. Les hanches sont renflées légèrement en massue, les antérieures se touchent, les autres restent séparées.

Distribution géographique. — Les Rhynchites, au nombre d'environ 80, sont répandus sur toute la terre, l'Australie exceptée, avec une prédilection marquée pour l'hémisphère boréal.

Mœurs, habitudes, régime. — Ces Coléoptères aiment à voler en plein soleil et se laissent

(1) Ῥύγχος, bec.

tomber comme morts en repliant leurs membres à votre approche ou lorsqu'on imprime quelques secousses au rameau qui les supporte, ou même s'ils remarquent quelque chose qui les inquiète. Aussi on ne peut les recueillir qu'en usant d'une grande précaution : on place au-dessous d'eux un récipient pour les recevoir lorsque l'on cherche à les saisir.

LE RHYNCHITE DU BOULEAU. — *RHYNCHITES BETULETI.*

Stahlblauer Rebenstecher.

Caractères. — Le Rhynchite bleu d'acier du Bouleau, le Fabricant de cornets, le Tourneur, le Fabricant de sifflets, etc. (*Rhynchites betuleti*) est bleu, quelquefois vert doré, brillant et lisse. Le bec n'atteint pas la longueur de la tête et du corselet réunis. La tête est concave entre les yeux ; la longueur du corselet égale le milieu de sa largeur, il est, ainsi que les élytres, couvert de fines ponctuations mais sans rugosités ; il est faiblement comprimé en avant et porte la trace d'un sillon longitudinal ; le mâle est pourvu d'une épine thoracique latérale dirigée en avant (fig. 441).

Mœurs, habitudes, régime. — Ce Coléoptère enroule souvent plusieurs feuilles ensemble sur les arbres et arbrisseaux les plus divers. Il paraît en mai-juin dans les bois sur les Hêtres, les Peupliers, les Tilleuls, les Saules, les Bouleaux, les Peupliers du Canada, les Poiriers, les Coignassiers et la Vigne. Comme il recherche pour sa nourriture les parties tendres et herbacées de ces végétaux, et de jeunes feuilles pour construire le berceau de sa progéniture, ces besoins paraissent être la raison du choix de résidences si diverses.

C'est parce qu'il entame les jeunes pousses dont l'extrémité ne tarde pas à se flétrir qu'il peut occasionner les plus grands dégâts sur les Poiriers et tout particulièrement sur la Vigne, s'il se trouve en grande quantité.

S'il ne rencontre pas de jeunes feuilles, il se met aussi à tracer avec son bec des lignes étroites à la partie supérieure des feuilles en enlevant au fur et à mesure la cuticule et la partie verte pour ne laisser que la membrane inférieure.

Les rouleaux en forme de cigare construits par lui peuvent être faits de diverses manières : les feuilles relativement petites des Saules, Hêtres, Poiriers, sont réunies plusieurs ensemble, mais une seule des larges feuilles de la

Vigne ou du Coignassier lui suffisent pour faire son rouleau.

La piqûre des jeunes pousses, ou si elle ne réussit pas, celle des pétioles de feuilles provoque un arrêt dans la circulation de la sève et un commencement de la flétrissure de la feuille qui se prête mieux alors à la confection du rouleau.

Nous ne croyons pas pouvoir nous dispenser de reproduire ici les intéressantes observations de Nordlinger : « Le 12 juin 1856, à neuf heures et demie du matin, rapporte notre auteur, nous aperçûmes un Rynchite sur un peuplier du Canada. Le soleil donnait, mais l'air était animé par la bise pendant que notre Coléoptère se tenait sur un rejet.

« Celui-ci affectionne beaucoup cet arbre pour son travail, parce que les feuilles n'y sont pas trop éloignées les unes des autres et, peut-être, parce qu'elles lui échappent moins facilement pendant l'opération dans leur mouvement d'accroissement.

« Le Rhynchite était une femelle, car il lui manquait les deux épines thoraciques, — le mâle d'ailleurs est d'une taille beaucoup plus petite. — « Notre Coléoptère courait affairé sur plusieurs feuilles terminales penchées et un peu fanées : conséquence du travail exécuté de bonne heure le matin, ou même déjà dans le courant de la journée, et consistant dans la piqûre pratiquée habilement dans le pétiole afin d'arrêter la sève. C'est indubitablement dans ce but et pour le rendre par suite plus flexible, qu'il a entaillé le rejeton dans toute sa longueur de crénelures serrées et transversales quoique légères.

« Le rejeton ainsi approprié à la construction du rouleau par suite de l'arrêt de sève, consistait en plusieurs feuilles, dont la première complètement développée, encore assez fraîche et raide ; une deuxième non encore complètement développée et de la grandeur d'une feuille de peuplier ordinaire, déjà passablement fanée ; une troisième plus petite, de la dimension d'une feuille de lilas de Perse, encore toute fraîche et couverte comme les deux plus jeunes feuilles ultérieures d'une exsudation végétale et par conséquent impropre au travail d'enroulement. Çà et là on voyait sur les feuilles de petits excréments noirs et grumeleux.

« Sans aucun doute ce fut la feuille non adulte de la grandeur d'une feuille de Peuplier ordinaire qui attira surtout l'attention de la femelle par sa flaccidité et par sa faible résistance. Elle voulut visiblement débuter par cette feuille prédestinée, car elle s'y cramponna solidement avec ses pattes en y pressant fortement son bec, sans doute pour la rendre encore plus flexible. Mais bien qu'elle essayât en divers endroits et à plusieurs reprises, la feuille resta rebelle. Alors elle se mit à examiner toutes les feuilles du rejeton, probablement pour se convaincre qu'avec celle-ci il n'y avait non plus rien à faire ; puis elle essaya de nouveau mais en vain de rouler le bord de la feuille choisie.

« Nous craignîmes que sa patience ne vînt à se lasser. — Mais point ! Le Rhynchite marche alors sur la feuille adulte et très peu fanée, s'y réconforte en râclant un peu de matière verte, puis s'en retourne bientôt vers son point d'essai et s'y remet à l'œuvre. — Encore en vain ! A bout de patience il quitte la feuille. Il veut en essayer une autre, mais au lieu de s'y rendre par la voie détournée du pétiole, il se suspend, appuyé seulement sur les pattes postérieures et le corps entier tendu perpendiculairement au dehors dans le but de saisir la nouvelle feuille. Une fois celle-ci atteinte, il reste tout à coup immobile, peut-être effrayé par notre présence, tend ses antennes dans l'espace en les rapprochant en pointe ; mais retourne bientôt à ses soucieuses promenades. Plusieurs fois il se met à piquer les pétioles, peut-être pour obtenir une plus grande flaccidité des feuilles.

« Il recherche de nouveau son ancienne feuille ; mais encore une fois, il n'y a rien à y faire. Il se rend alors à la feuille sous-jacente et mince pour s'y restaurer de nouveau. Cette fois il ronge à travers toute la feuille la matière verte de la face supérieure, non pas en traçant des lignes minces mais en découpant un espace assez grand et presque rond.

« Mais voici qu'un lourd Lamellicorne vient bruire et tomber stupidement sur la place : il aurait infailliblement renversé l'industrieuse créature, si nous n'avions paré ce mauvais coup. Notre protégé s'en préoccupa fort peu, du moins il retourna à sa pâture, mangea et resta en repos pendant 5 minutes.

« Cependant, après une nouvelle visite de toutes les feuilles fanées, il revient à sa première feuille où il a déjà déployé vainement tant de force et d'adresse et se met à comprimer avec son bec les rides qui se trouvent sur les bords. Déjà la forme de cornet se dessine.

Il entre dans celui-ci, mais il ne paraît pas le satisfaire : car il le quitte de nouveau, court çà et là et quitte le pétiole à plusieurs reprises. Mais voici que notre Coléoptère se cramponne de toutes ses forces sur un pli, le presse vigoureusement avec son bec et répète plusieurs fois la même opération jusqu'à ce qu'enfin l'enroulement fasse quelques progrès, malgré le vent qui à ce moment entrave d'une manière intempestive ses opérations en agitant les feuilles du Peuplier. Au bout de quelques minutes la moitié de la feuille est roulée. Il continue ensuite de même sur l'autre moitié. Toutefois, au beau milieu de son travail, convaincu sans doute qu'en suivant le procédé commencé il ne viendrait pas à bout, il s'arrête pour suivre un autre système Vraie preuve d'intelligence !

« Il était facile de voir qu'allant et venant sur la deuxième moitié de feuille il en frottait les bords avec son extrémité abdominale qui sécrétait en petite quantité une matière agglutinante ; et qu'il finissait par encoller solidement ces parties grâce à cette manière de repassage répété. C'était chose merveilleuse de voir comment le Coléoptère maintenait la surface lisse de la feuille avec ses petites griffes et comment il arrivait à y assujettir ses pattes.

« Or voilà donc le demi-rouleau déjà suspendu ; mais il a encore sa pointe et ses inégalités qui ne tardent pas à s'effacer par la pression du bec et le procédé d'encollage de notre Insecte. Alors le Rhynchite pratique dans le rouleau un peu au-dessous de son attache au pétiole, un trou profond où son bec disparaît tout entier. Il sort de nouveau, se retourne et pose son extrémité abdominale sur l'ouverture du trou, pendant qu'il maintient fortement levés le corselet et surtout la tête. Cette posture jointe au grand abaissement du rostre et des antennes, annonçait qu'il se passait quelque chose d'extraordinaire, — la ponte d'un œuf. Cela dure quelques secondes. Brusquement le Coléoptère se retourne et avec son bec achève d'assurer la position de l'œuf dans le trou, puis il se met à agrandir le rouleau qu'il s'agit d'envelopper dans la vieille feuille voisine.

« Après avoir déployé tant de vigueur, il fait ici encore preuve de grande intelligence. Tantôt notre femelle disparaît sous un lambeau de feuille, tantôt elle monte ou descend, sans qu'on puisse saisir au début et reconnaître quel est son plan, mais au milieu de ses va-et-vient l'enroulement de la deuxième feuille avance rapidement. C'est un véritable plaisir

que de voir comment le deuxième lambeau est enfin appliqué et tiré par les pattes de l'Insecte et comment il l'encolle et le repasse avec son extrémité abdominale. Soigneusement et avec les mêmes moyens les deux bouts du rouleau quelque peu béants sont clos et il prend l'aspect d'un rouleau de banque pour la confection duquel le bec et les pattes auraient remplacé les doigts, la matière agglutinante la cire à cacheter ; mais l'extrémité abdominale aurait fait à la fois fonction de cachet et de fer à repasser.

« A 11 heures le rouleau fait avec les deux feuilles réunies était achevé. Sur place, le Rhynchite chercha à y joindre la troisième feuille plus petite. Avec force il la tourna en spirale autour du cylindre, puis s'arrêta capricieusement, fit quelques pas, retourna à son ouvrage et travailla si bien qu'au bout de 6 minutes la nouvelle feuille était comprise dans le rouleau.

« Voici que notre Coléoptère prend de nouveau la posture scabreuse qu'il avait déjà prise antérieurement en appuyant son dos contre le rouleau et en se maintenant sur ses pattes postérieures. De cette manière il saisit la cinquième petite feuille, la tire à lui et l'encolle fortement. Mais la petite feuille n'est par fanée et elle est recouverte de l'enduit particulier aux jeunes feuilles de Peuplier, aussi l'abandonne-t-il. Il saisit alors l'avant-dernière et 4e feuille, la tend fortement dans le sens de sa longueur et la plie. A son grand désappointement, elle lui échappe à son tour comme la 5e ; aussi se résigne-t-il à les abandonner toutes deux et s'apprête-t-il à essayer d'enrober la grande feuille voisine sur laquelle il n'avait jusqu'à présent fait autre chose que de manger.

« Mais auparavant il se donne encore quelques minutes pendant lesquelles il prend ses aises en restant posé à la surface de la feuille. A présent, la tête tournée, vers le rejet, et à environ un centimètre de celui-ci, il entame en le cisaillant avec son bec, le pétiole qu'il coupe presqu'entièrement. Le travail dure bien 9 minutes, après lesquelles le Coléoptère mord légèrement et à plusieurs reprises le pétiole de la feuille presque pendante, sans doute pour le paralyser. On pourrait croire que notre Insecte reste suspendu jusqu'à ce que la feuille une fois fanée soit devenue facile à enrouler. En réalité il retourne auprès du rouleau, y pond un œuf comme précédemment, mais en consolidant rapidement la position de l'œu par le procédé décrit plus haut.

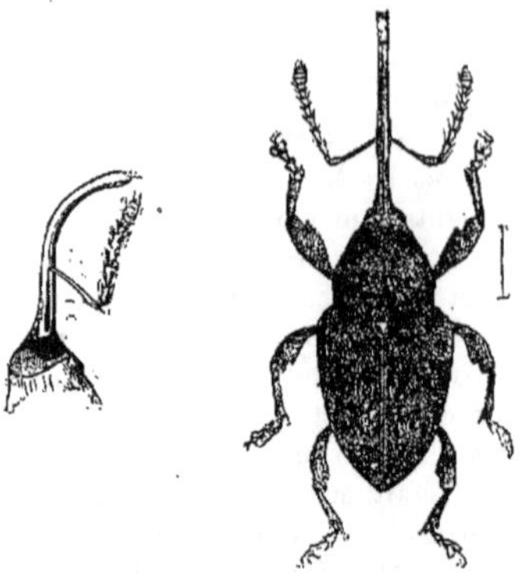

Fig. 443. — Le Charançon très grossi.
Fig. 444. — Le rostre, très grossi et vu de profil.

Fig. 445. — Le Charançon attaquant les Noisettes
pour effectuer sa ponte

Fig. 443 à 445. — Le Charançon des Noisettes.

« Une nouvelle tentative pour enrouler les feuilles terminales, n'a pas de succès complet car la feuille supérieure est encore rebelle. Promptement le Coléoptère se résout à entreprendre son travail sur la feuille qui lui sert de pâture, presque fixée, mais encore toute fraîche. C'est une chose vraiment merveilleuse que la force et l'adresse avec laquelle il la tire à lui. Mais comme le pétiole descend trop bas, il soulève avec force le rouleau à l'instar du batelier qui monte sa voile carrée, et cela malgré la courbure que doit faire le pétiole dans sa résistance et procède à l'enroulement, de telle sorte que la nervure médiane de la feuille est prise transversalement dans le rouleau ; car malgré la courbure imprimée au pétiole, la feuille descendrait encore trop bas.

« Encore une fois il abandonne complètement la feuille, mais pour y revenir à plusieurs reprises dans le but de l'enrouler de la même façon, car la feuille est toujours encore raide et rebelle, ce qui s'exécute dans des postures du corps extrêmement scabreuses. Finalement, il reconnaît l'impossibilité de s'en rendre maître, il l'abandonne et enroule de nouveau la petite feuille antérieure qui pendant ce temps s'était déroulée.

« Une nouvelle tentative faite pour enrouler la feuille servant de pâture échoua après que le travail fut déjà fort avancé.

« Ce fut à midi et demi que nous quittâmes le Coléoptère qui, infatigable, reprenait son travail.

« A notre retour, à 1 heure 10 minutes, la feuille servant à sa pâture était roulée d'une manière irréprochable. Notre Coléoptère s'y

promenait, allant, venant, frottant de temps à autre ses jambes contre le corps, l'œil fixé sur une feuille voisine qu'il cherchait à y rattacher, mais qu'il lâcha de nouveau, pour encoller et repasser encore les bords de la feuille précédemment roulée. Cette fois on vit même la matière collante se tirer en fils, peut-être à cause de la chaleur qui régnait à ce moment. Tout à coup, sans s'arrêter sensiblement, et après de courts préparatifs faits avec les ailes, notre Coléoptère s'envola vers une autre branche et de là dans les airs. Au bout d'une minute il revint se poser sur une feuille rapprochée du rouleau, voltigea autour de cet endroit ; après que nous l'ayons perdu de vue, il se montra encore une fois sur un rameau avoisinant son rouleau pour s'envoler définitivement. »

Pour se faire une idée de l'adresse, de la force et de la persévérance avec lesquelles le Coléoptère travailla, Nördlinger fait observer expressément qu'un vent assez fort souffla tout le temps, agitant sans cesse les feuilles déjà si mobiles du Peuplier du Canada au point de faire tomber cent fois tout autre Coléoptère. Il n'est pas impossible qu'on ait vu, ainsi qu'on le prétend, deux de ces Coléoptères jouant folâtrement sur le même rouleau, car ils deviennent très vifs pendant la chaleur ; mais conclure de là que le mâle collabore avec la femelle dans la construction du rouleau semble prématuré. Cette peinture complète de la marche de la nidification concorde parfaitement avec ce que l'expérience nous apprend sur d'autres Insectes, dont un grand nombre surtout chez les Hyménoptères déploient un bien plus grand art dans les soins qu'ils donnent à leur couvée ; mais je ne connais aucun exemple où les mâles, toujours paresseux, y témoignent quelque activité ; ce ne sont que les femelles qui sous ce rapport sollicitent notre intérêt, et il n'est pas rare qu'elles nous donnent les témoignages les plus touchants de l'abnégation matérielle et du désintéressement le plus complet. Elles peuvent servir d'exemples à mainte marâtre de l'espèce humaine !

Pour compléter l'histoire du développement de notre Rhynchite, ajoutons encore que le rouleau observé le 24 juin était rempli en grande partie d'excréments filiformes, mais ne contenait plus de Larves. Celles-ci étaient au contraire sorties par un trou arrondi et avaient pénétré dans le sol jusqu'à une profondeur de 3 à 4 centimètres, où renfermées dans une cavité de la capacité d'un pois et polie à l'intérieur, elles s'étaient transformées en Nymphes d'un blanc sale fortement courbées, couvertes de soies abondantes et portant des yeux de couleur brune. Le 8 août, on ne trouva, en procédant au déterrement, que des Nymphes et pas une Larve, et le 13 suivant, les premiers Insectes parfaits commencèrent déjà à sortir. L'état de Larve dure donc de quatre à cinq semaines, et le développement complet a lieu dans l'espace de soixante jours.

Dans chaque rouleau se trouvent de quatre à six œufs, mais jamais on y voit une ouverture par laquelle ils auraient été introduits dans le cylindre terminé, car ils y sont placés pendant la construction même, ainsi que nous l'avons vu.

On trouve quelquefois des rouleaux commencés, qui pour une raison ou pour une autre n'ont pu être achevés.

Par un temps humide quelques-uns de ces cylindres peuvent se dérouler. Le plus ordinairement, la plupart se dessèchent et restent attachés à la plante mère au delà du temps d'évolution des Larves ; mais tombent par la suite ; de temps à autre néanmoins le rouleau entier est parfois détaché par le vent.

Les Coléoptères que l'on aperçoit durant les beaux jours d'automne et qui même se trouvent accouplés, proviennent des œufs pondus en premier lieu, ou sont même d'origine plus récente et ont été attirés hors de leur berceau par la douceur de la température ; fait qui d'ailleurs se reproduit chez d'autres Curculionides.

Avant l'hiver, ils se cachent de nouveau, sans procéder davantage, faute de temps. à la

nidification ; et en effet deux générations par an, comme on l'avait admis, serait chose contraire à la règle.

LE RHYNCHITE DU PEUPLIER. — *RHYNCHITES POPULI.*

Pappelstecher.

Caractères. — Le Rhynchite du Peuplier (*Rhynchites Populi*), est semblable au précédent, mais il est un peu plus petit et ses élytres à ponctuation moins dense sont bicolores : cuivrées, vertes à reflet métallique ou dorées en dessus, elles sont bleues d'acier en dessous ainsi que le rostre et les pattes (fig. 442).

Mœurs, habitudes, régime. — Il enroule les feuilles des diverses espèces de Peupliers, surtout celles du Tremble, et ne roule sous forme de cigare qu'une seule feuille, quelle que soit l'inégalité de son développement, ce que nous allons éclaircir par l'observation suivante.

Sur un certain nombre de rouleaux recueillis le 17 juillet et couchés sur le sable humide, on vit dans une chambre chauffée sortir, dans la première moitié de décembre, quelques Rhynchites, pendant qu'on trouva encore huit Larves vivantes vraisemblablement adultes solitaires dans chaque rouleau.

LE RHYNCHITE DU BOULEAU. — *RHYNCHITES BETULÆ.*

Schwarzer Birkenstecher.

Caractères. — Le Rhynchite du Bouleau (*Rhynchites Betulæ*), qu'il ne faut pas confondre avec le *Rhynchites Betuleti*, décrit plus haut (page 294), encore plus petit, mesure à peine 4 1/2 millimètres de long ; il est complètement noir et très légèrement velu.

Mœurs, habitudes, régime. — Il emploie les feuilles de Bouleau, d'Aulne, de Hêtre, etc. et se contente d'une seule feuille et même n'utilise que les 2/3 de la partie antérieure des grandes feuilles de l'Aulne. Son procédé diffère sensiblement de ceux que nous avons mentionnés.

Sur la moitié supérieure et un peu plus petite de la nervure médiane, ce Coléoptère ronge en remontant dans le sens du pétiole la surface de l'un des côtés de la feuille, le côté droit par exemple, en laissant intactes les nervures secondaires qu'il rencontre ; après quoi il procède de même sur le côté gauche.

Après avoir également terminé cette moitié, il revient à la première, y coupe les nervures secondaires et détache ainsi la première moitié de son rouleau. A l'angle externe il détache un peu la membrane superficielle de la feuille, glisse un œuf dans cette sorte de poche et se met à enrouler de telle sorte que le coin qui renferme l'œuf occupe le milieu du rouleau. La matière gluante de la feuille d'Aulne intervient ici fort utilement en retenant les parties, que quelques pincements donnés avec les mandibules aux endroits convenables achèvent de maintenir. Le côté gauche ne tarde pas à son tour à être détaché par la section des nervures secondaires et à être enroulé sur la première moitié; finalement le petit cigare apparaît suspendu au pétiole de la feuille sensiblement écourtée.

Bientôt, le nouveau-né va éclore dans son rouleau pour se creuser des galeries dans toutes les directions et qui se compliqueront encore par la mort et le désséchement de la masse foliaire. Si le vent détache le cylindre et le fait tomber à terre, autant de gagné pour la Larve qui a atteint toute sa taille; mais elle ne peut guère attendre cette chute; au contraire, le terme arrivé, elle se perce une ouverture et, sans se faire faire aucun mal, se laisse tomber à terre, dans le sein de laquelle elle se transforme en Nymphe.

LE COUPE-BOURGEON. — *RHYNCHITES CONICUS*.

Zweigabstecher.

Caractères. — Le Rhynchite conique (*Rhynchites conicus*) ou Coupe-bourgeon est entièrement bleu, çà et là à reflets verts; les pattes et le bec sont noirs et tout le corps est couvert de poils abondants et sombres.

La longueur totale jusqu'à la naissance du bec est de 3 millimètres.

Le rostre est plus court que la tête et le corselet réunis; ce dernier, marqué de ponctuations grossières, espacées, est un peu élargi en arrière. Les élytres, sillonnées par des profondes lignes ponctuées, avec les intervalles également ponctués, ont leur maximum de largeur derrière la région moyenne.

Mœurs, habitudes, régime. — De même que ses congénères, cette espèce, aussitôt qu'elle est sortie de terre en mai-juin envahit les arbres feuillus les plus divers, tels que Sorbiers, Alisiers, Cerisiers à grappes, Épine blanche, et avec une prédilection marquée les arbres fruitiers, Pruniers, Cerisiers, Poiriers, Pommiers, Abricotiers, qu'elle ravage.

Le dommage occasionné consiste moins dans l'action de ronger les jeunes bourgeons, surtout dans les pépinières, que dans le système suivi par la femelle quand elle pourvoit aux soins de sa progéniture. Celle-ci scie aux trois quarts les jeunes pousses encore tendres qui pendent bientôt noircies et desséchées n'étant plus retenues que par un filet d'écorce; c'est dans la moelle de ces tiges qu'elle a pondu un ou plusieurs œufs. Cette moelle par sa dessiccation devient la nourriture appropriée de la Larve.

Dès que la femelle a trouvé une pousse à sa convenance, elle se met à ronger la partie centrale de la tigelle au point où elle doit se détacher, puis elle se rend plus près de l'extrémité de la pousse, creuse un trou jusqu'à la moelle, y pond un œuf qu'à l'aide de son bec elle pousse jusqu'au fond. Ce travail prend environ une heure.

La mère prévoyante retourne à sa première station et y achève si bien de ronger la place que la pousse se détache et tombe par le vent le plus léger ou même spontanément. Comme notre Coléoptère interrompt souvent son travail pour se rendre au sommet de la pousse et voir si tout y est en règle, il lui faut cette fois de une heure à une heure et demie.

Les tronçons les plus courts ne contiennent qu'un œuf et les plus longs jusqu'à trois, mais toujours solitaires dans autant de trous.

Dans l'espace de huit jours, l'œuf éclôt et la Larve se nourrit de la moelle devenant de plus en plus sèche et se transforme ensuite sous terre.

Quand les femelles sont en certain nombre pour établir leur couvée dans les arbres fruitiers, leurs dégâts sont notables, d'autant plus notables qu'ils anéantissent tout le travail de la taille en supprimant les bourgeons que l'arboriculteur a réservés avec soin pour conduire ses arbres à son gré. Pour prévenir le retour de leurs méfaits on doit recueillir les tronçons encore sur l'arbre ou déjà tombés sur le sol et les brûler, afin de détruire la couvée qu'ils renferment. On doit renouveler la cueillette tous les deux ou trois jours pendant les mois de mai et de juin.

LE RHYNCHITE DE L'ALLIAIRE. — *RHYNCHITES ALLIARIÆ*.

Blattrippenstecher.

Caractères. — Le *Rhynchites Alliariæ* Gyll. est un petit Coléoptère qui porte un nom fort ancien pouvant tromper sur ses habitudes, car c'est un ennemi du Pommier. Vivant d'une manière analogue, il a été souvent confondu avec le précédent, dont il se distingue par les poils gris qui couvrent ses parties latérales, par son corselet plus cylindrique, par ses élytres à peine élargies en arrière de la région moyenne et dont les cannelures présentent des intervalles paraissant dépourvus de ponctuations par un grossissement ordinaire.

Mœurs, habitudes, régime. — La femelle entaille la feuille du Pommier au point où la nervure médiane fait suite au pétiole. Il en résulte que le limbe de la feuille se courbant en dessous d'une façon anormale, ne tarde pas à se dessécher par suite du manque de nourriture, à devenir caduc avec le pétiole et à priver le jeune rameau d'un important appareil de nutrition.

Habituellement on trouve deux, quelquefois aussi une ou jusqu'à quatre Larves dans le pétiole ou dans le bas de la nervure médiane et si solidement enchâssées qu'il faut avoir recours à une épingle et prendre les plus grands soins pour les extraire sans les blesser. La transformation a lieu sous terre.

LE RHYNCHITE DES PRUNIERS. — *RHYNCHITES CUPREUS.*

Pflaumenbohrer.

Caractères. — D'autres espèces vivent encore à l'état de Larves dans les fruits non mûrs, et mentionnons encore pour clore le Rhynchites des Pruniers (*Rhynchites cupreus*). Il est de même taille que le Rhynchite du Peuplier, de couleur bronzée, faiblement couvert de poils gris encore plus rares sur la partie dorsale. Le bec est grêle, les stries ponctuées des élytres sont prononcées et leurs intervalles sont également ponctués ; sa Larve se nourrit de jeunes Prunes, Cerises, Cormes, Alises (*Pyrus torminalis*).

Mœurs, habitudes, régime. — Quand les Prunes ont atteint la grosseur d'une amande, la femelle coupe à moitié le pédoncule dans l'espace d'une heure, cherche à la surface du fruit un endroit convenable à l'introduction d'un œuf, y creuse un trou à plat qu'elle élargit en épargnant autant que possible l'épiderme ou dessus de la plaie, dépose son œuf dans cette ouverture qu'elle recouvre de son épiderme. Elle retourne ensuite à son premier travail et se met à ronger l'autre moitié du pédoncule ou l'entame assez complètement pour que le moindre vent ou le propre poids de la Prune fasse tomber celle-ci. L'ensemble du travail prend environ trois heures.

Dans l'espace de quatorze jours l'œuf éclôt, la Larve se met à dévorer la chair non mûre du fruit et atteint tout son développement dans cinq ou six semaines. La Métamorphose s'accomplit sous terre. Les quelques Coléoptères qui apparaissent en automne sont les plus précoces et doivent prendre leurs quartiers d'hiver ; mais le plus grand nombre ne sortent du sol qu'au printemps prochain.

Le *Rhynchites Fragariæ* est particulièrement nuisible aux grosses espèces de Fraisiers dont il coupe les pousses

LES BALANINES — *BALANINUS*

Die Balanininen.

Caractères. — Ces Curculionides ont le rostre très long, très grêle, épaissi à sa racine, cilié, strié, ponctué; moins courbé chez le mâle, ce rostre l'est davantage chez la femelle et porte, un peu en arrière du milieu, des antennes grêles et coudées ; celles-ci se replient exactement dans un sillon creusé jusqu'auprès des yeux et se terminent en une massue arrondie en bouton, dont les 7 derniers articles du fouet sont à peine plus longs que larges (fig. 444). Le prothorax, aux angles arrondis, rétréci en avant, est tronqué en arrière ; l'écusson est petit; les élytres un peu convexes, plus larges que le corselet, sont en forme de triangle curviligne. Les cuisses en massue portent généralement une dent triangulaire, les jambes droites se terminent en crochet, le 3e article des tarses est élargi. Le 2e segment de l'abdomen est plus long que chacun des deux suivants ; le corps est pubescent.

Ils ont l'habitude de replier leurs pattes sur le corps et de se laisser choir à la moindre apparence de danger.

Distribution géographique. — Les Balaninus, dont les 44 espèces sont souvent difficiles à distinguer en raison de la grande similitude de leurs formes, sont répartis sur toute la surface du globe et sont surtout richement représentés en Europe.

LE CHARANÇON DES NOISETTES. — *BALANINUS NUCUM.*

Haselnussrüssler.

Caractères. — Le Charançon des Noisettes (*Balaninus nucum*) et ses congénères sont de

Fig. 446. — Bouton attaqué.
Fig. 447. — Larve grossie.
Fig. 448. — Nymphe grossie.
Fig. 449. — Adulte très grossi.

Fig. 446 à 449. — L'Anthonome du Pommier très grossi.

Fig. 450. — Fleur avec Anthonome de grandeur naturelle.
Fig. 451. — Bouton habité par une Larve.
Fig. 452. — Adulte très grossi.

Fig. 450 à 452. — L'Anthonome du Poirier.

toutes nos espèces indigènes celles dont le bec est le plus allongé. Il est de forme ovoïde, noir, et entièrement recouvert de poils gris-jaunâtre, moins serrés sur le scutellum qui est arrondi, sur les épaules ainsi que sur les élytres qui dessinent une sorte de cœur (fig. 443).

Il mesure 6 millimètres sans compter le rostre qui a la longueur de la moitié du corps.

Mœurs, habitudes, régime. — Le « Ver » de la Noisette est universellement connu et surtout le trou par lequel il est sorti pour de là subir ses transformations dans la terre ; car, comme chacun sait, dans la Noisette perforée, on ne trouve plus l'animal, mais seulement l'amande à moitié ou en totalité rongée ainsi que l'amas d'excréments, seules traces de son ancienne présence et de son activité destructive.

A la mi-juin la femelle fécondée pique jusqu'au cœur la Noisette à demi développée (fig. 445), pond un œuf dans le trou ainsi pratiqué et le glisse jusqu'au fond à l'aide de son bec. Ceci se passe dans un temps assez court pour permettre à la plaie de se cicatriser, et il faut y regarder de très près pour distinguer la moindre trace de blessure.

En mai, notre Coléoptère circule sur les Noisetiers et les Chênes, mais ne provient pas des Larves de l'année précédente ; car d'après les observations faites, celles-ci restent cachées jusqu'en juin de l'année suivante ; elles passent alors à l'état de Nymphe pour devenir Insectes parfaits en août, époque où ils se montrent encore au dehors, ou bien restent dissimulés jusqu'au printemps suivant.

LE GRAND ET LE PETIT CHARANÇON DES GLANDS. — *BALANINUS GLANDIUM ET B. TURBATUS.*

Grosser und Kleiner Eichelbohrer.

Caractères. — En Allemagne encore deux autres espèces extrêmement voisines dont la massue antennaire paraît sensiblement plus mince et qui a son dernier article au moins deux fois aussi long que large. Ce sont : le grand Charançon des Glands (*Balaninus glandium* ou *venosus*) dont le corselet a les bords abrupts depuis le milieu jusqu'auprès des élytres avec lesquelles il forme presqu'un angle droit ; le petit Charançon des Glands (*Balaninus turbatus*) au bec fortement courbé (surtout chez la femelle), dont le corselet forme sur les bords un angle très obtus avec la base des élytres comme chez le *Balaninus nucum*.

Mœurs, habitudes, régime. — Ces deux espèces, qui ont des mœurs semblables à celles du Charançon des Noisettes, vivent à l'état de Larve dans les Glands et deviennent par là très nuisibles, lorsqu'on veut récolter la glandée pour effectuer des reboisements.

LES ANTHONOMES — *ANTHONOMUS*

Die Blütenstecher, Die Anthonominen.

Caractères. — Les Anthonomes pourraient être pris pour de grands Apions à formes alourdies, mais leurs antennes coudées, ainsi que les brosses de poils ou les taches qui couvrent le fond de leurs élytres permettent de les distinguer au premier coup d'œil. D'autres caractères encore les séparent : leur bec est mince et droit ; leurs yeux sont petits, ronds ; leurs antennes longues et grêles, insérées sous le rostre, ont le fouet de 7 articles, le 1ᵉʳ est très allongé, tandis que les autres forment une massue fusiforme ; le prothorax est rétréci, tronqué obliquement en avant ; les élytres sont convexes, ovales, un peu plus larges que le corselet. Les pattes sont assez longues, les antérieures plus grandes que les autres ; les cuisses sont en massue et dentées en dessous, les jambes à peine courbées ; les anneaux abdominaux sont libres.

Distribution géographique. — Le genre est répandu sur toute la terre, mais moins en Amérique que partout ailleurs. On a décrit une centaine d'espèces.

Mœurs, habitudes, régime. — Les plus grandes parmi les espèces européennes qui, en général, n'offrent pas d'individus à fortes dimensions du reste, sont très préjudiciables aux arbres fruitiers. La femelle pique dès le premier printemps les bourgeons floraux pour y glisser ses œufs ; les Larves aussitôt écloses, se mettent à dévorer le contenu de ces bourgeons et les empêchent de se développer.

Les pétales brunissent, et le Pommier ou le Poirier qui présentent beaucoup de bourgeons, ainsi attaqués, ont l'air d'être roussis par le feu ; dans certains pays on donne à cause de cela le nom de « Incendiaire (*Brenner*) » à l'auteur du dégât, sans que ce qualificatif puisse s'appliquer à une espèce déterminée, car plusieurs de ces Coléoptères vivent exactement de la même manière. Le plus souvent ce terme s'applique à l'Anthonome du Pommier (fig. 449).

Ces Coléoptères et leurs nombreux congénères font tous le mort si on les approche, et se laissent tomber à terre en repliant leur bec et leurs pattes contre le corps.

LE CHARANÇON DU POMMIER. — *ANTHONOMUS POMORUM.*

Apfelblütenstecher.

LE CHARANÇON DU POIRIER. — *ANTHONOMUS PYRI.*

Birnknospenstecher.

Caractères. — Le Charançon du Pommier (fig. 449) se distingue par les bandes transversales effacées, grises qui passent à travers ses élytres d'un brun de poix. Ces bandes, qui consistent en une villosité grise, deviennent droites et n'atteignent pas exactement les bords de chaque élytre chez l'autre espèce, très

voisine, l'Anthonome du Poirier (fig. 452).

Ces deux espèces qui se distinguent par ce caractère au premier coup d'œil, présentent encore quelques autres différences, si on les considère de plus près, et vivent sur les Pommiers et les Poiriers.

Mœurs, habitudes, régime. — Au printemps ils quittent de bonne heure leur retraite d'hiver, et bien que par un fort soleil ils puissent voler avec activité, ils se mettent le plus souvent à monter le long des troncs pour gagner les branches ; en automne ils descendent à la recherche d'un abri pour y passer l'hiver, au pied de l'arbre, derrière une écorce soulevée ou sous une motte de terre.

La femelle fécondée s'attaque aux bourgeons à l'aide de son long bec en y pratiquant des trous, soit pour manger, soit pour introduire un œuf.

Les conditions et le résultat de ces attaques peuvent se présenter fort différemment ; car les bourgeons floraux, comme on le sait, renferment plusieurs boutons à fleurs chez ces deux arbres fruitiers. Si le bourgeon principal est encore fermé, quelques-uns des boutons simples peuvent seuls être atteints ; alors dans le cours du développement les boutons qui recèlent un œuf s'arrêtent, ne tardent pas à tomber tandis que les boutons préservés suivent leur évolution. Si, au contraire, l'estivation des boutons simples est assez avancée, ceux-ci, pouvant tous être gratifiés d'un œuf, se dessèchent et paraissent comme roussis par le feu. La Larve cachée sous son abri se développe rapidement en rongeant les organes de la fructification, étamines, pistil et ovaire, jusqu'à ce qu'elle ait atteint la taille de 6 millimètres ; ce qui exige quinze jours. Elle est alors blanche, allongée, de forme conique, courbée en arc, apode, et finit par devenir une Nymphe aux formes élancées et très mobile. Huit jours après l'Insecte parfait est complètement formé, mais il n'abandonne sa retraite que deux ou trois jours après en perçant la fleur d'un trou et prend son essor.

Il est facile d'élever la seconde espèce avec des bourgeons de Poirier, qui paraissent « roussis », encore renfermés dans leur enveloppe commune. Le développement des Larves suit une marche si rapide que des boutons flétris, recueillis à la mi-avril, sortent dès le 30 avril une grande quantité d'Anthonomes.

Les arbres fruitiers à bourgeons longtemps fermés et par conséquent tardifs, ont le plus à souffrir de ces Coléoptères, et en outre le dégât est augmenté là où des conditions atmosphériques ou l'état défavorable de l'arbre déterminent un arrêt dans le développement; car il découle de la manière de vivre des Anthonomes, que leurs Larves ne peuvent prospérer que dans les bourgeons dont elles arrêtent le développement. Si l'évolution de ceux-ci surprend et précède la naissance de la Larve, le développement ultérieur de celle-ci est gravement compromis.

Il n'y a aucun moyen de combattre ce redoutable Insecte; il faut se reposer du soin de le détruire sur ses ennemis naturels, notamment sur certains petits Ichneumons, les *Pimpla graminellæ* et *Bracon variator*.

LE CHARANÇON DES DRUPES. — *ANTHONOMUS DRUPARUM*.

Steinfruchtbohrer.

Caractères. — Une troisième et non moins intéressante espèce est l'Anthonome des Drupes (*Anthonomus druparum*), un peu plus fort que les précédents. Elle a le corps rouge-brun, fortement couvert de poils jaunes gris, et elle est facile à reconnaître à ses doubles bandes en zigzags situées immédiatement derrière le milieu des élytres et qui sont formées par l'absence locale de villosité.

Mœurs, habitudes, régime. — Ce Coléoptère, qui dit-on ronge activement la fleur du Pêcher, se trouve principalement sur le Merisier à grappe (*Cerasus padus*), dans l'amande duquel la Larve vit solitaire. Néanmoins il paraît avoir des mœurs assez peu régulières aussi, car il se développerait dans les noyaux du Prunellier épineux; Taschenberg a même trouvé dans les noyaux des Cerises aigres-douces desséchées des Larves, des Nymphes et des Insectes parfaits, qui naturellement avaient été tués lors du passage des Cerises au four. L'un des Coléoptères avait réussi à pratiquer son trou de sortie et n'avait plus qu'une mince pellicule à perforer, un autre avait pénétré jusqu'à la chair; tous deux furent surpris par la mort au moment où il ne leur restait plus à exercer que le plus léger effort pour traverser la partie molle du fruit.

LES ORCHESTES — *ORCHESTES*

Caractères. — Le rostre rond et légèrement courbé, plus long que la tête et le corselet réunis, se replie en dessous pendant le repos; les antennes coudées sont situées plus près des yeux que de l'extrémité. La tête et le corselet ont ensemble la forme d'une cloche, et sont relativement peu proéminents; le prothorax est petit, rétréci en avant; le scutellum apparaît comme une petite fossette; les élytres, plus larges que le corselet, ovales, allongées, convexes, arrondies en arrière, laissent l'extrémité de l'abdomen à peine à découvert. Les pattes, de médiocre longueur, ont les hanches antérieures très rapprochées, les cuisses courtes et en massue munies en dessous d'une petite dent. Dans la paire postérieure les cuisses et les jambes sont organisées pour le saut.

Distribution géographique. — Les Orchestes ont leurs nombreuses espèces (50 environ) répandues en Europe et non seulement dans l'ancien monde, mais encore en Amérique.

Mœurs, habitudes, régime. — Les petites « Puces terrestres » de forme ovale qui sautillent folâtrement, si on les approche, sont bien connues de nos lecteurs qui peut-être les ont même déjà entendues sauter. En effet, si en automne, on marche sur les feuilles près de la lisière des bois on entend ces petits Insectes réunis pour passer l'hiver, qui troublés sautent sur les feuilles sèches et rebondissent bruyamment.

Cependant ce serait une erreur de croire que tous ces petits Coléoptères sont seules des « Puces terrestres »; beaucoup de Curculionides et d'autres Coléoptères ont la faculté de sauter.

LE CHARANÇON DU HÊTRE. — *ORCHESTES FAGI*.

Buchenspringrüssler.

Caractères. — Le Charançon du Hêtre (*Orchestes Fagi*) est l'espèce qui malgré sa ténuité et son insignifiance apparente se fait remarquer davantage. Sans le bec il mesure 2 millimètres et demi; il est noir, couvert d'une villosité fine et égale à reflets grisâtres; les antennes et les pattes sont légèrement teintées de jaune-brun (fig. 458).

Mœurs, habitudes, régime. — Après avoir passé l'hiver, notre Coléoptère s'installe au mois de mai sur les feuilles en voie de bourgeonnement, à la fois pour se nourrir et s'y reproduire. Dans le premier cas, il perce de petits trous (fig. 457 et 458); pour remplir sa seconde tâche, la femelle accole solidement un œuf contre la nervure médiane en le poussant sous la cuticule près de la base de la feuille. Le plus souvent elle choisit des feuilles intactes qu'elle gratifie d'ordinaire d'un seul œuf d'un blanc jaunâtre.

La Larve, éclose au bout de huit jours, se met à ronger le parenchyme entre les membranes supérieure et inférieure de la feuille en se creusant une mine de plus en plus large, dirigée vers la partie antérieure et extérieure, pour se terminer d'ordinaire auprès de la pointe (fig. 459). Une fois arrivée là, la Larve a acquis tout son accroissement. Elle a l'anneau prothoracique foncé, partagé en deux au milieu, et porte un appendice charnu, conique sur son dernier anneau. Notre Larve élargit encore la mine et passe à l'état de Nymphe en s'entourant d'un cocon transparent.

L'Insecte parfait, éclôt à la mi-juin, et apparaît aussi quelquefois plutôt, car la Larve n'a guère besoin que de trois semaines et la Nymphe d'une semaine pour arriver au terme du développement.

Il se met bientôt à sauter de feuille en feuille en les rongeant comme ses parents le faisaient avant lui, et se cache quand l'approche de la mauvaise saison se fait sentir.

Mais par quoi se manifeste sa présence? La

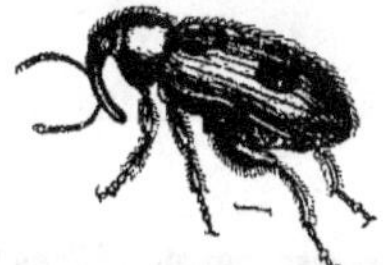

Fig. 453. — Orchestes de l'Aulne.

mine qui aboutit au bord et à l'extrémité de la feuille brunit aussitôt que la matière verte en a été consommée; mais dans le courant de l'été elle se détache de la feuille, de sorte que celle-ci s'enroulant irrégulièrement, paraît rongée d'avant en arrière et présente les bords décomposés et filandreux.

Quand des milliers et des milliers de feuilles d'un vieux Hêtre sont ainsi marquées, le superbe colosse paraît roussi de haut en bas comme il le serait si les tendres feuilles du printemps avaient été surprises par les gelées, ou frappées par la grêle depuis plusieurs semaines. Mais si un vieil arbre peut supporter une pareille épreuve une fois ou même deux fois et résister à une nutrition incomplète due à l'altération du feuillage, les plantations de Hêtre sont dans une situation plus critique si le fléau les atteint au même degré; et s'il se répète plusieurs années, de suite, elles peuvent être détruites entièrement.

Nous représentons (fig. 453) l'Orchestes de l'Aulne.

LES CIONES — *CIONUS*

Die Cioninen.

Caractères. — Ces Coléoptères petits, de forme ramassée, presque globuleuse, offrent des dessins élégants en forme de mosaïque dus à des poils légers régulièrement disposés sur un fond d'une autre couleur. Chez la plupart on voit à l'origine et au milieu des élytres une tache suturale d'un noir velouté (fig. 454, 455 et 456).

Le rostre allongé, cylindrique, arqué, est replié contre le sternum, sans qu'il y ait toutefois une rainure bien distincte pour le recevoir. les yeux sont rapprochés sur le front et le fouet des antennes coudées ne se compose que de 5 articles très courts, de sorte qu'il égale le manche en longueur. Le scutellum est assez grand, ovale ; le prothorax est conique, tronqué en

Fig. 454. — Scrophulaire chargée de coques de Cione.   Fig. 455 et 456. — Cione de grandeur naturelle et très grossi.

Fig. 451 à 456. — Le Cione de la Scrophulaire.

avant, les élytres sont convexes, ovalaires, plus larges que le corselet ; les pattes sont courtes, les cuisses en massue, dentées en dessous. Le deuxième segment de l'abdomen est plus long que les troisième et quatrième réunis.

Le mâle diffère de la femelle par le dernier article des tarses qui est plus allongé et par ses griffes inégales dont l'interne est plus développée que l'externe. Cette différence sexuelle est surtout sensible aux membres antérieurs.

Distribution géographique. — Les *Cionus* sont pour la plupart européens ; quelques-uns sont africains ou asiatiques ; 40 espèces ont été décrites.

Mœurs, habitudes, régime. — Les *Cionus* ont des mœurs encore différentes. Ils se tiennent librement sur les fleurs et les jeunes capsules de certaines plantes, en se maintenant non

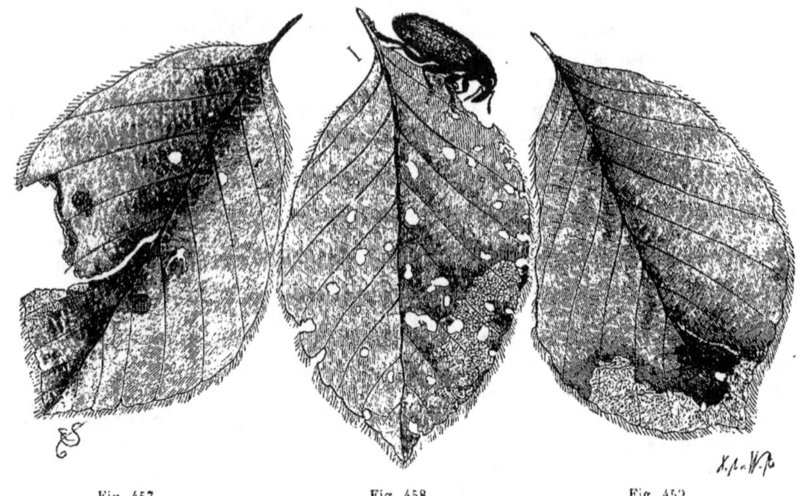

Fig. 457.   Fig. 458.   Fig. 459.

Fig. 457 à 459. — Feuilles de Hêtre et Charançon du Hêtre vus à la loupe. — Feuilles criblées de trous par l'Adulte et minées par la Larve (fort grossissement).

avec leurs pattes, mais à l'aide des plis transversaux de leur corps et d'un enduit glutineux.

LE CIONE DE LA SCROPHULAIRE. — *CIONUS SCROPHULARIÆ.*

Braunwurz, Blattschaber.

Caractères. — Notre Coléoptère est noir et couvert d'écailles serrées ; les flancs et la région pectorale antérieure sont d'un blanc de neige ; les élytres sont d'un gris ardoisé foncé, avec les intervalles qui séparent les stries longitudinales d'un noir velouté moucheté de blanc et la suture marquée en avant et en arrière d'une grande tache également d'un noir velouté.

Mœurs, habitudes, régime. — Le Cione de la Scrophulaire (*Cionus scrophulariæ*) vit en sociétés nombreuses depuis mai jusqu'en août sur le *Scrophularia nodosa.*

En juillet on peut trouver quelques Larves adultes, prêtes à se transformer, d'un vert brunâtre et renfermées dans des cocons vitreux collés sur la plante, comme on le voit dans la figure 454. Trois semaines après environ les Coléoptères commencent à apparaître.

Souvent il ne sort de ces petites coques vésiculeuses que de minuscules Ichneumons

(*Chrysocharis conspicua*), de la famille des Ptéromalides.

Diverses autres espèces de Ciones vivent de la même manière sur les Molènes (*Verbascum*), telles sont les *C. Verbasci, Thapsi, Solani, hortulanus.*

LES CRYPTORHYNQUES — *CRYPTORYNCHUS* (1)

Weidenrüssler, Crypthorynchinen.

Caractères. — Le rostre de ces Coléoptères plus ou moins déprimé et élargi à la base peut se replier dans un profond sillon pectoral qui, aboutissant aux hanches antérieures, sépare celles-ci d'une façon toute naturelle ; les antennes médiocres, assez robustes, ont le fouet en massue veloutée formé de 7 articles ; le prothorax brusquement rétréci en avant est muni de lobes au-dessus des yeux ; les élytres, plus larges que le prothorax, ont les épaules calleuses ; les pattes médiocres, les postérieures ne dépassant pas l'extrémité de l'abdomen et même plus courtes, ont des cuisses en massue

(1) Κρυπτός, caché ; ῥύγχος, bec, rostre.

et des jambes comprimées munies, vers leur sommet à la face externe, d'une bande de poils rigides.

Distribution géographique. — Ce genre renferme plus de 200 espèces presque toutes américaines, mais cependant répandues sur toute la terre dans les parties chaudes et tempérées.

LE CRYPTORHYNQUE DE LA PATIENCE. — *CRYPTORHYNCHUS LAPATHI.*

Weissbunter Erlenwürger.

Le Cryptorhynque de la Patience (*Cryptorhynchus Lapathi*), est le seul représentant européen de ce vaste genre.

Caractères. — Ce joli insecte de 7 1/2 à 8 millimètres de long, fortement rugueux à sa

Fig. 460. — Cryptorhynque vu à la loupe.   Fig. 461 et 462. — Cryptorhynque de grandeur naturelle.

Fig. 460 à 462. — Le Cryptorhynque de l'Aulne.

surface, a le corps couvert d'une couche serrée d'écailles noires, brunes et blanches et d'un blanc de craie sur le dernier tiers des élytres. Il vit sur les Saules et les Aulnes blanc et rouge sans nuire aux feuilles qu'il ronge. C'est en mai qu'il se montre en plus grand nombre et le plus souvent accouplé, le mâle posé sur la femelle. Plus tard ces Coléoptères deviennent plus rares et disparaissent à la fin de juillet ou au commencement d'août, pour apparaître de nouveau vers l'automne et se montrer isolément en octobre.

Comme il se trouve en juillet des Larves à terme et des Nymphes, les Coléoptères qui se montrent plus tard peuvent être nouvellement éclos; ceux-ci, avant d'accomplir leurs fonctions de reproduction, se cachent pour hiverner.

La femelle fécondée pond ses œufs dans la partie ligneuse de la plante nourricière et la Larve éclose ronge par place la partie sous-corticale, de telle sorte que l'écorce peut paraître percée de trous ; de là elle monte plus haut en se creusant une galerie verticale.

Il est possible que cette manière de ronger implique une couvée bisannuelle, car chez d'autres Larves perforantes on a aussi remarqué, la première année, une érosion superficielle et, la deuxième année, une plus profonde pénétrant dans le bois. La Larve adulte reste à l'extrémité de sa galerie, s'y retourne et passe à l'état de Nymphe.

Sur les coteaux aux environs de Halle, les Larves vivent dans les vieilles souches noueuses des Osiers, et, de complicité avec d'autres Xylophages elles accélèrent leur destruction. Ces Larves deviennent plus nuisibles dans les jeunes Aunées et les souches soumises à des coupes régulières, car elles transpercent le jeune et le vieux bois et le font périr. Elles s'attaquent aussi aux jeunes plants de Bouleaux et les anéantissent. Là où elles ont établi leur centre de déprédation, il ne reste plus qu'à abattre et à brûler les parties infestées.

LES CEUTHORHYNQUES — *CEUTHORHYNCUS* (1)

Ceuthorhynchinen.

Si nous mentionnons les Ceuthorhynques ce n'est point à cause de leur prépondérance manifeste quant au nombre de leurs espèces, mais c'est au contraire parce qu'ils se font remarquer de la façon la plus désagréable dans nos champs et nos potagers malgré leur petite taille et leur aspect insignifiant.

Caractères. — Quelques-uns sont caractérisés par un fond sombre relevé par de petites taches légères le plus souvent mal définies ; mais la plupart des espèces sont difficiles à distinguer les unes des autres à cause de la nuance foncée de leur robe.

Leur rostre filiforme, cylindrique, arqué, peut se replier entre les hanches antérieures, mais sans pouvoir se loger dans une rainure bien délimitée comme dans le genre précédent. Le sillon qui reçoit les antennes est dirigé en dessous; celles-ci sont grêles, courbes et portent un fouet de 7 articles en massue acuminée et articulée. Le corselet, court, est arrondi sur les côtés, plus ou moins rétréci en avant, étranglé, puis élargi en lobes à son bord

(1) Κεῦθος, caché ; ἔγχυς, bec, rostre.

antérieur, de telle sorte que très souvent à l'état de repos, les yeux restent complètement couverts. Les élytres sont courtes, beaucoup plus larges à leur naissance que le corselet, tronquées aux épaules, à peine un peu plus longues que larges et arrondies sans couvrir l'extrémité anale. Les pattes robustes ont les cuisses en massue et les jambes tranchantes à leur extrémité.

Distribution géographique. — A part quelques espèces propres à l'Amérique du Nord, les Ceutorhynques habitent de préférence les zones froides et tempérées de l'Europe, de l'Asie et du nord de l'Afrique.

On en a décrit plus de 200 espèces.

LE CHARANÇON DU CHOU. — *CEUTHORHYNCHUS SULCICOLLIS.*

Kohlgallenrüssler.

Caractères. — Le Ceuthorhynque du Chou *Ceuthorhynchus sulcicollis* (fig. 466 et 467) est d'un noir profond, un peu luisant, couvert, surtout vers les épaules, d'écailles fines, grises, serrées en dessous et espacées en dessus sans former nulle part de dessins plus clairs comme cela se voit chez d'autres espèces. Le corselet fortement ponctué a le bord antérieur légèrement relevé, portant un petit crochet de chaque côté et un sillon médian profond ; les élytres sont profondément striées, fortement ridées avec les intervalles lisses et ont l'extrémité garnie de pointes écailleuses. Les cuisses sont armées de dents courtes en avant. La longueur totale atteint 3 millimètres sur 2 de large.

Mœurs, habitudes, régime. — En raison de l'irrégularité de son développement on trouve ce Coléoptère depuis le premier printemps jusqu'en été sur les fleurs des Crucifères tant spontanées que cultivées ; il va sans dire que c'est sur ces dernières qu'on le remarque, car ce sont ces plantes qu'il endommage considérablement dans nos potagers et nos champs.

La femelle fécondée pond ses œufs au bas de la partie aérienne de la tige, ou sous terre contre le pivot de la racine du Colza, des divers Choux de nos potagers, mais aussi de la mauvaise herbe universellement répandue dans les champs, l'Erysime sauvage.

La place qui a été dotée d'un œuf se renfle et s'accroît de plus en plus par suite de l'irritation locale occasionnée par la dent de la Larve, et une sorte de Galle ne tarde pas à se produire. Les jeunes plantes qui portent cette galle globuleuse ras terre peuvent même être prises pour des plants de radis.

Si les Coléoptères sont très nombreux, plusieurs Galles, ordinairement isolées, peuvent se trouver réunies sur un même pied et y constituer des renflements arrondis, irrégulièrement tuberculeux et informes dans l'intérieur desquels on trouve au milieu de leurs excréments jusqu'à vingt-cinq Larves. Ces Larves sont blanches comme celles de bien d'autres Curculionides, fortement ridées transversalement, sans présenter d'autre particularité distinctive.

Durant l'été, arrivées au bout de deux mois à leur terme d'accroissement à partir de la sortie de l'œuf, elles pratiquent un trou de sortie arrondi et abandonnent la Galle pour se creuser à la surface du sol une cavité ovoïde dans laquelle elles ne reposent que peu de semaines à l'état de Nymphe.

Les Larves qui proviennent d'œufs pondus postérieurement, hivernent dans leurs Galles, comme on peut le voir sur les semis d'hiver du Colza ou sur les tiges vigoureuses des Choux, des Choux-fleurs, ou encore, mais plus rarement, des Choux rouges.

Les Galles dues à ces pontes tardives et apparaissant sur des souches robustes, sont moins cantonnées sur la base de la tige et se montrent au contraire à une certaine hauteur le long de celle-ci. Il y a donc imprudence à laisser debout pendant l'hiver les trognons de Choux garnis de galles ; ce n'est qu'en les brûlant qu'on met en pratique l'unique moyen de détruire les couvées.

L'Insecte parfait dévore les feuilles et les fleurs de la plante, sans lui nuire d'une manière sensible, et les Coléoptères qui périssent les premiers sont, ou sortis de la Nymphe, ou sont des retardataires de l'année passée sortis tardivement de leur retraite. La couvée à laquelle ils donnent naissance, a encore le temps d'engendrer au moins une génération d'hiver qui est à même d'arriver à l'état de Larve.

Dans d'autres contrées, d'autres espèces se montrent encore sur les Choux, et leurs Larves rongent de même l'intérieur du tronc, mais sans produire de galles.

LE CHARANÇON DES RAVES. — *CEUTHORHYNCHUS ASSIMILIS.*

Aenlicher Vervorgenrüssler.

Caractères. — Un Ceuthorhynque analogue, le *Ceuthorhynchus assimilis* (fig. 465) ressemble extraordinairement au précédent. De forme un peu plus élancée, il a les écailles blanches plus abondantes et plus grisâtres sur le dos, les crochets latéraux plus pointus et les extrémités des cuisses énormes.

Il se montre de même sur les Crucifères, mais sur les Raves et les Navets en fleurs ; sa Larve, d'après Curtis Goureau, vit solitaire dans les Siliques où elle se nourrit des graines encore vertes.

LE CEUTHORHYNQUE A TACHE BLANCHE. — *CEU-THORHYNCHUS MACULA ALBA.*

Weissfleck, Verborgenrüssler.

Caractères. — Le corps est revêtu en dessous et sur les bords des élytres d'un épais duvet qui forme une tache unique sur le milieu du corselet et autour du scutellum ; les antennes, les jambes et les tarses sont au contraire ferrugineuses.

Mœurs, habitudes, régime. — La Larve vit dans les graines de Pavot, qui ne sont pas encore mûres, et se transforme en Nymphe dans un cocon fait de terre agglutinée.

LES POOPHAGES — *POOPHAGUS* (1)

Caractères. — A côté des Ceuthorhynques viennent se placer ces petits Curculionides qui en ont tous les caractères, mais auxquels l'allongement du corps et la pubescence qui les revêt donnent un faciès tout différent.

Distribution géographique. — Les deux espèces de ce genre habitent l'Europe.

LE CHARANÇON DU CRESSON. — *POOPHAGUS NATURSTII.*

Caractères. — C'est un Insecte de 3 millim., vert bronzé, couvert d'une pubescence gris jaunâtre, à rostre long, cylindrique, très arqué, noir, à extrémité fauve, à corselet canaliculé au milieu et ponctué, aux élytres striées deux fois aussi longues que le corselet, aux pattes fauves à extrémité des cuisses noires.

Mœurs, habitudes, régime. — C'est au colonel Goureau que nous sommes redevables des meilleures observations sur les mœurs de ce Charançon ; nous les lui emprunterons en partie.

Si dans les premiers jours de juin on fend lon-

gitudinalement par le milieu une tige de Cresson de fontaine (*Sisymbrium nasturtium*) d'une dimension un peu forte, on y trouve communément une petite Larve qui mine cette tige suivant son axe et qui laisse dans le tuyau médullaire ses excréments et des débris un peu jaunâtres. Cette Larve blanchâtre, cylindrique, à tête ronde écailleuse, apode, atteint toute sa croissance dans la première quinzaine de juin et s'enferme dans un cocon ovale, court, formé d'une soie grossière et de débris de moelle et d'excréments. On trouve un, deux ou même trois de ces cocons dans une même tige, mais espacés entre eux. L'Insecte parfait se montre à la fin de juin et les premiers jours de juillet.

Les personnes susceptibles et dégoûtées devront donc s'abstenir de manger du Cresson au mois de juin et de juillet; à moins qu'elles n'aient rejeté absolument toutes les tiges, pour ne conserver que les feuilles. L'absorption de ces Insectes ne présenterait d'ailleurs aucun inconvénient.

LES BARIDIUS — *BARIDIUS* (2)

Baridiinen.

Caractères. — Les *Baridius* (autrefois *Baris*), se reconnaissent à la forme ovale de leur corps noir, souvent relevé par un éclat métallique vert ou bleu, à leurs téguments très durs et à leur habitude de replier complètement leurs membres et de serrer fortement les cuisses, les jambes et les tarses perpendiculairement en dessous en inclinant le rostre qu'ils appliquent contre les membres antérieurs quand ils font le mort pour échapper aux poursuites de leurs ennemis.

La tête est globuleuse ; les yeux, petits, sont insérés immédiatement à la base du rostre. Celui-ci est épais et cylindrique, un peu courbé et taillé obliquement en dessous comme l'incisive d'une souris ; il est marqué de ponctuations enfoncées et porte vers son milieu des antennes coudées dont le manche peut, à l'état de repos, se replier dans une rainure profonde. Les antennes, courtes, robustes, ont le fouet formé de 7 articles dont le premier plus long et plus épais et le dernier en forme de bouton, sont reliés par les 6 autres qui deviennent de plus en plus gros.

____

(1) Ποοφάγος, herbivore.

(2) Βάρις, barque.

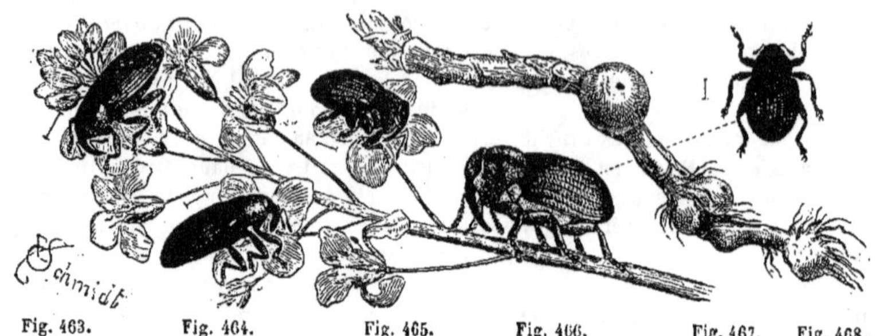

Fig. 463.   Fig. 464.   Fig. 465.   Fig. 466.   Fig. 467.   Fig. 468.

Fig. 463. — Baridius vert.
Fig. 464. — Baridius à rostre cuivreux.
Fig. 465. — Ceuthorhynque des Raves.

Fig. 466 et 467. — Ceuthorhynque du Chou.
Fig. 468. — Galles produites par ce dernier, de grandeur naturelle.

Fig. 463 à 468. — Les Ceuthorhynques et les Baridius, vus à la loupe.

Le corselet, à contours quadrangulaires, se rétrécit un peu en avant et offre deux sinuosités à son bord postérieur. Le prosternum présente une surface plate et sans sillon bien marqué, entre les hanches antérieures.

Le scutellum est petit, distinct et arrondi; les élytres, dont la largeur égale tout au plus la moitié de la longueur du corps de tout l'Insecte à partir du bord antérieur du corselet, laissent à découvert l'extrémité abdominale ou pygidium. Les pattes, courtes, robustes, ont des cuisses en massue inermes, des jambes comprimées, droites, des tarses courts se terminant par des crochets petits et libres.

Ce sont au moins ainsi que se caractérisent les espèces européennes qui mesurent en moyenne 4 millimètres et demi de long.

Distribution géographique. — Le nombre des espèces décrites s'élève à environ 250, mais leur faciès n'est pas uniforme, et nos espèces ne peuvent donner aucune idée des belles et robustes formes aux couleurs variées de l'Amérique tropicale qui est habituellement considérée comme leur véritable patrie.

Mœurs, habitudes, régime. — Plusieurs espèces indigènes vivent aux dépens des Choux; associés aux Ceutorhynques et à certaines « Puces terrestres, les Haltises »; ils peuvent rendre la vie dure au cultivateur de Choux, s'ils surgissent en nombre considérable.

LE BARIDIUS VERT. — *BARIDIUS CHLORIS.*

Raps Mauszahnrüssler.

Caractères. — Le *Baridius chloris* (fig. 463) est d'un vert brillant, ayant parfois des reflets bleuâtres. Le corselet presque lisse au milieu est parsemé de ponctuations, mais les intervalles sont beaucoup plus grands que les ponctuations mêmes. Les élytres sont simplement striées, mais à l'aide d'un grossissement on distingue des rangées de ponctuations dans les intervalles. Les côtés du bec et de la poitrine, les cuisses et l'abdomen dépourvu d'écailles blanches, dans sa partie antérieure, sont grossièrement ponctués avec les côtés du prosternum plus rugueux.

Mœurs, habitudes, régime. — La Larve, blanche, vit en minant les parties inférieures de la tige des Colza et certainement d'autres Crucifères; elle pénètre jusque dans les ramifications extrêmes des racines et s'y transforme en Nymphe; celle-ci donne le jour au Coléoptère en juin.

Ce dernier peut rester caché, ou s'il trouve une occasion favorable, déposer ses œufs dans les semis avant l'hiver, car on trouve au printemps des Larves très inégalement développées. D'autres ne s'accouplent qu'à cette dernière époque, et leurs descendants n'apparaissent naturellement que plus tard en été et ne se montrent pas avant l'année suivante.

LE BARIDIUS NOIR. — *BARIDIUS PICINUS.*

Pechswarzer Mauszahnrüssler.

Le Baridius noir (*Baridius picinus*) vit de la même manière dans d'autres espèces du genre Chou, auxquelles il confie ses œufs au printemps à défaut des semis d'automne, et après être sorti de sa retraite d'hiver, par exemple des Choux dans lesquels il est né l'automne précédent.

LE BARIDIUS A ROSTRE CUIVREUX. — *BARIDIUS CUPRIROSTRIS.*

Rothrüsseliger Mauiszalmrüssler.

Les mêmes mœurs se retrouvent chez le Baridius à rostre cuivreux (*Baridius cuprirostris* (fig. 464), vert légèrement métallique; sa Larve ronge les troncs de Choux pommés et des Choux-raves en produisant des excroissances galleuses et devient surtout préjudiciable aux jeunes plants de Choux-raves.

LES CALANDRINES — *CALANDRINÆ*

Calandrinen.

Il est un groupe qu'il est impossible de passer sous silence, celui des Calandrines, bien qu'il appartienne presque exclusivement aux zones torrides et qu'il ne soit représenté que par quelques espèces insignifiantes dans le sud de l'Europe. Mais il renferme les géants de la famille qui se font remarquer par leur livrée due à un fin revêtement. Deux de ses membres minuscules, qu'on rencontre malheureusement trop souvent dans les greniers, méritent d'être signalés.

Caractères. — Sans nous étendre sur la caractéristique de ce groupe ou de l'un ou de l'autre de ses genres, nous ferons remarquer que les antennes, par la conformation spéciale de leur article terminal, s'éloignent de celles qui sont connues jusqu'à ce jour. Le fouet compte toujours 6 articles, la massue à base cornée est le plus souvent en forme de hache. Chez toutes d'ailleurs ces antennes ne sont jamais insérées en arrière du premier tiers du rostre (le *Protocerius* femelle excepté). Les élytres plates n'atteignent jamais l'extrémité de l'abdomen et laissent le pygidium à découvert. Le rostre porte souvent une brosse de poils serrés; la couleur de l'animal entier est souvent due à une couche brune semblable à du givre et qui çà et là, surtout au milieu du corselet, peut faire place à un reflet.

Nous représentons (fig. 464 et 465) le Rhynchophore (*Rhynchophorus Schach*) Schach et le Protocerius colosse (*Protocerius colossus*) comme formes typiques de Calandrines, mais il est aussi des formes sensiblement plus grêles, qui n'étant plus aplaties prennent l'apparence de fuseau. Chez d'autres le bec s'élargit à l'extrémité en prenant des contours anguleux ou dentelés, et chez d'autres encore (*Cyrtotrachelus longipes*),

les pattes antérieures s'allongent démesurément, ce qui d'ailleurs se présente aussi chez

Fig. 469. — Le Rhynchophore Schach
(grandeur naturelle).

divers groupes que de même nous avons passé sous silence.

Les téguments sont toujours durs, de couleur

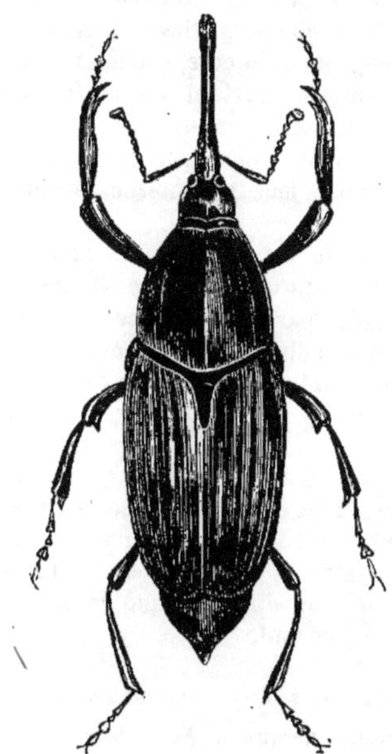

Fig. 470. — Le Protocerius colosse femelle.
(grandeur naturelle).

noire ou rouge-brun, ou bien de couleur rouge, jaune ou grise, distribuée soit uniformément, soit sous forme de dessins ou de taches.

Les mâles se distinguent sensiblement de la

femelle par la conformation du bec, des jambes, des antennes, etc.

Mœurs, habitudes, régime. — On ne connaît que quelques Larves exotiques qui de préférence vivent dans l'intérieur des Palmiers, des Cycadées, des Bananiers, des Cannes à sucre, qu'ils perforent en causant de sérieux dommages en raison de leur grande multiplication.

LES CALANDRES — *CALANDRA* (1)

Lacordaire restreint aux plus petites espèces de tout le groupe la dénomination de *Calandra* appliquée autrement à l'ensemble de toutes les espèces.

Caractères. — Le rostre mince, légèrement courbé, à peu près de la longueur du corselet, porte à sa naissance immédiatement devant les yeux, des antennes coudées dont le fouet est composé de 6 articles ramassés en bouton ovoïde ; le corselet, beaucoup plus long que large, aplati, est légèrement rétréci en avant, Les élytres de la largeur du corselet, aux côtés parallèles, sont arrondies en arrière. Les pattes de longueur médiocre, robustes, ont les cuisses en massue, surtout les antérieures, les jambes, droites, comprimées, armées à leur extrémité d'un crochet corné ; les jambes antérieures ont à leur face interne de petites dents crénelées.

Mœurs, habitudes, régime. — Deux d'entre elles, probablement originaires de l'Orient, ont été transportées par le commerce et se sont répandues non seulement dans toute l'Europe mais encore dans le monde entier ; ce sont : la Calandre des céréales, le Charançon du blé (*Calandra granaria*, ou *Sitophilus granarius*) la Calandre du riz, ou *Sitophilus oryzæ* qui hantent les magasins et les entrepôts de grains, parce que les adultes ainsi que leurs Larves se nourrissent des grains de nos céréales. Les Larves vivent aux dépens du grain que la mère a percé et doté d'un œuf.

LE CHARANÇON DU BLÉ. — *CALANDRA GRANARIA*.

Schwazer Kornwurm, Kornrüssler.

Caractères. — Le Charançon du Blé (fig. 471), connu dès la plus haute antiquité, est rougeâtre ou brun-noir, un peu plus clair aux antennes et aux jambes ; sans le bec il est long de

(1) Étymologie inconnue.

3 millimètres 75 sur un millimètre et demi de large mesuré aux épaules. Le prothorax est marqué de ponctuations profondes un peu allongées qui ne laissent place qu'à une ligne médiane luisante. Les élytres sont sillonnées de stries ponctuées profondes ayant leurs intervalles lisses.

Mœurs, habitudes, régime. — La Larve dévore les grains de Blé et atteint tout son déve-

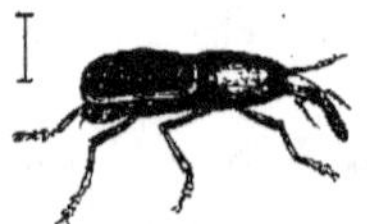

Fig. 471. — Le Charançon du Blé très grossi.

loppement **quand** ces grains n'ont plus que leur enveloppe destinée à lui servir d'abri protecteur pendant qu'elle subit sa transformation. C'est cinq ou six semaines après la sortie de l'œuf qu'apparaît la première couvée provenant des Charançons qui ont passé l'hiver. Au bout de quinze jours les nouveaux Charançons éclos vaquent à leur reproduction, et avant l'hiver, pour la seconde fois, les individus qui ont hiverné dans les fentes du plancher, de la charpente et autres recoins du grenier, assurent le sort de leurs jeunes.

Moyens de destruction. — On sait suffisamment que la propreté et la ventilation sont les meilleurs moyens préventifs contre cet ennemi dont les dégâts sont incalculables, et récemment une application raisonnée a produit les plus heureux résultats dans la destruction du « Ver ».

Par un système de drainage, consistant en tuyaux disposés horizontalement à travers l'amas de grains, à 3 bons mètres de distance les uns des autres, tuyaux qui s'ouvrent isolément au dehors ou dont l'ouverture aboutit à un orifice unique, on détermine une circulation d'air et l'on maintient ainsi les greniers à la température de l'air ambiant ; les petits Coléoptères qui aiment la chaleur dont ils ont besoin pour leur développement abandonnent les tas de grains.

Cette méthode se recommande encore en ce qu'elle permet de donner au tas de grains une hauteur plus grande qu'il ne serait possible dans toute autre condition,

Le pelletage ou l'intervention des machines qui maintiennent les grains en mouvement rendent de grands services en empêchant la ponte et entravant le développement des Larves. Mais il faut avoir soin de laisser dans un coin un petit amas de blé qu'on ne remue pas, afin que tous les Charançons puissent s'y réfugier ; en faisant ainsi la part du feu on est assuré de réunir une immense quantité d'Insectes qu'on peut détruire tout à son aise.

Un Hyménoptère, un petit Chalcidien, le *Ptcromalus tritici*, pond ses œufs dans les Larves du Curculionide et cause ainsi une heureuse destruction du redoutable ennemi du froment.

LA CALANDRE DU RIZ. — *SITOPHILUS ORYZÆ*.

Reisskäfer, Reisskornrüssler.

De même que ce Coléoptère vit de blé, de même le Charançon du Riz (*Calandra oryzæ*) se nourrit de grains de riz dont les dépôts lui servent de séjour, sans pouvoir, plus que l'espèce précédente, se perpétuer à l'air libre. Il se distingue de ce dernier par une petite tache sur chaque épaule, une autre sur chaque élytre, la couleur rouge des côtés tranchant sur un fond noir profond, un corselet marqué de ponctuations très arrondies et serrées, sur les élytres où les intervalles étroits sont garnis de petites brosses de poils jaunes.

Les petits Curculionides noirs lisses, et aux formes généralement étroites, qui ne se distinguent suffisamment des précédents que par la pointe abdominale couverte par les élytres, appartiennent au groupe des Cossonides et ont aussi des représentants en Europe et en Allemagne, mais ils ont une apparence insignifiante et établissent le passage entre les Curculionides et les Scolytides.

LES BRENTHIDES — *BRENTHIDÆ* (1)

Die Langkäfer.

La conformation des membres de la famille des Brenthides est extraordinaire au plus haut degré. A cause de la présence du rostre on avait primitivement réuni ces Coléoptères aux Curculionides ; ils en ont été détachés récemment pour constituer une famille à part en raison des caractères spéciaux et tranchants qui les distinguent.

Caractères. — Dans aucune autre famille de Coléoptères on ne voit les diverses parties du tronc tendre à s'allonger d'une manière aussi générale que dans celle-ci. La tête se prolonge en un rostre, et tous deux sont d'une seule venue ; depuis l'extrémité jusqu'au point d'insertion des antennes, où se présente un élargissement latéral, rien ne vient interrompre leur continuité ; il n'existe ni saillie, ni échancrure, ni sillon transversal qui puisse indiquer où cette tête commence, ni où elle finit. Elle est d'habitude cylindrique, à moins que chez le mâle, ce qui se voit dans beaucoup d'espèces, elle ne soit aplatie et ne porte à son extrémité des pièces buccales rappelant à vrai dire les branches d'une paire de tenailles.

La longueur du rostre varie chez les diverses espèces et aussi selon les sexes ; chez le mâle il atteint de plus grandes proportions que chez la femelle.

La lèvre supérieure fait défaut, le menton, généralement très grand, masque la languette ainsi que les mâchoires avec leurs palpes. Les antennes insérées sur le rostre comptent normalement 11 articles rarement 9 (Ulocérides), ce qui les distingue des Curculionides qui ont toujours 12 articles ; elles ne sont pas coudées, mais épaissies antérieurement tout en étant disposées comme un chapelet de perles. Il faut que l'article basilaire soit attaché d'une manière bien délicate au rostre, car on est surpris d'étonnement de voir les antennes de ces animaux, déséchés dans une collection, remuer tout à coup, si une secoussse, un ébranlement quelconque leur est imprimé.

Le prothorax fort long, tantôt ovalaire conique et sans sillon médian, tantôt elliptique ou rétréci en avant, déprimé et canaliculé en dessus, est d'ordinaire aussi large que les élytres ; ses flancs se confondent complètement avec le pronotum.

Le métathorax s'allonge également. Les élytres sont longues, étroites et à côtés parallèles et se prolongent chez le mâle de plu-

(1) Βρένθος, orgueil.

Fig. 477.

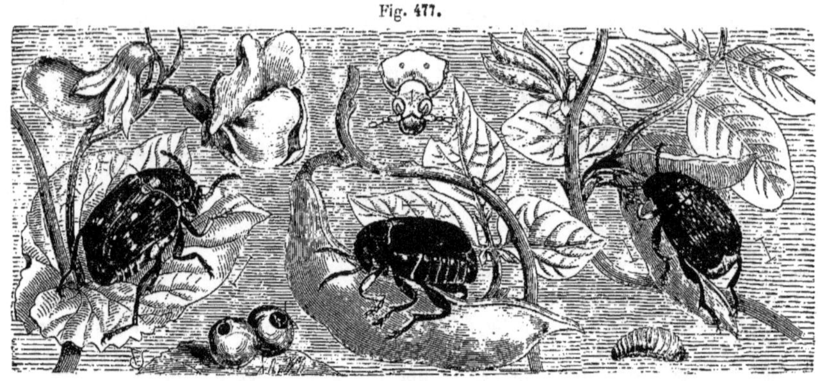

Fig. 474.   Fig. 475.   Fig. 476.   Fig. 473.   Fig. 479.

Fig. 474. — Le Bruche des Pois.
Fig. 475. — Pois attaqués.
Fig. 476. — Le Bruche des Fèves.

Fig. 477. — Sa tête, très grossie.
Fig. 479. — Le Bruche des graines.
Fig. 478. — Sa Larve grossie.

Fig 474 à 479. — Les Bruches, vus à la loupe.

sieurs espèces par des appendices caudiformes accusant encore l'allongement des formes. Les jambes sont grêles, mais sans paraître très longues, comparées à ce corps linéaire ; les hanches antérieures et intermédiaires, globuleuses et saillantes, sont insérées dans des cavités cotyloïdes fermées en arrière ; les jambes antérieures sont élargies au bout et pourvues sur le côté interne d'une excavation qui remonte le long du bord et divise leur extrémité en deux saillies en forme de dents. Les 2 premiers anneaux de l'abdomen, soudés entre eux, sont très longs.

La différence individuelle dans la taille chez une même espèce est digne de remarque.

Distribution géographique. — Les Brenthides comprennent environ 600 espèces et sont répandues sur tout le globe, l'Europe exceptée, une seule espèce qui habite le sud de l'Europe (*Amorphocephalus coronatus*), mais sans être prédominantes en Amérique, comme on l'avait cru avant de connaître les nombreuses formes propres à la Malaisie, à l'Indo-Chine et surtout à Madagascar.

Mœurs, habitudes, régime. — Ils vivent en société derrière les écorces, ou dans le bois pourri et sous ce rapport s'éloignent sensiblement des Curculionides pour se rapprocher bien davantage des Xylophages dans la plus large acception du mot.

Lacordaire, qui les a observés en Amérique, rapporte qu'ils se trouvent quelquefois par

centaines sous les écorces, soit sèches, soit à demi décomposées, qu'ils courent sur les troncs d'arbres, en agitant leurs antennes à la manière des Ichneumons et se laissent choir lorsqu'on veut les saisir.

Les deux espèces de Larves connues jusqu'à présent s'éloignent tellement de celles des Curculionides qu'on est en droit de supposer que quelque erreur a pu se glisser dans les indications, et qu'elles n'appartiennent point à des Brenthes.

LE BRENTHE ANCHORAGO. — *BRENTHUS ANCHORAGO*.

Le Brenthe Anchorago (fig. 472 et 473), com-

Fig. 472 et 473. — Le Brenthe Anchorago, mâle et femelle.

mun au Brésil, peut fort bien représenter ces Coléoptères.

Dans cette espèce, le rostre atteint chez le mâle une longueur plus grande que chez ses congénères. Le fond de sa coloration est d'un rouge brun foncé sur lequel tranche deux lignes longitudinales rouge de sang, passant au jaunâtre, situées sur les élytres.

Des dessins analogues, qui se présentent aussi sous forme de taches, se trouvent chez beaucoup de membres de la famille.

LES ANTHRIBIDES — *ANTHRIBIDÆ* (1)

Die Maulkäfer.

Les Anthribides associés aux Curculionides par un grand nombre d'auteurs, en ont été séparés par Lacordaire, avec autant de droit que les précédents.

Caractères. — La tête se prolonge de même, en un rostre tantôt allongé, tantôt court, robuste et un peu élargi, jamais filiforme, sans qu'il y ait trace de ligne transversale indiquant une séparation.

La mâchoire est bilobée, ces lobes sont étroits, arrondis à leur extrémité, délicatement ciliés et terminés par des palpes filiformes, quadriarticulés, ceux de la lèvre étant triarticulés; les mandibules sont plus ou moins saillantes, élargies et dentées à la base, arquées et aiguës à leur extrémité. La lèvre supérieure est distincte, arrondie et ciliée en avant.

Les antennes insérées sur le rostre sont droites, non coudées et formées de 11 articles dont les derniers constituent une massue lâche, articulée, parfois semblant s'effacer, et devenant filiforme; ces antennes sont insérées à des points fort divers du rostre et implantées dans une fossette latérale. Chez le mâle elles atteignent en général une assez grande longueur, et sont alors beaucoup plus longues que le corps; c'est par là et bien aussi par la forme générale du corps que l'on peut leur trouver une analogie, qui n'est pas à méconnaître, avec les Capricornes que nous étudierons après eux.

La partie antérieure du sternum est marquée d'une carène transversale qui par sa longueur, ses modifications diverses, etc., fournit de bons caractères génériques.

Les hanches antérieures et médianes sont presque globuleuses, séparées et insérées dans des cavités cotyloïdes fermées; les hanches postérieures sont sensiblement plus larges que longues; les jambes sont tronquées à leur extrémité et jamais armées d'éperons ni de crochets terminaux. Le 3e article des tarses est le plus souvent si bien caché par le 2e que l'on pourrait mettre sa présence en doute; les griffes portent chacune une dent en dessous.

L'abdomen est formé de cinq anneaux assez égaux; le dernier ou *pygidium* reste toujours visible en dessus.

Ces Coléoptères sont couverts d'un vêtement sombre composé exclusivement de poils qui se nuancent diversement pour former des taches plus claires variées ou des dessins nuageux.

Distribution géographique. — La famille est riche en espèces; celles-ci s'élèvent au nombre de 800 et se répartissent sur tout le globe. Elles sont prépondérantes dans la Malaisie; l'Europe n'en possède que 19 espèces réparties en 7 genres.

Mœurs, habitudes, régime. — Les Anthribes se trouvent sur des troncs d'arbres malades ou sur les champignons; beaucoup plus rarement sur les feuilles ou les fleurs. La plupart ont le vol lourd, quelques-uns par contre se montrent sous ce rapport fort agiles: il en est même qui jouissent de la faculté de sauter.

On ne connaît encore que très peu de Larves; mais par leur aspect extérieur elles ne semblent pas s'éloigner de celles des Curculionides, et l'on peut en conclure que la plupart d'entre elles creusent l'intérieur des végétaux.

L'ANTHRIBE A TACHES BLANCHES. — *ANTHRIBUS ALBINUS.*

Weissfleckiger Maulkäfer.

L'Anthribe à taches blanches (*Anthribus albinus*) est l'un des plus remarquables. Notre figure 480 donne une idée de sa conformation et de sa grandeur; les dessins clairs que l'on

(1) Ἄνθος, fleur; τρίβω, je détruis.

voit sur le fond couleur de chevreuil sont d'un blanc de neige, et il en est de même de la tête et de l'abdomen y compris le dernier anneau pectoral, ce que nous ne pouvons voir dans la figure. A la naissance du rostre élargi sont

Fig. 480. — L'Antribe à taches blanches.

situés un peu obliquement les yeux réniformes et au-devant d'eux sont insérées les antennes presque filiformes, qui chez la femelle n'atteignent que la moitié de la longueur du corps, mais qui en revanche sont épaissies en avant. Le grand écartement des hanches antérieures caractérise tout particulièrement cette espèce.

Taschenberg a quelquefois trouvé ce Coléoptère sur les troncs attaqués du Hêtre rouge, mais toujours très rarement.

LES BRACHYTARSES — *BRACHYTARSUS*

Caractères. — Leur rostre est court et porte des antennes faiblement claviformes insérées dans un sillon latéral courbé en dessous. Les yeux sont grands et touchent le bord antérieur du corselet. Ce dernier est quadrangulaire, avec un double rebord à sa base, et ses angles postérieurs aigus ne s'appliquent pas contre les épaules. Les élytres ne dépassent pas le corselet en largeur et le scutellum n'apparaît entre celles-ci que sous la forme d'un point.

Distribution géographique. — Les quelques espèces de ce genre sont européennes et américaines.

Mœurs, habitudes, régime. — Les petites espèces, insignifiantes en apparence, du genre Brachytarse, ont des mœurs fort intéressantes. On les trouve sur les fleurs, et leurs Larves sous la carapace brune hémisphérique des Cochenilles (*Coccus*) servant d'abri et de refuge à la jeune couvée de ces dernières ; on croit qu'elles se nourrissent des œufs de ces Coccus. Du moins c'est ce que l'on a observé chez les *Brachytarsus scabrosus* et *varius*.

Tous deux sont des petits Coléoptères à la forme ramassée et ovoïde, aux dessins formant une sorte de marqueterie caractéristique.

LES BRUCHIDES — *BRUCHIDÆ*

Die Samenkäfer.

Les Bruchides (*Bruchidæ*) sont de petits Coléoptères de forme ovale, moins bombés en dessus qu'en dessous, qui par leurs mœurs et leur faciès se rapprochent des Curculionides auxquels on les avait autrefois réunis ; néanmoins ils présentent tant de particularités distinctives qu'il n'est plus possible de maintenir cette réunion.

Caractères. — Leur tête penchée se rétrécit derrière les yeux en un étranglement en forme de cou peu apparent, tandis qu'en avant elle se prolonge en museau comme chez plusieurs familles mentionnées précédemment et non pas en rostre. Les antennes, robustes, souvent dentées ou pectinées, jamais coudées, sont formées de 11 articles ; elles sont libres, c'est-à-dire insérées à découvert et non pas dans une fossette et sont habituellement insérées en avant et près des yeux. Les yeux sont grands, échancrés, c'est-à-dire réniformes.

Les hanches antérieures n'ont pas la même conformation chez tous les Bruchides : chez les Bruches proprement dits, elles sont coniques, rapprochées et conniventes par derrière, les hanches médianes sont presque globuleuses et les postérieures sont transversales et rapprochées. Les cuisses sont comprimées et larges, les jambes se terminent en crochet et les griffes qui font suite aux tarses de 4 articles sont munies d'appendices.

Des 5 anneaux de l'abdomen, le 1er, avec sa saillie intercoxale le plus souvent prolongé en pointe, dépasse les autres en longueur ; l'extrémité de l'abdomen ou *pygidium* est largement développé et découvert.

Les membres de cette famille ont dans l'organisation, de grands rapports avec les Anthribes : cependant la conformation des pièces de la bouche, la structure des antennes, l'indépendance du 3ᵉ article des tarses les différentient ; au contraire la disposition des pièces de la bouche, la forme de leurs Larves, les rapprochent sensiblement des Chrysomélines. Quoiqu'il en soit les Bruchides constituent une famille des plus homogènes.

Distribution géographique. — Au nombre d'environ 400 espèces, les Bruchides sont répandus sur toute la terre, mais particulièrement en Amérique et en Europe.

Mœurs, habitudes, régime. — C'est parce que les Larves connues jusqu'à ce jour vivent dans les graines, surtout dans celles des Papillionacées, qu'on leur a donné la dénomination allemande indiquée ci-dessus.

LES BRUCHES — *BRUCHUS*

Caractères. — Les Bruches vrais se reconnaissent aux caractères généraux de la famille et à quelques particularités. Leurs cuisses postérieures, assez grosses, sont dentées ou non dentées ; leurs jambes postérieures droites, tronquées au bout, sont armées sur la troncature d'une courte épine souvent accompagnée d'une à trois autres plus petites.

Distribution géographique. — Ce genre des plus populeux renferme les nombreuses espèces européennes : 80 à 100 espèces.

LE BRUCHE DES POIS. — *BRUCHUS PISI.*

Erbsenkäfer.

Caractères. — Le Bruche des Pois (*Bruchus pisi*, fig. 474) est noir, revêtu d'une toison couchée de poils gris jaunâtres et blancs, il a au milieu de chaque côté du corselet une petite pointe cachée par ces poils. Les élytres sont ornées vers leurs extrémités largement arrondies, d'une bande transversale formée de petites taches blanches et la pygidium est marquée de deux petites taches ovoïdes noires qui restent nues. Les 4 premiers articles des antennes en massues sont jaune rougeâtre, les cuisses antérieures toutes noires ; les jambes et les tarses antérieures, l'extrémité des jambes et les tarses de la paire médiane sont également jaune rougeâtre ; les cuisses postérieures sont armées d'une forte dent en dessous et vers la pointe.

Distribution géographique. — Ce Coléoptère, probablement originaire des États-Unis, aujourd'hui cosmopolite, semble être plus préjudiciable aux Pois dans l'Amérique du Nord et en Allemagne que partout ailleurs.

Mœurs, habitudes, régime. — Au printemps et au plus tard au commencement de mai, il pratique un trou de sortie circulaire à travers les cotylédons (fig. 475). C'est ainsi qu'il surgit des Pois réunis en tas, ou disséminé sur le sol au moment des semis ; il reste engourdi, comme mort, si le temps est froid, pour se réveiller et courir avec ardeur sous l'influence du soleil.

Dès qu'au dehors les Pois sont en pleine floraison, les Bruches se jettent sur eux, soit qu'ils aient été transportés par les semis, soit qu'ils s'y rendent en s'envolant des provisions enmagasinées.

Après l'accouplement, la femelle colle un très petit nombre d'œufs sur une gousse toute jaune, c'est-à-dire sur l'ovaire mis à nu après défloraison, et habituellement même elle n'en dépose qu'un sur chaque jeune fruit. Ces œufs sont cylindriques, quatre fois plus long que larges, arrondis aux deux bouts et d'un jaune citron.

Une fois le sort de la couvée assuré, ce qui nécessairement prend quelque temps, surtout s'ils sont interrompus par plusieurs jours de pluie, la femelle ayant alors accompli sa tâche meurt.

Les jeunes Larves pénètrent dans la gousse en rongeant et recherchent les Pois eux-mêmes ; et c'est le développement de ceux-ci qui décidera si la Larve peut se contenter d'un seul grain ou si elle a besoin d'en entamer plusieurs.

Si le Pois est assez fort pour que sa croissance ne soit point entravée par la dent de la Larve, tous deux se développent alors simultanément et ce seul Pois suffit au complet développement du petit animal ; au contraire si le Pois est trop faible pour résister à la Larve, celle-ci est obligée d'attaquer un deuxième Pois dans lequel elle doit pénétrer d'assez bonne heure pour permettre à l'entrée pratiquée de se cicatriser complètement. Jamais la Larve ne recherche une deuxième gousse.

Les Bruches sont en majorité ramassés à l'état de Larves contenues dans les Pois mûrs à l'époque de la récolte ; d'une part, on peut admettre que dans chacun des Pois ainsi occupés le Coléoptère se trouve déjà tout formé avant l'entrée de l'hiver; du moins il semble inexact d'admettre que la Larve puisse encore manger à cette époque.

Parmi les Pois qui lui furent envoyés des environs d'Olmutz, plusieurs que Taschenberg ouvrit à la mi-février 1875 contenaient des Larves desséchées et quelques Coléoptères morts et imparfaitement développés; mais l'immense majorité de ces Pois donnèrent naissance à des Bruches, marchant allègrement et qui sous l'influence du soleil se mirent à voler vers la fenêtre en témoignant une suprême satisfaction de se voir rendus à la liberté.

LE BRUCHE DES FÈVES. — *BRUCHUS RUFIMANUS.*

Bohnenkäfer.

Caractères. — Le Bruche des Fèves (*Bruchus rufimanus*, fig. 476, p. 313) est très semblable au précédent et n'en diffère que par son corselet relativement plus long et par ses deux petites dents moins distinctes, par ses élytres plus courtes et particulièrement par les dessins un peu différents sur ces dernières. Les cuisses antérieures sont rouges-jaunes et les postérieures moins nettement dentées.

Mœurs, habitudes, régime. — La Larve vit de la même manière que la précédente, mais dans les Fèves et les Haricots et vraisemblablement jamais dans les Pois. Elle pénètre perpendiculairement dans les cotylédons en se taillant une entrée circulaire et s'y prend de telle sorte qu'extérieurement on n'aperçoit aucune lésion sur la Fève; plus tard la mince pellicule qui recouvre toujours le trou pratiqué reste encore translucide.

M. Grosjean a signalé (1879) le préjudice que ce Bruche peut causer aux Féveroles qui entrent aujourd'hui pour une grande part dans l'alimentation des Chevaux; c'est ainsi qu'il a constaté que dans des échantillons, fournis par la Compagnie générale des Omnibus de Paris, la proportion des Fèves atteintes, était de 50 p. 100 et que 200 Fèves endommagées contenaient 380 à 400 Bruches; en moyenne chaque Fève était donc attaquée par deux Insectes. Un Bruche consomme, pour atteindre tout son développement, environ 140 milligrammes de Fèves; la perte de poids, obtenue par la différence existant entre le poids d'un nombre de Fèves indemnes et celui du même nombre de Fèves endommagées atteignit 18,5 pour 100; la perte était presque d'*un cin-*

quième; en mettant le quintal à 18 fr. 50, la perte sèche a pu être évaluée à 3 fr. 40. On conçoit d'après cela combien une expertise faite avec soin est nécessaire pour connaître la valeur nutritive des grains.

LE BRUCHE DE LA LENTILLE. — *BRUCHUS PALLIDICORNIS.*

Linsenkäfer.

Caractères. — Long de 3 millimètres, large de 2 millimètres, ce Bruche (fig. 481) est noir, tacheté de blanc; la tête, le corselet et les élytres sont noirs, mais ces dernières sont relevées par deux lignes transversales de taches blanches, souvent peu marquées; l'extrémité de l'abdomen ou pygidium est revêtu de duvet blanchâtre et chargée de deux grandes taches noires; les pattes antérieures sont rougeâtres, les médianes noires avec l'extrémité des jambes fauves, les postérieures noires.

Fig. 481. — Bruche de la Lentille.

Mœurs, habitudes, régime. — Cet Insecte pond dans les jeunes gousses des Lentilles, en ne confiant qu'un œuf à chaque graine; les Larves dévorent la moitié ou même les trois-quarts des cotylédons, passent l'hiver dans les graines et se métamorphosent au printemps; les adultes apparaissent vers l'époque de la floraison des Lentilles.

LE BRUCHE COMMUN. — *BRUCHUS GRANARIUS.*

Gemeiner Samenkäfer.

Caractères. — Le Bruche commun (*Bruchus granarius*, fig. 479, p. 313) diffère des précédents par une taille moindre, des formes plus raccourcies et une coloration différente : il est d'un noir assez luisant, les articles basilaires des antennes et les pattes antérieures sont jaunes rouges, avec les tarses exceptionnellement et les cuisses encore plus rarement, noirs. Les cuisses postérieures sont profondément échancrées, et l'angle aigu formé par l'échancrure se prolonge en une petite dent variant suivant les sexes. La surface du corselet est marquée de deux points blancs, d'une tache plus grande également blanche située immédiatement en avant du scutellum ; une tache suturale jaunâtre fait suite au scutelle. Les autres dessins blancs qui couvrent les élytres sont irréguliers, formant des taches plus ou moins disposées en bandes ; deux taches de même nature entières et rondes se trouvent encore sur le pygidium.

Mœurs, habitudes, régime. — Commun dans le centre et le nord de l'Allemagne, il paraît être moins exclusif dans le choix de sa nourriture. On peut le trouver dans l'*Orobus tuberosus*, dans divers *Lathyrus*, dans le *Vicia sepium* vulgaire ; on l'accuse même d'être nuisible à la fève (*Vicia faba*).

Curtis mentionne les dégâts qu'il cause aux Féveroles destinées aux Chevaux ; il cite ce fait qu'une cargaison de 1,000 mesures de Fèves importée de Sicile à Newcastle sur la Tyne, était tellement infestée que la farine, après le passage sous la meule, paraissait animée tant étaient nombreux les Coléoptères qui, voltigeant de tous côtés, envahirent le moulin ; chaque Fève contenait de 3 à 5 Insectes.

Dans les gousses de petites espèces de *Lathyrus* ou de *Vicia*, il ne reste guère à un moment donné naturellement que l'enveloppe. Cette circonstance ne doit pas engager la Larve à passer l'hiver dans son berceau. Si l'on tient compte que l'Insecte se développe de meilleure heure dans les Viciées sauvages, plus précoces d'ailleurs, il est facile de concevoir comment on aperçoit déjà le petit Coléoptère se promenant avec vivacité à la mi-septembre. La Larve est aveugle, apode et sans antennes ; elle ne se distingue point des deux autres à l'œil nu.

LE BRUCHE DES HARICOTS. — *BRUCHUS OBTECTUS.*

Les Haricots jusqu'à présent ont été préservés des attaques des Bruches ; cependant M. Maurice Girard a signalé, dans les Haricots admis

à l'Exposition universelle de 1878 et provenant les uns d'Espagne, les autres du Vénézuela et de la République Argentine, la présence du *Bruchus obtectus*, originaire de l'Amérique du Nord et fort répandu aux États-Unis, au Mexique, aux Antilles et même dans l'Amérique du Sud. Malheureusement ce Bruche a fait également son apparition en France dans les départements méridionaux, notamment dans celui des Pyrénées-Orientales et en Corse ; rencontré déjà chez les épiciers de Toulon et de Marseille il est à craindre qu'à l'exemple du Bruche des Pois, il ne se répande, non seulement en France, mais dans toute l'Europe.

Un Bruche appelé aussi le Bruche des Lentilles (*Bruchus lens*) s'en prend encore aux Lentilles.

D'autres espèces affectionnent les graines d'autres végétaux : *Gleditschia*, *Mimosa*, *Acacia*, et de quelques Palmiers, etc., dans les pays chauds.

Destruction des Bruches. — La multiplication des Bruches peut dans certaines années s'exagérer à tel point qu'elles causent un préjudice réel ; pour diminuer leur nombre, il y a certainement un procédé infaillible, mais il est véritablement pire que le mal : il consiste à suspendre pendant deux ou trois ans dans les localités envahies la culture des Pois, des Fèves ou des Lentilles ; mais il est un autre moyen moins radical qui permet de faire disparaître de notables quantités de Bruches, des Pois et des Lentilles, c'est le triage des graines. Ce triage s'effectue d'une façon fort simple ; on fait tremper pendant un jour ou deux les graines, celles qui sont attaquées et renferment des Insectes surnagent, tandis que celles qui sont saines se réunissent au fond. On sera donc ainsi certain de ne semer que des graines intactes.

Quant à l'absorption des Bruches, elle est inoffensive et n'offusque que les délicats.

LES SCOLYTIDES — *SCOLYTIDÆ*

Die Borkenkäfer.

Caractères. — Les caractères extérieurs des Scolytides ou Xylophagides sont les suivants : de petite taille, ils ont le corps cylindrique, une tête épaisse terminée par un très court museau armé de mandibules en général peu saillantes, arquées et denticulées au côté interne, les autres pièces de la bouche restant cachées, les mâchoires étant pourvues d'un seul lobe ; ils présentent encore des antennes courtes coudées, de 3 à 12 articles, terminées en massue, et des yeux grands et transversaux. Ils se distinguent de leurs proches alliés par la brièveté de la tête, des palpes, des antennes et des jambes, ainsi que par leurs jambes comprimées, plus ou moins arquées et denticulées sur le bord externe, suivies de tarses à 4 articles. L'abdomen compte cinq segments. Les deux premiers étant souvent soudés entre eux.

Dans cette famille les deux sexes ne sont pas aisés à distinguer l'un de l'autre.

Les Larves ont la plus grande ressemblance avec celles des Curculionides, seulement elles ont une forme moins ramassée et plus complètement cylindrique.

Mœurs, habitudes, régime. — Xylophages redoutables, ils s'attaquent aux végétaux ligneux et sont par excellence des ravageurs des forêts. Leur manière de vivre en commun à l'état de Larve comme à celui d'Insecte parfait, leur habitude de creuser des galeries dans l'écorce même des arbres ou immédiatement au-dessous, sont autant de caractères qui justifient leur réunion en famille naturelle.

Le plus souvent, à partir du commencement un peu élargi de la galerie, sorte d'antichambre où chez beaucoup d'espèces l'accouplement a lieu, les femelles minent plus loin et établissent le couloir appelé *Muttergang*, « galerie maternelle », d'où partent des excavations latérales secondaires également espacées entre elles et destinées chacune à recevoir en dépôt un œuf unique.

Les jeunes Larves écloses ne rongent que les alentours de la galerie maternelle à droite ou à gauche, si celle-ci se dirige verticalement ou obliquement, et en dessus ou en dessous si la grande galerie prend une direction transversale. Elles arrivent ainsi à établir les « galeries de Larves » ou galeries latérales qui s'élargissent de plus en plus au fur et à mesure de leur accroissement. Chacun des couloirs est encore agrandi à son extrémité, pour devenir une loge commode destinée à la Nymphe.

C'est ainsi que prennent naissance d'élégantes arborisations, dont la forme fondamentale est particulière à chaque espèce et en rapport avec leur situation, quoiqu'elles puissent subir quelques variations par suite de la rencontre d'un autre système de galerie.

Les divers plans suivis dans la manière de ronger par les différentes espèces de Scolytides

sont très intéressants, malheureusement nous ne pouvons accorder une trop grande place à ces petits rongeurs, nous ferons seulement remarquer qu'en outre des galeries de sonde et des galeries latérales ou horizontales, il se présente aussi des galeries rayonnant en étoile ; la disposition des galeries est tellement caractéristique, que l'on peut déterminer l'auteur des dégâts à la vue d'un fragment d'écorce attaqué.

Si l'on songe que ces petits mineurs sont très féconds et que plusieurs d'entre eux ont 2 générations par an, il ne faut pas s'étonner que de temps à autre des centaines et des milliers d'hectares des plus belles forêts, que des plantations séculaires soient condamnées à sécher sur pied, comme par exemple tout récemment dans le Böhmerwald, jadis à Vincennes et à Paris même. Les Conifères nourrissent la grande majorité des espèces européennes et subissent relativement de plus grands dommages que les arbres feuillus qui sont hantés par d'autres espèces.

Les Scolytides ne vivent pas tous précisément dans les écorces des végétaux ligneux : l'*Hylastes Trifolii* pond dans les racines du Trèfle et de la Luzerne ; le *Thamnurgus (Tomicus) Euphorbiæ* se développe dans les tiges vivantes de l'*Euphorbia amygdaloides* ; le *Tomicus bispinus* préfère les tiges grimpantes de la Clématite commune (*Clematis vitalba*) ; le *Tomicus dactyliperda* habite les noyaux Dattes et y subit ses Métamorphoses ; ces fruits ainsi attaqués par centaines sont dépréciés, les excréments qu'ils renferment leur donnant un fort mauvais goût ; ce *Tomicus* s'en prend aussi aux noix d'Arec (*Areca Katechu*).

LES BLASTOPHAGES — *BLASTO-PHAGUS* (1)

Kiefernmarkkäfer

Caractères. — Tête posée transversalement, visible par dessus ; yeux étroits, allongés, finement chagrinés ; massue antennaire ovoïde, de 4 articles distincts, reliée au manche par un funicule de 6 articles ; corselet (*pronotum*) confondu avec les flancs du prothorax ; troisième article des tarses élargi et bilobé : tels sont les caractères de ce genre.

Distribution géographique. — Les quelques espèces de ce genre sont européennes.

(1) Βλάστη, bourgeon ; φάγος, mangeur.

LE GRAND BLASTOPHAGE DES PINS. — *BLASTO-PHAGUS PINIPERDA.*

Grosser Kiefernmarkkäfer.

Caractères. — Le grand Blastophage des Pins (*Blastophagus* ou *Hylurgus piniperda*, fig. 482) peut être considéré comme le type du genre. Il est couleur noire de poix, passant seulement au rouge sur les antennes et les pattes.

Mœurs, habitudes, régime. — Notre Coléoptère apparaît déjà en mars par un temps favorable, mais il ne s'accouple guère qu'en avril, et le rapprochement des sexes a lieu à l'entrée du trou de sortie où le mâle se montre toujours au dehors. La femelle choisit de préférence pour effectuer sa ponte les troncs récemment coupés ou les souches enracinées; les galeries commencent par un trou nettement taraudé, s'étendent jusque sous la face interne de l'écorce et se dirigent verticalement le long de celle-ci. Les galeries latérales sont très rapprochées les unes des autres et atteignent jusqu'à 8 centimètres de long. Pour subir sa nymphose, la Larve ayant acquis toute sa taille se creuse une retraite au sein de la partie subéreuse.

En 1836, année au commencement de laquelle le développement des Larves paraissait favorisé mais que des jours plus rudes entravèrent ensuite, Ratzeburg observa une première éclosion de Coléoptères le 22 avril; le 27, les galeries avaient déjà 5 centimètres de long et contenaient de 30 à 40 œufs; le 2 mai, les premières Larves étaient vivantes et atteignirent la moitié de leur développement le 18. Le 18 juin (4 semaines plus tard), il y eut les premières Nymphes; le 2 juillet, apparurent des Coléoptères encore tout blancs et mous, et ce ne fut qu'au 15 du même mois que les premiers trous de sortie furent pratiqués. Par un temps défavorable la couvée peut aussi ne se développer qu'en août.

C'est le moment de la dévastation. Les Xylophages minent transversalement les pousses jeunes ou âgées des Pins qui portent des cônes, atteignent la moelle, et dévorent celle-ci de bas en haut (fig. 487). A l'entrée du trou s'élève une éminence produite par l'exsudation de la résine, et les pousses atteintes, si elles sont grêles et faibles, sont facilement abattues par le vent : si les pousses principales de la couronne restent, de nouvelles pousses latérales se développent en formant des touffes serrées, au lieu et place du bourgeon terminal rongé et vidé. Comme il en résulte que l'accroissement normal de l'arbre se trouve altéré et comme provoqué par une taille artificielle, on a donné le nom de « Jardinier des bois » au provocateur du phénomène.

Pour hiverner, le Blastophage sort habituellement en passant par l'entrée principale ou par un autre trou pratiqué plus haut, recherche les bois de haute futaie et se cache profondément sur les troncs au-dessus des racines, non seulement derrière les plaques d'écorce, mais encore jusque dans les trous qui pénètrent le liber.

Ces Scolytes pullulent malheureusement dans toutes les plantations de Pins (*Pins laricio, pinaster, lord Weimouth, sylvestris, maritima*) et causent de grands ravages auxquels on ne connaît de palliatif que l'abatage et l'écorçage sur place des arbres malades ou attaqués, des arbres rabougris ou cassés et des chablis. Ces Insectes ont heureusement des ennemis naturels qui leur font une guerre active, notamment le Clairon formicaire (voy. p. 241, fig. 346 à 348) et certains Hyménoptères parasites (Ichneumonides et Chalcidides).

LE PETIT BLASTOPHAGE DES PINS. — *BLASTOPHA-GUS MINOR.*

Kleiner Kiefernmarkkäfer.

Caractères. — Le petit Blastophage des Pins (*Blastophagus minor*) fort voisin de la grande espèce (fig. 488), s'en distingue, non pas toujours par une taille moindre, mais bien par une particularité dans la disposition des rangées de poils qui garnissent les intervalles des stries sur les élytres. En effet dans cette espèce ces poils se continuent jusqu'au bord extrême des élytres, tandis que chez la précédente ils s'arrêtent au point où celles-ci forment la pente qui descend vers l'extrémité anale.

Mœurs, habitudes, régime. — Du reste il vit de la même manière, sans toutefois être aussi répandu. Pour effectuer sa ponte il ne choisit que les écorces lisses, et par conséquent les jeunes Pins ou les sommets des arbres élevés.

Nous serions entraînés trop loin, si nous voulions examiner de plus près encore d'autres espèces qui vivent d'une manière analogue et sont préjudiciables aux Pins.

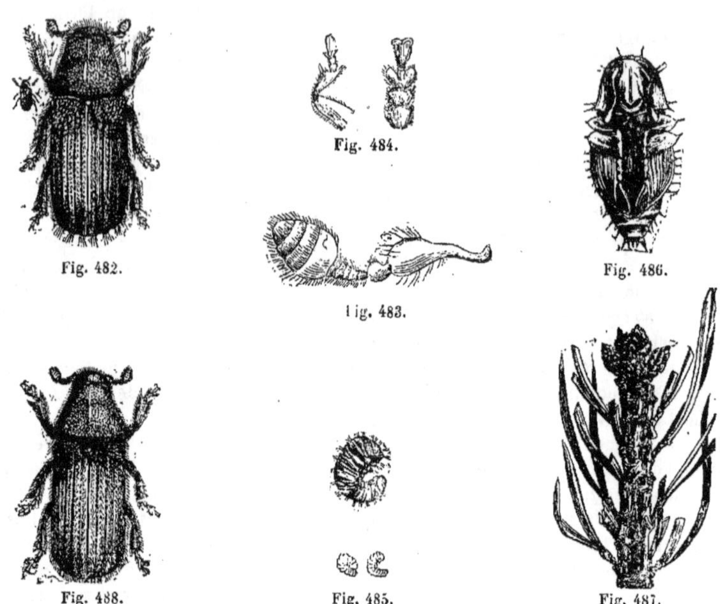

Fig. 482.

Fig. 484.

Fig. 486.

Fig. 483.

Fig. 488.

Fig. 485.

Fig. 487.

Fig. 482. — Le grand Blastophage de grandeur naturelle et grossi.
Fig. 483. — Antenne grossie.
Fig. 484. — Patte et tarse grossis.
Fig. 485. — Larves de grandeur naturelle et grossies.
Fig. 486. — Nymphe très grossie.
Fig. 487. — Pousse terminale de Pin rongée.
Fig. 488. — Le petit Blastophage.

Fig. 482 à 488. — Les Blastophages des Pins.

LES HYLÉSINES — *HYLESINUS* (1)

Die Hylesininen.

Caractères. — Ces Insectes ont la tête non globuleuse, courte, à front vertical prolongé en un très court museau visible d'en haut et aussi large qu'elle ; les antennes pourvues d'un funicule de 7 articles portant une forte massue oblongue de 4 articles aussi longue que lui ; les yeux étroits, allongés ; le prothorax convexe, rétréci et coupé obliquement en avant ; les élytres plus ou moins allongées, cylindriques, à déclivité postérieure arrondie ; les jambes arquées et denticulées sur le bord externe ; les tarses à article 1 plus long que 2, à article 3 élargi et bilobé. Le corps est cylindrique. Ils présentent en général des dessins nuancés sur les élytres, chose rare chez les Scolytides.

Distribution géographique. — Les espèces sont pour la plupart européennes, quelques-unes se rencontrent aussi dans l'Amérique du Nord, aux Indes, en Afrique.

L'HYLÉSINE DU FRÊNE. — *HYLESINUS FRAXINI.*

Caractères. — Le grand rongeur du Frêne, ainsi qu'on le nomme vulgairement, est un Insecte de trois millimètres, ovale, noir, marbré de grisâtre, aux antennes fauves, plus longues que la tête, terminées par une massue oblongue acuminée, cornue et pubescente, à la tête noire, couverte d'une pubescence cendrée, au corselet plus long que large et convexe, de couleur noire mais revêtu d'une pubescence cendrée devant l'écusson, aux élytres d'une fois aussi longues que le corselet à stries ponctuées et marbrées de taches irrégulières brunes et cendrées. Le dessous du corps est couvert de poils épais, gris, aux pattes noirâtres, aux tarses ferrugineux.

Mœurs, habitudes, régime. — Il exerce des ravages très sensibles sur les Frênes en s'attaquant de préférence aux arbres malades ou languissants ou aux arbres sains abattus pour

(1) Ὕλη, bois ; σίνω, j'endommage.

y déposer ses œufs; mais il ne craint pas de s'en prendre aux plus jeunes arbres pour en sucer la sève. Leur apparition a lieu en avril ou mai, et aussitôt après la fécondation les femelles se précipitent en troupe sur les victimes qu'elles ont choisies; elles percent un trou dans l'écorce et creusent entre elle et le bois une galerie horizontale perpendiculaire aux fibres, en forme d'accolade, dont le trou d'entrée est le milieu, puis elles pondent à intervalles égaux de chaque côté de la galerie. Les jeunes Larves se pratiquent chacune une galerie verticale, c'est-à-dire parallèle aux fibres, qu'elles élargissent peu à peu au fur et à mesure de leur accroissement, jusqu'à ce qu'elles aient atteint toute leur taille au commencement de juillet; elles aménagent alors à l'extrémité de leur galerie une petite loge où elles se transforment en Nymphes. Les Insectes parfaits percent l'écorce pour prendre leur essor à la fin de juillet ou au commencement d'août; mais ils ne tardent pas à perforer de nouveau les écorces soit pour y pomper la sève, soit pour y déposer leurs œufs. On conçoit que ces deux générations assurent une telle multiplication des Hylésines que leurs Larves peuvent causer des dégâts considérables dans les Frênaies. Lorsque les adultes s'attaquent aux jeunes arbres pour y chercher leur nourriture, ils rongent l'écorce à la naissance des branches et même des feuilles et y déterminent un afflux de sève qui se manifeste par la production d'excroissances noueuses.

Un petit Hyménophère, indépendamment de beaucoup d'autres, du genre *Eurytoma* de la famille des Chalcidides, l'*Eurytoma rufipes* qui mesure environ trois millimètres, est un grand destructeur des Hylésines; les femelles percent à l'aide de leur tarière les écorces au-dessus des galeries creusées par les Larves pour y déposer leurs œufs; chacune des jeunes Larves aussitôt éclose a l'instinct de s'attacher à une Larve d'Hylésine et de la sucer; cela fait, elle se métamorphose dans les galeries mêmes. Les Larves parasites sont blanches, molles, glabres, avec une tête ronde en partie rentrée dans le premier anneau du corps et armée de deux mandibules jaunâtres; quoique apodes elles font saillir de leur dos des mamelons qui jouent le rôle de pattes et leur permettent de se mouvoir dans les galeries des Hylésines.

L'HYLÉSINE CRÉNELÉ. — *HYLESINUS CRENATUS*.

Caractères. — L'Hylésine crénelé (*Hylesinus crenatus*), long de quatre à cinq millimètres, noir ou brun, ordinairement glabre, aux élytres deux fois plus longues que le corselet et fortement striées, avec les intervalles des stries crevassées et garnies de crénelures aiguës, vit de la même manière dans le Frêne.

L'HYLÉSINE DE L'OLIVIER. — *HYLESINUS OLEIPERDA*.

Caractères. — Le rongeur de l'Olivier qui mesure un millimètre et demi à deux millimètres de longueur est noir ou brun, couvert de petits poils dressés, aux antennes rousses, à la face velue, au corselet noir plus long que large, convexe, couvert d'une pubescence jaunâtre, aux élytres deux fois aussi longues et plus que le corselet, arrondies à l'extrémité et striées, couvertes de petits poils dressés jaunâtres, aux pattes rousses.

Mœurs, habitudes, régime. — Cet Hylésine attaque ordinairement l'Olivier, mais s'il remonte vers le nord, il sait discerner une parenté entre le Frêne, le Lilas et son arbre de prédilection. Il creuse de préférence ses galeries dans les branches et choisit les Oliviers malades dont la végétation est loin d'être exubérante; il faut donc avoir le plus grand soin des arbres languissants, les arroser, les fumer, et surtout au printemps les émonder attentivement, c'est-à-dire les débarrasser de toutes les branches tachées qui dénotent la présence de l'ennemi, branches que l'on brûlera sans tarder.

LES PHLŒOTRIBES — *PHLOEO-TRIBUS* (1)

Caractères. — Ce genre est excessivement tranché; la forme des antennes et leur mode d'insertion sont tout à fait particuliers. Ces antennes ont un funicule de 5 articles, au 1er article aussi long que les 4 autres réunis, supportant une massue de 3 articles prolongés, chacun du côté interne, en une longue lamelle; elles sont insérées sur le front au bord interne des yeux.

(1) Φλοιός, écorce; τρίβω, je perce.

LE SCOLYTE DE L'OLIVIER. — *PHLOEOTRIBUS OLEÆ.*

Caractères. — Ce petit Scolytide, qui mesure environ deux millimètres, est noirâtre, habillé d'un duvet grisâtre; les antennes sont rousses, hérissées de poils; la tête est un peu enfoncée dans le corselet, qui est bombé, ponctué en dessus et couvert de poils roux; les élytres, deux fois aussi longues que larges, sont bombées, ponctuées et creusées de dix stries peu distinctes.

Distribution géographique. — Cet Insecte est répandu dans toute la région méditerranéenne partout où l'on cultive l'Olivier, auquel il est des plus nuisibles.

Mœurs, habitudes, régime. — Ce rongeur de l'Olivier, comme le précédent, attaque les branches et établit particulièrement ses galeries qu'il creuse entre l'écorce et l'aubier aux enfourchures des rameaux; il aime surtout les jeunes rejets qui poussent sur les souches recépées, la gomme semblable à la manne qui s'écoule des ouvertures qu'il pratique, ainsi d'ailleurs que les rameaux brisés par le vent, décèlent sa présence.

LES TOMIQUES (1) OU BOSTRICHES (2) — *TOMICUS OU BOSTRICHUS*

Die Tomicinen, Die Bostrychinen.

Caractères. — Les vrais Tomiques ou Bostriches (*Tomicus* ou *Bostrichus*) ont la tête globuleuse et leurs antennes (fig. 493) présentent un funicule de 5 articles reliant le manche à la massue assez petite formée elle-même de 4 articles faiblement articulés; les yeux sont étroits, sinués en avant, transversaux. Le corselet allongé, cylindrique, forme en avant comme une calotte au-dessus de la tête; il est sur sa moitié antérieure marqué de points fins et serrés. Les élytres, cylindriques, sont comme tronquées et excavées à leur extrémité, avec les bords moins fortement denticulés sur l'excavation. Les jambes (fig. 494) ont leur bord externe denticulé; les tarses (fig. 495) ont les articles 1 à 3 égaux. Le corps est cylindrique.

Chez plusieurs espèces de ce genre les sexes ont un aspect sensiblement différent : la femelle n'a point d'excavation à l'extrémité des élytres, ou bien celles-ci sont presque globuleuses et fort courtes chez le mâle (*Tomicus*

(1) Τομικός, qui est propre à couper.
(2) Βοῦς, bœuf; τρίχες, cheveux.

dispar) et présentent encore d'autres caractères distinctifs.

LE TOMIQUE TYPOGRAPHE. — *TOMICUS TYPO-GRAPHUS.*

Gemeiner Borkenkäfer, Buchdrucker.

Un des Scolytides les plus grands (cinq millimètres et demi) et les plus nuisibles aux Pins est le Bostryche commun ou typographe. *Tomicus* ou *Bostrichus typographus* (fig. 489 et 490).

Caractères. — Les élytres, sillonnées de rangées de ponctuations grossières, portent quatre dents de chaque côté sur la partie latérale de leur extrémité profondément excavée; la troisième de ces dents, rouge ou brun de poix, est garnie de poils lâches de couleur jaune.

Mœurs, habitudes, régime. — Après les premières journées chaudes du printemps, on voit quelques Bostriches isolés encore engourdis errer sur les troncs ou voltiger silencieusement çà et là prêts à battre en retraite vers leurs quartiers d'hiver si le temps se refroidit. Vers la mi-mai, tous sont d'habitude sortis de leur torpeur hivernale et se préparent à assurer leur reproduction. Si l'emplacement leur convient pour établir leur couvée, là où ils sont nés eux-mêmes et peut-être un grand nombre de leurs ancêtres, rien n'entrave leur évolution. Dans le cas contraire, ils s'élèvent dans les airs, afin, semble-t-il, de rechercher un emplacement convenable; et sans exagération, après leurs Métamorphoses, on peut comparer leurs attroupements à des essaims d'abeilles ou à de petits nuages.

Ils hésitent à fixer leur choix et paraissent faire les difficiles; ils donnent la préférence au vieux bois sur le jeune; à celui qui est étendu, abattu par la hache ou le vent, sur celui qui est resté debout; ils élisent domicile dans la partie supérieure des tiges à partir de la naissance des grosses branches. Ils préfèrent certaines résidences à d'autres, et les Epiceas à tous les autres Conifères.

Un terrible ouragan qui s'est abattu, le 6 novembre 1864, sur les importants massifs du Risoux et du Grand-Vaux (Jura), y renversa, rapporte M. Grandjean, conservateur des Forêts, plus de 88,700 arbres, Epicéas pour la plupart, soit un volume de 53 000 mètres cubes de bois dont l'exploitation n'était pas encore complètement achevée en 1871.

Pendant leur séjour prolongé sur le sol de la Forêt, ces arbres s'altérèrent et furent bientôt

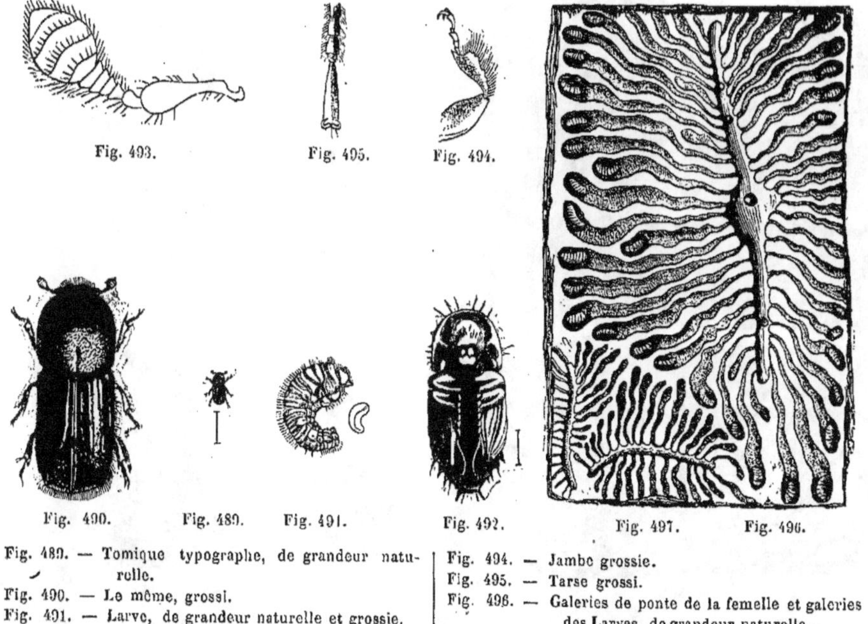

Fig. 493.   Fig. 495.   Fig. 494.

Fig. 490.   Fig. 489.   Fig. 491.   Fig. 492.   Fig. 497.   Fig. 496.

Fig. 489. — Tomique typographe, de grandeur natu-
     relle.
Fig. 490. — Le même, grossi.
Fig. 491. — Larve, de grandeur naturelle et grossie.
Fig. 492. — Nymphe grossie.
Fig. 493. — Antenne grossie.

Fig. 494. — Jambe grossie.
Fig. 495. — Tarse grossi.
Fig. 496. — Galeries de ponte de la femelle et galeries
     des Larves, de grandeur naturelle.
Fig. 497. — Galeries en étoile du Tomique chalcographe,
     de grand. nat.

Fig. 489 à 497. — Les Tomiques et leurs galeries.

visités par les Tomiques typographes, qui attaquent de préférence les Epicéas dépérissants.
Ces Coléoptères se multiplièrent avec une rapidité désolante; après l'exploitation des Chablis, ils se jetèrent immédiatement sur les
arbres restés debout et en firent périr un grand
nombre, qu'on dut exploiter d'urgence.

De 1870 à 1873, on s'occupa sans relâche à
extraire de ce foyer d'infection tous les arbres
visités par les Tomiques dont le nombre s'est
élevé à plus de 180,000 et représentant un
volume de 73,000 mètres cubes. Grâce à l'application persévérante de cette mesure, les
ravageurs ont à peu près entièrement disparu
et tout péril est aujourd'hui conjuré.

L'emplacement à leur convenance étant
trouvé, les Tomiques percent dans l'écorce un
trou droit qu'ils élargissent graduellement pour
se pratiquer une loge dans laquelle s'accomplit
le rapprochement sexuel et duquel part vers
le haut et vers le bas la galerie maternelle
(fig. 496) à laquelle seront confiés les œufs,
ainsi que nous l'avons indiqué.

Peu après la ponte, les femelles meurent
dans l'intérieur de leur mine, où parviennent
encore péniblement à se dégager et à sortir.

Les Larves écloses (fig. 491) creusent à droite
et à gauche des galeries latérales très rapprochées, exactement comme le montre notre
figure (fig. 496), à l'exception du coin situé à
gauche de celle-ci (fig. 497). La génération arrivée à son complet développement reste encore
quelque temps dans son berceau et ronge irrégulièrement ses galeries qui se remplissent
d'excréments et qui, de régulières qu'elles
étaient primitivement, deviennent informes.

Si la saison est avancée, nos Tomiques restent en place et hivernent; mais si le temps
radouci les y invite, ils sortent et se dispersent au dehors pour chercher ensuite plus
loin leurs quartiers d'hiver. Les Coléoptères
éclos de bonne heure dans l'année, délaissent
volontiers leur berceau après une pluie
chaude, vers midi, pour se livrer à leurs ébats,
et donner le jour à une deuxième couvée.

Celle-ci, dans des conditions favorables, peut

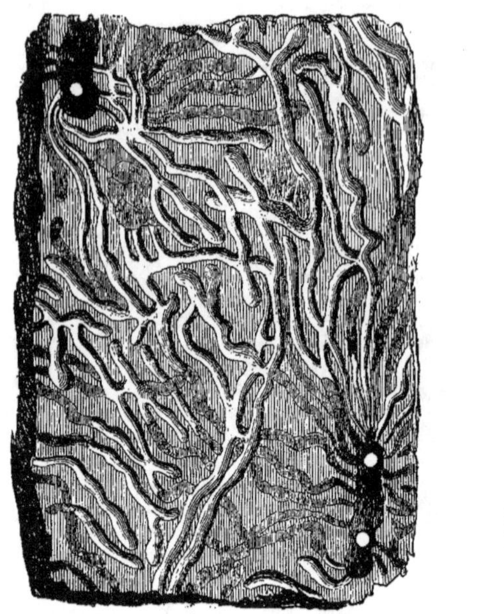

Fig. 501.

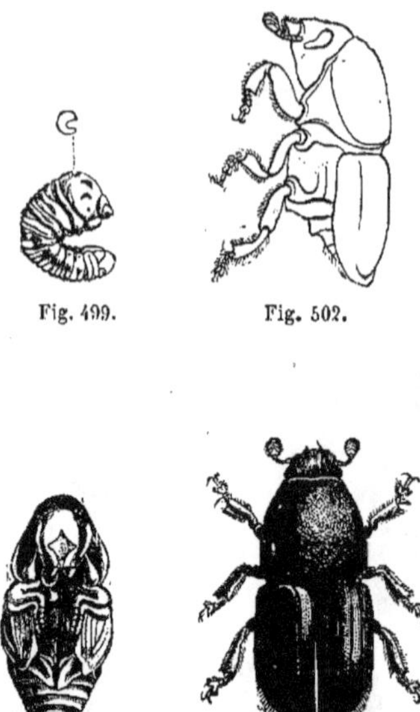

Fig. 499.   Fig. 502.

Fig. 500.   Fig. 498.

Fig. 498. — Scolyte destructeur, très grossi.
Fig. 499. — Sa Larve, de grand. nat. et très grossie.
Fig. 500. — Sa Nymphe, très grossie.

Fig. 501. — Galeries de ponte et galeries des Larves, de grand. nat.
Fig. 502. — Scolyte de Ratzeburg, très grossi.

Fig. 498 à 502. — Les Scolytes et leurs galeries.

encore arriver à terme ; mais dans la plupart des cas les Larves ou les Nymphes (fig. 492) sont réduites à hiverner ; elles ne peuvent passer la mauvaise saison en toute sécurité que si l'écorce reste bien jointe et bien appliquée sans que l'humidité puisse y pénétrer.

Ce sont les Insectes parfaits qui résistent le mieux ; car on en a observés qui sont sortis, et en temps voulu, de bois flottés qui étaient restés exposés aux atteintes de la gelée pendant 3 semaines. Les Larves et les Nymphes périssent promptement, si en arrachant l'écorce on les expose à l'action des rayons solaires aussitôt après l'abatage fait en temps opportun ; aussi la décortication permet-elle de détruire des quantités énormes de Larves et de Nymphes.

Un ennemi acharné est un autre Coléoptère, le Clairon formicaire ou *Thanasimus formicarius* (Voy. p. 241 fig. 346 à 348) dont les Larves poursuivent sans relâche sous les écorces Larves et Nymphes et dont les Adultes chassent avec ardeur sur les troncs d'arbres le rongeur des Sapins lui-même.

Le *Tomicus chalcographus*, qui est plus petit que le précédent (2 mill.), a des mœurs à peu près semblables, mais ses galeries partent d'un même centre et vont toujours en divergeant (fig. 497) ; elles sont creusées également dans les Epicéas.

Le *T. stenographus* (6 à 7 mill.) attaque particulièrement les Pins (Pins sylvestre, laricio, maritime, etc.) et vit à la façon du T. typographe.

Le *T. bidens* (1 à 2 mill.) recherche les jeunes Pins de 5 à 10 ans, d'espèces diverses suivant les latitudes (*Pinus sylvestris, maritima, uncinat*).

Le *T. curvidens* (1/2 à 3 mill.) choisit de préférence pour creuser ses galeries les Sapins (*Abies pectinata*).

Le *T. laricis* (3 mill.) s'attaque aussi bien au Mélèze qu'aux Pins d'espèces diverses (Pins laricio, sylvestre, maritime, d'Alep, etc.).

Le *T. eurygraphus*, non content de percer les écorces, taraude également le bois des Pins.

Le *Xyloterus lineatus* établit sa demeure

dans les Pins, Sapins, Mélèzes de fortes dimensions et pénètre même dans le bois.

Tous ces Tomiques sans exception sont des plus nuisibles et causent souvent d'énormes préjudices dans les Forêts de Conifères.

LES SCOLYTES — *SCOLYTUS* (1)

Die Scolytinen.

Caractères. — Le faciès est extrêmement différent de celui des autres représentants de la famille. La tête ovoïde est presque privée de museau ; les antennes ont un funicule de 7 articles portant une massue compacte plus grande que lui, les yeux sont étroits et très allongés ; le prothorax convexe, rétréci et coupé carrément en avant, a son pronotum séparé des flancs par de fines arêtes latérales ; les élytres, un peu plus longues que le corselet, médiocrement convexes, à bords parallèles, sont tronquées à leur extrémité, mais n'ont pas, chose particulière, de déclivité postérieure ; le troisième article des tarses est bilobé ; l'abdomen présente ce caractère remarquable d'être retroussé à partir du deuxième segment (fig. 502).

Ces Insectes sont uniformément noir brunâtre ou rougeâtre avec le prothorax lisse ou finement penché, les élytres un peu rugueuses couvertes de stries peu profondes et ponctuées.

Distribution géographique. — Toutes les espèces actuellement décrites sont européennes.

LE SCOLYTE DESTRUCTEUR. — *SCOLYTUS DESTRUCTOR.*

Grosser Rüstersplintkäfer.

Caractères. — Le grand Rongeur de l'Orme, l'*Eccoptogaster scolytus* des Allemands (fig. 498), est long de 4 à 5 millimètres, à la tête petite et noire, en partie rentrée dans le corselet, au corselet noir brillant ponctué sur les côtés et sur le dessus en avant et en arrière, aux élytres marron de la longueur du corselet, marquées de 6 ou 7 stries écartées et ponctuées.

Mœurs, habitudes, régime. — Dès le mois de mai, les Adultes se montrent en foule ; les femelles percent l'écorce des troncs et creusent entre l'écorce et le bois une galerie montante à peu près dans la direction des fibres (fig. 501) ; cela fait elles présentent seulement

(1) Σκολύπτω, écorcer.

leur abdomen à l'orifice de leur trou d'entrée et, une fois fécondées retournent dans leurs galeries pour pondre leurs œufs à droite et à gauche. Quant aux mâles ils se contentent de forer l'écorce pour se retirer et humer la sève.

Les jeunes Larves (fig. 499) aussitôt écloses creusent leur sillon dans les couches tendres de l'écorce avoisinant le bois et travaillent jusqu'à l'automne ; elles pénètrent alors dans l'écorce où elles s'aménagent une loge pour passer l'hiver ; elles se transforment en Nymphes (fig. 500) seulement au mois de mai suivant et en Insectes parfaits au mois de juin. Tel est du moins le mode normal de l'évolution ; cependant lorsl'année est chaude une première éclosion peut que avoir lieu en août, tandis que la seconde n'a lieu qu'au printemps suivant.

Ces Scolytes s'attaquent aux Ormes séculaires et leur multiplication est telle qu'ils peuvent sillonner des fûts énormes d'un tel lacis de galeries (fig. 504) qu'ils finissent par interrompre toute la circulation de la sève et amener la mort des arbres. Il y a 25 ans, les promenades publiques de Paris, les Champs-Élysées, les Boulevards étaient plantés d'Ormes aux colossales proportions dont il reste encore un magnifique représentant dans la cour d'honneur de l'Institution nationale des sourds et muets, rue Saint Jacques. Ces arbres étant décimés, on s'ingénia à les sauver ; M. Eugène Robert notamment se basant sur l'influence mortelle de l'air sur les Larves des Scolytes, proposa comme remède un décorticage partiel ; aux mois de juin, juillet et même d'août, ils furent deshabillés jusqu'à la naissance des grosses branches à peu près comme des Chênes lièges, c'est-à-dire privés de leur rude écorce jusqu'aux couches tendres, puis enduits de coaltar pour empêcher la dessiccation par évaporation de la sève. Peu d'entre eux résistèrent à ce rude traitement ; débarrassés de leurs innombrables ennemis, mais déjà décrépits, ils n'eurent plus la force de reconstituer une nouvelle écorce et périrent peu de temps après.

L'Orme nourrit encore le *Scolytus multistriatus* qui s'établit dans les troncs à la façon du précédent, ainsi que les *Scolytus pygmæus* et *Ulmi* qui choisissent de préférence les branches pour y creuser leurs galeries.

Le *S. Ratzeburgi* (fig. 502) élit domicile dans les vieux Bouleaux.

LE SCOLYTE DU CHÊNE. — *SCOLYTUS INTRICATUS.*

Caractères. — Ce petit Coléoptère mesure 3 millimètres ; sa tête est noire, couverte d'une pubescence cendrée au milieu de laquelle se dressent près de la bouche deux poils ; son corselet est noir, luisant, finement ponctué ; ses élytres sont brunes, un peu plus longues que le corselet, sillonnées de nombreuses stries ponctuées ; les pattes sont rouge-brun.

Mœurs, habitudes, régime. — Ce Scolyte s'attaque aux Chênes de 30 à 50 ans en voie de dépérissement, et ses mœurs sont celles du Scolyte de l'Orme. Il peut dans certains cas devenir très nuisible ; il y a quelque quarante ans (1835) il a causé de grands désastres à Vincennes où il a déterminé la mort de 50,000 pieds d'arbre.

LES CÉRAMBYCIDES OU LONGICORNES — *CERAMBYCIDÆ OU LONGICORNIÆ*

Die Bockkäfer, Langhörner.

La famille dont nous allons entreprendre l'étude embrasse jusqu'à 3 ou 4,000 des plus brillants Coléoptères.

Leur beauté réside autant dans la noblesse et l'élégance de leurs formes que dans la grandeur de leur taille qui semblent dénoter la force et l'orgueil ; leurs antennes, démesurément longues et douées d'une grande mobilité, sont un gracieux ornement et impriment à leur physionomie un cachet caractéristique ; aussi leur a-t-on donné le nom de Longicornes. La manière dont quelques-uns d'entre eux portent ces antennes en les inclinant sur le côté et en recourbant leur extrémité leur a mérité le nom français de *Capricornes* et l'appellation allemande de *Bockkäfer*. D'un naturel pacifique et nullement carnassiers, Larves et Adultes vivent de végétaux.

Si on voulait les comparer à quelque autre famille de leur ordre, ce devrait être avec les Lamellicornes ; comme eux, ils ont en partage la beauté, la variété des formes, la richesse et la splendeur du costume ; leur proportion numérique dans les mêmes contrées est la même et les différences sexuelles que présentent beaucoup de leur espèce sont fortement accentuées. Mais ici ce ne sont pas des protubérances anormales qui distinguent les mâles, mais des mandibules sensiblement plus fortes, des antennes plus longues, modifiées dans leur conformation ; tantôt elles sont dentelées en scie ou pectinées, tantôt elles sont garnies d'expansions ramifiées ou semblables aux barbes d'une plume. Ce sont encore des modifications spéciales dans les jambes et quelquefois dans la forme et la coloration du corps qui différencient les sexes. Un des caractères les plus tranchants qui distinguent la femelle consiste dans la présence à l'extrémité de l'abdomen d'un long oviducte extensible qui lui permet d'insinuer ses œufs dans les fissures des écorces.

Caractères. — De même que chez les Tétramères précédents, la tête se prolonge en museau, mais les Capricornes se distinguent par leurs antennes plus ou moins allongées, souvent d'une longueur considérable dépassant de beaucoup celle du corps entier, mais diminuant de grosseur de la base à l'extrémité. Ces antennes sont habituellement formées de 11 articles dont le deuxième est fort court, et insérées dans une échancrure des yeux. Les yeux réniformes ou divisés sont d'ailleurs rarement entiers. Les mandibules sont très variables de forme suivant la nature des tissus végétaux que l'Insecte doit attaquer ; les mâchoires ont deux lobes ou un seul lorsque l'interne disparaît. Les palpes maxillaires comptent 4 articles, les palpes labiaux 3 articles ; tous se terminent par un article sécuriforme ou pointu et fusiforme.

Les élytres débordent la base du prothorax ; en général allongées, elles recouvrent en entier l'abdomen. Néanmoins, il est beaucoup d'espèces où, à l'instar des Staphylinides ou Brachélytres, elle laisse celui-ci en partie à découvert.

Les pattes sont longues et bien développées ; la conformation variable des hanches antérieures et médianes joue un rôle important dans la classification ; les premières de forme extrêmement variable, peuvent être globuleuses ou transversales avec toutes les dispositions intermédiaires; les cavités cotyloïdes des hanches médianes sont ouvertes ou fermées, ce qui fournit d'excellents caractères différentiels. Les hanches postérieures sont toujours transversales. Les cuisses et les jambes sont épineuses dans un seul groupe (Prionines). Les jambes portent des éperons terminaux à toutes les pattes.

Beaucoup d'entre eux font entendre, si on les serre entre les doigts, un petit bruit monotone strident; on dit alors qu'ils « jouent du violon ». Ce bruit est produit par le frottement du bord postérieur dorsal du prothorax sur le pédoncule du mésothorax; tous deux sont garnis de rides transversales imperceptibles dont la rencontre détermine la stridulation.

Mœurs, habitudes, régime. — En général les Longicornes sont des Insectes agiles, qui par un temps chaud et lourd ou sous l'action du soleil voltigent avec vivacité à la recherche des fleurs chargées de miel et des troncs d'arbres qui offrent des exsudations de sève, mais tout particulièrement des bois de coupe rassemblés et cordés; tandis que d'autres attendent le soir pour prendre leurs ébats et rechercher leurs compagnes.

Les Larves des Longicornes se rapprochent de celles des Buprestes; comme elles, elles se rétrécissent d'avant en arrière et ont la tête horizontale et comme rentrée dans le premier anneau, alors que les segments du corps sont mous et d'un blanc jaunâtre; mais elles s'en distinguent par leurs palpes labiaux apparents, par leurs stigmates elliptiques ou circulaires et par leur ouverture anale en forme d'Y.

La tête, plate, transversale, membraneuse, a le chaperon visiblement séparé; les yeux manquent totalement ou sont difficiles à distinguer, — on en compte alors 1 à 3 de chaque côté; les antennes courtes et rétractiles peuvent se cacher dans une petite cavité et rester inaperçues.

Les pièces de la bouche se composent : d'une lèvre supérieure ciliée; de mandibules courtes et puissantes fortement chitinisées qui sont les parties les plus développées; de mâchoires à un seul lobe cilié, munies de palpes courts et quadri-articulés; d'une lèvre inférieure comprenant un menton charnu, des pièces souvent soudées qui portent les palpes bi-articulées, une languette ciliée.

Les pattes ou manquent ou restent fort courtes et dépourvues de griffes. L'anneau prothoracique, sans pouvoir servir à la progression, se distingue surtout des autres par sa longueur extraordinaire. Les autres anneaux sont le plus souvent recouverts de chaque côté par une plaque cornée, marquée fréquemment de taches rugueuses, et sont nettement séparés par un étranglement

Les Larves vivent pour la plupart dans le bois attaqué et, dans la majorité des cas, leur développement exige certainement plus d'un an. Parmi les petites espèces il en est néanmoins qui habitent les tiges et particulièrement les tiges souterraines des végétaux herbacés (Euphorbes, Cynoglosses, chaumes de Céréales, etc.); aussi peuvent-elles dans certains cas devenir nuisibles aux plantes cultivées.

Distribution géographique. — Le plus récent catalogue des Coléoptères porte à 7,586 le nombre des espèces connues réparties sur toute la surface du globe; ce chiffre est loin de représenter le nombre total des Capricornes vivants, car les régions chaudes explorées recèlent encore une quantité de formes restées inaperçues à cause de leur petitesse et de leur apparence insignifiante, et les contrées boisées de l'Afrique centrale fourniront encore à coup sûr maintes espèces brillantes aux collections le jour où ces pays inhospitaliers ne seront plus fermés aux peuples civilisés.

Lacordaire partage les Cérambycides en trois grands groupes, les *Prionines*, les *Cérambycines*, les *Lamiines* qu'il considère comme des sous-familles, et les subdivise en groupes réduits à la plus grande simplicité.

LES PRIONINES — *PRIONINÆ*

Die Breitböcke.

Caractères. — Les Prionines (*Prioninæ*) renferment les formes relativement épaisses, lourdes et en même temps les plus gigantesques de toute la famille. Chez elles la partie dorsale du corselet ou pronotum est séparée des parties latérales ou flancs par un bord tranchant, le labre est soudé au chaperon, la languette est épaisse et cornée, les palpes ne sont terminées ni en pointe, ni en fuseau, et les antennes sont généralement insérées contre les mandibules en avant des yeux; les hanches antérieures sont transversales, enfin, les jambes antérieures ne sont point creusées d'un sillon oblique sur leur face interne.

Fig. 503. — Le Prione tanneur, femelle.   Fig. 504. — L'Ergates faber.

Fig. 503 et 504. — Les Prionines.

Ils sont privés aussi de la faculté de produire le son que provoque le frottement des parties du corps que nous avons désignées plus haut.

Ce sont des Insectes lourds qui font rarement usage de leurs ailes ou volent maladroitement et qui préfèrent grimper le long des troncs d'arbres des forêts alors que le soleil brille du plus vif éclat, ou que la nuit a voilé la terre.

Le nombre des Prionides est sensiblement moindre de celui des deux autres sous-familles restantes, et devient singulièrement petit en Europe, aussi ne nous arrêterons-nous qu'à décrire des espèces européennes propres à nos forêts de la France et de l'Allemagne.

LES PRIONES — *PRIONUS* (1)

Die Prioninen.

Caractères. — Ces Cérambycides sont caractérisés : par leurs antennes robustes dentées en scie, n'atteignant jamais plus des 3/4 de la longueur du corps, portées par une tête transversale, creusée d'un sillon longitudinal, munie d'yeux médiocrement échancrés et d'un très court chaperon tronqué ou marqué, par leur prothorax fortement transversal, peu convexe,

par leurs pattes robustes, très comprimées, aux jambes antérieures et médianes bidentées, aux tarses dont l'article 1 est plus long que 2 ; par leur corps glabre, très velu seulement sur la poitrine.

Distribution géographique. — Ce genre riche en espèces est propre à l'Hémisphère boréal et notamment à l'Amérique du Nord ; l'Europe ne possède qu'une seule espèce.

LE PRIONE TANNEUR. — *PRIONUS CORIARIUS.*

Der Gerber, Forstbock.

Caractères. — Le Prione tanneur (*Prionus coriarius*) ou le Capricorne porte-scie ainsi nommé parce que ses antennes affectent la forme d'une scie, — à proprement parler, les antennes ainsi construites, sont « emboîtées ou imbriquées », parce que ici chacun des articles en entonnoir s'applique dans celui qui le précède — est reconnaissable entre mille. Chez le mâle, un peu plus petit que sa compagne, on compte 12 articles et néanmoins les antennes n'atteignent que la moitié de la longueur du corps.

La tête, petite, dirigée obliquement, le corselet faiblement voûté et armé de chaque côté de 3 dents dont la médiane est la plus forte et légèrement recourbé vers le ciel, ainsi que

(1) Πρίων, scie.

d'autres particularités du corps, sont autant de caractères suffisamment indiqués par nos figures ; nous ajouterons seulement que le Coléoptère brun de poix est couvert de poils gris sur le sternum (fig. 503 et 505).

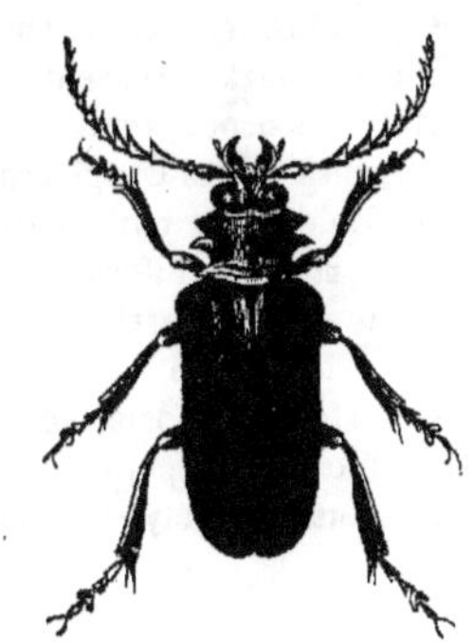

Fig. 505. — Le Prione tanneur mâle.

Mœurs, habitudes, régime. — Au sujet de cet être aux allures lentes, nous ferons aussi remarquer, qu'on le trouve de la mi-juillet en août dans la profondeur des troncs des vieux arbres ou sur les vieilles souches de Chêne, de Hêtre ou d'autres espèces, sur lesquelles il se maintient immobile et comme engourdi. Vers la tombée de la nuit, il se ranime quelque peu, vole lourdement en bourdonnant ; les mâles se mettant à la recherche des femelles.

Après l'accouplement, les œufs sont déposés aux endroits où le bois commence à se pourrir, et la Larve se nourrit pendant plusieurs années avec les débris de bois qui se décompose au fur et à mesure sur place, et finalement elle se construit une coque avec les mêmes matériaux où la Nymphe ne subira qu'un court repos. Le Coléoptère éclos ne jouira à son tour que d'une existence éphémère.

LES ERGATES — *ERGATES* (1)

Caractères. — La tête carrée à front concave est creusée d'un large sillon, très profond en avant ; les antennes dépassent chez les mâles la totalité, chez les femelles la moitié de la longueur du corps ; elles sont ciliées et comptent 11 articles : le premier, gros, conique ; les autres, assez grêles ; les yeux sont entiers, largement séparés en dessus et en dessous ; les mandibules sont arquées, aiguës et dentées ; le pro-

thorax transversal, arrondi, à angles obtus a ses bords tranchants très finement dentelés à tel endroit et délicatement crénelés à tel autre ; il est finement ponctué en dessus avec des callosités luisantes et corrodées sur le disque ; les élytres allongées, graduellement rétrécies, présentent à l'angle sutural une petite dent ou épine ; les pattes sont longues, surtout les antérieures dont les jambes sont terminées par deux éperons ; les tarses ont leur premier article aussi grand que les articles 2 et 3 réunis. L'abdomen compte 5 segments.

Distribution géographique. — Les espèces peu nombreuses se trouvent dans le nord de l'Afrique, dans l'Asie occidentale, sur le continent américain ; mais le type du genre est européen.

L'ERGATE CHARPENTIER. — *ERGATES FABER.*

Der Zimmermann.

Caractères. — Ce Coléoptère est brun de poix ou plus ou moins rougeâtre, à élytres coriaces chargées de deux lignes longitudinales élevées, est généralement de grande taille, les femelles surtout, car il mesure de 27 à 47 millimètres (fig. 504).

Mœurs, habitudes, régime. — Il vit dans les souches des Conifères, particulièrement des Pins, quoiqu'il ne soit commun nulle part ; on prétend qu'à Toulon, il abonderait au point de devenir nuisible. M. Lucas a élevé les Larves de ce Longicorne en les tenant dans des caisses remplies de sciure de bois maintenue humide ; il a décrit et figuré Larve et Nymphe dans l'*Exploration scientifique de l'Algérie.*

LES ÆGOSOMES — *ÆGOSOMA* (2)

Caractères. — La tête saillante, sillonnée en dessus, a le front légèrement échancré antérieurement ; les antennes, un peu plus longues que le corps, sont filiformes, sétacées, âpres surtout à la base, à premier article gros, cylindrique, à troisième article aussi long que le quatrième et le cinquième réunis, à quatrième plus long que les suivants ; les yeux assez largement séparés sont fortement échancrés ; les mandibules sont courtes, robustes, arquées, inermes avec une petite dent basilaire ; le prothorax transversal, rétréci en avant, épineux aux angles postérieurs ; les élytres très allon-

---

(1) Ἐργατής, ouvrier.

(2) Αἴξ, chèvre ; σῶμα, corps.

gées, parallèles, sont un peu plus larges que le corselet à la base et épineuses ou inermes à l'extrémité ; les pattes sont longues surtout les postérieures avec les jambes un peu élargies au bout et les tarses à premier article plus long que le deuxième.

Distribution géographique. — Les espèces, pour la plupart asiatiques ou indo-malaises, ont le faciès de notre unique espèce européenne.

L'ÆGOSOME SCABRICORNE. — *ÆGOSOMA SCABRICORNÆ.*

Caractères. — Ce beau Longicorne de grande taille, mesurant 27, 30 et même 47 mill., est brun fauve sur la tête et le prothorax, brun fauve testacé sur les élytres qui sont chargées de deux lignes longitudinales peu saillantes.

Mœurs, habitudes, régime. — Cet Insecte, quoiqu'il choisisse, pour déposer ses œufs, indifféremment le Tilleul, le Marronnier, le Sycomore, l'Orme, le Chêne, le Pommier, le Noyer et même le Peuplier, est devenu rare parce qu'il affectionnait les vieux arbres décrépits qui ont disparu presque partout ; c'est d'ailleurs un animal nocturne qu'on doit chasser à la lanterne ; il habite de préférence nos départements tempérés et méridionaux ; Mulsant et Gacogne, ainsi que Perris, ont décrit sa Larve et sa Nymphe.

Nous signalerons encore parmi les Prionines indigènes, le *Tragosoma depsarium*, espèce des Alpes et des Pyrénées, dont la Larve creuse de profondes galeries dans les souches des Sapins et des Pins (*Pinus uncinata* dans les Pyrénées), et le *Prinobius Myardi* qui vit dans le Chêne vert et habite notre département du Var et surtout la Corse.

LES HYPOCÉPHALINES — *HYPOCE-PHALINÆ*

Ce groupe ne comprend qu'un seul genre fondé sur un seul et unique Insecte ; mais cet Insecte a un faciès tellement singulier qu'il méritait d'être classé à part. Ce faciès est même si étrange qu'il a dérouté pendant longtemps les Naturalistes sur les véritables affinités zoologiques du Coléoptère type. En effet Desmarest, en créant le genre *Hypocephalus*, le plaçait à côté des *Silpha ;* Westwood le rangeait parmi les Cucujides ; Gistl avait créé pour lui une

famille spéciale intermédiaire entre les Lamellicornes et les Hétéromères ; M. Blanchard le mettait également dans une famille spéciale, qu'il rapprochait des Cérambycides ; Spinola créait pour lui un ordre qu'il détachait des Coléoptères. Aujourd'hui d'après les considérations émises par Burmeister, J. Thomson, Lacordaire, l'Insecte aberrant est venu prendre place parmi les Longicornes ; mais il est certainement le plus bizarre des Longicornes.

Caractères. — En effet ils ont les antennes très courtes, en partie moniliformes ; le prothorax oviforme de moitié aussi long que le corps tout entier ; les pattes extraordinairement robustes, surtout les postérieures, portent des tarses filiformes et pentamères. Les ailes manquent, aussi les élytres sont-elles soudées.

LES HYPOCÉPHALES — *HYPOCEPHA-LUS*

Caractères. — Les Caractères sont ceux du groupe.

Distribution géographique. — L'unique représentant du groupe est originaire du Brésil.

L'HYPOCÉPHALE ARMÉ. — *HYPOCEPHALUS ARMATUS.*

Caractères. — La physionomie de cet étrange

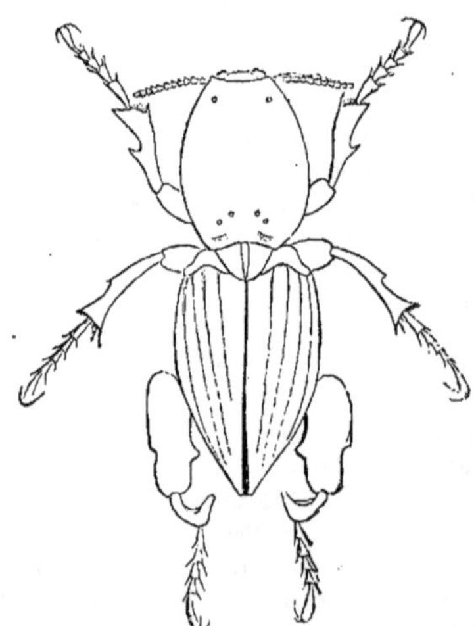

Fig. 506. — L'Hypocéphale armé.

Insecte rappelle tout à fait celle du Taupe Grillon (fig. 506) ; il est de grande taille et mesure

6 à 7 centimètres; sa coloration est uniformément d'un brun noirâtre mat; le corselet est marqué de six points enfoncés; les élytres très convexes, acuminées, munies en avant d'un large repli, sont chargées de 4 côtes. Les pattes postérieures ont une structure fort singulière; les cuisses, renflées à la base, sont échancrées à l'extrémité et munies en dessous d'une forte dent aplatie; les jambes sont très arquées, fortement élargies et tronquées au bout.

Mœurs, habitudes, régime. — Ce rare et singulier Coléoptère n'a été trouvé jusqu'ici qu'au Brésil dans les Provinces de Bahia et de Minas Geraes; on l'a rencontré se traînant à terre paresseusement. Tout porte à croire qu'il creuse le sol et passe son existence sous terre.

LES CÉRAMBYCINES — *CÉRAM-BYCINÆ*

Die Schrägkopfböcke.

Caractères. — Les représentants de ce groupe se séparent moins nettement des Prionines que des Lamiines; cependant ils ont en général: la languette membraneuse et non pas cornée; deux lobes distincts aux mâchoires; le labre libre, c'est-à-dire, non soudé au chaperon; le tergum du prothorax rarement séparé des flancs par une arête; les hanches antérieures de forme variable. Leur prothorax ne porte jamais plusieurs épines latérales; leur mésothorax est muni généralement d'un appareil de stridulation.

Ils se distinguent nettement des Lamiines par deux particularités : leur dernier article des palpes n'est jamais aciculé et les jambes antérieures ne sont jamais creusées d'un sillon interne.

Leurs Larves ont plus de ressemblances avec celles des Prionines qu'avec celles des Lamiines.

Distribution géographique. — Répandus sur le globe entier, ils sont au nombre de plusieurs milliers répartis dans plus de 500 genres; on rencontre parmi eux les formes les plus élégantes et les plus variées aux longues et belles antennes, aux reflets métalliques les plus éclatants.

LES SPONDYLES — *SPONDYLIS* (1)

Die Spondylinen.

Caractères. — Ce sont des Cérambycides aberrants qui établissent la relation avec les Prionines. La tête courte, penchée, aplanie et déclive, est tronquée en avant; les antennes sont courtes, à peine prolongées jusqu'aux angles postérieurs du prothorax, et insérées près de la base des mandibules; articles 1 et 3 courts, 3 plus court que les deux suivants réunis; les yeux étroits, verticaux, sont assez échancrés; les mandibules verticales, arquées dès la base, simples au bout, circonscrivent un espace vide; le prothorax arrondi, inerme et presque globuleux; les élytres sont courtes, cylindriques; les pattes robustes, courtes, ont les jambes comprimées, âpres, denticulées en dehors, et les tarses paraissent avoir cinq articles; le corps est cylindrique.

Distribution géographique. — L'Europe et l'Amérique du Nord se partagent les quelques espèces de ce genre.

LE SPONDYLE BUPRESTOIDE. — *SPONDYLIS BUPRESTOIDES.*

Waldkäfer.

Caractères. — Cette espèce (fig. 507), type du genre, rappelle par sa forme, les Xylophages

Fig. 507. — Spondyle Buprestoide.

et établit une véritable relation entre eux et les Cérambycides; elle est noir mat, ponctuée avec les élytres ornées de deux lignes longitudinales, élevées, n'atteignant pas l'extrémité; sa taille varie entre 13 et 22 mill.

Mœurs, habitudes, régime. — Ce Longicorne se trouve dans toute l'Europe partout où croissent des forêts de Pins; c'est un Insecte ordinairement nocturne, mais qu'on prend quelquefois au vol en plein jour. Perris a trouvé sa

(1) Σπονδύλη, nom donné par Aristote à un Insecte.

Larve et sa Nymphe dans le Pin maritime. La Larve, d'un violet rougeâtre translucide, présente cette particularité d'avoir des pattes assez longues ; la Nymphe est couverte d'épines. En Allemagne le Pic noir leur fait une chasse active.

LES CÉRAMBYX — *CERAMBYX* (1)

Die Cerambycinen.

Caractères. — Ces Coléoptères ont la tête allongée, penchée, fortement sillonnée entre les antennes ; leurs antennes qui dépassent le corps au moins de moitié chez les mâles, comptent 11 articles, les 3e, 4e et 5e noueux, les 6e à 10e comprimés, le 11e très long, terminé en pointe ; les yeux, médiocrement séparés en dessus, n'atteignent pas le bord antérieur des tubercules antennifères ; les mandibules sont verticales et saillantes.

Le corselet, aussi large que long, convexe, arrondi, couvert de rides transversales, porte un fort tubercule épineux de chaque côté ; l'écusson est un triangle curviligne ; les élytres débordent largement le corselet, et sont deux fois plus longues que larges ; les pattes sont longues, comprimées, aux cuisses linéaires, aux jambes sans dentelures, au 1er article des tarses postérieurs égal au 2e et au 3e réunis ; le corps est allongé, glabre en dessus, pubescent en dessous.

Distribution géographique. — Ils appartiennent à l'hémisphère boréal et à l'ancien continent ; on en a décrit plusieurs espèces.

LE CÉRAMBYX HÉROS. — *CERAMBYX HEROS.*
Der Heldbock.

Caractères. — L'ensemble de tous ces caractères se trouve chez le *Cerambyx heros*, « Capricorne héros », qui devrait, à vrai dire, s'appeler *C. cerdo*, Linné, si, abandonnant l'usage consacré par le temps, on suivait rigoureusement la loi de priorité. Ce grand et beau Coléoptère dont la taille peut atteindre 29,35 et même 49,5 millimètres, d'un noir brillant, est figuré avec le Lucane sur notre Planche V intitulée « Cerf-volant et Capricorne heros » ; ses élytres, brun de poix, un peu amincies postérieurement, où elles passent davantage au marron, présentent des rugosités de plus en plus accentuées vers la partie

(1) Κέρας, corne ; θεός, bœuf.

antérieure, et ont leur extrémité tronquée avec l'épine suturale peu accentuée ; le dessous du corps et les jambes sont couverts de poils soyeux à reflets argentés.

Mœurs, habitudes, régime. — La Larve que nous avons encore reproduite (fig. 508) lors-

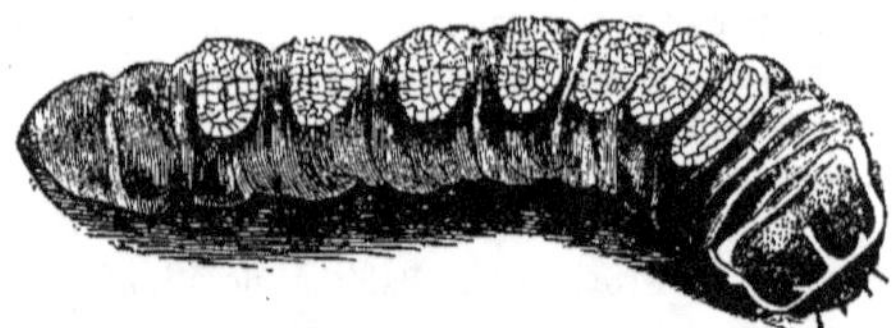

Fig. 508. — Larve du Cérambyx héros.

qu'elle a acquis son développement complet et avec ses plaques dorsales chagrinées sur la majorité de ses anneaux, vit durant plusieurs années (3 à 4) dans l'intérieur des vieux Chênes. Les galeries qu'elle pratique sont très larges, plates, nombreuses et étroitement entrelacées sous le parcours de l'écorce, où une vermoulure dense se presse partout ; mais de là, ces travaux de mine pénètrent dans la profondeur du bois, où ils prennent parfois une largeur prodigieuse.

Les Chênes séculaires, les géants des forêts sont le point de mire des femelles pondeuses ; aussi, les dégâts de ces Larves colossales deviennent-ils incalculables, et, minés par un grand nombre d'entre elles, les plus beaux arbres finissent par succomber avec le temps.

On peut encore admirer autour de la mare d'Auteuil, au bois de Boulogne, un magnifique groupe de Chênes antiques taraudés en tous sens par ces énormes Larves, et sur lesquelles on pouvait encore, il y a quelques années, voir au crépuscule les Capricornes prendre leurs ébats ; aujourd'hui l'installation d'un champ de courses a changé la physionomie du bois, et le naturaliste-observateur est privé de ses récréations favorites, les quelques arbres respectés, étant enclavés dans une enceinte. Mais à Fontainebleau, la nature a pu encore conserver ses droits, et quelques chênes vénérables, notamment dans les gorges d'Apremont, restent encore debout pour montrer la puissance de destruction des Cérambyx.

Le Coléoptère sort de la Nymphe (fig. 509) en juillet ; il ne se montre point le jour, tout au plus s'il laisse voir le bout des antennes pendant qu'il reste caché dans son trou de sortie, mais pour les rentrer prudemment aussitôt que l'on s'approche sans précaution. Le plus souvent même il se laisse arracher l'extrémité des antennes plutôt que de se laisser tirer dehors.

Après le coucher du soleil il sort volontairement de sa retraite, se met à voler avec viva-

Fig. 509. — Nymphe de Cérambyx héros.

cité, mais moins haut relativement que beaucoup d'autres membres de la famille. L'accouplement a lieu la nuit et les ébats aériens sont éphémères comme chez les Lucanes.

LE CÉRAMBYX VELOUTÉ. — *CERAMBYX VELUTINUS.*

Dans le midi de l'Europe, et même dans la France méridionale on trouve une espèce toute semblable, le *C. velutinus*, dont la taille peut se développer davantage et varie entre 34 et 56 millim. ; elle se distingue du précédent par le revêtement de duvet cendré qui existe en dessus aussi bien sur le corselet que sur les élytres et par la forme de ses élytres qui sont arrondies postérieurement au lieu d'être tronquées. La Larve vit également dans le Chêne.

LE CÉRAMBYX SOLDAT. — *CERAMBYX MILES.*

Le *C. miles* est encore une grande espèce méridionale (29 à 35,5 millim.) qui se distingue entre tous par l'aspect noueux des articles 3, 4 et 5 de ses antennes, par la forme des articles 6 à 10 dont l'angle antéro-externe se prolonge en une sorte d'épine, et par la forme arrondie de l'extrémité de ses élytres dont la suture ne porte point d'épine. Cette espèce moins commune se développe dans le Chêne.

LE CÉRAMBYX DE MIRBECK. — *CERAMBYX MIRBECKI.*

Le *C. Mirbecki*, autre grande espèce (45 à 49,5 mill.), vit dans l'écorce, puis dans

l'aubier du Chêne-liège en Algérie, en Espagne, etc.

LE PETIT CÉRAMBYX NOIR. — *CERAMBYX CERDO OU SCOPOLII.*
Der Handwerker.

Caractères. — Le petit Cérambyx noir représente le C. héros dans des proportions réduites (18 à 29 millim.) ; comme ce dernier, il est noir, mais il est garni sur la tête et sur les élytres d'un duvet soyeux argenté ; ses antennes également revêtues de duvet ont une épine à l'angle antéro-externe des articles 6 à 10 ; le prothorax porte également un tubercule épineux de chaque côté ; les élytres parallèles, arrondies à l'extrémité, n'ont point d'épine à l'angle interne.

Mœurs, habitudes, régime. — Comme ce Longicorne n'a pas son sort lié à celui des vieux Chênes, il est plus largement répandu que les précédents, tout en paraissant avoir une prédilection à se cantonner dans certaines localités. Taschenberg rapporte qu'on le voit par exemple apparaître annuellement en nombre considérable aux environs de la vallée de Saal du district de Naumbourg, il manque totalement plus loin dans la région inférieure à partir de Halle sur une distance de plusieurs milles.

Par ses mœurs il s'éloigne sensiblement de son élégant congénère ; car il vole en plein soleil en recherchant les arbrisseaux fleuris tels que le Prunellier épineux, la Viorne, le Troëne, etc., pour y puiser le miel en compagnie de tant d'autres amateurs de sucre appartenant au monde des Insectes. La Larve qui vit sous l'écorce et dans le bois de divers arbres malades, Chênes, Pommiers, Cerisiers et autres, ne diffère que par la taille de celle du *C. heros*. Nordlinger en 1843 découvrit des Larves rongeant un Pommier, dans un état de développement assez avancé. Toutefois il n'en obtint le Coléoptère qu'en mai 1847 ; il suppose que la sécheresse du bois fut la cause de la lenteur de cette évolution.

Il est une série de Cérambycines qui comprend les plus belles espèces, aussi remarquables par l'élégance de leur port que par la variété et la magnificence de leurs vêtements ; ce sont les Callichromes qui sont répandus en Amérique et en Afrique. On en a séparé sous le nom d'*Aromia* notre unique espèce européenne.

LES AROMIES — *AROMIA*

Caractères. — Leur tête porte entre les antennes un bourrelet très concave ; leurs mandibules sont courtes, droites, puis brusquement arquées et munies d'une dent interne ; les palpes labiaux sont notablement plus longs que les palpes maxillaires ; les antennes sétacées de 11 articles ont le 4ᵉ article plus grand que le 5ᵉ, le corselet plus large que long est armé sur les côtés, vers le milieu, d'un tubercule épineux, antérieurement d'une saillie anguleuse, postérieurement d'une dent ; les élytres, plus larges que le corselet et parallèles, sont flexibles et métalliques ; le corps n'est jamais duveteux en dessus.

L'AROMIE MUSQUÉE. — *AROMIA MOSCHATA.*

Der Moschusbock, Bisambock.

Caractères. — L'Aromie musquée (*Aromia moschata*), a les antennes, le dessous du corps et les jambes bleu d'acier ; la face dorsale est ordinairement d'un vert métallique brillant, mais elle se nuance à l'infini et peut devenir : vert, doré, vert bleuâtre, bleu verdâtre, violet verdâtre, violâtre, noir bronzé. Les élytres, 5 fois plus longues que le corselet, sont à peu près planes, finement chagrinées et sont renforcées par deux nervures longitudinales.

Le corps est allongé et glabre ; les pattes postérieures sont longues et ont leurs jambes comprimées et légèrement arquées. Le corselet presque plan et inégal en dessus est ridé faiblement vers les bords antérieurs et postérieurs. Les antennes, chez le mâle, sont plus longues que le corps et le dépassent de plus du quart et ont leur 11ᵉ article plus long que tous les autres ; les antennes, chez la femelle, sont moins longues que le corps et leur 11ᵉ article est plus court que le 3ᵉ.

Mœurs, habitudes, régime. — Ce Coléoptère, qui doit son nom à la forte odeur qu'il exhale, vit aux dépens des Saules à l'état de Larve et d'Insecte parfait.

La Larve, conformée comme celle figurée p. 167, au lieu d'avoir les dessins que celle-ci porte sur la partie dorsale, présente des sillons à contour carré qui sont quelque peu modifiés sur la partie abdominale. Les 3 premiers anneaux sont munis de pattes excessivement petites et pouvant facilement rester inaperçues.

Elle ronge les Saules étêtés, les souches bossuées et informes des Osiers dans lesquels elle creuse des galeries fort irrégulières. Elle a pour tâche, soit en compagnie de la Chenille du Cossus, soit de la Larve du Cryptorhynque ou d'autre vermine, de faire disparaître plus de bois qu'il ne s'en produit de nouveau, aussi l'arbre épuisé est-il bientôt condamné.

Ce Coléoptère, sorti de sa Nymphe durant l'été, se met à rôder dans le voisinage de son berceau jusqu'à ce que les sexes se soient rencontrés. Pendant les jours de mauvais temps il se cache sous les feuilles ou dans le terreau, les antennes couchées sur le dos ; au contraire par de belles journées on le voit se promener vivement sur les troncs et les branches, en balançant continuellement ses antennes dirigées en avant ; il lui arrive aussi parfois de s'envoler brusquement pour chercher ailleurs son semblable. Il n'est pas rare sur les Saules dans toute la France et l'Europe tempérée.

Dans les Pyrénées-Orientales, dans les vallées de Villefranche et de Prades, en Espagne, en Algérie on capture une magnifique Aromie toute semblable à la précédente, mais ornée sur le corselet de part et d'autre d'une tache d'un beau rouge. C'est l'*Aromia ambrosiaca*, qui aujourd'hui, d'après les observations de Jacquelin du Val, est descendu du rang d'espèce et n'est plus considéré que comme une remarquable variété de l'*A. moschata*.

LES ROSALIES — *ROSALIA* (1)

Les Rosalies sont des Callichromes qui peuvent rivaliser pour la beauté avec les superbes espèces brésiliennes.

Caractères. — Ce genre se distingue : par sa tête munie entre les antennes d'un bourrelet concave, ornée d'antennes démesurées, beaucoup plus longues que le corps, sétacées de 11 ou 12 articles, le 12ᵉ paraissant appendiculé ; par son corselet transversal, régulièrement arrondi, armé de chaque côté d'une épine oblique ; par ses élytres plus larges que le corselet, planes, parallèles et flexibles ; par ses longues pattes, aux cuisses en massue allongée.

Distribution géographique. — Les deux seules espèces connues appartiennent à l'hé-

(1) Rosalia, nom donné en souvenir de Geoffroy qui nommait notre espèce indigène *la Rosalie.*

misphère boréal, l'une à l'Europe, l'autre à l'Amérique du Nord.

LA ROSALIE DES ALPES. — *ROSALIA ALPINA.*

Voilà certes le plus beau de nos Cérambycides indigènes, c'est un regret pour nous de ne pouvoir mettre sous les yeux du lecteur qu'un portrait triste et noir qui donne une bien pauvre idée de ses fraîches et harmonieuses colorations.

Caractères. — Entièrement revêtu d'un épais duvet gris cendré bleuâtre, il a les antennes annelées de gris et de noir, le corselet orné près du bord antérieur d'une tache de

Fig. 510. — Rosalie des Alpes.

velours noir ; ses élytres sont agrémentées d'une bande et de deux taches de velours noir. Sa taille varie entre 22 et 36 millim.

Mœurs, habitudes, régime. — C'est un habitant des grandes forêts de Hêtres, qui couvrent les flancs des montagnes de l'Europe ; les femelles confient leurs œufs aux plus vieux Fayards. On le trouve, mais jamais en grand nombre, dans les Alpes, les Pyrénées, à la Sainte-Beaume, dans les Cévennes.

LES PURPURICÈNES — *PURPURI-CÉNUS* (1)

Caractères. — Ce genre comprend de jolis Insectes que leur livrée caractérise à un haut degré ; elle ne comprend que deux couleurs, le rouge-écarlate et le noir, qui se combinent de mille manières. Leur corselet convexe armé de chaque côté d'un tubercule épineux est chagriné en dessus et ne présente ni rugosités ni rides, les élytres plus larges que le corselet sont convexes et résistantes.

Distribution géographique. — Leur aire de

distribution s'étend au globe entier, et l'Europe possède quelques espèces.

LE PURPURICÈNE DE KOEHLER. — *PURPURICENUS KOEHLERI.*

Caractères. — C'est un élégant Cérambycide noir, de 13 à 20 millimètres, aux élytres entièrement rouge-vermillon, ou marquées sur la suture d'une tache noire oblongue, au prothorax tantôt noir, tantôt orné, de chaque côté, d'une tache rouge ou bordé en avant d'une ligne rouge, qu'on trouve dans toute la France, et très souvent aux environs de Paris.

Mœurs, habitudes, régime. — Sa Larve polyphage se développe dans les Saules, les échalas de Chataignier et de Robinier, dans des branches mortes de Chêne et même de Triacanthos ; elle a été décrite par Perris.

Il est quelques genres de Cérambycines qui viennent se grouper autour du genre *Callidium* pour former un petit groupe que Mulsant nomme les Callidiaires : nous mentionnerons quelques-uns d'entre eux.

LES HYLOTRUPES — *HYLOTRUPES* (2)

Caractères. — Leur tête presque plane entre les antennes, porte des antennes grêles, pubescentes, atteignant à peine la moitié du corps, et des yeux très fortement échancrés ; comme dans tous les Callidiaires, le corselet est plus large que long ; ici, il est cordiforme, arrondi sur les côtés et chargé de deux empâtements luisants ; le prosternum présente une très large saillie ; les élytres, plus larges à la base que le corselet, sont flexibles ; le corps large est très villeux.

Distribution géographique. — L'espèce typique très commune dans toute l'Europe, s'est répandue sur une grande partie de la terre.

L'HYLOTRUPES BAJULUS—*HYLOTRUPES BAJULUS.*

Caractères. — C'est un Coléoptère (fig. 514 et 515) aplati, à pattes courtes, à cuisses renflées et qui se distingue encore par ses antennes courtes et filiformes, son corselet discoïde, et par l'existence chez la femelle d'une tarière allongée. La corps est brun foncé ou brun-châtain et recouvert de poils cotonneux grisonnants surtout

(1) *Purpura,* pourpre.

(2) Ξυλον, bois ; τρυπάω, je perce.

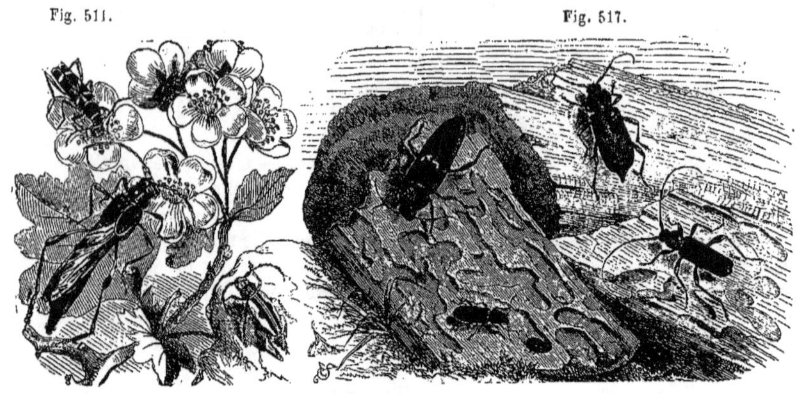

Fig. 511.

Fig. 517.

Fig. 512.   Fig. 513.   Fig. 514 et 515.   Fig. 516.

Fig. 511. — Le Clyte bélier.
Fig. 512. — Le Necydale major.
Fig. 513. — Le Dorcadion crucifer.
Fig. 514 et 515. — L'Hylotrupes domestique (grand et petit

exemplaire) sur une écorce rongée par la Larve.
Fig. 516. — La Callidie variable.
Fig. 517. — La Callidie bleue.

Fig. 511 à 517. — Les Cérambycines ou Lamiines.

sur le corselet où se voient encore quelques inégalités plus foncées et dans certains cas un dessin rappelant vaguement un visage ; les élytres rugueuses sont très souvent ornées vers le tiers de leur longueur de deux mouchetures velues blanchâtres et d'une troisième moucheture postérieure. La taille varie entre 6 1/2 et 19 1/2 millimètres.

Mœurs, habitudes, régime. — Plusieurs Longicornes vivent à l'état de Larve dans la charpente de nos maisons. C'est pour cela qu'on rencontre communément dans nos demeures *l'Hylotrupes bajulus*, qui pour cette raison a reçu le nom de Capricorne domestique.

Lorsque les Insectes parfaits apparaissent surtout dans les vieilles constructions où les bois de Pin et de Sapin dominent, il est quelquefois difficile de se rendre compte de l'origine de leur apparition. Quand ils quittent leurs retraites et se montrent tout couverts de sciure, nous sommes étonnés de leur présence ; ils semblent encore plus étonnés de ce qui les entoure ; et autant que le leur permet la brièveté de leurs pattes, ils se mettent à courir précipitamment pour s'échapper sans trop savoir où ils vont, en témoignant une certaine satisfaction s'ils atteignent une fenêtre ouverte.

La femelle introduit sa longue tarière dans les fentes des vieux bois de Pin et de Sapin, et lorsqu'on voit des poteaux, des pieux, des boi-

series, des parquets, des fenêtres et même des meubles perforés de grands trous, on peut mettre avec assez de certitude les dégâts sur le compte du Capricorne domestique. C'est ainsi, comme l'a observé M. Lucas, que les antiques potences qui supportent les réverbères, derniers vestiges d'un autre âge, qui éclairent encore les berges du quai Saint-Bernard, sont taraudées par les Hylotrupes. Une boîte à Insectes, qui ne servait plus, avait été laissée depuis plusieurs années sur le plancher ; rendue de nouveau à sa première destination, le bruit du bois qu'on râcle et la sciure rejetée ça et là, révélèrent la présence d'une Larve qui s'était établie dans les parois latérales et le fond, en ayant soin de ménager une mince couche de bois à la surface ; les étapes faites de jour en jour, pendant le creusement des galeries, conduisirent finalement à sa retraite. Cette Larve quelque peu aplatie en avant, sans dessins, ni inégalités sur les anneaux, est complètement apode.

LES CALLIDIES — *CALLIDIUM* (1)

Die Callidiinen, Scheibenbocke.

Caractères. — Ce genre, que Mulsant a subdivisé en un certain nombre d'autres genres

(1) Κάλλος, belle ; ἰδέα, forme.

peu définis, offre les caractères suivants : la tête est munie d'un faible bourrelet entre les antennes ; celles-ci de longueur variable sont sétacées, à troisième article plus long que le quatrième ; le prothorax déprimé, transversal, est très arrondi sur les côtés ; les élytres planes arrondies sont parallèles ou dilatées en arrière, les pattes ont les cuisses pédicellées et renflées en massue.

Distribution géographique. — La majeure partie des 73 espèces habitent l'Europe et l'Amérique du Nord.

LA CALLIDIE VARIABLE. — *CALLIDIUM VARIABILE.*

Veränderlicher Scheibenbockkäfer.

Caractères. — Le Callidium variable (*Phymatodes variabile*), bien plus élancé, plus long de pattes et plus alerte que le précédent, s'en rapproche cependant beaucoup pour le fond de la conformation ; il a un peu le faciès d'un Téléphore (fig. 516). Ses antennes sont sétacées, attachées au bord même des yeux et atteignent la longueur du corps, le troisième article en est presque 3 fois aussi long que le deuxième ; le corselet arrondi, toutefois un peu plus large que long, a sa surface surmontée de 4 petits tubercules disposés en croix ; les élytres, qui ne dépassent pas en largeur la moitié du corselet, sont cinq fois plus longues ; déprimées, presque parallèles, flexibles, finement ponctuées et d'aspect soyeux, elles se terminent chacune par un bord obtusément arrondi. Le prosternum sépare les hanches antérieures ; le mésosternum se prolonge entre les hanches médianes.

Ce Coléoptère est bien nommé, car sa coloration est extrêmement variable. Tantôt il est d'un noir luisant, uniforme avec les élytres teintées de bleu d'acier ; tantôt il a les antennes, le corselet (ou seulement ses bords) et aussi, d'une manière plus ou moins prononcée, les jambes, rougeâtres ; ou bien encore l'Insecte est jaune-rouge avec les élytres d'un jaune brun, noires à l'extrémité et la poitrine complètement noire.

Sa longueur est de 7, de 10 et même de 14 millimètres.

Mœurs, habitudes, régime. — Vivant dans les bûches servant au chauffage, il peut se montrer dans les chantiers, les maisons ou dans leur voisinage ; c'est du reste un Longicorne fort commun. Sa Larve, pratique sous les écor-

ces des Chênes, et quelquefois des Hêtres et des Châtaigniers, des galeries larges et irrégulières qu'elle remplit de sciure. Le colonel Goureau rapporte qu'à Cherbourg en 1847 cette Larve détruisit les cercles en chêne des barils à poudre.

LA CALLIDIE MÉLANCOLIQUE. — *CALLIDIUM MELANCHOLICUM*

Caractères. — Le *C. melancholicum* offre, comme le précédent, une coloration très variable ; il est généralement brun violâtre avec le corselet flave testacé, chargé de part et d'autre d'un relief en forme de croissant, le dessous du corps brun, le dernier arceau ventral et le bord des autres flave testacé, les pattes fauves testacé, la massue des cuisses postérieures brune.

Mœurs, habitudes, régime. — Perris a parfaitement suivi l'évolution de cet Insecte nuisible. «La femelle, dit-il, pond ses œufs sur les pieux récemment coupés, ou les branches récemment mortes du Chêne et du Châtaignier ; mais elle paraît donner la préférence à ce dernier, et je ne lui en fais pas mon compliment, car cette prédilection la rend très désagréable aux propriétaires viticulteurs et aux négociants en vins, surtout dans les contrées où les cercles de futailles sont presque exclusivement de Châtaignier. Ces cercles sont ordinairement confectionnés vers la fin de l'hiver, et dans le courant du printemps ; qu'ils soient en magasin ou adaptés aux barriques, ils reçoivent les germes de cet Insecte. Les Larves souvent très nombreuses, cheminent durant des mois sous l'écorce, sillonnent profondément l'aubier de cannelures longitudinales mais sinueuses, enchevêtrées, lorsque les travailleurs sont en nombre et alors tellement rapprochés que la ténacité du cercle en est sensiblement affaiblie et que son écorce est presque entièrement détachée. Mais ce n'est pas tout : quelque temps avant leur développement complet, ces Larves qui veulent mettre la Nymphe future à l'abri de tout danger, pénètrent dans les couches ligneuses et y creusent une loge oblique dans laquelle elles se retourneront la tête en dehors aux approches de la Métamorphose ; ou bien elles y pratiquent une galerie, longitudinale qui débouche à quelque distance du point de départ. Ces cavités, ces galeries, diminuent encore d'autant la résistance des cercles, et au bout d'un an ou deux, car il y a encore des Larves la seconde année, les cercles sont hors de service. Heureux s'ils n'éclatent pas aux époques de la fermentation ou durant les transports, et si l'on ne doit pas, comme cela m'est arrivé, à cet Insecte malfaisant et à la *Gracilia pymæa*, ordinairement sa complice, la perte instantanée d'une barrique de vin. »

Perris recommande, pour éviter les inconvénients qu'il signale, d'emmagasiner les fûts dans des celliers inaccessibles à la lumière et surtout d'écorcer les cercles ; cette dernière prescription nous paraît peu réalisable.

LA CALLIDIE BLEUE. — *CALLIDIUM VIOLACEUM*.

Blauer Scheibenkäfer.

Caractères. — Le Callidium bleu (*Callidium violaceum*, fig. 517, p. 337), est plus ramassé, plus massif que le précédent et atteint jusqu'à 16 millim. ; il a les antennes sétacées plus courtes que le corps, le corselet plan arrondi symétriquement sur les côtés et fortement ponctué ; les élytres, plus larges que le corselet, sont planes et fortement ponctuées ; les cuisses sont moins épaissies à leur extrémité.

Le corps de ce Coléoptère est bleu-violet, plus clair en dessus, plus foncé en dessous ; avec le ventre brun, l'extrémité des antennes brun rougeâtre, les jambes et les tarses bruns.

Mœurs, habitudes, régime. — Il est commun dans toutes les régions montagneuses, où croissent les Sapins aussi bien dans les Alpes, que dans les montagnes du Lyonnais.

Par suite de sa manière de vivre il a été, de même que l'Hylotrupe domestique, transporté dans l'Amérique du Nord, où il s'est même naturalisé.

LA CALLIDIE SANGUINE. — *CALLIDIUM SANGUINEUM*.

Caractères. — Ce Longicorne noir, mais revêtu sur la tête, le corselet et les élytres d'un épais duvet soyeux du plus beau vermillon, dont la taille assez petite varie entre 9 et 10 mill., est un Insecte fort commun qui est aussi un hôte de nos maisons.

Mœurs, habitudes, régime. — Vivant dans l'aubier du Chêne, sa Larve est introduite dans les chantiers et les bûchers ; elle se transforme dès le premier printemps, et au mois d'avril on rencontre souvent l'Insecte parfait courant à terre ou grimpant le long des fenêtres. Emprisonné, il réussit à perforer même des creusets de plomb pour conquérir sa liberté (Desmarest).

Nous possédons encore en France quelques espèces.

Le petit *Callidium Alni*, noir aux élytres fauves en avant, ornées de deux bandes blanches, dont les dimensions n'excèdent pas 5 mill., se rencontre sur les Chênes, notamment sur les tas de bois ; sa Larve vit dans les branches mortes des Chênes, des Châtaigniers, quelquefois dans l'Aune et l'Orme.

Dans les montagnes alpestres, sur les troncs de Sapin, on trouve quelquefois le *C. dilatatum*, le dessus du corps vert bronzé.

Le *C. unifasciatum*, qui est fauve brunâtre, avec les élytres parées d'une bande transversale blanche, se développe dans les rameaux sarmenteux de la Vigne abandonnée à l'état sauvage.

Le *C. rufipes* est un Cérambycide rare ; d'un beau bleu violet, au corps bronzé, aux pieds rouges, dont la Larve vit dans les tiges sèches de la Ronce.

Le *Callidium (Sympiezocera) Laurasi* est un Insecte fort intéressant et fort rare, découvert, en 1851, en Algérie, trouvé depuis dans les Pyrénées (1871) et dans la forêt de Fontainebleau (1872); sa Larve vit sous les écorces des Genévriers (Grouvelle) et quelquefois des Cyprès (Pellet).

LES CRIOCÉPHALES — *CRIOCE-PHALUS* (1)

Caractères. — Ces Cérambycines ont la tête déprimée entre les antennes qui sont plus courtes que le corps dans les deux sexes, à premier article en massue arquée ; le prothorax est plus large que long, très arrondi ; les élytres, plus larges que le corselet, sont allongées, légèrement rétrécies, arrondies en arrière.

Distribution géographique. — Ce sont des Insectes de l'Europe et de l'Amérique du Nord ; 10 espèces seulement ont été décrites.

LE CRIOCÉPHALE RUSTIQUE. — *CRIOCEPHALUS RUSTICUS*.

C'est un Longicorne noir-châtain ou fauve, au prothorax marqué d'une ligne médiane et de deux à quatre fossettes, aux élytres chargées de deux lignes élevées, qui se trouve sur le tronc des Pins où sa Larve creuse ses galeries.

____

(1) Κριὸς, bélier ; κεφαλή, tête.

LES ASÉMUM — *ASEMUM* (1)

Caractères. — Le faciès de ces Insectes rappelle assez celui des Spondyles ; comme les précédents, ils ont les antennes courtes, plus courtes que la moitié du corps, à premier article gros en cône renversé ; leur prothorax plus large que long est arrondi ; les élytres sont parallèles, un peu convexes, assez courtes et arrondies ; les pattes sont courtes.

Distribution géographique. — Les quelques espèces de ce genre habitent l'Europe et l'Amérique du Nord.

L'ASEMUM STRIÉ. — *ASEMUM STRIATUM.*

D'un noir mat, aux élytres parfois d'un rouge brun, ponctuées et chargées de trois ou quatre côtés, ce Coléoptère fort répandu court sur le tronc des Pins où la femelle dépose ses œufs.

LES CLYTES — *CLYTUS* (2)

Die Clytinen.

Caractères. — Les *Clytus* sont des Longicornes, aux longues jambes, lestes à la course, toujours prêts à prendre leur vol sous l'action des chauds rayons du soleil, qui aiment à se poser sur les plantes en fleurs et sont le plus souvent faciles à reconnaître aux élégants dessins, généralement jaunes, dont ils sont ornés.

Leurs antennes sétacées ou filiformes, toujours plus courtes que le corps, souvent même de moitié plus courtes que celui-ci, s'insèrent entre une échancrure de l'œil et une saillie frontale qui descend verticalement au-devant de ce dernier ; la tête très arrondie n'est pas assez profondément enchâssée dans le corselet pour que le bord antérieur de celui-ci puisse toucher le bord postérieur des yeux ; le corselet est d'ailleurs globuleux ou transversalement ovoïde. Les élytres varient dans leurs formes ; elles peuvent être, soit cylindriques, soit rétrécies ou aplaties en arrière. Les pattes sont graduellement renflées en massue à leur extrémité, les intermédiaires sont grêles, les postérieures fort longues, sont arquées ; le premier article des tarses postérieurs est très allongé.

Distribution géographique. — Très riche en espèces, — le catalogue de Harold en men-

(1) Ἄσημος, obscur.
(2) Κλυτός, remarquable.

tionne 333 — ce genre comprend de nombreuses espèces européennes.

LE CLYTUS COMMUN. — *CLYTUS ARIETIS.*
Gemeiner Widderkäfer.

Caractères. — Une des espèces les plus répandues en France, comme en Allemagne, est le Clytus commun (fig. 511) ; long de 10 à 15 millim., il est noir, ses antennes et ses pattes sont rougeâtres, et à la paire antérieure cette nuance commence au moins à partir des jambes. Une toison de poils couchés, jaunes, forme une bordure en avant et à la base du corselet couvre le scutellum et dessine 4 bandes sur les élytres, ceinture les bords postérieurs des anneaux de l'abdomen et forme quelques taches sur la poitrine. La première de ces bandes se résout derrière le scutellum en 2 taches transversales, la troisième suit la même direction, mais elle reste entière (des élytres ?), la quatrième forme le bord postérieur des élytres, la deuxième enfin dessine une ligne courbe symétrique dirigée en dehors sur le parcours de chaque élytre.

Mœurs, habitudes, régime. — Cet Insecte fort commun se trouve en été sur les ombelles, sur les haies ; sa Larve élit domicile dans les branches et les jeunes tiges mortes des Mûriers, des Sycomores, du Merisier à grappes, du Pommier, du Châtaignier, du Figuier. Nordlinger a suivi, en mai, le développement de ce Coléoptère dans un gros tronc de Rosier mort.

LE CLYTE DU NERPRUN. — *CLYTUS RHAMNI.*
LE CLYTE ARVICOLE. — *CLYTUS ARVICOLA.*

Caractères. — Deux autres espèces se rapprochent encore beaucoup de la précédente sous le rapport de leur coloration et de leurs dessins :

Le *Clytus Rhamni* un peu plus petit, dont les taches qui marquent le derrière des épaules ne peuvent être considérées comme les restes d'une ligne droite et transversale, parce qu'elles se dirigent obliquement au dehors avec le bord antérieur, et dont les bandes abdominales s'amoindrissent au milieu jusqu'à disparaître entièrement ;

Le *Clytus arvicola* dont le corselet est découpé aux angles postérieurs, dont les élytres sont tronquées obliquement en dedans à leur extrémité et dont les deux bandes se courbent presque à angle droit à partir du milieu de la suture pour se diriger vers le dehors.

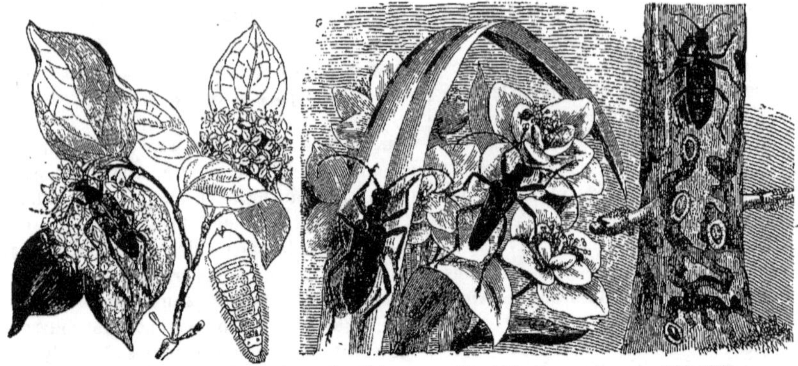

Fig. 519.   Fig. 520.   Fig. 521.   Fig. 522.   Fig. 523.

Fig. 519. — La Strangalie éperonnée.
Fig. 520. — Sa Larve.
Fig. 521 et 522. — Le Toxote méridional mâle (522) et femelle (521).

Fig. 523. — La Rhagie chercheuse et tronc décortiqué sur lequel on voit les galeries de la Larve et les loges des Nymphes.

Fig. 519 à 523. — Les Lepturines.

LE CLYTES A BANDES ARQUÉES. — *CLYTUS ARCUATUS*.

Caractères. — Ce Cérambycide (fig. 518), une des plus grandes espèces indigènes (9 à 18 mill.), est aisé à reconnaître ; il est noir avec les antennes et les pattes rousses ; le prothorax est orné de trois bandes transversales jaunes ; l'écusson est jaune ; les élytres sont parées chacune de deux points, d'une ligne subhumérale, de trois bandes transversales arquées, d'une bordure apicale d'un duvet jaune-citron.

Mœurs, habitudes, régime. — Sa Larve se développe dans les troncs et les branches de

Fig. 518. — Le Clyte arqué.

Chênes récemment morts ; elle pénètre d'abord dans l'écorce, puis dans l'aubier en creusant une galerie parabolique et revenant vers l'écorce qu'elle taraude en grande partie pour ménager le trou de sortie de l'Insecte adulte ; elle revient alors en arrière, bouche sa galerie avec des détritus et se métamorphose.

La Nymphe présente sur le prothorax, le mésothorax et la région dorsale de l'abdomen, des épines qui lui permettent de grimper et de se retourner dans sa galerie.

L'Insecte parfait se rencontre fréquemment, au mois de juin et de juillet, dans les forêts, sur les tas de bois, et dans les villes, sur les bûches amoncelées des chantiers.

LE CLYTE USÉ. — *CLYTUS DETRITUS*.

Caractères. — Le *Clytus detritus* est une espèce voisine dont les élytres portent cinq bandes transversales jaunes, les troisième, quatrième et cinquième très larges et souvent séparées par des bandes brunes.

Mœurs, habitudes, régime. — La Larve, semblable à celle de l'espèce précédente, vit dans les mêmes conditions.

LE CLYTE A QUATRE POINTS. — *CLYTUS QUADRIPUNCTATUS*.

Caractères. — Un *Clytus* fort répandu est le *C. quadripunctatus*, que sa livrée ne permet de confondre avec aucun autre. En effet il est noir, habillé en dessus d'un duvet jaune verdâtre et les élytres sont marquées chacune de 4 points noirs.

Mœurs, habitudes, régime. — La femelle confie ses œufs aux Noyers, aux Sycomores, aux Châtaigniers, aux Robiniers.

Nous signalerons une petite espèce de Cérambycine, type du genre *Gracilia*, le *G. pygmœa* dont la Larve vit dans le bois mort provenant d'arbres divers, parce qu'elle s'attaque avec le *Callidium melancholicum* aux cercles de tonneaux et détruit les panniers d'osier emmagasinés.

LES LEPTURINES — *LEPTURINÆ*

Die Lepturinen, Afterböcke.

Caractères. — Les Lepturines forment un groupe nettement délimité, parmi les Cérambycides, qu'on a même élevé au rang de tribu. Il est aisé de distinguer ces Longicornes entre tous : à leur tête, rétrécie derrière les yeux en un étranglement en forme de cou, et plus ou moins prolongée en avant en forme de museau ; à leurs yeux presque arrondis, en avant desquels ou entre lesquels sont insérées les antennes courtes, plus ou moins contiguës, qui ne sont jamais entourées par eux ; à leurs élytres ordinairement rétrécies d'avant en arrière, souvent échancrées ou tronquées à l'extrémité ; à leurs longues pattes et enfin à leurs hanches antérieures, cylindriques ou coniques, très rapprochées et très saillantes ; à leur corps toujours revêtu d'une fine pubescence.

On a distribué les espèces en un grand nombre de genres, mais les caractères distinctifs de ceux-ci passent si facilement les uns dans les autres qu'il est bien difficile de les distinguer. Ces caractères génériques sont tirés de la forme et de la configuration de la surface du corselet, des élytres ; de la largeur proportionnelle des élytres et du corselet, et encore du plus ou moins grand degré de finesse ou de grossièreté que présente la surface des yeux.

Mœurs, habitudes, régime. — La plupart de ces Insectes volent avec animation durant le soleil, et fréquentent non seulement les buissons, mais encore toutes sortes de plantes fleuries, comme les Ombellifères si riches en miel, les Spirées, les Ronces et d'autres encore, qui croissent dans les bois, dans les prairies, sur les lisières des champs, et se trouvent souvent à une assez grande distance des végétaux ligneux.

Les Larves se nourrissent de bois pourri.

LES LEPTURES — *LEPTURA* (1)

Caractères. — Ce genre fort nombreux se

(1) Λεπτός, grêle ; ὀυρά, queue.

distingue : par sa tête penchée, prolongée en un museau parallèle, portant des antennes insérées en deçà du bord antérieur des yeux, contiguës à ces derniers ; ces antennes grêles, filiformes, étant généralement plus courtes que les élytres chez les mâles, et ayant l'article 4 plus court que 3 et que 5 ; par son prothorax plus ou moins campanuliforme ; par ses élytres débordant le prothorax à la base, rétrécies en arrière, échancrées à l'extrémité et ne recouvrant pas l'extrémité de l'abdomen ; par leurs cuisses postérieures qui ne sont jamais renflées ; par leurs tarses postérieurs au premier article aussi long ou plus long que tous les autres réunis.

Distribution géographique. — Ces Longicornes habitent exclusivement les régions froides et tempérées de l'Hémisphère boréal ; s'ils sont plus nombreux en Amérique que dans l'ancien monde, ils sont toutefois fort bien représentés en Europe.

LA LEPTURE NOIRE A ÉTUIS JAUNES. — *LEPTURA TOMENTOSA.*

Caractères. — Elle est noire, pubescente avec les élytres jaune-roussâtre à extrémité noire et marquées de points enfoncés et mesure 10 à 12 mill. Dans nos régions tempérées elle est certainement l'espèce la plus commune.

Mœurs, habitudes, régime. — Elle se trouve dans les bois, sur les fleurs des Ronces, dans les prairies sur les ombelles des Héraclées.

Le *Leptura virens*, au corps noir revêtu d'un épais duvet de velours vert jaunâtre, est une de nos espèces alpestres.

Le *L. testacea* au-dessous du corps, à la tête, aux antennes aux cuisses noires, aux élytres, aux jambes, aux tarses jaune d'ocre, ou rouge fauve, se trouve sur les troncs des Pins et des Sapins dans les forêts qui couvrent les montagnes ou sur les Ombelles des prairies alpestres.

Le *L. hastata*, noire, aux élytres rouges de sang, relevées par une tache suturale noire, fréquente les Ombellifères de la France centrale et méridionale.

Le *L. scutellata* entièrement noire, couverte de poils argentés et dorés, hante les grandes forêts (Alpes, Jura, Fontainebleau, Compiègne, Marly, etc.) et se développe habituellement dans le Hêtre.

Le *L. cincta*, noire, aux élytres jaunes ou rouges ceinturées de noir, se rencontre dans nos Alpes et les Pyrénées, et confie sa postérité aux troncs morts des Pins et des Sapins.

Le *L. sanguinolenta* noire, aux élytres jaunes avec extrémité noire chez les mâles, aux élytres d'un rouge carminé très vif, est encore une espèce des hautes montagnes, etc., etc.

LES STRANGALIES — *STRANGALIA* (1)

Caractères. — La tête tronquée en arrière des yeux, munie d'un col étroit, porte des antennes contiguës aux yeux ; le prothorax allongé avec ses angles postérieurs prolongés latéralement en une pointe étendue ; les élytres à peine plus larges que le corselet sont allongées, rétrécies, déhiscentes en arrière, avec l'extrémité échancrée.

Distribution géographique. — Ce sont également des Cérambycides confinées dans l'hémisphère boréal, qui habitent les contrées froides et tempérées de l'Europe et de l'Amérique.

LA STRANGALIE ÉPERONNÉE. — *STRANGALIA. ARMATA.*

Gespornter Schmalbock.

Caractères. — La Strangalie éperonnée (fig. 519) représente parfaitement le genre. Longue de 13 à 18 mill., elle a le corps noir, à l'exception des 3 premiers arceaux abdominaux qui sont jaunes et seulement mouchetées de noir. Les antennes, les jambes et les élytres sont d'un jaune de cire ; les antennes sont de plus annelées de noir à partir du troisième anneau et il en est de même des tarses. Les jambes sont noires à leur extrémité, ainsi que les taches qui marquent l'extrémité antérieure de la face interne des cuisses de la dernière paire. Enfin les élytres sont marquées de 4 bandes noires en zigzags et ont leur extrémité garnie de découpures recourbées en dedans. Toutefois, les bandes en question ne sont pas toujours dessinées aussi nettement que le montre notre figure, et les 2 premières se confondent souvent pour former de simples taches.

Le mâle se distingue de la femelle qui est plus forte, par les 2 dents dont est armé le bord interne des jambes postérieures.

Mœurs, habitudes, régime. — La Larve (fig. 520) se trouve dans les troncs de Bouleaux et d'autres arbres ; ses yeux ne sont pas distincts, tandis que les pattes sont très visibles. La tête

(1) Στραγγάλια, nœud coulant.

grosse et munie d'antennes à 3 articles, la plaque céphalique et la lèvre supérieure et ses autres particularités sont suffisamment reconnaissables dans la figure que nous en donnons. Il se passe environ de 3 à 4 semaines depuis l'époque de la Nymphose jusqu'au moment de la sortie de l'Insecte parfait.

LA STRANGALIE A QUATRE FASCIES. — *STRANGALIA QUADRIFASCIATA.*

Vierbindiger Schmalbock.

Caractères. — Cette espèce, de même dimension, ne saurait être confondue avec la précédente, qui porte presque les mêmes dessins sur les élytres ; elle est d'un jaune plus orangé et ses jambes ainsi que son abdomen sont noirs ; les antennes, entièrement noires chez les mâles, ont leurs trois derniers articles orangés chez les femelles.

Mœurs, habitudes, régime. — C'est une espèce des régions froides qu'on rencontre ordinairement dans les montagnes.

LE STRANGALIE COULEUR D'OR. — *STRANGALIA AURULENTA.*

Caractères. — Une grande et belle espèce des régions froides et tempérées, est le *Strangalia aurulenta ;* elle atteint souvent 18 mill. de longueur et se fait remarquer par les reflets dorés que lui donne une fine pubescence, et rehausse le fond noir de sa coloration ; ses élytres d'une belle teinte orange sont relevées par quatre bandes noires.

Mœurs, habitudes, régime. — Sa Larve trouve son existence dans les vieux troncs des Aulnes et des Saules, et certainement d'autres essences, car elle se rencontre dans les grandes forêts, notamment à Fontainebleau sur les souches de Hêtres.

LA STRANGALIE MÉLANURE. — *STRANGALIA. MELANURA.*

Caractères. — L'espèce la plus commune est certainement la petite *Strangalia melanura* (7 à 9 mill.), qui est d'un noir luisant, aux élytres rouges livides avec la suture et l'extrémité noires.

Mœurs, habitudes, régime. — On la rencontre sur toutes les fleurs qui bordent les chemins forestiers ou la lisière des bois.

LES TOXOTUS — *TOXOTUS* (1)

Caractères. — Le genre *Toxotus*, aux jambes et au museau allongés, fait partie de ces espèces au corselet cylindrique, profondément étranglé en avant et en arrière, armé de pointes occupant le milieu des côtés et creusé d'un sillon sur sa face dorsale. Les antennes filiformes sont presque aussi longues que le corps, et le troisième article en est bien plus long que le quatrième et que le cinquième ; les élytres se rétrécissent graduellement en arrière au moins chez le mâle. Les pattes longues ont les cuisses en massue ; les jambes postérieures sont échancrées à leur sommet et armées d'éperons.

Distribution géographique. — Les Toxotus confinés dans l'hémisphère boréal ont la plupart de leurs espèces dans l'Amérique du Nord ; quelques-uns habitent le nord de l'Asie, quatre seulement sont européens.

LE TOXOTUS MÉRIDIONAL. — *TOXOTUS MERI-DIANUS.*

Veränderlicher Schmalbock

Caractères. — L'espèce la plus commune en France, en Allemagne et dans toute l'Europe tempérée est le *Toxotus meridianus* (fig. 521 et 522).

Chez celle-ci le cinquième article des antennes est une fois aussi long que le quatrième et le troisième, encore plus long que le cinquième. Le corselet, arqué en avant et quelque peu élargi en arrière, est armé sur les côtés d'une pointe émoussée et bisinué à la base ; les élytres rétrécies en arrière, fortement chez le mâle (fig. 521) et modérément chez la femelle (fig. 522), se terminent en une pointe légèrement tronquée.

Ce Coléoptère varie beaucoup ; il peut être tout noir avec la base des antennes, les jambes et les épaules d'un jaune rougeâtre ; ses élytres sont souvent d'un jaune rougeâtre à la base et sur leur moitié antérieure et noirâtres seulement sur la partie postérieure de la suture ou à leur extrémité ; enfin il se peut encore qu'elles soient totalement d'un jaune-brun rougeâtre. La poitrine est couverte de poils denses d'un gris argenté.

La longueur du corps oscille entre 15 et 24 millimètres.

Mœurs, habitudes, régime. — Pendant les

premiers jours du mois de juin les mâles volent avec animation sur les buissons et sur les fleurs les plus variées, toujours prêts à se laisser choir si on cherche à les saisir d'une main hésitante ; les femelles paraissent être plus solitaires et avoir des allures plus lourdes.

« C'est sur plusieurs beaux pieds de l'Euphorbe des marais en fleurs qui à cette époque se présentaient dans une prairie comme un riche terrain de chasse pour de nombreux Insectes, que je vis, rapporte Taschenberg, les mâles de ce Capricorne pleins d'animation, réunis en nombre considérable ; en même temps sur les épis de quelques graminées se tenaient des femelles éparses qui ne semblaient prendre aucune part à la vie pleine d'activité qui se déployait tout autour d'elles. »

LE TOXOTUS COUREUR. — *TOXOTUS CURSOR.*

Caractères. — Le *Toxotus cursor* est facile à reconnaître aux deux carènes longitudinales que porte le corselet, à la forme ogivale des élytres chargées de côtes et rugueuses, au vêtement de duvet cendré argenté qui recouvre entièrement le corps des mâles, au vêtement de duvet cendré doré qui masque la couleur noire de la tête, du corselet, mais laisse apercevoir la couleur rouge coupée de bandes longitudinales noires des élytres. Sa taille est comprise entre 20 et 25 millimètres.

C'est un bel Insecte alpestre.

LES RHAGIES — *RHAGIUM*

Caractères. — Les *Rhagiums* ou *Stenocorus* se distinguent par leur tête grosse presque carrée, et par leurs antennes filiformes rapprochées l'une de l'autre sur le front.

Les yeux sont larges, réniformes, le corselet petit, étranglé en avant et en arrière, est fortement épineux au milieu ; le scutellum est étroit, en triangle ; les élytres sont curvilignes convexes, arrondies en arrière, chargées de fines côtes ; les pattes sont médiocres, massives, avec les hanches antérieures courtes et épaisses, séparées l'une de l'autre, et les cuisses en massue.

LA RHAGIE CHERCHEUSE. — *RHAGIUM INDAGATOR.*

Kurzhörniger Nadelholzbock.

Caractères. — Le *Rhagium indagator* (fig. 523) a les élytres d'un jaune-brun pâle, recouvertes

---

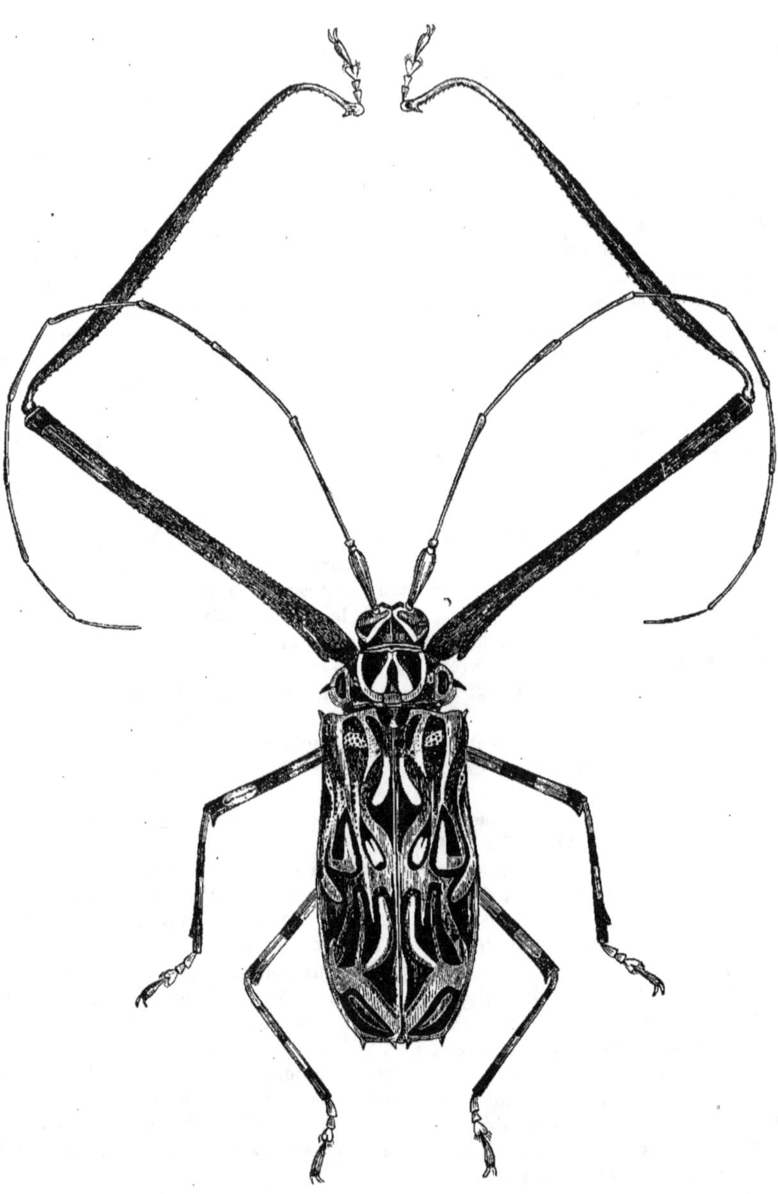

Fig. 524. — Acrocine aux longs bras ou Arlequin de Cayenne.

d'une toison feutrée blanchâtre, marquées seulement de 3 lignes saillantes longitudinales de chaque côté et de 3 bandes noirâtres, nues, transversales et plus ou moins régulières qui passent à travers les deux élytres.

La forme du corps est indiquée par notre figure 523.

Distribution géographique. — Cet Insecte peut passer pour l'espèce la plus commune en Allemagne ; il est également indigène.

Mœurs, habitudes, régime. — Dans les cantons boisés de Conifères, il est rare de trouver un tronc mort, qui ne recèle pas derrière l'écorce un nombre plus ou moins grand de Larves de cette espèce, et ne montre après l'écorçage les galeries irrégulières pratiquées par elles, ainsi que le montre la figure ci-jointe (fig. 523). Dans cette figure les taches plus claires et arrondies indiquent les retraites occupées par les Nymphes et construites avec la sciure.

La femelle n'a aucun goût pour les arbres sains et elle ne s'adresse qu'aux troncs déjà suffisamment labourés par d'autres destructeurs dont l'écorce se détache sans grande difficulté.

LA RHAGIE A DEUX BANDES. — *RHAGIUM BIFASCIATUM*.

Zweibindiger - Nadelholzbock.

Concurremment et de la même façon vit exclusivement dans les Conifères le *Rhagium bifasciatum*.

LA RHAGIE MORDANTE. — *RHAGIUM MORDAX*.

Une autre espèce, le *Rhagium mordax*, vit à l'état de Larve dans les arbres feuillus morts (Chêne et Châtaignier); elle est sans importance au point de vue des torts qu'elle peut occasionner à la forêt. Dans des abatis de vieux Chênes qui obstruaient les allées du bois de Verrières après la guerre de 1870, ces Rhagium s'étaient multipliés tranquillement et couraient en troupes sur tous les troncs.

LA RHAGIE DU SAULE. — *RHAMNUSIUM SALICIS*.

Un superbe Insecte, voisin des *Rhagium* et pour lequel on a créé le genre *Rhamnusium*, mérite une mention ; c'est la Rhamnusie du Saule, le Stenocore rouge à élytres violettes, qu'on trouve quelquefois en nombre sur les Peupliers, les Saules étêtés et même les Ormes.

Il y a quelques années, il s'était multiplié sur les vieux peupliers de Bercy.

LES PACHYTES — *PACHYTA* (1)

Il est nécessaire de signaler le joli genre *Pachyta* aux formes plus ramassées, aux élytres plus courtes que chez les *Toxotus* dont les représentants, tous amis des fleurs, viennent chercher le miel sur les Ombellifères qui abondent dans les prairies alpestres ; telles sont : le *P. quadrimaculata*, au corps noir, aux élytres d'un jaune pâle marquées chacune de deux taches noires ; le *P. interrogationis*, au corps noir, aux élytres jaunâtres relevées chacune d'un point noir qui peut se déformer et envahir toute l'élytre ; le *P. virginea*, noir, aux élytres du plus beau bleu violet métallique, au ventre rouge ; le *P. 8-maculata*, noir aux élytres jaune d'ocre parées de plusieurs taches noires ; le *P. collaris*, noir au corselet rouge, aux élytres d'un violet presque noir, au ventre rouge, qui se trouve aussi dans nos environs de Paris sur les Épines en fleurs.

LES VESPERUS — *VESPERUS* (2)

Les Vesperus ont acquis dans ces dernières années une telle célébrité, qu'il est indispensable d'en dire deux mots : d'autant mieux qu'ils sont maintenant considérés comme des Insectes nuisibles à la Vigne.

Ces Insectes aux formes étranges ont des Larves non moins singulières, et Larves et adultes ont des mœurs qui diffèrent absolument de celles de leurs congénères.

Caractères. — Apparentés aux *Rhagium* quoiqu'en dise Lacordaire, les Vesperus se font tout d'abord remarquer par les dissemblances qui existent entre le mâle et la femelle : chez le mâle les élytres couvrent l'abdomen et sont juxtaposées le long de la suture, les ailes sont bien développées ; chez les femelles les élytres sont plus courtes que l'abdomen et déhiscentes. La tête, brusquement tronquée en arrière et loin des yeux, est reliée au prothorax par un un col étroit ; les antennes, sétacées, ont le premier article plus court que le cinquième ; le prothorax arrondi sur les côtes est dépourvu de tubercules épineux ; le premier article des tarses est aussi long que les deux suivants réunis.

Distribution géographique. — Les quel-

(1) Παχυτης, corpulence.
(2) *Vesperus*, le soir.

ques espèces de ce genre sont réparties autour du bassin de la Méditerranée : Provence, Espagne, Italie, Algérie, etc.

Mœurs, habitudes, régime. — Les Vesperus sont des Insectes crépusculaires, ainsi que l'indique leur teinte livide ; les femelles se traînent à terre, cherchent quelque crevasse du sol pour se dissimuler, quelque fissure, quelque écorce d'Olivier soulevé pour y glisser leur long oviducte et effectuer leur ponte ; les mâles au contraire volent au loin et entrent même le soir dans les habitations, attirés par les lumières. Quant aux mœurs de leurs Larves, elles restèrent inconnues jusqu'en 1871 ; depuis (1873, 1875, 1877) elles ont été observées par maints naturalistes.

Résumons les observations faites sur le *V. Xatarti*, par MM Mulsant, Lichtenstein, Valéry Mayet, Pellet, Perris, etc. Les Larves aux formes étranges ont dérouté longtemps les Entomologistes qui les regardaient comme des futurs Lamellicornes, d'autant mieux qu'elles étaient toujours trouvées dans le sol et qu'il ne venait à l'idée de personne de soupçonner que des Larves de Longicornes puissent vivre autre part que dans l'intérieur des végétaux. Il fallut se rendre à l'évidence et reconnaître que ces Larves hexapodes, trapues et très courtes, à côtés parallèles, très ventrues, à dos plat et d'un blanc sale, donnaient le jour aux *Vesperus*.

Mais ce qu'il y a de plus singulier dans l'histoire de ces Insectes, c'est que l'on constata que vivant de racines elles étaient des plus nuisibles ; le *Vesperus Xatarti* notamment abonde dans l'Aragon et le Roussillon et sa Larve cause de sérieux dommages dans les vieilles Vignes ; M. Pellet rapporte que « cet Insecte se trouve en *trop grand nombre* dans les Vignes des Pyrénées orientales » ; très abondant à Prades, au Vernet, à Ria, à Olette ; il se retrouve à Prats de Mollo, La Preste (1,100 mètres d'altitude) et à Mont Louis (1,600 mètres), mais à ces grandes hauteurs, il vit des racines du Hêtre et surtout du Frêne.

Le *Vesperus Xatarti*, autrefois si rare, s'est donc multiplié d'une façon exagérée en Espagne et dans les Pyrénées orientales, au point de devenir préjudiciable à la Vigne.

Dans nos Alpes Maritimes et dans le Var on trouve le *V. strepens*, et dans toute la Provence, le *V. luridus*.

LES NÉCYDALIS — *NECYDALIS* (1)

Die Necydalinen.

Les Nécydalis sont des Cérambycides dont les formes sont trop bizarres et le faciès trop différent de leurs congénères pour que nous ne leur accordions pas quelque peu d'attention.

Caractères. — Ils se reconnaissent entre tous à la brièveté de leurs élytres qui atteignent à peine l'extrémité du premier segment abdominal : aussi pouvons-nous les appeler des Longicornes brachélytres ou staphylins ; mais ces élytres déhiscentes laissent la majeure partie des ailes à découvert (fig. 512, p. 337). Leur prothorax plus long que large porte un tubercule de chaque côté ; leurs longues pattes postérieures ont les cuisses d'abord grêles puis renflées en massue ; le premier article de leurs tarses postérieurs est beaucoup plus long que tous les autres réunis.

Distribution géographique. — Les quelques espèces (8 espèces) de ce genre habitent l'Europe et l'Amérique du Nord.

LE GRAND NÉCYDALIS. — *NECYDALIS MAJOR.*

Grosser Halbdeck, Bockkäfer.

Le grand Nécydalis (fig. 512, p. 337) a autrefois mis le pasteur Schäffer dans un grand embarras, comme en fait foi une lettre adressée à Réaumur en 1753. Ce Coléoptère, sorti sans doute d'un morceau de bois de Prunier, fut trouvé dans l'atelier de tourneur du beau-frère de Schäffer et remis à notre observateur pour donner son avis sur cet être phénoménal. Il le compara au grand Sirex, mais trouva en y regardant de plus près et en le dessinant, que ce devait être une Lepture. Description et figure furent envoyées à Réaumur, en le priant de vouloir bien donner son avis sur un animal aussi étrange et de le nommer, s'il le connaissait.

Caractères. — La principale particularité de cette espèce consiste donc dans la brièveté des élytres qui ne peuvent couvrir ni l'abdomen long et étroit, ni les ailes à membrane fort mince qui s'étendent sur toute sa longueur. L'Insecte est entièrement noir à poils dorés ; les antennes, les jambes, les élytres sont d'un jaune-brun rougeâtre ; l'extrémité des cuisses postérieures est plus foncée ; chez le mâle les

(1) Νεκύδαλος, nom donné par Aristote à la Chrysalide du Ver à soie.

antennes ne sont jaunes qu'à leur base.

Mœurs, habitudes, régime. — Cet intéressant Longicorne se trouve sur les buissons et sur les troncs d'arbres brisés; Taschenberg l'a rencontré sur des Chênes et des Cerisiers, dans l'intérieur desquels la Larve avait certainement vécu, comme le prouve de nombreux trous de sortie. Il n'est pas très commun et c'est le plus élégant représentant indigène de ce groupe aux formes étranges.

LES LAMIINES — *LAMIINÆ*

Spitzböcke.

Caractères. — Ces Longicornes se distinguent très nettement des Prionines et des Cerambycines, par deux caractères d'une très grande fixité : le dernier article des palpes est aciculé ou fusiforme, jamais émoussé ni sécuriforme; leurs jambes antérieures sont creusées d'un sillon oblique à leur face interne, tandis que celles du milieu en présentent un pareil généralement au dehors. En outre leur tête est verticale, et le front fait avec le sommet de celle-ci un angle droit ou un angle aigu; cette position de la tête rappelle tout à fait celle des Sauterelles et des Grillons. Les membres de cette subdivision, malgré la variété et la richesse de leurs formes, présentent donc des caractères qui permettent de les rapporter de suite au groupe dont ils font partie.

Distribution géographique. — Le nombre total des espèces dépasse celui des deux dernières sous-familles prises ensemble; aussi les Lamines sont-ils répandus sur toute la surface du globe.

LES DORCADIONS — *DORCADION* (1)

Die Dorcadioninen, Erdböcke.

Caractères. — Le genre Dorcadion proprement dit est la plus complète expression de cette section, ses nombreuses espèces reproduisent les formes comparables à celles que nous avons vues chez les Piméliens parmi les Ténébrionides et chez les Brachycères, parmi les Curculionides ou encore parmi d'autres fouisseurs. Toutes les espèces de ce genre en effet ont la forme ramassée de celle que nous désignerons plus loin.

(1)Δορκαδιον, jeune chevreuil.

Les antennes, épaisses à la base, sont sétacées graduellement, jamais aussi longues que le corps, et, vers l'extrémité, les articles deviennent constamment de plus en plus courts. Le corselet, plus large que long, porte au milieu de chaque côté une petite pointe aiguë. Les élytres sont à leur origine à peine plus larges que le corselet, et ce n'est qu'au milieu qu'elles atteignent leur plus grande largeur. Chacune d'elles se termine par un bord arrondi, et leur longueur totale égale ou dépasse la grande largeur des deux élytres prises ensemble; elles enchâssent fortement le corps de l'Insecte. Les pattes sont courtes et épaisses et les jambes médianes sont armées de crochets vers l'extrémité, sur le côté externe. Le corps est « aptère » et le plus souvent couvert de poils veloutés qui s'enlèvent par le frottement et qui forment, surtout sur les élytres, d'élégants dessins : raies, croix, taches, etc. Mais ces dessins, en raison de la facilité avec laquelle ils s'enlèvent, rendent la détermination des espèces extrêmement pénible sur des exemplaires défraîchis; la difficulté n'est pas diminuée par suite de la différence que présente parfois cette ornementation selon le sexe dans une seule et même espèce.

Distribution géographique. — Ces Longicornes, qui comptent plus de 150 espèces, sont répandus depuis le midi de l'Europe jusque dans l'Asie occidentale et la Mongolie.

Mœurs, habitudes, régime. — Les Dorcadions paraissent ordinairement au printemps, se traînent sur les chemins, les murs, et se cachent sous les pierres pendant les jours de mauvais temps. A l'état de Larves ils semblent se nourrir des racines des plantes les plus diverses, ligneuses ou non. Leurs Métamorphoses sont inconnues.

LE DORCADION CENDRÉ. — *DORCADION FULIGINATOR.*

Greisser Erdbock.

Caractères. — Il se distingue par la toison feutrée cendrée ou cendrée blanchâtre, qui couvre ses élytres et par les villosités plus faibles et de même couleur qui s'étendent sur les autres parties du corps noir de l'Insecte et particulièrement sur les pattes.

Distribution géographique. — Cette espèce, la plus commune dans le centre de la France et aux environs de Paris, est plus rare en Allemagne.

LE DORCADION CRUCIFÈRE. — *DORCADION CRUX*.

Kreuztragender Erdbock.

Caractères. — Un des plus petits et des plus jolis du genre est le Dorcadion crucifère (*Dorcadion crux*).

Par dessus le fond noir velouté du corps, s'étend une fourrure blanche soyeuse qui garnit un profond sillon longitudinal passant par la tête et le corselet et qui couvre abondamment les pattes et les élytres. Sur celles-ci cette toison ne laisse à nu que les bords émoussés et une large raie près de la suture à laquelle se rattache encore une tache centrale formant les bras de la croix.

Distribution géographique. — Il n'est pas rare à Smyrne et dans les contrées avoisinantes.

LE DORCADION NOIR. — *DORCADION ATRUM*.

Schwarzer Erdbock.

Caractères. — Le Dorcadion noir (*Dorcadion atrum*) mesure jusqu'à 16 millim. et au delà; il est entièrement noir et son corselet grossièrement ponctué est marqué d'une raie médiane obtuse. Les élytres, presque tronquées à leur extrémité, fortement ridées, nulle part ponctuées, présentent également une carène humérale à peine marquée.

Distribution géographique. — Ce Coléoptère qui n'est nullement rare dans la Thuringe et le Hartz pendant certaines années, est celui qui s'avance le plus au Nord et manque dans le Sud.

LES LAMIES — *LAMIA* (1)

Die Lamiinen.

Caractères. — Les antennes robustes, noueuses. sont plus courtes que le corps dans les deux sexes et sont supportées par un article basilaire long et épais, rugueux, verruqueux et orné d'un fort crochet à son extrémité. Le corselet, transversal, cylindrique, aussi large que la tête, porte de chaque côté une sorte d'épine aiguë. Les élytres, beaucoup plus larges, sont fortement déclives à partir du milieu jusqu'à l'extrémité. Les pattes sont robustes, égales, à cuisses postérieures plus courtes que l'abdomen, à jambes armées d'une dent sur le côté externe.

(1) Λαμία, monstre fabuleux.

LE CAPRICORNE NOIR CHAGRINÉ. — *LAMIA TEXTOR*.

Chagrinirter Weber.

Caractères. — Le « Tisserand » chagriné (*Lamia textor*, fig. 530, p. 353), unique représentant du genre *Lamia* autrefois si riche en espèces, est un Coléoptère de 26 à 32 millim. de long, au corps noir revêtu d'un duvet gris très court qui lui donne une teinte générale noire grisâtre; le corselet et les élytres sont fortement chagrinés.

Mœurs, habitudes, régime. — Ce Capricorne qui se plait sur les Saules et les Osiers se traîne péniblement sur les branches, ou bien encore reste cramponné solidement avec une certaine indifférence, ce qui semble indiquer qu'il est un animal nocturne. La Larve vit dans les branches de Saule, où elle pratique sa galerie en suivant la direction de la moelle pour en élargir ensuite l'extrémité dans laquelle elle prépare un lit de sciure destiné à la Nymphe.

Cette Larve est apode et se termine en arrière par un crochet en forme de verrue et constituant l'anus. Les deux premiers anneaux du corps sont ovales, les deux qui suivent sont fort courts, et les sept derniers sont marqués chacun d'un sillon profond sur le dos, et d'une dépression large, transversale et rentrante au milieu.

LES ACANTHOCINES — *ACANTHOCINUS* (1)

Die Acanthocininen.

Caractères. — Les caractères génériques sont les suivants : la tête fortement concave entre ses tubercules antennifères, porte des antennes trois fois au moins aussi longues que le corps chez les mâles, deux fois aussi longues chez les femelles, à articles augmentant de longueur à partir du 3°; corselet disposé transversalement, hexagonal à tubercules latéraux assez gros; les élytres, peu convexes, parallèles, arrondies en arrière, sont beaucoup plus larges que le corselet; chez la femelle (fig. 2) une longue tarière conique termine l'abdomen; chez le mâle une écaille borde l'extrémité abdominale; enfin les fossettes, cavités cotyloïdes où s'articulent les hanches médianes, sont fermées; les cuisses sont renflées

(1) Ἄχανθα, épine ; κινέω, remuer.

en massue; les tarses postérieurs sont allongés au 1er article plus grand que 2 et 3 réunis.

Distribution géographique. — A côté des espèces européennes vient se placer une seule espèce de l'Amérique du Nord.

L'ACANTHOCINUS CHARPENTIER. — *ACANTHOCINUS ÆDILIS.*

Zimmerbock, Schreiner.

De tous les Longicornes indigènes, un des plus remarquables est le Charpentier, le Menuisier (*Acanthocinus œdilis* ou *Astynomus ædilis* ou *Ædilis montana*).

Caractères. — Le mâle de cette espèce a les antennes sétacées d'une longueur immense atteignant jusqu'à 5 fois celle du corps (fig. 531) et présentant des annulations de couleur foncée sur toute leur étendue, excepté sur le premier article et à leur extrémité.

Le prothorax est orné de quatre tubercules duveteux jaunâtres; les élytres déprimées, devenant quadrangulaires, saillantes aux épaules, sont d'une longueur double de leur largeur; postérieurement plus étroites chez le mâle que chez la femelle (fig. 532), elles sont couvertes ainsi que le reste du corps par une toison feutrée, grise et dense. Leur surface présente encore une ponctuation grenue, des traces de stries longitudinales pontuées et foncées et deux bandes brunes transversales plus ou moins distinctes.

Mœurs, habitudes, régime. — Le Charpentier apparaît de bonne heure au printemps sur les troncs des Pins abattus ou sur leurs souches encore debout; il hante par conséquent les coupes et sa Larve vit derrière les écorces de Pins morts.

S'il fait beau, il s'élève dans l'air et vient s'abattre aussi sur les bûches entassées ainsi que sur les troncs encore debout. Au bout de quelques semaines, les mâles et les femelles ont assuré la perpétuité de leur race; les femelles glissent alors leur longue tarière sous les écorces pour déposer leurs œufs, et ne tardent pas à disparaître; toutefois quelques traînards se montrent encore çà et là.

Les Larves peuvent être transportées dans les maisons avec les bois de construction; aussi sommes-nous quelquefois à même de voir promener dans nos logis cet Insecte aux longues antennes.

LES ACROCINES — *ACROCINUS* (1)

Ce genre a pour type une gigantesque et magnifique espèce, des plus singulières qui soit certainement parmi tous les Longicornes, l'*Acrocinus longimanus*; aussi mérite-t-elle d'être décrite et figurée (fig. 524).

Caractères. — Les Acrocines se distinguent entre tous par la longueur démesurée de leurs pattes antérieures qui sont au moins deux fois aussi longues que le corps, aux cuisses couvertes d'épines, aux jambes également épineuses, denticulées en dessous, crochues à l'extrémité et munies près de l'insertion du tarse d'une forte épine recourbée. Les antennes sont fort longues, à articles de longueur variable ainsi qu'on le voit dans la figure; le prothorax transversal porte de chaque côté un tubercule armé d'une forte épine, tubercule que l'on croyait mobile et qui est immobile chez le vivant comme chez les individus desséchés; les élytres assez planes sont épineuses à l'extrémité.

Distribution géographique. — Ce genre ou plutôt l'unique espèce qui le représente est cantonnée dans les parties chaudes de l'Amérique du Sud.

L'ACROCINE AUX LONGS BRAS. — *ACROCINUS LONGIMANUS.*

Caractères. — La livrée de ce bel Insecte (fig. 524) est certainement une des plus singulières qui existent chez les Longicornes; elle est gris-verdâtre en dessous, noire veloutée en dessus, relevée de bandes et de taches rouges ou rosées qui forment une bigarrure des plus compliquées sur le corselet, les élytres et les pattes; les anciens l'avaient bien nommé en l'appelant l'*Arlequin de Cayenne*.

Transporté avec les bois du Brésil employés dans la teinture et l'ébénisterie, ce Cérambycide a fait de temps à autre apparition à Paris.

LES SAPERDES — *SAPERDA* (2)

Die Saperdinen, Walzenböcke.

Les Saperdes et leurs proches alliés forment un autre groupe parmi les Lamines.

Caractères. — Les capsules d'insertion (ca-

(1) Αχρον, pointe; κινέω, remuer.
(2) Σαπέρδις, sorte de Poisson.

vités cotyloïdes) des hanches médianes sont ouvertes en dehors ; le sillon transversal sur le côté externe des jambes médianes manque ; une pièce triangulaire large en avant de l'épisternum est bien développée ; leur tête assez éloignée des hanches antérieures peut se replier entre celles-ci ; elle est plane entre ses tubercules antennifères. Le corselet cylindrique, transversal, est sans bosses ni épines ; les élytres, à saillie obtusément quadrangulaire aux épaules, sont beaucoup plus larges que le corselet et presque planes ; les pattes sont assez longues, les cuisses étant de la longueur des quatre premiers segments abdominaux ; le corps est allongé et pubescent.

Distribution géographique. — Ce genre aujourd'hui subdivisé sans grande raison, comprend des espèces d'Europe et de l'Amérique du Nord.

LA SAPERDE CHAGRINÉE. — *SAPERDA CHARCHARIAS.*

Grosser Papelbock.

Caractères. — La grande Saperde du Peuplier (*Saperda carcharias*) (fig. 528, p. 353) est noire, revêtue d'un duvet gris jaunâtre ou cendré avec une nuance plus ocrée chez la femelle ; cette toison feutrée ne fait défaut que sur l'extrémité des articles antennaires et les irrégularités granuleuses de la surface des élytres. Elle mesure 22 à 27 millimètres.

Mœurs, habitudes, régime. — On trouve ce Coléoptère en juin-juillet sur les troncs et les branches des diverses espèces de Peupliers.

Ses allures semblent lourdes et probablement ce n'est que le soir qu'il développe quelque activité dans le but d'assurer sa reproduction. La femelle fécondée dépose ses œufs le plus profondément possible dans les fentes de l'écorce, et les jeunes Larves écloses commencent par creuser leur galerie sous cette écorce pendant la première année. Après l'hivernation, elles pénètrent dans les profondeurs du bois en suivant une direction ascendante et toute verticale. Les brins allongés de la sciure qu'elle produisent sont rejetés par un trou et révèlent leur présence. La Chenille de Cossus donne lieu aux mêmes apparences mais rejette de grands monceaux de sciure et vit habituellement dans de plus vieux troncs. Les Chenilles de Sésies ont aussi cette habitude de déblayer ainsi leurs galeries, mais la sciure qu'elles repoussent est plus fine et plus agglomérée.

Après deux hivernations, la Larve (fig. 525) qui est apode et pourvue de mamelons poilus sur la partie dorsale des anneaux, a pris tout son accroissement ; elle mesure alors environ 32 millim. de longueur sur 8 millim. de dia-

Fig. 525. — Larve de la Saperde chagrinée.

mètre ; elle porte une petite tête armée de fortes mandibules et est atténuée à l'extrémité postérieure. Elle se transforme près de l'orifice de sortie dans une sorte de cellule qu'elle obture avec de la sciure à ses deux extrémités. Après quelques semaines de repos la Nymphe donne enfin le jour à l'Insecte parfait.

Dans les localités où ce Coléoptère se présente en masses nombreuses, il devient très nuisible aux jeunes Peupliers plantés le long des routes, des berges, etc., qui sont alors facilement brisés par le vent. Les vieux troncs habités seulement par quelques Larves peuvent résister aux ravages, mais toutefois, comme les adultes utilisent toujours les mêmes emplacements pour établir leur couvée, ils finissent par succomber quand plusieurs générations de Larves ont de plus en plus multiplié leurs galeries.

LA SAPERDE DU TREMBLE. — *SAPERDA POPULNEA.*

Aspenbock.

Caractères. — La Saperda du Tremble (*Saperda populnea*), est bien plus petite (10 à 12 millim.), couverte d'un tissu feutré gris cendré, elle a sur la tête deux bandes, sur le corselet 3 bandes longitudinales jaunes et sur chaque élytre fortement ponctuée une rangée longitudinale de 4 ou 5 petites taches jaunes ; les antennes sont aussi marquées d'annelures de teinte plus foncée (fig. 529, p. 353).

Mœurs, habitudes, régime. — Il se montre en mai-juin sur les feuilles du Tremble et témoigne sensiblement plus d'activité que son grand congénère. Il vole en plein soleil et se laisse tomber à terre si l'on cherche à le saisir ; souvent on trouve les couples réunis sur les feuilles et les rameaux de la plante nourricière, le mâle étant posé sur la femelle un peu plus grande que lui.

L'on peut être certain que l'arbrisseau ou petit arbre dont il habite le feuillage présente

Fig. 526. — Larve de la Saperde du Tremble.

çà et là dans ses parties ligneuses une excroissance noueuse sur laquelle on peut apercevoir un trou de sortie, par lequel le Coléoptère est venu au jour ; c'est l'intérieur de l'excroissance que la Larve (fig. 526) a rongé, et c'est dans la cavité qu'elle a creusée qu'elle passe à l'état de Nymphe. La place près de laquelle la Larve pénètre en juin dans l'écorce présente un bourrelet circulaire. Durant le premier été, elle se tient derrière l'écorce et après l'hivernation elle pénètre dans le canal médullaire en suivant une direction ascendante ; il en résulte que la branche occupée par elle, est traversée par des canaux noirs longitudinaux. Habitée ordinairement par un grand nombre de Larves la branche ne tarde pas à mourir.

L'importance secondaire du Tremble au point de vue forestier, rend les dégâts de cette Larve moins sensibles ; mais elle est cependant très préjudiciable aux taillis de ces arbres.

LES AGAPANTHIES — *AGAPANTHIA* (1)

Caractères. — Ces jolis Insectes, dont la livrée élégante consiste en un vêtement bronzé ou bleu, relevé par une bande suturale et des mouchetures sur les élytres, se distinguent entre toutes les Saperdes par leurs antennes de 12 articles plus longues que le corps dans les deux sexes, pubescentes et ciliées, au 12° article presque aussi long que le précédent, et par leurs élytres qui sont allongées et longuement rétrécies en arrière ; ils se distinguent entre toutes les Phytœcies par leurs ongles simples.

Distribution géographique. — Ce sont des Insectes qui habitent l'Europe, l'Asie et le Nord de l'Afrique ; mais sont plutôt méridionaux.

(1) Ἀγαπάω, aimer ; ἄνθος, fleur.

Une vingtaine d'espèces ont été décrites.

Mœurs, habitudes, régime. — Ces Longicornes se montrent sur les plantes herbacées dans les tiges desquelles vivent leur Larves.

L'AGAPANTHIE DU CHARDON. — *AGAPANTHIA CARDUI OU SUTURALIS.*

Caractères. — C'est un charmant Cérambyx aux antennes annelées de blanc et de noir, au corselet bronzé orné d'une bande médiane et de leurs bandes latérales de duvet blanc ou

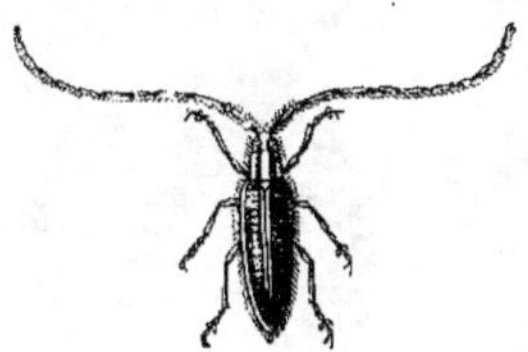

Fig. 527. — L'Agapanthie du Chardon.

jaunâtre, à l'écusson revêtu d'un duvet de même couleur, aux élytres vert-olive bronzé couvertes d'un duvet testacé et parées d'une bordure de duvet blanc ou jaunâtre (fig. 527).

Mœurs, habitudes, régime. — La Larve, au témoignage de Perris, creuse les tiges du *Melilotus macrorhiza* et celles du *Cirsium arvense*.

Quelques autres espèces ont des habitudes analogues : l'*A. asphodeli* vit dans les tiges de l'*Asphodelus racemosus* ; l'*A. angusticollis* habite les tiges d'*Aconitum anthora*, de l'*Heracleum spondylium*, du *Senecio aquaticus*, de l'*Eupatorium cannabinum* ; l'*A. micans* ou *violacea* creuse la moelle de la Valériane rouge ou *Centranthus ruber* (Millière) ; l'*A. irrorata* se développe dans les *Onopordon* (Graells).

A côté des *Agapanthia* tous les auteurs, sauf Lacordaire, ont placé un petit Longicorne très intéressant, car il vit aux dépens du Blé, pour lequel on a créé le genre suivant.

LES CALAMOBIES — *CALAMOBIUS* (1)

Caractères. — Les antennes sont très grêles et incolores ; le prothorax est cylindrique, plus long que large ; les élytres sont très allongées, linéaires ; les pattes sont très courtes ; les tibias intermédiaires ont sur l'arête supérieure une échancrure qui dessine une dent.

(2) Κάλαμος, chaume, βιόω, je vis.

Fig. 529.   Fig. 531.

Fig. 528.   Fig. 530.   Fig. 532.

Fig. 528. — La Saperde chagrinée.
Fig. 529. — La Saperde du Tremble.
Fig. 530. — Le Capricorne noir chagriné ou

la Lamie noire chagrinée (p. 349).
Fig. 531 et 532. — L'Acanthocine charpentier, mâle et femelle (p. 350).

Fig. 528 à 532. — Les Lamiines.

LE CALAMOBIE LINÉAIRE. — *CALAMOBIUS GRACILIS.*

Caractères. — Ce petit Longicorne de 6 à 10 mill. noir, habillé d'un duvet ceñdré, avec la tête et le prothorax paré d'une raie médiane de duvet jaune, peut dans certaines conditions se multiplier au point de devenir nuisible; aussi a-t-il depuis longtemps attiré l'attention.

Mœurs, habitudes, régime. — C'est à Guérin-Méneville que nous sommes redevables de la connaissance de ses habitudes. Il fait son apparition à l'époque de la floraison du froment, et la femelle s'empresse de percer à la base de l'épi un petit trou où elle dépose un œuf. La Larve ronge alors la tige circulairement et le moindre vent détache l'épi; au fur et à mesure de son accroissement elle descend dans le chaume, et à quelques centimètres du sol se transforme en Nymphe. Les champs visités par les *Calamobius*, ainsi privés de leurs épis, ont un aspect singulier; les tiges ressemblent à des aiguillons; de là le nom d'*Aiguillonier* que les paysans du Midi ont donné à l'Insecte ravageur.

Ce Longicorne algérien et du midi de l'Europe a causé de grands dégâts dans les Charentes, en 1847.

LES PHYTOECIAIRES—*PHYTOECIARIÆ*

Die Phytecinen.

A ces Coléoptères se rattache aussi un groupe d'espèces qui leur sont alliées de près et qui ne s'en distinguent pas par leur faciès. Ce sont les Phytœcides de Lacordaire, les Phytœciaires de Mulsant, qui n'en diffèrent que par la conformation de leurs griffes.

Caractères. — En effet chez tous les Lamiines décrits précédemment les griffes sont simples et partent symétriquement de leur racine en faisant un angle droit avec l'article de tarse qui les porte, de telle sorte qu'ils forment ensemble un demi-cercle du côté interne; ou bien ces griffes sont placées côte à côte et s'éloignent l'une de l'autre, c'est-à-dire sont divergentes.

Chez les Phytœciaires chaque griffe se partage en deux branches et paraît lobée ou fendue, selon les cas.

LES OBEREA — *OBEREA* (1)

Caractères. — Ces Longicornes se font remarquer par la forme allongée de leurs élytres qui sont presque linéaires, planes, sans carènes latérales, rétrécies vers le milieu, tronquées ou échancrées à l'extrémité ; par la brièveté de leurs antennes et de leurs pattes ; par l'allongement de leur corps étroit et svelte.

Distribution géographique. — Ce genre, qui compte près de 100 espèces, a des représentants en Europe, en Asie, en Afrique, en Amérique et surtout dans l'Archipel indien.

L'OBEREA DU NOISETIER. — *OBEREA LINEARIS*.

Haselböckchen.

Caractères. — Ce Longicorne est très rectiligne et presque cylindrique. Faiblement velu, noir sur tout le corps, les pattes, les palpes et une tache derrière les épaules, présentent seuls une coloration jaune de cire. Les antennes filiformes atteignent par exception les quatre cinquièmes de la longueur du corps ; les élytres couvertes de ponctuations enfoncées et disposées en série, ne dépassent guère le corselet en largeur et sont tronquées obliquement à leur extrémité. La longueur totale varie entre 11 et 14 millimètres ; la largeur est de 2 millimètres et demi prise aux épaules.

Mœurs, habitudes, régime. — Ce petit Insecte élancé vit en mai-juin sur les Noisetiers, autour desquels il se livre en plein soleil à de vifs ébats aériens, pendant lesquels les sexes se recherchent. La femelle attache un œuf à environ 15 centimètres au-dessous de l'extrémité d'un jeune rameau, et la Larve éclose se met immédiatement à creuser le bois tendre en se nourrissant de moelle et en rongeant de haut en bas ; les feuilles flétries prématurément trahissent sa présence. Après l'hivernation elle pénètre plus loin et arrive quelquefois jusqu'au bois de trois ans ; après le deuxième hiver elle s'arrête à l'extrémité de la galerie et s'y transforme après avoir fait périr toute la partie de la branche qui surmonte le point où sera situé le tronc de sortie du Coléoptère adulte. Au jardin botanique de Halle, la même Larve vit de la même manière dans l'*Ostrya vulgaris*.

Cette Larve est jaune de cire, faiblement velue, elle porte sur le premier anneau, le plus large de tous, une plaque chitineuse carrée et derrière celle-ci de petites verrues fortement accentuées.

L'*Oberea oculata* dont la Larve habite les tiges des Osiers et des Saules pleureurs, l'*O. pupillata* dont la Larve vit dans les branches de Chèvrefeuilles, l'*O. erythrocephala* qu'on trouve sur les Euphorbes, sont des espèces indigènes.

LES PHYTOECIES — *PHYTOECIA* (2)

Caractères. — Ce genre qui renferme un grand nombre d'espèces en général de petite taille est facile à reconnaître à la forme des élytres qui sont allongées, mais rétrécies d'avant en arrière, planes et rabattues sur les côtés, et à quelques autres particularités, notamment à la ponctuation des élytres.

Distribution géographique. — Les espèces paraissent être localisées en Europe, dans le nord de l'Afrique et en Asie.

La France et l'Europe centrale possèdent un certain nombre d'espèces : le *Phytœcia virescens* qui se développe dans les tiges de l'*Echium vulgare* est l'espèce la plus commune.

LES CHRYSOMÉLIDES — *CHRYSOMELIDÆ*

Die Blattkäfer.

Caractères. — Les Chrysomélides (*Chrysomelidæ*) forment la dernière famille des Tétramères ; toutes les espèces sont de grandeur médiocre, mais plus souvent encore de petite et même de très petite taille.

Parmi ces Coléoptères, les formes les plus élancées, au corselet plus étroit que les élytres, se distinguent à peine extérieurement de certains Longicornes auxquels on les réunissait encore du temps de Linnée ; cependant

---

(1) Nom propre.

(2) Φύτον, plante ; οἰκέω, j'habite.

l'immense majorité se distingue de ceux-ci par leurs formes ramassées, sans que l'on puisse leur assigner un seul caractère différentiel important qui permette de les en distinguer.

La tête reste plus ou moins profondément engagée sous le corselet et parfois complètement masquée par celui-ci. Les antennes filiformes ou sétacées, exceptionnellement en massue, sont de longueur moyenne et se composent de 11 articles ; c'est sur la manière dont elles sont disposées que se fonde la distinction des groupes, suivant qu'elles sont insérées sur les côtés du front et par conséquent espacées, ou sur le milieu de celui-ci, c'est-à-dire rapprochées l'une de l'autre. Les yeux petits sont situés sur le côté. Les mandibules robustes et courtes se terminent généralement par une pointe bifide; les mâchoires, peu développées, ont des palpes courts, filiformes et de 4 articles; la lèvre inférieure est pourvue d'une petite languette et de palpes de 3 articles.

Les pattes en général courtes, sont cachées sous le corps, rarement apparentes; les tarses comptent 4 articles, cependant un petit nodule plus ou moins distinct peut être considéré comme un 5me article, aussi dit-on que les Chrysomélides sont subpentamères; les 3 premiers articles plus ou moins élargis ont le plus souvent la semelle feutrée; les griffes communément dentées ou fendues sont portées par un article terminal dominé par les lobes profonds et avancés de l'article sous-jacent, à la manière des Longicornes.

Enfin l'abdomen est formé de 5 anneaux libres.

Ces Coléoptères souvent revêtus des plus brillantes couleurs, reflètent parfois le plus vif éclat métallique.

Distribution géographique. — Les Chrysomélides comptent environ 10,000 espèces, dont un grand nombre sont imparfaitement connues ; il n'est point de région du globe qui ne possède des représentants de cette famille.

Mœurs, habitudes, régime. — Ces Insectes se nourrissent de substances végétales molles, le plus souvent de feuilles, et il n'est pas rare que quelques espèces apparaissent en masses si considérables qu'elles occasionnent de sérieux dommages à nos plantes cultivées.

Leurs Larves ont le même régime et sont souvent encore plus nuisibles.

Beaucoup d'entre elles vivent à l'extérieur et présentent tantôt des couleurs sombres, tantôt et le plus souvent des teintes vives, d'autres creusent l'intérieur des végétaux, mais toujours les parties molles et jamais le bois, contrairement à ce que font la majorité des Larves de Longicornes, dont elles diffèrent du reste non seulement par leur conformation extérieure, mais encore par leurs pattes beaucoup plus développées. En somme, pas plus que les Insectes parfaits, on ne peut les caractériser d'une manière générale.

M. le docteur Chapuis les divise en 5 groupes de la manière suivante :

I. **Larves nues.** — A. Larves rectilignes, presque cylindriques et de couleur blanche, vivant au collet des plantes aquatiques et qui, pour passer à l'état de Nymphe, se filent un cocon qu'elles fixent sous l'eau en l'attachant aux radicelles de la plante nourricière (*Donacia, Hæmonia*).

B. Larves mineuses plus ou moins allongées, atténuées aux deux extrémités; elles se transforment dans l'intérieur des végétaux et dans la terre (*Haltica*), d'autres vivent dans l'intérieur des feuilles, mais portent des verrues latérales (*Hispa*).

C. Larves courtes, ovalaires, très convexes en dessus, de teinte pâle avec des dessins colorés ou de couleur sombre à reflets métalliques, se distinguant généralement par des appendices verrueux à l'anus, par des verrues sur les côtés du corps et par la faculté de sécréter une humeur gluante; elles vivent librement sur les feuilles et se suspendent à celles-ci par la pointe abdominale pour se transformer ou bien se rendent dans la terre (*Eumolpus, Chrysomela, Galeruca.*)

II. **Larves coprophores.** — Larves se revêtant de leurs excréments.

A. Larves courtes, ovalaires, très convexes en dessus, de couleur foncée, sans appareil particulier servant à porter leurs excréments; pour se transformer, elles s'enfouissent dans la terre (*Crioceris, Lema.*)

B. Larves courtes, ovalaires, retenant leurs excréments à l'aide d'un appendice fourchu mobile qui dépend de la face supérieure du dernier anneau, et se transformant sur les feuilles (*Cassida*).

III. **Larves tubicoles.** — Larves allongées, blanchâtres, recourbées sur elles-mêmes à partir des premiers segments abdominaux, logées dans des fourreaux portatifs ; elles se tiennent sur les plantes dans l'intérieur desquelles elles subissent leurs Métamorphoses (*Clythra* et *Cryptocephalus*).

Comme nous ne pourrons nous occuper que de quelques-unes des formes de cette vaste famille, nous ne nous attarderons pas à en définir toutes les subdivisions ; nous ferons notre choix parmi les plus importantes de la série au fur et à mesure qu'elles se présenteront dans l'ordre systématique suivi par le continuateur de Lacordaire, le docteur Chapuis.

LES DONACINES — *DONACINÆ*

Die Donacinen, Schilfkäfer.

Caractères. — Les Donacies ont un faciès caractéristique ; leur corps oblong, déprimé, est généralement métallique ; ordinairement glabre en dessus, il est revêtu en dessous d'une pubescence qui les rend imperméables et favorise la vie aquatique. La tête saillante, un peu prolongée en museau, porte des antennes filiformes de la longueur de la moitié du corps, insérées au-dessous et en dedans des yeux, assez rapprochées l'une de l'autre ; le corselet est étroit, oblong, à angles postérieurs et à bords latéraux effacés ; les élytres débordant le prothorax à la base, en triangle allongé ou oblongues, arrondies ou acuminées en arrière, ont en général 10 rangées de points et une 11ᵐᵉ rangée incomplète à la base ; les pattes ont les cuisses plus ou moins renflées, les postérieures munies ou armées de 1 à 4 dents, et les tarses terminés par deux crochets simples.

Chez tous les Donacines, le 1ᵉʳ anneau de l'abdomen présente ceci de remarquable qu'il dépasse en longueur tous les anneaux suivants pris ensemble.

Pour se faire une idée de la ressemblance que présentent les Donacies avec les Longicornes, il suffit de savoir que De Geer a décrit sous le nom de *Leptura aquatica*, le *Donacia crassipes* qui vit sur les feuilles du Nénuphar (fig. 538).

Le corps de ces Insectes renferme des principes acides qui déterminent l'oxydation rapide des épingles, et les transforment promptement en vert de gris ; le développement de ce dernier finit par écarter les élytres, et par séparer les parties abdominales au point de disloquer complètement l'Insecte au grand désavantage du collectionneur. Même en employant des épingles argentées on ne prévient pas la destruction d'une manière absolue. Le moyen le plus pratique consiste à coller les Insectes à côté de l'épingle, sur un petit morceau de papier, ce qu'on ne fait pas d'ordinaire pour les Coléoptères de leur dimension.

Distribution géographique. — Les belles Donacines ont une distribution géographique très étendue ; leurs nombreuses espèces habitent les régions froides de l'Hémisphère boréal.

Mœurs, habitudes, régime. — On voit les *Donacia* à la fin de mai et au commencement de juin, posés souvent en grand nombre sur les roseaux, les herbes des prairies tourbeuses et d'autres graminées croissant au bord de l'eau, ou posés sur des feuilles flottantes dans l'intérieur desquelles leurs Larves ont vécu. On ne rencontre au contraire les *Hæmonia* que sur les plantes submergées.

LES DONACIES. — *DONACIA* (1)

Caractères. — Elles se distinguent des *Hæmonia* par leur tarses tomenteux en dessous, à dernier article plus court que les précédents réunis, à troisième article bilobé.

Distribution géographique. — 39 espèces sont européennes et se rencontrent en Sibérie, 51 se retrouvent dans l'Amérique du Nord.

LA DONACIE DU MENYANTHE OU DU TRÈFLE D'EAU. — *DONACIA CLAVIPES.*

Fieberklee, Schilfkäfer.

Le *Donacia clavipes*, ou *Menyanthidis*, peut servir de type pour représenter l'ensemble de ces jolis Insectes.

Caractères. — Il rentre dans ces formes allongées et moins nombreuses chez lesquelles le mâle ne se distingue point de la femelle par une ou deux dents à la face inférieure des cuisses postérieures, mais seulement par une taille plus petite. Il est d'un vert doré à la face supérieure, et couvert de poils denses et argentés en dessous ; il a les antennes filiformes, de la longueur du corps et insérées sur le milieu du front ; les jambes, terminées par des griffes simples, sont rougeâtres. Le corselet, carré, armé de pointes antérieurement et de chaque côté, légèrement échancré au milieu, est sillonné par de fines rides transversales et par un sinus longitudinal. Les élytres sont marquées de stries ponctuées et de rides d'une grande finesse, s'atténuant quelque peu à leur extrémité où chacune se termine en pointe arrondie, et sont d'une longueur égalant le double de leur largeur totale (les deux prises

____

(1) Δόναξ, roseau.

Fig. 533.   Fig. 536 et 537.

Fig. 534.   Fig. 535.

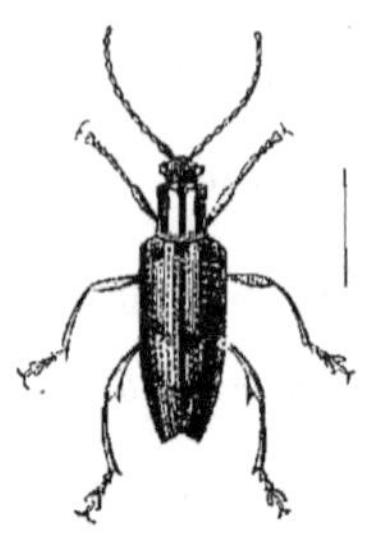

Fig. 538.

Fig. 533. — La Donacie du Trèfle d'eau, adulte de
grand. nat.

Fig. 534 et 535. — Larves rongeant les racines, de
grand. nat.

Fig. 536 et 537. — Coques renfermant les Nymphes,
de grand. nat.

Fig. 538. — Donacie aux larges pieds.

Fig. 533 à 538. — Les Donacies.

ensemble). Les cuisses postérieures atteignent la pointe des élytres, et les hanches antérieures cylindriques se touchent (fig. 533).

Mœurs, habitudes, régime. — Cette Donacie a 11 millim. de long environ. La femelle se trouve accouplée seulement en mai et au commencement de juin, en grand nombre sur le roseau commun. Pourtant Heeger regarde le Plantain d'eau, *Alisma plantago*, comme la plante nourricière.

Cet observateur soutient que le Donacia sort de l'eau en octobre pendant le jour et s'accouple quelques jours après par un temps calme. Les Coléoptères développés seulement à la fin de ce mois ou même seulement en novembre, ne peuvent accomplir cet acte qu'au printemps suivant, après avoir hiverné sous l'eau parmi les matières végétales décomposées.

La femelle fécondée au printemps se rend de nouveau sous l'eau au bout de 8 jours et dépose ses œufs sur les grosses racines de la plante nourricière ; le nombre des œufs à déposer s'élève à 40 ou 50 qu'elle pond successivement dans l'espace de 15 à 18 jours.

Les Larves mettent de 10 à 20 jours à éclore. Au début elles se nourrissent de radicelles tendres et plus tard de racines plus fortes (fig. 534 et 535); c'est après la troisième mue qu'elles vivent aux dépens de la membrane externe des pousses épaisses. Elles changent de peau à des intervalles inégaux et exigent 5 ou 6 semaines

pour atteindre leur complet développement. Lorsqu'elles ont acquis toute leur taille, les Larves presque cylindriques, un peu excavées sur la face ventrale, de couleur gris verdâtre pâle, mesurent de 11 à 13 millim. de long sur 3 mill. 37 de large; elles ont la tête petite, ronde et rétractile, portent 6 pattes et sur l'avant-dernier (onzième) anneau deux épines brunes, cornées, rapprochées à leur base et recourbées en dehors. Ces épines sont à l'état de repos couchées en avant contre l'abdomen, mais pendant la marche, elles servent de point d'appui. La tête cornée atteint à peine le quart de la largeur de l'anneau thoracique médian ; elle est privée d'yeux, porte des antennes de 3 articles, deux palpes labiaux bi-articulés et une mâchoire inférieure dont la branche interne a la consistance du cuir et affecte une forme ovoïde transversale ; la branche externe, de même conformation, mais plus courte, présente également des palpes bi-articulés. La lèvre supérieure est carrée, transversale; chaque mandibule se termine en pointe simple et porte sur sa tranche interne 2 dents mousses. Finalement, les Larves se construisent sur les racines de la plante nourricière un cocon parcheminé, d'un violet noir au dehors et blanc en dedans, dans l'intérieur duquel la Nymphe repose complètement à sec pendant 20 et même 25 jours (fig. 536 et 537).

Ainsi que nous l'avons dit, si le Coléoptère

sort avant l'hiver après avoir rongé un petit couvercle sur son cocon, il se tient pendant quelque temps solidement sur la plante jusqu'à ce qu'il se laisse entraîner à la surface par l'eau; arrivé à ce point, il se met à grimper sur la première plante venue, prend aussitôt son essor, et s'envole comme tous les Donacia, car on en trouve d'isolés fort loin du centre de leur berceau et sur des plantes qui, à coup sûr, ne les ont pas vu naître.

LES HÆMONIES — *HÆMONIA* (1)

Caractères. — Elles se distinguent nettement des Donacies par leurs tarses grêles, presque nus en dessous, par leur dernier article plus long que les précédents réunis, par leur troisième article entier.

Distribution géographique. — Les quelques espèces appartiennent exclusivement à la faune de l'Europe tempérée et boréale ainsi qu'à l'Amérique du Nord.

Mœurs, habitudes, régime. — Ces Insectes se font remarquer par la singularité de leurs mœurs; ils vivent en nombreuses troupes sur les plantes aquatiques complètement submergées, notamment les *Potamogeton* et les *Myriophyllum* qui croissent en abondance dans les cours d'eau paisibles ou même dans les grands étangs au sein d'un fond vaseux. C'est là qu'ils passent leur existence, sans jamais abandonner l'élément liquide, sans avoir la nécessité de venir respirer à la surface. Conformés exclusivement pour la vie sédentaire sous-marine, ils sont admirablement organisés pour se cramponner aux tiges flottantes, et possèdent un appareil respiratoire qui leur permet d'extraire l'oxygène dissous dans l'eau, particularité fort remarquable et fort rare chez les Insectes adultes. Sortis de leur élément, ils ont une démarche gauche et embarrassée et tombent souvent sur le dos.

On conçoit que, vivant dans de telles conditions, ils soient peu influencés par les saisons, aussi les trouve-t-on à tous les âges et à tous les degrés de développement à peu près pendant l'année entière.

Les Larves vivent sur les racines; lors de la Métamorphose, elles sécrètent une matière visqueuse à l'aide de laquelle elles se construisent une coque lisse, parcheminée, jaunâtre ou brunâtre de 8 à 9 mill., qu'elles attachent solidement

aux racines au milieu même de la vase. Chose singulière, ces coques, quoique fabriquées sous l'eau, sont absolument sèches à l'intérieur.

Ces Larves ont les plus grands rapports avec celles des Donacies; il serait oiseux de répéter une description déjà faite.

C'est surtout à Lacordaire (1851), à Heeger (1853), à MM. Leprieur (1869) et Bellevoye (1870) que nous devons la connaissance des mœurs des *Hæmonia*.

Rencontrés seulement par hasard, ces Insectes ont toujours été rares dans les collections; maintenant que l'on connaît leurs habitudes on pourra les récolter en plus grand nombre en arrachant les plantes aquatiques submergées.

Nous possédons en France dans nos cours d'eau, les *Hæmonia Equiseti*, *Chevrolati* et *Mosellæ*, que l'on a distingué de l'*Equiseti*. Les autres espèces, *H. Zosteræ*, *Gyllenhali*, etc., sont plus boréales.

LES SAGRA — *SAGRA*

Dans l'Asie et l'Afrique torride on trouve des espèces plus gigantesques, de 12 à 35 millim. de long et de forme plus bombée que nos *Donacia* : telles sont les espèces très reconnaissables du genre *Sagra*, magnifiques Coléoptères au corps très épaissi, et dont les mâles se distinguent par leurs cuisses postérieures armées de fortes épines et les jambes de la même paire fortement arquées. Le genre *Sagra* a été placé à la tête de la famille des Chrysomélides. Les Métamorphoses ont été observées par M. Lucas.

LES CRIOCÉRINES — *CRIOCERINÆ*

Die Criocerinen.

Caractères. — Leur physionomie rappelle celle des Donacies; mais plus ramassés dans leurs formes, ils en diffèrent : par leur tête ovalaire dégagée du prothorax, mais attachée par une sorte de cou; par leurs antennes filiformes, seulement de moitié aussi longues que le corps; écartées à la base, insérées au bord antéro-interne des yeux, par leurs pattes plus robustes, assez longues, à cuisses un peu renflées, à jambes droites à tarses terminés par des crochets de forme variable; par les dimensions de leur premier segment abdominal qui est un peu plus long que les suivants, mais ne prend jamais le grand développement caractéristique des Donacies. Comme chez ces der-

(1) Αἵμων, sanglant.

nières, le corselet quasi-cylindrique, fortement étranglé en arrière, est loin d'atteindre la largeur des élytres aux épaules. Les crochets des tarses sont libres ou soudés l'un à l'autre, rarement bifides.

Distribution géographique. — Ce groupe, réparti en 11 genres, est si nombreux qu'il a des représentants sur tout le globe; 647 espèces ont été décrites.

LES CRIOCÈRES — *CRIOCERIS* (1)

Caractères. — Ils se distinguent par l'absence d'un sillon sur le corselet et par la disposition des crochets des tarses; ceux-ci sont libres au lieu d'être soudés.

Distribution géographique. — La répartition sur le globe est particulière; l'Europe compte 12 espèces, l'Afrique du Sud, le Mexique, l'Asie et l'Océanie se partagent les autres espèces (70).

LE CRIOCÈRE DU LIS. — *CRIOCERIS MERDIGERA*.

Lilienhähnchen.

Caractères. — Au printemps surgissent ces Coléoptères universellement connus, de 6,6 millim. de long, d'un noir brillant, au corselet et aux élytres rouges, que l'on aperçoit bientôt après accouplé courant sur les feuilles de Lis; ce sont les Criocères du Lis (*Crioceris merdigera*).

Ces Criocères font entendre un son stridulant assez fort pour leur taille qui est dû au frottement d'avant en arrière d'une saillie cannelée, située sur le milieu interrompu du dernier anneau abdominal contre de nombreuses petites saillies chitineuses placées à l'extrémité des élytres. Pendant le frottement, la saillie cannelée vient toucher la suture des élytres sur les côtés de laquelle sont insérées les petites saillies. Si on applique contre l'oreille un de ces Coléoptères maintenu dans la main fermée, on distingue fort bien ce son qui est utilisé pour le rapprochement des sexes.

Mœurs, habitudes, régime. — Si, après avoir remarqué dans nos jardins des feuilles rongées sur le Lis blanc, on se met à la recherche de l'auteur du méfait, on ne tarde pas à trouver de petits corps d'un noir brillant et humides qui se meuvent lourdement sur la tige ou se démènent activement sur les feuilles. Tout ce qu'on peut voir d'eux, ce sont leurs

(1) Χριὸς, bélier; κέρας, corne.

excréments avec lesquels ils s'enveloppent, ne laissant libre que l'abdomen. En y regardant de plus près, on reconnaît que ce sont des Larves massives, épaisses, atténuées en avant et pourvues de 6 pattes; ces Larves se nourrissent pendant l'été aux dépens de ces feuilles pour rentrer ensuite en terre où elles se transforment. Ce sont les Larves du Criocère du Lis.

LE CRIOCÈRE DE L'ASPERGE. — *CRIOCERIS ASPARAGI*.

Spargelhähnchen.

Caractères. — Le Criocère de l'Asperge (*Crioceris asparagi*), plus petit, plus élancé et plus aplati que celui du Lis, est d'un bleu verdâtre brillant; le corselet presque cylindrique et la bordure des élytres sont rouges, et ces dernières sont encore marquées de petites taches d'un blanc jaunâtre qui se confondent en partie sur la bordure et en partie entre elles (fig. 539).

L'appareil de stridulation ne présente ici point d'interruption et frotte contre le bord extrême de l'élytre.

Mœurs, habitudes, régime. — Cette espèce vit sur les feuilles de l'Asperge, de même que

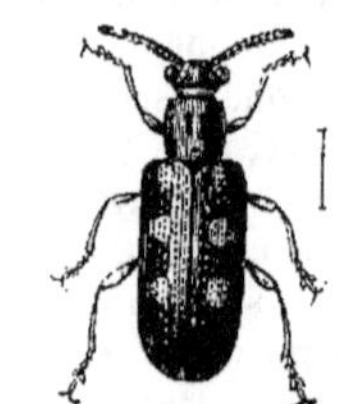

Fig. 539. — Criocère de l'Asperge.

sa Larve d'un vert-olive, marquée de poils isolés et d'une bordure plissée sur les côtés. La Larve se rend également en terre pour la nymphose; la Nymphe et parfois l'Insecte parfait déjà développé y passent l'hiver.

LE CRIOCÈRE A 12 POINTS. — *CRIOCERIS DUODECIM PUNCTATA*.

Zwölfpunktiges Zirphäferchen.

Caractères. — Le Crioceris à 12 points (*Crioceris duodecim punctata*) se place entre les deux précédents pour la taille et la forme générale. La tête, le corselet, les élytres, l'abdomen, le milieu des cuisses et les jambes à l'exception de leur extrémité, sont rouges, le dessus est noir en général et particulièrement le scutelle et 6 points sur chaque élytre.

L'appareil de stridulation est construit sur le type de l'espèce précédente, seulement la cannelure résonnante, séparée à l'origine du dernier anneau, est plus large.

Mœurs, habitudes, régime. — Ce petit Coléoptère se tient également sur les pousses des Asperges pour en ronger les feuilles.

La Larve à 6 pattes, nue et d'un gris plombé, vit solitaire dans les baies. Pour se transformer elle se rend du reste aussi dans la terre.

LES CLYTHRINES — *CLYTHRINÆ*

Die Clythrinen, Sackkäfer.

Caractères. — Avec les *Clythrinæ*, nous passons à un autre type de Chrysomélides au corps plus entier et plus cylindrique, à peu près de la largeur des épaules aux élytres parallèles.

La tête est engagée dans le corselet jusqu'auprès des yeux ; les antennes courtes, dentées ou pectinées, insérées au bord antérieur des yeux, de telle sorte qu'en raison de la largeur du front, elles sont fort écartées l'une de l'autre, ne dépassent généralement pas le corselet.

Les mandibules courtes, arquées, se terminent par 2 ou 3 dents ; les mâchoires, à structure très remarquable, ont leurs parties constituantes intimement soudées, à lobe externe palpiforme ; la lèvre inférieure porte une languette cornée sinulée en avant ou tronquée.

Chez beaucoup d'espèces, et surtout chez les mâles, les pattes antérieures s'allongent d'une manière démesurée ; mais les griffes sont toujours simples.

Distribution géographique. — Les Clythrines qui ont été récemment subdivisés en 40 genres, comprennent plus de 250 espèces qui sont presque entièrement confinées dans l'ancien monde, quelques-unes seulement habitant l'Amérique.

LES CLYTHRES — *CLYTHRA* (1)

Caractères. — Indépendamment des caractères généraux précédents, les Clythres en ont de particuliers. Les antennes sont pectinées à partir du 4ᵐᵉ ou du 5ᵐᵉ article ; les yeux sont très grands, allongés, nettement échancrés ;

(1) Étymologie inconnue.

les élytres, faiblement sinuées sur les côtés, recouvrent complètement le pygidium ; les pattes courtes sont égales et se terminent par des tarses très courts à 2ᵐᵉ article plus long que large.

LE CLYTHRE A 4 POINTS. — *CLYTHRA QUADRIPUNCTATA.*

Vierpunktiger Sackkäfer.

Caractères. — Le Clythre à 4 points (fig. 540) est d'un noir brillant, finement velu de gris en dessous ; sur chacune des élytres d'un rouge jaunâtre luisant, se trouvent 2 taches noires, dont une plus petite vers le sommet externe des épaules, et l'autre située derrière la région moyenne où elle forme une bande large qui se continue sur les 2 élytres. Les pattes ne présentent pas de longueur disproportionnée comparativement aux autres paires.

Le mâle se distingue de la femelle par une fossette semi-lunaire sur le dernier anneau abdominal, où ce dernier sexe ne présente qu'un sillon longitudinal.

Mœurs, habitudes, régime. — Ce Coléoptère se trouve communément en été dans l'herbe,

Fig. 540 et 541. — La Clythre à 4 points et sa Larve renfermée dans son fourreau.

les buissons surtout, sur les Saules ; il subit ses évolutions dans l'année et provient d'une Larve que nous avons figurée dans notre gravure (fig. 541), où nous l'avons reproduite ren-

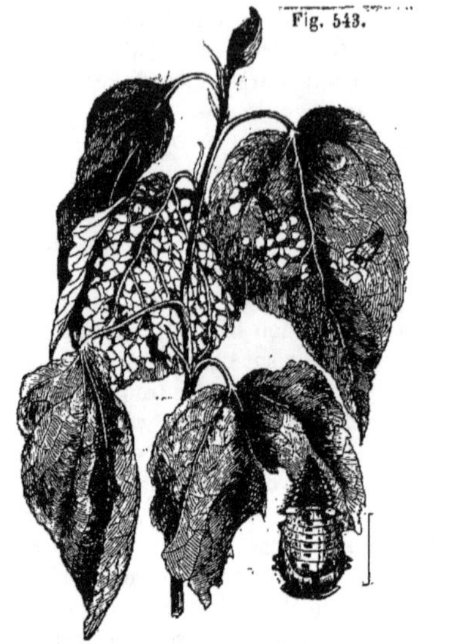

Fig. 543.

Fig. 544.

Fig. 546.

Fig. 542.   Fig. 545.   Fig. 547.

Fig. 542. — Feuilles de Tremble rongées.
Fig. 543. — Jeunes Larves.
Fig. 544. — Larve ayant acquis toute sa taille, grossie.

Fig. 545. — Nymphe suspendue, face dorsale, très grossie.
Fig. 546. — Nymphe libre, face ventrale, très grossie.
Fig. 547. — Adulte, très grossie.

Fig. 542 à 547. — La Chrysomèle du Tremble (*Lina*).

fermée dans un fourreau noirâtre dont la section indique suffisamment les contours.

Elle se construit cette coque avec ses excréments ; en la tissant, elle la fixe à un point d'appui et la ferme au sommet pour y passer l'hiver ; elle répète ce même travail pour passer à l'état de Nymphe.

C'est par le bout inférieur et un peu plus large du cocon que sort l'Insecte parfait au bout de quelques semaines. Pour rejeter au dehors le fond de sa retraite, le Clythre n'a besoin que de peu d'efforts en raison de la friabilité de la construction.

On a souvent trouvé cette Larve dans les Fourmilières, notamment dans celles de la *Formica rufa*.

LES CRYPTOCÉPHALINES — *CRYPTOCEPHALINÆ*

Die Cryptocephalinen, Fallkäfer.

Caractères. — Les Cryptocéphalines forment une tribu très homogène et se distinguent du groupe précédent par leurs longues

antennes filiformes, en général de dimensions infiniment plus considérables que chez les autres Chrysomélides, ou bien courtes et claviformes. Ils sont parfaitement désignés sous le nom de Cryptocéphales, parce que leur tête est tellement engagée dans le corselet qu'on n'en distingue que la partie frontale et faciale.

Distribution géographique. — Les 1300 espèces de ce groupe sont réparties dans les cinq parties du monde ; mais sont plus nombreuses en Amérique.

LES CRYPTOCÉPHALES — *CRYPTOCEPHALUS* (1)

Caractères. — Ils se distinguent des autres genres de la tribu par la forme de leur prosternum qui est tronqué à bord postérieur bilobé ou biépineux.

Distribution géographique. — Il n'est aucun genre parmi les Chrysomélides qui soit aussi riche en espèces. On a décrit près de

(1) Κρυπτός, caché ; κεφαλή, tête.

700 espèces (681). — L'Europe compte à elle seule 150 espèces.

Mœurs, habitudes, régime. — Les Cryptocéphales vivent sur les arbustes et les fleurs ; si on ne les rencontre pas en société ou en grandes masses, on les trouve souvent plusieurs à la fois.

Ils ont l'habitude de rentrer leurs pattes et de replier leurs antennes, puis de se laisser choir lorsqu'on s'approche sans précaution. C'est un exemple de plus de cette habitude de simuler le mort et de disparaître subitement qui constitue l'unique moyen de défense d'un grand nombre d'Insectes désarmés contre les attaques de leurs ennemis.

Les Larves, comme celles des Clythrides, se construisent des fourreaux à l'intérieur desquels elles passent leur existence.

LE CRYPTOCÉPHALE SOYEUX. — *CRYPTOCEPHALUS SERICEUS.*

Notre plus grande espèce est le *Cryptocephalus sericeus,* élégant Insecte vert doré ou d'un bleu profond qui fréquente le fond des fleurs des Composées.

LES EUMOLPINES — *EUMOLPINÆ*

Cette immense tribu, qui renferme à elle seule plus de 100 genres, est difficile à caractériser ; il importe même peu que nous la caractérisions, car elle ne comprend pour ainsi dire que des Insectes exotiques. Le seul genre que nous ayons intérêt à connaître est le genre *Bromius.*

LES BROMES — *BROMIUS* (1)

Caractères. — Ces Insectes ont le corps court, très épais, convexe, pubescent. La tête courte, assez grosse, enfoncée dans le corselet, est creusée d'un sillon au milieu du front. Les antennes très écartées sont plus longues que la moitié du corps, grêles, grossissant vers l'extrémité, à premier article épais inséré dans une fossette sous les yeux, à deuxième et troisième égaux, à dernier article porteur d'un appendice. Le prothorax est très convexe, arrondi sur les côtés avec les angles extérieurs abattus et arrondis. L'écusson est à peu près pentagonal. Les élytres presque carrées sont ar-

(1) Βρόμιος, bachique.

rondies à l'extrémité. Le prosternum et le mésosternum sont extrêmement larges. Les pattes sont longues et grêles avec les cuisses en massue et les jambes sillonnées en dehors.

Distribution géographique. — Les deux espèces de ce genre habitent l'Europe.

L'EUMOLPE DE LA VIGNE. — *BROMIUS VITIS.*

Caractères. — Ce Coléoptère, plus connu sous le nom d'*Écrivain* ou de *Gribouri*, est un Insecte de 5 millimètres, à la tête, au corselet, à l'écusson, au-dessous du corps, aux pattes noirs, aux élytres d'un rouge châtain, qui se distingue encore par d'autres particularités. La tête, rentrée dans le corselet, finement ponctuée, porte des antennes noires aux trois premiers articles fauves ; le corselet, également finement ponctué, est arrondi sur les côtés et sinué en arrière ; les élytres, aux épaules saillantes, à stries ponctuées, sont deux fois aussi larges que le corselet et deux fois et demie aussi longues.

Mœurs, habitudes, régime. — Le Gribouri est un des Insectes les plus nuisibles à la Vigne ; c'est lui qui ronge les feuilles de part en part et découpe comme à l'emporte-pièce une foule de trous plus ou moins rapprochés qui dessinent de ci de là des caractères hiéroglyphiques, d'où son nom d'*Écrivain*, sous lequel il est universellement connu. A l'état de Larve, il est encore plus dangereux, mais ses méfaits ont été longtemps méconnus. La tradition voulait jusqu'à ces dernières années que les Larves soient des mangeuses de feuilles et de grappes, et les auteurs les plus consciencieux répétaient tous avec un touchant ensemble la même assertion. Latreille, Guérin-Méneville, Chevrolat, Goureau, Boisduval, Chapuis, affirmaient que ces Larves étaient phytophages ; et cependant tous ces Entomologistes éminents se trompaient grossièrement. Ce qu'ils ignoraient, les vignerons le savaient parfaitement, et Audouin, dès 1842, avait affirmé, certainement d'après leur dire, que les Larves vivaient aux dépens des racines de la Vigne. Aujourd'hui les observations de M. Girard, de M. Lichtenstein, ont permis de vérifier la justesse de l'opinion d'Audouin ; on sait que les femelles des Eumolpes déposent leurs œufs sur les ceps, au voisinage du collet, et que les jeunes Larves se rendent en terre et perforent les racines ; elles peuvent alors causer dans les vignobles des dégâts considérables. Dans certaines années, sur les ceps aux racines déjà épuisées par les Larves, il n'est pas un sarment qui ne présente de feuilles perforées de mille façons par les Écrivains.

Nous devons au Dr Horvath la seule figure que nous ayons de la Larve du *Bromius vitis;* elle est d'ailleurs excellente.

Il n'existe aucun procédé pratique de destruction des Gribouris ; cependant, comme ils se laissent tomber à terre au moindre frôlement, on peut battre les ceps pour les précipiter à terre et charger les Poules, qui en sont très friandes, de les recueillir à leur profit. On peut également secouer les feuilles au-dessus de sacs maintenus béants par un cercle de bois, retenu suivant son diamètre par une ficelle qui détermine une courbure et permet à l'appareil d'entourer les ceps ; les Insectes ainsi récoltés seront tués par un procédé quelconque.

LES CHRYSOMÉLINES — *CHRYSOME-LINÆ*

Die Chrysomelinen.

Caractères. — Les Chrysomélines ont la tête arrondie, médiocre, engagée dans le prothorax, à bouche dirigée en bas et en avant ; leurs antennes filiformes, un peu épaissies à leur extrémité, sont insérées au bord interne et antérieur des yeux. Le corselet n'est pas arrondi, mais tronqué souvent à angles antérieurs saillants, aussi large ou même plus large que long. Les élytres de forme variable, ovalaires ou oblongues, sont en général très convexes et très amples, jamais tronquées, ni raccourcies. Les pattes sont courtes, robustes, à 3me article entier, creusé d'une rainure pour loger l'article appendiculaire et la base de l'article onguéal. Leur corps, plat en dessous, bombé en dessus, présente un contour d'un ovale plus ou moins allongé.

Distribution géographique. — Nous sommes encore en présence d'un groupe immense qui renferme plus de 1,500 espèces réparties surtout le globe ; 300 espèces environ sont européennes.

Mœurs, habitudes, régime. — Adultes et Larves vivent libres sur les feuilles.

LES COLASPIDÈMES — *COLAS-PIDEMA* (1)

Caractères. — Ces Insectes établissent une transition entre les Eumolpines et les Chryso-

mélines, et ils ont été placés alternativement dans l'une ou l'autre tribu suivant le caprice des auteurs. En effet, la forme des yeux qui sont subarrondis, entiers, pourvus en arrière d'un espèce d'orbite, le développement du mésosternum, la saillie des hanches antérieures, sont des caractères qui les rapprochent des Eumolpines ; tandis que la forme de l'épisternum qui est subquadrangulaire, la disposition des hanches antérieures qui sont transversales, celle des tarses à troisième article entier et à crochets simples, constituent des particularités qui obligent à les rapprocher des Chrysomélines.

Distribution géographique. — Les espèces sont en général circumméditerranéennes ; quelques-unes s'étendent vers l'Orient.

LE COLASPIDÈME NOIR OU DE BARBARIE. — *COLASPIDEMA ATER OU BARBARUS.*

Cet Insecte est certainement un des plus nuisibles à l'agriculture méridionale.

Caractères. — Long de 5 millimètres, large de 3 millimètres, il est ovoïde, noir luisant ; ses antennes filiformes atteignent le milieu du corps et comptent 11 articles ; roussâtres à la base sur la moitié de leur longueur, elles sont noires jusqu'à l'extrémité ; la tête est noire ponctuée ; le corselet transversal est droit en avant, arrondi sur les côtés et postérieurement ; les élytres un peu plus larges que le corselet, trois fois aussi longues que lui, sont bombées en dessus et embrassent les côtés de l'abdomen ; elles sont ponctuées, chagrinées, à bords ferrugineux ; les pattes noires ont les tarses roussâtres.

Distribution géographique. — Cet Insecte habite l'Algérie, l'Espagne et la France méridionale où il est malheureusement trop commun il ne remonte ni vers le centre, ni vers le nord.

Mœurs, habitudes, régime. — Ce Coléoptère est connu dans le midi de la France sous le nom de Colaspe noire, Colaspe barbare ou de Barbarie (*Colaspis atra*) ; en Espagne, notamment dans la province de Valence où il exerce ses ravages, les paysans le nomment *Cuc,* mot qui signifie Ver ou Chenille.

Larves et adultes dévorent les feuilles des Luzernes et ne laissent plus que les tiges qui ne tardent pas à se dessécher. Dès les premiers jours de mai, les Insectes parfaits font leur apparition, s'accouplent, et les femelles, au corps distendu par une immense quantité d'œufs, commencent leur ponte. Au bout de

(1) *Colaspis,* nom d'un Insecte ; δέμας, forme.

dix ou douze jours, chacune d'elles a déposé çà et là sur la Luzerne environ 500 œufs. Les Larves, à peine nées, commencent à ronger les feuilles ; au mois de juin, elles ont tout anéanti. Elles mesurent, lorsqu'elles ont atteint toute leur taille, 6 millimètres sur 2 ; elles sont noirâtres, glabres, à tête ronde, écailleuse, et pourvues de 6 pattes noires.

On peut juger de l'étendue des ravages que ces Insectes peuvent commettre par un exemple frappant. Dans un seul champ de Luzerne entouré de murs, une femme a pu ramasser en huit jours 35 à 40 kilogrammes de femelles.

La destruction de ces rongeurs est indispensable si l'on ne veut pas perdre sa récolte de fourrage. On peut utiliser avantageusement les volailles qui sont friandes des Larves comme des Adultes ; on peut aussi, en promenant sur les Luzernières de grandes poches de toile dont l'ouverture est maintenue béante à l'aide d'un cerceau solidement emmanché, recueillir d'énormes quantités d'Insectes qu'on fait périr ensuite par tous les procédés imaginables. Un procédé de destruction qui paraît très efficace consiste à retarder la première coupe jusqu'à l'époque où toutes les Larves sont écloses ; la Luzerne étant fauchée se fane et se dessèche, les jeunes Larves privées de nourriture ne tardent pas à succomber.

C'est à M. Joly, professeur à la Faculté des sciences de Toulouse, que nous sommes redevables des meilleures observations sur l'organisation et les mœurs des Colaspidèmes.

LES LINAS — *LINA* (1)

Caractères. — Chez les *Lina*, les jambes postérieures sont marquées d'un sillon profond atteignant presque l'extrémité, et le corselet est moins large à la base que les épaules. Les élytres médiocrement bombées sont amples et élargies en arrière. Les antennes sont courtes et renflées en massue, comme on peut l e voir dans l'espèce figurée ci-contre (fig. 547).

LE LINA DU PEUPLIER. — *LINA POPULI*.

Grosser Pappel-Blattkäfer.

LE LINA DU TREMBLE. — *LINA TREMULÆ*.

Kleiner Pappel-Blattkäfer.

Caractères. — Le grand Lina du Peuplier

(1) Étymologie inconnue.

(*Lina Populi*) est noir, avec des reflets verts ou bleus ; le corselet a les bords latéraux délicatement arrondis et légèrement renflés ; les élytres sont rouges avec l'extrémité noire, mais elles se ternissent beaucoup après la mort.

Chez le petit Lina du Tremble (*Lina Tremulæ*), d'une coloration analogue, le corselet est droit, latéralement et insensiblement rétréci en avant ; près des bords, ils sont encore marqués d'un sillon grossièrement ponctué, ce qui donne une apparence fortement tuméfiée à ces bords. Les élytres ne sont pas noires à leur extrémité (fig. 547).

Mœurs, habitudes, régime. — Les deux espèces se montrent sur les buissons de Peupliers et de Trembles, surtout sur les jeunes Trembles.

Dès que les arbres commencent à reverdir, ils sortent de leur engourdissement hivernal et se réunissent sur les feuilles en groupes serrés. L'accouplement suit de près, et la femelle pond ses œufs rougeâtres les uns à côté des autres, principalement à la face inférieure des feuilles et par groupe de dix environ sur chacune. Elle répète son opération successivement sur une dizaine de feuilles.

Au bout de 8 à 12 jours, selon que le temps est plus ou moins doux ou rigoureux, les Larves sortent des œufs et on commence à les remarquer à partir de mai, surtout à cause de la présence des feuilles attaquées.

Ces Larves ne font pas d'entailles en rongeant les feuilles ; elles dévorent le parenchyme tout entier pour n'en laisser que les nervures les plus épaisses et transforment ainsi les feuilles en véritables dentelles (fig. 542).

Après plusieurs mues elles ont atteint tout leur accroissement. Les figures 543 et 544 montrent leur conformation ; leur couleur est le blanc sale estompé de noir ; la tête, le corselet, les jambes, quelques rangées de ponctuations et les verrues fortement velues qui garnissent les flancs sont d'un noir plus net et brillant. Il faut aussi mentionner la présence de 6 yeux situés de chaque côté de la tête, et qui ne sont pas visibles sur notre figure.

Les Larves sécrètent, quand on les saisit, une humeur laiteuse d'une odeur désagréable, rappelant celle des amandes amères, qui s'échappe de leurs verrues latérales, et qui peut aussi rentrer dans le corps si l'attouchement est léger.

Lorsqu'elles ont pris tout leur accroisse-

Fig. 548.   Fig. 549.   Fig. 550.   Fig. 551.

Fig. 548. — Le Leptinotarse à dix lignes noires, ou L. de la Pomme de terre, ou *Colorado-Beetle*, improprement nommé le Doryphore.	Fig. 461. — Sa Larve. Fig. 462. — Ses OEufs. Fig. 463. — Le Leptinotarse à lignes réunies.

Fig. 548 à 551. — Les Leptinotarses improprement nommés Doryphores.

ment, elles se suspendent à une feuille par la pointe abdominale, se dépouillent de leur peau une dernière fois pour se transformer en Nymphes d'un blanc sale marquées de taches noires sur le dos et dont l'extrémité abdominale reste en grande partie entourée de la peau dont elles se sont débarrassées (fig. 457 et 458).

Au bout de 6 à 10 jours, il en sort un Coléoptère encore immature, de consistance fort molle, qui se consolide peu à peu au fur et à mesure de la dessiccation de toutes ses parties.

Ce Coléoptère paraît avoir deux générations par an, car on rencontre des Larves depuis mai jusqu'en août, et durant l'été on trouve à la fois des Larves, des Nymphes et des Insectes parfaits ; il est certain d'ailleurs que le développement est fort rapide si le temps est favorable : ainsi des œufs étant pondus le 2 août, les Coléoptères qui en provenaient se montrèrent le 13 septembre suivant.

LES CHRYSOMÈLES — *CHRYSO-MELA* (1)

Caractères. — Le genre Chrysomèle manque de sillon aux jambes postérieures, il en existe tout au plus une ébauche ; le corselet atteint presque la largeur des élytres au point où il touche à celles-ci et le 2mo article des tarses est plus étroit que ses deux voisins.

Distribution géographique. — On connaît environ 150 espèces de *Chrysomela* qui appartiennent en majorité à l'Europe et dont les plus belles espèces, aux couleurs métalliques les

plus flamboyantes, habitent de préférence les montagnes.

Mœurs, habitudes, régime. — La plupart d'entre elles se tiennent sur des plantes spéciales, aux dépens desquelles vivent leurs Larves cylindriques, quelque peu bombées et dépourvues de verrues poilues sur les côtés.

C'est ainsi que vit sur diverses espèces de Menthes le *Chrysomela violacea* d'un beau bleu d'acier et le *C. Menthastri* d'un magnifique vert doré ; le *C. cerealis*, plus sombre, rouge ou jaune doré rayé de bleu, ne se trouve que sous les pierres des pentes sèches des montagnes dont le maigre gazon sert de nourriture à sa Larve ; le *C. fastuosa* d'un jaune doré vif, rayé de bleu sur les élytres, vit sur le *Galeopsis versicolor* et autres Labiées ; le *C. graminis*, plus grand et sensiblement ridé, d'un vert émeraude uniforme, se tient sur le *Tanacetum vulgare ;* le *C. varians*, aux nombreuses variétés, vit sur le Millepertuis. Ordinairement on les trouve en sociétés nombreuses sur la plante nourricière.

On a fait d'intéressantes observations sur les mœurs de diverses espèces.

Dans le midi de la France (Marseille), en Portugal on trouve par exemple une espèce, le *C. diluta* qui est nocturne. De septembre en novembre elle recherche pendant la nuit les feuilles du *Plantago coronopus*, se cache durant le jour sous les pierres (probablement notre *C. cerealis* a pareillement des habitudes nocturnes). Les œufs sont pondus en octobre sur les plantes, et c'est au commencement de décembre que les Larves en sortent. Celles-ci subissent deux mues et deviennent Nymphes à la fin de février. Au bout de trois semaines passées sous

(1) Χρυσὸς, or ; μέλος, membre.

ce dernier état, c'est-à-dire vers la fin de mars, les Coléoptères paraissent, s'enfoncent profondément en terre et passent les mois les plus chauds dans une sorte d'engourdissement *estival*, dont ils ne se réveillent qu'à l'arrivée des nuits plus fraîches.

D'après les observations de Perroud, les deux magnifiques espèces, les *C. (Oreina) superba* et *speciosa*, donnent le jour à des Larves qui éclosent dans le sein de leur mère.

LES LEPTINOTARSES — *LEPTINOTARSA* (1)

Caractères. — Ces Chrysomélines se distinguent par l'existence à la face externe des jambes d'une gouttière ou rainure qui atteint ordinairement le milieu de leur longueur. D'autre part le 4ᵉ article de leurs palpes maxillaires est beaucoup plus court et plus étroit que le 3ᵉ, *il n'existe jamais de pointe en avant du mésosternum;* aussi les Leptinotarses ne peuvent-elles être confondues avec les Doryphores *qui ont une longue pointe mésosternale.*

Distribution géographique. — Les espèces de ce genre (30 environ) habitent exclusivement l'Amérique centrale (Texas, Mexique, Guatemala, Louisiane).

LA CHRYSOMÈLE DE LA POMME DE TERRE OU DORYPHORE DU COLORADO. — *LEPTINOTARSA DECEMLINEATA.*

La Chrysomèle du Colorado (*Leptinotarsa decemlineata*), le fameux *Doryphora* des auteurs, le *Colorado Beetle*, le *Colorado Potato-Beetle* des Américains, a acquis une triste célébrité dans l'Amérique du Nord, depuis une quinzaine d'années, et a répandu la panique et la terreur jusqu'en Europe. En effet, c'est à cause de lui que, récemment, le Reichstag allemand et plus tard (août 1877) le Gouvernement français ont interdit l'entrée des Pommes de terre de l'Amérique du Nord dans les ports allemands et français.

L'Insecte a été rencontré pour la première fois en 1823 par le célèbre entomologiste Say dans les Montagnes Rocheuses, lors de la grande expédition scientifique que le major Long fit dans ces régions sur l'ordre du Gouvernement Américain (1824). Say la décrivit alors sous le nom de *Doryphora decemlineata*. C'est une Solanée (le *Solanum rostratum*

1) Λεπτός, grêle ; ταρσός, tarse.

Dunal) croissant à l'état sauvage qui servait primitivement de nourriture au *Leptinotarsa.* Par suite de la propagation de la Pomme de terre vers l'ouest, ce *Solanum* a été connu et apprécié par le Coléoptère, qui s'est bientôt répandu vers l'est et le nord-est avec une rapidité incroyable.

Caractères. — Ce Coléoptère est proche parent des espèces indigènes que nous venons d'étudier; il a les mœurs du *Lina populi*, mais avec cette différence qu'il se multiplie encore davantage et qu'il entre en terre pour passer à l'état de Nymphe.

Le fond de sa coloration est jaune, et rappelle celle du cuir non apprêté ; il est tacheté de noir sur la tête, le corselet ainsi que sur toute la face inférieure ; il est marqué également de noir sur les cuisses et les tarses ; ses élytres sont ornées de cinq lignes noires. Celles-ci, à l'exception des plus extérieures peu visibles en dessous, sont bordées chacune de 2 rangées irrégulières de ponctuations qui, surtout sur la moitié extérieure de l'élytre, se perdent au milieu des intervalles jaunes. La ligne suturale noire se réunit en arrière avec la suture elle-même qu'elle accompagne au delà ou bien finit par s'effacer; les deuxième et troisième lignes se réunissent de même à la fin pour franchir encore un court espace, pendant que les deux suivantes s'arrêtent court séparément au moment où elles sont sur le point d'atteindre l'extrémité des élytres.

Comme il y a eu une confusion de noms au sujet de deux espèces fort voisines, et que les hommes de science se sont évertués à résoudre cette question de nomenclature, nous ferons remarquer qu'à l'origine Say et Suffrian ont décrit l'espèce en question provenant du Nebraska et du Texas, sous le nom générique impropre de *Doryphora*, et qu'une deuxième espèce de la Géorgie et de l'Illinois a reçu de Germar le nom de *Chrysomela juncta* postérieurement à la création du genre *Leptinotarsa*.

Celle-ci se trouve représentée (fig. 551) et se distingue facilement de sa congénère par les caractères suivants : Les cinq raies noires de chaque élytre sont bordées chacune par une seule rangée de ponctuations régulières; la raie médiane suit la suture dans toute sa longueur et toujours en restant à une égale distance de celle-ci sans jamais la toucher; la deuxième raie est la plus courte postérieurement, tandis que la troisième et la quatrième se réunissent à l'extrémité, et dans leur parcours, elles restent si rapprochées l'une de l'autre qu'elles ne laissent comme intervalle qu'une ligne jaune fort étroite qui peut même disparaître entièrement.

Cette espèce vit exclusivement sur le *Solanum Carolinense*.

Mœurs, habitudes, régime. — La Chrysomèle, ou *Leptinotarsa* du Colorado, hiverne sous terre à une profondeur de 60 centimètres, à ce que l'on prétend, car on la trouve en avril en grande quantité pendant les labours profonds.

Aussitôt que les champs de Pommes de terre commencent à verdir, elle s'y transporte pour se nourrir des feuilles et pour pondre à leur face inférieure des œufs allongés, d'abord jaunes, puis oranges, réunis et collés au nombre de 35 à 40 sous forme de plaques. Il est exagéré d'admettre que la femelle puisse déposer jusqu'à 1200 œufs et le chiffre de 700 dont on parle est encore problématique ; en évaluant de 70 à 120 le nombre d'œufs pondus nous serons plus véridiques.

La Larve, grasse et charnue, ressemble complètement aux Larves de nos espèces ndigènes, elle est très luisante, de couleur rouge brune un peu rougeâtre dans le jeune âge et d'un beau jaune orange lorsqu'elle a acquis toute sa taille, avec la tête, le bord postérieur du col et les jambes d'un noir profond ; en outre, sur les côtés s'étendent deux rangées de taches noires arrondies, qui deviennent beaucoup plus petites sur le deuxième et le troisième anneau, si même elles ne disparaissent en partie ou en totalité. Les antennes écourtées ont 3 articles, les ocelles sont au nombre de quatre de chaque côté. Il y a 4 articles aux palpes maxillaires et 3 aux palpes labiaux ; les mandibules sont pourvues de 5 dents.

Les Larves au sortir de l'œuf poursuivent les ravages commencés par leurs parents. Leur accroissement se fait rapidement en 15 ou 20 jours, et, arrivées à terme, elles se rendent en terre pour se transformer. Après le court repos de l'état de Nymphe, c'est-à-dire une dizaine de jours, le Coléoptère paraît, se met à dévorer, voltige partout, se transporte à de longues distances, s'accouple et donne le jour à une seconde génération qui cinquante jours après met au monde une troisième génération. Les Adultes qui proviennent de cette génération ne s'accouplent pas, la saison est trop avancée ; ils n'ont qu'une préoccupation, celle de chercher une retraite pour prendre leurs quartiers d'hiver : les uns s'enfoncent

dans la terre, d'autres s'abritent sous les pierres, ceux-ci s'enfouissent dans la mousse, ceux-là s'insinuent sous les écorces. Les Œufs, les Larves et les Nymphes qui existent encore ne résistent pas aux premières atteintes du froid ; seuls les adultes qui ont su s'abriter à temps assureront la reproduction de l'espèce au printemps suivant. La multiplication de notre Coléoptère est vraiment prodigieuse ; et il n'est pas étonnant que durant l'été toutes les générations se voient simultanément, car souvent, dans les cas de grande fécondité, les œufs n'ayant pu être pondus d'un coup, les Larves qui en proviennent sont nécessairement d'âges différents.

Il y a donc trois générations par an, la première en mai, la seconde au milieu de juin, la troisième en août ; mais comme il y a aussi bien des individus précoces que des retardataires, on trouve simultanément des Œufs, des Larves, des Nymphes et des Adultes. On a calculé que 100 femelles pouvaient à la première génération donner naissance à 100 ou 120 mille Doryphores, la seconde à 50 ou 60 millions, la troisième à des milliards ; heureusement qu'une foule de causes de destruction viennent en diminuer le nombre.

Comme cet ennemi de la Pomme de terre dévore et fait disparaître les parties aériennes de la plante, celle-ci ne peut point produire de tubercules ou du moins n'en produit que d'incomplets, et par suite la récolte en est d'autant diminuée.

Le *Leptinotarsa* s'attaque à la Pomme de terre, ainsi d'ailleurs qu'à toutes les plantes du genre *Solanum : S. rostratum, Carolinense, Warsiewiczi, robustum, discolor, Sieglingi ;* il s'attaque aussi aux Tomates, aux *Physalis,* aux *Datura,* aux Jusquiames, aux *Nicandra,* aux Tabacs, aux Belladones, aux *Petunia ;* on l'a vu aussi, mais seulement par suite de manque de nourriture, se rendre sur d'autres plantes que les Solanées, par exemple sur diverses mauvaises herbes, sur des Chardons, sur l'*Amaranthus retroflexus,* le *Sisymbrium officinale,* et sur les espèces des genres *Chenopodium* et *Eupatorium.*

Ravages. — En l'année 1859 la Chrysomèle commença ses déprédations dans le Nebraska, mais elle était encore éloignée de 100 milles à l'ouest de Omaha ; en 1864 et 1865 elle franchit le Mississipi sur cinq points à 200 milles d'intervalle et pénétra dans l'Illinois ; en 1870 elle s'était installée dans l'Indiana, l'Ohio et l'Ontario. En 1871, des essaims de *Leptinotarsa* couvrirent le Détroit-River dans le Michigan, traversèrent le lac Érié sur des feuilles, des copeaux et divers fragments de bois flottants pour porter leurs ravages au Canada dans les terres qui s'étendent entre les fleuves Saint-Clair et Niagara ; en 1873, ils se montraient dans l'État de New-York, dans le Vermont, le New Jersey, la Pensylvanie, le Maryland ; et détachaient des colonies en Colombie et en Virginie ; en 1875, ils atteignirent les rivages de l'Atlantique ; en 1876, ils arrivèrent jusqu'à Québec et Montréal, et envahirent le Maine.

La translation en Europe ne paraissait guère vraisemblable, car il fallait que le chargement des Pommes de terre se fît pour cela avec un grand manque de soin et de propreté. La crainte de l'introduction de ce fléau semblait peu fondée.

Il a bien fallu se rendre à l'évidence, les Chrysomèles de la Pomme de terre traversèrent l'Atlantique, — comment, nul ne le sait, mais il est probable que ce fut avec des fanes servant à l'emballage des tubercules, — et firent leur première apparition dans un champ de la commune de Mulheim, près de Cologne, le 27 juin 1877. L'autorité prévenue fit couvrir le champ de sciure de bois imprégnée de pétrole à laquelle on mit le feu ; le champ fut ensuite défoncé et traité par la chaux vive répandue en poudre. Un mois après, les Doryphores apparurent dans un champ voisin, on les fit disparaître par les mêmes procédés.

Le 30 juillet 1878, dans le voisinage de Cologne et en Saxe, à plus de 400 kilomètres du premier foyer d'infection, les Chrysomèles se montrèrent en nombre ; mais on en eut raison par des mesures de destruction rapides.

C'est au moment de l'invasion de 1877 que M. Heuzé, inspecteur général de l'Agriculture, fut envoyé en Allemagne par le gouvernement français, et les échantillons vivants qu'il rapporta servirent à donner d'après nature la planche qui accompagne la circulaire que le Ministère de l'Agriculture le chargea de rédiger. Hélas ! pourquoi n'a-t-il pas prié un Entomologiste compétent de faire la rédaction, comme il avait chargé un dessinateur naturaliste d'exécuter les figures ? il aurait évité de singulières méprises de rédaction qui ont provoqué bien des sourires. Il n'aurait pas pris le Pirée pour un nom d'homme, et appelé Colorado, le Scarabée du Colorado (*Colorado Beetle*, *Colorado Potato-Beetle*) ; il n'aurait pas dit,

chose plus grave, que cet Insecte avait le *mésosternum avancé en pointe ou en manière de corne*, tandis que ce caractère, qui n'existe pas chez la Chrysomèle de la Pomme de terre, la distingue nettement des *Doryphora* et oblige à les placer parmi les *Leptinotarses ;* il n'aurait pas dit que les Insectes adultes *nagent aisément*, etc, etc.

Aujourd'hui le calme est revenu dans les esprits ; les Chrysomèles de la Pomme de terre n'ont pas envahi l'Europe, et leur reproduction s'est ralentie en Amérique. Souhaitons que des deux côtés de l'Atlantique on puisse vivre de longues années dans une quiétude absolue.

Moyens de destruction. — Dans le but de combattre le fléau, on a conseillé de recueillir les Chrysomèles, mais le ramassage ne s'accomplit pas sans de grands inconvénients. On a constaté des propriétés venimeuses chez le *Leptinotarsa*. Comme beaucoup de Larves de Chrysomèles indigènes, celle du Coléoptère en question sécrète une humeur visqueuse quand on la saisit, mais qui ici provoque l'enflure, la tuméfaction des mains ; il faut donc se servir de vieux gants pour le recueillir.

L'emploi du vert de Scheele (arsénite de cuivre) dilué dans 25 à 30 parties de farine est préconisé par M. Riley ; on le répand sur les plantes avec des appareils de formes diverses dont un tamis est la pièce principale. On peut également tenir le poison en suspension dans l'eau — il est insoluble, — et le répandre dans le liquide avec des pompes ou des arrosoirs ; ce mode d'emploi est moins dangereux. Il a paru être mortel pour l'Insecte sans être préjudiciable à la plante. On a recommandé également les aspersions faites avec une dissolution de phénol du commerce dans l'eau, 1 litre par hectolitre.

Toujours, quand un Insecte se montre en trop grandes quantités, il rencontre des destructeurs naturels et il n'en est pas autrement pour notre Coléoptère. Un Diptère du genre *Tachina* (*Lydella Doryphoræ*) pond ses œufs sur la Larve ; les Larves de certaines Coccinelles dévorent les Larves de *Leptinotarsa ;* les Carabiques, les Reduviens, les Batraciens, les Corneilles ont leur part de mérite dans la diminution de ce redoutable ennemi.

Après qu'on eut trouvé quelques-uns de ces Coléoptères dans le jabot d'une Caille, on eut l'idée de mettre des Canards et des Poules dans les champs pour combattre l'ennemi. Tous firent leur devoir, mais parmi les Poules plusieurs cas de mort furent signalés.

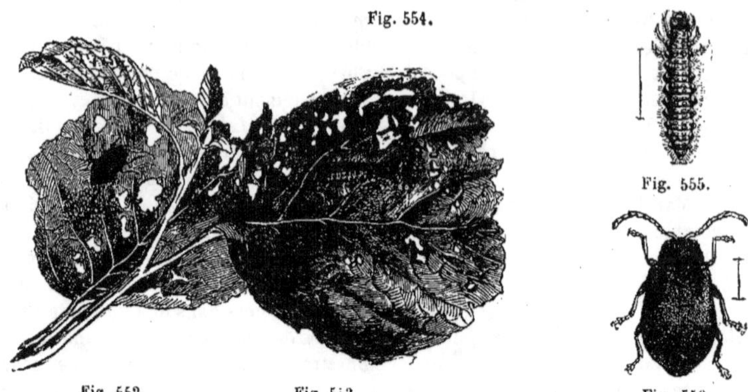

Fig. 554.

Fig. 555.

Fig. 552.   Fig. 553.   Fig. 556.

Fig. 552. — Femelle pondant.
Fig. 553. — Jeunes Larves.
Fig. 554. — Larves ayant toute leur taille et
rongeant des feuilles d'Aulne.
Fig. 555. — Larve très grossie.
Fig. 556. — Adulte très grossi.

Fig. 552 à 556. — La Galéruque de l'Aulne.

LES DORYPHORES — *DORYPHORA* (1)

Spiess träger.

Nos Chrysomélines sont représentées dans l'Amérique méridionale par de nombreuses espèces du genre *Doryphora* généralement d'assez forte taille et de couleurs non moins brillantes, qu'il faut bien se garder de confondre avec les *Leptinotarsa.*

Caractères. — Elles sont reconnaissables avant tout à la forme de leur mésosternum qui se prolonge en une corne cylindrique, aiguë, effilée, droite ou courbée, toujours dirigée en avant ; c'est à cette disposition d'ailleurs qu'elles doivent d'avoir reçu le nom de Doryphores ; les antennes sont grêles, un peu élargies· à leur extrémité ; la tête, grande, est enfoncée jusqu'aux yeux dans le corselet.

Distribution géographique. — Les représentants de ce grand genre (164 espèces) appartiennent en grande majorité à l'Amérique du Sud, notamment au Brésil, mais un certain nombre habite l'Amérique centrale et même le Mexique.

A nos *Lina* se rattachent les espèces américaines du genre *Calligrapha* qui sont remarquables par les tracés hiéroglyphiques qui se dessinent sur le fond léger de leur face dorsale.

(1) Δορυφόρος; armé d'une lance.

Les Chrysoméliens de l'Australie ne peuvent être rapprochés des nôtres : la surface de leur corps a généralement un aspect rugueux et présente une teinte d'un brun sale ou rappelant la couleur du bois ; ils sont fortement bombés et de forme ovoïde obtuse. Ces Coléoptères constituent le genre *Paropsis.*

LES TIMARCHES — *LES TIMARCHA*

Caractères. — Ces Insectes sont des Chrysomèles attachées à la terre, condamnées à se traîner sur le sol et à vivre de plantes basses, car ils sont absolument privés d'ailes ; ils se font remarquer par la présence d'un pygidium rudimentaire et la brièveté de leur mésothorax ; les trois paires de pattes sont également distancées et les cavités cotyloïdes antérieures sont fermées, particularités exceptionnelles dans le groupe.

Distribution géographique. — Ils appartiennent pour la plupart à la Faune circa-méditerranéenne, surtout à la Faune espagnole, et se font rares à mesure qu'on remonte vers le Nord ; on a décrit 72 espèces.

LE TIMARCHE POLI. — *TIMARCHA LEVIGATUS.*

Caractères. — C'est ce gros Coléoptère très bombé, à la démarche lourde et paresseuse qu'on rencontre se traînant sur les chemins ou grimpant sur les plantes basses, le long des haies, qui se fait reconnaître à sa coloration vert-bronzé uniforme et à la sécrétion rouge de sang qu'il rejette par la bouche et qui lui a valu le nom populaire de Crache sang.

Mœurs, habitudes, régime. — Sa Larve se rencontre très souvent sur les différentes espèces de Caille-lait (*Galium*); il serait difficile de ne pas l'apercevoir, car sa coloration vert foncé, à reflets métalliques, et son volume attirent le regard. Elle est courte, ramassée, bombée en dessus ; sa tête porte des antennes de 3 articles et 6 ocelles : son abdomen se termine par un appendice bifide servant à la progression.

LES GASTROPHYSES. — *GASTRO-PHYSA* (1)

Caractères. — Indépendamment du faciès qui permet de les reconnaître parmi les Chrysomélides, ces Insectes se distinguent par leurs hanches antérieures qui sont saillantes et assez rapprochées ; par la forme de leurs jambes qui portent, surtout les postérieures, une saillie dentiforme ciliée ; leur abdomen acquiert un développement énorme : aussi semblent-elles se rapprocher des Galérucines.

Distribution géographique. — Les quelques espèces appartiennent toutes à l'hémisphère boréal : Europe, Sibérie, Amérique du Nord.

LE GASTROPHYSE DU POLYGONUM. — *GASTRO-PHYSA POLYGONI.*

Caractères. — C'est un Insecte oblong, très convexe, à la tête petite, verte ou bleuâtre, au corselet aussi large que long, de couleur rouge, aux élytres plus ou moins densement ponctuées, d'une teinte verte ou bleuâtre.

Mœurs, habitudes, régime. — Cette Chrysoméline qui vit ordinairement sur le *Polygonum aviculare*, se multiplie quelquefois à foison sur l'Oseille commune (*Rumex acetosa*), et cause alors dans les potagers et les jardins maraîchers un préjudice sérieux ; en 1881, les cultivateurs des environs de Paris ont été fort éprouvés. Larves et Adultes dévorent à l'envi, et la rapidité de leur multiplication est telle qu'on rencontre à la fois sur les feuilles aux trois quarts rongées, des Larves à tous les âges,

(1) Γαστήρ, ventre ; φύσα, vessie.

des Insectes accouplés et des femelles au ventre énorme en train de déposer des paquets d'œufs orangés.

Nous citerons seulement pour mémoire le

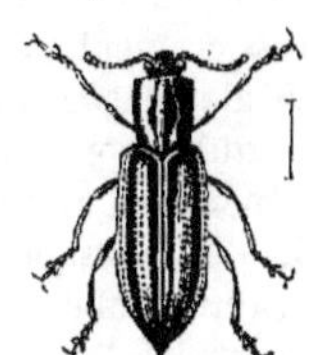

Fig. 557. — Helodes du Phellandrium.

Prasocuris (*Helodes*) *Phellandrii*, Chrysoméline que l'on rencontre très fréquemment dans les marais sur le *Phellandrium aquaticum* (fig. 557).

LES GALERUCINES — *GALERUCINÆ*

Die Galerucinen, Furchtkäfer.

Caractères. — Ces Insectes constituent un groupe bien défini, ne différant pas tant des Chrysomélines par leur aspect général que par le mode d'attache de leurs antennes. Celles-ci sont insérées au milieu du front, à quelque distance du bord interne des yeux et rapprochées l'une de l'autre ; elles sont en général filiformes et mesurent au moins la moitié de la longueur du corps.

Distribution géographique. — Ce groupe immense est partagé en plus de 200 genres, il est donc évident que tous les points de la terre en possèdent quelques représentants.

LES ADIMONIES — *ADIMONIA* (1)

Caractères. — On a distingué sous le nom d'*Adimonia* les formes les plus robustes dont les élytres, plus longues qu'elles ne sont larges à leur naissance, s'élargissent d'avant en arrière et sont ordinairement ponctuées, rugueuses et ornées de côtes longitudinales; dont le premier article des tarses est aussi long que les deux suivants réunis.

Distribution géographique. — La Faune européenne et la Faune sibérienne se partagent la grande majorité des espèces.

(1) Ἀδημονία, inquiétude.

L'ADIMONIE DE LA TANAISIE. — *ADIMONIA TANACETI.*

Caractères. — L'*Adimonia Tanaceti* est un Coléoptère d'un noir brillant, de 6,77 millim. de long sur 6,5 de large. Sa surface dorsale est profondément et grossièrement ponctuée.

La tête, transversalement quadrangulaire d'arrière en avant jusqu'au bord antérieur des yeux, se rétrécit de même en avant et vers le dessous. Le corselet est presque deux fois aussi large que long, rétréci obliquement dans sa moitié antérieure, et les bords nettement brisés en angle sont relevés pour former une bordure saillante. Les hanches antérieures tronquées en bouchon se touchent presque, les griffes sont fendues et les cinq anneaux abdominaux sont d'égale longueur.

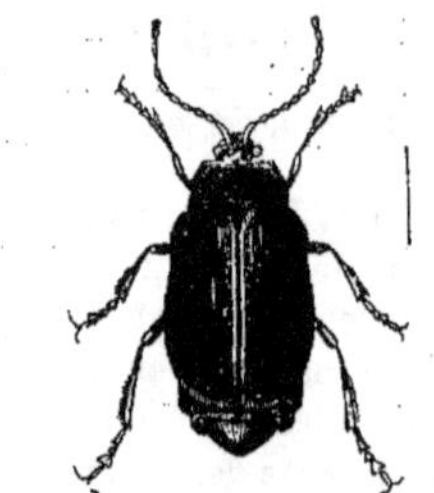

Fig. 558. — Adimonie rustique.

Mœurs, habitudes, régime. — On trouve cet Insecte partout dans les prés et sur les chemins gazonnés, durant tout l'été.

Ce sont les femelles fécondées qui frappent le plus le regard, parce que leur abdomen extraordinairement gonflé ne leur permet de se traîner qu'avec peine et ne peut se loger sous les élytres qui sont assez planes et dont les extrémités sont séparément arrondies.

Si l'on y fait bien attention, on remarque à la même place, mais seulement sur les feuilles de la Tanaisie et même seulement à l'époque où celle-ci pousse ses premières feuilles, une Larve hérissée de soies et d'un noir mat. Si elle est abondante, les *Adimonia* qui en proviennent ne tarderont pas à leur succéder dans les mêmes proportions. Cette Larve se rend dans la terre pour y subir ses transformations.

Taschenberg rapporte qu'il s'est présenté un cas où ce Coléoptère et sa Larve ont rongé de jeunes plants de Betteraves.

Nous represcrivons (fig. 558) l'Adimonie rustique (*Adimonia rustica*).

LES GALÉRUQUES — *GALERUCA* (1)

Caractères. — Ces Insectes ont un faciès tout différent de celui des *Adimonia*; ils sont plus grêles, plus allongés, leurs pattes et leurs antennes sont plus effilées; leur corps est entièrement recouvert d'une fine pubescence; les élytres ne sont jamais armées de côtes; enfin le 1er article des tarses postérieurs est plus long que le suivant.

Distribution géographique. — Toutes les régions du globe ont des représentants de ce grand genre.

Mœurs, habitudes, régime. — Les Galéruques apparaissent quelquefois en masses prodigieuses et se font remarquer par la manière dont eux et leurs Larves rongent le feuillage ou criblent de trous les feuilles au point qu'il n'en reste pas une seule intacte.

La Galéruque de la Viorne (*Galeruca Viburni*) sous la forme d'une Larve jaune verdâtre, couverte de nombreuses verrues noires, crible de trous deux fois par an les feuilles de la Boule de neige (*Viburnum opulus*).

Les Larves de la Galéruque de l'Orme (*Galeruca xanthomelœna* ou *calmariensis*), causent de sérieux dommages aux Ormes.

La Galéruque de l'Aulne (*Agelastica Alni*, fig. 552 à 556, p. 369) est un Coléoptère d'un bleu violet, qui ronge les Aulnes, ainsi que les feuilles; nous serions entraînés trop loin si nous voulions leur consacrer une attention plus approfondie.

D'autres espèces d'aspect semblable hantent les Saules ainsi que des arbrisseaux ou arbres divers.

LES LUPÈRES — *LUPERUS* (2)

Caractères. — Ce sont des Galérucines de petite taille et de frêle apparence, aux longues antennes filiformes, aux très longues pattes fort grêles; le premier article de leurs tarses postérieurs est toujours beaucoup plus long que les deux suivants réunis; leur corps est allongé; leurs téguments sont mous.

Distribution géographique. — Ce genre très nombreux a la plus grande partie de ses repré-

(1) Étymologie inconnue.
(2) Λυπηρός, triste.

sentants répartis dans les différentes contrées de l'hémisphère boréal.

LE LUPÈRE AUX PIEDS JAUNES. — *LUPERUS FLAVIPES*.

Ce petit Insecte aux élytres bleues foncées, aux pattes jaunes (fig. 559), est très répandu dans notre pays ; au témoignage de Géhin, il

Fig. 559. — Luperus aux pieds jaunes.

criblerait de trous les feuilles du Poirier et serait même préjudiciable.

On a signalé en 1876 (M. Maurice Girard), une autre espèce, le *Luperus flavus*, comme nuisible aux Pommiers des environs d'Alger ; elle dévorait non seulement les feuilles, mais les jeunes fruits.

LES HALTICINES — *HALTICINÆ*

Die Halticinen, Erdflöhe.

On connaît universellement et en partie par leur fâcheuse réputation, les petites Chrysomélines qui d'habitude se montrent en masses innombrables et jouissent, grâce à leurs cuisses postérieures épaisses, de la faculté de sauter. Aussi, leur a-t-on donné avec assez de justesse le nom de *Puces terrestres*, car elles sautent beaucoup plus qu'elles ne volent.

Caractères. — Nettement caractérisées par le développement énorme des cuisses, ces Chrysomélines se font encore remarquer : par la brièveté de leurs antennes, souvent dilatées à l'extrémité, rarement filiformes, insérées comme chez les Galérucides ; par la cohésion du corselet et des élytres qui rend leur corps robuste et résistant.

Leur ancien nom scientifique *Altica* ou *Haltica*, n'est plus appliqué aujourd'hui qu'à un petit nombre d'espèces ; de nouvelles coupes génériques ont été créées, suivant que le corps devient ovoïde ou globuleux (*Sphaeroderma* et *Mniophila*), que les antennes comptent 10 articles et que les jambes des pattes postérieures présentent un sillon longitudinal vers leur pointe ou sur leur milieu (*Psylliodes*), ou bien selon que les jambes sont armées d'une épine terminale simple ou fourchue (*Dibolia*) et suivant bien d'autres caractères qui sont principalement empruntés à la conformation des pattes.

Distribution géographique. — Le nombre de leurs espèces réparties dans 100 et quelques genres est très considérable, et aucune partie de la surface du globe n'en est dépourvue. L'Amérique du Sud, qui est particulièrement riche, en possède qui mesurent jusqu'à 8,75 millim. de long, tandis que nos espèces indigènes comptent parmi les plus petites. En France, en Allemagne, vivent une centaine d'espèces environ.

Mœurs, habitudes, régime. — Ces Coléoptères hivernent généralement à l'état parfait, mais parfois aussi à l'état de Larves, pour se rendre dès le premier printemps dans les jardins et les champs où leur présence devient bientôt funeste s'ils se jettent sur les jeunes plantes (Colza, Giroflées, Chou, etc.), dont Larves et Adultes dévorent les feuilles, chaque génération faisant promptement place à une nouvelle.

Beaucoup se contentent d'attaquer une seule plante ; mais, pour la plupart, elles ne sont pas des hôtes absolument exclusifs et n'honorent pas seulement de leur visite les plantes qui sont proches parentes les unes des autres, elles prennent souvent leur repas sur les végétaux les plus dissemblables : aussi les trouve-t-on là où l'on pourrait le moins supposer leur présence d'après leur dénomination spécifique.

LES PSYLLIODES. — *PSYLLIODES*

Caractères. — Les Psylliodes sont aisées à reconnaître entre toutes les Haltises ; leurs antennes en effet comptent seulement 10 articles, et leurs tarses postérieurs, au lieu d'être insérés à l'extrémité des jambes, sont attachés à quelque distance en avant.

Distribution géographique. —. Ce grand genre qui compte environ 75 espèces, a le plus grand nombre de ses représentants (50 à 60) confinés en Europe.

Mœurs, habitudes, régime. — Ce sont les ennemis par excellence des Carduacées, des Composées et des Crucifères.

Fig. 564.　　　Fig. 566.

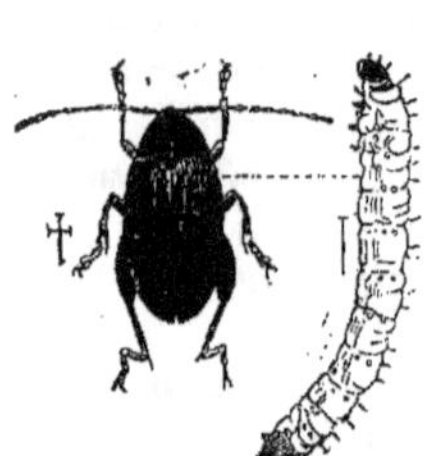

Fig. 560.　Fig. 561.　　　Fig. 562.　Fig. 563.　　　Fig. 565.　Fig. 567.　Fig. 568.

Fig. 560. — Haltise à la tête dorée, adulte très grossi.
Fig. 561. — Sa Larve, très grossie.
Fig. 562. — Haltise à tête dorée, de grandeur naturelle.
Fig. 563. — Haltise du Chou, vue à la loupe.

Fig. 564. — Haltise flexueuse, vue à la loupe.
Fig. 565. — Haltise des bois, vue à la loupe.
Fig. 566. — Haltise du Chêne, vue à la loupe.
Fig. 567 et 568. — Sa Larve, de grand. nat. et vue à la loupe.

Fig. 560 à 568. — Les Haltises.

LE PSYLLIODE A TÊTE DORÉE. — *PSYLLIODES CHRYSOCEPHALA.*

Rapserdfloh.

Caractères. — La conformation extérieure du corps et le mode d'insertion des tarses postérieurs en deçà de l'extrémité des jambes, sont indiquées dans notre figure 560 ; nous ajouterons un second caractère relatif à la coloration : le corps est d'un noir verdâtre ; la partie antérieure de la tête, plus rarement la surface entière de celle-ci, la naissance des antennes, les pattes sont jaune-rouge à l'exception des cuisses postérieures, et de plus les cuisses des paires antérieure et médiane sont plus foncées que les jambes. Le front est lisse, sans dépressions, le corselet finement ponctué, les élytres au contraire sont sensiblement striées-ponctuées.

Mœurs, habitudes, régime. — L'Haltise du Colza (*Psylliodes chrysocephala*, fig. 560 et 562) vit non seulement sur la plante qui lui a donné son nom, à laquelle sa Larve peut occasionner de graves dégâts, mais encore sur d'autres plantes fort diverses.

Taschenberg a observé ses mœurs, et d'après lui, nous les décrirons ici brièvement.

Au premier printemps, quand les semis de Colza revenus de leur repos hivernal donnent leurs premiers signes de vie, on remarque que les feuilles ou les tigelles encore courtes de quelques-unes ou d'un grand nombre d'entre elles deviennent brunes au lieu de demeurer vertes, ou bien on voit d'autres sujets dont la tige manque totalement et se trouve remplacée par des rejets latéraux atrophiés et dont le bourgeon terminal est également brun.

En examinant de plus près, on trouve, là dans la tigelle, ici dans le pivot, des Larves de 2 à 6 millim. de long.

Bien des semaines plus tard, quand la principale floraison est passée et que les Siliques par leur aspect semblent promettre une riche récolte, on trouve encore les mêmes Larves, mais plus grandes et logées dans les parties élevées, surtout dans les tiges qui sont cassées et pliées. Et ces tiges brisées sont si nombreuses, que les champs présentent un triste aspect ; il semblerait que des hommes ou du bétail les aient parcourus en tout sens avec la plus complète insouciance. Les Larves ayant dévoré la moelle, le végétal ne présente plus aucune résistance contre le vent.

Çà et là, surtout à la face inférieure des branches, on remarque aussi quelques trous par lesquels les Larves à terme se sont ménagé une sortie pour leur transformation.

Les Larves qui nous occupent (fig. 561) sont d'un blanc sale, légèrement déprimées, et pourvues de 6 pattes ; la tête cornée, le corselet, sont bruns ainsi que le dernier anneau abdominal. Celui-ci est incliné obliquement et son extrémité anale est précédée de 2 pointes épineuses. Une légère teinte brune colore également les taches cornées qui sont disposées par rangée et marquent les intervalles des anneaux. La tête porte des antennes distinctes, courtes et coniques, derrière lesquelles de chaque côté se trouve une ocelle ; les mandibules sont fortes et armées de 3 dents à leur extrémité.

La Larve devenue adulte a 7 millim. de long ; elle quitte alors la tige pour se transformer sous terre sans tisser de cocon.

C'est vers la mi-mai environ que le Coléoptère sort, et se montre, comme nous l'avons dit, sur des plantes diverses et non pas exclusivement sur les espèces de Chou ou les Crucifères.

Quand les semis d'hiver ont levé, les Haltises se mettent à l'œuvre pour ronger les feuilles et aussi pour déposer isolément leurs œufs sur celles-ci, et ce manège dure pendant des semaines ; car les Larves que l'on trouve après l'hivernation sont de taille si différente qu'il est évident qu'elles sont nées à des intervalles fort éloignés.

La Larve éclôt au bout de 15 jours, se loge dans une nervure médiane et de là elle pénètre plus loin au cœur de la jeune plante.

L'Insecte parfait qui a accompli sa tâche meurt avant l'hiver ; on ne trouve jamais un seul individu de cette espèce dans les retraites habituelles aux Insectes hivernants.

LES HALTISES. — *HALTICA* (1)

Caractères. — Ce genre qui comprend les plus grandes espèces du groupe présente les caractères suivants : le front caréné porte des antennes de 10 articles ; le corselet est pourvu à la base d'un sillon non limité latéralement ; le prosternum a les cavités cotyloïdes ouvertes ; le mésosternum est apparent ; les jambes postérieures sont armées d'un éperon simple, et portent des tarses à premier article à peine aussi longs que le quart de la jambe ; les crochets terminaux sont appendiculés. Leur coloration est verte ou bleue à reflets dorés ou cuivreux.

Distribution géographique. — Ce genre très nombreux compte une douzaine d'espèces européennes.

Mœurs, habitudes, régime. — Leurs Larves vivent à la façon de celles des Galéruques, sur les rameaux et non pas dans l'intérieur des tiges ou des feuilles.

(1) Ἀλτικός, habile à sauter.

Kohlerdfloh.

Caractères. — L'Haltise du Chou (fig. 563) est ovoïde-oblongue ; elle a amplement 4 millimètres de long ; sa couleur est vert olive foncé à reflets plus ou moins bleuâtres ; les articles des tarses et les antennes sont seuls noirâtres. La surface dorsale est couverte de ponctuations fines et serrées, le corselet est légèrement déprimé transversalement au-devant du bord postérieur et présente au même endroit son maximum de largeur. Les élytres plus larges que le corselet sont irrégulièrement et plus distinctement ponctuées, et ont les extrémités terminées par une courbe commune.

Mœurs, habitudes, régime. — L'Haltise du Chou (*Haltica oleracea*) a des mœurs différentes de l'espèce précédente.

Elle hiverne, s'accouple au printemps et la femelle pond ses œufs sur les plantes les plus diverses sur lesquelles la Larve vit librement à l'extérieur. Elle se trouve, par exemple, en quantité sur le grand Epilobe (*Epilobium angustifolium*).

Cette Larve est de couleur gris-brun et hérissée de soies avec la tête d'un noir luisant et sur laquelle on distingue une paire d'antennes claviformes et un œil de chaque côté derrière celles-ci. Les pièces buccales sont semblables à celles de la précédente espèce. Sur tous les anneaux règnent de chaque côté deux rangées de verrues saillantes, et sur chacune de celles-ci se dresse un poil sétacé. Tel est l'aspect de la face dorsale, tandis que la Larve vue de côté paraît dentelée à la face supérieure, chaque anneau présentant deux dentelures. Le dernier segment abdominal se distingue de tous les autres ; vu sa petitesse, il ne porte qu'une seule rangée de verrues en même temps que sa base s'élargit en deux pseudopodes analogues aux pattes postérieures des Chenilles.

La Larve arrivée à son maximum de taille mesure environ 8 millimètres de long.

La transformation s'accomplit sous terre dans une coque molle.

Recueillies au 21 juillet, ce fut au 10 août qu'elles donnèrent les premiers Coléoptères.

Six semaines suffisent à l'Insecte pour accomplir toutes les phases de son développement ; si le froid ou une trop grande humidité n'entravent pas l'évolution, il peut toujours y avoir deux générations par an.

L'HALTISE DU CHÊNE. — *HALTICA ERUCÆ.*

Eichenerdfloh.

Caractères. — L'Haltise du Chêne (*Haltica erucæ*, fig. 566) est extrêmement semblable à la précédente avec laquelle elle a été communément confondue. Elle s'en distingue principalement et seulement par la bordure latérale saillante du corselet.

Mœurs, habitudes, régime. — Elle se distingue encore par le choix de la plante nourricière ; car sa Larve vit pendant toute l'année sur les Chênes dont elle réduit peu à peu les feuilles à l'état de squelette, de telle sorte que les touffes et les taillis de Chênes par la disparition de leur verdure, durant la belle saison, présentent l'aspect le plus désolé, si notre petit sauteur y a élu domicile en nombre considérable pendant plusieurs années.

Au réveil de la nature, après l'hiver, notre petit Coléoptère se traîne péniblement, et la faiblesse qu'il a encore dans ses muscles sauteurs est trahie par la lenteur avec laquelle il abandonne son humide quartier d'hiver pour grimper sur les Chênes où il n'entame que superficiellement, et du bout des dents, les bourgeons qui commencent à peine à se gonfler. Ce n'est que lorsque les feuilles ont paru que l'Insecte grimpe sur elles pour s'en repaître ; et déjà le mâle est posé sur la femelle.

Peu de semaines après ces Haltises diminuent sensiblement, et, au contraire, les trous augmentent d'une manière remarquable sur les jeunes feuilles, car si les Adultes ont disparu, les Larves ont à leur disposition une nourriture plus abondante.

Ces Larves (fig. 567 et 568) sont de même hérissées de pointes, mais leur face dorsale est moins dentée en zigzags et présentent sur les côtés des angles rentrants moins prononcés que l'espèce précédente : en effet, ici les verrues noires et brillantes qui couvrent les parties latérales du corps sont moins nombreuses et plus petites ; de plus les Larves de l'Haltise du Chêne sont d'un noir plus pur que celles de son congénère.

En juin-juillet, on les rencontre le plus souvent en grand nombre sur une seule feuille, mais elles quittent leurs pâtures pour se rendre dans la terre au-dessous des feuilles mortes ou aussi dans les fentes transversales des vieux troncs pour s'y transformer en Nymphe durant le mois d'août.

Aussi longtemps que ces Coléoptères hantent les buissons et les bruyères, il n'est pas très aisé de rechercher leurs Nymphes, à cause de la conformation du sol ; mais, comme chaque année elles étendent plus loin le champ de leurs déprédations pour s'établir sur de vieux Chênes, on peut trouver ces Nymphes de couleur jaune couchées et réunies par 3 ou 4 dans les fentes transversales que présentent ces troncs crevassés.

Ces Haltises quelquefois si nombreuses diminuent singulièrement sans que rien n'ait été entrepris pour leur destruction. Ces Coléoptères qui sortent de la Nymphe en septembre, circulent encore, tant que la température le permet, sur les feuilles exploitées par leurs Larves, en agrandissent encore les trous, puis prennent une allure de plus en plus allourdie et se retirent dans leurs quartiers d'hiver en se serrant les uns contre les autres, parfois au nombre de 10 à 12.

A l'état normal il ne semble y avoir qu'une génération par an, mais il serait possible que dans des localités exposées au soleil et dans les conditions favorables de température, il ne puisse y avoir aussi deux générations dans l'année.

LES PHYLLOTRETES — *PHYLLOTRETA* (1)

Caractères. — Ces Halticines sont de petite taille, de forme oblongue ou allongée, déprimées, de couleur sombre uniforme ou marquée de bandes longitudinales jaunes. Leurs antennes de 11 articles s'insèrent de part et d'autre d'une courte carène frontale et atteignant la moitié du corps ; le corselet transversal est un peu rétréci en avant aux angles obtus ; le prosternum très étroit a les cavités cotyloïdes ouvertes ; les pattes postérieures à cuisses fortes, à jambes de même longueur, sans sillon à leur face postérieure, armées d'un petit éperon, ont des tarses, à 1er article ayant le tiers de la jambe, terminés par des crochets simples.

Distribution géographique. — Ce genre renferme 25 espèces européennes.

Mœurs, habitudes, régime. — Elles vivent en général sur les Crucifères : les Adultes criblent les feuilles de trous, les Larves mineuses au contraire vivent dans leur parenchyme.

(1) Φύλλον, feuille ; τετράω, je perfore.

L'HALTISE A RAIES JAUNES. — *PHYLLOTRETA NEMORUM.*

Gelbstreisiger Erdfloh.

L'HALTISE FLEXUEUSE. — *PHYLLOTRETA FLEXUOSA.*

Bogiger Erdfloh.

L'Haltise à raies jaunes (*Phyllotreta nemorum*, fig. 563), dont la Larve mine les feuilles des Crucifères, l'Haltise flexueuse (*Ph. flexuosa*, fig. 564), représentée également dans notre gravure et quelques autres offrant des dessins jaunes, font partie de nos espèces les plus communes et les plus élégantes, mais qui néanmoins sous le rapport de la taille et de la coloration, restent en arrière des nombreuses formes de l'Amérique tropicale.

Si leur développement est favorisé par la chaleur et une humidité modérée, malgré leur petitesse, elles causent des dégâts très sensibles à l'agriculteur, et grâce à leur agilité elles se soustraient à toutes les poursuites.

Moyens de destruction. — Les Haltises sont un objet de souci pour les agriculteurs et les horticulteurs ; aussi s'est-on préoccupé de trouver des procédés de destruction certains et économiques.

Ces procédés reposent sur trois principes différents : les uns consistent à recueillir au moyen d'appareils spéciaux les Insectes eux-mêmes ; d'autres reposent sur l'emploi de substances chimiques pouvant anéantir les Haltises sans porter préjudice aux plantes ; d'autres enfin consistent également dans l'emploi de substances chimiques, mais de substances capables seulement d'éloigner les ravageurs des végétaux pour les obliger à se réfugier sur des réserves où l'on applique les procédés de destruction les plus radicaux.

Pour effectuer le ramassage des Haltises on a imaginé différents appareils. Les uns se composent d'une sorte de brouette dont la roue met en action un mécanisme qui, par une série de transformations de mouvements, secoue les tiges des plantes infestées au-dessus d'une trémie aboutissant à une boîte où les Haltises viennent s'accumuler. Cet appareil Bénard, comme tout autre du même genre, à un grave inconvénient, c'est de venir accroître le matériel de la ferme d'un engin inutile les trois quarts de l'année. Il est plus aisé de construire peu de frais un appareil plus pratique ; pour

cela, il suffit de disposer avec des baguettes à l'avant d'une brouette un cadre horizontal ; à la partie antérieure, on tend légèrement une bandelette de toile, en arrière, on fixe fortement une longue planchette ou une toile enduite de glu, de goudron ou de toute autre substance agglutinante ; la bande de toile fauche les plantes et les Insectes effrayés viennent se prendre en masses compactes dans les gluaux. Cet appareil, appelé *puceronnière* a été recommandé par M. Bella, ancien directeur de Grignon.

Dans la grande culture, on a préconisé l'emploi des goudrons de houille, mais la variabilité infinie de la composition de ces produits, ne permet pas de compter sur l'égalité de leur action ; tantôt ils seront trop actifs et feront sentir leurs propriétés corrosifs sur les végétaux ; tantôt ils seront épuisés et absolument inefficaces. Dans la petite culture, les semis des Crucifères d'ornement, les *Clarkia,* etc., sont souvent ravagés ; on peut les débarrasser de leurs ennemis au moyen d'aspersions ou mieux de seringages d'infusions de plantes contenant des principes amers ; une infusion de copeau de *Quassia amara* est particulièrement efficace.

Quant au troisième procédé, il repose sur un fait d'observation, on a remarqué que certaines substances à odeur forte que l'on croyait capables de détruire les Insectes leur était simplement désagréable et les éloignait. Partant de là Eugène Pelouze a expérimenté l'emploi de la Naphtaline ; il a saupoudré à la volée des champs de Rutabagas infestés d'un mélange intime de 50 kil. de Naphtaline blanche et de 500 kilog. de sable fin ; les Haltises abandonnèrent la place, émigrèrent en masses et se réfugièrent sur les portions de champs que l'on avait laissées comme témoins. Dans ces conditions l'emploi de la Naphtaline permet de concentrer les Insectes sur des points déterminés et sacrifiés où leur destruction pourra s'effectuer énergiquement ; en faisant ainsi la part du feu on peut sauver la meilleure part de ses récoltes.

LES HISPINES — *HISPINÆ*

Caractères. — Ces Chrysomélides ont une forme grêle, allongée, subparallèle, souvent déprimée, rappelant les Insectes qui vivent sous les écorces ; le corselet, les élytres, sont très fréquemment chargés d'épines. Chez tous la tête, le corselet et les élytres sont nettement distincts. Le mode d'insertion des antennes

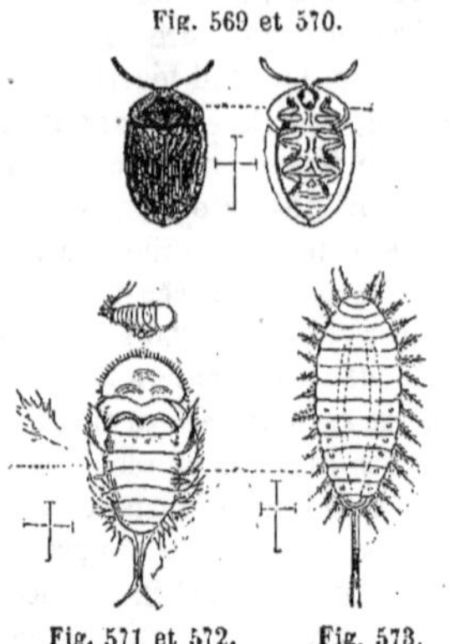

Fig. 569 et 570.

Fig. 571 et 572.   Fig. 573.

Fig. 574.

Fig. 569 et 570. — Adulte, face dorsale et face ventrale, très grossi.

Fig. 573. — Larve très grossie.

Fig. 571 et 572. — Nymphe, de grandeur naturelle et très grossie.

Fig. 574. — Une famille de Casside nébuleuse, de grand. nat.

Fig. 569 à 574. — La Casside nébuleuse (p. 378).

constitue le caractère fondamental du groupe. Ces antennes, rapprochées à leur base ou contiguës, dirigées en avant et souvent rigides, sont de forme et de composition très variables.

Distribution géographique. — Les représentants de ce groupe sont nombreux dans l'ancien comme dans le nouveau monde, et abondent surtout dans l'Amérique du sud; l'Europe ne donne asile qu'à quelques petites espèces.

Mœurs, habitudes, régime. — Les Larves mineuses vivent à l'intérieur des feuilles.

LES HISPES — *HISPA*

Hispinen, Igelkäfer.

Caractères. — Elles se reconnaissent à leurs antennes de 11 articles, et aux nombreuses épines qui revêtent le corselet et les élytres.

Distribution géographique. — Les espèces (63) sont toutes confinées dans l'ancien monde.

L'HISPE TESTACÉE. — *HISPA TESTACEA.*

Hartschaliger, Igelkäfer.

Caractères. — Ce petit Insecte indigène long de 5 à 6 mill. est facile à reconnaître à sa coloration testacée, à ses antennes rigides et aux nombreuses épines qui le recouvrent et en font un hérisson minuscule.

Mœurs, habitudes, régime. — Nous devons

à Perris la connaissance des mœurs toutes particulières de cette Hispe. Elle s'accouple au mois de juillet et la femelle pond aussitôt sur le *Cistus latifolius;* au printemps suivant les Larves éclosent et pénètrent dans les jeunes feuilles dont elles rongent le parenchyme. Lorsque l'une d'entre elles a miné les trois quarts d'une feuille, elle déchire l'épiderme supérieur et se met en

Fig. 575. — Hispe noire.

quête d'une autre feuille; celle-ci choisie, elle se fixe sur la nervure médiane qu'elle perfore pour pénétrer ensuite dans le parenchyme et se métamorphose au voisinage de la jonction du limbe et du pétiole.

Chaque Larve attaque toujours deux feuilles et deux feuilles opposées.

Une seconde espèce indigène est l'*Hispa atra* dont les Métamorphoses n'ont point été observées, c'est elle que nous représentons (fig 575)

LES CASSIDINES — *CASSIDINÆ*

Die Cassidinen, Schildkäfer.

Nous citerons encore, comme scindant nettement la famille des Chrysomélides, les Cassidines qui présentent sous bien des rapports des particularités remarquables.

Caractères. — Ces Coléoptères, de forme ovale, sont aisés à reconnaître à leur corselet arrondi en avant et couvrant entièrement la tête, de telle sorte qu'il faut les retourner pour l'apercevoir; à cet égard ils rappellent les Chéloniens. Ce corselet, étroit à son point de connivence avec les élytres, forme avec celles-ci une sorte de bouclier qui déborde de tous les côtés pour cacher le corps complètement. Le vert d'herbe, le gris jaunâtre ou rougeâtre semblent être leurs couleurs habituelles, et parfois la partie dorsale est traversée par des lignes ayant l'éclat de l'or ou de l'argent qui persistent durant la vie de l'animal et disparaissent après sa mort par suite de la dessiccation des parties humides.

Les antennes rapprochées à la base s'insèrent au bord interne des yeux; elles comptent 11 articles dont les derniers sont cylindriques ou épaissis et élargis.

Distribution géographique. — Les nombreuses espèces de cette tribu se trouvent pour la plupart en Amérique (1236); l'ancien monde en compte beaucoup moins (453); peu d'entre elles (49) habitent l'Europe.

Mœurs, habitudes, régime. — Leurs Larves armées d'épines sur les côtés, terminées en arrière par une queue fourchue, vivent librement sur les feuilles des plantes herbacées et se transforment également sur celles-ci.

Toutes les Cassides hivernent à l'état parfait et, à l'approche du printemps, assurent le sort de leur postérité, qui d'ailleurs se développe assez rapidement pour permettre la succession de deux générations dans une même année.

Les Cassides comme les autres Chrysomélides se tiennent de préférence sur des plantes déterminées et semblent surtout faire leur choix de végétaux de la famille des Composées.

LES CASSIDES — *CASSIDA* (1)

Caractères. — Le corps, de forme ovalaire, est légèrement convexe; la tête, toujours recouverte par le corselet, porte des antennes courtes, grêles à la base, dont les cinq derniers articles sont dilatés.

Distribution géographique. — Ce genre a des représentants sur tout le globe.

LA CASSIDE NÉBULEUSE. — *CASSIDA NEBULOSA.*

Nebeliger Schildkäfer.

Caractères. — La Casside nébuleuse est une des espèces les plus communes et se laisse reconnaître aux caractères suivants : angles postérieurs du corselet largement arrondis, élytres régulièrement marquées de stries ponctuées dont les intervalles sont fortement saillants et carénés surtout aux épaules.

Le Coléoptère, dont les téguments ont pris toute leur consistance, est couleur de rouille à sa partie supérieure, avec des reflets rouges cuivrés, et irrégulièrement marqué de taches noires sur les élytres. Les individus d'un vert pâle et marqués à la base du corselet de deux taches brillantes et plus ou moins confondues, sont des Cassides fraîchement écloses qui doivent subir l'action des rayons solaires, ou à défaut de ceux-ci attendre de trois à quatre semaines pour prendre leur coloration définitive. La tête et les pattes, qui restent presque invisibles si l'Insecte est vu de dos, sont couleur de rouille; les cuisses et les antennes en massue sont noires, à l'exception toutefois de la base de ces dernières qui est aussi couleur de rouille; la poitrine et le ventre sont également noirs. La bordure marginale élargie de cette dernière est du reste encore couleur de rouille (fig. 569 et 570).

Notre espèce se distingue encore de trois autres (*Cassida berolinensis, obsoleta, ferruginea*) très analogues, par la conformation des élytres, par une coloration différente et du premier coup d'œil par les taches noires qui ornent ses élytres.

Mœurs, habitudes, régime. — A la mi-juin, on peut rencontrer les trois états côte à côte sur les Chénopodiacées (fig. 574), qui affectionnent les décombres et les lieux cultivés, tels que *Chenopodium album, atriplex vitans ;* il est aussi quelquefois arrivé que ces Cassides ont choisi pour leur pâture (à l'instar des *Silpha opaca*) les jeunes plants de Betteraves dont ils ont occasionné la mort par la destruction des feuilles.

La femelle pond ses œufs fort nombreux à la face supérieure des feuilles. Les Larves réunies

---

(1) *Cassida,* casque.

en sociétés plus ou moins nombreuses percent d'abord des trous, puis entament le bord de la feuille. Leur accroissement, si elles sont favorisées par la température, est très rapide, mais se ralentit si le temps est rude ou pluvieux. La Larve (fig. 573 et 574) est aplatie de même que le Coléoptère ; ses contours décrivent un ovale très allongé qui s'atténue en pointe à l'extrémité et se termine par deux soies caudales qu'elle porte d'habitude relevées sur le dos et recourbées en avant. La tête est presque cubique, seulement visible en dessus pendant la reptation ; le corps se compose de 11 anneaux dont les 3 antérieurs portent des pattes en crochets ; un 12me anneau est formé par l'anus saillant et en forme de massue. Le premier anneau thoracique projette de chaque côté 4 épines munies de ramifications latérales très-fines et les 2 premières de ces épines sont plus rapprochées, dirigées en avant et quelque peu vers le ciel. Les 2 anneaux thoraciques suivants ont 2 épines semblables mais dirigées droit en dehors ; tous les autres anneaux n'en portent qu'une seule dirigée au contraire en arrière. En outre on remarque encore en dedans de la dernière épine latérale du 1er et du 4me anneau, ainsi que de ceux qui suivent ce dernier jusqu'au 11mo, de petits tubes dressés, à l'extrémité desquels s'ouvrent les stigmates. Chaque anneau à partir du 4me paraît comme partagé en deux par un sillon transversal.

Les 2 soies caudales dont nous avons parlé deviennent le support des déjections brunâtres qui peu à peu se rassemblent sur le dos sans le toucher et couvrent l'animal d'un masque dégoûtant, mais sauveur, car il les protège contre les attaques de leurs ennemis.

La Larve présente une teinte vert jaunâtre, la tête est plus sombre ; les épines latérales paraissent plus pâles, plus blanchâtres et les tubes aériens sont blancs ; sur le dos règnent 2 lignes parallèles blanches qui se rétrécissent en avant et en arrière et qui n'atteignent pas les parties extrêmes et extérieures du corps.

C'est là où elles ont mangé en dernier lieu que les Larves se fixent solidement par l'extrémité de l'abdomen pour se métamorphoser.

Les Nymphes (fig. 571, 572 et 574) restent suspendues par la pointe dans leur dépouille de Larve et semblent à cet effet être également garnies d'épines en arrière ; c'est ainsi qu'elles sont attachées verticalement sur une feuille de la plante nourricière en ayant la face tournée en dedans.

Huit jours après les Coléoptères apparaissent et ne tardent pas à prendre leurs ébats en plein soleil.

L'Asie, mais surtout l'Amérique, nourrissent encore d'autres Cassides plus vivement colorées, qui, par leurs élytres aux taches vitreuses et à la fois métalliques, brillent d'un vif éclat et sont d'une richesse incomparable ; ce sont les *Coptocycla* qui correspondent à nos types indigènes et d'autres encore plus grands qui ne sont pas représentés par des formes analogues en Europe.

LA MÉSOMPHALIE SAUPOUDRÉE. — *MESOMPHALIA CONSPERSA*.

Pour donner une idée des grandes espèces sud-américaines, nous avons figuré le *Mesomphalia conspersa* Germ. (*stigmatica* Dej.) ; cette Casside extraordinaire, dont les élytres arrondies se relèvent antérieurement en une pointe conique, est d'un noir verdâtre métallique mat à sa partie supérieure et d'un noir velouté dans les parties creuses et arrondies, tandis que 6 grandes taches formées par des poils feutrés la font paraître jaune brun (fig. 576).

Fig. 576. — Mésomphalie saupoudrée.

Une espèce analogue, le *Desmonota variolus* d'un vert doré, est employée pour la parure soit comme broche, soit comme boucle d'oreille, enchâssée à la manière des pierres précieuses.

LES ENDOMYCHIDES — *ENDOMYCHIDÆ*

Endomychinen.

Caractères. — L'examen de la structure des tarses suffit à lui seul pour distinguer les membres de cette famille ; les tarses présentent, en effet, une disposition que nous n'avons rencontré dans aucune des familles précédentes. Les deux premiers articles toujours grands, ordinairement plus longs que larges, sont garnis en dessous d'une pubescence serrée, et sur les bords de cils plus longs ; le deuxième article est inséré dans une entaille peu profonde de la face inférieure du premier, et lui-même offre sur toute sa longueur, à la face supérieure, une profonde rainure médiane à la base de laquelle s'articulent le troisième article rudimentaire et l'article onguéal, de telle sorte que les articulations des 4 articles sont rapprochées les unes des autres. Cet article onguéal est allongé.

Distribution géographique. — Cette famille compte plus de 300 espèces réparties sur tout le globe, mais abondantes surtout dans l'Amérique du Sud.

Mœurs, habitudes, régime. — Ces Insectes vivent de productions cryptogamiques.

Nous citerons pour mémoire l'*Endomychus coccineus* (fig. 577), petit Insecte indigène rouge vif tacheté de noir, qui vit sous les écorces des arbres morts, lorsque des Cryptogames s'y dé-veloppent, ainsi que l'*Eumorphus marginatus* (fig. 578), bel Insecte de Java aux tons bronzés,

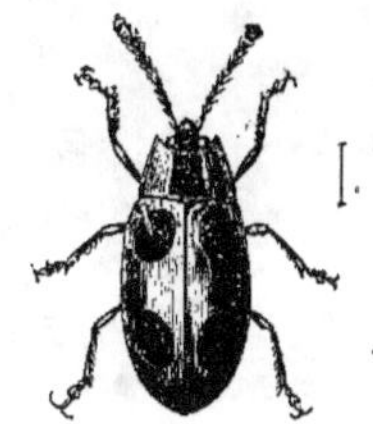

Fig. 577. — Endomyche pourpre.

aux élytres dilatées en une large expansion circulaire, et marquées de 4 taches claires,

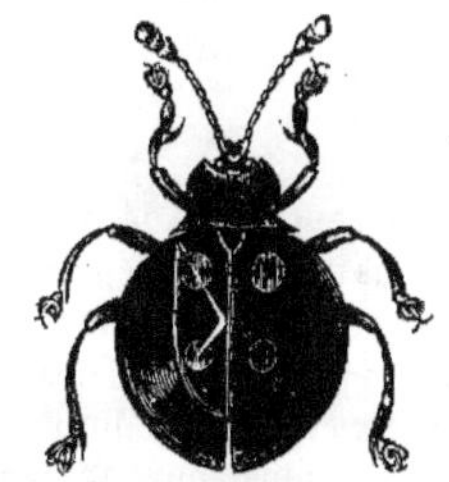

Fig. 578. – Eumorphe marginé.

aux jambes arquées, tordues sur leur axe, les antérieures étant armées d'une longue et forte dent.

LES COCCINELLIDES — *COCCINELLIDÆ*

Die Kugelkäfer, Marienkäferchen.

Les Coccinelles, les Bêtes à Bon Dieu (*Coccinellidæ*) forment la dernière famille des Coléoptères ; leurs noms vulgaires, *Sonnenkäfer, Herrgotts-Kühlein, Hergottskäfer, Sonnenkalbchen, Gottesschäflein, Marienwurmchen, Ladybirds, Vaches à Dieu, Bêtes à Bon Dieu*, etc., sont autant de preuves de leur popularité et comme des témoignages de reconnaissance envers ces petits Coléoptères qui, en satisfaisant leur goût, s'évertuent à nous être utiles.

Caractères. — Ces Insectes se distinguent par le petit nombre des articles de leurs tarses qui, au moins aux pattes postérieures, sont réduits à 3 ; aussi dans la classification fondée seulement sur les tarses ont-ils reçu le nom de Trimères (*Trimera*).

Bien que la forme semi-ovoïde ou hémisphérique du corps ne permette guère de méconnaître les Coccinelles, nous n'en avons pas moins à examiner les autres caractères de toute la famille.

Fig. 579.   Fig. 580.   Fig. 581.   Fig. 585.

Fig. 579. — La Coccinelle à sept points, adulte.
Fig. 580. — Sa Larve.
Fig. 581. — Ses Nymphes.
Fig. 582 et 583. — La Coccinelle à deux points.

Fig. 584. — La Coccinelle sans pustule.
Fig. 585. — Micraspis à douze points.
Fig. 586. — Chilocorus à deux pustules sur une branche de Pin.

Fig. 579 à 586. — Les Coccinelles.

La tête est courte, enchâssée dans le corselet ; l'épistome n'est pas nettement séparé du front ; les antennes, courtes et légèrement claviformes, comptant 8, 9, 10 et 11 articles, insérées au devant des yeux en dessous du bord latéral de la tête, sont le plus souvent cachées et repliées sous le bord du corselet. Le corselet est lisse et sans sillon ; les palpes maxillaires sont sécuriformes à leur extrémité, ce qui a fait donner par Mulsant le nom de Sécuripalpes à cette famille.

Les pattes sont courtes, rétractiles ; les hanches, antérieures, transversales et cylindriques s'insèrent dans une cavité cotyloïde fermée en arrière ; les cuisses moyennes et postérieures se replient dans des fossettes et elles-mêmes sont marquées d'un sillon qui reçoit également la jambe lorsqu'elle se replie ; les griffes sont le plus souvent appendiculées ou fendues à leur extrémité.

L'abdomen compte le plus souvent 5 anneaux libres dont l'antérieur empiète plus ou moins entre les hanches postérieures sur le métasternum. Cette saillie intercoxale diversement configurée fournit de bons caractères pour la distinction des nombreux genres formés aux dépens du genre primitif *Coccinella*.

Faisons encore à leur sujet cette observation que, si on les touche, les Coccinelles replient les antennes et les pattes en même temps qu'elles laissent échapper par les côtés du corps un liquide d'une odeur désagréable. C'est encore là bien certainement le même moyen de défense que celui dont la nature a doté tant d'autres Insectes désarmés pour accomplir sans encombre le cycle si éphémère de leur existence.

Les Larves sont oblongues, droites et souvent marquées de nombreuses verrues ; en général elles ressemblent beaucoup par leur faciès à celles des Chrysomélides : comme ces dernières, elles ont des antennes de 3 articles, 3 à 4 yeux de chaque côté, des cuisses et des jambes allongées s'écartant fortement du corps. Toutefois leurs mouvements, leurs allures plus vagabondes nécessitées par un autre genre de vie, leurs couleurs plus vives, les en distinguent facilement sans qu'il soit nécessaire d'avoir recours à la loupe pour les examiner.

Distribution géographique. — Les Coccinellides, au nombre d'environ 1000 espèces, sont répandues sur toute la terre.

Mœurs, habitudes, régime. — Elles se rendent extrêmement utiles en dévorant les Pucerons ; et seules, les espèces généralement velues de deux genres (*Epilachna, Lasia*) ont été reconnues récemment comme herbivores, elles et leurs Larves (Gené, Hammerschmidt, Pierre Huber).

Au moment où la nature se dispose à prendre ses quartiers d'hiver, alors que les feuilles encore attachées aux arbres et aux arbrisseaux ne se montrent plus que comme des organes à demi morts et que les petits êtres ont hâte de gagner une bonne retraite pour s'y engourdir, on trouvera de ci, de là, une feuille desséchée, à demi enroulée, dans laquelle on ne verra pas moins de 3, 4 ou 5 petits Coléoptères rouges à taches noires ou noirs et à taches plus claires. Nos Insectes attendent ainsi la chute de la feuille qui les porte pour être finalement ensevelis avec elle sous les feuilles qui doivent encore tomber.

D'autres se tassent à l'extrémité des jeunes Pins, accrochés entre les aiguilles, ou se cachent derrière les plaques d'écorce entrebâillées des vieux Chênes, ou bien se rassemblent sous une touffe de gazon située sur la pente d'un fossé exposé au levant. Ce dernier cas se présente surtout pour le petit *Micraspis duodecimpunctata*.

Ces petits animaux de forme ovale sont fortement serrés les uns contre les autres et simulent un petit amas de graines. Si nous les voyons maintenant se rassembler en si grandes masses pour passer l'hiver dans leur cachette, nous les retrouverons isolément pendant la mauvaise saison çà et là dans nos appartements, et durant tout l'été nous les observerons partout au dehors, mais surtout en plus grand nombre là où pullulent les Pucerons, ces petits êtres verts, bruns ou noirs qui épuisent les plantes par la succion ; car presque toutes les Coccinelles se nourrissent aux dépens de cette engeance qu'elles exterminent ; leurs Larves voraces sont encore plus friandes de ces petits Hémiptères.

LES COCCINELLES — *COCCINELLA*

Die Coccinellinen, Marienkäfer.

Caractères. — Dans le genre Coccinelle le corps hémisphérique ou semi-ovoïde est nu, la massue serrée des antennes, à 9 articles transversaux, est tronquée ; le scutellum est distinct, le 2me article des tarses est cordiforme, le 3me restant caché ; les griffes sont toujours appendiculées.

Beaucoup de Coccinelles montrent une grande inconstance dans leur coloration de la face dorsale, surtout quand c'est le noir qui alterne avec une couleur plus claire.

Distribution géographique. — On trouve les espèces sur tout le globe.

LA COCCINELLE A SEPT POINTS. — *COCCINELLA SEPTEMPUNCTATA*.

Der Siebenpunkt, Siebenpunktirte, Marienkäfer.

Caractères. — La Coccinelle à 7 points (*Coccinella septempunctata*, fig. 579 et 587) est une des espèces indigènes les plus grandes et les plus communes.

Sur le fond noir se détachent 2 taches frontales blanc-jaunâtres et les angles du corselet présentent aussi cette dernière nuance ; les élytres sont rouges minium et sont marquées de 7 taches noires arrondies ; parfois l'un ou l'autre des 7 points peut exceptionnellement manquer.

Mœurs, habitudes, régime. — Dès le premier printemps, à l'époque du réveil de la nature, ce Coléoptère sort de sa retraite hivernale, s'accouple et déjà à la fin de mai on peut voir des Larves presque au maximum de leur taille : en juin-juillet leur société devient plus nombreuse. Les Larves les plus jeunes sont toutes noires (fig. 580), se tiennent réunies au début en errant dans le voisinage de la coque ratatinée de leur œuf et plus tard se dispersent loin les unes des autres. Leur mère prévoyante leur a donné le jour là où une colonie de Pucerons leur fournira une abondante nourriture ; grâce à ces conditions, les Larves se développent rapidement et après

Fig. 587. — Coccinelle à sept points.

plusieurs mues prennent une nuance ardoisée bleuâtre ; les 1er, 4me et 7me anneaux sont rouges sur les côtés et une rangée de ponctuations délicates de même couleur règne sur la face dorsale.

Pour se transformer, la Larve se fixe solidement par la pointe abdominale, se courbe en avant en rentrant la tête, perd ses poils et finalement rompt sa peau sur le dos ; la Nymphe se dégage, mais reste appuyée sur la dépouille comme sur un coussin. Elle est rouge et noire.

Si on l'inquiète en la touchant, elle soulève la partie antérieure de son corps, le laisse retomber et souvent d'une manière aussi cadencée que le marteau d'une pendule qui sonne.

Environ huit jours après, le *Coccinella septempunctata* sort.

Comme on peut trouver en juin, à la face dorsale des feuilles, à la fois des Larves et des Coléoptères et à côté d'eux des œufs d'un blanc sale réunis au nombre de 10 à 12, il est probable qu'à l'état normal il y a plutôt deux générations qu'une par an, il est même possible qu'une troisième génération accomplisse son évolution, si les conditions demeurent favorables, c'est-à-dire si la nourriture reste abondante et si la chaleur persiste.

LA COCCINELLE SANS PUSTULES. — *COCCINELLA IMPUSTULATA.*

Caractères. — La Coccinelle sans pustules, *Coccinella impustulata* (fig. 584), présente un ton jaune sale tacheté de noir ; mais il se peut que dans cette même espèce les dessins noirs deviennent parfois plus faibles, et que d'autres fois ils s'élargissent au point que c'est le fond qui devient noir et que c'est le jaune qui forme les dessins ; il y a mieux : ce jaune peut disparaître en entier.

C'est une espèce commune.

LA COCCINELLE A DEUX POINTS. — *COCCINELLA BIPUNCTATA.*

Gemeiner Marienkäfer.

Une autre espèce (fig. 582 et 583) dépasse toutes les autres par sa variabilité, mais sans que les limites extrêmes de ces variations se rattachent à celles du genre lui-même, ainsi qu'on l'avait admis faussement.

Caractères. — Tantôt elle a les élytres rouges avec un point noir de chaque côté et une bordure jaune autour du corselet, c'est la *Coccinelle rouge à deux points* de Geoffroy ; tantôt ses élytres sont noires avec une tache rouge en crochet près des épaules et une tache ronde dans le voisinage de la suture médiane, c'est la *Coccinelle noire à points rouges ;* mais il n'y a pas lieu de mentionner toutes les autres variétés que nous nous sommes abstenus de figurer ici.

Mœurs, habitudes, régime. — Cette espèce, commune partout, abonde sur toutes les plantes chargées de Pucerons.

La Larve a de grands rapports avec celle de la *C. septempunctata ;* de couleur ardoisée, elle est ornée, sur l'abdomen, de six rangées de taches noires, entrecoupées de quelques taches jaunes.

LA COCCINELLE A DIX-NEUF POINTS. — *COCCINELLA NOVEMDECIMPUNCTATA.*

Caractères. — Cette espèce (fig. 588) est jaune citron moucheté noir, le corselet porte

Fig. 588. — Coccinelle à dix-neuf points.

six taches, l'écusson est noir, les élytres sont donc ensemble marquées de dix-neuf points.

Mœurs, habitudes, régime. — Elle n'est pas rare dans les prairies humides et sur les plantes aquatiques.

LA COCCINELLE A DOUZE POINTS. — *MICRASPIS DUODECIM PUNCTATA.*

Zwolfpunctiger Kleinschildkugler.

Caractères. — Cette jolie Coccinelle (fig. 585), type du genre *Micraspis*, se fait remarquer par son prothorax flave orné de six points noirs, par ses élytres flaves, à suture noire, chargées chacune de cinq taches aux points noirs ; elle offre d'ailleurs d'assez nombreuses variétés.

Mœurs, habitudes, régime. — Cet Aphidiphage est répandu partout.

LES CHILOCORES — *CHILOCORUS* (1)

Breitrandkugler.

Caractères. — Les espèces du genre *Chilocorus*, d'un noir brillant, le plus souvent tacheté de rouge, ont le corps fortement bombé, un chaperon échancré au milieu, libre et coupant les yeux, des antennes adhérentes très courtes, à 9 articles seulement, terminées par

(1) Χεῖλος, lèvre: κόου:, cas ue.

une massue fusiforme, le corselet profondément enchâssé dans les élytres, les jambes
larges et armées d'une dent au-dessous de leur
articulation avec la cuisse ; les griffes aussi
largement dentées à la base.

Distribution géographique. — Ce genre,
qui a des représentants sur tout le globe, en
compte deux en Europe.

Mœurs, habitudes, régime. — De préférence, elles séjournent dans les forêts où on les
voit marcher sur les troncs d'arbres pour rechercher les Pucerons et les Cochenilles.

LE CHILOCORE A DEUX TACHES. — *CHILOCORUS BIPUSTULATUS.*

Zweifleckiger Breitrandkugler.

Caractères. — Le *Chilocorus bipustulatus*
(fig. 586) est noir brillant, de 3^{mm},37 de
long. Sa tête, les bandes latérales de l'abdomen, les genoux et une bande étroite écourtée
et comme formée par des taches, passant
transversalement sur le milieu des élytres,
sont rouges de sang.

Mœurs, habitudes, régime. — Cette Cocci-
nellide se rencontre ordinairement sur les Genévriers.

LES SCYMNES — *SCYMNUS* (1)

Die Zwergkugler.

Nous signalerons brièvement de très petits
Coccinellides, les *Scymnus*, dont les mœurs
appellent l'attention : leurs Larves se nourrissent d'Acariens phytophages. Nous devons à
M. Clément (1880) d'intéressantes observations sur les mœurs et les métamorphoses du

(1) Σκύμνος, petit d'un animal.

Scymnus minimus ; elles sont accompagnées
d'excellentes figures.

Caractères. — Ce sont les Coccinellides de
la plus petite taille, au corps ovalaire, peu convexe, pubescent, aux antennes courtes atteignant seulement le quart des côtés du corselet, aux élytres sans stries ni points, aux pattes
courtes portant des tarses appendiculés.

Distribution géographique. — Les Scym-
nes, qui comptent plus de 200 espèces, ont des
représentants sur tout le globe.

Mœurs, habitudes, régime. — Les Larves
de ces Coccinellides sont mangeuses de Pucerons et d'Acariens ; observées pour la première
fois par de Réaumur, elles ont été nommées
par lui *Hérissons blancs*, *Barbets blancs*, parce
qu'au lieu d'être habillées d'épines, elles sont
revêtues de six rangées de touffes cotonneuses
que le moindre attouchement fait disparaître
en mettant à nu un corps verdâtre ; mais en
quelques minutes, elles sécrètent un nouveau
vêtement qui les dissimule complètement et
les met à l'abri des atteintes de leurs ennemis.

D'autres Larves de *Scymnus* ne possèdent pas
la propriété de se recouvrir d'une pulvérulence
blanche, notamment le *Sc. minutus* étudié par
M. Clément. Parmi elles les unes sont aphidi-
phages, d'autres acaridiphages ; elles sont habiles à happer au passage Pucerons et Acariens, et à les humer délicatement pour n'en
laisser que la peau.

Les autres espèces, en raison de leur petite taille, de leur couleur sombre et de leur
séjour sur les arbres des forêts ou dans d'autres localités peu accessibles, se soustraient à
notre regard et, avec des milliers et des milliers d'autres Coléoptères, n'existent sur la
terre que pour les Entomologistes collectionneurs.

Fig. 589.   Fig. 590.   Fig. 591.   Fig. 592.   Fig. 593.   Fig. 594.

Fig. 591 et 593. — Jeunes Larves. | Fig. 590 et 594. — Femelles.
Fig. 589. — Larve plus âgée. | Fig. 592. — Mâle.

Fig. 589 à 594. — Blattes des cuisines ou Blattes orientales à tous les âges (p. 389).

LES ORTHOPTÈRES — *ORTHOPTERA*

Die Kaukerfe, Geradflügler.

Caractères. — Tous les Insectes que nous avons examinés jusqu'ici existent d'abord à l'état de Larves, puis à l'état de Nymphes, enfin à l'état d'Insectes parfaits. Chacun d'eux peut être aisément rattaché à l'ordre auquel il appartient, parce que les caractères qui permettent de particulariser l'ordre peuvent être résumés assez brièvement. Les Insectes que nous allons étudier ont une évolution incomplète et ne présentent aucune Métamorphose ; les modifications extérieures ne s'accusant que par le développement progressif des organes de la locomotion aérienne. Leurs pièces buccales sont disposées pour la mastication ; leurs ailes antérieures chitineuses, mais souples, se croisent l'une sur l'autre ; aussi ont-elles reçu le nom de *Tegminæ* (de *tegmen*, couverture) ; leurs ailes postérieures membraneuses se plissent comme un éventail pour venir s'abriter sous les ailes antérieures.

Les Larves, comme on sait, n'ont point d'ailes ; mais, après plusieurs mues seulement, on voit se développer les ailes de l'Insecte parfait ; c'est ce qui permet de les distinguer sans peine de la forme larvaire. Mais si cet Insecte reste aptère, ce qui n'est pas rare, la distinction devient très difficile ; car la Larve ne se reconnaît alors que par le nombre moindre des articles antennaires et des yeux, caractères tous les deux peu saillants. L'Insecte parfait présente parfois des ailes atrophiées, mais les antérieures reposent sur les postérieures, tandis que la Larve présente la disposition inverse.

D'après le système de classification adopté ici, nous rangeons donc parmi les Orthoptères *tous les Insectes qui présentent une série de Métamorphoses incomplète, dont les pièces buccales sont disposées pour la mastication, dont les ailes antérieures souples se croisent l'une sur l'autre et dont les ailes postérieures se plissent en éventail.*

Distribution géographique. — On estime le nombre des Orthoptères à cinq mille environ. Ils présentent de grandes variétés de formes, de colorations et de grandeurs. Leurs espèces sont répandues sur toute la terre, cer-taines familles dominent néanmoins dans les pays chauds.

Parmi les fossiles que l'on trouve dans les terrains houillers, les Orthoptères dominent. On en a rencontré aussi dans les schistes lithographiques, et surtout dans l'ambre des terrains tertiaires (1).

Mœurs, habitudes, régime. — Quelques espèces attirent l'attention par les dégâts qu'elles causent sur les plantes où elles se réunissent en très grand nombre pour y chercher leur nourriture. A tous les âges, en effet, elles ne le cèdent à aucun Insecte pour la voracité. A côté de ces herbivores, des Orthoptères de proie insatiables errent çà et là et dévorent grands et petits Insectes nuisibles ou non qui passent à leur portée (pl. VIII). D'autres enfin infestant nos maisons dévorent toutes les matières organiques et souillent nos aliments de leurs puantes déjections.

LES BLATTIDES — *BLATTIDÆ*

Die Schaben.

Caractères. — Les Blattides, qui constituent la première famille des *Orthoptères coureurs*, ont des formes généralement semblables. Les caractères qui impriment à l'ensemble de ces Insectes un cachet spécial sont les suivants : la tête presque triangulaire, souvent entièrement recouverte par le corselet, est très inclinée, de manière que la bouche atteint preque le prosternum ; les antennes longues, sétacées, insérées dans un sinus interne des yeux, sont composées d'un grand nombre d'articles très courts, le premier beaucoup plus gros que les autres ; les yeux sont aplatis, oblongs, un peu en croissant ; les pièces buccales atteignent un développement puissant ; le labre est assez étroit, transversal ; les mandibules sont larges, robustes et portent de quatre à six dents sur le côté interne ; les mâchoires ciliées terminées par une pointe allongée sont pourvues d'un galéa ou lobe externe aussi long que le lobe interne, plat et ovale, et portant des palpes de cinq articles aux deux premiers courts ; la lèvre inférieure quadrilobulée, dont le lobule externe, deux fois plus grand que l'interne, porte des palpes formés de trois articles presque égaux. Le corselet aplati semi-circulaire ou orbiculaire s'avance sur la tête et la couvre ordinairement en entier ; les pattes élargies et grêles portent sans exception cinq articles aux tarses ; le corselet et enfin les prolongements articulés de l'abdomen recouvrent les appendices postérieurs ; chacune des cuisses peut se loger dans des dépressions sternales. Les élytres horizontales coriaces, minces, chargées de nervures ordinairement très grandes, se recouvrent l'une l'autre, la gauche sur la droite, le côté externe débordant le corps. Les ailes amples, horizontales, membraneuses, ordinairement de la longueur des élytres, sont plissées en éventail ; l'abdomen est large et aplati.

Distribution géographique. — Les Blattides ou *Cancrelats* (*Blattidæ*), considérées dans leur ensemble, appartiennent aux climats chauds ; quelques-unes sont cosmopolites.

Mœurs, habitudes, régime. — Les Blattes fuient la lumière et se promènent la nuit, elles sont très agiles et courent rapidement ; ce sont des Insectes destructeurs, incommodes et puants. Les Cafards, les Cancrelats, les Kakerlacs connus de tous envahissent les navires, les docks, les casernes, les restaurants, les cuisines et tous les endroits habités.

(1) Voy. *Introduction.* — Les Arthropodes aux différentes époques géologiques, p. 66 et suiv.

LES BLATTES — *BLATTA*

Caractères. — Les caractères du genre *Blatta* sont les suivants : la tête se cache entièrement sous le corselet large qui n'est ni relevé ni anguleux en arrière. Comme chez toutes les Blattes, le vertex est très proéminent ; les mandibules sont au contraire rejetées en arrière ; dans l'échancrure des yeux, réniformes, se dressent des antennes sétacées, au moins de la longueur du corps. Les quatre ailes, dont les antérieures constituent des élytres coriaces parcourues par des nervures saillantes, reposent à plat sur l'abdomen déprimé, l'aile gauche recouvrant l'aile droite ; les ailes postérieures larges se plissent longitudinalement et se trouvent ainsi rétrécies. Les pattes sont grêles ; les cuisses, aplaties, portent toujours quelques épines ; les jambes, allongées, en portent davantage. Le cinquième article présente, outre ses griffes, une pelote. Les mâles se distinguent par leur taille moindre et leur aspect plus grêle. Ils ont un huitième anneau abdominal qui manque chez les femelles ; la plaque sous-anale cachée chez les femelles, apparente chez les mâles, est lisse et présente la même forme dans les deux sexes ; elle est seulement plus large chez les femelles. Dans les deux sexes, l'extrémité abdominale présente de longs prolongements articulés. Il n'y a point de style chez les mâles.

LA BLATTE GERMANIQUE. — *BLATTA GERMANICA.*

Deutsche Schabe.

Caractères. — L'animal en question est brun clair ; la femelle (fig. 595 et 596) est un peu plus foncée que le mâle, et porte sur le corselet deux bandes noires longitudinales et obliques. L'abdomen uni et jaunâtre du mâle (fig. 597) est entièrement recouvert par les ailes, à l'exception des deux appendices abdominaux ; l'abdomen de la femelle, brun-noirâtre en avant, dépasse un peu les ailes de chaque côté. Celle-ci se sert moins de ses ailes que le mâle.

Distribution géographique. — La Blatte germanique (*Blatta Germanica*) se laisse transporter d'un lieu dans un autre avec la plus grande facilité, car on la trouve aussi bien en Syrie, en Égypte, dans le nord de l'Afrique qu'en France, dans les différentes parties de l'Allemagne et dans toute l'Europe.

Le peuple, en Russie, désigne sous le nom de *Prussiens* ces Insectes que les paysans de l'Autriche supérieure nomment des *Russes*. Dans les deux pays ils habitent les maisons, où ils se montrent intolérables. En Russie on admet que ces Orthoptères ont été importés d'Allemagne par les troupes qui rentrèrent à la fin de la guerre de sept ans : ils étaient inconnus à Saint-Pétersbourg jusqu'à cette époque. Les Autrichiens, pour justifier le nom qu'ils leur donnent, prétendent que les Blattes ont été introduites dans l'Autriche supérieure par des ouvriers qui creusaient des bassins en Bohême, où ces Insectes avaient été apportés d'abord par des sujets russes employés comme journaliers pour défricher les terres autour des cristalleries.

Mœurs, habitudes, régime. — Ces Orthoptères pullulent si rapidement qu'ils deviennent un véritable fléau, lorsqu'ils trouvent un endroit favorable où l'on emmagasine et manipule de grandes quantités de substances alimentaires. Dans une brasserie de Breslau, les Blattes s'étaient tellement multipliées qu'on les voyait courir sur les tables, elles grimpaient sur les vêtements des consommateurs et se cachaient de préférence sous les collets des habits. A Nordhaüsen, où elles sont connues depuis environ cinquante-cinq ans, elles se montrent particulièrement importunes dans les distilleries d'eau-de-vie. A Halle, on les voit, en masses énormes, dans la raffinerie établie depuis vingt ans à peine en dehors de la ville. A Hambourg elles rendent beaucoup de maisons inhabitables, et Waltl a remarqué, à Passau, que ces Insectes insupportables ont forcé fréquemment les gens de la campagne à sortir de leurs maisons. On quitte l'habitation par une froide journée d'hiver, en ayant soin de tout laisser ouvert. Au bout de deux jours, ces Insectes succombent épuisés sans doute par la brusque transition du chaud au froid ; alors on reprend possession de sa demeure. Elles abondent dans certains restaurants de Paris. On en trouve un grand nombre dans les forêts de la France et de l'Allemagne ; on en a capturé isolément auprès de Halle et de Leipsig.

L'existence de ces Insectes à l'air libre prouve que ce n'est pas la rigueur de l'hiver qui les tue, mais que ce sont les changements de température, ou les courants d'air froid, qui les font périr ou qui les éloignent.

Quatorze jours après leur dernière mue, les femelles recherchent l'approche du mâle. Les deux sexes se joignent à reculons, et ne restent pas unis longtemps. Peu de temps après, l'abdomen de la femelle enfle notablement. Il s'épaissit en arrière, et au bout d'une semaine environ, un corps jaunâtre, arrondi, fait saillie à l'extrémité de l'abdomen et tend à sortir. On doit le considérer comme une coque ovigère ou Oothèque dont les dimensions paraissent toutefois peu en rapport avec celles de la mère. On ignore encore combien de temps celle-ci promène avec elle cette coque; on sait qu'elle la porte plusieurs semaines, en tous cas plus longtemps que les autres espèces dont nous parlerons plus loin. Enfin elle la dépose dans un coin quelconque et succombe peu après. On a observé que des femelles pondaient d'abord une Oothèque peu développée, puis une seconde plus parfaite; mais on ne doit admettre, règle générale, qu'une ponte unique.

En examinant de plus près cette Oothèque devenue brune, qui est longue de $6^{mm},5$, et large de moitié, dont l'aspect est analogue à celle que nous représentons plus loin, on observe, sur l'un des bords allongés, une suture entrelacée et sur les faces des stries transversales nettes. L'intérieur présente une structure extraordinaire : l'Oothèque est divisée par une cloison longitudinale en deux moitiés dont chacune renferme 18 œufs allongés et blanchâtres dont le nombre correspond à celui des sillons transversaux extérieurs; quelquefois, par suite d'un développement plus avancé, ces œufs peuvent être remplacés par des Larves blanches dont la face ventrale est tournée vers la cloison. La mère porte ainsi dans cette grande capsule ovigère ses trente-six petits, régulièrement disposés les uns à côté des autres. Elle ne laisse choir ce sac que peu de temps avant le développement des jeunes. Ceux-ci, arrivés à terme, sortent de la capsule au niveau de la suture entrelacée.

Hummel eut l'occasion de faire à Saint-Pétersbourg une expérience très intéressante. Pour étudier les mœurs de ces Blattes, il avait enfermé sous un verre, depuis plus d'une semaine, une femelle dont la capsule ovigère était déjà visible, lorsque, le 1ᵉʳ avril au matin, on lui apporta une Oothèque paraissant toute récente, qu'il plaça sous le verre à côté de la première femelle. Aussitôt, celle-ci se mit à la tâter en tous sens; enfin elle la saisit à l'aide de ses pattes antérieures et l'ouvrit, de l'avant à l'arrière, au niveau de la suture. Dès que la fente fut entrebâillée, les Larves se pressèrent au dehors, toujours enroulées deux par deux.

La femelle leur vint en aide avec ses pattes antérieures et ses antennes. Au bout de quelques secondes, elles se dispersaient dans leur prison et leur mère adoptive cessa de s'en occuper. Il y en avait 36, toutes blanches, avec des yeux noirs; mais elles prirent bientôt une couleur verdâtre, puis une teinte noire mélangée de jaune-verdâtre. Elles s'installèrent sur les miettes de pain destinées à la nourriture de la femelle et se mirent à les dévorer. Tout cela s'accomplit en dix minutes.

La Larve, après avoir mué six fois et après avoir repris chaque fois, dans un temps assez court, sa couleur blanche originelle, devient une Blatte capable de procréer. En réalité, on devrait admettre 7 mues, car la première peau qui demeure dans la capsule ovigère passe facilement inaperçue. La première mue (qui est à proprement parler la seconde) a lieu au bout de 8 jours; la suivante se fait 10 jours plus tard, et la troisième environ 14 jours après. Au moment où elle se dépouille de sa peau, qui se déchire toujours au niveau de la nuque, la Larve apparaît d'abord grêle et faible; elle prend bientôt sa forme aplatie, elle met un peu plus de temps à se foncer et le bord jaunâtre du corselet, ainsi que les deux anneaux suivants du thorax, deviennent alors distincts. La quatrième mue survient environ quatre semaines plus tard, et toutes ses parties s'accentuent de plus en plus. Avec la cinquième mue, qui a lieu cinq semaines plus tard, les rudiments des ailes apparaissent, et l'Insecte demeure à l'état de Nymphe pendant cinq ou six semaines. Après s'être délivrée de sa dernière dépouille, la Blatte met 10 à 12 heures à prendre sa teinte normale, en commençant par les pattes et par les antennes. La croissance, comme chez tous les Insectes, ne se fait pas d'une manière constante.

La Blatte germanique dévore pour ainsi dire tout ce qu'un Insecte peut dévorer; elle s'attaque notamment au pain, au blanc plus volontiers qu'au noir; elle recherche peu la farine, et dédaigne la viande tant qu'elle trouve un autre aliment. Hummel a vu ces Insectes se jeter par milliers dans une bouteille où de l'huile avait séjourné, et gratter le cirage des bottes jusqu'au cuir, sans qu'aucune Blatte touchât aux parties déjà entamées par d'autres. Chamisso raconte qu'en pleine mer on ouvrit des sacs qui devaient contenir du riz ou des céréales et qu'on y trouva, à leur place, des

Fig. 595.   Fig. 596.   Fig. 597.   Fig. 598.

Fig. 595. — La Blatte germanique femelle.
Fig. 596 et 597. — La Blatte germanique, femelle et mâle dévorant un morceau de pain.
Fig. 598. — La Blatte lapone.

Fig. 595 à 598. — Les Blattes.

Blattes germaniques. Ces Insectes peuvent, du reste, jeûner pendant longtemps.

LA BLATTE LAPONE. — *BLATTA LAPPONICA.*

Lappländische Schabe.

Caractères. — Parmi les nombreuses espèces du genre, se trouvent certaines Blattes qui se distinguent par une conformation spéciale de leurs ailes. Chez la Blatte lapone (*Blatta lapponica*), les élytres jaunes, ponctuées de noir, et les ailes postérieures n'arrivent chez la femelle qu'à l'extrémité de l'abdomen, et chez le mâle que fort peu au-delà (fig. 598). Cet Insecte, d'un brun plus ou moins clair, se distingue par le bord clair et transparent de son corselet, et mesure seulement 7^{mm},17 de long.

Mœurs, habitudes, régime. — En Laponie, au dire de Linné, il pénètre dans les habitations et peut, en compagnie d'un Coléoptère des cadavres (*Silpha lapponica*), dévorer en un jour toute une provision de Poissons secs.

On le rencontre partout dans les bois, mais son agilité le rend difficile à saisir.

Il est commun en France aussi bien dans les bois que dans les maisons.

LA BLATTE TACHETÉE. — *BLATTA MACULATA.*

Gefleckte Schabe.

Caractères. — Les ailes postérieures de la Blatte tachetée (*Blatta maculata*), qui mesure seulement 6^{mm},5 et qui est d'une largeur à peu près égale, sont notablement plus courtes que les élytres qui tranchent sur l'extrémité de l'abdomen. Cet Insecte ovoïde est d'un brun foncé ; les extrémités de ses hanches sont plus claires ; le bord externe du corselet et les élytres, qui portent chacune une tache noire dans leur moitié postérieure, sont jaunes.

Mœurs, habitudes, régime. — Cette Blatte habite de préférence les bois de Conifères ou les forêts d'arbres feuillus. Taschenberg rapporte qu'il en a vu dans certaines années grouiller des quantités sur les Mûriers auprès de Halle.

LES PÉRIPLANÈTES — *PERIPLANETA*

Caractères. — Les élytres et les ailes sont bien développées, rudimentaires ou nulles. Elles se distinguent nettement par la présence de deux valves en forme de nacelle qui terminent le dernier segment ventral.

Ce qui différencie essentiellement les *Periplaneta* des *Blatta*, c'est que, chez les mâles du premier genre, les deux longs stylets sont très saillants hors de l'abdomen.

LA BLATTE DES CUISINES. — *PERIPLANETA ORIENTALIS.*

Küchenschabe, Kakerlak.

Caractères. — Les plus petits Insectes, représentés sur la figure, sont les Larves aptères (fig. 591 et 593, p. 385) ; les Blattes adultes se présentent sous deux formes. Celles dont l'abdomen est recouvert, au moins en grande partie, par des élytres d'une couleur brun-de-poix et dont l'extrémité porte des nervures disposées en éventail, appartiennent au sexe mâle (fig. 592) ; celles dont le corps entier est d'un noir luisant et dont le thorax porte des élytres rudimentaires ayant la forme de petits disques en ovale allongé, représentent les femelles (fig. 590 et 594).

Distribution géographique. — Les Blattes des cuisines semblent, d'après leur dénomination latine, provenir des pays orientaux, mais on ne peut en fournir aucune démonstration certaine. On sait seulement qu'aux Indes orientales ainsi qu'en Amérique on les trouve, non seulement dans les villes du littoral, mais encore dans l'intérieur des terres ; on les rencontre, en plus ou moins grand nombre, dans l'Europe entière. Elles se tiennent volontiers dans les navires, et leur développement dans les Oothèques favorise singulièrement leur importation en tous lieux, grâce au transport des marchandises. Leur existence en Europe a été signalée depuis environ 135 ans. On ne saurait dire si elles ont été supplantées çà et là par les Blattes germaniques, ainsi qu'on l'a prétendu ; on sait seulement que de temps à autre, par exemple, les deux espèces importunent simultanément les habitants de Hambourg.

Mœurs, habitudes, régime. — L'aspect extérieur des Blattes des cuisines (*Periplaneta orientalis*) est connu au moins de tous ceux qui ont fréquenté les boulangeries, les moulins, les brasseries, etc. On ne rencontre jamais cette espèce à l'air libre ; elle se trouve toujours dans nos demeures et vit à nos dépens. Elle n'apparaît pas pendant le jour et demeure cachée dans les crevasses des murs ou dans les coins obscurs. « En nettoyant une pièce peu habitée de mon appartement, raconte Taschenberg, nous trouvâmes par-ci par-là un mâle ou une femelle isolés, parfois aussi une Larve, mais toujours à l'état d'individu solitaire, au-dessous d'un tapis de pieds ; nous ne savions comment expliquer leur présence, attendu que toutes les autres chambres en étaient tout à fait exemptes. Appelé chaque fois qu'un de ces Insectes apparaissait, j'en laissai un s'échapper : avec la rapidité de l'éclair il s'enfuit le long de la plinthe et disparut, dans un angle, par un trou tout petit, jusqu'alors inaperçu, situé à l'extrémité du tapis. Cette Blatte avait su retrouver, absolument comme une souris, le chemin qu'elle avait suivi jusque-là, mais elle trahit ainsi elle-même sa propre résidence.

Au-dessous de cette chambre existait un magasin de comestibles, où les Blattes trouvaient à se nourrir. Pendant leurs expéditions nocturnes, elles avaient gagné l'étage supérieur et s'étaient répandues sans profit dans la chambre dont elles avaient trouvé l'accès ; quelques-unes y étaient mortes de faim, car je trouvai trois ou quatre fois des cadavres suspendus aux larges mailles des rideaux des fenêtres. »

C'est surtout le soir, à partir de onze heures, qu'on peut voir ces Insectes peu attrayants errer en troupes dans les pièces où ils ont établi leur résidence ; comme les Grillons domestiques, ils recherchent la chaleur et choisissent pour champ de manœuvres le voisinage des fours des boulangeries, des cuisines, des restaurants populaires et des bassines des brasseries ; les principales époques de leur apparition sont les mois de juin et de juillet. Si l'on s'approche, à ce moment, des endroits où ils ont élu domicile, on en voit grouiller de toutes dimensions, depuis celles qui ont la taille d'une Punaise de lit jusqu'à celles qui mesurent 26 millimètres ; on les trouve groupées notamment dans les endroits humides où elles peuvent trouver du pain ou d'autres substances alimentaires. Si on ne les surprend pas en gardant le silence le plus absolu, elles s'enfuient en toute hâte, témoignant ainsi de leur frayeur, et provoquant chez l'observateur une sensation à la fois désagréable et étrange. L'apparition brusque d'une lumière les effraie moins que le bruit inattendu que l'on produit en entrant, ainsi qu'on peut s'en convaincre aisément. Une Mouche qui passe en bourdonnant, une Araignée des caves qui se met subitement à courir, un Grillon domestique qui lance son chant d'appel, provoquent dans leur troupe une perturbation immédiate.

La ponte a lieu au mois d'avril ; l'extrémité abdominale des femelles fécondées se renfle notablement, et la capsule ovigère, déjà mentionnée, apparaît (fig. 599) ; formant à l'extrémité de l'abdomen une saillie qui augmente peu à peu jusqu'à ce qu'elle soit durcie en passant graduellement de la teinte brun clair à la coloration noire. Cette capsule présente aussi une cloison longitudinale (fig. 600 et 603), mais chaque compartiment contient seulement huit cellules ovigères. Les femelles déposent leurs capsules depuis le printemps jusque dans le courant du mois d'août ; d'après certains auteurs, les Larves en éclosent au bout de

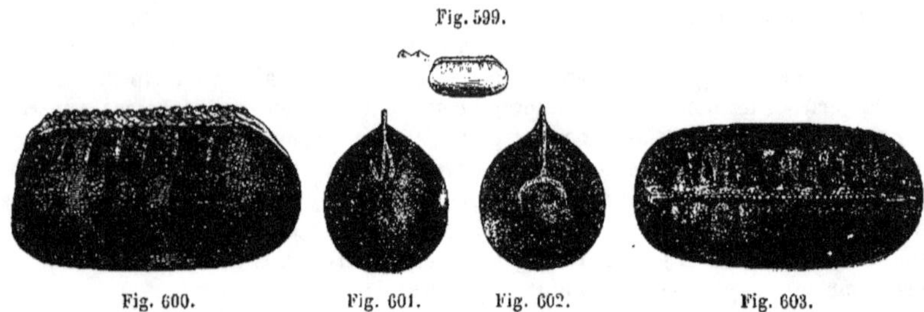

Fig. 599.

Fig. 600.   Fig. 601.   Fig. 602.   Fig. 603.

Fig. 599. — Coque, de grandeur naturelle, vue de côté.
Fig. 600. — La même, très grossie.

Fig. 603. — La même, vue de face pour montrer la suture.
Fig. 601 et 602. — Les deux pôles de la coque.

Fig. 599 à 603. — Capsule ovigère ou Oothèque de la Blatte des cuisines.

peu de temps ; d'après d'autres, auxquels on ne saurait s'associer, l'éclosion n'aurait lieu qu'au bout d'une année presque entière. Taschenberg a observé une femelle de cette espèce, qui pondit deux Oothèques, la première le 21 juin, et la seconde le 29 ; deux jours plus tard elle était morte dans le verre qui lui servait de prison. Les Larves, au moment de leur éclosion, se dépouillent de leur première peau ; ensuite elles ont encore six mues à subir, mais à des intervalles plus éloignés que chez les Blattes germaniques : la première mue aurait lieu au bout de quatre semaines, les autres se feraient chacune à un an d'intervalle, en sorte que la Larve opérerait pendant le second été la troisième mue, et pendant le sixième la dernière ; la Blatte devrait attendre ainsi cinq ans avant de pouvoir procréer. Je n'ai fait, personnellement, aucune expérience à ce sujet, mais l'âge indiqué me paraît quelque peu avancé.

Moyens de destruction. — On peut mettre à profit, pour anéantir ces Insectes, leur prédilection pour les endroits humides et leur goût prononcé pour la bière : on étale des torchons humides, au-dessous desquels ils se rassemblent, puis on les écrase à l'aide de palettes en bois. En comprimant une femelle de Blatte, on perçoit un claquement sonore analogue à celui que produit l'écrasement d'une petite vessie natatoire de poisson. A Lyon on dispose des pots de forme particulière qui servent de pièges ; ces pots, dans l'intérieur desquels on place un appât, sont peu élevés, très rugueux à la surface, en forme d'entonnoirs à déclivité absolument lisse, et les Blattes qui par mégarde s'aventurent au bord du précipice sont infailliblement entraînées dans le gouffre.

LA BLATTE AMÉRICAINE. — *PERIPLANETA AMERICANA.*

Amerikanische Schabe.

Caractères. — La Blatte américaine (*Periplaneta americana*), plus grande que la précédente, au corps roux ferrugineux, au prothorax ovale lisse marqué de deux grandes taches d'un brun roux, aux élytres dépassant l'abdomen chez les mâles et les femelles. Leur corps mesure 34 millimètres. La femelle possède donc des ailes entièrement développées.

Mœurs, habitudes, régime. — Originaire d'Amérique, elle s'est établie également dans les villes maritimes d'Europe et çà et là dans quelques pays de l'intérieur où elle exerce ses ravages dans les habitations chaudes et pullule dans les serres. On s'en est plaint beaucoup en France. Auprès de Borsig, en Moabit, les Blattes américaines ont arraché de temps à autre les jeunes extrémités radiculaires et les fleurs des Orchidées. Ces Insectes arrivent souvent en Europe, à l'état de cadavres, dans les ballots de tabac et d'autres marchandises.

LES BLABÈRES — *BLABERA*

Caractères. — De grande taille, semblables dans les deux sexes, ces Blattes se font remarquer par la grandeur de leur corselet qui s'avance beaucoup en avant de la tête. L'abdomen porte dans les deux sexes une grande plaque suranale profondément incisée. La plaque sous-anale très apparente et émarginée seulement du côté droit chez les mâles est entièrement cachée par le segment de l'abdomen chez les femelles.

LA BLATTE GÉANTE. — *BLABERA GIGANTEA*.

Riesenschabe.

Caractères. — La Blatte géante (*Blabera gigantea*), désignée aussi dans les Indes occidentales sous le nom de « Tambourineur », parce qu'elle produit dans ses pérégrinations nocturnes un bruit comparable à celui du clapotement des doigts, porte une crête marginale autour de son corselet elliptique; elle n'a ni épines sur les cuisses, ni pelotes entre les griffes, mais elle offre des semelles tarsales très nettes. Cette Blatte, qui mesure 50 et même 60 millimètres, est très plate, allongée et d'une teinte brun sale; elle se reconnaît à une légère marque ombrée sur le milieu de sa carapace ainsi qu'à une tache noire presque quadrangulaire au milieu de l'écusson cervical.

Distribution géographique. — Dans l'Amérique du sud, sa patrie, cette Blatte géante pénètre souvent dans les maisons.

De nombreuses Blattes exotiques se rattachent à cette espèce par des liens de parenté étroits.

Il existe encore des espèces de Blattides chez lesquelles les ailes font plus ou moins défaut soit chez les femelles seulement, soit chez les femelles et chez les mâles simultanément. Il est fort difficile dans ces deux cas de distinguer la Larve de l'Insecte parfait, bien que les naturalistes aient découvert déjà quelques caractères distinctifs. Nous ne pouvons que mentionner les *Polyzosteria* et les *Oniscosoma*.

LES FORFICULIDES OU PERCE-OREILLES — *FORFICULIDÆ*

Oehrlinge.

Certains naturalistes ont voulu faire de ces *Orthoptères coureurs* un ordre spécial, les *Dermaptères* ou *Dermatoptères;* d'autres ont commis l'erreur de ranger ces Insectes parmi les Coléoptères, à l'exemple de Füessly qui les avait classés en 1775 à la fin de cet ordre sous le nom de « Coléoptères à pinces ».

Caractères. — Tous les Perce-oreilles se reconnaissent à leurs *forcipules*, c'est-à-dire aux appendices qui terminent leur abdomen. Ces organes fixés à l'extrémité de l'abdomen constituent une arme défensive sans importance, car ils la serrent avec rage lorsqu'on les prend par la partie antérieure de leur corps; mais l'Insecte s'en sert également pour déplisser et pour rassembler ses ailes. Quiconque s'étonne d'entendre parler du vol des Perce-oreilles n'a qu'à observer de plus près leur mésothorax. On remarque, derrière le corselet, deux lames quadrangulaires qui représentent évidemment des élytres très coriaces, car, par une exception singulière, elles sont conniventes comme chez les Coléoptères et ne se recouvrent jamais. Elles semblent se terminer chacune par une pointe mousse d'une teinte plus claire, nettement marquée sur la figure. Cette apparence est illusoire; et les deux pointes dures, qui se trouvent bien plutôt au-dessous de chacune des deux élytres terminées par un bord tranchant et droit, sont en réalité les seules parties visibles des ailes postérieures extraordinairement larges et repliées aussi élégamment que possible. Chaque aile postérieure est constituée précisément par cette portion coriace correspondant à la naissance du bord antérieur et par une portion membraneuse, trois fois aussi large, et qui, étalée, prend une forme demi-elliptique; sur cette dernière portion, on peut distinguer une aire antérieure, deux fois aussi large que l'élytre, et limitée en arrière par une nervure longitudinale plus forte qui la sépare du reste de l'aile parcouru par des nervures rayonnantes. Les huit rayons émanent de la nervure principale à l'extrémité de la partie coriace, où chacune offre une articulation; chacun d'eux est, en outre, infléchi légèrement en arrière de son milieu et porte une petite macule cornée. La membrane est soutenue, dans les autres directions, par des nervures transversales régulièrement disposées.

Quand l'aile doit être repliée, le bord postérieur se relève jusqu'à la macule cornée des rayons (première position); puis l'aile, ainsi raccourcie, se replie en éventail à partir de

Fig. 604. Le grand Perce-oreille.

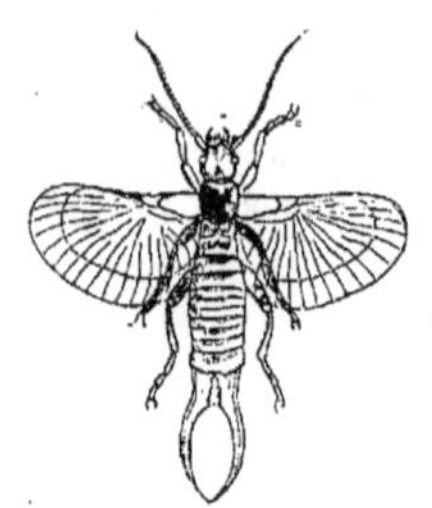

Fig. 605. Le Perce-oreille commun.

l'articulation antérieure (deuxième position) ; cet éventail se replie ensuite au-dessous de l'aire extérieure, assez large (troisième position), enfin cette pièce s'enchâsse, en se plissant suivant la longueur, au-dessous de la portion coriace qui reste visible (quatrième position). En déployant avec précaution l'aile d'un Perce-oreille, et en la repliant à nouveau, on peut se convaincre soi-même de l'exactitude de cette description et de la complication des plis de cette aile, que la figure représente étalée.

Quant au reste du corps, nous ferons remarquer que la tête cordiforme, un peu inclinée, ne porte pas d'ocelles, mais qu'elle offre, de chaque côté, des yeux à facettes arrondies, au-dessous desquels s'insèrent des antennes composées de 12 à 14 articles. Les pièces buccales diffèrent peu de celles des Orthoptères étudiés jusqu'ici ; seulement, la mâchoire, grande et carrée, cache presque toute la face inférieure de la tête, et la lèvre inférieure n'est formée que de deux lobes arrondis. L'abdomen, généralement élargi tout à fait à l'extrémité, et arrondi sur les côtés, est composé de 9 articles ; toutefois, chez la femelle, deux d'entre eux s'atrophient entièrement et le dernier disparaît seulement à la face ventrale. Les espèces nombreuses se distinguent à leurs pinces, qui varient même d'un sexe à l'autre dans une même espèce, à leurs articles des tarses, à leurs ailes complètes ou atrophiées, à la forme de leur corselet, et à d'autres caractères encore. On les a réparties dans une série de genres divers.

Distribution géographique. — Cette famille a des représentants sur toute la surface de la terre.

LA FORFICULE GIGANTESQUE OU GRAND PERCE-OREILLE. — *FORFICULA GIGANTEA.*

Grosser Ohrwurm.

Caractères. — Le grand Perce-oreille (*Forficula* ou *Labidura gigantea*), qui mesure de 11 à 13 millimètres de long, représente très bien la famille des *Forficulides*.

Chez cet Orthoptère un des caractères qui mérite de fixer l'attention est la conformation de la pince du mâle que nous avons fait dessiner (fig. 604), ainsi que la présence d'une dent située un peu en arrière de son milieu. Chez la femelle, les ailes sont dentelées et plus rapprochées de la base de la pince, qui est notablement plus courte et qui ne porte point de dent en arrière de son milieu. Les antennes sont formées de 27 à 30 articles.

Distribution géographique. — Cette espèce intéressante apparaît çà et là isolément, dans quelques contrées de l'Europe, telles que l'Allemagne, l'Angleterre, etc. ; elle se montre communément sur les bords de la Méditerranée, aussi bien en Europe que dans l'Asie Mineure et dans le nord de l'Afrique.

Mœurs, habitudes, régime. — Vers le milieu de juillet, en soulevant plusieurs pierres éparses sur un terrain sablonneux et aride au voisinage de Halle, Taschenberg rapporte qu'il découvrit les Insectes représentés sur la figure 604 ; effrayés par l'apparition soudaine de la lumière, ils cherchèrent avec toute la rapidité possible une nouvelle cachette obscure, sans pouvoir la trouver. Quelques femelles plus petites, ainsi qu'une pupe, se montrèrent en même temps. La coloration encore claire de tous ces Insectes indiquait que le moment de leur existence à l'air libre n'était point encore venu. Leurs corps était d'une teinte jaune-claire, à l'exception des yeux, d'une partie médiane brunâtre de l'abdomen, et d'une marque aussi foncée située sur chacune des élytres qui se prolongeaient au-dessus de l'écusson cervical, sans se confondre avec lui.

LE PERCE-OREILLE COMMUN. — *FORFICULA AURICULARIA.*

Gemeiner Ohrwurm.

Caractères. — Le Perce-oreille commun a une couleur brun-foncée luisante, qui est remplacée par une teinte jaune sur les pattes, sur les bords du corselet, ainsi que sur les antennes à 15 articles, et par une teinte rouge de rouille sur la tête. Le dernier segment de l'abdomen porte quatre petites gibbosités. La pince du mâle est aplatie et toujours dentée à sa base; elle est ensuite cylindrique, complétement lisse et fortement infléchie en dehors vers son milieu ; celle de la femelle dépourvue de dent ressemble à une béquette. Ses ailes se touchent à leur face interne et leurs pointes se recourbent doucement vers le haut. La taille de ces Insectes oscille entre 8,75 et 15 millimètres ; c'est aux femelles que se rapportent les mesures les plus faibles.

Distribution géographique. — Le Perce-oreille commun ou Forficule auriculaire (*Forficula auricularia*) se rencontre dans toute l'Europe où il est fort répandu.

Mœurs, habitudes, régime. — Il n'est vu nulle part d'un bon œil. Les jardiniers savent qu'il détruit leurs plus belles Giroflées et leurs Géraniums ; aussi disposent-ils des pots ou des sabots d'animaux sur les plantes fréquentées par cet Orthoptère, afin de lui offrir une cachette à son goût dans laquelle ils pourront le surprendre et l'anéantir. Les enfants ont ces Perce-oreille en horreur parce qu'ils sortent l'un après l'autre des grappes de raisin, où ils se cachaient entre les grains serrés, et les empêchent d'y goûter. Les cuisinières jettent avec épouvante les Choux-fleurs qu'elles sont en train de préparer, dès qu'un de ces Insectes apparaît avec ses pinces menaçantes. Le vulgaire croit devoir garantir ses oreilles afin que cet Insecte ne puisse s'y introduire pour déchirer la membrane tympanique; pourtant, en dépit de son nom, il s'inquiète fort peu de nos oreilles. Il a pu arriver qu'une de ces Forficules pénétrât dans l'oreille d'un homme, assez imprudent pour s'endormir sur le gazon, parce qu'elle s'était laissé tenter par l'obscurité de cette cachette. En réalité, le nom de Perce-oreille a été donné à ces Orthoptères, à cause de la ressemblance de leurs appendices abdominaux avec les pinces dont se servent les joailliers pour percer les oreilles.

Le Perce-oreille commun passe l'hiver, à l'état parfait, pour perpétuer l'espèce l'année suivante ; son réveil plus ou moins précoce dépend naturellement des circonstances atmosphériques. « J'ai vu, dit Taschenberg, dès le 1ᵉʳ février un mâle monter, d'une allure réfléchie, sur un arbre; j'ai trouvé, quelques années plus tard, le 19 février 1874, sous la mousse qui recouvrait un sol sablonneux et humide, un petit amas d'œufs jaunâtres auprès duquel se tenait une Forficule femelle. La douceur de cet hiver permettait de supposer que cette femelle avait devancé l'époque ordinaire de la ponte; mais cette relation étroite entre cette femelle et ces œufs ne m'étant pas encore démontrée, j'emportai chez moi les pièces que je venais de trouver. Il fallut trier péniblement, à l'aide d'un pinceau, ces œufs très élastiques et complètement secs, parmi le sable qui pendant la route s'était en partie desséché et s'était glissé entre eux. Avec ce sable je remplis le fond d'un petit flacon dans lequel j'introduisis la femelle ainsi que les œufs, au nombre de 12 à 15, qui s'éparpillèrent à la surface. C'est alors que je comptais juger si la femelle se reconnaîtrait pour la mère de cette couvée, car j'avais lu que la mère a coutume de rassembler en un seul tas tous ses œufs dispersés. J'avais effectué ce changement de domicile dans la soirée, et la femelle était encore trop préoccupée de la nouveauté de sa résidence pour s'inquiéter de toute autre chose. Mais, le lendemain matin, les œufs se trouvaient réunis en tas et recouverts par cette mère diligente. Je la retrouvai presque toujours dans cette même attitude. Lorsqu'accidentellement, par suite d'une inclinaison trop forte du flacon, les œufs avaient roulé sur la paroi du verre, la femelle les transportait du côté opposé et les couchait dans une dépression légère aménagée préalablement dans le sable; bref elle donnait les soins les plus assidus aux germes de sa postérité. Peut-être en les léchant ou en dégageant sur eux quelque suc, exerçait-elle une influence sur leur développement ?

« La corolle d'une fleur fraîche de *Primula chinensis*, les parties tendres d'une Mouche écrasée, ainsi que quelques Larves d'Insectes composèrent la nourriture qu'on lui offrit, et l'on put constater que les aliments végétaux étaient les mieux utilisés. Le 7 mars, apparurent les premières Larves blanchâtres ; peu de temps après les œufs eurent tous disparu. Je dois faire observer que leur prison se trouvait au voisinage de la fenêtre dans une chambre chauffée. J'avais déjà possédé autrefois une Forficule âgée que j'avais trouvée avec ses petits, sous une pierre plate, le 4 mai 1866.

« Les Larves se glissaient au-dessous de la mère, ou grouillaient autour d'elle et même sur elle ; elles montraient dès ce moment une certaine indépendance, et se mirent bientôt à ronger les fleurs de Primevère. Le 30 mars, j'avais humecté leur sable, et comme les gouttes d'eau n'étaient pas absorbées assez vite, le sol devint trop humide pour la petite colonie, car les Insectes se fixèrent sur les parois du verre : j'avais déjà observé ce fait souvent pour quelques Larves isolément, mais jamais encore pour la mère. Je profitai de cette circonstance pour compter les Larves ; j'en trouvai sept seulement, de tailles un peu différentes. Les plus fortes mesuraient 6 millimètres, sans tenir compte de la pince ; je retrouvai plus tard, dans le support d'un pot de fleur voisin, une huitième Larve qui s'était échappée de sa prison incomplètement fermée. Il n'y a pas lieu d'admettre que la femelle se soit jamais attaquée à ses petits. En son temps De Geer avait observé aussi une petite famille de Perce-oreille ; il dit que la femelle n'a pas vécu longtemps : elle aurait été mangée par ses petits, qui auraient dévoré également les cadavres de leurs frères morts, du reste, incidemment.

« Le 26 avril je transportai mes prisonniers dans une résidence plus vaste ; je ne trouvai plus à ce moment que trois Larves, et je constatai que le sable était fortement affouillé. J'adjoignis en même temps à cette colonie un mâle trouvé sous l'écorce d'un arbre. Ce dernier se tint tout à fait à l'écart de cette petite famille dont les allures trahissaient principalement l'ennui. Après avoir négligé de les regarder pendant quelques jours, je trouvai, le 19 mai, le cadavre de la mère mutilé à la partie antérieure, et les deux seules Larves survivantes en train de dévorer les mêmes parties du cadavre du mâle ; elles me parurent avoir mangé aussi les dépouilles de leurs mues que j'avais remarquées gisant en divers endroits, et que je cherchai en vain. Les deux Larves encore vivantes avaient atteint une longueur de 9 millimètres, les pinces non comprises, et possédaient déjà des rudiments d'ailes très visibles. Je les tuai et les conservai dans ma collection comme les derniers vestiges de mon élevage. »

Le Perce-oreille commun, ainsi que les autres espèces de Forficules, nous offre, à côté des Taupes-grillons parmi les Orthoptères vivant à l'air libre, et à côté des Blattes des cuisines et des Grillons domestiques parmi ceux qui habitent les maisons, un exemple d'Insectes chez lesquels, contrairement à la règle commune aux animaux de cet Ordre, la mère ne voit pas sa postérité adulte bien qu'elle passe un assez long temps en compagnie de sa progéniture ; on n'a pas pu fournir jusqu'ici une explication raisonnable de ce fait exceptionnel.

Deux autres espèces de Perce-oreilles, beaucoup plus petites et par suite moins connues (*Forficula minor* et *pedestris*), se présentent à nous, mais nous pouvons les passer sous silence après tout ce que nous avons dit sur le mode d'existence des espèces de cette famille, quelque intéressant qu'il soit.

LES MANTIDES — *MANTIDÆ*

Die Fangschrecken.

Caractères. — Les Mantides représentées sur les figures 606 à 609 (p. 397), nous permettent d'étudier les caractères principaux de la famille.

La tête, triangulaire, est disposée comme chez les Blattes, c'est-à-dire très inclinée : le vertex se trouve reporté en avant, et la bouche est rejetée en arrière ; les antennes sétacées, composées d'un grand nombre d'articles presque cylindriques, quelquefois pectinées, sont insérées près du front ; les yeux grands et arrondis ou coniques et pointus sont placés de chaque côté aux angles postérieurs de la tête ;

trois ocelles disposés en triangle sont placés sur le front au-dessus de l'insertion des antennes. Le labre est entier; les mandibules pointues assez courtes sont souvent bidentées; les mâchoires sont garnies de franges au côté interne et portent des palpes de 5 articles courts et filiformes à dernier article cylindro-conique; la lèvre est divisée en 4 lobes égaux et porte des palpes de 3 articles également filiformes.

Le prothorax est généralement une fois et demie à trois fois plus long que les deux autres réunis; mais toujours plus long qu'aucun des suivants; il est rebordé, arqué sur les côtés; souvent caréné au milieu avec une impression près de la tête. C'est au niveau de l'insertion des pattes antérieures qu'il présente sa plus grande largeur. Celles-ci sont formées de hanches trigones, très longues, au moins aussi longues que les cuisses, souvent épineuses sur les angles; de cuisses robustes comprimées, canaliculées en dessous pour recevoir la jambe qui vient s'y replier ainsi qu'une lame de couteau dans son manche, et garnies de part et d'autre du canal d'une double rangée d'épines mobiles. Les cuisses s'articulent avec les hanches par une sorte de rotule. Ces jambes, terminées par une pointe falciforme, constituent une arme puissante; plus courtes que les cuisses, élargies, comprimées, munies en dessus d'une carène tranchante, elles sont creusées en dessous d'une gouttière destinée à loger le tarse et bordée de chaque côté d'un rang d'épines serrées. Ces pattes, par suite de leur disposition et de leur fonction, sont nommées *pattes ravisseuses*. Les tarses, composés de 5 articles, semblent former des appendices superflus et sont rejetés sur les côtés. Les pattes médianes et postérieures sont longues, grêles et propres à la marche. Chez toutes les espèces de la famille, les deux paires de pattes postérieures sont longues, grêles et pourvues de tarses comptant 5 articles.

Les élytres horizontales, ordinairement de la longueur de l'abdomen, sont de consistance variable, opaque, demi-transparentes ou hyalines, forment au repos un rebord latéral, elles présentent des formes très diverses et n'ont de semblable que la disposition des nervures; elles sont parcourues suivant leur longueur par des nervures assez fortes : près du bord par une grosse nervure allant de la base à l'extrémité, et dans le sens transversal par des nervures plus faibles; l'ensemble constitue des mailles généralement quadrangulaires et fré-

quemment irrégulières; on dit qu'elles sont réticulées. Les deux paires d'ailes sont quelquefois plus courtes que l'abdomen et peuvent même s'atrophier; dans la plupart des cas cependant, elles sont plus longues, au moins chez les mâles; arrondies postérieurement, elles ont un sinus sur le bord postérieur. Elles fournissent à cause de leur diversité de forme de bons caractères pour le groupement des espèces. L'abdomen allongé se termine, dans les deux sexes, par deux appendices articulés, de grandeur et d'apparence variable, le plus souvent filiformes et velus. Chez la femelle, toujours plus large et plus trapue, une échancrure profonde de la plaque sous-anale recèle un renflement composé de deux pièces renfermant l'oviducte; chez le mâle cette plaque sous-anale présente deux styles, qui desséchés se brisent facilement et manquent, par conséquent, dans les collections sur un grand nombre de sujets.

Distribution géographique. — Les Mantides habitent particulièrement les climats chauds et tempérés.

Mœurs, habitudes, régime. — Ces Orthoptères sont d'une voracité et d'une férocité qui a surpris plus d'une fois les Naturalistes qui ont observé ces Insectes. Roesel, ayant fait venir de Francfort quelques Mantes religieuses dans le but d'observer leur accouplement, les installa par paires sur des Armoises sauvages et sur d'autres plantes sur lesquelles elles se plaisent volontiers; mais il fut obligé bientôt de les séparer. Elles se tinrent d'abord immobiles en face l'une de l'autre, ainsi que des Coqs de combat; bientôt elles relevèrent leurs ailes et se précipitèrent furieuses l'une sur l'autre avec la rapidité de l'éclair, en étendant leurs pinces et en se mordant impitoyablement. Köllar ne fut pas plus heureux dans une tentative analogue, bien qu'il trouvât les Insectes unis, et fixés l'un sur l'autre à la manière des Scorpions, car la femelle dévora son conjoint, puis un second mâle qu'on avait introduit dans sa prison.

Leur fécondité est assez considérable; et la façon dont les femelles agglutinent leurs œufs allongés, contre une branche ou contre une pierre, en paquets plus ou moins gros, est loin d'être dénuée d'intérêt. Les œufs sont disposés les uns à côté des autres en rangées assez régulières et reliés entre eux au moyen d'une sécrétion muqueuse qui se durcit en prenant l'apparence d'écailles ou de feuilles suivant les cas. La femelle, en s'avançant de bas en haut, dépose 6 à 8 œufs sur une rangée trans-

Fig. 606.   Fig. 607.

Fig. 608.   Fig. 609.

Fig. 606. — L'Empuse gongylodes.

Fig. 608. — Le Chœradodis à treillis.

Fig. 607. — Le Créobore ocellé.

Fig. 609. — L'Acanthops déchiré.

Fig. 606 à 609. — Les Mantides.

versale, et réunit de 18 à 25 rangées en un paquet unique, tel que le représente la figure ; dans cet Oothèque, tous les œufs ont l'extrémité céphalique dirigée vers le haut ou tout au moins vers l'extérieur, et se trouvent dans le mucus commun comme dans un casier à compartiments. La face externe, plus écailleuse, offre des sillons longitudinaux qui indiquent les extrémités céphaliques de ces rangées d'œufs. Ces coques ovigères prennent

une forme un peu aplatie sur la surface plane des pierres, un peu bombée sur la surface arrondie des branches ; leur couleur, leur disposition et leur type présentent des différences peu importantes selon les espèces.

A l'exemple d'autres Insectes, les femelles du genre *Mantis* ne pondent pas une Oothèque unique ; les observations de Zimmermann sur les Mantes de la Caroline (*Mantis Carolina*) en fournissent la preuve. Ce savant enferma une femelle le 2 octobre, dans une cage en verre où il la nourrit; le jour suivant elle pondit, et ne mourut pas, ainsi qu'il le craignait ; mais elle se mit à dévorer, comme auparavant, une douzaine de Mouches par jour, sans compter quelques fortes Sauterelles, puis de jeunes Grenouilles et même des Lézards trois fois plus longs qu'elle. Elle ne retournait jamais aux morceaux qu'elle avait lâchés parce qu'elle ne mangeait que la chair vivante. Bientôt son ventre s'enfla de nouveau, et le 24 octobre elle pondit pour la deuxième fois, mais elle ne mit au monde alors qu'une Oothèque beaucoup plus petite. A la fin de cette opération, qui avait duré plusieurs heures, elle se mit à dévorer tout ce qu'on lui offrit en fait d'êtres vivants. Son ventre se gonfla encore et permit d'espérer une nouvelle ponte. Les nuits froides de novembre parurent retarder et entraver cet événement, et la femelle mourut le 27 novembre sans s'être débarrassée de ses œufs. Ceux de la première ponte éclorent le 26 mai, et ceux de la seconde, qui avait eu lieu trois semaines plus tard, éclorent dès le 29 novembre. Zimmermann communiqua cette observation à Burmeister en lui adressant les pièces à l'appui qui sont encore conservées parmi les précieux trésors du Musée royal de Zoologie à Halle. Ces Oothèques se rapprochent plus de la forme sphérique que celle que j'ai pu voir ailleurs.

Après avoir passé l'hiver, les Larves sortent de leur berceau, et subissent déjà leur première mue au moment où elles quittent leur coque.

Taschenberg rapporte qu'un de ses amis lui rapporta d'Espagne, il y a plusieurs années, une Oothèque qui présentait la disposition habituelle. A la fin de juin ou au commencement de juillet, un certain nombre de Mantes apparurent, et j'en fus d'autant plus surpris que je n'avais pas soupçonné le moins du monde la vitalité des œufs. Ces Larves se comportèrent comme celles qu'avait observées Roesel : elles se mordirent les unes les autres, et ne voulurent prendre ni les petites Mouches que je leur fournissais, ni celles qu'elles auraient pu choisir librement lorsque je les laissais courir sur l'appui de la croisée ; elles moururent au bout de peu de jours, après avoir révélé par leurs attitudes burlesques tantôt l'enjouement, tantôt la frayeur, tantôt la hardiesse de leur caractère.

Pagenstecher réussit au moins à nourrir ses Larves, au moyen de Pucerons, jusqu'en août, et put constater plusieurs mues. La seconde eut lieu environ quatorze jours après l'éclosion, la troisième au bout d'un même temps, et ce savant observa sept mues dans les mêmes conditions. A chaque mue les articles antennaux se multiplient et les gaines alaires s'accentuent en même temps que les yeux accessoires. Les articles du tarse sont au nombre de 5 dès le début. Ces Insectes ravisseurs accomplissent leur évolution complète dans l'espace d'une année.

M. Ch. Brongniart a constaté que l'éclosion des Mantes offrait des particularités intéressantes. Déjà de Saussure avait fait remarquer que les petits présentaient des épines qui leur permettaient de cheminer grâce à des mouvements ondulatoires dans leur cellule ovigère comme un épi de Seigle barbelé emprisonné dans une manche d'habit. Le jeune observateur a reconnu (juillet 1881) que ces épines étaient situées sur les appendices abdominaux et sur les pattes et jouaient parfaitement le rôle que leur avait attribué de Saussure ; mais il a observé que les petites Mantes, lorsqu'elles sont parvenues à quitter l'Oothèque, au lieu de tomber à terre, sont soutenues en l'air à l'aide de deux fils soyeux fort longs et très ténus fixés, d'une part, à l'extrémité de chacun des appendices abdominaux et, d'autre part, adhérant à la paroi interne et postérieure de l'œuf. Lors de l'éclosion toutes les petites Larves ainsi suspendues à l'Oothèque forment une sorte de grappe et demeurent quelques jours en cet état jusqu'à ce qu'elles aient effectué leur première mue. Cela fait, elles se mettent à courir çà et là pour mettre en œuvre leurs instincts voraces, abandonnant leurs dépouilles qui restent attachées à l'Oothèque.

LES EMPUSES — *EMPUSA* (1)

Caractères. — Le genre *Empusa* comprend les espèces dont la tête est petite, en triangle allongé, au vertex élevé en pyramide, dont les antennes courtes sont pectinées des deux côtés chez les mâles et dont les hanches sont armées à l'extrémité d'une épine.

Distribution géographique. — Ces Mantides appartiennent à l'ancien continent et sont représentées, dans le sud de l'Europe, par l'*Empusa pauperata*.

(1) Ἔμπουσα, empuse, spectre malfaisant.

L'EMPUSE APPAUVRIE. — *EMPUSA PAUPERATA*.

Caractères. — Cet Orthoptère se fait remarquer par la bizarrerie de ses attitudes et la variété des couleurs qui le revêtent. Suspendues à des brindilles par les quatre pattes postérieures accrochées de ci de là, l'abdomen relevé, la tête mobile tournée tantôt à droite, tantôt à gauche, guettant leur proie, les pattes antérieures ramenées contre le corps, prêtes à saisir l'Insecte qui passe à portée, les Larves sont réellement grotesques. Les Adultes sont également bien singuliers, et leurs postures fort originales ; ils ont le corps vert jaunâtre, les élytres d'un vert opaque dans leur région antérieure, transparentes dans leur région postérieure, avec une nuance incarnat à la base ; les pattes vert jaunâtre sont annelées de brun verdâtre.

Distribution géographique. — Ces Insectes ne sont pas rares dans le midi de l'Europe et dans nos départements du Var et des Alpes-Maritimes.

L'EMPUSE GONGYLODES. — *EMPUSA GONGYLODES*.

Caractères. — Cette Empuse, type du genre *Gongylus*, que nous avons représentée (fig. 606) est une belle espèce verte, devenant jaunâtre ou brunâtre, au prothorax muni à sa région antérieure d'un appendice foliacé, qui se fait surtout remarquer par la dilatation de ses élytres à leur base, et par la présence sur les cuisses de lames foliacées donnant à l'animal un aspect tout à fait particulier.

Distribution géographique. — Cet Orthoptère bizarre est originaire des Indes orientales.

LES CREOBORES — *CREOBORA* (1)

Caractères. — Ces Mantides se font remarquer par leur tête peu large, portant des yeux prolongés en cône et un tubercule ou une épine sur le front au-dessus des ocelles. Leurs élytres dépassent un peu l'extrémité de l'abdomen dans les deux sexes et sont armés en leur milieu d'un grand œil bordé de noir.

Distribution géographique. — Ce genre ne renferme que des espèces asiatiques et africaines.

LE CREOBORE OCELLÉ. — *CREOBORA OCELLATA*.

Caractères. — Cette jolie espèce (fig. 607) aux yeux comprimés, globuleux, aux ocelles portés par des cônes et abrités par l'épine frontale, à l'occiput prolongé en une dent conique derrière chaque œil, se fait remarquer par son prothorax trilobé en avant, par ses élytres vertes relevées par un œil composé d'un cercle noir ou de deux cercles noirs, avec un point central noir, et par ses ailes hyalines, légèrement obscurcies à l'extrémité. Chez les femelles, les élytres également vertes et ocellées sont tachées de jaune, les ailes sont jaunes antérieurement.

Distribution géographique. — C'est une élégante espèce de l'Afrique occidentale et méridionale.

LES ACANTHOPS — *LES ACANTHOPS* (2)

Caractères. — Ces Mantides sont aussi remarquables qu'étranges, ainsi qu'on pourra le voir par l'exposé de leurs caractères. La tête est large, triangulaire, au vertex creusé et mutique, c'est-à-dire sans corne ni tubercule ; les yeux coniques sont terminés par une petite épine. Le corps est assez court ; le prothorax est à peine dilaté ; les élytres opaques ont une forme toute spéciale, leur bord antérieur étant dilaté et sinueux, et sont chargées de nervures transversales très saillantes ; les ailes sont transparentes.

Distribution géographique. — Les Acanthops sont peu nombreux et habitent exclusivement l'Amérique du Sud.

L'ACANTHOPS DÉCHIRÉ. — *ACANTHOPS EROSA*.

Caractères. — Cet Orthoptère (fig. 609) au corps brun verdâtre, au prothorax denticulé, est surtout remarquable à cause de la forme et de l'aspect de ses élytres ; de couleur feuille morte, elles sont dilatées à la base, puis subitement rétrécies, puis élargies et enfin terminées par une lanière étroite arquée et pointue. Les ailes sont d'un jaune livide, un peu transparentes, couvertes de taches et de points noirâtres et beaucoup plus courtes que les élytres.

Distribution géographique. — Cet Acanthops habite le Brésil.

---

(1) Ἀρεωθόρα, carnivore.

(2) Ἄκανθα, épine ; ωψ, œil.

LES MANTES — *MANTIS* (1)

Caractères. — La tête est large, triangulaire, au vertex mutique, à la face séparée en deux transversalement; les yeux sont gros et arrondis; les antennes sétacées, multi-articulées, sont beaucoup plus fortes chez les mâles; le prothorax peu dilaté à sa partie antérieure, rebordé sur les côtés, est ordinairement étroit dans sa partie postérieure; l'abdomen simple à l'extrémité est plus ou moins dilaté latéralement; les élytres sont allongées et ovalaires.

Les mâles sont plus grêles, plus allongés et ont les organes du vol plus prononcés.

Distribution géographique. — Les Mantes habitent les régions chaudes de la terre entière.

LA MANTE RELIGIEUSE. — *MANTIS RELIGIOSA*.

Gottesanbeterin.

Grâce à ses allures singulières, le *Prie-Dieu* (*Mantis religiosa*) compte parmi les bêtes extraordinaires que l'on a trouvées en Europe, et son nom même éveille les conjectures les plus bizarres.

Chez les Grecs, le mot masculin (ὁ μάντις) signifiait un Voyant, un Prophète; le même terme employé au féminin servait à désigner l'Insecte dont nous parlons ou bien une espèce très voisine. Le naturaliste anglais Moufet, déjà souvent mentionné, rechercha, dès la fin du seizième siècle, l'étymologie de ce nom, et proposa trois explications : ces Insectes seraient les prophètes du printemps, parce qu'ils apparaissent les premiers; l'auteur s'appuie, à ce sujet, sur le poète Anacréon, mais l'un et l'autre sont dans l'erreur ainsi qu'on le verra plus loin. Puis, d'après la science de Cœlius et des Scolastiques, ces Insectes prophétiseraient la disette. Cette opinion repose encore sur une erreur, et résulte probablement d'une confusion entre les Mantes et les Sauterelles qui s'en rapprochent d'assez près et dont l'apparition peut avoir pour conséquence la disette. On s'expliquerait plus aisément la désignation allemande de *Prie-Dieu*, traduction du terme de *Préga-Diou* des paysans de la Provence ou de *Louva Dios* des Espagnols; car cet Insecte avance ses pattes antérieures comme un fidèle joignant les mains pour prier dans l'attitude qu'on assigne aux Prophètes lorsqu'ils adressent leurs vœux au ciel. Ce n'est pas uniquement par cette attitude que les Mantes rappellent les Prophètes, mais c'est aussi par leurs allures; jamais on ne les voit jouer, sautiller, folâtrer; ces animaux marchent à pas mesurés, d'un air réfléchi, avec un calme plein de dignité. Ces Insectes passent quelque peu pour devins; on prétend qu'en étendant l'une des pattes antérieures, ils indiquent leur chemin aux enfants en détresse et qu'ils ne les trompent jamais ou bien rarement.

De telles assertions n'ont pu convenir qu'à certaines époques et à des populations ayant l'habitude d'attribuer aux êtres une puissance en rapport avec leur aspect extérieur, et de se fier aux apparences pour juger de la sagesse et de la bonté. Aujourd'hui, partout où les Mantes s'installent, nous savons que ces hôtes n'y apportent que ruse et que perfidie.

Caractères. — La Mante religieuse se range parmi celles qui ont les ailes opaques en raison de leur nature coriace, qui ont un stigma corné de même nuance derrière la principale nervure longitudinale, qui ont une aire marginale, n'offrant pas plus de consistance que l'aire située immédiatement en arrière, et qui offrent sur toutes ces parties une couleur uniforme; en revanche, l'*aire suturale* (c'est-à-dire la portion de l'aile, plus étendue, située derrière la nervure principale) prend une teinte de plus en plus claire à mesure qu'on se rapproche du bord postérieur où elle devient transparente. La coloration du corps offre de nombreuses variétés : tantôt il est entièrement jaune-brunâtre, tantôt il est entièrement vert et présente une teinte jaune brunâtre sur les bords des ailes et des parties antérieures du dos, ainsi que sur les pattes (fig. 610, 612).

Distribution géographique. — Cette espèce se montre dans toute l'Europe méridionale et centrale, ainsi que dans l'Afrique septentrionale et l'Asie, jusqu'à la mer d'Aral. On l'a observée à Fribourg-en-Brisgau et à Francfort-sur-le-Mein; ces villes, ainsi que quelques points situés à l'est dans la Moravie, représentent les limites septentrionales de leur habitat dans l'Europe centrale.

En France elle est fort commune dans le Midi; et n'est pas rare sur les côteaux ensoleillés des environs de Lyon; elle remonte à l'est à travers les départements de l'Isère, de l'Ain jusque dans le Jura, le Doubs et même accidentellement dans les Vosges, la Marne, et l'Alsace. C'est ainsi qu'elle a été prise dans les environs de Lons-le-Saunier, de Besançon;

(1) Μάντις, divin, prophète.

Fig. 610. — La Mante religieuse s'élançant sur un Syrpue.

elle se trouve également dans la Côte-d'Or et dans l'Aube, et s'avance même jusqu'à Fontainebleau. Dans la région du centre, elle habite le Puy-de-Dôme, l'Allier, l'Indre-et-Loire, le Maine-et-Loire ; vers l'ouest la Mante religieuse se rencontre dans le Languedoc, les Charentes, le Maine, le Morbihan et atteint comme limite extrême les environs du Havre.

Mœurs, habitudes, régime. — De couleur verte, comme les feuilles des buissons sur lesquels elle se tient, la Mante, dans une attitude réfléchie, son long cou redressé, ses pattes ravisseuses relevées et portées en avant, reste des heures entières immobile et déploie autant de patience que de ruse. Qu'une pauvre Mouche, un petit Coléoptère, un Insecte quelconque avec lequel elle ose se mesurer, vienne à passer dans le voisinage, elle le suit du regard en tournant sa tête de ci et de là, se glisse entre les feuilles avec des précautions infinies, en rampant à la manière des chats, et sait choisir l'instant précis où elle doit se servir de ses armes pour atteindre sa proie. L'infortunée victime est saisie par l'une des pattes ravisseuses, et maintenue entre la jambe et la cuisse par les épines qui les garnissent ; la seconde patte vient en aide

pour maintenir la proie et rendre l'évasion impossible. En repliant ses pinces, la Mante amène son butin vers les mandibules et le dévore tout à son aise. Ceci fait, elle nettoie ses pinces avec sa bouche, passe entre elles ses antennes, en un mot « fait sa toilette » et reprend sa posture primitive pour guetter une proie nouvelle.

Dans les derniers jours d'août 1873, Taschenberg trouva les Mantes répandues en assez grandes masses, en partie encore à l'état de Larves, près de Bozen, sur le mont Calvaire qu'habitent de nombreux Insectes. Ces *Prie-Dieu* étaient installés surtout parmi les broussailles, des Mûriers et autres plantes dont ce mont offre un choix très riche. Lorsque l'on prend quelqu'une de ces bêtes, elle se fixe si solidement aux doigts qu'il faut user de précautions pour parvenir à lui faire lâcher prise sans léser son corps tendre et fragile : de même que la Bardane s'agrippe avec force aux vêtements, de même ces Insectes se cramponnent constamment aux doigts en s'attachant à une nouvelle place chaque fois qu'on les détache ; ils ne causent du reste aucune douleur.

Le mode d'éclosion si singulier des Mantes a été fort bien observé par M. Pagenstecher et

M. Ch. Brongniart (Voy. p. 398); ce sont eux qui ont constaté le singulier rôle que jouaient les deux longs filaments situés à l'extrémité de l'abdomen au moment de la naissance.

LA MANTE ARGENTINE. — *MANTIS ARGENTINA.*

Argentinische Fangschrecke.

Caractères. — Burmeister a décrit les deux sexes de cette espèce nouvelle, dénuée de taches, d'une longueur de 70 millimètres et d'une teinte vert-clair, et il lui donne le nom de *Mantis argentina.*

Le Mâle a des ailes transparentes qui ne dépassent guère l'abdomen et dont les nervures sont vertes, sauf la nervure principale antérieure qui est jaunâtre. La femelle, aptère, porte seulement, à la place des ailes, des disques coriaces et fortement réticulés, de 26 millimètres de long.

Mœurs, habitudes, régime. — Burmeister raconte qu'un soir, entre 8 et 9 heures, Hudson, assis devant la porte de sa maison de campagne, près de Buenos-Ayres, fut surpris soudain par les cris que faisait entendre, dans le feuillage d'un arbre voisin, un petit Oiseau (*Serpophaga subcristata*). En s'approchant, il constata avec étonnement que l'Oiseau semblait fixé à une branche et battait des ailes avec force ; ayant été cherché une échelle pour pouvoir se rendre compte du fait, il vit alors une Mante qui se cramponnait fortement à une branche par ses quatre pattes postérieures et qui enserrait l'Oiseau dans ses pattes antérieures de telle sorte qu'ils se trouvaient tous deux tête contre tête. Le Serpophage avait la peau du crâne en lambeaux, et l'os même était transpercé au niveau du front. Burmeister put s'en assurer par lui-même en examinant les deux bêtes qu'Hudson lui transmit le lendemain matin en même temps que son observation.

Les Mantes sont donc assez hardies pour surprendre et pour tuer quelquefois les Oiseaux endormis, au risque de recevoir des coups de bec qui à l'avenir les rendent inoffensives.

LES CHOERADODES — *CHOERADO-DIS* (1)

Caractères. — Voici encore un type aux formes étranges. La tête est large, triangu-

laire, sans tubercule ni épine. Le prothorax affecte une forme bien particulière : il est long et dilaté latéralement en une grande membrane. Les élytres sont ovales, pointues, de la longueur de l'abdomen ; les ailes sont aussi longues que les élytres. Les 4 pattes postérieures sont grêles.

Distribution géographique. — Les quelques espèces sont américaines ; l'une d'elles toutefois a été trouvée à Ceylan.

LE CHOERADODE A TREILLIS. — *CHOERADODIS CANCELLATA.*

Caractères. — Cette Mantide (fig. 608, p. 397) est d'une belle couleur verte, au prothorax entouré d'une large membrane presque cordiforme masquée en avant de deux taches brunes ovalaires et sur le disque de deux autres taches brunes en croissant allongé ; aux élytres également vertes tachetées d'un point blanc.

Distribution géographique. — C'est une espèce de l'Amérique du Sud.

LES ÉRÉMIAPHILES — *EREMIA-PHILA* (2)

Parmi toutes les Mantides voici peut-être les plus bizarres par leur conformation, les plus singulières par leurs mœurs.

Caractères. — Le corps est trapu ; la tête grosse, épaisse, arrondie, enfoncée dans le prothorax et très inclinée en dessous porte des gros yeux ovalaires qui ne sont point saillants ; le front présente un léger enfoncement dans lequel sont situés les ocelles : les antennes sont longues, épaisses et sétacées chez les mâles, courtes et filiformes chez les femelles. Le prothorax est court, large et plus ou moins carré. Les organes du vol sont atrophiés ; les élytres toujours raccourcies, et coriacées, réticulées, à nervures rayonnantes, sont souvent squamiformes ; les ailes petites ou nulles, arrondies, sont presque opaques. Les pattes antérieures sont fortes et trapues ; les intermédiaires et les postérieures sont grêles et longues. L'abdomen large et arrondi chez les femelles, est plus grêle chez les mâles.

Distribution géographique. — Les Eremiaphiles sont cantonnées en Afrique et en Asie dans la région méditerranéenne et comptent

---

(1) Χοιραδώδης, qui a les écrouelles.

(2) Έρημια, solitude ; φιλος, ami.

Fig. 611. — Coque ovigère ou oothèque d'où éclosent les jeunes.   Fig. 612. — La Mante en chasse.

Fig. 611 et 612. — La Mante religieuse et sa coque ovigère.

un assez grand nombre d'espèces ; de Saussure en signale 24.

Mœurs, habitudes, régime. — C'est à Lefebvre, créateur du genre, que nous devons la connaissance des mœurs étranges de ces Orthoptères, voici ses observations.

« Alors que je parcourais, dans les années 1829-1830, diverses parties de l'Égypte sous l'égide du Dʳ Pariset, chef de la commission médicale chargée d'y observer la peste, une excursion à l'Oasis de Bahryeh fut par ce savant jugée convenable, tant pour l'analyse des eaux thermales qu'elle contient que pour d'autres observations médicales relatives à sa mission. Le Dʳ Lagasquie et M. Darcet furent chargés des observations de médecine et de chimie, et M. Pariset me permit de profiter de cette première occasion pour explorer sous le rapport de l'histoire naturelle cette île au milieu des sables.

« Nous venions de laisser, le 27 février, les dernières végétations, pour nous lancer dans ces espaces brûlants, et je voyais successivement disparaître jusqu'à la trace du moindre être vivant, avec les plantes qui les pouvaient nourrir. Après une journée et demie de marche, quelle ne fut pas ma surprise, lorsqu'au milieu des débris de coquilles dont je recueillis de magnifiques échantillons, actuellement déposés aux galeries du Muséum, au milieu de ces Nummulites que nos Dromadaires foulaient, et parmi lesquels, mais sans grand espoir, je cherchais encore quelques Insectes, quel ne fut pas mon étonnement, dis-je, de voir se mouvoir lentement une espèce de petite Mantide à corps trapu et ramassé, aptère ou à peu près, et semblant observer les moindres excavations du sol, comme pour y rencontrer une proie !

« Je quittai notre caravane ; et restant avec mon domestique Hralil, jeune Arabe qui déjà me recueillait des Insectes avec assez d'intelligence, nous demeurâmes à observer cet être singulier dont la présence dans une semblable région excitait mon étonnement au plus haut degré.

« Mais en vain nous suivons longtemps tous ses mouvements : ils ne peuvent rien m'apprendre de ses mœurs, de son habitat, et surtout de ses moyens d'existence. Déjà près de deux heures se sont écoulées dans ces inutiles observations et mes compagnons disparaissent au loin dans les ondes magiques du mirage. Sans imprudence nous ne pouvons prolonger davantage notre séjour dans ces solitudes. Je m'empare de la Mantide, et nous rejoignons notre troupe. Bientôt plusieurs autres Insectes semblables s'offrent çà et là à nos yeux, et je les épie également sans qu'aucun indice m'en apprenne davantage sur ce que je voulais savoir. Le lendemain même rencontre, mêmes remarques inutilement prolongées des heures entières, et résultats aussi peu satisfaisants.

« Mais ce qui me frappait vivement, c'était le changement de coloration que j'observais dans ces Insectes, selon le terrain sur lequel je les rencontrais et avec la teinte duquel ils offraient la plus parfaite identité, à tel point que je ne pouvais les distinguer que par leurs mouvements sur ce sol qui semble dépourvu de vie. Nul doute que pour cette raison plusieurs échappèrent à ma vue, naturellement très basse et fatiguée alors par la réverbération d'un soleil africain.

« Le léger Œdicnème, à peu près le seul volatile qui s'aventure dans ces régions désertes, aux environs des débris des Oasis envahies par les sables, un petit Saurien, le *Trapelus ægyptiacus*, vrai Bédouin de ces déserts, et que je rencontrais parfois avec mes Erémiaphiles, me présentaient cette identité parfaite de coloration avec le sol, dont j'avais bien entendu parler, mais que je n'aurais jamais cru poussée à un tel point; cette identité était si frappante, que dans certaine région où le terrain était brun, Reptiles et Insectes étaient de même couleur; et six cents pas plus loin je me trouvais sur des débris de coquilles ou sur des dalles de calcaires éblouissant de blancheur, les mêmes êtres participaient de cette couleur argentée qui les confondait avec les aspérités du sol.

« Vivent-ils donc dans ces espaces limités sans s'en éloigner? Empruntent-ils la couleur du terrain au fur et à mesure qu'ils y séjournent plus ou moins? C'est ce dont il m'est difficile d'expliquer la cause physique et de me rendre compte. »

. . . .

« Quant au motif que la nature aurait eu ici, ne serait-ce pas pour donner plus de facilité à nos Eremiaphiles d'échapper à leurs ennemis, d'autant plus à craindre pour elles, qu'elles semblent être dans ces déserts les seuls Insectes qui puissent servir à leur pâture, qu'elle aurait confondu la robe de ces Orthoptères avec la couleur du sol, à tel point qu'il soit presque impossible de les apercevoir, surtout dans leur état d'immobilité. »

. . . .

« Quel peut être, au milieu de ces solitudes affreuses, la nourriture de ces Orthoptères, là où nul autre Insecte herbivore ne saurait exister? car il n'y a aucune plante, nul vestige de végétation, on ne saurait même en soupçonner; et avec eux je ne rencontrais jamais ni la Soude, ni la Coloquinte, tristes et rares vestiges d'une nature vivante sur laquelle l'œil fatigué se plait encore à se reposer, et que dans d'autres localités plus proches des terres habitées le hasard fait parfois trouver.

« Cependant les Érémiaphiles sont armées de pattes ravisseuses fortement dentelées, munies d'élytres dures et solides en comparaison des autres Mantides; tout annonce donc des habitudes essentiellement carnassières

dans ces Orthoptères, une vie qui ne doit son existence qu'à la rapine, aux combats; et quels sont donc ces Insectes assez forts pour demander de telles armes nécessaires à leur capture, lorsque pendant huit jours que j'habitai le Désert proprement dit, sur un mois que dura notre excursion, il fut impossible à aucun de nous de trouver d'autres Insectes en même temps que les Érémiaphiles? »

L'ÉRÉMIAPHILE TYPHON. — *EREMIAPHILA TYPHON.*

Caractères. — C'est la plus grande espèce du genre, elle est d'un jaune terreux pâle, avec d'immenses pattes annelées; nous avons présenté, d'après Lefèvre, la larve du mâle (fig. 613). Chez les adultes les élytres larges, arrondies, opaques, réticulées, s'arrêtent au deuxième segment abdominal; les ailes petites, opa-

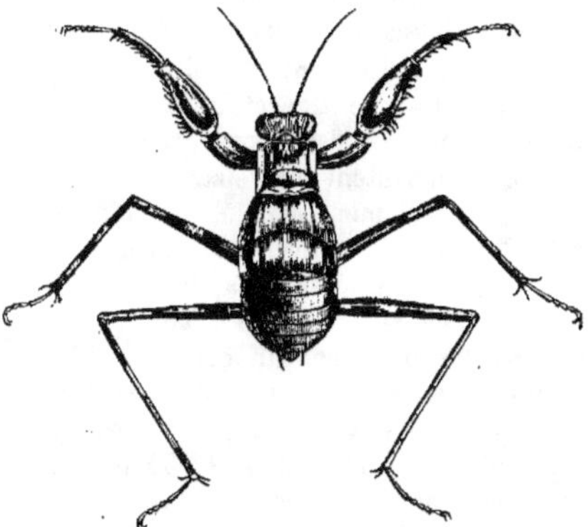

Fig. 613. — L'Érémiaphile Typhon. Larve d'un mâle de grandeur naturelle.

ques, réticulées comme les élytres, sont taillées en quart de cercle.

Distribution géographique. — Elle habite le désert en Égypte et en Syrie.

L'ÉRÉMIAPHILE A COU DENTELÉ. — *EREMIAPHILA DENTICOLLIS.*

Caractères. — Cette espèce qui mesure en-

Fig. 614. — Erémiaphile à cou dentelé.

viron 25 millimètres, est grise, un peu jaunâtre,

à tête large, à corselet granuleux, marqué de taches fauves, ayant les angles antérieurs arrondis, les angles postérieurs acuminés, et les bords dentelés, aux élytres rugueuses unituberculées à la base et sans taches, aux ailes petites et arrondies, marquées d'une (fig. 614).

Distribution géographique. — Cette Érémiaphile algérienne a été découverte près de l'oasis d'El-Aghouat par M. Lucas.

LES PHASMIDES — *PHASMIDÆ*

Die Gespenstschrecken.

Caractères généraux. — La famille des *Phasmides* (*Phasmidæ*), qui se rapproche beaucoup de la précédente par son habitat dans les climats chauds et par son aspect étrange, est restée confondue longtemps avec elle ; mais les caractères qui la distinguent sont trop nombreux pour que la science consacre encore cette réunion. Chez les Phasmides, le développement prédominant du mésothorax aux dépens du prothorax, l'absence de pattes ravisseuses, l'atrophie fréquente des ailes, l'aspect général en forme de tige et quelquefois en forme de feuille, suffisent pour établir des divergences qui sautent aux yeux.

La tête, généralement ovoïde, volumineuse chez les femelles et souvent bombée postérieurement, est disposée très obliquement, mais la bouche se trouve en avant ; elle ne porte d'ocelles que chez un certain nombre d'espèces pourvues d'ailes ; au milieu de la face, en avant des yeux à facettes, s'insèrent les antennes filiformes, formées de 9 à 30 articles, généralement aussi longues ou plus longues que le corps, rarement courtes. Les pièces de la bouche comprennent : un labre plus ou moins échancré ; des mandibules très grosses en forme de coin tranchant émoussé et strié en dehors ; des mâchoires peu développées, cachées par la lèvre, accompagnées d'un galéa fort court ; une lèvre inférieure, plus saillante, dont les lobes externes sont très grands et dont les palpes rejettent complètement sur les côtés les palpes maxillaires plus petits.

Le prothorax est toujours court, le mésothorax généralement très long et même trois ou quatre fois plus long, est cylindrique ou aplati suivant que l'animal affecte dans son ensemble une forme convexe ou plane ; c'est à son *extrémité postérieure* que sont attachées les pattes et les ailes lorsqu'elles existent ; chez un petit nombre seulement de ces Insectes (*Phyllium*), le métathorax est aussi grand que le mésothorax ; chez les Phasmides aptères, il est plus court et présente une conformation semblable ; il est un peu plus long chez les Insectes ailés.

Suivant que le thorax est aplati ou cylindrique, l'abdomen est aplati et mince comme une feuille ou régulièrement cylindrique ; à sa face dorsale on distingue 9 articles, à sa face ventrale 7 ou 8 ; cela tient à ce que le dernier anneau est recouvert ou même dépassé, chez le mâle, par le huitième anneau, chez la femelle par le septième agrandi en forme de pelle. Un caractère qui permet aussi de distinguer les sexes, c'est l'orifice des organes reproducteurs situé sur l'avant-dernier segment chez le mâle, et sur le troisième avant-dernier chez la femelle.

Ainsi que nous l'avons déjà signalé, les ailes font défaut à tout âge chez un grand nombre d'espèces. Il est alors fort difficile de discerner les Larves des Insectes sexués aptères, d'autant mieux que chez beaucoup de Larves apparaissent, sur les pattes ou sur diverses régions du corps, des épines et des appendices lobulés qui disparaissent un peu plus tard, de telle sorte qu'on ne peut en tirer aucun caractère permettant de déterminer avec certitude l'âge de l'Insecte.

Les ailes antérieures, généralement courtes, surtout dans les mâles, ne recouvrent que la base des ailes postérieures ; en revanche, celles-ci arrivent souvent presque à l'extrémité du corps ; elles ont une aire marginale colorée et parcheminée, une aire suturale large et membraneuse ; et toutes deux ont des nervures à mailles presque quadrangulaires. La plus grande variété règne dans la conformation des pattes qui sont tantôt longues et grêles, tantôt élargies en divers endroits et pourvues d'appendices qui leur donnent un aspect foliacé. Les tarses de 5 articles, dont le premier est le plus long, et la présence d'une grande palette ronde, spongieuse, entre les griffes, sont les seuls caractères constants.

Les pattes antérieures, minces, sont généralemént échancrées à la base des cuisses de manière à pouvoir loger la tête dans une excavation profonde, lorsqu'elles s'étendent en s'appliquant fortement l'une contre l'autre ; ces Insectes adoptent volontiers, au repos, cette attitude qui en raison de sa couleur ordinairement verte ou brunâtre les fait ressembler étonnamment soit à un rameau vivant, soit à une branche sèche. C'est là un moyen de protection que la nature accorde fréquemment aux Insectes inermes pour leur permettre de se dérober, dans les lieux où ils séjournent, aux regards de leurs ennemis.

Leur taille et le développement de leurs ailes sont d'autant plus considérables qu'elles approchent plus de l'équateur.

On trouve parmi elles certains types en forme de tige, dont la longueur dépasse de beaucoup celle de tous les autres insectes. Ainsi la femelle du Spectre-à-pattes-épineuses (*Phibalosoma acanthopus*), qui réside à Java et qui est complètement dépourvue d'ailes, mesure 215 millimètres de long sur 6^{mm},5 de large. La femelle, également aptère, de la Bactérie auriculée (*Bacteria aurita* ou *Phibalosoma phyllocephalum*) qui vit dans l'intérieur du Brésil, atteint 462 millimètres de long, ou 314 millimètres en comptant les pattes étendues, sur 3^{mm},25 de large ; sa tête porte une paire d'appendices assez vastes, en forme d'oreilles, et de son dos émerge, juste entre les deux pattes postérieures, une épine puissante qui se dirige en haut. Ni l'une ni l'autre de ces deux espèces ne pourrait être figurée ici en grandeur naturelle sans être infléchie.

Distribution géographique. — Parmi les nombreuses espèces qui composent cette famille, deux seulement appartiennent à l'Europe méridionale, presque toutes les autres à la zone torride. Dans son travail sur cette famille, en 1833, R. Gray décrivit 120 espèces. Westwood, dans son catalogue du Muséum Britannique, en 1859, n'en a guère augmenté le nombre. Un tiers d'entre elles provient de l'hémisphère occidentale, les deux autres tiers de l'hémisphère orientale ; seules, quelques rares espèces ailées dépassent, de part et d'autre, la zone torride.

Mœurs, habitudes, régime. — Les Phasmides habitent les taillis et les buissons dont ils dévorent les feuilles pendant la nuit ; ils passent toute leur journée dans l'indolence. Les semelles pondent isolément leurs œufs, d'où éclosent au bout de 70 à 100 jours des Larves qui croissent très rapidement.

LES BACILLES — *BACILLUS* (1)

Die Stabschreckren, Bacillinen.

Caractères. — Leur corps, sec, ne porte ni ailes, ni épines, ni appendices lobulés, et leur tête simple n'offre pas d'yeux accessoires. Ces caractères auxquels on peut ajouter des antennes courtes et filiformes, des pattes courtes, les antérieures plus grandes que les autres, un abdomen terminé en pointe chez la femelle et en crosse chez le mâle, définissent le genre.

LE BACILLE DE ROSSI. — *BACILLUS ROSSII.*

Rossi's Gespenstschrecke

Caractères. — L'espèce est caractérisée par un corps lisse et brillant, de couleur verte ou brunâtre, par une carène médiane peu accusée sur les deux anneaux thoraciques postérieurs qui sont à peine chagrinés, par des antennes à 19 articles, enfin par des cuisses médianes dont la face inférieure est armée de 3 à 4 dents et des cuisses postérieures armées de 6 dents. Le mâle a 48 millimètres de long, et la femelle 65 (fig. 615).

Distribution géographique. — Le spectre de Rossi (*Bacillus Rossii*), une des rares espèces européennes, habite l'Italie et le midi de la France.

LE BACILLE GRANULÉ. — *BACILLUS GRANULATUS.*

Caractères. — On connaît une seconde espèce indigène, le *Bacillus granulatus*, qui a la même coloration, mais se distingue par la présence sur tout le corps de nombreux tubercules.

Distribution géographique. — Cette espèce se rencontre sur tout le littoral méditerranéen.

LES BACTÉRIES — *BACTERIA* (2)

Caractères. — Le genre *Bacteria*, dont les espèces se distinguent du genre précédent par leurs antennes sétiformes ou filiformes dont la longueur atteint au moins la moitié de celle du corps, diffèrent du reste de la famille par le premier article de leur tarse dont la lon-

(1) *Bacillus*, baguette.
(2) Βακτηρία, bâton.

gueur dépasse celle des trois suivants pris en bloc. Les deux sexes sont aptères.

Distribution géographique. — Les nombreuses espèces paraissent habiter l'Asie et l'Afrique aussi bien que l'Amérique.

Nous citerons comme type la *Bacteria Arumatia*, gigantesque Phasme semblable à une longue branche d'arbre, qui a pour patrie la Guadeloupe et l'Amérique intertropicale.

LES EURYCANTHES — *EURYCANTHA* (1)

Entre tous les Phasmides aptères ceux-ci sont certainement les plus robustes, les plus cuirassés, les mieux armés, les plus horribles. M. Künckel d'Herculais ayant exposé (2) leurs caractères et retracé leur histoire, nous reproduirons les passages les plus intéressants de sa notice.

« C'est Labillardière, le naturaliste de l'expédition organisée en 1791 par ordre de l'Assemblée constituante, sous le commandement de d'Entrecasteaux, pour aller à la recherche de la Pérouse, qui a rapporté pour la première fois en Europe ces Insectes géants. Ils sont restés longtemps et même jusqu'à nos jours d'une si grande rareté qu'un entomologiste anglais, Mac Leay a payé l'un d'eux, il y a quelques vingt ans, la somme énorme de 13 livres sterling. Le docteur Boisduval, dans la description des Insectes récoltés pendant le voyage de *l'Astrolabe*, dirigé par Dumont-d'Urville, fit représenter un de ces Orthoptères sous le nom d'*Eurycantha horrida;* depuis lors un missionnaire, qui a consacré les loisirs d'un long séjour en Océanie à l'étude de l'histoire naturelle, le Père Montrouzier, a fait connaître plusieurs espèces et nous a raconté leurs mœurs curieuses. M. Lucas, aide naturaliste au Muséum, et M. Westwood, ont décrit et figuré quelques espèces. »

Caractères. — « Les Eurycanthes, c'est-à-dire les Insectes aux larges épines, ont été longtemps suffisamment caractérisés par la présence sur tout le corps et les membres d'épines acérées ; mais le Père Montrouzier ayant décrit une espèce (*E. Australis*), provenant de Moreton Bay dont le mâle seul porte des pointes recourbées aux cuisses postérieures et dont la femelle est entièrement nue, on se trouve dans

l'obligation de donner plus de précision aux caractères génériques. Tous ces Animaux d'une couleur uniformément brune, ont la tête aplatie, plus étroite que le thorax, pourvue d'antennes plus longues que le prothorax et le mésothorax réunis, et d'yeux assez petits et globuleux ; leur mésothorax est beaucoup plus long que le prothorax et le mésothorax pris isolément ; leurs membres robustes, généralement garnis de quatre arêtes spinuleuses, présentent une particularité frappante : les cuisses postérieures des mâles très renflées, très volumineuses, portent en dessous de longues épines recourbées, l'une d'elles se faisant remarquer par ses dimensions. Malheur à l'imprudent qui saisit sans précautions un Eurycanthe mâle, car celui-ci dans sa colère redresse brusquement ses pattes postérieures et enfonce avec une telle force, dans les doigts qui l'étreignent, ses grands crochets acérés que le sang jaillit ; armes défensives, ses longs crochets servent surtout à retenir les femelles. Celles-ci n'ont pas les cuisses de la troisième paire de pattes renflées et se reconnaissent aisément à leur oviscapte court et rigide qui sert à assurer le dépôt d'une centaine d'œufs en forme de baril ; ces œufs sont relativement très gros, car ils mesurent près de 1 centimètre de longueur sur 5 millimètres de largeur. »

Distribution géographique. — « Les Eurycanthes habitent exclusivement l'Océanie; ils sont très répandus à la Nouvelle-Guinée, à l'île Woodlark, aux îles Salomon et se trouvent même dans la partie la plus septentrionale de l'Australie. L'*Eurycantha calcarata*, Lucas, des îles Salomon, très voisine de l'*E. horrida*, Boisd., et de l'*E. echinata*, Luc., ne sont très probablement que des races locales d'une seule et même espèce. Les collections du Muséum possèdent ces trois espèces et quelques autres. »

Mœurs, habitudes, régime. — « Les vieux arbres chargés de plantes parasites servent de refuge aux Eurycanthes qui ne sortent de leurs retraites que pendant la nuit ; leur nourriture, comme celle de tous les Phasmes, est absolument végétale, mais on ignore s'ils sont exclusifs dans le choix de leurs aliments; le Père Montrouzier a tenté de les nourrir avec les feuilles de *Broussonetia papyrifolia*, mais ils n'y touchaient qu'après plusieurs jours de diète et se laissaient mourir d'inanition ; non pas sans résister, car ils déployaient une force prodigieuse pour reconquérir leur liberté ; ils

(1) Εὐρύς, large ; ἄκανθα, épine.
(2) *La Nature* 1879.

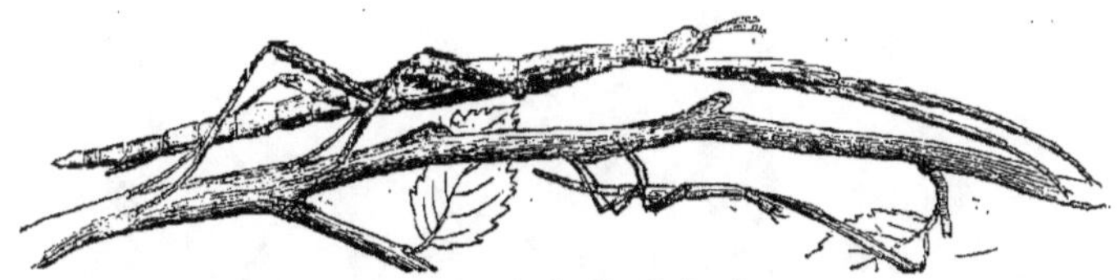

Fig. 615. — Le Bacille de Rossi.

parvenaient même dans la lutte à soulever de lourdes planches. »

« Au témoignage du Père Montrouzier, pour les naturels de l'île Woodlark, les Eurycanthes seraient un fin régal ; ils les priseraient autant que les écrevisses ; nous devons sans doute attendre bien des années pour connaître l'opinion d'un Brillat Savarin d'outre-mer ; car l'excellent missionnaire n'a pas mangé d'*E. horrida*, même un vendredi....., en Papouasie. »

LES CYPHOCRANES — *CYPHOCRANIA* (1)

Caractères. — Les Cyphocranes sont de gigantesques Orthoptères, des géants parmi les Insectes, qui se reconnaissent entre tous à leur physionomie. La tête grande, gibbeuse postérieurement, porte de gros yeux globuleux, des antennes longues et sétacées; le mésothorax est trois fois plus long que le prothorax ; les élytres ovales, couvrent au moins le tiers des ailes chez les femelles et ont une élévation médiane très accusée chez les mâles ; les ailes immenses ont une envergure plus grande chez les femelles ; les pattes, épineuses, n'ont aucune expansion membraneuse ou foliacée ; les antennes sont dentées et échancrées pour livrer passage à la tête ; l'abdomen cylindrique, allongé, porte une paire d'appendices terminaux élargis, mais assez courts.

Distribution géographique. — Ces remarquables Orthoptères sont originaires des îles de la Sonde, de la Nouvelle-Guinée, de la Nouvelle-Hollande ; une espèce vivrait au Congo, d'après Westwood.

LE CYPHOCRANE GÉANT. — *CYPHOCRANIA GIGAS*.

Caractères. — Ce géant parmi les Insectes (Pl. IX) mesure 15 et même 20 centimètres depuis la tête jusqu'à l'extrémité de l'abdomen et

(1) Κυός, bossu; Κρανιόν, crâne.

l'envergure de ses ailes atteint les mêmes dimensions ; c'est là, à n'en point douter, un être fantastique. Il est d'une coloration vert foncé, devenant plus ou moins brunâtre dans nos collections ; son mésothorax est couvert de tubercules, un peu plus élevés ou moins alignés, ses élytres uniformément vertes sont très réticulées ; ses ailes amples, arrondies, un peu moins longues que l'abdomen, sont marbrées de taches simulant des bandes ; l'abdomen, très long, porte des appendices courts presque en forme de rectangle à angles arrondis.

Distribution géographique. — Ce Phasmide a été rencontré aux Moluques et à Amboyne.

Ce genre renferme d'autres espèces non moins remarquables qu'il importe de mentionner.

LE CYPHOCRANE GOLIATH. — *CYPHOCRANIA GOLIATH*.

Caractères. — Le gigantesque *Cyphocrania Goliath* est d'une belle coloration vert-bleuâtre, agrémentée sur les élytres d'une tache et d'une ligne blanc-rougeâtre ainsi que d'une bordure marginale rouge de sang qui lui donnent un magnifique aspect.

Distribution géographique. — C'est un hôte de la Nouvelle-Hollande.

LES PHASMES — *PHASMA* (1)

Caractères. — Les espèces du genre *Phasma* sont généralement bariolées et vivent dans les îles de la Sonde et dans l'Amérique du Sud ; on les reconnaît à leurs antennes très longues et sétacées, à leur mésothorax court, lisse ou épineux, à leurs élytres courtes, ovales, présentant une forte élevation dans leur milieu, ainsi qu'à leurs élytres et à leurs ailes aussi longues que l'abdomen dans les deux sexes.

Distribution géographique. — Ils sont cantonnés dans le nouveau monde.

(1) Φάσμα, spectre.

Paris, J.-B. Baillière et fils, édit.

Corbeil, Crété, imp.

LE PHASME GÉANT.

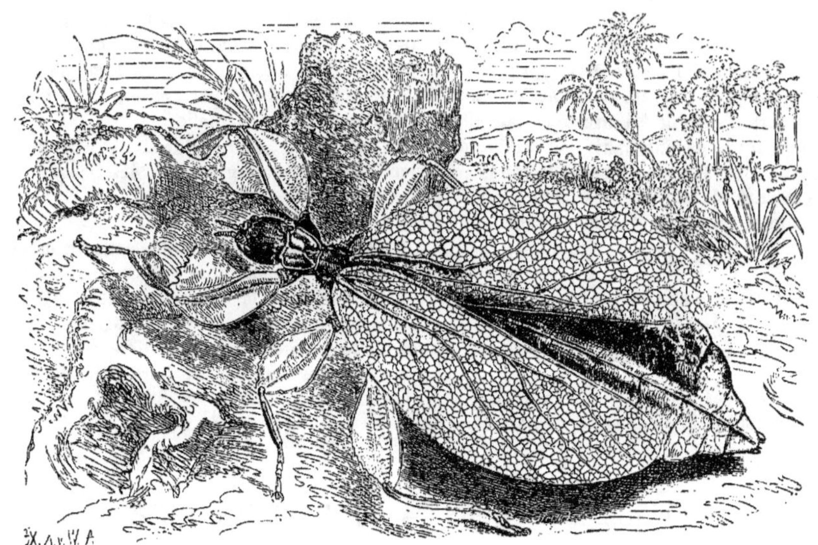

Fig. 616. — La Phyllie feuille sèche

Nous citerons entre tous les *Phasma*, le *Ph. necydaloides*, espèce fort connue qui se reconnaît à la ligne flave qui se trouve au milieu des élytres, et vient de Cayenne et du Brésil.

LES PHYLLIES — *PHYLLIUM*

Die Blattschrecken, Phylliinen.

Caractères. — Tandis que les Bacilles, les Bactéries, peuvent être considérés comme des *branches errantes*, les Phasmides de la tribu des *Phyllines*, en raison de la forme large et aplatie de leur corps ainsi que de leurs pattes, pourraient être comparés à des *feuilles errantes*. Cette dénomination est pleinement justifiée, car leur thorax court porte chez les femelles deux grandes élytres opaques ressemblant admirablement à une feuille et recouvrant presque tout l'abdomen; leurs pattes ont les cuisses et les jambes ornées de dilatations foliacées; leur abdomen se dilate de chaque côté en une large membrane, ce qui lui donne l'apparence d'une feuille ovale. Les ailes rudimentaires sont très grandes et transparentes chez les femelles.

Distribution géographique. — Ces Orthoptères sont confinés dans les régions intertropicales.

Mœurs, habitudes, régime. — Ces curieux Insectes ont été quelquefois, à cause de leur singularité, apportés en Europe, et c'est ainsi que nous avons pu connaître les traits principaux de leurs mœurs et de leur organisation.

En 1855, le Jardin botanique d'Edimbourg reçut de mistress Blackwood des œufs de *Phyllium Scythe* qu'elle avait recueillis dans l'Assam, au-dessous de Cherrapoanjée, dans les monts Kusiah où ces Orthoptères sont très répandus. Ces œufs donnèrent naissance à un seul individu qui vécut dix-huit mois dans les serres, grâce aux soins de M. Nab, et éveilla la curiosité de toute la ville. En 1866, Toulouse fut favorisée, M. Borg, capitaine du vaisseau *l'Ermine*, rapporta des Seychelles un Goyavier chargé d'une douzaine de Phyllies, et les remit à M. Jolly, professeur à la Faculté des sciences, qui put faire connaître les principaux traits de leur organisation. Depuis, en 1867, d'autres *Phyllium* furent apportés des Seychelles à Paris et exposées dans les serres du Jardin zoologique d'acclimatation au Bois de Boulogne où chacun put les contempler tout à son aise; M. le professeur Blanchard en a donné une très fidèle représentation.

Ces *Phyllium* ne mettent pas un grand soin à assurer le sort de leur progéniture; ils laissent tomber leurs œufs à terre sans s'inquiéter de leur sort. Ces œufs rappellent les graines de belles de nuit dont les arêtes seraient très prononcées; c'est un baril à six arêtes dont une est beaucoup moins saillante. Le *Phyllium* qui vient d'éclore ressemble à l'Insecte parfait, il a environ un pouce de long, mais il est aptère et d'un jaune rougeâtre; à la seconde mue, au dire de Murray, les élytres et les ailes apparaissent, l'animal s'est démesurément accru et a pris une belle couleur vert-émeraude.

LA PHYLLIE FEUILLE SÈCHE. — *PHYLLIUM SICCIFOLIUM.*

Wandelndes Blatt.

Caractères. — L'espèce figurée ici (*Phyllium siccifolium*) dont la couleur verte, comme chez toutes les espèces de cette tribu, passe au jaune après la mort (fig. 616); elle diffère des autres par ses cuisses antérieures, losangiques, armées de 5 dents, et par l'absence des ailes postérieures chez la femelle.

Distribution géographique. — Elle provient des Indes orientales et des îles de la Sonde.

Un second genre (*Prisopus*) de cette tribu se distingue par ses antennes filiformes qui s'élèvent au-dessus de la tête et sont plus longues que la moitié du corps, ainsi que par ses cuisses dilatées en une membrane élargie, fortement dentées en scie au bord inférieur et ciliées tout autour.

Il est de l'Amérique du Sud.

LES ORTHOPTÈRES SAUTEURS — *ORTHOPTERA SALTATORIA*

Küpfende Kaükerfa.

Le groupe considérable des *Orthoptères sauteurs* comprend les divers Insectes que le peuple désigne en Allemagne sous les noms de : « *Heuschrecken, Graspferde, Grashüpfer, Heupferde, Sprengfeld, Grillen,* en France sous les noms de *Sauterelles,* de *Criquets,* de *Grillons.* » Tous se nourrissent principalement de végétaux; quelques-uns, par leurs invasions par masses énormes, sont parfois très nuisibles à l'agriculture; leur voracité les porte quelquefois aussi à se dévorer entre eux ou à manger d'autres Insectes. Ils animent, pendant la fin de l'été et l'automne, les bois, les champs et les prairies par une musique incessante variant avec chaque espèce; c'est à cause de la stridulation et du bruit de crécerelle qu'ils produisent qu'on a donné en Allemagne le nom de « Schrecke » à toute cette catégorie d'Orthoptères bruyants. Bien qu'on les ait confondus souvent, ils sont connus depuis les temps les plus anciens, ainsi que le prouvent les écrits d'Aristote. Cet auteur raconte que leur chant provient du frottement de leurs pattes-sauteuses, et que leurs œufs sont pondus dans la terre où s'effectue le développement des jeunes. « Au sortir de terre, dit-il, la jeune Sauterelle est petite et noire; bientôt elle fait éclater sa coque et grandit. » Les Entomologistes actuels divisent toutes les Sauterelles en trois familles : les *Acridides,* les *Locustides* et les *Grillides.*

Nous étudierons en détail quelques espèces, suivant l'ordre indiqué par les auteurs

LES ACRIDIDES — *ACRIDIDÆ*

Feldschsecken.

Caractères. — Les *Acridides* (*Acrididæ*) ou *Sauterelles,* dans le sens restreint et impropre du mot, comprennent tous les Orthoptères sauteurs dont les antennes nettement articulées ne dépassent pas la demi-longueur du corps, dont les tarses conformés tous de la même manière sont composés de 3 articles, et dont les pattes postérieures sont aptes au saut en raison de l'épaisseur de leurs cuisses et de la longueur de leurs jambes. Ce sont les meilleurs sauteurs de la famille; comme les Puces, ils franchissent d'un bond, une distance considérable.

Leur thorax très aplati latéralement, paraît plus haut que large. La tête est verticale; mais le front n'est pas toujours dirigé en avant, car il forme souvent avec le vertex un prolongement conique, comme chez les Truxales par exemple. Les ocelles, au nombre de 3, manquent rarement; auprès des deux supérieurs s'élèvent, sur un article basilaire cupuliforme et sur un second article également cupuliforme, des antennes de 20 à 24 articles d'aspect variable. Quand la lèvre supérieure, échancrée au milieu, s'applique contre la lèvre inférieure qui semble formée de deux lobes seulement, l'interne étant très petit et dissimulé, on aperçoit à peine les organes masticateurs qui sont extrêmement puissants; les mandibules sont robustes et multidentées; les mâchoires ont leur lobe interne tridenté, leur lobe externe a reçu le nom de galea (*casque*) à cause de la façon dont elle peut recouvrir la précédente. Les palpes maxillaires courts et filiformes ont 5 articles, dont les deux premiers, très courts; la lèvre inférieure, bifide, parfois quadrifide porte des palpes labiaux courts et filiformes de 3 articles.

Des trois anneaux thoraciques c'est l'antérieur qui se développe le plus; sa forme varie suivant les genres. Il s'étend généralement au delà de l'insertion des ailes et présente sur la face dorsale trois arêtes longitudinales, dont la médiane est la plus accentuée. Ce prothorax paraît plus long à sa face dorsale qu'à sa face ventrale; au contraire le mésothorax et le métathorax sont moins développés et plus courts à la région dorsale qu'à la région sternale.

Les quatre ailes ont généralement la même longueur; mais leur largeur n'est pas la même, car les ailes antérieures ou élytres sont moins larges que l'aire marginale des postérieures; toutes les quatre portent des nervures réticulées. Les ailes antérieures, qui servent d'élytres, sont plus coriaces sur une partie ou sur la totalité de leur étendue; les postérieures se plissent longitudinalement et leurs bords internes se croisent pour s'abriter sous les précédentes. Par exception, les ailes postérieures s'atrophient chez un petit nombre de genres; chez quelques-uns elles font complètement défaut, soit chez la femelle, soit à la fois dans les deux sexes.

Les pattes antérieures et intermédiaires sont assez courtes, à cuisses simples non épaissies, à jambes généralement épineuses; les pattes postérieures sont, en général, robustes,

à cuisses plus ou moins renflées, à face interne aplatie et lisse, à face externe garnie de carênes longitudinales et creusée de sillons obliques; les jambes sont cylindriques, terminées par de fortes épines mobiles et portent en dessus deux rangées d'épines.

Le premier des 3 articles des tarses est muni à la face plantaire de trois coussinets membraneux, le suivant n'en a qu'un, et le dernier en présente un arrondi entre les deux griffes.

L'abdomen, conique, paraît plus ou moins aplati à sa face inférieure, ainsi que le thorax; il se rétrécit graduellement vers le haut, et comprend, dans les deux sexes, neuf anneaux dont le premier se relie très étroitement au thorax, surtout à la face inférieure. C'est l'abdomen qui permet de discerner le plus aisément les sexes. Chez les mâles, il est plus grêle et plus pointu, et son neuvième sternite forme une valve assez grande, triangulaire ou dentelée, dont la pointe se dirige en haut, et qui contient les organes génitaux externes. Auprès d'elle émergent les deux appendices uniarticulés et courts; l'anus est fermé supérieurement par une autre valve triangulaire plus petite. Chez les femelles, la tarière *ne dépasse jamais l'extrémité* de l'abdomen; elle n'est pas formée de valves *latérales*, mais d'une valve supérieure et d'une valve inférieure, ou plutôt de deux pièces supérieures et de deux pièces inférieures terminées par un crochet mousse; en sorte que la vulve fermée semble armée de quatre crochets divergents.

Appareils sonores. — Les mâles seuls produisent un son, au moyen de leurs cuisses postérieures et de leurs élytres; ces vibrations se traduisent par des bruits stridents presque ininterrompus. La face interne des cuisses est entourée d'une crête dont la partie inférieure est la plus saillante. Sous le microscope on remarque, à la base des cuisses, dans toute la région qui peut se mettre en contact avec les élytres, une rangée de dents mousses lancéolées, implantées dans de petites fossettes. Sur les élytres, les nervures longitudinales sont saillantes, en forme de crêtes, dont l'une est plus accentuée que les autres. Un frottement très rapide des cuisses contre les élytres les met en vibration comme des membranes minces et les fait résonner suivant les mêmes lois qu'une corde tendue sur un arc. Les Insectes relâchent un peu leurs élytres à ce moment, ce qui rend le son produit plus clair. Sa hauteur dépend de l'étendue et de l'épaisseur des élytres; aussi de grandes Sauterelles donnent-elles un son plus bas que certaines espèces plus petites. Le timbre dépend essentiellement du nombre plus ou moins grand des nervures de ces ailes. Chacune de ces nombreuses espèces résonne d'une façon spéciale, en sorte qu'une oreille exercée peut reconnaître certaines espèces, notamment celles du genre *Gomphocerus*, aux sons qu'elles produisent. Les Acridides les plus musiciennes sont celles dont les organes sonores sont le mieux développés, comme chez le *Gomphocerus grossus* par exemple.

Chez les femelles, les dentelures de la crête fémorale sont placées généralement trop bas pour servir à la production d'un son.

Appareil auditif. — Une particularité très intéressante des Acridides consiste dans la présence d'un anneau écailleux autour d'une fossette au-dessus de laquelle est tendue une membrane mince ; cette fossette existe, de chaque côté, sur l'abdomen des Acridiens immédiatement en arrière du métathorax. Entre deux prolongements cornés, qui émanent de la partie interne de la membrane, se trouve une mince vésicule, remplie de liquide ; elle est en relation avec un nerf qui provient du troisième ganglion thoracique et qui, après avoir constitué à ce niveau un nouveau ganglion, se termine en fins bâtonnets nerveux. Les recherches de J. Müller, poursuivies par De Siebold, conduisent à considérer cet organe comme un appareil auditif.

Mœurs, habitudes, régime. — Le développement des Acridides est le même pour toutes les espèces, du moins pour celles de l'Europe ; on peut en donner rapidement une esquisse générale.

En automne, la femelle fécondée dépose ses œufs, agglutinés en amas variables à l'aide d'un mucus qui se durcit sous l'influence de l'air, tantôt sur les chaumes des graminées, tantôt sous la terre à peu de profondeur ; les espèces les plus grandes paraissent employer de préférence le procédé indiqué le premier. La mère succombe, et les œufs passent l'hiver ; dans les pays plus méridionaux seulement, les Larves peuvent éclore auparavant, mais généralement l'éclosion n'a lieu qu'au printemps suivant. Indépendamment de leurs dimensions moindres, leur couleur indéterminée, l'absence des ailes, leurs antennes un peu plus trapues et plus courtes, les distinguent des Insectes parfaits ; après plusieurs mues, elles arrivent à l'état adulte à la fin de juillet ou en août. A cette

époque les Criquets commencent à faire entendre leur chant qui préside à leurs fêtes nuptiales. Les Acridides sont les seules qui se multiplient parfois en masses formidables, apparaissent par essaims et deviennent un fléau véritable pour des provinces entières.

Dégâts causés par les Acridides. — L'Afrique paraît être le théâtre principal des ravages exercés par ces Insectes dont parle déjà la Bible.

Tout le monde connaît les plaies d'Égypte : la huitième était due à des Sauterelles et voici comment la Bible s'exprime à ce sujet (1) :

« Alors le Seigneur dit à Moïse : étends ta main sur l'Égypte pour faire venir les Sauterelles, afin qu'elles montent sur la terre et qu'elles dévorent toute l'herbe qui est restée après la grêle.

« Moïse étendit donc sa verge sur la terre d'Égypte et le Seigneur fit souffler un vent brûlant tout le jour et toute la nuit. Le matin ce vent brûlant fit enlever les Sauterelles,

« Qui vinrent fondre sur toute l'Égypte et s'arrêtèrent dans toutes les terres des Égyptiens en une quantité si effroyable, que ni devant ni après on n'en vit un si grand nombre.

« Elles couvrirent toute la surface de la terre, et gâtèrent tout. Elles mangèrent l'herbe et tout ce qui se trouva de fruits sur les arbres, qui était échappé à la grêle : et il ne resta absolument rien de vert, ni sur les arbres ni sur les herbes de la terre dans toute l'Égypte.

« Moïse étant sorti de devant Pharaon, pria le Seigneur,

« Qui ayant fait souffler un vent très violent du côté de l'occident, enleva les Sauterelles, et les jeta dans la mer Rouge. Il n'en resta pas une seule dans toute l'Égypte. »

La version protestante emploie l'expression *vent d'Orient* au lieu de *vent brûlant*, et qui est la même chose, parce que le vent d'Orient vient du désert d'Arabie contigu à l'Égypte et est très chaud.

Joseph ne donne aucun renseignement sur les Sauterelles ; il se contente de dire : « Il vint ensuite une nuée de Sauterelles qui ravagea tout ce qui restait » (de la grêle).

« D'après ce passage, dit le colonel Goureau (2) on ne peut se refuser à admettre que les Sauterelles de la Bible sont les Insectes que nous

(1) *Ex.*, ch. x.

(2) Goureau, *Recherches sur les Insectes mentionnés dans la Bible (Bulletin de la Société des sciences historiques et naturelles de l'Yonne:* Auxerre, 1861, t. XV, p. 3).

désignons sous le nom de *Criquets* (*Acridium*), les seuls Orthoptères sauteurs qui se réunissent en bandes innombrables, qui voyagent en se transportant par les airs, qui s'abattent ensemble et causent d'immenses dégâts dans les lieux où ils s'arrêtent.

« Le mot *Sauterelles* est souvent employé dans la Bible et presque toujours pour servir de comparaison et pour peindre une armée nombreuse, comme on le voit dans les versets suivants :

« Or, les Madianites, les Amalécites et tous les peuples de l'Orient étaient étendus dans la vallée comme une multitude de Sauterelles, avec des Chameaux sans nombre comme le sable qui est sur le rivage de la mer (1).

« Il partit lui-même (Holopherne) et toute son armée, avec ses chars, et ses cavaliers, et ses archers qui couvrirent la face de la terre comme des Sauterelles (2).

« La voix de ses ennemis retentira comme le bruit de la trompette (Les trompes de Nabuchodonosor marchant contre l'Égypte) ; ils marcheront en hâte avec une grande armée, et ils viendront avec des cognées, comme ceux qui vont abattre des arbres.

« Ils couperont par le pied, dit le Seigneur, les grands arbres de sa forêt qui étaient sans nombre ; leur armée qui est innombrable sera comme une multitude de Sauterelles (3). »

On ne peut donc pas douter que les Sauterelles de la Bible ne soient nos Criquets; mais quelle est l'espèce qui a produit la huitième plaie? c'est ce qu'il faut rechercher. Il existe en Orient un Criquet voyageur (*Achridium peregrinum*) que l'on trouve en Égypte, en Arabie, en Mésopotamie et en Perse, qui arrive en Syrie à la suite des vents brûlants du midi, venant de l'intérieur de l'Arabie. Il voyage en troupes immenses et dévaste ces contrées.

On conçoit facilement l'étendue du désastre qui doit suivre le séjour d'une troupe innombrable d'Insectes voraces qui atteignent 5 à 6 centimètres de long. La description qu'en présente la Bible n'a rien exagéré ; elle est conforme à celles qui sont faites par les voyageurs témoins du même fléau. On pourrait encore attribuer la huitième plaie au Criquet émigrant (*Acridium migratorium*) qui se montre quelquefois en Égypte mais beaucoup plus rarement que l'*A. peregrinum* ; ce sont les

(1) *Juges*, ch. viii.
(2) *Judith*, ch. ii.
(3) *Jérémie*, ch. xlvi.

parties orientales de l'Europe qui sont particulièrement exposées à ses dévastations.

Je citerai encore un verset de la Bible pour montrer que le nom de *Sauterelle* s'emploie pour signifier un Criquet voyageur (1) :

« Les Sauterelles qui n'ont point de roi et qui toutefois marchent toutes par bandes. »

La plaie des Sauterelles arriva le 7 mars, trois jours après celle de la grêle qui eut lieu le 4. Celle-ci avait gâté le Lin et l'Orge, parce que l'Orge avait déjà poussé son épi et que le Lin commençait à monter en graine, mais le Froment et le Millet (far) ne furent point gâtés, parce qu'ils étaient plus tardifs. Les Sauterelles dévorèrent tout ce que la grêle avait épargné.

Les Sauterelles étaient un des fléaux dont les prophètes menaçaient les Juifs. Aucun tableau des invasions et des ravages de ces effroyables Insectes n'est plus exact et plus saisissant que la description qu'en donne le prophète Joel. Écoutons le prophète (2) :

« Devant elles, marche un feu qui dévore tout, et derrière est une flamme qui brûle. Devant elles, est le jardin d'Eden, et derrière elles, un désert désolé. Rien n'échappe à leurs ravages. Le son de leurs ailes est comme le son des chariots, comme celui de plusieurs Chevaux qui courent au combat. Sur le sommet des montagnes, elles bondissent avec le bruissement du feu qui dévore le chaume, ou avec celui d'une grande multitude rangée en bataille. Devant leurs faces, le peuple souffre de mille maux, et les visages deviennent noirs. Elles courent ainsi que des hommes forts; elles grimpent à un mur comme des hommes de guerre ; chacun marche en suivant sa voie, et elles ne rompent pas leurs rangs. »

Pline, et Pausanias nous ont, eux aussi, conservé le souvenir de ces fléaux.

Durant leur voyage autour de l'extrémité sud de la mer Morte, le capitaine Irby et Mangles, furent à même d'observer, vers la fin de mai, ces Insectes déprédateurs.

« Le matin, disent-ils, nous quittâmes Shobek, sur notre route, nous rencontrâmes une armée de Sauterelles au repos; elles étaient en nombre suffisant pour altérer la couleur naturelle de la roche sur laquelle elles s'étaient abattues, et pour faire une sorte de bruit particulier, en mangeant. Ce bruit, nous l'entendîmes avant d'atteindre le corps d'armée. Notre

(1) *Livre des Proverbes*, ch. xxx.
(2) *Joel*, 2, 10.

guide nous dit qu'elles étaient en route vers Gaza et qu'elles passaient presque tous les ans. »

Olivier (1), qui a voyagé en Orient et en Perse, raconte qu'étant en Syrie, il a été deux fois témoin de leur arrivée et des dégâts qu'elles ont causés :

« A la suite de vents brûlants du midi il arrive de l'intérieur de l'Arabie et des parties les plus méridionales de la Perse, des nuées de Sauterelles, dont le ravage, pour ces contrées, est aussi fâcheux et presque aussi prompt que celui de la plus forte grêle en Europe (2). Nous en avons été deux fois les témoins. Il est difficile d'exprimer l'effet que produisit en nous la vue de toute l'atmosphère remplie de tous les côtés et à une très grande hauteur, d'une innombrable quantité de ces Insectes, dont le vol était lent et uniforme, et dont le bruit ressemblait à celui de la pluie ; le ciel en était obscurci, et la lumière du soleil considérablement affaiblie. Dans un moment, les terrasses des maisons, les routes et tous les champs furent couverts de ces Insectes, et dans deux jours, ils avaient presque entièrement dévoré toutes les feuilles des plantes ; mais heureusement ils vécurent peu, et ne semblèrent avoir émigré que pour se reproduire et mourir. En effet, presque tous ceux que nous vîmes le lendemain, étaient accouplés, et les jours suivants les champs étaient couverts de leurs cadavres.

« J'ai trouvé cette espèce en Égypte, en Arabie, en Mésopotamie et en Perse. »

Vers la fin de mars 1724, les premières Sauterelles firent leur apparition dans la Barbarie, à la suite d'un vent du Sud qui avait soufflé pendant longtemps et le voyageur Shaw fut témoin oculaire de leurs dévastations. Au milieu d'avril, leur nombre s'était tellement accru, qu'elles formaient des nuées capables d'obscurcir le soleil. Quatre semaines plus tard, vers la moitié de mai elles se répandirent dans les plaines de la Metidja et des environs, pour y déposer leurs œufs. Le mois suivant, on vit la jeune couvée recouvrir une centaine de perches carrées. Ces Insectes se mirent en route, réunis en un corps compacte et formant de vastes bataillons et, suivant une direction rectiligne, gardant leurs rangs comme des

hommes de guerre, ils escaladèrent les arbres, les murs et les maisons, et détruisirent toute la verdure qu'ils rencontrèrent en chemin. Bien plus ils s'introduisirent dans toutes les maisons et dans les chambres à coucher comme des voleurs. Pour enrayer leur marche, les habitants creusèrent des fossés qu'ils remplirent d'eau, ou établirent une ceinture de bois et de matières inflammables qu'ils allumèrent ; toutes les précautions furent vaines. Les fosses se remplirent de cadavres, et les feux s'éteignirent sous les immenses essaims qui se succédaient les uns aux autres. Au bout de quelques jours, des Sauterelles qui venaient d'éclore formèrent de nouvelles recrues. Elles rongèrent les petites branches et les écorces des arbres, dont leurs prédécesseurs avaient dévoré les fruits et les feuilles. Ces démons vécurent ainsi près d'un mois avant d'atteindre la forme adulte ; ils se montrèrent alors plus voraces encore et plus remuants ; mais ils se dispersèrent et se mirent à pondre.

Lorsque Adanson arriva au Sénégal en 1750, il vit, à neuf heures du matin, pendant qu'il se trouvait encore en rade, un nuage épais, qui obscurcissait le ciel. C'était un essaim de Sauterelles qui planait alors à 20 ou 30 toises environ au-dessus du sol, et qui recouvrit un espace de plusieurs milles lorsqu'il s'abattit sur la terre comme un nuage qui crève. Après un repos, ces Insectes se mirent à dévorer, et reprirent leur vol. Cette nuée avait été amenée par un vent d'Est assez fort, et voltigea pendant toute la matinée sur cette région. Après avoir ravagé l'herbe, les fruits et les feuillages des arbres, ces Sauterelles n'épargnèrent même pas les joncs qui couvraient les cabanes, quelque desséchés qu'ils fussent.

Il y avait dix ans qu'on n'avait pas vu, en Afrique, les Sauterelles, lorqu'elles parurent en 1794. Leur visite se continua jusqu'en 1797, et leur nombre s'était accru prodigieusement d'année en année.

Il est difficile de se former une idée des essaims de Sauterelles qui, en 1797, s'élancèrent sur l'Afrique du Sud. Cette invasion est décrite par M. Barrow. Dans la partie de la contrée où il était alors, toute la surface du sol — sur une plaine d'environ deux mille milles carrés — était littéralement couverte de ces Insectes. A peine voyait-on l'eau des plus larges fleuves, tant ces eaux étaient masquées par les cadavres des Sauterelles qui flottaient à la surface. Ces Sauterelles s'étaient noyées

<hr>

(1) Olivier, *Voyage dans l'Empire Ottoman*, t. II, p. 424.

(2) L'auteur se sert du mot de Sauterelle pour se conformer au langage vulgaire, mais ces nuées étaient composées d'*Acridium peregrinum*

au moment où elles avaient voulu atteindre les roseaux qui croissaient dans la rivière. Elles avaient dévoré tous les brins d'herbe et toute la verdure. Barrow rapporte que ces Insectes couvrirent deux mille milles carrés, et que, poussés dans la mer par un vent violent, ils formèrent près de la côte un banc de trois à quatre pieds de hauteur sur une longueur de cinquante milles, puis, lorsque le vent vint à changer, que l'odeur de putréfaction se fit sentir à cent cinquante milles de distance.

Orésius, suivant Mouffet, dit que déjà en l'an 800 ces Insectes, après avoir été entraînés dans la mer, par un vent tempétueux, furent rejetés morts sur la côte, où ils formèrent une digue de trois à quatre pieds de hauteur, qui s'étendait sur une distance d'environ cinquante milles. Cette masse se putréfia, et, quand le vent tourna, elle répandit une odeur aussi funeste qu'auraient fait les cadavres d'une nombreuse armée.

Une communication récente de Fritsch au sujet des *Sauterelles voyageuses de l'Afrique méridionale* (*Gryllus devastator* de *Lichtenstein*), présente un intérêt d'autant plus grand qu'elle fournit des éclaircissements sur les mœurs de ces Insectes qui reviennent, à certains intervalles, ravager la région.

« Les œufs de la Sauterelle voyageuse, dit Fritsch, sont enfoncés par la femelle dans de petits trous ronds qu'elle fore dans la terre; elle y introduit ses œufs, au nombre de 30 à 60, englobés dans une enveloppe brunâtre et réticulée. Ces tubes, qui se trouvent réunis toujours en assez grand nombre sur la paroi de quelque tertre insignifiant, ou sur une élévation de terrain peu apparente, ont pour but de protéger les œufs contre les effets fâcheux d'une pluie soudaine. Les emplacements paraissent criblés de trous, qui sont ensuite comblés et recouverts, et le sol se referme au-dessus de ces coques ovigères, allongées, agglomération d'œufs *qui peuvent rester sous terre, ainsi protégés, pendant plusieurs années sans perdre la faculté de se développer*. Mais ils peuvent aussi fournir des jeunes dès la saison des pluies prochaine, c'est-à-dire au bout de quelques mois, puisque cette région présente deux périodes de pluies. Aussi, à peine cette contrée commence-t-elle à réparer les ravages causés par la voracité des Sauterelles, qu'elle est envahie de nouveau. L'humidité paraît jouer un rôle important dans le développement de ces Insectes. Car on n'entend point

parler de ces Sauterelles pendant toute une série d'années de sécheresse, où la première période de pluie a manqué, au mois d'août, et où la seconde période n'a amené qu'une faible quantité d'eau, en décembre. L'éleveur de Moutons qui a perdu peut-être la plus grande partie de son troupeau par suite de la pénurie d'eau, salue alors avec une certaine joie l'apparition des Sauterelles qui annoncent pour lui des temps meilleurs en indiquant le terme de cette période de sécheresse; il consent à faire à ces pillards ailés le sacrifice du jardinet qu'il a péniblement cultivé, pourvu que ses troupeaux prospèrent et que les sources taries se remettent à couler dans la ferme. ·

« En 1863 se termina, dans l'Afrique méridionale, une période de sécheresse pendant laquelle les Sauterelles ne s'étaient montrées nulle part. De 1862 à 1863, le manque d'eau avait menacé toutes les existences dans le pays, et dans une étendue immense on ne pouvait découvrir sur le sol, durci comme une aire, aucun Insecte. Néanmoins, quand les pluies vinrent à tomber avec une violence extraordinaire à la fin de l'année 1863, les Sauterelles apparurent en foules plus innombrables que jamais, et couvrirent de Larves d'immenses étendues de terrain. Ces jeunes Larves ont une teinte fondamentale rouge brunâtre, tachetée de noir; elles paraissent un peu bariolées, et les Africains les désignent sous le nom de «*Rooi B·tjes*» c'est-à-dire, « *Habits rouges* », ou sous les noms de « *messagers* » ou de « *piétons* », parce que l'instinct migrateur se manifeste chez elles dès leur jeunesse. La première désignation renferme en même temps un jeu de mots et fait allusion à l'uniforme rouge des soldats anglais que les Boërs africains haïssent tout spécialement; la comparaison est d'autant plus juste que les jeunes Sauterelles se groupent en bon ordre pour leurs expéditions et traversent le pays en rangs serrés. Dans les années qui leur sont propices, on en voit des armées entières, qui conservent généralement dans leur marche une direction déterminée et ne s'en écartent pas volontiers. Si ces Insectes rencontrent une eau stagnante, ils s'efforcent de la traverser : les derniers passent sur les cadavres de l'avant-garde; en revanche, ils redoutent les eaux courantes. Le soir, ces voyageurs font halte; ils s'installent sur les buissons des alentours et anéantissent toute la verdure. Le fermier, qui voit suivre à ces hordes d'envahisseurs une direction menaçante pour son jardin, cherche à les détourner de leur route : il s'élance, à cheval, au milieu de ces Sauterelles, en les prenant à revers et agite en tous sens un vaste lambeau d'étoffe. Chaque fois qu'il traverse ainsi les rangs de ces envahisseurs il en jette à terre un grand nombre ; aussi recommence-t-il son manège jusqu'à ce qu'il réussisse à écarter l'essaim entier. S'il traversait l'essaim d'avant en arrière, les Insectes se jetteraient de côté ; mais ceux qui se trouvent à l'arrière presseraient les rangs placés devant eux et le courant se refermerait aussitôt après le passage du cavalier.

Les « Habits-rouges » croissent rapidement, tout en subissant plusieurs mues, jusqu'à ce que la dernière leur procure la teinte gris-rougeâtre qu'on leur connaît et les ailes qui leur permettent de satisfaire plus librement leur instinct voyageur. A l'état parfait, le paysan les nomme « Coqs sauteurs » et les observe avec angoisse pour peu qu'il tienne à son jardin ; car il sait que leur arrivée anéantit toute la parure des champs. Dès qu'il voit poindre à l'horizon les nuées sombres des « Coqs sauteurs », il a recours aux moyens extrêmes, aux tentatives désespérées : il allume autour du jardin autant de feux que possible dans l'espoir que la fumée les arrêtera ; le succès est en général médiocre. Pour peu que le vent souffle grand frais, les Insectes passent librement au-dessus des feux et franchissent des distances considérables ; dans ce cas ils se laissent volontiers pousser, au lieu de se diriger eux-mêmes comme ils font dans un air plus calme. Lorsque le vent tombe, leur vol est lent et s'élève peu au-dessus du sol ; dans ce cas, une partie de l'avant-garde s'abat incessamment, pour se rendre ensuite à l'arrière-garde. Dans cette montée et cette descente continuelle des Sauterelles, le bruissement de leurs milliers d'ailes et le cliquetis de leurs mâchoires insatiables produisent un bruit particulier qu'on ne saurait décrire et qu'on ne peut mieux comparer qu'au bruissement d'une forte giboulée. Les suites de leur invasion sont comparables aux conséquences terribles d'une chute de grêle.

Du sud de l'Afrique et du Soudan, les Sauterelles arrivent en Algérie, émigrant pendant les périodes de sécheresse, portées par le sirocco, en avril ou en mai.

« Souvent localisées dans certaines provinces, comme en 1870, 1872, 1874 et 1877, l'invasion peut être générale au nord de l'Afrique, comme en 1866 (1).

« Quelquefois elles arrivent dans une saison plus avancée, ainsi que nous l'avons vu pour les vols qui se sont abattus sur les oasis du Sud, dans le cercle de Bou-Saada principalement, ou leur présence n'a été signalée qu'à la fin de juillet (1875).

« Si pendant leur voyage elles rencontrent un vent froid au contraire, celui du nord, par exemple, elles s'abattent et attendent des conditions meilleures ; mais les intempéries en détruisent un grand nombre, surtout lorsqu'elles arrivent prématurément. Ainsi la colonne du général de Loverdo, opérant dans l'extrême sud en 1875, fut enveloppée, le 18 février, entre les Beni-Mzal et Ouargla, par des bandes de Sauterelles arrivant du sud-ouest ; mais survint une tempête de grésil et de neige qui força les troupes à se réfugier dans les bas-fonds de l'Oued-N'ca pour y établir leur campement ; et à leur retour, le 4 mars, elles trouvèrent les Sauterelles mortes et répandues sur des surfaces immenses.

« Il est possible que les bandes ailées soient réunies lors de l'émigration ; mais les intempéries les séparent souvent en plusieurs masses qui n'arrivent que successivement en Algérie. Du reste, chez nous, elles se divisent lorsque leur quantité n'est pas suffisante pour occuper toutes nos possessions. Le passage observé par M. Durand à Berrouaghia, l'année dernière, dura trois jours ; la queue de la colonne qui s'y abattit pour s'y accoupler et y pondre, n'y arriva que le troisième jour. Leur vol normal s'effectue pendant la grande chaleur, entre neuf heures du matin et cinq heures du soir ; il varie de hauteur et de vitesse suivant les conditions des couches de l'atmosphère, atteignant jusqu'à cent kilomètres d'une seule traite, lorsque le vent est d'une certaine intensité. Les bandes prennent terre sans prédilection pour la nature du terrain, afin d'y passer la nuit, et elles ne produisent de dégâts sérieux que lorsqu'elles séjournent dans les cultures par suite d'un vent contraire.

« Mais, à l'époque de l'accouplement, elles recherchent les terres légères et friables et les coteaux exposés au midi, elles se réunissent en groupes de 10 à 100, et, disent les Arabes, elles délibèrent (djemmaâ) ; elles se disséminent le long des crêtes rocheuses, cherchant l'empla-

(1) Hauvel, *Sur les Sauterelles et les Criquets, moyen d'en arrêter les invasions.* Paris, 1878, in-8.

Fig. 617. — Le Caloptène différentiel.

cement de leur ponte, plutôt en raison de l'exposition au midi que de la nature du terrain.

« L'accouplement commence dès le second jour ; puis les femelles déposent leurs œufs en terre et, après huit à dix jours, l'opération est terminée.

« Ces œufs, volumineux comme un grain de Seigle, sont réunis au nombre de 90 à 100 en un cocon de la grosseur d'une Olive et agglutinés par une matière blanche et mielleuse ; la Sauterelle introduit son abdomen dans le sol, jusqu'à 7 à 10 centimètres de profondeur, en faisant usage des crochets qui le terminent, et elle y pond son cocon. Cette opération lui est souvent funeste et M. Durand évalue à un dixième le nombre des femelles qui périssent sur place. Aussi les emplacements des pontes sont-ils couverts de Sauterelles mortes, et leur grand nombre avait donné à penser que la femelle mourait fatalement après avoir déposé ses œufs. Mais il n'en est rien, lorsque l'opération est partout achevée, les mâles et les femelles survivantes prennent leur vol vers le nord et disparaissent.

« On retrouve rarement les cadavres que ces bandes considérables fourniraient, et seulement dans la Méditerranée, comme en 1866 et 1874 ; aussi l'opinion de M. Durand est-elle que les Sauterelles retournent vers le sud après la ponte, et elle est confirmée par l'observation du passage de vols immenses de ces Insectes dans la direc-

tion du sud. Du reste, ces passages de sens inverse à ceux de l'invasion sont connus et cités depuis longtemps, notamment par M. Guyon (1).

« L'incubation des œufs déposés en terre par les Sauterelles exige une durée de trente à quarante jours suivant la saison et l'exposition des lieux de ponte. D'après les observations de M. Durand, les bandes ailées déposèrent leurs œufs sur les parties supérieures de l'Oued-Karracache, le 4 mai de l'année 1874, et les premières éclosions eurent lieu le 17 juin. Suivant la rapidité de la ponte, les éclosions durent de cinq à dix jours.

« Un Criquet se présente à fleur de terre et, généralement, les autres, nés du même cocon, se montrent successivement par le même orifice. Ils sont blancs, mais ils brunissent et deviennent noirs après quelques heures d'exposition au soleil. Ils se rassemblent par groupes de plusieurs milliers et font un premier mouvement qui est dirigé vers le sud « pour se sécher », disent les Arabes ; puis ils s'éparpillent, cherchant leur nourriture, mais la nuit ils reforment leur groupes.

« Les groupes s'étendent et s'agrandissent par les progrès de l'éclosion et, celle-ci terminée, l'ensemble commence son mouvement de migration vers le nord avec une faible vitesse ; 150 mètres d'abord, un kilomètre vers le

(1) Guyon, *Rapport à l'Académie des sciences en 1844.*

quinzième jour, trois kilomètres et quelquefois quatre ou cinq lors de leur développement complet, à trente-cinq jours. Au total, le chemin parcouru par une bande varie de 30 à 50 kilomètres ; il est moindre lorsque la localité lui offre une nourriture abondante, ou bien dans le cas d'une série de mauvais temps.

« L'orientation de la marche demeure constante et du sud au nord, avec une légère inclinaison vers le nord-ouest, malgré les obstacles naturels, tels que montagnes, ravins ou rivières, qui sont abordés de front et franchis. Cependant chaque colonne prend ses espaces en s'étendant latéralement pendant cette marche ; et bientôt les groupes voisins se réunissent malgré quelque différence d'âge ou d'avance. Ils occupent bientôt une surface énorme sans solution de continuité et, à ce moment, leur marche n'est modifiée ou ralentie que par de fortes intempéries, ou par leur alimentation si elle trouve abondamment pâture. Le Criquet broute l'herbe, mais il escalade les arbustes, les arbres les plus élevés et lorsqu'il redescend, il continue sa marche, de six ou sept heures du matin au coucher du soleil.

« Né blanc et devenu noir dès le premier jour, le Criquet devient gris, puis argenté ; à quinze jours il est brun et dès le vingt-cinquième il s'est coloré en jaune. A ce moment il est constitué comme la Sauterelle, mais il est notablement plus petit, et ses courtes élytres ne protègent que partiellement son abdomen (1). »

La colonne étudiée par M. Durand, en 1874, fut visitée par lui depuis la montagne des Ouled-Brahim jusqu'à celle des Rias, éloignée de 25 kilomètres, et elle s'étendait plus loin encore ; sa profondeur occupait de 3 à 4 kilomètres. Elle franchit Ben-Chicao et arriva à la hauteur de Damiette, devant Médéah, quarante jours après les éclosions, au moment de la transformation des Criquets en Sauterelles ailées.

« Trois ou quatre jours avant cette transformation, les Criquets ralentissent leur marche ; bientôt ils s'arrêtent, grimpent au sommet des chaumes ou des arbustes, et s'y suspendent par les pattes postérieures, la tête en bas, ils y demeurent immobiles. Après quelques heures, la tête se dégage de son ancienne enveloppe, puis le thorax, l'abdomen et enfin les membres postérieurs apparaissent. Les ailes, imbriquées sur elles-mêmes, ressemblent aux pétales des

Papavéracées avant floraison ; à l'air et au soleil, elles sont bientôt étendues et rigides.

« La Sauterelle ainsi produite est deux ou trois fois plus volumineuse que le Criquet, non que le contenu puisse surpasser l'enveloppe, mais dès les premières heures qui suivent la transformation ; elle est de teinte rose violacée, sa voracité surpasse, à ce moment, celle des Criquets eux-mêmes ; et les dégâts que ces Insectes causent sont graves parce qu'ils se dispersent en volant dans la localité tout entière. Les Sauterelles reviennent cependant chaque soir au point où leur transformation s'est effectuée et, lorsque cette opération est complète pour la bande, soit après dix jours environ, il suffit de deux heures et d'un temps clément pour les voir complètement disparaître. Leur première direction est le nord ; du moins ce fut celle que prirent les grands vols de sauterelles en 1866 et en 1874 ; ces vols étaient peu élevés comparativement à la hauteur qu'ils atteignent quelquefois.

« Du reste, on a souvent constaté le passage de ces mêmes Sauterelles dans une direction différente, et à une grande hauteur. Quelque temps après leur départ. M. Durand, en particulier, observa la mise en route des Sauterelles le 23 juillet 1874, vers midi, à Ben-Chicao, elles gagnaient le nord à quelques centaines de mètres au-dessus de la localité ; et, vers trois heures, après une pointe vers le Nador, la colonne passait de nouveau, à une hauteur prodigieuse, utilisant évidemment les vents supérieurs pour regagner le Sud.

« L'invasion des Sauterelles, en 1866, a coûté cinquante millions à l'Algérie et elle a causé la famine de l'année suivante, pendant laquelle 200,000 indigènes sont morts de misère et littéralement de faim. »

Voici un extrait de l'intéressant mémoire présenté à ce sujet à M. le Gouverneur général de l'Algérie par M. Durand :

« Les Sauterelles ailées arrivent pendant la saison du printemps, à l'époque où la végétation herbacée leur offre une alimentation abondante sur toute l'étendue du territoire algérien. Les bandes, que l'on désigne par le nom d'*invasions sahariennes*, s'abattent à peu près indistinctement sur tous les sols ; nous dirons même qu'elles recherchent moins les céréales et les prairies ; fort avancées à cette époque, parce qu'elles éprouvent de sérieuses difficultés pour reprendre leur vol au milieu de ces herbes élevées et touffues.

(1) On appelle communément *Criquet* le jeune Orthoptère à l'état de Larve et de Nymphe, et *Sauterelle* l'Insecte adulte.

« Les cultures industrielles, telles que vignes, tabacs, cotons, jardinages, vergers, etc., ont généralement peu à souffrir de leur passage ; de sorte qu'en évaluant approximativement les ravages qu'elles occasionnent à cette époque de l'année, on trouve que la colonie doit peu redouter les premières invasions.

« Il n'en est pas de même pour les Sauterelles ailées issues des pontes opérées sur le sol de l'Algérie ; cette seconde invasion s'effectue à une saison déjà avancée, lorsque la végétation herbacée ayant complètement disparu par l'effet des sécheresses il ne reste plus, pour satisfaire leur appétit dévorant, que les vergers, les prairies artificielles et les cultures industrielles ou maraîchères. Les bandes se disséminent alors sur toute la surface du territoire et elles recherchent les points qui leur offrent ce genre d'alimentation.

« La colonisation est donc particulièrement menacée par ces nouvelles bandes, en raison de l'importance considérable qu'elle donne chaque jour à ces sortes de cultures.

« Cependant, malgré les luttes et les fatigues que lui imposent ces secondes légions, elle s'en débarrasse sans pertes trop graves ; car harcelées sur mille points différents, les Sauterelles finissent par reprendre leur vol au risque d'être précipitées en pleine mer.

« En 1866, nous vîmes une de ces formidables légions s'abattre sur les jardins et les vergers de Blidah. Une ruine complète y était imminente ; mais le lendemain cette bande disparut complètement et les dommages furent insignifiants.

« Il est difficile, sans doute, de déterminer les pertes occasionnées par l'invasion des Sauterelles ailées nées en Algérie ; mais nous sommes convaincu que les renseignements statistiques que comporte ce sujet établiraient que les plus grandes invasions ne causent pas une perte de plus de 4 à 5 pour 100 de la totalité des récoltes.

« Malheureusement il n'en est plus de même pour les Criquets ; pendant les deux grandes invasions de 1866 et 1874, la première surtout, nous pouvons dire sans exagération que les huit dixièmes des cultures industrielles et sarclées furent littéralement anéantis ; les céréales et les prairies étant avancées, ou récoltées, eurent peu à souffrir.

« Pour les plantes annuelles telles que le Maïs, Sorgho, Pommes de terre, Betteraves, cultures maraîchères, etc., la perte brute peut s'élever jusqu'aux limites de la production, mais une seule récolte en est perdue ; tandis que pour les Vignes, les Oliviers, les Orangers, les Dattiers, etc., en un mot pour toute l'arboriculture fruitière, il n'en est plus de même, car l'effet de la destruction se fait sentir pendant plusieurs années consécutives. Pour la Vigne, qui constitue une des richesses les plus importantes de la colonie, la récolte fut nulle pendant deux années et réduite de moitié à la troisième, à la suite de l'invasion de 1866.

« Le bois, rongé jusqu'à l'aubier, ne donne l'année suivante que des pousses multiples et chétives, parmi lesquelles il faut ménager celles qui reconstitueront la souche mère.

« La plupart des colons ont adopté, comme moyen de reconstituer leur vignoble, la section des ceps à quelques centimètres au-dessous du sol.

« Quelques propriétaires essayèrent de sauver la récolte suivante en enterrant les sarments jusqu'à la hauteur de la taille ; mais ce procédé est impraticable sur une échelle étendue.

« Quelques variétés de cépages sont moins maltraitées que les autres par des Sauterelles ailées ; mais les Criquets dévorent littéralement tous les plants, quels qu'ils soient.

« De leur côté, les arbres éprouvent les mêmes ravages ; en 1866, toutes les jeunes branches furent ravagées jusqu'à l'aubier. Il fallut en abattre une grande partie, à une époque où la sève est en pleine circulation. La plupart des jeunes arbres, rongés jusqu'au tronc, moururent. Nous avons même vu des essences forestières supporter difficilement ces mutilations ; des Saules pleureurs, par exemple, qui avaient vingt années d'existence, furent détruits par l'invasion de 1866.

« Nous ne connaissons aucun arbre fruitier qui résiste à ces atteintes ; ils sont tous à peu près également maltraités par les Criquets, sauf les Poiriers et les Cerisiers ; comme espèces forestières, les essences résineuses résistent aux ravages des Sauterelles ; les variétés australiennes telles que l'*Eucalyptus* et leurs congénères, sont aussi moins maltraitées, enfin, parmi les arbustes, le Laurier-rose est une espèce respectée.

« D'après le tableau que nous tirons de la statistique de l'Algérie, de 1867 à 1872, en prenant pour base la perte à peu près complète de deux récoltes et demie, et en évaluant à 30 fr. l'hectolitre de vin, la colonisation perdit, de ce chef, environ 15 millions en 1866. Il est probable que l'ensemble des cultures subit un dommage de 10 millions, ce qui porterait la perte due à une grande invasion à 25 millions, pour la colonisation européenne.

« On peut évaluer à 15 millions la production indigène de l'Algérie en ce qui concerne le Maïs, les Fèves, le Sorgho et le Tabac; et à 10 millions la production des vignes et des cultures qui sont presque complètement détruites par les Sauterelles. .

« Si nous ajoutons à ces pertes celles que subissent les céréales et celles des oasis du sud; d'autre part, la mortalité du bétail par suite de la disparition des pâturages, nous pouvons admettre, sans crainte d'être au-dessus de la vérité, que chaque grande invasion coûte à l'Algérie *cinquante millions de francs.* »

L'action des vents pour transporter ces armées de Sauterelles ne saurait être mise en doute ; leurs organes du vol ne leur permettraient pas seuls de faire de si longues routes sans se poser à terre ; elles traversent quelquefois de vastes étendues de mer. M. Kirby, d'après un journal américain, nous apprend qu'en 1811, un vaisseau retenu par le calme à 200 milles des îles Canaries fut tout à coup, après qu'un léger vent du nord-est eut commencé à souffler, enveloppé par un nuage de ces Insectes qui, s'abattant sur le navire, en couvrirent le pont et les hunes.

On ignore la loi naturelle suivant laquelle ces Insectes sont ainsi ramassés à un certain moment, et emportés par une trombe de vent qui les conduit jusque là où il leur plaît de descendre. Leur volonté paraît y être pour quelque chose ; autrement on ne pourrait guère expliquer une marche de ce genre, et c'est là sans doute ce qui les a fait ranger par Salomon au rang des quatre animaux auxquels il accorde la sagesse.

L'Amérique du nord n'est pas à l'abri de ce fléau. Aussi les Américains preoccupés ont-ils publié à ce sujet de remarquables mémoires, que nous résumons.

Les États-Unis, et particulièrement les États situés à l'ouest du Mississipi, ont été dans ces dernières années extrêmement éprouvés par des invasions de sauterelles nées dans les montagnes Rocheuses. Les années 1873, 1874, 1875, 1876, 1877, 1878 et 1879, ont été particulièrement funestes à l'agriculture et il en est résulté, dans ces districts relativement pauvres, et où la colonisation ne fait que commencer,

un émoi qui se comprendra facilement. L'aire occupée par les Insectes s'étend depuis le sud des possessions britanniques et le lac Winnipeg jusqu'aux plaines de l'Orégon, en descendant jusqu'à Mexico et aux territoires de l'Arkansas ; enveloppant par conséquent les territoires de Montana, Dakota, Missouri, Idaho, Wyoming, Nevada, Utah. Colorado, Nebraska, Kansas, Texas, et une partie du territoire indien. Les pertes de l'agriculture étaient estimées en 1874 à 45,000.000 de dollars, elles ont monté de 1873 à 1877, à 200,000 dollars, et si nous ne trouvons pas pour l'année 1879 une évaluation complète, nous voyons cependant que dans une partie de la Californie, pour une communauté de 2,000 personnes, comprenant 91 fermes et 47,000 acres, les dommages étaient estimés 100,000 dollars.

Les observations qui ont été faites ont permis de reconnaître que les Sauterelles d'Amérique bien qu'appartenant à la même famille que celles du vieux continent, sont cependant des espèces indigènes, et qui ne se retrouvent pas ailleurs. Il y en a quatre espèces principales: la Sauterelle des montagnes Rocheuses (*Caloptenus spretus*), la petite Sauterelle (*C. atlanis*), la Sauterelle à cuisses rouges (*C. femur rubrum*), et le Caloptène différentiel (*C. differentialis*) (fig. 617).

L'immense étendue du territoire qu'elles envahissent n'est pas toujours occupée par elles au même titre. Dans certaines régions qui sont comme le réceptacle de leur race, elles demeurent en permanence ; dans d'autres au contraire elles émigrent à la fin du printemps, sans pouvoir s'y reproduire ; enfin dans un certain nombre de territoires elles y ont une condition intermédiaire ; les Américains désignent ces différentes régions sous les noms de *région permanente, région temporaire et région sous-permanente.*

La région permanente comprend surtout les hauts plateaux des montagnes Rocheuses, et les plaines en bordure depuis le Colorado jusqu'au nord. Ce sont de vastes et arides solitudes, sans arbres, où la pluie tombe avec peu d'abondance, et que l'agriculture ne pourrait féconder qu'avec peine à l'aide d'irrigations. On y rencontre surtout les plantes caractéristiques des climats secs, les *Artémisia,* les Chénopodiacées et le « *bunch-grass* ». C'est là, dans les creux de rivières, ou sur les coteaux exposés au midi, dans les prairies sous-alpines protégées par les hautes montagnes, que les Sauterelles déposent leurs œufs et qu'ils éclosent. On ne les rencontre point à l'état larvaire dans les plaines élevées et nues à l'est des montagnes. Au Sud des montagnes, la limite de leur habitat est marquée grossièrement par la ligne isotherme de 50°. Dans les autres régions l'espèce dégénère vite, et finirait par disparaître, si elle n'était renouvelée par le fléau de nouvelles invasions.

La cause des migrations de ces Insectes est leur instinct naturel. Ils n'attendent point d'être en nombre pour prendre leur vol ; et un groupe issu de la même ponte émigrera dès qu'il aura atteint l'âge et le développement nécessaires. La distance qu'ils parcourent varie entre un ou deux cents milles depuis Montana par exemple jusqu'au Kansas et au Missouri. En général, ces Insectes ne volent que pendant une partie du jour et par un temps clair et beau, de telle sorte que la faim, la pluie, les nuages et les vents contraires peuvent les empêcher de s'élever. Dans des conditions favorables ils partent de huit à dix heures du matin et volent jusqu'à quatre ou cinq heures du soir, où ils se disposent à brouter. Leur vitesse varie de 3 à 15 et 20 milles par heure suivant la force du vent; c'est ainsi que, partis de Montana vers le milieu de juillet, ils n'arriveront au Kansas que vers la fin d'août ou le commencement de septembre.

On distingue deux courants que l'on désigne par le nom d'*essaims d'invasion*, et d'*essaims de retour*. Les premiers sont ceux qui, nés dans la région permanente à l'ouest et au nord-ouest, émigrent dans les pays où n'est pas leur habitat originaire. Les seconds sont ceux qui, nés dans l'une ou l'autre des autres régions, et surtout dans la région sous-permanente, sont amenés par l'instinct à regagner leur patrie d'origine. Ceux-ci toutefois commencent leur émigration beaucoup plus tôt, vers mai et juin, et la continuent jusqu'en juillet. Ils arrivent généralement épuisés et malades, néanmoins le nombre d'œufs qu'ils déposent est assez considérable pour fournir de nouvelles forces aux essaims d'invasion.

Dans l'Amérique du sud, les Sauterelles constituent aussi un fléau redoutable.

« Vers le soir, dit Temple (1), nous aperçûmes à quelque distance, sur la surface du sol, un coup d'œil extraordinaire : au lieu de la couleur verte de l'herbe et des feuilles avec ses

(1) Temple, *Voyage au Pérou.*

nuances diverses, nous remarquâmes une masse brune-rougeâtre uniforme, que quelques-uns d'entre nous prirent pour des bruyères frappées par les derniers rayons de soleil ; c'étaient en réalité.... des Sauterelles. Elles couvraient littéralement la terre, les arbres et les buissons aussi loin que le regard s'étendait. Les branches des arbres ployaient sous leur masse, comme lorsqu'elles sont couvertes de neige ou surchargées de fruits. Nous passâmes au milieu de l'espace envahi par ces bêtes; il nous fallut une heure entière pour arriver au bout en voyageant avec notre vitesse ordinaire. »

Un Anglais, possesseur d'une importante plantation de Tabac, à Conobros dans l'Amérique du sud, ayant entendu dire qu'on y avait vu de temps à autre des essaims de Sauterelles, réunit tous ses plants (14,000 pieds environ) au voisinage de sa maison dans l'espoir de les protéger. Ils poussaient et verdissaient à merveille ; déjà ils avaient atteint près de 30 centim. de haut, lorsque ce cri retentit, une après-midi : « Voilà les Sauterelles ! » Le planteur sortit en toute hâte de sa demeure et vit une nuée épaisse qui enserrait la maison de toutes parts. L'essaim, plus serré au-dessus des plantations de tabac, s'y abattit brusquement et les couvrit absolument comme si un manteau brun avait été étendu sur elles. *Au bout de* 20 *secondes* environ (moins d'une demi-minute), l'essaim s'éleva subitement, comme il était descendu, et reprit son vol immédiatement. Des 14,000 pieds de Tabac il ne restait plus une trace.

A Doob (Calcutta), Playfair en se promenant à cheval remarqua, auprès d'un marais, une masse énorme de petits Insectes noirs, qui couvraient le sol au loin. En les examinant de plus près, il y reconnut de jeunes Sauterelles. C'est le 18 juillet 1812 qu'il fit cette découverte ; et l'on se souvint parfaitement que quatre semaines auparavant, c'est-à-dire le 20 juin, il était tombé là un grand essaim de Sauterelles. Au bout de peu de jours, les jeunes bêtes, aptères, s'avancèrent sur la ville d'Etaweh, ravagèrent les campagnes. Le fléau fut terrible ; tous les efforts des paysans, les feux mêmes, ne parvinrent pas à anéantir les ravageurs, car de nouvelles bandes d'Insectes revenaient sans cesse à la rescousse. Encore à l'état aptère, ces Insectes avaient déjà mis à nu toutes les haies et tous les arbres. A la fin de juin, leurs ailes se développèrent, avec les premières pluies, et leurs têtes prirent une teinte rouge foncé ; ces Sauterelles commençaient à voltiger en essaims, lorsqu'un coup de vent, qui souffla le 31 juillet, les fit disparaître soudain. »

L'Océanie même n'a pas été épargnée, et les planteurs de la Nouvelle-Calédonie ont à subir, eux aussi, ce redoutable fléau. Il résulte d'une correspondance de mars 1881, que sur beaucoup de points de l'île, à l'exception de Bourail, un paradis terrestre, toujours vert, il n'y a plus un brin d'herbe. La verdure a disparu sous les mandibules des Criquets. Quant aux troupeaux, inquiets, errants, cherchant une introuvable pâture, ils font peine à voir.

Le gouverneur de la Nouvelle-Calédonie, M. l'amiral Courbet, bien étonné sans doute, lui, un brave marin, d'avoir à fulminer des arrêtés contre des Sauterelles, vient de prendre des mesures que nous croyons très efficaces si elles restent longtemps en vigueur. Ces mesures consistent en primes accordées à ceux des Canaques qui trouveront profit et plaisir à chasser la Sauterelle. Ces Nemrods recevront 1 franc par kilogramme de piétonnes noires ; 50 centimes par kilogramme de piétonnes rouges, et 20 centimes par kilogramme de Sauterelles ailées. Celles-ci sont faciles à mettre en sac, puis, frites, elles peuvent, au besoin, servir d'aliments à ceux qui les chassent.

Ce n'est pas une nourriture des plus succulentes ; si l'on consultait à ce sujet les bons Canaques, ils vous répondraient avec un gros rire aux blanches dents qu'ils préfèrent de beaucoup la chair humaine. Un jour, précisément en Océanie, nous fûmes obligés, mourant de faim, d'assaisonner notre riz de Sauterelles grillées. Faut-il le dire ? Nous nous en régalâmes presque, mais en nous figurant que nous mangions de la crevette un peu trop cuite.

Les vieilles chroniques et les récits des voyageurs ne sont pas seuls à signaler les ravages réitérés produits par les Sauterelles. Les journaux nous apportent chaque année de nouvelles plaintes au sujet de leurs déprédations en Europe, notamment dans le sud et le sud-ouest, et jusque dans l'Allemagne.

Les Sauterelles sont venues plus d'une fois d'Afrique en Italie et en Espagne.

En l'an 591, une armée immense de Sauterelles, d'une taille inusitée, ravagea une partie considérable de l'Italie. Elles finirent par être jetées dans la mer par un coup de vent ; — et c'est le plus souvent leur sort. Mais ce fléau donna lieu à un autre fléau. De ces Sauterelles,

réduites à l'état de putréfaction, naquit, dit-on, la peste, — une peste affreuse, qui emporta près d'un million d'hommes et d'animaux domestiques.

Au XVIᵉ siècle, la ville de Tolède fut délivrée d'une invasion de Sauterelles qui menaçaient d'amener la famine. Elles étaient si nombreuses qu'on les écrasait en marchant, et on se rappelait les terribles plaies d'Égypte au temps de Pharaon. Elles dévoraient les moissons en germe, en sorte qu'on devait s'attendre à une disette générale. Le peuple eut recours à la prière, et une grande procession fut organisée pour obtenir la cessation du fléau. Quand elle fut en marche, on aperçut dans le ciel saint Augustin habillé en religieux, avec la chape d'évêque par-dessus le capuchon, et au signe qu'il fit avec sa crosse, toutes les Sauterelles furent précipitées dans le fleuve du Tage.

Sch. Bolswert, dans une belle gravure, a conservé le souvenir de cette tradition : sur le premier plan on voit l'évêque de Tolède et les principaux magistrats agenouillés ; saint Augustin perce la nue et étend une main vengeresse sur la nuée de Sauterelles ; sur la droite profilent les rives du Tage, et sur la gauche s'élancent les tours sarrasines de la vieille cité.

Leur passage, dans le sud de la Russie, seulement, a été observé, depuis le commencement du siècle, pendant les années suivantes : 1800, 1801, 1803, 1812-16, 1820-22, 1829-31, 1834-36, 1844, 1847, 1850, 1851, 1859-61. Partout, c'est la Sauterelle des convois ou Sauterelle voyageuse (*Pachytylus migratorius* ou *Œdipoda migratoria*) qui joue ici le plus grand rôle, et l'on doit lui assigner pour patrie les pays dans lesquels se perpétue annuellement cette espèce. Ces contrées sont malheureusement nombreuses : telles sont la Tartarie, la Syrie, l'Asie Mineure, et le sud de l'Europe. Dans la Russie centrale, elle n'apparaît que çà et là, seulement pendant les automnes et les printemps très chauds.

En 1630, une nuée de Sauterelles entra en Russie ; ce nuage se dispersa ensuite en Pologne et sur la Lithuanie. Ces Insectes envahirent ces deux dernières contrées par multitudes telles, que l'air en était obscurci et que la terre en était couverte. Dans quelques districts, on les trouva morts et entassés les uns sur les autres par monceaux ; dans d'autres endroits, ils couvraient la surface du sol comme un drap noir. Les arbres ployaient sous leur poids, le dommage que souffrit le pays est incalculable.

LES CRIQUETS VOYAGEURS (SAUTERELLES).

Charles XII, roi de Suède, fut extraordinairement incommodé avec son armée par des sauterelles, dans la Bessarabie. « Une horrible quantité de ces Insectes (dit son historien) s'élevait ordinairement tous les jours, avant midi, du côté de la mer, premièrement à petits flots, ensuite comme des nuages qui obscurcissaient l'air et le rendaient si sombre et si épais, que dans toute cette vaste plaine, le soleil semblait s'être entièrement éclipsé. Ces Insectes ne volaient point proche de terre, mais à peu près à la même hauteur que l'on voit voler les hirondelles, jusqu'à ce qu'ils eussent trouvé un champ sur lequel ils pussent se jeter. Nous en rencontrions souvent sur le chemin, d'où ils s'élevaient avec un bruit semblable à celui d'une tempête. Ils venaient ensuite fondre sur nous comme un orage, se jetaient sur la plaine où nous étions, et sans craindre d'être foulés aux pieds des Chevaux, ils s'élevaient de terre, et nous couvraient le corps et le visage jusque-là, que nous finissions par ne pas voir à deux pas devant nous. Partout où ces Sauterelles se reposaient, elles y faisaient un dégât affreux, en broutant l'herbe jusqu'à la racine, en sorte qu'on ne voyait plus qu'une terre aride et sablonneuse à la place de cette verdure dont la terre était auparavant parée. On ne saurait jamais croire qu'un si petit animal pût passer la mer, si l'expérience n'en avait tant de fois convaincu ces pauvres peuples de Bessarabie et états voisins. Car après avoir franchi le Pont-Euxin en venant d'île en île gagnant les côtes, ces Insectes traversent encore de grandes provinces où ils dévorent tout ce qu'ils rencontrent jusqu'aux poutres et planchers des habitations.

Dans la Marche de Brandebourg, les Sauterelles se sont montrées au début de l'année 1850 et dans le cours de 1876. On les a observées à Breslau en 1856, et dans l'arrière-Poméranie en 1859.

On en a rencontré aussi des convois isolés en Suède, en Angleterre et en Écosse.

L'Angleterre, la froide Angleterre elle-même, a été alarmée, dans le dernier siècle, par l'apparition des Sauterelles. Un nombre considérable de ces insectes la visitèrent en 1748 : mais, heureusement, elles périrent sans s'être reproduites.

La limite septentrionale d'extension de l'*Acridium migratorium* s'étend depuis l'Espagne jusqu'au nord de la Chine, à travers la France méridionale, la Suisse, la Bavière, la Thuringe, la Saxe, le Mark, le Posen, la Pologne, la Volhynie, la Russie méridionale et le sud de la Sibérie. Taschenberg a trouvé ces Sauterelles isolées, à diverses époques, auprès de Seesen dans le Brunswick et sur le chemin de Halle au Petersberg.

En compensation des pertes énormes que ces Insectes causent parmi les substances végétales, ces pillards subissent la peine indiquée dans la Bible. « Le repas ne profita pas au mangeur. »

Moïse a partagé les animaux en deux classes sous le rapport de la nourriture que l'homme peut en tirer : la première comprend les animaux purs ou salubres ; la seconde les animaux impurs ou insalubres. En ce qui concerne les Insectes, voici comment s'exprime Moïse (1) :

« 20. Tout ce qui vole et marche sur quatre pieds vous sera en abomination.

« 21. Mais pourtout ce qui marche sur quatre pieds et qui, ayant les cuisses de derrière plus longues, saute sur la terre,

« 22. Vous devez en manger, comme le *Bruchus* selon son espèce, l'*Attacus*, l'*Ophiomachus* et la *Sauterelle*, chacun selon son espèce. »

Voici une autre traduction de ce même verset 22.

« Ce sont ici ceux dont vous mangerez, savoir : *Arbé* selon son espèce, *Solham* selon son espèce, *Slargol* selon son espèce et *Hagab* selon son espèce. »

« Les Juifs, dit le colonel Goureau (2), pouvaient donc manger de tous les animaux pourvus d'ailes, marchant sur quatre pieds et ayant les cuisses de derrière plus longues, servant à sauter sur la terre, c'est-à-dire de tous les Orthoptères composant la famille des sauteurs de Latreille.

Saint Jean-Baptiste, retiré dans le désert près du Jourdain, se nourrissant de Sauterelles et de miel sauvage, se conformait à la loi. »

Si Moïse les range parmi les animaux à quatre pieds, Aristote dit que les Sauterelles ont six pattes. Les commentateurs des derniers siècles étaient fort embarrassés de concilier ces deux autorités ; mais on levait la difficulté en faisant remarquer que les deux grosses pattes postérieures de la sauterelle lui servent plutôt à sauter qu'à marcher, et que c'étaient par conséquent moins des pieds que toute autre chose ;

(1) *Moïse*, chap. XI.

(2) Goureau, *Recherches sur les insectes mentionnés dans la Bible* (*Bull. de la société des sciences historiques et naturelles de l'Yonne*, Auxerre, 1861, tome XV, p. 19.)

la difficulté avait paru un moment plus grave pour les mouches auxquelles le Lévitique ne donne aussi que quatre pieds, mais elle fut également tranchée quand on eut fait observer que les deux pattes de devant étaient plutôt, pour les Mouches, des espèces de mains dont on les voyait se servir sans cesse pour se *nettoyer les yeux et porter leur nourriture à leur bouche.*

« Nous savons que les Sauterelles (*Locusta*) représentent nos Criquets ; ainsi toutes les espèces du genre *Achridium* entraient dans la classe des animaux purs. Mais qu'est-ce que c'est que *Arbé* ou *Bruchus*, *Solham* ou *Attacus* et *Slargol* ou *Ophiomachus* ? Nous n'en savons rien. Nos dictionnaires traduisent *Bruchus* par *Chenille, sorte de ver qui ronge les plantes*, ce qui est inexact, puisque *Bruchus* est un animal ailé et sauteur ; on sait d'ailleurs qu'en hébreu comme en arabe *Arbeh* signifie Sauterelle. Au mot *Attacus* ils renvoient à *Attelabus* qui veut dire *Sauterelle de la plus petite espèce*, qui n'a pas d'ailes. Enfin ils rendent *Ophiomachus* par: qui *se bat contre les serpents*, ce qui n'apprend rien sur l'espèce de cet Orthoptère.

« Les deux derniers noms, ceux d'*Attacus* et d'*Ophiomachus*, ne reparaissant plus dans la Bible de saint Jérôme, nous sommes privés de tout renseignement sur les animaux qu'ils désignent, nous ignorons ce qu'entendait ce Père de l'Eglise par ces deux noms ; nous ne savons pas si ce sont deux Orthoptères du même genre ou si ces Insectes appartiennent à des genres différents dans l'ordre des Orthoptères.

« L'érudition profonde des savants qui se sont attachés à l'étude de cette question n'a pu nous donner sur eux des indications précises, mais elle a produit des renseignements qu'il est bon de consigner.

« Gœdart dit (1) que les Sauterelles portent en hébreu le nom de l'*Arbé* à cause de la multitude de ces animaux.

« D'après l'annotateur de Lesser (2), quelques espèces de Sauterelles ont reçu des noms indiquant leurs propriétés, comme *Chargal* qui vient d'un mot arabe signifiant *être long*, *Chagab*, d'un autre mot arabe qui veut dire *voiler;* *Solgan* qui dérive d'un mot chaldaïque qui se traduit par *dévorer; Jelek* vient d'un verbe qui signifie *lécher ; Chazil* d'un autre verbe qui si-

gnifie *consumer.* On reconnaît dans cette nomenclature les Sauterelles rangées dans les animaux purs et désignées plus haut par les noms de *Solham, Slargol* et *Hagab.*

« D'après Walckenaër, qui n'avait pas moins d'érudition que les savants du xvie et du xviie siècle, la Bible reconnaît quatre espèces de Sauterelles dont les noms hébreux sont: *Arbeh, Jelek, Chazil* et *Gaza* (1).

« Ce que *Gaza* laisse, *Arbeh* le mange ; ce que *Arbeh* laisse, *Jelek* le mange ; ce que *Jelek* laisse, *Chazil* le mange. »

« Le texte latin de ce verset est :

« *Residuum erucæ comedit locusta*, et residuum *locustæ comedit bruchus*, et residuum *bruchi comedit rubigo;*

« Dont la traduction française donnée par de Sacy est :

« Les restes de la Chenille ont été mangés par la Sauterelle ; les restes de la Sauterelle par le ver, les restes du ver par la nielle.

« Ainsi *gaza* correspond à *eruca ; arbeh* à *locusta; jelek* à *bruchus* et *chazil* à *rubigo.*

« On a donc cette correspondance dans les trois langues :

« *Hébreu :* Gaza, Arbeh, Jelek, Chazil.

« *Latin :* Eruca, Locusta, Bruchus, Rubigo.

« *Français :* Chenille, Sauterelle, Ver, Nielle.

« La Bible romaine contient des notes jointes à la traduction française dont le but est d'éclaircir le texte latin.

« On y voit que les Septante et le syriaque rendent *gaza* par chenille ; *arbeh* par sauterelle volante ; *jelek* par sauterelle rampante, laquelle peut être la même que *Attacus.* Quant à *chazil*, sa traduction est nielle ou rouille.

« La version protestante est différente de la traduction catholique ; elle porte :

« La *Sauterelle* a brouté les restes du *Hanneton*, et le *Hurbec* a brouté les restes de la *Sauterelle*, et le *Vermisseau* a brouté les restes du *Hurbec.*

« D'où il résulte que *gaza* est le *Hanneton ; arbeh* la *Sauterelle; jelek* le *Hurbec*, et *chazil* le *Vermisseau.*

« On peut conclure de ces différentes interprétations des mêmes mots que dès le temps des Septante (280 ans avant J.-C.), la véritable signification de *gaza, jelek* et *chazil* était inconnue des savants.

« Il paraît certain que *gaza* n'est pas une chenille dans le sens que nous attachons à ce mot, mais qu'il désigne une Sauterelle de la

<hr>

(1) J. Gœdart, *Métamorphoses des Insectes. Appendice sur les Sauterelles de la Bible.*

(2) Lesser, *Théologie des Insectes*, trad. par P. Lyonet, 745.

(1) Walckenaër, *Mémoire sur les Insectes nuisibles à la Vigne (An. soc. ent.* 1835).

Fig. 618. — Nymphe.   Fig. 619. — Adulte.   Fig. 620. — Adulte, variété cendrée.

Fig. 618 à 620. Le Criquet voyageur.

Bible et un *Achridium* pour nous, ce qui est confirmé par ce verset du prophète Amos (1) :

« Je vous ai frappé par un vent brûlant et par la nielle ; la Chenille a mangé tous vos vergers et toutes vos Vignes, tous vos Oliviers et tous vos Figuiers ; et vous n'êtes pas revenus à moi, dit le Seigneur.

« C'est-à-dire : *gaza* a mangé toutes vos récoltes ; on ne connaît pas de Chenille qui dépouille ainsi les vergers, qui dévore indistinctement les Vignes, les Oliviers et les Figuiers, mais une Sauterelle, telle que l'*Achridium peregrinum*, peut très bien le faire.

« On doit donc admettre, d'après tout ce qui précède, que *gaza*, *jelek* et *chazil* sont des Sauterelles, c'est-à-dire des *Achridium* ainsi que l'a établi Walckenaer. Ces Insectes se montrent successivement pour dévorer les récoltes ; *gaza* paraît le premier, *arbeh* lui succède, puis vient *jelek* qui est suivi de *chazil*.

« Il est également certain que *chazil* n'est pas la nielle, car la nielle est un cryptogame donnant une poussière qui gâte le blé, et *chazil* est une Sauterelle. Les traductions latines et françaises sont défectueuses quant à la désignation des Insectes.

« S'il était permis de faire des conjectures dans le but de mettre d'accord les traductions ou au moins d'en rapprocher le sens, on pourrait dire que *gaza* est la Sauterelle à l'état de Larve ou de Nymphe à laquelle succède *arbeh*, l'Insecte parfait, et que *jelek* est la Larve ou la Nymphe d'une autre espèce dont *chazil* est l'état parfait.

« Mais les Juifs étaient-ils assez observateurs des Insectes pour donner des noms différents à des Animaux qui se ressemblent autant que les Larves et les Insectes parfaits dans les Orthoptères ? Cela est très douteux et il est beaucoup plus probable que *gaza*, *arbeh*, *jelek* et *chazil* sont quatre espèces différentes se succédant depuis le printemps jusqu'à l'automne.

« Un naturaliste qui habiterait la Palestine pendant plusieurs années retrouverait sans aucun doute ces animaux que les érudits ne peuvent déterminer.

« Lorsqu'il est question dans la Bible de grands dégâts causés par les Sauterelles, on trouve les quatre espèces mentionnées précédemment, c'est-à-dire *gaza*, *arbeh*, *jelek* et *chazil*. On lit dans le prophète Joël (1) :

« Je vous rendrai les années dévorées par la

(1) Amos, ch. IV.

(1) Joël, ch. II.

Sauterelle, le Ver, la Nielle et la Chenille, mes grandes puissances que j'ai envoyées contre vous.

« C'est-à-dire dévorés par *arbeh*, *jelek*, *chazil* et *gaza*.

« Mais on ne voit nulle part figurer, comme Insectes destructeurs, *Attacus* et *Ophiomachus* dont on ne sait absolument rien si ce n'est qu'ils sont des Orthoptères sauteurs. On peut conjecturer avec vraisemblance qu'ils ne se réunissaient pas en bandes, qu'ils ne causaient pas de dommages sensibles aux récoltes, qu'ils étaient bons à manger, gros et succulents pour leur espèce et qu'il faut peut-être les rapporter à nos véritables Sauterelles (*Locusta*) et à nos Truxales (*Truxalis*) qui sont fort communs dans les pays méridionaux.

« Mais des conjectures ne pourront jamais donner de certitude sur ces espèces, tandis qu'un voyage fait en Arabie chez les tribus nomades les ferait connaître sûrement, car les espèces dont les Israélites se nourrissaient dans le désert servent encore d'aliments aux habitants de ce pays. »

C'est seulement après les conquêtes d'Alexandre dans l'Asie, que les Grecs ont commencé à faire mention de l'usage où sont les peuples orientaux de se faire un mets des Sauterelles, et du bon goût même qu'ils paraissent y trouver. Tous nos voyageurs en ont parlé depuis, et tous ont été d'accord sur ce point avec les Grecs, que ce mets ne leur avait semblé rien moins qu'agréable quand ils en avaient mangé. Mais en revanche, les Orientaux, dit-on, les Arabes notamment, ne mangent point d'animaux à coquille ou à carapace, comme les crabes, etc., et s'étonnent de leur côté du goût que nous manifestons pour eux.

Le peuple d'Athènes si délicat et si fier était bien forcé de se contenter de Sauterelles dans les temps de disette, et pendant les dernières guerres de Morée, plus d'une famille grecque dans la misère a été contrainte aussi de s'en nourrir.

Déjà, au temps de Jules César, Diodore de Sicile (1) connaissait l'usage alimentaire des Sauterelles ; car il écrit :

« Les Acridiphages habitent les limites du désert (2). Ils sont plus petits que les autres hommes, ils sont maigres et complètement noi s. Pendant le printemps, les vents d'ouest leur

amènent du désert une quantité innombrable de Sauterelles (Criquets), remarquables par leur grosseur ainsi que par la couleur sale et désagréable de leurs ailes. Ces Insectes sont si abondants, que les Barbares ne se servent pas d'autre nourriture pendant toute leur vie. Voici comme ils en font la chasse. Parallèlement à leur contrée s'étend, dans une longueur de plusieurs stades, une vallée très profonde et très large. Ils la remplissent d'herbes sauvages qui croissent abondamment dans le pays. Au moment où le souffle des vents indiqués amène les nuées de Sauterelles, les Acridiphages (1) se répandent dans la vallée et mettent le feu aux combustibles amassés. La fumée est si épaisse que les Sauterelles qui traversent la vallée en sont asphyxiées et vont tomber à peu de distance. La chasse de ces Insectes dure plusieurs jours, et ils en entassent d'énormes monceaux. Et comme leur pays est riche en sel ils en saupoudrent ces Sauterelles tant pour les rendre plus savoureuses que pour les conserver plus longtemps et jusqu'au retour de la saison qui en ramène d'autres. Ils ont ainsi leur nourriture toujours prête ; et ils n'ont point d'autre ressource, car ils n'élèvent point de troupeaux et ils habitent loin de la mer. Ils sont légers de corps et très rapides à la course ; leur vie n'est pas de longue durée, les plus âgés ne dépassent pas quarante ans. La fin de leur vie est aussi singulière que misérable. A l'approche de la vieillesse il s'engendre dans leurs corps des Poux ailés de différentes formes et d'un aspect repoussant. Cette maladie, commençant d'abord par le ventre et par la poitrine, gagne en peu de temps tout le corps. D'abord le malade, irrité par une violente démangeaison, éprouve à se gratter un certain plaisir mêlé de douleur. Ensuite, comme cette vermine se multiplie sans cesse et gagne la surface de la peau, il s'y répand une liqueur subtile d'une âcreté insupportable.

« Le malade se déchire la peau avec les ongles et pousse de profondes lamentations. Des ulcères des mains il tombe une si grande quantité de Vers, qu'on perdrait son temps à les ôter, car ils se succèdent les uns aux autres, comme s'ils sortaient d'un vase percé de trous (2). Voilà comment les Acridiphages finissent une vie misérable par la décomposition de leurs

<hr>

(1) Diodore de Sicile, *Bibliothèque*, trad. Hœfer, III, 23, t. I.

(2) L'Éthiopie.

(1) Acridiphages, mangeurs de Criquets.

(2) Cette maladie ressemble beaucoup à la phthiriasis (*morbus pedicularis*), qui le plus souvent a pour cause la malpropreté.

corps ; et on ne saurait dire si c'est à la nourriture dont ils usent, ou à l'intempérie de l'air qu'ils respirent qu'on doit attribuer cette étrange maladie. »

L'usage de manger des Sauterelles qui, comme on le voit, est très ancien, s'est conservé dans certaines parties de l'Asie et de l'Afrique.

Les Hottentots, en Afrique, en font un grand usage, et c'est une joie pour eux, dit le voyageur anglais Sparrmann, quand ils voient arriver le temps de l'apparition de ces Insectes. Il ajoute que la nourriture composée de Sauterelles engraisse les Hottentots lorsque vient le temps où ils en font usage.

Les indigènes font cuire légèrement les Sauterelles sur le feu et en mangent des quantités prodigieuses ; ils ne laissent que les pattes postérieures et les ailes, ou même rien du tout. Le goût de ce mets est répugnant, et son pouvoir nutritif très faible.

Les paysans de la Mauritanie conduisent à Fez et à Maroc des charretées de Sauterelles recueillies par millions.

Olivier rapporte que l'on vend au marché de Bagdad l'*Achridium peregrinum* cuit et prêt à être mangé. Les tribus de l'intérieur de l'Arabie, dans le pays habité pendant quarante ans par les Israélites, s'en nourrissent encore dans les temps de pénurie ; c'est l'aliment des indigents qui ne peuvent s'en procurer un meilleur, et il est très vraisemblable que Moïse a permis, par ses lois de manger toutes les espèces qu'il était d'usage de récolter de son temps pour s'en nourrir, et que cet usage s'est perpétué jusqu'à ce jour.

Les Sauterelles se mangent tantôt bouillies, cuites avec du beurre, après qu'on leur a ôté les ailes et les pattes, tantôt simplement rôties sur les charbons avec du sel ; on en voit abondamment dans les marchés publics, et cet aliment forme dans toute l'Asie un objet de commerce assez important.

On a prétendu que cette nourriture convenait mieux aux Chevaux, qui, soit disant mangent volontiers ces Insectes et qui, soumis à ce régime, engraissent. Il est à remarquer cependant que tous les Boërs s'accordent à dire que les femelles de Sauterelles qui viennent de pondre produisent sur les Chevaux des effets vénéneux.

Ennemis. — Les Sauterelles, comme tous les animaux, dans la lutte pour l'existence, ont des ennemis et assez nombreux ; les uns s'attaquent aux œufs, le principal est l'*Anthomyia an-*gustifrons, de Meigen, qui détruisit en 1876 environ 10 p. 100 des œufs, en Missouri et Kansas. La Larve s'introduit dans un groupe d'œufs et s'en nourrit tour à tour, souvent même ceux qu'elle n'attaque point périssent par suite de la corruption engendrée par les autres. Nous citerons encore la Mouche à viande, les Carabées, surtout l'*Agonoderes dorsalis*, l'*Harpalus* ; l'*Amara obesa* de Say, la mite du Loueste (*Hydrachna Belostomie*), une Tachinaire et différentes sortes de Vers. Quand les Insectes sont éclos, les Oiseaux qui s'en nourrissent en sont les plus destructeurs.

Moyens de destruction. — Cependant ces ennemis naturels seraient insuffisants pour prévenir leurs ravages si l'homme ne mettait en usage son industrie et son travail.

« C'est peu de chose qu'un Criquet, dit M. Hauvel (1) ; son poids ne dépasse pas un gramme à l'époque de ses grands ravages ; aussi les colonnes en contiennent-elles un nombre prodigieux !

« Prenons les chiffres officiels fournis par le colonel de Lacombe, après ses recherches dans la subdivision de Médéah, au sujet des éclosions de 1870-1871 et 72 qui résultèrent de petites invasions. La moyenne des grappes, contenant chacune de 70 à 100 œufs, fut de 500 à 600 par mètre carré ; ce qui porte à plus de 50 milliards le nombre des œufs pondus par hectare. Or, une seule ponte occupe souvent 100 hectares sans discontinuité, comme celle qui fut étudiée par M. Durand dans la tribu des Ouled-Hallan, en 1874, alors que des pontes semblables étaient disséminées dans toute l'Algérie ; cette ponte comprenait probablement *cinq milliards d'œufs*.

« D'autre part, en observant les Criquets pendant leur émigration, on trouve que leur état moyen de concentration correspond, au minimum, à 5 insectes par décimètre carré, soit à 500 par mètre carré. Or, la bande observée à Ben Chicao en 1874 et inspectée par M. Durand occupait 25 kilomètres de fond sur 4 de profondeur, soit 100 millions de mètres carrés, et contenait 50 milliards d'Insectes ; elle provenait de la jonction de plusieurs colonies issues de pontes différentes.

« A raison de 10,000 œufs par décimètre cube, et de 500 Criquets (à l'âge de 25 jours) pour la même mesure, cette colonne observée par M. Durand représentait un volume de

(1) Hauvel, *Étude sur les Sauterelles et les Criquets, moyen d'en arrêter les invasions.* Paris, 1878, p. 14.

100,000 mètres cubes et un poids de 50,000 tonnes de Criquets, issues d'un volume de 5000 mètres cubes d'œufs.

« La population tout entière de l'Algérie ne pèse que 125,000 tonnes, deux fois et demie le poids des Criquets du passage à Ben-Chicao en 1874 !

« Après ces chiffres, on comprendra que les moyens de combattre de tels adversaires n'aient pas été suffisants malgré les efforts individuels des intéressés et ceux de l'administration, malgré des travaux considérables et des dépenses très notables. »

Autrefois, indépendamment des prières et des sacrifices que les anciens offraient aux dieux, on prenait des mesures de police pour la destruction de ces Insectes, soit à l'état parfait, soit à l'état d'œuf, pour empêcher leur reproduction l'année suivante. On employait des soldats, des légions pour aller les recueillir dans des sacs et les brûler ou les enterrer ensuite ; car on avait à craindre, non-seulement la famine par suite de la dévastation des récoltes, mais encore la peste par l'infection que répandaient leurs cadavres.

M. Solier a donné (1) une statistique assez curieuse des dépenses faites dans quelques communes du midi de la France, depuis plusieurs siècles, pour la destruction des Sauterelles.

En 1613, la ville de Marseille dépensa 20,000 francs, et celle d'Arles 25,000 pour leur faire la chasse ; ces dépenses se sont successivement renouvelées depuis, d'année en année, dans une proportion plus ou moins considérable. On payait et on paie encore 25 centimes aux personnes qui apportent deux livres de ces Insectes, et le double, 50 centimes, pour le même poids d'œufs. On recueillit dans cette même année (1613) 12,200 kil. d'œufs et 122,000 kil. d'Orthoptères. En 1824, aux Saintes-Maries, on en remplit 1,518 sacs à blé (65,861 kil.), et à Arles 165 sacs (6,600 kil.) ; la dépense s'éleva à 5,542 francs.

La chasse commence au mois de mai ; presque toute la population de certains villages y est employée. On se sert d'un drap de grosse toile dont les coins sont tenus par quatre personnes différentes ; deux personnes marchent en avant en faisant raser le sol par le bord du drap, les Insectes en fuyant sautent sur le drap étendu et sont ainsi recueillis sur ce drap d'où on les jette dans des sacs. On s'est aussi servi, quel-

(1) Solier, *Annales de la Société entomologique de France*; t. II, p. 486.

quefois avec avantage, de l'espèce de filet en forme de sac, placé au bout d'un bâton, dont les Entomologistes font usage pour recueillir des Insectes sur la tige des plantes.

Il n'existe aucun moyen sérieux pour détruire les Sauterelles ailées avant ou pendant leur ponte, et, vraisemblablement, il n'y en aura jamais ; en effet, les bandes disséminées sur des surfaces immenses ne peuvent être surprises que lorsqu'elles sont engourdies par la fraîcheur du matin, ou par la pluie et les brouillards ; mais les mauvais temps sont rares à l'époque de leur apparition. Avec un personnel nombreux on peut, sans doute, parvenir à en écraser des quantités considérables à l'aide de branches d'arbres que l'on emploie sous forme de balais, ou bien en piétinant sur les masses les plus compactes. Mais, après avoir ainsi beaucoup travaillé, le résultat relatif est insignifiant. Du reste, ce moyen est impraticable dans les céréales, que l'on détruirait ; dans les bois où l'on ne peut aisément agir, ni en présence des Sauterelles disséminées.

Les moyens employés pour empêcher les Sauterelles de s'abattre dans une localité, ou pour les en déloger, peuvent être conservés mais laissés à l'initiative individuelle, par ce fait même qu'on ne s'en débarrasse qu'en risquant de les jeter chez les voisins ; ils sont généralement du genre charivarique ; toute la population valide s'avance, poussant des cris, agitant son linge, battant de la casserole ou du tambour, tirant des coups de fusil ; et souvent, incendiant la localité. Sauf cette dernière ressource, aussi funeste que le mal lui-même, le charivari produit quelquefois de bons résultats ; il chasse les Sauterelles hors des cultures. Mais elles se rassemblent plus loin.

Du reste, ou bien ces Sauterelles n'ont pris terre que pour faire étape et elles repartent le lendemain, ou bien elles cherchent un emplacement de ponte ; dans ce cas elles commettent très peu de ravages.

On a jusqu'ici exercé les plus grands efforts et obtenu un succès relatif, en opérant la destruction des Œufs. Les lieux de ponte sont signalés et les Arabes les connaissent fort bien, ou savent les reconnaître à l'examen du sol qui est émietté comme par un léger binage. On fouille toute la surface qu'il est possible de traiter ainsi, jusqu'à 10 centimètres de profondeur et on extrait tous les cocons d'œufs que l'on y rencontre. Ne pouvant piocher le pays entier, toutes les forces disponibles se mettent au travail sur un même point et poursuivent leur tâche pendant la durée de l'incubation, soit pendant un mois et demi.

Plusieurs procédés sont ordinairement appliqués pour la destruction des Criquets : l'écrasement méthodique des jeunes Insectes, l'enfouissement et l'incendie. Le premier est celui des Arabes qui obtiennent de bons résultats en s'attaquant aux Criquets très jeunes, dès leur premier mouvement ; ils en circonscrivent les groupes, les rassemblent et, s'aidant de leur burnous pour barrer leur passage, ils réussissent à les amonceler ; alors, les piétinant avec furie, ils n'abandonnent la masse qu'après l'avoir réduite en compote. Mais il faut plusieurs heures et cent Arabes pour purger ainsi une surface d'un hectare ! Dans le sud, chaque furka (tribu) arrive à tour de rôle, à heure fixe, Caïd en tête, avec ses Cheïks, et le travail s'opère bien parce qu'il est continu et exercé en pays plat et découvert ; d'autre part, les amas de détritus organiques qui en résultent et qui entrent rapidement en décomposition ne sont pas très redoutables dans ces parages, où le voyageur abandonne sur le sol son Cheval blessé et en retrouve, au retour, le squelette à la même place. Il en serait autrement dans les cultures européennes et, du reste, le plus souvent les Criquets ne les abordent qu'après avoir atteint une certaine taille.

Pour enfouir les Criquets, nos troupes creusent préalablement des fossés continus parallèles au front des colonnes envahissantes ; chaque soldat armé d'un balai rejette dans le fossé les Insectes qui cherchent à s'en échapper ou bien y facilite leur chute au fur et à mesure de leur arrivée ; ce procédé, appliqué par un grand nombre d'hommes, pourrait peut-être réussir ; mais, d'une part, la fouille du fossé continu au-devant de chaque colonne de Criquets peut exiger un développement de 3 ou 4 kilomètres, soit le travail et la présence d'un million d'hommes, et, d'autre part, des hommes aussi nombreux seraient nécessaires pour en assurer le fonctionnement. A la Bergerie-Ferme, École de Ben Chicao, 30 hommes furent uniquement occupés à un travail semblable en 1866 ; dès les premiers arrivages de Criquets ils l'abandonnèrent pour employer la méthode arabe et écraser les Criquets après s'être aidés de leurs toiles de tentes pour les concentrer.

Les conditions du problème à résoudre sont du reste parfaitement déterminées comme moyenne. Les Criquets se présentent sur un front continu, sur une profondeur de plusieurs kilomètres, et d'après cette observation qu'un mètre carré en fournit un litre, on reconnaît que chaque mètre de front, sur l'emplacement de la destruction, devra pouvoir opérer sur un volume de Criquets de 4 à 5 mètres cubes.

C'est ce qui explique l'insuccès des fossés continus, d'une capacité trop faible et d'un fonctionnement limité à leurs dimensions, en admettant qu'il soit parfait à d'autres points de vue ; et c'est aussi la base nécessaire des mesures à prendre pour appliquer avec succès la méthode que nous possédons actuellement, l'arrêt par l'appareil Durand qui repose sur ce fait que le Criquet ne trouve pas de prise sur les obstacles glissants, tels que des carreaux de verre, des feuilles de zinc parce que ses pattes terminées par des crochets glissent sur leur paroi polie ; une fois enfouis, il est possible de penser à leur utilisation comme engrais.

Aux États-Unis on a proposé d'abord de brûler toutes les régions permanentes à l'époque où les œufs éclosent ; mais on a reculé devant les frais et la dureté de cette mesure. Les moyens employés varient selon qu'on s'attaque aux Œufs, aux jeunes Criquets, aux Sauterelles déjà formées. Pour les premiers, le hersage et le labourage sont bien plus efficaces que l'immersion ; contre les jeunes on s'est servi de différentes machines destinées à broyer, à pousser les Insectes dans des sacs, ou à répandre sur eux de l'huile de schiste. Contre les Insectes ailés il n'y a presque point de remèdes. Tous ces efforts réunis ont cependant porté fruit, la peur des Sauterelles qui faisait quitter les établissements commencés a cessé, les émigrants reviennent dans les régions qu'ils abandonnaient, et l'on espère que le défrichement des plaines du nord-ouest rétrécira encore le champ de la région où elles séjournent en permanence.

Emploi et usages. — L'ancienne médecine, qui a épuisé toutes les combinaisons possibles, et souvent les plus bizarres dans l'emploi des aliments comme moyens curatifs, n'a pas manqué non plus d'y comprendre les Sauterelles. Dioscoride dit : que les cuisses de Sauterelles mises en poudre et mêlées avec du sang de bouc, guérissent de la lèpre ; que, mêlées avec du vin, elles constituent un spécifique contre la piqûre du Scorpion ; que, du reste, les Sauterelles mangées peu salées sont aphrodisiaques, etc.; on les considérait, du moins en général, comme une bonne nourriture pour les bestiaux et les animaux de basse-cour.

LES PACHYTYLES — *PACHYTYLUS* (1)

Caractères. — Les caractères génériques sont : des antennes filiformes qui ne sont pas terminées en pointe, un prothorax uni et non bosselé, une tête mousse en avant, dirigée verticalement, et plus large que le cou dont les bords latéraux portent des crêtes arrondies.

Distribution géographique. — Les espèces de ce genre se rencontrent en Asie, en Afrique et en Europe.

LE CRIQUET VOYAGEUR. — *PACHYTYLUS MIGRA-TORIUS*.

Zügheüsckrecke. — Wanderheüschrecke.

Caractères. — Si l'on ajoutait foi à ce qu'on a dit de ces *Sauterelles* (*Pachytylus migratorius*). on serait tenté de croire, avec Pline, qu'il s'agit là d'animaux longs de trois pieds au moins, et d'une taille telle que les ménagères pourraient utiliser leurs pattes en guise de scie ; les Arabes, dans leur style imagé, leur prêtent : des yeux d'Éléphant, une nuque de Taureau, des cornes de Cerf, un thorax de Lion, un abdomen de Scorpion, des ailes d'Aigle, des cuisses de Chameau, des jambes d'Autruche, et une queue de Serpent! En réalité, on peut tout au plus comparer la conformation de leur tête à celle du Cheval ; de là, quelques-uns des noms sous lesquels on les a désignées quelquefois.

La coloration de ces Criquets, les plus grands de l'Europe, n'est pas constante, et paraît devenir plus foncée à mesure que l'année est plus avancée. En général, le vert grisâtre domine à la face supérieure, le rouge clair à la face inférieure ; toutefois la première nuance tire parfois sur le vert d'herbe, ou sur le vert brunâtre, la seconde plutôt sur le rouge ou sur le jaune. Les cuisses postérieures sont marquées à leur face interne de deux bandes transversales sombres, leurs jambes présentent une strie rouge-jaunâtre; et leurs élytres brunâtres portent deux taches plus foncées.

Mœurs, habitudes, régime. — L'accouplement de ces Sauterelles dure de 12 à 24 heures. Au bout de sept jours, la femelle se montre

agitée, cesse de manger, et cherche une place pour déposer ses Œufs, généralement à 3^{cm}9 de profondeur dans un terrain assez meuble pour lui permettre d'enfoncer l'extrémité de son abdomen jusque là. Un Oothèque contient de soixante à cent œufs; l'ovaire, en moyenne, en renferme 150, d'où il suit que la femelle doit en faire au moins deux pontes si elle doit se débarrasser de tous ses Œufs; elle ne dépose qu'une coque ovigère quand elle ne rencontre pas sur sa route une nourriture suffisante ou lorsque les circonstances atmosphériques sont défavorables. On a constaté que parfois l'accouplement se répétait. Cette condition n'est pas indispensable ; quand elle a lieu, par extraordinaire, c'est qu'il existe un nombre exceptionnel d'Insectes. En 1826, lorsque les convois de Sauterelles arrivèrent en masses si considérables dans la Marche de Brandebourg, Körte observa leurs accouplements depuis le 23 juillet jusqu'au 10 octobre, en sorte que la ponte dura près d'un quart de l'année. Les œufs qui en résultent se développent au printemps, et leur éclosion s'échelonne pendant l'espace de 2 ou 3 semaines; cette apparition est plus ou moins rapide suivant les circonstances atmosphériques, car, plus que tous les autres Insectes, les Criquets ont besoin pour prospérer d'un été et d'un automne à la fois chauds et secs. Une région dans laquelle ces conditions se trouvent remplies deviendra la proie de ces Orthoptères, pour peu qu'ils se soient montrés en nombre dans le cours de l'année précédente. Cette assertion n'infirme en rien les données fournies par Fritsch, car un été chaud et sec ne produit pas dans nos pays septentrionaux les mêmes effets qu'un été sans pluie dans l'Afrique méridionale.

La jeune Larve, d'un blanc jaunâtre, prend bientôt une teinte plus foncée, en sorte qu'au bout de quatre heures son aspect est d'un noir grisâtre. Jusqu'à la seconde mue, qui a lieu au bout de 5 semaines environ, elle conserve cette couleur avec des marques blanches sur l'abdomen, et choisit pour sa nourriture les plantes les plus tendres, et de préférence celles qui viennent de lever. La colonie s'étend alors de plus en plus et fait des ravages plus sensibles à mesure que la troisième et la quatrième mues s'effectuent, dans un espace de temps assez court. Quatorze jours environ après la quatorzième mue, pendant laquelle les rudiments d'ailes s'accentuent, ces Insectes

(1) Παχύς, épais ; τύλος, protubérance.

grimpent au sommet des chaumes où ils se fixent par leurs pattes postérieures , ils mettent de 20 à 40 minutes à se dépouiller de leur dernière membrane, et leurs ailes se déploient alors. Il semble que dans la plupart des cas où l'insuffisance de nourriture a forcé les Criquets à partir, ce motif n'a pas été le seul à déterminer leur départ ; mais on a lieu d'admettre chez eux, comme chez plusieurs autres Insectes, un instinct migrateur dont la cause primitive n'est pas encore éclaircie.

On a considéré comme une espèce différente, le *Pachytylus cinarescens*, de forme plus petite, qui apparaît surtout en Afrique, en Espagne, en France et dans le sud de l'Allemagne en même temps que le grand *P. migratorius ;* ces Insectes, qu'on n'a observés qu'en troupes isolées çà et là dans quelques provinces de la Prusse (1875, 1876), ne constituent pas, d'après les observations récentes, une espèce distincte.

LE CRIQUET STRIDULANT. — *PACHYTYLUS STRIDULUS*.

Klapperheüschrecke.

Caractères. — Le Criquet stridulant (*Pachytylus stridulus*) est une espèce petite, de couleur brune, dont les ailes postérieures sont d'une teinte rouge foncé.

Elle se fait remarquer par le cliquetis sonore qu'elle fait entendre en volant pendant un espace de temps très court, sous les rayons chauds du soleil, lorsqu'elle fuit à l'approche des passants.

Distribution géographique. — Cette espèce habite l'Allemagne, le midi de la France, ainsi que les Pyrénées.

Mœurs, habitudes, régime. — Elle se plaît sur les coteaux ensoleillés et secs des montagnes.

LES OEDIPODES — *OEDIPODA* (1)

Caractères. — Il existe encore de nombreuses espèces, plus petites, dont le corps est rugueux à la face supérieure et dont le corselet présente une carène tranchante en son milieu et deux carènes latérales. Leurs ailes postérieures, bordées de noir, sont d'une teinte indifféremment rouge ou bleue.

Distribution géographique. — Ce genre a une aire d'extension géographique très vaste ; il a des représentants dans l'ancien et le nou-

(1) Οἰδέω, enfler ; πού;, pied (c'est-à-dire aux pattes renflées).

veau monde ; on compte notamment 7 espèces en Europe, 32 dans l'Amérique du Nord, et de nombreuses espèces en Afrique.

LE CRIQUET RUBANÉ. — *OEDIPODA FASCIATA.*

Bandirte Heuschrecke.

Caractères. — Parmi ces espèces se range le Criquet rubané (*OEdipoda fasciata*) dont la teinte fondamentale est d'un gris-cendré, et dont les élytres, ainsi que les cuisses postérieures, présentent généralement deux bandes foncées obliques. Quelques spécimens, offrant des ailes postérieures d'une teinte bleu-clair, à l'exception de leur pointe qui est transparente et de leur bordure qui est noire, ont été généralement décrites dans les livres sous le nom d'*OEdipoda cœrulescens*. D'autres n'en diffèrent absolument que par la teinte rouge qui remplace la couleur bleue des ailes postérieures ; on les désigne sous les noms d'*OEdipoda germanica*. Indépendamment de leurs nombreuses analogies, on a trouvé ces OEdipodes assez fréquemment accouplées pour n'en pas faire deux espèces distinctes.

Distribution géographique. — Cette espèce et ses variétés sont fort répandues dans toute l'Europe et particulièrement dans toute la France.

Mœurs, habitudes, régime. — Elles fréquentent les pentes ensoleillées, les lisières des bois, et d'autres endroits analogues, où l'on trouve aussi le Criquet stridulant ; on ne les rencontre jamais dans les prairies, mais elles ne se tiennent pas uniquement sur les montagnes.

LES GOMPHOCÈRES — *GOMPHOCERUS* (2)

Caractères. — Le genre *Gomphocerus* (*Stenobothrus* de Fischer) comprend nos plus petites espèces, qui animent principalement les prairies et les terrains gazonnés. La face supérieure de leur corps est unie, et n'offre jamais de rugosités ni de ponctuations profondes. On les reconnaît généralement à la saillie accentuée de la partie antérieure de leur tête qui porte, au-devant de chaque œil, à la limite du vertex, une fossette, étroite, allongée, assez profonde ; lorsque celle-ci fait défaut, le bord du vertex est tranchant. Chez certaines espèces (*Gomphocerus rufus* et *Gomphocerus si-*

(1) Γόμφος, cheville ; κέρας, corne, antenne.

bericus), les antennes, courtes, s'élargissent un peu avant leur extrémité, et prennent l'aspect de lancettes étroites. Par ses autres caractères, ce genre est analogue aux autres.

Distribution géographique. — Les nombreuses espèces de ce genre sont répandues dans toute l'Europe, dans l'Afrique, l'Asie et l'Amérique.

Il faudrait une description très minutieuse pour permettre de discerner entre elles avec certitude les espèces très nombreuses de ce genre; nous nous contenterons de signaler les deux espèces suivantes.

LE GOMPHOCÈRE RAYÉ. — *GOMPHOCERUS LINEATUS.*

Liniürter Grashüpfer.

Caractères. — Ce Criquet, à pattes rouges, qui mesure de 13 à 18 millimètres, est vert sur la face externe des cuisses postérieures ainsi que sur tout le reste du corps, à l'exception d'une ligne longitudinale jaune qui traverse le vertex et le thorax. Les élytres, qui atteignent la pointe abdominale, présentent la même conformation dans les deux sexes et portent, au niveau de leur base fuligineuse, une tache blanchâtre oblique. Les fossettes du bord du vertex sont très nettes, et le chaperon s'étend jusqu'à la bouche.

Mœurs, habitudes, régime. — Les Gomphocères rayés (*Gomphocerus lineatus*) sont communs dans nos prairies où ils abondent parfois tellement qu'à chaque pas on les entend s'enfuir effarouchés en produisant un fort cliquetis.

LE GOMPHOCÈRE ÉPAIS. — *GOMPHOCERUS GROSSUS.*

Dicker Grashüpfer.

Caractères. — Chez cet Orthoptère, on trouve, à la place des fossettes de la saillie antérieure du vertex, deux rebords tranchants; on en trouve un aussi sur les deux côtés de la carapace frontale; ce rebord s'étend jusqu'à la bouche. Une crête moins saillante descend le long des joues; il en résulte une dépression allongée qui part de la fossette antennale et traverse en ligne droite les parties latérales de la face. Les cuisses postérieures sont rouge-de-sang sur la face interne, et leurs jambes sont jaunes, tranchant ainsi sur la teinte vert-olive du corps; les élytres vertes, qui dépas-

sent l'abdomen, ont le bord externe jaune. La longueur du corps est de 15 à 26 millimètres.

Mœurs, habitudes, régime. — Le Gomphocère épais (*Gomphocerus grossus*) se rencontre parmi les Insectes précédents, aussi fréquemment qu'eux, dans les prairies humides de l'Europe entière.

LES CALOPTÈNES — *CALOPTENUS* (1)

Caractères. — Les caractères génériques sont: des dents aiguës sur le bord interne des mandibules et sur la branche interne de la mâchoire inférieure, et un épaississement sphéroïdal de l'abdomen chez les mâles. Dans l'espèce en question, les trois carènes de l'écusson cervical ont à peu près le même développement, et ses trois empreintes sinueuses transversales aboutissent encore dans sa moitié antérieure.

Distribution géographique. — Ces Criquets ont une aire de répartition géographique fort étendue; leurs différentes espèces se rencontrent dans l'Europe méridionale et centrale, en Asie, dans l'Afrique boréale et australe, ainsi que dans l'Amérique du Nord.

LE CRIQUET ITALIQUE. — *CALOPTENUS ITALICUS.*

Italienische Heüschrecke.

Caractères. — Cette espèce se rapproche beaucoup des précédentes au point de vue de la taille et des allures; elle s'en distingue pourtant par une gibbosité verruqueuse entre les cuisses antérieures, ainsi que par un vertex arrondi, moins saillant, et par un large prothorax. Le corps, ainsi que les élytres, qui s'en écartent au niveau de leur pointe, ont une teinte fondamentale jaune-sale, assombrie par des mouchetures brunes. Le bord interne des ailes postérieures est coloré, sur une grande largeur, en rose rouge, ainsi que la face interne des cuisses postérieures; leur bord externe est d'un jaune uniforme ou présente des bandes foncées.

Distribution géographique. — Le Criquet italien (*Caloptenus italicus*) apparaît non seulement dans l'Italie, mais aussi dans le midi de la Russie jusqu'en Sibérie, et en Allemagne dans le Mark, par exemple, dans la Silésie, dans la Saxe, dans l'Autriche; on l'a observée, entre autres, dans l'année 1863, en Crimée.

(1) Καλός, beau ; πτηνός, volatile.

Fig. 621. — Le Tetrix épineux.

Mœurs, habitudes, régime. — Comme cette espèce se développe de préférence dans les forêts et dans les montagnes boisées, elle porte préjudice aux arbres et aux vignes, plus qu'aux herbes et aux céréales. Dès le mois d'avril, ou même plus tôt, les jeunes éclosent de leurs œufs. Pallas, qui les a étudiés dans la Russie méridionale, a relaté leur mode d'existence. Par un temps serein et chaud, ces jeunes se mettent en mouvement de bonne heure, aussitôt que la rosée commence à s'évaporer, aussitôt que le soleil se lève lorsqu'il n'y a pas eu de rosée. On voit d'abord quelques messagers passer entre les essaims qui reposent encore, les uns serrés au pied de quelque petit tertre, les autres groupés sur des plantes et des buissons de toutes sortes. Là dessus, la troupe entière se met en marche et forme une colonne rectiligne parfaitement unie. Ces convois, qui rappellent ceux des Fourmis, suivent tous, sans se toucher, la même route, et se succèdent toujours à une courte distance les uns des autres. Ces Criquets se dirigent vers une même région, sans trêve, ni repos, avec toute la vitesse dont ils sont capables ; ils courent, mais ne sautent que dans le cas où on les pourchasse. Alors, ils se dispersent ; mais bientôt on les voit se rassembler de nouveau et continuer la route suivie jusque-là, marchant ainsi du matin au soir, sans s'arrêter, et parcourant en un jour une centaine de « brasses » et davantage. Ils cheminent volontiers sur les routes frayées et en plein champ ; lorsqu'ils rencontrent un buisson, une haie, ou un fossé, ils passent au-dessus ou au travers, s'ils le peuvent. Les mares et les cours d'eau sont les seuls obstacles qui les arrêtent, car ils semblent redouter extrêmement d'être mouil-

lés. Néanmoins ils tentent souvent d'atteindre la rive opposée, à l'aide de branches qui s'avancent au-dessus de l'eau, ou d'établir au moyen de débris végétaux un pont sur lequel la colonne passe en rangs serrés. Parfois on les voit reposer sur ce pont comme s'ils se délectaient à la fraîcheur de l'eau. Vers le coucher du soleil l'essaim entier se divise en groupes qui cherchent leurs quartiers pour passer la nuit suivant leurs coutumes ordinaires. Les jours de froid et de pluie, ces Criquets ne se mettent pas en route.

Ces mœurs, ou des mœurs très analogues, ne sont pas celles des Caloptènes italiques seulement, mais celles de toutes les espèces qui, à l'état parfait, savent se réunir en troupes. A partir du milieu de juin, elles acquièrent leurs ailes et se dispersent alors davantage. L'accouplement, puis la ponte ont lieu, et les jeunes Criquets éclosent isolément dès l'automne si les circonstances sont propices.

Ce sont ces Acridides dont la multiplication exagérée a causé un préjudice considérable aux cultures de Provence en l'année 1805 ; il est même probable que ce sont eux qui causèrent, en 1613 et 1614, les terribles ravages que rapportent les historiens contemporains ; car ces Caloptènes italiques sont indigènes et prodigieusement communs dans la vallée du Rhône.

LES ACRIDIUM — *ACRIDIUM* (1)

Caractères. — L'ancien nom générique d'*Acridium* a été réservé uniquement aux espèces plus grandes, dont les courtes antennes ne sont pas pointues en avant, et dont le prothorax,

(1) *Acridium*, Sauterelle.

surélevé, verruqueux en bas, présente en haut une carène médiane très accentuée ou simplement une saillie antérieure d'aspect pectiné.

Distribution géographique. — Les *Acridium* appartiennent aux climats chauds des deux hémisphères ; ce sont eux, surtout, qui paraissent constituer pour certaines peuplades une alimentation aussi recherchée qu'abondante, sous les formes les plus variées.

LE CRIQUET TARTARE. — *ACRIDIUM TARTARICUM.*

Tatarische Heüschrecke.

Caractères. — Le prothorax est traversé par une carène régulière dentelée en avant à cause des trois empreintes transversales ; la gibbosité thoracique se présente sous la forme d'une saillie assez droite, un peu épaissie en avant ; le revêtement, gris-jaunâtre, présente des taches foncées sur les élytres, et l'aire suturale des ailes postérieures porte une tache arquée et sombre, à contours peu nets. Le mâle atteint une longueur de 3^{cm},9 et la femelle de 6^{cm},5.

Distribution géographique. — C'est la seule espèce qui s'étend jusqu'au midi de l'Europe.

La collection du Muséum de Halle renferme un *Acridium peregrinum*, espèce très analogue à la précédente, répandue dans toute l'Afrique, qui porte l'inscription suivante : « Capturée au mois de mars, au milieu d'essaims énormes qui venaient d'Afrique, à une distance de quatorze milles à l'ouest des îles Canaries, sur le *Sun*..... (le nom de ce navire est à peu près indéchiffrable). »

LES TETRIX OU TETTIX — *TETRIX OU TETTIX* (1)

Die Kragenschrecken.

Caractères. — Tandis que, chez toutes les espèces dont nous avons traité jusqu'ici, le thorax est écourté en avant, et laisse à la tête une indépendance complète, chez d'autres son bord antérieur s'avance assez pour pouvoir cacher la bouche. A ce groupe appartient les *Tetrix* (*Tetrix* ou *Tettix*) chez lesquelles le bord postérieur du corselet s'étend jusqu'à l'extrémité du corps et même au delà. Les ailes sont pour ainsi dire recouvertes par ce prolonge-

ment triangulaire du corselet qui se termine par une pointe médiane ; aussi les élytres, qui deviennent un moyen de protection superflu, sont-elles atrophiées et réduites à de petits disques écailleux. Avec elles disparaît la faculté de produire une stridulation. Les yeux, à facettes, font une saillie notable à la partie supérieure de la tête, immédiatement au-devant du bord antérieur du corselet, à côté des antennes filiformes. Les cuisses postérieures sont très épaisses. Leur taille est petite et leur existence est dissimulée.

Distribution géographique. — Ces petits Criquets habitent aussi bien l'Europe que l'Afrique, l'Asie et l'Amérique.

LE TETRIX SUBULÉ. — *TETRIX SUBULATA*

Gemeine Dornschrecke.

Caractères. — Le Tetrix épineux commun (*Tetrix subulata*), la plus grande des espèces françaises et allemandes, mesure jusqu'à 11^{mm} (fig. 621), et se rencontre souvent en tous lieux. Le corselet est limité en avant par un bord rectiligne ; il se soulève faiblement en forme de carène médiane, et se termine bien au delà de l'extrémité abdominale par une pointe en forme d'épine ; les parties latérales de son bord postérieur qui ne participent pas à cet allongement prennent de part et d'autre l'aspect d'une dent triangulaire. Souvent, mais non pas d'une manière constante, la face dorsale de cet Insecte brun-grisâtre est revêtue d'une couleur jaune-pâle qu'on retrouve généralement sur les antennes dont l'extrémité offre une teinte foncée

Mœurs, habitudes, régime. — Cette espèce très commune se trouve généralement dans les endroits secs. On trouve fréquemment des jeunes qui ont passé l'hiver, en sorte que l'on est tenté d'admettre que l'hibernation rentre dans leur évolution habituelle.

LES TRUXALES — *TRUXALIS* (1)

Die Spitzköpfige Schrecken.

Caractères. — Les Criquets-à-rostre (*Truxalis*) forment un genre dont les espèces sont nombreuses et dont la tête présente une conformation singulière (fig. 622 et 623). Elle s'élève, en effet, plus ou moins haut, en forme de

---

(1) Τέττιξ, Grillon.

(1) Τρυξαλίς ou Τρυξαλλίς ou Τρωξαλλίς, jeune Sauterelle.

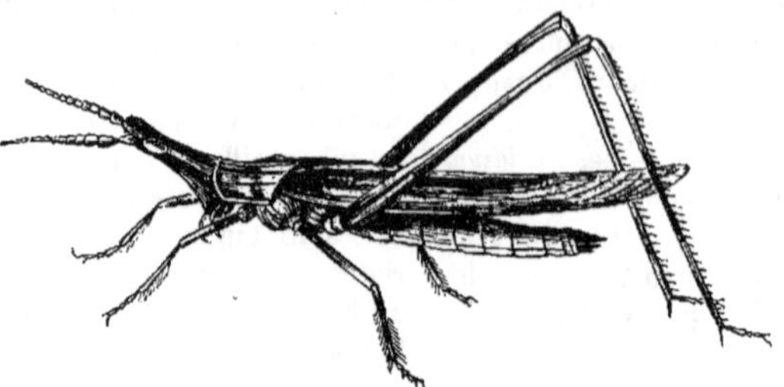

Fig. 622. — Le Truxale à grand nez.

còne dont le sommet est triangulaire et dont la partie supérieure est évasée ou bombée ; sur les côtés sont implantées profondément des antennes aplaties qui présentent trois arêtes et ressemblent à l'extrémité d'une dague. Leur face la plus large est tournée en haut, et la plus étroite en dedans. Le corps semble étiré et faible, les ailes, qui le dépassent, ont l'extrémité pointue (fig. 624) ; les cuisses postérieures sont peu épaisses. En résumant tous

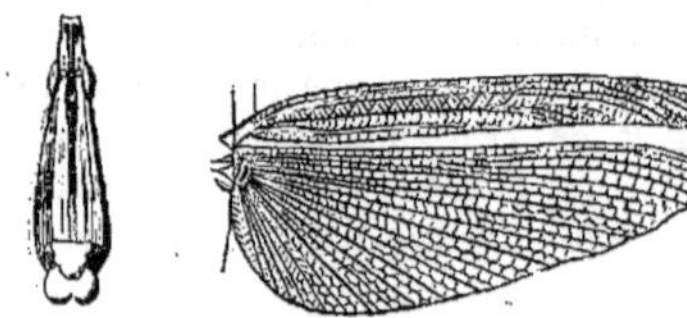

Fig. 623. — Tête de Truxale.

Fig. 624. — Aile de Truxale.

les caractères, on voit que les Truxales ont un aspect particulièrement sec et squelettique.

Distribution géographique. — Les Truxales ont des représentants dans l'Europe méridionale aussi bien qu'en Afrique, en Asie et en Amérique.

LE TRUXALE A GRAND NEZ. — *TRUXALIS NASUTA.*

Nasenschrecke.

Caractères. — La portion de la tête qui dépasse le bord du prothorax est au moins aussi longue que la ligne très saillante qui occupe le milieu de ce dernier et qui prolonge son bord postérieur sous forme d'un angle également saillant. Le sommet de la tête semble également évidé sur ses trois faces, et offre en avant une pointe mousse ; le prothorax ne porte aucune gibbosité. — Le mâle, qui mesure 39^{cm} est vert, sauf au niveau de la base, colorée en jaune clair, des ailes postérieures qui sont transparentes. La femelle, plus longue de 13^{mm}, porte des bandes brunes sur le thorax et sur les élytres, celles des élytres sont tachetées de bleue (fig. 622).

Distribution géographique. — Le Truxale à grand nez (*Truxalis nasuta*) se trouve dans le midi de la France, en Italie, et en Hongrie.

LES LOCUSTIDES — *LOCUSTIDÆ*

Die Laubheuschrecken.

Caractères. — Les véritables Sauterelles ou *Sauterelles-à-sabre* (*Locustides*) ont des antennes sétiformes généralement plus longues que le corps dont les articles, à l'exception des deux premiers qui sont plus gros, ne sont pas distincts. La tête, verticale, forte, ovalaire, ayant la face aplatie, a le vertex modérément saillant entre les deux yeux hémisphériques, ou ellipsoïdaux. Les ocelles, au nombre de trois, font souvent défaut. Le labre très grand, corné, composé de deux pièces plates articulées cachant en partie les mandibules ; celles-ci, des plus robustes, sont dentées à l'extrémité et généralement creusées en dessus ; les mâchoires grêles et acérées sont terminées par des denticulations aiguës et ont des palettes allongées de cinq articles ; le lobe externe ou *galea* est allongé et trigone ; la lèvre inférieure divisée en quatre lobes porte des palpes de trois articles.

Le prothorax, en forme de selle, s'étend habituellement au-dessus de la base des élytres. Celles-ci, généralement grandes et allongées, occupent la plus grande partie des côtés du corps et se croisent par leurs bords internes en formant une sorte de *toit* aigu ou aplati au-dessus de l'abdomen.

Les pattes antérieures et moyennes sont plus ou moins longues, plus ou moins épineuses, les pattes postérieures sont fort longues et appropriées au saut, à cuisses renflées, à jambes pourvues de carènes épineuses, et d'épines mobiles terminales. Les tarses de quatre articles ont les trois premiers aplatis, triangulaires, et revêtus de poils à la face inférieure ; le troisième article est bifide ; le quatrième long, cylindrique, supporte deux crochets et une pelote qui s'insère entre eux.

L'abdomen grand, allongé de neuf segments arrondis, atteint son plus grand diamètre vers le milieu ; dans les deux sexes, il porte une paire d'appendices sétacés, flexibles et inarticulés ; chez la femelle, il se termine par une *tarière plus ou moins longue, en forme d'épée ou de sabre,* ce qui permet de discerner les sexes d'assez loin.

Ce n'est pas, comme chez les Criquets, au moyen de leurs cuisses postérieures que les mâles produisent leur chant, mais *c'est en frottant l'une contre l'autre la base de leurs élytres* qu'ils font entendre un son criard comparable à celui d'un outil qu'on aiguise. L'élytre gauche, posée au-dessus de l'autre, présente à sa base une forte nervure transversale dont la forme est à peu près celle du signe § ; elle fait une saillie plus marquée à la face inférieure qu'à la supérieure, et prend l'aspect rugueux d'une lime en raison des nombreuses encoches transversales qui la sillonnent. La portion triangulaire de l'élytre droite, placée horizontalement au-dessous d'elle, offre un espace membraneux mince encadré de nervures puissantes, et qu'on nomme le *miroir ;* il y en a une autre plus petite et de même forme, en arrière. Quand l'Insecte soulève ses élytres pour produire sa stridulation, les arêtes de l'élytre gauche viennent frotter rapidement contre les bords de ce miroir, dont la mince membrane entre en vibration et renforce le son produit.

A titre d'exception, quelques espèces présentent sur leurs élytres des renflements vésiculaires, et leurs femelles peuvent également attirer leurs semblables par leurs chants ; la disposition réciproque des élytres est, dans ce cas, indifférente.

Chez les Sauterelles vraies, les pattes antérieures présentent un intérêt spécial ; à la base des jambes on remarque à l'extérieur deux fentes ou deux fossettes fermées en dedans par une membrane fragile. Entre les deux ouvertures, le tronc principal des conduits aériens propres aux jambes antérieures s'évase en forme de vésicule ; un nerf émanant du premier centre nerveux thoracique se renfle à ce niveau en forme de ganglions d'où partent des éléments nerveux d'une structure spéciale, qui se disposent en série et entourent une vésicule transparente. De Siebold, qui a étudié avec soin la structure de cet organe, en fait *l'appareil auditif* propre à cette famille d'Insectes (1).

Distribution géographique. — Les Locustides sont répandues sur toute la terre ; elles abondent surtout en Asie et en Amérique, et sont peu nombreuses en Europe et en Afrique.

Mœurs, habitudes, régime. — Ces Sauterelles ne présentent, au point de vue de leur évolution, aucune différence essentielle avec les précédents ; la longue tarière des femelles prouve qu'elles ne déposent pas leurs Œufs sur les tiges herbacées, mais qu'elles les enfoncent plus profondément dans le sol que ne font les Acridides. Les Sauterelles aux teintes vertes notamment se tiennent principalement sur les buissons et sur les arbres dont elles dévorent les feuilles ; les brunes et les gris-brunâtres recherchent davantage les plantes basses sur lesquelles elles s'installent surtout pendant la nuit.

LES ÉPHIPPIGÈRES — *EPHIPPIGERA* (2)

Caractères. — Ces Locustides aux palpes allongées, les maxillaires plus longs que les labiaux, au prothorax grand, couvert de rugosités, relevé en arrière de façon à constituer une sorte de selle carénée sur les côtés, peuvent se distinguer entre toutes par la singularité de forme de leurs élytres, et l'atrophie de leurs ailes. Ces élytres, semblables dans les deux sexes, sont courtes, bombées, abritées en grande partie par le prothorax, sont arrondies, se recouvrent l'une l'autre et sont si fortement réticulées qu'elles paraissent rugueuses. L'ab-

(1) Voy. Introduction, p. 28.
(2) *Ephippium*, selle ; *gero*, porter.

Fig. 625.

Fig. 627.

Fig. 628.

Fig. 625 et 626. — Mâles.

Fig. 628. — Femelle.

Fig. 625 à 628. — L'Ephippigère des vignes (d'après nature).

domen des femelles porte un long oviscapte ensiforme, légèrement arqué et pointu. Les femelles, lorsqu'on les excite, peuvent également produire une stridulation.

Distribution géographique. — Les quelques espèces de ce genre sont confinées en Europe et dans l'Afrique boréale.

L'EPHIPPIGÈRE DES VIGNES. — *EPHIPPIGERA VITIUM*.

Caractères. — C'est un singulier Insecte (fig. 625 à 628), au corps d'un beau vert, — les exemplaires renfermés dans nos collections en donnent une idée peu avantageuse, car en se desséchant ils ont bruni et se sont flétris, — qu'il est facile de reconnaître aux caractères génériques, mais qui présente encore quelques particularités spécifiques. La tête lisse porte entre les antennes deux petits tubercules disposés l'un au-dessus de l'autre, le prothorax rebordé, bombé postérieurement, est déprimé transversalement, caréné au milieu et rugueux; les élytres courtes sont jaunâtres et rugueuses.

Mœurs, habitudes, régime. — Amie des lieux arides et des coteaux ensoleillés, cette Locustide se plaît aussi dans les vignes de tous nos départements méridionaux; elle se rencontre aux environs de Paris, notamment sur les collines sèches couvertes de bruyère (vallée de la Bièvre), ainsi que dans la forêt de Fontainebleau.

LES DOLICHOPODES — *DOLICHO-PODA* (1)

Ce sont les Orthoptères les plus étranges et qui prêtent le plus à la réflexion; toutes les Locustides sont des Insectes amis de la liberté et du soleil, ceux-ci fuient la clarté du jour et hantent les cavernes; aussi la singularité de leur existence les a-t-elle forcés de s'adapter admirablement aux milieux. M. Bolivar les a nettement caractérisés.

Caractères. — Ce sont des êtres grêles, décolorés, aux pattes démesurément longues et grêles, surtout les postérieures dont les fémurs sont plus longs que le corps et filiformes à l'extrémité, dont les tibias postérieurs immenses sont garnis sur les bords postérieurs

(1) Δολιχός, long; πούς, pied.

d'une double rangée d'épines peu serrées. Mais c'est surtout la longueur démesurée de leurs antennes et de leurs palpes qui leur imprime la physionomie la plus extraordinaire : les antennes sont au moins six à sept fois plus longues que le corps ; les palpes mesurent presque la longueur du corps. Habitants des cavernes, ce sont certainement des Insectes chez lesquels le toucher, grâce à de tels organes, a dû acquérir une délicatesse infinie et suppléer la vision qui, quoiqu'existant, ne doit jouer qu'un rôle fort secondaire. Les femelles portent un oviscapte en forme de sabre recourbé fort allongé.

Distribution géographique. — L'unique espèce du genre habite les grottes et les cavernes de la France méridionale, de la Dalmatie, de la Sicile.

LE DOLICHOPODE A LONGS PALPES. — *DOLICHO-PODA PALPATA.*

Caractères. — Cette espèce, facile à reconnaître d'après les caractères qui précèdent et d'après nos figures, est d'une coloration à peine verdâtre, avec les yeux et une petite tache à la base des antennes noirs.

Mœurs, habitudes, régime. — Ce singulier Orthoptère, rencontré tout d'abord dans les cavernes de la Dalmatie et de la Sicile, a été découvert dans les grottes des Pyrénées par Linder et observé récemment (1879) dans les grottes de Belvis et d'Espezel (Aube), par M. Simon. C'est d'après des exemplaires recueillis par lui que nous avons figuré l'hôte des cavernes (fig. 629 à 631), il n'est pas douteux qu'ils ne vivent aux dépens d'autres Insectes cavernicoles.

LES HETRODES — *HETRODES* (1)

Caractères. — Le genre *Hetrodes* est caractérisé : par l'absence complète des ailes dans les deux sexes, par des antennes implantées au milieu du front, au-dessous des yeux, par un cône émergeant entre elles, par les épines du prothorax qui est très grand, enfin par des pattes médianes et postérieures tronquées en avant.

Plusieurs autres Locustides voisines présentent une conformation analogue, mais se rattachent à des genres plus élevés en raison de l'existence d'ailes rudimentaires.

L'HETRODES ÉPINEUX. — *HETRODES SPINULOSUS.*

Bedornte Einhornschrecke.

Caractères. — L'Insecte aptère et trapu, représenté (fig. 632), n'est pas une Larve, mais bien une femelle adulte qu'on désigne sous le nom d'*Hetrodes spinulosus* (*horridus* de Klug). Cette espèce se distingue des autres par des cuisses minces, par des jambes dont l'armement extérieur est faible, par des fossettes évasées et recouvertes, situées à la base des jambes antérieures, et par une tarière courte ; ces lourdes Sauterelles ont le corselet armé de fortes épines ; leur coloration est jaunâtre.

Distribution géographique. — Cette espèce est propre à l'Arabie et à la Syrie.

LES MÉCONÈMES — *MECONEMA* (1)

Die Meconeminen.

Caractères. — La tête engagée dans le prothorax est munie d'une petite épine entre les antennes dont les fossettes olfactives possèdent un contour elliptique ; celles-ci, rapprochées à la base, sont beaucoup plus longues que le corps, sétacées, à premier article gros, à deuxième court et globuleux. Le prothorax est court, à disque un peu aplati, à carènes latérales peu saillantes. Les élytres étroites, linéaires, arrondies au bout, dépassent l'abdomen et ont un appareil stridulant peu développé. L'abdomen court porte des appendices courts chez les femelles, mais très longs, filiformes et tronqués chez les mâles. L'oviscapte allongé, peu relevé, a ses valves étroites et terminées en pointe.

Distribution géographique. — L'espèce unique, type du genre, est européenne.

LE MÉCONÈME VARIÉ. — *MECONEMA VARIUM.*

Eichenschrecke.

Caractères. — Les Entomologistes modernes désignent sous le nom de *Meconema varium* cette petite Sauterelle (fig. 633) d'un vert pâle un peu jaunâtre, au prothorax lisse et un peu brillant, traversé par une assez large bande longitudinale jaune qui disparaît souvent après la mort, aux élytres un peu opaques à organe stridulant gauche roussâtre, aux ailes transparentes.

---

(1) Ἧτρον, ventre ; οἰδέω, enfler.

(1) Μῆκος, longueur ; νῆμα, fil.

Fig. 629.   Fig. 630.   Fig. 631.

Fig. 629 à 631. — Un Orthoptère des cavernes. Le Dolichopode à longs palpes, femelle (d'après nature).

Mœurs, habitudes, régime. — Cet Insecte se tient uniquement sur les Chênes ; aussi peut-on lui donner le nom de Sauterelle-des-Chênes.

Elle est commune dans nos contrées, et se trouve d'assez bonne heure à l'état de Larve. Comme toutes les Sauterelles, elle témoigne d'une certaine indolence. On ne la voit jamais voler. Lorsque les arbres qu'elle habite sont ébranlés, elle tombe sans recourir à ses ailes pendant son trajet aérien. On ne l'entend jamais résonner, ce qui tient peut-être à ce qu'elle ne chante que dans la cime des arbres ; en revanche elle monte et descend fréquemment le long des troncs. « J'ai observé une fois, dit Taschenberg, le 15 octobre, une femelle qui avait enfoncé sa tarière à une grande profondeur entre les rugosités d'une écorce pour y déposer ses Œufs. Une autre fois, j'ai retiré, au printemps, une de ces Larves d'une Galle, abandonnée par les Hyménoptères, dans laquelle elle s'était introduite à l'automne. »

LES PHYLLOPTÈRES — *PHYLLO-PTERA*

Caractères. — Les espèces, toutes vertes, du genre *Phylloptera*, ressemblent à des feuilles s'avançant sur leur tranche étroite, tandis que certaines espèces du genre *Phyllium* présentent l'apparence de feuilles glissant à plat. Chez les Phylloptères, les élytres, dont la surface triangulaire porte au niveau de la base une membrane résonnante, se prolongent bien au delà du corps sur les côtés duquel elles figurent une feuille verte lancéolée ; mais elles sont elles-mêmes dépassées généralement par les extrémités pointues des ailes inférieures. Quelquefois ces feuilles ambulantes sont de fortes côtes réticulées, comme chez le Phylloptère Feuille-de-myrte (*Phylloptera myrtifolia*) de l'Amérique du sud ; parfois elles sont élégamment décorées de taches en forme d'yeux, extraordinairement bariolées, comme chez le Phylloptère fenestré (*Phylloptera fenestrata*) de Bornéo, dont les jambes postérieures sont armées de nodosités épineuses et dont la taille mesure 7^{cm},8 de long (le double de l'espèce précédente). Le plus souvent elles sont parcourues par une nervure longitudinale, représentant la côte médiane, mais non située au milieu, et émettant quelques ramifications plus faibles.

Il existe un bien plus grand nombre d'espèces, réparties entre beaucoup de genres, chez lesquelles l'insertion des antennes reste le

Fig. 632. — L'Hétrode épineux (p. 438).   Fig. 633. — Le Méconème varié (p. 438).

même, mais chez lesquelles les organes auditifs des jambes antérieures apparaissent sous l'aspect de fentes étroites. Nous étudierons les deux genres les plus répandus en Europe.

LES DECTIQUES — *DECTICUS*

Caractères. — Le genre *Decticus* se reconnaît : à la tête grosse, au front convexe ayant un large renflement entre les antennes ; aux antennes capillaires au moins aussi longues que le corps, insérées dans une cavité de part et d'autre du renflement frontal, ayant le premier article gros et court, et le deuxième peu visible ; au prothorax en disque plat, plus étroit en avant et caréné de chaque côté, souvent même au milieu ; aux élytres étroites, en général peu allongées, arrondies au bout, ordinairement tachetées avec régularité ; aux ailes plus courtes que les élytres ; à l'abdomen gros, court, portant chez les femelles un oviscapte presque droit ou recourbé en dessus, terminé en lame de sabre pointue ; aux pattes longues, aux jambes armées, à la face interne, de longues épines mobiles ; aux tarses allongés dont le premier article du tarse postérieur porte en dessous deux appendices divergents en forme de folioles arrondies au bout. Ces espèces ont une couleur gris verdâtre ou brun verdâtre ; quelques-unes ont les ailes atrophiées.

Distribution géographique. — Ce genre a plusieurs représentants en Europe.

LE DECTIQUE VERRUCIVORE. — *DECTICUS VERRUCIVORUS.*

Grosses braunes Heupferdchen.

C'est la plus grande espèce du genre, elle mesure de 26 à 30^{mm} ; elle est nommée *verrucivore* parce que, dans certaines contrées du nord de l'Europe, les paysans lui font mordre les verrues qu'ils portent sur les mains ; ses mandibules sont tellement puissantes qu'elles entament la peau, elles rejettent par la bouche en même temps un liquide brun, capable, dit-on, de hâter la disparition des excroissances de chair.

Caractères. — Le vertex et le front se trouvent séparés par une élévation au niveau de la base des antennes ; le prothorax est traversé par une carène longitudinale médiane et deux carènes latérales, toutes très distinctes. Les élytres tantôt dépassent à peine l'extrémité de l'abdomen, tantôt atteignent presque la moitié de l'oviscapte. Les quatre arêtes des jambes postérieures sont armées d'épines puissantes dans leur moitié inférieure ; les jambes antérieures portent trois rangées d'épines mobiles, et les cuisses correspondantes possèdent une seule épine. Indépendamment des deux appendices inarticulés, l'extrémité de l'abdomen porte, chez la femelle, une tarière modérément recourbée, et, chez le mâle, deux styles. La couleur du corps est variable ; le vert, plus ou moins foncé, domine avec des teintes parfois rougeâtres, plus souvent brunes, qui présentent, notamment sur les longues élytres, une disposition carrelée. La face inférieure, au niveau de l'abdomen surtout, garde une teinte claire qui tire davantage sur le jaune (fig. 634, 635 et 636).

Distribution géographique. — Elle s'étend sur le nord et le centre de l'Europe.

Mœurs, habitudes, régime. — On la rencontre parmi les prairies et sur les champs de Trèfles. Il y a quelques années, Taschenberg la trouvait fréquemment sur les Chicorées cultivées ; elle ne se tient guère sur les buissons.

En moyenne, les Larves éclosent dans la seconde moitié d'avril ; dans l'espace de quatre semaines, elles subissent deux mues, de sorte qu'elles jettent leur deuxième dépouille pen-

Fig. 634. — Femelle se préparant à pondre.   Fig. 635. — Mâle au vol.   Fig. 636. — Mâle au repos.

Fig. 634 à 636. — Le Dectique verrucivore, mâle et femelle (d'après nature).

dant la première quinzaine de juin. La courte tarière des femelles permet alors de distinguer les sexes. Dans la première quinzaine de juillet, a lieu la troisième mue, les ailes apparaissent alors ; l'évolution se termine au commencement d'août.

Le mâle commence dès lors à faire entendre ses chants. La femelle s'approche de lui et fait remarquer sa présence par les mouvements de ses longues antennes. Alors le mâle se tait, rejette ses antennes en arrière, et cherche à reconnaître si la femelle s'approche de lui avec des intentions amicales ou non. S'il se trouve convaincu de ses bonnes dispositions, il célèbre sa bienvenue par des sons à la fois ronflants et doux. Peu de jours après, la femelle cherche un terrain meuble, de préférence parmi les herbes, ou des amas de brindilles pourries pour y enfoncer sa tarière, le long de laquelle elle fait glisser six à huit œufs blanchâtres ; elle répète souvent ce travail, car chacun de ses deux ovaires contient environ cinquante œufs. Lors-

qu'on saisit une de ces Sauterelles, elle fait une morsure si forte qu'elle forme une ecchymose sous la peau ; si on arrache trop brusquement l'Insecte, sa tête ainsi que sa gorge demeurent accrochées et se séparent du corps. Lorsqu'elle mord, cette Sauterelle laisse couler, avons-nous dit, un suc brun ; on ne saurait trancher la question de savoir si cette liqueur a réellement quelque influence sur la disparition des verrues, ni même si cet effet se produit réellement, car on n'a fait aucune expérience suivie pour élucider la question.

LES SAUTERELLES — *LOCUSTA*

Die Locustinen.

Caractères. — Le genre *Locusta* tout entier ne se distingue des précédents que : par ses longues antennes capillaires assez rapprochées à la base, à premier article gros, à deuxième court ; par sa tête verticale, au front avancé en un tubercule court et obtus entre les antennes, au vertex relativement étroit, au labre énorme (fig. 637); par son corselet au disque plan caréné latéralement; par ses pattes longues, aux cuisses légèrement épineuses en dessous, aux hanches antérieures armées d'une épine crochue, aux quatre premières jambes fortement épineuses, aux jambes postérieures à carènes supérieures garnies de nombreuses épines, fines et serrées; par la longueur, plus grande que chez les Dectiques, des styles abdominaux.

LA SAUTERELLE VERTE.—*LOCUSTA VIRIDISSIMA.*

Grosses grünes Heupferd.

Caractères. — La Sauterelle verte (*Locusta viridissima*), plus connue encore et plus grêle que le précédent, mesure 26^mm de long. Les élytres, longues et d'égale largeur, ont, ainsi que le corps, une teinte fondamentale verte; elles brunissent seulement sur leur bord interne dans la portion horizontale qui s'applique sur le dos, et dépassent l'abdomen de deux fois sa longueur. Assez souvent, la tête et le corselet sont traversés par une raie longitudinale, nuancée de ferrugineux. La tarière de la femelle, presque droite, est aussi longue que le corps, non compris la tête (fig. 638).

Mœurs, habitudes, régime. — Cette Sauterelle fuit le soleil, et pendant qu'il brille, elle se dissimule parmi les plantes, et grimpe jusqu'à leur sommet tout en se maintenant à l'ombre; de temps à autre, pour échapper à quelque poursuite, elle vole en rasant la terre, mais ne fournit qu'une faible course; le battement de ses ailes produit alors un son criard. Lorsque la moisson l'a privée de ses résidences favorites, elle recherche les Saules, les Bouleaux et d'autres arbres, sur lesquels elle s'installe, très haut, surtout le soir et très éveillée; pendant les premières heures de la nuit, elle chante sans trêve, ni repos.

Swammerdamm, Rœsel, De Géer, Latreille, Cuvier, Geoffroy, Walckenaer, Audinet-Serville s'accordent tous à dire que les Sauterelles sont herbivores, et même Swammerdamm, Carus et Cuvier prétendent, d'après l'examen de leur estomac, qu'elles ruminent. Zetterstedt le premier affirma que les Locustaires se nourrissaient de plantes et de *petits Insectes;* mais n 1843 un auteur peu connu, M. J. Hannon, reconnut que notre Sauterelle verte est un Animal carnassier.

« Au mois de septembre dernier (1843), dit-il, dans le taillis d'un petit bois, une Sauterelle verte (*Locusta viridissima*) attira mon attention par ses bizarres évolutions et son allure singulièrement vive et saccadée. Elle parcourait continuellement le rameau de Chêne sur lequel elle se trouvait et avec tant de vitesse, que plusieurs fois elle faillit tomber. Tout à coup elle se rencontra face à face avec une Chenille de Bombyce bucéphale (*Pygæra bucephala*), s'élança sur elle et la saisit dans ses mandibules : alors, s'aidant de ses pattes antérieures pour paralyser les contorsions de la Chenille, qui aurait pu lui échapper, la Sauterelle la promena entre ses mâchoires en la pinçant vivement tout le long du dos, sans toutefois entamer la peau. Quand elle fut morte, la Sauterelle lui déchira la peau du cou à l'aide de ses mandibules et se mit à la sucer. Le corps de la Chenille se dégonflait à vue d'œil; quand il fut vide, la Sauterelle le laissa tomber, et se reposa sur un bouquet de feuilles comme pour y faire sa digestion. »

M. Hannon fait observer avec raison que si l'opinion d'un fabuliste pouvait avoir quelque valeur, il citerait La Fontaine qui fait crier famine à sa Cigale qui n'est autre que notre Sauterelle (*Locusta viridissima*), en ces termes :

La Cigale ayant chanté
Tout l'été,
Se trouva fort dépourvue
Quand la bise fut venue :
Pas un seul petit morceau
De Mouche ou de Vermisseau.

La Fontaine connaissait, à n'en point douter, les instincts carnassiers de l'Insecte qu'il mettait en scène. A ce sujet nous ferons observer avec Audinet-Serville que dans toutes les anciennes éditions et même dans les éditions modernes des Fables d'Esope et de La Fontaine on a représenté, soit dans les planches, soit dans les vignettes, une Sauterelle et non pas la vraie Cigale si commune dans le midi, celle qu'Esope avait certainement en vue (1).

Depuis on a observé bien des fois la voracité de notre Sauterelle, aussi l'avons-nous figurée sur la planche intitulée : la *Vie nocturne des In-*

<hr>

(1) *Les Fables d'Esope.* Amsterdam, 1701, fable LXI, *De la Fromy et de la Cigale.* — *Les Fables choisies mises en vers par J. de La Fontaine,* Paris, 1755, illustrées par Oudry. — *Fables de La Fontaine,* édit. illustrée par G.-G. Granville, Paris, 1838, planche et lettre. — *Fables de La Fontaine,* édit. illustrée par J. David, Paris, s. d., vignette, etc., etc.

LA VIE NOCTURNE DES INSECTES.

Chenille de Noctuelle.	Hémerobie.	Acridium.	Phrygane.
Écaille.	Arge.	Sauterelle verte dévorant	Réduve.
Carabe doré.	Anthrax.	un papillon.	Féronie

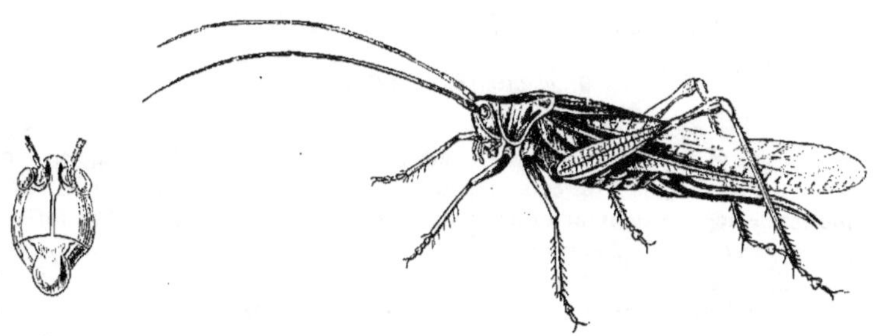

Fig. 637. — Tête de la Sauterelle
verte, vue de face.

Fig. 638. — La Sauterelle verte.

sectes (Pl. VIII), en train de dévorer un Papillon, une pauvre Lycène qu'elle a surprise dans son sommeil.

En différents endroits, à Leipzig par exemple, les enfants nourrissent dans de petites cages grillagées ces Insectes, qu'ils vont chercher dans les champs de blés qu'ils foulent aux pieds. Ils s'amusent de leur cri, qui se compose en réalité d'un son unique : « *zick! zick!* »

LA SAUTERELLE A QUEUE. — *LOCUSTA CAUDATA.*

Geschwänztes grünes Heupferd.

Caractères. — Deux autres espèces, de couleur verte également, mais moins généralement répandues, ne doivent pas être confondues avec la précédente : la première est la Sauterelle à queue (*Locusta caudata*), qui est plus petite et plus grêle que la précédente et complètement verte ; indépendamment des différences de conformation de l'abdomen, qui exigeraient une description minutieuse de ces deux Insectes, le *Locusta caudata* se distingue du *Locusta viridissima* par son chant : elle fait entendre une sorte de ronflement (*rrrt* et *s*) dans lequel on ne peut distinguer aucune note isolée.

Distribution géographique. — C'est une espèce de l'Europe orientale.

LA SAUTERELLE CHANTANTE. — *LOCUSTA CANTANS.*

Zwitscherheuschrecke.

Caractères. — La Sauterelle chantante (*Locusta cantans* Fuesly ou *gaverniensis* Rambur)

diffère du *Locusta viridissima* non seulement par ses caractères extérieurs tels que la couleur verte de son corps, le peu de longueur de ses élytres qui dépassent à peine l'extrémité de l'abdomen du mâle, sa taille plus petite (22^{mm}), et par d'autres détails encore, mais aussi par ses allures et par son chant.

Mœurs, habitudes, régime. — Elle grimpe moins volontiers jusqu'aux sommets des plantes, telles que l'Avoine, l'Orge, le Froment, la Vesce, le Trèfle, et autres encore ; mais elle s'arrête plutôt à mi-hauteur. Elle est extrêmement farouche, et s'aperçoit facilement de l'approche de l'homme, ce dont témoigne son silence immédiat. En raison de sa prudence, en raison aussi de sa coloration, elle est difficile à trouver et difficile à prendre. Comme elle chante avant et pendant la moisson, on lui a donné le nom « d'oiseau de la moisson ». C'est surtout après le coucher du soleil et avant son lever, que le chant de cette Sauterelle se fait entendre, et souvent d'une façon interminable. Les sons se succèdent très rapidement. Après deux, trois ou quatre mesures, dont chacune contient quatre seizièmes de note, survient un son un peu plus élevé et plus étendu, puis une pause ; après quoi le chant recommence. On peut traduire ces sons à peu près par les lettres : « *rrss' ss' ss'... ssit.* » Le chant se modifie beaucoup, notamment en captivité.

Distribution géographique. — Cette espèce de l'Europe centrale et boréale abonde surtout en Suisse, en Westphalie et dans le Holstein ; elle apparaît aussi ailleurs, comme dans la province et dans le royaume de Saxe ; à Tharand, par exemple, elle se montre plus fréquemment que le *Locusta viridissima*.

LES GRYLLIDES — *GRYLLIDÆ*

Die Grabheuschrecken ou Grillen.

Caractères. — Les Gryllides (*Gryllidæ*) constituent, dans leur ensemble, la troisième et dernière famille des Orthoptères sauteurs. Elles se distinguent des précédentes, non seulement par leur mode d'existence, ainsi que l'apprend la dénomination qu'on leur a donnée en Allemagne, mais encore par des particularités organiques des plus importantes. La tête globuleuse supporte de longues antennes sétacées, à articles peu distincts, insérés dans une cavité ; les mandibules robustes sont dentelées ; les mâchoires non dentées ont un lobe externe (*galea*) grêle et allongé.

Leur corps, de forme cylindrique, est généralement massif : leurs ailes antérieures, au lieu d'être rapprochées l'une contre l'autre de manière à former un toit, sont appliquées horizontalement sur l'abdomen en se recourbant de manière à en embrasser les côtés. Les ailes ont une conformation toute spéciale ; elles dépassent en général les élytres en formant des lanières droites ou roulées en spirales. Les pattes affectent des formes variées très caractéristiques ; les postérieures étant toujours conformées pour permettre le saut ; leurs tarses comptent le plus souvent trois articles, le premier article des tarses postérieurs est généralement très grand. L'abdomen volumineux est muni de chaque côté d'un appendice inarticulé ou à deux articles séparés, flexible, velu, quelquefois très grand ; chez les femelles, cet abdomen porte un oviscapte, souvent très long, à valves fort étroites.

LES GRILLONS — *GRYLLUS* (1)

Die Echte Grillen, Gryllinen.

Caractères. — On les distingue : à leur tête forte et globuleuse, à leur prothorax presque carré, à leur corps cylindrique et lourd, à leurs pattes robustes pourvues toutes de trois articles aux tarses, et dont les dernières sont disposées pour le saut, leurs cuisses étant renflées et leurs jambes étant munies sur les carènes

(1) *Gryllus*, Grillon.

supérieures d'épines serrées symétriquement disposées ; enfin à la conformation spéciale de leurs ailes postérieures, qui se terminent en lanières et dépassent ordinairement les élytres.

Distribution géographique. — Ce genre compte une quinzaine d'espèces européennes et un nombre bien plus grand d'espèces exotiques.

LE GRILLON DES CHAMPS. — *GRYLLUS CAMPESTRIS.*

Feldgrille.

Caractères. — Cet Insecte, représenté ici, est de couleur noire luisante, prend une teinte

Fig. 639 et 640. — Le Grillon des champs.

rougeâtre à la face inférieure des cuisses postérieures ; chez la femelle les jambes correspondantes sont rouges, les élytres sont d'un gris sillonné de fortes nervures noires et d'un brun jaune très pâle à la base ; les ailes sont plus courtes que les élytres et presque rudimentaires. La tête très forte est plus grosse chez les mâles que chez les femelles, et porte des antennes noires de la longueur du corps (fig. 639 et 640).

Distribution géographique. — Le Grillon des champs est commun partout en Europe et même en Asie Mineure.

Mœurs, habitudes, régime. — Ces Insectes noirs, à grosse tête, représentés sur la figure, se trouvent dans les landes arides et dans les champs sablonneux des coteaux ensoleillés. Ils creusent en terre des galeries pour s'y enfouir à l'approche des dangers, pour y passer les jours de mauvais temps et de pluie, enfin pour y déposer leur progéniture. Le poète qui les

Fig. 641.   Fig. 642.   Fig. 643.   Fig. 644.

Fig. 642 et 644. — Jeunes Larves.   Fig. 643. — Mâle adulte.
Fig. 645. — Nymphe d'une femelle reconnaissable à   Fig. 641 et 646. — Femelles adultes.
son oviscapte.

Fig. 641 à 646. — Une famille de Grillons domestiques (d'après nature).

a chantés les appelle à bon droit : « les paresseux Grillons ; » l'Entomologiste, qui n'est pas guidé uniquement par le point de vue moral, les désigne sous le nom de Grillons des champs (*Gryllus campestris*). Leurs trous, dont le périmètre n'est pas plus grand que celui de l'Insecte, pénètrent d'abord horizontalement en terre, puis s'enfoncent un peu plus bas. Ils sont creusés principalement à l'époque où le chant des mâles commence à se faire entendre, c'est-à-dire dès le début du printemps, et sont babités chacun par *un seul* Grillon. C'est là une cause fréquente de combats, car le Grillon utilise volontiers une ancienne retraite ; s'il y rencontre un de ses semblables, créateur de cette demeure, ou seulement premier occupant du souterrain abandonné, aucun des deux Insectes ne veut céder de plein gré. Les deux rivaux se mordent, se précipitent tête contre tête, et quand la victoire est tellement certaine qu'un des deux champions gît sur le carreau, son cadavre est dévoré par le vainqueur.

En Chine, les enfants mettent à profit les instincts belliqueux des Grillons (1) pour les

(1) Appartenant probablement à l'espèce désignée sous le nom de *Gryllus membranaceus*.

mettre en présence et les obliger à se livrer des combats meurtriers ; ils excitent même leur ardeur avec un long brin de paille. Pour les jeunes Chinois, les combats de Grillons remplacent les combats de Coqs qui font les délices de leurs parents.

Le mâle passe volontiers sa tête hors de son trou pour chanter sa romance ; mais il ne s'éloigne jamais, afin de pouvoir s'y réfugier au moindre danger ; il y retourne toujours, plutôt en courant qu'en sautant, lorsqu'un Lézard, un Oiseau insectivore, ou le pas d'un homme ont tant soit peu ébranlé le sol. Chez les Grillons, en effet, la prudence atteint un degré excessif, qu'on taxe, à juste titre, de pusillanimité. Mais les enfants de nos campagnes toujours pleins de malice savent parfaitement les déloger. Lorsqu'ils ont découvert la retraite d'un Grillon, ils introduisent un chaume jusqu'au fond du trou ; désagréablement surpris, notre Orthoptère saisit avec fureur le brin de paille et se laisse traîner au dehors plutôt que de lâcher prise.

Lorsqu'un mâle, au voisinage de l'habitation d'une femelle, chante sa sérénade pour l'attirer, il se tient les pattes écartées, il appuie son horax contre le sol, soulève légèrement ses élytres, et les frotte l'une contre l'autre avec une rapidité extraordinaire. En les examinant de plus près, on constate que la seconde. nervure transversale (nervure phonogène) de l'élytre droite fait saillie principalement à la face inférieure, et qu'elle est hérissée d'une foule de petits chevalets transversaux. L'Insecte frotte ces chevalets contre une nervure située près du bord interne de l'élytre gauche, pendant un certain temps, de haut en bas; puis de bas en haut, et le son est alors modifié. Ce n'est qu'au moment de cesser son chant, que le Grillon laisse reposer ses ailes ensemble; alors la résonnance, due à la membrane mince qui vibrait, diminue, et les derniers sons se trouvent considérablement affaiblis. La disposition est la même que chez les Sauterelles, seulement les élytres ont interverti leurs rôles, puisque la droite se trouve ici placée au-dessus de la gauche, et non plus au-dessous.

La femelle perçoit cette sérénade par l'intermédiaire des organes auditifs situés dans les jambes antérieures; ces organes ne présentent aucun orifice externe, mais sont fermés par une membrane tympanique. Quoiqu'il en soit, la femelle accourt, et frappe le mâle de ses antennes pour l'avertir. de sa présence; celui-ci fait alors silence, et répond au salut de la femelle; il s'incline, s'étire, et se redresse, puis il tourne sa tête en tous sens, et l'accouplement se fait. Dans cet acte, la femelle est placée sur le mâle, suivant une coutume qui paraît commune à tous les Orthoptères sauteurs. Lespès a suivi avec une grande patience les manœuvres qui accompagnent le rapprochement des sexes et a découvert que le mâle avait la faculté d'émettre des spermatophores; la forme de ces petits corps est toute particulière, mais nous renverrons le lecteur au mémoire de l'excellent observateur.

Huit jours plus tard, la femelle commence à pondre, dans le fond de sa retraite, ses œufs, dont elle dépose une trentaine à la fois. L'ovaire en contient près de trois cents; avant qu'ils soient tous expulsés, l'accouplement se répète plusieurs fois. Au bout de quatorze jours environ, les Larves éclosent; elles se tiennent d'abord rassemblées et commencent à creuser de petites cachettes tubuleuses. Après la première mue, elles s'éparpillent davantage sans entreprendre néanmoins d'expéditions éloignées de leur lieu de naissance; elles cherchent des cachettes sous des pierres, et se mettent en quête

de leur nourriture qui consiste en racines, tant que les conditions atmosphériques le permettent. Quand la saison devient mauvaise et que l'air devient désagréable à la généralité des Insectes, ces Larves cherchent un coin abrité pour y passer l'hiver; très souvent elles se réunissent trois ou quatre dans une galerie ménagée sous une pierre où tranquillement elles s'engourdissent dans un profond sommeil léthargique. Elles conservent leurs quartiers d'hiver pendant une durée très variable. Dans l'année 1867, certainement défavorable aux Insectes, Taschenberg a trouvé, pendant les belles journées ensoleillées de la première quinzaine d'octobre, des Larves pourvues de rudiments d'ailes et d'une courte tarière; elles n'avaient donc pas encore subi leur dernière mue. Frisch et Rœsel pensent qu'à la quatrième mue l'Insecte a fait son évolution complète; récemment Yersin a soutenu que ces Larves subissaient dix mues; d'après toutes les autres observations, ce chiffre paraît beaucoup trop élevé; il est du reste fort difficile de compter les mues, ces Orthoptères ayant l'habitude de manger la peau dont ils viennent de se débarrasser.

Dans le cours de l'année nouvelle, les Larves des Grillons continuent à s'accroître; chacune songe alors à se constituer un domaine privé. Aucun de ces Grillons ne passe l'hiver à l'état adulte; une fois les soins de la progéniture finis, leur vie de fainéantise touche à sa fin.

Ces Orthoptères sont essentiellement omnivores, et mangent indifféremment des substances animales et végétales. « J'ai quelquefois surpris dans mes bocaux, raconte Yersin. un jeune Grillon dévoré par ses confrères au moment de la mue; ils aiment également l'herbe fraîche et tendre, la farine, le pain, etc. Ils plongent souvent leur bouche dans l'eau, sans doute pour se désaltérer. »

LE GRILLON DOMESTIQUE. — *GRYLLUS DOMESTICUS.*

Heimchen, Hausgrille.

Caractères. — Le Grillon domestique (*Gryllus domesticus*), plus petit et plus élégant que le précédent, est d'une couleur jaune sale; sa tête et ses pattes sont plus claires, plus jaunâtres; la tête porte une bande transversale brune, au-dessous des antennes, et le corselet deux taches triangulaires de même nuance. Les élytres d'un jaune sale sont plus courtes que l'abdomen. Les ailes dépassent les élytres et constituent deux lanières. L'Insecte mesure de $17^{mm},5$ à $19^{mm},5$ (fig. 641, 642, 643, 644, 645 et 646).

Distribution géographique. — Il habite toute l'Europe dans les boulangeries et les cuisines.

Mœurs, habitudes, régime. — Par leur existence en commun, par leurs expéditions nocturnes, par leur goût pour toutes les cachettes, par leur prédilection pour la chaleur et par leur alimentation, les Grillons domestiques, nos *Cricris* familiers, rappellent les Blattes des cuisines, en compagnie desquelles on les trouve fréquemment dans les boulangeries, les moulins, les brasseries, les casernes, les hôpitaux et autres endroits analogues. Ils assaisonnent quelquefois la maigre soupe des soldats qui les appellent : « les petites écrevisses. » Un de ces Insectes isolé interrompt le silence de la nuit, par son chant mélancolique, sans être trop désagréable ; mais un chœur de Grillons peut exaspérer jusqu'au désespoir d'infortuné qui doit les entendre toutes les nuits. Leur cri est produit par les mâles, de la même manière que chez les Grillons des champs ; seulement le son est à la fois plus faible et plus élevé en raison de la taille moindre des musiciens et du rapprochement plus étroit des crans de la nervure phonogène.

« Jamais de la vie, rapporte Taschenberg, je n'ai eu l'occasion de mieux observer les allures de ces Grillons qu'à l'époque où, encore enfant, j'allais passer chez mes grands-parents les fêtes de la canicule. La sombre cuisine de la maison pastorale de Groszgorschen était une résidence très appréciée de ces Insectes (fig. 641 à 646). Je traversais cette pièce avec ma grand'mère lorsque j'allais me coucher. Des milliers de ces bestioles y grouillaient ; quelques-unes n'avaient pas encore la taille d'une Mouche domestique ; il y en avait, du reste, de toutes dimensions suivant leur âge, depuis les plus petites jusqu'aux plus grandes. Leur chant partait de tous les coins. Par ici, par là, quelque trou de la muraille se trouvait obturé par une tête épaisse dont les deux longs fils antennaires se détachaient sur la pierre noircie par la suie ; soudain, l'Insecte rentrait effarouché à l'approche de la lumière. Ailleurs errait un troupeau de jeunes, en quête d'aliments ; leurs expéditions audacieuses se dispersaient brusquement, trahissant ainsi la pusillanimité native de ces Insectes. Saisir avec les mains un

de ces Grillons dispersés était chose impossible. Quand, au milieu d'une masse de ces fuyards, l'un d'eux se faufilait entre mes doigts, le hasard se mettait de la partie, et je le laissais passer inaperçu. Ce qui les sauve le mieux, en pareil cas, c'est plus leur agilité extrême et leur vélocité que la faculté de sauter qu'ils mettent aussi à profit naturellement ; on reconnaît que leur corps trop gras est peu propice aux sauts, et que leurs bonds sont pénibles. Il y avait un endroit spécial où on les prenait sans difficulté ; au-dessus de l'âtre était encaissé dans le mur un bassin de cuivre pourvu d'un couvercle en bois fermant mal. Lorsque, pour des soins domestiques, on y avait chauffé de l'eau pendant la journée et qu'il en restait des traces sur le fond encore tiède, les Grillons s'assemblaient en masses telles, dans cette cuve, dont ils ne pouvaient sortir aisément, qu'on pouvait les prendre à la main. Je me donnais parfois ce plaisir, et j'enfermais mes prisonniers, pendant la nuit, dans un sucrier bien clos. Le lendemain matin, je ne retrouvais que par exception un Grillon sain et sauf ; il leur manquait ordinairement des pattes, des antennes, ou différentes pièces du corps. Les pattes sauteuses, qui se trouvent aisément brisées quand ces Insectes sont captifs, et d'autres articles avaient disparu en grand nombre. Dans leur voracité et leur colère, ces Grillons, condamnés à une communauté trop étroite et involontaire, s'étaient dévorés entre eux. Si j'avais su alors, ce que j'ai appris depuis, j'aurais pu vérifier moi-même l'assertion de divers auteurs : les Grillons domestiques, ainsi que les Écrevisses, trouvent, dans leur organisme propre, de quoi remplacer leurs articles détériorés partiellement ou arrachés en totalité, tant qu'ils n'ont pas subi encore leur dernière mue.

« Comme mes allées et venues à travers cette cuisine et mes chasses aux Grillons avaient lieu pendant le mois de juillet, je ne puis, d'après ce que j'ai vu alors, contrôler l'assertion des auteurs qui pensent que la ponte de ces Insectes ne se produit qu'au mois de juin et au mois de juillet. Je suis porté à admettre que ces Orthoptères déposent leurs œufs pendant toute la durée de l'époque où leur chant se fait entendre avec vivacité. »

L'accouplement se fait de la même manière que chez les Grillons des champs. A l'aide de la tarière, mince et rectiligne, la femelle installe ses œufs allongés dans les balayures, dans les décombres, ou dans quelque terrain meuble au fond de la cachette qu'elle s'est creusée. Les Larves éclosent au bout de 10 à 12 jours.

Cés Insectes subissent quatre mues, et passent l'hiver à l'état parfait. Après la troisième mue apparaissent des rudiments d'ailes, et, chez les femelles, de courtes tarières. On admet que leur existence entière ne dure pas plus d'une année, et que pendant ce temps les femelles effectuent sûrement plusieurs pontes et meurent lorsque les provisions d'ovules sont épuisées dans leurs ovaires.

LES TAUPES-GRILLONS —
GRYLLOTALPA

Die Maulwurfsgrillen, Gryllotalpinen.

LE TAUPE-GRILLON COMMUN. — *GRYLLOTALPA VULGARIS*.

Gemeine Maulwurfsgrille.

Caractères. — Les nombreuses dénominations telles que : Courtilles, Courtilières, et d'autres encore, par lesquelles le peuple désigne en Allemagne et en France le Taupe-grillon commun (*Gryllotalpa vulgaris*), prouvent que l'on se préoccupe de cet Insecte soit en raison des ravages qu'il produit, soit en raison de son aspect étrange qui lui donne l'air d'une caricature de la Taupe.

Au point de vue de sa conformation, nous ferons remarquer seulement que les « bords », et par conséquent les pointes des ailes postérieures, se trouvent derrière la ligne courbe qui descend à partir du dos jusqu'entre les appendices abdominaux, que les palpes maxillaires composés de cinq articles font saillie en avant en dehors des antennes, et que le vertex présente deux yeux accessoires brillants. A l'exception des yeux, des épines qui hérissent les pattes, des ailes, et de la région dorsale qu'elles recouvrent, le corps bleuâtre est revêtu d'un feutrage d'une couleur brun de rouille à reflets soyeux et extrêmement court. La femelle n'a point de tarière et se distingue du mâle par une conformation un peu différente de ses derniers sternites (fig. 647 et 648).

Mœurs, habitudes, régime. — Le Taupe-grillon habite de préférence les sols meubles légers ou sablonneux ; il préfère la sécheresse à l'humidité ; on ne le trouve que rarement et isolément dans les terrains dits gras et lourds.

Aussi est-il plus répandu dans les contrées basses de l'Allemagne du nord que sur les collines et les montagnes du sud, préfère-t-il les cultures maraîchères, les couches appropriées à l'élève des primeurs. Dans les endroits où il s'installe, il est redouté à bon droit ; seulement les points de vue diffèrent sur la cause de ses dégâts. L'opinion qui a prévalu jusqu'ici est celle qui considère cet Insecte comme se *nourrissant de racines;* elle est infirmée depuis quelque temps par plusieurs observateurs qui l'ont vu choisir pour aliment des Vers, des Larves, et même sa propre progéniture ; d'après eux il ne rongerait que les racines des plantes situées au-dessus de son Nid, et ne causerait de préjudice à la végétation qu'en fouissant et en ameublissant le sol à cet endroit. Ces deux opinions peuvent être vraies l'une et l'autre ; les Taupes-grillons, comme d'autres Orthoptères, peuvent adopter une alimentation végétale, sans faire fi des autres Insectes qui viennent les approcher de trop près. « Ayant réuni un très grand nombre de ces Orthoptères pour des recherches anatomiques, j'en profitai pour étudier le contenu de leur canal alimentaire, aussitôt qu'ils étaient capturés, pour rechercher expérimentalement quel pouvait être leur mode d'alimentation favori. A l'autopsie je rencontrai dans toute la longueur de leur tube digestif et surtout dans leur intestin des débris de Fourmis ; pattes, antennes, têtes étaient parfaitement reconnaissables. Quant à ceux que je gardai en captivité, il me fut aisé de les conserver plusieurs semaines dans des vases remplis de terre meuble, en les nourrissant avec des Vers de farine et des Vers de vase sur lesquels ils se précipitaient avec avidité, lorsqu'on les leur présentait au bout d'une pince (Künckel). » Comme ils vivent presque uniquement sous terre, ce sont les Larves souterraines qui deviennent leur proie ; mais les racines sont coupées lorsqu'elles les gênent dans leurs explorations.

Nördlinger rapporte un exemple frappant de leur voracité vraiment surnaturelle : on voulait tuer avec le tranchant d'une bêche un de ces Insectes trouvé dans un jardin ; mais le coup fut porté de telle façon que l'Animal fut partagé en deux moitiés. Au bout d'un quart d'heure les regards de l'exécuteur tombèrent sur la bête qu'il croyait morte, quelle ne fut pas sa surprise de voir la moitié antérieure de l'Insecte en train de manger la moitié postérieure, plus tendre !

Comme tous les Grillons, celui-ci est aussi extraordinairement farouche et prudent ; au moin-

Fig. 647 et 648. — Le Taupe-Grillon.

dre bruissement, au moindre ébranlement du sol, au moindre bruit de pas, il rentre soudain dans son trou ; il se blottit immédiatement lorsqu'on l'a fait sortir de terre ou lorsqu'on l'abat pendant les tentatives de vol qu'il entreprend en vue de ses noces. On ne saurait désigner en effet que sous le nom d'essais l'exercice auquel cet Insecte se livre avec ses ailes. Il existe, au Japon et dans l'archipel indien, une espèce différente, dont le vol paraît assez puissant, car G. de Martens raconte qu'elle pénètre là-bas, le soir, dans les maisons, en voltigeant.

L'accouplement se fait dans la seconde quinzaine de juin et dans la première de juillet. Il s'accomplit pendant la nuit et sûrement dans quelque cachette ; aussi n'a-t-on pu encore l'observer, de même que chez beaucoup d'Insectes dont la pudeur pourrait servir d'exemple à nos Animaux domestiques. Les mâles font entendre, tant que le soleil reste au-dessus de l'horizon, un grésillement assez doux qu'on a comparé au bourdonnement lointain de l'Engoulevent (*Caprimulgus europœus*). Tout de suite après l'accouplement, la femelle s'occupe de sa ponte. Pour déposer ses nombreux Œufs, elle aménage un nid confortable, en creusant des galeries contournées, en forme d'escargot, au milieu desquelles elle fait un puits qui s'enfonce à 10 centimètres,5 environ au-dessous du sol et dont la forme et les dimensions soient à peu près celles d'un œuf de poule.

De cette cavité partent, dans diverses directions, quelques galeries superficielles plus ou moins droites d'environ 19 millimètres, 5 de large ; il existe en outre une galerie qui s'enfonce verticalement, destinée à servir de retraite

à la femelle en cas de danger, ou à fournir un écoulement à l'humidité en excès afin que la couvée reste à sec. Un édifice de ce genre est toujours placé dans un endroit découvert, sans ombrage, bien exposé à l'influence de la chaleur solaire ; la terre est rassemblée au-dessus de lui et toute la végétation souterraine y est rongée.

Le nombre des Œufs qu'on peut rencontrer dans un nid n'a rien de constant ; on peut l'estimer à 200, en moyenne, mais on l'a vu déjà dépasser 300. Un chiffre notablement inférieur au premier, indique que la femelle n'a pas terminé son œuvre, qui s'accomplit en plusieurs fois. Une fois sa tâche remplie, elle ne meurt pas ; elle se tient généralement au voisinage du nid, le corps enfoncé dans une galerie verticale et la tête dirigée en haut, comme une sentinelle vigilante. Lorsqu'on a dit, à cause de ce fait, que cette femelle « couvait », on s'est servi d'une expression maladroite capable d'induire en erreur. Ce qui est vrai, c'est qu'elle existe encore au moment où ses petits éclosent, et qu'elle en dévore un bon nombre ; mais il est douteux qu'elle passe l'hiver dans des galeries presque verticales creusées profondément sous terre, et maintenant sa tête dirigée en haut, ainsi qu'on l'a prétendu ; on est beaucoup plus disposé à croire qu'elle meurt avant le début de l'hiver.

Les Œufs gros comme un grain de Chenevis, d'un jaune verdâtre, à coque résistante, d'une forme allongée et légèrement comprimée, reposent pendant environ trois semaines avant que les Larves en sortent. Cette éclosion a lieu généralement à partir du milieu de juillet ; pourtant on observe aussi çà et là, à partir de ce moment, des Œufs fraîchement pondus. Ratzeburg, une fois, en trouva encore le 6 août.

Ils subissent alors leur première mûe, et, devenus plus vivaces, ils se dispersent. A la fin d'août, c'est-à-dire encore trois ou quatre semaines plus tard, la seconde mue a lieu ; la troisième s'opère à la fin de septembre, et les Insectes acquièrent alors une taille de 26 millim. en moyenne.

Peu de temps après leur réveil, au printemps, ils muent pour la quatrième fois, et acquièrent alors des gaines alaires. A la fin de mai ou bien un peu plus tard apparaît l'Insecte parfait, qu'on appelle parfois « Écrevisse de terre » en raison des grandes dimensions de son corselet.

Dans toutes les autres parties du monde, vivent des espèces très analogues.

LES NÉVROPTÈRES — *NEUROPTERA*

Caractères. — Linnée, en fondant cet ordre, y a réuni tous les Insectes dont les ailes sont parcourues par un réseau de nervures plus ou moins serré, et dont l'organisation présente une certaine conformité dans ses points essentiels, notamment dans la disposition des pièces buccales et l'indépendance relative du premier anneau thoracique. Il en résulte que certains Insectes dont les ailes portent des nervures réticulées des plus délicates, tels que les Libellules ou Demoiselles (fig. 649, 650 et 651) par exemple, et quelques-uns de leurs proches parents, peuvent être rattachés à un autre ordre, parce qu'on ne peut constater chez elles les trois stades principaux d'une évolution complète. On ne tarda pas à reconnaître les inconvénients de ses rapprochements de types disparates, et l'on fit de l'ordre entier un groupe de transition en raison des différences qu'offraient alors ses éléments constitutifs.

Beaucoup d'auteurs cependant ont pensé que les Insectes à ailes réticulées et à Métamorphoses incomplètes devraient être classés à part, eu égard surtout à l'uniformité de leur conformation interne, et, à l'exemple d'Erichson, les ont rattachés à l'ordre précédent, c'est-à-dire à l'ordre des Orthoptères, ce qui a l'avantage d'établir entre ces deux ordres une délimitation plus nette que celle qui existait jusqu'alors et qui reposait, avant tout, sur la structure des ailes.

Malgré le bien fondé de cette conception, nous ne saurions dans un ouvrage qui s'adresse à tous, renoncer à la dénomination ancienne universellement adoptée et nous comprendrons sous le nom de Névroptères *tous les Insectes à évolution complète ou incomplète, dont la bouche, quoique souvent peu développée, est disposée en général pour la mastication, dont le prothorax est distinct, et dont les ailes antérieures et postérieures sont semblables et membraneuses.*

Si l'on ne tenait compte de leur prothorax distinct, caractère souvent peu saillant, les Névroptères ressembleraient fort aux Hyménoptères; on ne confond cependant pas ces deux ordres facilement. Les Névroptères sont tous des Insectes élancés et d'une consistance plus délicate; aucune espèce de ce groupe n'est revêtue d'une couche de chitine aussi dure que celle des Hyménoptères les plus petits Ils ont encore un point commun, c'est le développement des pièces buccales; leur bouche est disposée pour la mastication, bien qu'elle soit parfois trop faible pour mordre. Les ailes pourvues d'un nombre plus ou moins considérable de cellules ou aréoles, sont généralement allongées; elles sont presque égales entre elles, et constituent, avec la conformation du thorax, un signe différentiel très net qui empêchera de confondre ces deux ordres. Un œil peu exercé confondrait plutôt avec les Papillons certains Névroptères dont les ailes paraissent revêtues de poils bariolés. Mais, alors même que les pièces buccales se trouveraient atrophiées, il ne serait pas besoin d'une grande perspicacité pour établir une différence essentielle entre un Névroptère et un Microlépidoptère : la conformation du thorax ne pourrait laisser aucun doute.

Il est plus difficile de distinguer cet ordre du précédent, lorsqu'on a affaire aux Insectes parfaits, car le caractère principal qui rattache ces ordres est fourni par leur mode d'évolution. C'est l'évolution incomplète des Termites, des Libellules, des Ephémères, qui établit une délimitation nette entre les *Orthoptères Pseudonévroptères* et les *Névroptères proprement dits,* réduits aux types à Métamorphoses complètes, c'est-à-dire aux *Sialis,* aux *Panorpa,* aux *Hemerobius,* aux *Myrmecoleo,* aux *Phryganea.*

Distribution géographique. — Cet ordre est le moins nombreux; il embrasse quelques milliers d'espèces réparties sur le globe entier. On sait qu'un grand nombre de leurs représentants existait aux époques plus reculées ; les empreintes sont assez rares parmi les couches les plus anciennes, ce qui ne saurait surprendre en raison de la contex-ture peu résistante de ces Insectes ; on en rencontre, en revanche, assez souvent dans l'ambre et dans les terrains tertiaires (1).

LES PSEUDO-NÉVROPTÈRES

LES TERMITIDES — *TERMITIDÆ*

Die Termiten. — *Unglückshafte.*

Les Termites (*Termitidæ*) méritent à bon droit la dénomination de « *Fourmis blanches* », car ils vivent en sociétés plus nombreuses encore que celles des Fourmis ; ils habitent un Nid commun et bâtissent eux-mêmes leurs résidences ; on trouve, dans leurs colonies, à côté d'Insectes ailés aptes à la procréation, des Termites aptères et inféconds. Mais ils diffèrent des Fourmis et de tous les autres Hyménoptères sociaux, par leur forme et par leur évolution. Malheureusement nos connaissances sont encore bien incomplètes au sujet de ces intéressants habitants des pays chauds, malgré les descriptions des voyageurs anciens tels que König, Smeathman, Savage, Saint-Hilaire, etc., et malgré les communications récentes des Lespès, des Bates, des Fritsch, des Fritz Müller et de bien d'autres qui sont allés étudier ces Insectes sur place. Les contrées inhospitalières, où vivent ces Termites, sont peu propices à des observations minutieuses ; leur mode d'existence est toujours très dissimulé, et leur étude est d'autant plus difficile que dans un même lieu se présentent diverses espèces dont chacune offre souvent plusieurs formes différentes. En raison de ces difficultés, en raison aussi de la diversité de leurs mœurs, nous ne pouvons donner ici qu'un aperçu général.

Caractères. — Ainsi que le montrent les figures, les Termites ont un corps ovoïde, allongé, d'une largeur à peu près constante, un peu déprimé en haut et plus bombé inférieurement ; la tête, libre, oblique ou verticale et dirigée en bas ainsi que le thorax qui occupe environ la moitié de la longueur du corps ; les tarses ont quatre articles ; les ailes, lorsqu'elles existent, sont toutes les quatre de même largeur, longues et pendantes, et portent à leur base une suture transversale. Elles sont parcourues par quatre nervures longitudinales qui émettent des branches obliques, parallèles entre elles, ou simplement bifurquées.

La tête, relativement petite, bombée en haut, aplatie inférieurement, présente une conformation variable suivant l'espèce ; mais la partie située en arrière des yeux est toujours plus grande et de forme semi-circulaire ; une suture longitudinale plus ou moins nette, bifurquée au niveau du vertex, la divise en trois régions presque semblables. Les yeux, généralement grands, sont saillants et se trouvent limités, en dedans, chacun par un ocelle ; il n'y a jamais plus de deux de ces ocelles ; les genres *Termopsis* et *Hodotermes* n'en ont point. Immédiatement au devant des yeux composés, s'élèvent des antennes moniliformes formées de treize à vingt ou vingt et un articles, dont la longueur dépasse tout au plus celle de la tête. Les pièces buccales, très développées, comprennent : une lèvre supérieure, variable, souvent en forme de conque ; des mandibules dont la pointe est mousse et dont le bord interne est armé de 4 à 6 dents, une paire de mâchoires inférieure, et une lèvre inférieure. Chaque mâchoire se compose d'un lobe interne terminé par deux dents, d'un lobe externe plus élevé et recourbé en forme de sabre, enfin de palpes à cinq articles ; la lèvre présente quatre lobes que les palpes labiaux, formés de 3 articles, dépassent peu.

Les trois segments thoraciques sont d'égale grandeur, très larges, et revêtus d'une couche

(1) Voy. *Introduction*, p. 66 et suiv.

de chitine lisse, un peu saillante sur les côtés ; le premier ou prothorax se distingue un peu des autres et fournit de bons signes pour discerner les espèces. Les pattes sont élancées, mais fortes, et celles d'une même paire sont en contact au niveau des hanches.

On compte, à l'abdomen dix anneaux sur la face dorsale, et neuf seulement sur la face ventrale. Au repos, les ailes, croisées l'une sur l'autre, reposent sur l'abdomen qu'elles dépassent.

La coloration des Termites est simple, et règne en général assez uniformément sur toutes les parties d'un même être. Le brun passe par toutes les teintes intermédiaires entre le noir, d'une part, et le jaune, d'autre part. La coloration des individus varie dans une même espèce, suivant les âges ; elle prend le ton de l'ivoire vieilli chez ceux qui viennent d'éclore. On distingue les sexes d'après leurs arceaux ventraux : chez les mâles, les six premiers sont d'égale longueur, et les deux suivants bien plus courts ; chez les femelles, les cinq premiers sont égaux, le sixième est plus grand et de forme variable selon l'espèce, les deux suivants sont atrophiés ; dans les deux sexes, le neuvième paraît atrophié et divisé.

Les Larves, d'où naissent les Insectes parfaits que nous venons de décrire, sont d'abord des êtres petits, mous, très velus, dont les diverses parties, à peine distinctes, paraissent quelque peu fusionnées ; leurs yeux ne sont pas encore visibles, leurs antennes sont plus courtes, et l'on ne rencontre pas trace d'ailes. Après plusieurs mues, celles-ci apparaissent peu à peu ; les téguments deviennent plus transparents, mais leur peu de consistance démontre que l'évolution n'est pas terminée. Enfin, les ailes pendent le long des côtés du corps et s'étendent au niveau du sixième anneau ; la Nymphe se trouve ainsi formée, et l'Insecte se prépare à achever son développement.

On désigne sous les noms de *Rois* et de *Reines*, tous ceux d'entre les Termites qui sont chargés de la procréation ; ce sont des mâles et des femelles dont l'accouplement s'est fait de diverses manières et dont les ailes sont tombées ; souvent l'abdomen de la femelle se déforme et se gonfle à tel point que son thorax semble disparaître par rapport à son ventre qui ressemble à un sac énorme : plus complètement encore que chez un Tiquet de Chien gorgé de sang. Ce gonflement résulte de l'accroissement et de la distension des membranes intermé-

diaires ; car les plaques chitineuses elles-mêmes ne se modifient pas ; elles apparaissent, fort écartées, sous l'aspect de taches sombres, éparses sur ce sac blanc-jaunâtre bondé d'œufs, et rappellent un peu les yeux d'où naissent les bourgeons sur les tubercules de Pommes de terre. On ne connaît les Reines que chez un très petit nombre d'espèces.

A côté de ces deux formes que nous venons d'indiquer, on rencontre dans chaque nid des individus beaucoup plus nombreux, qu'on désigne sous les noms d'*Ouvriers* et de *Soldats* ; ils sont aptères tous les deux, et se distinguent principalement par leur taille et par la conformation de leur tête. L'*Ouvrier*, entièrement développé, possède à peu de chose près la taille des individus ailés ; toutefois, son thorax moins développé lui donne une longueur un peu moindre ; sa tête, presque verticale, qui chez la plupart des espèces ne porte pas d'yeux, est un peu plus bombée ; le reste du corps est conformé comme chez les Insectes sexués ; seul, le thorax diffère actuellement parce qu'il ne doit porter d'ailes à aucune époque : son anneau antérieur est très étroit, et les deux suivants ne sauraient être distingués des articles abdominaux. Les recherches anatomiques de Lespès lui ont dévoilé des rudiments d'organes mâles chez les uns et femelles chez les autres. Avant la première mue, on ne saurait distinguer les Termites ouvriers de ceux dont les organes sexuels doivent atteindre leur développement, mais les mues successives permettent de reconnaître peu à peu les *Ouvriers*, d'après la disposition de leur tête et la conformation de leur thorax.

Les *Soldats* se rapprochent des *Ouvriers* par la forme plus grande et plus élargie de leur tête. Celle-ci occupe souvent la moitié de la longueur du corps ; la disposition de ses contours et de sa superficie varie d'ailleurs suivant l'espèce. Chez toutes, les mandibules émergent au dehors d'un air menaçant ; elles atteignent le tiers de la longueur de l'Insecte, et parfois elles sont plus longues que la tête entière ; en revanche la mâchoire et la lèvre inférieures sont presque atrophiées. Chez les *Soldats* également, Lespès a trouvé des rudiments des organes reproducteurs des deux sexes. Ce n'est qu'à la seconde mue, qu'on peut distinguer entre eux les *Soldats* et les *Ouvriers*. — Hagen mentionne une forme de plus chez le genre *Eutermes* ; il a donné le nom de *Porte-nez* (*nasuti*) à ces créatures fabuleuses dont la tête s'étire en avant en forme de nez, et qui, d'après les autres détails de leur conformation, doivent être rattachées à l'une des formes désignées plus haut.

Les œufs ont une forme cylindrique, parfois incurvée, arrondie aux extrémités, et présentent des dimensions variables chez une seule et même espèce.

« Dans toute Termitière (1), on trouve à la fois des Larves, des Nymphes et des Insectes parfaits accompagnés d'un nombre immense de neutres. Chez les Abeilles et les Fourmis ce sont ces derniers qui jouent le rôle d'ouvrières ; chez les Termites, ils remplissent les fonctions de soldats et sont exclusivement chargés de veiller à la sûreté commune, ainsi qu'au maintien du bon ordre. Les Larves et les Nymphes, au lieu d'attendre dans une oisiveté complète le temps marqué pour leurs Métamorphoses, s'acquittent de tous les travaux. Ce sont elles qui élèvent les édifices, creusent les mines, amassent les provisions, entourent la mère commune, reçoivent et soignent les œufs. Quoique chargées des fonctions les plus pénibles, elles ont la plus petite taille. Les Ouvriers des Termites belliqueux, la plus grande des espèces observées par Smeathman, n'ont guère que 5 millimètres de long et cinq d'entre eux pèsent à peine 1 milligramme. Ils ne sont donc guère plus grands que nos Fourmis, auxquelles ils ressemblent assez pour qu'on leur ait longtemps donné le même nom. Leur corps entier est d'une délicatesse telle qu'ils sont broyés au moindre froissement, mais leur tête porte des mandibules dentelées et d'une corne assez solide pour attaquer les corps les plus durs, à l'exception des métaux ou des pierres. Les Soldats ont environ le double de longueur et pèsent autant que quinze Ouvriers. Cet excès de poids est dû à leur énorme tête cornée, beaucoup plus grosse que le corps et armée de pinces aiguës, véritable armure offensive qui ne saurait servir au travail. Enfin l'Insecte parfait atteint jusqu'à 18 millimètres de long, il pèse autant que trente travailleurs, et les quatre ailes qu'il reçoit pour quelques heures seulement ont près de 50 millimètres d'envergure. Nous verrons plus loin quelles singulières modifications semblent en outre imposées aux femelles par la nature même du rôle qu'elles sont appelées à remplir.

Distribution géographique. — Des diverses espèces de Termites décrites par les Naturalistes, deux seulement paraissent appartenir à l'Europe. Toutes deux sont exclusivement mineuses, et leurs Nids, difficiles à découvrir, n'ont pu être étudiés comme ceux de leurs congénères, qui élèvent des édifices au-dessus du sol. Par la même raison, leurs habitudes d'intérieur sont assez peu connues ; mais il n'est que trop facile de constater chez nos Termites indigènes les instincts dévastateurs de leurs frères africains, asiatiques, océaniens et américains.

Mœurs, habitudes, régime. — « Les mœurs singulières de ces Insectes, mœurs qui les rendent si redoutables, ont donné lieu à bien des fables (1). Peut-être faut-il voir des Termites dans ces Fourmis, qui, au dire d'Hérodote, habitaient le pays des Bactriens, et qui, plus petites qu'un Chien, mais plus grandes qu'un Renard, mangeaient une livre de viande par jour. Retirés dans des déserts de sable, ces Insectes gigantesques se creusaient, disait-on, des demeures souterraines et soulevaient des collines de sable d'or que les Lydiens venaient enlever au péril de leur vie. Selon son habitude, Pline renchérit encore sur cette histoire merveilleuse, et ajoute qu'on voyait dans le temple d'Hercule des cornes de ces Fourmis. Presque de nos jours encore, et lorsque les Termites étaient déjà passablement connus, quelques voyageurs ont eu de la peine à se contenter des faits, bien assez curieux par eux-mêmes. Ils ont attribué à ces Insectes un venin tellement actif, qu'il suffisait, pour s'empoisonner, d'en respirer les émanations, et qu'une seule morsure allumait une fièvre mortelle. Un Naturaliste anglais, Smeathman a fait complètement justice de ces contes et nous a appris, sur les espèces exotiques, des vérités non moins étranges que les erreurs propagées par ses devanciers. C'est là du reste un résultat qui s'est reproduit bien souvent. En fait de merveilleux, la nature dépasse presque toujours ce qu'a rêvé l'esprit humain ».

A l'égard du mode d'existence de Termites, il est aujourd'hui établi d'une manière générale, que des Insectes sexués (*Rois* et *Reines*) et des Insectes inféconds (*Ouvriers* et *Soldats*) constituent un véritable État, dont le siège, indépendamment de sa forme et de sa disposition, est désigné sous le nom de « *Nid* ». Les deux dernières castes sont représentées dans chaque

(1) De Quatrefages, *Souvenirs d'un Naturaliste*, t. II, p. 378.

(1) A. de Quatrefages, *Souvenirs d'un Naturaliste.* Paris, 1854, tome II p. 377. .. ..

nid, à divers âges ; il y existe une *Reine*, pour le moins, bien qu'on ne réussisse pas toujours à la trouver ; on n'y rencontre des mâles et des femelles ailés que de temps en temps, au début de l'époque des pluies, paraît-il. Dès que ces derniers ont achevé leur développement, et que le Nid commence à se trouver bondé, l'essaimage et l'accouplement ont lieu, de même que chez les Fourmis, soit dans l'air, soit sur le sol après que les Insectes se sont rejoints et se sont arraché leurs ailes au niveau de leurs sutures transversales. Bates, qui a étudié leur essaimage dans les régions de l'Amazone, raconte qu'il a lieu le matin par un ciel couvert, ou le soir par les temps troubles et humides. Dans ce dernier cas, les lumières des habitations exercent une attraction remarquable sur les Termites, comme d'ailleurs sur tous les Insectes qui volent le soir. Ils se précipitent par myriades, au travers des portes et des fenêtres, remplissent les airs du bruit assourdissant produit par le battement de leurs ailes et finissent même par éteindre les lampes.

Rengger(1) raconte l'impression étrange que lui fit une « colonne » de Termites qui s'élevait du sol et qui, au milieu des rayons de soleil, semblait être formée de feuilles d'argent. G. Fritsch, qui séjourna trois ans dans l'Afrique méridionale, décrit le « vol des mâles » qu'il a seuls observés. « Ils s'élèvent, dit-il, vers le soir, au-dessus de leurs constructions, en foule épaisse ; et c'est un coup d'œil fantastique de voir dans le crépuscule ces nuages blanchâtres dont les contours se perdent sans cesse, et qui sont formés d'Insectes dansant entre les branches enchevêtrées de quelque arbre déraciné. Du reste, ce sont de faibles voiliers, qui ne demeurent pas longtemps suspendus dans l'espace, leurs ailes fragiles et longues ne le leur permettant pas. Mais si l'on découvre un mâle ailé au dehors de sa construction et si l'on cherche à le capturer, il s'efforce visiblement, à l'aide de tortillements et de contorsions, de vaincre la résistance qu'on lui oppose pour pouvoir prendre son vol librement. »

On voit donc qu'au point du vol, les espèces diverses ont des habitudes différentes. Il y en a peu qui, tout en célébrant leurs noces farouches, échappent aux ennemis innombrables qui se jettent avec avidité sur eux (Fourmis, Araignées, Lézards, Crapauds, Chauves-souris, Engoulevents). Heureux ceux qui échappent à

leurs ennemis, ils deviennent les Rois et les Reines de quelque nouvelle colonie, et, favorisés par le sort, ils prennent en main le pouvoir suprême sur les ouvriers d'abord rares qui viennent coopérer à la fondation du nid futur. Le mâle continue-t-il à vivre, et le nid se trouve-t-il par suite habité par un roi? C'est là un point qui n'est pas encore éclairci ; aussi, peut-on supposer aujourd'hui que, dans l'État de ces Termites, la fécondation se répète.

Ce sont les Ouvriers et les Soldats, peut-être aussi leurs Larves arrivées au terme de leur accroissement, qui s'évertuent à rassembler la nourriture de ceux qui ne sauraient la quérir eux-mêmes ; ce sont eux qui portent les œufs dans les diverses chambres du Nid, qui réparent les dégâts, qui préparent une issue aux essaims, et qui rendent encore à l'État une foule de services analogues. Pour leurs travaux, ils quittent le nid, mais généralement ils n'apparaissent pas au jour ; ils établissent des chemins couverts, et font leurs principales constructions la nuit.

« Toutes les espèces de Termites (1) sont mineuses ; la plupart sont en outre architectes. Il en est qui bâtissent leur Nid sur les arbres autour de quelque grosse branche que ces Insectes constructeurs savent fort bien respecter. Ces Nids ont parfois la grosseur d'une barrique à sucre, et, quoique offrant une large prise aux ouragans des tropiques, quoique composés uniquement de petites parcelles de bois collées à l'aide des gommes du pays et des sucs fournis par les Ouvriers eux-mêmes, ils ne sont jamais arrachés. Ces espèces à vie presque aérienne, sont en petit nombre. La plupart construisent, au-dessus de leurs galeries souterraines, des édifices qui renferment leurs magasins et leurs couvoirs. Le Termite atroce et le Termite mordant élèvent ainsi de véritables colonnes surmontées d'un toit ou dôme qui déborde de tous côtés. Ces colonnes ont de 70 à 75 centimètres de hauteur sur environ 40 centimètres de diamètre. Elles sont construites en entier avec une sorte d'argile qui, pétrie par les Termites, acquiert une dureté extraordinaire. On renverse une de ces colonnes en l'arrachant de ses fondements plutôt que de la rompre par le milieu. L'intérieur en est creux, ou plutôt entièrement farci de cellules assez irrégulières qui servent de logements. Si le nombre des habitants augmente, une nouvelle colonne

<hr>

(1) Rengger, *Reise nach Paraguay*. Aarau, 1835.

(1) De Quatrefages, *loc. cit.*

s'élève à côté de la première, et ainsi de suite, de sorte que le nid d'une des deux espèces que je viens de nommer ne ressemble pas mal à un groupe de Champignons monstrueux. »

L'architecture des Termites présente les plus grandes variétés. Quelques-uns de ces Insectes, notamment les *Termites guerriers* (*Termes bellicosus*), établissent des constructions qui sont depuis longtemps connues et qui jouissent d'une certaine renommée. Très répandus en Afrique, ils ont été l'objet de nombreux récits, dont les plus intéressants sont ceux de Smeathman et de Savage.

Leurs constructions consistent en tumulus inégaux hérissés de nombreuses saillies, et qu'on ne saurait mieux comparer qu'à des meules de foin (Pl. XI); elles sont surtout nombreuses sur les terrains accidentés où se trouvent des débris de bois en décomposition, propices à ce genre de travaux. Les tertres, abîmés par des pluies trop fortes, ou endommagés, au voisinage de villes, par le piétinement des enfants qui sont venus jouer au-dessus d'eux, sont délaissés par les Termites. Mais lorsqu'on voit s'élever des saillies en forme de pointes ou de tourelles, analogues à celles qui marquent le début d'un de ces Nids, on peut être certain que cet état se trouve encore en pleine voie d'accroissement. Les tourelles s'élèvent les unes à côté des autres, puis les intervalles sont comblés. Chacune contient une cavité; c'est tantôt un chemin couvert qui sert d'accès à l'intérieur du tertre, tantôt l'extrémité d'une route qui relie entre eux divers intervalles. Un de ces tertres en forme de meule de foin atteint, lorsqu'il a tout son développement, une hauteur verticale de 3^m,76 à 5 mètres et le périmètre de sa base mesure de 15^m,7 à 18^m,33. Les matériaux de construction sont empruntés principalement à l'argile dont la coloration varie suivant la nature du terrain, et qui se trouve agglutinée par les Insectes; le sable ne convient guère à ce genre d'édifices parce qu'il n'est guère susceptible d'une liaison durable. D'après de nombreux observateurs, dont les récits concordent tous, la solidité de certains tertres argileux est telle qu'ils pourraient supporter un poids d'hommes ou de bestiaux plus nombreux que leur surface n'en pourrait contenir. Trois hommes ont mis deux heures et demie à ouvrir entièrement un de ces tertres. Cette résistance les protège contre les dégâts que produisent les pluies extrêmement violentes de ces contrées et les chutes d'arbres qui en résultent souvent.

Si l'on supprime les herbes et les broussailles autour du tertre, on voit se développer bientôt des chemins couverts ou des galeries d'argile qui vont aboutir aux troncs d'arbres et aux souches les plus proches. Ces chemins ont parfois 31 centimètres de diamètre, et se rétrécissent graduellement pour se ramifier aux extrémités. Lorsqu'on coupe cette communication avec le tertre, on aperçoit de nombreuses cavités donnant accès à des chemins inclinés qui se dirigent vers le Nid, et qui s'ouvrent dans les espaces libres soutenus par des piliers à la base du tertre. Les piliers, qui supportent un certain nombre de voûtes, soutiennent les diverses cellules, les résidences royales, et les autres logements intérieurs. Le tertre est entouré d'un rempart argileux, de 15^{cm},7 à 47 centim. d'épaisseur, et contient des cellules, des cavernes et des galeries reliées ensemble, ou s'élevant de la base jusqu'au sommet pour établir une communication avec l'espace intérieur du dôme. C'est en bas, dans la base de l'édifice, à une hauteur de 31 à 62^{cm},8 au-dessus du niveau du sol, que se trouve la résidence royale; elle est environnée, à l'intérieur du tertre, d'autres logements contenant des Œufs et des Larves de taille variable suivant leur stade d'évolution.

« Pour voir les Termites déployer tout ce que le ciel leur a départi d'industrie, dit M. A. de Quatrefages (1), il faut visiter et démolir pièce à pièce, comme l'a fait Smeathman, un Nid de Termites belliqueux. Quand une colonie de ces derniers s'établit au milieu d'une plaine, on voit d'abord paraître et grandir rapidement une ou deux tourelles coniques, qui bientôt se multiplient et atteignent jusqu'à une hauteur de cinq pieds. L'étendue du sol occupé par ces édifices provisoires annonce celle des travaux souterrains. Peu à peu le diamètre de ces tourelles augmente; leur base s'élargit; en peu de temps, elles se touchent et se soudent l'une à l'autre; les vides qui les séparaient disparaissent alors promptement, et en moins d'une année le Nid présente au dehors l'aspect d'un monticule irrégulièrement conique, à sommet arrondi en forme de dôme, portant sur ses flancs un nombre variable d'éminences allongées, et ayant jusqu'à 5 ou 6 mètres de diamètre à la base sur à peu près autant de hauteur.

(1) A. de Quatrefages, *Souvenirs d'un Naturaliste*, p. 381.

Paris, J.-B. Baillière et fils, édit.

Corbeil, Crété, imp.

NID DE TERMITES DANS LE SENNAAR.

Fig. 649. — Le Caloptéryx
éclatant.

Fig. 650. — L'Æschne
bleue.

Fig. 651. — L'Agrion
jouvencelle.

Fig. 649 à 651. — Névroptères (d'après nature). (Page 451.)

« Si, tenant compte de la différence de taille des architectes, nous comparons aux monticules construits par ces Insectes les plus gigantesques monuments élevés par la main de l'homme, le résultat est fait pour nous humilier profondément. La pyramide de Chéops avait au moment de sa construction et avant tout ensablement, 146^m,20 de hauteur. Elle avait par conséquent à peu près quatre-vingt-onze fois la hauteur d'un homme, en prenant pour taille moyenne 1^m,60. Or, d'après ce que nous avons dit des dimensions des Termites et de leurs monticules, ces derniers ont en hauteur environ mille fois la longueur des Insectes qui les construisent. Ainsi, toute proportion gardée, un nid de Termites est onze fois plus élevé que le plus haut de nos monuments. Pour être seulement son égale, la pyramide devrait s'élever à plus de 1,600 mètres au-dessus du sol et dépasser la hauteur du Puy-de-Dôme.

« Ces montagnes artificielles sont d'une solidité à toute épreuve. Pendant qu'elles sont encore en construction, et que leur dôme arrondi est encore accessible aux Bœufs sauvages, on voit souvent la sentinelle de quelque troupeau debout sur le sommet. Smeathman, Jobson et autres voyageurs montaient habituellement sur ces Termitières pour dominer le pays, ou s'embusquaient parmi les tourelles qui les hérissent pour attendre le gibier au passage ; et cependant, comme les colonnes dont nous parlions tout à l'heure, ces monticules sont creux. Placés au centre du terrain qu'exploite chaque colonie, ils en sont pour ainsi dire la capitale, et, comme nos grandes cités, ils ont leurs rues et leurs places publiques où circule sans cesse une population innombrable, leurs magasins toujours combles de provisions, les hôpitaux des enfants trouvés où les générations nouvelles s'élèvent par les soins de la communauté, et leur palais de souverains qui sont bien en réalité les pères et mères de leurs sujets.

« Que mes lecteurs consultent avec moi la curieuse planche où l'auteur anglais a figuré un de ces monticules coupé par le milieu. Voici d'abord des parois presque aussi dures que de la brique et épaisses de 60 à 80 centimètres. Des galeries plus ou moins cylindriques sont percées dans ces murailles et augmentent de diamètre vers la base, où les plus grandes atteignent jusqu'à 35 centimètres de large et s'enfoncent sous la terre à près de un mètre et demi de profondeur. Ces dernières sont à la fois des carrières et des déversoirs. Ce sont elles qui ont fourni les matériaux de l'édifice, et en cas d'inondation elles recevraient et perdraient profondément dans le sol l'eau, qui ne peut atteindre ainsi les quartiers populeux. Les autres galeries, qui serpentent obliquement en tous sens, s'embranchent les unes sur les autres, et arrivant jusqu'au dôme et dans les moindres tourelles, sont autant de routes servant uniquement au passage des travailleurs occupés de maçonnerie. Cet ensemble n'est pas encore la ville ; il n'en est pour ainsi dire que le rempart, ou, pour employer une image moins noble mais plus exacte, il est la croûte d'un pâté dont les habitations représentent l'intérieur.

« Le pâté n'est pas plein, sous le dôme se trouve un grand espace libre, occupant la largeur entière du monticule. La hauteur de cette espèce de comble égale à peu près le tiers de la hauteur totale. Le plancher en est plat et sans aucune ouverture. Quelques-unes des galeries percées dans l'enveloppe générale s'ouvrent à son niveau ; d'autres débouchent à des hauteurs diverses, et sont continuées par des rampes en relief appliquées contre le mur comme les escaliers placés à l'intérieur de la coupole du Panthéon. Ce sont autant d'échafaudages qui permettent aux travailleurs d'atteindre à toutes les parties de la voûte. Quant au comble lui-même, il joue le rôle d'un double fond, d'une chambre à air dont on comprend sans peine l'utilité sous ce ciel brûlant, où les nuits sont si fraîches. Il entretient dans l'édifice entier une température plus égale, et garantit surtout des variations journalières les couvoirs placés au-dessous.

« Nous avons visité les murs, les caves et les combles de l'édifice ; pénétrons maintenant dans les appartements. Au niveau du sol, au centre du rez-de-chaussée, est le palais des souverains, dont nous ferons tout à l'heure l'histoire. Ce palais est une grande cellule oblongue à fond plat, à voûte arrondie, qui dans les vieilles termitières, a jusqu'à 25 centimètres de long. Les parois en sont très épaisses, surtout dans le bas, et percées de portes et de fenêtres rondes régulièrement espacées. Tout autour de ce sanctuaire sur un espace de plus de 34 centimètres en tous sens, s'étend un véritable dédale de chambres voûtées, toujours rondes ou ovales, donnant l'une dans l'autre ou communiquant par de larges corridors. Ce sont les salles de services exclusivement réservées aux travailleurs et aux soldats occupés du couple royal. Sur les côtés s'élèvent jusqu'au plancher du comble, les magasins adossés aux murs de l'enveloppe générale. Ce sont de grandes chambres irrégulières, toujours remplies de gommes et de sucs, de plantes solidifiées réduites en particules si ténues, que le microscope seul permet d'en reconnaître la véritable nature. Des galeries et de petites chambres vides relient entre elles toutes ces chambres pleines et assurent le service.

« La cellule royale et ses dépendances sont protégées par une voûte épaisse, dont le dessus sert de plancher à un grand espace libre ménagé au centre du monticule. Sur cette espèce d'aire s'élèvent des piliers massifs, hauts quelquefois de plus de 1 mètre, qui donnent à cette vaste salle un air de nef de cathédrale et qui supportent les couvoirs. Ceux-ci diffèrent, du reste, de l'édifice autant par leur structure que par leur destination. Partout ailleurs l'argile est seule mise en œuvre, et c'est encore elle qui forme en quelque sorte la carcasse de la nourricerie ; mais ici les grandes chambres où doivent éclore les Œufs et se tenir les très jeunes Larves sont refendues en un grand nombre de petites cellules, dont les cloisons sont entièrement construites en parcelles de bois collées avec de la gomme. On trouve de ces couvoirs de toutes dimensions, et quelques-uns sont aussi gros qu'une tête d'enfant. Tous sont entourés d'une coque de brique, aérés par les portes qui donnent dans les galeries ou corridors de communication ; et placés comme ils le sont, entre le grand vide du comble et la nef dont nous avons parlé tout à l'heure, ils réunissent toutes les conditions désirables d'égalité de température et de ventilation.

« Revenons maintenant à la cellule royale, et brisons-en l'enveloppe. Elle renferme toujours

un couple unique, objet des soins les plus empressés, mais qui achète sa grandeur au prix
d'une réclusion perpétuelle, car les portes et
les fenêtres du palais, suffisantes pour laisser
passer un Ouvrier ou un Soldat, sont trop
étroites pour livrer passage au roi et plus encore à la reine. Celle-ci, toujours au centre de
la chambre princière et reposant à plat, frappe
tout d'abord les yeux de l'observateur. Qu'elle
ressemble peu à ce gracieux Insecte aux fines
ailes, à la taille svelte, qui n'avait que trois
ou quatre fois la longueur et trente fois le
poids d'un ouvrier ! Ses ailes ont disparu ; la
tête et le corselet sont restés à peu près les
mêmes ; l'abdomen, au contraire, a pris un
développement monstrueux, et tend à s'accroître sans cesse. Dans une vieille femelle, il est
deux mille fois plus grand que le reste du corps,
et atteint jusqu'à 15 centimètres de long. Cette
femelle pèse alors autant que trente mille Ouvriers, et, grâce à cette obésité exagérée, les
précautions prises pour prévenir la fuite sont
parfaitement inutiles, car elle ne peut faire un
seul pas. Quant au mâle, il a aussi perdu ses
ailes, mais n'a d'ailleurs changé ni de dimensions ni de formes. Toutefois il use peu de sa
faculté de locomotion, et, tapi d'ordinaire sous
un des côtés du vaste abdomen de sa compagne, il se borne à remplir les fonctions de
mari de la Reine.

« Les Soldats et les travailleurs ont l'air de
faire assez peu d'attention au Roi ; mais ils
sont fort occupés de la Reine. L'espace laissé
libre autour de celle-ci est constamment rempli par quelques milliers de serviteurs empressés qui circulent autour d'elle en tournant toujours dans le même sens. Les uns lui donnent
à manger, d'autres enlèvent les Œufs qu'elle ne
cesse de pondre ; car ici, comme chez les
Abeilles, cette Reine est avant tout la mère de
ses sujets. Seulement, chez les Termites sa fécondité est vraiment merveilleuse, et n'était
l'immensité du nombre des travailleurs que
suppose l'accomplissement des travaux exécutés par une seule colonie, il serait difficile de
croire aux détails que Smeathman assure
avoir plusieurs fois vérifiés. Cet abdomen
monstrueux semble n'être qu'un vaste ovaire
dont les branches multipliées renferment un
si grand nombre de germes en voie de développement, qu'il s'en trouve toujours un de mûr.
A travers les téguments amincis et devenus
transparents, on voit ces canaux sans cesse
animés de mouvements de contraction, tan-

tôt sur un point, tantôt sur un autre. Grâce à
ce mécanisme, le Termite femelle, sans même
s'en apercevoir peut-être, pond au delà de soixante Œufs par minute, c'est-à-dire plus de
quatre-vingt mille par jour, et Smeathmann
est porté à croire que cette ponte prodigieuse
dure toute l'année avec la même activité.

« Ces myriades d'Œufs, promptement recueillis, sont portées dans les couvoirs, et il en
sort bientôt autant de Larves semblables aux
Ouvriers, mais beaucoup plus petites et d'un
blanc de neige. Ces Larves habitent encore pendant quelque temps les chambres où elles sont
nées. Elles y sont l'objet des soins attentifs, et
les murs mêmes qui les abritent semblent se
changer en plates-bandes pour les nourrir.
Grâce à la chaleur humide qui règne sans cesse
au centre de la Termitière, les cloisons de bois
et de gomme qui forment les couvoirs se couvrent de Champignons microscopiques assez
semblables à nos Mousserons, et les jeunes
Termites trouvent dans ces moisissures un aliment approprié à leurs premiers besoins. Ils
subissent sans doute une première Métamorphose et revêtent la forme d'Ouvriers actifs ou
de Soldats. Les premiers seuls parviennent à
l'état d'Insectes parfaits. Vers la saison des
pluies, il leur pousse des ailes, et par quelque
soirée d'orage, mâles et femelles sortent par
millions de leurs retraites souterraines ; mais
leur vie aérienne est de courte durée. Au bout
de quelques heures, les ailes se flétrissent
et se détachent. Dès le lendemain, la terre est
jonchée de ces malheureux, et désormais incapables de fuir, ils sont la proie de mille ennemis qui guettent avec soin cette provende
annuelle. Bien peu échappent au massacre.
Quelques couples recueillis par des Ouvriers,
protégés par des Soldats que le hasard a conduit auprès d'eux, rentrent dans leurs galeries,
et deviennent d'ordinaire les souverains de
leurs sauveurs. Bientôt cloîtrés pour toujours
dans leur cellule royale, ils forment le noyau
d'une nouvelle Termitière, et n'ont plus qu'à
songer à accroître le nombre de leurs sujets.

« Tous les voyageurs parlent de peuples
mangeurs de Fourmis ; c'est Termites qu'il faudrait dire. On doit en effet compter l'Homme
ui-même parmi les ennemis qui épient chaque
année l'émigration de ces Insectes dans le but
de s'en nourrir. Les Indiens enfument les termitières et arrêtent au passage les individus
ailés dont ils hâtent ainsi la sortie. Moins industrieux, les Africains ne recueillent que ceux

qui tombent dans les eaux voisines. Les premiers pétrissent ces Insectes avec de la farine et en font une sorte de pâtisserie, les seconds se bornent à les torréfier, à peu près comme le café. Ils les mangent ainsi à pleines mains et les trouvent délicieux. Quelque étrange que puisse sembler cette nourriture, il paraît qu'elle a son mérite, même pour des palais européens. Les voyageurs s'accordent à parler des Termites comme d'un mets agréable, et comparent leur saveur à celle d'une moelle ou d'une crème sucrée. Smeathman les regarde comme un aliment délicat, nourrissant et sain. Il semble même les préférer à ces fameux Vers palmistes qui, dans les Indes, figurent sur les tables les plus somptueuses comme une délicieuse friandise.

« Les Termites neutres conservent pendant toute leur vie les caractères et les attributions qui leur ont valu le nom de Soldats. Comptant à peine pour un centième dans la population des Termitières, ils y constituent une classe à part, qu'un écrivain du dernier siècle n'eût pas manqué de comparer à la noblesse de ces monarchies, où les Larves auraient représenté les roturiers. En temps ordinaire ils vivent oisifs, montant, pour ainsi dire, la garde à l'intérieur, ou se bornant à surveiller les travailleurs, sur lesquels ils exercent une autorité évidente. En temps de guerre ils paient bravement de leur personne, et meurent s'il le faut, pour le salut commun. Au premier coup de pioche qui met à jour une galerie, on voit accourir la sentinelle la plus voisine. L'alarme se répand, et en un clin d'œil une foule de combattants couvrent la brèche, dardant en tous sens leur grosse tête, ouvrant et fermant avec bruit leurs tenailles. Ont-ils saisi un objet quelconque, rien ne leur fait lâcher prise : ils se laissent arracher les membres et le corps par morceaux sans desserrer leurs mâchoires. S'ils atteignent la main ou la jambe de leurs agresseurs, le sang jaillit aussitôt. Chaque Termite en fait couler une quantité supérieure au poids de son propre corps. Aussi les Nègres, privés de vêtements, sont-ils bientôt mis en fuite, et les Européens ne sortent du combat qu'avec leurs pantalons largement tachés de sang.

« Tout en soutenant la lutte, ces Soldats frappent de temps à autre sur le sol avec leurs pinces, et les ouvriers répondent à ce signal bien connu par une sorte de sifflement. L'attaque est-elle suspendue, les maçons se montrent en foule, apportant tous une bouchée de terre toute prête. Chacun à son tour s'approche du point à réparer, y applique sa part de mortier et se retire sans jamais gêner ou retarder ses compagnons. Aussi le nouveau mur avance-t-il rapidement sous les yeux de l'observateur. Pendant ce temps, les Soldats sont rentrés, à l'exception d'un ou deux mille travailleurs. L'un d'eux semble chargé de surveiller les travaux. Placé près du mur en construction, il tourne lentement la tête en tous sens, et chaque deux ou trois minutes frappe rapidement le dôme de ses pinces en produisant un bruit un peu plus fort que le balancier d'une montre. A chaque fois, on lui répond par un sifflement qui part de toutes les parties de l'édifice, et les Ouvriers manifestent un redoublement d'activité. Si l'attaque recommence, en un clin d'œil les Ouvriers disparaissent et les Soldats sont à leurs postes, luttant sans relâche et défendant le terrain pouce à pouce. En même temps les Ouvriers sont à l'ouvrage ; ils masquent les passages, murent les galeries et cherchent surtout à sauver leurs Souverains. Dans cette intention, ils comblent au plus vite les salles de services, si bien qu'en arrivant au centre d'un monticule, Smeathman ne pouvait distinguer la cellule royale, perdue au milieu d'une masse uniforme d'argile. Mais le voisinage de ce palais se trahissait par la foule même des Travailleurs et des Soldats réunis tout autour et qui se laissaient écraser plutôt que d'abandonner la place. La cellule elle-même en renfermait toujours quelques milliers restés autour du couple royal et qui s'étaient fait murer avec lui. Smeathman les a toujours vus se laisser emporter avec ces objets de leur dévouement et continuer leur service en captivité, tournant sans cesse autour de la Reine, lui donnant à manger, enlevant les œufs, et, faute de couvoirs, les empilant derrière quelque morceau d'argile ou dans un angle du local qui servait de prison.

« Au reste, pour voir les Termites, il faut presque toujours détruire leurs ouvrages. Le hasard peut bien faire rencontrer quelque colonie en train de changer de domicile, ainsi qu'il arriva à Smeathman, qui eut ainsi le plaisir de passer en revue une de leurs armées ; mais en général ces Insectes ne cheminent jamais à découvert. De chaque Nid reposant au niveau ou au-dessous du sol, à quelque espèce qu'il appartienne, rayonnent en tous sens des galeries souterraines qui s'étendent au loin. Le Termite des arbres lui-même construit un long tube qui arrive jusqu'à terre et sert de centre à ses chemins ouverts. Toutes les espèces ont d'ailleurs les mêmes habitudes ; leurs innombrables escouades sont incessamment en quête de quelque corps organique à dévorer, et cet instinct en fait pour l'Homme des ennemis tellement redoutables, que Linné n'a pas hésité à les appeler le plus grand fléau des Indes. »

Nous ne poursuivrons pas plus loin les observations de Smeathman relativement aux dispositions internes et aux matériaux divers qu'il a trouvés dans ces nids, parce qu'elles renferment mainte erreur.

En Australie, Leichardt a observé des constructions analogues à celles exécutées par les Termites africains ; elles affectent la forme de cônes pointus, d'une hauteur de 94 centim. à 157 centim. et d'un diamètre de 31 centim. environ au niveau de leur base, et sont tantôt isolées, tantôt disposées en séries d'un aspect surprenant. Epp songea aux tumulus funèbres des anciens lorsqu'il rencontra dans l'île Banka les habitations des Termites. Golberry mentionne des nids particuliers qu'il attribue aux *Termes mordax :* sur une assise cylindrique, de 94 centim. à 157 centim. de haut, repose un toit conique qui le déborde de toutes parts, de 5 centim. au moins ; ce sont probablement les mêmes Nids que Lichtenstein désigne sous le nom de « Nids en champignon ».

Dans ses récits de voyage (1), Bates a choisi pour ses descriptions les *Termites des sables* (*Termes arenarius*) parce qu'ils établissent dans ces régions les constructions les plus nombreuses, et que celles-ci sont assez faibles pour que l'on puisse les découvrir à l'aide d'un couteau. « Le district immense, qui s'étend derrière Santarem, dit-il, est entièrement couvert de tertres serrés, tous reliés entre eux par un système de galeries dont les voûtes sont formées des mêmes matériaux de construction que les tertres. On peut donc considérer la population entière des Termites de cette espèce comme constituant une seule famille, ce qui donne la clef de leur système de nidification. Il existe des Nids de toutes dimensions, depuis de simples mottes accumulées autour d'une touffe d'herbe jusqu'aux tertres les plus élevés, et l'on trouve tous les degrés intermédiaires. On rencontre : 1° des tertres récents, où se tiennent seulement des Soldats et des Ouvriers peu nombreux qui dé-

truisent les racines des touffes d'herbes ; 2° des tertres encore petits, en voie de construction, habités seulement par un petit nombre seulement de représentants des deux mêmes castes ; 3° des tertres hauts de quelques pouces, contenant une paire d'amas d'Œufs gardés par les inévitables castes des Soldats et des Ouvriers ; ces Œufs sont évidemment exportés de quelque autre Nid déjà bondé, et qui possède une Reine ; 4° de grands tertres renfermant de nombreux Œufs dans des chambres diverses et de jeunes Larves à différents stades d'évolution, mais n'abritant toutefois aucune Reine et n'offrant pas trace de cellule royale ; 5° de tertres très petits contenant un certain nombre d'Insectes sexués et ailés, ainsi que quelques Ouvriers et Soldats, mais ne renfermant ni Œufs, ni Larves, ni Nymphes, ni Reine ; 6° des tertres presque entièrement développés, sans Reines et sans cellule royale, mais contenant seulement un certain nombre de Larves presque mûres et de Nymphes qui dévorent en leur compagnie ; 7° des tertres de même grandeur, qui abritent des Nymphes et des Insectes sexués pourvus d'ailes ; 8° des tertres abritant une Reine et son Roi dans une cellule spacieuse située vers le centre de la base et construite à l'aide de matériaux qui diffèrent de ceux des autres parties du tertre. C'est une matière épaisse, dure, quelque peu semblable à du cuir, tandis que le reste est une masse grenue et friable. »

Bates a trouvé les tertres de ce genre toujours bondés d'Insectes : il en a surpris quelques-uns en train de transporter les Œufs de la cellule royale dans toutes les parties du Nid, même dans les cellules du sommet ; les Larves écloses, à divers degrés de croissance, étaient placées les unes contre les autres dans toutes les loges ; leurs têtes inclinées vers le sol, étaient toutes du même côté ; ces Larves étaient évidemment occupées à se nourrir. Dans les mêmes cellules, se trouvaient, en train de dévorer également, des Larves très jeunes et très molles (sans doute des Larves d'ouvriers), des Soldats aussi très jeunes et très faibles, reconnaissables seulement à la forme de leur tête, puis des Ouvriers et des Soldats plus âgés, des Nymphes, minces, faibles, plus petites que les Ouvriers développés, enfin des Nymphes déjà mûres.

Un point suffisamment établi maintenant par Bates, c'est que les Insectes jeunes ne sont nullement isolés, et que par suite aucun groupe d'entre eux ne reçoit une nourriture spéciale

(1) Bates, *Le Naturaliste au fleuve Amazone.*

dans les différentes cellules. Dans un tertre on ne trouve généralement, indépendamment des Soldats et des Ouvriers, que des Œufs et des Larves jeunes; quelquefois on y voit un couple de Nymphes, et jamais de Termites ailés; Bates ne peut dire si les tertres de ce genre donnent issue à un essaim. Du reste le contenu des tertres est extrêmement irrégulier; des Nymphes et des Insectes ailés se trouvent confondus, dans les galeries, avec les Larves, en sorte qu'aucun indice ne révèle un tertre destiné à donner issue à un essaim. Il n'est pas douteux que des Nymphes et même quelques Insectes sexués et des Larves émigrent d'un Nid trop plein dans une construction nouvelle; les chemins couverts ne sont que les prolongements des galeries d'une Termitière.

Ainsi que nos Fourmis, bien des Termites n'établissent aucune construction hors de terre, mais demeurent cachés dans le sol; ils s'installent sous une pierre, et par des conduits souterrains ils se rendent auprès des matériaux ligneux ou autres que leurs dents peuvent entamer. Dans les contrées sablonneuses de l'Afrique, on a trouvé, à de grandes profondeurs, des conduits tubulaires et durs, comparables aux tubes vitrifiés que produit la foudre; ces conduits sont l'œuvre de Termites, bien que parfois on n'en rencontre plus sur une grande étendue de terrain, parce que la végétation y a péri; les racines ont été détruites sans doute après avoir servi de centre, autrefois, au système de galeries de quelques Termites. Pallme en mentionne une espèce qui habite les sables humides de Cordoue et vit à l'intérieur de galeries qui durcissent avec le temps. Malgré tous ses efforts pour découvrir leurs retraites, ses fouilles restaient sans résultat, mais en déposant une caisse au voisinage du point où il soupçonnait l'existence d'un Nid, il découvrit bientôt sous le fond de la caisse des centaines de Termites. Vogel rencontra, dans son voyage à l'intérieur de l'Afrique, entre Mursuk et Kuka, des tubes de 26 à 78 millim. de diamètre, qui s'enfonçaient verticalement jusqu'à 47 centim. de profondeur dans le sable; il les attribue à une espèce de Termites très commune à Bornou, et qui partage avec beaucoup d'autres espèces la coutume d'établir un mur de terre autour des bois, des branches d'arbres, des brins d'herbes, etc., pour se mettre avant de les déchiqueter à l'abri de cette enceinte. On a trouvé, dans les forêts, des galeries d'un périmètre énorme qui avaient cerné autrefois les troncs d'arbres les plus volumineux. L'établissement d'une fontaine, dans la Louisiane, fit connaître la profondeur à laquelle pénètrent certains Termites: on trouva là, à plus de 8 mètres au-dessous du sol, des galeries qui furent attribuées à des *Hodotermes*.

Fritz Müller recueillit des observations intéressantes au sujet des Termites de l'Amérique du Sud, et décrivit entre autres l'habitation d'une espèce qu'il a nommée *Termes Lespesi* et qui est fort analogue au *Termes similis*. Ces Termites sont assez petits, et le second article de leurs antennes, formées de 13 à 15 articles, présente un diamètre longitudinal notablement plus grand que sa largeur. Leurs constructions (fig. 662) comptent, avec celles des *Termites belliqueux* décrites par Smeathman, parmi les plus intéressantes. Elles ont l'aspect d'un cylindre épais, de la longueur d'un empan (225 millimètres), autour duquel s'enroulent des bourrelets lisses séparés par des sillons superficiels; on en compte de 9 à 10 sur une hauteur de 1 millimètre. Ces bourrelets circulaires ne sont pas parallèles et l'intervalle qui les sépare est essentiellement variable. Les saillies longitudinales et transversales sont moins nettes sur les Nids anciens que sur les nouveaux. Sur ces derniers, principalement, on voit parfois, à mesure que les parois se dessèchent, des fentes étroites s'ouvrir le long des sillons qui parcourent les bourrelets longitudinaux ou qui séparent les bourrelets circulaires. Des deux côtés du Nid, se trouvent généralement quelques courts prolongements; à l'extrémité de l'un d'eux existe une petite ouverture arrondie, qui *seule donne accès* à l'intérieur de cet édifice souterrain clos d'ailleurs de toutes parts. Une coupe longitudinale permet de voir que cette construction consiste en autant d'étages séparés par des cloisons horizontales qu'il y a de bourrelets circulaires visibles à l'extérieur; ceux-ci correspondent aux divers étages, et les sillons correspondent aux cloisons. Les crevasses, qui résultent du desséchement, se font au niveau des galeries de communication qui circulent au-dessous des sillons circulaires et longitudinaux. Chaque étage figure une boîte plate dont la paroi externe est bombée et dont le contour est presque circulaire, tant qu'aucune circonstance extérieure n'est venue le déformer. A chaque étage le plafond est relié au plancher par un pilier qui s'élargit à sa base et à son sommet, et qui occupe tantôt le centre, tantôt un point plus rapproché du bord. Au pied de chaque pilier se trouve un orifice arrondi qui ne donne passage qu'à un seul Insecte à la fois et qui conduit obliquement à travers le plancher jusque dans l'étage inférieur. En poursuivant, dans l'épaisseur du pilier, cette direction oblique, on aboutit généralement à la sortie qui se trouve située à sa base. Ainsi le chemin qui mène de l'étage supérieur à l'étage inférieur à travers les cloisons, le long des piliers, décrit une ligne hélicoïde, une sorte d'escalier tournant qui est bien loin d'être régulier à cause de la position des piliers et de l'inégale hauteur des étages. La première paroi de chaque étage récent est formée uniquement à l'aide d'excréments des Termites ; ceux-ci appliquent généralement, de part et d'autre des parois faites de leurs déjections, une couche épaisse de terre, surtout autour des régions de la muraille externe que parcourent de longues galeries circulaires ; cette paroi externe est recouverte en outre, extérieurement, d'une nouvelle couche d'excréments. Sur d'autres points, et dans les cloisons en particulier, la terre est généralement entremêlée aux fèces sous forme de bandes minces, de plaques, ou de grumeaux. Ces constructions compliquées se rencontrent à la profondeur d'un travers de main ou d'un empan au-dessus du niveau du sol. Sur l'emplacement de ces nids existe une galerie creuse, de la largeur d'un doigt, qui entoure entièrement l'édifice. Les parois lisses de cette galerie sont reliées à l'habitation par un petit nombre de prolongements qui émanent des parties supérieures et inférieures ; un de ces conduits (rarement plus d'un) traverse, sous forme d'un canal du diamètre d'un tuyau de plume, l'étage inférieur pour aboutir dans le sol à des ramifications éloignées et dilatées parfois en petites chambres irrégulières. Elles arrivent jusqu'aux souches d'arbres sous l'écorce desquels on a trouvé quelquefois des Termites de Lespès, jusqu'à diverses racines ou jusqu'à d'autres constructions. Müller a été conduit à cette hypothèse, que confirment les observations faites sur les Termites des sables, par ce fait qu'il n'y a jamais rencontré d'Insectes à divers stades de l'évolution réunis, qu'il y a rarement découvert une Reine, et qu'il a trouvé plus rarement encore des OEufs ou des Larves jeunes à proximité.

Si l'on pratique une brèche dans la paroi d'une de ces demeures, on peut voir les Soldats examiner les dégâts avec soin et les Ouvriers réparer les dommages au moyen de leurs excréments, ainsi que nous venons de le mentionner au sujet d'une espèce différente. Mais si l'on arrache un morceau plus étendu de la paroi, les habitants se retirent dans les étages situés immédiatement au-dessous et bouchent, le plus rapidement possible, à l'aide de leurs excréments, les passages étroits qui donnent accès dans leur retraite. De cette façon, l'édifice peut se défendre, étage par étage, contre l'ennemi qui y pénètre.

Relativement aux autres constructions nidiformes que les Termites établissent dans les arbres, Fr. Müller découvre des points de vue nouveaux qui, sans convenir peut-être à toutes les espèces, s'appliquent du moins à celles qu'il observa dans l'Amérique méridionale. De même que certaines Fourmis de nos pays, certaines espèces de Termites établissent leurs galeries dans les arbres dont elles rongent le bois ; telles sont les espèces du genre *Calotermes*. Certaines espèces paraissent s'attaquer de préférence à des arbres spéciaux, même au bois encore dur des arbres presque sains. La paroi de leurs galeries est revêtue d'une couche d'excréments assez mince, et ces couches parfois s'accumulent aux deux bouts du conduit. Si l'on songe à la multiplication considérable de cette population dans un même espace, on conçoit que les galeries qu'elle creuse en rongeant le bois se rapprochent de plus en plus ; les parois intermédiaires s'amincissent et finissent par disparaître. Les revêtements excrémentitiels des galeries adjacentes se trouvent alors en contact et remplacent tout à fait la cloison ligneuse primitive. Cette transformation graduelle des parois ligneuses limitant d'abord les galeries forées à travers le bois, en couches excrémentitielles accumulées dont l'aspect rappelle la mie de pain ou l'éponge, peut s'observer sur les troncs d'arbres habités par un *Eutermes* qui présente un lien de parenté étroit avec le *Termes Ripperti*. Si ces accumulations d'excréments, au lieu de se maintenir à l'intérieur de ces troncs, viennent faire saillie à l'extérieur, elles constituent les *Nids sphériques*. Ces Nids ne sont primitivement autre chose que les latrines communes d'une population d'*Eu-*

termes qui les utilise ensuite comme chambres d'incubation pour ses œufs et comme résidence pour ses Larves. On doit donc considérer ces Nids comme *émergeant* des arbres et non pas comme *fixés sur eux.*

Si l'on enlève un fragment du Nid, on voit les Ouvriers se retirer par toutes les ouvertures béantes, et les Soldats apparaître en foule, avec leurs têtes pointues, pour courir de tous côtés en tâtonnant avec leurs antennes. Les Ouvriers reviennent peu de temps après. Chacun passe d'abord le contour de la brèche à réparer, se retourne, et y dépose une petite masse brunâtre. Il rentre alors rapidement dans l'intérieur du Nid pour faire place aux autres qui suivent en foule serrée, ou bien il se retourne encore une fois afin de palper son œuvre et d'y exercer au besoin quelques pressions. Les ouvriers isolés apportent aussi, entre leurs mâchoires, des débris de l'ancien mur qui se sont écroulés dans le Nid, et les utilisent dans la confection de la nouvelle paroi encore molle. Dès le début de ce travail, les Soldats se retirent généralement dans l'intérieur ; quelques-uns vont palper les Ouvriers comme s'ils voulaient leur donner des indications et des encouragements.

Sur les gros troncs d'arbres, le Nid n'occupe qu'un côté ; sur les arbres d'un diamètre moindre, il s'étend tout autour ; à l'extrémité des vieilles souches, il forme une sorte de dôme arrondi. Un des Nids les plus vastes, observé par Müller, figurait une masse irrégulière, de 49 centimètres à 125 centimètres de diamètre, qui entourait deux branches de *Cangerana* tombées à terre. La surface offrait des bosselures lisses et irrégulières, qui se confondaient plus ou moins, et pouvait se comparer à une tête de nègre en raison de sa couleur noire et de sa forme sphéroïdale. Plus un Nid est âgé, plus il devient dur et foncé. On est obligé d'employer la hache pour enlever des fragments des Nids anciens. La partie superficielle ne renferme que des Soldats et des Ouvriers ; en décembre, on y trouve aussi, peu de temps avant l'essaimage, des Termites ailés ; puis on rencontre les Larves, qui sont de plus en plus petites à mesure qu'on se rapproche du centre ; au milieu, dans des espaces que rien ne paraît délimiter, gisent des Œufs en masses considérables ; enfin on peut y découvrir le Roi et la Reine.

Dégâts causés par les Termites. — Si les divers auteurs diffèrent entre eux relativement aux mœurs qu'ils attribuent aux Termites, il est un point sur lequel ils s'accordent tous : c'est la terreur qu'inspirent aux habitants des pays chauds bon nombre de ces espèces, peut-être plus spécialement celle des tertres, et l'étonnement qu'elles causent aux voyageurs. Elles ne s'attaquent pas, il est vrai, aux personnes, comme font tant d'Insectes nuisibles ou venimeux ; mais elles accourent, en troupes innombrables, pour ravager les vêtements, les livres, les provisions et jusqu'aux charpentes des maisons ; elles accomplissent leur œuvre si vite et si sournoisement qu'on ne s'aperçoit du dommage que lorsqu'il est irréparable ; le toit peut s'effondrer sur la tête d'un homme avant qu'il ait le temps de s'en garer.

Invisibles à l'œil de ceux qu'ils menacent, les Termites poussent leurs galeries jusqu'aux murs des habitations ou des magasins, descendent sous les fondations et remontent à l'intérieur ; dès lors ils sont maîtres de la place. Les uns s'en prennent aux boiseries, aux meubles, aux provisions de toute nature ; d'autres creusent tout droit, attaquent les planchers et les toits ; mais, toujours soigneux d'éviter la lumière, ils respectent avec grand soin la surface des objets attaqués et se contentent de les évider. Si la place leur semble bonne et qu'il y ait beaucoup à dévorer, ils apportent avec eux du mortier pour remplacer au fur et à mesure les parties ligneuses qu'ils ont détruites, et Smeathman a vu des poteaux de bois changés ainsi en colonnes de briques. Dans le cas contraire, ils prennent moins de précautions ; alors l'œuvre de destruction marche avec une rapidité telle qu'en une seule saison une maison à l'européenne est ruinée de fond en comble, qu'un village de Nègres a complètement disparu. On les a vus, dans une seule nuit, pénétrer par le pied d'une table, le traverser de bas en haut, atteindre la malle d'un ingénieur placée au-dessus, et en dévorer si complètement le contenu, que le lendemain on ne trouva pas un pouce de vêtement qui ne fût criblé de trous. Quant aux papiers, plans et crayons du propriétaire ils avaient disparu, y compris la mine de plomb (1).

Il existe dans les collections du Muséum de Paris un Nid de Termites fort curieux envoyé de Cochinchine par le Dr Harmand, qui té-

(1) A. De Quatrefages, *loc. cit.*

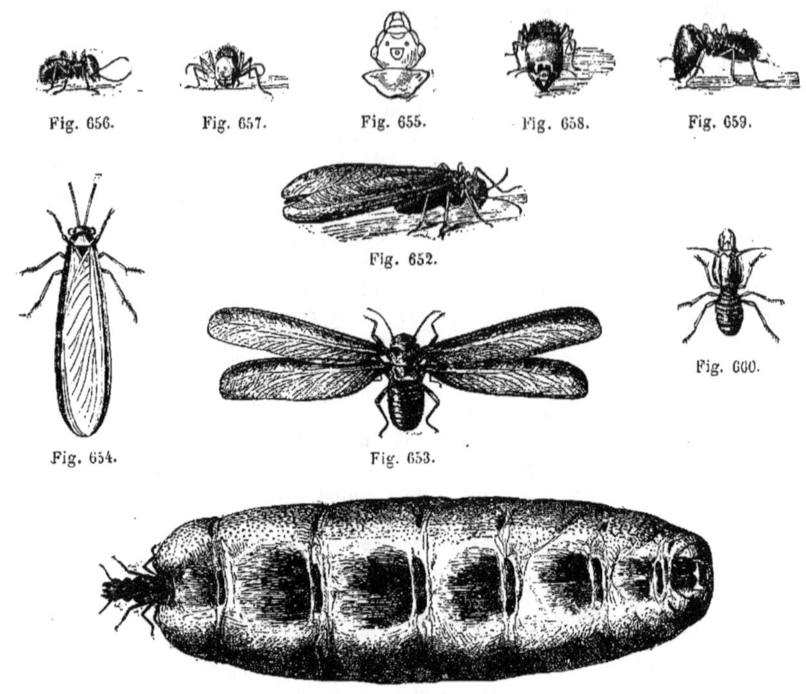

Fig. 656.   Fig. 657.   Fig. 655.   Fig. 658.   Fig. 659.

Fig. 652.

Fig. 660.

Fig. 654.   Fig. 653.

Fig. 661.

Fig. 652. — Le Termite funeste mâle, vu de profil.
Fig. 653. — Le même, vu en dessus les ailes étendues.
Fig. 654. — Le même, vu en dessus les ailes fermées.
Fig. 655. — Sa tête.

Fig. 656 et 657. — Ouvrier, vu de profil et de face.
Fig. 658 et 659. — Soldat, vu de face et de profil.
Fig. 660. — Soldat, vu en dessus la tête relevée.
Fig. 661. — Le Termite royal, femelle.

Fig. 652 à 661. — Les Termites.

moigne des déboires attendant les voyageurs ; ce Nid est établi au centre d'une rame de papier à herboriser dont l'aspect extérieur n'est nullement changé, les habiles Insectes ayant eu soin de ménager et de conserver intactes les feuilles superficielles.

D'Escayrac de Lauture (1) parle avec beaucoup de détails des Fourmis blanches qu'on désigne dans le Soudan sous le nom d' « *Ardas* ». Leur taille est celle d'une Fourmi ordinaire ; elles se nourrissent principalement de bois, mais elles dévorent n'importe quoi : cuir, viande, papier, etc. On a toutes les peines à en préserver les livres et les chaussures. En une nuit, elles dévorèrent à moitié un atlas cartonné et l'étui d'une lunette d'approche. On ne constata les dégâts causés à l'atlas que lorsqu'on le souleva pour l'ouvrir. Pour l'atteindre, les *Ardas* avaient dû perforer le sol de l'appartement ainsi que toute l'épaisseur d'un banc en terre. A l'extérieur on ne voyait aucun dommage, ces Insectes avaient attaqué l'atlas par dessous et avaient détruit la couverture presque entière ainsi que les feuilles les plus voisines. Les Nubiens préservent leurs effets en les plaçant sur des planches suspendues au toit à l'aide de cordes. Ailleurs on protège ses provisions contre la voracité de ces bestioles en installant les supports dans des vases remplis d'eau. Un Arabe, qui s'était endormi sur un tertre de Termites, sans y prendre garde, auprès de Burnu, se réveilla le matin, tout nu : ses vêtements étaient entièrement détruits.

D'après un rapport de Brehm, le 15 août 1850, à Kharthoum, dans le divan de Latief-Pacha-l'eau souterraine du Nil Bleu, alors en crue, for-

(1) D'Escayrac de Lauture, *Voyage au Soudan.*

çait depuis quelques heures une colonie de Termites à s'élever au-dessus de leur résidence habituelle. Ils se répandirent alors à travers les dalles de l'appartement en tel nombre que les assistants durent quitter la place. Le Pacha fit creuser, le lendemain matin, un trou profond dans le sol à cet endroit afin d'anéantir le Nid ; lorsqu'on atteignit la nappe d'eau, on vit une immense grappe vivante composée uniquement de Termites. De ce point, qui parut être le centre de la colonie, partaient de tous côtés, des galeries qui aboutissaient incessamment à de nouveaux Nids. On noya cette grappe de Termites et on remplit la fosse avec de la chaux. Et cependant, le soir même, les Insectes faisaient irruption de nouveau, par trois trous, en nombre plus considérable encore. Plusieurs serviteurs travaillaient sans relâche à les balayer et à les entasser dans des vases.

Forbes, en inspectant sa chambre, qui était restée fermée pendant quelques semaines d'absence, trouva certains meubles abîmés. Il découvrit une foule de conduits qui, suivant diverses directions, aboutissaient aux murs ; les vitres étaient obscurcies et les châssis couverts de poussière. En essayant de les nettoyer, il fut surpris de voir les carreaux collés contre le mur et non plus enchâssés ; ils étaient fixés par une sorte de colle que les Fourmis blanches avaient déposée tout autour. Les châssis de bois, les contrevents, les poignées étant rongés, les vitres n'étaient maintenues que par cette colle et par les galeries qui la recouvraient.

D'après le *Morning-Herald* (décembre 1814), la résidence du gouverneur général de Calcutta, qui a coûté des sommes immenses à la compagnie des Indes orientales, avait été menacée de ruine par l'invasion des Termites. Ces Insectes se sont un jour si bien installés dans un vaisseau de ligne anglais *l'Albion*, qu'on a dû le dépecer.

Un examen minutieux a montré que les métaux eux-mêmes n'étaient pas à l'abri de l'acide que sécrètent les Termites ; les tribunaux hollandais à Ternate, ont été saisis de cette question ; il s'agissait de la détérioration de certains objets de bronze, dont on accusait les employés. Des pièces d'artillerie, placées sur les remparts, furent couvertes par des galeries de Termites, et rapidement attaquées par la rouille.

Bory de Saint-Vincent trouva, dans les forêts de l'île de France, sur les troncs d'arbres, de grands Nids qu'il attribue au *Termes destructor*

qu'on appelle là-bas « *Karia* ». Ce Termite détruit souvent, en très peu de temps, les plus beaux arbres ainsi que les charpentes ; un employé, pour couvrir les déficits considérables observés dans les magasins royaux, mit cette perte sur le compte des Termites ; le ministre lui envoya une caisse de limes en lui intimant l'ordre de limer les dents des *Karias*, en ajoutant que le gouvernement n'était pas disposé à supporter plus longtemps ses déprédations.

Usages. — Les employés concussionnaires ne sont pas seuls à tirer parti des Termites. Les naturels des pays, où on les trouve, s'en nourrissent. On les capture à l'époque de l'essaimage : on introduit des brins d'herbe dans les Nids ouverts ; les Soldats les mordent et se laissent ainsi tirer au dehors ; on creuse, dans les résidences de ceux qui restent sous terre, des trous dans lesquels ils tombent fatalement en parcourant leurs galeries enchevêtrées, ou bien l'on cherche à s'en emparer par un procédé quelconque. Dans différentes provinces de Java, on les vend sur les marchés sous le nom de « *Laron* » ; on recherche aussi leurs Nids pour offrir les jeunes couvées aux Oiseaux domestiques qui s'en montrent friands. Beaucoup d'Animaux s'en nourrissent ; nous ferons seulement remarquer que, parmi les Mammifères, les Tatous et les Fourmiliers consomment beaucoup plus de Termites que de Fourmis, en dépit de leur dénomination malheureuse. Ce fait, ainsi que la voracité de ces Insectes qui détruisent les débris végétaux en pourriture, leur donné un rôle important dans l'économie de la nature, en dépit de l'aversion qu'ils inspirent à l'Homme, ce roi de la création, dont l'utilité peut être parfois moins appréciable

On ne connaît encore à fond qu'une faible partie des centaines d'espèces de Termites que Hagen a décrites à leurs divers états. On les a réparties en quatre genres faciles à discerner : deux d'entre eux présentent des pelotes entre les griffes et des nervures sur l'aire marginale des ailes ; le premier, *Calotermes*, possède des yeux accessoires ; le genre *Termopsis* n'en a point. Les *Hodotermes* s'en distinguent par l'absence de pelotes ; et le genre *Termes*, de beaucoup le plus riche en espèces, se reconnaît à la présence d'yeux accessoires, ainsi qu'à l'absence de pelotes entre les griffes et de nervures sur l'aire marginale des ailes.

LES CALOTERMES — *CALOTERMES*

Caractères. — Ils se distinguent par la présence d'yeux accessoires et de pelotes entre les griffes.

LE TERMITE A COU JAUNE. — *CALOTERMES FLAVICOLLIS.*

Gelbhalsige Termite.

Caractères. — On ne connaît qu'à l'état d'Insecte ailé et de Soldat le *Termite à cou jaune* (*Calotermes flavicollis*), on ne connaît ni ses Ouvriers, ni ses reines; on ne les a pas vus dans leurs nids.

Les insectes ailés sont d'un brun-marron foncé; leur bouche, leurs antennes, leurs pattes et leur premier anneau thoracique sont jaunes. Les ailes, dont l'envergure atteint 20 millimètres, sont légèrement enfumées. Cette espèce se distingue en outre par une tête quadrangulaire assez grosse et par un grand écusson cervical échancré en avant.

Les Soldats, plus longs de 2 millim., mesurent 7 à 9 millim., ils sont caractérisés par une tête quadrangulaire extrêmement longue et par de larges mâchoires dentelées en dedans, anguleuses extérieurement au niveau de leurs racines, et moitié aussi longues que la tête.

Distribution géographique. — Cette espèce habite les contrées méditerranéennes; c'est l'une des deux espèces répandues dans le sud de l'Europe.

Mœurs, habitudes, régime. — Cette espèce ne s'est pas fait beaucoup remarquer jusqu'ici par ses dégâts. Cependant en Sardaigne, en Espagne et dans le midi de la France, le Termite flavicolle attaque les Oliviers et autres arbres précieux.

LES TERMITES — *TERMES* (1)

Caractères. — Ils se reconnaissent à la présence d'yeux accessoires, à l'absence de pelotes entre les griffes et de nervures sur l'aire marginale des ailes.

LE TERMITE BELLIQUEUX. — *TERMES BELLICOSUS*

Kriegerische Termite.

Caractères. — Le Termite belliqueux (*Termes bellicosus,* de Smeathman), qui ne se distin-

(1) *Tarmes* ou *Termes,* ver rongeur.

gue en rien du *Termes fatalis* de Fabricius, compte parmi les plus grandes; son corps mesure 18ᵐᵐ et son envergure atteint de 65 à 80ᵐᵐ. On connaît cette espèce à tous les états.

Distribution géographique. — Cette espèce descend de l'Abyssinie jusqu'à la côte orientale de l'Afrique, et se retrouve sur la côte occidentale entre les mêmes degrés de latitude.

LE TERMITE OBÈSE. — *TERMES OBESUS.*

Magere Termite.

Caractères. — On ne connaît, du Termite obèse (*Termes obesus,* de Rambur) que les Insectes sexués; leur mode d'existence n'est pas entièrement connu.

Le mâle mesure 11ᵐᵐ et son envergure est de 48ᵐᵐ. Son corps, d'un brun de pois, corselet cordiforme, bordé de jaune, présente sur le dos une tache en forme d'ancre, de la même couleur; la bouche, les pattes, la face inférieure du corps sont jaunes d'ocre; les antennes sont ornées d'un cercle clair; les ailes, blanches, ont des reflets jaunâtres.

Distribution géographique. — Ce sont des Insectes des Indes orientales.

LE TERMITE TERRIBLE. — *TERMES DIRUS*

Schreckliche Termite.

Caractères. — Le Termite terrible (*Termes dirus,* de Klug) habite, d'après Burmeister, dans les creux de terre et sous les pierres, et se nourrit des racines d'arbres en pourriture. Les Nymphes et les Reines ne sont pas encore connues; nous représentons les mâles, les Ouvriers, les Soldats (fig. 1 *a* jusqu'à *f*). Cette espèce se distingue par une coloration brun-café qui s'étend jusque sur les ailes et par une tache de même nuance sur le vertex; les antennes, le corselet, la face inférieure du corps et les pattes sont d'un rouge jaunâtre.

Distribution géographique. — Ce Termite vit au Brésil et dans la Guyane.

LE TERMITE LUCIFUGE. — *TERMES LUCIFUGUS.*

Lichtscheue Termite.

Caractères. — Cet Insecte, d'un brun-noir foncé, est revêtu de poils bruns; les extrémités des jambes et des tarses sont jaunâtres; les extrémités des antennes et des articles des palpes sont blanchâtres; le corps mesure de 6 à 9ᵐᵐ, et l'envergure de 18 à 20ᵐᵐ. L'espèce a

écrit récemment l'histoire complète de ces Insectes, ébauchée déjà à plusieurs reprises. Nous devons en faire connaître les traits principaux, car nous choisissons toujours de préférence les espèces européennes pour écrire l'histoire des mœurs des Insectes.

Deux formes de Nymphes donnent naissance aux Insectes ailés : l'une se distingue par des gaînes alaires longues, larges, et recouvrant la partie antérieure de l'abdomen; l'autre, plus rare et plus épaisse, a des gaînes alaires très courtes et rejetées sur les côtés. Toutes deux commencent à se montrer dans les nids, à partir de juillet; elles passent par conséquent l'hiver, et les premières se transforment en Insectes ailés à la fin de mai; celles de la deuxième forme subissent leur Métamorphose dans le courant du mois d'août de l'année suivante. Il faut donc environ une vingtaine de mois pour que l'œuf devienne Insecte parfait. On compte le même temps pour les « Neutres », nom sous lequel on désigne en bloc les Ouvriers et les Soldats pour les opposer aux Termites ailés.

Depuis l'hiver jusqu'au mois de mars on trouve dans le nid les Larves les plus jeunes de chaque caste, que Lespès désigne sous le nom de « premier stade ». Elles sont d'une nature indolente, s'appuient contre les parois, et sont tellement semblables entre elles, avant d'avoir atteint 2^{mm} de long, qu'on ne peut encore prévoir quelle sorte d'Insectes elles fourniront. On distingue déjà deux formes parmi les Larves du second stade qui ont subi une première mue et mesurent 2 ou 3^{mm}. Les unes, qui rappellent les ouvriers par la forme de leur thorax, se reconnaissent à leur aspect général, à la lenteur de leurs mouvements, à la couleur blanc mat de leur tête plus petite, et se transforment, au mois de juin, en Ouvriers et en Soldats. Les autres ressemblent davantage aux Insectes sexués, en raison de leur thorax plus large, et de l'éloignement des deux anneaux suivants qui commencent à se porter en arrière pour ménager une place aux gaînes alaires. Le second stade s'observe déjà en hiver isolément, mais il prédomine dès que le premier disparaît, car il résulte précisément de la première mue. Le troisième stade comprend des Larves de 4 à 6^{mm}; celles de la première forme ressemblent déjà beaucoup aux Ouvriers et aux Soldats, et celles de la seconde aux Nymphes; ce troisième stade se substitue bientôt au second. Les Larves du premier stade ont dix articles à leurs antennes, celles du second 12 à 14, celles du troisième 16. On trouve, toute l'année, des Ouvriers et des Soldats dans le Nid; c'est vers le mois de juin qu'ils y deviennent plus rares. Les Soldats, puis les Ouvriers maigrissent d'abord, et portent les traces de l'affaiblissement dû à l'âge; le temps est venu pour eux de faire place aux jeunes Termites ailés arrivés à maturité. Ainsi que le montre la figure, les Soldats ne se distinguent des Ouvriers que par les fortes dimensions de leur tête et de leurs mâchoires; la tête est deux fois plus longue que large, et cylindrique; les mâchoires sont noires, recourbées en haut et en dedans, en forme de sabres, dépourvues de dents au côté interne, et d'une longueur égale à la moitié de celle de la tête.

Distribution géographique. — Le *Termite lucifuge* (*Termes lucifugus* ou *arda*) est la deuxième espèce répandue dans les contrées méditerranéennes. Comme le *Termite à cou jaune*, auquel il ressemble fort, il vit encore à 1094 mètres au-dessus du niveau de la mer, à Madère, et s'étend en France jusqu'à Rochefort et à La Rochelle. Dans cette dernière ville, il cause de grands dégâts aux pilotis sur lesquels elle repose ; le fait est d'autant plus surprenant que toutes les espèces s'arrêtent, dans les autres contrées, au quatorzième degré de latitude nord, d'une part, et à l'Equateur, d'autre part.

Mœurs, habitudes, régime. — Les Ouvriers, à qui incombent tous les travaux de l'Etat, ont coutume, comme tous les Insectes du même genre, de se mouvoir uniquement dans les chemins couverts, non pour se mettre à l'abri de la lumière, mais pour se garantir contre la fraîcheur de l'air. Lespès, ayant placé différents Nids sous des récipients en verre, remarqua en effet que les Ouvriers ne se laissaient point troubler par la lumière solaire tombant sur l'entrée d'une galerie. Ces Termites établissent habituellement leurs Nids dans un vieux tronc de Sapin, parfois dans un Chêne, un Sureau, un Tamaris, et toujours dans un bois vermoulu et humide situé sous terre ou du moins peu au-dessus du sol.

Dans les régions de la France où ont été recueillies ces observations, on rencontre de nombreuses souches de Pins, qu'on laisse subsister après la chute des arbres; grâce à cette routine les maisons de Bordeaux ont été préservées de l'invasion des Termites, qui y ont fait néanmoins quelques apparitions.

De petites colonies, datant au plus d'un ou deux ans, peuvent se maintenir sous l'écorce, mais elles ne tardent pas à s'enfoncer ensuite dans le bois. Les galeries se dirigent du périmètre vers le centre; les Insectes attaquent en même temps les racines, qui chez les Sapins se ramifient dans le sol à peu de profondeur. Ces conduits ne sont point réguliers; souvent des Larves lignivores, notamment celles des Coléoptères ont servi de pionniers aux Termites, qui utilisent leurs galeries plus larges pour en faire leurs grandes cellules.

En l'absence de travaux préexistants, les Termites dirigent leurs galeries avec une certaine régularité, car ils s'établissent entre les couches circulaires annuelles, et respectent les couches les plus dures. Les conduits sont reliés entre eux par des orifices de communication arrondis, assez grands pour livrer passage à un ou deux Ouvriers. Toute la partie intérieure du Nid est revêtue d'une couche lisse et polie, d'une teinte brun clair, constituée par les excréments ainsi que le prouvent les observations faites sur les Insectes en captivité.

Dans quelques troncs d'arbres isolés, Lespès trouva un Nid de Fourmis à côté d'un Nid de Termites et séparé seulement par une mince cloison. Cette observation, confirmée par d'autres faits analogues, constatés chez des Termites exotiques, prouve que l'hostilité habituelle à ces deux groupes d'Animaux n'altère en rien leurs travaux de nidification.

De part et d'autre, la colonie se fonde sur l'emplacement qui lui plaît, sans se soucier des intérêts qui régissent l'œuvre du voisin.

Lespès ayant enfermé un fragment de Nid, avec les Insectes inclus, dans ses verres à expériences, les Ouvriers commencèrent par établir leurs galeries sur le sol de leur prison, puis ils fixèrent leur Nid aux parois du verre.

A la construction de ces Nids se rattache leur entretien; et c'est encore aux Ouvriers qu'incombe ce soin. Dès que le Nid se trouve lésé en quelque point ou qu'il offre un accès à l'air libre, ceux-ci ramassent dans le voisinage les matériaux les plus divers pour réparer le désastre; on rencontre rarement un Nid qui ne renferme au moins quelques espaces, grands ou petits, remplis d'excréments amassés par les Ouvriers pour le revêtement des parois ou pour l'obturation des brèches. Ces réparations se font avec l'ordre le plus parfait, sans la moindre intervention des Soldats, qui jamais ne jouent le rôle de surveillants.

Les Ouvriers accordent des soins tout particuliers aux Œufs. Lorsqu'on ouvre une cellule remplie d'Œufs, les Ouvriers se précipitent sur eux en toute hâte pour les enlever par paquets de cinq à six; Lespès introduisit une fois sous un verre un certain nombre d'Œufs saisis dans une colonie libre; en un rien de temps ils furent dissimulés à l'intérieur du Nid captif. Il vit, un jour, une Nymphe s'arrêter en face d'un Ouvrier et dévorer la nourriture qu'il transportait; mais l'observateur considère ce fait comme exceptionnel. En dehors de ce cas, il n'a pu constater si le Roi et la Reine recevaient quelque nourriture, étaient l'objet de quelques soins; il faut bien cependant que des soins soient donnés aux jeunes Larves tout au moins; mais les difficultés de l'observation n'ont pas permis de le constater. D'autre part, Lespès mentionne des exemples qui démontrent, sans équivoque, la part que prennent les Ouvriers à la prospérité de la couvée. Ils lèchent les Nymphes, et sitôt que l'une d'elles est blessée, ce qui arrive assez fréquemment, deux Ouvriers s'empressent auprès d'elle. Pendant la dernière mue des Larves d'Ouvriers et de Soldats, cet auteur remarqua que les Ouvriers développés viennent plus d'une fois en aide aux Larves pour les délivrer de leur dépouille; jamais il ne les vit secourir les Nymphes qui se transforment en Insectes sexués, bien qu'à ce moment il règne toujours une grande agitation dans le Nid.

Les Ouvriers présentent une coutume bien particulière: au milieu de leurs occupations ou pendant leurs moments de loisir, ils se dressent soudain sur leurs pattes et frappent rapidement le sol une douzaine de fois, ou plus, les uns à la suite des autres, avec leur pointe abdominale.

Les Soldats, préposés à la défense des autres, ont un aspect plus menaçant; ils paraissent souvent comiques, jamais dangereux. Lespès leur présenta souvent son doigt; jamais ils ne le mordaient, car leurs pinces ne peuvent pas s'écarter assez pour saisir la peau. Malgré leur zèle et leur courage, ils sont assez inoffensifs en raison de leur cécité et leurs fureurs sont plutôt burlesques que dangereuses. Le plus souvent, ils se tiennent immobiles dans les galeries ou dans les cellules; vient-on à ouvrir le Nid, aussitôt on les voit courir au hasard, avec les mâchoires béantes. Irrités, ils prennent une attitude des plus drôles: leur tête repose sur le sol, les pinces aussi écartées que possible, et le corps se relève en arrière; à chaque instant ils se précipitent en avant afin de saisir l'ennemi et quand ils ont répété plusieurs fois ces tentatives sans résultat, ils frappent quatre ou cinq fois le sol de leur tête en produisant un bruit aigu qu'on désignait autrefois sous le nom de « bruit de sifflement ». Lespès, en perforant la cloison qui séparait un nid de Fourmis de celui des Termites, provoqua un combat acharné. Toute Fourmi capturée était vouée à la mort, mais en général chaque Soldat périssait également; car les Fourmis étaient secourues par leurs sœurs, qui tombaient sur l'ennemi, en nombre plus considérable, jusqu'à ce que la mort s'ensuivît.

Les Larves âgées se tiennent habituellement pressées les unes contre les autres, dans les galeries étroites, tandis que les Soldats restent généralement aux extrémités des conduits; les Larves s'enfuient, aussitôt que leurs réduits sont ouverts; on peut en dire autant des Nymphes.

A chaque mue, la vie de ces Insectes devient plus agitée; les Termites nouveaux, notamment ceux qui n'ont plus de mue à subir, recherchent quelque place solitaire où ils puissent laisser durcir leur corps, encore tendre, en dehors des agitations de la foule; ceux qui sont ailés tâchent de s'isoler également afin de n'être pas troublés pendant qu'ils laissent croître leurs ailes qui achèvent leur développement en une heure de temps environ. Les Ouvriers, qui viennent de parfaire leur évolution, sont entièrement blancs, comme tous les Insectes qui viennent de muer; il leur faut une couple de jours avant de devenir aptes au travail. Les Insectes ailés perdent bientôt leurs ailes et se tiennent également pressés les uns contre les autres. Lespès ne les a vus s'essaimer à l'air libre, que quand il ouvrait leur nid juste à l'époque convenable. Ses Termites captifs périrent au mois de juillet. Un jour que le soleil dardait ses rayons sur le verre, les Insectes apparurent à la surface du Nid; les femelles étaient suivies par les mâles qui les pressaient, généralement isolés, plus rarement au nombre de deux; ils serraient les femelles de si près qu'ils semblaient tenir leur extrémité abdominale dans leurs mâchoires. Dans ce cas, pas plus qu'à l'air libre, il ne put observer l'accouplement; on peut être certain que la fécondation n'a pas lieu en l'air, mais qu'elle s'accomplit sur terre, après la chute des ailes, dans un coin obscur ou pendant la nuit. Cette course empressée des mâles à la poursuite de leurs femelles, observée aussi chez d'autres espèces, et l'aversion de ces Insectes pour la lumière et pour l'air, caractère particulier qui se manifeste durant toute leur existence, donnent la conviction qu'ils n'imitent pas, dans leurs amours, les Abeilles, ces vrais enfants du jour !

Les Reines, paraît-il, se rencontrent rarement, et les récits que Lespès fait à leur sujet sont en partie controversés. Il a trouvé des Œufs réunis en tas, il est vrai, mais il n'y avait point de Reine auprès d'eux; il pense qu'ils ont été pondus par les Insectes ailés dont l'essaimage a eu lieu au mois d'août. Après des recherches assidues, il découvrit enfin, le 28 juillet, deux couples dans un même tronc; chacun d'eux occupait une cellule spéciale. Ces deux cellules n'étaient pas indépendantes, et tout porte à croire que deux colonies avaient établi là leurs résidences, côte à côte, comme dans le cas cité plus haut où un Nid de Termites et un Nid de Fourmis étaient juxtaposés. La colonie était composée d'Ouvriers, de Soldats, de Larves et d'Œufs; elle ne renfermait aucune Nymphe. Un examen anatomique démontra que ces Œufs ne pouvaient provenir d'une de ces femelles. En novembre on trouva, dans un petit Nid, un couple de cette espèce, dont la femelle avait l'ovaire rempli d'Œufs revêtus de leurs coques. On a trouvé des Reines en décembre, en mars et en juillet, tantôt en compagnie d'un Roi, tantôt seules. Elles croissent de plus en plus à mesure qu'elles deviennent plus âgées, et se tiennent, non dans des cellules spéciales, mais dans des galeries profondes parfois en compagnie d'un Roi très vivace; malgré leur embonpoint elles circulent partout avec agilité, et ce n'est qu'un an après la dernière mue qu'elles commencent leur ponte, qui a lieu dans le cours du mois de juillet et qui dure peu de temps.

Dégâts causés par les Termites. — « Est-ce le Termite lucifuge qui, renonçant à la vie des champs et s'acclimatant dans nos villes, exerce aujourd'hui des ravages à La Rochelle, à Rochefort, à Saintes et dans les contrées voisines ? A vrai dire, malgré la réponse affirmative émise par quelques-uns de nos confrères les plus spéciaux, cette question nous semble au moins douteuse, dit M. de Quatrefages (1).

« En effet, Latreille, qui fut un des pères de l'Entomologie moderne, nous apprend que le Termite lucifuge des environs de Bordeaux atteint l'état d'Insecte parfait, prend des ailes et émigre dans le courant du mois de juin.

(1) Quatrefages, *Souvenirs d'un naturaliste.* Paris, 1854, t. II, p. 376.

D'autre part, un observateur bien moins célèbre sans doute (1), mais qui a étudié sur place les Termites de Rochefort pendant près d'un demi-siècle, affirme que, dans cette ville, l'émigration a lieu au mois de mars, et que, passé cette époque, on ne rencontre plus de Termites ailés. Pour qui connaît la précision des lois qui règlent le développement des êtres organisés, cette différence de deux mois entre les deux époques de la Métamorphose suffirait à faire naître des doutes sur l'identité des espèces, et cela d'autant plus que, dans le cas actuel, c'est dans la région la plus méridionale que la Métamorphose serait la plus tardive. Si les observations de Latreille sur le Lucifuge des Landes avaient été répétées et confirmées, si M. Blanchard n'avait pas trouvé de mâles ailés dans les Termitières de La Rochelle au mois de septembre, le fait que nous venons de rappeler nous semblerait à lui seul devoir résoudre presque la question.

« D'autres faits, dont il faut bien tenir compte, viennent encore à l'encontre de l'opinion généralement adoptée. A moins de circonstances très exceptionnelles, on trouve les mêmes instincts chez tous les représentants d'une même espèce animale. Chez les Insectes en particulier, on ne peut admettre que ces instincts varient selon les localités, et pour ainsi dire d'une colonie à l'autre. Or, en Provence et dans le Bordelais, les Termites se tiennent dans la campagne, et, bien loin de poursuivre l'Homme dans les villes, ils respectent jusqu'à ses habitations rurales. S'il en était autrement ; si, dans la Gironde comme au Sénégal et dans la Charente-Inférieure, les Termites pénétraient dans les caves, rompaient les cercles des tonneaux et occasionnaient la perte des vins, certes les vignerons du Médoc n'auraient pas gardé le silence, et pourtant ils n'ont jamais, que je sache, élevé de plaintes à ce sujet.

« Depuis les temps historiques, on ne parlait pas plus des Termites en Saintonge que dans le Bordelais ; bien plus, aucun Naturaliste n'avait signalé leur présence dans le bassin de la Charente, quand tout à coup ils apparaissent au beau milieu de la ville de Rochefort, gagnent chaque jour du terrain, et dans l'espace d'un demi-siècle envahissent successivement plusieurs autres villes, infestent les jardins, atteignent les maisons isolées et menacent la contrée entière.

(1) Bobe-Moreau.

« D'après M. Bobe-Moreau, c'est seulement en 1797 qu'on découvrit pour la première fois des Termites à Rochefort, dans une maison située rue Royale et qui était restée longtemps inhabitée. Au moment de la découverte, la plus grande partie des bois de charpente, des boiseries, des meubles et de ce qu'ils contenaient avait été détruite. Ils se répandirent ensuite dans les maisons voisines. En 1804, leurs progrès n'étaient pas encore bien grands, puisque Latreille se borne à mentionner *comme un oui dire* que le Termite lucifuge « avait pendant quelques années inquiété les habitants de Rochefort, s'étant introduit dans leurs maisons ». En 1829, le même auteur tenait un bien autre langage et parlait des grands ravages exercés par cet Insecte dans les ateliers et magasins de la marine.

« Est-il probable que ces Insectes soient de la même espèce que les Lucifuges qui, conservant dans la Gironde leurs mœurs campagnardes, se seraient fait citadins en Saintonge ? N'est-il pas plus raisonnable d'admettre que le Termite de Rochefort est une espèce nouvelle, au moins pour cette contrée, importée par quelque navire de commerce, comme l'ont été certaines Blattes, et venu on ne sait encore d'où, comme pour nous prouver que les voyageurs n'ont rien exagéré en parlant de ce fléau. Le cantonnement des Termites sur deux points parfaitement isolés et situés, pour ainsi dire, aux deux extrémités de la ville, l'absence de ces Insectes dans toute la banlieue de la Rochelle, démontrent jusqu'à l'évidence qu'ils ne sont pas indigènes dans cette portion du département. D'après M. Beltrémieux, cette importation aurait eu lieu vers 1780, époque à laquelle les frères Poupet, très riches armateurs, firent construire l'hôtel devenu la préfecture. Des ballots termités venus de Saint-Domingue auraient apporté les Termites non seulement à La Rochelle, mais aussi à Rochefort et sur quelques points où les frères Poupet avaient des magasins. Cette *tradition* s'accorderait assez bien avec la date donnée par M. Bobe-Moreau comme étant celle de la découverte des Termites à Rochefort et expliquerait également l'invasion progressive du département.

« Une comparaison rigoureuse d'Insectes à tous les états et d'origine bien constatée permettra seule de résoudre ces questions.

« Quoi qu'il en soit, La Rochelle a subi le sort de Rochefort, de Saintes, de Tonnay-Charente, et en arrivant dans cette ville, je savais que je trouverais ces terribles petits mineurs. Je connaissais déjà ce dont ils sont capables. MM. Audouin, Milne-Edwards et Blanchard avaient à diverses époques parcouru la Charente-Inférieure et rapporté au Muséum de Paris des preuves matérielles des dangers que ces ennemis si faibles en apparence font courir aux habitants de ces contrées (1). Ces savants avaient parlé des toitures et des planchers qui s'étaient écroulés à l'improviste, des maisons minées jusque dans leurs fondements et qu'il avait fallu reconstruire ou abandonner. Je pus bientôt juger par moi-même de l'exactitude de leurs récits, bien que La Rochelle soit loin d'être aussi complètement envahie que les villes citées plus haut. Ici les Termites n'occupent bue la préfecture et l'arsenal, et parce que depuis quelques années ils n'ont pas fait de progrès bien marqués, les Rochelais semblent croire qu'ils respecteront toujours leurs limites actuelles. C'est certainement une erreur. Vienne une année quelque peu favorable au développement de ces Insectes, et la ville entière peut être envahie en une seule saison. Alors les Rochelais déploreront, mais trop tard, l'imprudente sécurité qui leur fait négliger la recherche des moyens propres à détruire sur place ces ennemis, encore cantonnés aux deux extrémités de la ville.

« La préfecture et quelques maisons voisines sont le principal théâtre des ravages exercés par les Termites. Ici la prise de possession est complète : dans le jardin on ne saurait planter un piquet ou laisser un morceau de planche sur une plate-bande sans les trouver attaqués vingt-quatre ou quarante-huit heures après. Les tuteurs donnés aux jeunes arbres sont rongés par le pied, les arbres eux-mêmes sont parfois minés jusqu'aux branches. Dans l'hôtel, appartements et bureaux sont également envahis. J'ai vu au plafond d'une chambre à cou-

cher récemment réparée des galeries semblables à des stalactites de plusieurs centimètres, qui venaient de s'y montrer le lendemain même du jour où les ouvriers avaient quitté la place. Dans les caves, j'ai retrouvé des galeries pareilles, tantôt à mi-chemin de la voûte au plancher, tantôt collées le long des murs et arrivant sans doute jusqu'au grenier, car dans le grand escalier d'autres galeries partaient du rez-de-chaussée et atteignaient le second étage, tantôt s'enfonçant sous le plâtre quand celui-ci présentait assez d'épaisseur, tantôt reparaissant à nu quand les pierres étaient trop près de la surface. C'est que, pas plus que les autres espèces, le Termite de La Rochelle ne travaille à découvert. Une vigilance incessante, parfois le hasard, peuvent seuls mettre sur ses traces et prévenir ses ravages. A l'époque du voyage de M. Audouin, on venait d'en acquérir une preuve curieuse. Un beau jour, les archives du département s'étaient trouvées détruites presque en totalité, et cela sans que la moindre trace du dégât parût au dehors. Les Termites étaient arrivés au carton en minant les boiseries, puis ils avaient tout à leur aise mangé les papiers administratifs, respectant avec le plus grand soin la feuille supérieure et le bord des feuillets, si bien qu'un carton rempli seulement de détritus informes semblait renfermer des liasses en parfait état. Les bois les plus durs sont d'ailleurs attaqués de même. J'ai vu, dans l'escalier des bureaux, une poutre de Chêne dans laquelle un employé, faisant un faux pas, avait enfoncé la main jusqu'au-dessus du poignet. L'intérieur, entièrement formé de cellules abandonnées, s'égrenait avec un gratoir, et la couche laissée intacte par les Termites n'était guère plus épaisse qu'une feuille de papier.

« Dès mon arrivée, je cherchai à me procurer une certaine quantité de Termites pour les observer à loisir; et grâce au docteur Garreau, l'un des membres de la Société d'histoire naturelle, j'en eus constamment sur ma table. Bien entendu que les précautions étaient prises pour éviter une évasion qui eût termité une maison, et par suite un quartier de plus. Je les tenais dans un bocal moins qu'à demi plein ; mes prisonniers ne pouvaient escalader ses parois de verre, et en les garantissant de la lumière, en les observant le soir ou les surprenant à l'improviste, j'ai pu suivre en détail les travaux qui leur firent transformer en une petite termitière l'amas confus de terreau et de débris au milieu desquels ils étaient ensevelis

---

(1) Nous engagerons nos lecteurs à faire une visite dans les galeries du Muséum de Paris, ils y trouveront les pièces rapportées par ces savants, et dont il est question ici ; notamment: deux colonnes, perforées dans le sens de la longueur et dont les couches externes masquant les désordres intérieurs, sont demeurées intactes ; des fragments de poutre et de débris rongés, des cloisons de plâtres taraudés dans leur longueur ou percés de part en part, et, chose plus remarquable, des registres provenant de la sous-préfecture de la Rochelle complètement dévorés à l'intérieur, alors que les feuilles superficielles ménagées ne laissent pas soupçonner le ravage, et enfin un échantillon de ses curieuses colonnettes creuses semblables à des stalactites que les Termites établissent parfois du plafond au plancher pour cheminer à couvert.

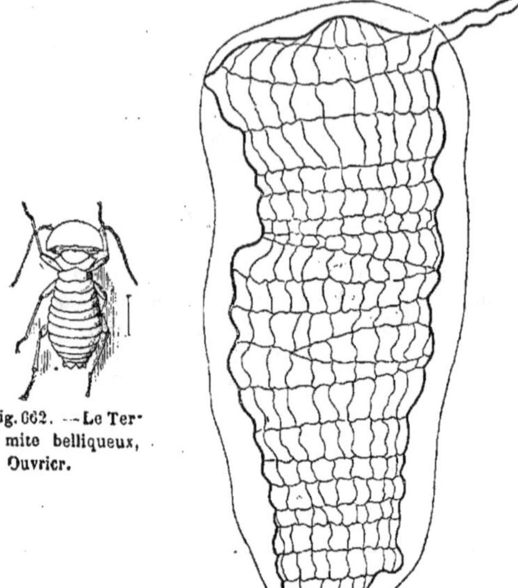

Fig. 662. — Le Ter-
mite belliqueux,
Ouvrier.

Fig. 663. — Le Ter-
mite belliqueux,
Nymphe.

Fig. 664. — Nid du Termite de Lespès.

d'abord. A peine le local était-il installé depuis quelques instants, que chacun chercha à se réunir à ses compagnons. Quelques-uns essayèrent de grimper le long des parois lisses de leur prison ; mais après quelques tentatives inutiles, ils s'enfoncèrent sous terre. La troupe entière fut bientôt dégagée, et je la vis partagée en petites bandes dans le fond du bocal, du côté le plus obscur. Au bout de quelques heures, ces groupes étaient réunis en un seul. A partir de ce moment, les travaux commencèrent et marchèrent avec ensemble.

« Le premier soin des Termites fut d'établir autour du bocal une espèce de grande route, et comme les matériaux étaient très inégalement répartis, ils eurent à faire pour cela des déblais et des remblais. Les premiers étaient faciles ; les seconds donnèrent plus de peine. Les Ouvriers transportèrent d'abord une certaine quantité de terre destinée à élever suffisamment le sol, puis au-dessus ils installèrent une voûte. Je les voyais arriver à la suite les uns des autres, chacun portant entre ses mâchoires une petite masse de terre qu'il appliquait, sans presque s'arrêter, au bord saillant de l'ouvrage ; puis il descendait par une espèce de rampe ménagée exprès, et rentrait sous terre par une galerie spéciale, Quelques-uns me semblèrent dégorger sur les matériaux déjà en place un liquide destiné sans doute à les consolider. Pendant tous ces travaux, les Soldats me parurent jouer bien évidemment le role de chefs et de surveillants. Je les voyais en petit nombre mêlés aux Ouvriers, toujours isolés et ne travaillant jamais eux-même. Par moments, ils faisaient avec le corps entier une sorte de trémoussement et frappaient le sol de leurs pinces ; aussitot tous les Ouvriers voisins exécutaient le même mouvement et redoublaient d'activité. En vingt heures, la galerie circulaire se trouva en état de servir ; il est vrai que les parois du bocal en formaient presque la moitié. En même temps le terrain avait été consolidé, sa surface aplanie, et un bouchon que j'y avais déposé était à moitié enterré. Je leur en donnai alors trois autres ; j'y ajoutai successivement une boule de papier très serrée et une grosse boule de mie de pain., Ces divers matériaux restèrent exactement dans la position résultant du hasard de leur chute , et je crus d'abord qu'ils étaient dédaignés par les Termites ; mais ayant renversé le local sens dessus dessous au bout de quelques jours ; ils restèrent tons en place malgré leur poids. Ils avaient été soudés l'un à l'autre, et je pus reconnaître plus tard, en les ouvrant, que les Insectes y avaient percé plus d'une galerie, bien que ce travail de soudure et d'érosion fût parfaitement inappréciable à l'intérieur.

« Le travail de mes prisonniers me parut marcher d'abord sans discontinuité ; il se ralentit lorsque les gros ouvrages furent terminés. Au reste, peu de jours leur suffirent pour achever la Termitière. A cette époque, mon grand bouchon était presque entièrement enterré, et le terrain avait été élevé au niveau des deux autres. Toute la surface du sol était unie, sans ouverture apparente, et le terreau, qui au commencement de l'expérience était aussi mobile que du sable fin, avait été si bien consolidé, qu'il s'en détachait à peine quelques parcelles lorsqu'on renversait le bocal. Sous cette espèce de croûte, et tout à fait dans le bas, régnait tout autour du local une galerie large de 1 centimètre et haute de 1 centimètre et demi environ, en forme de demi-voûte, appuyée contre les parois transparentes du verre. Plusieurs ouvertures partaient de ce chemin de ronde et donnaient accès dans les chambres à voûtes surbaissées, assez spacieuses pour contenir trente à quarante Ouvriers. Celles-ci communiquaient avec d'autres appartements intérieurs par des portes très basses où cinq ou six Ouvriers pouvaient passer de front.

« Une fois le travail mené à fin, les Termites se tinrent tranquilles, au moins pendant le jour. Je les trouvais d'ordinaire groupés dans le point le plus obscur de la grande galerie ou dans les chambres voisines, tandis que quelques Soldats isolés semblaient parfois monter la garde à l'entrée des chambres vides ; mais aussitôt que la lumière les frappait, il se manifestait une vive agitation. Ouvriers et Soldats exécutaient à l'envi le singulier trémoussement dont j'ai parlé plus haut, et en quelques secondes tous avaient disparu dans les chambres du centre, où ne pouvait les atteindre les rayons importuns.

« La curiosité seule ne me guidait pas dans ces observations. En étudiant de plus près les mœurs des Termites, en cherchant à me rendre compte de la construction des Termitières, je voulais surtout arriver à découvrir les moyens de combattre des ennemis que leur nombre et leur petitesse même semblaient avoir rendus invincibles. MM. Audouin, Milne-Edwards, Blanchard, Lucas, n'avaient fait

que passer, n'avaient pu par conséquent aborder ce problème ; mais bien d'autres avaient essayé de le résoudre. Les arrosages à l'eau de goudron, les labours profonds et fréquents, les fossés circulaires creusés autour du tronc, ont été employés pour protéger les jardins et les arbres fruitiers ; l'essence de térébenthine, l'arsenic en poudre, ont été vantés comme devant faire périr les Insectes réunis dans une Termitière, et un voyageur assure que cette dernière substance réussit parfaitement à la Martinique. Malheureusement ces divers procédés se sont toujours montrés impuissants en Saintonge, et quant aux injections de lessive bouillante employées plus récemment, elles sont évidemment inapplicables dans la plupart des cas.

« MM. Fleuriau et Sauvé avaient aussi tenté de détruire la colonie installée à la préfecture de la Rochelle. Après un certain nombre d'essais infructueux, ils imaginèrent d'appeler à leur secours des auxiliaires, et d'employer les Fourmis à combattre les Termites. L'application de cette idée ingénieuse aurait bien eu quelques inconvénients : on aurait remplacé un Insecte rongeur par un autre ; mais, en somme, le remède aurait valu beaucoup mieux que le mal, et il est à regretter que le succès n'ait pas couronné les tentatives des savants rochelais. Ils réunirent dans un même local un nombre à peu près égal de ces deux espèces d'Insectes. La bataille commença sur-le-champ, et il fut bientôt facile d'en prévoir l'issue. Les Termites faisaient des blessures bien plus profondes ; les Soldats surtout, d'un seul coup de leurs terribles pinces, coupaient les Fourmis en deux comme avec des ciseaux. En peu de temps, celles-ci furent exterminées, tandis que les Termites ne comptèrent d'abord qu'un assez petit nombre de morts. Pourtant, le lendemain, près de la moitié avaient péri, tués très probablement par l'acide que sécrètent les Fourmis, et qui avait empoisonné les moindres blessures. Malgré les insuccès de mes prédécesseurs, je ne désespérais pas d'atteindre les Termites. Je comptais pour cela sur quelqu'un de ces poisons gazeux que prépare la Chimie, et qui par suite de leur nature même peuvent pénétrer dans les réduits les plus étroits. J'avais entendu un des fondateurs de la science moderne raconter comment il était venu à bout d'exterminer les Rats qui, malgré les pièges de tout genre, infestaient la maison. Après avoir fermé avec soin les trous percés par ces Mammifères, M. Thénard avait adapté à l'un d'eux un appareil dégageant de l'Hydrogène sulfuré, et les Rats ainsi emprisonnés, ne pouvant respirer que de l'air vicié, étaient morts empoisonnés.

« Par suite du mode de respiration spéciale des Insectes les Termites devaient bien plus encore que les Rats être sensibles à l'action d'un gaz délétère. Pour que ce procédé des injections gazeuses leur devînt applicable, deux conditions suffisaient. Il fallait que leurs édifices présentassent un ensemble continu de galeries et de chambres pour que le gaz pût pénétrer partout : mes observations ne me laissaient aucun doute à ce sujet. Il fallait ensuite trouver un gaz aussi dangereux pour ces Insectes que l'Hydrogène sulfuré l'avait été pour les Rats, et ici des expériences directes devenaient nécessaires. Un grand nombre de substances, qui sont pour l'Homme et les autres Vertébrés d'énergiques poisons, n'agissent que faiblement sur les Invertébrés, et en particulier sur les Insectes. L'Hydrogène sulfuré, si heureusement employé par M. Thénard, est de ce nombre : il fallait donc le remplacer.

« Grâce à M. Robillard, pharmacien en chef de l'hôpital militaire, le laboratoire de cet établissement fut mis à ma disposition. Des Termites fraîchement recueillis y furent installés dans des bocaux que, par surcroît de précautions, on plaçait dans de larges vases pleins d'eau ; divers gaz furent essayés, et parmi eux le Chlore surtout répondit pleinement à mes espérances. Les Termites les plus vigoureux plongés dans ce gaz presque pur, tombent comme foudroyés au moment même du contact. Laissés pendant une demi-heure dans de l'air mêlé d'un dixième de Chlore seulement, ils sont complètement asphyxiés. Des expériences répétées de diverses manières, et dans lesquelles je tâchai d'imiter autant que possible la disposition des bois termités, donnèrent des résultats tout aussi décisifs, tout aussi satisfaisants. Ainsi, pour détruire la Termitière la plus étendue, il suffira d'y injecter une quantité suffisante de Chlore dégagé par un ou plusieurs appareils. Est-ce à dire que le problème, ramené à ces termes si simples, ne présentera plus de difficultés ?

« Nous sommes loin de le prétendre. Dans toutes les questions de ce genre, aux recherches de la science, qui donnent ce qu'on pourrait appeler la solution théorique, doivent succéder les tâtonnements de la pratique, qui seuls assurent l'application usuelle. A ce point de vue, de nouveaux problèmes surgiront pour chaque cas particulier. S'il s'agit d'attaquer une espèce exclusivement mineuse, une exploration des lieux sera d'abord nécessaire pour découvrir le point de départ des mille galeries suivies par les Termites ; puis il faudra déterminer le lieu d'application des appareils, afin que le gaz pénètre sans trop d'obstacles au milieu même de la Termitière. Peut-être les Insectes menacés se défendront-ils, comme ceux du Sénégal, en murant les passages donnant entrée au gaz délétère, et alors il faudra déployer une promptitude de manœuvres seule capable de les prévenir. Peut-être faudra-t-il dégager le gaz sous une pression assez considérable pour qu'il puisse pénétrer dans toute l'étendue des travaux. Peut-être, en dépit de toutes les précautions, les premières tentatives échoueront-elles même sur des colonies isolées comme celles de la Rochelle. Peut-être enfin, ou plutôt à coup sûr, dans les villes généralement infestées, comme Saintes ou Rochefort ; faudra-t-il lutter, après un premier succès, contre les invasions nouvelles et recommencer de temps à autre tout un ensemble de recherches et d'opérations ; mais est-ce à la première campagne que le cultivateur se délivre à jamais du chiendent ou de l'ivraie ? Lui aussi n'a-t-il pas besoin d'activité et de persévérance pour sauvegarder ses moissons ? Nous n'en demandons pas davantage aux propriétaires de maisons ou de champs termités, et à ce prix, mais à ce prix seulement, nous leur garantissons le succès. »

Parasites des Termites. — On sait combien l'histoire des Fourmis est intéressante, non seulement par elle-même, mais encore par celle de ces parasites et commensaux (voy. p. 153, La Claviger testacé).

Il est présumable que les grandes sociétés de Termites donnent asile à de nombreuses espèces termitophiles ou termitophages. Nos connaissances sur ce sujet sont malheureusement restreintes. Cependant on doit à M. Schiodte un important mémoire qui nous révèle les mœurs singulières de certains Coléoptères staphylins (fig. 665). Par une étrange exception, ces Insectes mettent au monde leurs Larves vivantes.

Sur les instances du naturaliste danois, le professeur Reinhardt, dans un voyage qu'il fit au Brésil, en 1852, explora les Nids de Termites afin d'y recueillir les divers Animaux qui

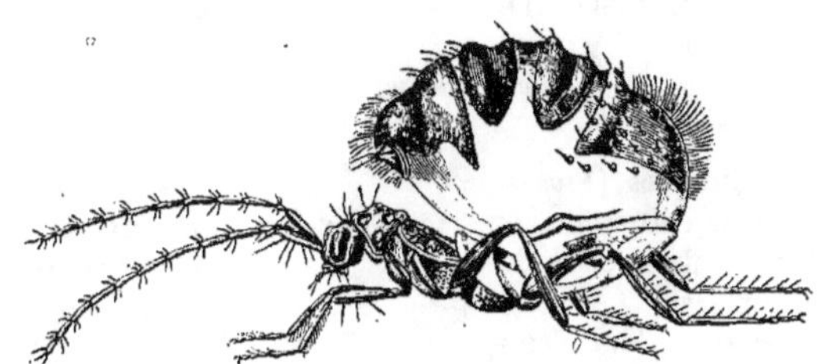

Fig. 665.   Le Corotoca Melantho, Staphylin vivipare des Nids de Termites

y trouvent asile. C'est dans les environs de Santa-Lagoa, dans la province de Minas-Geraës, près d'un petit village nommé Contagem das Abobaras que l'explorateur a rencontré les Termitières qu'il a examinées; elles étaient fixées autour des branches d'arbres souvent à une hauteur assez considérable et étaient probablement l'œuvre des *Eutermes*, observés par Fritz Muller et dont nous avons parlé (p. 463 et 464). Ces Nids de Termites n'étaient pas occupés seulement par leurs légitimes propriétaires, ils servaient d'habitation à certains Staphylinides remarquables par le grand développement de leur abdomen qu'ils portent relevé et déployé en avant au-dessus du thorax. Ces Staphylins appartiennent à la grande tribu des Aléocharines, et M. Schiodte les a baptisés des noms de *Corotoca Melantho* (fig. 665), de *Corotoca Phylo* et de *Spirachtha Eurymedusa*.

M. Reinhardt a trouvé constamment et toute l'année le *C. Melantho* dans les Termitières; deux ou trois individus dans les Nids nouveaux et petits et jusqu'à trente et quarante individus dans les Nids anciens. Chose singulière, ces Animaux qui vivent dans l'obscurité la plus absolue, au milieu des Ouvriers et des Soldats aveugles et privés d'ailes, sont pourvus d'yeux et ailés comme les Termites mâles et femelles; ils ont donc la faculté de quitter les Nids où ils ont trouvé un refuge, lorsque les conditions biologiques cessent d'être favorables.

Quant à leur volumineux abdomen, non seulement il contient des Œufs, mais encore de nombreuses Larves complètement développées et prêtes à être mises au monde, ainsi que le scalpel l'a révélé à Schiodte.

Il y a donc trente ans que Reinhardt a fait ces intéressantes observations et les explorateurs ne nous ont apporté aucuns faits nouveaux; ils ont négligé d'exploiter les riches mines qui, de tous côtés, s'offraient pour satisfaire leur curiosité. Nous appellerons l'attention des Naturalistes voyageurs sur les Termites, et nous leur promettons de riches découvertes qui assoieront leur réputation; qu'ils fouillent leurs demeures, cherchent et observent les Animaux qui s'y abritent, vivant à leurs dépens ou leur servant d'utiles auxiliaires et ils seront étonnés de découvrir des faits étranges et mystérieux.

L'existence des « Fourmis blanches » montre une fois de plus combien certains détails, que la nature recèle parmi ses innombrables secrets, échappent encore aux recherches isolées des Savants; toutefois, des observations suivies ont permis aux regards de l'Homme de lever déjà plusieurs voiles, et l'effort des Naturalistes trouve un encouragement dans cette parole de l'Ecriture : « Cherchez, et vous trouverez (1)! »

(1) *Annales des sciences naturelles*, .er. 4. T. 5. 1857.

LES PSOCIDES — *PSOCIDÆ*

Die Holzlaùse.

Caractères. — Avec les Psoques (*Psocus*), qui généralement attirent peu l'attention, on forme une deuxième famille de la série des Orthoptères pseudo-névroptères. Leur aspect extérieur ne justifie en rien leur dénomination allemande de Poux de bois. Leur tête très grande se prolonge en avant par un front renflé en vésicule, et porte sur les côtés des yeux très saillants ; elle se prolonge, en arrière, de façon à recouvrir tout le prothorax. Il existe trois yeux accessoires très rapprochés ; au devant d'eux s'implantent des antennes à 8 articles, qui dépassent la longueur du corps. Les autres pièces buccales sont cachées par la lèvre supérieure demi-circulaire : ils ont une mandibule écailleuse en forme de crochet, une mâchoire formée de lobes membraneux, dont l'externe est large et l'interne prolongé par deux pointes, enfin des palpes à quatre articles ; la lèvre inférieure bifurquée est dépourvue de palpes. Les ailes recouvrent, comme un toit, l'abdomen qu'elles dépassent, elles ont peu de nervures et manquent dans certains cas. Les ailes antérieures portent une marque considérable au devant des ailes postérieures qui sont plus courtes et plus étroites ; les deux articles des tarses sont assez semblables, et le dernier porte deux griffes courtes, situées au voisinage d'une soie ; l'abdomen est court, ovoïde et formé de 9 articles

Mœurs, habitudes, régime. — Parmi ces Insectes, ceux qui vivent en plein air se nourrissent probablement de Lichens, ceux qui hantent les maisons dévorent les vieux papiers et autres débris. Il est seulement à noter que la femelle de certaines espèces tisse, au-dessus des œufs qu'elle dépose sur les feuilles, des fils variables suivant les espèces. A l'état de Larve ils ne présentent aucune particularité.

Les nombreuses espèces de Psoques ont été réparties par quelques auteurs en plusieurs genres que l'on distingue, souvent avec peine, à l'aide de nervures, des taches ou des bandes foncées de leurs ailes et de la coloration de leur corps.

LE PSOQUE QUADRIPONCTU É. — *PSOCUS QUADRI PUNCTATUS*.

Vierpuncktige, Holzlaus.

Caractères,. — Ce petit Insecte jaune roussâtre tacheté de noir se reconnaît aisément aux quatre taches noires qui ornent les ailes supérieures ; deux sont situées sur le bord postérieur avant la base, et les deux autres sont placées un peu en avant ; le reste de l'aile est varié de bandes brunes.

Mœurs, habitudes, régime. — Le Pou des bois quadriponctué (*Psocus quadripunctatus*) cache ses œufs, par groupes de cinq à seize, dans les dépressions qui se trouvent entre les nervures des feuilles, et les recouvre d'un tissu qui de loin donne à l'ensemble l'aspect d'une écaille de poisson. Nous avons vu précédemment quelques Coléoptères aquatiques étendre des fils dans le même but ; mais les produits de sécrétion provenant de glandes abdominales s'écoulent par des filières situées près de l'anus ; parmi les Insectes parfaits on ne connaît pas d'autres types dont les glandes séricigènes viennent s'ouvrir vers la bouche.

LE PSOQUE RAYÉ. — *PSOCUS LINEATUS*.

Linùrte Holzlaus.

Caractères. — Le Pou du bois rayé (*Psocus lineatus*) (fig. 666 et 667) est la plus grande espèce

Fig. 666 et 667. — Le Psoque rayé.

de l'Europe ; elle mesure largement 6^{mm},5 du front à l'extrémité des ailes ; ses antennes noires, à base brun pâle, ont jusqu'à 11 millimètres de long. La couleur fondamentale du corps est jaunâtre. Le dos porte des taches au niveau du thorax. Le front présente douze lignes rayonnées, et l'abdomen, d'un jaune vif, offre des anneaux d'une teinte plus ou moins noire. Les pattes sont d'un brun pâle, et les cuisses antérieures présentent, à la partie supérieure, des taches noires. Les ailes antérieures, transparentes, ne portent aucune marque; ou bien elles offrent seulement quelques petites taches effacées dans la cellule médiane; une tache située sur leur bord postérieur peut s'étendre sous forme de bande sans arriver toutefois jusqu'au bord antérieur.

Mœurs, habitudes, régime. — Ce Psoque se trouve dans les bois.

LE POU DES POUSSIÈRES. — *TROCTES PULSA-TORIUS.*

Staublaus.

Caractères. — Le Pou des poussières (*Troctes* ou *Atropos pulsatorius*) se rattache au groupe précédent. Son corps, aplati, allongé et aptère, ainsi que sa couleur d'un jaune brunâtre pâle, le font ressembler à un pou; mais il en diffère par ses pièces buccales et par ses antennes assez longues. Les cuisses postérieures sont épaissies et ses tarses sont formés de trois articles.

Mœurs, habitudes, régime. — Cet Insecte, de 1^{mm},69 de long, grimpe avec rapidité, et se tient volontiers dans les endroits obscurs tels que les amas de vieux papiers et les boîtes où se trouve quelque collection d'Insectes un peu négligée; il se loge notamment entre les joints des planchettes sur lesquelles on étale des Papillons pour les sécher, et dévore les franges de leurs ailes et quelquefois des pièces entières; il ronge également les étiquettes, même sur les bocaux, surtout lorsqu'elles sont légèrement humides. Sauf les dégâts qu'il produit dans les collections, il est assez peu nuisible, car il trouve dans les coins poussiéreux une nourriture qui lui suffit.

LES PERLIDES — *PERLIDÆ*

Die Afterfrühlingsfliegen.

Caractères. — Nous placerons ici ces Névroptères que beaucoup d'auteurs ont placés parmi les Orthoptères et qui à l'état sexué se distinguent par leurs têtes déprimées, par leurs longues antennes, par leurs quatre ailes semblables, peu réticulées, placées autour du corps et croisées, de manière à donner à l'Insecte une forme linéaire déprimée; les tarses comptent 3 articles, les ongles sont séparés par une pelote bilobée. Ce sont les Orthoptères pseudo-névroptères amphibiotiques, c'est-à-dire qui ont une vie aquatique, à l'état de Larve.

LES PERLES — *PERLÆ*

Caractères. — Les caractères sont ceux de la famille auxquels il faut ajouter quelques particularités : les mandibules et les mâchoires sont membraneuses; les palpes maxillaires sont longs, à articles terminaux grêles, les palpes labiaux de trois articles ont leur extrémité rétrécie. Les deux soies caudales que l'on rencontre chez presque tous les Insectes de cet ordre portent le nom des styles; on les retrouve chez un grand nombre de Perlides; elles présentent aussi le même aspect général. Le développement presque égal des trois anneaux thoraciques constitue un caractère de famille qu'on observe rarement chez ceux de ces Insectes qui sont ailés. On rencontre une particularité que nous avons rencontrée plus fréquemment dans la suite : dans quelques espèces les ailes s'atrophient régulièrement ou par exception chez quelques individus. Dans cette famille, cette atrophie atteint les mâles de certaines espèces.

Distribution géographique. — Pictet a fait un travail spécial sur cette famille en 1841 (1), et a porté son attention tout particulièrement sur les premiers stades de leur évolution; il décrit une centaine d'espèces étudiées par lui; il en cite quatre-vingts dont parlent d'autres auteurs et qui lui sont demeurées étrangères. Parmi ces dernières il y en a vingt-sept qui sont répandues sur presque toute la terre.

(1) Pictet, *Histoire naturelle générale et particulière des Insectes Névroptères. Famille des Perlides.*

Mœurs, habitudes, régime. — Ces Insectes apparaissent en même temps que les Demoiselles et les Sialis ; ils se posent dans les mêmes endroits, les ailes aplaties sur le dos ; si on les dérange, ils s'enfuient en courant à une certaine distance. Leur vol ne dure qu'un instant, et ne devient actif que dans la soirée. Les femelles agglutinent leurs œufs dans une excavation de leur abdomen ; elles les laissent choir sous forme de grumeaux lorsqu'elles voltigent au-dessus de l'eau.

Les Larves qui en sortent sont très analogues aux Insectes parfaits, ce qui n'a pas lieu de surprendre puisque leur évolution est incomplète ; elles sont aptères, et leurs cuisses ainsi que leurs jambes sont pourvues de longs styles vibratiles qui leur donnent plus de facilité pour ramer. Chez la plupart on peut distinguer, sur la limite du thorax, les houppes branchiales qui servent à leur respiration. Elles se maintiennent de préférence dans les eaux courantes, surtout dans les ruisseaux des montagnes ; elles s'installent sous les pierres ou parmi les débris de bois, et se nourrissent de proies ; aussi leurs mâchoires sont-elles parfois plus développées et plus puissantes qu'après leur évolution, qu'elles mettent un an et même plus à accomplir ; les ailes se développent peu à peu. Les Nymphes sortent de l'eau et grimpent ensuite sur une tige ou sur une pierre (fig. 669) ; au moment de la Nymphose leur peau se déchire au niveau de la nuque, et l'Insecte avant d'acquérir sa liberté demeure enseveli dans sa pulpe pendant un temps assez court.

LA PERLE A DOUBLE QUEUE. — *PERLA BICAUDATA.*

Zweischwanzige Uferfliege.

Caractères. — La Perle à double queue (*Perla bicaudata*) représentera ici les Perlides (fig. 668). Son prothorax d'un brun jaunâtre porte deux taches foncées ; il offre des stries sombres sur le milieu et sur les contours : la tête est d'un rouge jaunâtre, le reste du corps est d'un ton brun-jaune ; les pattes jaunâtres sont plus foncées au niveau des extrémités des cuisses et de la base des jambes. Chez le mâle, le neuvième arceau dorsal de l'abdomen est entre-bâillé et son bord interne et postérieur présentent la forme d'une crête infléchie ; chez la femelle, deux fossettes su-

perficielles le divisent en trois lobules, et le huitième arceau ventral est abrupte et vertical. La longueur du corps atteint presque 22 millimètres ; chez le mâle elle n'est que de 15 millimètres. L'envergure de l'aile anté-

Fig. 668. — Adulte. Fig. 669. — Nymphe.
Fig. 668. et 669. — La Perle à double queue.

rieure est de 28^{mm},25 chez l'une et 22 chez l'autre. Un des caractères génériques consiste en ce que dans le dernier tiers de l'aile antérieure il y a une seule nervure transversale entre le radius et ses rameaux. En dehors de l'insertion de la nervure sous marginale il y a au moins trois côtes transversales entre les radius et la nervure marginale. Les mandibules sont très petites et membraneuses ; les articles terminaux des palpes maxillaires sont minces, et le troisième article des tarses est plus long que les deux précédents réunis. A l'aide de ces caractères on distinguera l'espèce en question de plusieurs autres fort analogues, qu'on a récemment réparties en un grand nombre de genres.

Mœurs, habitudes, régime. — Au premier printemps, cette espèce se trouve en nombre immense sur les parapets des quais de Paris,

C'est parmis les Perlides que vient se placer les *Pteronarcys*, ces singuliers Insectes si bien étudiés par Newport dont nous avons parlé dans l'Introduction (p. 40 et 42, fig. 79, 80 et 81), et qui présentent cette particularité unique dans la classe des Insectes de posséder des branchies externes à l'état adulte. Ces grands Névroptères, originaires du Canada, grâce à l'existence simultanée d'un appareil respiratoire à orifices stigmatiques et d'un appareil branchial, peuvent voltiger çà et là ou vivre dans l'eau sous la pluie des cascades des grands fleuves canadiens.

Fig. 670.

Fig. 670. — L'Éphémère
vulgaire mâle.

Fig. 671 et 672.

Fig. 671. — Larve de l'É-   Fig. 672. — Éphémère adulte
phémère vulgaire.   abandonnant la Subimago.

LES ÉPHEMÉRIDES — *EPHEMERIDÆ*

Die Hafte. — Die Eintagsfli gen.

Les Éphémères n'étaient pas inconnues des anciens. Aristote raconte que le fleuve Hypanis, affluent du Bosphore Cimmérien, entraînait, à l'époque de l'équinoxe d'été, de petits sacs, gros comme des grains de raisins, d'où éclosait un petit animal à quatre pattes qui voltigeait jusqu'au soir et s'abattait épuisé pour mourir au soleil couchant : d'où leur nom d'Ephémères. Ælian les faisait naître du vin : dès qu'un tonneau est ouvert, dit-il, les Éphémères s'envolent pour jouir de la lumière et mourir. La vie que leur accorde la nature est si courte, qu'ils n'ont le temps ni d'apprécier leur malheur ni de compatir aux souffrances des autres.

Caractères. — Les Éphémérides (*Ephemeridæ*) constituent une troisième famille dans la série des Orthoptères pseudo-névroptères qui se trouve reliée à la précédente par de nombreux caractères particuliers. Le corps grêle, presque cylindrique, de ces Mouches est recouvert d'un tégument extrêmement mince ; des soies caudales articulées, au nombre de trois, ou quelquefois de deux seulement, atteignent souvent deux fois la longueur du corps. Les courtes soies antérieures qui réprésentent les antennes passeraient souvent inaperçues si elles n'étaient implantées sur deux articles basilaires très volumineux. Les yeux accessoires sont très grands, souvent au nombre de deux seulement. Le mésothorax atteint presque la longueur du prothorax. A cette constitution délicate répondent des pattes très faibles, terminées par des tarses de quatre ou cinq articles ; leur conformation fourni un des signes distincts des deux sexes ; les jambes et les tarses antérieures du mâle son tellement allongés que lorsqu'au repos ils s'étendent en avant, on les prendrait à premièr vue pour des antennes. Les yeux saillants qui occupent presque toute la tête fournissent un second caractère distinctif du mâle.

Les Éphémères méritent leur nom ; elles vivent parfois à peine vingt-quatre heures. Elles n'ont pas besoin de se nourrir et consacrent tout leur temps à la procréation ; aussi leurs pièces buccales établies sur le type des Insectes broyeurs ne sont pas développées ; ces pièces atrophiées se trouvent cachées derrière un chaperon volumineux et bilobé. Les ailes délicates et réticulées sont redressées au repos, et se touchent par leur face supérieure ou interne, et se distinguent par leurs dimensions respectives : l'antérieure dépasse la pos-

Fig. 673. — Apparition des Éphémères (p. 487).

térieure du quadruple en moyenne, et dans quelques cas elle existe seule.

Ce que ces Éphémères présentent de plus intéressant est une des particularités de leur développement, que l'on ne retrouve pas chez d'autres Insectes. Aussitôt que le Névroptère abandonne son existence aquatique et se transforme en Insecte parfait, *il se dépouille encore une fois de sa peau, y compris les ailes*. Cette Nymphe active ou *Subimago* se tient immobile un certain temps, les ailes étendues horizontalement, puis commence à imprimer à tout son corps un tremblement continu; sous cette influence, l'abdomen se fend, et la déchirure produite se prolonge lentement vers la partie antérieure. Dans cette opération les épines qui garnissent latéralement les anneaux

jouent un rôle important en fournissant un point d'appui très utile, qui s'oppose à tout mouvement de recul. La pression exercée par l'Animal, au niveau de la région thoracique et céphalique de cette Nymphe active, produit une violente tension de cette membrane à la partie dorsale du thorax, et finit par la faire éclater suivant la ligne médiane. Les bords de cette fente s'écartent du côté des ailes, et la face dorsale du thorax de l'Éphémère complètement développé apparaît blanche et brillante au milieu de la dépouille de la Nymphe; sous les efforts répétés de l'Insecte la tête apparaît au dehors. Les ailes de la Nymphe retombent alors en forme de toit le long du corps, tandis que celles de l'Insecte adulte ou Imago sortent presque en même temps que les pattes antérieures qui, d'abord appliquées contre le corps, s'étendent au moment où les ailes récemment développées se dressent en l'air ; ses tarses se fixent alors solidement à l'objet sur lequel reposait la Nymphe. L'Insecte se repose quelques secondes, dégage son abdomen ainsi que ses soies caudales et ses pattes postérieures, nettoie sa tête et ses antennes à l'aide de ses pattes antérieures, et d'un vol rapide disparaît aux yeux de l'observateur. L'enveloppe de la Nymphe ou Subimago reste abandonnée, les bords externes des gaînes alaires recroquevillées. C'est cet aspect qui a valu à ces Insectes le nom allemand de *Hafte*, car ce nom ne leur vient pas, comme le pense Rösel, de ce qu'ils viennent se fixer aux bateaux fraîchement goudronnés. « Je me souviens d'avoir vu dans ma jeunesse, raconte Taschenberg, alors que je voyais les choses autrement qu'aujourd'hui, une de ces mues accomplie en l'air pendant le vol ? » Était-ce une illusion, était-ce la vérité ? D'après ce qui précède cela ne me paraît pas impossible. Il est assez difficile de constater une différence entre l'Imago et la Subimago. La peau plus flasque de cette dernière lui donne une allure plus lourde ; ses membres sont plus épais et plus courts, notamment les pattes antérieures du mâle ; la coloration est plus indécise et plus terne. Chez l'Insecte parfait, les formes et les contours sont plus nets, la coloration plus pure ; tout y est plus brillant et plus frais. En outre les ailes portent des marques très nettes ainsi que l'a établi Pictet.

Mœurs, habitudes, régime. — Un merveilleux spectacle, que nous offre une belle soirée de mai ou de juin, est la danse de ces sylphides célébrant leurs noces et se balançant dans les airs sous les rayons d'or du soleil couchant (pl. XII). Elles s'élèvent et s'abaissent au-dessus des eaux sans qu'on puisse suivre les mouvements de leurs ailes scintillantes ; elles voltigent sans discontinuer, pendant le peu d'heures qu'elles ont à vivre. Il est à remarquer que dans ces fêtes nuptiales c'est par milliers que l'on compte les mâles, pour quelques femelles seulement.

Ce sont les danses des *Éphémères communes* (*Ephemera vulgata*) que, dans nos pays, il est le plus facile d'observer.

LES ÉPHÉMÈRES — *EPHEMERA*

Caractères. — Les ailes, toujours au nombre de quatre, finement réticulées, et soutenues par des nervures foncées, sont transparentes dans les espaces aréolaires ; à chaque patte on peut compter aux tarses cinq articles dont le second dépasse le premier d'environ huit fois sa longueur. Les yeux sont réunis chez le mâle ; il n'existe que deux ocelles, l'inférieur a disparu. L'abdomen porte trois longues soies d'égale longueur. Les Larves ont leurs branchies trachéales réunies en faisceaux. Ces caractères se retrouvent chez toutes les espèces du genre *Ephemera* que l'on a récemment subdivisé en plusieurs autres.

L'ÉPHÉMÈRE COMMUNE OU VULGAIRE — *EPHEMERA VULGATA.*

Gemeine eintagsfliege.

Caractères. — Ce Névroptère mesure largement 17 à 18 millimètres, sans compter les soies caudales, qui, chez la femelle, ont une longueur égale à celle du corps, et, chez le mâle, une longueur double. Sa couleur est d'un brun foncé.

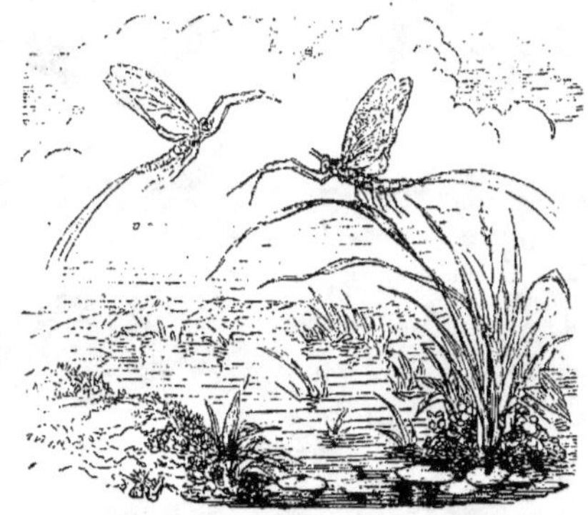

Fig. 674. — Les Éphémères vulgaires.

Il est orné sur l'abdomen de quelques taches, d'un jaune orangé, disposées en séries et parfois fusionnées ; les trois filaments caudaux, égaux entre eux, présentent des cercles alternativement foncés et clairs ; l'aile antérieure, triangulaire, porte une bande médiane écourtée et brune.

Distribution géographique. — C'est l'espèce la plus grande et la plus répandue en France et en Allemagne.

Mœurs, habitudes, régime. — Les Éphémères vulgaires apparaissent dès le mois de mai, et leur couleur sombre tranche nettement sur le ciel pâle du crépuscule. Nous pouvons nous demander d'où elles proviennent ;

Paris, J. B. Baillière et fils, édit.

Cor. et. Crété, imp.

LES ÉPHÉMÈRES.

ainsi que les précédents elles naissent des eaux courantes (fig. 670, 671, 672 et 674) où leurs Larves vivent de proie tout le temps de leur existence, et où les femelles viennent semer leurs œufs.

Les Larves de ces Éphémères sont allongées et portent de chaque côté de l'abdomen six houppes de trachées branchiales, mais point de feuillets branchiaux. Leur tête se termine en avant par deux pointes ; elle porte des antennes revêtues de poils fins, ainsi que des mâchoires et des palpes maxillaires longs, falciformes et recourbés en haut : ceux-ci sont trois fois plus longs que les palpes labiaux. Les pattes lisses et ciliées n'ont qu'une griffe ; les cuisses et les jambes antérieures, plus fortes, sont disposées comme celles des fouisseurs ; ces Insectes s'en servent pour pratiquer, sur la rive sablonneuse des ruisseaux et des rivières, des conduits horizontaux dont la profondeur atteint 52 millimètres et qui se trouvent très rapprochés les uns des autres. La mince paroi qui les sépare porte un trou vers le fond, de telle sorte que la Larve, quand elle éclot, n'a pas besoin de se retourner ; cette cloison est du reste souvent rompue par l'eau ou sous les efforts de la Larve au moment de l'éclosion.

LES PALINGÉNIES — *PALINGENIA* (1)

Caractères. — Les quatre ailes aux nombreuses nervures transversales ne sont pas transparentes, et ne portent pas de taches ; les tarses ne comptent que quatre articles, les yeux sont séparés ; chez les mâles l'abdomen ne porte que deux longues soies, la soie médiane s'étant atrophiée. La femelle, du moins chez la Palingénie à longue queue (*Palingenia longicauda*), ne subit pas de seconde mue ; en outre, dans l'accouplement, qui a lieu dans les airs ou sur l'eau, elle se place sur le mâle.

Les Larves du genre *Palingenia* sont également fouisseuses. Elles se distinguent des Larves d'*Ephemera* par la forme de leurs trachées branchiales qui sont disposées en feuillets ciliés sur les anneaux abdominaux ; d'autres espèces, d'une forme tantôt aplatie, tantôt arrondie, vivent en liberté dans l'eau ; la plupart ont besoin d'être étudiées avec soin et pendant longtemps, si on veut arriver à combler les lacunes des connaissances que nous avons sur chaque espèce isolément.

(1) Πάλιν, de nouveau ; γένος, naissance par allusion à la seconde mue de l'Insecte adulte.

Caractères. — La Palingénie commune (*Palingenia horaria*) est d'une couleur fondamentale d'un blanc laiteux ; ses ailes antérieures ont un bord externe noirâtre ; les cuisses et les jambes des pattes antérieures sont noires ; en outre, sur toutes les pattes, les deux premiers des cinq articles des tarses sont semblables entre eux.

Mœurs, habitudes, régime. — Les Éphémères et notamment parmi elles les Palingénies communes appartiennent aux espèces qui présentent un intérêt particulier par le grand nombre d'individus qui apparaissent à la fois ; d'autant plus que l'existence de chacun d'eux ne compte que quelques heures. Ces Éphémères ne se montrent que quelques jours de l'année, à la tombée de la nuit ; puis chaque espèce disparaît complètement, pour reparaître l'année suivante, à une époque déterminée, d'une façon si précise que l'agronome n'a pas d'indication plus exacte pour effectuer ses différentes récoltes. Sur certains cours d'eau, le vol de ces Insectes permet de prévoir l'élévation ou l'abaissement de la température, les variations du niveau de l'eau, et donne diverses autres indications fort utiles. C'est entre le 10 et le 15 août, que les pêcheurs de la Seine et de la Marne attendent l'apparition des Orthoptères que Réaumur a décrits sous le nom de *Palingenia virgo*. Les pêcheurs les appellent « *la manne* », entendant plaisamment par là soit que ce sont les poissons qui trouveront ainsi une nourriture abondante les jours où elle tombe en masse, soit qu'ils comptent retirer eux-mêmes une riche capture.

« Ce fut en 1738, dit Réaumur (1), que je me proposai d'être plus attentif aux heures où elles naissent aux environs de Paris et à ce qu'elles font après leur naissance, que je ne l'avais été jusqu'alors. Un pêcheur de Charenton que j'avais chargé de m'avertir du jour où les premières commenceraient à paraître, avait compté que ce serait entre la Saint-Laurent et la Notre-Dame d'août, c'est-à-dire entre le 10 et le 15 de ce mois ; quelquefois elles devancent la Saint-Laurent, mais dans cette

(1) Réaumur, *Mémoires pour servir à l'histoire des insectes*, t. VI, Paris, 1742, p. 479.

année elles furent plus tardives ; elles ne sortirent de l'eau en assez grand nombre pour se faire remarquer par quelqu'un qui n'y regarde pas de plus près qu'un pêcheur, que trois jours après le terme fixé, que le 18 août : c'était encore assez bien prédit. Le 19 au matin mon pêcheur vint me promettre pour le soir le spectacle que je lui avais paru attendre avec impatience ; je m'embarquai ce jour dans son bateau plus de trois heures avant celle où le soleil devait se coucher. L'examen que je fis des bords de la Marne et de la Seine m'assura que les Éphémères avaient réellement paru la veille en grand nombre : où le terrain était plat et un peu à l'abri du vent, je me trouvai à sec, mais près de l'eau, des tas de ces mouches mortes. »

« Je ne dois pas oublier de dire, parce que j'aurai bientôt besoin qu'on le sache, que pendant ma promenade sur l'eau, je fis détacher des mottes de terre des endroits des berges qui me paraissaient les plus criblés, et qui par conséquent devaient être les plus fournis de Nymphes. A mesure qu'une motte était détachée, je la faisais mettre dans un grand baquet plein d'eau, dont j'avais eu soin de me pourvoir et je l'y faisais placer autant qu'il était possible dans une position semblable à celle où elle avait été. Les endroits coupés ou brisés ne manquaient pas d'offrir des Nymphes d'Éphémères mises hors de leurs logements, en entier ou en partie, et me prouvaient que l'intérieur de chaque motte en était extrêmement rempli. J'avais des occasions de reste d'examiner si dans un temps très proche de celui de leur dernière transformation, l'extérieur de ces Nymphes était en quelque chose différent de ce qu'il avait été dans les temps où leur Métamorphose était éloignée. Tout ce que je remarquai, c'est qu'elles étaient alors d'une couleur plus jaunâtre et même brune, en quelques endroits. J'eus assez de quoi examiner et observer, pour m'amuser agréablement jusqu'à l'heure du coucher du soleil ; c'était le temps attendu, et auquel on m'avait fait espérer que je verrais de toutes parts des milliers d'Éphémères sortir de la rivière et s'élever en l'air. Le soleil enfin fut prêt à se coucher, et se coucha ; je vis alors quelques mouches de cette espèce voler sur l'eau, mais ce n'était pas là le spectacle promis. Je me tins sur la Seine jusqu'à plus de sept heures et demie sans en voir le nombre augmenter. Je repassai sur la Marne où il en parut encore moins. Enfin, la nuit qui était

venue et des éclairs qui annonçaient un orage prochain me firent prendre, vers huit heures, le parti de rentrer dans le bras de la Marne, qui passe au bas de l'escalier de mon jardin. Quoique très mécontent d'avoir vu si peu d'Éphémères, je fis néanmoins monter dans le jardin le baquet dont j'ai parlé : à peine l'eut-on posé proche de la dernière marche de l'escalier, que ceux qui venaient de le placer se récrièrent sur la grande quantité d'Éphémères qui en sortait. Je me saisis promptement d'une des lumières avec lesquelles on avait cru devoir venir au devant de moi dans une nuit très noire, et je courus au baquet. J'y vis de tous les côtés, sur les parties supérieures de diverses mottes qui n'étaient pas couvertes d'eau, des Éphémères dont les unes commençaient à quitter leur dépouille, d'autres étaient plus prêtes à s'en tirer, d'autres achevaient d'en sortir et s'envolaient : on en voyait aussi en différents endroits de la surface de l'eau, dont la transformation en était plus ou moins avancée. Pendant que je jouissais d'un spectacle plus agréable que celui que j'avais espéré, pendant que j'avais le plaisir de voir tant d'Insectes aquatiques passer à l'état d'insectes ailés et de bien plus près qu'il ne m'eût été permis de le voir sur la rivière, l'orage prévu arriva, et me força de gagner la maison : la seule précaution que je pris en quittant à regret un baquet si amusant, fut de le couvrir d'une nappe, pour empêcher les Éphémères de s'envoler. La pluie violente ne fut pas de longue durée ; au bout d'une demi-heure, c'est-à-dire avant neuf heures, elle me permit de retourner dans le jardin. Dès que la couverture du baquet eut été ôtée, le nombre des Éphémères y parut considérablement augmenté, et s'y multiplia encore sous mes yeux : plusieurs s'envolèrent, mais j'en trouvai beaucoup plus de noyées ; car dès que ces Insectes, qui ne pouvaient se passer d'eau, ont pris des ailes, l'eau est pour eux ce qu'ils ont le plus à redouter ; s'ils tombent dedans, si elle mouille leurs ailes, c'en est fait d'eux, ils périssent dans l'endroit même où ils viennent de naître en quelque sorte. »

« Les Éphémères qui s'étaient transformées et qui se transformaient continuellement dans le baquet auraient suffi assurément pour l'en faire paraître très rempli ; mais bientôt, le nombre de celles qui y étaient fut augmenté par des étrangères qui, attirées par la lumière que je tenais dessus, venaient s'y rendre de plus loin et s'y noyer pour la plupart. Pour ôter à celles-ci l'occasion de périr, et pour en examiner de saines, je fis recouvrir le baquet de la nappe au-dessus de laquelle je fis tenir de la lumière : bientôt la nappe fut presque cachée sous une couche de ces mouches qui étaient tombées dessus, on les prenait par pincées sur le pied du flambeau. Celles qui étaient tombées ne se trouvaient pourtant pas dans le cas des Papillons qui ne peuvent plus se soutenir sur leurs ailes parce qu'ils viennent de se les brûler, elles tombaient parce qu'il y a un temps où, fatiguées de voler, elles veulent se poser ou sont dans la nécessité de le faire. »

« Mais ce que je voyais autour du baquet n'était rien en comparaison de ce que je devais voir au bord de la rivière : j'avais ignoré jusque là ce qui s'y passait, les exclamations de mon jardinier qui était descendu au bas de l'escalier m'y appelèrent ; je m'arrêtai sur la marche qui précédait celle qui était presque au niveau de l'eau : ce fut alors un spectacle qui surpassait beaucoup celui que j'avais désiré et attendu. La quantité d'Éphémères qui remplissait l'air au-dessus de tout le courant du bras de rivière, et surtout auprès du bord où j'étais, n'est ni exprimable, ni concevable ; mais c'était principalement autour de moi et de ceux qui m'avaient accompagné, qu'elle était plus prodigieuse. Lorsque la neige tombe à plus gros flocons et plus pressés les uns

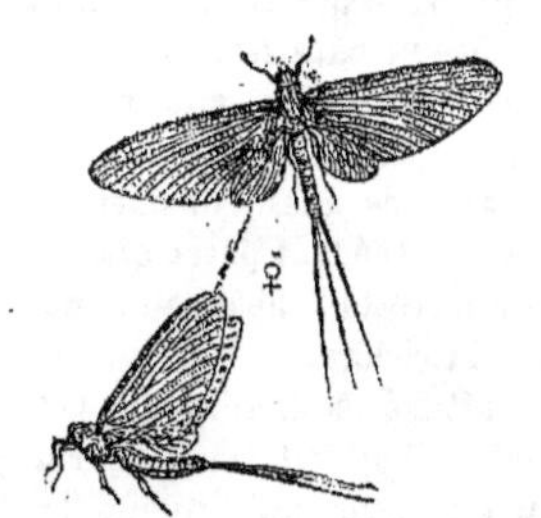

Fig. 675 et 676. — Les Palingénies à longue queue.

contre les autres, l'air n'en est pas si rempli que celui qui nous environnait l'était d'Éphémères. A peine eus-je resté quelques minutes dans la même place, que la marche sur laquelle mes pieds portaient fut toute couverte d'une couche d'Éphémères qui n'avait pas moins de deux ou trois pouces d'épaisseur, et qui en certains endroits en avait plus de qua-

tre. Près de la dernière marche, une étendue de la surface de l'eau de cinq à six pieds au moins en tous sens, était entièrement cachée par une couche d'Éphémères ; ce que le courant, plus lent là qu'ailleurs, en emportait, était plus que remplacé par celles qui tombaient continuellement dans cet endroit. Plusieurs fois je fus obligé d'abandonner ma place et de remonter au haut de l'escalier, ne pouvant plus soutenir cette pluie d'Éphémères qui, ne tombant pas, ou aussi perpendiculairement qu'une pluie, ou avec une obliquité aussi constante, frappait sans discontinuation, et d'une manière très incommode, toutes les parties de mon visage ; des Éphémères entraient dans mes yeux, dans ma bouche, dans mon nez. Si l'on a été quelquefois inquiété dans de belles soirées d'été par des Papillons nocturnes, que l'on n'imagine pas l'incommodité que l'on a ressentie alors comparable à celle dont je parle ; elle ne l'est point, parce que le nombre de ces Papillons est très petit en comparaison de celui des Éphémères qui pleuvaient sur nous. »

« S'il est singulier que les espèces de Papillons qui ne volent que la nuit, qui semblent fuir le jour soient précisément celles qui viennent chercher la lumière jusque dans nos appartements, il le doit paraître encore davantage que ces Éphémères qui ne doivent naître qu'après que le soleil est couché et le jour tombé, qui ne doivent pas même voir le lever de l'aurore, aient un amour si marqué pour ce qui est lumineux. C'était une mauvaise commission que d'être obligé de porter un flambeau à la main ; celui qui en tenait un avait dans peu d'instants son habit tout couvert de ces mouches, elles venaient de toutes parts l'accabler. La lumière de ce flambeau occasionnait et mettait à portée de voir un spectacle tout autre que celui d'une pluie qui tombe ; on en était enchanté dès qu'on l'avait aperçu. Tous ceux qui étaient avec moi, même les gens les plus grossiers, mes domestiques, ne se lassaient pas de le considérer. On n'a jamais fait de sphère, quelque compliquée qu'on l'ait faite, fournie d'autant de cercles qu'on voyait de zones qui avaient la lumière pour foyer : il en paraissait des infinités qui se croisaient en tous sens, qui étaient dans toutes les inclinaisons imaginables les unes par rapport aux autres et qui étaient plus ou moins excentriques. Chaque zone était faite d'une file continue d'Éphémères, et semblait un galon d'argent contourné en cerçles, et profondément découpé, un galon fait de triangles égaux, mais bout à bout de manière qu'un des angles de celui qui suivait était appuyé sur le milieu de la base de celui qui précédait : c'était un galon mû avec une grande vitesse. Des Éphémères on ne distinguait alors que les ailes, celles qui circulaient autour de la lumière formaient cette apparence : chacune des mouches, après avoir décrit une ou deux orbites tombait à terre, ou dans l'eau, mais sans s'être brûlée auparavant. »

« Au bout d'une demi-heure, et même plus tôt, la grande pluie d'Éphémères commença à s'affaiblir, les nuées de ces mouches furent moins épaisses, et le devinrent de moins en moins; enfin, vers les dix heures, à peine en voyait-on voler quelques-unes sur la rivière, et il n'y en avait plus qui vinssent se rendre à la lumière. »

« Je devais être curieux de savoir si le même phénomène reparaîtrait le lendemain et les jours suivants : le 20 me fit voir une aussi prodigieuse quantité d'Éphémères que celle que j'avais vue le 19 ; mais elle fut notablement moins grande le 21, à peine y eut-il le tiers de ce qu'il y en avait les deux jours précédents. Ce fut chaque jour entre huit heures un quart et huit heures et demi qu'elles commencèrent à paraître, ce fut vers les neuf heures qu'elles commencèrent à remplir l'air, et ce fut dans la demi-heure suivante qu'il en parût aussi fourni qu'il l'est de flocons de neige lorsqu'elle tombe en grande abondance ; enfin, vers les dix heures, on cessa presque d'en voir voler. Le 20, dès neuf heures et demie, il en restait très peu en l'air ; et je n'en voyais plus aucune se rendre à la lumière. »

« Le 21 après midi, l'air fut assez froid pour la saison, la liqueur du thermomètre ne monta qu'à 17 degrés. Il semblerait que la chaleur devrait accélérer la transformation des Nymphes éphémères : des expériences nous ont prouvé ailleurs qu'elle n'est pas moins puissante sur les Chrysalides que sur les OEufs, pourquoi ne le serait-elle pas de même sur les Nymphes ? »

« Il semblait donc que les Éphémères auraient dû se tirer plus tard de leur enveloppe, le jour où elles s'étaient trouvées dans une eau moins chaude ; cependant ce jour-là elles parurent à la même heure que les jours précédents comme si c'était à une heure marquée par l'horloge qu'elles dussent le faire. Le 22 fut encore plus froid que ne l'avait été le

21. La liqueur du thermomètre ne monta qu'à 15 degrés, il plut le matin à différentes reprises et averse pendant toute l'après-midi : cette dernière circonstance avait rendu ma curiosité plus vive, par rapport à la manière dont se comporteraient le soir les Éphémères ; comme il en avait moins paru la veille que le jour d'auparavant, j'appréhendais que le temps où elles devaient cesser de paraître, ne fût arrivé, mais il ne l'était pas encore. Celles qui devaient sortir le soir de la rivière, s'il y en avait qui dussent sortir, prendraient-elles le temps d'une grosse pluie pour quitter leur dépouille, pour passer dans l'air, temps où les Insectes, comme les autres animaux ailés, cherchent l'abri ? Enfin l'eau de la rivière ayant été encore plus refroidie que le jour précédent par une longue et abondante pluie, les Éphémères ne devaient-elles pas se métamorphoser plus tard ? car était-il à présumer que pour une action si importante, elles dussent se conduire, pour ainsi dire, à l'horloge ! Si l'instant de leur Métamorphose n'est pas fixé par le froid ou le chaud du jour, s'il est en leur pouvoir de le différer, si elles ne veulent paraître en l'air que lorsqu'un certain degré d'obscurité s'y est répandu ; loin que le moment de leur transformation eût dû être retardé le jour dont il s'agit, il eût dû être avancé, la nuit étant venue de meilleure heure qu'à l'ordinaire. Pour savoir comment tout se passerait, je me rendis un peu avant huit heures du soir sur le bord de la rivière avec un parapluie qui m'était encore nécessaire quoique la pluie fût bien diminuée : aucune Éphémère ne paraissait encore en l'air, vers les huit heures un quart elles commencèrent à y voler, leur nombre alla en augmentant, il ne fut pourtant pas aussi considérable qu'il l'avait été le jour précédent parce que le temps était arrivé où il restait beaucoup moins de Nymphes dans la rivière. »

« Quelle qu'ait été pendant le jour la température de l'air, qu'il ait fait chaud ou froid pour la saison, que le soleil ait toujours brillé ou qu'il ait plu abondamment, l'heure à laquelle nos Éphémères commencent à se tirer de leur fourreau est donc la même, et une autre heure paraît marquée, au-delà de laquelle il ne leur est plus permis de le faire. En moins de deux heures ce nombre de mouches assez immense pour former en l'air des nuées et y faire tomber une grosse pluie continue, sort donc de la rivière, et au bout de ces deux heures elles laissent à l'air toute sa sérénité. »

« Mais qu'est devenue cette prodigieuse quantité de mouches, quand il n'en paraît plus dans l'air. Elles sont déjà mortes ou mourantes pour la plupart, une grande et une très grande partie est tombée dans la rivière même. Les Poissons n'ont aucun jour dans l'année où ils puissent faire une aussi ample chère, où il leur soit aussi aisé de se gorger d'un mets délicat : gourmands comme ils sont, s'ils savent prévoir, ils voient avec regret que leur estomac ne saurait suffire à recevoir toute la pâture qui est à leur disposition, et qu'ils en laisseront beaucoup plus perdre qu'ils n'en peuvent manger ; ces jours sont donc pour eux des jours de régal, une manne leur tombe du ciel. Les pêcheurs ont aussi donné à nos Éphémères le nom de manne, et c'est celui sous lequel elles sont connues d'eux le long des rivières du royaume : ils disent que la manne a commencé à paraître, que la manne a tombé abondamment une telle nuit pour faire entendre qu'on a commencé à voir des Éphémères ou qu'il y en a eu beaucoup. »

« Celles qui étant tombées sur l'eau n'y ont pas été d'abord la proie des poissons, n'en périssent guère plus tard, elles sont bientôt noyées ; le reste des Éphémères tombe sur le bord de la rivière ou aux environs. La durée de la vie de celles-ci n'est pas si courte ; mais autant vaudrait-il pour elles que leur fin eût été plus proche : entassées les unes sur les autres sans avoir assez de force pour changer de place, sans se donner aucun mouvement considérable, et très mal à leur aise, elles meurent les unes après les autres ; celles qui poussent leur vie le plus loin, et qui sont par rapport aux autres plus que des centenaires, voient lever le soleil. Parmi des milliers que j'avais mises le soir dans une cloche de verre, et dans des poudriers, le lendemain à six heures j'en trouvai deux en vie ; mais ce sont là de grandes exceptions à la règle générale ; la vie ordinaire de ces mouches n'est que de deux ou trois heures, encore faut-il pour cela qu'elles ne tombent pas dans la rivière. La durée ordinaire que Swammerdam a le plus observée est de quatre à cinq heures. »

« J'ai eu moi-même, rapporte Taschenberg, plusieurs fois l'occasion d'observer la *Palingénie commune*. Ce fut d'abord à Leipsig où l'on sait que les eaux courantes ne manquent pas. Là, vers la fin de 1830, je vis des grappes de ces Insectes appendues aux réverbères situés au voisinage de l'eau : ces grappes, qui atteignaient la moitié de la grosseur de la lanterne, ont été certainement fréquemment observées depuis. »

« Dans la première semaine d'août 1859, on observa à Halle ces mêmes Insectes tourbillonnant comme des flocons de neige autour des lanternes qui bordaient l'eau (fig. 673), et formant sur le sol une couche qui donnait au pied la sensation de la neige fraîchement tombée. Le 26 juillet 1865, vers 10 heures du soir, comme je traversais la place du marché de Halle, j'observai autour d'un candélabre un spectacle analogue à celui dont parle Réaumur. Les Éphémères voltigeaient par milliers autour de la lumière, décrivant des cercles plus ou moins grands et formant des zones distinctes et nettement séparées. En continuant ma route je fus frappé de ce fait que certaines lanternes situées au voisinage de la Saal n'étaient pas environnées d'Éphémères, tandis que ces candélabres où elles abondaient étaient plus éloignés. Le 14 et le 15 août 1876, le même phénomène se répéta, mais seulement sur quelques réverbères au voisinage du fleuve. »

Scopoli raconte que les *Palingenia*, qui chaque année sortent, au mois de juin, du lac Laz, en Carniole, servent d'engrais après leur mort ; les paysans ne croient pas avoir fait une riche récolte s'ils n'ont pu répandre sur leurs champs au moins une vingtaine de charretées de ces Insectes. Ces masses de *Palingenia* sur les bords de la Theiss sont appelées poétiquement par les Hongrois : les *fleurs de la Theiss*.

Les pêcheurs de France ne se contentent pas des pronostics à tirer de l'apparition de ces Éphémères, qu'ils nomment « mouches d'août » ou par abréviation « aoust » parce qu'ils se montrent généralement au mois d'août ; ils comprennent qu'on peut les utiliser d'une autre façon : aussi allument-ils sur leurs bateaux des feux de paille où les Éphémères viennent se brûler les ailes ; leurs corps tombent dans l'eau et fournissent aux poissons une friandise qu'ils apprécient fort. Les pêcheurs rassemblent alors ces cadavres, les agglutinent avec de l'argile en forme de boulettes, et s'en servent comme amorces pour la pêche.

LES PROSOPISTOMES — *PROSOPISTOMA* (1)

S'il est un être qui ait exercé la patience des naturalistes et ait mis en défaut leur saga-

(1) Πρόσοπίσω, en arrière : στόμα, bouche.

cité, c'est le *Binocle à queue en plumet* de Geoffroy, que l'historien des *Insectes qui se trouvent aux environs de Paris* avait rencontré dans les ruisseaux avoisinant la grande ville et qu'aucun Entomologiste n'avait eu jusqu'à ces derniers temps la bonne fortune de rencontrer; pendant plus de 100 années le hasard s'est refusé obstinément à favoriser les chercheurs.

La figure donnée par Geoffroy (1768) et quelques représentants desséchés d'une espèce voisine rencontrée à Madagascar par Goudot ont permis à Latreille d'en donner une description très fidèle. « Semblable, au premier coup d'œil, à un Coléoptère, dit-il (1), il n'appartient pas à cette classe d'animaux, mais à celle des Crustacés, division des Branchiopodes; ..... si par le nombre et la forme des pattes et par celle du bouclier, cet animal paraît d'abord se rapprocher de quelques Coléoptères à élytres soudées, on voit cependant qu'il en diffère essentiellement en ce que le bouclier succède immédiatement à la tête, et qu'il n'y a point de prothorax proprement dit ou de corselet. Ce n'est qu'avec les Limules, les Apus, les Argules, les Caliges, genre de Crustacés, que nous pouvons comparer à cet égard l'animal dont il s'agit. Mais aucun d'eux ne nous offrira cette plaque qui recouvre entièrement le dessous de la partie antérieure du corps. Leurs pattes sont en outre plus nombreuses et propres, au moins en partie, à la natation, ou même à la respiration de sorte qu'en dernière analyse, il est formé sur un type particulier ou *sui generis*. » Latreille créa alors (1833) le genre *Prosopistoma*, dans lequel il rangea le binocle de Geoffroy (*P. punctifrons*) et celui de Goudot (*P. variegatum*).

Quelques années plus tard (1840), M. Milne-Edwards (2) résuma les caractères des Prosopistomes. « Dans le système de classification précédent j'ai, à dessein, omis de parler d'un petit Crustacé dont Latreille a formé le genre Prosopistome, nos connaissances relatives à cet animal étant si imparfaites qu'il me semble impossible de déterminer la place qu'il doit occuper..... Latreille pense qu'ils doivent former une famille particulière placée à la fin de la division des Crustacés maxillés; mais d'après le peu qu'il m'a été possible de voir sur un individu desséché et très incomplet que m'a

(1) Latreille, *Description d'un nouveau genre de Crustacé*, Nouv. Ann. du Muséum, 1833.

(2) H. Milne Edwards, *Histoire naturelle des Crustacés*, 1840, t. III, p. 552.

communiqué M. Audouin, je suis assez porté à croire que ces petits Crustacés pourraient bien appartenir à la division des suceurs, car la petite lame subtriangulaire accolée à la face inférieure de la tête ressemble beaucoup à un suçoir. Du reste il ne serait pas impossible que ces Animaux ne fussent que des Larves de quelque Crustacé destinées à acquérir par suite de leur développement des formes très différentes. »

Ce fut un événement dans la science lorsque M. le Dr Émile Joly, en 1871, annonça la découverte dans la Garonne du Prosopistome et mit sous les yeux des Naturalistes l'être légendaire qui avait su si bien se dissimuler pendant un siècle. Mais cette découverte en entraînait une autre d'une plus réelle importance; le

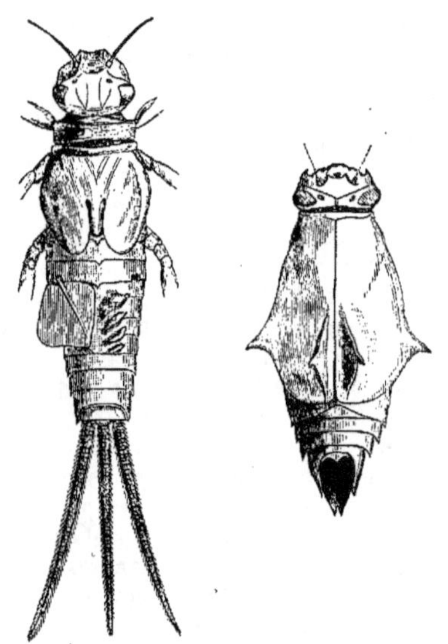

Fig. 677. — Larve de Tricorythus.　　　Fig. 678. — Larve de Bœtisca.

Fig. 677 et 678. — Larves d'Éphémérides.

jeune docteur constatait que le Prosopistome possédait un magnifique réseau de trachées; ainsi donc, il reconnaissait ses véritables affinités zoologiques, démontrait qu'il ne pouvait plus être rangé parmi les Crustacés, qu'il était un *Insecte aptère aquatique broyeur* et devait prendre place parmi les Larves d'*Éphémérides*.

Mais il est des êtres dont la destinée est étrange; la guerre étant survenue, M. Joly dut suspendre ses recherches; depuis il ne fut pas assez heureux pour suivre le développe-

Fig. 679. — Larve, vue de dos.   Fig. 680. — Subimago.   Fig. 681. — Larve, vue par la face ventrale.

Fig. 679 à 681. — Les Prosopistomes.

ment du Prosopistome et assister à ses métamorphoses ; son collaborateur, M. Vayssière, fut plus favorisé et obtint, en 1878, la transformation de deux Larves in *subimago* ; mais il ne put constater si elles subissaient encore une dernière mue pour atteindre leur état parfait (*Imago*) ; il est écrit que l'histoire de ces Insectes présenterait toujours quelque obscurité : quoiqu'il en soit, nous savons aujourd'hui que les Prosopistomes (fig. 679 à 681) sont des Larves d'Éphémérides qui viennent se placer par suite de la disposition de leurs organes respiratoires à côté des *Tricorythus* (fig. 677) et surtout des *Bætisca* (fig. 678).

Les Larves des Éphémérides se font d'ailleurs remarquer par la diversité des formes qu'affectent leurs branchies trachéales qui sont toutes fixées sur les segments de l'abdomen : tantôt, ce sont des petites feuilles ovales pédicellées (*Cloe, Potamanthus*), des lamelles accompagnées d'un faisceau de tubes en cæcums (*Bætis*) ; tantôt, ce sont des appendices comparables à des plumes (*Ephemera*) dont les barbes contiendraient une trachée. Quelquefois ces branchies sont recouvertes par une sorte de petit volet (fig. 677) ; chez d'autres Éphémères, un prolongement des téguments thoraciques forme une sorte de grande carapace qui recouvre les cinq premiers segments de l'abdomen et abrite les organes respiratoires (fig. 678) ; chez le Prosopistome (fig. 679) cette carapace constitue une véritable chambre respiratoire au-dessus des branchies trachéales.

LES LIBELLULIDES OU DEMOISELLES — *LIBELLULIDÆ* OU *ODONATA*

Wasserjungfern.

Caractères. — La tête est grande, hémisphérique, cylindrique (l'axe du cylindre étant perpendiculaire à celui du corps). Elle repose librement sur un cou grêle, qui lui permet de tourner dans tous les sens : la face, élargie par l'énorme saillie des yeux, peut ainsi changer d'aspect à chaque instant. Comme les yeux, les pièces buccales sont très développées ; la nature carnassière de ces Amazones cuirassées et ailées exigeait une pareille puissance des mâchoires. Les mandibules larges, armées de dents nombreuses, aiguës, inégales, constituent une forte pince ; au-dessous se trouvent les deux mâchoires inférieures, à peine larges de moitié, terminées par une série de dents plus aiguës encore, et munies à leur base d'un palpe, d'un seul article ; la lèvre inférieure bombée s'applique par son bord antérieur à la lèvre supérieure quand la bouche est fermée, de telle sorte que tous les organes meurtriers sont complètement enfermés. A côté de chacun des deux ocelles supérieurs s'élève de part et d'autre une courte soie quadri-articulée implantée sur un article basilaire épais, ce sont les deux antennes qui peuvent passer facilement inaperçues.

Le thorax, vu de dos, n'offre aucune particularité ; le prothorax, à peine visible de ce côté, est peu développé, comme d'ailleurs chez un grand nombre d'Insectes ; les deux segments suivants, mésothorax et métathorax, sont peu marqués sur la ligne médiane, ainsi que chez beaucoup de Névroptères et d'Orthoptères ; en revanche la vue de profil indique une structure spéciale à cette famille : les deux derniers segments sont très obliques, ce qui rejette les ailes très en arrière et les pattes très en avant ; les hanches des pattes postérieures émergent encore au-devant des points d'attache des ailes antérieures. Ces pattes postérieures sont les plus longues. Toutes les cuisses et toutes les jambes présentent quatre arêtes, et sont armées d'épines ; les tarses ont trois articles. La conformation générale de ces Névroptères leur permet d'appuyer à l'aide de leurs pattes leur proie contre leurs puissantes mâchoires, sans cesser pour cela de voler. La disposition des anneaux thoraciques médians et postérieurs laisse un espace suffisant pour les tendons larges et aplatis qui assurent à l'Insecte la rapidité et la durée du vol. Les quatre ailes sont à peu près identiques au point de vue de la forme, de la dimension et de la disposition élégante des nervures réticulées ; on observe presque toujours nettement une tache chitineuse ou stigma tout près de la pointe.

L'abdomen, formé de onze articles, est pourvu sur son dernier anneau de deux appendices non articulés affectant parfois la forme d'une feuille, et chez les mâles, celle d'une pince ; chez certaines espèces de la première tribu, cet abdomen peut s'effiler, s'allonger même, et prendre la forme d'une aiguille : c'est ainsi que dans l'Amérique du Sud, on trouve quelques espèces (*Agrion Amalia* de Burmeister) chez lesquelles, le corps ayant 14^{cm},4 de longueur, l'abdomen en mesure 12,2 à lui seul.

Les Libellulides causent beaucoup de soucis au collectionneur, car leurs couleurs sont très instables et leurs téguments très fragiles.

Distribution géographique. — On connaît aujourd'hui de 1000 à 1100 espèces répandues sur toutes les parties de la terre, aussi bien dans les régions glacées de la Laponie que dans les contrées torrides de la Nouvelle-Hollande. Plus nombreuses dans les pays chauds, elles y sont, à peu d'exceptions près, plus grandes et plus belles que dans les régions froides ou tempérées. L'Europe renferme environ une centaine d'espèces parmi lesquelles

quelques-unes se retrouvent également ailleurs : telles sont les *Libellula vedemontana* de Sibérie, les *Æschna juncea* du Transcaucase, l'*Anax Parthenope* d'Afrique, et l'*Anax formosus*, qui s'étend depuis la Suède et les Monts Ourals, à travers l'Europe entière, jusqu'en Afrique.

Les Libellulides ont été étudiées avec un soin extrême par M. de Selys-Longchamps, qui en a fait l'objet d'intéressantes monographies.

Mœurs, habitudes, régime. — C'est au bord des ruisseaux, dont les flots s'écoulent doucement, parmi les herbes aquatiques et les roseaux qui bruissent au moindre vent, qu'on rencontre les Demoiselles ou Libellules.

> La frissonnante Libellule
> Mire les globes de ses yeux
> Dans l'étang splendide où pullule
> Tout un monde mystérieux (1) !

Elles abondent principalement sous les ponceaux traversant la voie ferrée qui partage la plaine comme un mur. Le ruisseau, répandant partout sa fraîcheur, poursuit sa route silencieuse, tantôt entre les prairies fleuries, tantôt à travers les plaines cultivées. On peut suivre son trajet tortueux entre les buissons de Saules qui le bordent, entre les herbes plus élevées de ses rives, à travers les rouges tapis des Menthes d'eau en fleurs, et les bouquets des grêles Sanguisorbes. De joyeuses troupes d'Insectes suivent son cours, et tourbillonnent parmi les fleurs de ses rives. Le Roseau, le buisson de Saules, la voûte du pont, ou les mares isolées dans la prairie, telles sont les résidences accoutumées des Demoiselles ; c'est là qu'à partir de juin elles s'installent de préférence ; grêles, élancées, à reflets métalliques bleus ou verts, tantôt elles planent, tantôt elles voltigent de tige en tige d'un vol saccadé ; une feuille ne leur convient pas, elles vont se balancer sur une autre ou s'y accrocher solidement, les ailes toujours redressées comme celles des Papillons diurnes. Leur vol indolent est de courte durée ; elles voltigent sans but déterminé, mais ne négligent aucune occasion de happer au passage et à l'improviste quelque Moustique ou quelque Mouche qu'elles dévorent immédiatement. C'est ainsi du moins que se comporte la tribu que nous allons examiner la première ; d'autres Demoiselles, généralement plus grandes, nous permettent d'apprécier toute leur sauvagerie dans les clairières des forêts, alors que l'atmo-

(1) V. Hugo. *les Rayons et les Ombres.*

sphère orageuse rend notre respiration haletante et difficile. Plus nous nous sentons oppressés, plus ces Insectes tourbillonnent à nos oreilles avec acharnement.

Les Demoiselles, — ce nom galant de Demoiselles qu'on leur a donné en France a été conservé en Allemagne, — ont des mouvements légers et souples; leur corps présente des reflets soyeux et bariolés; les ailes paraissent très pointues. Leur caractère pourtant ne motive en rien le nom qu'elles portent. Oken les désigne sous le nom de *Schillebolde* (*le lutin aux milles couleurs*) ou de *Teufelsnaden* (*aiguilles du diable*). Les Anglais leur ont donné celui de *Dragon-flies* (*mouches-dragons*). Dans certaines régions de l'Allemagne on les appelle *Bretschneider*, *Augenstösser* ou *Himmelspferde*. On pourrait croire qu'il existe chez ces Animaux la même propriété électrique qu'on observe dans la fourrure du chat : l'approche ou le passage d'un orage excite chez eux une agitation fébrile. Tantôt on les voit se poser brusquement sur un tronc d'arbre ou sur la route, leurs ailes longues et finement réticulées brillent de mille couleurs éclatantes : au même instant ils s'envolent à l'improviste comme ils sont venus s'abattre. On en voit se précipiter comme des Oiseaux de proie sur une pauvre Mouche qu'ils dévorent tout en volant, cherchant en même temps de leurs gros yeux quelque nouvelle proie à saisir. Plus d'une Libellule, plus agile que le chasseur vient enlever sous ses yeux une Phalène ou quelque autre Insecte errant qu'il n'avait eu que le temps d'entrevoir.

Plusieurs d'entre elles aiment à voltiger en cercle, surtout au-dessus des nappes d'eau assez étendues; pendant leur vol elles happent tout ce qui se trouve à leur portée, et poursuivent même leurs semblables afin de faire la police de leur chasse. Les Libellules infatigables voltigent presque partout, depuis le mois de mai jusqu'à l'automne; les promeneurs sont sûrs d'en rencontrer pendant les journées chaudes et elles s'imposent à leur attention. Par les temps rudes et venteux, elles restent posées, et on peut les prendre à la main mieux qu'avec les instruments les plus perfectionnés et les plus habilement maniés.

La coloration, la taille, le vol, la charpente de chacun des membres présentent de grandes variations dans les diverses espèces et nous reviendrons sur ce sujet.

Les amours des Libellulides et leur manière de s'accoupler sont tout à fait particulières. C'est chez les petites espèces à large tête qu'on peut les observer le plus facilement, en raison de leur vol plus régulier, plus calme et moins rapide. Il est d'ailleurs fort difficile de faire des remarques à ce sujet chez les espèces plus grosses à têtes rondes. Comme on voit parfois deux poissons nager en ligne droite l'un derrière l'autre, on aperçoit d'abord deux Libellules se poursuivant de très près ; leur vol diffère un peu de ce qu'il est habituellement ; il est plus hésitant et plus pénible : le mâle voltige en avant. Il saisit doucement la nuque de la femelle avec ses deux pinces abdominales : à cette manifestation caressante, la femelle infléchit en bas son corps grêle ; elle laisse le mâle se fixer à l'aide de ses organes génitaux en forme d'un crochet double, qui sont situés, par une exception unique dans toute la classe des Insectes, à la face ventrale du deuxième anneau ; cet anneau paraît divisé en deux et est un peu renflé en forme de vésicule. Cet enlacement intime est assez ferme pour qu'il soit difficile de les séparer l'un de l'autre ; les organes reproducteurs s'ouvrant chez le mâle dans le neuvième anneau abdominal, il faut que le second anneau se trouve déjà rempli de liquide fécondateur avant l'accouplement. Chez la plupart des espèces le mâle, après l'accouplement, rend la liberté à la femelle qui se met à voltiger, le corps vertical, au-dessus des eaux, ou bien à inciser à l'aide de sa courte tarière les plantes aquatiques pour y pondre ses œufs.

Les Larves des Libellules vivent au sein des eaux ; dans les lacs, les étangs, les marais, les eaux courantes, elles jouent à l'égard des autres Insectes le même rôle que les Requins dans la mer : ce sont des brigands redoutés et insatiables. Malgré l'analogie qui existe entre leur conformation générale et celle de l'Insecte parfait, elles en diffèrent par des yeux plus petits, des antennes plus longues et un corps plus trapu ; en outre elles se distinguent complètement par leurs pièces buccales et leurs organes respiratoires. La lèvre inférieure modifiée a pris la forme d'un appareil préhensile : c'est *le masque*, dont les fig. 685, 686, 688 et 689 donnent une idée. La portion basilaire grêle, qui au repos s'applique contre le cou, représente le premier article de cet organe ; la partie triangulaire, plus large, reliée par une sorte de charnière à la précédente contre laquelle elle se replie au repos, représente le deuxième article ; et la pince destinée à capturer la proie figure l'organe préhensile de cette sorte de bras. Comme tout l'appareil occupe la position de la lèvre inférieure, on peut admettre avec toute certitude qu'il remplace en réalité cet organe. L'article basilaire correspondrait au menton, le deuxième article aux lobes internes de la mâchoire proprement dits, c'est-à-dire à la lèvre, et les pièces préhensiles représenteraient les deux lobes externes prolongés en forme de palpes quoiqu'ils soient armés de dents sur leur bord interne ou à leur pointe. Quand ces derniers organes s'écartent de telle sorte que l'appareil tout entier laisse entrevoir au repos une bouche fermée par en bas et invisible à la face supérieure, le masque est dit uni, c'est celui que représente la figure 685. On peut opposer au précédent le masque en forme de casque (fig. 689) chez lequel les dents des deux pinces terminales s'emboîtent réciproquement, s'incurvent et recouvrent, au repos, l'ouverture buccale non seulement en bas, mais encore en haut et latéralement : c'est ce qu'on observe dans les genres *Libellula, Cordulia, Epitheca.*

Quand la Larve se met en quête de gibier, elle lance son masque en avant, saisit et happe sa proie avec ses pinces ; en ramenant son appareil de préhension elle porte sa victime à sa bouche, la met rapidement en pièces, ouvre ses mâchoires et l'engloutit.

En tant qu'Insectes aquatiques, ces Larves respirent par des branchies qui sont visibles à l'extérieur chez certaines espèces sous la forme de trois feuillets elliptiques situés à l'extrémité abdominale et appelés branchies caudales. Chez d'autres elles ne sont pas visibles à l'extérieur et prennent le nom de branchies intestinales en raison de leur situation. En effet, les deux troncs principaux des conduits aériens viennent se perdre dans les parois du tube digestif qui est parcouru dans toute sa longueur par deux tubes respiratoires plus grêles ; ils se ramifient en ramuscules très fins, disséminés dans de nombreux plis membraneux transversaux (fig. 78, p. 40). L'anus présente cinq valves en forme d'épines à trois arêtes (fig. 78, a) à travers lesquelles l'eau peut être aspirée et expulsée au moyen d'un appareil musculaire puissant. Cet appareil ne sert pas uniquement à remplir d'eau continuellement ces trachées branchiales, mais il procure en même temps un mouvement de natation régulier. On peut conserver de nombreuses Larves de Libellules dans un aquarium, et l'on peut observer assez souvent une

Larve laissant émerger l'extrémité de son corps et lançant bruyamment en l'air un jet d'eau lorsqu'elle disparaît dans les profondeurs.

Les Larves muent plusieurs fois, et même quand elles possèdent déjà des rudiments d'ailes, on ne peut encore estimer d'une façon certaine le temps nécessaire à chaque espèce pour atteindre sa maturité. Il est probable que l'évolution complète s'accomplit dans l'espace d'une année ; l'hibernation a lieu à l'état de Larve.

Hagen distingue six types principaux de Larves ou de Nymphes ; on ne peut pourtant y faire rentrer que les espèces dont nous allons parler. Lorsque la Larve est sur le point d'échanger son existence aquatique contre l'existence aérienne de l'Insecte parfait, elle grimpe sur quelque plante aquatique, sur quelque pierre émergeant de l'eau, etc...; on la voit parfois rentrer dans ce milieu agité qu'elle vient de quitter, contrainte peut-être à cette retraite par les circonstances atmosphériques. Une fois qu'elle est fixée définitivement hors de l'eau, l'instant de sa délivrance est proche : ses yeux jusqu'alors mats deviennent brillants et translucides, la peau se sèche sur toutes les parties du corps et finit par se déchirer depuis la nuque jusqu'au-dessus de la tête ; cette partie émerge la première; puis viennent les pattes qui sous l'influence du recroquevillement de l'Insecte sont venues d'abord occuper la partie antérieure ; une fois dehors elles battent vivement l'air, jusqu'à ce que l'Insecte épuisé tombe dans un calme général : alors commence le second acte. Une secousse fait émerger la tête qui jusqu'alors retombait inerte ; les pattes se fixent sur la tête de la Nymphe à présent vide et translucide ; alors seulement l'abdomen fait son apparition. Le nouveau-né repose sur sa dernière peau de Larve ou sa dernière Pulpe, comme on désigne souvent cette dépouille demeurée intacte jusqu'au niveau de la déchirure antérieure. Sur la planche XIII intitulée « Les Libellules ou Demoiselles » nous représentons, sur le plan antérieur, l'éclosion d'une Libellule déprimée. Les ailes sont humides, recroquevillées, plissées en long et en travers; mais, à vue d'œil, les plis s'effacent l'un après l'autre, et au bout d'une demi-heure à peine ces ailes s'appliquent le long du corps, encore sans consistance et brillent comme de l'argent. Deux heures se passent encore avant que l'air ne leur ait enlevé l'humidité en excès, leur donnant ainsi la rigidité nécessaire au vol ; la coloration complète exige un temps plus long encore. Les ailes à peine sèches, la Libellule disparaît dans les airs et se livre de nouveau à sa rapacité avec plus de persévérance et d'agilité encore qu'elle ne l'avait fait jusqu'alors pendant son existence aquatique.

On doit à M. Jousset de Bellesme d'intéressantes observations sur le mécanisme du déplissement des ailes.

LES AGRIONINES — *AGRIONINÆ*

Seejungfern, Agrioninen.

Caractères. — Les Agrionines (*Agrioninæ*) sont caractérisées par une tête élargie en forme de marteau, portant des yeux hémisphériques écartés l'un de l'autre et situés sur les côtés, par un abdomen grêle et conique, par une lèvre inférieure profondément échancrée entre les branches internes des mâchoires à l'état parfait, à articles terminaux mobiles et ayant ses lobes externes, par des ailes antérieures et postérieures de même forme et de même dimension, par des branchies caudales et par un masque uni à l'état de Larve.

Chaque sexe a une coloration propre.

LES CALOPTERYX — *CALOPTERYX* (1)

Caractères. — Les Insectes du genre *Calopteryx* ont des ailes à mailles étroites qui se

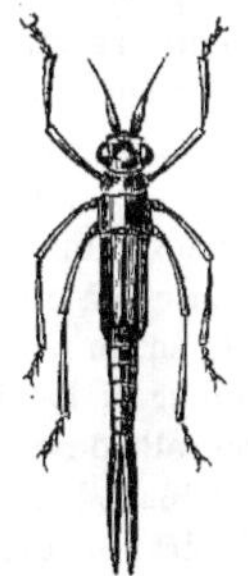

Fig. 682. — Larve de Caloptéryx.

rétrécissent graduellement vers la racine, dont la couleur diffère suivant les sexes, et qui ne présentent pas de stygma alaire chez les mâles. Les pattes sont très grandes et bordées de

(1) Καλός, beau ; πτέρυζ, aile.

longs cils terminaux de l'abdomen. Les appendices prennent en outre la forme de forcipules. Les recherches anatomiques ont montré que leurs Larves respirent à la fois par des branchies caudales et par des branchies intestinales. Celles-là sont formées de trois flotteurs allongés, deux externes à trois arêtes peu nettes et profondément enfoncés, et un médian, plus court et situé plus haut. Ces Insectes (fig. 682), grêles, à longues pattes, d'une forme spéciale, sont caractérisés par un masque ouvert en avant, par des antennes à sept articles qui sont insérées, au devant des yeux, sur un article basilaire polyédrique et puissant, et qui dépassent la tête d'une certaine longueur, enfin par la présence d'yeux accessoires ou ocelles.

LE CALOPTERYX VIERGE. — *CALOPTERYX VIRGO.*

Gemeine Seejungfer.

Le Calopteryx vierge (*Calopteryx virgo*) est le plus répandu (fig. 683).

Caractères. — La femelle a des ailes brunes qui présentent une marque blanche ; son corps a des reflets métalliques d'un vert d'émeraude. Le mâle, que nous représentons sur

Fig. 683. — Le Caloptéryx vierge.

la pl. XI, paraît entièrement vêtu d'acier ; sa couleur est d'un bleu foncé ; en y regardant de plus près ses ailes paraissent aussi brunes, mais généralement avec les reflets de l'acier, sauf la pointe qui reste plus claire. Il existe toutefois des individus, qu'on a appelés « immatures » (*Calopteryx Vesta*, Charpentier), chez lesquels le reflet s'efface entièrement, laissant dominer la couleur brune fondamentale.

Le corps a de 43^{mm},5 à 48^{mm} de long.

LE CALOPTERYX ÉCLATANT. — *CALOPTERYX SPLENDENS.*

Glänzende Seejünfer.

Caractères. — La Demoiselle éclatante (*Calopteryx splendens*) qui apparaît en juillet et en août, en même temps que la précédente, s'en distingue par ses ailes plus étroites, transparentes, et offrant chez le mâle une bande transversale bleue au devant de la pointe, chez la femelle, des nervures vertes (fig. 649, p. 457).

LES LESTES — *LESTES* (1)

Caractères. — Les Demoiselles grêles (*Lestes*) ont des ailes nettement pédicellées à la base et dont les mailles sont larges et en partie pentagonales.

Les Larves, grêles et étroites, respirent, après leur dernière mue, par conséquent à l'état de Nymphes, uniquement au moyen de branchies caudales larges et allongées ; elles n'ont point d'yeux accessoires ; elles portent des antennes grêles formées de 7 articles et situées entre les yeux à facettes ; leur masque étroit et très long arrive, au repos, jusqu'aux hanches postérieures. Les anneaux sont d'égale longueur ; les cinq avant-derniers portent des épines latérales droites et courtes, et le dernier présenté entre les trois flotteurs cinq courtes pointes caudales.

LE LESTE FIANCÉ. — *LESTES SPONSA.*

Verlobte Seejungfer.

Caractères. — La Demoiselle fiancée (*Lestes sponsa, Agrion forcipula* de Charpentier) au corps d'un vert d'émeraude, mesure de 33 à 35 millimètres (fig. 684) ; le mâle, décoloré, offre comme caractères distinctifs sur les faces inférieures et supérieures du thorax, ainsi que sur les articles basilaire et terminal de l'abdomen, un cercle gris clair ; il présente une nervure marginale presque blanche au niveau d'un stygma alaire brun ou noir, et deux dents pointues

(1) Ληστής, brigand.

d'égales grandeurs sur le bord interne de ses pinces.

Mœurs, habitudes, régime. — En France, en Belgique, en Allemagne, elle voltige fréquemment depuis la fin de juin jusqu'à la mi-septembre. Siebold a observé la ponte de cette espèce sur les joncs (*Scirpus lacustris*) d'un étang ; nous la représentons sur la planche XIII. Lorsque l'ac-

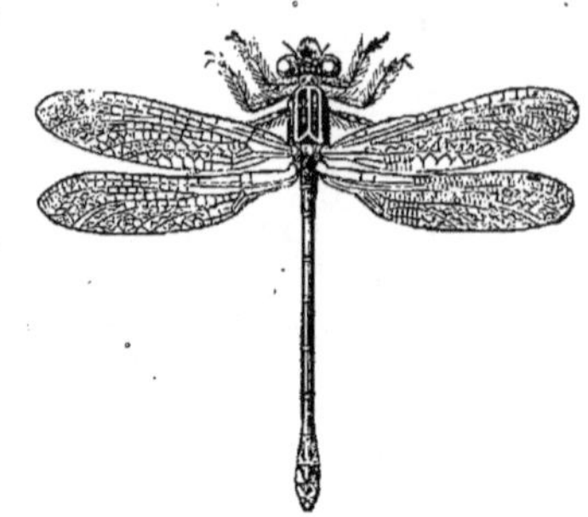

Fig. 684. — Le Leste fiancé

couplement a eu lieu ainsi que nous l'avons indiqué p. 491, le mâle n'abandonne pas sa femelle comme chez d'autres espèces, mais il la maintient par la nuque et dirige sa course. Tous deux voltigent réunis, le corps étendu, et se posent de temps à autre sur diverses plantes aquatiques ; leurs mouvements semblent résulter d'une volonté *unique*. Le plus souvent, le mâle s'abat à l'extrémité d'un Jonc, généralement sur un de ceux qui bordent le rivage et émergent entièrement hors de l'eau ; aussitôt qu'il est posé, la femelle recourbe son abdomen en arc de cercle, dirige sa pointe entre ses pattes et fait saillir entre ses deux valves latérales écailleuses une tarière en forme de sabre, qu'elle enfonce dans l'épiderme du Jonc. Elle se trouve, à ce moment, située à une certaine distance derrière le mâle en un point qui est déterminé par la longueur de l'abdomen de ce dernier. Bientôt après, elle descend peu à peu le long de la tige, entraînant le mâle à sa suite, et répète la même opération avec sa tarière, jusqu'à ce qu'elle atteigne la base du Jonc. Ils s'envolent alors tous les deux pour reprendre le même travail sur une autre tige, toujours de haut en bas. On reconnaît, sur ces Joncs, des rangées de petites taches d'un blanc jaunâtre ; cette série de blessures a déchiré du haut en bas une petite lanière d'épiderme, qui a été réappliquée aussitôt au moyen de la partie convexe de la tarière, chaque fois que la fe-

Paris, J.-B. Baillière et Fils.

Corbeil, Crété, imp.

LES LIBELLULES (DEMOISELLES).

NYMPHES D'AGRIONIDES.

CALOPTÉRYX ÉCLATANT.
ÉCLOSION D'UNE LIBELLULE

LA PONTE AÉRIENNE ET SOUS-MARINE
DE LA DEMOISELLE FIANCÉE.

DÉPOUILLE D'UNE NYMPHE DE
LIBELLULE DÉPRIMÉE.

melle a retiré cet organe. En arrière de chaque blessure on trouve, dans la cellule aérienne du jonc, qui avoisine la plaie, un OEuf dont l'extrémité la plus effilée, d'un brun sombre, est enclavée dans la lèvre interne de l'ouverture épidermique. L'extrémité arrondie, plus large, de cet OEuf, cylindro-conique, d'une couleur jaune pâle pénètre dans la cellule. Celle-ci prend une teinte brune et maladive quand les OEufs y sont implantés depuis un temps assez long. Quelquefois on ne rencontre aucun OEuf dans certaines plaies du Jonc; probablement dans ce cas la femelle n'a pas eu le temps d'y pondre; car le mâle ne montre pas toujours autant de patience qu'elle, pour suivre la tige jusqu'en bas, et s'envole avant que le chemin n'ait été entièrement parcouru.

De Siebold, en étudiant ces mœurs très minutieusement, remarqua aussi quelques couples sur les Joncs qui émergeaient de l'eau. La présence de l'observateur ne les empêcha nullement de poursuivre leur opération, mais alors il fut témoin du plus curieux spectacle. Ils plongèrent dans l'eau et, après avoir préalablement replié leurs quatre ailes, continuèrent leur route jusqu'à la base du jonc. Dès que la femelle avait pénétré dans l'eau, le mâle la suivait immédiatement, et celle-ci ne commençait sa ponte, que quand son conjoint était entièrement entouré d'eau. Ce dernier ployait alors son abdomen, exactement comme la femelle, en sorte que tous les couples plongés dans l'eau, et observés en grand nombre par Siebold, figuraient avec leurs corps deux arcs de cercle. L'éclat argenté qu'ils présentent alors est merveilleux ; sur leurs corps, leurs pattes et leurs ailes, se trouve fixée une mince couche d'air qui sert sans doute à la respiration ; quelques couples en effet sont restés sous l'eau environ une demi-heure. Aussi bien que sur la terre ferme ils gagnent la base du jonc, et atteignent par conséquent, le fond de l'étang. Une fois là ils regrimpent au haut de la tige, et prennent leur vol dès qu'ils arrivent à la surface.

Quelquefois un couple vient se poser dans l'eau, sur une tige dont la partie inférieure est déjà occupée par un autre couple. Dans un cas, les deux couples se trouvant du même côté, le couple supérieur s'écarta du couple inférieur en passant sur la face opposée du jonc, et poursuivit dès lors ses opérations, sans obstacle. Dans l'air, à l'approche d'un observateur, ils cessent leur travail et s'envolent; dans l'eau, on peut les troubler jusqu'à un certain point, c'est-à-dire les remuer : ils s'accrochent alors plus fortement à la tige; si on agite l'eau davantage à l'aide d'un bâton, ils regrimpent plus rapidement que d'habitude pour prendre leur vol. Aux points où le Jonc a été piqué sous l'eau, se trouve une tache brune qui pénètre jusque dans les cellules aériennes. Des observations prouvent du reste que la femelle doit exercer une assez forte pression pendant la ponte; car on en a vu essayer de transpercer avec leur tarière des bois secs et d'autres objets aussi résistants sur lesquels les mâles étaient venus se poser avec elles. De l'extrémité effilée des OEufs sortent les Larves dont l'aspect diffère beaucoup, dans leur jeunesse, en raison de la longueur et de la forme de leurs antennes, de celui qu'elles présenteront dans un âge plus avancé.

LES AGRIONS — *AGRION* (1)

Caractères. — On reconnaît les Agrions à leurs ailes également pédicellées, dont le stygma alaire ne dépasse pas la longueur d'une cellule, ainsi qu'à leurs jambes peu larges et munies d'épines; on les distingue surtout à la conformation du bord postérieur de leur prothorax. Leurs Larves ressemblent à celles du genre *Lestes;* le masque infléchi en avant en forme de casque n'arrive, en arrière, qu'au niveau des hanches moyennes; les gaînes alaires sont un peu plus longues, les pattes et les branchies caudales plus courtes, et les anneaux abdominaux ne portent pas de piquants.

Distribution géographique. — Parmi les différents genres des Libellulides, celui des *Demoiselles grêles* (*Agrion*) est un des plus riches en espèces.

Mœurs, habitudes, régime. — Les nombreuses espèces de cette tribu, au corps effilé en forme d'aiguille, voltigent aux rayons du soleil, dans le voisinage des roseaux, et font scintiller leurs ailes en planant; quand le temps est mauvais, elles demeurent immobiles, les ailes verticales et accolées.

L'AGRION A LARGES PATTES. — *AGRION PENNIPES OU PLATYCNEMIS PENNIPES.*

Breitbeinige Schlank Jungfer.

Caractères. — L'Agrion à larges pattes, type

(1) Ἄγριον, sauvage.

du genre *Platycnemis*, diffère du type précédent par les quatre pattes postérieures dont les jambes sont blanchâtres, larges et aplaties, chez les deux sexes. Cette Demoiselle élégante mesure 35^{mm} de long et se reconnaît, en outre, à son abdomen blanchâtre parcouru de lignes noires.

L'AGRION JOUVENCELLE. — *AGRION PUELLA*.

L'Agrion Jouvencelle (fig. 651, p. 457) est une Libellule fort élégante ; le mâle est d'un bleu de ciel pur, marqué et annelé de noir bronzé, la femelle est également bleue mais marquée et annelée de vert bronzé.

Mœurs, habitudes, régime. — C'est l'espèce la plus répandue en Europe dans tous les lieux humides.

LES ÆSCHNINES — *ÆSCHNINÆ*

Die Schmaljungfern, Æschninen.

Caractères. — Le second type des Libellulides comprend les espèces les plus grandes et les plus farouches. On les reconnaît au premier abord à leur tête, grande et hémisphérique, dont les deux tiers sont occupés par les yeux, qui ont des reflets très brillants, et se touchent au devant du vertex. Ils sont tellement développés, qu'à l'aide d'un éclairage favorable, on peut distinguer, sans loupe, sur leur superficie bombée, les différentes petites facettes. Le dernier tiers est occupé par le front renflé en forme de vésicule, et partagé par une dépression transversale ; la lèvre supérieure est reliée au bord inférieur du front, comme la visière d'une casquette, et recouvre les organes masticateurs. Les ailes postérieures, au niveau de leur racine, sont beaucoup plus larges que les antérieures ; sur les quatre ailes, ce sont les triangles alaires et la membrane de conjugaison qui établissent des différences essentielles entre les genres. On désigne sous le nom de *triangle alaire* la surface triangulaire, limitée par des nervures plus fortes, qui s'étend sur le tiers antérieur de l'aile, entre la quatrième et la cinquième nervure longitudinale émanant de la racine alaire, et dont la pointe dépasse cette dernière nervure en arrière. La *membrane de conjugaison* est une région très petite, plus ou moins semi-lunaire, située à la base de l'aile, et distincte du reste de cette membrane par sa coloration et sa conformation.

Les Larves de toutes ces Libellules à grosses têtes respirent uniquement à l'aide de branchies intestinales, et ne possèdent pas de branchies externes caudales.

LES ÆSCHNES — *ÆSCHNA* (1)

Caractères. — En Europe, les représentants les plus grands de la famille, qui ont au moins de 52 à 65^{mm} de long, appartiennent aux Libellulides du genre *Æschna ;* ce sont eux également qui offrent les variations de couleur les plus accentuées. On les reconnaît aisément aux marques bleues et jaunes de leur corps, à leurs grands yeux qui se joignent sur le vertex, et à leurs quatre triangles alaires sensiblement égaux.

Distribution géographique. — L'Allemagne en possède huit espèces qu'on distingue difficilement entre elles ; la France n'est pas moins riche.

Mœurs, habitudes, régime. — Elles voltigent dans les régions montagneuses et boisées, le plus souvent isolées, car chacune d'elles défend avec une ardeur farouche son territoire de chasse et n'y supporte aucune rivale :

Leurs Larves se distinguent par de grands yeux composés, par des ocelles peu développés, par des antennes fines à 7 articles, par des pattes postérieures grêles munies de tarses à trois articles et n'atteignant pas l'extrémité du corps, par un masque uni, par des stigmates aériens peu visibles sur les anneaux du thorax, et par la présence d'épines latérales sur les autres articles du corps (fig. 685 et 686).

LA GRANDE ÆSCHNE. — *ÆSCHNA GRANDIS*.

Grosze Schmaljungfer

Caractères. — Tandis que plusieurs espèces de Libellulides portent à la partie supérieure de leur front vésiculeux une marque sombre en forme de T, ce signe manque chez la grande Æschne (*Æchna grandis*), dont le corps jaune ou brun-roux est moins richement tacheté. Les côtés du thorax sont ornés de deux bandes jaunâtres ; le milieu du dos porte, entre les ailes jaunâtres et le troisième article abdominal, deux taches bleues réniformes. L'abdomen est roux, le 1er anneau sans tache avec le bord latéral un peu jaune, les côtés du 2e anneau muni d'une crête et de quatre dents et

(1) Étymologie inconnue.

Fig. 685.   Fig. 686.   Fig. 687.   Fig. 688.   Fig. 689.

Fig. 685. — Dépouille d'une Nymphe de l'Æschne grande.
Fig. 686. — Nymphe de l'Æschne grande s'emparant d'une Larve d'Éphémère.
Fig. 687. — La Libellule déprimée venant d'éclore.

Fig. 688. — Nymphe de cette Libellule s'emparant d'une Larve d'Éphémère.
Fig. 689. — Dépouille de la Nymphe que la Libellule vient d'abandonner.

Fig. 685 à 689. — Les Libellulides.

portant une tache latérale jaune, deux traits blanchâtres en dessus et postérieurement une bande ou deux taches bleues, les 3°, 4°, 5°, 6°, 7° et 8° anneaux avec deux taches basilaires latérales bleues et deux petites lignes transversales dorsales jaunes ; les 9° et 10°·anneaux sans taches.

Elle se distingue surtout par la coloration de ses ailes qui sont entièrement rousses ; chacun des appendices supérieurs du mâle, lancéolés, est arrondi à son extrémité et ne porte pas de dentelure à sa base.

Distribution géographique. — Elle habite le nord et le centre de l'Europe.

L'ÆSCHNE BLEUE. — *ÆSCHNA CYANEA OU MACULATISSIMA.*

Caractères. — Celle-ci (fig. 650) porte une tache en forme de T sur le vertex et se reconnaît aux deux grandes taches vertes ovales qui ornent le devant du thorax, à son abdomen très tacheté, à son ptérostigma très court, à sa lèvre supérieure finement bordée de noir.

Distribution géographique. — Elle se rencontre dans toute l'Europe septentrionale et tempérée ; c'est une de nos espèces indigènes les plus répandues.

LES LIBELLULINES — *LIBELLULINÆ*
Plattbaüche.

Caractères. — On s'est trouvé amené à réunir les *Libellula* aux genres *Epitheca, Cordulia, Polyneura, Palpopleura*, et à quelques autres encore, pour en faire une troisième tribu, sous le nom de Libellulines. Les caractères distinctifs sont les suivants : les yeux composés n'ont qu'un point de contact à la partie supérieure de la tête, les ailes postérieures ont leur bord postérieur conformé de même dans les deux sexes, et le triangle alaire est disposé différemment sur l'aile postérieure et sur l'antérieure.

Les Larves à respiration inclusivement intestinale ont un masque ayant l'apparence d'un casque ; leur corps a une forme trapue (fig. 688 et 689) ; du reste, leur aspect varie beaucoup d'une espèce à l'autre.

Cette tribu se distingue de celle des Æschnines par la disposition de la lèvre inférieure dont les lobes internes, réunis mais portant une échancrure antérieure, sont beaucoup plus courts que les lobes externes prolongés par des palpes ; dans l'autre tribu, au contraire, ils sont d'une longueur à peu près égale, et ne présentent aucune échancrure.

Les lobes externes sont privés de dents et de stylet terminal mobile, et beaucoup plus grands que les lobes médians.

La plupart des *Libellulines* (*Libellulinæ*) ont la base des ailes jaune ou d'une teinte foncée. Un petit nombre d'entre elles ont un abdomen aplati ; aucune n'a un corps à reflets métalliques.

Distribution géographique. — Les Libellulines sont répandues sur le globe entier ; on a décrit une vingtaine d'espèces européennes.

LES LIBELLULES — *LIBELLULA* (1)

Caractères. — Les yeux très grands sont dépourvus d'appendices ; l'abdomen à côtés anguleux est renflé à la base et retréci en arrière ; les ailes sont semblables dans les deux sexes et sans échancrure au bord postérieur ; les ongles bifides ont une dent plus courte que l'autre.

Distribution géographique. — L'Europe possède une quinzaine d'espèces.

LA LIBELLULE DÉPRIMÉE. — *LIBELLULA DEPRESSA.*

Gemeiner Plattbaüch.

Caractères. — La Libellule déprimée (*Libellula depressa*) représentée sur la figure 687 est d'une teinte brun-jaunâtre. Elle porte des taches jaunes sur les bords, et souvent l'abdomen du mâle présente de beaux cercles bleu de ciel. Cette espèce se distingue des nombreux Insectes du même genre par les caractères suivants : elle porte une grande tache allongée et sombre à la base de l'aile antérieure, une tache triangulaire à la base de l'aile postérieure ; les quatre ailes présentent une cellule basilaire d'un rouge brun située entre les origines des troisième et quatrième nervures longitudinales ; il existe au moins dix nervures transversales sur le bord antérieur depuis la base jusqu'au niveau du nodule situé au milieu de l'aile et caractérisé par la présence de nervures transversales plus épaisses et plus resserrées dans un espace étroit.

Distribution géographique. — C'est la plus commune de toutes ; elle se rencontre dans toute l'Europe au bord des eaux.

(1) *Libellula*, diminutif de *libellus*, leurs ailes étant étendues comme les feuillets d'un livre.

LA LIBELLULE QUADRIMACULÉE. — *LIBELLULA QUADRIMACULATA.*

Vierflecktiger Plattbaüch.

Caractères. — La *Libellule quadrimaculée* (*Libellula quadrimaculata*) qui apparaît un peu plus tôt que la précédente, dès le mois de mai, présente le même aspect général, la même taille et la même coloration, mais le mâle ne porte aucune ligne bleuâtre. Son nom provient des taches sombres que figure le nodule sur chacune des quatre ailes, dont la base est marquée en outre d'une teinte jaune safran.

Mœurs, habitudes, régime. — Cette espèce et la précédente ont attiré sur elles l'attention universelle : elles apparaissent en effet en masses énormes et parcourent de longs trajets. Depuis 1673 on a signalé plus de 14 convois formés pour la plupart de *Libellula quadrimaculata*, quelquefois de *Libellula depressa*, une fois enfin d'*Agrions*.

Le Naturaliste Hagen, que nous avons déjà cité pour ses travaux sur d'autres Insectes entrepris à Kœnigsberg d'abord, dans l'Amérique du nord ensuite, donne la description d'un convoi de *Libellula quadrimaculata* qu'il eut l'occasion d'observer à son point de départ et pendant une partie de son trajet : « En juin 1852, par une belle et chaude journée, j'appris que, depuis neuf heures du matin, un immense essaim de Libellules pénétrait dans Kœnigsberg en passant au-dessus de la porte royale ; vers midi, je me dirigeai de ce côté et je vis des Libellules qui continuaient à arriver en masses compactes. Pour étudier de plus près cet intéressant spectacle, je sortis de la ville et je fus à même d'observer plus aisément ce convoi sur un large espace libre. Le convoi provenait, comme je l'ai découvert plus tard, de Dewan et présentait l'aspect d'une colonne longue d'un quart de mille et aussi haute que la porte. Au niveau de celle-ci, la colonne était à 30 pieds du sol, la crête du rempart la forçant à s'élever. Elle s'abaissait peu à peu vers Dewan, ainsi qu'on pouvait le constater en regardant les arbres voisins ; près de Dewan la colonne croisait la route et rasait alors la terre de si près que ma voiture la traversa. Je fus surpris de la grande régularité du convoi, particularité que j'observai le premier. Les Libellules volaient en rangs serrés, sans s'écarter de la première direction. Elles formaient ainsi une colonne vivante d'environ 60 pieds de large sur 16 de haut, d'autant plus nettement limitée qu'à droite et à gauche l'air était absolument pur. La rapidité du vol de ces Insectes était à peu près celle d'un Cheval au petit trot ; elle n'était donc pas comparable à la célérité habituelle de leur vol. En examinant de plus près je constatai que les Libellules étaient fraîchement écloses ; l'éclat habituel de leurs ailes peu de temps après la Nymphose ne laissait aucun doute à cet égard. Plus je m'avançais à l'encontre de ce convoi, plus les Libellules me parurent jeunes ; enfin, arrivé à Dewan, j'y trouvai l'étang point de départ des voyageurs. La coloration du corps et la consistance des ailes indiquaient que leur Métamorphose datait au plus du matin. Sur l'étang et sur la rive opposée, on ne voyait aucune Libellule. Le convoi provenait évidemment de l'étang lui-même et de la rive située du côté de Kœnigsberg. Le phénomène se prolongea sans interruption jusqu'au soir. Je ne saurais m'aventurer à estimer le nombre de ces Insectes. Il est assez remarquable que certains d'entre eux passèrent la nuit : les Libellules cessèrent leur vol au coucher du soleil, dans la partie de la ville avoisinant la porte : elles en couvrirent les maisons et les arbres, et le lendemain matin elles reprirent leur vol dans la même direction. En réponse à une demande que je fis insérer dans les journaux, j'appris que le jour suivant le convoi avait passé au-dessus de Karschau, et qu'on l'avait aperçu dans cette direction à 3 milles environ de Kœnigsberg. J'ignore ce qu'il devint ensuite. En réunissant toutes nos observations, nous nous trouvons en face d'un besoin instinctif d'émigration. Il est probable que, contrairement à l'habitude, ces Insectes avaient senti l'insuffisance des ressources que présentait leur lieu de naissance ; ils l'ont abandonné, en convoi régulier, ce qui est encore en opposition avec leurs coutumes. Il ne faut pas confondre ce phénomène avec les essaims considérables de Libellules qu'on observe certaines années au-dessus des cours d'eau, notamment quand un printemps froid a retardé leur développement et que quelques jours de chaleur ont terminé subitement leur évolution tardive. Le convoi que j'ai observé suivait la direction du vent, mais cela me paraît être un effet du hasard, car dans quatorze observations différentes, ces Insectes ne suivirent pas la direction du vent qui régnait. La cause de ces migrations n'est pas encore éclaircie ; leur régularité, si contraire aux habitudes vagabondes de ces Insectes, indique un but bien déterminé ; dans le cas actuel, on peut seulement supposer que les cours d'eau de la contrée, qui pourtant ne sont pas à sec en été, leur ont paru insuffisants pour élever les couvées d'une foule aussi considérable.......

« L'abbé Chappe, qui se rendait, en 1761, en Sibérie pour observer le passage de Vénus, vit à Tobolsk un de ces convois de Libellules large de 500 aunes et long de cinq lieues ; M. Uhler de Baltimore a relaté que dans l'Amérique du nord, notamment dans le Wisconsin, les convois de ce genre s'observent assez souvent. Les échantillons expédiés prouvent indubitablement que l'espèce américaine est identique à la nôtre ; on a observé les mêmes phénomènes dans l'Amérique du sud. La puissance du vol de ces Insectes est indiquée par ce fait, que des vaisseaux en ont rencontré en pleine mer à 600 milles anglais de la côte....... »

LES NÉVROPTÈRES PROPREMENT DITS

Caractères. — Ces Névroptères ont tous les caractères des *Orthoptères pseudo-névroptères ;* comme eux ils ont les pièces de la bouche conformées pour la mastication, le prothorax indépendant et les ailes sillonnées de nervures qui y dessinent des réseaux ; mais leur évolution diffère essentiellement. Leur développement, au lieu d'être continu, est interrompu par une période de repos ; leurs Nymphes, au lieu d'être actives, c'est-à-dire de posséder la faculté de se déplacer au gré de leurs caprices et de conserver des organes buccaux capables de saisir et de dévorer les proies, sont immobiles et n'ont plus que des pièces buccales atrophiées, incapables de broyer le plus faible aliment. Ces Névroptères sont donc à *Métamorphoses complètes*.

LES MYRMÉCOLÉONIDES — *MYRMECOLEONIDÆ*

Die Ameisenlowe.

Caractères. — Les intéressants *Fourmilions*, *Myrméléonides* ou mieux *Myrmécoléonides*, se reconnaissent aisément à leurs antennes courtes, aplaties, élargies en avant en forme de massue, et à leurs quatre ailes réticulées, presque égales entre elles, allongées et terminées en pointe. Cette pointe, et la conformation des antennes, sont les principaux caractères qui permettent de distinguer au premier coup d'œil ces Insectes des Libellulides dont l'aspect général rappelle beaucoup le leur. Les yeux arrondis, et non séparés, font fortement saillie, et font paraître la tête courte et large ; les mandibules cornées sont propres à la mastication. Les pattes ont toutes la même conformation ; leur deuxième et leur troisième articles sont beaucoup plus courts que le premier, et les éperons terminaux des jambes ne sont pas recourbés en crochets.

Distribution géographique. — Ce sont des Insectes qui préfèrent les climats chauds ; assez nombreux en espèces, ils habitent aussi bien l'ancien que le nouveau monde ; les espèces indigènes sont en petit nombre.

LES MYRMÉCOLÉONS — *MYRME-COLEON* (1)

Caractères. — Indépendamment des caractères de la famille ils ont en propre quelques particularités organiques : les palpes labiaux, plus longs ou au moins aussi longs que les palpes maxillaires, ont le deuxième article parfois aussi long que les palpes maxillaires et le dernier article fusiforme ; le premier article des tarses est beaucoup plus long que les trois suivants séparés ou réunis.

LE FOURMILION COMMUN. — *MYRMELEON FORMI-CARIUS*.

Gemeiner Ameisenlowe. — Ameisenjüngfern.

Caractères. — Chez le Fourmilion commun (fig. 692) ou Lion-des-Fourmis (*Myrmecoleon formicarius*), les caractères spécifiques consistent dans les quelques taches sombres des ailes, dans leurs nervures alternativement claires et foncées, et dans la longueur relative des antennes qui sont plus courtes que la tête et le thorax réunis. L'animal, dans son ensemble, est d'un noir grisâtre ; la tête et le thorax sont tachetés de jaune ; les bords postérieurs des anneaux sont brun-clair, et les pattes brun-jaunâtre.

Mœurs, habitudes, régime. — Cet Insecte se tient de préférence dans les forêts de Sapins des pays sablonneux de l'Allemagne centrale et méridionale ; en France dans tous nos bois sablonneux, où prospère le Pin sylvestre comme à Fontainebleau, par exemple ; il voltige de juillet jusqu'en septembre. Le jour, il repose, les ailes étendues en toit sur l'abdomen ; il s'anime au soleil couchant et s'agite, en tournoyant d'un vol lent, en quête de sa nourriture et de son semblable.

Sur les pentes ensoleillées, à l'abri d'une racine d'arbre saillante, la Larve établit sa retraite qui consiste en un cratère au fond duquel elle se tapit, les pinces dressées, et guettant sa proie. Elle capture des Fourmis et de petits Insectes qu'un faux pas fait dégringoler dans l'entonnoir qu'elle s'est construit ; elle saisit alors sa victime et la dévore sur-le-champ. Nos figures 690 et 691 représentent ses pinces menaçantes dont la merveilleuse structure mérite d'être étudiée de près. Ce sont de redoutables mandibules armées de trois dents internes ; elles sont évidées en dessous pour recevoir la portion sétiforme de la mâchoire qui forme l'appareil de succion. Les palpes maxillaires manquent ; les palpes labiaux sont constitués par un article basilaire extrêmement grand, elliptique, suivi de trois articles cylindriques plus petits ; ils ne se dirigent pas en avant entre les mâchoires, mais se trouvent situés au-dessous d'elles. Aux angles de la tête, à peu près cordiforme, et grosse, on trouve six yeux et des antennes dont la longueur n'atteint pas celle des palpes labiaux. Les pattes se terminent par deux griffes sans pelotes. Le corps est trapu, le prothorax rétréci en forme de cou ; les poils épais recouvrent, sur les côtés, des verruco-

(1) Μύρμηξ, ηκως, Fourmi ; λέων, Lion.

Fig. 691. — Larve, très
grossie.

Fig. 690. — Larve, de grandeur
naturelle.

Fig. 692. — Adulte, de grandeur
naturelle.

Fig. 690 à 692. — Le Fourmilion commun.

sités, et la base de l'abdomen est soulevée en forme de bosse.

Le Fourmilion confectionne son cratère en travaillant à reculons. Il commence par tracer un fossé circulaire dont les dimensions sont en rapport avec sa propre taille et dont le bord extérieur limite son domicile futur. Au centre se forme un cône sablonneux abrupt, que l'Insecte aménage d'une manière ingénieuse. Au milieu du premier cercle qu'il a tracé, l'Insecte enfouit dans le sable son abdomen ; il s'y enfonce par un mouvement de vrille dans un espace de plus en plus rétréci, et à l'aide de ses pattes antérieures il porte le sable sur sa tête large, en forme de pelle, et le rejette au-delà du bord externe du fossé primitif avec une telle vigueur qu'il s'étale jusqu'à cinq centimètres au moins de ce bord. De temps à autre il se repose ; mais pendant son travail ses mouvements précipités provoquent une pluie de sable continue. Le cône intérieur s'enfonce en même temps qu'il s'étend, et cache au fond de l'entonnoir l'Insecte mineur, qui se trouve enfoui jusqu'aux pinces exclusivement. Pour faciliter ce travail, qui exige une force musculaire assez grande, il n'applique pas toujours ses efforts d'un même côté, du commencement jusqu'à la fin ; mais il se retourne de temps en temps pour faire manœuvrer tantôt la patte gauche, tantôt la droite. S'il trouve sur sa route des grains de sable un peu gros, ce qui ne manque jamais d'arriver, il les rejette isolément ; s'il en rencontre de plus gros encore qu'il ne parvient pas à lancer, il les transporte sur son dos jusqu'au dehors. On a observé que l'Insecte fait dans ce but de nombreux efforts ; et ce n'est qu'après plusieurs essais infructueux et réitérés qu'il se décide à chercher quelque autre place dans le voisinage, pour reprendre son travail, dans l'espoir d'un succès meilleur.

En raison de leur conformation peu propice à une pérégrination lointaine, la mère a soin de déposer ses œufs dans les lieux sablonneux où ces Larves pourront exécuter l'œuvre indispensable à leur prospérité. Il est à peine besoin de rappeler que le Fourmilion n'habite pas toujours un même et unique cratère ; à mesure qu'il grandit il a besoin d'un entonnoir plus vaste, sans compter que des accidents de toute espèce peuvent détruire son œuvre, et que la pénurie du butin peut le forcer également à établir son piège ailleurs. L'entonnoir d'une forte Larve mesure 5 centimètres de profondeur et 7^{cm},8 environ de diamètre à sa circonférence externe ; ces proportions toutefois ne sont pas absolues et dépendent en partie de la nature du sol. Le carnassier, tapi au fond de son cratère, ne capture pas toujours sa proie sans efforts et sans peine ; une petite Chenille, un Cloporte, une Araignée, ou quelqu'autre animal plus gros qui roulent dans ce trou par accident ou qu'une pluie de sable fait dégringoler dans l'antre, luttent, s'il leur reste quelque chance de se maintenir au bord du précipice, avec plus d'énergie et de vigueur qu'une Fourmi ou quelqu'autre Insecte de cette taille.

Bonnet cite un exemple intéressant qui montre à la fois la ténacité du Fourmilion et la sollicitude maternelle de l'Araignée. Une *Pardosa saccata*, appartenant à cette gent meurtrière qui vit sous les feuilles sèches, parmi les herbes, et qu'on reconnaît aisément au sac ovarien blanchâtre, de la grosseur d'un pois, qu'elle porte au printemps accolé à son ventre et qu'elle surveille avec plus d'anxiété qu'un avare son trésor, fut poussée dans l'entonnoir d'une forte Larve de Fourmilion. Celui-ci saisit le sac ovarien avant que l'Araignée ait pu s'échapper du fond de ce cône. L'un tirait en bas, l'autre en haut ; et le sac à la suite d'efforts vigoureux finit par être déchiré. Mais l'Araignée n'eut aucunement l'idée d'abandonner en ce point son trésor. Elle le saisit entre ses mâchoires puissantes et redoubla ses efforts pour l'arracher à son ennemi ; en dépit de sa résistance et de ses débats, le Fourmilion vainqueur finit par enfouir son butin dans le sable. Il fallut que Bonnet intervînt avec une certaine ténacité pour empêcher la malheureuse mère de périr victime de son amour pour sa postérité ; elle ne quitta pas, de son plein gré, la place où elle savait enterré ce qu'elle avait de plus précieux ; elle y aurait été sûrement dévorée à son tour, peu de temps après. Un Fourmilion lutta pendant un quart d'heure avec une Abeille dont les ailes avaient été enlevées ; il se comporterait de même avec son semblable : installé solidement dans le sable, il a toujours l'avantage. Il rejette au dehors les dépouilles des victimes qu'il a sucées, afin de ne pas encombrer le fond de son entonnoir et de garder la liberté de ses mouvements. Ces Larves suppléent par la ténacité et par la ruse aux avantages d'autre sorte dont la nature les a privées.

Dans les premiers jours de juin les Larves commencent à subir leur Nymphose. Elles s'enfouissent un peu plus profondément au fond de l'entonnoir ; leur extrémité abdominale s'allonge comme le tube d'une lunette d'approche ; il en sort des fils soyeux blanchâtres qui agglomèrent les couches de sable environnantes sous la forme d'une sphère friable, dont la paroi interne, molle, est comme capitonnée. La peau de la Larve se fend alors au niveau de la nuque, et la Nymphe fait son apparition. Elle est plus grêle que la Larve, de couleur jaunâtre et tachetée de brun. Comme chez toutes les Nymphes, les gaines des ailes, des pattes et des antennes sont libres ; le corps prend une attitude recroquevillée pour se maintenir dans l'espace creux de la sphère sablonneuse.

Au bout de quatre semaines d'incubation dans le sable parfois extrêmement chaud, l'Insecte ailé fait éclater sa coque et entraîne sa dépouille au moment de l'éclosion à moitié hors de son cocon. Le Fourmilion ne vient au monde que dans la soirée, et ce Névroptère élancé témoigne ainsi de ses habitudes nocturnes. Un été, raconte Taschenberg, j'avais rapporté de nombreuses sphères sablonneuses, et chaque soir, je trouvai dans ma boîte près d'une huitaine de nouveau-nés ; mais, le lendemain matin, je pouvais être certain d'en voir quelques-uns d'estropiés si je les laissais ensemble pendant la nuit. Le peu de jours qu'ils ont à vivre est consacré à la perpétuation de l'espèce. La femelle fécondée pond un petit nombre d'œufs, à coque dure, d'environ 3^{mm},37 de long et de 1^{mm},12 de large. Ils sont un peu courbes, jaunâtres, et leur grosse extrémité est rougeâtre. Les Larves éclosent avant l'hiver ; elles s'installent ainsi que nous l'avons décrit, et pendant la période de disette elles dorment du sommeil hivernal au-dessous du fond de l'entonnoir. Elles n'acquièrent probablement pas encore leur taille minimum au mois de juin suivant, car on trouve au même moment des Larves de toutes dimensions et des Nymphes. On n'a pas encore observé les mues de ces Larves.

LE FOURMILION SANS TACHE. — *MYRMECOLEO FORMICALYNX*.

Le Fourmilion sans taches (*Myrmecoleo formicalynx*) mène une existence fort analogue ; sa Larve ne se distingue de la précédente que par des différences insensibles dans la conformation de la tête.

LE FOURMILION A LONGUES ANTENNES. — *MYRMECOLEO TETRAGRAMMICUS*.

Caractères. — Le Fourmilion à longues antennes (*Myrmecoleo tetragrammicus*) est celui chez lequel les antennes sont au moins aussi longues que la tête et le thorax réunis et dont les jambes antérieures portent des éperon recourbés.

Sa Larve se distingue des précédentes par ses yeux situés sur une petite éminence, et par son dernier segment pourvu de deux petits plateaux cornés et dentelés ; elle marche aussi bien en avant qu'à reculons.

Distribution géographique. — On trouve

cette espèce isolément dans la province de Saxe (Stolzenbayn) ; elle n'est pas rare dans la forêt de Fontainebleau.

LE FOURMILION LIBELLULE. — *PALPARES LIBELLULOIDES.*

Dans les pays chauds il existe des Fourmilions dont la taille dépasse du double celle de nos espèces indigènes ; cependant notre Fourmilion libellule (*Palpares libelluloïdes*), qui habite nos départements les plus méridionaux et tout le sud de l'Europe, est déjà d'une belle dimension, car il mesure douze centimètres d'envergure.

Sa Larve ne confectionne pas d'entonnoir, mais se cache simplement dans le sable.

LES ASCALAPHES — *ASCALAPHUS* (1)

Caractères. — Les Ascalaphes (*Ascalaphus*), qui sont apparentés aux Fourmilions, en diffèrent par leurs antennes allongées sétiformes dont la longueur atteint et dépasse celle du corps et qui sont terminées par un bouton ; leurs yeux à facettes sont distincts ; le front est revêtu de poils longs et épais au voisinage du vertex. Les pattes, courtes, portent chacune deux griffes puissantes et deux éperons terminaux aux jambes. On donne en Allemagne le nom de *Schmetterlingshaft* à ces jolis Insectes en raison de la brillante coloration de leurs ailes triangulaires, et de la forme de leurs antennes qui rappellent les organes analogues de certains Papillons diurnes. L'abdomen des mâles est pourvu de pinces en forceps qui leur servent à saisir les femelles dans leur vol rapide et élevé ; une fois accouplés ils se laissent choir sur quelque plante.

Leurs Larves ressemblent essentiellement à celles des Fourmilions. Elles ont une tête presque carrée dont les angles postérieurs très arrondis présentent chacun six yeux formant saillie en arrière des pinces buccales, de chaque côté. L'extrémité abdominale est cylindrique et les segments portent (à l'exception de l'anneau cervical) des verrucosités pédiculées revêtues de poils presque écailleux. Ces Animaux vivent parmi les herbes et sur diverses plantes ; ils s'y nourrissent d'Insectes et fabriquent, en juin, un cocon sphérique et fragile pour subir leur Nymphose.

(1) 'Ασκάλαφος, nom mythologique.

Distribution géographique. — Beaucoup d'Ascalaphes vivent dans le midi de l'Europe.

L'ASCALAPHE BARIOLÉ. — *ASCALAPHUS MACARONIUS OU HUNGARICUS.*
Buntes Schmetterlingshaft.

Caractères. — L'Ascalaphe bariolé (*Ascalaphus macaronius*) mesure 19^{mm},5 de long et 44^{mm} environ d'envergure ; il est revêtu de poils noirs ; sa face seule est d'un jaune doré. Les ailes antérieures, jaunes au niveau de leur base à insertion noire, présentent deux grandes taches brunes sur leur aire enfumée : celle qui se rapproche du sommet est en forme de croissant ; les ailes postérieures, d'un brun noirâtre, portent une bande médiane et une tache apicale arrondie d'une couleur jaune-vif.

Distribution géographique. — Cet Ascalaphe s'étend vers le nord jusqu'à Mödling et à Baden (en Autriche).

L'ASCALAPHE LONGICORNE. — *ASCALAPHUS LONGICORNIS.*

Caractères. — Cet Ascalaphe (fig. 693) est noir : ses ailes supérieures sont marquées d'une tache qui part de la base et s'avance en se dilatant jusqu'au tiers de l'aile et d'une

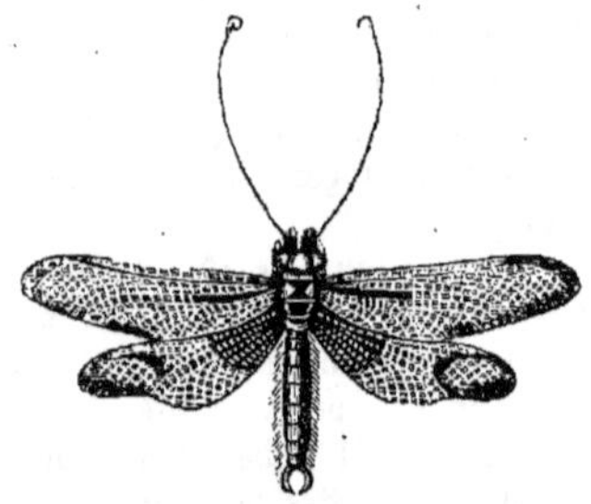

Fig. 693. — Ascalaphe longicorne.

autre petite tache située à la base de l'espace costal ; toutes deux sont brunes et réticulées de jaune ; ses ailes postérieures ont une grande tache basilaire noire et une sorte de croissant également noir vers l'extrémité.

Distribution géographique. — Cet Ascalaphe n'est pas rare en France ; il remonte même jusqu'à Fontainebleau et Bouray, mais devient plus abondant à mesure qu'on avance vers le midi.

LES HÉMÉROBIIDES — *HEMEROBIIDÆ*

Die Florfliegen.

Caractères. — Les Mouches aux yeux d'or, les Hémérobes, sont de petits Névroptères qui diffèrent essentiellement des Fourmilions par leurs antennes sétiformes, qui ne se terminent jamais en bouton ; les mandibules de leurs Larves ne sont pas dentelées.

Mœurs, habitudes, régime. — Qui ne connaît ces Insectes aux yeux d'or, sur les ailes desquels on voit se jouer toutes les couleurs de l'arc-en-ciel, et qui établissent volontiers leurs quartiers d'hiver dans les pavillons de nos jardins ? Ils attendent là, dans quelque endroit abrité, l'arrivée du printemps, le corps enseveli sous leurs ailes vert-tendre. Ils s'occupent de leur multiplication dans les bosquets et les bois, leur vraie patrie, où on peut les voir aisément tout l'été, jusqu'à une époque avancée de l'automne ; leur multitude, surtout au milieu des jeunes Chênes, frappe d'autant plus les yeux qu'il y a à ce moment pénurie d'Insectes. Taschenberg en a saisi un le 7 novembre pendant la chaude année de 1865 ; il venait de sortir de sa coque.

L'œil le moins exercé peut reconnaître, parmi ces nombreux et élégants Névroptères, des différences de taille et de couleurs qui obligent à distinguer plusieurs espèces. Ces Animaux nous font connaître une troisième sorte de Larves ; celles-ci se nourrissent surtout de Pucerons et préservent le monde végétal des dévastations que causerait une multiplication trop étendue de ces Insectes suceurs. Toutes ont en commun une teinte fondamentale jaune-sale parsemée de taches d'un brun violacé ; elles ne se distinguent que difficilement par la diversité de ces taches, notamment au niveau de la tête.

Une nourriture abondante et une température élevée activent leur croissance et donnent l'explication des pontes multiples qui ont lieu pendant les étés favorables ; dans ce cas les Insectes destinés à passer l'hiver sont nombreux aussi.

LE CHRYSOPA VULGAIRE. — *CHRYSOPA VULGARIS*.

Gemeine Florfliege.

Caractères. — Le Chrysopa vulgaire (*Chrysopa vulgaris*) (fig. 694 et 695), que Linnée rangeait parmi d'autres espèces sous le nom d'*Hemerobius perla*, se distingue par ses ailes transparentes, par ses nervures d'un vert uniforme, d'un vert jaunâtre, ou d'un rouge-de-chair, par sa tête d'une couleur verte d'herbe parcourue par une ligne longitudinale blanche ou jaunâtre, et par la teinte jaune-pâle de ses antennes, de ses palpes et de ses tarses. La base des griffes s'élargit en forme de crochet ; la lèvre supérieure n'est pas échancrée ; il n'y a pas de points noirs entre les antennes.

Mœurs, habitudes, régime. — La façon dont cet Hémérobe dépose ses Œufs blanchâtres (fig. 700 et 701) sur les feuilles ou sur les troncs d'arbres est assez étrange. Elle appuie d'abord sur l'objet choisi l'extrémité de son abdomen, puis elle la relève aussi haut que possible, et l'on voit s'élever ainsi un fil blanchâtre terminé par un renflement : c'est l'Œuf, qui ressemble à un Champignon pédiculé ; on le prenait jadis pour un végétal et on l'appelait alors *Ascophora ovalis*. Bientôt l'Œuf se fend à sa partie supérieure, donnant issue à un Animal grêle, qui, lorsqu'il a grandi (fig. 696), est facile à trouver parmi les Pucerons ; de là le nom de *Lion des Pucerons* qu'on lui a donné. La figure montre sa ressemblance avec le Fourmilion ; mais les pinces buccales du *Lion des Pucerons* ne sont pas dentelées, et ses palpes labiaux, qui font saillie entre elles, n'atteignent pas la longueur des antennes sétiformes. Le corps est moins velu, plus grêle et son extrémité postérieure sert d'appui et tâtonne sans cesse autour d'elle.

La Larve qui a atteint tout son développement tisse, avec l'extrémité de son abdomen, plusieurs fils soyeux et s'entoure ainsi d'un cocon assez solide et presque sphérique, dans lequel elle subira sa Nymphose, tantôt sur une feuille (fig. 697), tantôt parmi des aiguilles de Sapins (fig. 698), ou sur l'objet quelconque où elle s'est fixée. La Nymphe et le cocon n'ont besoin d'aucune description ; il suffit de jeter les yeux sur les figures 697, 698 et 699. Du reste, d'après les observations de Taschenberg, les espèces ne fabriquent pas toutes un cocon.

Distribution géographique. Le Chrysopa vulgaire, qui se rencontre dans l'Europe entière, se retrouve au cap de Bonne-Espérance ;

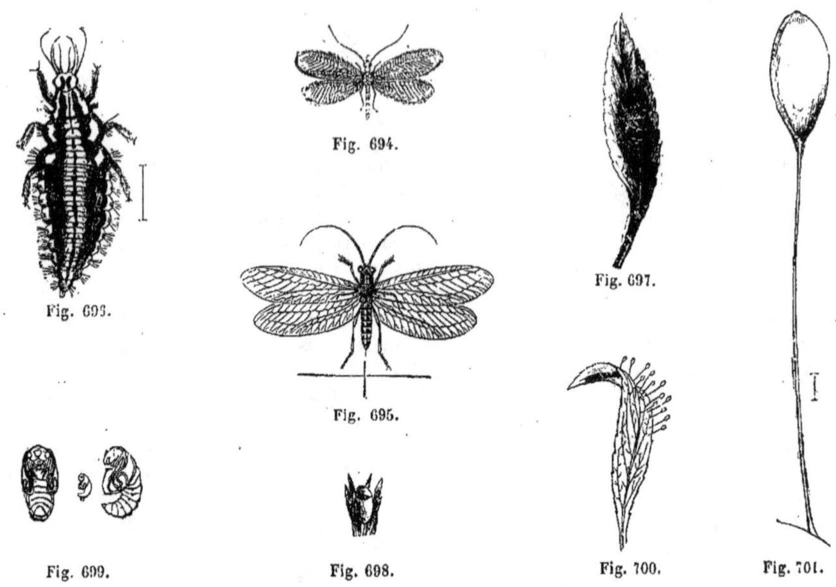

Fig. 694.

Fig. 693.

Fig. 695.

Fig. 697.

Fig. 699.

Fig. 698.

Fig. 700.

Fig. 701.

Fig. 694. — Adulte, de grandeur naturelle.
Fig. 695. — Adulte, très grossie.
Fig. 696. — Larve, très grossie.
Fig. 697. — Cocon fermé, de grand. nat.

Fig. 698. — Cocon ouvert, de grand. nat.
Fig. 699. — Nymphe, de grand. nat. et grossie.
Fig. 700. — Ponte, de grand. nat.
Fig. 701. — OEuf, très grossi.

Fig. 694 à 701. — L'Hémerobe vulgaire à tous les âges.

l'Europe et les autres parties du monde renferment beaucoup d'autres espèces.

LES HÉMEROBES — *HEMEROBIUS* (1)

Caractères. — On se ferait une idée fausse des Hémerobes (*Hemerobius*) si on les considérait comme des Insectes éphémères, d'après leur dénomination technique. Elles se rapprochent plutôt des *Chrysopa*. Leurs espèces sont moins nombreuses ; leur retraite d'hiver est plus élevée et plus dissimulée dans les bosquets. Ces Insectes étendent en forme de toit extrêmement oblique leurs larges ailes, souvent tachetées et complètement colorées. La nervure marginale de l'aile antérieure ne s'étend pas parallèlement à la nervure sous-marginale, mais au voisinage de la base elle décrit une courbe vers l'extérieur ; la nervure longitudinale voisine (*radius*) émet, au côté interne, au moins deux rameaux parallèles appelés secteurs. D'après le nombre de ces rameaux et d'après le trajet de la première nervure transversale entre les nervures marginale et sous-marginale, on a établi récemment plusieurs genres.

Distribution géographique. — Des espèces fort intéressantes habitent les contrées méridionales.

Mœurs, habitudes. — Les Larves des Hémerobes comme celles des Chrysopa rappellent celles des Fourmilions, et mènent une existence analogue ; mais leurs mandibules sont très courtes et larges, leurs antennes sont épaisses, et leurs pattes trapues portent des pelotes courtes et épaisses. Quelques-unes s'abritent dans la dépouille des Pucerons qu'elles ont dévorés, et enveloppées d'une poussière duveteuse ; elles pourraient être prises pour les Pucerons eux-mêmes, si leurs pinces, qui font saillie en avant, ne venaient les déceler.

L'HÉMEROBE VELU. — *HEMEROBIUS HIRTUS*.

Die Rauhe Landjungfer.

Caractères. — L'Hémerobe velu (*Hemerobius hirtus*), qui se rencontre à partir du mois de juillet sur les buissons en Allemagne et ailleurs, se reconnaît aisément aux cinq rameaux paral-

(1) Ἡμερόβιος, éphémère.

BREHM. — VII.

lèles et équidistants qui émanent du radius, ainsi qu'aux nervures de l'aile antérieure tachetées tantôt de jaune et tantôt de brun-noir ; on en compte onze dans la première rangée des nervures transversales, dix-huit dans la seconde.

Cet Insecte est d'un brun-noir, à l'exception des pattes et de la partie antérieure du dos qui sont d'un jaune brunâtre ; son corps mesure 6^{mm}, 5, et son aile antérieure a 8^{mm}, 75 de long. Comme chez toutes les espèces de ce genre, les antennes ressemblent à un chapelet de perles très fin.

LES NÉMOPTÈRES — *NEMOPTERA* (1)

Caractères. — Voilà certes des Insectes étranges, dont les formes toutes particulières sont faites pour surprendre et dérouter l'Entomologiste le plus exercé sur leurs véritables affinités. A part les Diptères, ce sont les Arthropodes dont les ailes inférieures ont subi les plus grandes modifications ; ces ailes sont démesurément allongées, presque linéaires, souvent un peu dilatées avant l'extrémité.

Les antennes sont filiformes ; la bouche est rostriforme, c'est-à-dire prolongée en une sorte de museau ; les mâchoires droites, ciliées, obtuses, portent des palpes plus courts que les palpes labiaux ; les ocelles manquent ; les tarses de cinq articles ont le premier et le dernier article assez longs.

Distribution géographique. — Ces Névroptères habitent la plupart des contrées qui circonscrivent la Méditerranée, l'Espagne, le Portugal, les îles de l'Archipel, l'Asie Mineure, l'Égypte, l'Algérie, mais n'ont jamais été rencontrés ni en France, ni en Italie.

Mœurs, habitudes, régime. — Nous devons à Roux la connaissance de Larves bizarres au long cou, au corps orbiculaire qui ont été trouvées dans le sable qui envahit les tombeaux des anciens Égyptiens. Schaum qui a rencontré également ces Larves pense que ce sont des Larves de Némoptères ; mais ce n'est qu'une présomption.

LE NÉMOPTÈRE ALGÉRIEN. — *NEMOPTERA ALGIRICA.*

Caractères. — Cette espèce que nous représentons (fig. 702) est reconnaissable à ses ailes

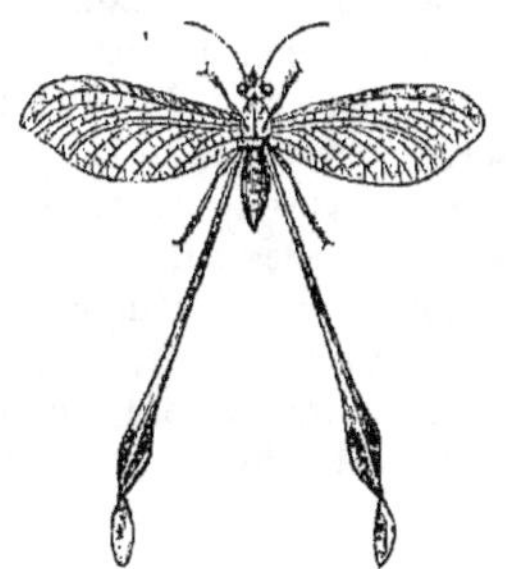

Fig. 702. — Le Némoptère algérien.

supérieures transparentes, ayant le bord antérieur marginé de brun roussâtre, à ses ailes inférieures ayant avant l'extrémité deux dilatations brunes, et à l'extrémité deux taches jaunes.

Distribution géographique. — Son nom désigne sa patrie.

LES SIALIDES OU SEMBLIDES — *SIALIDÆ* OU *SEMBLIDÆ*

Die Schwanzjungfern.

Caractères. — Les ailes antérieures et postérieures sont semblables et ne se replient jamais, d'où le nom de *Planipennes* donné par Latreille ; la tête est grande, souvent inclinée en avant, mais jamais prolongée en forme de museau ; elle porte des yeux hémisphériques proéminents et presque toujours des yeux lisses, des antennes sétacées ou filiformes, moins longues que le corps ; les mandibules sont dentées du côté interne ; les mâchoires ont un lobe externe (*galea*) développé et des palpes en général de 5 articles ; la lèvre inférieure a des palpes de 3 articles ; les ailes dont la nervure costale est très développée, au repos s'abaissent en forme de toit sans se replier. Les tarses comptent 5 articles.

(1) Νῆμα, fil ; πτερόν, aile.

LES RHAPHIDIES — *RAPHIDIA* (1)

Die Kamelhalsfliegen.

Caractères. — Les Rhaphidies (*Rhaphidia*) ont le premier anneau de leur thorax très allongé et très mobile; ce segment ne présente pas la forme d'un cylindre complet, comme dans le genre précédent, mais sa partie dorsale offre des bords latéraux saillants.

La tête aplatie et allongée postérieurement en forme de cou atteint sa plus grande largeur au niveau des yeux qui sont à fleur de tête; entre eux s'élèvent des antennes courtes, filiformes et constituées par un grand nombre d'articles. Les pièces buccales sont peu saillantes en raison de leur petitesse; les palpes maxillaires, filiformes, sont formés de cinq articles, les palpes labiaux de trois. La femelle diffère du mâle par une longue tarière recourbée en haut (d'où le nom de *Rhaphidie*), et les deux sexes se distinguent de presque tous les autres Névroptères par la grande mobilité de leurs anneaux. Lorsqu'on les prend entre les doigts, ils cherchent à s'échapper par un frétillement énergique et semblent vouloir tout anéantir avec leurs mâchoires armées de trois dents.

LA RHAPHIDIE A GROSSES ANTENNES. — RHAPHIDIA OU INOCELLIA CRASSICORNIS.

Dickfühlerige Kamelhalsfliege.

Caractères. — La Rhaphidie crassicorne (*Rhaphidia* ou *Inocellia crassicornis*) représentée ici se distingue de toutes les autres espèces par l'absence d'yeux accessoires, par la présence d'une nervure transversale dans le pterostigma d'un rouge brun foncé des ailes antérieures, qui sont transparentes; aussi Schneider, dans son travail monographique, a-t-il cru devoir faire de ce groupe un genre spécial.

Mœurs, habitudes, régime. — Ces Névroptères éclosent au printemps; ceux dont nous parlons n'éclosent qu'en juin. On les trouve sur les troncs d'arbres, et spécialement sur les Chênes, en train de guetter leur proie qui consiste en petits Insectes. Lorsque la Rhaphidie découvre une Mouche dans son voisinage, elle relève son prothorax, redresse la tête, et c'est dans cette attitude grotesque qu'elle attaque sa proie. Si sa victime exécute alors quelques

(1) 'Ραφις, aiguille; εἶδος, forme.

mouvements désespérés, la Rhaphidie bondit en arrière, revient à la charge et finit par saisir sa victime. Elle enfonce alors avec avidité ses dents dans le corps de sa proie, puis retire ses mandibules et les frotte l'une contre l'autre

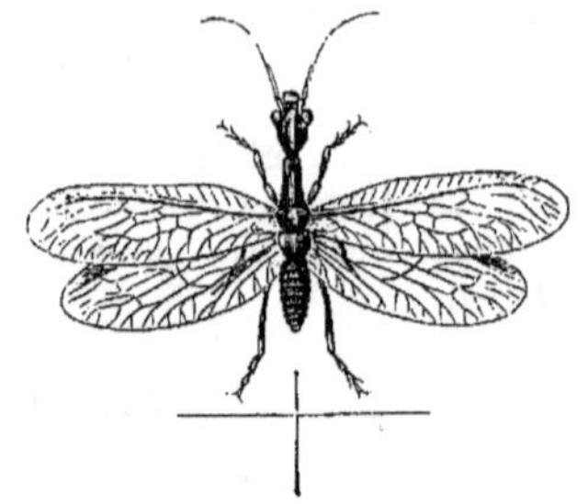

Fig. 703. — La Rhaphidie à grosses antennes, mâle, grossie.

avec rapidité comme pour les aiguiser; elle continue cette manœuvre jusqu'à ce qu'il ne reste plus que la peau et les parties dures. Si l'on enferme deux de ces Rhaphidies dans un espace clos, elles commencent par s'éloigner l'une de l'autre; mais au bout de quelque temps elles se mordent, et finalement la plus forte dévore la plus faible, si l'on n'a eu soin de

Fig. 704. — La Rhaphidie à grosses antennes, femelle, de grandeur naturelle.

lui procurer quelque autre nourriture. Mais un de ces Névroptères, isolé, peut jeûner, plusieurs semaines.

La Larve habite sous les écorces des arbres, sous la mousse ou sous les lichens qui les recouvrent; elle y pourchasse les Insectes dont elle se nourrit. Cet Animal, élancé et robuste, se reconnaît à la forme à peu près carrée de sa tête et de son premier segment thoracique, qui sont seuls revêtus de chitine. La tête porte de chaque côté des antennes à quatre articles et quatre yeux; certaines espèces en présentent deux ou sept. Les pattes, courtes, sont formées, indépendamment des hanches, de trois articles seulement et sont terminées chacune par deux griffes. La partie antérieure du corps est d'un brun plus ou moins foncé et l'abdomen porte le plus souvent des stries claires. Cette Larve dissimule sa retraite, aussi est-il difficile de l'apercevoir ; si elle apparaît parfois à la surface de l'écorce, vers le milieu de la journée, elle cherche à se dissimuler entre les fissures des écorces dès qu'elle se croit observée; elle ne marche pas avec beaucoup de rapidité, mais elle imprime à tout son corps des mouvements violents et ondulés, qui lui donnent l'apparence d'un Serpent, infiniment petit d'ailleurs. En général, chaque tronc d'arbre n'est habité que par une seule Larve. Schneider n'a observé que deux mues, mais il pense que ce phénomène se répète plus souvent. Il fit à la même époque une observation intéressante : une Larve, dont un article d'un tarse et un article antennaire avaient été enlevés par une morsure, recouvra ces deux articles pendant sa dernière mue. Avant son sommeil hivernal la Larve a acquis toute sa taille, au printemps prochain les anneaux thoraciques s'écartent et préparent ainsi la Nymphose. En avril, ou un peu plus tard, l'animal se dépouille de sa dernière peau de Larve.

La Nymphe ne se distingue en réalité de l'Adulte que par l'immobilité, par l'attitude recroquevillée du corps, et par le manque de développement des ailes ; chez la femelle, la tarière s'applique dans sa plus grande longueur sur le dos, tandis que sa base est appliquée sur le ventre. Vers le onzième ou treizième jour, l'Insecte se colore ; il semble alors s'éveiller et ne cesse de s'agiter. Les pattes, jusqu'alors repliées, s'étendent et commencent à frétiller ; la Nymphe se redresse tout à coup et prend sa course. Mais où va-t-elle? Elle ne s'enfuit pas au loin. Elle ne cherche que la lumière et la liberté. Elle se fixe bientôt, les ailes déjà pendantes le long du corps, et s'arrête dans cette attitude pendant six ou huit heures. Elle semble vouloir à ce moment rassembler ses forces, pour opérer enfin sa délivrance complète. Elle appuie son ventre et ses gaines alaires contre un plan résistant, tourne sa tête en tous sens, ainsi que le premier anneau de son thorax, qui vont jouer le rôle principal dans les mouvements de l'Insecte parfait ; elle se met à mordre tout autour d'elle, comme si elle voulait élargir son étroite retraite. Finalement, la membrane qui la recouvre se déchire au niveau de la nuque et l'éclosion a lieu comme pour tous les autres Insectes.

Les espèces du même genre étrangères à l'Europe sont peu connues.

LES SIALIS — *SIALIS* (1)

Die Wasserflorfliegen.

Caractères. — Les *Sialis* rappellent par leur aspect général les Phryganides, dont nous nous occuperons bientôt.

La figure 705 donne une idée de leur conformation. La tête, marquée sur le vertex d'un sillon longitudinal, ne porte pas d'yeux accessoires ;

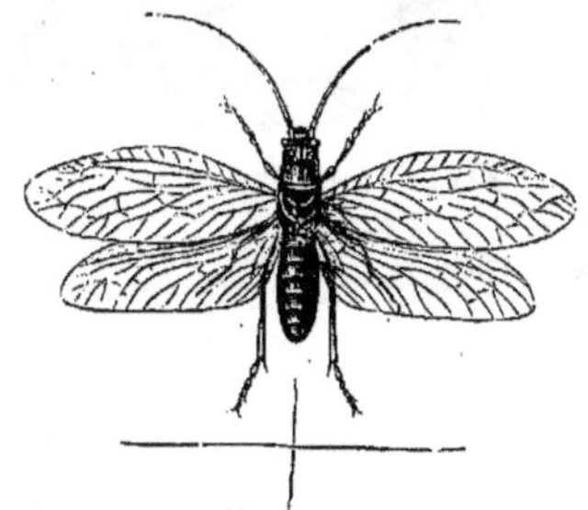

Fig. 705. — Le Sialis de la vase, très grossi.

la mâchoire, qui présente un lobe interne étroit et lancéolé, porte deux palpes à 6 articles. En raison de la puissante saillie des épaules, le premier segment thoracique, un peu rétréci en arrière, offre l'apparence d'un cou. Les ailes, fortement enfumées, sont néanmoins transparentes et parcourues par des nervures épaisses, caractères qui manquent chez les Phryganides. Aux pattes, le quatrième et avant-dernier article du tarse s'élargit et devient cordiforme.

LE SIALIS DE LA VASE. — *SIALIS LUTARIA.*

Gemeine Wasserflorfliege.

Caractères. — Le Sialis commun est d'un brun noir mat ; seule, la base de la nervure marginale de l'aile antérieure est d'un jaune brunâtre.

Mœurs, habitudes, régime. — En mai et en avril, on trouve en grande quantité, dans toute l'Europe, ces Sialis en compagnie des Phryganes au-dessus des eaux stagnantes et courantes. Elles voltigent lourdement dans l'attitude que représente la figure 706, le long des plantes, des troncs d'arbres, des pilotis, des berges ; elles s'y reposent aux rayons du soleil et s'y chauffent volontiers (fig. 707). Bien qu'elles s'envolent quelquefois assez rapidement à une

(1) Σιαλίς, sorte d'oiseau.

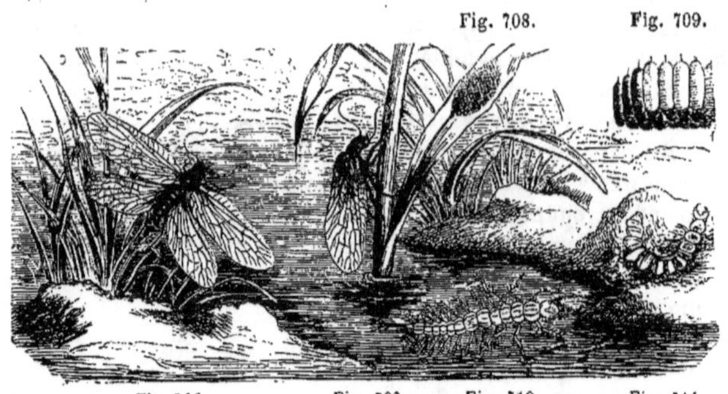

Fig. 708.   Fig. 709.

Fig. 706.   Fig. 707.   Fig. 710.   Fig. 711.

Fig. 706. — Adulte, au vol.
Fig. 707. — Adulte, au repos.
Fig. 708. — Ponte, de grand. nat.

Fig. 709. — OEufs, grossis.
Fig. 710. — Larve nageant, de grand. nat.
Fig. 711. — Larve prête à se métamorphoser.

Fig. 706 à 711. — Le Sialis de la vase.

certaine distance de son lieu de repos, l'impression qu'elles produisent est pourtant celle d'Insectes paresseux. La femelle fécondée effectue sa ponte sur les plantes ou sur tout autre objet dans le voisinage immédiat de l'eau. Elle dépose par rangée ses œufs au nombre de six cents environ (fig. 708 et 709). Ces œufs, bruns et cylindriques, reposent verticalement sur leur extrémité, qui est arrondie, et se terminent en haut par un prolongement en forme de rostre et de couleur claire. Peu de semaines après, de petites Larves grêles en éclosent; elles descendent dans l'eau, se nourrissent du produit de leur chasse, exécutent des mouvements rapides, nageant, rampant et se tortillant en tous sens (fig. 710). La tête, grande, et les trois segments thoraciques sont cornés; tout le reste est de consistance plus molle. Les prolongements mobiles et tubuliformes qui revêtent les côtés de leur corps et leur longue queue sont des organes respiratoires ou branchies; mais ils servent, en même temps que les pattes, à la natation. Au mois de mai ou d'avril de l'année suivante, ces Larves, d'un brun jaunâtre, sont marquées de taches claires ou foncées; lorsqu'elles ont atteint tout leur accroissement, elles mesurent 17^{mm},5 de long, sans tenir compte de la queue. A ce moment elles sortent de l'eau pour opérer leur Nymphose sur le sol humide du rivage (fig. 711).

LE SIALIS FULIGINEUX. — *SIALIS FULIGINOSA.*

Die russfarbige Wasserflorfliege.

Caractères. — Une seconde espèce, très analogue, a été décrite par Pictet; c'est le Sialis fuligineux (*Sialis fuliginosa,*) qui ne s'en distingue que par une coloration plus foncée, une disposition un peu différente des nervures alaires, et la forme de l'extrémité abdominale chez le mâle.

Elle apparaît généralement une quinzaine de jours après la précédente.

LES PANORPIDES — *PANORPIDÆ*

Die Schnabeljungfern.

Caractères. — Ainsi que l'indiquent les figures 712, 713; 715 et 716 : le corps, les pattes et les antennes sont grêles; la tête, verticale, est prolongée en forme de rostre; les antennes sont insérées sur le front au-dessous des ocelles, très visibles; les mandibules paraissent petites, étroites et bidentées au sommet; les mâchoires soudées au menton ont des palpes de 5 articles; la lèvre inférieure bifide a des palpes de 3 articles; le prothorax est court; les quatre ailes, presque semblables, sont longues, étroites, arrondies en arrière et possèdent un nombre relativement minime de nervures transversales. Les griffes, petites et pectinées, les puissants éperons terminaux des jambes, méritent encore attention. Le rostre est constitué : en haut, par le chaperon triangulaire et allongé; en bas, par la mâchoire inférieure prolongée et par la lèvre inférieure hypertrophiée (fig. 716).

Distribution géographique. — Dans une monographie, Wetswood indique dix-neuf espèces différentes, dont trois européennes, sept américaines et deux javanaises; une espèce se trouve à Madras; les autres habitent l'Afrique.

LES PANORPES — *PANORPA* (1)

Caractères. — Antennes sétiformes, à premier article robuste; ocelles très apparentes; palpes maxillaires à dernier article aussi long ou plus long que le précédent; ailes grandes, étroites, transparentes, à nervures longitudinales rameuses; tarses terminés par deux griffes à ongles dentelés; les trois derniers segments de l'abdomen très rétrécis; le dernier très développé, très allongé et gonflé chez le mâle, terminé par une paire de pinces semblables à des tenailles.

LA PANORPE COMMUNE. — *PANORPA COMMUNIS*.

Gemeine Skorpionfliege.

Caractères. —La Panorpe commune (*Panorpa communis*) appartient à une nouvelle série d'Insectes, qui diffèrent des précédents par leur conformation. Le nom de Mouche-Scorpion qu'on lui donne communément provient de ce que le mâle, sans être armé d'un dard venimeux, porte à son extrémité postérieure une pince ou forcipule qui se dresse d'un air menaçant. Ce Névroptère mesure de 13 à 15ᵐᵐ; sa couleur est d'un noir brillant excepté sur l'écusson, les pattes et le rostre qui sont jaunes, et sur les trois derniers articles abdominaux du mâle qui sont rouges.

Mœurs, habitudes, régime. —Cet animal étrange, qui inspire la terreur aux autres Insectes, habite, en été, les buissons. Il déploie une audace et une hardiesse effrénées et ne craint pas de s'attaquer à des Libellules d'une

taille beaucoup plus grande ; bien souvent, il les terrasse et alors plonge profondément son rostre dans le corps de sa proie. Lyonet fut témoin d'un de ces coups audacieux.

En captivité, on peut nourrir la Panorpe, de Pommes, de Pommes de terre, de viande crue; elle ne méprise d'ailleurs aucune nourriture.

Autant cette Panorpe, qui surprend et qui effraie parfois les chasseurs lorsqu'elle s'échappe inopinément d'un bouquet de feuilles, se montre audacieuse et hardie, autant sa Larve et sa Nymphe est craintive et dissimulée. Aussi les Naturalistes ont-ils souvent quelque peine à les découvrir. Quatre jours après l'accouplement, la femelle, toujours agitée, enfouit dans la terre humide, à l'aide de sa tarière protractile, à 2ᵐᵐ,5 de profondeur environ, un amas d'œufs plus grands qu'on ne pourrait le présumer d'après la taille de cet Insecte (fig. 715).

D'abord blancs, et entourés de côtes réticulées et saillantes, ces Œufs prennent peu à peu une teinte d'un brun verdâtre. La vie se manifeste chez eux au bout de huit jours. La Larve (fig. 717), qui a quelque ressemblance avec une Chenille velue, se nourrit de matériaux en décomposition ; elle acquiert toute sa taille au bout d'un mois, en moyenne. Sa tête cordiforme, d'un brun rougeâtre, porte des antennes à trois articles, deux yeux saillants en avant, et des pièces buccales puissantes, des palpes maxillaires fort saillants. Les treize autres articles du corps sont pourvus de verrucosités velues ; les trois antérieurs portent des pattes thoraciques de nature cornée ; les huit suivants portent des pattes abdominales charnues ; tous, à l'exception du second et du troisième, présentent un stigmate latéral. Malgré son indolence ordinaire, elle sait échapper adroitement aux poursuites dont elle est l'objet. Pour subir sa Nymphose elle s'enfouit plus profondément en terre, et y demeure de 10 à 21 jours avant de se résoudre à briser son enveloppe pour apparaître sous l'aspect élégant que nous figurons. Quatorze jours plus tard, environ, la Nymphe (fig. 718) manœuvre en vue de l'éclosion, et l'Insecte adulte apparaît ; neuf semaines suffisent en moyenne à son évolution complète ; aussi peut-il y avoir deux pontes depuis la première apparition au commencement de mai. Les derniers nés passent l'hiver partie à l'état de Larves, partie aussi à l'état de Nymphes.

(1) Mot altéré, pour πανόπτης, qui voit tout.

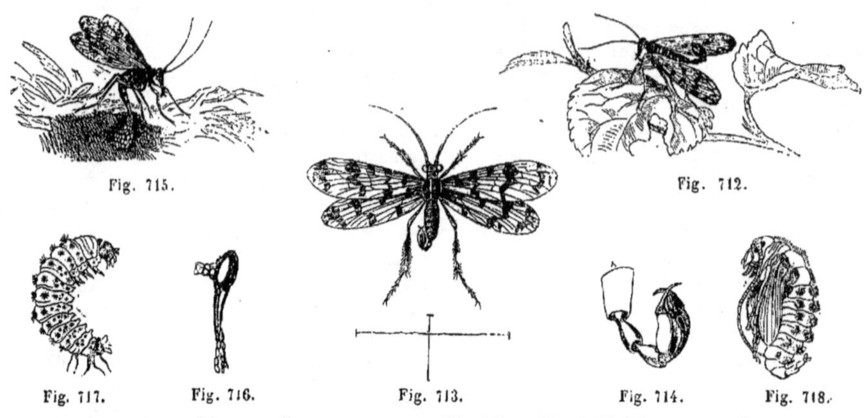

Fig. 715.

Fig. 712.

Fig. 717.   Fig. 716.   Fig. 713.   Fig. 714.   Fig. 718.

Fig. 712. — Mâle. de grandeur naturelle.
Fig. 713. — Mâle, très grossi.
Fig. 714. — Derniers segments de l'abdomen du Mâle.
Fig. 715. — Femelle en train de pondre.

Fig. 716. — Tête de l'Adulte, montrant le rostre.
Fig. 717. — Larve, vue de profil et très grossie.
Fig. 718. — Nymphe, vue de profil et très grossie.

Fig. 712 à 718. — La Pânorpe commune à tous les âges.

LES BITTACUS — *BITTACUS*

Caractères. — Le genre *Bittacus* est apparenté au précédent, en raison du prolongement rostriforme de sa tête ; les antennes sont courtes ; les pattes sont longues, minces et épineuses, avec le tarse armé d'une seule griffe. La physionomie de ses représentants rappelle celle des Tipules (Diptères).

Distribution géographique. — On connaît quelques espèces d'Europe, du Brésil et de l'Australie.

LE BITTACUS TIPULAIRE. — *BITTACUS TIPULARIUS.*

Mückenartige Schnabeljungfer.

Caractères. — Le Bittacus tipulaire (*Bittacus tipularius*) atteint 26^{mm} de long lorsqu'on le mesure depuis son front jusqu'à l'extrémité de ses ailes étendues au repos sur le corps. On pourrait, au premier coup d'œil, le prendre pour une Mouche, en raison de ses longues pattes grêles, de son abdomen presque linéaire, un peu renflé et recourbé vers la pointe, et de ses ailes étroites et jaunâtres. La tête est caractérisée par ses antennes filiformes, par ses yeux accessoires et par son prolongement antérieur en forme de rostre ; les pattes ont une griffe unique et portent aux jambes de longs épe-

rons terminaux ; le corps offre une teinte jaune de rouille qui tire sur le brun au niveau des anneaux médian et postérieur du thorax ainsi qu'à l'extrémité des jambes et des articles des tarses.

Distribution géographique. — Ce Névroptère habite l'Europe méridionale et la France plus spécialement.

Mœurs, habitudes, régime. — Pendant le crépuscule, ces Névroptères voltigent sans cesse en tremblotant ; ils se fixent par leurs longues pattes antérieures à quelque ramuscule, et saisissent à l'aide de leurs pattes postérieures les Insectes qui passent à leur portée. Dans ces circonstances les deux sexes vivent côte à côte et s'accouplent, ventre à ventre, tout en dévorant leurs proies.

LES BORÉES — *BOREUS* (1)

Caractères. — Les ailes sont transformées, chez la femelle, en deux écailles, et chez le mâle, en appendices sétiformes terminés par une soie. Les pattes postérieures, très allongées, sont aptes au saut ; on ne peut méconnaître d'après cela une certaine analogie entre un Borée et une toute jeune Larve d'Orthoptère sauteur, aussi Panzer donne-t-il à cet Insecte le nom de *Gryllus proboscideus*. La femelle possède une longue tarière, et les yeux accessoires font défaut.

(1) Boreus, septentrional.

LE BORÉE HIÉMAL. — *BOREUS HIEMALIS.*

Grillenartige Schnabeljungfer, der Gletschergast.

Caractères. — Cet Hôte des glaciers (*Boreus hiemalis*) mesure $3^{mm},37$ à $4^{mm},5$, à peine ; La teinte fondamentale est d'un vert sombre métallique ; elle est remplacée au niveau des pattes, à la base des ailes et de la tarière chez la femelle, par une couleur jaune brunâtre.

Mœurs, habitudes, régime. — Il recherche le froid, car par étrangeté on le rencontre d'octobre en mars parfois sur la glace même des glaciers. J'ai capturé, dit Taschenberg, il y a plusieurs années, quelques-uns de ces Borées, auprès de Halle, dans une excavation située dans cette partie des Landes, couvertes de Sapins, qui a été complètement minée pour l'exploitation de la houille.

Les Larves, qui vivent au milieu des mousses, et qui recherchent la terre sèche pour leur Nymphose, doivent ressembler beaucoup à celles des Panorpes.

On a découvert récemment une seconde espèce de ce genre, au sud de New-York. On l'a trouvée sur la neige, d'où le nom de *Boreus nivoriundus*, qui lui a été attribué.

LES PHRYGANIDES OU TRICHOPTÈRES — *PHRYGANIDÆ* OU *TRICHOPTERA*

Die Köcherjungfern.

Caractères. — Tandis que les Névroptères que nous avons étudiés jusqu'à présent ont tous pour caractères de posséder quatre ailes semblables, dont les deux postérieures ne présentent aucun pli, et des mâchoires de nature cornée, la famille dons nous allons nous occuper présente à ce sujet des différences essentielles : C'est la famille des Phryganides, appelées aussi *Mouches printanières, Mites aquatiques, Papillons aquatiques, Mouches tubulaires, Névroptères à fourreau, Névroptères plissés,* etc. Les ailes, pubescentes ou écailleuses, ne sont rien moins que réticulées ; les ailes postérieures, beaucoup plus larges, se plissent en éventail, afin de pouvoir être recouvertes par les ailes antérieures, ornées le plus souvent de couleurs bariolées, qui au repos s'appliquent sur le corps à la manière d'un toit et le dépassent postérieurement. Les pièces buccales sont atrophiées ; les mandibules sont tout à fait rudimentaires et les mâchoires demeurent membraneuses ; la lèvre inférieure se soude à la mâchoire dont on ne saurait distinguer les lobes, et dont les palpes sont formés de deux à cinq articles, tandis que les palpes labiaux sont formés de trois articles. Toutes les pattes n'ont pas le même nombre d'éperons aux jambes. Leur nombre et leur distribution, qui varient sur chaque paire, ont servi récemment à répartir entre une trentaine de genres différents, le genre primitif que Linnée avait appelé *Phryganea.*

Distribution géographique. — Bien que les Phryganides soient répandues sur toute la terre, elles dominent dans la zone tempérée.

Mœurs, habitudes, régime. — Toutes les Phryganides, d'après ce qu'on connaît aujourd'hui, présentent une analogie complète dans leur mode d'existence et de développement. En mai et en juin, la plupart de ces Insectes se pressent aux environs des eaux stagnantes et courantes ; ils animent les rivages, sans attirer néanmoins les regards. Il faut donc une certaine attention pour les étudier, d'autant plus que leur activité commence à la tombée de la nuit. Pendant le jour ils se tiennent sur les plantes aquatiques, les planches, les troncs d'arbres, ou se cachent en groupes nombreux sous les écorces tombées à terre. Vient-on les troubler, ils s'enfuient d'un vol effaré et rapide ; mais après avoir fourni une carrière assez courte, ils s'arrêtent et se posent de nouveau sur les objets environnants, ou s'abattent dans les herbes. Lorsqu'on veut les saisir, ils savent fort bien s'échapper, en se dissimulant plus profondément dans le gazon, ou en fuyant sur un terrain lisse, tantôt sautillant, tantôt glissant ; pour exécuter ces mouvements ils n'utilisent pas leurs ailes et se servent simplement de leurs hanches très longues qui viennent s'arc-bouter sur la ligne médiane du thorax. D'autres espèces très agiles recherchent en plein soleil les feuilles encore humides pour y apaiser leur soif. Elles paraissent

Fig. 719. — Fourreaux de Larves.   Fig. 720. — Phrygane variée, adulte.

Fig. 719 et 720. — Les Phryganes.

toutes plus lourdes et plus indolentes que les précédentes, et presque toutes sont indifférentes au monde extérieur. Le nom de *Mouches printanières* convient au plus grand nombre ; quelques-unes néanmoins n'apparaissent qu'en automne dans les bois de Chênes et de Sapins situés notamment au voisinage de l'eau. Sont-elles venues là en volant pendant la nuit? Ou la simple humidité des bois a-t-elle suffi à leurs Larves? On ne saurait trancher cette question, mais on peut pencher vers la seconde solution. La plupart de ces Insectes vivent en effet dans l'eau à l'intérieur de retraites qu'ils fabriquent eux-mêmes. Ces *Chenilles aquatiques*, comme les appelle Roesel, rappellent beaucoup les Psychides, et plusieurs des Insectes parfaits rappellent les Teignes ; c'est là ce qui justifie les désignations de « *Mouches tubulaires, Mites aquatiques* » et quelques autres encore. En certaines contrées de l'Allemagne ces Larves sont connues sous les noms de *Cardeuses, Vers pudibonds, Vers à coques.*

Pour donner une idée des différents matériaux et des différents procédés de construction employés par les Larves de Phryganes, nous avons représenté ici un certain nombre de ces coques. Elles se servent tantôt de grains de sable (fig. 721, 728), tantôt de cailloux un peu plus gros (fig. 726 et 727), tantôt de coquilles d'escargots (fig. 719, 725), appartenant principalement au genre *Planorbis* et parfois

habitées encore par ces Molluscoïdes, tantôt de très petites valves de Moules ; d'autres fois elles emploient des parties végétales déchiquetées (fig. 722, 723, 724, 729 et 730), parmi lesquelles les fragments d'herbes, de roseaux, de branches et d'écorces, les lentilles d'eau, les graines arborescentes jouent un rôle dont l'importance varie suivant les diverses localités. A l'exception des figures 731 et 732, nous avons l'occasion d'observer toutes ces formes à l'état libre dans les ruisseaux, les fossés, les eaux stagnantes de la France, de l'Allemagne et de l'Europe entière qui renferment une végétation luxuriante. Il paraît établi aujourd'hui que l'alimentation de ces Larves se compose principalement de matières végétales ; les débris animaux n'y jouent qu'un rôle secondaire ; cependant, élevées dans les aquariums, elles y manifestent les instincts les plus carnassiers et dévorent tout ce qui s'agite à leur portée. Il est bien clair qu'une seule et même espèce n'emploie pas toujours les mêmes matériaux pour former sa coque ; mais il est certain que chacune d'elles conserve toujours le même type de construction et ne s'en écarte qu'autant que la nécessité s'impose et l'oblige à mettre en œuvre les matériaux qu'elle a à sa disposition. Du reste ces espèces très nombreuses, malgré les travaux de Pictet, ne sont pas encore étudiées depuis assez longtemps pour qu'on puisse deviner quelle sera la Phryganide qui sortira d'une coque donnée, ou pour qu'on puisse établir à cet égard des principes généraux. La coque délicate, en forme de coquille (fig. 731 et 732), présente un intérêt tout particulier. Elle provient du Tennessee et fut prise par le Naturaliste américain Lea pour l'œuvre d'un Mollusque (*Valvata arenifera*) ; le savant suisse Bremi y reconnut l'œuvre d'une Phryganide à laquelle il attribua le nom de *Helicopsyche Shuttleworthi*.

Ces coques, ouvertes à l'avant et à l'arrière, sont habitées par une Larve (fig. 734) qui se fixe à l'arrière à l'aide d'une paire de crochets, et laisse dépasser à l'avant tout au plus sa tête écailleuse et ses trois anneaux antérieurs ainsi que ses pattes thoraciques armées d'une seule griffe, lorsqu'elle grimpe le long de quelque plante aquatique ou qu'elle nage entre deux eaux ou à la surface. Quelques espèces semblent éviter le mouvement et se fixent à des pierres à l'aide de quelques fils. Si ces espèces présentent entre elles plusieurs différences, toutes ont des pièces buccales, notamment des mandibules, plus développées que les adultes qui leur succéderont ; leurs antennes sont petites ou manquent totalement; il est difficile d'y reconnaître des yeux. En examinant sept anneaux successifs, soit à partir du premier, soit à partir du second, on remarque généralement de chaque côté des filaments ou des houppes branchiales au nombre de deux à cinq, tantôt couchés, tantôt hérissés; ce sont leurs organes respiratoires. Pendant leur croissance ces Larves muent plusieurs fois, et à ce moment elles démolissent leurs anciennes coques, lorsqu'elles ne peuvent l'agrandir suffisamment en augmentant seulement les bords. Mais on a peine à croire qu'elles la fassent entièrement à neuf, ainsi que le pense Roesel.

Peu de temps après leur réveil, au printemps, les Larves sont arrivées au terme de leur croissance; celles-ci se fixent sur une plante aquatique et ferment l'ouverture de leur coque à l'aide de la soie qu'elles sécrètent ; quelques-unes filent en outre une sorte de cocon intérieur. Peu de semaines après, la Nymphe donne essor à l'Animal ailé. Mais l'éclosion s'accomplit dans des conditions toutes particulières. Les Nymphes libres dans leurs fourreaux s'ouvrent un passage avec leurs mandibules et nagent sur le dos à la façon des Notonectes, en s'aidant de leurs pattes intermédiaires ciliées qui font fonction de rames, jusqu'à ce qu'elles

aient rencontré la tige d'une plante aquatique à laquelle elles se cramponnent au moyen de leurs pattes antérieures; elles sortent alors de l'eau, abandonnant pour toujours les mandibules qui leur ont rendu de si grands services.

Les Phryganides apparaissent à partir du mois de mai. Les femelles fécondées déposent leurs œufs sous forme de grumeaux gélatineux sur les plantes aquatiques, ou sur tout autre objet au voisinage immédiat de l'eau.

On pourrait croire que les Larves de ces Insectes aquatiques se trouvent du moins à l'abri de l'attaque des Ichneumons. Il n'en est rien, ainsi que l'ont prouvé les découvertes de Siebold. Quelques Phryganides, appartenant au genre *Aspatherium*, qui habitent une coque cylindrique et lisse, reçoivent la visite d'un Ichneumon, l'*Agriotypus armatus*. La femelle de ce petit parasite plonge et se maintient assez longtemps sous l'eau pour déposer ses œufs dans une Larve à l'aide de sa courte tarière; cette Larve d'Hyménoptère, lorsqu'elle a atteint toute sa taille, sécrète avant de mourir sa matière textile qui sort de l'extrémité antérieure de la coque sous forme d'un long ruban, révélant ainsi que la Larve de Phryganide a été piquée.

LES PHRYGANES — *PHRYGANEA*

Die Köcherfliegen.

Caractères. — Les Phryganes ont des ailes très velues et frangées de cils courts, des palpes maxillaires de 4 articles chez les mâles, de 5 articles chez les femelles, des yeux accessoires, de deux à quatre éperons aux jambes à partir de la première paire (2—4—4) ; sur l'aile antérieure la branche inférieure de la nervure sous-marginale (*cubitus*) est simple chez le mâle, bifurquée chez la femelle.

LA PHRYGANE STRIÉE. — *PHRYGANEA STRIATA*.

Gestriemte Köcherfliege.

Caractères. — L'espèce en question a le corps d'un brun-de-poix foncé; les antennes brunes sont annelées de jaunâtre; les ailes postérieures sont d'un brun ou d'un noir grisâtre uniforme; les antérieures, d'un brun de cannelle clair, sont ornées de deux points blancs, et, chez la femelle, elles portent des stries noires, longitudinales, courtes et discontinues. La disposition des nervures alaires doit être exa-

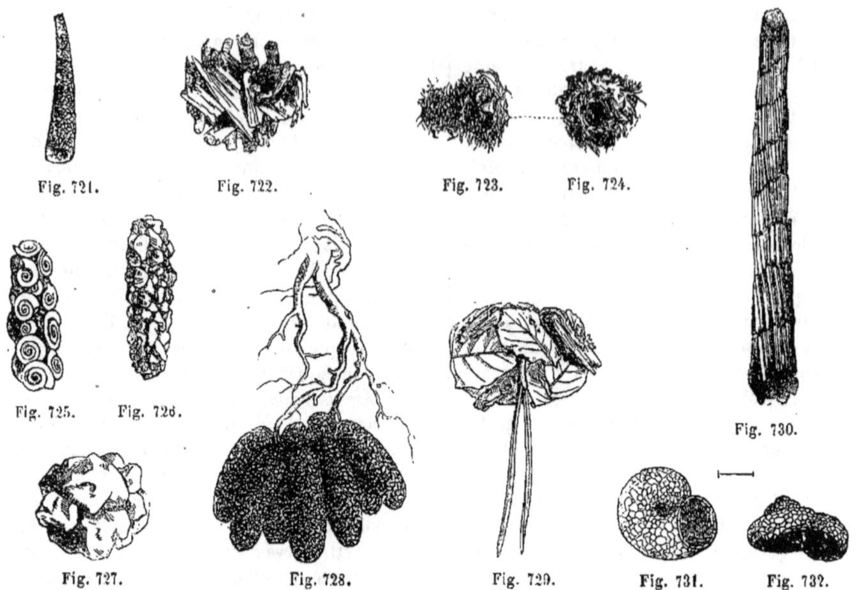

Fig. 721.   Fig. 722.   Fig. 723.   Fig. 724.

Fig. 725.   Fig. 726.   Fig. 730.

Fig. 727.   Fig. 728.   Fig. 729.   Fig. 731.   Fig. 732.

Fig. 721 à 732. — Les Fourreaux des Phryganides.

minée de très près pour distinguer les espèces.

Mœurs, habitudes, régime. — La Larve de la Phrygane striée a acquis toute sa taille au mois d'avril en Allemagne où ce Névroptère aquatique est très répandu. Son premier segment abdominal porte cinq verrucosités rétractiles et contractiles ; lorsqu'on retire cette Larve de l'eau, ces verrues se mouillent par l'humidité qu'elles sécrètent. Sur tous les autres anneaux on remarque deux houppes de filaments charnus, érectiles, qui servent à la respiration. Cette Larve n'abandonne pas sa demeure plus volontiers que tout autre « Ver pudibond ». Lorsqu'on veut l'en extraire sans léser ni l'Insecte ni sa coque, il faut pousser l'Animal par derrière, graduellement et avec précaution, à l'aide d'une tête d'épingle. On vient ainsi à bout de sa résistance ; sitôt qu'on le laisse faire il introduit de nouveau sa tête dans sa coque, rampe à l'intérieur et y fait volte-face. Si on le pose à nu dans un verre rempli d'eau, sur lequel flottent toutes sortes de corps légers qu'il puisse utiliser pour la construction de sa demeure, on le voit s'agiter pendant des heures autour d'eux sans en tirer parti ; si on y introduit des débris d'une coque ancienne, des éclats de bois et d'autres détritus végétaux qui s'imbibent d'eau et coulent au fond, il se précipite aussitôt sur eux, s'installe sur un des débris les plus longs, découpe des copeaux de bois ou des morceaux de feuilles, les assujettit presque verticalement sur les côtés de la pièce principale et continue ce travail jusqu'à l'achèvement complet d'un cylindre servant de carcasse à son étui qui s'élève peu à peu et finit par acquérir la longueur de la Larve. Les fentes qui s'y trouvent au commencement sont peu à peu bouchées. Lorsque la fermeture extérieure paraît complète, il tapisse l'intérieur d'une paroi de soie moelleuse. Cette soie qui sert de liaison au revêtement extérieur provient, comme chez les Chenilles, de glandes séricifères s'ouvrant dans la lèvre inférieure entre les mâchoires cylindriques ; ce sont les puissantes mandibules qui débitent les matériaux de construction suivant les besoins.

Avant sa Nymphose, la Larve fixe sa coque sur une pierre ou une plante aquatique. Puis elle en ferme les deux extrémités à l'aide d'un treillis formé de fils de soie entre-croisés, de façon que l'eau nécessaire à sa respiration puisse le traverser, la Nymphe inerme restant à l'abri des attaques des Insectes carnassiers. Comme on trouve dès le mois de mars de ces cocons treillagés, il semble que quelques Nymphes isolées passent l'hiver ; c'est la règle pour les Larves

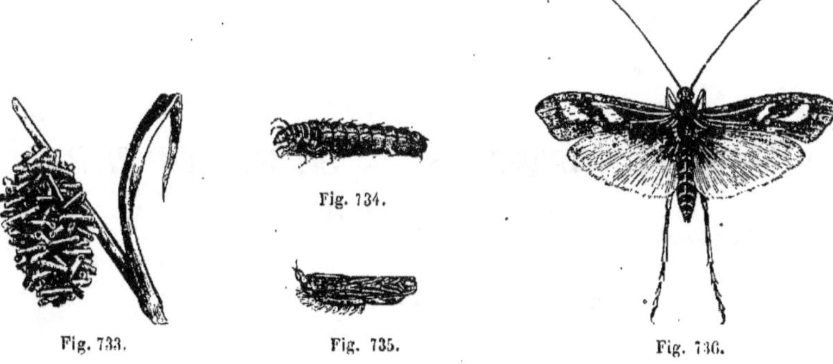

Fig. 733. — Fourreau de la Larve.
Fig. 734. — Larve dégagée du fourreau.
Fig. 735. — Nymphe dégagée du fourreau.
Fig. 736. — Adulte, au vol.
Fig. 733 à 736. — La Phrygane rhombifère à tous les âges.

qui généralement filent leurs cocons en juillet.

La Nymphe, d'un blanc jaunâtre est ornée sur les quatre derniers segments d'une strie latérale noire, sur le dos des filaments branchiaux, et sur son extrémité de deux petits cônes charnus. La tête, petite, porte deux grands

Fig. 737. — Adulte au repos.

yeux noirs; en avant se trouve une sorte de rostre surmonté d'une touffe de poils. Ce rostre, formé de deux crochets de couleur brune, qui se croisent au-dessous de la lèvre supérieure charnue et saillante, représentent les mandibules et servent à transpercer la paroi de la coque, s'atrophient après l'éclosion de l'Insecte parfait.

Nous avons figuré (fig. 720) une autre espèce, la *Phryganea varia*.

LES LIMNOPHILES — *LIMNOPHILUS*

Caractères. — La tribu entière (Limnophilines) se reconnaît aux caractères suivants : les palpes maxillaires sont formés de trois articles réunis, chez le mâle, de cinq chez la femelle; les deux yeux accessoires sont bien visibles ; les antennes sétiformes ont la même longueur que les ailes antérieures qui sont légèrement pu-

bescentes et dont la pointe est obtuse. Dans le genre *Limnophilus* proprement dit les jambes antérieures sont armées chacune d'un éperon, les médianes de trois et les postérieures de quatre.

LA PHRYGANE RHOMBIFÈRE. — *LIMNOPHILUS RHOMBICUS*.

Raütenfleckige Köcherfliege.

Caractères. — Elle se distingue facilement à ses ailes antérieures d'un jaune brunâtre, qui portent chacune une tache fenestrée rhomboïdale bordée en avant et en arrière de brun rougeâtre (fig. 736 et 737).

Mœurs, habitudes, régime. — La Phrygane rhombifère (*Limnophilus rhombicus*), qui représentera ici toute la tribu, confectionne son étui à l'aide de matériaux très divers. Elle emploie tantôt des brins d'herbe fins posés en travers, tantôt des brins plus épais, ainsi que le représente la figure 733 ; elle se sert aussi de brins plus allongés disposés dans le sens de la longueur, ou encore de débris de bois ou d'écorce qu'elle entrelace sans ordre. L'habitant de cette retraite est une Larve foncée et verdâtre (fig. 734) dont les six pattes s'allongent en avant autant que possible ; en arrière elle est armée de deux crochets cornés à l'aide desquels elle fixe sa coque. Elle se tient au voisinage des Roseaux, très près de la surface de l'eau. A la fin d'avril, ou seulement au mois de mai, elle se fixe à l'aide de fils aux plantes aquatiques, ferme sa demeure et se transforme en une Nymphe allongée (fig. 735), très mobile, qui donne issue à l'Insecte parfait (fig. 736 et 737) quatorze jours plus tard.

LES HYMÉNOPTÈRES — *HYMENOPTERA* OU *PIEZATA*

Die Hautflügler, Aderflüger, Immen.

Ces Insectes, qui offrent de grandes analogies dans leur charpente organique, mais qui présentent de nombreuses différences dans leurs modes d'existence, constituent l'ordre le plus considérable.

Parmi les formes extrêmement nombreuses qu'il renferme, les Abeilles, les Fourmis, les Bourdons et les Guêpes sont connus de tout le monde par la diversité de leurs mœurs et leur intelligence qui sont pour l'observateur attentif de la nature un sujet inépuisable de considérations élevées et de profondes réflexions ; ils méritent, sans conteste, d'être placés au premier rang de tous les Animaux articulés.

Au point de vue de la classification des familles, on éprouve un certain embarras : les rares auteurs, qui ont publié un ouvrage d'ensemble sur les Insectes hyménoptères, manifestent des vues très divergentes, et l'on ne saurait dire quel est celui dont la division mérite d'être adoptée généralement. Dans l'impossibilité de décider quel est le système qui jouit de la plus grande autorité, à l'exemple de Lepeletier de Saint-Fargeau, nous avons tenu compte, avant tout, du mode d'existence de ces Insectes. L'observateur qui ne voudrait considérer que l'Insecte parfait, en lui-même, en serait quitte pour arriver à des résultats différents dans sa classification.

Avant de donner quelques notions sur les mœurs particulières des Tenthrèdes, des Sirex, des Cynips, des Ichneumons, des Chrysides, des Sphex, des Fourmis, des Guêpes et des Abeilles, etc., nous allons jeter un coup d'œil rapide sur l'organisation de ces êtres, afin d'apprendre à les distinguer sûrement.

Caractères. — Les Hyménoptères sont entièrement revêtus d'un squelette résistant. La tête est indépendante du thorax, comme si elle ne lui était reliée que par un pivot. Vue d'en haut, elle paraît presque toujours plus large que longue ; elle est aplatie verticalement ; chez un petit nombre de ces Insectes, seulement, elle est sphérique, demi-sphérique ou cuboïde. Sur son sommet, on remarque presque toujours trois yeux accessoires qui brillent comme de petites perles et qui sont réunis en forme de diadème.

Les antennes, composées d'un nombre d'articles variable et souvent considérable, présentent en général l'aspect de fils ou de soies ; rarement elles s'épaississent en massue à la partie antérieure ; elles sont droites ou brisées. Jamais, dans leur longueur, elles ne s'élargissent, ni ne s'atténuent d'une façon démesurée en proportion du corps. Comme elles sont fixées à la région antérieure du front, et qu'elles sont le plus souvent contiguës, elles se dirigent toujours en avant, jamais en arrière.

Le thorax présente un contour ovoïde, quelquefois pourtant cylindrique ; généralement il est un peu bossué vers le haut ; en s'approchant on peut distinguer sa division en trois anneaux complets. A l'inverse du Coléoptère, le premier anneau ou prothorax est aussi peu développé que possible, et prend le nom de *collier*. Il proémine fort peu sur la face dorsale ; du côté de la poitrine, il n'occupe que l'espace nécessaire pour donner attache à la première paire de pattes ; en avant, il s'amincit en cône pour donner attache à la tête. L'anneau moyen ou mésothorax forme la plus grande partie du dos, et constitue, en même temps, une sorte de gibbosité; il est décomposé souvent par deux sillons longitudinaux, qui se rapprochent, en arrière, en trois parties dont la dernière constitue l'écusson ou *scutum*. Enfin, le troisième anneau ou métathorax, plus petit, présente une surface lisse ou partagée en régions par des crêtes, de façons variées ; il offre dans sa partie antérieure et supérieure ou postérieure et déclive, des caractères distinctifs importants chez un grand nombre d'Hyménoptères.

Nous ne ferons que signaler l'opinion des observateurs les plus récents qui décrivent chez

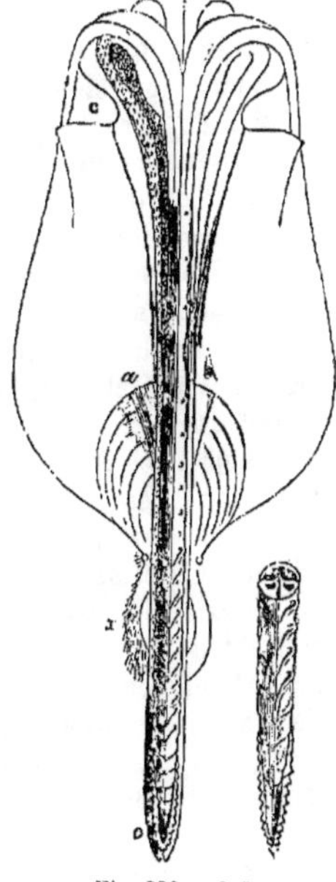

Fig. 738 et 739.

Fig. 738. — Tarière du *Sirex gigas* avec ses gaines constituant le fourreau. — Fig. 739. — Extrémité de la tarière, montrant le gorgeret et les stylets dégagés du fourreau. — *x*, extrémité de l'abdomen. — *ca*, appareil musculaire servant à redresser l'aiguillon, grossissement considérable.

tous les Hyménoptères, spécialement chez les Sirex et les Tenthrèdes, un quatrième anneau relié étroitement au troisième, comme celui-ci est relié à l'anneau médian; nous ferons remarquer seulement l'importance de cette découverte au point de vue de la classification naturelle. Nulle part le mode d'attache de l'abdomen n'a plus d'influence qu'ici, sur l'attitude d'un Insecte ; il offre toutes les dispositions; l'insertion peut être sessile aussi bien que pédicellée.

Cet abdomen est formé de 6 à 9 anneaux, dont le nombre se réduit parfois à 3.

Mais c'est la disposition merveilleuse de l'appareil qui sert aux femelles à déposer les œufs, fixé à cette extrémité, qui mérite le plus vif intérêt. Presque toujours, il est constitué par une pièce cornée, la tarière proprement dite ou gorgeret, formée de deux ou trois parties assemblées, et renfermée dans deux gaines latérales ou fourreaux figurant un étui, aiguillon ou tarière, qui sont étroitement reliées entre elles par quatre pièces chitineuses basilaires, nommées écailles anales et latérales, se raccordant par des apodèmes grêles et déliées. Les stylets font fonction de poinçon, de couteau, de fouet, de scie; en un mot elles représentent tous les instruments tranchants à l'aide desquels les Insectes doivent traverser les corps résistants interposés entre eux et le lieu destiné à recevoir les œufs. Sur la figure 738, nous voyons, par sa face inférieure, la tarière du Sirex géant, ainsi que sa gaine et l'appareil musculaire, c'est-à-dire destiné à la redresser. Dans cette tarière, représentée isolément (fig. 739), nous distinguons, sur la coupe transversale, un secteur noir supérieur, c'est le gorgeret en rapport avec l'oviducte ; et, dans le segment inférieur, divisé en deux, nous reconnaissons les deux stylets qui en remplissent toute la cavité. Le gorgeret, aussi, peut se dédoubler vers l'extrémité, entièrement ou partiellement, en deux pièces réunies par une partie membraneuse et par conséquent dilatable. Cette disposition permet aux stylets de se déplacer, vers le haut ou vers le bas, dans les points où cela devient utile, lorsqu'il s'agit de transpercer des corps résistants.

Chez de nombreux Hyménoptères térébrants (Ichneumons, Guêpes, Sphegides, Abeilles, etc.), l'aiguillon ou dard, constitué morphologiquement des mêmes pièces, se trouve caché dans l'abdomen ; il est court, plus aiguisé que la plus fine aiguille, et disposé en lui-même de façon à produire une piqûre douloureuse au doigt assez téméraire pour vouloir ravir à ces Insectes leur liberté accoutumée.

Mais il faut faire ici une distinction. La piqûre de certains Ichneumons n'est pas plus douloureuse que celle d'une aiguille, et la sensation ne dure pas longtemps ; lorsqu'on sent, en revanche, pénétrer dans sa chair l'aiguillon d'une Guêpe ou d'une Abeille, on éprouve une douleur persistante; la blessure devient le siège de rougeur et de gonflement, car non seulement l'Insecte pique, mais il fait en même temps couler un venin dans la plaie. Cette liqueur (acide formique) se rassemble dans une vésicule située à la base de l'aiguillon (fig. 74, p. 35) ; celle-ci, comprimée au moment de la piqûre, laisse couler une gouttelette à travers le canal, sans qu'il y ait intention hostile. Cet aiguillon vénéneux, dont les possesseurs ont été réunis sous le nom d'Hyménoptères ou *porte-aiguillons* (*Aculeata*), est indispensable aux Sphégides pour paralyser les Insectes qu'ils rapportent à leur couvée, ainsi que nous l'apprendrons ; chez les Abeilles, au contraire, qui ne consomment que du miel et du pollen, il ne sert que d'arme défensive.

Chez les autres Hyménoptères l'organe en question pour le dépôt des œufs n'est pas un aiguillon venimeux analogue à ceux que nous venons de citer, il ne répond pas non plus à ce dernier au point de vue de la forme extérieure, comme chez certains Ichneumons ; il constitue alors ce qu'on a nommé l'*oviscapte* ou la *tarière* (*terebra*). On l'oppose à l'aiguillon (*aculeus*), et ses possesseurs sont réunis sous le nom de *Hyménoptères térébrants*. Chez les femelles des Tenthrèdes, cet organe est visible, bien qu'il ne contribue pas à allonger le corps de l'animal ; il a la forme d'une lame de canif ; mais par suite des dentelures des stylets il agit à la façon d'une scie à manche, dont il présente aussi l'aspect ; aussitôt il fait donner à ces Insectes le nom de *Porte-scies*. Chez les Sirex, il émerge de la pointe de l'extrémité postérieure, et ne peut être mieux comparé qu'à une râpe (fig. 738 et 739). Chez un grand nombre d'Ichneumons, la tarière est formée par une pointe longue qui fait avec la partie postérieure du corps un angle aigu ; elle peut être poussée en avant, par dessus l'extrémité postérieure, d'une longueur d'autant plus grande, que la femelle doit chercher plus profondément dans le bois les Insectes auxquels elle compte confier sa postérité. Après la mort de l'Animal, ces longues tarières se montrent sous la forme de trois crins filiformes : le médian corné, qui est constitué par le gorgeret et les stylets réunis, est plus rigide ; les latéraux sont déviés et irrégulièrement tordus parce qu'ils constituent la gaine, plus faible, qui par le dessèchement ne peut conserver sa forme et sa rigidité. Chez des Ichneumons plus petits, chez beaucoup de Cynips, la tarière, bien qu'elle n'émerge pas du corps pendant le repos, atteint une longueur démesurée ; cette longueur est motivée moins

par la profondeur à laquelle ces Insectes auraient à déposer leurs œufs, que par la nécessité de venir en aide, par l'élasticité de l'organe, à la pression que la faible puissance musculaire de ces petits êtres ne saurait lui communiquer lors de la ponte. Dans ce but, les stylets s'appliquent dans les gaines, le long des parois internes de la cavité de l'extrémité postérieure, et la tarière s'échappe comme un ressort de montre qui se déroule. Dans certains cas, l'extrémité postérieure, n'offrant pas de dimensions suffisantes pour cette disposition, présente des prolongements spéciaux ; elle s'étend, par exemple, à la face ventrale par une excroissance conique qui s'avance jusqu'au milieu du thorax ; ou bien, à la face dorsale, par une sorte de cornet qui s'étend depuis l'extrémité postérieure jusqu'à la tête (*Platygaster Boscii*) pour offrir l'espace nécessaire pour obtenir ce merveilleux mécanisme.

D. J. Wolff a étudié sous le microscope ces organes chez un grand nombre d'Hyménoptères femelles, et a reconnu qu'ils présentent des différences du plus haut intérêt et utiles pour la classification ; à notre grand regret, il n'a pas encore livré à la publicité ces importants travaux qui occupent ses heures de loisirs. Mais nous pouvons consulter les beaux travaux de M. de Lacaze-Duthiers qui permettent d'apprécier les différences qui existent entre les tarières, les aiguillons et les oviscaptes, et en même temps de reconnaître l'unité de composition des armures génitales de tous les Insectes (1).

Quant aux pattes, dont la paire antérieure s'écarte notablement des deux paires postérieures qui sont très rapprochées, elles se composent, comme chez tous les Insectes de la hanche, du ou des trochanters, de la cuisse, de la jambe et des tarses ; je me contenterai de faire remarquer que chez les Tenthrèdes, les Sirex, les Ichneumonides et les Cynips, entre les hanches et les cuisses sont interposés deux trochanters dont le supérieur est le plus long ; chez les Guêpes, les Abeilles, etc., il n'existe qu'un seul trochanter. Dans une famille difficile, celle des Proctotrupides que nous rattacherons aux Ichneumonides, nous trouverons deux espèces dont les pattes comptent un et deux trochanters ; ces Insectes, par cette particularité, ainsi que par leurs mœurs pillardes, analogues à celles des Sphégides et Crabronides, fourniraient la preuve, si cela était encore néces-

(1) Lacaze-Duthiers, *Recherches sur l'armure génitale des Insectes.*

saire, de l'existence de groupes de transition qui surgissent partout dans les classifications systématiques.

Les tarses comptent cinq articles, dans le plus grand nombre des cas.

Les ailes, le véritable organe de locomotion de ces vagabonds aériens sans cesse en mouvement, sont généralement au nombre de quatre, de même nature, et sont parcourues par des nervures peu nombreuses. Les ailes antérieures sont plus longues que les postérieures. Elles sont formées toutes quatre d'une membrane mince, qui semble glabre à l'œil nu, mais qui sous le microscope paraît couverte de poils très courts ; elle est transparente, mais dans la plupart des cas elle semble un peu trouble, comme enfumée. La couleur tire assez souvent sur le jaune ; les bords sont quelquefois un peu plus noirs, et des opacités, qui répondent aux nervures, apparaissent à la surface. Rarement chez nos Hyménoptères indigènes, souvent au contraire chez un grand nombre des magnifiques espèces étrangères, l'aile présente dans son ensemble ou par places une coloration noire, bleue, violette, brune, rouge ou jaune, qui contribue beaucoup à faire ressortir l'élégance du corps. La membrane alaire, chez les Hyménoptères nidifiants et leurs plus proches parents, n'est parcourue et soutenue que par un petit nombre de nervures et de nervules, qui en s'anastomosant entre elles ou avec les bords de l'aile constituent des espaces clos, les *cellules* ou *aréoles*.

Au repos, les ailes s'appliquent horizontalement sur le dos et recouvrent la partie postérieure du corps ; chez les Guêpes proprement dites, elles présentent des plis suivant la longueur, et pendent davantage sur les côtés du corps, sans recouvrir l'abdomen. Pendant le vol, chaque aile antérieure est unie à l'aile postérieure : celle-ci, à l'aide de crochets très fins (*hamuli*) situés sur son bord antérieur, s'agrafe au bord postérieur de l'aile antérieure. Au point d'implantation de l'aile antérieure, se trouve un petit feuillet mobile, de nature cornée, qui constitue ce qu'on nomme l'*écaille de l'aile* ou *paraptère* ; elle se distingue parfois par une coloration spéciale ; elle fixe l'attention plutôt par cette coloration que par sa forme propre.

Une autre tache chitineuse attire les regards à cause de sa nature cornée. Ainsi que les nervures, elle présente une teinte différente qui tranche sur la membrane mince et se trouve sur le bord antérieur, dans la plupart des ailes, au delà de la partie moyenne ; elle s'appelle le *stigma des ailes*, le *stigma marginal* ou le *ptérostigma*. Dans les cas où elle manque, les nervures deviennent très rares, ou disparaissent complètement.

Ce sont précisément ces taches, et les cellules, qui méritent une attention spéciale ; car pour la majorité des Hyménoptères elles renferment des signes distinctifs sans lesquels on ne pourrait discerner les espèces. Les auteurs ont à ce sujet des vues presque toujours très divergentes ; ils diffèrent même sur les dénominations attribuées aux diverses parties. Sans entrer, pour la description qui va suivre, dans plus de détails qu'il ne faut, nous allons essayer à présent de traiter ce sujet simplement, à l'aide de quelques figures où les mêmes lettres désigneront toujours les mêmes parties ; et nous tâcherons de montrer que cette étude n'est pas aussi difficile qu'elle le semble au premier abord.

Tout ce que nous venons de dire s'applique entièrement à l'aile antérieure. Chez quelques Tenthrèdes, deux puissantes nervures marginale et sous-marginale (costale et sous-costale), réunies ensemble côte à côte, sous forme d'une ligne cornée, constituent le bord antérieur de l'aile, et son principal soutien ; le ptérostigma ci-dessus mentionné n'est que l'élargissement de ces deux nervures, ou résulte de leur divergence momentanée. Les deux cellules les plus larges, d'aspect plus ou moins cunéiforme, qui de la base de l'aile s'avancent vers l'épaule (fig. 740 et suiv.), sont les « *cellules humérales moyenne et inférieure* ou *cellules costale et médiane* » (*s′* et *s″*). La cellule supérieure ne doit être prise en considération, que quand ces deux nervures (*costale* et *subcostale*) sont séparées par une bandelette membraneuse. Une cellule s'étend le long du bord antérieur, du ptérostigma vers la pointe de l'aile ; cette cellule se dédouble chez beaucoup de Tenthrèdes ; c'est la cellule *marginale* ou *radiale* (*r*), quelquefois la nervure qui la limite inférieurement (*radius*) dépasse un peu son extrémité et présente un prolongement (fig. 746, *a*). Au-dessous de la cellule marginale, sur une aile déployée comme dans les figures 740, 741, 742, 743, 744, 745, 746 et 748, on voit la nervure sous-marginale (*cubitus k*), plusieurs fois infléchie, former avec les nervures cubitales transverses une rangée de 1 à 4 cellules que l'on nomme « *cellules sous marginales* » ou *cellules cubitales* (*c′*, *c″*, *c‴*, *c⁗*,). On les compte

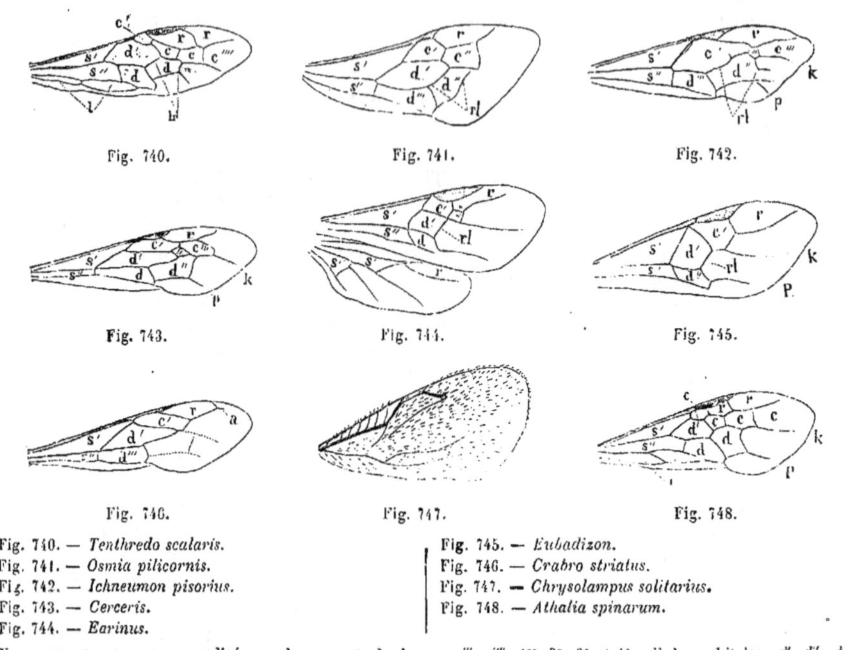

Fig. 740.　　　　　Fig. 741.　　　　　Fig. 742.

Fig. 743.　　　　　Fig. 744.　　　　　Fig. 745.

Fig. 746.　　　　　Fig. 747.　　　　　Fig. 748.

Fig. 740. — *Tenthredo scalaris.*
Fig. 741. — *Osmia pilicornis.*
Fig. 742. — *Ichneumon pisorius.*
Fig. 743. — *Cerceris.*
Fig. 744. — *Earinus.*

Fig. 745. — *Eubadizon.*
Fig. 746. — *Crabro striatus.*
Fig. 747. — *Chrysolampus solitarius.*
Fig. 748. — *Athalia spinarum.*

Nervures : *a*, nervure appendicée, prolongement de la nervure radiale ; *k*, nervure sous-costale ; *p*, nervure parallèle ou discoïdale ; *rl*, nervure. — Cellules : *c'*, *c''*, *c'''*, *c''''*, 1re, 2e, 3e et 4e cellules cubitales ; *d'*, *d''*, *d'''* cellules discoïdales ; *l*, cellule lancéolée ; *r*, cellule radiale ; *s'* *s''*, cellules humérales ou costales.

Fig. 740 à 748. — Ailes d'Hyménoptères, très grossies.

à partir du pterostigma jusqu'au bord. En examinant l'aile de près, on comprend que l'existence des quatre cellules sous-marginales n'est possible que quand le cubitus se prolonge jusqu'au bord de l'aile ; c'est la règle pour les véritables Ichneumons et pour les Tenthrèdes, mais cela ne se présente jamais pour les Abeilles. Par exception, l'aile de certains Ichneumons véritables ne renferme que trois cellules cubitales ou même deux par atrophie de celle du milieu ; celle-ci mérite alors une attention spéciale, comme signe distinctif, et on la désigne sous le nom de *cellule spéculaire* ou *aréole* (fig. 742 *c''*). Une deuxième particularité, dans les ailes dont nous parlons, consiste dans la fusion de la première cellule cubitale avec la cellule médiane ou discoïdale supérieure, qui s'opère souvent en laissant une trace des nervures séparatives, qui forme une nervure double (fig. 742).

Les *cellules médianes* ou *cellules discoïdales* (*d'*,*d''*,*d'''*) se trouvent, comme leur nom l'indique, au milieu de la surface de l'aile (*discus*) ; elles sont limitées par deux nervures récurrentes. Elles sont utiles aussi pour la reconnaissance des espèces ; il est important de connaître leurs rapports avec les cellules sous-marginales voisines. Chez certains faux Ichneumons (les Braconides) l'absence totale de la nervure récurrente externe (fig. 744, 745) devient le signe caractéristique général de la famille.

La nervure longitudinale, la plus voisine du cubitus, a reçu le nom de nervure *parallèle* ou *discoïdale* (*p*) ; la cellule, qu'elle limite souvent vers l'angle interne de l'aile, s'appelle « cellule *acuminée* » ou « cellule *apicale* ». Il ne faut pas oublier l'espace compris entre cette partie et le bord interne qui n'a d'ailleurs d'importance que sur l'aile des Tenthrèdes, parce que, chez elles seulement, il contient la cellule dite *lancéolée* (fig. 740 et 748 *l*), qui fournit plusieurs signes distinctifs importants. Tantôt elle se perd dans l'épaule simplement sous l'aspect d'un trait très fin qui s'élargit un peu, en avant et en arrière, en forme d'anse ; tantôt elle est dédoublée en deux cellules par une nervure transversale oblique, courte et rectiligne comme dans la figure 740, ou beaucoup plus longue et plus oblique comme dans la figure 748. Tantôt enfin, elle présente des nervures vers le milieu et se perd à une distance variable à l'état de nervure simple ; on l'appelle alors « nouée » ; enfin, au voisinage de la cellule d'implantation lanciforme, chaque nervure simple va se perdre vers l'épaule sans former de cellules par ses divisions.

Sur l'aile postérieure, qui est plus petite, on éprouve plus ou moins de difficultés à se servir de l'ensemble des nervures comme sur l'aile antérieure, parce qu'il en manque un nombre plus ou moins grand ; mais là encore leurs trajets ont une valeur distinctive importante.

Chez quelques Ichneumons véritables appartenant à l'ancienne espèce connue sous le nom de *Pezomachus*, chez un certain nombre d'Insectes apparentés aux Ichneumons, chez quelques Cynips, chez les Fourmis et chez les femelles des Mutilles, les ailes manquent complètement.

Production des sons. — Un grand nombre d'Hyménoptères émettent des sons pénétrants, tout le monde sait que les Bourdons, les Abeilles, les Guêpes, les Frelons bourdonnent. La connaissance des causes de la production de ces sons est due principalement aux recherches de Landois (1). Il prétend que les mouvements oscillatoires des ailes, ici comme chez les Mouches et chez d'autres Insectes, donnent naissance à une série de sons, ainsi qu'on le savait déjà. Sous ce rapport, les Hyménoptères et les Diptères présentent les plus grandes variétés dans la hauteur des sons. La membrane mince agit, avec sa vitesse extraordinaire, de la même façon que les branches d'un diapason.

Landois a établi les lois suivantes : chez un même individu, le ton est constant. Si la taille est différente dans les deux sexes d'une même espèce, les sons des ailes diffèrent aussi notablement. Souvent de petits Insectes émettent un son bien plus bas que des Insectes plus grands. Il ne s'agit pas ici, naturellement, du léger bruit de claquement ou de clapotement, seul bruit que produisent certains Ichneumons, les Papillons de jour volant en groupes nombreux, ou bien encore et surtout les Sauterelles aux ailes résistantes.

(1) Landois, *Thierstimmen*, Freibourg in Brisgau, 1874.

Une seconde espèce de sons est produite chez les Abeilles (comme chez les Mouches) par les stigmates thoraciques ou abdominaux, sous l'influence d'un effort respiratoire. Ces derniers appareils sonores ne peuvent être mieux comparés qu'aux instruments à anches, car ce sont des membranes qui vibrent à l'extrémité des conduits aérifères. Au bout de ces conduits aérifères, servant de tuyaux sonores, se trouve situé l'appareil producteur du son, comme le larynx au bout de la trachée des Mammifères. Avant d'arriver à cet appareil sonore, la trachée se rétrécit, justement chez les Hyménoptères, suivant la quantité d'air à expirer, et forme soufflet. L'appareil producteur du son est formé principalement de feuillets chitineux disposés en forme de rideaux, et mis en vibration par l'air expiré pour produire le son. M. Landois est même allé plus loin ; il a noté musicalement les sons des bourdonnements de différentes Mouches et de diverses Abeilles.

Les stigmates ne sont pas tous pourvus d'appareils sonores ; ce sont surtout ceux du thorax qui en sont munis. Ce sont principalement ceux de l'abdomen chez les Apides, les Sphex, les Guêpes et autres Hyménoptères qui ont un fort bourdonnement ; ce n'est que chez un très petit nombre d'Insectes que les deux régions thoracique et abdominale en sont pourvues.

Distribution paléontologique. — Les Hyménoptères commencent à se montrer dans les terrains jurassiques. On en trouve de nombreux représentants (notamment des Formicides) dans les terrains tertiaires et dans l'ambre.

Distribution géographique. — Les Hyménoptères habitent toutes les régions du globe et se rencontrent en grand nombre sous toutes les latitudes ; certaines espèces ont une aire de répartition des plus étendues, d'autres sont même cosmopolites.

Mœurs, habitudes, régime. — Après leur évolution complète, les Hyménoptères vivent, presque tous, de matières sucrées qu'ils lèchent avec leur lèvre inférieure, qui pour cette raison est fort développée chez eux. Jamais ils ne s'alimentent à l'aide des autres parties de la bouche qui, bien que pourvue de mâchoires en lancettes, caractérisent une bouche disposée pour la mastication.

Quant aux matières sapides, ces Insectes les empruntent aux fleurs depuis le premier printemps (pl. XIV) jusqu'à l'arrière-saison. Les Saules, les Noisetiers, les Cytises, les Pruniers,

Paris, J.-B. Baillière et Fils, édit.　　　　　　　　　　　　Corbeil, Crété, imp.

LES HYMÉNOPTÈRES AU PRINTEMPS.

DEUX DIPTÈRES PARASITES : BOMBYLIUS VENOSUS ET MYOPA FERRUGINEA.
APIDES NOMADA FLAVA. — BOURDON TERRESTRE ET ABEILLES COMMUNES. — ANDRENA CINERARIA
ET ANDRENA NIGRO-ÆNEA

les Troènes, les Aubépines, les Sauges, les Lavandes, les Thyms, les Mélisses, les Bruyères, les Aster et mille autres sont visités et dépouillés par les Abeilles. Non contentes de s'adresser aux nectaires, leur gourmandise ou la rareté des fleurs les pousse quelquefois à emprunter des matières sucrées aux nectaires extra-floraux, à la miellée qui recouvre les feuilles des arbres (Chênes, Frênes, Tilleuls, Sorbiers, Peupliers, Érables, Coudriers), à nos produits manufacturiers et même à certains animaux... et notamment, ce qui pourra sembler surprenant, aux Pucerons ! On sait en effet que ces frêles animaux, qui se nourrissent exclusivement de sucs végétaux et qui vivent généralement en sociétés nombreuses, rejettent avec leurs excréments un suc sapide en quantité parfois si grande que les feuilles paraissent entièrement recouvertes d'une couche de laque. Ce suc est recherché par d'autres Insectes, notamment par les Mouches et les Hyménoptères dont il est ici question, qui en font leur nourriture presque exclusive. Les collectionneurs savent par expérience qu'ils ne recueilleront nulle part un plus riche butin que sur les buissons dont les feuilles présentent des taches brillantes, parfois noirâtres, qui dénotent à distance la présence de ces dépôts.

« Au printemps de l'année 1866, dit Taschenberg, j'explorais une plantation de Saules, où les Mouches à miel communes bourdonnaient en si grand nombre qu'elles faisaient soupçonner l'existence d'un Rucher dans le voisinage. Je songeai d'abord aux fleurs qui constituent pour ces Animaux une source de miel des plus riches et des plus précoces. En y regardant de plus près, je reconnus que les chatons étaient très rares, et que les Abeilles ne semblaient pas les rechercher. Elles bourdonnaient, au contraire, tout le long des tiges de Saules dépourvues de feuilles où pullulaient des myriades de Pucerons gris, à tel point qu'ils les recouvraient entièrement. Les Pucerons s'étaient déjà attachés à mes vêtements qui en étaient abondamment constellés, car on ne pouvait avancer sans essuyer ces buissons, tant le fourré était épais. Si l'Abeille, la plus parfaite des Hyménoptères, recherche ces produits du Puceron, comment admettre que les autres Insectes mellivores les dédaigneraient ? Pour tous les autres Insectes qui ne produisent pas de miel, j'affirme cette prédilection, d'après mes expériences de longues années. »

Autant l'alimentation présente d'uniformité chez les Insectes parfaits, autant elle offre de diversité chez les Larves.

Certaines de ces Larves ont des pattes nombreuses (jusqu'à 22). Leurs couleurs sont généralement bigarrées ; on les trouve fixées contre les feuilles qu'elles dévorent. De ces Larves ou *fausses chenilles* éclosent les Tenthrèdes. Les Sirex, espèce voisine, à l'état de Larves vermiformes, vivent dans les bois qu'elles perforent. Ces deux espèces de Larves, au point de vue de leur structure et de leur anatomie, accusent un développement plus avancé que toutes les autres Larves de cette classe, qui, en raison de l'absence de pattes, méritent le nom de *Vers proprement dits*.

Chacune de ces Larves consiste en une tête cornée, et douze anneaux à peu près cylindriques. Entre la tête et le premier anneau, s'en intercale quelquefois un troisième formant le cou, dans lequel la tête s'invagine lorsque la Larve est au repos. On y remarque des mâchoires cornées, des papilles tactiles, des orifices de filières, mais pas d'yeux, et tout au plus des traces d'antennes. Quelques-uns de ces Vers vivent dans les plantes, mais sans les perforer à la manière habituelle, et sans pratiquer de galeries entre les feuilles. Ils habitent des excroissances spéciales produites par la piqûre de la femelle lors de la ponte, et connues sous le nom de *Galles ;* d'où le nom de Gallicoles donné aux Insectes qui en sortent.

D'autres Vespides habitent des Nids préparés et approvisionnés pour eux à l'avance ; les Apides y amassent pour cela du miel et du pollen ; les Guêpes, les Sphex, les Crabro, etc., y rapportent d'autres Insectes.

Les Ichneumons et autres Hyménoptères parasites jouent un rôle important dans l'économie de la nature, dont ils sont chargés de conserver l'équilibre. Comme ils ne vivent qu'en détruisant des Insectes nourris de plantes principalement, la multiplication de ces derniers se trouve limitée : si, par la coïncidence de plusieurs circonstances favorables à leur développement, le chiffre de ces Insectes herbivores vient à dépasser les limites naturelles, il constitue alors des habitacles plus nombreux pour les Ichneumons ; et ces parasites ramènent leur nombre à la proportion normale. Généralement, les plus gros de ces parasites vivent solitairement dans le corps d'un autre animal ; les plus petits y habitent souvent en famille, par centaines ; pour se faire une idée de la petitesse de quelques-uns de ces Insectes, il faut savoir que les Pucerons, si petits, peuvent être habités par des parasites, et que ces derniers peuvent recevoir, à leur tour, les Œufs d'Insectes, plus petits encore, qui donnent naissance à des parasites différents.

Chez la plupart des espèces, les femelles font une piqûre aux Larves d'autres animaux pour les doter d'un ou de plusieurs œufs ; et les Vers qui éclosent de ces œufs vivent dans le corps de l'animal réceptacle ; toutefois un certain nombre d'entre eux vivent à l'extérieur de ce corps.

Les genres *Pteromalus*, *Bracon*, *Spathius*, *Tryphon*, *Phygadeuon*, *Cryptus*, *Pimpla*, et d'autres que nous ferons connaître plus tard, renferment des espèces qui paraissent rechercher pour leurs couvées certaines fausses Chenilles de Tenthrèdes, les Chenilles de quelques Bombyx qui savent se filer un cocon, et les Larves d'Insectes qui habitent sous les écorces ou dans le bois et qui à l'état de Larves paraissent vivre en parasites extérieurs.

Les rapports entre l'hôte et le parasite présentent encore des différences à un autre point de vue, suivant le genre que l'on considère. Tantôt les Larves qui ont atteint tout leur accroissement (notamment chez les parasites agglomérés) se dégagent de la Chenille par perforation, et se transforment en Chrysalides auprès de la peau de cette Chenille, car c'est là tout ce qui reste de cet être mourant. Tantôt la Chenille, comme le ferait un animal doué d'une certaine vitalité, fabrique sa coque ; on pense qu'elle recèle la Chrysalide, mais que de fois le collectionneur de Papillons, qui espérait un Lépidoptère superbe, se trouve ainsi déçu ! Au lieu de la Chrysalide régulière, il ne voit qu'une coque noirâtre, allongée ; et son expérience lui apprend que ce n'est qu'une enveloppe solide résistante, comme parcheminée, surajoutée par une Larve d'Ichneumon parvenu à son entier développement. Dans un troisième cas, la Chenille, qui ne tisse pas, possède encore assez de force pour se transformer en Chrysalide d'aspect sain ; mais, hélas ! avec le temps elle perd sa motilité, et n'a plus son poids normal : ce sont là encore deux signes qui viennent dissiper l'illusion, car un beau matin la Chrysalide est gisante, la tête rejetée à côté d'elle, comme un couvercle rongé ; et dans la boîte s'agite gaiement un superbe Ichneumon.

Un observateur qui s'occupe de l'étude intéressante des Cynips, et qui recueille avec soin leurs produits, — procédé absolument indispensable pour apprendre à reconnaître et distinguer ces Animaux, — ne sait que trop qu'on n'obtient souvent pas une seule espèce normale, et qu'en revanche on rencontre les combinaisons les plus surprenantes de parasites de toutes sortes. Deux ou trois espèces sortent d'une même Galle ; dans quelques cas seulement, si l'on a recueilli plusieurs Galles, l'habitant régulier s'y trouve aussi.

Des expériences semblables doivent être instituées dans des conditions propres à faciliter les observations ; mais il en faut d'autres pour étudier l'Insecte en liberté. On pourra voir alors, par exemple, comment un Ichneumon, dans le cours de ses excursions, s'installe dans une Chrysalide de Lépidoptère à peine achevée, encore tendre, et suspendue à une tige d'arbre. Il s'avance avec une satisfaction visible sur la Chrysalide qui s'enroule, il la tâte avec ses antennes toujours en mouvement ; soudain il implante sa tarière dans la peau encore tendre, et l'enfonce de plus en plus profondément ; alors les Œufs s'échappent au travers, ainsi qu'on peut, non pas le constater, mais le soupçonner fortement. En effet, en son temps aucun Papillon n'apparaît au dehors de la Chrysalide, mais on en voit sortir une troupe d'Ichneumons semblables à celui dont nous avons précédemment observé les manœuvres.

Dans quelques cas isolés, qu'on doit considérer comme des exceptions à la règle, on a vu sortir du corps d'Insectes, parvenus à leur complet développement, des Larves de parasites, ou même des parasites parfaits. Dans ce cas, il peut se faire que l'Insecte ait été piqué lorsqu'il avait atteint déjà l'état parfait ; ou bien l'hôte a devancé dans son développement l'influence du parasite, il a dominé son action nocive, de sorte que tous deux sont arrivés côte à côte à leur évolution complète.

Il ne suffit pas de savoir qu'un Insecte peut habiter dans un autre, ou prenne pension à ses dépens dans son corps ; l'étude de ces relations forcées entre hôte et locataire doit être poussée plus loin ; ce dernier doit consentir à son tour à servir d'hôte ; en d'autres termes, il existe des parasites dans les parasites eux-mêmes. C'est là une circonstance qui ne contribue pas à éclaircir, aux yeux des observateurs attentifs, les conditions d'existence si intéressantes de ces Animaux, dont l'étude ménage encore bien des surprises.

 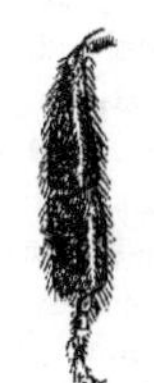   

Fig. 749.　　　Fig. 750.　　　Fig. 751.　　　Fig. 752.　　　Fig. 753.

Fig. 749. — Patte postérieure d'une Ouvrière : *a*, corbeille, vue du côté convexe (elle est représentée vis-à-vis, du côté concave) ; — *b*, brosse.
Fig. 750. — Patte postérieure de la Reine.

Fig. 751. — Patte postérieure de l'Ouvrière en-dessous.
Fig. 752. — *Id.*, en dessus.
Fig. 753. — *Id.*, du mâle ou Faux bourdon.

Fig. 749 à 753. — Pattes postérieures de l'Abeille (Reine, Ouvrière, Faux bourdon).

Pour nous, humains, nous ne découvrons que dans bien peu de cas un signe extérieur, indice qu'une Larve a été piquée, quelques taches noires ou de couleur désagréable sur une Chrysalide de Papillon trahissent le germe de la mort ; mais il est imputable bien moins à un Ichneumon qu'à des Mouches parasites dont certaines femelles s'acharnent, par une sorte de vocation, à détruire l'espèce.

L'instinct étonnant, qui dirige les femelles dans le dépôt de leurs œufs, reste toujours une énigme. D'où sait-elle, la femelle qui passe un peu plus tard, que dans l'intérieur d'un hôte se trouve déjà un œuf confié par un autre ? qu'il ne pourrait nourrir une seconde Larve, et ne constitue pas pour elle un siège favorable à l'incubation ?

Cette question, et d'autres du même genre, se pressent devant la pensée de l'observateur, qui ne peut y répondre encore que par des conjectures.

LES APIDES — *APIDÆ*

Die Bienen. — Blumenwespen.

Nous plaçons les Apides en tête des Hyménoptères comme formant la première famille de cet ordre.

Caractères. — Comme les Guêpes, les Apides n'ont qu'un seul trochanter ; mais elles en diffèrent, dans la plupart des cas, par l'aspect velu de leur corps et la structure spéciale de leurs pattes postérieures. Aucune Apide ne présente un abdomen pédiculé, comme cela se rencontre chez tant de Vespides. Chez les espèces volumineuses, il n'est séparé du thorax que par un contour linéaire ; chez les petites, il se rétrécit de chaque côté symétriquement et affecte un contour elliptique ; il paraît alors appendu au thorax. Le revêtement très velu dont la plupart des Abeilles sont couvertes et qui leur donne leurs couleurs bigarrées sert aussi à les reconnaître et à les distinguer des Crabronides. Il existe, il est vrai, quelques espèces presque nues ; mais un œil exercé pourra les reconnaître quand même et les ranger parmi les Abeilles.

Les Apides, comme nous le savons, rapportent pour leur couvée du miel et du pollen : le premier est mis en réserve dans leur jabot ; le second est rapporté généralement sur les jambes postérieures, disposées à cet effet, et leur forme des sortes de *culottes*. Ce sont elles qui font reconnaître les femelles, à peu d'exceptions près. La jambe, immédiatement au-dessus du tarse, qui est presque aussi long qu'elle, et dont le premier article porte ici le nom de *métatarse* ou de pièce carrée, est élargie en triangle allongé, c'est la palette. Ce premier article du tarse porte souvent à la partie externe de sa base un prolongement en forme de dent aiguë disposée de façon que le bord inférieur de la jambe et le bord supérieur de cet article forment une pince destinée à saisir sous le ventre les lamelles de cire. La jambe affecte une disposition excellente pour ramasser et recueillir le pollen ; elle peut être un peu creusée sur sa face externe d'une sorte de *corbeille* (fig. 749, *a*) ; elle est brillante et prolongée par de longs poils implantés sur les bords qui constituent un *rateau*, de là lui est venu son nom. L'aspect luisant est dû, comme l'a montré D.-J. Wolff, aux glandes cirières situées au-dessous de la couche de chitine ; elles s'ouvrent au dehors, et leur sécrétion, qui s'étend d'ailleurs sur les autres parties du corps et qui est destinée à huiler et lustrer les poils, imprègne la poussière des fleurs et la conglomère en forme de pelotes. Cet élégant appareil (fig. 749 et 751) est souvent perfectionné, en outre, par l'addition d'une sorte de *brosse* formée de soies raides et courtes, disposées à la face inférieure de ce métatarse en rangées symétriques, comme sur certaines brosses à ongles, et destinées à épousseter le pollen des fleurs pour le recueillir. Les pattes intermédiaires sont disposées aussi, moins parfaitement il est vrai, pour récolter le pollen. Les Abeilles dont les jambes postérieures sont organisées sur ce type sont désignées d'une façon significative, sous le nom de *Podilégides* (*récolteuses par les jambes*).

Chez d'autres, ces organes ne forment pas des instruments de récolte aussi parfaits ; le côté externe de la jambe ne forme pas corbeille, il n'est pas excavé et n'est revêtu que de poils isolés. Aussi, par compensation, l'extrémité inférieure de la cuisse, la hanche, et même les parties latérales de l'abdomen, sont munies de poils longs, mais peu bouclés. De la sorte, ces *Mérilégides* (*récolteuses par différentes parties*) sont aptes aussi à rapporter chez elles pollen et propolis.

Ici, comme partout, la nature est inépuisable, dans ses actes et dans ses créations Chez d'autres Abeilles, les jambes postérieures ne présentent pas les caractères propres à cette famille ; leur appareil de récolte s'est reporté sur l'abdomen. Celui-ci est recouvert de poils courts, dirigés en arrière, destinés à brosser et à retenir le pollen. Ce sont les *Gastrilégides* (*récolteuses par l'abdomen*).

Comment récolteront donc celles des Abeilles dont les jambes, les cuisses, l'abdomen sont à peu près entièrement dépourvus de poils ? Celles-là laissent aux plus capables le soin de récolter, et tâchent de porter leurs œufs, en tapinois, dans les nids des Abeilles laborieuses. L'existence parasitaire, si répandue dans l'immensité du monde, acquiert ici de par l'organisation naturelle un droit entier ; ces Abeilles parasites ont reçu le nom de *Psithyres*, de *Nomades*, de *Mélectes*.

Ces dispositions si intéressantes, qui ont pour but le soin de la couvée, restent la propriété des femelles et de ces vierges qui, sans jamais devenir mères, sont cependant chargées des soucis-maternels pour la génération suivante. Elles ont reçu le nom d'*Ouvrières*, et constituent, chez quelques Abeilles, qui vivent en société, un troisième état, très influent ; ces Ouvrières sont pourvues aussi d'un aiguillon défensif.

Les mâles, qui ne récoltent point, n'ont pas besoin d'outils (fig. 753) pour cela, et possèdent, par suite, moins de signes distinctifs. Il est toujours bien difficile, non seulement chez les Abeilles, mais encore chez bien d'autres Hyménoptères, de les reconnaître et de les rattacher à une espèce dont la femelle est déterminée. Il n'y a donc pas à s'étonner de ce que les sexes d'une même espèce se soient trouvés rangés sous deux noms différents, et de ce que les Frelons et d'autres genres, très riches en espèces analogues, présentent dans leur nomenclature une confusion babylonienne, qui dénote la diversité d'opinions des observateurs.

Nous avons déjà signalé le développement considérable de la lèvre inférieure, chez les Apides, elle est en partie engainée à la base par les mâchoires, et, pendant le repos, elle est appliquée contre le corps (fig. 754, 755, 757, *b*). C'est là sa disposition chez les *Abeilles proprement dites* (Apines). Chez les *fausses Abeilles* (Andrenines) la lèvre est plus courte que le menton, et ne peut être rejetée en arrière pendant le repos (fig. 756, *b*). Ces deux états opposés ont amené certains observateurs, dans une pensée de classification trop étroite, à diviser les Apides en deux familles.

Les antennes sont toujours coudées (fig. 754, 760, 761 et 762) ; chez les mâles elles s'élèvent sur une base à peine visible, et sont composées de douze articles ; chez les femelles il y en a treize. L'extrémité est filiforme, quelquefois épaissie ou aplatie, toujours obtuse. Les articles sont distincts, mais ne présentent ni étranglements aux extrémités, ni renflements vers la pointe. Parfois, ils semblent légère-

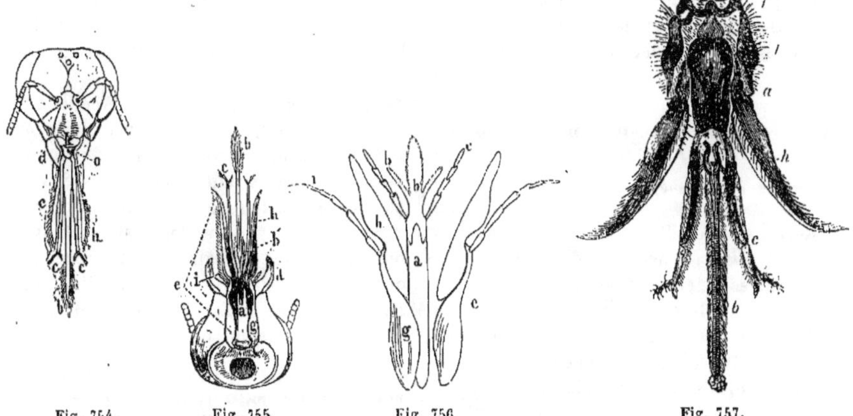

Fig. 754. Fig. 755. Fig. 756. Fig. 757.

Fig. 754. — Tête de l'Abeille commune vue de face.
Fig. 755. — Tête du Bourdon terrestre vue en-dessous.
Fig. 756. — Pièces de la bouche de l'*Andrena labialis*.

a, menton; *b*, languette; *b'*, paraglosses; *c*, palpes labiaux; les trois réunis forment la lèvre inférieure; *d*, mandibules; *e*, mâchoires ou maxilles consistant dans

Fig. 757. — Pièces de la bouche de l'Abeille commune, très grossies.

les pièces suivantes : *f*, le gond ou cardo; *g*, tige; *h*, lobe interne; *h'*, lobe externe ou galea; *i*, palpe maxillaire; *o*, lèvre supérieure ou labro.

Fig. 754 à 757. — Pièces buccales des Apides.

ment noueux à la partie antérieure. Pour une famille aussi riche en espèces, nous trouvons là une uniformité rare dans la structure d'un organe ordinairement si polymorphe.

Il existe toujours des yeux accessoires, mais les poils épais qui recouvrent le sommet de la tête les rendent parfois difficiles à apercevoir.

Les ailes antérieures présentent toujours une cellule marginale avec ou sans prolongement, et deux ou trois cellules sous-marginales. La partie postérieure de la surface de l'aile reste relativement large, et ne contient pas toutes les nervures parce que les deux nervures longitudinales (cubitus et nervure parallèle) cessent en arrière des nervures obliques, à peu d'exceptions près. Chez quelques espèces, surtout chez les plus grosses, cet espace présente un pointillé assez serré, ou de minces raies longitudinales; en outre l'aile entière prend une coloration plus foncée. Dans les ailes, où n'existent que deux cellules sous-marginales, les deux nervures récurrentes aboutissent à la dernière; quelquefois la première aboutit juste à sa limite antérieure. Lorsqu'il y a trois cellules sous-marginales, la seconde et la troisième reçoivent respectivement une de ces nervures, sauf de rares exceptions comme chez les Abeilles par exemple.

Distribution géographique. — Partout où l'on trouve ces fleurs pour fournir le miel, on rencontre aussi des Apides pour le déguster et l'approprier en vue de leur postérité. Toutefois, les pays équatoriaux, dont la richesse en fleurs est si merveilleuse, ne sont pas proportionnellement aussi riches en espèces que nos climats tempérés.

LES ABEILLES SOCIALES — *APES SOCIALES*

Die Gefellige Bienen.

On entend par Abeilles sociales toutes celles qui vivent en société et font en commun des travaux.

Parmi les Abeilles sociales on distingue les *Apines*, les *Méliponines* et les *Bombines*.

LES APINES — *APINÆ*

Die Apinen.

Caractères. — Les femelles sont armées d'un aiguillon; les ailes ont une cellule radiale resserrée et fort allongée; quatre cellules cubitales et trois cellules discoïdales complètes; les crochets des tarses sont bifides; le premier article du tarse postérieur porte une dent à sa base.

Distribution géographique. — Les Apines appartiennent exclusivement à l'ancien continent.

L'ABEILLE COMMUNE OU ABEILLE DOMESTIQUE. *APIS MELLIFICA*.

Gemeine Honigbiene, — Hausbiene.

Caractères. — L'Abeille commune, l'Abeille domestique (*Apis mellifica*), se distingue de toutes les autres Abeilles d'Europe par l'absence d'épines à ses larges jambes postérieures.

Les ailes ont une cellule marginale arrondie en avant, et quatre fois plus longue que large ; il y a trois cellules sous-marginales closes, et autant de cellules médianes. Les premières ont des surfaces à peu près égales ; la dernière, étroite et losangique, se rapproche plus de la base de l'aile par son extrémité antérieure que par son extrémité postérieure ; elle est par conséquent très oblique.

Le corps est noir et luisant dans tous les points où le poil ne recouvre pas l'animal en lui communiquant sa couleur rousse. Ce poil est roux comme celui du renard, mais tirant un peu sur le gris ; il s'étend jusque sur les yeux et tombe avec l'âge. Les bords postérieurs des segments du corps ont, ainsi que les pattes, une couleur brune, qui peut passer au rouge jaunâtre ; cette coloration, moins prononcée chez les femelles, est révélée par l'éclat doré des jambes. Les griffes des pattes ont une pointe bifurquée. Les palpes maxillaires sont d'une seule pièce ; les palpes labiaux comptent quatre articles.

Les figures 749 à 753 nous montrent les différences de forme qui existent entre les pattes postérieures des Mâles ou Faux-bourdons, des Femelles et des Ouvrières. Les femelles n'ont pas de palettes pour récolter le pollen au premier article du tarse, et les mâles comme les femelles n'ont pas de crochet ou dent saillante au côté supérieur de ce premier article. Les ouvrières, qu'on désigne à tort sous le nom d'*Abeilles*, sont des femelles qui, en raison de l'atrophie des organes sexuels, ne peuvent propager l'espèce ; elles sont cependant chargées de veiller, en grand nombre, à ce que les Œufs, déposés par les femelles, produisent une race puissante. Elles trouvent les appareils propres à donner les soins les plus intelligents aux jeunes Larves, dans leur lèvre inférieure allongée, dans leurs mâchoires également allongées,

et dans le petit laboratoire chimique caché dans l'intérieur de leur corps, où s'élaborent le miel et la cire qu'elles utiliseront suivant les besoins.

Distribution géographique. — L'Abeille du Nord (*Apis mellifica*) s'étend aujourd'hui bien au-delà de l'Europe septentrionale, son pays d'origine, où elle existait seule il y a peu de temps encore. On la rencontre dans la France méridionale, l'Espagne, le Portugal, quelques régions de l'Italie, la Dalmatie, la Grèce, la Crimée, les îles et les côtes de l'Asie-Mineure, l'Algérie, la Guinée, le Cap, et une grande partie de l'Amérique tempérée.

L'ABEILLE ITALIENNE OU LIGURIENNE. — *APIS LIGUSTICA*.

Caractères. — L'Abeille d'Italie (*Apis ligustica*, fig. 758) présente, chez la Reine, une co-

Fig. 758. — Abeille ligurienne ou italienne.

loration d'un brun-rouge à la base de l'abdomen et d'un rouge intense sur les jambes.

Distribution géographique. — Elle se trouve dans les régions septentrionales de l'Italie, le Tyrol, la Suisse italienne, et elle a été importée en grandes masses dans les Ruchers d'Allemagne.

Une variété de la précédente, qui s'en distingue par un écusson jaune, se rencontre dans la France méridionale, la Dalmatie, le Banat, la Sicile, la Crimée, les îles et le continent de l'Asie Mineure, ainsi que dans le Caucase.

L'ABEILLE FASCIÉE. — *APIS FASCIATA*.

Caractères. — Chez l'Abeille d'Égypte (*Apis fasciata*, fig. 759) l'écusson, ainsi que les deux

Fig. 759. — Abeille fasciée ou égyptienne.

premiers segments de l'abdomen, sont rouges ; elle est habillée d'une fourrure blanche ou gris-jaunâtre.

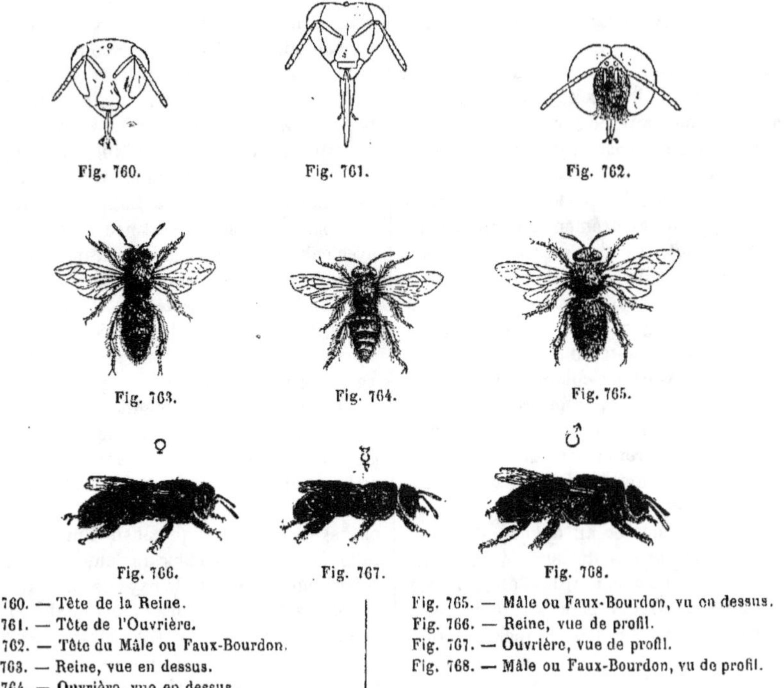

Fig. 760. Fig. 761. Fig. 762.

Fig. 763. Fig. 764. Fig. 765.

Fig. 766. Fig. 767. Fig. 768.

Fig. 760. — Tête de la Reine.
Fig. 761. — Tête de l'Ouvrière.
Fig. 762. — Tête du Mâle ou Faux-Bourdon.
Fig. 763. — Reine, vue en dessus.
Fig. 764. — Ouvrière, vue en dessus.

Fig. 765. — Mâle ou Faux-Bourdon, vu en dessus.
Fig. 766. — Reine, vue de profil.
Fig. 767. — Ouvrière, vue de profil.
Fig. 768. — Mâle ou Faux-Bourdon, vu de profil.

Fig. 760 à 768. — L'Abeille commune, Reine, Ouvrière, et Mâle ou Faux-Bourdon.

Distribution géographique. — Elle vit en Égypte, et s'étend au delà de la Sicile et de l'Arabie, jusqu'à l'Himalaya et jusqu'en Chine. Les sociétés d'acclimatation les ont introduites aussi en Allemagne récemment.

L'ABEILLE DES NÈGRES. — *APIS NIGRITARUM*.

L'Abeille d'Afrique, qui dérive de l'Abeille d'Égypte par une transition insensible, s'étend sur toute l'Afrique, sauf l'Algérie et l'Égypte.

L'ABEILLE UNICOLORE. — *APIS UNICOLOR*.

Caractères. — L'Abeille de Madagascar, est d'un noir intense revêtu de poils d'un gris-jaunâtre.

Distribution géographique. — Originaire de Madagascar où elle est domestique, elle habite également l'île Maurice.

Dans la province de Cachemire, où les cultivateurs élèvent des ruchers, disposés de telle sorte que les orifices d'entrée sont ménagés dans le mur de leur propre maison, les Abeilles sónt plus petites. Elles appartiennent probablement à une espèce différente, que l'on retrouve dans une partie du Gendjab. En revanche, dans les montagnes du Sud, on trouve d'autres Abeilles, plus grosses que nos Abeilles septentrionales, qui vivent aussi en sociétés nombreuses, et dont le miel doit posséder souvent des propriétés vénéneuses.

Mœurs, habitudes, régime. — Les mœurs que nous allons décrire sont celles des Abeilles communes, mais elles diffèrent peu de celles des autres espèces.

De tout temps les philosophes et les agronomes se sont occupés des Abeilles. Beaucoup s'en sont fait les historiens; mais beaucoup, comme Aristote et Virgile, ignorant une foule de secrets sur leurs instincts et leurs travaux, ont fréquemment semé l'erreur à côté de la vérité. Qui ne connaît, dans les *Géorgiques* (1)?

(1) Livre IV.

le chant consacré aux Abeilles et le bel épisode du berger Aristée pleurant la perte de ses Ruches.

Le grand Shakspeare a peint à son tour la vie et les mœurs de la société si bien organisée des Abeilles, en traits non moins poétiques, mais plus brefs et plus saisissants. Citons les paroles, que, dans son drame de *Henri V*, il met dans la bouche de l'archevêque de Cantorbéry, se plaçant assurément au point de vue des idées absolutistes d'un prince de l'Église :

« C'est pourquoi le ciel partage la constitution de l'homme en diverses fonctions, dont les efforts convergent, par un mouvement continu, vers un résultat ou but unique : la subordination. Ainsi travaillent les Abeilles, créatures qui, par une loi de nature, enseignent le principe de l'ordre aux monarchies populaires. Elles ont un roi et des officiers de tout rang : les uns, comme magistrats, sévissent à l'intérieur ; d'autres, comme marchands, se hasardent à commercer au dehors ; d'autres, comme soldats, armés de leurs dards, pillent les boutons de velours de l'été, et avec une joyeuse fanfare rapportent leur butin à la royale tente de leur empereur. Lui, affairé dans sa majesté, surveille les maçons chantants, qui construisent des lambris d'or, les graves citoyens qui pétrissent le miel, les pauvres ouvriers porteurs qui entassent leurs pesants fardeaux à son étroite porte, le juge à l'œil sévère, au bourdonnement sinistre, qui livre au blême exécuteur le frelon paresseux et béat. J'en conclus que maints objets, dûment concentrés vers un point commun, peuvent y atteindre par des directions opposées ; ainsi plusieurs flèches lancées de côtés différents, volent à la même cible (1). »

Il était réservé aux Swammerdamm, aux Maraldi, aux Riem, aux Schirach, aux Réaumur, aux Huber et aux Dzierzon de découvrir les secrets des Abeilles et d'être leurs historiens. Les minutieuses et savantes observations de François Huber ont surtout amené des découvertes aussi admirables par elles-mêmes que surprenantes à l'égard de celui qui les a faites : car Huber était aveugle (2).

François Huber naquit à Genève, le 2 juillet 1750, d'une famille aisée qui vers le xviiᵉ siècle s'était déjà fait remarquer dans les sciences, les lettres et les arts. Dès son enfance, il ma-

nifesta un goût passionné pour l'Histoire naturelle et il se livrait à l'étude avec une ardeur inquiétante pour sa santé lorsqu'à l'âge de 15 ans, le reflet d'une neige éblouissante le frappa de cécité. Cet irrémédiable malheur n'éteignit pas toutefois sa vive et brillante imagination, et, comme il nous l'apprend lui-même, il continua à se livrer à ses études avec le secours de sa femme, Marie Aimée Lullin, qui ne craignit pas d'associer sa destinée à la sienne, et avec celui de son domestique François Burnens en qui il eut le bonheur de trouver à la fois un ami, un lecteur, un secrétaire et un coréligionnaire pleins de zèle et de sagacité, qui lui prêta ses yeux, et dont l'habileté d'observation vint au secours de son génie.

« Par une suite d'accidents malheureux, raconte Huber lui-même (1), je suis devenu aveugle dans ma première jeunesse ; mais j'aimais les sciences et je n'en perdis pas le goût en perdant l'organe de la vue. Je me fis lire les meilleurs ouvrages sur la Physique et sur l'Histoire naturelle ; j'avais pour lecteur un domestique, François Burnens, né dans le pays de Vaux qui s'intéressait singulièrement à tout ce qu'il me lisait. Je jugeai assez vite, par ses réflexions sur nos lectures et par les conséquences qu'il savait en tirer qu'il les comprenait aussi bien que moi et qu'il était né avec les talents d'un observateur. Ce n'est pas le premier exemple d'un homme qui sans éducation, sans fortune et dans les circonstances les plus défavorables ait été appelé par la nature seule à devenir Naturaliste. Je résolus de cultiver son talent et de m'en servir un jour pour les observations que je projetais.

« La suite de nos lectures m'ayant conduit aux beaux *Mémoires* de Réaumur sur les Abeilles, je trouvai dans cet ouvrage un si beau plan d'expériences, des observations faites avec tant d'art, une logique si sage, que je résolus d'étudier particulièrement ce célèbre auteur, pour nous former, mon lecteur et moi, à son école, dans l'art si difficile d'observer la nature. Nous commençâmes à suivre les Abeilles dans des Ruches vitrées ; nous rejetâmes toutes les expériences de Réaumur ; nous obtînmes exactement les mêmes résultats, lorsque nous employâmes les mêmes procédés. Cet accord de mes observations avec les siennes me fit un extrême plaisir, parce qu'il me donnait la preuve que je pouvais m'en rapporter absolument aux yeux de mon élève. Enhardis par ce premier

---

(1) A l'époque de Virgile et de Shakspeare, la Reine abeille était encore tenue pour un roi.

(2) Hamet, *Cours d'Apiculture*, 4ᵉ édit. Paris, 1874.

(1) F. Huber, *Nouvelles Observations sur les Abeilles.* Paris et Genève, 1814.

essai, nous tentâmes de faire sur les Abeilles des expériences entièrement neuves ; nous imaginâmes diverses constructions de Ruches auxquelles on n'avait point encore pensé, qui présentait de grands avantages ; et nous eûmes le bonheur de découvrir des faits remarquables qui avaient échappé aux Swammerdamm, aux Réaumur et aux Bonnet. »

Parmi ces faits découverts par François Huber, il faut citer la fécondation dans l'air de l'Abeille mère ; il faut mentionner également ses belles expériences sur le sexe des Ouvrières, sur le combat des Reines, sur l'architecture des Abeilles, et sur l'origine de la cire.

En 1792, à l'apparition de ses *Nouvelles observations sur les Abeilles* les Savants demeurent frappés d'étonnement : et n'y avait-il pas en effet quelque chose de merveilleux dans la précision des recherches d'un homme atteint de cécité ? Aussi l'Académie des sciences de Paris et d'autres Académies s'empressèrent-elles de s'associer l'auteur de cet admirable travail.

François Huber, que l'on peut appeler à juste titre le plus grand des Apiphiles, s'occupa des mœurs des Abeilles pendant plus de 30 ans. Il avait habité quelque temps la France, et mourut à Lausanne en 1832, âgé de près de 83 ans.

Depuis longtemps l'humanité a reconnu et apprécié le labeur des Abeilles ; elles sont devenues pour elle le symbole de cette vertu élevée. Mais, en même temps, l'Homme a su apprécier les produits de leur zèle ; aussi nous ne pouvons plus rencontrer ces états d'Abeilles en liberté dans la nature, car ils ne reviennent que bien exceptionnellement à l'état sauvage ; c'est cette raison aussi qui ne nous permet pas d'indiquer leur lieu d'origine primitif. Le Maître de la création désigne à ces Animaux, dans les Ruches dont l'organisation varie suivant les époques, l'endroit où ils établiront leurs États ; il exerce encore sur eux une influence utile à bien des points de vue ; mais il n'était pas en mesure de changer la moindre chose à leur mode d'existence héréditaire, dans les milliers d'années pendant lesquelles ils s'y sont fidèlement conformés. Les points de vue contradictoires que l'on trouve consignés dans la bibliographie si riche des Abeilles ne répondent donc pas à des changements survenus dans leurs mœurs, mais aux degrés variés des connaissances acquises sur ce sujet. Jusqu'à ce jour, nous n'en sommes pas encore à pouvoir dire que tout a été éclairci dans cette merveilleuse organisation, et que rien ne s'y passe

qui ne soit connu complètement des éleveurs d'Abeilles, c'est-à-dire non seulement de ceux qui les recherchent pour leur cire et pour leur miel, mais encore de ceux qui, dans l'intérêt de l'étude générale de la nature, s'attachent à approfondir les mœurs de ces fournisseurs amicaux.

Nous allons essayer, à présent, d'esquisser, pour l'ami de la nature plutôt que pour les éleveurs d'Abeilles, un tableau de cette existence si coordonnée et en même temps si agitée.

Organisation sociale des Abeilles. — La vie des Abeilles est celle d'un état bien ordonné ; les Ouvrières constituent le peuple (fig. 761, 764 et 767) ; une femelle féconde, choisie par le peuple, représente une *Reine* universellement aimée et choyée ; à laquelle les anciens observateurs donnaient le nom de *Roi* (fig. 760, 763 et 766). Les mâles, les fainéants riches et agréables sont absolument indispensables (fig. 762, 765 et 768), mais on ne les tolère que tant qu'on a besoin de leurs services. Cette organisation est un véritable modèle, car chacun accomplit sa tâche et remplit son devoir, à pleine mesure et en son lieu, parce que nul ne cherche à se placer au-dessus ou au-dessous du rang que lui assignent ses capacités.

Installation dans la Ruche. — Supposons qu'à la Saint-Jean, on ait enfermé un *Essaim secondaire* (nous verrons plus loin la signification exacte du mot) dans une case vide, percée de l'orifice d'entrée que tout le monde connaît, et qui est situé en bas, sur la petite paroi à pignons ; au devant du trou, on place une petite planchette. A peine l'appareil est-il installé, qu'une des Abeilles paraît sur cette planchette. Elle se présente, c'est-à-dire qu'elle se dresse sur ses pattes aussi haut que possible, projette en avant ses jambes antérieures, élève son abdomen et bourdonne en faisant vibrer ses ailes d'une façon spéciale. Cette conduite bizarre est l'expression de sa joie, de son bien-être ; l'éleveur en conclut sûrement qu'il a pris en même temps la jeune Reine, et qu'elle n'est pas restée dehors comme il arrive lors d'une manœuvre maladroite ou d'un emplacement défavorable à l'essaim. S'il avait manqué d'adresse ou si la place avait déplu à ce peuple pour une raison quelconque, il ne serait pas demeuré un seul instant dans la Ruche. Le peuple s'élance alors tout entier au dehors, dans une précipitation sauvage, et tourbillonne avec anxiété aux alentours, jusqu'à ce qu'on saisisse l'occasion d'essayer une nouvelle fois son habileté. Si l'occasion ne se présente pas, ou si la demeure imposée ne peut lui convenir, l'Essaim se rassemble pour retourner à l'ancien gîte.

AMÉNAGEMENT DE LA RUCHE. — Mais, dans notre Ruche nouvelle, tout est en ordre, et le travail débute alors par la construction des cellules, dont l'édification commence à partir du toit. L'éleveur vient en aide au ménage d'Abeilles en le dotant de rayons vides de miel qui lui manquent afin de hâter ses travaux; mais nous n'avons pas à en tenir compte, car ces

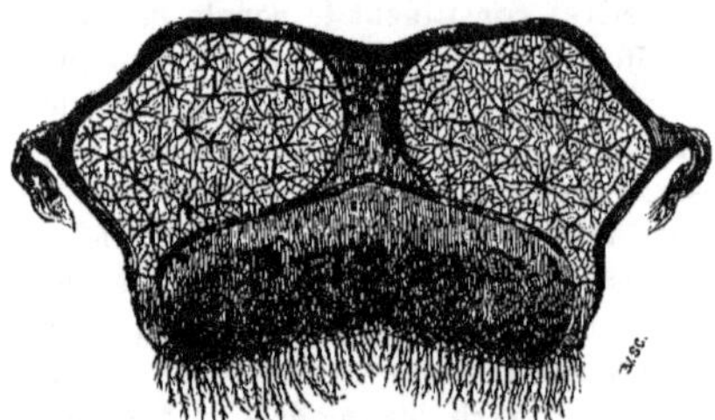

Fig. 769. — Glandes cirières de l'Abeille ouvrière.

Animaux ont en eux les matériaux nécessaires à leurs constructions. Sachant bien que les soucis de leurs travaux domestiques ne leur laisseront guère le temps de s'approvisionner, ils ont fait un triple repas, afin de n'avoir pas faim et de pouvoir confectionner la cire indispensable. Ils la font sortir par petits feuillets, au fur et à mesure des besoins, entre les anneaux de l'abdomen (fig. 769). Les Ouvrières forment une chaîne simple, double, multiple quand la construction devient assez avancée, ce qui donne lieu à une agitation particulière. Chacune, en effet, doit veiller à ne pas perdre pied, c'est-à-dire à ne point s'écarter de ses voisines. La besogne du manœuvre et celle du maçon se trouvent concentrées dans le même individu. Elles extraient l'une de l'autre de l'abdomen les feuillets de cire, les pétrissent entre leurs mandibules (fig. 771) admirablement adaptée en les mélangeant avec leur salive qui découle de glandes à structure complexe (fig. 770); puis chacune ayant ainsi préparé les matériaux, se rend à sa place d'architecte pour les fixer.

On voit se développer d'abord une crête, un rebord droit qui n'est pas d'une régularité mathématique. Contre lui s'applique une ou deux rangées horizontales de cellules irrégulières, puis enfin des cellules régulières (fig. 772). Elles se touchent par les côtés et se correspondent par leurs fonds, et finissent par former des

plaques ou gâteaux, verticaux, ouverts à droite et à gauche, et qui ont reçu le nom de *rayons*. Chaque face présente un élégant réseau de polygones hexagonaux, d'une régularité que nous ne pourrions obtenir qu'avec la règle et le compas. Dans ces cellules hexagonales, le fond est excavé en écuelle (fig. 772 et 775), et l'extrémité antérieure, ouverte, est coupée droit. Il

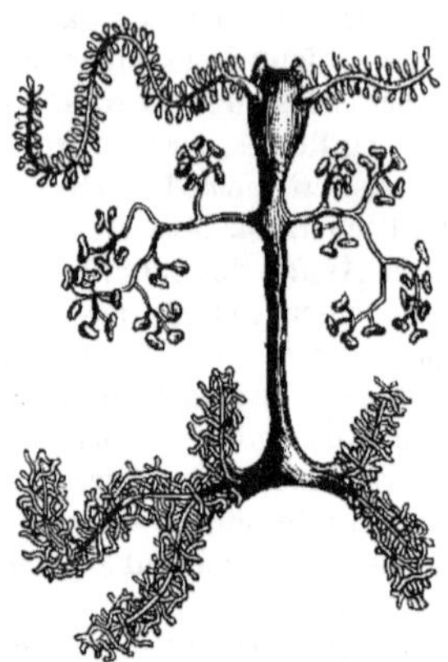

Fig. 770. — Glandes salivaires.

y a, dans une même direction, autant de rayons que l'espace en comporte; entre deux rayons reste un intervalle de l'étendue d'une cellule, et même, par places, les constructeurs ménagent des vides qui peuvent servir de passages. Les rayons s'accroissent assez régulièrement; aucun n'atteint toute sa hauteur avant que les autres n'aient été disposés et agrandis également. Déjà au bout de quelques heures, nous pourrons voir appendue

Fig. 771. — Mandibule d'une ouvrière.

dans la Ruche une bandelette triangulaire formée de cellules, et mesurant près de 10 centimètres de superficie.

Ces rayons lorsqu'ils ont acquis un certain développement comptent trois sortes de *cellules* ou *alvéoles* : 1° des cellules d'Ouvrières en nombre considérable; 2° des cellules destinées à l'élevage des mâles en moins grand nombre ; 3° des cellules dites cellules maternelles peu nombreuses servant à l'éducation des femelles ou Reines ; il n'est pas rare de rencontrer

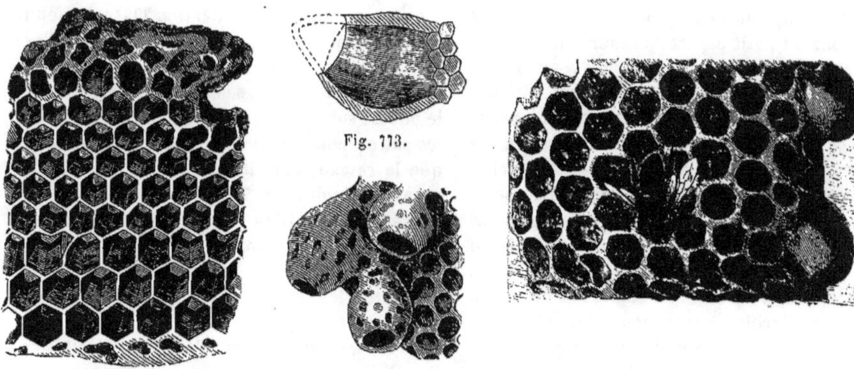

Fig. 773.

Fig. 772.   Fig. 774.   Fig. 775.

Fig. 172. — Point d'attache du rayon avec cellules irrégulières ; petites cellules d'Ouvrières ; grandes
cellules, cellules de Faux-Bourdon.

Fig. 773 et 774. -- Cellules de Reines.
Fig. 775. — Abeille construisant une cellule, à droite
de la figure sont des cellules royales.

Fig. 772 à 775. — Cellules d'Ouvrières, de Faux-Bourdon et de Reines.

des rayons composés uniquement des cellules d'Ouvrières ou exclusivement de cellules de mâ-les ; souvent les rayons comptent à la fois des cellules d'Ouvrières et de mâles disséminés.

Les cellules qui doivent servir à l'éducation des Ouvrières (fig. 772) ont les dimensions les plus petites ; elles mesurent 12 millimètres de profondeur sur 5 millimètres 2 de diamètre ; mais en Insectes intelligents elles savent quelquefois doubler la profondeur des alvéoles lorsqu'elles doivent les remplir de miel. Les parois de ces alvéoles ne comptent guère à l'origine qu'un quart de millimètre d'épaisseur. Les cellules destinées à recevoir les Larves des mâles ou Faux-Bourdons (fig. 772) sont plus profondes (15 millimètres), plus larges (6 millimètres 6) ; et avec une habileté sans pareille les Abeilles savent racheter les différences de grandeur de ces deux sortes d'alvéoles sans que l'œil soit choqué par quelque défaut de symétrie ; elles savent encore leur donner une légère inclinaison de 4 à 5 degrés, pour éviter que le miel ne vienne à s'écouler. Elles ont encore le soin de renforcer le bord des cellules par un bourrelet de propolis (voy. plus loin) afin d'en augmenter la résistance.

Il est facile de comprendre que le nombre des alvéoles doit varier avec la capacité de la Ruche : quoiqu'il en soit, on a calculé qu'une Ruche cubant 27 litres en renfermait plus de 50 mille (52,624), et, chose merveilleuse, ces milliers de cellules peuvent être édifiées en quatre ou cinq jours lorsque la saison est favorable et que la colonie est nombreuse et pleine de santé.

Quant aux cellules maternelles, elles ne ressemblent en aucune façon à celles que nous venons de décrire et sont établies sur un plan essentiellement différent ; en petit nombre, elles sont disséminées et établies généralement au bord de la partie libre des rayons (fig. 775) ; elles affectent la forme d'une cupule, à surface externe guillochée, que l'on a comparée à la cupule des glands, et sont perpendiculaires, très grandes, mais de dimensions variables, elles ont environ 8 millimètres et demi de diamètre (fig. 773 et 774). En général, on compte dans une Ruche 5 ou 6, quelquefois 10 ou 12 et même jusqu'à 25 de ces alvéoles. Lorsque ces cellules royales sont établies au milieu des gâteaux, c'est que la colonie ayant perdu sa Reine, elle s'est ingénié à réparer son malheur en transformant une Larve d'Ouvrière en Larve Royale ainsi que nous le verrons plus loin.

APPROVISIONNEMENT DE LA RUCHE. — Tout début est pénible. Le mot se vérifie pour chaque nouvelle colonie. Son emplacement diffère de celui où ses habitants sont nés ; aussi est-ce pour chaque individu une tâche indispensable que de prendre une connaissance exacte des alentours, avant de s'envoler. L'Abeille est, comme chacun sait, un Animal tellement soumis à l'habitude, que si l'on vient à détourner de quelques pouces seulement l'orifice d'entrée de sa Ruche, on la voit voltiger plus d'une fois à l'endroit où elle avait appris à le retrouver. Afin d'aiguiser leur sentiment topographique, les Abeilles viennent chacune imprimer dans leur mémoire tous les environs du petit espace qui leur sert d'entrée et de sortie, et qui se trouve du reste environné de bien d'autres orifices absolument semblables. Elles se promènent pensivement à reculons sur la planchette (fig. 782, p. 545), en regardant autour d'elles, de droite et de gauche, s'élèvent, décrivent des cercles, s'abaissent, puis se relèvent pour étendre et distancer ses cercles en agrandissant leurs limites, mais en s'envolant toujours à reculons. Ce n'est qu'alors qu'elle se sent sûre de son affaire ; elle ne manquera pas l'orifice à son retour. D'un élan bref, elle s'élève dans un vol direct et rapide, puis disparaît dans le lointain. Elle étend sa course, s'il le faut, jusqu'à deux heures du chemin. Elle va, cherchant les fleurs et les résines ; s'il y a, dans les voisinages, des dépôts de sucre, elle sait bien les trouver et les déguster passionnément, mais le plus souvent à ses dépens : des milliers d'Abeilles y trouvent la mort, car elles s'entendent bien à pénétrer dans les magasins, mais ne savent plus en sortir. Elles volent, surchargées, contre la fenêtre, s'épuisent en efforts inutiles, et retombent inertes sur le sol où elles succombent.

Elles rapportent quatre sortes de matières : des sucs destinés à faire du miel, de l'eau, du pollen, et des éléments résineux.

Les sucs, elles les lèchent avec leur lèvre, au fond des corolles, au sein des nectaires, les introduisent dans leur bouche, les avalent et les emmagasinent dans leur jabot où elles les élaborent et d'où elles les regurgitent à l'état de miel parfait.

Elles absorbent l'eau naturellement, de la même manière, et s'en servent pour leur propre nourriture, puis pour la construction et pour l'alimentation des Larves ; mais elles ne la rejettent pas sur le Rucher avec leur salive et elles l'excrètent chaque fois, au fur et à mesure des besoins.

Avec les parties velues de son corps, de sa tête et de son thorax, l'Abeille enlève, d'une manière inconsciente, en pénétrant dans les fleurs, le pollen attaché aux étamines ou répandu dans la corolle ; elle sait du reste se servir très adroitement de ses jambes qu'elle anime d'un mouvement de va et vient continuel pour brosser les grains de pollen et le fixer à ses pattes postérieures. Elle travaille d'une façon plus avisée lorsqu'elle a conscience de ses instruments de travail et qu'elle prend con-

fiance dans leur emploi : avec ses mâchoires étroites, en forme de cuiller (fig. 771), elle fend les anthères chargées de pollen lorsqu'elles ne se sont pas encore ouvertes d'elles-mêmes, saisit le contenu avec ses pattes antérieures, et le pousse sur les jambes médianes, et de là sur les pattes postérieures dont la corbeille, ainsi que le rateau, constituent le véritable instrument de récolte (fig. 749, 751 et 752). Là, au moyen de la matière grasse qui imprègne les poils, dont nous avons parlé déjà, les autres pattes agglomèrent le pollen qui adhère facilement, et les masses épaisses conglomérées constituent ce qu'on appelle les *culottes*.

Avec ses mandibules, l'Abeille extrait des Peupliers, des Bouleaux, des Pins et des autres arbres qui sécrètent toujours des résines, des matériaux fort utiles, qu'elle rassemble également dans ses corbeilles, c'est la *propolis*.

« Si l'instinct est variable, dit Darwin (1), pourquoi l'Abeille n'a-t-elle pas la faculté d'employer quelques autres matériaux de construction lorsque la cire fait défaut ? Mais quelle autre substance pourrait-elle employer ? Je me suis assuré qu'elle peut façonner et utiliser la cire durcie avec du vermillon ou ramollie avec de l'axonge. Andren Knight a observé que ses Abeilles, au lieu de recueillir péniblement du propolis, utilisaient un ciment de cire et de térébenthine dont il avait recouvert des arbres dépouillés de leur écorce. On a récemment prouvé que les Abeilles, au lieu de chercher le pollen dans les fleurs, se servent volontiers d'une substance fort différente, le gruau. »

Cependant, fait important, qu'il faut rappeler souvent, c'est que nos Abeilles, aussi bien que les espèces sauvages, utilisent presque uniquement dans leurs travaux de récolte les produits sécrétés par certaines plantes.

Lorsque l'Abeille a sa charge, guidée par son instinct topographique, si merveilleusement développé, elle regagne sa demeure par le plus court. Arrivée là, elle s'arrête généralement sur la planchette pour se reposer un peu, puis elle pénètre à la hâte dans la Ruche. Suivant la nature des trésors qu'elle rapporte, la manière dont elle se décharge varie. Le miel est livré à quelque sœur quémandeuse, ou déposé dans les cellules d'approvisionnement. Quelques cellules, en effet, renferment le miel pour les besoins journaliers ; d'autres (ce sont d'abord les rangées supérieures de chaque gâteau) servent

(1) *Origine des Espèces*, trad. Barbier. Paris, 1876, p. 280.

de greniers pour les temps à venir, et chacune, aussitôt remplie, est fermée par un couvercle de cire. Tantôt l'Abeille retire ses *culottes*, puis les foule dans les cellules des diverses parties du gâteau destinées à servir de magasins pour alimenter la communauté. Tantôt elle les mord et les mange elle-même. Tantôt quelque sœur survient dans ce but, et la libère de son fardeau.

Les éléments résineux, le propolis, sont utilisés pour mastiquer les lézardes et les brèches par où l'humidité et le froid pénétreraient, ou, exceptionnellement, pour rétrécir l'orifice d'entrée, s'il est nécessaire ; enfin le propolis sert encore à un autre usage : il est employé à envelopper les matières étrangères qui ne peuvent être écartées et qui peuvent empester la Ruche par leur putréfaction.

ASSAINISSEMENT DE LA RUCHE. — « Quelquefois on a de la difficulté à jeter hors de la Ruche, à cause de leur grosseur, des Animaux étrangers, qui y ont pénétré et qu'on a mis à mort, tels que Souris, Serpents, Phalènes ; dans ce cas, dit le Dr Buchner (1), les Abeilles s'empressent d'enduire les cadavres avec cette substance, et les rendant ainsi impénétrables à l'action de l'air elles évitent pour la Ruche les suites dangereuses de l'infection. Les Abeilles redoutent par-dessus tout l'air vicié dans l'intérieur de leur habitation, et cherchent de toutes les manières possibles à obvier à ce mal, qui non seulement offre de graves inconvénients pour les individus isolés, mais peut, au milieu d'une population agglomérée dans un espace relativement restreint, engendrer toute espèce de maladies. Aussi n'évacuent-elles jamais leurs excréments à l'intérieur du logis, mais toujours au dehors. En été, la chose s'effectue facilement, mais le problème devient plus compliqué en hiver, où les Abeilles, tassées dans la partie supérieure de la Ruche, restent presque toujours immobiles, et où souvent, à cause de l'air vicié, des mauvaises exhalaisons, une alimentation malsaine et insuffisante, des dysenteries se déclarent et emportent quelquefois, dans un espace de temps fort court, la communauté tout entière. Aussi saisissent-elles au vol les belles journées pour se décharger de leur fardeau, et au printemps elles organisent en masse des excursions dans ce but spécial. Elles savent aussi mettre à profit les moindres circonstances pour donner cours à leurs fonctions excrémentitielles, avec le moindre dom-

mage possible pour la Ruche. M. Henri Lehr, Apiculteur de Darmstadt, notre ami, a bien voulu nous communiquer les détails suivants : « Une forte dysenterie ayant sévi durant tout un hiver parmi ses Abeilles, celles-ci n'étant plus en état de retenir leurs excréments, toutes les Ruches, à l'exception d'une seule, furent fort endommagées. Par un examen minutieux, on s'aperçut que tout le revers de la paroi postérieure de cette Ruche était souillé par les excréments des Abeilles, qui y avaient établi de vrais lieux d'aisances. Tout juste à cet endroit s'était formé, par l'émiettement de quelques parcelles d'argile, une petite cavité, attenant directement à la partie supérieure de la Ruche, où les Abeilles ont l'habitude de se tenir en hiver. Elles n'avaient donc pas laissé échapper un moyen si propice pour satisfaire à un besoin auquel les circonstances mettent si souvent obstacle. »

En général, comme nous l'avons déjà dit, l'amour de la propreté de l'habitation aussi bien que de la personne de l'Insecte, est un trait caractéristique des Abeilles. Leur premier soin, en prenant possession d'un nouveau domicile, est de le nettoyer de la poussière, de la boue, des sciures de bois ou des brins de paille, qui pourraient s'y trouver. En hiver, leur corps se couvre d'ordinaire d'une graisse brunâtre, qui gêne leurs mouvements et nuit à leur santé. Aussi, aux premières belles journées de printemps, s'empressent-elles, avant tout, de nettoyer et de frotter soigneusement leurs personnes ; tâche dont elles s'acquittent en partie elles-mêmes, en partie à l'aide de leurs camarades, qui débarbouillent les endroits du corps auxquels l'Insecte ne pourrait atteindre lui-même. Ensuite, a lieu le nettoyage le plus minutieux de l'habitation ; là, le pollen durci par le temps, les cadavres des Abeilles mortes, toute espèce de moisissure, etc., sont éliminés de la Ruche avec un soin et une attention vraiment dignes d'éloges. D'après une observation de Watson (1), il semble que les Abeilles pratiquent aussi l'inhumation. Le correspondant s'exprime dans les termes suivants : « En me promenant un jour avec un ami dans un jardin de Falkirk, mon attention fut attirée par deux Abeilles, qui sortaient de la Ruche, portant le corps d'une compagne morte. Elles parcoururent un espace de près de dix aunes avec leur fardeau. Nous les suivîmes et pûmes les voir déposer soigneusement le corps dans

---

(1) Buchner, *la Vie psychique des bêtes*, trad. de l'allemand par le docteur Ch. Letourneau. Paris, 1881, p. 357.

(1) Watson, *loc. cit.*, p. 453, empruntée au *Glascow Herald* (*Notes and Queries*, III° sér., vol. III, p. 314).

un petit creux, au bord d'un sentier couvert de gravier, et finalement mettre dessus deux petites pierres. Elles restèrent là une bonne minute avant de s'en aller. » Le correspondant ajoute, que, quoique jusque-là il n'eût jamais eu l'occasion d'assister à l'enterrement d'une Abeille, il avait vu pourtant une Guêpe s'introduire dans une Ruche, dont les habitantes la tuèrent et la traînèrent ensuite au dehors pour la déposer de l'autre côté d'un petit mur en pierre, qu'elles avaient réussi à franchir en emportant le cadavre (1). C'est un fait observé plus d'une fois, que les cadavres des Abeilles mortes ne sont jamais laissés dans le voisinage de la Ruche, mais emportés à une certaine distance.

Un autre point intéressant, intimement lié au chapitre de la propreté, est la ventilation de la Ruche. En été, ou en général par un temps chaud, quelques-unes des habitantes ont pour fonction spéciale de renouveler dans l'intérieur de la Ruche l'air si nécessaire à la respiration des Abeilles, et d'y rafraîchir la température trop élevée. Ce dernier point est essentiel, non seulement pour la santé des Ouvrières travaillant au fond de l'habitation, qui ne supportent point, nous l'avons déjà dit, une température trop élevée, mais aussi pour empêcher la fonte de la cire. Rangées en lignes superposées, les Abeilles chargées de la ventilation se distribuent dans toute l'habitation et, par un rapide mouvement de leurs ailes, elles agitent l'air et le chassent l'une vers l'autre, ce qui finit par établir dans toute la Ruche un courant salutaire et rafraîchissant. A l'entrée, d'autres Abeilles sont occupées, à l'aide d'une manœuvre analogue, à chasser l'air qui vient du dedans. Le courant atmosphérique produit de cette façon est assez fort pour agiter violemment de petits bouts de papier suspendus près de l'ouverture de la Ruche, et suffit même, à en croire F. Huber, à éteindre une bougie allumée. Rien qu'en étendant la main, on le sent très nettement.

Le mouvement des ailes produit par les Abeilles chargées de la ventilation est si rapide, qu'on a de la difficulté à le saisir. Huber en a vu quelques-unes agiter ainsi leurs ailes pendant vingt-cinq minutes. Quand elles sont fatiguées, des camarades frais et dispos s'empressent de les remplacer. Pourtant, selon Jesse, à l'époque

des chaleurs, tous les efforts des Abeilles pour abaisser d'une manière sensible la température, et prévenir la fonte d'une partie de la cire, échouent complètement. Une si grande agitation s'empare alors des petites bestioles, qu'il devient dangereux d'en approcher. Le remède auquel, dans ces occasions, elles ont généralement recours, c'est de sortir en grand nombre de la Ruche, et d'aller s'abattre sur son toit, afin de préserver l'habitation autant que possible des rayons meurtriers du soleil.

Si les procédés de ventilation ci-dessus mentionnés nous semblent remarquables par euxmêmes, ils le paraîtront davantage si nous les considérons comme un résultat de la civilisation atteinte par les Abeilles et des maux engendrés par celle-ci. Le besoin d'une semblable ventilation ne pouvait guère se faire sentir, quand les Abeilles vivaient à l'état de nature, alors que leurs habitations, juchées sur le sommet des arbres et dans les creux de rochers, ne laissaient rien à désirer sous le rapport de l'air et de l'espace ; il n'a surgi que dans les étroites Ruches artificielles. Cela est si vrai que, quand Huber eut transporté ses Abeilles dans une grande et belle Ruche, haute de cinq pieds, où l'air ne manquait guère, elles cessèrent d'éventer la Ruche de leurs ailes. Il est donc évident que cette manœuvre n'a absolument rien de commun avec l'instinct inné de l'espèce, mais qu'elle est graduellement résultée de la nécessité, du jugement et de l'expérience.

De la ponte et de l'élevage des Larves. — D'abord la construction de la Ruche, puis, immédiatement après, la récolte, sont les deux premières occupations de ce peuple ; elles durent tant que cela est nécessaire, et chaque Abeille y contribue comme il convient. Mais il manque encore une âme à cet ensemble : c'est le souci de la postérité, seul but vers lequel se dirigent les efforts de chaque Insecte, sitôt qu'il a atteint son développement complet.

Les mâles, qui n'ont pas à s'occuper de la construction ni de la récolte, mais se contentent de profiter de ce que les autres ont péniblement acquis, n'ont rien à faire qu'à se promener tout le milieu du jour, dans un vol bien balancé, en laissant pendre leurs pattes, et en faisant entendre un bourdonnement puissant. La jeune Reine le sait bien, alors même qu'il n'existe pas dans ses États un seul de ces fainéants. Sitôt après les premiers jours de l'emménagement, elle sent en elle le désir d'entreprendre une promenade aérienne précisé-

(1) Ne s'agit-il pas là d'un fait exact mal interprété ; ne serait-ce pas le rapt d'une Abeille par le Philanthe apivore et le transport de la victime à son terrier que Watson aurait observé ?

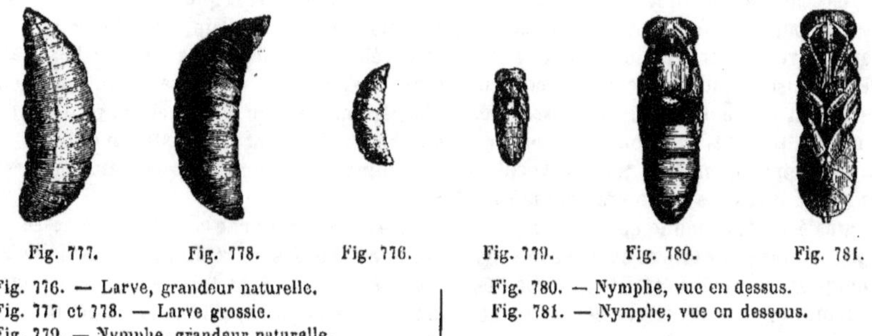

Fig. 777.　　Fig. 778.　　Fig. 776.　　Fig. 779.　　Fig. 780.　　Fig. 781.

Fig. 776. — Larve, grandeur naturelle.
Fig. 777 et 778. — Larve grossie.
Fig. 779. — Nymphe, grandeur naturelle.

Fig. 780. — Nymphe, vue en dessus.
Fig. 781. — Nymphe, vue en dessous.

Fig. 776 à 781. — Larves et Nymphes de l'Abeille commune.

ment à la même heure. Elle accomplit son dessein, et bientôt un mâle se présente ; l'accouplement s'ensuit, et se termine par la mort de l'élu. Après une courte absence la Reine rentre, fécondée pour le reste de son existence qui peut durer quatre à cinq ans. Des expériences ont établi qu'elle peut pondre chaque année cinquante à soixante mille Œufs, moins cependant dans les dernières années ; aussi, dans l'intérêt de la Ruche, on ne la laisse généralement pas quatre ans en activité. Si, dans les huit premiers jours, la fécondation n'est pas suivie d'effet, la Reine restera stérile.

Quarante-six heures après son retour elle commence à pondre. Elle laisse encore intacts le premier gâteau et le bord antérieur du suivant. Les rangées supérieures de tous les rayons sont couvertes et renferment du miel ; c'est au-dessous d'elles que se trouvent les cellules d'incubation. Pendant son travail, qui s'achève le plus souvent sans longues interruptions, elle est secourue par les Ouvrières qui lui apportent sa nourriture, la caressent avec leurs antennes, la lèchent avec leur lèvre, et lui prodiguent les petits soins que toute Abeille doit à sa Reine. Dans chaque cellule qu'elle pense doter d'un Œuf, elle commence par glisser sa tête pour s'assurer que tout y est en ordre ; puis, elle se retire, introduit son abdomen ; et lorsqu'elle en sort, on voit, en arrière, sur la surface de la paroi inférieure, immédiatement contre le plancher, l'œuf placé verticalement.

Il est d'un blanc laiteux, transparent, long d'au moins 2^{mm} ; légèrement incurvé, et à peine plus étroit à son extrémité inférieure qu'à son bout supérieur. La constatation de ce premier témoignage de la grâce royale est

BREHM. — VII.

pour le peuple le signal d'un redoublement d'activité et de nouveaux soins à entreprendre. On remplit les cellules d'incubation, en arrière de l'Œuf, de monceaux de gelée blanche confectionnée dans leur laboratoire interne avec du miel, du pollen et de l'eau, et qu'on a appelé pittoresquement le *pain des Abeilles*.

Le quatrième jour, la Larve apparaît ; c'est un petit Ver annelé (fig. 776, 777 et 778), qui dévore sa nourriture. Sa tête s'étire en avant, et il continue à dévorer. Il croît alors, sans muer et sans se vider, très rapidement, et devient si gros qu'au sixième ou septième jour, il remplit toute sa cellule. Les Ouvrières, chargées d'en prendre soin, écartent alors les parois, les infléchissent, et complètent la cellule par un couvercle de cire plat afin que l'occlusion soit parfaite. Leur sollicitude ne s'arrête pas là ; les cellules d'incubation ne sont pas abandonnées : une troupe nombreuse d'Abeilles va se poser au-dessus, et les couver pour ainsi dire. Dans l'intérieur, le Ver tisse autour de lui un vêtement soyeux, opère sa mue, et devient une Nymphe annelée (fig. 779, 780 et 781).

Au vingt-unième jour, compté à partir de la ponte, le couvercle est projeté de l'intérieur ; une nouvelle citoyenne est née. Aussitôt l'une ou l'autre des Ouvrières s'emploie à remettre la cellule en état de recevoir un nouvel Œuf, en la polissant avec sa bouche. Les vieux cocons sont rejetés en partie ; mais pas tous, car avec le temps, ils rétrécissent la cellule ; et l'expérience nous apprend que les Abeilles provenant de cellules d'incubations très vieilles, en sortent plus petites.

L'Insecte nouveau-né se dresse et s'étire, il est accueilli amicalement, léché et nourri par ses sœurs. Mais à peine se sent-il séché, en pleine possession de ses forces, ce qui a lieu au bout de très peu d'heures, il va se mêler au peuple et trouve ses occupations dans les limites de sa maison : nourrir, couver, couvrir les demeures et les tenir propres, chasser les débris qui résultent des éclosions, tels sont les travaux qui conviennent aux jeunes Abeilles dans les huit à quatorze premiers jours. Une fois ce temps écoulé, chacune éprouve le goût de la liberté. Après avoir tâté et exercé son sens topographique, comme il a été dit déjà, elle s'élance au loin, et fait la récolte avec la même adresse qu'une Abeille ancienne. Voici comment nous devons interpréter l'opinion des anciens auteurs, qui disaient : « Il y a deux sortes d'Abeilles ; «ce sont : les jeunes, qui vaquent aux soins intérieurs, et les anciennes qui vont à la récolte dans les champs, les bois, les prairies. »

Les travaux continuent ainsi tout l'été ; on ne reste à la maison que les jours maussades et pluvieux. Plus l'année est favorable, plus le peuple récolte avec zèle. Il reste attaché à sa Reine, la choie, lui fournit une nourriture abondante. Elle, en reconnaissance de ce bien-être général, c'est-à-dire de la bonne chère, de la bienfaisante chaleur, pond, de son côté, avec zèle. Le peuple multiplie de jour en jour, et avec lui s'accroît la puissance du travail qui amène la prospérité.

DESTRUCTION DES MALES. — On est porté à croire que l'indolence des mâles en opposition si grande avec l'activité concentrée du peuple, excite de plus en plus le mécontentement général. En réalité, c'est la connaissance de leur inutilité, qui engage à les massacrer. A l'époque où l'on n'attend plus de nouvel essaim (au commencement d'août pour les Ruches qui ne sont pas extrêmement populeuses), les Abeilles se précipitent sur les mâles, les pourchassent de tous côtés dans la Ruche, les refoulent dans un coin, et les privent de nourriture, de sorte qu'il ne leur reste plus qu'à mourir de faim misérablement ; d'autres fois elles les mordent, les tirent par les ailes et les rejettent hors de l'habitation ; ou bien elles les transpercent pour les tuer par un procédé plus rapide.

Il est à remarquer, dans ce cas, qu'elles se servent de leurs armes sans en pâtir. C'est une particularité bien saillante, car nous savons bien qu'une Abeille qui a piqué nos chairs, y laisse son dard entier ou tout au moins son extrémité, et qu'elle meurt des suites de cette mutilation. Pourquoi le fait n'a-t-il pas lieu quand elle enfonce son aiguillon entre les an-

neaux du mâle ? C'est que la couche de chitine ne referme pas la plaie, comme le fait une chair élastique, et que la plaie restée béante offre à l'aiguillon une voie de retour facile. L'expérience a appris aux éleveurs d'Abeilles qu'une Ruche dont les mâles n'ont pas été exterminés à l'époque indiquée, est dépourvue de Reine.

Après que la Ruche a été débarrassée des cadavres, l'ordre se rétablit, et l'activité reprend son train. Toutefois, le meilleur temps, le temps de la ponte, est passé, au moins dans les contrées dépourvues de Bruyères. Les sources commencent à couler parcimonieusement, et les provisions des jours meilleurs doivent être entamées déjà en partie ; ou bien l'on voit surgir les occasions de pillage.

DU VOL CHEZ LES ABEILLES. — Lorsqu'avant ou après l'époque de l'essaiemement, la récolte se trouve maigre, alors se développent chez quelques Abeilles des dispositions à la maraude. « L'hypothèse des instincts prétendus innés vient lourdement échouer sur un écueil(1). Comment expliquerait-elle les mœurs de ces Abeilles voleuses, qui, pour s'alléger la peine, ou pour se l'épargner en entier, attaquent en masse les Ruches approvisionnées, font violence aux sentinelles et aux habitants, mettent les rayons au pillage, et en emportent chez elles toutes les provisions ? Si cet exploit leur a réussi à plusieurs reprises, elles prennent, comme les Hommes, plus de goût au pillage et à la violence qu'au travail, et finissent par constituer de vraies colonies de brigands. On voit aussi des individus isolés s'adonner au vol, chercher à se glisser, sans être aperçus, dans une Ruche étrangère ; toute leur allure prouve jusqu'à l'évidence, qu'ils ont parfaitement conscience de leurs méfaits, de même que celle des membres appartenant à la Ruche, voltigeant hardiment et activement au grand jour, révèle la conscience de leurs droits, le sentiment du devoir accompli. Si les voleurs réussissent dans leur expédition, ils amènent plus tard d'autres Abeilles de leur Ruche pour faire la même tentative. Le nombre des amateurs augmente toujours, et une société de voleurs finit par se constituer. Aussi les Apiculteurs, pour ne point souffrir de graves dommages, s'empressent-ils d'arrêter le mal dès l'origine, avant que le mauvais exemple ait eu le temps de se propager. Naturellement,

_____

(1) Büchner, *La Vie psychique des Bêtes*, p. 388 et suiv.

les membres d'une Ruche pillée se défendent dans la mesure de leurs forces, et le pillage ne se consomme qu'aux dépens des Ruches faibles. Dans les sociétés fortes et bien organisées, les sentinelles suffisent à elles seules à repousser les tentatives des voleurs et des gourmands. Pourtant, ces derniers réussissent parfois à se faufiler dans quelque Ruche mal gardée, où ils s'attaquent aux provisions de miel, s'en régalent à plaisir, et en emportent le plus qu'ils peuvent dans leurs foyers; là, ils font éclater leur joie, et tendent volontiers leur trompe à leurs sœurs afin de les faire participer à la curée. Bientôt ils retournent en plus grand nombre à la Ruche dévalisée, et cherchent avec plus d'ardeur que jamais à y pénétrer en saisissant la première occasion favorable, en profitant de la moindre fente ou fissure. Une fois dans l'intérieur, leur premier soin est de tuer la Reine; ils savent que c'est là le meilleur moyen d'enlever à la colonie attaquée toute faculté de résistance, toute unité dans l'action, car, découragés par cette mort, les habitants d'une Ruche se soumettent facilement. De leur côté, les membres des Ruches voisines se joignent aux assaillants, et le résultat final est une dévastation sans miséricorde, un pillage forcené, auquel les habitants eux-mêmes de la Ruche dévastée finissent par mettre la main. Voyant que tout est fini, que la résistance n'est plus possible, ceux-ci, en désespoir de cause, se joignent aux voleurs, et, ouvrant leurs propres alvéoles, en mettent le contenu au pillage, et l'emportent dans l'habitation des brigands (1). La Ruche attaquée, une fois mise à sec, les voleurs tournent leurs efforts vers les ruches voisines, qui, à moins d'une résistance efficace, sont à leur tour mises au pillage, et il n'est pas rare de voir ainsi un Rucher tout entier devenir la proie des brigands. Quelquefois la résistance des colonies vigoureuses est paralysée par le fait que les voleurs, probablement parce qu'ils butinent sur les mêmes fleurs, dans les mêmes champs, ne se distinguent point, par l'odeur,

des membres de la Ruche qu'ils s'apprêtent à piller et sont, par conséquent, difficiles à reconnaître. Aussi poussent-ils l'effronterie jusqu'à s'installer devant la Ruche pour guetter le retour des Abeilles butineuses, car celles-ci ont l'habitude de faire une courte halte sur les parois extérieures de la Ruche avant de pénétrer dans l'intérieur. Les fripons s'en approchent, et, moitié menace, moitié violence, les obligent à leur céder leur charge sucrée. E. Weygandt, qui a étudié soigneusement ce curieux genre de vol, et qui l'a décrit (1), l'appelle « vol au trayage », et nous affirme que ce mode particulier de traire a été constaté par beaucoup d'autres Apiculteurs. La trayeuse retire de son procédé ingénieux encore un autre profit, en s'assimilant avec le miel l'odeur propre à celle qui lui sert de vache laitière; en partie pour cela, en partie parce qu'elle se présente chargée de butin, elle est admise sans difficulté dans la Ruche où elle continue ses exploits. Ces Abeilles voleuses ressemblent à ces fripons, qui, pour perpétrer plus librement leurs escroqueries, se travestissent en agents de police. Un des moyens employés par les Apiculteurs contre ces brigands, est d'introduire du musc dans les Ruches pillées; son arôme pénétrant s'attache aux voleurs et les rend méconnaissables au flair de leurs propres camarades, qui les repoussent de la Ruche natale en qualité d'intrus ou les tuent. Ces pillages ont lieu le plus souvent après l'époque de la récolte, parce que les Abeilles qui voltigent de tous côtés, et qui sont habituées à se procurer facilement de la nourriture, n'en trouvant plus en cette époque à leur portée, ont recours à toutes sortes d'expédients, fussent-ils d'un genre aussi peu légal que celui-là.

« Outre ces pillages commis au détriment de leur propre espèce, il y a quantité d'autres expédients, dont les Abeilles s'entendent merveilleusement à profiter, et elles déploient en cette occasion une finesse admirable. On ne saurait en faire honneur à l'instinct, la plupart de ces expédients étant l'œuvre du hasard, ou fournis le plus souvent par l'industrie de l'Homme.

« Personne n'ignore que, dans nos contrées, en automne ou quand l'été tire à sa fin et quand les aliments, fournis aux Abeilles par les fleurs, deviennent rares, les confiseries, les fabriques de sucre sont littéralement assiégées par ces

---

(1) Siebold a constaté quelque chose de semblable chez une Guêpe (*Polistes gallica*), dont il sera question plus tard. Des Guêpes étrangères pillent un Nid de cette espèce et, arrachant les Larves à leurs cellules, les emportent chez elles pour leur servir de proie. Les habitants du Nid, voyant tous leurs efforts vains et la résistance inutile, finissent par suivre l'exemple des brigands, et deviennent ainsi *les meurtriers de leurs propres enfants* (Graber, *loc. cit.*, II, p. 134). « Que devient donc », conclut le narrateur, « l'instinct » ou « l'inconscient » de Hartmann?

(1) Le journal *l'Abeille*, 1877, n° 1.

Insectes mis aux abois et forcés de s'ingénier de toutes les façons pour se procurer des substances sucrées. Avec une patience infatigable, ils se mettent à la piste de toute source de cette espèce, quelque cachée ou inaccessible qu'elle soit, comme, par exemple, les bouteilles de sirop déposées dans des caves, où elles ne peuvent pénétrer que par des fentes étroites et imperceptibles. Les Apiculteurs souffrent quelquefois des pertes considérables, parce dans de semblables occasions, quantité d'Abeilles n'agissent pas plus sagement que les Hommes et perdent la santé et la vie en s'abandonnant à l'intempérance. Elles s'enivrent au point de rester sur le sol et de n'être plus en état de rentrer au logis. »

Les plantations de cannes à sucre de Cuba et celles de beaucoup d'autres endroits souffrent annuellement de grandes pertes, grâce à leurs visites assidues; là où, comme, par exemple, aux Barbades, d'inépuisables provisions de ce genre existent toute l'année, les Abeilles finissent par perdre complètement l'instinct du travail, et ne ne se livrent plus à la récolte du miel.

Les nombreuses raffineries de sucre de la Hongrie et de Stettin, de la France et de Paris sont souvent dilapidées et l'on a observé que les Abeilles s'entendaient rapidement à distinguer les diverses espèces de sucres.

LES ABEILLES ET LES RAFFINERIES DE PARIS. RÈGLEMENT DE POLICE. — Le Conseil d'Hygiène a été appelé, en 1879, à se prononcer sur une question assez singulière (1). Il existe à Paris, notamment dans les treizième, dix-neuvième et vingtième arrondissements, des dépôts de Ruches d'Abeilles, qui, sans grande importance à l'origine, ont fini par prendre une extension considérable. Certains dépôts ne comptent pas moins de cent vingt à cent cinquante Ruches; or, une Ruche qui est en pleine activité contient jusqu'à quarante mille Ouvrières, ce qui, pour chaque dépôt, ne donne pas moins de plusieurs millions d'Abeilles. On a lieu de s'étonner de voir établis dans une ville des dépôts aussi importants; en général, quand on installe des Ruches d'Abeilles, c'est à proximité des jardins, des parterres où les Insectes peuvent trouver à butiner à leur aise. Quand l'installation se fait sur une vaste échelle, on prend même le soin de préparer dans les alentours

de la Ruche des plants de fleurs pour fournir aux Abeilles ce qui leur est nécessaire pour leur nourriture et leur travail.

Ces conditions ne se trouvent guère réalisées à Paris, au milieu de ces quartiers industriels; mais, soit hasard, soit calcul, on peut voir que la plupart des dépôts de Ruches se trouvent au voisinage de grands établissements de raffinerie, de produits alimentaires sucrés; les Abeilles n'ont que l'embarras du choix pour vivre dans l'abondance. Il n'est pas nécessaire, comme on le croit, que l'Abeille se nourrisse exclusivement du suc des fleurs; le sucre ordinaire peut lui suffire, non-seulement pour sa nourriture, mais aussi pour la construction de ses gâteaux de miel. Les travaux de Dumas et de Milne-Edwards ont mis ce fait absolument hors de doute (1). L'Abeille trouve donc dans les raffineries ou autres établissements analogues tout ce qui lui est nécessaire, et elles ne se font pas scrupule d'y puiser largement. C'est par milliers qu'elles pénètrent dans ces usines; le rapport de M. Delpech, qui a été chargé de faire une enquête à ce sujet, contient le relevé de faits extrêmement démonstratifs et qui expliquent les plaintes répétées d'un très grand nombre d'industriels. Les ateliers des raffineurs sont envahis l'été par de telles quantités d'Abeilles qu'on les ramasse à la pelle; des terrines de sirop sont complètement absorbées en un court espace de temps. Un des grands raffineurs du XIII° arrondissement, M. C. Say, n'évalue pas à moins de vingt-cinq mille francs par an le préjudice causé par les Abeilles. L'estimation semble bien un peu élevée, mais les réclamations ont été si générales que l'on doit admettre la réalité de dégâts notables. Toutes les précautions pour éviter cette invasion d'Abeilles sont prises en pure perte; pour résister à la chaleur des fourneaux, de la vapeur dégagée par la cuisson des sirops, on est obligé d'ouvrir largement les croisées et de donner ainsi passage à ces bandes de pillards. Si petites au surplus que soient les ouvertures extérieures, les Abeilles trouvent toujours le moyen de pénétrer dans les laboratoires; c'est en vain qu'on multiplie les moyens de destruction. Chez M. Constant Say, on les détruit en les prenant dans des pièges ou cages à mouches en toile métallique, placés près des fenêtres. Ces cages sont au nombre de soixante environ et la masse

(1) Voyez Delpech, *Les dépôts de Ruches d'Abeilles existants sur différents points de la ville de Paris (Ann. d'hyg. publ.*, 3° série, 1880, t. III, p 289).

(1) Voyez *Miel et Cire*, page 560.

d'Abeilles recueillie dans ces appareils représente environ un décalitre par jour. Dans d'autres ateliers, on badigeonne d'une épaisse couche d'huile les châssis extérieurs et les vitres des croisées ; l'Insecte vient s'engluer et peut être facilement recueilli et détruit. Mais en dépit de tout, les ateliers en sont infestés.

En véritable dégustateur, l'Abeille ne recueille pas indifféremment telle ou telle variété de sirop ; les mélasses brutes ou impures ne sont prises qu'à défaut d'autres produits plus parfaits. Dans une raffinerie de la Villette qui reçoit d'énormes quantités de glycose et de mélasse, les tonneaux de mélasse de Betteraves ne sont en général pas touchés, tandis que les mélas ses de Cannes à sucre sont envahies dès qu'on a ouvert le récipient. Plus le produit est parfait, plus il attire l'Insecte. Les belles *claires*, sirops parfaitement blancs et limpides, sont un de ceux qu'il recherche le plus. En deux heures, un grand verre de clairce est vidé, tant est grande la quantité de mouches qui viennent y puiser.

L'enquête établie a bien mis en lumière la réalité de ces faits ; déjà en 1858, des plaintes avaient été adressées à la préfecture de police. D'année en année, elles se sont renouvelées plus nombreuses et plus pressantes, en raison de l'extension donnée à ce genre d'industrie.

Comme le dit le savant rapporteur, le docteur Delpech, il y a une question de mesure : une Ruche isolée n'offre pas grand inconvénient ; mais des centaines de Ruches constituent une industrie gênante et dangereuse pour les voisins (1). La préfecture de police n'avait jusqu'ici à sa disposition aucun règlement qui permît de faire droit aux réclamations ; l'avis motivé du Conseil d'hygiène permettra de prendre désormais les mesures nécessaires.

Les plaintes ayant continué à se multiplier, les abus étant manifestes, le préfet de police a rendu l'ordonnance suivante, concernant l'élevage des Abeilles à Paris :

Paris, le 10 janvier 1882.

Nous, Préfet de police,

Considérant que l'élevage des Abeilles à Paris, spécialement dans le voisinage des marchés, des écoles et des raffineries, présente des dangers et des inconvénients sérieux ;

Considérant que des accidents graves résultant des piqûres d'Abeilles ont été constatés, et que de nombreuses plaintes nous sont parvenues à ce sujet ;

(1) Voyez plus loin *Accidents causés par les Abeilles.*

Vu : 1° les avis du Conseil d'Hygiène publique et de Salubrité du département de la Seine et du Comité consultatif des arts et manufactures ;

2° La dépêche du ministre du commerce et des colonies, en date du 26 décembre 1881 ;

3° La loi des 16 et 24 août 1790, titre XI, article 3, § 6 ;

4° L'arrêté des consuls du 12 messidor an VIII ;

Ordonnons ce qui suit :

Art. 1er. — Il est interdit d'élever des Abeilles dans l'intérieur de Paris, sans une permission spéciale de la Préfecture de police.

Art. 2. — Les personnes qui possèdent actuellement des Ruchers devront adresser immédiatement une demande en autorisation de les conserver, s'il y a lieu.

En cas de refus d'autorisation, les Ruchers devront être supprimés dans un délai de huit jours.

Art. 3. — Les contraventions aux dispositions des articles 1 et 2 seront constatées par des procès-verbaux et poursuivies devant les tribunaux compétents.

Mais revenons aux mœurs intelligentes des Abeilles. Elles n'hésitent pas à recueillir la farine de froment et de seigle, que les Apiculteurs ont l'habitude de répandre devant la Ruche au commencement du printemps, quand les fleurs manquent encore, et à l'utiliser en place du pollen.

« Elles ne négligent pas non plus les occasions fortuites, fournies par la nature (1). Ainsi, elles sont tout aussi friandes du miel récolté par les Bourdons que de celui qu'elles ont butiné elles-mêmes, et s'y prennent d'une manière fort rusée pour s'en emparer. Dans un temps de disette, Huber avait mis à la portée de ses Abeilles un Nid de Bourdons placé dans une boîte : elles s'empressèrent de le piller. Quelques Bourdons, restés au fond du Nid malgré la calamité qui l'avait frappé, en sortaient comme à l'ordinaire pour chercher de la nourriture et pour rapporter dans leur ancien refuge le surplus de ce qu'ils avaient amassé. Les Abeilles les suivaient dans ces explorations, revenaient avec eux dans leur Nid et ne les quittaient plus avant de s'être emparées du fruit de leur récolte. Elles les léchaient, les tiraient par la trompe, les pressaient et ne les lâchaient pas avant de leur avoir enlevé tout le nectar sucré qu'ils contenaient. Elles se gardaient bien de tuer les Insectes, auxquels elles devaient un repas aussi facilement acquis, et à leur tour les Bourdons, en Animaux bonasses et tant soit peu stupides, se soumettaient parfaitement à cette contribution, continuant à

(1) Büchner, *loc. cit.*, p. 392.

apporter du miel et à aller en chercher du nouveau. Ce ménage d'un nouveau genre dura trois semaines ; enfin, les Bourdons se dispersèrent et les Abeilles parasites ne revinrent plus au Nid. Quelques Guêpes essayèrent d'un procédé analogue pour s'emparer du miel sans pouvoir y réussir ; elles ne surent point s'y prendre d'une manière aussi adroite avec les habitants du Nid, ne possédant évidemment ni la finesse artificieuse, ni les manières cajolantes de leurs rivales.

« On verra des scènes du même genre se reproduire entre les Abeilles voleuses et les Abeilles des Ruches faibles ; tout au moins rappellent-elles d'une manière saisissante celles qui viennent d'être racontées.

« Les Abeilles voleuses peuvent être produites artificiellement au moyen d'une alimentation spéciale, consistant en miel mélangé d'eau-de-vie. De même que l'Homme, elles prennent bien vite goût à ce breuvage, qui exerce sur elles la même influence pernicieuse que sur celui-ci : elles deviennent excitées, enivrées, et cessent de travailler. La faim se fait-elle sentir ? Alors, de même que l'Homme, elles tombent d'un vice dans un autre et s'adonnent sans scrupule au pillage et au vol. L'instinct les préserve aussi peu de ce goût pernicieux, qu'il les empêche de goûter au miel avarié, dont l'usage cause pourtant de grands ravages parmi elles. D'après des observations citées par les journaux, à Boone County, en Amérique, plus de 550 ruches périrent en avril et mai 1872, pour avoir fait usage de miel acidulé.

Manifestations intellectuelles des Abeilles. — « Ces faits et bien d'autres du même genre prouvent surabondamment que ce n'est point l'instinct naturel, sûr et immuable, qui guide l'Abeille dans ses faits et gestes ; que, chez elle, de même que chez l'Homme, le travail et la jouissance se succèdent et se remplacent selon la différence des conditions dans lesquelles elle se trouve placée. « Comment expliquer, » dit A. Fée (1), « par l'instinct cette sollicitude prévoyante, s'appliquant à chaque cas particulier, cette division remarquable du travail, cette police merveilleuse, organisant d'après certaines règles, parant immédiatement à une quantité d'éventualités impossibles à prévoir ? Les Abeilles connaissent l'inquiétude, la haine et la colère. Elles modifient leurs actions selon les circonstances, emploient des ruses de guerre contre un ennemi supérieur en force, combinent la défense d'après la force des assaillants ! Tout cela peut-il n'être que de l'instinct ? »

« Refuser de l'intelligence à l'Abeille », dit Leuret, « serait un complet déni de justice ! »

Naturalistes, philosophes et penseurs sont aujourd'hui d'accord pour regarder l'Abeille comme un être intelligent. Virgile, traduisant l'opinion des anciens, ne s'est-il pas écrié : « Quelques-uns ont dit qu'il y avait dans les Abeilles une parcelle d'intelligence divine et un souffle immatériel. »

On sait d'ailleurs depuis les travaux de Dujardin et de Treviranus, approfondis par Leydig, Dutl, Berger, que le cerveau de l'Abeille, des Apides en général et autres Hymnoptères sociaux présente un haut degré de perfection ; on a constaté notamment en avant du cerveau l'existence de proéminences appelées *corps pédonculés* qu'on a comparés à des circonvolutions cérébrales.

Le fait suivant, dont le docteur Létourneau et bien d'autres ont été témoins, nous paraît aussi absolument inconciliable avec la théorie de l'instinct. Il s'est passé à Paris, en 1855, lors de la première Exposition universelle. A cette occasion, on avait aménagé pour une Exposition horticole la portion des Champs-Élysées située en face du palais de l'Industrie, et on y avait créé un jardin plein de fleurs. Dans ce jardin, on avait placé une Ruche artificielle, dont un des côtés était fermé par une vitre, recouverte par une porte en bois, fermée d'habitude, mais que les curieux ouvraient à chaque instant pour plonger dans la Ruche des regards indiscrets. Cela finit par importuner les Abeilles et, pour être tranquilles chez elles, elles fixèrent le battant de la porte avec de la propolis et si solidement, qu'il était impossible de l'ouvrir. La propolis avait été placée en dehors de la boîte, sur la jointure de la porte et du chambranle.

Les Abeilles comptent au nombre de leurs plus redoutables ennemis un Papillon de grande taille, le Sphinx tête de mort (1); en 1804, en 1807, ils se montrèrent en grand nombre et Huber eut occasion d'observer ses manœuvres et de constater ses déprédations.

« Cet animal était terrible, en effet (2), mais pour le miel. Il en était fort glouton, et capable de tout pour y arriver. Une Ruche de trente mille Abeilles ne l'effrayait pas. En pleine nuit

---

(1) Fée, *loc. cit.*, p. 108.

(1) Voy. *Les Ennemis des Abeilles*, p. 565.
(2) Michelet, *L'Insecte*, p. 337 et suiv.

le monstre avide, profitant de l'heure où les abords de la Cité sont moins gardés, avec un petit bruit lugubre, étouffé, comme étoupé par le duvet mou qui le couvre (comme toutes les bêtes de nuit), envahissait la Ruche, allait aux rayons, se gorgeait, pillait, gâchait, bouleversait les magasins et les enfants. On avait beau s'éveiller, se rassembler, s'ameuter, l'aiguillon ne perçait pas l'espèce de couverture, de matelas mou et élastique, dont il est garni partout, comme ces armures de coton que portaient les Mexicains au temps de Cortès, et qu'aucune arme espagnole ne pouvait percer.

« Huber avisait au moyen de protéger ses Abeilles contre ce pillard effréné. Ferait-il des grilles ? des portes ? et comment ? c'était son doute. Les clôtures les mieux imaginées avaient toujours l'inconvénient de gêner le grand mouvement d'entrée, de sortie qui se fait au seuil de la Ruche. Leur impatience leur rendrait intolérables ces barrières où elles pourraient s'embarrasser et briser leurs ailes.

« Un matin, Burnens, l'aide fidèle qui le secondait dans ses expériences, lui apprit que les Abeilles avaient déjà elles-mêmes résolu le problème. Elles avaient, en diverses Ruches, imaginé, essayé des systèmes divers de défense et de fortifications. Tantôt elles construisaient un mûr de cire, avec d'étroites fenêtres, où le *gros* ennemi ne pouvait passer. Tantôt par une invention plus ingénieuse, sans boucher rien, elles plaçaient aux portes des arcades entrecroisées, ou de petites cloisons les unes derrière les autres, mais qui se contrariaient, c'est-à-dire qu'au vide laissé par les premières, répondait le plein des secondes. Ainsi nombre d'ouvertures pour la foule impatiente des Abeilles qui pouvaient comme à l'ordinaire, entrer, sortir sans autres obstacles que d'aller un peu en zig-zag. Mais clôture et clôture absolue pour le grand et gros ennemi qui ne pouvait plus entrer avec ses ailes déployées, ni même se glisser sans froissement par ces corridors étroits.

« Ce fut le coup d'État des bêtes, la révolution des Insectes, exécuté par les Abeilles, nonseulement contre ceux qui les volaient, mais contre ceux qui niaient leur intelligence. Les théoriciens qui la leur refusaient, les Malebranche et les Buffon, durent se tenir pour battus. L'on dut revenir à la réserve des grands observateurs, Swammerdamm, des Réaumur, qui loin de contester le génie des Insectes, nous donnent nombre de faits pour prouver qu'il est flexible, qu'il peut grandir par les dangers, les obstacles, quitter les routines, faire des progrès inattendus dans certaines circonstances. »

« Pour se concerter entre elles soit pour leurs plaisirs, soit pour leurs travaux, les Abeilles, dit le Dr Buchner (1), ont un langage qui, pour n'être pas compris par nous, n'en existe pas moins, et est susceptible d'exprimer un sens bien défini. C'est un langage vocal aussi bien que mimique, et il est hors de doute qu'il serve aux Abeilles à s'entendre non seulement pour ce qui regarde les choses générales, mais aussi pour ce qui regarde les choses très spéciales et très diverses. La découverte faite par une Abeille d'un dépôt de sucre ou de toute autre substance alimentaire à un endroit donné, a immédiatement pour résultat d'y amener, au bout d'un temps très court, toute une nuée d'Abeilles affamées. Ce ne peut être que le résultat d'une communication circonstanciée, faite par ladite Abeille à ses camarades. Landois raconte que, si l'on place devant une Ruche une coupe avec du miel et que des Abeilles sortant de la Ruche l'aperçoivent, quelques-unes d'entre elles font immédiatement entendre leur *tut ! tut !* Ce son est assez élevé, semblable à celui que fait entendre une Abeille capturée. A cet appel de la première Abeille, toute une troupe de ses compagnes sort de la Ruche pour recueillir le miel octroyé.

« Voici comment au printemps s'y prend l'Apiculteur pour attirer l'attention de ses Abeilles sur le récipient d'eau, qu'il place dans le voisinage de la Ruche (elles en ont besoin pour préparer la pâtée nécessaire à la progéniture) : afin de leur éviter la peine d'aller la chercher trop loin, il présente à l'entrée de la Ruche une vergette enduite de miel, sur laquelle quelques Abeilles se posent bien vite, et il les emporte ainsi vers le vase rempli d'eau. Cela suffit pour qu'à leur retour l'existence de la provision de liquide, ainsi que son emplacement, soient des faits acquis pour la colonie !

« M. L. H. Brofft (2) raconte, que, dans le Rucher de son père, une Ruche riche se trouvant à côté d'une Ruche pauvre, la première perdit subitement sa Reine. Avant que le possesseur pût prendre une décision à ce sujet, les habitantes des deux Ruches voisines s'étant entendues, avaient adopté la mesure suivante : les habitantes de la Ruche orpheline, avec leurs

(1) Buchner, *loc. cit.*, p. 375.
(2) Brofft, *Jardin zoologique*, 18e année, n° 1, p. 67.

provisions de miel, s'étaient transportées dans la Ruche pauvre ou moins peuplée, et cela après s'être convaincues par des députations multipliées de l'état de cette Ruche et de l'existence dans son sein d'une Reine fécondée !!

« C'est dans leurs antennes que les Abeilles, de même que les Fourmis, possèdent incontestablement le meilleur moyen de communication ; elles s'effleurent mutuellement avec cet organe de mille manières diverses. Ces antennes leur servant de moyen d'orientation et d'expérimentation dans tous leurs travaux, on ne saurait leur faire un plus grand dommage qu'en les en privant. Pratiquée sur les Ouvrières, l'amputation des antennes a pour résultat de les rendre inaptes à toute espèce de travaux et de leur faire abandonner, en désespoir de cause, la Ruche où elles ne savent plus se retrouver. Réduits à cet état, les mâles ne savent non plus trouver ni leur route dans la Ruche, ni leur nourriture; ne pouvant plus se guider dans l'obscurité de l'habitation, ils se décident aussi à l'abandonner. Quant à la Reine, en perdant ses antennes, elle perd non seulement la conscience de sa mission maternelle et la faculté de s'en acquitter, mais en même temps ses sentiments de haine et de jalousie. Les reines privées d'antennes se côtoient sans se reconnaître, et les Abeilles ouvrières semblent partager leur indifférence, comme si la colère de la Reine les avertissait seule du péril de la colonie.

« C'est en enlevant une Reine à sa Ruche, qu'on peut juger le mieux de la faculté qu'ont les Abeilles de communiquer entre elles par le jeu de leurs antennes. La catastrophe n'est d'ordinaire remarquée qu'au bout d'un certain temps, une heure à peu près, par une partie de la population; inquiète, elle interrompt ses travaux et se met à courir le long des rayons. Mais tout ceci ne se passe que dans une portion de la Ruche et le long d'un côté des rayons. Bientôt, les Abeilles agitées dépassent le cercle dans lequel elles tournaient au commencement, et, rencontrant une camarade, elles entre-croisent leurs antennes avec les siennes en leur imprimant un léger mouvement. Celles qui ont subi ce contact particulier deviennent agitées à leur tour, et vont porter dans une autre partie de la Ruche leur émoi et leur inquiétude. L'agitation se propage, grandit, gagne les autres côtés des rayons, se communique enfin à la population entière. Alors se produit cette confusion générale, décrite ci-dessus.

« Huber a fait à ce sujet une très curieuse expérience. Au moyen d'une cloison il divisa une Ruche en deux parties distinctes : une grande agitation se manifesta dans la portion de la Ruche privée de la Reine, et elle se calma seulement quand quelques Ouvrières se mirent à bâtir des cellules royales. Il partagea ensuite une Ruche de la même manière, mais au moyen d'un treillage, à travers lequel les Abeilles pouvaient introduire leurs antennes. Tout resta dans l'ordre le plus parfait, et on ne manifesta aucune velléité de construire des cellules royales. En outre on put voir expressément la reine et les ouvrières, séparées par le treillage, entre-croiser leurs antennes à travers les mailles de celui-ci.

« C'est surtout la nuit, ou bien dans l'intérieur obscur de la Ruche, que les Abeilles ont recours à leurs antennes; le jour, ou dans les endroits éclairés, elles se laissent aussi guider par la vue, d'ailleurs faiblement développée chez elles. Il suffit, pour s'en convaincre, de suivre leurs mouvements, quand, pendant un clair de lune, elles font la garde auprès de la porte de la Ruche pour en interdire l'entrée à la dangereuse Teigne de la cire, qui voltige tout autour. Il est fort curieux d'observer la ruse avec laquelle cette Teigne sait tirer parti de la mauvaise vue de son adversaire, qui ne distingue que les objets bien éclairés, et de la tactique déployée par celui-ci pour expulser et éloigner un ennemi aussi dangereux. Postées en sentinelles à la porte de leur habitation, les Abeilles agitent à droite et à gauche leurs antennes étendues, et malheur à la Teigne qu'elles viennent heurter ! Cherchant à se glisser derrière les sentinelles, celle-ci à son tour emploie tous les moyens pour esquiver le contact redoutable de ces organes sensibles.

« C'est encore par l'entremise des antennes qu'agit l'odorat si fin, dont sont douées les Abeilles, odorat qui leur permet (quelque invraisemblable que le fait puisse paraître) de distinguer les amis des ennemis et de reconnaître au milieu de milliers d'Abeilles les membres de leur colonie, qui les met en garde contre les Abeilles voleuses ou simplement étrangères, auxquelles elles cherchent à interdire l'entrée de leur Ruche (1). Aussi quand les Apiculteurs

(1) D'après les recherches récentes (1875) faites par le Docteur O. J. B. Wolff, de Coswig, près Dresde, l'odorat des Abeilles ne serait point placé dans leurs antennes, mais bien dans deux *organes olfactifs* spéciaux, logés dans le voisinage de l'œsophage, et composé de cent dix paires

Fig. 78?. — Abeilles à l'entrée de la Ruche.

désirent fusionner en une seule deux Ruches jusque-là séparées, ils sont réduits à asperger les Abeilles avec de l'eau ou à les stupéfier avec des fumigations, afin d'atténuer dans une certaine mesure la sensibilité de leur odorat. On peut aussi réunir deux Ruches en les imprégnant d'une même odeur, au moyen d'une substance aromatique, du musc, par exemple.

« A la finesse des sens, les Abeilles joignent une *mémoire* excellente, qui les rend capables de retrouver les endroits où elles ont fait la récolte, l'arbre ou la fleur où elles ont trouvé du miel, ainsi que de reconnaître leur Ruche parmi beaucoup d'autres. Huber raconte qu'il avait placé en automne, sur une de ses fenêtres, du miel qui attirait les Abeilles par bandes. Le froid venu, le miel fut retiré, et les volets restèrent fermés tout l'hiver. Quand on les rouvrit au printemps suivant, les Abeilles reparurent immédiatement, quoiqu'il n'y eût pas de miel sur la fenêtre. Elles se souvenaient sans doute de celui qu'elles y avaient trouvé autrefois, et l'espace de plusieurs mois n'avait pas suffi à effacer l'impression reçue. »

Un merveilleux exemple de la mémoire des Abeilles nous est fourni par Stickney (1). Des Abeilles, qui avaient pris possession d'une anfractuosité située sous les tuiles d'un toit, furent plus tard enfermées dans une Ruche. Des années durant, à l'époque de l'essaimage, elles dépêchèrent de leur nouvelle habitation des émissaires vers le creux en question. Stickney s'est assuré que les explorations durèrent huit ans et que les émissaires sortaient constamment de la Ruche primitive et d'aucune autre; car pour s'en assurer, il se plaçait derrière les tuiles et saupoudrait ces Abeilles de couleur jaune afin de les distinguer et attendait leur retour. Le souvenir en avait

de papilles olfactives, pourvues chacune d'un nerf spécial. Les Insectes très voisins des Abeilles, tels que les Guêpes, ne possèdent que vingt à quarante paires de ces papilles. De là l'odorat si fin et si subtil des Abeilles, percevant tant de choses en apparence insaisissables. Entre l'œil à facettes et l'insertion de la mâchoire supérieure se trouverait la *glande muqueuse olfactive*, sécrétant une mucosité, qui baigne les papilles olfactives et rend l'olfaction possible.

M. Gustave Hauser, d'Erlangen, dans un travail plus récent (1880) critique avec raison les recherches de Wolff et réfute les conclusions plus que risquées de cet auteur. Reprenant la question au point de vue physiologique et histologique, il apporte de nouveaux et solides arguments à la thèse soutenue par des naturalistes éminents (Erichson, Hicks, Perris, Leydig, Balbiani, V. Graber, Paul Mayer, etc.), que les antennes sont le véritable siège de l'olfaction. D'après M. Hauser, l'Abeille possède 14 à 15,000 fossettes olfactives et plus de 200 appendices conoïdes olfactifs saillants (Voyez la traduction du *Mémoire de Hauser*, par M. Gadeau de Kerville, 1881).

(1) Kirby et Spence, *An Introduction to Entomology*, II, p. 591.

dû être transmis par hérédité, de génération en génération. Karl Vogt (1) cite un fait analogue à propos de Fourmis, qui, des années durant, se rendaient, à travers des rues populeuses, à un dépôt de pharmacie situé à la distance de 600 mètres, et où se trouvait toujours un grand vase plein de sirop.

« La sûreté avec laquelle les Abeilles en expédition retrouvent la route de leur demeure, parle aussi en faveur de leur excellente mémoire. Avec la vitesse d'une balle, elles prennent leur élan à l'approche d'une tempête pour rejoindre leur foyer chéri par la voie la plus directe. Cette faculté a d'ailleurs ses limites, et.il faut reconnaître que l'Abeille, qui s'est éloignée de la Ruche à la distance d'une demi-heure ou d'une heure, perd facilement son chemin à son retour. Aussi préfèrent-elles les champs émaillés de fleurs, les plus voisins de la Ruche, proximité qui a d'ailleurs l'avantage de leur épargner une dépense inutile de force et de temps. Peut-être redoutent-elles si fort, comme nous l'avons déjà dit, les coups de vent et les orages, parce qu'elles ont peur d'être entraînées trop loin de la Ruche natale, et de ne pouvoir retrouver leur route qu'avec difficulté. Il n'est pas bien sûr, quoi qu'en dise Virgile, dans son célèbre poème sur les Abeilles, que celles-ci cherchent dans ces occasions leur salut, en se chargeant de petites pierres ou de parcelles de gravier, afin de mieux résister à l'action du vent, de même qu'un vaisseau bien lesté résiste mieux à celle des flots. Nous laisserons Virgile exposer lui-même ses observations, et décrire, comme suit, les expéditions des Abeilles :

« Le matin, de bonne heure, elles s'élancent hors de la Ruche et, quand l'étoile du soir les invite à quitter enfin les prairies, elles regagnent leur asile, et réparent leurs forces. Un grand bourdonnement se fait alors entendre autour des portes. Puis, dès qu'elles ont pris place dans leurs cellules, le silence règne toute la nuit, et un sommeil bienfaisant délasse leurs membres fatigués.

« Quand la pluie menace, elles ne s'éloignent pas de la Ruche ; et, quand le vent s'élève elles ne se hasardent point dans l'air. Mais, à l'abri des remparts de leur cité, elles vont puiser de l'eau dans le voisinage ou ne tentent que de courtes excursions. Souvent, elles emportent dans leur vol de petits cailloux, qui

leur permettent de se balancer dans les airs, comme des nacelles que le lest maintient sur les flots agités (1). »

Quand vient l'arrière-saison le nombre des cellules d'incubation commence à diminuer, bien que par un temps favorable il naisse des ouvrières jusqu'en octobre. Il ne faudrait pas croire qu'à la fin de la saison des sorties, la population de notre Rucher soit beaucoup plus forte qu'à l'origine, c'est-à-dire à la Saint-Jean. Dans des conditions climatologiques défavorables, elle peut avoir diminué beaucoup, au contraire. Ce n'est pas le départ des mâles qui mérite d'être pris en considération, mais c'est la masse des ouvrières qui périssent les unes après les autres ou succombent naturellement.

La vie d'une Abeille ne dure que six semaines, à l'époque principale de l'essaimement. Les auteurs sont restés longtemps divisés sur ce sujet. La longévité attribuée aux Abeilles résultait d'un sophisme basé sur la vie plus longue de la Reine. Mais l'introduction des Abeilles italiennes en Allemagne a permis de lever tous les doutes. Si, en effet, au commencement du départ des essaims, alors que l'Abeille déploie le plus d'activité et s'use le plus vite, on importe dans une Ruche ordinaire une Reine italienne fécondée ; au bout de six semaines les Abeilles communes ont disparu jusqu'à la dernière, et sont remplacées par une population d'Abeilles italiennes qu'on distingue sans peine de notre variété septentrionale, à la couleur rouge de la région antérieure de l'abdomen.

HIVERNAGE. — Pendant l'hiver, on trouve dans la Ruche le premier rayon plein de miel et couvert ; les moins remplis se trouvent du côté du faîte ; les autres sont plus ou moins vidés à leur partie supérieure. Plus loin, vers le bas, se trouvent les cellules d'approvisionnement, remplies de pollen, également couvertes, et les cellules d'incubation qui sont vides. Vingt-neuf fois les cellules ont du pollen dans leur moitié inférieure, et du miel dans la moitié supérieure ; c'est ce que constate l'éleveur, avec regret, lorsqu'il vient enlever le miel à l'époque

---

(1) Vogt, *Leçons sur les Animaux utiles et nuisibles.*

(1) *Géorgiques*, l. IV. Il s'agit probablement là d'un fait vrai mal interprété ; les anciens ne possédaient pas de notions zoologiques précises et confondaient entre elles les formes les plus voisines — on pourrait à cet égard trouver nombre de nos contemporains ressemblant aux anciens ; — il est donc probable que Virgile voulait parler d'autres Apides, les Chalicodomes, qui transportent des grains de sable pour édifier leurs Nids.

de la maturité des Groseilles, c'est-à-dire quand il fait sa récolte.

Sur les cellules d'incubation on trouve les Abeilles pressées les unes contre les autres en amas aussi serrés que possible, pendant le repos hibernal. De même que les Animaux à sang chaud se réchauffent par leur voisinage, de même les Abeilles élèvent leur température en se blottissant avec force; c'est pourquoi l'Abeille n'est pas engourdie comme un Insecte isolé qui hiberne en liberté; elle utilise aussi la nourriture dont elle s'est approvisionnée. Il faut un hiver déjà bien dur et des froids persistants pour que la température de la ruche s'abaisse au-dessous de 8° Réaumur. Mais ce degré thermique est absolument nécessaire; il est maintenu par l'alimentation et par le mouvement; les jours de froid on entend le bruissement du peuple qui s'agite dans l'intérieur; du reste, l'éleveur étend un abri d'hiver sur ses Ruchers. Comme c'est l'alimentation qui élève la température de leurs corps et par suite la chaleur de la Ruche entière, les Abeilles ont besoin d'une nourriture plus abondante dans les hivers rigoureux que dans les hivers doux.

Lorsqu'en hiver l'air libre possède la température indiquée, mainte Abeille se laisse tenter et s'envole; les jours d'hiver ensoleillés, même quand la température n'atteint pas ce degré, on voit des Abeilles isolées s'envoler hâtivement du Rucher pour aller chercher de l'eau ou accomplir leurs évacuations; car, en raison de son extrême propreté, l'Abeille ne dépose pas ses immondices dans la Ruche, mais à l'air libre. Si elle est forcée de les retenir trop longtemps, ou bien si elle est obligée de se nourrir d'un miel gâté, qui n'était pas couvert, elle tombe malade, souille sa demeure; et la Ruche entière est généralement anéantie.

Quand l'hiver suit un cours régulier, le travail ne chôme pas, alors même qu'il n'y aurait qu'à empaqueter les provisions pour les transporter des cellules postérieures dans celles qui occupent le centre de la Ruche, où elles doivent être consommées. Mais, en outre, la Reine commence souvent, dès le milieu de février, à pondre dans une petite région de cellules situées au centre de l'habitat d'hiver.

Ce n'est qu'en avril ou mars, que les chauds rayons du soleil viennent libérer les Abeilles de leurs quartiers d'hiver. Elles font connaître leur satisfaction par un bourdonnement de joie, et par un vol oscillatoire et circulaire, lorsqu'elles quittent pour la première fois leur étroite prison, et que dans les rayons du soleil nouveau elles peuvent jouir de leur liberté. Leur premier soin est de se vider. Si quelque ménagère suspend par hasard, dans le voisinage, du linge blanc à sécher, on le trouve bientôt bariolé de taches brunes et pointillées, au détriment de la propriétaire; car, pour cette opération, les Abeilles, comme bien d'autres Insectes voltigeurs, aiment avant tout à s'installer sur des objets de couleur claire.

Les Abeilles commencent alors à balayer et nettoyer leur habitation, comme en vue d'une grande fête. Les cadavres des sœurs défuntes, qui ne font jamais défaut, sont expulsés; les dégâts causés aux rayons, et que le grouillement continuel rend inévitables, sont réparés. Mais le travail principal consiste à rassembler et à rejeter les centaines de couvercles de cire qui gisent épars sur les planchers, et qui étaient tombés à chaque rayon de miel entamé. Les sorties commencent, aussi prolongées que le temps le permet; car les chatons des Noisetiers et des Saules (pl. XIV), les boutons jaunes des Cornouillers, les Crocus, les Violettes de mai, les Fritillaires, les Perce-neiges, et toutes les filles de Flore, de plus en plus séduisantes, leur offrent nectar et pollen en échange de leurs caresses.

Le régime ancien, habituel, que nous connaissons, ne peut durer plus longtemps. Sans compter que si pendant l'hiver la population n'a pas été trop affaiblie et n'a pas trop souffert, elle est devenue trop nombreuse; l'espace est trop étroit; il faut faire les préparatifs pour expédier un essaim dehors.

ESSAIMEMENT. — Tout d'un coup se forme une nouvelle espèce de cellules, semblables aux cellules ordinaires pour la forme et la situation, mais de capacité plus grande (fig. 772, p. 533). Dans chacune, la Reine dépose exactement, comme précédemment, un Œuf. Les Ouvrières pourvoient les cellules d'aliments, et prennent soin de la jeune Larve jusqu'au huitième jour de la croissance; elles ferment sa cellule, et elles la couvrent, de la façon que nous connaissons déjà. Le vingt-quatrième jour après la ponte, le couvercle s'ouvre, mais cette fois c'est un mâle qui en sort. Il est plus grand qu'une Ouvrière; et c'est pourquoi on lui a préparé une cellule plus volumineuse. La Reine a eu soin d'examiner la cellule, et de s'assurer, en y introduisant son abdomen, qu'elle devait pondre là un Œuf mâle. Cet Œuf diffère des Œufs pondus jusqu'ici en ce qu'il n'a pas été fécondé. Chez toutes les femelles d'Insectes, il existe, à la sortie de l'oviducte, un réservoir séminifère qui s'emplit pendant l'accouplement. Chaque Œuf passe devant l'orifice de ce réservoir, pendant la ponte, et peut être fécondé. La Reine a donc le pouvoir de féconder tel ou tel Œuf. Elle se garde bien de féconder ceux qu'elle pond dans les vastes cellules destinées aux mâles. C'est là un fait merveilleux que Dzierzon, curé de Carlsmark en Silésie, a distingué d'abord, et que de Siebold a approfondi scientifiquement.

La connaissance de ce fait, qu'une Ouvrière vierge ou qu'une Reine non fécondée puisse pondre des Œufs, d'où éclosent des Larves d'Abeilles, a été introduite dans la science par de Siebold, sous le nom de *Parthénogénèse* (procréation par des vierges). Ce fait important a été observé aussi chez d'autres Insectes, notamment chez quelques Papillons de la famille des « Psychides », et chez certains Hyménoptères sociaux, tels que les Guêpes et les Fourmis. Aristote avait connaissance de cette particularité chez les Abeilles mellifères, car il dit expressément : « Les Faux-Bourdons éclo- « sent aussi dans une Ruche privée de Reine. « Les couvées d'Abeilles (il s'agit là des Ou- « vrières) ne peuvent éclore dans une Ruche « sans Reine. Les Abeilles mettent au monde « des mâles, sans qu'il y ait eu accouplement. »

Dans la Ruche, les choses se compliquent de plus en plus. Lorsque les mâles commencent à devenir plus nombreux, on voit s'élever une troisième espèce de cellules, le plus souvent vers le bord du gâteau (fig. 773, 774 et 775, p. 533); leur nombre est de deux à trois, quelquefois le double ou même le triple. Elles sont verticales et cylindriques; leurs parois, formées de matériaux plus épais, renferment aussi une cavité plus grande que les cellules des mâles. Dans ces nouvelles cellules la Reine vient aussi pondre un Œuf, avec peine, disent les uns, sans effort, suivant les autres. L'habitant de cette cellule est pourvu d'une nourriture meilleure; close au bout de six jours par un couvercle bombé, cette alvéole fermée ressemble un peu au cocon de certains Papillons; elle est soignée avec plus de zèle encore que les autres. Les différences signalées : forme particulière, siège spécial, alimentation plus soignée, température plus élevée, déterminent à l'intérieur de cette cellule une différence dans le développement de la Larve ; elle se transforme au bout de seize jours

en une femelle *féconde*. Si on la laissait sortir de sa cellule alors que la Reine existe encore, il y aurait un combat à mort, attendu que deux femelles fécondes ne peuvent vivre ensemble dans la même Ruche. C'est ce que savent ses gardiennes, aussi ne la laissent-elles pas sortir encore ; du moins nous avons le droit de faire cette supposition, quand même elle ne s'appliquerait pas à tous les cas. La prisonnière ne peut cacher son mécontentement et fait entendre un bruit strident. Il est possible d'ailleurs que le même bruit se fasse entendre déjà dans une seconde cellule royale. La Reine ancienne, sitôt qu'elle perçoit ce bruit, comprend qu'une rivale se lève ; elle ne peut dissimuler son inquiétude. Les Ouvrières sentent également qu'un événement important se prépare, et se partagent en deux camps; les unes prennent partie pour l'ancienne Reine, les autres pour la nouvelle. L'impatience prend un caractère hostile et la lutte s'aigrit. Bientôt, l'ardente mêlée de plusieurs milliers d'individus produit dans la Ruche une chaleur intolérable; car prévoyant ce qui va se passer, il n'est qu'un très petit nombre d'Abeilles qui s'envolent. Une partie des Ouvrières se trouve suspendue en grappe épaisse au-devant de l'entrée. Le petit nombre d'Abeilles qui ce jour-là reviennent chargées, ne se hâtent pas comme d'ordinaire de pénétrer dans l'intérieur pour s'y délivrer de leur butin, mais elles s'associent au groupe. L'intérieur est de plus en plus agité; on entend un bourdonnement, un grondement, un grouillement, un bruit de mêlée; le désordre le plus complet semble y régner.

Tout à coup, tête basse, ou tête haute, dévale, comme un jet d'eau pressé fortement à travers un orifice étroit, un *essaim* de dix à quinze mille Abeilles anciennes, parmi lesquelles la Reine. Cet essaim obscurcit l'air comme un de ces nuages chargé de neige qui semblent éteindre le soleil. Il oscille dans l'air, de ci et de là, et fait entendre un bruit spécial et joyeux, qui résonne au loin. Ce spectacle dure bien dix minutes; un autre lui succède : sur une branche d'arbre (pl. XV), sur un morceau d'écorce disposé dans ce but par l'éleveur au bout d'une perche, n'importe où, on voit se former un groupe d'Abeilles, très serré, plus volumineux que le poing ; d'autres Abeilles viennent s'y joindre, de plus en plus nombreuses; elles finissent par constituer une grappe noire, suspendue en l'air, au milieu de laquelle se trouve la Reine. C'est la tête de l'essaim ou l'a-

Paris, J.-B. Baillière et Fils, édit. Corbeil, Crété, imp.

ESSAIMEMENT DES ABEILLES.

vant-garde ; comme tous les autres essaims, qui le suivent de près, il ne s'enhardit ainsi que dans les beaux jours, vers midi le plus souvent, et ne s'éloigne guère parce que la Reine chargée d'Œufs est très lourde. L'éleveur, dont l'attention est éveillée déjà sur ce qui va se passer par plusieurs indices, a préparé une nouvelle case, une nouvelle Ruche, il a pris un récipient quelconque ; il dirige l'essaim de ce côté, ferme l'habitation à l'aide d'un couvercle, et la transporte ainsi à la place assignée. C'est là le début de l'installation ; elle s'accomplit, comme il a été dit déjà, avec cette seule différence que la Reine n'a pas à s'envoler d'abord pour la fécondation. Les éleveurs voient avec plaisir une expédition entreprise à l'époque réglementaire ; car la population se fortifie d'autant plus tôt, elle peut rassembler de plus riches provisions pour l'hiver, et nécessite moins le secours d'une alimentation artificielle et coûteuse. De là le vieux dicton en vers allemands :

> Un essaim en mai
> Vaut une charge de foin ;
> Un essaim en juin
> Vaut bien un coq gras ;
> Un essaim en juillet
> Ne vaut pas un tuyau de plume.

« Les Apiculteurs font une distinction, dit Büchner, entre les essaims dits *artificiels* et les essaims *naturels*. On obtient les premiers par le procédé suivant : on enlève du sein d'une Ruche florissante, qu'on a soin d'étourdir avec de la fumée, une partie de sa population, et on la transporte, accompagnée d'une Reine, dans un panier préparé pour la recevoir. Épouvantées, stupéfiées, les pauvres bêtes s'abandonnent, dans leur émoi, à la destinée, et se soumettent à la volonté et à la grâce du père des Abeilles. Naturellement, la violence de ces procédés en exclut toute la poésie, ce qu'on appelle « l'arôme exquis des essaims ».

« Du feu, de la fumée et du bruit. C'est ainsi qu'un Apiculteur expert (1) décrit les phénomènes qui accompagnent cette expulsion forcée. « Pendant que leurs foyers deviennent la proie des flammes, les malheureux exilés sont poussés dans la direction du nouveau logis ; dans leur abandon ils se posent sur les murs, heureux de ne plus entendre ce vacarme qui les étourdissait, ces coups de bâton qui retentissaient derrière eux. Rassurés par la certitude d'avoir conservé au milieu

d'eux l'être suprême et adoré, leur Reine, ils se rallient autour d'elle. La nécessité leur impose le travail. Et voilà nos incendiés fondant de nouveaux foyers, et viennent les beaux jours et du butin envoyé par le ciel ou des assiettes de miel fournies par l'Apiculteur, la colonie redevient florissante.

« Mais que se passe-t-il dans la vieille habitation ? Les coups et le feu ont contraint une partie de la population à abandonner la patrie et le berceau de la progéniture en germe. Plus de secousses, le bruit du tambour se tait. Celles qui restent voudraient réparer le désastre ; une moitié, au moins, revient en tâtonnant à l'ancien domicile, mais l'espoir de recouvrer leur Reine est perdu. Tout leur manque à la fois. Les membres du groupe se demandent les uns aux autres ce qu'est devenue la souveraine. L'une après l'autre, les Abeilles sortent du logis, et cherchent avec angoisses leurs proches. Toutes reviennent au bout de quelque temps, le découragement dans l'âme, sans nouvelles consolantes. Alors une clameur plaintive s'élève dans la maison, une sueur froide dégoutte des murs eux-mêmes. Au moment où ces gémissements s'apaisent, une voix isolée rappelle la perte générale, et la clameur plaintive recommence jusqu'à ce que la douleur se calme par son excès même. Enfin le temps apporte son baume à ces délaissées, soit que le calcul prévoyant de l'homme leur procure une Reine étrangère, soit que l'espoir de voir sous peu un rejeton de la souveraine perdue sortir de ses langes pour monter sur le trône, ranime leur courage. Pendant ce temps, au dehors, l'Apiculteur prête l'oreille, pour savoir si la paix est rentrée dans leur sein, tout prêt à pleurer avec ses Abeilles éplorées, dont le sort lamentable est son œuvre. »

« L'essaim *naturel*, non forcé, abandonné au hasard, aux circonstances favorables ou contraires, a un tout autre caractère aux yeux d'un amateur de la nature. « Là, c'est la vie, la nature prise sur le fait ; là, pour que tout aille à souhait, il faut un concours de circonstances favorables, une bonne alimentation, des journées radieuses, chaudes, un air doux ; là, subsiste le charme de l'espérance et l'émotion du péril. Les premiers Faux-Bourdons ont pris leur volée par un beau soleil de midi, et leur bourdonnement est d'un heureux présage pour l'oreille de leur père-nourricier. La fermentation devient croissante dans la Ruche ; par une nuit étouffante, une partie des Abeilles établit

(1) *Journal des Abeilles*, Nordlinger, partie II, page 380, etc.

son campement en plein air, devant la Ruche, et s'éparpille au matin pour aller aux travaux. Pourtant, par une belle et chaude journée, aucune ne bouge ; il semble que quelque chose d'extraordinaire se prépare. Quelques Abeilles vont et viennent, voltigent autour de leurs camarades, leur apportent des nouvelles de ce qui se passe à l'intérieur, annonçant par leurs gémissements l'approche du dénoûment. A peine entré dans le jardin, l'Apiculteur saisit cette intonation, musique plus précieuse à son oreille que le plus beau concert. L'essaim s'avance pêle-mêle en cadence, et la Ruche déverse toujours de nouvelles masses. Des groupes s'abattent rapidement, puis s'élèvent de rechef, et se mêlent dans une joyeuse contredanse. Tout devient tranquille auprès de la porte d'entrée, mais la vie s'épanouit au grand air, au point que les rayons du soleil sont interceptés par ces petits nuages vivants. L'essaim ondule au souffle du vent ; il n'a pas encore choisi d'endroit pour se fixer, et l'œil de l'Apiculteur ne cesse de le suivre. Mais voilà qu'un violent coup de vent rabat l'essaim à terre. Reine et peuple retombent sur la vieille Ruche ; le petit groupe, qui commençait à se former sur une branche voisine, s'éparpille. La tristesse se répand dans la Ruche, le coup a raté ! Toutes les espérances sont déçues. Cette belle journée d'essaimement est perdue, et plusieurs livres de miel dépensées en pure perte. L'Apiculteur découragé erre au milieu de ses Ruches.

« Mais un son retentit à son oreille. *Tut! tut!* résonne dans l'air, et *couac ! couac!* complète l'accord (1). Il ne peut s'en rassasier ; le jour dé-

(1) Ce sont les jeunes Reines et celles en voie d'éclore, qui font entendre le *tut* et le *couac* en question, et, pour l'oreille d'un Apiculteur, c'est là un signe certain d'un essaimement prochain. Sitôt qu'une jeune Reine est sur le point d'éclore, elle annonce ce moment par des *couacs-couacs*. Si aucun *tut-tut* d'une jeune Reine déjà adulte ne répond à ce signal, la prétendante procède à son éclosion en toute sûreté, mais entend-elle le cri de défi de sa rivale, elle prend la sage précaution de rester dans son alvéole, aussi longtemps que la voix de celle-ci se fait entendre dans la Ruche. Ces intonations de la peur et de la colère se font entendre dans toutes les Ruches, car, vers l'époque de l'essaimage, plusieurs jeunes Reines ont atteint l'âge adulte. C'est la Reine déjà éclose, qui émet le *tut-tut*, et la jeune, encore enfermée dans sa cellule, le *couac-couac*, qui s'explique par le passage de l'air sortant par les stigmates latéraux du thorax de l'Animal. Il est hors de doute que ces sons divers n'ont d'autre signification que celle que nous leur prêtons, car chaque fois, au moment d'éclore, la jeune Reine fait entendre son *couac*, et à son tour la souveraine adulte ne fait résonner son cri que quand elle a entendu celui de sa jeune rivale et qu'elle

cline, le soleil baisse, c'est alors que se déroule le spectacle. La note des musiciens devient toujours plus vibrante ; l'essaim prend sa volée, et cette fois-ci pour tout de bon ; dans cette ronde ardente, il y va du trône et de la vie. L'amas s'épaissit auprès de quelque Poirier (pl. XV) ; on peut l'évaluer à vingt mille individus, prêts à la lutte et au travail.

« Une fois capturé, l'essaim est transporté dans l'habitation qui lui est préparée, et dont l'intérieur est soigneusement nettoyé. « Avant tout, l'essaim se précipite vers l'issue, mais s'arrête bientôt et revient sur ses pas, en agitant joyeusement ses ailes. Les Abeilles savent que leur Reine est au milieu d'elles. *L'essaimement a réussi.* Les plus rebelles se groupent à l'entrée, et font entendre un bourdonnement joyeux. Il ne reste sur l'arbre qu'une petite partie de retardataires, qui à leur tour ne tardent pas à se mettre en mouvement, cherchant partout leur souveraine. Dès qu'elles entendent le bourdonnement, elles dirigent leur vol vers la Ruche. Sous peu, la branche reste libre, et aucun cadavre ne marque le champ de la lutte. Bientôt, les plus actives se mettent à circuler, examinant la Ruche et son emplacement. Dans l'intérieur, commencent les travaux de construction ; il s'agit, avant tout, de vivoter, de nettoyer la Ruche, ensuite il faudra penser à voler en quête de provisions. Encore quelques péripéties dramatiques, et tout rentre dans l'ordre ; au bout de quelque temps, la nouvelle colonie est florissante. Mais que se passe-t-il pendant ce temps dans la vieille Ruche? Le calme y est rétabli. Plus d'un rayon est vide, il est vrai, car les émigrés d'aujourd'hui n'avaient pas coutume de revenir de leurs explorations les mains vides. Plus d'un enfant arraché à la maison maternelle revient dans ses foyers, et les jeunes sœurs au berceau grandissent à vue d'œil. La vieille mère a pu s'éloigner impunément, car des rejetons pleins d'espérance dorment dans le calme du berceau royal. En attendant que ces Reines futures aient atteint l'âge adulte et puissent se mettre à la tête de la maison, celle-ci va son petit train habituel. Le ménage est tenu dans le meilleur ordre, l'esprit de parti est éteint, tous poursuivent en paix leurs travaux. Mais le moment le plus brillant de la vie d'une Ruche est, sans contredit, l'époque de l'essaimement, à cause de l'élé-

veut l'effrayer ; autrement, elle reste muette. Tout ce que nous venons de dire ne s'applique qu'aux jeunes Reines, les vieilles n'ayant plus la faculté d'émettre le *tut-tut !*

ment poétique qui y domine. Toute la poésie de l'Apiculture se résume dans l'essaimement appelé naturel. »

Combats des Reines. — Revenons maintenant à notre Ruche qui vient d'expédier un essaim avec la Reine ancienne. Là, pendant ce temps, s'est échappée de sa cellule une jeune Reine ; elle a été saluée des témoignages honorifiques de son parti, de la façon décrite plus haut. En sa qualité de fille aînée, elle serait et resterait sans doute maîtresse du terrain puisque sa mère lui a cédé la place, s'il n'existait des rivales pourvues des mêmes prétentions. La Ruche peut se comporter alors de façons différentes : au bout de trois, six, neuf jours, peuvent se succéder de nouveaux essaims, de plus en plus faibles ; ou bien l'essaimage se borne à l'essaim d'avant-garde. Dans les deux cas, il y a des morts, car deux Reines sont impossibles dans un même État ; jusqu'à ce qu'il n'en reste plus qu'une, toutes sont tuées par le peuple, tant qu'il ne se forme pas d'essaim nouveau ; ce n'est que dans les cas les plus rares qu'il y a duel entre deux souveraines.

François Huber en rapporte un cas qu'il a observé le 15 mai 1790 (1) :

« Deux jeunes Reines sortirent ce jour-là de leurs cellules, presque au même moment, dans une de nos Ruches les plus minces. Dès qu'elles furent à portée de se voir, elles s'élancèrent l'une contre l'autre avec l'apparence d'une grande colère, et se mirent dans une situation telle, que chacune avait ses antennes prises dans les dents de sa rivale ; la tête, le corselet et le ventre de l'une étaient opposés à la tête, au corselet et au ventre de l'autre ; elles n'avaient qu'à replier l'extrémité postérieure de leurs corps, elles se seraient percées réciproquement de leur aiguillon, et seraient mortes toutes les deux dans le combat. Mais il semble que la nature n'ait pas voulu que leurs duels fissent périr les deux combattantes ; on dirait qu'elle a ordonné aux Reines qui se trouveraient dans la situation que je viens de décrire (c'est-à-dire en face et ventre contre ventre) de se fuir à l'instant même avec la plus grande précipitation. Aussi, dès que les deux rivales dont je parle sentirent que leurs parties postérieures allaient se rencontrer, elles se dégagèrent l'une de l'autre, et chacune s'enfuit de son côté. Vous verrez, Monsieur, que j'ai répété cette obser-

vation très souvent ; elle ne me laisse aucun doute, et il me semble même que, dans ce cas-ci, on peut pénétrer l'intention de la nature.

« Il ne devait pas y avoir dans une Ruche plus d'une Reine ; il fallait donc que si par hasard il en naissait ou en survenait une seconde, l'une des deux fût mise à mort. Or, il ne pouvait pas être permis aux Abeilles ouvrières de faire cette exécution, parce que dans une République composée d'autant d'individus entre lesquels on ne peut pas supposer un concert toujours égal, il serait fréquemment arrivé qu'un groupe d'Abeilles se serait jeté sur l'une des Reines, tandis qu'un second groupe aurait massacré l'autre, et la Ruche aurait été privée de Reine. Il fallait donc que les Reines seules fussent chargées du soin de se défaire de leurs rivales. Mais comme, dans ces combats, la nature ne voulait qu'une seule victime, elle a sagement arrangé d'avance qu'au moment où, par leur position, les deux combattantes pourraient perdre la vie l'une et l'autre, elles ressentissent toutes les deux une crainte si forte, qu'elles ne pensassent plus qu'à s'enfuir sans se darder leurs aiguillons.

« Je sais qu'on court risque de se tromper, quand on cherche minutieusement les causes finales des plus petits faits ; mais, dans celui-ci, le but et le moyen m'ont paru si clairs, que je me suis hasardé à donner cette conjecture. Vous jugerez, Monsieur, infiniment mieux que moi, jusqu'à quel point elle est fondée ; mais je reviens de cette digression.

« Quelques minutes après que nos deux Reines se furent séparées, leur crainte cessa, et elles recommencèrent à se chercher ; bientôt elles s'aperçurent, et nous les vîmes courir l'une contre l'autre ; elles se saisirent encore comme la première fois, et se mirent exactement dans la même position ; le résultat en fut le même ; dès que leurs ventres s'approchèrent, elles ne songèrent plus qu'à se dégager l'une de l'autre, et elles s'enfuirent. Les Abeilles ouvrières étaient fort agitées pendant tout ce temps-là, et leur tumulte paraissait s'accroître, lorsque les deux adversaires se séparaient ; nous les vîmes à deux différentes fois arrêter les Reines dans leur fuite, les saisir par les jambes, et les retenir prisonnières plus d'une minute. Enfin, dans une troisième attaque, celle des deux Reines qui était la plus acharnée ou la plus forte, courut sur sa rivale au moment où celle-ci ne la voyait pas venir, elle la saisit avec ses dents à la naissance de l'aile, puis monta sur son corps, et

(1) Huber, *Nouvelles observations sur les Abeilles.* 2e édition, Paris, 1814, t. I, p. 174. Sixième lettre adressée au philosophe naturaliste Ch. Bonnet.

amena l'extrémité de son ventre sur les derniers anneaux de son ennemie, qu'elle parvint facilement à percer de son aiguillon; elle lâcha alors l'aile qu'elle tenait entre ses dents, et retira son dard; la Reine vaincue tomba, se traîna languissamment, perdit ses forces très vite, et expira bientôt après. Cette observation prouvait que les Reines vierges se livrent entre elles des combats singuliers. Nous voulûmes savoir ensuite si les Reines fécondes et mères avaient les unes contre les autres la même animosité.

« Nous choisîmes pour cette nouvelle observation, le 22 juillet, une Ruche plate, dont la Reine était très féconde, et comme nous étions curieux de savoir si elle détruirait les cellules royales, ainsi que le pratiquent les Reines vierges, nous plaçâmes d'abord au milieu de son gâteau trois de ces cellules fermées. Aussitôt qu'elle les aperçut, elle s'élança sur le groupe qu'elles formaient, les perça vers leur base, et ne les quitta qu'après avoir mis à découvert les Nymphes qui y étaient renfermées. Les Ouvrières qui, jusqu'à ce moment, étaient restées spectatrices de cette destruction, vinrent alors pour enlever les Nymphes royales, elles prirent avidement la bouillie qui reste au fond de ces cellules, elles sucèrent aussi ce qui se trouvait de fluide dans l'abdomen des Nymphes, et finirent par détruire les cellules dont elles les avaient tirées.

« Nous introduisîmes ensuite dans cette même Ruche une Reine très féconde, dont nous avions peint le corselet pour la distinguer de la Reine régnante : il se forma très vite un cercle d'Abeilles autour de cette étrangère, mais leur intention n'était pas de l'accueillir ou de la caresser; car insensiblement elles s'accumulèrent si bien autour d'elle, et la serrèrent de si près, qu'au bout d'une minute elle perdit sa liberté et se trouva prisonnière. Ce qu'il y a ici de très remarquable, c'est qu'en même temps, d'autres Ouvrières s'accumulaient autour de la Reine régnante, et gênaient tous ses mouvements; nous vîmes l'instant où elle allait être enfermée comme l'étrangère. On dirait quelquefois que les Abeilles prévoient le combat que vont se livrer les deux Reines, et qu'elles sont impatientes d'en voir l'issue ; car elles ne les retiennent prisonnières que lorsqu'elles paraissent s'écarter l'une de l'autre; et si l'une des deux, moins gênée dans ses mouvements, semble vouloir se rapprocher de sa rivale, alors toutes les Abeilles qui formaient ces groupes,

s'écartent pour leur laisser l'entière liberté de s'attaquer; puis elles reviennent les serrer de nouveau, si les Reines paraissent encore disposées à fuir.

« Nous avons vu ce fait très souvent : mais il présente un trait si neuf et si extraordinaire de la police des Abeilles, qu'il faudrait le revoir mille fois, pour oser l'assurer positivement. Je voudrais, Monsieur, inviter les Naturalistes à examiner avec attention le combat des Reines, et à constater surtout quel est le rôle qu'y jouent les Ouvrières. Cherchent-elles à accélérer ces combats? Excitent-elles, par quelque moyen secret, la fureur des combattantes ?. Comment se fait-il qu'accoutumées à rendre des soins à leur propre Reine, il y ait pourtant des circonstances où elles l'arrêtent, lorsqu'elle se prépare à fuir un danger qui la menace?

Pour résoudre ces problèmes, il faudrait une longue suite d'observations. C'est un champ d'expériences bien vaste, et dont les résultats seraient infiniment curieux. Veuillez me pardonner mes fréquentes digressions ; ce sujet est très philosophique, mais il faudrait votre génie, Monsieur, pour le manier et le présenter; je poursuis la description du combat de nos deux Reines.

« Le groupe d'Abeilles qui entouraient la Reine régnante lui ayant permis quelque léger mouvement, elle parut s'acheminer vers la portion du gâteau sur laquelle était sa rivale; alors toutes les Abeilles se reculèrent devant elle ; peu à peu, la multitude d'Ouvrières qui séparaient les deux adversaires se dispersa; enfin, il n'en restait plus que deux, qui s'écartèrent et permirent aux Reines de se voir ; en cet instant, la Reine régnante se jeta sur l'étrangère, la saisit avec ses dents près de la racine des ailes, et parvint à la fixer contre le gâteau, sans lui laisser la liberté de faire de la résistance, ni même aucun mouvement; ensuite elle recourba son ventre, et perça d'un coup mortel cette malheureuse victime de notre curiosité.

« Enfin, pour épuiser toutes les combinaisons, il nous restait encore à découvrir s'il y aurait un combat entre deux Reines dont l'une serait féconde et l'autre vierge, et quelles en seraient les circonstances et l'issue.

« Nous avions une Ruche vitrée, dont la Reine était vierge et âgée de vingt-quatre jours; nous y introduisîmes, le 18 septembre, une Reine très féconde, et nous la plaçâmes sur la face du gâteau opposée à celle où était la Reine vierge, pour nous donner le temps de voir com-

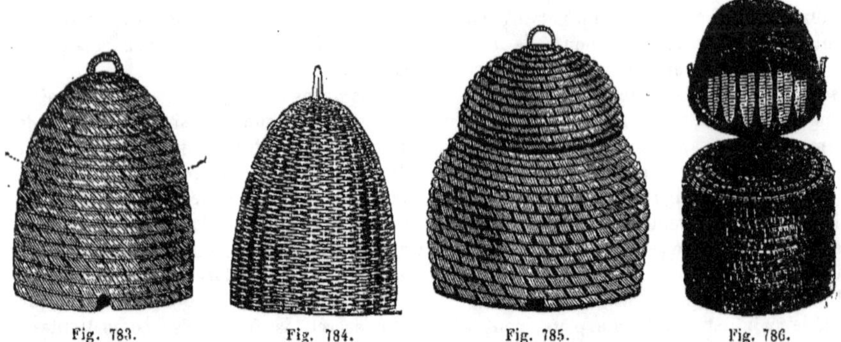

Fig. 783.   Fig. 784.   Fig. 785.   Fig. 786.

Fig. 783. — Ruche vulgaire en paille.
Fig. 784. — Ruche vulgaire en petit bois.

Fig. 785. — Ruche normande à calotte.
Fig. 786. — Ruche vosgienne à calotte (calotte soulevée).

ment les Ouvrières la recevraient ; elle fut bientôt entourée d'Abeilles qui l'enveloppèrent.

« Cependant elle ne fut qu'un instant serrée entre leurs cercles ; elle était pressée de pondre, elle laissait tomber ses Œufs, et nous ne pûmes voir ce qu'ils devinrent ; les Abeilles ne les portèrent sûrement pas dans les cellules, car nous n'en trouvâmes aucun quand nous les visitâmes. Le groupe qui entourait cette Reine s'étant un peu dissipé, elle s'achemina vers le bord du gâteau, et se trouva bientôt à une très petite distance de la Reine vierge. Dès qu'elles s'aperçurent, elles s'élancèrent l'une contre l'autre ; la Reine vierge monta alors sur le dos de sa rivale, et darda sur son ventre plusieurs coups d'aiguillon ; mais comme ces coups ne portèrent que sur la partie écailleuse, ils ne lui firent aucun mal, et les combattantes se séparèrent ; quelques minutes après elles revinrent à la charge ; cette fois la Reine féconde parvint à monter sur le dos de son ennemie, mais elle chercha inutilement à la percer, l'aiguillon n'entra pas dans les chairs ; la Reine vierge parvint à se dégager et s'enfuit ; elle réussit encore à s'échapper dans une autre attaque, où la Reine féconde avait pris sur elle l'avantage de la position. Ces deux rivales paraissaient de même force, et il était difficile de prévoir de quel côté pencherait la victoire, lorsque enfin, par un hasard heureux, la Reine vierge perça mortellement l'étrangère, qui expira sur le moment même.

« Le coup avait pénétré si avant, que la Reine victorieuse ne put d'abord retirer son dard, et qu'elle fut entraînée dans la chute de son ennemie. Nous la vîmes faire bien des efforts pour dégager son aiguillon : elle n'y put réussir qu'en se tournant sur l'extrémité de son ventre, comme sur un pivot. Il est probable que par ce mouvement les barbes de l'aiguillon se fléchirent, se couchèrent en spirale autour de la tige, et qu'elles sortirent ainsi de la plaie qu'elles avaient faite. »

Les observations d'Huber sont trop consciencieuses pour qu'on puisse douter de ses récits. Il a dû voir, dans ce cas, ce qu'il rapporte ; mais ce n'est point là la règle. La plupart du temps les Ouvrières cherchent immédiatement à envelopper la seconde Reine, que l'on immisce chez elles, dans un peloton serré, et à la percer à mort sans plus de façons.

Un essaim secondaire, en raison de la légèreté et de la mobilité de la femelle, encore vierge, s'éloigne en général davantage, et exige de la part du propriétaire plus de vigilance. S'il n'intervenait pas, l'essaim, au bout de quelque temps, s'échapperait du Rucher pour s'organiser une nouvelle demeure dans un creux d'arbre, une fente de rocher, où n'importe quel endroit approprié. Car, de bonne heure déjà, l'essaim envoie quelques Abeilles en reconnaissance pour chercher un lieu favorable. Une population abandonnée ainsi à elle-même, en liberté, périt dès l'automne ou pendant l'hiver. Il existe, toutefois, des preuves de ce fait, qu'en des conditions favorables une population peut se conserver pendant toute l'année à l'état sauvage et même plusieurs années. Nous citerons à l'appui une observation personnelle. Dans une propriété de la Vallée de la Bièvre, des Abeilles ont découvert un petit trou dans une statue de la Vierge et ont élu domicile dans le corps même de la statue et y prospèrent depuis plusieurs années (Künckel).

Dans des cas très rares, de ces essaims secondaires peut provenir encore un essaim vierge. C'est quand un essaim secondaire, datant de l'époque réglementaire, a pu se fortifier assez vite pour détacher un nouvel essaim dans le cours de l'été.

Nous avons donc vu comment se comporte un État d'Abeilles qui suit son cours régulier. Mais il surgit encore certaines irrégularités trop intéressantes pour que nous ayons le droit de les passer sous silence.

Des Ruches orphelines. — Supposons que, par suite d'un événement quelconque, une Ruche ait perdu sa Reine, — on dit alors qu'elle est *orpheline*, — et que, ne possédant pas de couvée royale, elle n'ait en vue aucune Reine nouvelle. Qu'arrivera-t-il alors? Suivant les circonstances, deux cas seulement peuvent se présenter : ou bien, lorsqu'a eu lieu l'accident, il existait des cellules d'incubation ordinaires, contenant des Œufs ou des Larves, qui n'étaient pas encore couvertes ; ou bien toutes ces cellules sont closes.

Dans le premier cas, le peuple restaure en toute hâte une cellule contenant un Œuf ou un tout jeune Ver, pour en faire une cellule royale. On la creuse, on écarte les voisines pour gagner de l'espace, et en un clin d'œil on lui donne la forme arrondie et la direction verticale ; on y apporte la nourriture royale,.. les efforts ne sont pas stériles : à l'époque déterminée, en sort une femelle fertile.

Dans le second cas, qui exclut l'application de ce procédé artificiel puisque toutes les cellules sont déjà couvertes, les choses se passent d'une façon plus intéressante encore. On élève sur le trône une Ouvrière aussi forte, aussi grosse que possible, par ce seul fait qu'on la libère de son travail. On la soigne, on la choie, on la nourrit royalement, et on lui prodigue les petits soins, comme à la souveraine héréditaire. Bientôt elle se met à pondre. Ces Œufs se sont développés sous l'influence du repos et des soins incessants qui sont indispensables, car la femelle qui leur donne naissance paraît en souffrir beaucoup. Mais, hélas! ce ne sont que des Œufs de mâles, qui ne pourront porter des fruits. Les Vers qui en éclosent n'ont pas assez de place dans les petites cellules ; il faut les couvrir avec un couvercle fortement bombé ;

c'est pourquoi on leur a donné le nom de « *couvée bosselée* ».

Une semblable mésaventure (la naissance de mâles exclusivement) atteindrait une Ruche dont la Reine n'aurait pu être fécondée. Mais, ni cette Reine, ni l'Ouvrière qui n'a mis au monde que des mâles, ne se voient délaissées ou méprisées des autres Abeilles, car ce n'est pas leur faute si elles n'ont pas accompli leur mission comme il eût fallu.

Si l'on vient à heurter une Ruche pourvue de sa Reine, on provoque une effervescence qui s'éteint presque aussitôt. Au contraire, une Ruche sans Reine fait entendre un bruit persistant; *Ruche sans Royne, Ruche en poyne*, dit un vieux proverbe. Une pareille Ruche est bientôt anéantie, si le propriétaire ne vient à son aide en lui procurant une nouvelle Reine.

C'est donc l'Homme, c'est l'Apiculteur, qui, plus efficacement encore que les Abeilles, vient au secours de la Ruche restée veuve de sa Reine,

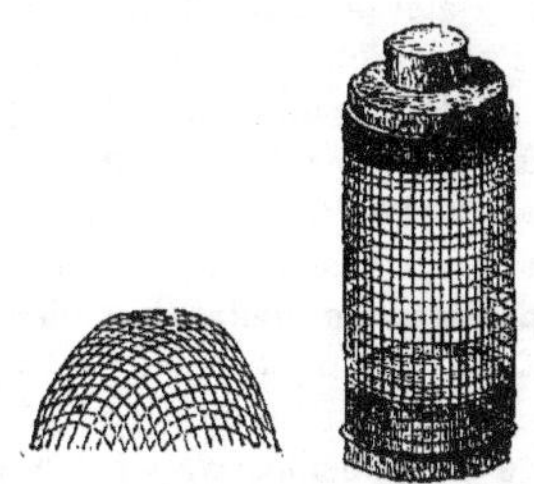

Fig. 787 et 788. — Cages pour l'acceptation d'une Reine.

en lui en fournissant une nouvelle, toute faite. Pourtant, l'introduction de celle-ci parmi ses futures sujettes ne laisse pas que de présenter certaines difficultés, les Abeilles ne souffrant d'ordinaire dans leur sein que les membres de la même Ruche et poursuivant, mettant à mort ceux d'une Ruche étrangère, reconnaissables probablement à leur odeur. Le même sort atteindrait infailliblement la nouvelle Reine, dont l'apparition est accueillie d'ordinaire par un sifflement de colère, si l'esprit ingénieux de l'Homme n'avait imaginé de recourir à la « maisonnette de la Reine », espèce de petite cage en fil d'archal très fin (fig. 787 et 788), dans laquelle on enferme la nouvelle souveraine pour l'introduire dans la Ruche. Le treillage la protège contre les attaques immédiates des Ouvrières et donne à celles-ci le temps de se reconnaître, de s'habituer à la nouvelle venue, qu'elles finissent généralement par adopter.

Dans une lettre, qui fut adressée au docteur Buchner le 17 novembre 1875, le major D. Schallich de Ludwigsbourg décrit d'une manière fort intéressante un fait de ce genre :

« Le curé de Laüdenbach, dans la vallée de Verbach, est un des Apiculteurs les plus distingués du Wurtemberg. Un jour, il vida devant moi des Ruches du miel qu'elles contenaient et les Abeilles ne furent pas assez naïves pour construire de nouveaux rayons, mais elles remplirent d'un nouveau miel ceux déjà construits par leurs devanciers. Si elles n'avaient été guidées que par l'instinct, elles auraient dû recommencer à bâtir des alvéoles, négligeant celles déjà construites qu'elles avaient sous la main. J'ai été témoin d'une petite expérience fort intéressante, faite par ce curé. On sait que les habitantes d'une Ruche n'acceptent point d'étrangères parmi elles. Le curé prit une Abeille et la plaça au milieu de celles qui faisaient les sentinelles à l'entrée d'une Ruche. Celles-ci tombèrent sur l'intruse involontaire, la tuèrent et la jetèrent dehors. Il arriva une autre fois qu'une Ruche ayant perdu sa mère, il fallut lui en donner une autre. Mais introduire une Reine étrangère sans précautions préalables dans une Ruche devenue veuve, c'est exposer la nouvelle venue à une mort immédiate de la part des sentinelles, qui obéissent aveuglément et « instinctivement » à leur devoir. Aussi faut-il agir avec circonspection. Si le langage des Abeilles avait été à notre portée, une petite harangue, dans laquelle on se serait longuement étendu sur l'honneur suprême qu'on leur conférait et sur leurs futurs devoirs, eût été tout à fait à sa place. Elle eût donné aux Abeilles le temps de se reconnaître, de maîtriser leurs passions et de considérer l'affaire sous son côté pratique. A défaut de ce moyen, il fallut chercher à gagner du temps d'une autre manière. Mon Apiculteur avait, pour cet usage, une toute petite cage en fil d'archal très fin, une espèce de souricière en miniature. Il y plaça une Reine, entourée d'une petite cour, on boucha l'ouverture avec de la cire et posa l'appareil devant la Ruche, à laquelle il voulait donner un nouveau gouvernement. Naturellement les Abeilles, obéissant à « l'instinct », se précipitèrent vers la cage pour tuer celles qu'elle contenait, mais le fil d'archal suffit à les protéger. Les assassins ébranlaient les barreaux, mais tout à coup ils s'aperçurent qu'ils se trouvaient en présence d'une Majesté. Leur rage se calma et, tout émerveillés, péné-

trés de respect, ils se rangèrent autour d'elle. L'heureuse nouvelle se répandit dans la Ruche avec la rapidité de l'éclair et fut accueillie par un bourdonnement d'allégresse. Une foule d'Abeilles sortit pour voir la nouvelle Reine et lui donner des assurances de dévouement. Ce fut un vrai suffrage universel, acceptant l'étrangère à l'unanimité des voix. Confuses de leur malveillant accueil, les sentinelles se retirèrent, et après une investigation soigneuse, la cire qui bouchait l'ouverture de la prison fut enlevée et la souveraine, de par la grâce de Dieu (ou du curé ?), installée sur son trône. La cour de la reine ne fut pas non plus attaquée. Il est probable que Sa Majesté fit des promesses de fêtes et de réjouissances, promesses qu'accueillit une confiance générale ; car a-t-on jamais vu une Reine tromper son peuple ? »

« Les faits racontés dans ce récit ont été attestés par le témoignage du curé de Laudenbach. »

Remplacer artificiellement une Souveraine morte ou envolée est généralement d'autant plus facile qu'un laps de temps plus grand s'est passé depuis la perte de la première et que les Abeilles ont eu le temps de l'oublier un peu. Ceci a lieu d'ordinaire au bout de vingt-quatre ou trente heures. Huber a pu introduire une nouvelle Souveraine dans une Ruche, qui était veuve de la sienne depuis vingt-quatre heures. Les Abeilles, qui se trouvaient le plus près d'elle, la touchèrent de leurs antennes, caressèrent de leur langue toutes les parties de son corps, lui présentèrent du miel et battirent des ailes, faisant cercle autour d'elle. Ensuite, elles firent place à d'autres, qui se comportèrent de la même façon, et le cercle allait toujours en s'élargissant. Toutes battaient des ailes et s'agitaient sans confusion et sans tumulte, paraissant goûter un véritable plaisir. Quand la Reine voulut marcher, le cercle s'ouvrit, on se rangea en haie sur son passage et un cortège la suivit. Quand elle eut atteint le côté opposé du rayon de miel, où jusque-là le calme le plus parfait avait régné, les mêmes phénomènes se répétèrent. Les Ouvrières, occupées à bâtir les cellules royales, interrompirent leur ouvrage, en arrachèrent les Nymphes royales et dispersèrent la pâtée spéciale préparée pour celles-ci ! Dès ce moment la Reine fut reconnue du peuple entier et s'installa comme chez elle.

En général, les Abeilles sont des Insectes excessivement capricieux et fort capables de faire aujourd'hui bon accueil à une Reine, sur laquelle elles vont tomber le lendemain avec un acharnement sans pareil, eût-elle même été introduite dans leur Ruche vingt-quatre ou quarante-huit heures après la mort de leur première souveraine. D'après les recherches du baron de Berlepsch, les Abeilles de l'espèce italienne, transportée en Allemagne, auraient, en dépit de toutes les précautions, transpercé de leurs dards, étouffé ou mutilé *trois* sur *quatre* des Reines qu'on leur présentait. L'été suivant, au contraire, l'observateur put constater des phénomènes tout opposés. Un fait pourtant semble certain : c'est qu'une Reine étrangère n'est acceptée facilement dans une Ruche que quand le sentiment de l'abandon de la Reine légitime s'est répandu dans la Ruche entière et a pénétré chacun de ses membres. Aussi longtemps que cela n'a pas lieu, il n'est pas probable que la souveraineté d'une Reine étrangère puisse être acceptée volontiers par la majorité.

Une observation intéressante du même genre est mentionnée par le pasteur Georges Kleine de Lüthorst : « Voici comment je m'y pris, dit-il, pour introduire une Reine italienne dans une Ruche allemande. J'enlevai de sa place une Ruche aux rayons pleins et je lui substituai une Ruche aux rayons vides, avec un gâteau de miel suspendu au milieu et dans l'intérieur duquel se trouvait une Reine abritée par sa maisonnette en fil d'archal posée sur une cellule à progéniture. Quand les Abeilles, qui s'étaient envolées et celles qui s'envolèrent alors de la Ruche enlevée, revinrent chargées de butin elles se dirigèrent toutes vers la Ruche nouvelle, qui se trouvait placée dans l'endroit ordinaire, à elles bien connu. Mais à peine y furent-elles entrées qu'elles s'aperçurent du grand changement qui s'y était opéré. Elles se heurtaient, sans pouvoir se rendre compte de l'endroit où elles se trouvaient, ressortaient sans avoir déposé leur fardeau, voltigeaient dans toutes les directions, examinant l'emplacement avec le soin le plus minutieux, afin de se convaincre qu'elles n'avaient point commis d'erreur et rentraient convaincues qu'elles étaient bien à l'endroit précis. Le même jeu se répéta bien des fois, jusqu'à ce que les Abeilles se fussent résignées à l'inévitable changement et, prenant leur parti, eussent déposé leur fardeau, pour s'adonner aux travaux nécessaires à l'arrangement de la nouvelle Ruche. Comme

(1) Kleine, *Les Abeilles italiennes et leur élevage*, Berlin, 1865.

toutes les Abeilles, qui arrivaient dans le nouveau logis, se comportaient de la même façon, l'installation dura jusqu'à une heure avancée de la soirée, et, telle fut leur angoisse et leur inquiétude, que l'Apiculteur lui-même ne pouvait les contempler sans la plus vive compassion. Enfin, la nuit vint porter remède au mal ; elles finirent par accepter le fait accompli et, quoique le lendemain encore leur émoi ne fût pas apaisé, les travaux de la colonie commencèrent à s'organiser. Le troisième jour tout était en ordre, les Abeilles se comportèrent alors comme les habitants légitimes du nouveau domicile, et le prouvèrent en rejetant les membres de la Ruche primitive, dont le nombre augmentait toujours et qu'elles chassaient comme des intrus. La Reine emprisonnée peut, dans un cas de ce genre, être assez vite délivrée de sa prison protectrice, d'ordinaire au bout de vingt-quatre heures ; car la conscience de n'avoir pas droit au nouveau domicile, de s'être trompées d'une manière inexplicable, et de ne pouvoir retrouver leur logis, est si puissante dans l'âme des Abeilles qu'elle n'y laisse place à aucune intention malveillante à l'égard de la Reine. Elles se considèrent elles-mêmes comme des intruses, fort heureuses qu'on ne leur fasse point de procès pour invasion illicite, fait assez fréquent dans l'existence des Abeilles. »

Qui pourrait nier que, dans tous ces actes merveilleux, les Abeilles ne manifestent une conscience aussi parfaite du changement de leur situation que n'en montrerait l'Homme dans des circonstances analogues ? La même conscience d'un fait accidentel, unie à une sage prévoyance, se manifesta dans l'occasion suivante. Le vent renversa une Ruche couverte de chaume dans la propriété d'un Apiculteur parisien bien connu de tous et dont le nom sera cité plus d'une fois ; les habitants de la Ruche étaient en ce moment à leurs travaux, et le désordre produit par cet accident ne fut pas petit. Le propriétaire se hâta de relever la Ruche, de replacer les rayons disjoints, et de consolider ladite Ruche au même endroit, de manière à la garantir contre le vent ; il se flattait que l'incident n'aurait pas de suites. Mais quand il revint sur les lieux, au bout de quelques jours, il s'aperçut que les Abeilles ne se fiant évidemment plus au temps et redoutant une nouvelle catastrophe, avaient abandonné leur ancienne patrie, et s'étaient mises en quête d'un autre domicile.

DES RUCHES. — La nature nous commande

de placer les Abeilles dans des Ruches, si nous voulons augmenter dans une proportion considérable le produit de leurs travaux, et nous ne faisons par là qu'imiter l'instinct qui pousse les Abeilles à s'abriter à l'état sauvage dans les creux d'arbres ou les creux de rochers. Ce n'était point d'ailleurs dans des Ruches en paille ou en bois, mais bien dans des troncs minés par les siècles, où de nos jours encore l'Abeille sauvage réfugiée dans les bois fait son Nid, que nos ancêtres tenaient leurs Abeilles.

Les Ruches se divisent en deux types fondamentaux : celles à *rayons fixes*, celles à *rayons mobiles*, qui correspondent à deux écoles distinctes parmi les Apiculteurs, selon qu'ils adoptent l'un ou l'autre système, présentant tous deux des avantages et des inconvénients, suivant les conditions locales et les usages pratiques (1).

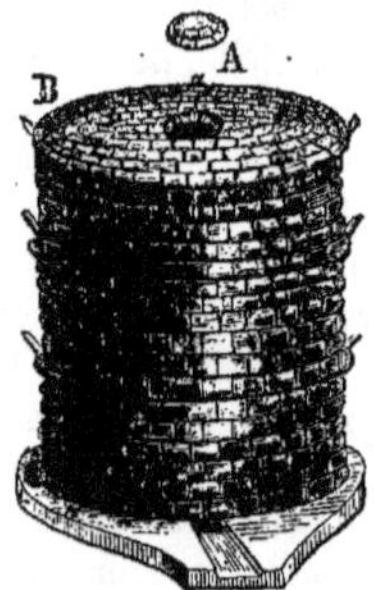

Fig. 789. — Ruche à trois hausses en paille.

Les *Ruches fixes* sont celles où les Abeilles suspendent d'elles-mêmes leurs gâteaux verticaux à une paroi supérieure immobile, les attachant comme il leur convient, de sorte qu'on ne peut séparer les rayons qu'en pratiquant une section intérieure. La Ruche est alors la fidèle image du creux d'arbre ou du trou de rocher envahi par un essaim vagabond.

Les Ruches fixes les plus communes sont des paniers en forme de cloche, plus ou moins globuleuse ou allongée, en paille ou en osier, viorne ou troëne (fig. 785 et 786).

On y a ajouté, pour une exploitation rationnelle, une calotte (fig. 787 et 788), ou bien une

(1) Nous avons fait pour cette partie de larges emprunts au livre de M. Maurice Girard. *Les Abeilles, organes et fonctions, éducation et produits, miel et cire*, Paris, 1878, 1 vol. in-18 jésus, de 280 pages avec 30 fig. et 1 pl. col. Nous adressons à l'auteur tous nos remerciements et nous avons la conviction que nos lecteurs, mis en goût par les pages que nous empruntons, auront le désir de connaître *in extenso* l'œuvre de ce savant consciencieux.

ou plusieurs hausses (fig. 789 et 790), communiquant par un petit trou avec le corps principal de la Ruche, où restent la mère et son couvain ; les Abeilles, dont l'instinct est de construire dans le haut de leur demeure, édifient de nouveaux gâteaux dans la calotte ou la hausse et les garnissent de miel, quand la partie supplémentaire est disposée à une époque favorable, après un remplissage suffisant du corps de Ruche.

Les partisans du *mobilisme*, au contraire, cherchent à guider le travail des Abeilles, en les obligeant à édifier leurs alvéoles sur des traverses ou dans des cadres mobiles, de telle sorte qu'on puisse enlever à volonté une partie de leur travail, sans déranger le reste de la Ruche.

Ces Apiculteurs sont les partisans d'une culture intensive des Abeilles, permettant d'obte-

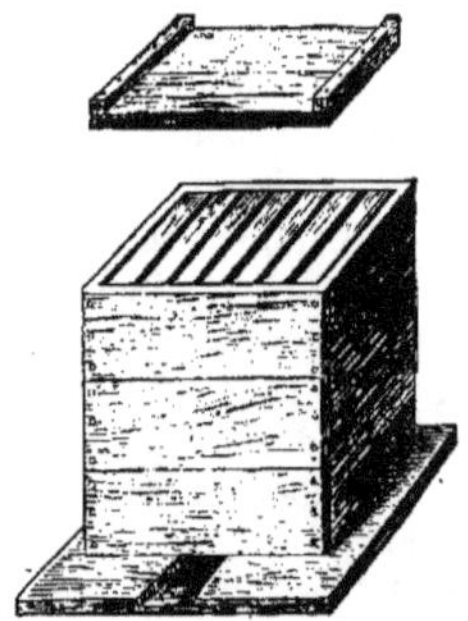

Fig. 790. — Ruche à trois hausses en bois.

nir des quantités plus considérables de miel, en sacrifiant la récolte de cire, dont la production exige de la part des Abeilles la consommation, et, par suite, la perte pour l'Apiculteur d'un poids plus considérable de miel. En outre l'élaboration digestive de ce miel absorbé, destiné à être transformé en cire, condamne les Abeilles à une immobilité prolongée, c'est-à-dire à une grande perte de temps et de travail. Si l'on récolte du miel au printemps, lors des premières floraisons, les Abeilles, privées de leurs rayons par les méthodes fixistes, sont obligées de les rebâtir pour loger leurs nouvelles provisions, et, malgré leur activité, il arrive que, lorsque les magasins sont prêts, la floraison est finie et la récolte manque. Si, au contraire, on met toujours des gâteaux de cire vide à la disposition des Insectes, ceux-ci emploient leur activité à butiner, sans perte de temps, en profitant de toutes les fleurs.

La mobilité des rayons, jointe à la solidité,

s'obtient au moyen de cadres en bois (fig. 791) qui les rendent maniables et leur procurent une durée indéfinie.

L'idée du cadre mobile paraît due aux Grecs.

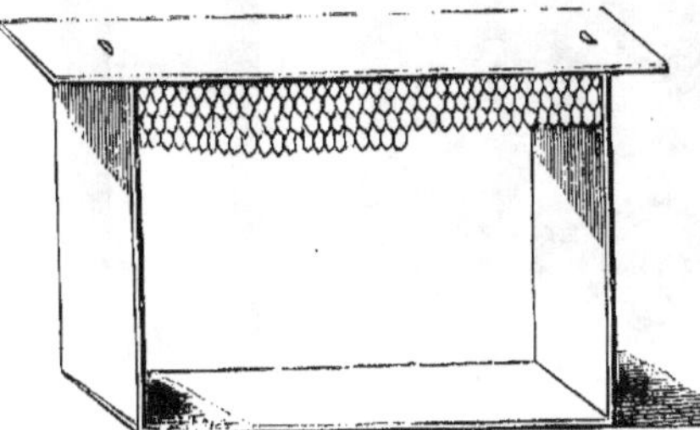

Fig. 791. — Cadre d'une Ruche à feuillets mobiles.

Dans l'île de Candie (l'ancienne Crète, berceau de Jupiter, que nourrirent les Abeilles du mont Ida), on se sert de Ruches en osier en forme de paniers. Leur partie supérieure porte des petites barres de bois séparées les unes des

Fig. 792. — Ruche Della Rocca à rayons mobiles.

autres et recouvertes en dehors, pour empêcher l'accès de l'air et de la lumière ainsi que l'entrée et la sortie des Abeilles. A chaque barre les Insectes attachent un rayon de cire isolé des autres.

L'abbé Della Rocca, vicaire général de Syra, une des îles de l'Archipel, où il résida longtemps, fit connaître (1) le perfectionnement qu'il avait

(1) Della Rocca, *Traité complet sur les Abeilles*, 1790, 3 vol.

fait subir à la Ruche grecque, afin de pouvoir changer de place tous les rayons. C'est une Ruche carrée (fig. 792), en planchettes de bois, de 70 centimètres de hauteur environ, partagée en deux étages égaux, ce qui constitue une Ruche à hausses et à rayons mobiles. En effet, le haut de chaque étage est formé de neuf petites traverses de bois, l'expérience ayant prouvé que les Abeilles construisent neuf gâteaux dans la capacité de 33 centimètres environ de côté. Les côtés de chaque étage peuvent être ouverts, afin d'observer avec facilité le travail des Insectes. En avant et au bas de la double Ruche se trouve l'entrée des Abeilles, fermée par une porte carrée de fer-blanc ou de tôle, assujettie par deux coulisses, percée d'orifices dont la dimension varie, pour le passage des ouvrières et des Faux-Bourdons (de sorte qu'on peut séquestrer les ouvrières ou les Faux-Bourdons ou tous deux à volonté), et de petits trous, encore plus étroits, destinés à la ventilation. La petite planche placée au-devant de cette porte sert de reposoir aux Insectes à leur retour des champs.

François Huber, au commencement de ce siècle, fit connaître une *Ruche dite à feuillets* (fig. 793), formée d'une série en nombre variable de châssis mobiles pouvant être enlevés ou ajoutés et à chacun desquels les Abeilles attachent un gâteau. Pour raison d'économie, on a remplacé les feuillets en bois par des bourrelets de paille tressés, serrés les uns contre les autres, constituant une Ruche par l'addition ou la soustraction d'arcades, qui permettent de varier à volonté la capacité intérieure offerte aux Insectes. Tantôt les feuillets sont constitués par deux cordons accolés (fig. 794), tantôt par un seul. Dans ces deux Ruches les extrémités sont fermées par un volet mobile en bois, ou par un tapis de paille. On peut y mettre une vitre, si l'on veut qu'elles servent à l'observation.

Le perfectionnement apporté à l'idée d'Huber, et qui est un retour à la Ruche grecque, a été de rendre intérieurs les cadres mobiles, en les renfermant dans des compartiments de configurations diverses.

Les Ruches à rayons mobiles jouissent d'une grande faveur aux États-Unis. Une des Ruches de ce genre, la plus en usage chez les Américains, est la *Ruche de Langstroth* (fig. 795), plus longue que haute, se composant tantôt d'une seule partie, tantôt de deux parties superposées, et disposée de manière à recevoir des boîtes-chapiteaux, qui préviennent l'essaimement na-

Fig. 793. — Ruche à feuillet de Huber.

Fig. 794. — Ruche en ogives ou à arcade.

turel et agrandissent le logement des Abeilles au moment de la miellée. Les cadres sont simples et s'enlèvent par le haut ; les boîtes-chapiteaux peuvent recevoir ou non des cadres (1).

La *Ruche à cadres mobiles intérieurs et à rails de Favarger* (fig. 796), comporte trois compartiments ou tiroirs porte-cadres, qu'on peut sortir ou rentrer à volonté, en les faisant glisser

tables ; c'est grâce à cet ingénieux artifice que les Apiculteurs habiles font exécuter à leurs Abeilles intelligentes pour les expositions, ces lettres ou arabesques remplies d'alvéoles avec lesquelles on compose les inscriptions les plus

Fig. 795. — Ruche Langstroth.

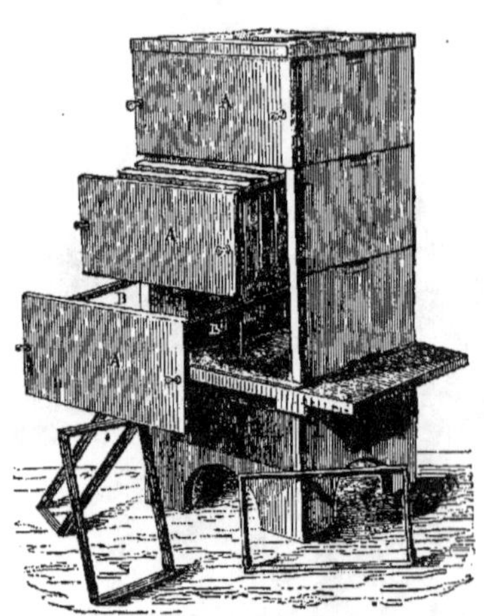

Fig. 796. — Ruche à cadres et à rails.

sur des bandes de fer minces, véritables rails fixés aux parois latérales. Suivant l'abondance de la production de miel, on enlève ou on ajoute des cadres dans celui des tiroirs où cela est nécessaire.

C'est surtout au moyen des Ruches à cadres mobiles qu'on prépare dans des boîtes élégantes, ces rayons de miel dorés, construits par les Insectes obéissants, qui seront servis sur les

fantaisistes au grand plaisir des curieux et au grand étonnement des badauds.

Ces Ruches sont excellentes pour l'observation des travaux des Abeilles, et une Ruche d'observation est nécessaire à joindre à tout Rucher bien organisé. Elle sert d'indicateur pour l'état intérieur des Ruches ordinaires, qui se dérobent aux investigations. En outre, la Ruche d'observation permet de se procurer du couvain d'Ouvrières et de femelles fécondes, quand il s'agit, pour sauver un peuple effaré, de donner une Reine à une Ruche qui a perdu la sienne, sans éléments pour la remplacer.

(1) Les figures de Ruches qui accompagnent ces descriptions (fig. 785 à 796) sont tirées du *Cours pratique d'apiculture*, de M. Hamet, 4e édit., excellent livre rempli de faits que nous recommandons à nos lecteurs.

Les Ruches à cadres mobiles permettent aisément de choisir les rayons à miel, de façon à supprimer tous ceux qui saliraient le miel extrait par du couvain et du pollen, et de supprimer, une fois les mères fécondées, les cellules à couvain de mâles, ceux-ci devenant dès lors des consommateurs inutiles; d'agrandir les Ruches à volonté quand la saison se présente favorable, et enfin de fournir des rayons vides en abondance aux Abeilles lorsque le nectar abonde.

L'avenir est aux Ruches à cadres mobiles, en raison de leurs avantages, mais lorsque, ainsi qu'aux États-Unis, elles seront fabriquées en grand et à très bon marché, et surtout quand on sera convaincu de l'immense utilité des Abeilles pour la fécondation des fleurs de certaines plantes agraires, et que les Ruches, disséminées en grand nombre à travers les champs, deviendront un accessoire obligé de la culture.

MIEL ET CIRE. — Les substances produites par les Abeilles à l'intérieur des Ruches sont le résultat modifié de celles qui ont été récoltées au dehors ; ce sont le miel et la cire.

Le *miel* a toujours été fort estimé des délicats ; les poètes ont chanté le miel du mont Hymette, et de la Germanie l'on expédiait à Rome, pour les Lucullus et les Vitellius, des rayons de miel d'une largeur et d'une longueur peu communes ; aussi les anciens, au langage imagé, lui octroyaient-ils les plus pompeuses épithètes : c'était un don du ciel (Virgile), la salive des astres (Pline), l'expectoration des étoiles (Thomas Moufet) ; les modernes, s'ils ne lui donnent d'aussi brillants qualificatifs, s'en rapportent à leur palais du soin de distinguer les crus les plus savoureux et les plus parfumés.

Tout le monde sait que ce produit d'un grand commerce est préparé uniquement par les Abeilles, et principalement les *Apis mellifica* et *ligustica*.

Plusieurs matières sucrées se rencontrent dans le miel. On y trouve toujours du glucose (sucre de raisin), cristallisant en petits grains blancs, compacts et agglomérés (granulations du miel), du mellose ou sucre de miel, en proportion analogue, liquide, incristallisable. Outre ces sucres de présence constante, le miel contient souvent une petite quantité de saccharose (sucre de canne), si abondant dans le nectar des fleurs, et qui disparaît peu à peu quand le miel vieillit. Ce sont surtout les miels frais de montagne qui renferment du saccha-

rose et aussi une proportion notable de mannite. Il n'est pas nécessaire de supposer que les Abeilles ont récolté cette substance sur les fleurs, car elle a pu se former dans leurs organes digestifs. Enfin, le miel présente habituellement un acide libre formé dans le corps de l'Insecte, et qui a dû probablement opérer la transformation du saccharose du nectar en mellose. On a pu, en outre, isoler du miel, une matière colorante jaune analogue à celle de la cire (Dumas), et il offre toujours des matières azotées provenant sans doute du pollen. Remarquons que le glucose et la mannite ne se rencontrent pas dans le nectar et sont, au contraire, propres au miel. Quand ce produit est vieux et altéré par un commencement de fermentation, on y constate la présence des acides lactique et acétique.

Nos ancêtres, les anciens Germains, appréciaient beaucoup les services de l'Abeille, pour les vertus de l'hydromel, qu'ils préparaient avec du miel fermenté et qui leur procurait une douce ivresse.

On a d'habitude admis l'identité du miel avec le nectar des fleurs, d'après ce fait que le miel conserve l'arôme des fleurs d'où il provient. Il n'y a cependant rien d'extraordinaire à la persistance de ces traces d'essence, qui peut coïncider avec la modification des principes fondamentaux.

Les Apiculteurs savent récolter du miel parfumé au Sainfoin, au Trèfle, au Réséda, à l'Acacia, etc., en plaçant à l'époque voulue une calotte ou une hausse à la Ruche fixe, et plus aisément au moyen de la Ruche à feuillets mobiles, en disposant de nouveaux cadres qu'on enlève quand les gâteaux sont remplis du miel désiré.

Le miel des environs de Reggio (royaume de Naples), celui de Valence et de Cuba, ont le parfum de la fleur de l'Oranger ; celui du mont Hymette doit le goût exquis qui lui a valu sa juste célébrité aux Labiées qui couvrent cette montagne ; celui de la Provence doit son arôme à la Lavande qui habille les pentes de ces montagnes. S'il est des plantes qui permettent aux Abeilles de récolter un miel des plus suaves, il en est d'autres, au contraire, qui lui communiquent des propriétés fâcheuses ; ainsi le Sarrasin et la Bruyère donnent au miel de Bretagne et de beaucoup de pays de l'Allemagne du Nord une coloration foncée et un goût médiocre.

Les Apiculteurs intelligents qui veulent récolter des miels de premier choix, savent très

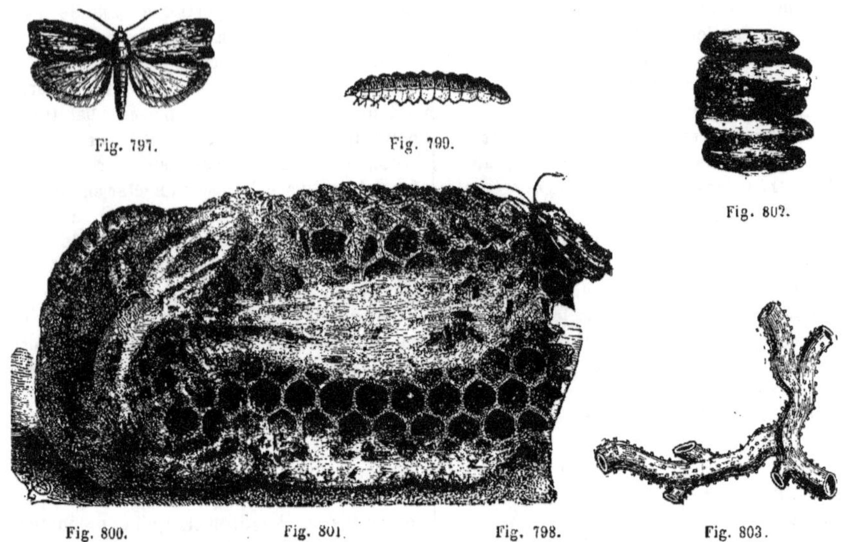

Fig. 797.

Fig. 799.

Fig. 802.

Fig. 800.

Fig. 801.

Fig. 798.

Fig. 803.

Fig. 797 et 798. — Le Papillon.
Fig. 799 et 800. — La Chenille.
Fig. 801. — Gâteau attaqué.

Fig. 802. — Cocons agglomérés.
Fig. 803. — Galerie construite par la Chenille et
isolée.

Fig. 797 à 803. — La Teigne de la Cire et ses dégâts.

bien qu'ils doivent enlever aux Abeilles leurs rayons aussitôt que la floraison des plantes odoriférantes est passée; ils les laissent alors butiner à leur fantaisie sur les fleurs les plus diverses pour qu'elles puissent accumuler force provisions d'hiver; peu importe alors si elles récoltent un miel grossier. Dans certains pays, lorsque les prairies naturelles et artificielles ont été fauchées, on transporte les Ruches dans le voisinage des forêts pour que les Abeilles puissent visiter les Bruyères jusqu'à l'arrière-saison. Dans le Gatinais notamment on charge les Ruchers entiers sur des charrettes et à plusieurs lieues à la ronde on part pour la forêt d'Orléans où l'on installe ses pensionnaires jusqu'à la mauvaise saison.

Cette influence des fleurs sur le miel peut aller jusqu'à leur transmettre des principes délétères.

Olivier de Serres avait reconnu l'influence des plantes sur la qualité du miel, quand il dit que les fleurs de l'Orme, du Genêt, de l'Euphorbe, de l'Arbousier et du Buis donnent de mauvais miel. Seringe rapporte le fait de deux pâtres suisses qui sont morts empoisonnés pour avoir mangé du miel recueilli par les Abeilles sur les *Aconitum lycothonum* et *napellus*. Labillardière pense que la ciguë du Levant (*Cocculus suberosus*, de Cand.) communique ses propriétés vénéneuses à certains miels de l'Asie Mineure, qui, bien que sucrés, sont souvent d'un usage dangereux.

En racontant la retraite des soldats grecs, à la solde de Cyrus le Jeune, qui revinrent en Grèce après la bataille de Cunaxa, près de Babylone, en traversant toutes les provinces de l'empire d'Artaxerxès, situées sur les bords de la mer Noire, Xénophon (1), leur chef et leur historien, raconte que dans la Colchide, après que les barbares eurent pris la fuite: « Les Grecs trouvèrent beaucoup de villages abandonnés et s'y cantonnèrent... Il y avait de nombreuses Ruches, et tous les soldats qui mangèrent des gâteaux de miel eurent le transport au cerveau, vomirent, furent purgés ; aucun d'eux ne pouvait se tenir sur ses jambes ; ceux qui en avaient seulement goûté avaient l'air de gens ivres, ceux qui en avaient mangé davantage ressemblaient les uns à des furieux, les autres à des mourants. On voyait des soldats étendus sur la

(1) Xénophon, *Anabase*, liv. IV, chap. VIII.

terre, comme après une défaite ; la même consternation régnait parmi eux. Personne néanmoins n'en mourut, et le transport cessa le lendemain, à peu près à la même heure où il avait pris la veille. Le troisième et le quatrième jour, ils se levèrent fatigués, ainsi que des malades qui ont usé d'un violent remède. »

Tournefort, en visitant ces mêmes contrées (1), a reconnu que les faits, rapportés par Xénophon et contestés par quelques auteurs, étaient identiques à ceux qui se présentent encore quelquefois en Mingrélie (l'ancienne Colchide) ; suivant lui, il faut attribuer ces accidents à l'habitude qu'ont les Abeilles de butiner le nectar des fleurs de l'*Azalea pontica*, et peut-être aussi du *Rhododendron ponticum*.

C'est probablement à une cause de ce genre qu'i faut rapporter la mort de ces deux médecins de Rome, empoisonnés, au dire de Galien (2), avec du miel dont on leur avait fait cadeau.

Les miels du commerce varient de qualité suivant leur mode de préparation ; le miel est d'autant moins bon qu'on aura employé, pour l'extraire, une chaleur plus forte et une compression plus énergique des gâteaux ; par le repos il se débarrasse en grande partie des débris de couvain et des parcelles de cire. Sa couleur est variable. Les Orientaux n'apprécient que le miel jaune, prétendant que le blanc n'a pas été assez élaboré par les Abeilles ; au contraire, en France, les miels les plus blancs sont plus estimés que ceux qui sont colorés, et les marchands usent de divers procédés pour leur donner cette blancheur qui leur manque souvent. Il y a cependant des miels colorés qui sont de première qualité, offrant au plus haut degré les caractères d'odeur suave et aromatique, de saveur parfumée et sucrée, de consistance grenue qu'on doit demander au miel. En France, toutefois, sauf le cas de falsification, la blancheur du miel est presque toujours le signe d'une bonne qualité. On doit préférer le miel qui est le plus nouvellement déposé dans les alvéoles, c'est-à-dire celui de printemps à celui d'automne ; celui des jeunes essaims est meilleur que celui des vieilles Ruches, les gâteaux étant moins souillés de matières étrangères. Nous supposons ici qu'il s'agit du miel des Ruches à gâteaux fixes, car avec les Ruches à cadres mobiles, on peut renouveler le miel des

mêmes gâteaux à volonté, et avoir du miel récent avec de vieux rayons.

D'après les provenances on distingue en France :

1° Le *miel de Narbonne*, très blanc, grenu, odoriférant, à saveur aromatique très prononcée, due à ce que les Abeilles le récoltent presque en totalité sur des plantes très odorantes, telles que Lavande, Romarin, Thym, etc. Un miel voisin de celui-ci, mais encore plus aromatisé, est celui de Provence, des environs de Grasse par exemple, où il est dit aux *mille-fleurs*, avec des aromes de fleurs d'Oranger, de Thym, d'Olivier, de Genêt, etc., suivant la saison, et un arrière-goût de Figue. Dans les années pluvieuses on s'en sert pour donner, par un léger mélange, un bouquet parfumé aux miels du Gâtinais ;

2° Le *miel du Gâtinais*, le plus employé à Paris, moins aromatique que le miel de Narbonne, quelquefois moins blanc ; c'est du miel de Sainfoin et de Trèfle. Les qualités inférieures sont d'un jaune plus ou moins citrin, se durcissent moins que le miel de Narbonne et entrent aisément en fermentation ;

3° Le *miel de Normandie* ou *miel d'Argences*, analogue aux bonnes qualités de Narbonne et du Gâtinais ; ce miel, presque exclusivement réservé pour la table, se vend en petits pots de grès dits *canettes ;*

4° Le *miel de Bretagne*, qui se récolte aussi dans d'autres contrées ; plus ou moins rouge, toujours de qualité commune, devant son goût et son odeur particuliers au Sarrasin (*Polygonum fagopyrum*), dont les Abeilles butinent le nectar. Il est recherché pour la fabrication de certains pains d'épice.

Pour conserver le miel, on doit le tenir dans des barils ou vases de terre qu'on place dans des lieux où la température reste toujours assez basse ; on évite ainsi la fermentation qui altère beaucoup la qualité du miel. Afin que le produit garde sa belle apparence, les marchands de miel prennent la précaution de le laisser dans les vases où il s'est solidifié, car, en le transvasant, on détruit l'arrangement pris par les molécules en se granulant et se concrétant, et il s'endommage plus vite.

Le miel est l'objet de fraudes nombreuses destinées à lui donner l'apparence de diverses qualités, notamment de la blancheur dont il manque souvent. C'est ainsi qu'on y mêle de l'amidon, de la craie, du blanc de Briançon. Le défaut de solubilité de ces substances perment de découvrir leur adjonction.

(1) Tournefort, *Voyage au Levant*, t. II.
(2) Galien, *Opera*, l. I, cap. II.

La *cire* des Abeilles dérive du miel absorbé par ces Insectes et transformé en matières grasses par des phénomènes de digestion et de sécrétion.

Après la découverte de la sécrétion sous-abdominale des plaques cirières, Huber entreprit de rechercher si la cire préexistait dans leurs aliments et ne faisait que traverser leurs corps pour s'accumuler dans des poches spéciales, ou bien si elle était créée par ces Insectes aux dépens des matières sucrées qu'ils rencontrent dans le nectar des fleurs. Des Ruches furent renfermées captives dans une chambre, et les Abeilles nourries exclusivement au miel sans pouvoir récolter au dehors du pollen ; l'expérience ayant une durée assez prolongée pour que toute provision préexistante de pollen eût le temps de s'épuiser, jusqu'à cinq reprises on obtint des gâteaux de cire très fragiles et d'un blanc parfait ; au contraire, les Abeilles nourries exclusivement au pollen ne présentèrent plus de cire sous leurs anneaux. Les mêmes produits, c'est-à-dire des rayons de cire très blanche, furent construits par les Insectes exclusivement nourris au sucre.

Les expériences furent reprises, d'une manière plus scientifique, par MM. Dumas et Milne Edwards. Les Abeilles séquestrées et nourries d'abord à la cassonade seule ne donnèrent qu'une quantité de cire trop faible pour qu'on pût tirer une conclusion, mais il n'en fut plus de même par une alimentation au miel pur. La matière grasse due au miel ou se trouvant déjà dans le corps des Abeilles étant, en moyenne, de $0^{gr},0022$ par ouvrière, la quantité de cire produite dans le cours de l'expérience fut de $0^{gr},0064$, et il resterait encore dans l'intérieur du corps, tant en cire qu'en graisse ordinaire, $0^{gr},0042$, enfin la balance attestait qu'il n'y avait pas eu d'amaigrissement. Il faut donc conclure que la production de la cire constitue une véritable sécrétion animale, et s'opère sous l'influence d'une alimentation formée exclusivement de miel pur.

La cire des *Apis mellifica* et *ligustica* se ramollit à partir de 35°, et fond entre 63° et 64° centigrades ; sa densité est à peu près celle de l'eau, 0,966. Elle est insoluble dans l'eau, très soluble dans les graisses et les huiles ; par la distillation sèche se produisent plusieurs acides (acétique, palmitique, etc.), un grand nombre de carbures d'hydrogène, de l'éthylène et de l'acide carbonique. Par une lessive concentrée et bouillante de potasse, la cire bien pure se transforme en savons solubles, et dans la saponification par l'oxyde de plomb, on voit qu'il ne se forme pas de glycérine. Sous des influences oxydantes, ainsi en la chauffant avec de la chaux potassée, il se produit un savon d'où on retire de l'acide stéarique, et celui-ci, par une oxydation ultérieure, se convertit en acide margarique. Il n'y a donc, entre les principes de la cire et ceux des corps gras ordinaires, que la différence d'une oxydation plus ou moins avancée.

Purifiée par l'eau bouillante et par l'alcool froid, on trouve dans la cire deux principes immédiats en proportions variables, d'une solubilité différente dans l'alcool chaud. L'un est la *cérine* ou *acide cérotique*, fondant à 70°, soluble dans environ 16 parties d'alcool bouillant, et cristallisant en petites aiguilles, après refroidissement dans l'alcool ; l'autre, presque insoluble dans l'alcool et même l'éther bouillants, est la *myricine*, ou mieux *palmitate de myricyle*, éther composé. Il y a en outre, dans la cire, une petite quantité d'une autre substance, la *céroléine*, très molle, fondant à 28°,5, très soluble dans l'alcool et l'éther froids.

On est encore mal éclairé sur la matière colorante jaune de la cire qui augmente peu à peu avec le temps et la présence prolongée des Abeilles, car la cire à l'origine est blanche, puis d'un jaune pâle. Cette couleur paraît due à des émanations du corps des Abeilles et doit par conséquent se relier à leur nourriture, dépendre de la nature des sols, de la coloration des pollens, d'une façon analogue à ce qui arrive pour les miels.

Le prix élevé de la cire, que rien ne peut remplacer pour certains vernis et qui est la matière obligée des cierges liturgiques, explique les nombreuses falsifications qu'elle subit dans le commerce, en outre de ses imitations plus ou moins réussies par des mélanges de résines et de corps gras.

Les matières inertes jointes à la cire, sciure de bois, plâtre, kaolin, terre d'os, farine de pois, fécule, sont insolubles dans les huiles et la benzine qui dissolvent la cire.

Quand on ne veut extraire et façonner en pains que la cire d'un petit nombre de Ruches, ce qui est le cas habituel des éducations domestiques, on met les rayons privés de miel dans un sac en toile claire bien ferme et maintenu au moyen de quelques cailloux lavés avec soin au fond d'un vase de cuivre rempli d'eau (un vase de fer altère la couleur de la cire). On chauffe à petit feu jusqu'à légère ébullition, et la cire, en fondant, se réunit à la surface. En versant la partie supérieure du liquide, et par conséquent la cire fondue dans un vase d'eau tiède, elle se figera à sa surface. On peut la chauffer doucement dans une seconde eau, si, elle renferme encore quelques débris de pollen, et on la laisse refroidir dans un moule, en pain ou en briquette. On enlève au couteau les résidus qui sont au-dessous du morceau de cire, et on les joint à une autre fonte, afin de profiter des parcelles de cire qu'ils peuvent encore contenir.

MALADIES DES ABEILLES. — Outre les accidents continuels qui résultent de leur vol pour la récolte à grande distance des Ruches, les Abeilles sont exposées à des maladies épidémiques ou contagieuses et aux attaques de divers ennemis extérieurs.

Une des affections graves qui atteignent ces Insectes et qui se lie à la question de l'hivernage, c'est la *dysenterie*.

On observe d'abord, dans les hivers prolongés, qu'une colonie faible est plus fortement attaquée par cette affection intestinale qu'une colonie forte ; il paraît probable que cela se rattache à la nécessité d'une alimentation excessive pour que le petit peloton d'Abeilles puisse maintenir une température de 20 degrés centigrades environ dans les masses, ce que pourra réaliser plus facilement, et sans une consommation exagérée de miel, une forte population.

Une cause plus puissante de dysenterie, c'est le renouvellement imparfait de l'air dans les Ruches, surtout par les temps humides.

Un troisième élément intervient encore dans la question de la dysenterie, qui est en définitive la même que celle d'un hivernage prolongé, c'est la qualité ou valeur nutritive du miel, composé principalement de glucose cristallisable et de mellose incristallisable ; or, le premier sucre est bien plus aisément assimilé par l'Abeille que le second.

Lorsqu'une Ruche renferme une forte population approvisionnée de bon miel ou, à défaut, alimentée de sirop de sucre, et que l'air, par un agencement convenable des ouvertures, se renouvelle de lui-même pendant l'hiver, cette colonie peut traverser la mauvaise saison sans craindre ni la dysenterie, ni la moisissure des rayons, ne perdre que peu d'Abeilles et acquérir de très-bonne heure au printemps, si elle possède une mère jeune et bonne pondeuse, une

grande quantité d'Ouvrières, point capital en Apiculture.

Une autre maladie, plus redoutable et sans remède curatif encore connu, est la pourriture du couvain, désignée par les Apiculteurs sous le nom de *loque*. Par sa grande contagion, par l'aspect des Larves mortes, par ses causes de production, elle offre de grandes analogies avec la flacherie des Vers à soie, toujours liée à une mauvaise assimilation nutritive, à la présence dans le tube digestif d'un ferment en grains de chapelet.

Comme indice extérieur de la loque, on doit citer l'extrême irritabilité des Abeilles et leur tendance à piquer ; elles sont désespérées de la perte du couvain, et la mère entraîne souvent la population hors de la Ruche, qui ne tarde pas à être pillée par les autres Abeilles du Rucher. En outre, une odeur cadavéreuse s'exhale de la Ruche où l'on voit pénétrer, attirées par les émanations putrides, diverses espèces de Mouche à viande. Enfin le travail se ralentit par l'abattement des Ouvrières, et l'on voit des débris d'opercules sur le plateau, couvrant une surface dont l'étendue correspond à celle des points loqueux qui sont dans le haut de la Ruche.

Quels sont les remèdes contre la loque ? M. Saunier ne connaît que le fer et le feu, appliqués au début à tous les points attaqués et avant que le pillage ne soit survenu. D'après M. Hamet, quand le mal n'est pas trop invétéré, il faut chasser les Abeilles dans des Ruches vides, brûler sous la Ruche une forte mèche soufrée, enlever le couvain pourri et même le couvain sain qui peut rester à côté, puis réintégrer les Abeilles ; si le mal est plus grave, enfouir les Ruches malades et faire passer les Abeilles dans des bâtisses assainies à l'acide sulfureux et leur donner du miel liquide, d'une Ruche saine, dans lequel on mettra une pincée de fleur de soufre. Enfin, un véritable remède curatif a été indiqué et expérimenté, en décembre 1875, par un Apiculteur polonais, M. Hilbert. Partant de ce fait que la loque serait une affection cryptogamique due à la dissémination sur le couvain et dans le miel des sporules d'un *Microccocus*, il emploie contre elle l'alcool salicylique. On injecte dans la Ruche loqueuse, sur le couvain et sur les Abeilles, au moyen d'un pulvérisateur à liquide, une solution formée d'une goutte d'alcool salicylique par gramme d'eau distillée et bouillie, maintenue au moins à 15 degrés, pour ne pas laisser cristalliser par refroidissement l'acide salicylique. Ces proportions sont de rigueur ; plus faibles, le remède ne serait plus assez antiseptique ; plus fortes, on pourrait tuer le couvain non operculé. On devra renouveler le traitement plusieurs fois.

Ennemis des Abeilles. — Les Abeilles ont des ennemis redoutables; les uns s'attaquent à leurs provisions, les autres s'attaquent à elles personnellement.

Deux Lépidoptères, les *Galleria mellonella* Linn. ou *cerella* Fabr. ; et *grisella* Fabr. ou *alvearia* Dup. sont extrêmement dangereux, le premier surtout. Le premier (fig. 797 et 798) plus répandu dans la zone parisienne, moins abondant dans les régions plus méridionales, est le plus redoutable, car à cause de sa grande taille, il cause des désordres plus importants ; c'est lui que les Apiculteurs des environs de Paris nomment le *Papillon*. On désigne vulgairement ces deux Phalènes, d'après Réaumur, sous le nom de *fausses Teignes de la cire*, grande et petite. Elles ne dépassent pas une altitude de 1200 mètres.

Ces Papillons pondent, paraît-il, sur les fleurs, de sorte que les Abeilles transportent leurs Œufs entre les poils ou intercalés dans le pollen emmaganisé dans les cellules. En outre, les Papillons s'introduisent à l'intérieur des Ruches, et grâce à l'enveloppe écailleuse de leur corps, de même qu'à leur démarche vive, rapide et sautillante, parviennent à échapper à l'aiguillon meurtrier et à déposer leurs Œufs sur les rayons avec une grande célérité. Quand vient la chaleur, de petites Chenilles semblables à de petits Vers éclosent sans tarder. Aussitôt nées, les Chenilles à seize pattes (fig. 799 et 800), très agiles et se tordant comme de petits Serpents, s'enfoncent dans les cellules dont elles dévorent la cire. Elles creusent de longs tuyaux irréguliers formés de soie et de grains de cire, et aussi de leurs excréments granulés (fig. 803). On s'aperçoit de leur existence aux déjections noires, pareilles à des grains de poudre, qu'on trouve sur le tablier, mêlées à de nombreuses parcelles de cire, et aussi à l'odeur qu'elles exhalent. Ces Chenilles ne touchent pas au miel, mais creusent et minent les rayons si profondément, qu'ils finissent par les désagréger (fig. 801); perdant alors toute solidité et toute consistance, ces rayons se détachent de la paroi supérieure et s'affaissent sur eux-mêmes, pêle-mêle avec le miel, le pollen, le couvain et les Abeilles; ainsi maltraitée la Ruche est bien près d'une destruction totale.

Les grands ravages de ces Lépidoptères ont lieu dans les Ruches faibles, à Reine décrépite, pondant peu ; dans les Ruches populeuses, les Ouvrières tuent les Chenilles à mesure qu'elles apparaissent, et si l'on jette un fort essaim dans une bâtisse dont les rayons sont envahis par les Galléries, on voit souvent les Abeilles actives et vigoureuses ne pas tarder à les expulser. Le meilleur remède est donc de couper les rayons envahis et de fortifier la population par une réunion. Quand le mal est trop grand, il faut enfumer la Ruche, et transvaser les Insectes qui restent dans une autre enceinte, de manière à constituer une forte colonie. On peut aussi faire, le soir, la chasse aux Papillons et les écraser, ou bien disposer des lumières au milieu d'assiettes pleines d'eau recouverte d'huile, de sorte que les Papillons qui se brûlent les ailes et tombent soient asphyxiés par l'huile qui bouche leurs stigmates; mais ces moyens sont peu efficaces ; il ne faut pas non plus compter sur le concours des Chauves Souris, qui, s'il est utile, est trop aléatoire.

Il faut encore compter parmi les ennemis des Abeilles le Papillon tête de mort (*Acherontia atropos*), énorme Sphingide (fig. 809, p. 569) qui entre dans les Ruches pour se gorger de miel.

Voici ce que Huber (1) rapporte des dégâts causés par ce Sphinx :

« Vers la fin de l'été, lorsque les Abeilles ont emmagasiné une partie de leur récolte, on entend quelquefois auprès de leur habitation un bruit étonnant; une multitude d'Ouvrières sortent pendant la nuit et s'échappent dans les airs; le tumulte dure souvent plusieurs heures, et le lendemain, lorsqu'on observe l'effet de cette grande agitation, on voit beaucoup d'Abeilles mortes au devant de la Ruche : le plus souvent celle-ci ne renferme plus de miel, et quelquefois elle est entièrement déserte.

« Vers 1804, mes voisins cultivateurs, pour la plupart, vinrent me consulter sur un événement de cette nature; mais je n'avais encore rien à leur répondre : malgré ma longue pratique de ce qui concerne les Abeilles, je n'avais jamais rien aperçu de semblable.

« Je me transportai sur le lieu de la scène, le phénomène se présenta encore, et je trouvai qu'on me l'avait dépeint très exactement; mais les paysans l'attribuaient à l'introduction des Chauves-souris dans les Ruches, et j'avais de

(1) Huber, *Nouvelles observations sur les Abeilles*, t. II, p. 291 et suiv.

la peine à me rendre à cette supposition. Ces mammifères volants se contentent de saisir au vol des Insectes nocturnes ; il n'en manque pas dans l'été. Les Chauves-Souris ne se nourrissent point de miel : pourquoi iraient-elles donc attaquer les Abeilles renfermées dans la Ruche et piller leurs magasins ?

« Si ce n'étaient pas les Chauves-Souris qui attaquaient les Abeilles, ce pouvait être quelqu'autre animal. Je mis donc mes gens en embuscade, et bientôt ils m'apportèrent non des Chauves-Souris, mais des *Sphinx atropos*, grands Papillons de nuit plus connus sous le nom de Tête de mort. Ces Sphinx voltigeaient en grand nombre autour des Ruches ; on en saisit un au moment où il allait entrer dans une des moins peuplées ; son intention était évidemment de pénétrer dans la demeure des Abeilles et de vivre à leurs dépens. De toutes parts on m'apprenait que de semblables dégâts avaient été commis par les prétendues Chauves-Souris. Les Cultivateurs qui s'attendaient à une récolte abondante trouvaient leurs Ruches aussi légères qu'elles le sont au premier jour du printemps ; elles étaient réduites au poids de la cire, quoiqu'on eut observé peu de temps auparavant qu'elles fussent très bien approvisionnées ; on surprit enfin dans plusieurs Ruches le gigantesque Sphinx qui avait causé la désertion des Abeilles.

« Il fallait ces preuves multipliées pour me persuader qu'un Lépidoptère, Insecte dépourvu d'aiguillon, sans cuirasse et privé de tout autre moyen de défense, pût lutter victorieusement contre des millions d'Abeilles ; mais ces Papillons étaient si communs cette année-là, qu'il était facile de se convaincre de la réalité du fait.

« Comme les entreprises des Sphinx devenaient de jour en jour plus funestes aux Abeilles, on imagina de rétrécir les portes de leur Ruche, afin que l'ennemi ne pût pas s'y introduire. On fit avec du fer-blanc une espèce de grillage, dont les ouvertures ne laissaient de place que pour le passage des Abeilles, et on l'établit à l'entrée de l'habitation : ce procédé eut un succès complet ; le calme se rétablit et les dégâts cessèrent.

« Les mêmes précautions n'avaient pas été prises en tous lieux ; mais nous nous aperçûmes que les Abeilles, livrées à elles-mêmes, avaient pourvu à leur propre sûreté : elles s'étaient barricadées sans le secours de personne, au moyen d'un mélange de cire et de propolis dont elles avaient fabriqué un mur épais à l'entrée de leur ruche ; ce mur s'élevait immédiatement derrière la porte, et quelquefois dans la porte même ; il l'obstruait entièrement ; mais il était percé lui-même de quelques ouvertures suffisantes pour le passage d'une ou deux Ouvrières.

« Ici l'Homme et l'Abeille s'étaient parfaitement rencontrés. Les Abeilles ne construisent point ces portes casematées sans une nécessité urgente ; ce n'est donc pas un de ces traits de prudence générale qui semblent préparés de loin pour obvier à des inconvénients que l'Insecte ne peut ni connaître, ni prévoir, c'est lorsque le danger est là, lorsqu'il est pressant, immédiat, que l'Abeille, forcée de chercher un préservatif assuré, use de cette dernière ressource : il est curieux de voir cet Insecte si bien armé, secondé par l'avantage du nombre, sentir son impuissance et se prémunir par une combinaison admirable contre l'insuffisance de ses armes et de son courage. Ainsi l'art de la guerre chez les Abeilles ne se borne pas à savoir attaquer leurs ennemis, elles savent établir des remparts pour se mettre à l'abri de leurs entreprises : du rôle de simples soldats elles passsent à celui d'ingénieurs.....

« Les portes pratiquées en 1804 furent détruites au printemps de 1805 ; les Sphinx ne parurent point cette année-là, on n'en vit pas même la suivante ; mais dans l'automne de 1807, ils se montrèrent en grand nombre. Aussitôt les Abeilles se barricadèrent, et prévinrent ainsi le désastre dont elles étaient menacées. An mois de mai 1808, avant la sortie des essaims, elles démolirent ces fortifications, dont les portes étroites ne laissaient pas un assez libre passage à leur multitude.

« Les Sphinx se nourrissent uniquement du nectar des fleurs ; ils possèdent une trompe allongée, mince, flexible, roulée en spirale ; ils cherchent leur nourriture dès que le soleil est couché ; mais l'Atropos se réveille plus tard, il ne voltige auprès des Ruches que lorsque la nuit est plus avancée ; il est armé d'une trompe très courte, très grosse et douée d'une grande force..... En disséquant un grand individu pris en plein air, nous trouvâmes son abdomen entièrement rempli de miel ; la cavité antérieure (jabot) qui occupe les trois quarts du ventre était pleine comme un baril, elle pouvait en contenir une grande cuiller à soupe ; ce miel, d'une pureté parfaite, avait la même consistance et le même goût que celui des Abeilles. »

Le *Triongulin* n'est autre que la Larve primitive de diverses espèces du genre *Meloe* (voy. p. 257 et suiv.). Grimpant dans les fleurs nectarifères après l'éclosion des Œufs, cette Larve, munie de fortes mandibules et de griffes acérées à ses six pattes, peut s'accrocher aux poils des Abeilles qui butinent, comme aux autres Apides et même s'attacher à des Diptères. Sa présence, au témoignage d'Asmuss, gêne beaucoup les Abeilles, qui font de violents efforts pour s'en débarrasser, et peuvent s'épuiser dans de véritables convulsions au point d'en mourir (voy. p. 260).

D'après M. Ed. Assmuss, l'espèce de *Meloe* de beaucoup la plus nuisible est le Méloé bigarré (*Meloe variegatus*), superbe espèce d'un riche bronzé cuivreux (fig. 379 et 806). Dans certaines années en Allemagne et en Russie ses premières Larves ou Triongulins (fig. 804) se montrent en quantités incroyables, surtout sur les fleurs de Sainfoin ou Esparcette, de Pissenlit et de Bugle. Elles assaillent avec une sorte de promptitude furieuse les Apides qui récoltent le nectar et le pollen de ces fleurs, et en particulier et surtout l'Abeille domestique. Les Abeilles ne pouvant s'en débarrasser les portent dans les Ruches, où ils ne paraissent pas pouvoir achever leur développement et accomplir leurs curieuses Métamorphoses, car ne se trouvant plus dans la demeure favorable que leur offrent les Abeilles solitaires (Anthophores, Osmies, Colletes, etc.), ils abandonnent leur monture et se mettent à errer çà et là. On ramasse leurs premières Larves en grande quantité sur le plateau de la Ruche et sur les Abeilles mortes ou mourantes ; on les retrouve disséminées dans les détritus, cachées dans les fissures de la Ruche ou accrochées aux parois, tantôt vivantes et très mobiles, tantôt mortes et desséchées. Elles finissent ou par sortir de la Ruche par la porte et surtout par les fissures ou par mourir de faim, les Abeilles ne les laissant pas pénétrer dans les cellules à couvain. Elles ne se contentent pas de se suspendre aux poils des Abeilles, comme les autres Larves primitives hexapodes des *Meloe* et *Sitaris*, mais s'insinuent, à l'aide de leurs mandibules aiguës et de leurs griffes, entre les lamelles des arceaux ventraux imbriqués et aux articulations de la tête, du prothorax et du mésothorax, pénétrant souvent si profondément qu'on a peine à les apercevoir. On comprend qu'elles irritent alors fortement les délicates lamelles sécrétant la cire et les articulations molles et flexibles, au point d'amener la mort des Abeilles. On trouve, dans les années où ce Méloé bigarré est le plus commun, une foule d'Abeilles gisant mortes à quelques pas autour des Ruches, ou expirant au milieu des plus effroyables convulsions, et beaucoup ont dû mourir en revenant au gîte.

Les Abeilles ouvrières ne sont pas seules tourmentées par ces Triongulins; elles peuvent passer dans la Ruche sur le corps de la Reine et causer aussi sa mort en pénétrant dans ses articulations. Ainsi Kopf perdit par cette cause, en juin 1857, neuf Reines sur ses vingt-trois Ruches et environ moitié des Ouvrières ; il estime que ces Triongulins du *Meloe variegatus* causèrent une perte de cent soixante-douze mille cinq cents Ouvrières, en évaluant seulement à quinze cents Ouvrières la population d'une Ruche à cette époque de l'année.

En 1876, M. Barboa trouvé également en très grand nombre les Larves de ce Méloé bigarré, sous la forme de Triongulins, sur les Abeilles d'un Rucher établi dans les environs de Cremone.

M. Ed. Assmuss a remarqué que les Abeilles qui revenaient chargées de nectar mouraient en plus grand nombre que celles qui rapportaient du pollen. Les jeunes Larves de *Meloe variegatus* se trouvaient surtout dans les fleurs de Bugle, où les nectaires placés à une grande profondeur rendent la récolte peu aisée et lente ; les Abeilles à pollen rapportaient les Larves de plantes très variées, notamment des fleurs de Fraisier. Il suppose que ce sont ces Larves qui sont la cause la plus ordinaire de l'affection appelée *rage des Abeilles* ou *maladie de mai*, car les symptômes sont tout à fait pareils à ceux que manifestent les Hyménoptères assaillis par ces Insectes.

Pour protéger les Abeilles contre les attaques des Triongulins du *Meloe variegatus*, le mieux est de tuer les adultes, qui sont si visibles, car la mort d'une femelle amène la destruction de cinq mille Larves, ce nombre étant à peu près celui des Œufs contenus dans les ovaires. En outre il faut recueillir devant les Ruches les Abeilles mourantes qui rapportent les Larves de ce Cantharidide, ainsi que celles gisant sur les plateaux et les détritus de ceux-ci, et jeter le tout dans l'eau bouillante ou dans le feu, afin que les Larves soient détruites, et ne puissent faire d'autres victimes en sortant des Ruches.

Une autre espèce de Méloé qui intéresse l'Apiculteur est le *Meloe proscarabæus*, Linn. (fig. 376, 377, 807 et 808).

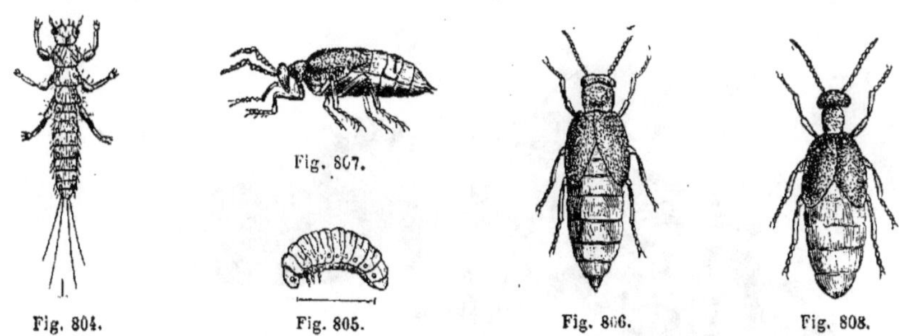

Fig. 807.

Fig. 804.   Fig. 805.   Fig. 806.   Fig. 808.

Fig. 804. — Triongulin ou Larve du Méloé varié sortant
de l'Œuf ou première Larve très grossie.
Fig. 805. — Larve après la première mue ou seconde
Larve.

Fig. 806. — Le Méloé bigarré, femelle.
Fig. 807. — Le Méloé proscarabée, mâle.
Fig. 808. — Le Méloé proscarabée, femelle.

Fig. 804 à 808. — Les Méloés ennemis des Abeilles.

La première Larve de cette espèce est un peu plus petite que celle du *M. variegatus*. On la trouve grimpée sur les fleurs les plus variées, notamment celles de Colza et de Navette. Elle guette les Abeilles pour s'accrocher à leur corps, mais elle ne s'insère pas dans les articulations, comme celle du *Meloe variegatus*, se tenant seulement aux poils des parties supérieures et inférieure du thorax. Les Triongulins de Cantharidide rendus à la Ruche peuvent se transporter, si les Abeilles ne les en empêchent pas, dans les cellules ; ils y mangent un Œuf, muent et passent probablement à travers plusieurs cellules remplies de pollen qu'ils consomment, car la provision d'une seule cellule ne doit pas pouvoir suffire à leur entier développement. M. Assmuss a trouvé une fois, dans une Ruche à couvain pourri abandonnée par les Abeilles, en coupant les rayons de cire, deux Larves de Méloé appartenant à la seconde forme, à pattes courtes, qui tombèrent des cellules. Il ne put réussir à élever ces Larves qui moururent bientôt, quoiqu'il leur eût fourni des cellules à pollen. Elles avaient beaucoup de peine à grimper sur les rayons verticaux; si elles avaient pu atteindre la seconde phase de leur évolution, c'est que la Ruche était malade, et qu'elles n'avaient pas été pourchassées par le peu d'Abeilles qui restaient. Il est très probable que ces secondes Larves appartenaient au Méloé proscarabée, car les Abeilles de l'endroit où fut faite cette observation, en Russie près de Podolsk, offrirent à la fin de mai des Larves primitives de ce Méloé, et que jamais l'observateur ne trouva dans le pays d'autres espèces de Méloés.

M. Assmuss n'attribue pas exclusivement la rage des Abeilles aux premières Larves de Méloés ; il pense que cette affection peut aussi être la conséquence de l'introduction dans leurs corps de deux Helminthes entozoaires qu'il y a observés, les *Gordius subbifurcus*, Siebold, et *Mermis albicans*, Siebold. Il consacre une partie de son Mémoire à de nombreuses observations sur la pourriture du couvain, qui est la plus terrible des épidémies qu'aient à supporter les Abeilles. Il en attribue la cause à l'influence d'un Diptère, la Mouche bossue ou *Phora incrassata*, Meigen. C'est là une opinion fort peu admise par les Apiculteurs, qui attribuent la terrible loque à des causes générales et non à l'influence particulière d'un Insecte. Les *Phora*, en effet, sont des Mouches dont les Larves vivent dans les matières corrompues de toute nature, sur lesquelles les femelles adultes viennent pondre leurs Œufs. Le couvain atteint de pourriture doit donc attirer les Phores ; mais leur attribuer la cause de la loque, c'est employer ce raisonnement faux défini par les logiciens : *post hoc, ergo propter hoc.*

Beaucoup de traités d'Apiculture rangent parmi les ennemis des Abeilles un Coléoptère de la famille des Clérides, nommé le *Clairon des Abeilles* (fig. 812, p. 571). C'est le *Clerus* ou *Trichodes apiarius*, Linn. (voy. p. 241). Comme l'a reconnu M. Hamet, sa Larve, ou *Ver rouge* des Apiculteurs, ne touche pas aux produits des Ruches saines, ni aux Larves vivantes. Elle se glisse entre les parois et les gâteaux, et dans les rayons gâtés par l'humidité, ainsi qu'au milieu des cadavres d'Abeilles amoncelés et en putréfaction.

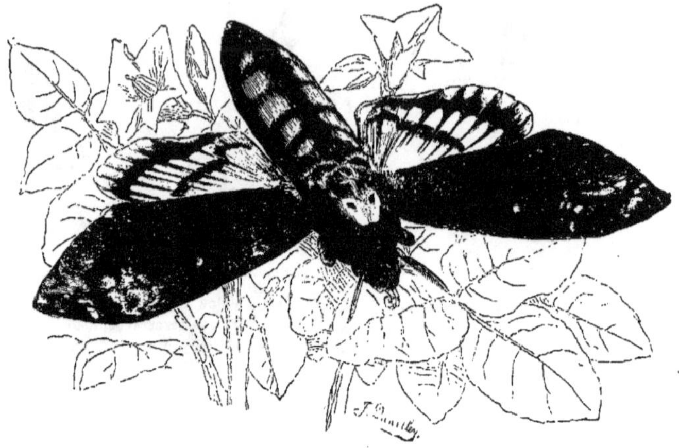

Fig. 809. — Le Sphinx tête de mort.

Elle vit de miel altéré et non de miel sain, et de diverses matières animales en décomposition, en particulier de débris d'Abeilles et de Larves, peut-être de leurs excréments.

On compte encore un Coléoptère parmi les Insectes très nuisibles aux Abeilles, c'est la Cétoine du Chardon (*Cetonia cardui* Schh. ou *opaca* Fab.) qui, d'après les observations du Dʳ Piccioni (1844), de Perris (1850), de M. Feuillebois (1879), s'introduit dans les Ruches pour se gorger de miel; elle peut s'y trouver en si nombreuse compagnie que, pillant à outrance, elle condamne les Abeilles à mourir de faim.

On peut citer comme nuisant aux Abeilles, les Guêpes, les Frelons et certains Diptères carnassiers du genre Asile, le Philanthe apivore, Hyménoptère fouisseur (fig. 814), à corps svelte et robuste à la fois, dont la femelle emporte, pour nourrir ses Larves au Nid qu'elle a creusé en terre, l'Ouvrière anesthésiée par son venin, retournée ventre contre ventre, et jamais le Faux-Bourdon.

Ajoutons encore aux ennemis des Abeilles, mais sans importance, les grands Libellulides, plusieurs espèces de Fourmis et les grosses Araignées, surtout les Epeires. Quelquefois, en hiver, des Limaces et des Colimaçons entrent dans les Ruches; les Abeilles, quand elles redeviennent actives, au printemps, les enduisent de propolis, comme elles le font pour les cadavres des Sphinx à tête de mort et des Mulots.

Parmi les Vertébrés, les Lézards, la Salamandre terrestre, les Crapauds, les Couleuvres happent les Abeilles à la sortie des Ruches, quand celles-ci sont trop basses. Plusieurs Oiseaux leur font la chasse au printemps pour nourrir leurs couvées.

Les plus grands mangeurs d'Abeilles appartiennent aux régions chaudes : ce sont les Guêpiers, dont la conformation rappelle le Martin-pêcheur. Il n'en vient qu'une espèce en Europe, le Guêpier commun (*Merops apiaster*), très abondant dans les îles de l'Archipel, par exemple à Candie, où Belon l'a vu prendre au vol avec des hameçons amorcés d'une Cigale.

Il se rencontre en Chine, dans les montagnes du Cachemire; en Perse, en Afrique, et vient nicher dans le midi de l'Europe, en Turquie, en Grèce, en Italie, en Espagne et dans le midi de la France, où les paysans le nomment *Abeillerole*. Il se montre par bandes et même niche dans l'Europe centrale; ainsi Buffon l'a rencontré en Bourgogne et on l'a vu aussi dans l'Allemagne du Nord, en Danemark, en Suède et même en Finlande. Les Guêpiers sont peu craintifs et ne sont même pas mis en fuite par les coups de feu; les Apiculteurs les pourchassent sans ménagement. On voit ces Oiseaux perchés sur les arbres fruitiers en fleurs, fréquentés par les Abeilles, les mères Guêpes qui viennent d'hiverner, et autres Hyménoptères s'élancer souvent du haut d'une branche pour saisir une petite proie ailée. Ils régurgitent les ailes et les autres parties cornées (1).

Dans les environs de Paris et au nord de la France les Abeilles qui sortent aux premiers soleils du printemps sont parfois saisies par d'autres Oiseaux apivores, principalement les Mésanges grande et petite Charbonnière, la Mésange bleue et la Mésange à longue queue (genre Orite). La grande Charbonnière, *Parus major*, sait, en hiver, s'emparer des Abeilles retirées dans leur Ruche (2).

On peut joindre aussi aux Mésanges les Pics qui, affamés en hiver, percent les Ruches en paille, et mangent miel et Abeilles, transperçant ces dernières de leur langue dure et effilée.

Quelques Mammifères sont dangereux pour les Ruches, principalement le Mulot et aussi la Musaraigne, quand ils parviennent à franchir l'entrée. Les Hérissons, raconte-t-on, soufflent à la porte des Ruches, en font sortir les Abeilles irritées et les tuent pour les manger en se roulant sur elles. Enfin les Blaireaux en France, les Ours dans les pays du Nord, qui sont très friands de miel, renversent et rongent l'intérieur des Ruches, surtout en hiver où les Abeilles se défendent à peine.

Nous avons cité le genre Crapaud parmi les ennemis des Abeilles ; c'est là l'opinion la plus répandue parmi les Apiculteurs. Cependant il y a controverse à propos de ces Batraciens dont l'utile présence doit être encouragée dans les jardins et augmentée par les soins de l'homme. F. Smith a publié une note sur la question de savoir si les Crapauds sont réellement nuisibles aux Abeilles. M. Colin de Plancy a cherché à innocenter le Crapaud sous ce rapport.

Il y a une plante funeste à ces Insectes et qu'il faut arracher avec soin aux alentours des Ruches : c'est la Sétaire verticillée (Graminées, Panicées), vulgairement nommée *Accroche-Abeilles*, parce que celles-ci demeurent captives quand elles se posent dessus, déchirées et retenues par les barbillons crochus de ses panicules.

Les Abeilles ont quelques Parasites épizoïques. Le plus connu, que les Apiculteurs avec Réaumur nomment *Pou de l'Abeille* (fig. 813), est un Diptère pupipare, voisin des Hippobosques, des Mélophages et des Nyctéribies,

privé d'ailes et regardé comme aveugle. Très gros par rapport à l'Abeille, puisqu'il a la taille d'une Puce ou d'une petite tête d'épingle, le *Braula cæca* se cramponne fortement aux poils. C'est presque toujours sur le corselet qu'il se pose, tantôt près du cou, tantôt de l'origine des ailes ou des pattes. Il est remarquable par son corps d'un brun rougeâtre, brillant et comme cuirassé, garni de toute part de poils courts, raides et comme aiguillonnés. Réaumur a reconnu qu'il vit surtout sur les Abeilles des vieilles Ruches, ne paraissant pas leur faire beaucoup de mal, car elles ne cherchent pas à le détacher lorsqu'il se trouve sur quelque partie du corps où une patte peut l'atteindre.

Des Acariens se rencontrent aussi dans les Ruches. Le plus connu, beaucoup plus petit que le *Braula cæca*, appartient au genre *Tricho-*

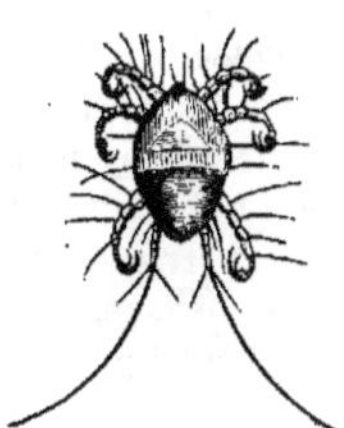

Fig. 810. — Le Trichodactyle.

dactylus, L. Dufour, constitué par des Acariens à corps ramassé, à contour presque circulaire, portant au bout des trois premières paires de pattes d'énormes griffes recourbées et offrant les pattes de la quatrième paire plus courtes que les autres et terminées par une très longue soie. Il est très probable que l'espèce qui vit sur les Abeilles est le *T. Osmiæ*, L. Duf., ou *Xylocopæ*, Donnadieu, rencontré sur les Osmies et les Xylocopes. D'après l'observation de M. Duchemin, cet Acarien existe sur les fleurs du Grand-Soleil (*Helianthus annuus*), et sans doute aussi sur d'autres fleurs; quand les Mellifiques butinent sur les fleurs, il s'accroche probablement à leurs poils par ses ongles puissants. »

ACCIDENTS CAUSÉS PAR LES ABEILLES. — L'aiguillon de l'Abeille (fig. 814, *a*), comme d'ailleurs celui des Apides et des Vespides, Bourdons, Xylocopes, Anthophores, Guêpes, Frelons, Polistes, etc., se compose essentiellement de quelques pièces. Une pièce fortement chiti-

---

(1) Brehm, *La vie des Animaux, Les Oiseaux*, t. II, p. 122. Paris, J.-B. Baillière et fils.

(2) Brehm, *loc. cit.*, t. I, p. 780.

Fig. 811. — Le Philante apivore.   Fig. 812. — Le Clairon des Abeilles.   Fig. 813. — Le Braula aveugle.

nisée, creusée d'un canal central et terminée par une pointe acérée : c'est le *gorgeret*
ou *étui*, primitivement composé de deux
pièces, qui suivant la ligne médiane, se sont
soudées sur la face inférieure, mais sont simplement juxtaposées sur la face supérieure,
deux sortes de longues lèvres fermant le canal.
Dans l'intérieur de ce gorgeret se logent deux
stylets, c'est-à-dire, deux pièces cornées, fort
grêles et des plus aiguës, qui portent un peu
avant leur extrémité et du côté externe de fines
barbelures ; cette extrémité venant saillir de
la pointe du gorgeret à la volonté de l'animal.
A leur face interne, ces stylets sont creusés en
gouttière, de manière à ménager dans l'aiguillon
un canal central par lequel puisse s'écouler le
venin. Gorgeret et stylets se continuent à leur
base par quatre pièces en arc de cercle qu'on
nomme les *supports* du gorgeret et les *supports*
des stylets ; elles donnent une grande élasticité
à l'aiguillon et sont en rapports avec de larges
pièces nommées écailles latérales sur lesquelles s'insèrent les muscles moteurs du dard redoutable.

Quant à l'appareil producteur du venin, il se
compose essentiellement de deux longs tubes
sécréteurs légèrement renflés à leur origine
(fig. 814, *cc*, *dd*), qui se réunissent en un canal
déférent commun, venant s'ouvrir dans une
assez vaste ampoule *b* de paroi musculaire
dans laquelle s'emmagasine le liquide irritant
et débouche à la base du gorgeret.

Lorsqu'une Abeille veut se servir de l'arme
dont la nature l'a pourvue, elle fait sortir l'aiguillon en contractant, à diverses reprises, les
muscles abdominaux qui le fixent au dernier
segment ; certains muscles font mouvoir sur
leur coulisse les stylets qui s'introduisent profondément dans la peau et fournissent un point
d'appui ; le gorgeret, qui est pointu, pénètre
dans le corps attaqué, le venin coule dans la
plaie. Les stylets adhèrent quelquefois d'une
manière si intime, à cause de leurs dentelures,
que lorsque l'animal veut fuir, l'aiguillon tout

entier est arraché du corps. L'aiguillon reste
alors dans la blessure, et l'Insecte ne tarde pas
à succomber. En pénétrant dans le tissu l'aiguillon conserve un mouvement de tremblottement en tous sens, qui dure pendant quelques
minutes (Kunzmann).

« Si nous considérons, dit Darwin (1), l'aiguillon de l'Abeille comme ayant existé chez
quelque ancêtre reculé à l'état d'instrumen
perforant et dentelé, comme on en rencontre
chez tant de membres du même ordre d'Insectes ; que, depuis, cet instrument se soit modifié sans se perfectionner pour remplir son
but actuel, et que le venin, qu'il sécrète, primitivement adapté à quelque autre usage, tel
que la production de Galles, ait aussi augmenté
de puissance, nous pouvons peut-être comprendre comment il se fait que l'emploi de
l'aiguillon cause si souvent la mort de l'Insecte.
En effet, si l'aptitude à piquer est utile à la
communauté, elle réunit tous les éléments nécessaires pour donner prise à la sélection naturelle, bien qu'elle puisse causer la mort de
quelques-uns de ses membres. »

Si l'aiguillon se bornait à piquer physique-
ment la peau, la blessure ne serait suivie d'aucun résultat fâcheux ; mais cet instrument
donne passage à une certaine quantité de venin.

Ce qui prouve que c'est bien le venin de
l'Abeille, et non sa piqûre, qui détermine la
douleur et l'inflammation de la partie, c'est
que si l'on prend avec la pointe d'une aiguille
une très petite quantité de ce venin et qu'on
l'introduise sous la peau, au même instant on
voit naître des symptômes analogues à ceux
déterminés par la piqûre de l'Abeille même,
symptômes qui ne se seraient pas montrés si
l'on avait enfoncé dans la peau l'aiguille toute
seule. (Adanson.)

Le docteur Kunzmann a observé que lorsqu'on excise l'abdomen d'une Abeille vivante,

(1) Darwin, *Origine des espèces*. Paris, 1876, p. 222.

douze heures après, le moindre attouchement suffit pour faire sortir le dard avec tout autant de force et de rapidité que si l'Animal était encore en vie, et qu'on peut en être blessé tout aussi bien que dans ce dernier cas.

Le venin consiste en un fluide clair et limpide qui s'évapore promptement à l'air, et qui,

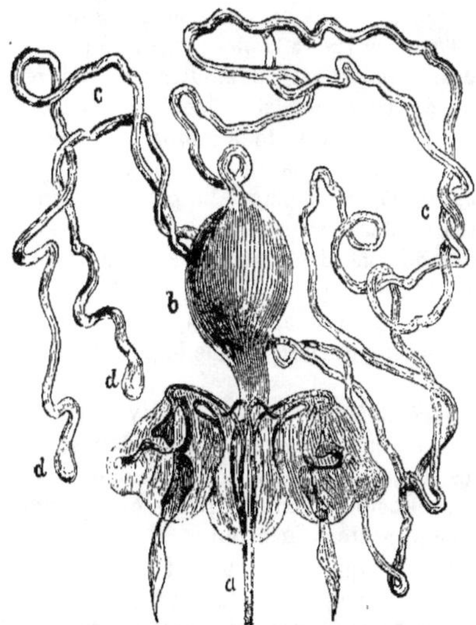

Fig. 814. — Appareil vénénifique de l'Abeille ouvrière. — a, aiguillon ; — b, réservoir à venin ; — c,c,d,d, tubes sécréteurs du venin.

déposé sur une glace, y forme une pellicule facile à enlever. Il est irritant au plus haut degré.

D'après les recherches de M. Paul Bert sur un Apide, le *Xylocopa violacea* (voir ce mot), le venin n'agirait ni sur le système nerveux, ni sur le système musculaire ; il serait poison du sang.

Les effets de la piqûre produisent ordinairement des accidents peu graves ; ils se réduisent à une douleur passagère vive et brûlante, une tumeur, ou pour mieux dire une élevure de la peau qui est ronde, dure et circonscrite, une auréole érysipélateuse ou une rougeur diffuse ; ces effets locaux sont accompagnés d'un gonflement plus ou moins considérable suivant les régions où la piqûre a été faite ; c'est ainsi qu'aux paupières, à la figure, à la tête et au cou le gonflement est beaucoup plus intense qu'aux membres et aux troncs. Cependant ces symptômes disparaissent bientôt, et il reste seulement l'élevure, qui pâlit et disparaît plus

tard. Aucun mouvement fébrile n'accompagne ces petites plaies, quand elles sont uniques et qu'elles n'atteignent pas des tissus très sensibles ; mais quelquefois il en résulte des boutons, des papules, des érysipèles, même des phlegmons accompagnés de suppuration et de gangrène. Toutes choses égales d'ailleurs, lorsque l'aiguillon demeure dans la blessure, l'irritation paraît beaucoup plus forte.

M. le docteur Delpech (1) a réuni un nombre considérable de faits qui établissent la gravité des accidents que peut déterminer la piqûre d's Abeilles : il a rangé ces accidents en trois séries, suivant qu'ils ont été légers, intenses et à forme grave suivie de guérison ou mortels ; il a de plus rapporté un certain nombre de cas observés sur les animaux.

Fabrice de Hilden rapporte qu'une jeune fille fut blessée, dans un verger, près de l'oreille. Le gonflement s'étendit à toute la tête et fut suivi de la formation d'un abcès. Zacutus a vu la piqûre d'une Abeille produire la gangrène autour de l'endroit piqué.

Un jardinier de Nancy porta à la bouche une pomme dans laquelle une Abeille s'était cachée ; elle piqua le palais ; de là gonflement considérable, interruption de la respiration, mort dans l'espace de quelques heures.

On lit dans le *Raccoglitore medico di Fano :* un homme, âgé de trente-six ans, d'un tempérament sanguin et de formes athlétiques, est piqué par trois ou quatre Abeilles, sur le dos de la main droite. A l'instant, sa vue s'obscurcit, il perd ses forces, une sueur abondante baigne tout son corps ; sa face devient extrêmement rouge ; douleur aiguë à la tête, oppression, inquiétude générale, crainte de la mort. Il est transporté sur un lit. Eruption de petites vésicules, semblables à celles que produit l'ortie, le long des extrémités inférieures, avec enflure ; fièvre intense. Une heure après, tout cet appareil morbide formidable s'évanouit comme par enchantement.

Nous avons par é des déprédations que les Abeilles commettent dans les Raffineries de Paris, il faut ajouter aux considérations de dommages matériels et pécuniaires causés par cette invasion dans les ateliers, le danger des piqûres, et ce n'est pas un des arguments les moins sérieux en faveur des mesures qui ont été proposées.

Journellement les ouvriers des usines sont

(1) Delpech, *Les dépôts de Ruches d'Abeilles* (*Ann. d'hyg. publ.*, 1880, t. III, p. 308).

victimes de piqûres, qui, pour être peu graves la plupart du temps, n'en sont pas moins douloureuses et pénibles. Ces ouvriers, en raison de la température élevée des pièces où ils travaillent, 32° à 33°, ont le corps à moitié nu ; quand ils veulent prendre des outils, tous plus ou moins enduits de matières sucrées, ils pressent souvent de la main, sans la voir, une Abeille occupée à butiner, et sont piqués. Des accidents de ce genre ont été observés aussi en dehors de ces usines ; les directeurs de l'école de la rue de Tanger ont dû signaler à l'administration un nombre assez considérable (104 cas sur 11 à 1,200 enfants) de piqûres chez les élèves confiés à leurs soins : ces chiffres donnent une idée de la quantité d'Insectes qui voltigent dans ces parages. C'est en raison de ces dangers, en raison des inconvénients multiples signalés par les intéressés que le conseil d'hygiène a cru devoir conclure au classement des dépôts de Ruches d'Abeilles dans les villes, au nombre des industries rangées dans la première classe des établissements insalubres et dangereux. Aussi ne faut-il pas s'étonner que le Préfet de police ait prohibé récemment l'élevage des Abeilles dans Paris (1).

On conçoit que si l'on est piqué par plusieurs Abeilles à la fois, si l'on est assailli par un essaim, par exemple, les résultats pourront devenir inquiétants, la gravité des accidents étant en rapport avec la quantité de venin introduite dans l'organisme.

Dans les *Archives générales de médecine*, il est question d'un homme qui périt pour avoir été blessé par une multitude d'Abeilles sur la poitrine et sur le visage.

M. Delpech rapporte six cas de mort d'hommes à la suite de piqûres par des multitudes d'Abeilles ; mais le fait le plus étonnant qu'il mentionne, d'après le témoignage de M. Eug. Clichy, vétérinaire dans le département d'Eure-et-Loir, c'est celui de la mort de cinq chevaux attaqués par la population d'une Ruche.

Lorsqu'une personne a été piquée par une Abeille, il faut avant tout procéder à l'extraction de l'aiguillon s'il est resté engagé dans la petite plaie. Pour cela, on enfonce une épingle le long de l'aiguillon sans le comprimer, afin de ne pas déterminer l'écoulement, dans la partie blessée, d'une nouvelle quantité de venin, et l'on exerce une traction de bas en haut. Les éleveurs d'Abeilles ne prennent pas toutes

ces précautions, ils tordent simplement la peau, en comprimant d'abord la partie la plus profonde. L'inflammation survient rarement, mais on a constaté pourtant quelquefois des accidents inflammatoires graves, aussi est-il bon de paralyser l'effet du venin. On a conseillé, pour cela, l'emploi de l'eau fraîche, de l'eau vinaigrée ou phéniquée, ou bien encore de l'eau additionnée d'eau sédative ou de quelques gouttes d'ammoniaque, huit ou dix gouttes pour un verre d'eau. On lavera la piqûre avec un de ces liquides, auxquels on peut ajouter dix à quinze gouttes de laudanum, si la douleur est trop intense. Les habitants de la campagne frottent avec du Persil, de la Menthe ou encore de l'Absinthe, l'endroit piqué. Le plus ordinairement la douleur est passagère et n'est pas accompagnée d'accident, même lorsqu'on ne fait intervenir aucun traitement.

On ne soupçonnerait guère que les Abeilles aient joué quelquefois un rôle important dans l'histoire.

Au siège de Massa, les assiégés ayant précipité leurs Ruches à travers les brèches, les croisés furent assaillis par des bataillons d'Abeilles, ennemis d'une nouvelle espèce qui les incommodèrent beaucoup.

Montaigne rapporte ce qui suit (1) :

« De fresche mémoire, les Portugais assiégeant la ville de Tamly, au territoire de Xiatine, les habitants d'icelle portèrent sur la muraille grande quantité de Ruches, de quoy ils sont riches ; et avec du feu chassèrent les Abeilles si vivement sur leurs ennemis, qu'ils abandonnèrent leur entreprise, ne pouvant soutenir leurs assaults et piqueures : ainsi demeurés la victoire et liberté de leur ville à ce nouveau secours. »

Les Abeilles ont pris part à la bataille de Sadowa. Le général de Moltke (2) raconte qu'en cette journée mémorable, près du village de Nedelist, vers trois heures de l'après-midi, alors que la bataille était dans toute sa violence, deux bataillons de la brigade Hanenfeld, établis derrière les murs d'une ferme, répondaient aux feux croisés de deux batteries autrichiennes. Un obus s'en vint éclater au milieu de Ruches qui se trouvaient en nombre en cet endroit. Les Abeilles, indignées à juste titre de cette agression sans motifs dans une querelle qui ne les regardait pas, se ruèrent sur les Hommes, et ceux-ci eurent grande

<hr>

(1) A propos des Abeilles et des Raffineries nous avons reproduit l'arrêté du Préfet de Police. Voy. p. 540 et 551.

(1) Montaigne, *Essais*, liv. II, chap. XII.
(2) Moltke, *Histoire de la campagne de 1866.*

peine à se défendre de leurs piqûres. Dans cette épouvantable tourmente humaine, l'attaque des Abeilles fut, comme vous voyez, assez sérieuse pour qu'un rapport officiel en fît mention. Désormais la charge des Abeilles de Nedelist appartient à l'histoire (1).

EMPLOI MÉDICAL DES ABEILLES. — On s'est autrefois servi des Mouches à miel. A cet effet, on les brûlait pour les réduire en cendres, ou on les séchait pour les mettre en poudre. « Ainsi préparées, dit de Meuve, on les mêle avec des pommades, dont la graisse d'Ours et l'huile de Noisette sont bien souvent la base, et l'on s'en sert pour oindre les endroits où l'on veut faire croître les poils ou les cheveux. » Mais laissons là la vieille pharmacopée si bizarre et si étrange.

Il y aurait encore beaucoup à dire au sujet de ces Animaux intéressants. Il y aurait surtout à citer certains traits qui prouvent chez eux plus qu'un simple instinct, une véritable réflexion, car ils sont en dehors du domaine de l'habitude et des occupations héréditaires. Mais nous n'avons pas le droit de leur donner la préférence sur tant d'autres Insectes apparentés, dont les mœurs ne sont pas moins riches en détails qui valent la peine d'être étudiés.

Nous ne pouvons néanmoins résister au plaisir de citer encore une fois le Dr Büchner (2) et de lui emprunter une belle page où il apprécie avec compétence et élévation le rôle de l'Abeille dans l'humanité.

« Où trouve-t-on tant de vertus, de laborieuse activité, d'abnégation, tant de modestie et de simplicité dans les formes extérieures et les apparences? Quelle différence entre l'Abeille à la robe si terne, et le Papillon diapré, oisif, élégant, qui voltige de fleur en fleur, de jouissance en jouissance, attirant les regards de l'observateur par ses splendides couleurs, ou le Scarabée bourdonnant, qui fait étinceler aux rayons du soleil l'étui doré de ses ailes ! Mais ces deux êtres si brillants, qui éblouissent les yeux et sont admirés et recherchés de tous, combien ne sont-ils pas inférieurs, sous le rapport de l'intelligence et de l'habileté, à notre Abeille, qui n'excite l'admiration que de ceux qui ont appris à la connaître, et peuvent apprécier

son mérite ? Quelle fidèle image de la vie humaine et des jugements du vulgaire !

« En vérité, les Grecs, si friands du célèbre miel de l'Hymette, faisaient preuve d'un tact très fin et d'une juste idée du vrai mérite, en faisant de leur dieu Jupiter, le dieu et le père de ces Insectes, et en confiant à des Abeilles sacrées la garde de la grotte où celui-ci a vu le jour. C'est sous la forme d'une Abeille, que la muse ionienne traversa la mer pour se rendre de l'Attique en Asie, et on donnait aux prêtresses, comme symbole de leur sainteté, le surnom d'*Abeilles!* Née du soleil, l'Abeille tend toujours vers sa patrie céleste. En revanche, le Faux-Bourdon, ce paresseux, n'est que le produit de la charogne du Cheval. Les âmes d'Abeilles sont des âmes, qui gardent leur pureté, et, préoccupées de l'immortalité, évitent tout ce qui est bas. Joyeuses, les Abeilles voltigent autour de Zeus nouveau-né, et déposent sur ses lèvres du miel sacré. Les dieux, sur le sommet de l'Olympe, goûtent le miel dans le nectar et dans l'ambroisie. Ce sont peut-être les Abeilles, qui ont inspiré aux Grecs et à leur grand poète Hésiode la profonde sentence, suivant laquelle les Dieux prisent plus le labeur que le talent. Tout au moins, sont-elles dignes de l'avoir inspirée. Pline (1) parle de deux sages de la Grèce, Aristomachus de Solès et Philiscus de Thasus, qui ont consacré leur vie entière à l'étude des Abeilles ; à lui seul ce fait suffirait à prouver à quel point les Grecs appréciaient les mérites de ce merveilleux Insecte et l'intérêt qu'il présente. »

Loin de diminuer, cet intérêt n'a fait que s'accroître dans les temps modernes, à mesure que l'on a appris à mieux connaître les mœurs et l'organisation sociale de ce curieux Hyménoptère.

Le pasteur Dzierzon, de Carlsmarkt, qui a tant contribué à faire mieux connaître cette organisation, s'exprime dans les termes suivants :

« Depuis que, dans les temps modernes, l'activité de l'Abeille, ses travaux domestiques et ses mœurs se sont révélés à l'œil humain dans leurs moindres détails, cet Insecte, à plus juste titre que la Fourmi, citée par l'Écriture, peut servir d'enseignement à l'Homme, et faire honte par son exemple au paresseux. Son activité au travail est infatigable, et souvent elle y succombe quand la température

(1) Candèze, *Les moyens d'attaque et de défense chez les Insectes (Revue scientifique*, 1875, t. XVIII, p. 751).
(2) Buchner, p. 840.

(1) Pline, *Histoire naturelle*, liv. XI.

est rude. Par leur amour de la propreté, leur attachement réciproque, leur caractère accommodant, l'abnégation avec laquelle chacune d'elles partage les dernières gouttes de miel avec ses sœurs, par la tendre affection qu'elles témoignent à la mère et souveraine de la communauté, par le courage dont elles font preuve dans sa défense ainsi que dans celle de la Ruche, en se précipitant, avec un véritable mépris de la mort, au-devant des coups d'un ennemi menaçant, les Abeilles peuvent être pour l'Homme le modèle des plus belles vertus domestiques et sociales. Il serait heureux l'état où chaque citoyen agirait, par conviction et par conscience du devoir, comme le fait l'Abeille par impulsion ou par instinct irrésistible.

LES MÉLIPONINES — *MELIPONINÆ* (1)

Die Meliponinen.

Caractères. — Comme nos Abeilles communes, les Méliponines sont dépourvues d'épine à la jambe postérieure, et comptent dans leur société des Mâles, des Femelles sexuées ou Reines et des Femelles neutres ou Ouvrières. D'une taille plus petite, elles se distinguent encore par tous les autres caractères.

D'abord, elles n'ont pas d'aiguillon ; lorsqu'elles veulent se défendre, c'est à leurs puissantes mâchoires qu'elles ont recours.

Sur l'aile postérieure, existe une cellule marginale qui n'est pas close en avant ; il n'y a aucune cellule sous-marginale, attendu que les nervures obliques manquent totalement ou bien sont pâles et effacées. Il y a deux cellules médianes. Chez quelques espèces, les ailes de la Reine paraissent atrophiées.

Les pattes postérieures, beaucoup plus longues relativement que celles des Abeilles, ont le premier article du tarse dépourvu de dent ; cet article est plus court que la jambe, qui est extrêmement large.

Chez quelques-unes l'abdomen est convexe en dessus ; le ventre est à peine caréné (*Melipona*) ; chez d'autres, il est court, triangulaire et caréné à la partie inférieure (*Trigona*) ; chez d'autres, enfin, il est allongé et presque quadrangulaire (*Tetragona*).

La cire, confectionnée dans leur intérieur, ne s'échapperait pas entre les anneaux à la région ventrale, comme chez nos Abeilles mellifères, mais entre les anneaux du côté dorsal.

Au point de vue de la coloration, les mâles sont semblables aux Ouvrières, mais ils n'ont point de corbeille aux jambes ; ils ont les griffes bifurquées, et leur face, plus étroite, est blanchâtre. Les femelles fécondes ou Reines, que l'on ne connaît d'ailleurs que dans un petit nombre d'espèces, se distinguent par leurs dimensions plus grandes et leur couleur brune uniforme.

Distribution géographique. — Les Méliponines comptent un très grand nombre d'espèces, dont une cinquantaine ont été décrites, mais il en existe certainement beaucoup d'autres. Ces Abeilles sauvages se rencontrent dans les pays équatoriaux, particulièrement au Brésil, dans les îles de la Sonde, et dans la Nouvelle-Hollande.

« Nous n'avons jamais traversé le centre des provinces du nord de l'empire, dit M. Brunet, administrateur général de l'École agricole de San-Benito au Brésil, sans en rencontrer un très grand nombre d'espèces différentes, depuis la grosseur de notre Abeille domestique et même un peu au-dessus, jusqu'à celle d'un petit Moucheron. Elles sont moins nombreuses sur les côtes maritimes et sur les bords de l'Amazone que dans les parties à demi boisées de l'intérieur des terres depuis Bahia jusqu'à Ceara et au Picuchi. »

Mœurs, habitudes, régime. — Outre les récits anciens et très incomplets relatifs aux Abeilles mellifères sans aiguillon de l'Amérique du Sud, nous possédons aujourd'hui quelques descriptions plus récentes qui sont dues à Bates (1), à Drory (2), à M. H. Müller (3), à M. Maurice Girard (4) et à M. Raveret-Watel (5). Voici, sans tenir compte des innombrables dénominations d'espèces, un exposé qui nous paraît résumer les traits les plus intéressants de l'histoire de ces Apides.

(1) Μέλι, miel ; πόνος, travail.

(1) Bates, *The Naturalist on the River Amazons.* London, 1863.

(2) Drory, *Quelques observations sur la Mélipone scutellaire.* Bordeaux, 1872. *Eichstädter Bienenzeitung vom* 15 décembre, 1874, n. 23.

(3) H. Muller, *Der zoologischen Garten*, Bd. XVI, n. 2, Francfurt a. M. 1875.

(4) Maurice Girard, *Note sur les mœurs des Mé'ipon s et des Trigones du Brésil (Ann. Soc. Ent. de France,* 1875, p. 567 et suiv.).

(5) Raveret-Watel, *Rapport sur les Mélipones (Bulletin mensuel de la Société d'Acclimatation,* t. II, 1875, p. 732). Nous avons mis largement à contribution cet excellent travail rédigé d'après les renseignements fournis par

Les Mélipones s'installent volontiers dans les cavités des troncs d'arbres, mais quelquefois aussi dans les fentes des parois verticales d'un cours d'eau, ou dans les demeures que les Termites ont abandonnées; quelques espèces suspendent leur Nid aux arbres, d'autres le construisent sous terre. Elles obturent les fentes et les ouvertures, pour ne laisser qu'un orifice d'entrée, qui prend, suivant les circonstances, l'aspect d'un couloir cylindrique ou cratériforme. Quelques espèces ont même la précaution de clore cet orifice la nuit par une mince cloison de cire. M. Salzedo, en parlant de la *Melipona geniculata*, fait remarquer avec raison que cette *Abeja* est le seul être sans doute qui, de même que l'homme, ferme la porte de sa demeure le soir et l'ouvre au point du jour. « L'essaim de Mélipone scutellaire offert par M. Drory en 1874 au Jardin d'Acclimatation de Paris prenait plus de précautions encore, rapporte M. Raveret-Watel : même dans le courant de la journée, quand, par une cause quelconque, le travail des Ouvrières venait à se ralentir, l'ouverture de la Ruche était aussitôt fermée par une muraille de cire brune et peu consistante, d'au moins 0ᵐ,005 d'épaisseur, muraille dans laquelle les Ouvrières attardées étaient obligées de s'ouvrir un passage pour rentrer. Venait-on à perforer cette muraille, à l'aide d'un crayon, par exemple, aussitôt la brèche se couvrait de travailleuses qui s'empressaient de la boucher. »

Pour cela, comme pour les constructions partielles qu'elles exécutent à l'intérieur, elles n'emploient pas de cire, mais des éléments résineux ou d'autres matières végétales, dont se servent aussi nos Abeilles; mais ce qu'elles utilisent particulièrement, c'est la terre argileuse. Ces matériaux de construction sont rapportés au moyen des mêmes outils que la poussière des fleurs, c'est-à-dire sous la forme de *culottes* aux jambes postérieures. On peut voir une compagnie de travailleurs, installés sur une flaque argileuse, soulever avec une activité incroyable sa couche supérieure à l'aide de leurs mâchoires. Les petits amas sont rassemblés avec les pattes antérieures; ils passent de là sur les pattes moyennes qui fixent la petite pelote dans la corbeille des jambes postérieures, et quand la charge est assez forte pour que l'Abeille en ait tout juste son compte, elle prend son vol. Leur

zèle à récolter tout ce qui peut leur paraître utile est extraordinaire, et peut revêtir facilement un caractère de pillage, tel que nous l'avons signalé chez nos Abeilles domestiques.

Drory a eu bien des occasions de vérifier ce fait, car pendant plusieurs années il a gardé à Bordeaux, auprès de ses Abeilles domestiques, des Mélipones du Brésil dont M. Brunet lui renouvelait l'envoi annuellement. Il fit, un jour, vernir l'intérieur du Rucher et laissa les fenêtres ouvertes pour le sécher plus vite. Les Mélipones scutellaires s'empressèrent de mettre cette circonstance à profit, et pendant huit jours consécutifs, elles furent activement occupées à gratter le vernis en beaucoup d'endroits pour s'en faire des « *culottes* ».

Une autre espèce (*Trigona flaveola*), lorsqu'elle se trouvait au voisinage de gâteaux de miel des Abeilles domestiques, s'y installait, par milliers, et se mettait à voler le miel ; aucune des Abeilles domestiques n'osait s'approcher de ces Trigones qui s'entendaient à merveille avec les Mélipones scutellaires, pour cette œuvre de pillage. Elles apportent d'ailleurs une ardeur extraordinaire à leurs travaux de construction, et pendant ce temps elles se volent même entre elles. Si l'une d'elles soupçonne une compagne de lui avoir dérobé ses «*culottes*», elle se retourne brusquement contre la voleuse ; le combat s'engage tête contre tête, et l'on entend un bruit furieux et sec produit par la vivacité des coups d'ailes.

Quant aux constructions qu'on trouve à l'intérieur du Nid, elles diffèrent essentiellement de celles des Abeilles domestiques, d'une part, en ce que les cellules d'incubation et les cellules d'approvisionnement ne sont pas construites sur le même plan ; d'autre part, en ce que les gâteaux ou rayons sont disposés horizontalement et n'ont qu'une seule rangée de cellules au lieu de deux rangées de cellules juxtaposés par le fond. On ne saurait mieux comparer la disposition des rayons d'incubation qu'aux Nids renversés de nos Guêpes communes ; des gâteaux formés d'une seule couche de cellules, ouvertes par en haut, sont disposés en étages superposés, et reliés entre eux par des colonnettes très courtes. Les cellules, en raison de leur faible surface de contact, n'ont pas une apparence bien hexagonale ; elles paraissent construites sur un plan assez primitif ; car les cellules qui se trouvent sur les bords, n'ont pas une forme régulière. Celles des mâles ne diffèrent pas de celles des Ouvrières; celles

<hr>

M. Brunet, administrateur général de l'École agricole de San-Benito (Province de Bahia, Brésil) et M. Salzedo, agent du Lloyds à Sainte-Marthe (Nouvelle-Grenade).

<table>
<tr><td>Fig. 815. — Bourdon
butinant.</td><td>Fig. 816. — Bourdon entrant
dans son Nid.</td><td>Fig. 817. — Cocons tissés
par les Larves.</td></tr>
</table>

Fig. 815 à 817. — Le Bourdon terrestre et son Nid ouvert en partie (p. 583).

des Femelles fécondes, seulement, dépassent un peu le niveau des gâteaux, par en haut ou par en bas, à cause de leur longueur plus grande. Les provisions de miel et de pollen emmagasinées séparément sont introduites dans des cellules spéciales, ou *pots d'approvisionnements*, sorte de godets d'une dimension dix fois supérieure à celle des alvéoles des rayons, et dont la coupe ressemble à celle d'un Œuf d'Oiseau et qu'on peut comparer à des Amphores plus ou moins régulières, car leurs parois sont aplaties par suite d'un contact étroit; elles sont formées de cire, et assujetties entre elles ainsi qu'aux parois de l'habitation par de solides colonnettes de cire. Les Ouvrières au fur et à mesure qu'elles les remplissent en allongent les parois pour former une sorte de couvercle afin de les clore hermétiquement lorsquelles sont pleines. La dimension de ces Amphores varie avec les espèces; ainsi ils atteignent 3 à 4 centimètres de diamètre chez l'*Uruçu* ou *Urussu* (*M. scutellaris*) tandis qu'ils se réduisent au volume d'un Œuf de Mésange chez la *Trigona flaveola*. Quelques espèces, et l'Uruçu notamment, les construisent sans ordre apparent et sans régularité dans les dimensions. Dans ce cas il est curieux de voir avec quel instinct les Ouvrières savent calculer le poids de ce que devra contenir et supporter chaque réservoir, et s'attachent en conséquence à régler l'épaisseur à donner aux parois, aux attaches et aux colonnes. L'économie de matière paraît être comme chez l'Abeille leur principale loi (Drory). Chez d'autres espèces, comme par exemple chez celle désignée au Brésil sous le nom de *Jatahi*, les Amphores à miel sont toutes de même grandeur, et disposées très régulièrement autour d'un arbre, de façon à économiser à la fois l'espace et la cire. Chacun de ces vases, une fois achevé et fermé est relié au centre du Nid par une sorte d'arche de cire. Le nombre en est parfois considérable, M. Salzado en a compté plus de 200 dans des Ruches très peuplées.

On voit qu'il est impossible de comparer les constructions des Mélipones avec celles des Abeilles domestiques; le plan de construction devient de plus en plus primitif à mesure qu'on étudie des espèces inférieures. D'après les observations faites jusqu'ici, Drory distingue, pour les édifices des onze espèces de Méliponines qu'il a observées, trois sortes de plans.

1° Les cellules d'incubation et les pots d'approvisionnements sont entourés, en bloc, d'une enveloppe de cire, d'aspect écailleux et en forme d'écuelle, en sorte qu'à l'extérieur on ne distingue qu'un grand sac en cire de couleur brun foncé. C'est une analogie de plus avec les Nids de Guêpes qui ont une enveloppe commune.

2° Les cellules d'incubation sont seules contenues dans cette enveloppe; les pots d'approvisionnements en sont indépendants et sont libres dans l'aire du Nid. C'est ce qui a lieu, par exemple, chez les Mélipones scutellaires, que les indigènes appellent : « *Abelha ouroussou* ».

3° Chez d'autres (*Trigona cilipes*) il n'y a ni enveloppe, ni disposition des cellules d'incubation en étagères. Elles pondent dans des cellules rondes, isolées, reliées seulement à une tige commune, comme les grains d'une grappe de raisin, et cette construction, bizarre et primitive, est entourée de pots à provisions.

Les Mélipones se séparent encore de nos Abeilles domestiques, et se rapprochent au contraire des Abeilles qui vivent solitaires, (Anthophores, Xylocopes, etc.), par la façon dont elles s'occupent de l'incubation. Les ouvrières Mélipones commencent par approvisionner chaque cellule avec la pâtée destinée aux Larves, avant que l'Œuf y soit déposé par la Femelle ; puis elles ferment la cellule en infléchissant vers le centre les bords de ses parois ; tandis que chez nos Abeilles l'Œuf est pondu dans des alvéoles qui ne contiennent ni miel, ni pollen, la Larve étant alimentée au jour le jour par les Ouvrières. Après l'éclosion de la jeune Abeille, qui se passe comme chez nos Abeilles communes, les parois de la cellule abandonnée sont enlevées et transportées sur les tas d'immondices, que ces Insectes relèguent dans un coin de leur Nid, ou bien elles sont utilisées pour quelque construction nouvelle. Ces tas d'immondices sont formés de cire, des déjections des Abeilles, et des cadavres morcelés de leurs frères et sœurs qui ont péri dans la Ruche ; lorsque ces amas de débris sont suffisamment desséchés, les Mélipones toujours propres les découpent en menus morceaux et les portent au dehors. Les pots à provisions sont détruits, la plupart du temps, lorsqu'ils sont vidés, puis reconstruits à nouveau. Müller pense que la raison de la démolition de ces pots consiste dans la crainte que le mélange de cire et de matières étrangères n'en amène la moisissure.

Les récits que nous possédons, gardent le silence sur les autres questions de développement et de mode d'existence de ces Insectes. On sait seulement qu'il n'y a qu'une Reine dans chaque État, et qu'elle y est exclusivement chargée de la ponte, tandis que tous les autres soins domestiques incombent aux Ouvrières.

On ne parle nullement de la conduite des Mâles ; la multiplication des Ruches par essaimement naturel n'a point été encore observée.

Outre les différences signalées entre les nombreuses espèces, relativement à la construction des Nids, la taille, l'allure, l'odeur, le vol, le caractère, présentent la plus grande variété. Tandis que les unes interrompent subitement leur bourdonnement sonore et se retirent effrayées, dès qu'on frappe à leur tronc d'arbre accoutumé ou à leur case, d'autres se tiennent, au contraire, sur la défensive, ce qu'indique du reste la sentinelle postée à l'orifice d'entrée. Ces dernières, grosses ou petites, ne plaisantent pas quand une Abeille, une Guêpe, une étrangère de leur propre espèce, un Homme même, viennent fureter auprès de leur Nid. Les petites Mélipones, instantanément, se jettent en grand nombre sur les assaillants ; et quand les deux partis s'atteignent, ils succombent souvent tous deux ; car les défenseurs ne lâchent pas prise et meurent avec l'agresseur. Si quelque Insecte plus petit, voire même une Abeille domestique, s'approche trop d'une espèce plus grosse de Mélipones, celles-ci ne détachent contre l'ennemi qu'une seule sentinelle. Elle se précipite sur le ventre ou sur le dos de l'Abeille, s'y cramponne fortement avec ses pattes et enfonce avec ardeur ses mandibules tranchantes dans le cou ou dans la bandelette intermédiaire au thorax et à l'abdomen. C'est en vain que l'Abeille la plus grande s'efforce d'utiliser son dard, sa tête ou son abdomen sont détachés, et la Mélipone s'envole victorieuse ; il est bien rare qu'elle ait eu le dessous.

Drory, dans l'assemblée des Sociétés d'Apicultures allemandes et autrichiennes, qui a séjourné à Halle, du 16 au 18 septembre 1874, avait installé une case de Mélipones scutellaires. Comme le temps était extraordinairement chaud et beau pour la saison, les Mélipones étaient portées à quitter leurs cases et à s'envoler au milieu des nombreuses populations d'Abeilles domestiques ; or, on a remarqué souvent que ces dernières avaient été mordues à mort par les étrangères pendant leur vol. Lorsqu'un Homme les approchait de trop près, ou venait prendre leur miel, ces espèces sauvages se jetaient à sa figure, à ses cheveux, à sa barbe, à ses oreilles, avec un bourdonnement énervant, et répandaient parfois une odeur très pénétrante, pouvant provoquer le vertige et le vomissement. Leur morsure, à peine visible, laisse une cuisson, une démangeaison qui ne se calme guère au bout de quelques heures, et détermine le lendemain une vésicule de la grosseur d'un pois, entourée d'une bordure rouge intense. La vésicule passe vite, il est vrai, mais la rougeur de la peau persiste près d'une semaine. Ces deux effets de l'odeur et de la morsure se rapportent aux petites Trigones jaunes (*Trigona flaveola*) connues sous le nom vulgaire de Caga-fogo, c'est-à-dire excréments du feu, ainsi qu'à quelques autres espèces.

Au Brésil, les nombreuses espèces de Méliponines sont connues sous le nom commun d'« *Abelhas* », et fournissent de riches provisions de miel aux indigènes qui savent découvrir leurs Nids, provisions qui sont d'un grand secours durant les années de disette.

Le procédé que ces gens emploient est bien particulier. Après avoir attrapé une de ces Abeilles, ils lui attachent une plumule blanche, et la laissent s'envoler ensuite ; puis ils la suivent de rocher en rocher, à travers les buissons et les haies. Malgré les faux pas, inévitables dans une pareille chasse, et bien qu'ils perdent souvent de vue l'Abeille qu'ils ont marquée, leurs efforts sont généralement récompensés par la découverte du Nid.

« Telle est, du reste, sur certains points, l'abondance de ces Insectes, qu'on se donne rarement la peine d'en entretenir des Ruches. Généralement on se contente, encore aujourd'hui, de récolter le miel et la cire des essaims sauvages, comme le prince de Wied-Neuwied nous informe que cela se pratiquait à l'époque où il visita le Brésil (1). « On récolte, dit-il, à Ponte de Gentio, beaucoup de miel que fournissent les Abeilles jaunes dépourvues d'aiguillon... Ce miel est très aromatique. On prépare ici une boisson agréable et rafraîchissante, en mêlant ensemble de leur miel et de l'eau. Plus loin il ajoute : « Aux environs d'Arragal du Conquesta, les sauvages Camacons vendent du miel qu'ils recueillent en quantité dans les forêts. Cette substance est un des mets qu'ils aiment le mieux. »

« Au Mexique, à Cuba, la *Trigona fulvipes* donne un miel fort estimé et une cire noire susceptible de diverses applications. Enfin à la Guyane, M. Bataille a signalé, il y a quelques années, l'existence de deux espèces d'Abeilles sans aiguillons, l'une de couleur rose, l'autre de couleur noire, produisant toutes deux un miel excellent, que les Indiens Tapouÿes emploient à divers usages.

« Un ouvrage d'un haut intérêt, publié tout récemment sur l'empire du Brésil (1) nous apprend que bien que la culture de l'Abeille domestique, introduite par les Européens, constitue sur quelques points, notamment dans la province de Saint-Paul et à Rio de Janeiro, « une industrie importante et lucrative », on n'en tient pas moins compte des produits des Mélipones, « qui offrent non seulement un miel délicieux, mais encore de la cire molle dont l'industrie tire un très grand parti.

« Près des côtes, où elles se montrent moins abondantes que dans l'intérieur du pays, les Mélipones sont l'objet de quelques soins ; on en voit des Ruches suspendues aux toits des habitations, mais toujours en petit nombre. « Cependant, dit M. Brunet, j'ai rencontré, dans l'intérieur de la province de Rio Grande du Nord, un ingénieux propriétaire qui avait fait autour de son habitation une plantation assez étendue de Papayero, et dans le tronc des plus gros arbres, qu'il avait pu évider facilement sans en détruire la vitalité, il avait établi de nombreux essaims d'*Uruçu* (Mélipone scutellaire), qui y prospéraient à merveille. L'Uruçu est d'ailleurs à peu près la seule espèce qu'on possède en domesticité dans les provinces du nord du Brésil ; c'est une espèce des plus robustes et tout à fait inoffensive pour l'homme et pour ses récoltes. »

DOMESTICATION. — D'après les dernières nouvelles on a renouvelé les tentatives d'apprivoisement des Mélipones ; neuf espèces sont entretenues en domesticité par M. Brunet, qui en a fait parvenir divers échantillons à la Société zoologique d'Acclimatation de Paris, ainsi que des produits qu'on peut en tirer. A Sainte-Marthe (Nouvelle-Grenade) M. Salzedo a plusieurs fois essayé d'en domestiquer trois espèces différentes ; mais ces efforts n'ont réussi que pour une seule, moins craintive que les autres, et qui s'installe volontiers dans le voisinage des habitations.

Au Brésil, la plupart des Ruches de Mélipones qu'on entretient en domesticité près des habitations, proviennent des colonies sauvages recueillies dans les bois. « Fort peu de personnes en achètent, dit M. Brunet ; il est si facile de s'en procurer dans la forêt voisine. Quelques recherches font promptement décou-

---

(1) Maximilien, prince de Wied-Neuwied, *Voyage au Brésil dans les années* 1815, 1816, 1816, t. II, p. 49.

(1) *L'empire du Brésil à l'Exposition universelle de Vienne, en* 1873. Rio-Janeiro. 18 3

vrir l'essaim désiré ; alors on abat, sans plus de façon l'arbre ou la branche creuse qui lui sert de domicile, puis on coupe à la hache ou à la scie la partie qui le renferme. Si par accident, on vient à couper trop près du Nid et qu'il se pratique quelque ouverture par où l'essaim pourrait s'enfuir, on la bouche avec de l'argile ou un tampon de feuilles, aussi bien d'ailleurs que toute autre issue, et l'on emporte le tronçon. »

« Dans mes voyages, rapporte cet explorateur, j'ai souvent transporté des tronçons de branches creuses contenant des essaims de Mélipones de diverses espèces. Quand je m'arrêtais quelque temps dans un endroit, je les suspendais au toit de l'habitation ou à quelque palissade, et je donnais la liberté à mes essaims pour les laisser butiner à leur guise. La veille du départ, à la nuit ou le matin même avant le lever du soleil, je fermais l'ouverture de la Ruche avec un bouchon ou une cheville, pour ne la rouvrir que lorsque je faisais une nouvelle station. Il m'est arrivé, il est vrai, de perdre ainsi des essaims ; mais uniquement parce que je n'avais pu les protéger pendant la nuit contre diverses espèces de Fourmis qui envahissaient la Ruche et y détruisaient tout. L'isolement par l'eau était même impuissant pour les protéger contre les Fourmis, appelées ici *Toyocas*, qui se jetaient à la nage attirées par l'odeur de la Ruche. Ces Fourmis sont très fortes et peuvent lutter avec avantage même contre l'Abeille domestique d'Europe. Rendu chez soi, on fend avec soin la branche pour visiter l'intérieur du Nid et en enlever les parties qui auraient été trop maltraitées, puis on referme cette Ruche toute primitive en rapprochant les deux moitiés de branche qu'on ligature solidement. »

On doit toujours avoir le soin de pratiquer à la partie inférieure un trou correspondant à l'endroit du Nid où se trouvent les magasins à provisions. Ce trou que l'on bouche avec une longue cheville, sert à récolter le miel, ainsi que nous le verrons plus loin.

Une précaution indispensable, c'est de mastiquer soigneusement toutes les fentes de la Ruche ; soit avec de l'argile, soit avec de la cire, ou toute autre substance, afin d'empêcher l'invasion des Blattes et autres Insectes, principalement de petites Mouches qui viendraient y déposer leurs Œufs en quantité prodigieuse, et dont les Larves peuvent détruire en trois ou quatre jours la Ruche la plus

peuplée. On suspend d'ordinaire ces Ruches au toit des habitations, pour les mettre aussi à l'abri d'autres visiteurs intéressés, tels que certains Lézards, par exemple.

Au lieu de conserver le Nid dans la branche qui le contenait, on peut avec un peu de soin le transvaser dans une boîte quelconque, où on l'installe, autant que possible, tel qu'il était primitivement, et à laquelle on pratique deux ouvertures : l'une, dans le fond, servant à recueillir le miel et constamment bouchée par une cheville ; l'autre, à l'une des parois latérales, vers le haut, pour ménager un passage aux habitantes.

Quand on possède une colonie très nombreuse, on peut facilement la dédoubler pour former une nouvelle Ruche ; voici comment : on enlève à la Ruche mère une partie de ses magasins à provisions que l'on transvase dans une boîte de dimensions convenables (de 0,50 de côté par exemple) en leur conservant le plus possible la disposition qu'avaient adoptée les Insectes. Les Ouvrières accourent se jeter sur leurs provisions comme pour les défendre, on en profite pour placer du même coup une partie de la population de la Ruche dans sa nouvelle demeure, où l'on introduit également la femelle féconde, en la maniant avec les plus grandes précautions pour ne point la blesser. On ferme la boîte, et on la suspend à la place de l'ancienne Ruche. Un grand nombre des Ouvrières absentes au moment de l'opération viennent renforcer peu à peu le nouvel essaim, qui réussit généralement quand on a pris tous les soins convenables. Quant à la Ruche mère on la transporte à quelque distance, et il lui suffit de quelques semaines pour se reconstituer.

Au bout de ce temps, on peut recommencer et former un nouvel essaim. M. Salzedo a pu obtenir successivement huit Ruches d'une seule recueillie par lui dans les bois.

Il est un autre procédé de dédoublement : Voici le moyen mis en usage par les indigènes. Quand les Mélipones sont sorties pour faire leur récolte, ils enlèvent avec les plus grandes précautions quelques fragiles gâteaux contenant des Larves qui soient bientôt prêtes à se transformer, et les transportent dans une nouvelle Ruche qu'ils ont soin de parfumer auparavant avec de l'encens et qu'ils suspendent à la place de la Ruche mère. Une partie des Abeilles adopte cette habitation, et la remplit bientôt de miel et de cire. Au témoignage de

M. Salzedo ce procédé d'essaimement artificiel lui a toujours réussi.

On peut procéder d'une autre manière au dédoublement de la Ruche mère. En maintenant les Mélipones plusieurs heures dans une cave fraîche, on parvient à les engourdir et à les apprivoiser suffisamment pour pratiquer sans encombre l'enlèvement du couvain nécessaire à la constitution d'une nouvelle colonie.

Quant à l'usage de parfumer la Ruche avec de l'encens, il aurait pour objet, d'après M. Brunet, d'éloigner par son odeur les petites Mouches qui viennent en troupe déposer leurs OEufs au milieu des gâteaux pendant que les Mélipones, affolées et impuissantes alors à faire une surveillance rigoureuse, sont occupées à réparer leurs travaux bouleversés et à obturer les fentes.

« Grâce à la disposition toute particulière des Nids de Mélipones (1), rien n'est plus facile que d'exploiter leurs réservoirs à miel sans déranger les rayons à couvain, quand on a le soin d'employer des Ruches dont la paroi supérieure est à charnière et forme un couvercle qui, s'ouvrant à volonté, permet de voir où sont les magasins.

« A l'aide d'une baguette taillée en pointe, on perfore chaque réservoir, dont le contenu, toujours assez liquide (du moins chez la Mélipone scutellaire et beaucoup d'autres espèces), s'échappant aussitôt, va couler par le trou qu'on a ménagé à la partie inférieure de la Ruche, et dont on a enlevé, à cet effet, la cheville ou fausset qui le tenait habituellement bouché.

« Ce procédé permet d'obtenir le miel très pur ; il est alors parfaitement blanc et transparent ; tandis que lorsqu'on enlève les réservoirs et qu'on les brise pour en exprimer le contenu le miel est troublé, et de couleur rougeâtre. En outre, lorsqu'on n'enlève pas les réservoirs eux-mêmes, pour en utiliser la cire, les Mélipones les ont bientôt réparés et remplis.

« C'est généralement vers la fin de l'été (en mars et avril) que se fait la récolte, car les Mélipones qui ont butiné pendant tous les mois précédents, vivent ensuite surtout aux dépens de leurs provisions, et le produit de la Ruche diminue. Passé cette époque d'ailleurs, elles ne recueillent plus guère que du pollen ; tandis que c'est surtout du miel qu'elles emmagasinent en été. Leur période de plus grande activité est du commencement de février à la fin de mars.

« Quelque facilité que présente l'exploitation des Ruches de Mélipones, les produits qu'on en obtient ne paraissent guère pouvoir entrer en concurrence bien sérieuse avec ceux tirés des Abeilles. Le miel de plusieurs espèces, notamment du *M. scutellaris*, est, comme on l'a vu plus haut, fort abondant et de la meilleure qualité ; mais il est très aqueux et ne granule pas, ce qui le rend plus difficile à conserver que celui des Abeilles.

« D'un autre côté, la cire produite par les espèces étudiées jusqu'ici est grossière et serait sans doute difficilement utilisable, car il paraît difficile de la débarrasser de la résine et d'autres matières étrangères qu'elle renferme. Au Brésil on a souvent essayé de l'employer pour la fabrication des bougies qui brûlent mal, précisément en raison de la grande quantité de résine mélangée à la cire.

« Nous devons ajouter toutefois qu'à l'Exposition nationale de Rio-Janeiro, en 1861, au milieu d'échantillons des produits d'environ 50 espèces de Mélipones, on remarquait, dit le Dr Burlamaqui (1), « une cire plus blanche que celle de l'Abeille domestique et supérieure en qualité. Elle provenait d'une Abeille (Mélipone) qui niche dans le creux des arbres de certaines régions de l'Amazone. » Cette espèce qui paraît malheureusement fort peu connue, semblerait donc faire une heureuse exception au milieu de ses congénères par la valeur de ses produits, et peut-être conviendrait-il d'attendre de nouveaux renseignements sur son compte avant de se prononcer définitivement sur le parti qu'on pourrait tirer de la domestication des Mélipones. »

Les Mélipones ont au Brésil de nombreux ennemis : presque toutes les espèces de Fourmis, les Blattes, les petits Diptères dont il a été parlé plus haut, et doivent avoir un grand nombre de Parasites et de commensaux. Parmi ces derniers on ne connaît encore qu'un petit Coléoptère aveugle et aptère de la famille des Silphides et voisin de nos *Catops* indigènes que M. Drory a rencontré dans les Nids de la Mélipone scutellaire et que M. Girard a décrit sous le nom de *Scotocryptus Meliponæ*.

Une curieuse découverte de M. Drory est celle qu'il a faite sur la manière dont les Méli-

___

(1) Bévcret-Watel, *loc. cit.*, p. 755.

(1) Burlamaqui, *Manual de apicultura*.

pones se débarrassent des Insectes ennemis, Guêpes ou Mouches, s'introduisant dans la Ruche pour piller son miel parfumé. Les Milipones se précipitent sur l'intru, se roulent sur lui et cherchent à le coiffer avec une grosse boulette de propolis gluant. L'Insecte aveuglé cherche à se débarrasser de ce masque de poix, mais plus il s'agite, plus il englue ses pattes et ses ailes; enfin, après une lutte désespérée, il tombe épuisé, impuissant et agonisant, réduit à mourir de rage et de faim. Son cadavre desséché est dépecé, coupé en menus morceaux et porté au dehors pas les Ouvrières.

Parmi les Oiseaux, les Hirondelles, de nombreuses espèces de *Tyrannus* et autres genres voisins; parmi les Mammifères, le Grison (*Galictis grison*), le Kinkajou (*Cercoleptes caudivolvulus*) et le Tatou qui s'attaque aux espèces construisant leur Nid sous terre, de petits Sauriens arboricoles, les *Largatixós*, qui s'embusquent à l'entrée des Ruches, et saisissent au passage toutes les Ouvrières qui s'en vont butiner ou qui en revienent, sont autant de destructeurs acharnés des Mélipones.

« Mais les Mélipones ont surtout pour ennemie leur propre espèce; elles se livrent assez souvent, de Ruche à Ruche, des combats meurtriers. Vient-on, par exemple, à placer une ruche d'Uruçus près d'une autre déjà anciennement établie, presque toujours une bataille ne tarde pas à s'engager entre les deux essaims, surtout s'ils sont nombreux : c'est une lutte corps à corps qui ne se termine ordinairement que faute de combattants, c'est-à-dire quand la Ruche la moins peuplée est à peu près épuisée, car il périt toujours de part et d'autre le même nombre d'individus. La paix faite, les deux colonies réparent peu à peu leurs pertes, et vivent ensuite généralement en bonne harmonie. « Dans un de ces combats, dit M. Brunet, j'ai pu évaluer le nombre des morts à plus de trois mille ; j'ai été témoin également d'une bataille de ce genre, mais moins meurtrière, de l'Uruçu contre la *Tuiba amarella* (*M. postica*), et une autre fois contre l'Abeille ordinaire, qui eut le dessous. »

Les mœurs des Mélipones en font une espèce intermédiaire entre les Abeilles qui vivent en société et celles qui vivent solitaires. Bien des particularités passées sous silence, et les expériences qui sont en cours aujourd'hui, révèlent des rapports intéressants entre ces deux sortes d'Abeilles; mais ces études doivent être entreprises sur l'autre continent, car les recherches

récentes nous apprennent que les Mélipones ne peuvent que difficilement trouver en Europe une nouvelle patrie ; elles ont besoin d'une chaleur plus élevée et plus persistante que ne peuvent lui en offrir les climats européens.

M. Drory a constaté en effet que pour les conserver vivantes en hiver, il faut que la température de leur Ruche ne descende pas au-dessous de 20°. Déjà à 25° elles se montrent peu actives, et souffrent visiblement. On ne saurait donc conserver l'espoir de les acclimater, soit en France, soit même en Algérie; le climat de notre colonie étant sujet à des abaissements de température qui seraient funestes pour ces Hyménoptères.

LES BOMBINES — *BOMBINÆ*

Die Bombinen.

Caractères. — Tous nos lecteurs croient connaître suffisamment les Bourdons, pour être à l'abri de toute confusion. Ils pensent que leur corps pesant, leur fourrure épaisse, généralement noire, entrecoupée parfois de bandes jaunes, rouges ou blanches, constituent des signes distinctifs suffisants. Erreur ! Nous parlerons plus loin de certains Insectes qui ont précisément un aspect tout semblable et portent la même livrée, mais dont les mœurs sont bien différentes; il existe aussi d'autres Apides qu'un amateur peu initié prendrait infailliblement pour des Bourdons. Il faut donc attacher une certaine importance aux caractères distinctifs suivants.

La structure des Bourdons rappelle celle des Abeilles, avec cette différence que leurs larges jambes postérieures sont armées de *deux épines terminales*, et que le premier article du tarse de ces jambes, dont la conformation est analogue, présente au lieu d'une dent une dilatation en forme d'auricule bien conformée. Naturellement, les Femelles et les Ouvrières seules ont une corbeille aux jambes postérieures. La lèvre inférieure, ou langue, est effilée; de la longueur de la tête au moins, lorsqu'elle est rétractée, elle est aussi longue que le corps quand elle est en fonction ; les deux premiers articles des palpes de la lèvre inférieure lui constituent un fourreau ; mais comme les deux articles suivants forment de courts appendices latéraux, on décrit les palpes labiaux comme dimorphes. Les palpes des mâchoires, en revanche, sont petites et formées d'un seul article. Sur le sommet de la tête, les yeux accessoires sont disposés sur une même ligne horizontale.

L'aile antérieure a le même nombre de cellules que chez les Abeilles; mais la cellule marginale, plus petite, est rétrécie en avant; la troisième cellule sous-marginale est plus étroite vers le bord antérieur de l'aile que vers le centre, elle est un peu arquée en dehors.

Les mâles, plus petits, plus sveltes, se reconnaissent à leur tête plus petite, à leurs antennes plus longues, entées sur une base courte, et qui paraissent à peine déviées, à leur abdomen plus maigre, à leurs jambes postérieures qui n'ont ni corbeille ni dilatation, mais portent de longs poils sur la face externe. Les mâles du reste ne diffèrent pas sensiblement de leurs femelles, quant aux couleurs.

Les plus petits individus de toute l'association sont les Ouvrières ou Femelles infécondes; au point de vue de la coloration et pour le reste de leur structure, elles sont absolument semblables aux autres Femelles, grandes et petites. La variabilité extrême de la coloration chez les Bombines a donné lieu à des mélanges d'espèces et à une grande confusion dans la nomenclature; la vie en commun dans un seul et même Nid devait enfin corriger, avec certitude, les erreurs du passé.

Distribution géographique. — Outre un grand nombre d'espèces, qui habitent l'Europe, il en existe aussi dans les deux moitiés du continent américain, en Asie, en Afrique, qui ne diffèrent pas essentiellement de nos espèces indigènes au point de vue de la forme et de la coloration, et l'on n'éprouve jamais de difficultés à les classer dans ce groupe.

Mœurs, habitudes, régime. — Les Bourdons (*Bombus*) lourds et bruyants, ces « ours parmi les Insectes » ainsi que les désigne Landois, sont des types d'Animaux bourdonnants, qui nichent dans des cavités souterraines (fig. 815 à 817). Ils ne sont rien en comparaison des Abeilles, d'une organisation si élevée dans leurs États populeux, ils sont bien peu de chose en comparaison des Guêpes et des Frelons dans leurs forteresses en papier et en carton; et pourtant leur vie simple, campagnarde, leurs associations restreintes, leurs retraites terrestres dissimulées dans lesquelles ils s'enferment paisiblement, contiennent assez de poésie pour mériter un chapitre spécial.

Il y a là une différence essentielle entre les Bourdons et les Abeilles; ils n'entendent rien à l'art de construire avec élégance, et ne bâtissent pour élever leur couvée, ni pour emmagasiner leurs provisions de miel, aucun de ces remarquables rayons, assemblage des cellules disposées avec une étonnante régularité.

Ainsi que l'a fait si bien remarquer Réaumur, les Bourdons, comme les Mouches à miel, vivent en société; mais si on compare leurs habitations, si on tient compte du nombre des individus qui y sont dissimulés, si on examine les ouvrages dont elles sont remplies, les unes paraîtront de très grandes villes, très peuplées, où les arts sont en honneur, les autres de simples villages, abritant quelques paysans dans des constructions primitives.

« Après s'être plû, dit-il, à faire des réflexions sur tout ce qui se passe dans les plus grandes villes, on peut aimer à s'instruire de la vie des villageois. »

D'ailleurs, comme le dit avec raison Pierre Huber, « les Insectes qui vivent en société ont cela de commun avec les Hommes, que leur industrie augmente en raison de leur nombre. Il semble qu'une grande population facilite les travaux de toute espèce; et c'est dans les Nids les plus peuplés qu'il faut observer les ouvrages des Insectes pour connaître le plus haut point de leur industrie. »

Cela se conçoit, la nature ne leur laisse pas le temps de perfectionner leur œuvre, leurs sociétés sont annuelles et c'est dans l'espace des quelques mois de la belle saison qu'ils doivent édifier leurs demeures et élever leur postérité.

Leur État, ou plus exactement leur famille, doit être plus unie encore que chez les Abeilles. Elle comprend des Femelles grandes et petites, qui produisent un aliment assez pauvre, à notre avis. Toute la famille provient d'une seule mère, très forte, qui a réussi à braver les intempéries de l'hiver dans le coin de quelque cabane misérable, ou, loin de son lieu de naissance, dans la mousse, dans le creux d'un tronc d'arbre, etc. Elle cache en son sein maternel les germes fécondés de sa postérité future et attend l'éveil général de l'année suivante pour saluer son premier et unique printemps.

Elle s'installe alors sur les Crocus, sur les chatons des Saules, sur les rares prémices de la floraison nouvelle, avec ses autres cousins et cousines affamés, et entonne dans leur joyeux concert, la basse la plus profonde que ne peuvent imiter les autres Insectes bourdonnant, fredonnant, ou sifflant. Selon l'expression d'une femme-poète :

Lourdement blottis dans les fleurs, grondent
Les contrebasses, les Bourdons paresseux.

Dès lors le travail commence avec ardeur. Quoi ! le travail ? Mais cette Femelle paraît être en fête ! Festoyer et travailler, pour elle c'est tout un ; ses jours de travail sont jours de fêtes.

Elle a découvert quelque vieux Nid abandonné, quelque tertre de Taupinière, couvert de gazon, sur lequel les Fourmis n'ont encore élevé aucune prétention, ou le souterrain serpentant du même Animal, ou quelque trou de Mulot dégradé ; elle en agrandit elle-même l'intérieur, suivant les besoins. L'emplacement choisi varie suivant les espèces ; mais il leur faut toujours une entrée cachée et commode. C'est là qu'elles rapportent les sucs des fleurs qu'elles mélangent avec le pollen, aménageant le tout en petits tas, sans aucun art.

« On voit souvent, rapporte Pierre Huber, — le fils du célèbre observateur des Abeilles qui reçut en partage les remarquables qualités d'observations de son père (1), — cette mère fort agitée courir çà et là sur le Nid, s'arrêter sur un massif de cire, enlever quelques parcelles de cire, puis se remettre à courir ; s'arrêter, enfin déposer la cire qu'elle apportait et réitérer ce manège jusqu'à ce qu'elle ait élevé un petit tas, auquel elle puisse donner une certaine forme. Elle ronge alors cette masse de cire dans le milieu ; elle pétrit avec ses mandibules les parcelles de cire qu'elle en retire et les pose sur les bords du creux ; peu à peu elle amincit les bords de la petite cavité, et en l'approfondissant davantage, elle donne plus de hauteur à ses parois ; elle recule un peu et travaille la matière en tournant autour de sa cellule jusqu'à ce qu'elle lui ait donné la forme du calice d'un gland. Cela fait, elle retourne chercher de la cire, qu'elle vient poser sur le bord de la cellule ; elle en apporte assez en deux ou trois fois pour élever ses bords de trois ou quatre lignes. Dès que la cellule est achevée, elle en polit l'intérieur, en arrondit les contours, en épaissit les parois et en relève les bords. C'est là qu'elle doit déposer ses Œufs ; c'est là que ses petits passeront une partie de leur vie. Mais elle a soin de pourvoir à leur nourriture. Elle dépose dans le fond de la cellule une

épaisse couche de pollen, mais elle l'étend de manière à laisser à ses œufs le plus grand espace possible.

« Lorsque la Femelle a achevé la cellule et l'a approvisionnée, elle se met à pondre ; mais elle essaie auparavant si le bout de son corps peut y entrer : quand elle la trouve trop étroite elle en sort et revient l'agrandir ; elle essaie une seconde fois et si les dimensions de la capsule ne sont pas exactement celles qui conviennent au bout de son ventre, elle évase plus ou moins les bords de l'alvéole ; elle réussit enfin à leur donner une mesure exacte, et on la voit alors s'établir sur la cellule. Cependant elle fait de vains efforts pour prendre ; mais elle a été instruite à faire usage d'un instrument qui favorise ses efforts, et dont j'ai longtemps ignoré l'utilité, cet instrument est l'aiguillon dont le bout de son corps est armé, et dont elle ne se sert presque jamais comme d'une arme offensive. Lorsque la Femelle est établie sur l'alvéole, et qu'elle est prête à pondre, elle fait sortir son aiguillon et, le poussant fortement en arrière, elle l'enfonce dans le bord de la cellule, qu'elle perce de part en part. Les pattes postérieures embrassent en même temps la cellule. »

Si le beau temps persiste, le travail s'accélère, sinon, il se ralentit. Les Larves, à peine écloses, dévorent leur monceau de nourriture en s'y creusant des cavités. Leur activité a bientôt fait d'amincir les parois, mais d'autre nourriture apportée du dehors vient combler les vides.

Les Larves ressemblent beaucoup à celles des Abeilles ; elles croissent rapidement et se tissent une coque transparente et fermée. Ces coques éparses sans ordre les unes à côté des autres, ou reliées étroitement entre elles suivant le nombre des Larves de même âge, et plus ou moins pressées l'une contre l'autre, ont été considérées longtemps comme les cellules des Bourdons. Sitôt qu'elles sont ouvertes et vidées par leurs premiers habitants, on les remplit de nourriture, pour prévenir la disette des mauvais jours, qui ne permettent pas de quitter le Nid et de butiner sur les fleurs.

« Mais, fait remarquer Pierre Huber, avant de leur confier leurs provisions, les Ouvrières viennent enlever sur leurs bords les lambeaux de soie que les jeunes Bourdons y ont laissés ; elles égalisent de leur mieux les contours de ces coques et les enduisent d'une épaisse couche de cire. Chaque espèce de Bourdons perfectionne ses pots d'une manière

____

(1) Pierre Huber, *Mémoire sur les Bourdons*, 1802.

Fig. 818. — Le Bourdon des Mousses et son Nid (p. 593).

différente : les uns élèvent au-dessus du bord des coques de longs tubes évasés et composés de cire, d'autres y construisent des espèces de tubes, renflés au milieu, et rétrécis à l'ouverture ; quelquefois ils se contentent d'ajouter à leurs bords internes un anneau de cire ; d'autres fois, ils rendent à la coque sa forme originale et ils ne laissent qu'une petite ouverture à sa partie supérieure ; enfin ils montrent qu'ils ne sont pas inférieurs aux Abeilles dans l'art de l'économie; entre quatre pots allongés au moyen de ces tubes il se fait nécessairement un vide ; les Bourdons savent en profiter ; ils forment un cinquième pot, lui donnent un bord, l'arrondissent comme celui des autres, et s'en servent comme un réservoir. Il n'a pas la même forme que ceux qui l'entourent, il est quelquefois un peu carré ; s'il était régulier il ne remplirait peut-être pas tout le vide qu'on a laissé entre les autres pots ; d'ailleurs la grossièreté et l'irrégularité de l'ouvrage laissent peu de champ à la géométrie.

« Les Bourdons regardent alors toutes les coques comme de solides réservoirs, auxquels ils peuvent confier leurs provisions ; quand ils reviennent de la campagne, ils cherchent à l'instant à décharger leur estomac (jabot) du miel qu'ils ont recueilli dans les fleurs ; ils visitent les pots comme pour s'assurer s'ils sont bien construits ; puis ils y font entrer leur tête, et une partie de leur corselet, ils ouvrent leur bouche, et raccourcissent leur corps et dégorgent le miel dans le réservoir, puis retournent aux champs.

« Ces coques servent également à emmagasiner le pollen. Lorsqu'un Bourdon vient de la campagne ses corbeilles remplies de petites pelotes, souvent de la grosseur d'un pois, il monte sur un pot, cramponne ses jambes de la première paire sur le bord convexe de la coque ; il y fait entrer celles qui sont chargées de poussière fécondante, ainsi que celles de la seconde paire ; il serre et presse les jambes postérieures entre les deux autres ; celles-ci poussent en même temps les deux pelotes en avant ; ces pelotes glissent le long des jambes, et tombent dans le réservoir. Le Bourdon retire alors ses pattes hors du pot ; il se retourne et descend la tête la première dans le réservoir; il étend alors avec ses dents le pollen sur le fond du vaisseau et y mêle quelquefois un peu de miel qu'il a rapporté dans son estomac.

« On voit donc, en général, que les Bourdons savent profiter de tous les avantages que la nature leur présente, et qu'ils savent faire servir les mêmes choses à des usages différents.

« On voit souvent près de 60 de ces pots dans un seul Nid ; j'en ai compté, au moment de la floraison des Tilleuls, plus de quarante, qui furent remplis de miel dans un seul jour ; quand ils sont pleins, les Bourdons en rétrécissent l'ouverture, mais ils ne la ferment presque jamais.

« Ces Insectes ne savent pas se nourrir les uns les autres, comme le font les Guêpes et les Abeilles ; c'est dans ces pots toujours ouverts que chacun d'eux puise à son tour le miel dont il a besoin.

« Les Bourdons savent aussi construire des pots de cire sans le secours des coques, ils leur donnent ordinairement un fond de cire, d'autres fois ils ne font qu'élever des tubes de cette matière sur le parquet ou sur les bords de leurs gâteaux.

« Le miel dont ils remplissent leurs magasins est aussi doux que celui des Abeilles ; il est plus coulant et plus clair, il a aussi un goût particulier, mais il ne laisse pas de saveur âpre à la gorge.

« Ces provisions ne servent guère que pour la nourriture journalière ; d'ailleurs il est rare que tous les pots soient pleins, et les vivres sont bientôt consommés. »

Au début, il n'éclôt des cocons que des Ouvrières, qu'on reconnaît à leur petitesse particulière. Elles viennent en aide à la mère primitive, apportent de la nourriture, relient entre elles les cocons transformés en petites tonnes ; pour les consolider, elles couvrent leurs Nids de légers brins de mousse et ils la solidifient au moyen d'une couche de cire fort mince qu'elles construisent au-dessous. Les Bourdons ne vont pas au loin récolter les brins de mousse, ils se contentent de les recueillir au voisinage immédiat de leur habitation, car la femelle guidée par un secret instinct a installé son Nid à portée d'une riche provision de mousse. En captivité, lorsqu'on leur refuse les matériaux nécessaires, ou lorsque la nature les a placés trop loin de la mousse et des brins d'herbes, ils savent s'en passer et construisent le toit de leur demeure avec des débris de feuilles en tous autres matériaux et même exclusivement avec la cire.

« Le hasard, raconte P. Huber (1), m'a fait découvrir un trait de leur industrie que la nature ne m'eût certainement jamais offert. J'avais recouvert un Nid de Bourdons avec une cloche de verre, comme je le fais ordinairement ; les bords de la cloche ne portaient pas exactement sur la table où elle était placée ; il y avait même certains endroits où le plateau était si fort voilé, qu'un Bourdon aurait pu passer sous les bords de la cloche avec la plus grande facilité. Je remplis les vides avec de la toile grossière ; je la fis même entrer fort avant dans la cloche, afin de la fermer plus sûrement. La Ruche était établie dans mon cabinet ; un long canal vitré, adapté à la porte du Nid, conduisait les Bourdons hors de la fenêtre par une ouver-

ture que j'avais pratiquée dans le bois même de la croisée, et au moyen de ces préparatifs je pouvais observer sans risquer d'être piqué. Je vis bientôt les Bourdons attaquer les morceaux de toile qui fermaient leur Ruche ; ils en arrachaient les fils les uns après les autres ; ils les cardaient avec leurs mandibules, et les coupaient aussi menus que des brins de coton ; ils réunissaient ensuite ces brins avec leurs jambes ; ils en formaient des flocons qu'ils poussaient derrière eux, à mesure qu'ils les avaient cardés. Plusieurs Bourdons étaient continuellement occupés à ce travail, tandis que d'autres individus de la peuplade s'occupaient à pousser avec leurs jambes ces petits monceaux de coton contre le Nid même ; ils travaillèrent à effiler cette toile pendant plus d'un mois ; ils en entourèrent leur Nid d'un tas épais au moins d'un pouce et demi en certains endroits, et qui s'élevait jusqu'à le moitié de la hauteur du Nid. Quand ils eurent effilé une plus grande quantité de toile, ils en couvrirent entièrement l'enveloppe, comme ils auraient fait avec de la mousse, et même ils en firent entrer sous l'enveloppe une assez grande quantité pour fermer tous les vides qu'elle pouvait laisser entre son bord et celui du gâteau.

« D'autres Bourdons déchirèrent la couverture d'un livre dont je m'étais servir pour recourir la boîte où je les avais logés ; ils coupèrent ces lambeaux de papier en fort petits morceaux qu'ils réunirent au-dessus de l'enveloppe de leur Nid.

« Les Bourdons savent encore tirer parti des vieilles coques tissées par leurs Larves lorsqu'elles appartiennent à des gâteaux abandonnés ; elles les effilent et en font une bourre ou une espèce de ouate dont elles recouvrent leur Nid en guise de mousse. »

Bref, leur activité ne connaît pas de bornes. Depuis le matin, de bonne heure, jusqu'au soir, très tard, on peut voir et entendre les Bourdons affairés. Dans les jours sombres et maussades, alors que tout autre Insecte se tient caché au fond de son trou, ou bien le soir, tard, quand les Insectes diurnes sont allés déjà se reposer, on rencontre encore quelque Bourdon isolé qui chante de fleur en fleur ; or, ce n'est pas qu'il s'agisse pour lui de passer la nuit dans le sein d'une des grosses fleurs, ou d'y attendre qu'un orage, une ondée aient cessé, car Wahlberg les a vus, dans le Nord, en Finlande, en Laponie, travailler pendant les claires nuits d'été. L'expression de paresseux, dont s'est

(1) Pierre Huber, *loc. cit.*, p. 42 et 46.

servie la femme-poète, ne peut s'expliquer que s'il s'agit de comparer les mouvements lourds et pesants des Bourdons au vol souple et rapide des Abeilles.

A une époque plus avancée de l'année on voit apparaître de petites Femelles, qui ne pondent que des Œufs mâles ; ensuite apparaissent des Mâles. Enfin, vers l'automne apparaissent aussi de grandes Femelles destinées à passer l'hiver.

« Il paraît évident, d'après le témoignage de P. Huber(1), que les petites Femelles des Bourdons sont destinées à fournir un plus grand nombre de Mâles aux jeunes et grandes Femelles, puisqu'après les avoir pondus et soignés, elles périssent comme les Ouvrières au commencement de l'automne. Les Mâles, auxquels elles donnent naissance, servent, comme je m'en suis assuré, à féconder les grandes Femelles qui paraissent à la même époque, et qui sans ce supplément auraient couru le risque de ne pas trouver de Mâles dans leur habitation et de rester infécondes. »

Voici en quels termes notre observateur raconte comment il a été conduit à découvrir ces faits pleins d'intérêt.

« Le 7 du mois d'août, à minuit, j'aperçus une grande agitation dans le Nid, c'était un Nid de Bourdons rouges et noirs, par conséquent de *Bombus lapidarius* ; il s'agissait d'une ponte extraordinaire.

« Plusieurs Bourdons étaient occupés à faire une cellule de cire ; cette cellule était bien moins grande que les alvéoles ordinaires, et les bords étaient bien moins élevés ; ils y travaillaient encore quand la Femelle, mère de la peuplade, vint sur la cellule, les chassa et donna quelques coups de dents au bord de la petite coupe ; elle fut contrainte de se retirer à cause de la fureur de quelques-uns d'entre eux, qui s'approchèrent d'elle en battant des ailes, et qui la poursuivirent jusqu'au bas du Nid : ils achevèrent alors la cellule ; quand ils lui eurent donné les dimensions convenables, je vis l'un d'entre eux s'établir sur l'alvéole, comme s'il eût eu l'intention de pondre : un autre y inséra de même l'extrémité de son corps ; et tandis qu'ils étaient ainsi occupés à pondre conjointement, je vis revenir la vieille mère : le bruit et le battement de ses ailes annonçaient d'avance sa colère ; elle se jeta sur l'une des petites pondeuses, lui monta sur le dos

(1) Pierre Huber, *loc. cit.*, p. 79 et suiv.

et réussit à la chasser à coups de dents (mandibules) : elle chassa l'autre de la même manière.

« Dès que la cellule fut vacante, elle y enfonça la tête, prit les œufs qui venaient d'être pondus, et put les manger avec avidité.

« Bientôt l'une des petites Femelles revint sur la cellule, lui rendit sa première forme, et se mit à pondre : la vieille mère revint encore avec sa jalousie ordinaire, chassa la pondeuse, et enfonça sa tête dans la cellule : j'ignore si la petite pondeuse crut avoir pondu ou si elle n'aperçut pas le larcin de la vieille femelle, mais le fait est qu'il ne resta point d'Œufs dans la cellule, et qu'elle la referma dès que la femelle se fut retirée : elle s'écarta pour chercher de la cire, et fermer plus soigneusement sa cellule ; mais d'autres individus, qui étaient vraisemblablement aussi de petites Femelles, vinrent aussitôt et lui rendirent sa propre forme.

« Je crus reconnaître alors cette petite pondeuse que j'avais prise sur le fait le 2 août, elle était la plus grande des petites Femelles de ce Nid ; elle monta sur la cellule, élargit son orifice, éleva ses bords, se mit à pondre, et fit deux Œufs devant moi. Peut-être en eût-elle fait davantage sans la vieille mère qui revint en battant des ailes, la poussa hors de la cellule, la chassa bien loin, et finit par manger ses Œufs. Celle-ci fut aidée dans ce travail par une des petites Femelles dont j'ai parlé plus haut, et que j'avais marquée avec de la couleur lorsqu'elle était occupée à pondre dans la même cellule.

« La petite Femelle qui venait de pondre reparut à son tour avec les signes de la colère ; elle chassa toutes les Ouvrières de dessus le gâteau, referma sa cellule quoique vide, et fit la garde autour d'elle avec une activité étonnante : elle se coucha sur son ouvrage ; quand je la vis bien résolue à ne plus pondre, je l'enlevai avec la vieille mère, et je les enfermai dans un poudrier pour savoir si tous les Bourdons qui se mettraient sur ces cellules étaient de véritables pondeuses : mais je ne pus pas m'en assurer, parce que les Ouvrières détruisirent la cellule. Il était trois heures du matin, je me retirai, et je renvoyai au lendemain la suite de mes observations.

« A six heures du matin il ne restait plus de vestige de la cellule, et je rendis à leur Nid les deux individus que j'avais faits prisonniers : ce jour-là, à six heures du soir, l'agitation recommença ; une large et épaisse cellule se faisait remarquer sur les gâteaux ; la vieille mère, qui ne pondait plus depuis fort longtemps, et qui était devenue stérile à force de pondre, était montée sur la cellule ; elle en déchirait les bords avec acharnement, sans avoir pour but d'enlever les Œufs qu'elle pouvait contenir, car elle était ouverte et d'ailleurs elle n'en contenait pas un.

« C'était donc par jalousie, et non pas par besoin.

« Il m'importait de savoir si les Œufs de ces petites Femelles viendraient à bien ; et pour satisfaire ma curiosité, j'enlevai pour la seconde fois la vieille Femelle, et j'observai encore les manœuvres des individus qui restaient dans le Nid.

« L'agitation monte à son comble.

« Les petites Femelles se poursuivaient les unes les autres; trois ou quatre d'entre elles voulaient pondre à la fois: elles se disputaient la cellule avec une rage étonnante : celle qui parvenait à la posséder un instant pondait quelques Œufs et devenait l'objet de la jalousie des autres ; celles-ci se jetaient sur elle, harcelaient le bout de son ventre et la faisaient déguerpir à coups de dents.

« La plus grosse d'entre elles parvenait toujours à s'emparer de la cellule; mais elle n'en pouvait jouir que faiblement, car les autres s'acharnaient à la chasser; et comme elle se sentait la plus forte, elle se retournait, et les précipitait au bas du gâteau avec la rage des vieilles mères : quand elle avait pondu, elle était obligée de garder sa cellule plutôt peut-être par jalousie que par amour pour ses petits.

« Cette suite d'observations fut dérangée cette année-là par les Teignes ; elles mangèrent les cellules où les petites Femelles avaient pondu et je ne pus savoir de quel sexe auraient été les individus qui en seraient sortis ; mais depuis lors j'ai mis tous mes soins à la découvrir.

« Dès le 21 juin de l'année 1797 les petites Femelles m'offrirent les mêmes scènes : elles furent quelquefois encore plus animées ; le 22, j'enlevai la mère; le 23, je la replaçai dans son Nid, elle paraissait robuste et bien portante, mais un quart d'heure après je la trouvai expirante sous le gâteau. Les rivales continuèrent à pondre pendant plus d'un mois. Le 26 juin, de petits Vers naquirent dans une cellule où elles avaient pondu le 21. Le 4 juillet ces 9 vers filèrent leurs coques ; le 6, ces coques changèrent de forme ; le 18, leurs habitants les ouvrirent pour en sortir, je les observai avec soin, et je les reconnus tous pour des Mâles.

« Les grandes et jeunes Femelles ne se mêlèrent pas aux scènes singulières dont on a parlé, et n'étaient point en butte à la jalousie des petites Femelles. Tandis que la mère commune en était quelquefois la victime, la nature, en privant les jeunes Femelles de la faculté de pondre dans le Nid où elles étaient nées, les soustrayait à la fureur toujours dangereuse de leurs rivales, et c'était peut-être à cette seule précaution qu'était attachée la conservation de l'espèce.

« Les Mâles de la dernière ponte fécondaient les grandes Femelles pendant ce premier période de leur vie : celles-ci, destinées à fonder de nouvelles colonies, n'étaient pas inutiles à la communauté ; elles travaillaient comme de simples Ouvrières dans le Nid où elles avaient pris naissance ; elles s'occupaient comme elles à y récolter le miel, le pollen ; je les ai vues chargées de pelotes à leurs jambes, vider dans les pots à miel celui qu'elles avaient recueilli sur les fleurs ; elles faisaient de la cire, elles savaient la sculpter, elles devaient même savoir construire des cellules quand elles auraient à commencer de nouveaux Nids ; mais avant ce terme elles ne faisaient jamais d'alvéoles.

« Elles paraissent donc ignorer l'art de bâtir, et cette faculté reste suspendue jusqu'au retour du printemps : à cette époque le sentiment de leur maternité leur rend tout leur instinct, et réveille en même temps chez les jeunes mères l'idée des Œufs qu'elles ont à pondre, et celle des cellules dans lesquelles ils doivent être déposés.

« Si les Ouvrières construisent quelquefois des cellules, ce n'est que lorsqu'elles ont été commencées par la mère commune, ou par de petites Femelles ; elles ne les continuent peut-être jamais d'elles-mêmes. »

S'il était possible de soumettre les Nids de Bourdons, comme les Ruches d'Abeilles, à une observation incessante, peut-être pourrait-on confirmer le récit de Godart : chaque Nid de Bourdons possèderait une trompette qui, le matin de bonne heure, grimpe sur le faîte pour y faire vibrer ses ailes, et dont l'appel résonne pendant un quart d'heure afin d'éveiller les habitants pour le travail; ce détail supposerait dans l'existence de ces Insectes d'autant plus d'intelligence qu'à ce moment rien n'est encore éclairé. Ce trait de mœurs est loin d'être réellement démontré.

Le miel qu'on trouve dans les cocons vides paraît destiné à transformer la Larve en une grande Femelle royale, si l'on admet qu'il faille à cette future mère une nourriture meilleure qu'aux autres membres de la famille. Au début, il doit bien y avoir quelques contestations entre la mère primitive et les grandes Femelles ; mais elles se résolvent complètement et sans combat, grâce au caractère facile des Bourdons. Resterait à savoir si cette aïeule est encore en vie quand celles-ci font leur apparition ; c'est là une question à laquelle je répondrais plus volontiers par la négative que par l'affirmative.

Dans une famille, qui comprend une centaine de têtes, on compte à présent environ vingt-cinq Mâles et quinze Femelles ; le reste est composé d'Ouvrières. C'est du milieu de septembre au milieu d'octobre, que les grandes Femelles s'accouplent ; elles attendent sur un tronc d'arbre, un mur, ou quelque autre lieu élevé, en plein soleil, le passage d'un Mâle, qui, l'opération terminée, tombe à terre épuisé, et succombe. Les autres membres de l'association meurent çà et là successivement ; seules les grandes Femelles, nées au mois d'août, vivent pendant l'hiver.

« C'est une chose très aisée (1) que de voir l'intérieur des Nids de Bourdons et d'examiner comment tout y est disposé ; on peut le découvrir sans s'exposer à aucune aventure fâcheuse. Quoique les Bourdons soient armés d'un fort aiguillon, et quoique le bruit qu'ils font entendre semble menaçant, ils ne laissent pas d'être assez pacifiques. Quand on ôte le toit de leur habitation, quelques-uns ne manquent pas d'en sortir par en haut ; mais ils ne cherchent point à se jeter sur celui qui les a mis à découvert, comme le feraient les Abeilles en pareil cas ; plusieurs même alors n'abandonnent pas le Nid. Ils en ont toujours usé au mieux avec moi ; il n'y en a jamais eu un seul qui m'ait piqué, quoique j'aie mis sens dessus dessous des centaines de Nids. »

« Si l'on enlève le toit de mousse dont les Bourdons recouvrent leur Nid (2), on entend d'abord les Ouvrières et la mère battre des ailes vivement, et ce bruit aigu est le signe de leur colère, ou de l'alarme qu'on leur cause ; on les voit alors venir sur leurs gâteaux avec agitation, lever une patte, puis une autre du même

côté, puis la troisième, et se renverser tout à fait sur le dos ; elles recourbent en haut leur anus, et présentent à l'observateur indiscret leur aiguillon, qui sort accompagné d'une goutte de venin : quelquefois dans leur colère elles lancent cette liqueur, qui ne fait néanmoins aucun mal, si elle n'est précédée d'une piqûre : le venin est cependant acide, puisqu'il rougit les teintures végétales.

« Les Bourdons se tiennent sur la défensive jusqu'à ce qu'on les ait mis dans la nécessité d'attaquer, par le dérangement de leur Nid, ou par l'enlèvement de leurs petits, alors l'observateur doit rester sans mouvement auprès du Nid, les Bourdons s'apaisent et il peut avec de l'adresse visiter leurs gâteaux, et même les enlever avec leurs habitants. »

« Dès qu'on cesse de les inquiéter (1), ils songent à recouvrir leur Nid, et n'attendent pas même, pour se mettre à l'ouvrage, que celui qui a fait le désordre se soit éloigné. Si la mousse du dessus a été jetée assez près du pied du Nid, comme on l'y jette, même sans penser qu'on doit le faire pour épargner de la peine à ces Mouches, bientôt elles s'occupent à la remettre à sa première place. Les Bourdons de trois sortes, c'est-à-dire les grands, ceux de moyenne grandeur et les petits, y travaillent. Nos Bourdons ressemblent encore en ceci aux villageois, auxquels nous les avons comparés ; tous se croient nés pour le travail et tous travaillent. Il n'y a point parmi eux, comme parmi les Abeilles, des Mouches qui aient la prérogative de ne rien faire, de passer leur vie dans l'oisiveté. »

François Huber (2) raconte un trait de bonté, qui prouve la bienveillance des Bourdons et leur caractère facile, à ceux qui chercheraient à les décrier.

« Nous avons vu dans un temps de disette les Abeilles venir piller un Nid de Bourdons placé dans une boîte entr'ouverte assez près du Rucher ; elles s'en étaient presque emparées ; quelques individus restés malgré le désastre de leur Nid allaient encore aux champs et rapportaient le surplus de leur nécessaire dans leur ancien asile : les Abeilles les suivaient à la piste et rentraient avec eux dans le Nid, elles ne les quittaient point qu'elles n'eussent obtenu le fruit de leur récolte ; elles les léchaient, leur présentaient leur trompe, les envelop-

---

(1) De Réaumur, *Mémoires pour servir à l'histoire des Insectes*, t. VI.

(2) Pierre Huber, *Mémoires sur les Bourdons*, p. 7.

(1) Réaumur, *loc. cit.*, p. 7.

(2) François Huber, *Nouvelles observations sur les Abeilles*, 2ᵉ édit. Paris, 1814, t. II, p. 373.

paient et ne les relâchaient que lorsqu'ils avaient vidé le liquide sucré dont ils étaient dépositaires ; elles ne cherchaient pas à faire périr l'Insecte auquel elles devaient leur repas ; l'aiguillon n'était jamais tiré, le Bourdon lui-même s'était accoutumé aux exactions dont il était l'objet ; il cédait son miel et reprenait le vol ; ce manège d'un nouveau genre dura plus de trois semaines ; des Guêpes, attirées par la même cause, ne s'étaient point familiarisées de cette manière avec les anciens propriétaires du Nid ; les Bourdons seuls restaient le soir au logis ; ils disparurent enfin, et les Insectes parasites ne revinrent plus. »

En dépit de leurs retraites dissimulées, il ne manque pas d'Insectes qui pénètrent dans les Nids des Bourdons. Sans parler des Oiseaux, qui s'emparent de leurs personnes et les mangent ou les empalent sur les épines, les Musaraignes, les Mulots, la Belette et le Putois sont les principaux destructeurs de leurs Nids.

Il existe aussi de nombreux Parasites qui viennent y demeurer, qui se nourrissent des provisions importées, comme font les Larves des Bourdons-parasites, ou qui dévorent les Larves mêmes des Bourdons. A cette catégorie appartiennent quelques Diptères parasites (*Volucella, Myopa, Conops*) que nous étudierons plus loin, certains Hyménoptères, les Mutilles (*Mutilla*), les Larves de Méloë, bien d'autres encore. Les Bourdons eux-mêmes sont couverts de ces Acarides (Gamases) que nous avons eu l'occasion de rencontrer sur les Nécrophores et les Bousiers.

RAPPORTS DES BOURDONS ET DES HYMÉNOPTÈRES EN GÉNÉRAL AVEC LES FLEURS. — Depuis ces dernières années, c'est avec passion que Zoologistes et Botanistes se sont occupés du rôle des Insectes dans la fécondation des plantes ; notes et mémoires sont venus s'entasser sur les rayons des bibliothèques : les nectaires ne sécrétant leur liquide sucré que pour attirer les Insectes, les invitent ainsi à butiner, soit pour mettre leur pollen en contact avec le stigmate dans une même fleur, soit pour porter ce pollen au loin afin de féconder une autre fleur, opérant ce qu'on appelle une fécondation croisée. Pour Sprengel, Darwin, Hildebrand, Delpino, Hermann Müller, John Lubbock, etc., il y a adaptation réciproque des fleurs et des Insectes. « Non seulement, dit ce dernier (1), la forme et

(1) John Lubbock, *British wild Flowers in relation to nsects.* London, 1875.

les couleurs actuelles, les teintes brillantes, la douce odeur et le miel des fleurs ont été peu à peu développées par la sélection inconsciente exercée par les Insectes ; mais l'arrangement même des couleurs, les bandes circulaires, les lignes radiales, la forme, la grandeur et la position des pétales, la situation relative des étamines et du pistil sont tous disposés par rapport aux visites des Insectes, et de façon à assurer le grand objet que ces visites sont destinées à effectuer. »

Deux citations empruntées à Darwin lui-même montreront toute l'importance que l'école nouvelle donne à l'intervention des Insectes et surtout des Hyménoptères dans la fécondation des fleurs.

« Nous pouvons supposer que la plante, dont nous avons vu le nectar augmenter lentement par suite d'une sélection continue, est une plante commune, et que certains Insectes dépendent en grande partie de son nectar pour leur alimentation. Je pourrais prouver, par de nombreux exemples, combien les Apides sont économes de leur temps. Je rappellerai seulement les incisions qu'elles ont coutume de faire à la base de certaines fleurs pour en atteindre le nectar, alors qu'avec un peu plus de peine elles pourraient y entrer par le sommet de la corolle. Si l'on se rappelle ces faits, on peut facilement croire que, dans certaines circonstances, des différences individuelles dans la courbure ou dans la longueur de la trompe, etc., bien que trop insignifiantes pour que nous puissions les apprécier, peuvent être profitables aux Abeilles ou à tout autre Insecte, de telle façon que certains individus seraient à même de se procurer plus facilement leur nourriture que certains autres ; les sociétés auxquelles ils appartiendraient se développeraient par conséquent plus vite, et produiraient plus d'essaims héritant des mêmes particularités. Les tubes des corolles du Trèfle rouge commun et du Trèfle incarnat (*Trifolium pratense* et *T. incarnatum*) ne paraissent pas au premier abord différer de longueur ; cependant, l'Abeille domestique atteint aisément le nectar du Trèfle incarnat, mais non pas celui du Trèfle commun rouge, qui n'est visité que par les Bourdons ; de telle sorte que des champs entiers de Trèfle rouge offrent en vain à l'Abeille une abondante récolte de précieux nectar. Il est certain que l'Abeille aime beaucoup ce nectar ; j'ai souvent vu moi-même, mais seulement en automne, beaucoup d'Abeilles sucer les fleurs par des trous que les Bourdons avaient faits à la base du tube. La différence de la longueur des corolles dans les deux espèces de Trèfles doit être insignifiante; cependant elle suffit à décider les Abeilles à visiter une fleur plutôt que l'autre. On a affirmé, en outre, que, les fleurs du Trèfle rouge de la seconde récolte étant un peu plus petites, les Abeilles les visitent. Je ne sais pas si cette assertion est fondée; je ne sais pas non plus si une autre assertion récemment publiée est plus fondée, c'est-à-dire que l'Abeille de Ligurie, que l'on considère ordinairement comme une simple variété de l'Abeille domestique commune, et qui se croise souvent avec elle, peut atteindre et sucer le nectar du Trèfle rouge. Quoi qu'il en soit, il serait fort avantageux pour l'Abeille domestique, dans un pays où abonde cette espèce de Trèfle, d'avoir une trompe un peu plus longue différemment construite. D'autre part, comme la fécondité de cette espèce de Trèfle dépend absolument de la visite des Abeilles, il serait fort avantageux pour la plante, si les Bourdons devenaient rares dans un pays, d'avoir une corolle plus courte ou plus profondément divisée, pour que l'Abeille puisse sucer ces fleurs. On peut comprendre ainsi comment il se fait qu'une fleur et un Insecte puissent lentement, soit simultanément, soit l'un après l'autre, se modifier et s'adapter mutuellement de la manière la plus parfaite, par la conservation continue de tous les individus présentant de légères déviations de structure avantageuses pour l'un et pour l'autre.

« Encore un autre exemple pour bien faire comprendre quels rapports complexes relient entre eux des plantes et des Animaux fort éloignés les uns des autres dans l'échelle de la nature. J'aurai plus tard l'occasion de démontrer que les Insectes, dans mon jardin, ne visitent jamais la *Lobelia fulgens*, plante exotique, et qu'en conséquence, en raison de sa conformation particulière, cette plante ne produit jamais de graines. Il faut absolument, pour les féconder, que les Insectes visitent presque toutes nos Orchidées, car ce sont eux qui transportent le pollen d'une fleur à une autre. Après de nombreuses expériences, j'ai reconnu que le Bourdon est presque indispensable dans la fécondation de la pensée (*Viola tricolore*), parce que les autres Insectes du genre Abeille ne visitent pas cette fleur. J'ai reconnu également que les visites des Abeilles sont nécessaires pour la fécondation de quelques espèces de Trèfle : vingt pieds de Trèfle de Hollande (*Trifolium repens*), par exemple, ont produit deux mille deux cent quatre-vingt-dix graines, alors que vingt autres pieds dont les Abeilles ne pouvaient pas approcher n'en ont pas produit une seule. Le Bourdon seul visite le Trèfle rouge, parce que les autres Abeilles ne peuvent pas en atteindre le nectar. On dit que les Phalènes peuvent féconder le Trèfle rouge ; mais j'en doute fort, parce que le poids de leur corps n'est pas suffisant pour déprimer les pétales alaires. Nous pouvons donc considérer comme très probable que, si le genre Bourdon venait à disparaître, ou devenait très rare en Angleterre, la Pensée et le Trèfle rouge deviendraient aussi très rares ou disparaîtraient complètement. Le nombre des Bourdons, dans un district quelconque, dépend dans une grande mesure du nombre des Mulots qui détruisent leurs Nids et leurs rayons de miel ; or le colonel Newman, qui a longtemps étudié les habitudes des Bourdons, croit que « plus des deux tiers de ces Insectes sont ainsi détruits chaque année en Angleterre. » D'autre part, chacun sait que le nombre des Mulots dépend essentiellement de celui des Chats, et le colonel Newman ajoute : « J'ai remarqué que les Nids de Bourdons sont plus abondants près des villages et des petites villes, ce que j'attribue au plus grand nombre de Chats qui détruisent les Mulots. » Il est donc parfaitement possible que la présence d'un Animal félin dans une localité puisse déterminer, dans cette même localité, l'abondance de certaines plantes en raison de l'intervention des Souris et des Abeilles (1) ! »

Résumant toute la doctrine, M. Sachs s'exprime ainsi : « Les Insectes sont les agents involontaires et inconscients de la pollinisation ; ils ne visitent les fleurs que pour y puiser le nectar dont ils se nourrissent et qui est distillé exclusivement dans ce but. » Seul M. Gaston Bonnier (2) s'est élevé contre cette interprétation en soutenant que l'accumulation de matières sucrées dans les tissus nectarifères floraux ou extra-floraux sont des réserves nutritives spéciales qui jouent un rôle important dans le développement des ovaires ou des feuilles ; d'après cela les Insectes, pillant nectar et pollen, seraient plutôt les ennemis que les amis des fleurs.

Quoi qu'il en soit, il est certain que les Hy-

(1) Darwin, *Origine des Espèces*, trad. Barbier, Paris, 1876, p. 79.

(2) G. Bonnier, *Les Nectaires*, Paris, 1879.

ménoptères jouent un rôle important dans la fécondation et le croisement des plantes. Se gorgeant de pollen, eux et leurs Larves, ils vont de fleurs en fleurs, se roulant dans les corolles pour récolter la poussière fécondante qui s'attache à leurs poils et les couvre quelquefois d'un déguisement qui les rend méconnaissables. Et c'est ainsi, que dans ses promenades capricieuses, voltigeant de ci de là, « l'Insecte, messager et médiateur de l'amour des plantes, est leur propagateur, l'instrument zélé de leur fécondation ; c'est ainsi que l'Insecte semble le petit mâle qui se détache de la terre, voltige en l'air ; rappelé toutefois par la plante à l'unité du tout terrestre. Il est une anthère ailée qui répand la vie aux fleurs » (1). Friands de nectar, les Hyménoptères sayent le découvrir au fond des nectaires les plus dissimulés ; poussés par la gourmandise, ils déploient toute leur adresse, toute leur intelligence pour atteindre l'objet de leurs désirs. Non contents de visiter les fleurs en plongeant dans le calice, lorsqu'ils ne peuvent humer le liquide sucré, les Bourdons savent glisser leur langue (lèvre supérieure) entre les étamines et les sépales ; mais s'ils reconnaissent leur impuissance, ils ne s'épuisent pas en vains efforts et deviennent plus ingénieux : évitant le supplice de Tantale, d'un vigoureux coup de mandibule, ils perforent le calice ou la corolle à la hauteur des nectaires, introduisent leur trompe par l'ouverture et savourent tranquillement le miel exquis.

Déjà les anciens observateurs avaient constaté les artifices dont usaient les Bourdons pour s'emparer du nectar.

« Je me souviens, rapporte Pierre Huber (2), d'avoir vu de forts Bourdons essayer en vain de prendre le miel contenu dans des fleurs de Fèves ; la grosseur de leur tête et celle de leur corselet les empêchait d'entrer assez avant dans les longs tubes de ces fleurs ; mais ces Insectes allaient droit au calice ; ils le perçaient, ainsi que le tube, avec la partie écailleuse de leur trompe ; la partie membraneuse de cet instrument, ou la trompe proprement dite, pénétrait alors jusqu'au sein de la fleur, y trouvait les nectaires, et en enlevait le miel dont ils étaient remplis. Ces Insectes allaient ainsi de fleurs en fleurs, perçant leurs tubes par dehors, et suçant les nectaires, tandis que d'autres Bourdons plus petits, ou dont les trompes

(1) Michelet, *L'Insecte*, p. 316 et 317.
(2) Pierre Huber, *Mémoires sur les Bourdons*, p. 10.

étaient plus longues, entraient dans la corolle, pénétraient dans le tube, et atteignaient le miel sans la déchirer. »

Du Petit-Thouars a remarqué également que les Bourdons et le *Xylocopa violacea* (Abeille solitaire dont nous parlerons plus loin) s'emparent par le même moyen du nectar de la Linaire (*Linaria vulgaris*), de la Gueule de Loup (*Anthirrhinum majus*), de la Belle-dé-Nuit (*Mirabilis Jalapa*). Kirby a constaté souvent que les longs réservoirs mellifères des Ancolies (*Aquilegia vulgaris*) étaient perforés. Depuis, les observations se sont multipliées, Le Peletier de Saint-Fargeau, Ed. Newmann, Maurice Girard, Darwin, surtout Hermann Müller, Gaston Bonnier et nombre d'Entomologistes et de Botanistes ont vu les Bourdons à l'œuvre trouant le calice ou la corolle d'une foule de plantes. Nous les avons observés maintes fois ; et c'est un spectacle des plus merveilleux que celui qu'offrent leurs agissements, lorsqu'ils se trouvent en présence d'une fleur fermée comme celle des Consoudes (*Symphytum officinale*) ; ce n'est qu'après avoir constaté l'impossibilité d'arriver directement aux nectaires qu'ils percent leurs trous, et cela fait, rien n'est plus curieux que de voir les Abeilles mettre à profit les ouvertures pour piller le miel à leur tour. Ce sont des heures agréables celles que nous avons passées à l'École botanique du Muséum de Paris devant les touffes des Consoudes, à suivre les manœuvres du peuple bourdonnant. Dès le lever du soleil, les pesants, mais laborieux Bourdons inspectent les fleurs, perforent les corolles, et pompent le nectar, puis arrivent les Abeilles qui viennent déjeuner des miettes de leur table en introduisant leur langue par les trous que ceux-ci ont su faire. N'y a-t-il pas là mille preuves de raisonnement et d'intelligence ; la gourmandise n'est-elle pas le grand levier qui développe les facultés des Animaux... et de l'Homme, si nous regardons autour de nous (Künckel).

LES BOURDONS — *BOMBUS* (1)

Die Hummeln.

Caractères. — Les caractères sont ceux de la tribu.

Distribution géographique. — Leur mode de répartition sur le globe est celui des Bombines.

(1) Βόμβος, bourdonnement.

Fig. 819.   Fig. 820.   Fig. 821.   Fig. 822.   Fig. 823.   Fig. 824.   Fig. 825.

Fig. 819 et 820. — L'Anthophore hérissée, mâle et femelle. | Fig. 824. — L'Anthophore des murailles, femelle.
Fig. 821 et 822. — L'Anthophore obtuse, mâle et femelle. | Fig. 823 et 825. — L'Eucère longicorne, mâle et femelle.

Fig. 819 à 825. — Les Anthophores (p. 595) et les Eucères (p. 597).

LE BOURDON TERRESTRE OU SOUTERRAIN. — *BOMBUS TERRESTRIS.*

Erdhummel.

Caractères. — Le Bourdon terrestre, que nous présentons auprès de son nid en partie découvert (fig. 815 et 816), se reconnaît au poil noir de sa tête, aux trois derniers segments de son abdomen qui sont traversés par des bandes blanches; le troisième segment abdominal et le cou présentent des bandes jaunes. Les trois sortes d'individus (Mâle, Femelle, neutre ou Ouvrières) ont à peu près les mêmes couleurs; seulement, chez le Mâle, la tête est semée de quelques poils blancs, et la bande jaune de l'abdomen n'est pas exactement limitée au second segment. Leurs dimensions sont différentes : la Femelle, large, a 26^{mm} et plus de longueur; le Mâle, de 13 à 22^{mm}; l'Ouvrière, de 13 à 18^{mm},75. Avec l'âge, la couleur jaune pâlit.

Distribution géographique. — Cette espèce habite toute l'Europe, ainsi que l'Afrique septentrionale.

LE BOURDON DES JARDINS. — *BOMBUS TERRESTRIS.*

Gartenhummel.

Caractères. — Dans cette espèce, de même taille à peu près que la précédente, la cole-

rette ou bande située en avant du corselet, l'écusson et le premier segment de l'abdomen, sont jaunes. La partie postérieure de l'abdomen est blanche, sauf sa pointe extrême qui est noire.

Distribution géographique. — Cette espèce, aussi répandue que la précédente, se trouve dans les mêmes régions.

LE BOURDON DES PIERRES. — *BOMBUS LAPIDARIUS.*

Steinhummel.

Caractères. — De même grandeur, le Bourdon des pierres est d'un beau noir; les trois derniers anneaux de son corps sont d'un rouge de renard. Chez le mâle, la tête, la partie antérieure du dos, la poitrine, et souvent l'écusson, sont jaunes; les poils des jambes postérieures sont rougeâtres.

LE BOURDON DES MOUSSES. — *BOMBUS MUSCORUM.*

Mooshummel.

Caractères. — Ce Bourdon (fig. 818) est jaune; il présente toutefois sur le milieu du corps et sur la partie antérieure de l'abdomen une teinte rougeâtre, mélangée de quelques poils bruns et noirs. Par suite d'un mélange de gris, la couleur jaune du reste de l'abdomen paraît plus claire ; avec l'âge les couleurs pâlissent, et l'Animal entier peut prendre l'aspect d'une moisissure. La longueur oscille entre 18^mm,75 et 22^mm.

Mœurs, habitudes, régime. — Leur nom provient de ce qu'ils bâtissent leurs Nids avec des fragments de Mousse et des brindilles peu serrés. Avec quelques précautions on peut s'en assurer ; et la construction peut être comparée à un Nid d'Oiseau retourné ; les cocons ressemblent assez à des Œufs ; ils sont rassemblés sans ordre et disposés les uns à côté des autres. Tandis qu'on se tient encore auprès du Nid, on peut voir ces Animaux chercher la mousse éparse, la rassembler et y travailler sans distinction de sexes.

Ils ne la transportent pas, mais ils la poussent en bloc. Ils se placent pour cela, au nombre de trois ou quatre, l'un derrière l'autre ; le plus éloigné en saisit un petit brin dans ses mâchoires, le trille avec ses pattes antérieures, le pousse au-dessous de son corps, où la seconde paire de pattes s'en empare, pour le transmettre aux jambes postérieures qui le poussent à leur tour aussi près que possible du Nid. Ce petit brin est travaillé de même par le deuxième Bourdon, puis par le troisième, jusqu'à ce qu'il arrive enfin tout près du Nid. Là, d'autres Bourdons l'attendent pour le diviser avec leurs mâchoires et le rendre adhérent. Ils forment ainsi, peu à peu, une voûte de 26 à 52^mm d'épaisseur. Avec cette manière de construire, ils ne peuvent naturellement établir leurs Nids que dans les lieux où ces matériaux se trouvent immédiatement à leur portée. Ils recouvrent l'intérieur d'un dôme résineux, auquel ils donnent la consistance du papier. L'entrée du Nid, allongée en forme de passage tortueux, est pourvue d'une sentinelle, chargée d'en écarter les Fourmis et les autres Insectes (1).

LES ABEILLES SOLITAIRES

Nous allons opposer aux Abeilles vivant en sociétés, dont nous avons parlé jusqu'ici, les Abeilles qui vivent isolées, mais qui se servent pour leurs récoltes des mêmes organes. Elles vivent seulement par groupes, et ne comprennent point de Femelles atrophiées ou neutres faisant le métier d'Ouvrières. Chaque Femelle se contente de ses propres forces pour assurer le sort de sa couvée.

(1) Voy. pour plus de détails : *Mœurs, habitudes, régime des Bombines*, p. 583 et suiv.

Ces Apides se distinguent de leurs congénères, vivant en société, par une particularité physiologique d'une haute importance qui entraîne une modification anatomique absolument caractéristique : ils ne produisent pas de cire ; aussi leurs pattes postérieures ne présentent plus cette disposition spéciale de l'insertion du premier article du tarse sur la jambe qui transforme ces organes en une pince délicate destinée à saisir sous le ventre les lamelles de cire, au fur et à mesure de leur formation.

Les Abeilles solitaires se divisent en trois grands groupes : les *Podilégides* (*Anthophora, Macrocera, Eucera, Xylocopa* ou *Abeilles perce-bois*), les *Merilégides* (*Dasypoda, Andrena, Halyctes, Colletes*), et les *Gastrolégides* (*Chalicodoma, Osmia, Megachile*).

LES PODILÉGIDES — *PODILEGIDÆ*

Die Schienensammler.

Caractères. — Chez ces Abeilles (*Podilégides*), qui ramassent le pollen sur les jambes et les tarses des pattes postérieures, la disposition des jambes postérieures rappelle exactement celle de nos Bourdons ; les Femelles possèdent une corbeille, qui manque cependant chez certaines espèces de nos pays ; le premier article des jambes postérieures est pourvu en dessous de poils épais qui servent à la récolte, et qui sont implantés à la manière des brosses dont nous avons déjà parlé.

Les mâchoires sont rectilignes ; leur surface présente un pointillé irrégulier, et leur face interne est pourvue d'une sorte de dent. Au repos, la lèvre inférieure ou langue, presque cylindrique, dépasse à peine la tête ; lorsqu'elle s'étire, elle atteint la longueur du corps ; elle est conformée comme celle des Abeilles domestiques. Les palpes labiaux sont dimorphes.

Mœurs, habitudes, régime. — Les Podilégides construisent dans les talus sur le bord des routes, ou des sablonnières, dans les vieux murs de pisé, dans le mortier qui relie les pierres des vieilles murailles, ou dans le vieux bois à demi pourri des Nids composés de cellules en forme de dés placés à la suite les unes des autres, de manière que le fond de l'une soit le couvercle de l'autre.

Ces Hyménoptères, munis de brosses, et qui récoltent à l'aide de leurs jambes, aménagent leurs cellules, ainsi que les autres Abeilles solitaires non parasites ; elles emploient des matériaux variés, mais point de cire. Elles les remplissent de nourriture (mélange de miel et de pollen), pondent leur Œuf par-dessus, et ferment les cellules. Lorsque la Larve et la Nymphe ont terminé leur évolution, l'Abeille parfaite ronge l'opercule de sa loge, et sort, peut-être dix ou onze mois après que l'Œuf a été pondu par la mère ; mais elle ne trouve pas autour d'elle les soins caressants d'une Ouvrière, comme l'Abeille domestique ou le Bourdon ; elle partage le sort du plus grand nombre des Animaux, qui n'ont à leur disposition que les seules forces de leur nature pour soutenir leur courte existence.

Les Mâles naissent les premiers ; et nous les trouvons sur les fleurs où ils séjournent et où ils cherchent une femelle. Celle-ci, de son côté, abandonne son lieu de naissance, pour chercher à se nourrir, et la connaissance se fait aisément, souvent plusieurs prétendants l'entourent de leur vol et la poursuivent. L'inclination réciproque se manifeste d'une façon variable suivant les espèces ; mais, toujours le Mâle favorisé expie sa conquête par une mort prochaine. La Femelle fécondée a droit à une vie plus longue, pour s'occuper des préparatifs de la couvée. Si la récolte de miel est fructueuse, si l'été reste beau d'une façon continue, le travail en profite, et la Femelle peut fonder une plus riche postérité ; si le mauvais temps persiste, au contraire, et l'empêche de sortir du Nid, le travail est retardé, les heures ne peuvent être mises à profit, il n'y a qu'un petit nombre d'Œufs pondus quand la mort apporte à la pèlerine fatiguée le repos définitif.

Plus d'un Parasite profite des absences de cette mère laborieuse pour déposer un Œuf dans les cellules remplies ; cet Œuf éclôt avant l'habitant légitime si la Larve parasite se nourrit du miel, il éclôt plus tard si le Parasite doit dévorer la Larve d'Abeille elle-même. Il faut ranger au nombre de ces traîtres : plusieurs Hyménoptères de cette famille même des Apides, puis d'autres appartenant à des groupes différents, tels que les Chrysides et les Ichneumons ; des Diptères, tels que les Mouches du genre *Bombylius* et du genre *Anthrax ;* des Coléoptères, les *Trichodes* et les *Sitaris.*

LES ANTHOPHORES — *ANTHO-PHORA* (1)

Die Schnauzenbienen. — Pelzbienen.

Caractères. — Les Anthophores présentent sur l'aile antérieure autant de cellules que les espèces précédentes. Il y a une cellule marginale, arrondie en avant, et pourvue d'un petit prolongement ; elle ne s'étend pas, en arrière, aussi loin que la dernière des trois cellules sous-marginales qui sont closes et de dimensions presque égales entre elles. Les griffes de leurs pattes sont bifides ; les épines des jambes postérieures sont simples ; les antennes, filiformes, sont à peu près égales dans les deux sexes, et sont à peu près longues comme la moitié du corps. Les yeux accessoires sont disposés en triangle. Les palpes maxillaires comptent six articles. Ce n'est pas seulement par l'aspect trapu de leur corps, mais aussi par l'épaisseur et la coloration de leur fourrure, que ces Abeilles rappellent les Bourdons. Toutefois un examen attentif, du moins pour les Femelles, ne permet pas d'hésiter entre les deux genres.

La différence entre les sexes consiste en ce que les Mâles sont dépourvus de brosses, tandis qu'ils ont des poils variés sur les tarses des jambes moyennes, et que généralement la partie inférieure de leur face est d'un blanc d'ivoire ; chez les Femelles, cette partie, ainsi que la moitié supérieure, est noire. Chez elles, le dernier article, très petit et très aigu, possède des soies courtes et serrées, de sorte que sa pointe semble être munie d'une bordure. Ces différences entre les deux sexes d'une seule et même espèce sont malheureusement si grandes, que, comme nous l'avons déjà dit à propos des Bourdons, il ne suffit pas de les apercevoir, il faut observer ces Insectes en liberté pour appareiller les couples régulièrement.

Distribution géographique. — Les Anthophores s'étendent sur toute l'Europe et l'Afrique septentrionale. Elles ne font pas absolument défaut dans l'Amérique du Sud et l'Asie.

Mœurs, habitudes, régime. — Les Anthophores bâtissent dans la terre sablonneuse, sur les talus ensoleillés des chemins creux, dans les sablières, dans le mortier sableux qui remplit les interstices des murs, dans les creux d'arbres, dans les conduits en terre glaise, qu'elles cloisonnent pour former des cellules.

Elles font leur apparition à une époque avancée de l'année, et volent avec une grande rapidité, de fleur en fleur, avec un bruit légèrement sifflant. On peut, en avril ou en mai, voir un groupe de Mâles, alignés les uns derrière les autres, voltiger de haut en bas et de bas en

(1) Ἄνθος, fleur ; φόρος, favorable.

haut le long d'un mur ou d'un tas sablonneux, où se trouvent de nombreux Nids dont les Femelles viennent d'éclore. Si l'une d'elles se sent attirée vers les Mâles, elle se pose à l'orifice d'entrée ; le Mâle se jette sur elle, la saisit, et tous deux disparaissent dans les airs.

La plupart du temps, la Femelle fécondée recherche pour sa couvée, son lieu de naissance, et y organise son intérieur ; car on trouve, plusieurs années de suite, dans les vieux murs en pisé, des Nids de cette espèce, disposés les uns derrière les autres. Mais avec le temps, ces Insectes peuvent avoir été détruits, ou chassés par des Parasites importuns à qui la place a paru bonne.

L'ANTHOPHORE HÉRISSÉE OU A PIEDS POILUS. — *ANTHOPHORA HIRSUTA OU PILIPES.*

Rauhhaarige Pelzbiene.

Caractères. — L'Anthophore hérissée (fig. 819 et 820) est recouverte entièrement d'un poil épais ; sa couleur est rousse ou jaune-brun sur le thorax et la base de l'abdomen, jaune sur l'appareil récolteur, noire sur le reste du corps.

Chez le Mâle, la base des palpes, de la tête, de la lèvre supérieure, des joues et de la naissance des mâchoires, est d'une couleur jaune ; sur les pattes moyennes, on remarque, au niveau du premier et du cinquième article, une dilatation foliforme, pourvue de poils noirs et épais.

L'ANTHOPHORE OBTUSE. — *ANTHOPHORA RETUSA.*

Abgestutzte Pelzbiene.

Caractères. — Dans cette espèce, la Femelle (fig. 821) présente exactement la même taille et les mêmes allures que dans l'espèce précédente, mais elle est entièrement recouverte de poils noirs, sauf les poils qui lui servent pour récolter et qui sont d'un rouge de rouille.

Le Mâle (fig. 822), un peu plus petit, un peu plus élancé, que Le Peletier a désigné sous le nom « d'*Anthophora pilipes* », porte des poils, couleur de renard, c'est-à-dire jaune roussâtre, sur la tête, le thorax, et la naissance de l'abdomen ; plus en arrière, les poils deviennent plus rares et noirs. Les premiers et les derniers articles des pattes moyennes sont élargis et présentent des poils disposés en étoile ; mais toute la face postérieure est dépourvue de ces longues touffes de poils que nous avons signalées chez l'espèce précédente.

Mœurs, habitudes, régime. — Le Mâle vole plus tard que la Femelle, qui volontiers choisit pour lieu d'incubation, sur les Sept-Montagnes et dans le bassin parisien, les creux de rochers qui donnent au terrain trachytique son aspect si particulier.

L'ANTHOPHORE DES MURAILLES. — *ANTHOPHORA PARIETINA.*

Wand-Pelzbiene.

Caractères. — La Femelle (fig. 824) est un peu plus petite que celle des espèces précédentes ; elle est entièrement recouverte de poils noirs, sauf à la pointe de l'abdomen qui est d'une couleur rouge de rouille.

Le Mâle différerait à peine de l'espèce précédente, quant à la couleur, n'était le reflet grisâtre de ses poils qui ont un aspect fané. Les marques que nous avons signalées sur les pattes moyennes dans l'espèce précédente, font ici défaut.

Mœurs, habitudes, régime. — Cette Anthophore édifie son Nid avec amour ; elle habite des trous qu'elle creuse dans les interstices des moëllons reliés par du sable qui entre dans la construction des vieux murs, et protège l'entrée de sa galerie par un tuyau courbe, sorte de cheminée formée de grains de sable agglutinés qui livre passage à l'habitant et lui permet de rejeter au dehors les débris formés dans l'intérieur du mur au fur et à mesure qu'elle avance ses fouilles, et s'oppose à l'entrée des parasites tels que les Mélectes, les Cœlioxys et les Anthrax qui voltigent aux alentours pour saisir le moment où la Femelle est partie à la cueillette, et pénétrer dans le Nid pour déposer ses Œufs. Latreille, le premier, en 1804, a observé à Meudon et à Gentilly, les curieux travaux de cette Anthophore ; mais c'est au Dr Cartereau que nous devons une bonne représentation de leurs constructions. Dessinées d'après nature (1872), à Chatellerault, elles nous ont permis de faire exécuter fidèlement la figure ci-jointe (p. 601).

LES ABEILLES A LONGUES CORNES OU MACROCÈRES — *MACROCERA*

Die Langhörner.

Caractères. — Un autre genre d'Abeilles, qui récoltent le pollen à l'aide de leurs jambes, se distingue, chez le Mâle, par la longueur des antennes. Le renflement légèrement noueux de la partie antérieure de ces organes les a fait comparer aux cornes d'un Bouquetin. C'est de là que ces Insectes ont tiré leur nom.

Distribution géographique. — On n'en trouve aucune espèce en Allemagne, tandis qu'il en existe plusieurs dans le sud de l'Europe, en Algérie et dans les contrées plus chaudes.

LES EUCÈRES — *EUCERA* (1)

Die Langhornbiene.

Nous ne décrirons que cette espèce française et allemande, la ressemblance absolue des caractères essentiels de ces Apides avec ceux des Anthophores et du genre précédent n'engagerait pas à créer une subdivision ; le nombre moindre de ses cellules sous-marginales empêche seul de les réunir.

La marque caractéristique du genre (fig. 823 et 825) consiste dans l'existence de deux cellules sous-marginales seulement, dont la seconde reçoit, près de son extrémité, les deux nervures récurrentes. En tout le reste, il est semblable au genre *Macrocera*. Les yeux accessoires sont disposés en ligne droite, et les griffes sont bifides.

Distribution géographique. — L'Amérique renferme un grand nombre d'espèces, qui ont avec la nôtre la plus grande analogie, au point de vue de la coloration et des différences sexuelles.

L'EUCÈRE LONGICORNE OU ABEILLE A CORNES COMMUNE. — *EUCERA LONGICORNIS*.

Gemeine Hornbiene.

Caractères. — Cette Abeille, qui prend son vol à partir de la fin de mai, a déjà perdu, au

Fig. 826. — L'Eucère longicorne, mâle grossie.

milieu de juin, une grande partie de ses atours ; les poils sont en partie décolorés, en partie per-

(1) Εὐχέραος, aux belles cornes.

dus par suite des frottements. A un âge moins avancé, le Mâle (fig. 825 et 826) est couvert sur la tête, sur le milieu du corps et sur les deux premiers anneaux de son abdomen fortement courbé, de poils épais d'un beau rouge de renard ; plus en arrière se trouvent quelques poils noirs isolés. A la fin de juin, l'Insecte paraît dégarni et décoloré ; ses cornes imposantes et la coloration de la tête et de la lèvre supérieure lui restent à titre d'ornements inaltérables.

Le corps de la Femelle (fig. 823) est très différent ; il est un peu plus gros ; ses antennes déjetées et d'une conformation toute ordinaire, ne lui fournissent pas de caractère distinctif ; l'abdomen est un peu plus bombé, il se rétrécit davantage en avant et prend un contour elliptique ; par suite, on pourrait la prendre pour une Andrène, d'autant plus que les bords postérieurs des anneaux sont ornés de bandes blanches, qui sur les trois premiers anneaux présentent une large interruption médiane (signe que l'on rencontre souvent sur les Andrènes). Mais, remarquez sur les jambes postérieures, une brosse, elle préserve de toute erreur : aucune Andrène n'en possède. Les bandes blanches sont formées de soies courtes et juxtaposées ; elles passent, comme toutes les belles choses ! Aussi, il arrive qu'on rencontre, en été, la Femelle couverte de poils décolorés et d'un rouge de renard, sur ces mêmes régions, ainsi que le Mâle ; et son aspect sera d'autant plus délabré, qu'elle aura plus consciencieusement accompli ses devoirs maternels.

Mœurs, habitudes, régime. — Une galerie tout unie, creusée en terre, sert à la Femelle de chambre d'incubation. Elle est divisée par des cloisons obliques, en cellules, qui se multiplient d'arrière en avant, à mesure que les plus éloignées sont chargées de miel et pourvues chacune d'un Œuf.

LES XYLOCOPES OU ABEILLES PERCE-BOIS — *XYLOCOPA* (1)

Die Holzbiene.

Caractères. — Les Xylocopes nous représentent les membres les plus importants de cette famille des Anthophores.

Leur aspect rappelle celui des Bourdons, avec un abdomen plus mince et moins velu

(1) Ζύλον, bois ; χόπτω, couper.

sur sa face supérieure; mais ces Insectes sont plus grands et une observation plus attentive montre une différence notable dans les caractères essentiels. La parenté des Xylocopes avec ces Hyménoptères est établie non seulement par leur mode d'existence, mais encore par certains points de leur structure.

La conformation de la bouche est semblable à celle des Fausses-Abeilles : les mandibules élargies de la base à l'extrémité sont terminées, d'un côté, par une pointe. Les palpes des mâchoires sont composés de six articles, dont la longueur va en décroissant; ceux des lèvres sont formés d'une seule pièce.

Les ailes sont plus foncées que chez les Bourdons. Les antérieures ont des reflets violets ou bronzés ; elles possèdent une cellule marginale effilée aux deux bouts, dont l'extrémité postérieure se recourbe en dedans en forme de ros-

Fig. 827. — La Xylocope violacée et son nid.

tre, et pourvue d'un prolongement plus ou moins considérable. Les trois cellules sous-marginales sont entièrement closes ; la moyenne, de grandeur à peu près égale à la première, est presque triangulaire ; la troisième est aussi longue que les deux premières réunies. A la naissance de cette cellule aboutit la première nervure récurrente ; la seconde se jette vers son milieu ou un peu en arrière.

La jambe postérieure, large, n'est pas lisse ; elle est pourvue de poils épais, qui avec le premier article du tarse allongé constituent l'appareil de récolte. Elle porte deux épines terminales ; les articles du tarse sont insérés laté-

ralement sur le côté externe de la jambe. Les griffes sont bifides ; les ocelles sont disposés en triangle.

Non seulement les Mâles ont le corps plus petit et les poils moins nombreux sur les jambes postérieures, mais ils diffèrent encore complètement de leurs Femelles soit par leur fourrure, soit par l'élargissement des articles de leurs pattes antérieures (comme chez les *Xylocopes latipes* de l'Inde occidentale, de Java, etc.), soit par le rapprochement des ocelles au sommet de la tête. Chez les Xylocopes cafres (*Xylocopa cafra*), par exemple, toute la face supérieure est d'un jaune tirant sur le vert-olive ; tandis que la femelle est noire, et présente seulement des bandes jaunes transversales sur l'écusson, la partie postérieure du dos, et les premiers articles abdominaux.

Distribution géographique. — Les Xylocopes qui établissent leurs rangées de cellules dans le bois, vivent principalement dans les régions chaudes de l'Amérique, de l'Afrique et de l'Asie. Plusieurs espèces très analogues entre elles, et par suite souvent confondues, apparaissent dans l'Europe méridionale. L'une d'elles s'étend vers le nord jusqu'à certaines parties de l'Allemagne (Nassau, Bamberg). Telle est la *Xylocope violacée.*

LA XYLOCOPE VIOLACÉE. — *XYLOCOPA VIOLACEA.*

Violettflügelige Holzbiene.

Caractères. — Cette Xylocope, aux ailes violettes (fig. 827), quoiqu'elle soit d'une taille assez respectable, appartient aux espèces de grandeur moyenne. Sa coloration est entièrement noire, et sa taille est variable. Le troisième article des antennes est aminci vers sa base en forme de pédicule ; il est aussi long que les trois suivants réunis.

Chez le Mâle, dont l'abdomen ovoïde paraît plus court, les antennes sont courbées à leur pointe en forme d'S, et les deux derniers articles sont colorés en jaune-rougeâtre. Les hanches postérieures sont armées d'une épine dirigée en bas; le bord interne des jambes est régulièrement courbé en S, couvert de poils, et présente un prolongement brun-rougeâtre, aplati, lancéolé et échancré.

Mœurs, habitudes, régime. — D'après Schenk, au début du printemps, s'envolent des Femelles qui ont passé l'hiver (auprès de Weilbourg). Depuis le mois de juillet jusqu'en automne, on voit de jeunes Xylocopes des deux sexes, rassemblés surtout autour des Papillonacées. Gerstäcker, à Bozen, a pris pendant deux années. différentes, des Xylocopes des deux sexes, sur la *Veronica spicata;* Kriechbaum en a pris de même à Trieste et à Fiume dans les premiers mois du printemps. Gerstäcker ne pense pas infirmer les observations de Réaumur, en admettant deux couvées par an; le fait n'a pas été constaté encore chez les Abeilles qui habitent le nord, mais n'a rien de surprenant dans les conditions plus douces des pays méridionaux. On a été bien plus étonné en 1856, de trouver en Angleterre une Xylocope isolée, et Newmann croit que l'introduction de nombreux orangers à l'occasion de l'Exposition Universelle a donné lieu à cette surprise.

La Femelle, chargée des soins de la couvée, voltige avec un bourdonnement puissant, autour des perches, des palissades, des poteaux, et recherche l'exposition la plus ensoleillée. Ses allées et venues ont pour but de choisir un lieu convenable pour y déposer sa postérité, à laquelle elle consacre sa courte existence. Du vieux bois, un poteau vermoulu, un tronc d'arbre friable déjà dépourvu d'écorce, lui conviennent à merveille, et rendent possible son travail. En rongeant avec zèle, elle fore perpendiculairement à l'axe ou un peu obliquement un trou du diamètre de son corps, pénètre de quelques millimètres dans l'intérieur, puis se dirige parallèlement à l'axe en se dirigeant vers le bas. En guise de ciseau, elle emploie chacune de ses mandibules séparément; ensemble elles lui servent de tenailles. Elle rejette les copeaux ou la sciure au dehors, et creuse de plus en plus bas, jusqu'à ce qu'elle ait foré un tube régulier qui peut avoir 31^{cm} de long, et qui, à la fin, se recourbe vers l'extérieur. Cette mère laborieuse ne prend de repos que le temps de cueillir sur les fleurs le miel nécessaire pour réparer ses forces.

« Enfin la Mouche, dit Réaumur (1), n'est pas seulement instruite de la figure, de la capacité du logement qui convient à chacun de ses Vers, et de la nature des matériaux dont il doit être fait; elle sait bien plus que tout cela : elle a des connaissances dont nous devons être étonnés. Quelle est parmi nous la mère qui sache au juste le nombre des livres de pain, de viande et d'aliments de toutes autres espèces, et la quantité de différentes boissons que con-

(1) Réaumur, *Mémoires pour servir à l'Histoire des Insectes.* Paris, 1742, tome VI, p. 33.

sommera l'enfant qu'elle vient de mettre au jour, jusqu'à ce qu'il soit parvenu à l'âge d'homme? Le Ver naissant, pour parvenir à être Mouche, n'a pas besoin de prendre des aliments aussi variés que les nôtres; une sorte de pâtée, assez semblable à celle dont les Bourdons à Nids de mousse nous ont donné occasion de parler, est la seule nourriture. Mais ce que nous devons admirer, c'est que la Mouche à laquelle ce Ver doit le jour, fait sa quantité de cette pâtée qui lui est nécessaire pour fournir à tout son accroissement; elle la connaît cette juste quantité d'aliment, et la lui donne. C'est une prévoyance tendre et éclairée dont nous n'avons pas eu occasion de parler jusqu'ici, et dont d'autres Mouches du genre des Abeilles et de celui des Guêpes, nous donneront des exemples. »

Dans la partie inférieure de son logement, elle introduit une mesure bien déterminée du miel et de pollen mélangés, puis elle y place un Œuf. Un peu au-dessus, à une hauteur égale au diamètre du tube, elle construit un couvercle avec des anneaux concentriques faits de sciure de bois mâchonnée. La première cellule ainsi formée fournit un plancher pour la seconde, qui sera située au-dessus et qui recevra une ration égale et un Œuf. Le travail continue ainsi sans interruption, quand le temps ne s'y oppose point, jusqu'à ce que l'espace creusé se trouve rempli de cellules. Mais alors, la Femelle a fourni tout ce qu'elle pouvait, et ses forces sont à bout. Supposons qu'elle soit en activité depuis le début du printemps; toutes conditions égales d'ailleurs, il est probable qu'elle a posé à cette époque les fondements d'une postérité plus nombreuse, que dans le temps qui s'est écoulé depuis le mois d'août; en d'autres termes, comme chez les autres espèces, la première portée est plus riche que la seconde.

Au bout de peu de jours, la Larve sort de sa coque; son aspect ne diffère pas de celui que nous avons décrit pour toutes les Larves de cette famille. Elle gît, légèrement courbée, et remplit à peu près, au bout de trois semaines de croissance environ, toute sa cellule; autour d'elle, on trouve alors des grains noirs, qui ne sont autres que ses déjections. Puis elle se tisse une coque et opère sa nymphose.

L'inférieure, étant la plus âgée, termine son évolution la première; la seconde vient ensuite, la supérieure en dernier. L'inférieure va-t-elle attendre que sa dernière sœur soit prête, pour se frayer une route hors de sa prison? Pour la seconde portée, oui ; car elle redoute l'hiver pour faire son apparition. Pour la première portée, qui a terminé son évolution en août, c'est différent. La jeune Xylocope choisit le plus court chemin pour conquérir sa liberté. Elle prend un point d'appui sur sa tête, et n'a besoin que d'une certaine mobilité pour exercer une pression en avant et constater ainsi que la cellule est extensible. Elle atteint ainsi l'extrémité du tube, qui n'est rempli que de copeaux ; l'instinct lui apprend à se servir de ses mandibules qui constituent d'excellentes pinces, qu'elle essaye pour la première fois en rongeant la mince couche qui la sépare de l'atmosphère chaude de l'été. C'est là, du moins, l'opinion de Le Peletier. Mais Réaumur admet que la mère a foré son second trou à l'extrémité du tube et parfois même un troisième à mi-hauteur.

La seconde Xylocope, qui éclôt, suit la première, et ainsi de suite, jusqu'à ce qu'enfin toute la nichée soit envolée, et que l'habitation se trouve dépeuplée. Dans les pays où ces Xylocopes ont pris droit de cité, elles utilisent sans doute les anciens Nids, et gagnent ainsi, dans les saisons favorables, du temps pour mettre au jour une plus nombreuse postérité que dans les cas où leurs mâchoires et leur patience sont astreints sans cesse à renouveler les dures épreuves que nous avons signalées.

Nous nous souvenons d'avoir observé dans notre enfance, alors que nous étions au collège Rollin, les manœuvres des Xylocopes ; pour s'éviter un long travail ces paresseux intelligents utilisaient les trous qu'on avait forés dans les poteaux des appareils de gymnastique pour y fixer différents engins (Künckel).

LES MÉRILÉGIDES — *MERILEGIDÆ*

Die Schenkelsammler.

Caractères. — Les Abeilles qui récoltent le pollen à l'aide de leurs cuisses (*Merilegidæ*) diffèrent des précédentes, en ce que les appareils de récolte sont plus rapprochés du corps ; ils se trouvent situés simultanément sur les côtés du métathorax ; du premier segment de l'abdomen, au voisinage des jambes postérieures sur les hanches et la base des cuisses, ce sont des espaces nus finement striés, ombragés de poils rangés sur leurs bords comme des cils et recourbés en biseau ; les jambes postérieures, munies de longs poils en dessus comme

en dessous, et leurs tarses lorsqu'ils sont velus en dessus, servent concurremment à la récolte des pelotes de pollen jaunâtre qui leur restent appendues ; les hanches et les cuisses paraissent plus longues. Toutes ont un palpe labial d'une seule pièce, en sorte que Latreille les a classées parmi ses Fausses-Abeilles.

LES DASYPODES — *DASYPODA* (1)

Die Bürstenbiene.

Caractères. — Quant à la structure, nous remarquons que la cellule marginale lancéolée s'applique, par sa pointe, contre la nervure marginale, et que des deux cellules sous-marginales qui sont closes, la seconde, la plus courte, reçoit vers ses extrémités les deux nervures récurrentes. Le second article des antennes s'amincit en forme de pédicule ; les palpes des lèvres sont formés de quatre articles ; la langue, sans être aussi courte que celle des Andrénites, ne peut cependant pas être qualifiée de langue.

L'ABEILLE A CULOTTES OU A PIEDS HÉRISSÉS. — *DASYPODA HIRTIPES*.

Hosenbiene. — Rauhfüszige Bürstenbiene.

Caractères. — Cette espèce à pattes velues (fig. 828, 844 et 845), mérite d'être mentionnée à cause de la magnificence de la Femelle, bien que son mode d'existence n'offre rien d'important à signaler.

Ce qui donne à ces Abeilles leur élégance, ce sont leurs poils d'un rouge de Renard, implantés tout autour des jambes postérieures et du

Fig. 828. — L'Abeille à culottes ou à pieds hérissés, grossi.

premier article de leurs tarses, comme les crins d'un goupillon ; plus en arrière, depuis le second jusqu'au quatrième segment, l'abdomen, dont les poils sont noirs et courts, est

(1) Δασύς, velu ; πούς, ποδός, pied.

Fig. 829.   Fig. 830.   Fig. 831.   Fig. 832.

Fig. 833.   Fig. 834.

Fig. 829, 830, 831 et 832. — Les Anthophores.
Fig. 830. — Anthophore creusant sa galerie.

Fig. 833. — Cellule non approvisionnée avec sa cheminée.
Fig. 834. — Anthophore construisant sa cheminée.

Fig. 829 à 834. — Les Anthophores des murailles et leurs Nids.

sillonné par des bandes de poils blancs. L'abdomen se déprime, et figure une ellipse; sa pointe est élargie par de longues franges noires terminales. Le thorax et la base de l'abdomen sont revêtus de poils épais d'une teinte rouge de Renard, mêlée de gris; la tête est noire, mais en arrière le gris domine. Leur longueur, qui atteint 11 à 13 millimètres, les classe parmi les plus importantes espèces de cette famille.

Les Mâles, très différents, sont bien loin d'offrir la même magnificence. Ils sont plus nombreux et plus petits; leur abdomen est fusiforme, notablement bombé ; ils ont des antennes assez longues, dont le second article n'est pas pédiculé; leur poil, jaune-gris et rare, laisse briller les bords postérieurs des anneaux du corps.

Mœurs, habitudes et régime. — Comme leurs nombreux parents, les Femelles confient leur progéniture à quelque cavité qu'elles creusent dans la terre ou dans le mortier, qui sépare les moellons de nos murailles bien exposées au soleil, et approvisionnent leurs Nids d'une énorme quantité de pollen qu'elles recueillent principalement sur les Chicoracées.

On ne voit ces Abeilles à culottes que du milieu de juin à la fin d'août.

LES ANDRÈNES — *ANDRENA* (1)

Die Erdbienen. — Die Sandbienen.

Caractères. — Les Abeilles des sables (*Andrena*) ont une langue courte, lancéolée, qui ne se replie pas en arrière pendant le repos, mais se retire sur la face supérieure du menton. Westwood les oppose, sous le nom d'*Acutilingues* à d'autres espèces alliées. Les palpes labiaux sont uniques et formés de quatre articles; ceux de la mâchoire inférieure sont composés de six articles.

La cellule marginale de l'aile antérieure s'effile dans sa moitié postérieure et ne s'applique pas à l'extrémité arrondie de la nervure marginale. Des trois cellules sous-marginales, qui sont closes, la première atteint presque la longueur des deux autres réunies ; la seconde, la plus petite, est presque carrée et reçoit vers son milieu la première nervure récurrente ; la troisième se rétrécit en haut et reçoit la seconde nervure récurrente bien en arrière de son milieu.

(1) Nom emprunté à Aristote.

Chez la Femelle, toute la surface externe des jambes postérieures jusqu'à l'extrémité du tarse, ainsi que les côtés du mésothorax, sont pourvus de poils épais, pour la récolte du pollen ; mais le premier article du tarse postérieur est court, dégarni de longs poils et par conséquent inutile pour moissonner. En dedans, sur les tarses, un poil épais et plus court constitue les *brosses* que nous avons déjà souvent citées ; les Femelles rentrent au logis, couvertes de pollen sur toutes ces régions. Les griffes sont armées, vers leur milieu, d'une petite dent latérale ; il existe entre elles une languette membraneuse très remarquable. L'abdomen est rétréci à sa racine ; il est ovale, lancéolé ou elliptique. C'est lui qui permet de distinguer aisément les sexes. Chez la Femelle, il est plus aplati vers l'extrémité, c'est-à-dire vers le cinquième anneau, qui est muni d'une garniture de poils, la « *frange terminale* », recouvrant plus ou moins le sixième anneau, plus petit. Chez le Mâle, l'abdomen est plus étiré, sans prendre jamais la forme linéaire. Les antennes ne le différencient guère de la Femelle, car elles sont à peine plus longues ; mais il a, sur la face, une touffe de poils plus forte, et la lèvre supérieure est parfois, dans toute son étendue, d'une coloration plus claire ; cependant jamais cette teinte claire n'est limitée au bord antérieur seul. Comme il ne récolte pas, ses poils sont bien plus rares, sur les jambes postérieures, que chez la Femelle.

D'après leur coloration et le revêtement de leur corps, les nombreuses espèces d'Andrènes (Smith en a relevé soixante-huit en Angleterre) peuvent se grouper de la façon suivante :

Celles dont l'abdomen est de couleurs noire et rouge.

Celles dont l'abdomen est uniformément noir, parfois à reflets bleus, mais sans bandes.

Enfin celles dont l'abdomen n'est pas absolument noir, et se trouve orné de bandes claires provenant du plus ou moins d'épaisseur de la fourrure. Cette dernière division comprend le plus grand nombre d'espèces, dont la plupart se ressemblent beaucoup.

Nous décrirons une espèce de chacun de ces trois groupes.

Distribution géographique. — Elles vivent dans la région septentrionale et moyenne de la France, de l'Allemagne et de toute l'Europe ainsi que dans le nord de l'Afrique.

Mœurs, habitudes, régime. — Les Abeilles des sables, qui comprennent les espèces suivantes, constituent certainement, au moins le tiers des Abeilles sauvages qui recherchent les fleurs mellifères et dont le bourdonnement familier anime dès le printemps les prairies émaillées de fleurs. Les Abeilles des sables ouvrent la danse. Ce sont ces Andrènes, dont le vol sauvage accompagne les Abeilles domestiques plus calmes et plus réfléchies autour des chatons de Saules, qui savourent les fleurs des Groseillers à maquereau ainsi que les autres fleurs prémices de l'année et qui hésitent longtemps avant d'élire un domicile, afin de fêter par la bonne chère, le réveil de la création vivante. Ce sont elles qui, sur les coteaux ensoleillés, au sortir de leur berceau, voltigent de trou en trou, et se pressent en masses, afin de préparer des colonies pour leurs descendants.

Elles placent leurs Nids, la plupart du temps, dans les sols sablonneux, où elles creusent un tube oblique de 13 à 30 centimètres de profondeur ; elles disposent, à l'extrémité, une cavité sphérique, ou bien de courtes ramifications du tube principal, et là, elles remplissent les cellules d'une ample provision de pollen. Après que chaque cellule a été pourvue d'un Œuf, elle est couverte de terre, et l'orifice d'entrée de toute la construction est lui-même bouché avec de la terre.

Ces espèces sont exploitées par de nombreux Parasites, parmi lesquels de petites Abeilles (*Nomada*), un Insecte plein d'intérêt que nous étudierons plus loin sous le nom de (*Stylops*), et même certaines Larves de Coléoptères (*Sitaris*), jouent un rôle important.

L'ANDRÈNE DE SCHRANK ou ANDRÈNE BORDÉE
ANDRENA SCHRANCKELLA.

Schranks Erdbiene.

Caractères. — L'*Andrena schranckella* (fig. 842, 843) présente sur le second anneau abdominal une coloration rouge, qui s'étend plus ou moins sur le premier et sur le troisième. Le reste du corps est noir, sauf la tête et le thorax dont les poils épais sont d'un gris-jaunâtre.

Chez la Femelle, on trouve des bandes étroites de poils blancs sur les bords postérieurs des deuxième, troisième et quatrième anneaux abdominaux ; les brosses des jambes sont formées de poils jaunes, et l'extrémité du corps est formée d'une frange brune terminale.

Le Mâle est recouvert partout de poils gris réguliers ; sa face est jaune, présente deux petits points noirs en son milieu, et son bord antérieur est revêtu de poils blancs épais.

Mœurs, habitudes, régime. — Cette espèce voltige, à partir de juin, sur les broussailles en fleurs, parmi les herbages, sur les Rhamnées, les Bryones, les Trèfles.

Distribution géographique. — On peut la rencontrer dans les environs de Paris; mais nulle part elle n'est abondante.

L'ANDRÈNE CINÉRAIRE. — *ANDRENA CINERARIA.*

Greise Erdbiene.

Caractères. — L'Andrène cinéraire (fig. 838, 839) est noire, mais possède sur la moitié antérieure du corps des houppes de poils blancs plus ou moins épaisses.

Chez le Mâle, la face est pourvue de poils blancs, en touffes; chez la Femelle, les poils blancs sont isolés sur la face, plus épais sur le thorax; mais ils sont interrompus sur le dos entre les deux ailes; l'abdomen est ras sur sa face supérieure; à sa racine on trouve quelques touffes isolées.

Les brosses des jambes et la frange terminale de la femelle sont noires; les ailes sont ternes dans leur moitié externe.

Distribution géographique. — Ces Andrènes se trouvent aussi bien en Livonie qu'en Algérie, en Angleterre, en France et en Suisse; elles s'étendent donc assez loin.

Mœurs, habitudes, régime. — Cette espèce prend son vol de bonne heure, dès la fin d'avril, quand le printemps est beau; elle recherche surtout le miel des chatons de Saule; c'est là exclusivement que ces Abeilles ont été trouvées par Taschenberg et par Imhoff à Bâle; d'après Le Peletier, elles affectionneraient les fleurs du *Sisymbrium angustifolium.* L'*Andrena ovina* est une espèce très analogue.

Là, le dos de la Femelle est garni de poils, sans interruption médiane; et l'abdomen, plus élargi dans les deux sexes, prend une forme ovalaire.

L'ANDRÈNE AUX PATTES BRUNES. — *ANDRENA FULVICRUS.*

Braungeschenkelte Erdbiene.

Caractères. — Cette Andrène (fig. 840, 841) est noire, mais la tête et le thorax présentent des touffes de poils jaune-brun.

L'abdomen étiré et lisse de la femelle, est orné de quatre bandes d'un jaune brun, qui passe très vite au blanc, et d'une frange terminale brune. Les boucles de poils pollinigères et les brosses des jambes sont de la même couleur.

Le mâle présente aussi des touffes de poils sur le premier anneau abdominal; la face est pourvue de nombreux poils noirs, et son abdomen est orné de cinq bandes claires transversales.

Sur le dos passablement râpé d'une femelle de sa collection, Taschenberg a trouvé deux Larves jaunes de Méloës.

Distribution géographique. — Cette espèce commune aux environs de Paris, s'étend aussi loin que la précédente.

Mœurs, habitudes, régime. — Cette Andrénide s'envole de bonne heure (le 12 avril, en 1874) vers les chatons de Saules, d'après Schenk, principalement vers les Colzas et les Pissenlits.

Les Mâles se pressent vers le sol lorsqu'ils recherchent les Femelles.

LES HALYCTES — *HALICTUS* (1) *OU HYLÆUS* (2)

Ballenbiene. — Schmalbiene.

Caractères. — Ces Abeilles, très sveltes, moins riches en espèces que le genre précédent, et par leur aspect rappellent beaucoup les Andrènes du troisième groupe.

La Femelle se distingue seulement par une marque cunéiforme, brillante et dégarnie de poils, qui se trouve au milieu de la frange terminale.

L'abdomen du Mâle est étroit et devient presque linéaire; il est parfois un peu plus épais en arrière du milieu; chez lui le flagellum des antennes s'allonge davantage, et comme le bord antérieur de la lèvre supérieure, il est souvent, par places, coloré en blanc. Chez beaucoup d'espèces, les jambes présentent des espaces blancs plus ou moins étendus. En sorte qu'ici le Mâle peut être plus facilement reconnu comme appartenant à ce genre; tandis que chez la plupart des Hyménoptères, c'est la Femelle qui présente les caractères génériques les plus accentués.

A l'exception de quelques espèces plus consi-

(1) Ἄλυκτος, inévitable.
(2) Ὑλαῖος, sauvage.

dérables, la plupart n'atteignent que la taille moyenne des Andrènes ; il existe, en revanche, une masse d'espèces plus petites, comme on n'en rencontre que rarement dans les autres familles.

Mœurs, habitudes, régime. — Les Halyctes présentent le même mode d'existence, que les Andrènes, et apparaissent, en moyenne, un peu plus tard. Leurs Femelles figurent parmi celles qui, à la fin de l'été, recherchent les Bruyères, et dont la fourrure dégarnie ne permet plus de reconnaître les affinités.

Elles creusent volontiers leurs tubes ovifères dans la terre durcie. Ce sont elles qu'on voit se presser sur les sentiers battus qui sont devenus durs comme pierre. De petits trous dissimulés chacun par un petit tertre, se cachent aux regards ; mais si l'on reste quelque temps en place, on peut voir une Abeille, en quête d'une provende, se glisser hors de son trou, ou une Abeille, chargée de butin, reconnaissable de loin à ses culottes, disparaître dans sa demeure, par une entrée tellement étroite qu'on est porté à croire que le pollen récolté doit se trouver râclé pendant cette traversée. Les parois abruptes de quelque fossé argileux, de quelque chemin creux, ou de quelque lisière, pourvu qu'elles regardent l'est ou le midi, servent de lieux d'incubation à d'autres espèces. Par le beau temps, on y voit voltiger toute la journée des centaines de Femelles, qui sortent et qui rentrent, sans jamais se tromper ; parmi ces centaines d'orifices semblables, chose merveilleuse, chacune reconnaît toujours le sien.

Ce sont les Halyctes, enfin, qui apparentées aux gros Bourdons et à d'autres Abeilles affairées, dorment dans les fleurs de Chardons, ou s'y réfugient pour laisser passer quelque ondée, quand elles n'ont pu regagner leurs pénates.

Les Halyctes, d'après Fabre, ont deux générations par an : l'une printanière et sexuée, provenant de mères qui, fécondées en automne, ont passé l'hiver dans leurs cellules ; l'autre estivale est due à la parthénogénèse. Du concours des deux sexes naissent uniquement des Femelles ; de la parthénogénèse proviennent à la fois des Femelles et des Mâles.

Leurs couleurs permettent de les classer de la façon suivante :

Espèces noires, avec bandes de poils blancs sur les bords postérieurs de tous les arceaux abdominaux ou de quelques-uns seulement ;

Espèces noires sans bandes ;

Espèces vertes, ou tout au moins colorées en vert sur le milieu du corps.

Parfois les bandes sont si largement interrompues sur le milieu du dos, qu'elles se réduisent à des raies latérales.

L'*Hylœus grandis* (fig. 846, 847), la plus considérable de nos espèces, convient très bien pour montrer en quoi ses deux sexes diffèrent de ceux des Andrènes ou Abeilles des sables. Elle vole en juillet et en août et nidifie en sociétés nombreuses sur les pentes ensoleillées.

LES COLLÈTES — *COLLETES* (1)

Caractères. — Le premier article du tarse postérieur assez long, mais peu poilu, est également sans utilité pour la récolte de pollen. Les Collètes se distinguent des Halyctes par leur langue peu proéminente et le raccourcissement corrélatif des autres parties de la bouche. Cette langue aplatie en truelle est courte, évasée, à trois lobes, l'intermédiaire en forme de cœur. Les palpes labiaux comptent 4 articles semblables à ceux des palpes maxillaires et placés bout à bout. Les ocelles sont disposées en triangle. La cellule radiale est un peu appendiculée ; des quatre cellules cubitales, la première est plus grande que la deuxième ; la deuxième et la troisième sont égales, un peu rétrécies vers la radiale, recevant chacune une nervure récurrente ; la quatrième cubitale est à peine commencée.

LA COLLÈTE HÉRISSÉE. — *COLLETES HIRTA*.

Rauhe Seidenbiene.

Caractère. — Cette Collète qui se rapproche beaucoup des deux familles précédentes, a la taille et l'allure d'une Abeille domestique ouvrière ; elle est revêtue de poils blancs grisâtres, qui sont assez rares sur l'abdomen pour laisser voir la couleur noire du corps.

Chez la Femelle, la partie supérieure de la tête et la face inférieure du corps tout entier sont plus noires, tantôt à cause de l'épaisseur des poils de cette couleur, tantôt à cause de la rareté des poils clairs.

Chez le Mâle, un peu plus petit, la teinte est plus blanche, la face présente des touffes de poils blancs, et, sur le dos, les bords postérieurs des anneaux ont aussi, sur les pièces fraîches, une teinte un peu plus claire. Les

(1) Κολλητός, soudé.

Fig. 835.   Fig. 836.   Fig. 837.

Fig. 835. — Cellule contenant une Larve de Collètes.
Fig. 836. — Cellule contenant un œuf de Collètes.

Fig. 837. — Cellule contenant une Larve de Sitaris à son deuxième âge flottant sur le miel.

Fig. 835 à 837. — Nid du Colletes succinctus, d'après V. Mayet.

poils sont assez disséminés sur la jambe postérieure des femelles.

Mœurs, habitudes, régime. — La Collète hérissée établit son Nid dans un creux de terre dirigé horizontalement, dans un sol argileux quelconque.

Les cellules sont faites d'une membrane résistante, analogue à des fragments de vessie de porc, et sont disposées horizontalement l'une derrière l'autre. Qu'on se figure une rangée de dés à coudre, d'égale largeur, et tels que le fond de l'un pénètre dans l'ouverture du suivant ; on aura ainsi une idée de l'arrangement de ces cellules, qui sont en outre reliées entre elles, et deux à deux, par un cercle de même substance. Le diamètre d'une cellule est d'environ $7^{mm},18$; la longueur n'est pas absolument constante, et oscille entre 15^{mm} et $17^{mm},5$. Il est à peine besoin de dire que la première cellule est remplie de nourriture (miel et pollen) et pourvue d'un Œuf, avant que la mère passe à la seconde.

Les Larves transformées en Nymphes, peut-être même les Abeilles déjà développées, passent l'hiver dant leurs cellules, et sont libérées en mai, par le beau temps.

Les cellules que j'ai eu occasion d'observer, étaient ouvertes régulièrement sur le côté, d'où je conclus que chaque Abeille, isolément, abandonne sa cellule indépendamment des voisines.

Dans d'autres cas, les Collètes ne construisent pas une galerie unique dans laquelle elles aménagent des cellules placées bout à bout ; elles creusent, ainsi que M. Valery Mayet l'a constaté pour la Collète succincte, une galerie principale, puis une série de petites galeries perpendiculaires qui constituent au-

tant de loges indépendantes servant à l'élevage d'une seule Larve (fig. 835, 836 et 837) qu'elles operculent puis obstruent avec de la terre lorsqu'elles les ont approvisionnées et qu'elles y ont déposé un Œuf.

LES GASTRILÉGIDES — *DASYGASTRÆ*

Die Bauchsammler.

Caractères. — Chez ces Abeilles, les pattes postérieures n'ont pas d'organes de récolte ; le premier article de leur tarse porte seul une brosse unique à sa face inférieure et le ventre ainsi que le dos sont très velus ; chez la Femelle, le pollen enlevé aux étamines des fleurs et emprisonné dans sa fourrure est balayé par les brosses des tarses postérieurs, rassemblé et emmagasiné sous l'abdomen, où il est retenu par les poils hérissés et dirigés en arrière qui le revêtent. C'est là ce qui les distingue de tous les Hyménoptères et leur a mérité ce nom de Gastrilégides, qui signifie récolteuses par le ventre.

Les mandibules sont élargies à l'extrémité et plus ou moins dentées.

Les ailes comptent trois cellules cubitales dont deux seulement sont fermées ; la deuxième reçoit les deux nervures récurrentes.

LES CHALICODOMES — *CHALICO-DOMA* (1)

Caractères. — Les mandibules portent quatre carènes et quatre dents ; les palpes maxil-

(1) Χάλιξ, cailloutage pour bâtir ; δῶμα, maison.

laires comptent deux articles; la langue ou lèvre inférieure, très longue, est accompagnée de palpes de deux articles. Les ocelles sont disposées en ligne courbe. Les antennes des Mâles un peu plus longues que celles des Femelles.

Les ailes ont une cellule radiale arrondie à son extrémité portant un commencement d'appendice.

Les tarses sont terminés par des crochets simples chez les Femelles et bifides chez les Mâles.

L'anus a son bord postérieur dentelé en scie.

Distribution géographique. — Ce sont des Hyménoptères de l'Europe centrale et méridionale qui ne comptent que quelques espèces; on en compte trois en France.

Mœurs, habitudes, régime. — Après qu'au mois de mai, les Abeilles sont sorties de leur Nid par un trou arrondi, et se sont accouplées en voltigeant et en bourdonnant, la Femelle commence à construire; elle met alors en jeu ses dispositions naturelles pour la maçonnerie, car ses demeures sont fixées contre les pierres ou les cailloux roulés, contre les parois extérieures solides des maisons qui ne sont recouvertes d'aucun enduit, jamais sur des parois argileuses comme en choisit l'Hirondelle domestique pour y établir son Nid; ou bien sous les tuiles qui font saillie au bord d'un toit; ou bien encore autour d'une branche d'arbre. Les matériaux de construction consistent en grains de sables fins reliés si fermement à l'aide de la salive, qu'il faut employer une certaine force et se servir d'un instrument pointu fortement trempé lorsqu'on veut ouvrir une cellule. Dans une petite excavation quelconque, que l'Abeille découvre parmi ces pierres, sans longues recherches, elle construit dans le plus bref délai une cellule, qui se tient debout, et dont la forme est celle d'un dé à coudre, un peu rétréci en haut.

A l'intérieur, la cellule est polie; à l'extérieur, elle est rugueuse, et l'on peut y distinguer les grains de sable. Sitôt que la cellule est avancée au point de se rétrécir vers le haut, elle est remplie d'une pâtée de miel, et pourvue d'un Œuf; alors, aussi rapidement que possible, elle est fermée par un couvercle qui répond exactement au plancher, et son aspect rappelle la Chrysalide d'un Papillon. Cette mesure de sûreté doit être exécutée le plus vite possible, car de nombreux essaims sont aux aguets, méditant quelque mauvais coup.

A côté de la première cellule, s'en élève une seconde dont la paroi postérieure se trouve dans l'angle formé par le mur et la paroi de la première cellule. Ainsi s'édifie peu à peu, une réunion de cellules plus ou moins nombreuses, tantôt accotées, tantôt superposées et disposées sans ordre, tantôt parallèlement entre elles, et tantôt obliquement. Leur nombre dépend de la saison et des dérangements variés auxquels la Femelle architecte est exposée. Elle n'a point de foyer pour elle-même, la place libre où elle accote ses cellules ne lui offrant aucun abri. En général on ne trouve jamais plus de dix cellules réunies. Leur surface extérieure ondulée est polie grossièrement, de sorte qu'à la fin le Nid ressemble, à s'y méprendre, à ces pelotes de boue que les enfants jettent contre les murs, et qui se sont séchées.

Une seule femelle se suffit pour édifier ces groupes de cellules qui sont terminées au commencement de Juillet, quand l'architecte disparaît. A d'autres places, dans le voisinage travaillent d'autres Abeilles, car on rencontre ces *« enduits »* en grand nombre... Mais ces Abeilles n'ont aucun instinct d'association; d'après Réaumur (1), au contraire, elles seraient en hostilité fréquente.

« Si on soupçonnait que la construction d'un Nid que nous avons fait regarder comme un ouvrage qui coûte beaucoup de peines et de fatigues à la Maçonne, n'est pour elle qu'un jeu; que les mouvements qu'elle est obligée de se donner, ne sont pour elle qu'un exercice agréable, on en pourrait être détrompé par de curieuses observations faites par M. du Hamel. Ces observations nous apprennent de plus que l'esprit d'injustice ne nous est pas aussi particulier qu'on le croit; qu'on le trouve chez les plus petits Animaux comme chez les Hommes; que parmi les Insectes comme parmi nous, on veut usurper le bien d'autrui, et s'approprier ses travaux. Pendant qu'une Mouche était allée se charger de matériaux pour ajouter ce qui manquait à une cellule, M. du Hamel a vu plus d'une fois une autre Mouche entrer sans façon dans cette cellule, s'y tourner et retourner en tous sens, la visiter de tous côtés, travailler à la régréer comme si elle lui eût appartenu. La preuve qu'elle le faisait à mauvaise intention, c'est que quand la vraye maîtresse arrivait chargée de matériaux, la place qui lui était nécessaire pour les mettre en œuvre, ne

____
(1) Réaumur, *Mémoires pour servir à l'Histoire des Insectes.* Paris. 1761, t. VI, p. 75.

lui était point cédée par l'autre ; elle était obligée de recourir aux voyes violentes pour conserver la possession de son bien ; elle était forcée de livrer un combat à l'usurpatrice, que celle-ci était prête à soutenir.

« M. du Hamel a été souvent témoin oculaire de pareils combats, et il en a vu quelquefois qui étaient si opiniâtrés, qu'ils duraient des demi-heures entières. C'est en l'air que se donnent les plus rudes chocs. Les deux combattantes volent souvent l'une vers l'autre tête contre tête. Celle qui est la plus élevée, a ordinairement l'avantage : quand elle attrape l'inférieure, le coup qu'elle lui porte est quelquefois si violent qu'il la précipite à terre. Aussi celle qui se trouve la plus basse tâche d'esquiver le coup ou du moins une partie de sa force, soit en plongeant, soit en volant à reculons. Car pendant leurs combats, ces mouches dirigent leurs vols de toutes les façons propres à leur faire porter des coups avec plus d'avantage et à leur faire éviter des coups trop redoutables. Quelquefois on en voit une s'élever perpendiculairement, et descendre ensuite perpendiculairement sur son ennemie, pour l'accabler du poids de son corps mû avec vitesse : celle qui est menacée de ce terrible coup, vole aussi en embas ; souvent elle se sauve mieux encore en volant à reculons, telle alors se retire plus de vingt pas en arrière. M. du Hamel a très bien remarqué que le vol à reculons paraît inconnu aux Oiseaux ; mais beaucoup d'autres Mouches s'en servent, même dans les occasions où elles ne semblent voler que pour leur plaisir. On n'a qu'à suivre des yeux les Mouches à deux ailes qui aiment nos appartements ; il y a des temps où plusieurs de celles-ci se tiennent ensemble en l'air, assez près du plancher, et font cent tours et retours dans un assez petit espace, comme si elles ne cherchaient qu'à s'exercer. Il sera souvent aisé d'y voir quelqu'une qui vole à reculons. M. l'abbé de Fontenu, de l'Académie des Belles-Lettres en qui le goût d'observer les phénomènes de la nature se concilie avec celui d'érudition, me parla, il y a quelques années, du vol à reculons de ces Mouches de nos appartements, comme d'un fait qui lui avait paru remarquable, et qui l'est effectivement.

« Mais, pour achever de voir tout ce qui se passe entre nos deux combattantes, il arrive quelquefois qu'allant à la rencontre l'une de l'autre, elles se heurtent tête contre tête si violemment, qu'étourdies l'une et l'autre par la force du coup réciproque, elles tombent toutes deux à terre. Quelquefois aussi dans le moment du choc, l'une saisit l'autre avec ses jambes, ou elles se saisissent mutuellement ; elles tombent encore alors toutes deux à terre ; c'est là que se continue un combat semblable à celui de deux athlètes. M. du Hamel n'a pu observer si alors elles ne cherchaient pas réciproquement à se percer avec leur aiguillon. C'est assurément le temps de se servir de cette arme, qui porte le poison dans les plaies qu'elle fait. Aussi y a-t-il apparence que nos Maçonnes n'oublient pas alors qu'elles sont munies d'un instrument dont les coups sont mortels ; que chacune tâche de faire pénétrer le sien dans le corps de son adversaire, comme les Mouches à miel n'y manquent pas en pareil cas. Cependant les combats de nos Maçonnes, comme ceux des Mouches à miel, quoiqu'acharnés et longs, se terminent souvent sans que mort s'ensuive. La Mouche qui est épuisée de fatigue, perd le courage en perdant les forces ; elle prend son vol au loin, et ordinairement elle n'est pas poursuivie par son ennemie, qui se contente de pouvoir se mettre en possession de la cellule qui lui a été disputée. Mais si la Mouche qui a pris le parti de la fuite, revient à cette même cellule, comme il lui arrive quelquefois, alors le combat recommence.

« Sans avoir recours à des combats injustes, une Mouche peut quelquefois s'épargner le travail de construire des cellules. Si celle qui en avait commencé une meurt par quelqu'accident, avant qu'elle soit finie, une autre Maçonne s'en empare. Ce cas rare est une petite ressource ; mais les Maçonnes en ont une plus grande. Les vieux Nids dans lesquels les Vers, après avoir pris leur accroissement, sont parvenus à être des Mouches, les Nids d'où ces Mouches sont sorties, offrent des logements vides qui n'appartiennent plus à qui que ce soit, et qui ne demandent que quelques réparations. M. du Hamel a vu des Mouches qui s'emparaient de ces vieux Nids, qui ôtaient tout ce qui pouvait y être resté d'ordures, comme sont les dépouilles laissées par le Ver, et les excréments qu'il avait jettés ; elles agrandissaient les ouvertures des cellules, et elles remettaient du mortier dans les endroits qui en avaient besoin. Enfin, elles y portaient de la pâtée, et après en avoir rempli une, et y avoir laissé un Œuf, elles la bouchaient, et ainsi des autres ; il ne restait alors qu'à donner une enveloppe commune à des cellules bien conditionnées et bien fournies de tout. Ces vieilles cellules occasionnent plus souvent des combats entre les Mouches, que les nouvelles, et des combats qu'on doit moins leur reprocher : elles ont toutes un droit égal sur les anciennes, ou s'il y a quelque droit particulier, c'est celui de la première occupante.

«Dès que les Maçonnes sont d'humeur à profiter des vieux Nids, il reste à expliquer pourquoi elles en bâtissent tant de nouveaux chaque année; car ils sont de nature si solide qu'ils peuvent presque durer autant que le bâtiment contre lequel ils sont attachés : ils ne peuvent guère être détruits que par les Hommes, qui ordinairement même ne s'avisent pas de les remarquer, ou de les prendre pour ce qu'ils sont. Enfin, ils sont souvent dans des endroits où on ne peut atteindre sans avoir recours aux plus hautes échelles. Quand il n'y aura pas plus de femelles dans une année, qu'il y en a eu dans quelqu'une des précédentes, la provision des Nids semble faite pour cette année. Mais si un nid qui n'a servi qu'une fois, est convenable encore, peut-être que celui qui a servi deux ou trois fois ne l'est plus : la Mouche qui l'a pris vieux, l'a épaissi; elle a été obligée d'y ajouter un enduit : or les nids épais à un certain point peuvent être sujets à des inconvénients ; ils sont plus difficilement échauffés par les rayons du soleil. Les Nids anciens, même ceux qui n'ont qu'une année, peuvent encore être laissés inutiles par d'autres raisons. Nous ne finirons pas ce mémoire sans parler de plusieurs ennemis que les Vers des Maçonnes ont à redouter, et qui s'introduisent dans leurs cellules. Une Mouche évite sans doute de laisser ses œufs dans les Nids où se trouvent déjà des Insectes qui pourraient faire périr cette postérité, qui est l'objet de tous ses soins et de tous ses travaux.

«Ne nous bornons point à admirer le génie de nos Maçonnes, l'art avec lequel elles travaillent, et la solidité de leurs ouvrages : prêtons-nous aux vues qu'elles nous doivent faire naître : ne rougissons point de prendre des leçons de ces Mouches. Si nous comparons la dureté de leurs Nids avec celle des enduits, soit de plâtre, soit de mortier, qui se trouvent sur les murs mêmes où ils sont, nous apprendrons qu'elle est souvent supérieure à celle de ces enduits, et plus en état de résister aux injures de l'air. Nous en conclurons donc que le meilleur mortier n'est pas celui qui est composé de chaux et de sable ; qu'on en peut faire un plus parfait en liant ensemble des grains de gravier avec une colle. Nous sommes conduits à faire des expériences pour découvrir s'il n'y a point quelque colle qui coûtât peu, et qui étant délayée avec beaucoup d'eau, lierait ensemble les grains de gravier aussi solidement que les lie la liqueur visqueuse que les mouches maçonnes employent à cette fin.

«Leurs Nids n'ont pas seulement une dureté supérieure à celle des matières dont nous faisons des enduits, quelquefois ils en ont une égale à celle de certaines pierres propres à bâtir. Sur ce qu'on a vu des pierres d'une grandeur énorme, sans qu'on pût imaginer comment elles avaient été transportées de très loin dans les endroits où elles sont, quelques auteurs ont pensé que le secret de fondre la pierre est de ceux qui ont été perdus, que les anciens sçavaient rendre la pierre liquide et la jeter en moule. Il faut être bien peu au fait des arts pour croire, comme quelques-uns l'ont cru, qu'une grande masse, soit de pierre commune, soit de granit, soit de quelqu'autre pierre à grains, doive sa forme à l'état de fluidité où elle a été mise par le feu, avant que d'être jetée en moule. Mais si on prétendait simplement qu'une masse pareille eût été faite d'une infinité de masses plus petites qui auraient été liées ensemble dans le moule qu'on en aurait rempli, avec quelque espèce de colle, on ne soutiendrait rien d'impossible. Les procédés de nos Mouches nous montrent comment cela peut s'exécuter, et nous invitent à l'éprouver. Si après avoir rempli de gravier un moule de la forme et de la grandeur dont on le voudrait, on mouillait ce gravier d'une colle équivalente à celle des Maçonnes, on retirerait ensuite de ce moule une pierre qui imiterait le granit, le grès ou quelque autre pierre à grain, selon la qualité du gravier ou du sable qui aurait été employé. Si la colle convenable était à bon marché, on ferait des pierres telles que les places où elles devraient être posées, les demanderaient, et cela sans avoir besoin de les tailler.

«Peut-être même que des espèces de colles qui peuvent être dissoutes par l'eau, satisferaient à cette vue, car l'eau est capable d'agir sur celle dont les Maçonnes se servent. J'ai tenu des fragments de Nids couverts d'eau pendant cinq à six jours, au bout desquels ils avaient conservé leur forme et de la dureté, mais une dureté bien inférieure à celle qu'ils

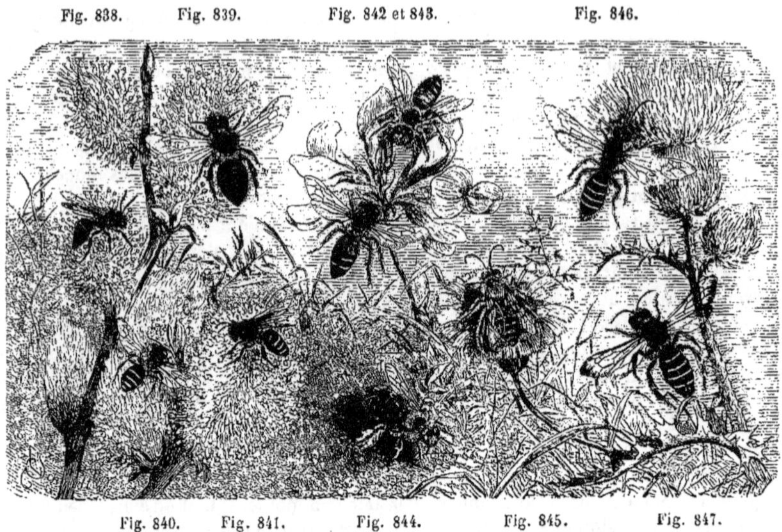

Fig. 838.   Fig. 839.   Fig. 842 et 843.   Fig. 846.

Fig. 840.   Fig. 841.   Fig. 844.   Fig. 845.   Fig. 847.

Fig. 838 et 839. — Andrène cinéraire, mâle et femelle.
Fig. 840 et 841. — Andrène aux pattes brunes, mâle et femelle.

Fig. 842 et 843. — Andrène bordée, mâle et femelle.
Fig. 844 et 845. — Dasypode aux pieds hérissés.
Fig. 846 et 847. — Hylœus grande, mâle et femelle.

Fig. 838 à 847. — Les Dasypodes (p. 600), les Andrènes (p. 601) et les Halyctes (p. 603).

avaient eue : il m'était aisé en les pressant entre les doigts, de les égrainer et de les réduire en une poudre propre à être délayée par l'eau. La colle qui unit les grains de mortier de nos Maçonnes, est donc dissoluble à l'eau ; mais, comme l'eau ne fait que couler sur les Nids, qu'elle n'y séjourne pas longtemps, elle emporte peu de la colle nécessaire pour tenir les grains liés. Il en serait de même de nos pierres factices, leur intérieur n'aurait rien à craindre de l'eau qui n'y pourrait pénétrer bien avant. Des murs dont les pierres ne sont retenues que par une simple terre, ne laissent pas de soutenir contre la pluie. Enfin s'il en était besoin on pourrait défendre l'extérieur des pierres factices par une légère couche de matière grasse.

«M. du Hamel et moi, avons vu des Maçonnes travailler à bâtir des Nids dès le 15 ou le 20 avril, et j'en ai observé d'autres qui y étaient occupées vers la fin de juin ; mais j'ai eu beau chercher plus tard de ces Mouches sur les murs qu'elles paraissent avoir le plus en affection, je n'ai pu y en découvrir une seule : on n'en retrouve plus même nulle part. Il y a beaucoup d'apparence qu'elles périssent,

comme la plupart des autres Insectes, quand elles ont satisfait à ce qu'exige la conservation de leur espèce, qui ne subsiste alors que dans les Vers des Nids. Ce n'est que l'année suivante que les Mouches venues de ces Vers, doivent bâtir et pondre à leur tour.

«Celles qui ont pris leur accroissement dans les Nids qui ont été construits les premiers, sont celles qui paraissent les premières, et qu'on voit à l'ouvrage avant la fin d'avril ; les autres sont plus tard en état de paraître au jour. Aussi selon la saison où l'on détache un Nid, et selon qu'il est de ceux qui ont été faits de bonne heure ou tard, trouve-t-on dedans des Vers plus ou moins gros, dont je n'ai rien de particulier à dire, étant blancs, sans jambes, et semblables à ceux des Mouches à miel. La provision de pâtée remplit une plus petite ou une plus grande portion de la cellule, selon que le Ver est plus ou moins gros. Enfin, avec le temps il consume toute celle qui lui a été donnée, et cela ordinairement avant la fin de l'automne. Quand il n'a plus de quoi manger, il n'a plus besoin d'en avoir ; son accroissement est complet, et il songe à se faire un logement plus convenable à son état futur

.que ne l'est une cellule purement de pierre. Il se file une coque de soie ; il n'a pas besoin qu'elle ait autant de capacité que la cellule. Vers le bas de celle-là se trouvent tous les excréments qu'il a jetés pendant le cours de sa vie. Ce sont des grains noirs, plus petits que des crottes de Souris, mais qui d'ailleurs leur ressemblent. Tous ces grains restent en dehors de la coque de soie : le tissu de celle-ci est si serré, qu'il semble membraneux ; mais elle est mince et très blanche. »

Depuis Réaumur, on a eu maintes fois l'occasion d'observer les mœurs de ces Hyménoptères, notamment Schæffer qui a donné une belle étude accompagnée de cinq remarquables planches; mais personne n'a suivi avec plus d'habileté et de persévérance les manœuvres et les travaux des Abeilles maçonnes, que M. J. H. Fabre (d'Avignon). Nous ne saurions mieux faire que de reproduire les pages pleines de verve (1) dans lesquelles « cet observateur inimitable », ainsi que l'appelle Darwin (2), raconte ses observations, et nous devons adresser à l'éminent Entomologiste nos meilleurs remercîments pour le plaisir qu'il nous permet d'offrir à nos lecteurs.

. « Réaumur a consacré l'un de ses mémoires à l'histoire du Chalicodome des murailles, qu'il appelle l'Abeille maçonne. Je me propose de reprendre ici cette histoire, de la compléter et de la considérer surtout sous un point de vue qu'a totalement négligé l'illustre observateur. Et tout d'abord, la tentation me vient de dire comment je fis connaissance avec cet Hyménoptère.

« C'était à mes premiers débuts dans l'enseignement, vers 1843. Sorti depuis quelques mois de l'École normale de Vaucluse, avec mon brevet et les naïfs enthousiasmes de dix-huit ans, j'étais envoyé à Carpentras pour y diriger l'école primaire annexée au collège. Singulière école, ma foi, malgré son titre pompeux de supérieure. Une sorte de vaste cave, transpirant l'humidité qu'entretenait une fontaine adossée au dehors dans la rue. Pour jour, la porte ouverte au dehors lorsque la saison le permettait, et une étroite fenêtre de prison, avec barreaux de fer et petits losanges de verre enchâssés dans un réseau de plomb. Tout autour, pour

sièges, une planche scellée dans le mur; au milieu une chaise veuve de sa paille, un tableau noir et un bâton de craie.

« Matin et soir, au son de la cloche, on lâchait là-dedans une cinquantaine de galopins, qui, n'ayant pu mordre au *De Viris* et à l'*Epitome*, étaient voués, comme on disait alors, à quelques *bonnes années de français*. Le rebut de *Rosa la rose* venait chercher chez moi un peu d'orthographe. Enfants et grands garçons étaient là pêle-mêle, d'instruction très diverse, mais d'une désespérante unanimité pour faire des niches au maître, au jeune maître dont quelques-uns avaient l'âge et même le dépassaient.

« Aux petits, j'enseignais à déchiffrer les syllabes; aux moyens, j'apprenais à tenir correctement la plume pour écrire quelques mots de dictée sur les genoux ; aux grands, je dévoilais les secrets des fractions et même les arcanes de l'hypoténuse. Et pour tenir en respect ce monde remuant, donner à chaque intelligence travail suivant ses forces, tenir en éveil l'attention, chasser enfin l'ennui de la sombre salle, dont les murailles suaient la tristesse encore plus que l'humidité, j'avais pour unique ressource la parole, pour unique mobilier le bâton de craie.

« Même dédain, du reste, dans les autres classes pour tout ce qui n'était pas latin ou grec. Un trait suffira pour montrer où en était alors l'enseignement des sciences physiques, à qui si large place est faite aujourd'hui. Le collège avait pour principal un excellent homme, le digne abbé X***, qui, peu soucieux d'administrer lui-même les pois verts et le lard, avait abandonné le commerce de la soupe à quelqu'un de sa parenté, et s'était chargé d'enseigner la physique.

« Assistons à l'une de ses leçons. Il s'agit du baromètre. De fortune, l'établissement en possède un. C'est une vieille machine, toute poudreuse, appendue au mur, loin des mains profanes, et portant inscrits sur sa planchette, en gros caractères, les mots tempête, pluie, beau temps.

« Le baromètre, fait le bon abbé s'adressant à ses disciples qu'il tutoie patriarcalement, le baromètre annonce le bon et le mauvais temps. Tu vois les mots écrits sur la planche, tempête, pluie ; tu vois, Bastien ? »

« Je vois », répond Bastien, le plus malin de la bande. Il a déjà parcouru son livre; il est au courant du baromètre mieux que le professeur.

<hr>

(1) J. H. Fabre, *Souvenirs entomologiques, Études sur l'instinct et les mœurs des Insectes*. Paris, Ch. Delagrave, 1879, p. 275.

(2) Darwin, *L'origine des espèces*. Trad. Barbier, 1876, p. 95.

« Il se compose, continue l'abbé, d'un canal de verre recourbé, plein de mercure, qui monte ou qui descend suivant le temps qu'il fait. La petite branche de ce canal est ouverte ; l'autre... l'autre... enfin nous allons voir. Toi, Bastien, qui es grand, monte sur la chaise et va voir un peu, du bout du doigt, si la longue branche est ouverte ou fermée. Je ne me rappelle plus bien.

« Bastien va à la chaise, s'y dresse tant qu'il peut sur la pointe des pieds, et du doigt palpe le sommet de la longue colonne. Puis, avec un sourire finement épanoui sous le poil follet de sa moustache naissante :

« Oui, fait-il, oui, c'est bien cela. La longue branche est ouverte par le haut. Voyez, je sens le creux. »

« Et Bastien, pour corroborer son fallacieux dire, continuait à remuer l'index sur le haut du tube. Ses condisciples, complices de l'espièglerie, étouffaient du mieux leur envie de rire.

L'abbé, impassible : « Cela suffit. Descends, Bastien. Écrivez, messieurs, écrivez dans vos notes que la longue branche du baromètre est ouverte. Cela peut s'oublier; je l'avais oublié moi-même. »

« Ainsi s'enseignait la physique. Les choses cependant s'améliorèrent : on eut un maître, un maître pour tout de bon, sachant que la longue branche d'un baromètre est fermée. Moi-même j'obtins des tables où mes élèves pouvaient écrire au lieu de griffonner sur leurs genoux; et comme ma classe devenait chaque jour plus nombreuse, on finit par la dédoubler. Du moment que j'eus un aide pour avoir soin des plus jeunes, les choses changèrent de face.

« Parmi les matières enseignées, une surtout nous souriait, tant au maître qu'aux élèves. C'était la géométrie en plein champ, l'arpentage pratique. Le collège n'avait rien de l'outillage nécessaire; mais avec mes gros émoluments, 700 francs s'il vous plaît, je ne pouvais hésiter à me mettre en dépense. Chaîne d'arpenteur et jalons, fiches et niveau, équerre et boussole, sont acquis à mes frais. Un graphomètre minuscule, guère plus large que la main et pouvant bien valoir cent sous, m'est fourni par l'établissement. Le trépied manquait; je le fis faire. Bref, me voilà outillé.

« Le mois de mai venu, une fois par semaine, on quittait donc la sombre salle pour les champs. C'était fête. On se disputait pour avoir l'honneur de porter les jalons, répartis par faisceaux de trois; et plus d'une épaule, en traver-

sant la ville, se sentait glorifiée, à la vue de tous, par les doctes bâtons de la géométrie. Moi-même, pourquoi le cacher? je n'étais pas sans ressentir une certaine satisfaction de porter religieusement l'appareil le plus délicat, le plus précieux : le fameux graphomètre de cent sous. Les lieux d'opération étaient une plaine inculte, caillouteuse, un *harmas* comme on dit dans le pays. Là, nul rideau de haies vives ou d'arbustes ne m'empêchait de surveiller mon personnel ; là, condition absolue, je n'avais à redouter pour mes écoliers la tentation irrésistible de l'abricot vert. La plaine s'étendait en long et en large, uniquement couverte de thym en fleurs et de cailloux roulés. Il y avait libre place pour tous les polygones imaginables; trapèzes et triangles pouvaient s'y marier de toutes les façons. Les distances inaccessibles s'y sentaient les coudées franches; et même une vieille masure, autrefois colombier, y prêtait sa verticale aux exploits du graphomètre.

« Or, dès la première séance, quelque chose de suspect attira mon attention. Un écolier était-il envoyé au loin planter un jalon, je le voyais faire en chemin stations nombreuses, se baisser, se relever, chercher, se baisser encore, oublieux de l'alignement et des signaux. Un autre, chargé de relever les fiches, oubliait la brochette de fer et prenait à sa place un caillou ; un troisième, sourd aux mesures d'angle, émiettait entre les mains une motte de terre. La plupart étaient surpris léchant un bout de paille. Et le polygone chômait, les diagonales étaient en souffrance. Qu'était-ce donc que ce mystère ?

« Je m'informe, et tout s'explique. Né fureteur, observateur, l'écolier savait depuis longtemps ce qu'ignorait encore le maître. Sur les cailloux de l'harmas, une grosse Abeille noire fait des Nids de terre. Dans ces Nids, il y a du miel ; et mes arpenteurs les ouvrent pour vider les cellules avec une paille. La manière d'opérer m'est enseignée. Le miel, quoique un peu fort, est très acceptable. J'y prends goût à mon tour, et me joins aux chercheurs de Nids. On reprendra plus tard le polygone. C'est ainsi que, pour la première fois, je vis l'Abeille maçonne de Réaumur, ignorant son histoire, ignorant son historien.

« Ce magnifique Hyménoptère, portant ailes d'un violet sombre et costume de velours noir, ses constructions rustiques sur les galets ensoleillés parmi le thym, son miel apportant diversion aux sévérités de la boussole et de l'équerre d'arpenteur, firent impression vivace en mon esprit; et je désirai en savoir plus long que ne m'en avaient appris les écoliers : dévaliser les cellules de leur miel avec un bout de paille. Justement mon libraire avait en vente un magnifique ouvrage sur les Insectes : *Histoire naturelle des animaux articulés*, par de Castelnau, E. Blanchard, et H. Lucas. C'était riche d'une foule de figures qui vous prenaient par l'œil; mais, hélas! c'était aussi d'un prix! ah! d'un prix! Qu'importe : mes somptueux revenus, mes 700 francs ne devaient-ils pas suffire à tout, nourriture de l'esprit comme celle du corps. Ce que je donnerai de plus à l'une, je le retrancherai à l'autre, balance à laquelle doit fatalement se résigner quiconque prend la science pour gagne-pain. L'achat fut fait. Ce jour-là, ma prébende universitaire reçut saignée copieuse : je consacrai à l'acquisition du livre un mois de traitement. Un miracle de parcimonie devait combler plus tard l'énorme déficit.

« Le livre fut dévoré, c'est le mot. J'y appris le nom de mon Abeille noire; j'y lus pour la première fois des détails de mœurs entomologiques; j'y trouvai, enveloppés à mes yeux d'une sorte d'auréole, les noms vénérés des Réaumur, des Huber, des Léon Dufour; et tandis que je feuilletais l'ouvrage pour la centième fois, une voix intime vaguement en moi chuchotait : Et toi aussi, tu seras historien des bêtes. — Naïves illusions, qu'êtes-vous devenues ! Mais refoulons ces souvenirs, tristes et doux à la fois, pour arriver aux faits et gestes de notre Abeille noire.

« *Chalicodome*, c'est-à-dire maison en cailloutage, en béton, en mortier; dénomination on ne peut mieux réussie, si ce n'était sa tournure bizarre pour qui n'est pas nourri de la moelle du grec. Ce nom s'applique, en effet, à des Hyménoptères qui bâtissent leurs cellules avec des matériaux analogues à ceux que nous employons pour nos demeures. L'ouvrage de ces Insectes est travail de maçon, mais de maçon rustique plus versé dans le pisé que dans la pierre de taille. Étranger aux classifications scientifiques, ce qui jette grande obscurité dans plusieurs de ses mémoires, Réaumur a nommé l'ouvrier d'après l'ouvrage et appelé nos bâtisseurs en pisé *Abeilles maçonnes :* ce qui les peint d'un mot.

« Nos pays en ont trois : le Chalicodome des murailles (*Chalicodoma muraria*, Fabr.), celui dont Réaumur a magistralement donné l'histoire; le *Chalicodoma rufitarsis*, Giraud; et le *Chalicodoma rufescens*, J. Pérez. Pour ne pas nous perdre au milieu de ces rousseurs, donnons au second le nom de Chalicodome des hangars ; et au troisième, celui de Chalicodome des arbustes. L'emplacement occupé par les Nids explique ces dénominations. Dans la première espèce, les deux sexes sont de coloration si différente, qu'un observateur novice, tout surpris de les voir sortir d'un même Nid, les prend d'abord pour étrangers l'un à l'autre. La femelle est d'un superbe noir velouté avec les ailes d'un violet sombre. Chez le mâle, ce velours noir est remplacé par une toison d'un roux ferrugineux assez vif. Les deux autres espèces, de taille bien moins grande, n'ont pas cette opposition de couleurs ; les deux sexes y portent même costume, mélange diffus de brun, de roux et de cendré. Enfin le bout de l'aile, lavé de violacé sur un fonds rembruni, rappelle, mais de loin, la riche pourpre de la première. Les trois espèces commencent leur travail à la même époque, vers les premiers jours de mai.

« Comme support de son Nid, le Chalicodome des murailles fait choix, dans les provinces du Nord, ainsi que nous l'apprend Réaumur, d'une muraille bien exposée au soleil et non recouverte de crépi, qui, se détachant, compromettrait l'avenir des cellules. Il ne confie ses constructions qu'à des fondements solides, à la pierre nue. Dans le midi, je lui reconnais même prudence ; mais j'ignore pour quel motif, à la pierre de la muraille, il préfère généralement ici une autre base. Un caillou roulé, souvent guère plus gros que le poing, un de ces galets dont les eaux de la débâcle glaciaire ont recouvert les terrasses de la vallée du Rhône, voilà le support de prédilection. L'extrême abondance de pareil emplacement pourrait bien être pour quelque chose dans le choix de l'Hyménoptère : tous nos plateaux de faible élévation, tous nos terrains arides à végétation de Thym, ne sont qu'amoncellement de galets cimentés de terre rouge. Dans les vallées, le Chalicodome a de plus à sa disposition les pierrailles des torrents. Au voisinage d'Orange, par exemple, ses lieux préférés sont les alluvions de l'Aygues, avec leurs nappes de cailloux roulés que les eaux ne visitent plus. Enfin, à défaut de galet, l'Abeille maçonne s'établit sur une pierre quelconque, sur une borne de champs, sur un mur de clôture.

« Le Chalicodome des hangars met encore plus

de variété dans ses choix. Son emplacement de prédilection est la face inférieure des tuiles en brique faisant saillie au bord d'une toiture. Il n'est petite habitation des champs qui n'abrite ses Nids sous le rebord du toit. Là, tous les printemps, il s'établit par colonies populeuses, dont la maçonnerie, transmise d'une génération à l'autre, et chaque année amplifiée, finit par couvrir d'amples surfaces. J'ai vu tel de ces Nids qui, sous les tuiles d'un hangar, occupait une superficie de cinq à six mètres carrés. En plein travail, c'était un monde étourdissant par le nombre et le bruissement des travailleurs. Le dessous d'un balcon plaît également au Chalicodome, ainsi que l'embrasure d'une fenêtre abandonnée, surtout si elle est close d'une persienne qui lui laisse libre passage. Mais ce sont là lieux de grands rendez-vous, où travaillent, chacun pour soi, des centaines et des milliers d'ouvriers. S'il est seul, ce qui n'est pas rare, le Chalicodome des hangars s'établit dans le premier petit recoin venu, pourvu qu'il y trouve base fixe et chaleur. La nature de cette base lui est d'ailleurs fort indifférente. J'en ai vu bâtir sur la pierre nue, sur la brique, sur le bois des contrevents, et jusque sur les carreaux de vitre d'un hangar. Une seule chose ne lui va pas, le crépi de nos habitations. Aussi prudent que son congénère, il craindrait la ruine des cellules, s'il les confiait à un appui dont la chute est possible.

« Le Chalicodome des arbustes choisit une autre assiette pour sa bâtisse : de sa lourde maison de mortier, qui semblerait exiger le solide appui du roc, il fait demeure aérienne, appendue à un rameau. Un arbuste des haies, quel qu'il soit, aubépine, grenadier, paliure, lui fournit le support, habituellement à hauteur d'homme. Le Chêne-vert et l'Orme lui donnent élévation plus grande. Dans le fourré buissonneux, il fait donc choix d'un rameau de la grosseur d'une paille ; et sur cette étroite base, il construit son édifice en mortier. Terminé, le Nid est une boule de terre, traversée latéralement par le rameau. La grosseur en est celle d'un Abricot si l'ouvrage est d'un seul, et celle du poing si plusieurs Insectes y ont collaboré ; mais ce dernier cas est rare.

« Les trois Hyménoptères font emploi des mêmes matériaux : terre argilo-calcaire, mélangée d'un peu de sable et pétrie avec la salive même du maçon. Les lieux humides, qui faciliteraient l'exploitation et diminueraient la dépense en salive pour gâcher le mortier, sont dédaignés des Chalicodomes, qui refusent la terre fraîche pour bâtir, de même que nos constructeurs refusent plâtre éventé et chaux depuis longtemps éteinte. De pareils matériaux, gorgés d'humidité pure, ne feraient pas convenablement prise. Ce qu'il leur faut, c'est une poudre aride, qui s'imbibe avidement de la salive dégorgée et forme, avec les principes albumineux de ce liquide, une sorte de ciment romain prompt à durcir, quelque chose enfin de comparable au mastic que nous obtenons avec de la chaux vive et du blanc d'œuf.

« Une route fréquentée, dont l'empierrement de galets calcaires, broyés sous les roues, est devenu surface unie, semblable à une dalle continue, telle est la carrière à mortier qu'exploite de préférence le Chalicodome des hangars, c'est toujours au sentier voisin, au chemin, à la route, qu'il va récolter de quoi bâtir, sans se laisser distraire du travail par le continuel passage des gens et des bestiaux. Il faut voir l'active Abeille à l'œuvre quand le chemin resplendit de blancheur sous les rayons d'un soleil ardent. Entre la ferme voisine, chantier où l'on construit, et la route, chantier où le mortier se prépare, bruit le grave murmure des arrivants et des partants qui se succèdent, se croisent sans interruption. L'air semble traversé par de continuels traits de fumée, tant l'essor des travailleurs est direct et rapide. Les partants s'en vont avec une pelote de mortier de la grosseur d'un grain de plomb à lièvre ; les arrivants aussitôt s'installent aux endroits les plus durs, les plus secs. Tout le corps en vibration, ils grattent du bout des mandibules, ils râtissent avec les tarses antérieurs, pour extraire des atomes de terre et des granules de sable, qui, roulés entre les dents, s'imbibent de salive et se prennent en une masse commune. L'ardeur au travail est telle, que l'ouvrier se laisse écraser sous les pieds des passants plutôt que d'abandonner son ouvrage. Enfin le Chalicodome des murailles, qui recherche la solitude, loin des habitations de l'homme, se montre rarement sur les chemins battus, peut-être parce qu'ils sont trop éloignés des lieux où il construit. Pourvu qu'il trouve à proximité du galet adopté comme emplacement du Nid, de la terre sèche, riche en menus graviers, cela lui suffit.

« L'Hyménoptère peut construire tout à fait à neuf, sur un emplacement qui n'a pas encore été occupé ; ou bien utiliser les cellules d'un vieux nid après les avoir restaurées. Examinons d'abord le premier cas. — Après avoir fait choix de son galet, le Chalicodome des murailles y arrive avec une pelote de mortier entre les mandibules, et la dispose en un bourrelet circulaire sur la surface du caillou. Les pattes antérieures et les mandibules surtout, premiers outils du maçon, mettent en œuvre la matière, que maintient plastique l'humeur salivaire peu à peu dégorgée. Pour consolider le pisé, des graviers anguleux, de la grosseur d'une lentille, sont enchâssés un à un, mais seulement à l'extérieur, dans la masse encore molle. Voilà la fondation de l'édifice. A cette première assise en succèdent d'autres, jusqu'à ce que la cellule ait la hauteur voulue, de deux à trois centimètres.

« Nos maçonneries sont formées de pierres superposées et cimentées entre elles par de la chaux. L'ouvrage du Chalicodome peut soutenir la comparaison avec le nôtre. Pour faire économie de main-d'œuvre et de mortier, l'Hyménoptère, en effet, emploie de gros matériaux, de volumineux graviers, pour lui vraies pierres de taille. Il les choisit un par un avec soin, bien durs, presque toujours avec des angles qui, agencés les uns dans les autres, se prêtent mutuel appui et concourent à la solidité de l'ensemble. Des couches de mortier, interposées avec épargne, les maintiennent unis. Le dehors de la cellule prend ainsi l'aspect d'un travail d'architecture rustique, où les pierres font saillie avec leurs inégalités naturelles ; mais l'intérieur, qui demande surface plus fine pour ne pas blesser la tendre peau du Ver, est revêtu d'un crépi de mortier pur. Du reste, cet enduit interne est déposé sans art, on pourrait dire à grands coups de truelle ; aussi le Ver a-t-il soin, lorsque la pâtée de miel est finie, de se faire un cocon et de tapisser de soie la grossière paroi de sa demeure. Au contraire, les Anthophores et les Halyctes, dont les Larves ne se tissent pas de cocon, glacent délicatement la face intérieure de leurs cellules de terre et lui donnent le poli de l'ivoire travaillé.

« La construction, dont l'axe est toujours à peu près vertical et dont l'orifice regarde le haut pour ne pas laisser écouler le miel, de nature assez fluide, diffère un peu de forme suivant la base qui la supporte. Assise sur une surface horizontale, elle s'élève en manière de petite tour ovalaire ; fixée sur une surface verticale ou inclinée, elle ressemble à la moitié d'un dé à coudre coupé dans le sens de sa longueur.

Dans ce cas, l'appui lui-même, le galet, complète la paroi d'enceinte.

« La cellule terminée, l'Abeille s'occupe aussitôt de l'approvisionnement. Les fleurs du voisinage, en particulier celles du Genêt épinefleuri (*Genista scorpius*), qui dorent au mois de mai les alluvions des torrents, lui fournissent liqueur sucrée et pollen. Elle arrive, le jabot gonflé de miel, et le ventre jauni en dessous de poussière pollinique. Elle plonge dans la cellule la tête la première, et pendant quelques instants on la voit se livrer à des haut-le-corps, signe du dégorgement de la purée mielleuse. Le jabot vide, elle sort de la cellule pour y rentrer à l'instant même, mais cette fois à reculons. Maintenant, avec les deux pattes de derrière, l'Abeille se brosse la face inférieure du ventre et en fait tomber la charge de pollen. Nouvelle sortie et nouvelle rentrée la tête la première. Il s'agit de brasser la matière avec la cuiller des mandibules, et de faire du tout un mélange homogène. Ce travail de mixtion ne se répète pas à chaque voyage : il n'a lieu que de loin en loin quand les matériaux sont amassés en quantité notable.

« L'approvisionnement est au complet lorsque la cellule est à demi pleine. Il reste à pondre un Œuf à la surface de la pâtée et à fermer le domicile. Tout cela se fait sans délai. La clôture consiste en un couvercle de mortier pur, que l'Abeille construit progressivement de la circonférence au centre. Deux jours au plus m'ont paru nécessaires pour l'ensemble du travail, à la condition que le mauvais temps, ciel pluvieux ou simplement nuageux, ne vienne pas interrompre l'ouvrage. Puis, adossée à cette première cellule, une seconde est bâtie et approvisionnée de la même manière. Une troisième, une quatrième, etc., succèdent, toujours pourvues de miel, d'un Œuf, et clôturées avant la fondation de la suivante. Tout travail commencé est poursuivi jusqu'à parfaite exécution ; l'Abeille n'entreprend nouvelle cellule que lorsque sont terminés, pour la précédente, les quatre actes de la construction, de l'approvisionnement, de la ponte et de la clôture.

« Comme le Chalicodome des murailles travaille toujours solitaire sur le galet dont il a fait choix, et se montre même fort jaloux de son emplacement lorsque des voisins viennent s'y poser, le nombre des cellules adossées l'une à l'autre sur le même caillou n'est pas considérable, de six à dix le plus souvent. Huit Larves environ est-ce là toute la famille de l'Hyménoptère; ou bien celui-ci va-t-il établir après sur d'autres galets progéniture plus nombreuse ? La surface de la même pierre est assez large pour fournir encore appui à d'autres cellules si la ponte le réclamait; l'Abeille pourrait y bâtir très à l'aise sans se mettre en recherche d'un autre emplacement, sans quitter le galet auquel attachent les habitudes, la longue fréquentation. Il me paraît donc fort probable que la famille, peu nombreuse, est établie au complet sur le même caillou, du moins lorsque le Chalicodome bâtit à neuf.

« Les six à dix cellules composant le groupe sont certes demeure solide, avec leur revêtement rustique de graviers; mais l'épaisseur de leurs parois et de leurs couvercles, deux millimètres au plus, ne paraît guère suffisante pour défendre les Larves quand viendront les intempéries. Assis sur sa pierre, en plein air, sans aucune espèce d'abri, le Nid subira les ardeurs de l'été, qui feront de chaque cellule une étuve étouffante; puis les pluies de l'automne, qui lentement corroderont l'ouvrage; puis encore les gelées d'hiver, qui émietteront ce que les pluies auront respecté. Si dur que soit le ciment, pourra-t-il résister à toutes ces causes de destruction; et s'il résiste, les Larves abritées par une paroi trop mince, n'auront-elles pas à redouter chaleur trop forte en été, froid trop vif en hiver ?

« Sans avoir fait tous ces raisonnements, l'Abeille n'agit pas moins avec sagesse. Toutes les cellules terminées, elle maçonne sur le groupe un épais couvert, qui, formé d'une matière inattaquable par l'eau et conduisant mal la chaleur, à la fois défend de l'humidité, du chaud et du froid. Cette matière est l'habituel mortier, la terre gâchée avec de la salive; mais, cette fois sans mélange de menus cailloux. L'Hyménoptère en applique, pelotte par pelotte, truelle par truelle, une couche d'un centimètre d'épaisseur sur l'amas des cellules, qui disparaissent complètement noyées au centre de la minérale couverture. Cela fait, le Nid a la forme d'une sorte de dôme grossier, équivalant en grosseur à la moitié d'une orange. On le prendrait pour une boule de boue qui, lancée contre une pierre, s'y serait à demi écrasée et aurait séché sur place. Rien au dehors ne trahit le contenu, aucune apparence de cellules, aucune apparence de travail. Pour un œil non exercé, c'est un éclat fortuit de boue, et rien de plus.

« La dessiccation de ce couvert général est prompte à l'égal de celle de nos ciments hydrauliques; et alors la dureté du Nid est presque comparable à celle d'une pierre. Il faut une solide lame de couteau pour entamer la construction. Disons, pour terminer, que sous sa forme finale, le Nid ne rappelle en rien l'ouvrage primitif, tellement que l'on prendrait pour travail de deux espèces différentes, les cellules du début, élégantes tourelles à revêtement de cailloutage, et le dôme de la fin, en apparence simple amas de boue. Mais grattons le couvert de ciment, et nous trouverons en dessous les cellules et leurs assises de menus cailloux parfaitement reconnaissables.

« Au lieu de bâtir à neuf, sur un galet qui n'a pas été encore occupé, le Chalicodome des murailles volontiers utilise les vieux Nids qui ont traversé l'année sans subir notables dommages. Le dôme de mortier est resté, bien peu s'en faut, ce qu'il était au début, tant la maçonnerie a été solidement construite; seulement, il est percé d'un certain nombre d'orifices ronds, correspondant aux chambres, aux cellules qu'habitaient les Larves de la génération passée. Pareilles demeures, qu'il suffit de réparer un peu pour les mettre en bon état, économisent grande dépense de temps et de fatigue; aussi les Abeilles maçonnes les recherchent et ne se décident pour des constructions nouvelles que lorsque les vieux Nids viennent à leur manquer.

« D'un même dôme il sort plusieurs habitants, frères et sœurs, mâles roux et femelles noires, tous lignée de la même Abeille. Les mâles, qui mènent vie insouciante, ignorent tout travail et ne reviennent aux maisons de pisé que pour faire un instant la cour aux dames, ne se soucient de la masure abandonnée. Ce qu'il leur faut, c'est le nectar dans l'amphore des fleurs, et non le mortier à gâcher entre les mandibules. Restent les jeunes mères, seules chargées de l'avenir de la famille. A qui d'entre elles reviendra l'immeuble, l'héritage du vieux Nid? Comme sœurs, elles y ont droit égal: ainsi le déciderait notre justice, depuis que, progrès énorme, elle s'est affranchie de l'antique et sauvage droit d'aînesse. Mais les Chalicodomes en sont toujours à la base première de la propriété: le droit du premier occupant.

« Lors donc que l'heure de la ponte approche, l'Abeille s'empare du premier Nid libre à sa convenance, s'y établit; et malheur désormais à qui viendrait voisine ou sœur, lui en disputer la possession. Des poursuites acharnées, de chaudes bourrades auraient bientôt mis en fuite la nouvelle arrivée. Des diverses cellules qui bâillent, comme autant de puits, sur la rondeur du dôme, une seule pour le moment est nécessaire ; mais l'Abeille calcule très bien que les autres auront plus tard leur utilité pour le restant des Œufs ; et c'est avec une vigilance jalouse qu'elle les surveille toutes pour en chasser qui viendrait les visiter. Aussi n'ai-je pas souvenir d'avoir vu deux maçonnes travailler à la fois sur le même galet.

« L'ouvrage est maintenant très simple. L'Hyménoptère examine l'intérieur de la vieille cellule pour reconnaître les points qui demandent réparation. Il arrache les lambeaux de cocon tapissant la paroi, extrait les débris terreux provenant de la voûte qu'a percée l'habitant pour sortir, crépit de mortier les endroits délabrés, restaure un peu l'orifice, et tout se borne là. Suivent l'approvisionnement, la ponte et la clôture de la chambre. Quand toutes les cellules, l'une après l'autre, sont ainsi garnies, le couvert général, le dôme de mortier, reçoit quelques réparations s'il en est besoin ; et c'est fini.

« A la vie solitaire, le Chalicodome des hangars préfère compagnie nombreuse ; et c'est par centaines, très souvent par nombreux milliers, qu'il s'établit à la face inférieure des tuiles d'un hangar ou du rebord d'un toit. Ce n'est pas ici véritable société, avec des intérêts communs, objet de l'attention de tous ; mais simple rassemblement, où chacun travaille pour soi et ne se préoccupe des autres ; enfin une cohue de travailleurs rappelant l'essaim d'une Ruche uniquement par le nombre et l'ardeur. Le mortier mis en œuvre est le même que celui du Chalicodome des murailles, aussi résistant, aussi imperméable, mais plus fin et sans cailloutage. Les vieux Nids sont d'abord utilisés. Toute chambre libre est restaurée, approvisionnée et scellée. Mais les anciennes cellules sont loin de suffire à la population, qui, d'une année à l'autre, s'accroît rapidement. Alors, à la surface du Nid, dont les habitacles sont dissimulés sous l'ancien couvert général de mortier, d'autres cellules sont bâties, tant qu'en réclament les besoins de la ponte. Elles sont couchées horizontalement ou à peu près, les unes à côté des autres, sans ordre aucun dans leur disposition. Chaque constructeur a les coudées franches. Il bâtit où il veut et comme il veut, à la seule condition de ne pas gêner le travail des voisins ; sinon les houspillages des intéressés le rappellent à l'ordre. Les cellules s'amoncellent donc au hasard sur ce chantier où ne règne aucun esprit d'ensemble. Leur forme est celle d'un dé à coudre partagé suivant l'axe, et leur enceinte se complète soit par les cellules adjacentes, soit par la surface du vieux Nid. Au dehors, elles sont rugueuses et montrent une superposition de cordons noueux correspondant aux diverses assises de mortier. Au dedans, la paroi en est égalisée sans être lisse, le cocon du Ver devant plus tard suppléer le poli qui manque.

« A mesure qu'elle est bâtie, chaque cellule est immédiatement approvisionnée et murée, ainsi que vient de nous le montrer le Chalicodome des murailles. Semblable travail se poursuit pendant la majeure partie du mois de mai. Enfin tous les Œufs sont pondus, et les Abeilles, sans distinction de ce qui leur appartient et de ce qui ne leur appartient pas, entreprennent en commun l'abri général de la colonie. C'est une épaisse couche de mortier, qui remplit les intervalles et recouvre l'ensemble des cellules. Finalement, le Nid commun a l'aspect d'une large plaque de boue sèche, très irrégulièrement bombée, plus épaisse au centre, noyau primitif de l'établissement, plus mince aux bords, où ne sont encore que des cellules de fondation nouvelle, et d'une étendue fort variable suivant le nombre des travailleurs, et par conséquent suivant l'âge du nid premier fondé. Tel de ces Nids n'est guère plus grand que la main ; tel autre occupe la majeure partie du rebord d'une toiture et se mesure par mètres carrés. Travaillant seul, ce qui n'est pas rare, sur le contrevent d'une fenêtre abandonnée, sur une pierre, le Chalicodome des hangars n'agit pas d'autre manière.

« Le Chalicodome des arbustes pour la plupart du temps s'établit solitaire. Il commence par mastiquer solidement sur l'étroit appui d'un rameau la base de sa cellule. Ensuite la construction s'élève et prend forme d'une tourelle verticale. A cette première cellule approvisionnée et scellée, en succède une autre, ayant pour soutien, outre le rameau, le travail déjà fait. De six à dix cellules sont ainsi groupées l'une à côté de l'autre. Puis un couvert général de mortier enveloppe le tout et englobe dans son épaisseur le rameau, ce qui fournit solide point d'attache. »

Expériences. — « Édifiés sur des galets de petit volume, que l'on peut transporter où bon

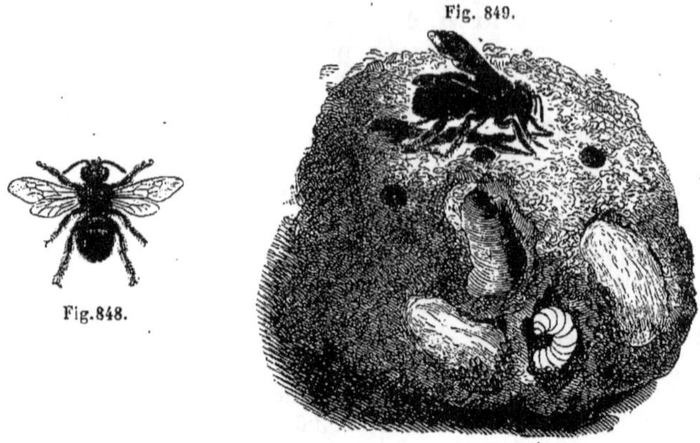

Fig. 848. — Le Mâle.   Fig. 849. — La Femelle.   Fig. 850. — La Larve dans sa cellule.

Fig. 848 à 850. — Le Chalicodome des murailles et son Nid. (Il a été brisé sur le côté pour montrer la disposition des cellules.)

vous semble, déplacer, échanger entre eux, sans troubler soit le travail du constructeur, soit le repos des habitants des cellules, les Nids du Chalicodome des murailles se prêtent facilement à l'expérimentation, seule méthode qui puisse jeter un peu de clarté sur la nature de l'instinct. Pour étudier avec quelque fruit les facultés psychiques de la bête, il ne suffit pas de savoir profiter des circonstances qu'un heureux hasard présente à l'observation; il faut savoir en faire naître d'autres, les varier autant que possible, et les soumettre à un contrôle mutuel; il faut enfin expérimenter pour donner à la science une base solide de faits. Ainsi s'évanouiront un jour, en face de documents précis, les clichés fantaisistes dont nos livres sont encombrés : Scarabée conviant des collègues à lui prêter main forte pour retirer sa pilule du fond d'une ornière, Sphex dépeçant sa Mouche pour la transporter malgré l'obstacle du vent, et tant d'autres dont abuse qui veut trouver dans l'Animal ce qui n'y est réellement pas. Ainsi encore se prépareront les matériaux qui mis en œuvre tôt ou tard par une main savante, rejetteront dans l'oubli des théories prématurées, assises sur le vide.

« Réaumur, d'habitude, se borne à relever les faits tels qu'ils se présentent à lui dans le cours normal des choses, et ne songe à scruter plus avant le savoir faire de l'Insecte au moyen de conditions artificiellement réalisées. A son époque tout était à faire; et la moisson si grande, que l'illustre moissonneur va au plus

pressé, la rentrée de la récolte, et laisse à ses successeurs l'examen en détail du grain et de l'épi. Néanmoins, au sujet du Chalicodome des murailles, il mentionne une expérience entreprise par son ami Du Hamel. Il raconte comment un Nid d'Abeille maçonne fut renfermé sous un entonnoir en verre, dont on avait eu soin de boucher le bout avec une simple gaze. Il en sortit trois mâles qui, étant venus à bout d'un mortier dur comme pierre, ne tentèrent pas de percer une fine gaze ou jugèrent ce travail au-dessus de leurs forces. Les trois Abeilles périrent sous l'entonnoir. Communément les Insectes, ajoute Réaumur, ne savent faire que ce qu'ils ont besoin de faire dans l'ordre ordinaire de la nature.

« L'expérience ne me satisfait pas, pour deux motifs. Et d'abord, donner à couper une gaze à des ouvriers outillés pour percer un pisé équivalent du tuf, ne me paraît pas inspiration heureuse : on ne peut demander à la pioche d'un terrassier le travail des ciseaux d'une couturière. En second lieu, la transparente prison de verre me semble mal choisie. Dès qu'il s'est ouvert un passage à travers l'épaisseur de son dôme de terre, l'Insecte se trouve au jour, à la lumière, et pour lui le jour, la lumière, c'est la délivrance finale, c'est la liberté. Il se heurte à un obstacle invisible, le verre; pour lui le verre est un rien qui arrête. Par de là, il voit l'étendue libre, inondée de soleil. Il s'exténue en efforts pour y voler, incapable de comprendre l'inutilité de ses tentatives contre cette étrange barrière qui ne se voit pas. Il périt enfin épuisé, sans avoir donné, dans son obstination, un regard à la gaze fermant la cheminée conique. L'expérience est à refaire en de meilleures conditions.

« L'obstacle que je choisis est du papier gris ordinaire, suffisamment opaque pour maintenir l'Insecte dans l'obscurité, assez mince pour ne pas présenter de résistance sérieuse aux efforts du prisonnier. Comme il y a fort loin, en tant que nature de barrière, d'une cloison de papier à une voûte de pisé, informons-nous d'abord si le Chalicodome des murailles sait, ou pour mieux dire peut se faire jour à travers pareille cloison. Les mandibules, pioches aptes à percer le dur mortier, sont-elles également des ciseaux propres à couper une mince membrane? Voilà le point dont il faut avant tout s'informer.

« En février, alors que l'Insecte est déjà dans son état parfait, je retire, sans les endommager, un certain nombre de cocons de leurs cellules, et je les introduis, chacun à part, dans un bout de roseau, fermé à une extrémité par la cloison naturelle du nœud, ouvert à l'autre. Ces fragments de Roseau représenteront les cellules du Nid. Les cocons y sont introduits de manière que la tête de l'Insecte soit tournée vers l'orifice. Enfin mes cellules artificielles sont clôturées de différentes manières. Les unes reçoivent dans leur ouverture un tampon de terre pétrie, qui, desséchée, équivaudra en épaisseur et en consistance au plafond de mortier du Nid naturel. Les autres ont pour clôture un cylindre de Sorgho à balai, épais au moins d'un centimètre ; enfin quelques-unes sont bouchées avec une rondelle de papier gris solidement fixée par les bords. Tous ces bouts de Roseau sont disposés à côté l'un de l'autre dans une boîte, verticalement et la cloison de ma fabrique en haut. Les Insectes sont donc dans la position exacte qu'ils avaient dans le Nid. Pour s'ouvrir un passage, ils doivent faire ce qu'ils auraient fait sans mon intervention : fouiller le paroi située au-dessus de leur tête. J'abrite le tout sous une large cloche de verre et j'attends le mois de mai, époque de la sortie.

« Les résultats dépassent, et de beaucoup, mes prévisions. Le tampon de terre, œuvre de mes doigts, est percé d'un trou rond, ne différant en rien de celui que le Chalicodome pratique à travers son dôme natal de mortier. La barrière végétale, si nouvelle pour mon prisonnier, c'est-à-dire le cylindre en tige de Sorgho, s'ouvre pareillement d'un orifice que l'on dirait fait à l'emporte-pièce. Enfin, l'opercule de papier gris livre passage à l'Hyménoptère, non par une effraction, une déchirure violente, mais encore au moyen d'un trou rond nettement délimité. Donc mes Abeilles sont capables d'un travail pour lequel elles n'étaient pas nées ; elles font, pour sortir de leurs cellules de roseau, ce que leur race n'avait probablement jamais fait ; elles perforent la paroi de moelle de sorgho, elles trouent la barrière de papier, comme elles auraient percé leur naturel plafond de pisé. Quand vient le moment de se libérer, la nature de l'obstacle ne les arrête pas, pourvu qu'il ne soit pas au-dessus de leurs forces ; et désormais des raisons d'impuissance ne peuvent être invoquées s'il s'agit d'une simple barrière de papier.

« En même temps que les cellules faites de bouts de roseau, étaient préparés et mis sous la cloche deux Nids intacts assis sur leurs galets. Sur l'un d'eux, j'ai fixé une feuille de papier gris étroitement appliquée contre le dôme de mortier. Pour sortir, l'Insecte devra percer la couche de terre, puis la feuille de papier, qui lui succède sans intervalle vide. Autour de l'autre, j'ai collé sur la pierre un petit cône du même papier gris. Il y a donc ici, comme dans le premier cas, double enceinte, paroi de terre et paroi de papier, avec cette différence que les deux enceintes ne font plus immédiatement suite l'une à l'autre, mais sont séparées par un intervalle vide, d'un centimètre environ à la base, et croissant à mesure que le cône s'élève.

Les résultats de ces deux préparations sont tout différents. Les Hyménoptères du Nid à feuille de papier appliquée sur le dôme sans intervalle, sortent en perçant la double enceinte, dont la dernière, l'enveloppe de papier, est trouée d'un orifice rond bien net, comme nous en ont déjà montré les cellules en bout de Roseau fermées d'un couvercle de même nature. Pour la seconde fois, nous reconnaissons ainsi que si le Chalicodome s'arrête devant une barrière de papier, la cause n'en est pas à son impuissance contre pareil obstacle. Au contraire, après s'être fait jour à travers le dôme de terre, les habitants du Nid recouvert du cône, trouvant à distance la feuille de papier, n'essaient pas même de percer cet obstacle, dont ils auraient si facilement triomphé si la feuille eût été appliquée sur le Nid. Sans tentative de libération, ils meurent sous le couvert. Ainsi avaient péri, dans l'entonnoir de verre, les Abeilles de Réaumur, n'ayant, pour être libres, qu'une gaze à percer.

Ce fait me paraît riche de conséquences. Comment ! Voilà de robustes Insectes, pour qui forer le tuf est un jeu, pour qui tampon de bois tendre et diaphragme de papier sont parois si faciles à trouer malgré la nouveauté de la matière, et ces vigoureux démolisseurs se laissent sottement périr dans la prison d'un cornet, qu'ils éventreraient en un seul coup de mandibules ? Cet éventrement, ils le peuvent, mais ils n'y songent pas. Le motif de leur stupide inaction ne saurait être que celui-ci. L'Insecte est excellemment doué en outils et en facultés instinctives pour accomplir l'acte final de ses Métamorphoses : l'issue du cocon et de la cellule. Il a dans ses mandibules ciseaux, lime, pic, levier, pour couper, ronger, abattre tant son cocon et sa muraille de mortier que toute autre enceinte, pas par trop tenace, substituée à la paroi naturelle du Nid. De plus, condition majeure sans laquelle l'outillage resterait inutile, il y a, je ne dirai pas la volonté de se servir de ces outils, mais bien un stimulant intime qui l'invite à les employer. L'heure de la sortie venue, ce stimulant s'éveille, et l'Insecte se met au travail du forage.

Peu lui importe alors que la matière à trouer soit le mortier naturel, la moelle de Sorgho, le papier : le couvercle qui l'emprisonne ne lui résiste pas longtemps. Peu lui importe même qu'un supplément d'épaisseur s'ajoute à l'obstacle, et qu'à l'enceinte de terre se superpose une enceinte de papier ; les deux barrières, non séparées par un intervalle, n'en font qu'une pour l'Hyménoptère, qui s'y fait jour parce que l'acte de la délivrance se maintient dans son unité. Avec le cône de papier, dont la paroi reste un peu à distance, les conditions changent, bien que l'enceinte totale, au fond, soit la même. Une fois sorti de sa demeure de terre, l'Insecte a fait tout ce qu'il était destiné à faire pour se libérer ; circuler librement sur le dôme de mortier est pour lui la fin de la délivrance, la fin de l'acte où il faut trouer. Autour du Nid une autre barrière se présente, la paroi du cornet ; mais pour la percer il faudrait renouveler l'acte qui vient d'être accompli, cet acte auquel l'Insecte ne doit se livrer qu'une fois en sa vie ; il faudrait enfin doubler ce qui de sa nature est un, et l'Animal ne le peut uniquement parce qu'il n'en a pas le vouloir. L'Abeille maçonne périt faute de la moindre lueur d'intelligence. Et dans ce singulier intellect, il est

de mode aujourd'hui de voir un rudiment de la raison humaine ! La mode passera, et les faits resteront, nous ramenant aux bonnes vieilleries de l'âme et de ses immortelles destinées.

« Réaumur raconte encore comment son ami Du Hamel, ayant saisi avec des tenettes une Abeille maçonne qui était entrée en partie dans une cellule, la tête la première, pour la remplir de pâtée, la porta dans un cabinet assez éloigné de l'endroit où il l'avait prise. L'Abeille lui échappa dans ce cabinet et s'envola par la fenêtre. Sur-le-champ Du Hamel se rendit au Nid. La maçonne y arriva presque aussitôt que lui, et reprit son travail. Elle en parut seulement un peu plus farouche, conclut le narrateur.

« Que n'étiez-vous ici, vénéré maître, avec moi sur les bords de l'Aygues, vaste nappe de galets à sec les trois quarts de l'année, torrent énorme quand il pleut ; je vous eusse montré incomparablement mieux que la fugitive échappée aux tenettes. Vous eussiez assisté, partageant ma surprise, non à un bref essor de la maçonne qui, transportée dans un cabinet voisin, se délivre, et revient aussitôt au Nid, dont les environs lui sont familiers ; mais à des voyages de longs cours et par des voies inconnues. Vous eussiez vu l'Abeille, dépaysée par mes soins à de grandes distances, rentrer chez elle avec un tact géographique que ne désavoueraient pas l'Hirondelle, le Martinet et le Pigeon voyageur ; et vous vous seriez demandé, comme moi, quelle inexplicable connaissance de la carte des lieux guide cette mère en recherche du Nid.

« Venons au fait. Il s'agit de renouveler avec le Chalicodome des murailles mes expériences d'autrefois avec les Cerceris : transporter dans l'obscurité l'Insecte fort loin de son Nid et l'abandonner à lui-même après l'avoir marqué. Si quelqu'un se trouvait désireux de répéter l'épreuve, je lui transmets ma manière d'opérer, ce qui pourra abréger les hésitations du début. L'Insecte que l'on destine à long voyage doit être évidemment saisi avec certaines précautions. Pas de tenettes, pas de pinces, qui pourraient fausser une aile, donner une entorse, et compromettre la puissance d'essor. Tandis que l'Abeille est à sa cellule, absorbée dans son travail, je la recouvre d'une petite éprouvette de verre. En s'envolant, la maçonne s'y engouffre, ce qui me permet, sans la toucher, de la transvaser aussitôt dans un cornet de papier, que je me hâte de fermer. Une boîte en fer-blanc, boîte d'herborisation, me sert au transport des prisonnières, chacune dans son cornet.

« C'est sur les lieux choisis comme point de départ, que le plus délicat reste à faire : marquer chaque captive avant sa mise en liberté. Je fais emploi de craie en poudre fine, délayée dans une forte dissolution de gomme arabique. La bouillie, déposée avec un bout de paille sur un point de l'Insecte, y laisse tache blanche, qui promptement se sèche et adhère à la toison. S'il s'agit de marquer un Chalicodome pour ne pas le confondre avec un autre dans des expériences de courte durée, comme j'en rapporterai plus loin, je me borne à toucher de ma paille chargée de couleur, le bout de l'abdomen, tandis que l'Insecte est à demi plongé dans la cellule, la tête en bas. Cet attouchement léger passe inaperçu de l'Hyménoptère, qui continue son travail sans dérangement aucun; mais la marque n'est pas bien solide, et de plus elle est en un point défavorable à sa conservation, car l'Abeille, avec ses fréquents coups de brosse sur le ventre pour détacher le pollen, tôt ou tard la fait disparaître. C'est donc au beau milieu du thorax, entre les ailes, que je dépose le point de craie gommée. '

Dans ce travail, l'emploi de gants n'est guère possible : les doigts réclament toute leur dextérité pour saisir avec délicatesse la remuante Abeille et maîtriser ses efforts sans brutale pression. On voit déjà qu'à ce métier, s'il n'y a pas d'autre profit, il y a du moins gain assuré de piqûres. Un peu d'adresse fait éviter le dard, mais pas toujours. On s'y résigne. Du reste, la piqûre des Chalicodomes est loin d'être aussi cuisante que celle de l'Abeille domestique. Le point blanc est déposé sur le thorax; la maçonne part, et la marque se sèche en route.

Une première fois, je prends deux Chalicodomes des murailles occupées à leurs Nids sur les galets des alluvions de l'Aygues, non loin de Sérignan ; et je les transporte chez moi, à Orange, où je les lâche après les avoir marquées. D'après la carte de l'État-major, la distance entre les deux points est d'environ quatre kilomètres en ligne droite. La mise en liberté des captives a lieu sur le soir, à une heure où les Hyménoptères commencent à mettre fin aux travaux de la journée. Il est alors probable que mes deux Abeilles passeront la nuit dans le voisinage.

«Le lendemain matin, je me rends aux Nids.

La fraîcheur est encore trop grande, et les travaux chôment. Quand la rosée est dissipée, les Maçonnes se mettent à l'ouvrage. J'en vois une, mais sans tache blanche, qui apporte du pollen à l'un des deux Nids d'où proviennent les voyageurs que j'attends. C'est une étrangère qui, trouvant inoccupée la cellule dont j'ai moi-même expatrié la propriétaire, s'y est établie et en a fait son bien, ignorant que c'est déjà le bien d'une autre. Depuis la veille, peut-être, elle travaille à l'approvisionnement. Sur les dix heures, au fort de la chaleur, la maîtresse de céans survient tout à coup : ses droits de premier occupant sont inscrits pour moi en caractères irrécusables sur le thorax, blanchi de craie. Voilà une de mes voyageuses de retour.

« A travers les vagues des Blés, à travers les champs roses de Sainfoin, elle a franchi les quatre kilomètres ; et la voilà de retour au Nid, après avoir butiné en route, car elle arrive, la vaillante, avec le ventre tout jaune de pollen. Rentrer chez soi, du fond de l'horizon, c'est merveilleux ; y rentrer la brosse à pollen bien garnie, c'est sublime d'économie. Un voyage, pour les Abeilles, serait-il voyage forcé, est toujours expédition de récolte. Elle trouve au Nid l'étrangère. — « Qu'est ceci ? Tu vas voir ! » Et la propriétaire fond furieuse sur l'autre, qui peut-être ne songeait à mal. C'est alors, entre les deux Maçonnes, d'ardentes poursuites par les airs. De temps à autre, elles planent presque immobiles, face à face, à une paire de pouces de distance, et là sans doute se mesurent du regard, s'injurient du bourdonnement. Puis, elles reviennent s'abattre sur le Nid en litige, tantôt l'une, tantôt l'autre. Je m'attends à les voir se prendre corps à corps, à faire jouer le dard entre elles. Mon attente est déçue : les devoirs de la maternité parlent trop impérieusement en elles pour leur permettre de risquer la vie en lavant l'injure dans un duel à mort. Tout se borne à des démonstrations hostiles, à quelques bourrades sans gravité.

«La vraie propriétaire néanmoins semble puiser double audace, double force dans le sentiment de son droit. Elle prend pied sur le Nid, pour ne plus le quitter, et accueille l'autre, chaque fois qu'elle ose s'approcher, avec un frôlement d'ailes irrité, signe non équivoque de sa juste indignation. Découragée, l'étrangère finit par abandonner la place. A l'instant la Maçonne se remet au travail, aussi active que si elle ne venait pas de subir les épreuves de son long voyage.

« Encore un mot sur les rixes au sujet de la propriété. Quand un Chalicodome est en expédition, il n'est pas rare qu'un autre, vagabond sans domicile, visite le Nid, le trouve à son gré et s'y mette au travail, tantôt à la même cellule, tantôt à la cellule voisine, s'il y en a plusieurs de libres, cas habituel des vieux Nids. A son retour, le premier occupant ne manque pas de pourchasser l'intrus, qui finit toujours par être délogé, tant est vif, indomptable chez le maître le sentiment de la propriété. Au rebours de la sauvage maxime prussienne, *la force prime le droit*, chez les Chalicodomes le droit prime la force ; autrement ne pourrait s'expliquer la retraite constante de l'usurpateur, qui, pour la vigueur, ne le cède en rien au vrai propriétaire. S'il n'a pas autant d'audace, c'est qu'il ne se sent pas reconforté par cette puissance souveraine, le droit, qui fait autorité, entre pareils, jusque chez la brute.

« Le second de mes deux voyageurs ne reparut pas, ni le jour de l'arrivée du premier, ni les jours suivants. Une autre épreuve est décidée, cette fois avec cinq sujets. Le lieu de départ, le lieu d'arrivée, la distance, les heures, tout reste le même. Sur les cinq expérimentés, j'en retrouve trois à leurs Nids le lendemain ; les deux autres font défaut.

« Il est ainsi parfaitement reconnu que le Chalicodome des murailles, transporté à quatre kilomètres de distance et relâché dans les lieux qu'il n'a certes jamais vus, sait revenir au Nid. Mais pourquoi en manque-t-il au rendez-vous, d'abord un sur deux, puis deux sur cinq ? Ce que l'un sait faire, l'autre ne le pourrait-il ? Y aurait-il disparité dans la faculté qui les guide au milieu de l'inconnu ? Ne serait-ce pas plutôt disparité de puissance de vol ? Le souvenir me revient que mes Hyménoptères n'étaient pas tous partis avec le même entrain. Les uns, à peine échappés de mes doigts, s'étaient fougueusement lancés dans les airs, où je les avais perdus tout aussitôt de vue ; les autres s'étaient laissés choir à quelques pas de moi après courte volée. Ces derniers, la chose paraît certaine, ont souffert pendant le trajet, peut-être de la chaleur concentrée dans la fournaise de ma boîte. Je peux bien avoir endolori la jointure des ailes pendant l'opération de la marque, si difficile à conduire quand il faut veiller aux coups de dard. Ce sont des éclopés, des invalides, qui traîneront dans les Sainfoins voisins, et non de vigoureux voiliers comme il en faut pour le voyage.

« L'expérience est à refaire, en ne tenant compte que de ceux qui partiront aussitôt d'entre mes doigts, avec un essor franc et vigoureux. Les hésitants, les traînards qui s'arrêtent tout à côté sur un buisson, seront laissés hors de cause. En outre, j'essaierai d'évaluer de mon mieux le temps employé pour le retour au Nid. Pour pareille expérience, il me faut un nombre considérable de sujets : les faibles et tous les éclopés, et ils seront peut-être nombreux, devant être mis au rebut. Le Chalicodome des murailles ne peut me fournir la collection désirée : il n'est pas assez fréquent et je tiens à ne pas trop troubler la petite peuplade que je destine à d'autres observations sur les bords de l'Aygues. Heureusement j'ai chez moi, en pleine activité, sous le rebord d'une toiture, un magnifique Nid de Chalicodome des hangars. Je peux, dans la cité populeuse, puiser en aussi grand nombre que je voudrai. L'Insecte est petit, plus de moitié moindre que le Chalicodome des murailles ; n'importe : il n'y aura que plus de mérite pour lui s'il sait franchir les quatre kilomètres que je lui réserve, et retrouver son nid. J'en prends quarante, isolés, comme d'habitude, dans des cornets.

« Une échelle est dressée contre le mur pour arriver au Nid : elle doit servir à ma fille Aglaé, et lui permettre de constater l'instant précis du retour de la première Abeille. La pendule de la cheminée et ma montre sont mises en concordance pour la comparaison du moment de départ et du moment d'arrivée. Les choses ainsi disposées, j'emporte mes quarante captives et me rends au point même où travaille le Chalicodome des murailles, dans les alluvions de l'Aygues. La course aura double but : observations de la maçonne de Réaumur et mise en liberté de la Maçonne des hangars. Pour le retour de celle-ci, la distance sera donc encore de quatre kilomètres.

« Enfin mes prisonniers sont relâchés, tous marqués d'abord d'un large point blanc au milieu du thorax. Ce n'est pas en vain que l'on manie du bout des doigts, un à un, quarante irascibles Hyménoptères, qui dégaînent aussitôt et jouent du dard empoisonné. Avant que la marque soit faite, le coup de stylet n'est que trop souvent donné. Mes doigts endoloris ont des mouvements de défense que la volonté ne peut toujours réprimer. Je saisis avec plus de précaution pour moi que pour l'insecte ; je serre parfois plus qu'il ne conviendrait pour ménager mes voyageurs. C'est une belle et noble chose, capable de faire braver bien des périls, que d'expérimenter afin de soulever, s'il se peut, un tout petit coin des voiles de la vérité ; mais encore est-il permis de laisser poindre quelque impatience s'il s'agit de recevoir, en une courte séance, quarante coups d'aiguillon au bout des doigts. A qui me reprocherait mes coups de pouce non assez ménagés, je conseillerais de recommencer l'épreuve : il jugera par lui-même de la déplaisante situation.

« Bref, soit à cause des fatigues du transport, soit par le fait de mes doigts qui ont trop appuyé et faussé peut-être quelques articulations, sur mes quarante Hyménoptères, il n'en part qu'une vingtaine d'un essor franc et vigoureux. Les autres vaguent sur les herbages voisins, inhabiles à conserver l'équilibre, ou se maintiennent sur les Osiers où je les ai posés, sans se décider à prendre le vol même quand je les excite avec une paille. Ces défaillants, ces estropiés à épaules luxées, ces impotents mis à mal par mes doigts, doivent être défalqués de la liste. Il en est parti vingt environ, d'un essor qui n'a pas hésité. Cela suffit et largement.

« A l'instant même du départ, rien de précis dans l'orientation adoptée, rien de cet essor direct vers le Nid que m'avaient autrefois montré les Cercéris en pareille circonstance. Aussitôt libres, les Chalicodomes fuient, comme effarés, qui dans une direction, qui dans la direction tout opposée. Autant que le permet leur vol fougueux, je crois néanmoins reconnaître un prompt retour des Abeilles lancées à l'opposé de leur demeure, et la majorité me semble se diriger du côté de l'horizon où se trouve le Nid. Je laisse ce point avec des doutes, que rendent inévitables des Insectes perdus de vue à une vingtaine de mètres de distance.

« Jusqu'ici l'opération a été favorisée par un temps calme ; mais voici qui vient compliquer les affaires. La chaleur est étouffante et le ciel se fait orageux. Un vent assez fort se lève, soufflant du sud, précisément la direction que doivent prendre mes Abeilles pour retourner au Nid. Pourront-elles surmonter ce courant contraire, fendre de l'aile le torrent aérien ? Si elles le tentent, il leur faudra voler près de terre, comme je le vois faire maintenant aux Hyménoptères qui continuent encore à butiner ; mais l'essor dans les hautes régions, d'où elles pourraient prendre claire connaissance des lieux, leur est, ce me semble, interdit. C'est donc avec de vives appréhensions sur le succès

de mon épreuve que je reviens à Orange, après avoir essayé de dérober encore quelque secret au Chalicodome des galets de l'Aygues.

« A peine rentré chez moi, je vois Aglaé, la joue fleurie d'animation. — « Deux, fait-elle ; deux d'arrivées à trois heures moins vingt, avec la charge de pollen sous le ventre. » — Un de mes amis était survenu, grave personnage des lois, qui, mis au courant de l'affaire, oubliant code et papier timbré, avait voulu assister lui aussi à l'arrivée de mes pigeons voyageurs. Le résultat l'intéressait plus que le procès du mur mitoyen. Par un soleil sénégalien et une chaleur de fournaise réverbérée par la muraille, de cinq minutes en cinq minutes il montait à l'échelle, tête nue, sans autre abri contre l'insolation que sa crinière grise et touffue. Au lieu de l'unique observateur que j'avais aposté, je retrouvais deux bonnes paires d'yeux surveillant le retour.

« J'avais relâché mes Hyménoptères sur les deux heures ; et les premiers arrivés rentraient au Nid à trois heures moins vingt. Trois quarts d'heure à peu près leur avaient donc suffi pour franchir les quatre kilomètres ; résultat bien frappant, surtout si l'on considère que les Abeilles butinaient en route, comme en témoignait le ventre jauni de pollen, et que, d'autre part, l'essor des voyageurs devait être entravé par le souffle contraire du vent. Trois autres rentrèrent sous mes yeux, toujours avec la preuve du travail fait en chemin, la charge pollinique. La journée touchant à sa fin, l'observation ne pouvait être continuée. Lorsque le soleil baisse, les Chalicodomes quittent, en effet, le Nid pour aller se réfugier je ne sais où, qui d'ici, qui de là ; peut-être sous les tuiles des toits et dans les petits abris des murailles. Je ne pouvais compter sur l'arrivée des autres qu'à la reprise des travaux, au moment du plein soleil.

« Le lendemain, quand le soleil rappela au Nid les travailleurs dispersés, je repris le recensement des Abeilles à thorax marqué de blanc. Le succès dépassa toutes mes espérances : j'en comptai quinze, quinze des expatriées de la veille, approvisionnant ou maçonnant comme si rien d'extraordinaire ne s'était passé. Puis l'orage, dont les indices se multipliaient, éclata, et fut suivi d'une série de jours pluvieux qui m'empêchèrent de continuer.

« Telle qu'elle est, l'expérience suffit. Sur une vingtaine d'Hyménoptères qui m'avaient paru en état de faire le voyage lorsque je les avais relâchés, quinze au moins étaient revenus : deux dans la première heure, trois dans la soirée, et les autres le lendemain matin. Ils étaient revenus malgré le vent contraire, et difficulté plus grave, malgré l'inconnu des lieux où je les avais transportés. Il est indubitable, en effet, qu'ils voyaient pour la première fois ces Oseraies de l'Aygues, choisies par moi comme point de départ. Jamais d'eux-mêmes ils ne s'étaient éloignés à pareille distance, car pour bâtir et approvisionner sous le rebord du toit de mon hangard, tout le nécessaire est à portée. Le sentier au pied du mur fournit le mortier ; les prairies émaillées de fleurs dont ma demeure est entourée, fournissent nectar et pollen. Si économes de leurs temps, ils ne vont pas chercher à quatre kilomètres de distance ce qui abonde à quelques pas du Nid. Du reste, je les vois journellement prendre leurs matériaux de construction sur le sentier, et faire leurs récoltes sur les fleurs des prairies, en particulier sur la Sauge des prés. Suivant toute apparence, leurs expéditions ne dépassent pas une centaine de mètres à la ronde. Comment donc mes dépaysées sont-elles revenues ? Quel est leur guide ? Ce n'est certes pas la mémoire, mais une faculté spéciale qu'il faut se borner à constater par ses étonnants effets, sans prétendre l'expliquer, tant elle est en dehors de notre propre psychologie. »

Échange des Nids. — « Poursuivons la série des expériences sur le Chalicodome des murailles. Par sa position sur un galet que l'on déplace comme l'on veut, le Nid de cet Hyménoptère se prête aux plus intéressantes épreuves. Voici la première.

« Je change un Nid de place, c'est-à-dire que je transporte à une paire de mètres plus loin le caillou qui lui sert de support. L'édifice et sa base ne faisant qu'un, le déménagement s'opère sans le moindre trouble dans les cellules. Le galet est déposé en lieu découvert et se trouve bien en vue comme il l'était sur son emplacement naturel. L'Hyménoptère, à son retour de la récolte, ne peut manquer de l'apercevoir.

« Au bout de quelques minutes, le propriétaire arrive et va droit où était le Nid. Il plane mollement au-dessus de l'emplacement vide, examine et s'abat au point précis où reposait la pierre. Là, recherches pédestres, obstinément prolongées ; puis l'Insecte prend l'essor et s'envole au loin. Son absence est de courte durée. Le voici revenu. Les recherches sont reprises, au vol ou à pied, et toujours sur l'emplacement que le Nid occupait d'abord. Nouvel accès de dépit, c'est-à-dire brusque essor à travers l'Oseraie ; nouveau retour et reprise des vaines recherches, constamment sur l'empreinte même qu'a laissée le galet déplacé. Ces fuites soudaines, ces prompts retours, ces examens tenaces du lieu désert, longtemps, fort longtemps se répètent avant que la Maçonne soit convaincue que son Nid n'est plus là. Certainement elle a vu, elle a revu, le Nid déplacé, car parfois en volant elle a passé en dessus, à quelques pouces ; mais elle n'en fait cas. Ce Nid, pour elle, n'est pas le sien, mais la propriété d'une autre Abeille.

« Souvent l'épreuve se termine sans qu'il y ait même simple visite au galet changé de place porté et à deux ou trois mètres plus loin : l'Abeille part et ne revient plus. Si la distance est moins considérable, un mètre par exemple, la Maçonne prend pied plus tôt ou plus tard sur le caillou, support de sa demeure. Elle visite la cellule qu'elle approvisionnait ou construisait peu avant ; à diverses reprises elle y plonge la tête ; elle examine pas à pas la surface du galet ; et après de longues hésitations va reprendre ses recherches sur l'emplacement où la demeure devrait se trouver. Le Nid qui n'est plus à sa place naturelle est définitivement abandonné, ne serait-il distant que d'un mètre du point primitif. En vain l'Abeille s'y pose à plusieurs reprises : elle ne peut le reconnaître pour sien. Je m'en suis convaincu en le retrouvant, plusieurs jours après l'épreuve, exactement dans le même état où il était lorsque je l'avais déplacé. La cellule ouverte et à demi garnie de miel, était toujours ouverte et livrait son contenu au pillage des Fourmis ; la cellule en construction était restée inachevée, sans une nouvelle assise de plus. L'Hyménoptère, la chose est évidente, pouvait y être revenu mais n'y avait pas repris le travail. La demeure déplacée était pour toujours abandonnée.

« Je n'en déduirai pas l'étrange paradoxe que l'Abeille maçonne, capable de retrouver son Nid du bout de l'horizon, ne sait plus le retrouver à un mètre de distance : l'interprétation des faits n'amène nullement là. La conclusion me paraît celle-ci : l'Hyménoptère garde impression tenace de l'emplacement occupé par le Nid. C'est là qu'il revient, même quand le Nid n'y est plus, avec une obstination difficile à lasser. Mais il n'a que très vague idée du Nid lui-même. Il ne reconnaît pas la maçonnerie qu'il a construite lui-même et pétrie de sa salive; il ne reconnaît pas la pâtée qu'il a lui-même amassée. En vain il visite sa cellule, son œuvre; il l'abandonne, ne la prenant pas pour sienne du moment que l'endroit où repose le galet n'est plus le même (1).

« Étrange mémoire, il faut l'avouer, que celle de l'Insecte, si lucide dans la connaissance générale des lieux, si bornée dans la connaissance du chez soi. Volontiers je l'appellerais instinct topographique : la carte du pays lui est connue; et le Nid chéri, la demeure elle-même, non. Les Bembex nous ont déjà conduits à pareille conclusion. Devant le Nid mis à découvert, ils ne se préoccupent de la famille, de la larve, qui se tord dans l'angoisse au soleil. Ils ne la reconnaissent pas. Ce qu'ils reconnaissent, ce qu'ils recherchent et trouvent avec une précision merveilleuse, c'est l'emplacement de la porte d'entrée dont il ne reste plus rien, pas même le seuil.

« S'il restait des doutes sur l'impuissance où se trouve le Chalicodome des murailles de reconnaître son Nid autrement que d'après la place que le galet occupe sur le sol, voici de quoi les lever. Au Nid de l'Abeille maçonne, j'en substitue un autre pris à quelque voisine, et pareil, autant que faire se peut, aussi bien sous le rapport de la maçonnerie que sous le rapport de l'approvisionnement. Cet échange et ceux dont il me reste à parler, se font en l'absence du propriétaire bien entendu. A ce Nid qui n'est pas le sien, mais repose au point où était l'autre, l'Abeille s'établit sans hésitation. Si elle construisait, je lui offre une cellule en voie de construction. Elle y continue le travail de maçonnerie avec le même soin, le même zèle, que si l'ouvrage déjà fait était son propre ouvrage. Si elle apportait miel et pollen, je lui offre une cellule en partie approvisionnée. Ses voyages se continuent, avec miel dans le jabot et pollen sous le ventre, pour achever de garnir le magasin d'autrui.

« L'Abeille ne soupçonne donc pas l'échange; elle ne distingue pas ce qui est sa propriété et ce qui ne l'est pas; elle croit toujours travailler à la cellule vraiment sienne. Après l'avoir laissée en possession un certain temps du Nid

étranger, je lui rends le sien. Ce nouveau changement est incompris de l'Hyménoptère : le travail se poursuit dans la cellule rendue, au point où il était dans la cellule substituée. Puis second remplacement par le Nid étranger; et même persistance de l'Insecte à y continuer son ouvrage. Alternant ainsi, toujours à la même place, tantôt le Nid d'autrui, tantôt le Nid propre de l'Abeille, je me suis convaincu, à satiété, que l'Hyménoptère ne peut faire de différence entre ce qui est son œuvre et ce qui ne l'est pas. Que la cellule lui appartienne ou non, il y travaille avec ferveur pareille, pourvu que le support de l'édifice, le galet, occupe toujours le primitif emplacement.

« On peut donner à l'épreuve intérêt plus vif, en mettant à profit deux Nids voisins dont le travail soit à peu près également avancé. Je les transpose l'un à la place de l'autre. La distance en est d'une coudée à peine. Malgré ce voisinage si rapproché, qui permet à l'Insecte d'apercevoir à la fois les deux domiciles et de choisir entre eux, les deux Abeilles, à leur arrivée, se posent à l'instant chacune sur le nid substitué et y continuent leur ouvrage. Alternons les deux Nids autant de fois que bon nous semblera, et nous verrons les deux Chalicodomes garder l'emplacement choisi par eux, et travailler à tour de rôle tantôt à leur propre cellule, tantôt à la cellule d'autrui.

« On pourrait croire que cette confusion a pour cause une étroite ressemblance entre les deux Nids, car m'attendant fort peu, en mes débuts, aux résultats que je devais obtenir, je choisissais aussi pareils que possible les deux Nids à substituer l'un à l'autre, crainte de rebuter les Hyménoptères. Ma précaution supposait une clairvoyance que l'Insecte n'a pas. Je prends maintenant, en effet, deux Nids d'une dissemblance extrême, à la seule condition que, de part et d'autre, l'ouvrier trouve une cellule conforme au travail qui l'occupe en ce moment. Le premier est un vieux Nid dont le dôme est percé de huit trous, orifices des cellules de la précédente génération. Une de ces huit cellules a été restaurée, et l'Abeille y travaille à l'approvisionnement. Le second est un Nid de fondation nouvelle, sans dôme de mortier et composé d'une seule cellule à revêtement de cailloutage. L'Insecte s'y occupe pareillement de l'amas de pâtée. Voilà certes deux Nids qui ne sauraient différer davantage, l'un avec ses huit chambres vides et son ample dôme de pisé; l'autre avec son unique cellule,

_____

(1) Les Bourdons n'agissent pas de même ; on peut transporter leurs Nids, les installer où bon vous semble; ils n'en continueront pas moins à travailler et à approvisionner leurs cellules, lorsqu'ils ont reconnu la situation topographique des lieux où on a transporté leurs demeures (Voy. *Les Bourdons*, p. 586).

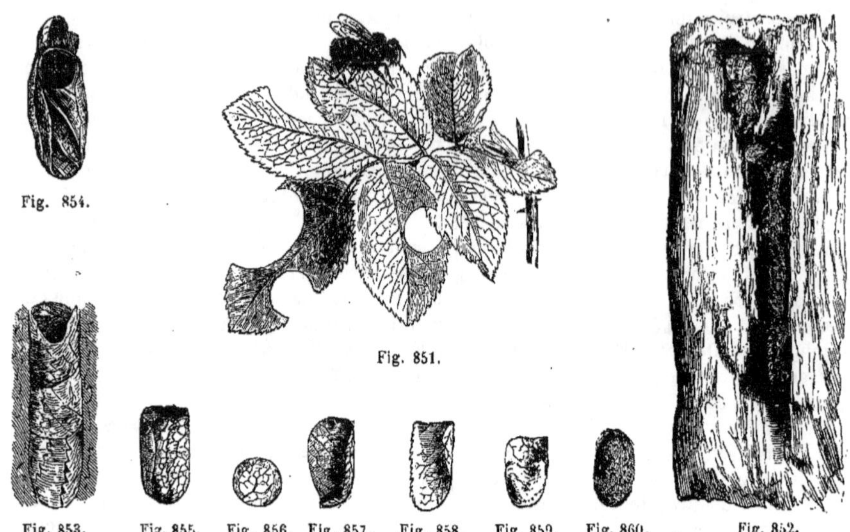

Fig. 854.

Fig. 851.

Fig. 853.   Fig. 855.   Fig. 856.   Fig. 857.   Fig. 858.   Fig. 859.   Fig. 860.   Fig. 852.

Fig. 851. — Mégachile en train de découper une feuille de Rosier.

Fig. 852. — Nid construit dans le tronc d'un Saule.

Fig. 853. — Nid composé de trois cellules, la dernière en voie de construction.

Fig. 854. — Cellule défaite pour montrer la disposition des fragments de feuilles qui la garnissent.

Fig. 855. — Cellule isolée.

Fig. 856. — Son couvercle.

Fig. 857 et 858. — Ses parois.

Fig 859. — Coupe verticale d'une cellule contenant son approvisionnement.

Fig. 860. — Coque renfermant la Nymphe.

Fig. 851 à 860. — La Mégachile du Rosier et son Nid. (P. 631.)

toute nue, grosse au plus comme un Gland.

« Eh bien, devant ces Nids échangés et distants d'un mètre à peine, les deux Chalicodomes n'hésitent pas longtemps. Chacun gagne l'emplacement de son domicile. L'un, propriétaire d'abord du vieux Nid, ne trouve plus chez lui qu'une cellule. Il inspecte rapidement le galet, et sans autre façon plonge dans la cellule étrangère d'abord la tête pour y dégorger le miel, puis le ventre pour y déposer le pollen. Et ce n'est pas là une action imposée par la nécessité de se débarrasser au plus vite, n'importe où, d'un pénible fardeau, car l'Hyménoptère s'envole et ne tarde pas à revenir avec nouvelle récolte, qu'il emmagasine soigneusement. Cet apport de provisions dans le garde-manger d'autrui se répète autant de fois que je le permets. L'autre Hyménoptère, trouvant à la place de son unique cellule la spacieuse construction à huit appartements, est d'abord assez embarrassé. Quelle est la bonne, parmi les huit cellules? Dans laquelle est l'amas de pâtée commencé? L'Abeille donc visite une à une les chambres,

y plonge jusqu'au fond, et finit par rencontrer ce qu'elle cherche, c'est à-dire ce qu'il y avait dans son Nid à son dernier voyage, un commencement de provisions. A partir de ce moment, elle fait comme sa voisine, et continue, dans le magasin qui n'est pas son ouvrage, l'apport du miel et du pollen.

« Remettons les Nids à leurs places naturelles, échangeons-les encore, et chaque Abeille, après de courtes hésitations qu'explique assez la différence si grande des deux Nids, poursuivra le travail dans la cellule son propre ouvrage, et dans la cellule étrangère, alternativement. Enfin l'Œuf est pondu et l'habitacle clôturé, quel que soit le Nid occupé au moment où les provisions suffisent. De tels faits disent assez pourquoi j'hésite à donner le nom de mémoire à cette faculté singulière qui ramène l'Insecte, avec tant de précision, à l'emplacement de son Nid, et ne lui permet pas de distinguer son ouvrage de l'ouvrage d'un autre, si profondes qu'en soient les différences.

« Expérimentons maintenant le Chalicodome

des murailles sous un autre point de vue psychologique. Voici une Abeille maçonne qui construit; elle en est à la première assise de sa cellule. Je lui donne en échange une cellule, non seulement achevée comme édifice, mais encore garnie de miel presque au complet. Je viens de la dérober à sa propriétaire, qui n'aurait pas tardé à y déposer son OEuf. Que va faire la maçonne devant ce don de ma munificence, lui épargnant fatigues de bâtisse et de récolte? Laisser là le mortier, sans doute; achever l'amas de pâtée, pondre et sceller. Erreur, profonde erreur : notre logique est illogique pour la bête. L'Insecte obéit à une incitation fatale, inconsciente. Il n'a pas le choix de ce qu'il doit faire ; il n'a pas le discernement de ce qui convient et de ce qui ne convient pas ; il glisse, en quelque sorte, suivant une pente irrésistible, déterminée d'avance pour l'amener au but. C'est ce qu'affirment hautement les faits qu'il me reste à rapporter.

« L'Abeille qui bâtissait et à qui j'offre cellule toute bâtie et pleine de miel, ne renonce nullement au mortier pour cela. Elle faisait travail de maçonne; et une fois sur cette pente, entraînée par l'inconsciente impulsion, elle doit maçonner, son travail serait-il inutile, superflu, contraire à ses intérêts. La cellule que je lui donne est certainement parfaite de construction d'après l'avis du maître-maçon lui-même, puisque l'Hyménoptère à qui je l'ai soustraite y achevait la provision de miel. Y faire des retouches, y ajouter surtout, est chose inutile, et qui plus est absurde. C'est égal : l'Abeille qui maçonnait maçonnera. Sur l'orifice du magasin à miel, elle dispose un premier bourrelet de mortier, puis un autre, un autre encore, tant enfin que la cellule s'allonge du tiers de la hauteur règlementaire. Voilà l'œuvre de maçonnerie accomplie, non aussi développée, il est vrai, que si l'Hyménoptère avait continué la cellule dont il jetait les fondations au moment de l'échange des Nids ; mais enfin d'une étendue plus que suffisante pour démontrer l'impulsion fatale à laquelle obéit le constructeur. Arrive alors l'approvisionnement, abrégé lui aussi, sinon le miel déborderait par l'addition des récoltes des deux Abeilles. Ainsi le Chalicodome qui commence à construire et à qui l'on donne cellule achevée et garnie de miel, ne change rien à la marche de son travail : il maçonne d'abord et puis approvisionne. Seulement il abrège, son instinct l'avertissant que les hauteurs de la cellule et la quantité de miel commencent à prendre des proportions par trop exagérées.

« L'inverse n'est pas moins concluant. Au Chalicodome qui approvisionne, je donne un Nid à cellule ébauchée, très insuffisante encore pour recevoir la pâtée. Cette cellule, humide en sa dernière assise de la salive de son constructeur, peut se trouver ou non accompagnée d'autres cellules contenant OEuf et miel, et récemment scellées. L'Hyménoptère, dont elle remplace le magasin à miel en partie-plein, se montre fort embarrassé quand il arrive avec sa récolte devant ce godet imparfait, sans profondeur, où l'approvisionnement ne pourrait trouver place. Il l'examine, la sonde du regard, la jauge avec les antennes et en reconnaît la capacité insuffisante. Longtemps il hésite, s'en va, revient, s'envole encore et retourne bientôt, pressé de déposer ses richesses. L'embarras de l'Insecte est des plus manifestes. Prends du mortier, ne pouvais-je m'empêcher de dire en moi-même; prends du mortier, et achève le magasin. C'est travail de quelques instants, et tu auras réservoir profond comme il convient. L'Hyménoptère est d'un autre avis : il approvisionnait, il doit approvisionner quand même. Jamais il ne se décidera à quitter la brosse à pollen pour la truelle à mortier ; jamais il ne suspendra la récolte qui l'occupe en ce moment pour se livrer au travail de construction dont l'heure n'est pas venue. Il ira plutôt à la recherche d'une cellule étrangère, en l'état qu'il désire, et s'y introduira pour y loger son miel, dût-il recevoir furieux accueil du propriétaire survenant. Il part, en effet, pour tenter l'aventure. Je lui souhaite succès, étant moi-même cause de cet acte désespéré. Ma curiosité vient de faire d'un honnête ouvrier, un voleur.

« Les choses peuvent prendre tournure encore plus grave, tant est inflexible, impérieux, le désir de mettre sans tarder la récolte en lieu sûr. La cellule incomplète dont l'Hyménoptère ne veut pas à la place de son propre magasin achevé et garni de miel en partie, se trouve parfois, ai-je dit, avec d'autres cellules contenant OEuf, pâtée, et closes depuis peu. Dans ce cas, il m'est arrivé, mais non toujours, d'assister à ceci. L'insuffisance de la cellule inachevée bien reconnue, l'Abeille se met à ronger le couvercle de terre fermant l'une des cellules voisines. Avec de la salive, elle ramollit un point de l'opercule de mortier, et patiemment, atome par atome, elle creuse dans la dure cloison. L'opération marche avec une lenteur extrême. Une grosse demi-heure se passe avant que la fossette excavée ait l'ampleur nécessaire pour recevoir une tête d'épingle. J'attends encore. Puis l'impatience me gagne ; et bien convaincu que l'Abeille cherche à ouvrir le magasin, je me décide à lui venir en aide pour abréger. De la pointe du couteau, je fais sauter le couvercle. Avec lui vient le couronnement de la cellule, qui reste avec le bord fortement ébréché. Dans ma maladresse, d'un vase gracieux j'ai fait un mauvais pot égueulé.

« J'avais bien jugé : le dessein de l'Hyménoptère était de forcer la porte. Voici qu'en effet, sans se préoccuper des brèches de l'orifice, l'Abeille s'établit aussitôt à la cellule que je lui ai ouverte. A nombreuses reprises, elle y apporte miel et pollen, quoique les provisions y soient déjà au grand complet. Enfin dans cette cellule, renfermant déjà un Œuf qui n'est pas le sien, elle dépose son Œuf ; puis elle clôture de son mieux l'embouchure égueulée. Donc cette Abeille qui approvisionnait n'a su, n'a pu reculer devant l'impossibilité où je l'avais mise de continuer son travail à moins d'achever la cellule incomplète remplaçant la sienne. Ce qu'elle faisait, elle a persisté à le faire en dépit des obstacles. Elle a jusqu'au bout accompli son œuvre, mais par les voies les plus absurdes : entrée avec effraction dans le bien d'une autre, approvisionnement continué dans un magasin qui déjà regorgeait, dépôt de l'Œuf dans une cellule où la vraie propriétaire avait déjà pondu, enfin clôture de l'orifice dont les brèches réclamaient sérieuses réparations. Quelle meilleure preuve désirer de cette pente irrésistible à laquelle obéit l'Insecte ?

« Enfin il est certains actes rapides et consécutifs tellement liés l'un à l'autre, que l'exécution du second exige la répétition préalable du premier, alors même que celui-ci est devenu inutile. J'ai déjà raconté comment le Sphex à ailes jaunes s'obstine à descendre seul dans son terrier, après avoir rapproché le Grillon que j'ai la malice d'éloigner aussitôt. Ses déconvenues multipliées coup sur coup ne le font pas renoncer à la visite domiciliaire préalable, visite bien inutile quand il l'a répétée pour la dixième, pour la vingtième fois. Le Chalicodome des murailles nous montre, sous une autre forme, semblable répétition d'un acte sans utilité, mais prélude obligatoire de l'acte qui le suit. Quand elle arrive avec sa récolte, l'Abeille fait double opération d'emmagasinement. D'abord elle plonge, la tête première, dans la cellule pour y dégorger le contenu du jabot ; puis elle sort et rentre tout aussitôt à reculons pour s'y brosser l'abdomen et en faire tomber la charge pollinique. Au moment où l'Insecte va s'introduire dans la cellule, le ventre premier, je l'écarte doucement avec une paille. Le second acte est ainsi empêché. L'Abeille recommence le tout, c'est-à-dire plonge encore, la tête première, au fond de la cellule, bien qu'elle n'ait plus rien à dégorger, le jabot venant d'être vidé. Cela fait, c'est le tour d'introduire le ventre. A l'instant, je l'écarte de nouveau. Reprise de la manœuvre de l'Insecte, toujours la tête en premier lieu ; reprise aussi de mon coup de paille. Et cela se répète ainsi tant que le veut l'observateur. Écarté au moment où il va introduire le ventre dans la cellule, l'Hyménoptère revient à l'orifice et persiste à descendre chez lui d'abord la tête première. Tantôt la descente est complète, tantôt l'Abeille se borne à descendre à demi, tantôt encore il y a simple simulacre de descente, c'est-à-dire flexion de la tête dans l'embouchure ; mais, complet ou non, cet acte qui n'a plus de raison d'être, le dégorgement du miel étant fini, précède invariablement l'entrée à reculons pour le dépôt du pollen. C'est ici presque mouvement de machine, dont un rouage ne marche que lorsque a commencé de tourner la roue qui le commande. »

La Larve, dont l'aspect ne présente rien de particulier, croît rapidement, se tisse une coque transparente, devient Nymphe, puis Abeille, mais à des époques différentes. Dans l'été très chaud de 1859, dès le 15 août, Taschenberg a trouvé des Abeilles parfaites ; le 10 avril de l'année précédente, il n'avait trouvé que des Larves. Mais il est certain que les unes n'arrivent pas au jour plus tôt que les autres ; elles apparaissent au commencement de juillet.

Sur la figure 850 les trous arrondis de la partie supérieure représentent les orifices de sortie forés par les Abeilles écloses ; à la partie inférieure nous avons représenté le Nid brisé pour montrer à découvert les cellules isolées, ainsi qu'une Larve et les immondices qu'elle laisse après elle.

Les Chalicodomes ont des ennemis les plus variés appartenant à tous les ordres d'Insectes. Dans le nombre, il faut compter : des Abeilles proches parentes, dont il sera question plus loin, parmi lesquelles il faut citer le *Stelis nasuta*, dont les Larves vivent aux dépens des provisions amassées; un Coléoptère de la famille des Clérides, le *Trichodes alvearius*, un autre de la famille des Méloïdes, le *Meloe erythrocnemis*, et deux Diptères de la famille des Bombylides, l'*Anthrax sinuata* et l'*Argyromœba subnotata*. Taschenberg a retiré de la coque d'une Nymphe seize Femelles et deux Mâles d'un petit Hyménoptère parasite que Forster a nommé *Monodontomerus Chalicodomæ*; c'est une Ptéromaline, longue d'au moins 5^{mm}, de couleur vert-foncé et bronzée; la base des antennes est d'un rouge de rouille, les jambes sont de même couleur, et les petites ailes, sans nervures, sont un peu troubles vers les bords. La tarière des Femelles est aussi longue que l'abdomen. Cet Insecte n'a pu pénétrer jusqu'à la Larve à travers son enveloppe pierreuse, mais les Œufs ont été déposés avant que la cellule fût fermée, et ne sont éclos que longtemps après l'Œuf de l'Abeille, de telle sorte que ces Larves parasites ont trouvé à se nourrir aux dépens de la Larve d'Abeille déjà plus ou moins développée. Il faut encore mentionner deux ennemis : un grand Chalcidide, le *Leucospis gigas*, et un petit, le *Melittobia Audouini*.

LE CHALICODOME DES MURS. — *CHALICODOMA MURARIA*.

Mörtelbiene. — Gemeine Mauerbiene.

Caractères. — Le Chalicodome des murs n'a pas besoin d'être complètement décrit ici, puisque nous représentons les deux sexes (fig. 848 et 849).

Remarquons seulement que la Femelle (fig. 849) est entièrement noire, y compris les ailes, qui sont un peu moins obscures vers la pointe et présentent des reflets violets, et que le Mâle (fig. 848) est revêtu sur tout le corps d'un pelage rouge de Renard à l'exception des trois derniers segments du corps et de la région ventrale de l'abdomen qui sont noirs.

Distribution géographique. — Cette Abeille maçonne répandue en Europe habite aussi bien le Nord que le Midi de la France.

Mœurs, habitudes, régime. — Ce Chalicodome construit sa demeure sur les murs avec de la terre à laquelle il ajoute de petits cailloux; cette demeure ne contenant que 10 à 20 loges.

LE CHALICODOME DES HANGARS. — *CHALICODOMA RUFITARSIS*.

Caractères. — Assez variable quant à la coloration, la Femelle est en général couverte de poils grisâtres, mais le premier article des tarses postérieurs est toujours d'un roux très vif, presque rouge.

Distribution géographique. — Cette espèce, dont l'aire de distribution est fort étendue, se rencontre aussi bien dans le sud-est de la France et dans tout le midi de l'Europe qu'en Algérie.

Mœurs, habitudes, régime. — Cet Apide construit son Nid sous les hangars, sous les tuiles des toits et vit par grandes agglomérations. Chaque Nid comprend généralement un nombre considérable de cellules, et il n'entre dans sa construction que de la terre sans aucun mélange de petits cailloux.

LE CHALICODOME DES ARBUSTES. — *CHALICODOMA RUFESCENS*.

Caractères. — D'après M. Perez cette espèce, la plus petite du genre, ressemble beaucoup à la précédente, mais elle en diffère par la couleur rousse plus uniforme de ses poils et la coloration sombre de ses pattes; le premier article des tarses postérieurs est toujours noir.

Distribution géographique. — Ce Chalicodome se trouve dans le midi de la France.

Mœurs, habitudes, régime. — Il établit son Nid sur les rameaux des arbustes, du Buis, du Thym, etc., et ne le compose que d'un petit nombre de cellules.

LES ANTHIDIES — *ANTHIDIUM* (1)

Die Wollbiene. — Kugelbiene.

Parmi les nombreuses espèces de Gastrolégides, nous citerons encore les *Anthidium*, qu'on nomme vulgairement les *Abeilles-à-duvet*, parce qu'elles approvisionnent leur Nid de duvets végétaux.

Caractères. — Les pièces buccales présentent quelques particularités; les mandibules sont bidentées; les palpes maxillaires ne comptent qu'un seul article; le troisième article des palpes labiaux inséré sur les côtés du second. Les ocelles sont disposés en triangle. Les ailes offrent une cellule radiale arrondie à l'extrémité et sans appendice, ainsi que trois cellules cubitales : la première plus petite que la seconde, la troisième à peine commencée. Les tarses portent des crochets bifides chez les

(1) Ἀνθηδών, Abeille.

Fig. 861. — Femelle, de grandeur naturelle.

Fig. 862. — Femelle, très grossie.

Fig. 863. — Mâle très grossi.

Fig. 861 à 863. — La Mégachile du Rosier.

Mâles, simples chez les Femelles. L'abdomen a une forme caractéristique : il est court et convexe en dessus.

Leur corps généralement noir est presque toujours agréablement tacheté de jaune ou de fauve, ce qui se voit rarement chez les Apides.

Distribution géographique. — Ce genre renferme de nombreuses espèces européennes, répandues surtout dans les régions chaudes ; il en est d'autres africaines.

Mœurs, habitudes, régime. — Ces Hyménoptères établissent leurs demeures dans les talus ou les murs bien exposés, mais selon l'heureuse expression de Latreille, les mères veulent que leurs petits reposent sur un lit mollet, sur une espèce d'édredon, aussi vont-elles récolter le duvet qui revêt les feuilles des plantes laineuses, telles que le *Balotta fœtida*, les *Stachys germanica* et *Siberica*.

Nous nous souvenons d'avoir entendu raconter au Dᵣ Sichel, Hyménoptérologiste des plus distingués, un trait de mœurs d'une Anthidie, qui dénote un véritable raisonnement ; ne trouvant pas à sa portée ses plantes favorites, ou ne voulant pas perdre un temps précieux à les rechercher, notre Anthidie apercevant dans un pré des gilets de flanelle qui séchaient au soleil, vint rôder autour d'eux ; réflexion faite, reconnaissant qu'ils pouvaient lui fournir un moelleux duvet, elle se mit sans plus de façon à les tondre de place en place et à approvisionner son Nid, substituant avec intelligence un chaud matelas de laine à un froid matelas de coton.

LES OSMIES — *OSMIA*

Die Mauerbienen.

Caractères. — Les Osmies ou Abeilles maçonnes ont : des mandibules bicarénées et bidentées, des palpes labiaux et maxillaires formés de quatre articles, des ocelles disposées presque en ligne droite ; des antennes plus longues chez les Mâles que chez les Femelles ; leur abdomen large, fortement bombé en haut, est sans dentelures à l'extrémité. La cellule marginale de l'aile antérieure ne s'applique pas par sa pointe contre la nervure marginale, et la deuxième nervure récurrente aboutit bien loin de l'extrémité de la seconde et dernière cellule sous-marginale (fig. 741, page 521).

Mœurs, habitudes, régime. — Ces Osmies placent leurs Nids dans les trous de murailles ; elles se servent aussi des constructions abandonnées des autres Apides dans les poteaux de bois, les troncs d'arbres, etc., et bâtissent avec du sable et de la terre plusieurs cellules en forme de dés à coudre.

« Elle fait preuve, dit Büchner (1), d'un discernement et d'un jugement extraordinaires dans le choix des matériaux pour la construction de ses cellules. La cavité en forme de corbeille, placée sur la patte postérieure, dont la Mouche à miel se sert pour rassembler le pollen lui faisant défaut, elle y supplée en frottant de son abdomen velu les étamines des fleurs et, revenue au logis, elle enlève avec son tarse le pollen adhérant en grande quantité à ses poils. Nous avons déjà dit que l'Abeille maçonne recouvre ses cellules à progéniture d'une espèce de couverture ou de toit en ciment ; celui-ci acquérant par l'action de l'air la solidité de la pierre, il eût été impossible aux jeunes Abeilles d'y éclore, si l'intelligente architecte n'avait ménagé, dans le bord inférieur de la voûte, dans le voisinage même de la cellule, dont l'habitante doit éclore la première, une petite échancrure, bouchée seulement avec de la

____

(1) L. Büchner, *la Vie psychique des Bêtes*, p. 110.

terre poreuse, et ne se distinguant en rien par son apparence de la couche de ciment. Elle s'entend très bien à modifier, selon les circonstances, sa manière de bâtir, ou, si elle trouve quelque vieux Nid abandonné, à s'épargner la peine d'en bâtir un nouveau, en adaptant le vieux à ses besoins, après l'avoir soigneusement nettoyé. Bien plus, on a vu, en Algérie, des Abeilles maçonnes s'épargner même ce travail en établissant leurs cellules dans les coquilles vides des Colimaçons. D'autres, au contraire, au lieu de suivre leur soi-disant instinct pour l'architecture, profitent de l'absence de la maîtresse d'un Nid fraîchement construit non loin de leurs cellules, pour s'y installer à l'aise et en repousser violemment la propriétaire légitime. En citant ce phénomène, remarqué chez tous les Insectes nidifiants (aussi bien que chez les animaux), M. Blanchard conclut par l'observation suivante : « Ainsi des individus de la même espèce semblent n'avoir pas tous les mêmes penchants. Les uns, laborieux, travaillent honnêtement ; les autres, paresseux, préfèrent ne pas travailler et accaparer, soit par la ruse, soit par la violence, la propriété d'autrui. Restera-t-il longtemps encore des Hommes assez ignorants pour voir dans les Animaux de véritables machines et pour ne rien comprendre à la grandeur de la création ? »

L'Abeille maçonne agit-elle comme une machine, quand, dans ses travaux, elle cherche à s'adapter aux circonstances, quand elle s'empare de vieux Nids, les nettoie et les améliore en prouvant par là qu'elle sait parfaitement tirer parti des circonstances ? Peut-on admettre que, pour agir ainsi, un certain degré de jugement ne soit nécessaire ?

L'ABEILLE-MAÇONNE BICORNE. — *OSMIA RUFA* OU *BICORNIS.*

Rothe Mauerbiene. — Gehörnte Mauerbiene.

Caractères. — Cette Abeille maçonne, rouge, est une des plus belles espèces du genre *Osmia*. Sa taille et ses couleurs rappellent au premier abord les Abeilles des sables. L'abdomen est doré avec des reflets roussâtres ; le dos est moins velu, ce qui permet de voir l'éclat bronzé du corps. Le thorax, la tête, et les jambes sont revêtus de poils noirs, et chez la femelle, deux cornes s'élèvent toutes droites sur les côtés de la tête au-dessus de la bouche.

Mœurs, habitudes, régime. — Cette espèce ne vole que peu de temps, au printemps,

et niche volontiers dans des cavités cylindriques, qu'elles divisent en cellules avec des cloisons d'argile. Au gymnase de Weilbourg, Schenk a trouvé, entre les châssis d'une fenêtre et le lambrissage, une masse de 12 à 20 cellules adjacentes, toutes construites avec de l'argile. En ouvrant la fenêtre on pouvait examiner l'intérieur, car on leur enlevait ainsi leur toiture. Dans les plus anciennes on trouvait une Larve développée, et peu ou point de nourriture ; dans les suivantes les Larves étaient de plus en plus petites, et les approvisionnements, secs et riches en pollen, étaient de plus en plus volumineux ; puis venaient quelques cellules contenant des Œufs. Dans la dernière, l'Abeille bâtissait encore ; elle ne s'envola point, mais se coucha sur le côté en étendant les pattes, comme font les Bourdons. Les trous, destinés à l'écoulement de la pluie, offraient à l'Abeille un accès à ses constructions.

LES MÉGACHILES OU ABEILLES COUPEUSES DE FEUILLES — *MEGACHILA* (1)

Die Blattschneider. — Die Tapezierbienen.

Caractères. — Chez ces Abeilles tapissières, très proches parentes des précédentes : les mandibules sont quadridentées ; les palpes maxillaires comptent deux articles ; le 3e article des palpes labiaux est inséré sur le côté du 2e.

La seconde nervure récurrente se jette dans la seconde cellule sous-marginale, plus près de son extrémité ; et les palpes des mandibules sont formés de trois articles seulement.

L'abdomen de la Femelle, plat en dessus, très convexe au-dessous, tend à se relever beaucoup de telle sorte que l'aiguillon, pour piquer, se dirige vers le haut.

Chez le Mâle, les articles terminaux des antennes sont aplatis et les deux derniers anneaux abdominaux sont recourbés en bas ; leurs dentelures variées méritent une attention particulière lorsqu'il s'agit de distinguer des espèces très semblables. Dans un premier groupe, les Mâles ont les pattes antérieures élargies, et se distinguent entre eux par des signes caractéristiques placés au côté interne des cuisses ; dans le second groupe, les dentelures de l'échancrure située à l'extrémité du corps, les

(1) Μέγας, grand ; χεῖλος, mâchoire.

articles terminaux des antennes, et la distribu-tion des poils, fournissent de bons points de repère.

Mœurs, habitudes, régime. — Ces Abeilles établissent leurs Nids dans les creux d'arbres, les fentes des murailles, les cavités du sol ; elles y construisent des cellules en dés à coudre, alignées, qu'elles confectionnent d'une manière très habile avec les feuilles de certaines plantes. On a trouvé dans leurs Nids, comme matériaux de construction, des lambeaux de feuilles de Tremble, de Charme, de Saule, de Lilas, et surtout de Rosiers.

LA MÉGACHILE DU ROSIER OU ABEILLE COUPEUSE DE FEUILLES COMMUNE. — *MÉGACHILE CEN-TUNCULARIS*.

Gemeine Blattschneider.

Caractères. — Cette Abeille tapissière com-mune est mélangée de noir et de jaune-brun sur le milieu du corps (fig. 861 à 863). Avec l'âge, les poils grisonnent, surtout chez le Mâle, qui est le moins occupé. L'abdomen, presque ras, n'est orné que de quelques touffes grisâtres à la par-tie antérieure ; et les bords postérieurs des deuxième, troisième, quatrième et cinquième anneaux, portent des bandes blanches souvent interrompues. Le ventre est couvert de poils récolteurs d'un brun rouge ; il n'est pas échan-cré ; seulement le segment article porte chez le mâle de très petites dentelures.

Distribution géographique. — D'après Smith, cette espèce ne se rencontre pas seulement en Europe ; mais on la trouve aussi dans le Canada et vers la baie d'Hudson.

Mœurs, habitudes, régime. — A la fin de mai, au commencement de juin, on voit paraître ces Abeilles. Comme toujours dans la vie, les sexes se trouvent bientôt réunis, et après l'accouplement, la Femelle entreprend ses travaux. Je laisse de côté la question de savoir si cette espèce nidifie exclusivement dans le vieux bois, ou si elle établit aussi ses cellules dans la terre ; on a trouvé des cellules dans ces deux conditions, il est possible qu'elles appartiennent à deux espèces différentes.

La cavité ou, pour mieux dire, le tube que nous figurons ici (fig. 852), avait été foré par une Chenille des Saules (*Cossus ligniperda*), et remis en état, plus tard, par les Mégachiles. Ailleurs elles se servent d'un trou de Souris aban-donné, pour en faire leur demeure. Bref, toute cavité pratiquée avant elles peut être aménagée

avec une grande perfection et adaptée à leurs besoins.

Le principal ouvrage consiste dans la cons-truction des cellules.

En toute hâte l'Abeille s'envole vers quelque feuille de Rosier où elle se pose, comme le montre la figure 851, et elle en découpe un lam-beau de la grandeur convenable. En faisant sa dernière morsure, elle le roule en cornet entre ses pattes et disparaît avec lui dans le lointain. Si ce magasin de matériaux lui plaît, elle y revient bientôt pour faire de nou-velles emplettes. Les lambeaux, transportés et roulés, sont relâchés et s'appliquent, suivant leur élasticité, contre les parois. Elle en dispose d'abord trois ou quatre, plus grands (fig. 854) ; puis elle forme une seconde couche, avec des lambeaux rétrécis à une de leurs extrémités (fig. 854). Le bord dentelé de la feuille est placé en dehors, le bord découpé par l'Abeille est dirigé vers l'intérieur. Dans cette gaîne, elle dispose une troisième couche de lambeaux égaux (fig. 857 et 858) dont la surface vient boucher les interstices, et termine ainsi le dé à coudre (fig. 855). Après l'avoir rempli de miel et pourvu d'un Œuf, elle l'obture avec une pièce tout à fait circulaire (fig. 856), sur laquelle s'appliquera le plancher de la cellule suivante, de façon à former une chaîne creuse. Celles qui sont représentées ici (fig. 852 et 853) se composent, l'une de trois chaînons, l'autre de quatre.

Réaumur, que l'on trouve toujours à citer quand il s'agit de mœurs bien observées, nous fournira une anecdote curieuse sur l'Abeille du Rosier.

« Dans les premiers jours de juillet 1736, dit-il, le seigneur d'un village proche des An-delys vint voir M. l'abbé Nollet, accompagné, entre autres domestiques, d'un jardinier qui avait l'air fort consterné. Il s'était rendu à Paris pour annoncer à son maître qu'on avait jeté un sort sur sa terre. Il avait eu le courage, car il lui en avait fallu pour cela, d'apporter les pièces, qui l'en avaient convaincu ainsi que ses voisins, et qu'il croyait propres à en con-vaincre tout l'univers. Il prétendait les avoir produites au curé du lieu, qui n'était pas éloi-gné de penser comme lui. A la vue des pièces, le maître ne prit pourtant pas tout l'effroi que son jardinier avait voulu lui donner ; s'il ne resta pas absolument tranquille, il jugea au moins qu'il pouvait n'y avoir rien que de natu-rel dans le fait, et il crut devoir consulter son chirurgien; celui-ci, quoique habile dans sa profession, ne se trouva pas en état de donner des éclaircissements sur un sujet qui n'avait aucun rapport avec ceux qui avaient fait l'objet de ses études; mais il indiqua M. l'abbé Nollet, comme très capable de décider si l'Histoire naturelle n'offrait point quelque chose de semblable à ce qu'on lui présentait. Ce fut donc sa réponse, qui valut à M. l'abbé Nollet une visite, qui a servi à m'instruire. Le jardinier ne tarda pas à mettre sous ses yeux des rouleaux de feuilles, qui, selon lui, ne pouvaient avoir été faits que par une main d'homme et d'homme sorcier. Outre qu'un homme ordinaire ne lui semblait pas capable d'exécuter rien de pareil, à quoi bon les eût-il faits, et dans quel dessein les eût-il enfouis dans la terre de la crête d'un sillon? Un sorcier seul pouvait les avoir placés là pour les faire servir à quelque maléfice. L'abbé Nollet certifia au brave homme, que ces jolis ouvrages étaient faits par des Insectes, et comme preuve, il tira un *gros ver* de ces rouleaux. Dès que le paysan l'eut vu, son air sombre et étonné disparut : un air de gaieté et de contentement se répandit sur son visage, comme s'il venait d'être tiré d'un affreux péril. »

La Larve en se développant se tisse une coque, et tout semble rester, jusqu'au printemps prochain, dans l'état où la mère l'a laissé en mourant. A cette époque, tout se passe comme nous l'avons décrit pour les Xylocopes, avec cette seule différence que la sortie commence par les cellules supérieures.

Bien que l'on puisse fréquemment saisir les Mégachiles, le Mâle surtout, sur quelque fleur, il faut une chance particulière pour découvrir son Nid; car nous n'avons pas la souplesse des indigènes de la Nouvelle-Hollande, pour suivre à la course une mère nidifiante reconnaissable à la feuille qu'elle emporte et qui à travers champs vous conduirait droit à sa demeure; nous devons nous reconnaître impuissant à employer ce procédé dont ils usent avec succès pour trouver les Nids pleins de miel des Mélipones.

LES ANTHOCOPES — *ANTHOCOPA* (1)

Caractères. — Ces Hyménoptères diffèrent des Mégachiles par quelques traits d'organisation. Leurs mandibules sont tridentées, leurs

(1) Ἄνθος, fleur; κόπτω, couper.

palpes maxillaires comptent quatre articles, leur abdomen est convexe en dessus.

Mœurs, habitudes, régime. — Au lieu de s'attaquer aux feuilles, ces Apides découpent avec une habileté incomparable les pétales des fleurs, et en tapissent leurs habitations.

L'ANTHOCOPE DU PAVOT. — *ANTHOCOPA PAPAVERIS.*

Caractères. — Ce petit Insecte de quelques lignes (quatre lignes ¼) est noir, revêtu de poils cendrés ou blanchâtres sur la tête, le corselet, le dessus de l'abdomen, et les côtés aux ailes un peu enfumées. Le Mâle aux poils de la tête et du corselet un peu roussâtre a les côtés de l'abdomen échancrés avec une forte dent obtuse du côté externe.

Distribution géographique. — Il habite toute la France méridionale et centrale.

Mœurs, habitudes, régime. — C'est à Réaumur que nous devons la connaissance des mœurs de cette petite Abeille tapissière. L'Anthocope du Pavot creuse dans la terre pour sa progéniture une cavité de 8 centimètres de profondeur, en tapisse soigneusement le fond avec les pétales mous et délicats du Coquelicot de manière à ne laisser aucun interstice. Pour rendre le Nid plus chaud et plus confortable, elle dépose plusieurs couches de pétales les unes sur les autres. Mais le plus merveilleux, c'est la manière dont, après avoir déposé un Œuf et de la pâture sur une feuille, elle en rapproche les bords comme on lie un sac. Ceci accompli, un peu de terre éparpillée est jetée sur le tout afin que rien ne vienne trahir l'existence du Nid merveilleux.

LES ABEILLES PARASITES

Die Schmarotzer-bienen.

Caractères. — Au point de vue de la conformation de leur bouche, les Abeilles parasites appartiennent à deux groupes naturels, correspondant à ceux des *Apines* et des *Andrénines*. En classant les rares espèces que nous avons à décrire, nous commencerons par celles qui ont une longue lèvre, les *Longilingues*.

Mœurs, habitudes, régime. — Les Abeilles parasites déposent leurs Œufs dans les cellules parfaites de quelque hôte; peut-être expulsent-elles l'Œuf régulier, comme fait parfois le Coucou. La Larve, éclose de l'Œuf parasite, se

Fig. 866. Fig. 867.

Fig. 864. Fig. 865. Fig. 868.

Fig. 864 et 865. — Nomade à taches blanches, Mâle et Femelle.

Fig. 866. — Mélecte ponctuée.

Fig. 867 et 868. — Cœlioxys roussâtre, Mâle et Femelle.

Fig. 864 à 868. — Les Abeilles parasites.

nourrit, aux dépens de la provision du légitime propriétaire : suivant l'heureuse expression de Le Peletier « *elle se nourrit du pain d'autrui dans la maison d'autrui* » ; et, au lieu de l'espèce qui avait pris la peine de construire la cellule, apparaît un Insecte qui a profité avec plaisir des arrangements et du bien d'un de ses proches parents.

Ces Parasites ressemblent souvent à s'y méprendre à l'espèce lésée, et pénètrent dans le Nid étranger à la faveur de leur déguisement ; c'est là un des exemples les plus remarquables de ce qu'on appelle le *mimétisme*.

Les Abeilles parasites comprennent des espèces très nombreuses et communes, parmi lesquelles nous signalerons les suivantes :

LES BOURDONS PARASITES OU *PSITHYRES — PSITHYRUS* (1)

Die Schmarotzerhummeln.

Nous groupons ici un grand nombre d'Hyménoptères qui vivent aux dépens de leurs congénères. Parmi eux viennent d'abord se ranger de véritables Abeilles, qui n'ont de poils récolteurs ni aux jambes, ni au ventre, et que par suite on ne voit jamais rentrer munies d'une charge de pollen dans les cavités où elles paraissent nidifier : ce sont les *Abeilles parasites* proprement dites.

D'après Smith, les *Sphecodes* ne seraient point des Parasites, tandis que Le Peletier les range

(1) Ψιθυρός, qui murmure.

dans cette catégorie. Les études ultérieures et impartiales du Dr Sichel ont tranché toutes ces questions avec certitude : les Sphecodes sont des Mellifères.

Caractères. — Au point de vue de la structure générale de leur corps, les *Psithyrus* se rattachent aux *Bombus*.

Les Femelles se distinguent des Bourdons, à l'aide des signes suivants : le labre présente en

Fig. 869. — Jambe postérieure d'une Abeille laborieuse (Bourdon).

Fig. 870. — Jambe postérieure d'une Abeille parasite (Psithyre).

bas un angle mousse, les ocelles sont disposés en ligne courbe. Les jambes postérieures (fig. 870) sont dépourvues de corbeilles, et leur face externe, convexe, est velue ; il n'y a point de dilatation en forme d'auricule au premier article du tarse. A l'exception des segments terminaux, la face supérieure de l'abdomen est glabre et luisante ; le dernier segment est recourbé et pourvu à sa face inférieure d'une saillie aiguë qui forme un angle de chaque côté.

S'il est facile de différencier par là une Femelle de *Psithyrus* d'une Femelle de *Bombus*, il faut, pour distinguer les Mâles, un examen plus attentif, qui ne permet pas toujours d'éviter la confusion ; cependant la tête du Psithyre est plus courte, aussi large que longue, et plus velue en avant qu'en arrière.

Mœurs, habitudes, régime. — Il n'y a pas encore longtemps qu'on a découvert l'existence de ces *Bourdons parasites*. Ces Femelles, déposant leurs Œufs dans les Nids des Bourdons sociables, dont l'espèce ressemble le plus à la leur, n'ont pas besoin, comme eux, d'avoir pour aides des Femelles atrophiées. Elles apparaissent au printemps, les Mâles un peu plus tard. On est amené à conclure qu'elles ne peuvent rien récolter, mais qu'elles laissent ce soin à d'autres, à la charge desquelles elles vivront en Parasites. « Cette conclusion est-elle juste ? J'en doute, dit Taschenberg ; et l'on pourrait y opposer les considérations suivantes : une Abeille mellifère déglutit du pollen et du miel, pour en confectionner des aliments, et elle les fabrique chez elle ; une autre peut accomplir le même travail sur la fleur même, et ne rentrer qu'ensuite pour en remplir ses cellules, sans avoir besoin des outils extérieurs indispensables à la première. La nature ne présente-t-elle pas assez de ressources pour avoir imposé quelques légères modifications dans le mode de préparation des aliments ? »

Ce qu'il y a de certain c'est que les Psithyres ne récoltent pas de pollen, et comme le pollen constitue la base essentielle de l'alimentation des Larves, il est donc avéré que les jeunes Parasites vivent aux dépens des matériaux accumulés par les Bourdons industrieux.

Les six espèces les plus répandues en France et en Allemagne sont les *Psithyrus rupestris*, *campestris*, *œstivalis* et *saltúum*.

LES NOMADES — *NOMADA* (1)

Die Wespenbienen.

Caractères. — Les ocelles sont disposés en triangle sur le vertex. La bouche comprend, comme parties importantes, des palpes maxillaires composés de six articles, une langue longue, des palpes labiaux formés de quatre articles. Les ailes antérieures, souvent obscures dans leur partie externe, ont une grande cellule marginale effilée aux deux bouts, et trois cellules sous-marginales dont la première est à peu près aussi grande que les deux autres réunies.

(1) Νομάς, νομάδος, vagabond.

L'écusson porte deux tubercules. Leur abdomen, un peu effilé à ses deux extrémités, est elliptique ; il est presque glabre et porte des taches ou des bandes jaunes, rouges ou blanches, sur un fond luisant, noir ou rouge. Les jambes postérieures sont un peu aplaties, mais ne possèdent que quelques poils courts, principalement sur leur face interne.

Le Mâle, un peu plus petit, se distingue par son abdomen plus mince, plus effilé à la pointe, dénué de cette frange qu'on trouve sur l'avant-dernier anneau de la Femelle, et surtout par les poils épais qui revêtent la moitié antérieure de son corps, et qui, sur la face, sont argentés.

Les nombreuses formes de ce genre, dont la taille et la couleur offrent de grandes variétés, sont très difficiles à distinguer ; les plus belles espèces de ce genre ont une longueur de 8^{mm},75 à 13^{mm}.

Distribution géographique. — Plusieurs espèces de nos pays se rencontrent aussi dans l'Amérique du Nord, et sont représentées dans les contrées plus chaudes par des formes plus ou moins modifiées.

Mœurs, habitudes, régime. — Les Nomades qui vivent en Parasites surtout aux dépens des Andrènes, des Halyctes et des Osmies, se pressent en foule auprès des galeries creusées dans la terre par ces Abeilles et leurs Femelles voltigent lentement sur les talus, les pelouses et les lisières des bois, en quête de ces Nids.

Les unes apparaissent de bonne heure, d'autres un peu plus tard, quelques-unes en automne ; d'après Schenk, il y en a qui paraissent deux fois par an. Les premiers-nés se rassemblent, avec leurs hôtes et d'autres Insectes, sur les chatons de Saules, sur les Groseillers en fleur, et plus tard sur les prés fleuris. Pour le repos, qui commence pour elles le soir, ou bien avant la nuit dans les mauvais jours, ces Abeilles sans foyer prendraient une attitude très singulière ; s'accrochant, par leurs mâchoires, à quelque feuille ou à quelque rameau, rassemblant leurs pattes, rejetant leurs antennes en arrière, elles resteraient suspendues par la bouche dans une position verticale ?

LA NOMADE A TACHES BLANCHES. — *NOMADA ROBERJEOTIANA*.

Weiszfleckige Wespenbiene.

Caractères. — Pour donner une idée de ces élégantes Abeilles, nous représentons ici (fig. 864 et 865) une espèce, de moyenne grandeur, et des plus belles, qui se montrent seulement à la fin de l'été ou en automne.

Chez le Mâle de cette Abeille à taches blanches (fig. 864), le thorax est d'un noir mat, tacheté de jaune, comme la face et la partie inférieure des antennes ; leur base, l'écusson et les jambes sont plus ou moins rouges ; les cuisses postérieures sont en outre tachetées de noir ; chez la Femelle (fig. 865) ces marques de couleur claire sont moins nombreuses et tirent seulement sur le rouge. Dans les deux sexes l'abdomen est large et court ; son premier segment est rouge ; les suivants sont généralement noirs, ou bien le rouge empiète sur cette partie noire ; chez le Mâle, il présente des taches blanches triangulaires, sur les côtés ; chez la Femelle il n'y en a que deux de chaque côté, plus une tache quadrangulaire à la pointe.

LES MÉLECTES — *MELECTA* (1)

Trauerbienen. — Waffenbienen.

Caractères. — Les Mélectes ont une charpente plus forte ; elles portent sur la tête et le thorax des touffes de poils ; leurs ocelles sont disposées presque en ligne transversale ; leurs palpes maxillaires comptent six articles et les labiaux quatre. La cellule marginale est régulièrement ovale ; les trois cellules sous-marginales sont conformées exactement comme dans le genre précédent. Sur l'écusson, fortement bombé, les poils recouvrent deux petites dents placées sur les côtés.

On les reconnaît facilement à leur large abdomen, qui s'effile brusquement, et qui est noir avec des taches blanches.

La Femelle, pour piquer, dirige en haut un dard long et puissant, tandis que le Mâle cherche à mordre tout autour de lui.

Mœurs, habitudes, régime. — Les Mélectes vivent en Parasites aux dépens des Anthophores, et, d'après Le Peletier, aux dépens des espèces les plus grandes de Mégachiles.

LA MÉLECTE PONCTUÉE. — *MELECTA PUNCTATA*.

Gemeine Waffenbiene.

Caractères. — La Mélecte commune (fig. 866) est revêtue de poils d'un jaune-grisâtre ou d'un blanc sale, sur la moitié antérieure du corps.

Mœurs, habitudes, régime. — Cette nomade vit en Parasite principalement aux dépens des *Anthophora retusa intermedia*, etc.; c'est dire qu'elle habite toute la France.

LA MÉLECTE FUNÈBRE. — *MELECTA LUCTUOSA*.

Punktirte Waffenbiene.

Caractères. — Cette Mélecte funèbre présente les mêmes marques que la précédente, seulement elles sont d'une blancheur immaculée.

Mœurs, habitudes, régime. — Son existence parasitaire se passe principalement dans les demeures de l'*Anthophora æstivalis*. Elle voltige près de terre, en quête des Nids, lorsqu'elle ne cherche pas sa nourriture sur les Vipérines ou sur d'autres fleurs.

LES CŒLIOXYS — *COELIOXYS* (1)

Die Kegelbienen.

Caractères. — Ces Abeilles à abdomen conique (fig. 867 et 868) comptent, après les Nomades, parmi les plus nombreuses espèces parasites de nos pays. Leur aspect général rappelle celui des Gastrolégides parmi les Apides laborieuses ; mais, chez la Femelle, l'abdomen est plus effilé, ainsi que le nom l'indique ; chez le Mâle, il est plus émoussé, plus dentelé, et recourbé aussi vers le haut. En outre, les ocelles sont disposées en triangle ; la lèvre supérieure courte et quadrangulaire, les palpes maxillaires n'ont que deux articles, les labiaux quatre. L'écusson surélevé est armé d'une épine de chaque côté, les cellules marginales au nombre de deux seulement, leur odeur désagréable et *sui generis*, est surtout caractéristique. Les espèces, sont d'ailleurs assez difficiles à distinguer ; elles paraissent toutes noires, ornées de bandes ou de taches velues, d'un blanc effacé.

Mœurs, habitudes, régime. — Les Cœlioxys vivent aux dépens des mêmes Insectes que les précédents, et des *Saropoda*.

« Il y a quelques années, raconte Taschenberg, au commencement de juin, mes courses m'amenèrent devant l'étable d'un propriétaire rural. La paroi antérieure était formée d'un mur d'argile non revêtu de plâtre, assez long et situé en plein midi. Elle était couverte d'Api-

(1) Μέλι, miel ; εκτος, dehors ; qui vit de miel au dehors.

(1) Κοιλία, ventre ; οξύς, pointu.

des, de Chrysides dorées, et d'Odynères; cette paroi était pour ainsi dire criblée de trous. Parmi les Apides, trois genres dominaient : c'étaient des Anthophores, des Mélectes et des Cœlioxys ; ces Abeilles voltigeaient et bourdonnaient en telle masse, que c'était plaisir de considérer leur foule bariolée; je regrettais fort qu'un centre d'observations si merveilleux ne fût pas plus à portée de mon habitation. Nos deux Abeilles parasites, les Mélectes et les Cœlioxys, voltigeaient çà et là toujours aux aguets, et saisissaient l'instant propice où quelque Abeille laborieuse était obligée de s'envoler. A peine était-elle dehors, qu'un de ces intrus s'introduisait dans la demeure pour y faire une inspection rigoureuse. Si par maladresse, il se laissait surprendre par un retour trop hâtif de la propriétaire, il en résultait une bataille qui n'était pas exempte de dangers.

Peu de temps après la lutte, l'habitante retournait à ses travaux habituels; l'autre, oubliant là leçon qu'il avait reçue, reprenait son espionnage, sinon dans le même trou, du moins dans quelqu'autre Nid. Les petites Guêpes aux reflets dorés, les Chrysides, dont nous ferons prochainement la connaissance personnelle, se comportaient le long de ce mur garni d'Abeilles, absolument comme les Parasites plus grands que nous venons de citer. »

Ici, nous prenons congé des Abeilles, ou ANTHOPHILES, pour reporter notre attention sur les *Guêpes* ou *Vespides* qui, en réalité, diffèrent moins entre elles par leurs modes d'existence que par leurs aspects extérieurs, et qui peuvent être par conséquent réunis en une seule famille.

LES GUÊPES OU VESPIDES — *DIPLOPTERA* OU *VESPIDÆ*

Die Wespen. — Die Faltenwespen.

Caractères. — Les *Guêpes* proprement dites se distinguent de tous les autres Hyménoptères, par la disposition qu'affectent leurs ailes antérieures : *au repos, ces ailes se ploient suivant leur longueur* — d'où le nom de *Diploptera* (1) — *pour embrasser, en partie, les ailes postérieures*, et se rangent sur les côtés de l'abdomen, de telle sorte qu'elles ne recouvrent pas sa face supérieure.

Le corps, nu ou presque nu, n'a généralement pas la teinte noire fondamentale, qui est ordinaire chez les Abeilles; mais des taches jaunes ou blanches donnent à la tête et à l'abdomen les aspects les plus variés. Nous retrouverons plus tard les mêmes colorations dans d'autres familles; mais alors la conformation des antennes et celle des ailes seront différentes aussi, de sorte qu'avec un peu de circonspection aucune confusion n'est possible. Nos Vespides portent, comme les Abeilles, des antennes coudées; le coude est moins apparent chez les Mâles en raison du développement moindre de la pièce basilaire. Les Femelles seules, dans la troisième stade de leur évolution, possèdent un aiguillon défensif.

Distribution géographique. — Les Vespides habitent en grand nombre les pays chauds,

l'Europe n'en renferme que quelques-unes. A mesure qu'on s'éloigne de l'équateur, le nombre des espèces de cette famille va en diminuant.

Mœurs, habitudes, régime. — Les Vespides se nourrissent de matières sucrées; généralement, à l'instar des Abeilles, elles visitent les fleurs, qu'elles lèchent avec leur langue, mais cette langue, généralement courte, ne leur permet de sucer le nectar que des fleurs ouvertes, comme celles des Ombellifères, des Lierres, etc. ; chacun sait qu'elles ont un goût de prédilection pour les fruits succulents, raisins, poires, figues, etc., et qu'elles sont friandes de sucre et surtout de miel, à tel point qu'elles attaquent même les Abeilles pour les piller. Elles ne gâtent pas leurs Larves par de telles friandises; celles-ci, de nature carnassière, sont nourries d'autres Insectes, que la mère ou les ouvrières ont la précaution de couper en morceaux et même de broyer pour en constituer une véritable bouillie animale.

La structure anatomique et en partie les mœurs, permettent de diviser les Vespides en trois groupes, correspondant aux trois grands groupes des Apides, les Abeilles sociales, les Abeilles solitaires et les Abeilles parasites : les *Guêpes sociales*, les *Guêpes solitaires* et les *Guêpes parasites*.

____

(1) Διπλόος, double; πτερόν, aile.

LES GUÊPES SOCIALES OU VESPINES
— *VESPINÆ*

Die Papierwespen. — Gesellige Wespen.

Caractères. — Les Guêpes de ce premier groupe vivent pour la plupart en sociétés; elles ont comme Ouvrières des Femelles infécondes, bâtissent leurs Nids avec beaucoup d'art, et y nourrissent leur couvée comme les Abeilles et les Bourdons. Extérieurement, elles ressemblent aux autres Vespides et toutes les pièces de leur squelette sont comparables; toutefois leur chaperon est plus carré; leurs mâchoires sont plus courtes, et les yeux ne descendent pas généralement jusqu'à leur naissance; leur langue est courte et quadrifide; leurs griffes sont simples; elles ont aux jambes médianes deux éperons.

Des divers nids de guêpes sociales. — La plupart des Guêpes cartonnières nous étonnent par l'édification de leurs chateaux forts et de leurs palais. Mais l'existence guerroyante et les mœurs féroces, qui paraissent propres à toutes ces espèces, n'offrent guère le loisir d'observer les dispositions admirables qu'elles ont prises cependant en vue d'œuvres pacifiques.

Là aussi, comme chez les Abeilles, nous trouverons des rayons, mais des rayons disposés horizontalement et non pas verticalement, des rayons simples et non pas doubles, dont les cellules ne sont pas construites avec de la cire; là aussi, du reste, elles sont construites par des Femelles atrophiées, servant d'Ouvrières.

Les matériaux sont fournis surtout par diverses parties des plantes, qui, après avoir été mâchées et mélangées avec une salive riche en chitine, produisent ces œuvres d'art dont l'aspect est tantôt un peu grossier et tantôt plus ornementé. Les Nids très élastiques, papyracés, sont formés de longues lamelles corticales soudées entre elles; les Nids cartonnés sont constitués par un feutrage de fibres végétales ou par un assemblage de fibres réunies en faisceaux. Les productions plus friables de nos Frelons sont formées de parenchymes corticaux et rayés par des bandes, parce qu'ils sont pris sur des arbres divers. Dans quelques cas seulement, on a vu des Guêpes étrangères employer dans leur construction la terre argileuse ou la fiente des Animaux herbivores.

Il y a quelque chose de plus variable encore que les matériaux, c'est le plan de ces habitations et le mode d'attache des constructions. Les unes sont disposées sous forme de tablettes à la face inférieure d'une pierre, d'une tuile, d'une feuille ou d'une branche d'arbre; les autres embrassent à leur extrémité supérieure une branche et s'y suspendent sous la forme de cylindre, de cône tronqué, de sphère ou de demisphère; d'autres se cachent entre les rameaux et les feuilles qui les traversent en partie; d'autres enfin prennent leurs points d'appui sur plusieurs tiges ou sur quelques racines. Le Nid le plus simple est formé d'une ou de plusieurs rangées de cellules hexagonales disposées le plus souvent en rosette, et s'ouvrant sur leur face inférieure; si les rayons s'ouvraient en haut, la pluie y séjournerait, et la chaleur, indispensable pour la ponte et le développement des Larves, serait perdue. La plupart des Guêpes se contentent de ce modeste édifice; ce sont surtout celles qui vivent en sociétés plus nombreuses, qui exigent quelques perfectionnements; elles enferment leurs constructions dans une enveloppe qui peut présenter deux formes essentiellement différentes.

Examinons, par exemple, le Nid des *Polybia sedula* (fig. 871, p. 641) de l'Amérique méridionale. Cette Guêpe, longue d'environ 6^{mm}1/2, richement bariolée de marques jaunes pâles sur un fond noir mat, suspend son Nid, à l'aide d'un pédicule, à la face inférieure d'une feuille. Sitôt le premier rayon terminé, elle dispose, par-dessous, un couvercle qui couvre environ la moitié des cellules, et qui s'insère sur les parois latérales prolongées : une ouverture, ménagée sur le côté, sert d'entrée. Comme la petite société se multiplie, l'habitation devient trop étroite, mais les Polybies remédient, en général, aisément au défaut d'espace. Elles construisent, sous le couvercle du premier rayon, un second rayon qui présente à peu près le même périmètre; elles allongent la paroi externe des cellules marginales, pour donner attache au second couvercle qui passe également sous les orifices des cellules, et, sur sa ligne d'insertion, elles ménagent également un couloir. La figure représente un troisième rayon terminé, et sous le couvercle, on voit un quatrième rayon commencé. Les étages se multiplient suivant les besoins, et le Nid, dans son ensemble, figure enfin un cylindre qui va toujours en s'allongeant. Chez d'autres espèces, il peut prendre la forme conique; chez d'autres encore, il se renfle vers le milieu.

C'est sur un type un peu différent que nidifient les *Polybia rejecta* (fig. 872). Elles fixent le premier rayon du Nid autour d'une branche, et laissent l'orifice d'entrée au milieu du couvercle. Lorsque le Nid s'accroît par l'adjonction d'un deuxième rayon, l'orifice d'entrée occupe la même position sur le nouveau couvercle, mais l'ancien orifice est rétréci par une bordure et prend le nom d'orifice de sortie. La construction continue de la sorte, ainsi que l'indique notre figure. Ainsi nidifie aussi le *Chartergus chartarius*, Guêpe de grosseur moyenne et de couleur noire, dont l'abdomen pédiculé est rayé de bandes jaunes qui habite la Guyane et le Brésil.

Nous avons fait représenter (Pl. XVI) un énorme Nid des plus extraordinaires construit sur ce principe par les *Polybia* (*Myrapetra*) *scutellaris* de l'Amérique du Sud; il se distingue par les épines dont les Guêpes ont soin de l'armer et qui lui donne un aspect singulier; ce Guêpier étonne par ses grandes dimensions étant donnée la petite taille de l'architecte.

Les *Tatua morio*, si fréquentes à Cayenne, dont la coloration est noire, dont le large abdomen se rétrécit un peu en avant comme chez les *Eumenes*, et dont les ailes sont fortement enfumées, suspendent leur Nid, qui atteint parfois plusieurs pieds de long, à une branche qu'il embrasse exactement comme celui des *Polybia rejecta*. Seulement, chez les *Tatua morio*, l'orifice d'entrée et les trous de sortie correspondants, au lieu d'occuper les centres des couvercles successifs, sont situés de côté, auprès de la paroi d'enveloppe. Ces Nids paraissent bruns, sont très durs et très épais, et doivent conserver beaucoup d'humidité. Ils s'établissent, en effet, au début de l'époque pluvieuse et s'accroissent toujours pendant cette période; ils se recouvrent, en raison de l'humidité, de mousses et d'autres plantes cryptogames, et constituent ces couronnes de mousse qui restent suspendues aux arbres, après la saison sèche, alors que le début de l'hiver les a déjà dépeuplés.

Le Muséum de Paris possède un Nid cylindrique de *Polybia liliacea* du Brésil, qui en est certainement une des plus belles pièces et dont les grandes dimensions montrent quelle masse énorme de Guêpes peuvent cohabiter et constituer une vaste association ouvrière. Il est brisé en bas, et par conséquent incomplet; il mesure pourtant $31^{cm},4$ à $62^{cm},8$ de diamètre, et de $1^{m},25^{cm},5$ à $1^{m},57^{cm}$ de long, et il comprend 27 rayons ou étages. Il s'élargit en bas, pos-

sède une enveloppe mince et ridée; sa couleur est rouge-brunâtre, son aspect est grossièrement ligneux, et son orifice d'entrée est au centre du couvercle. Ce Guêpier est certainement la plus gigantesque construction que les Insectes puissent édifier.

La *Polybia cayennensis* construit également des Nids, formés de rayons et de leurs couvercles, avec une argile jaunâtre qui contient du fer, du quartz ou du mica, et elle les suspend à de minces rameaux qui poussent dans une direction très oblique. Le poids énorme de ces matériaux de construction impose bientôt des limites à son accroissement. Des Nids de $20^{cm},5$ de large sur $36^{cm},6$ de long, comptent parmi les plus volumineux qu'on ait découverts jusqu'à présent.

Dans tous ces Nids divisés en chambres juxtaposées de haut en bas dont le nombre peut augmenter indéfiniment, et dans tous les autres édifices construits sur ce modèle, que nous avons appelés « *Nids à rayons couverts* », l'enveloppe adhère étroitement aux cellules et se trouve en continuité de tissu avec les cloisons qui les partagent; aucun espace vide n'existe entre les deux; ces cloisons sont percées d'un trou qui établit la communication d'une chambre à l'autre. Nulle espèce européenne ne bâtit ses Nids ainsi; ce type de construction appartient à bon nombre d'espèces qui habitent l'Amérique du Sud.

Les Guêpes de l'ancien monde, comme beaucoup d'espèces américaines, construisent leurs demeures sur un plan tout différent : leurs rayons soutenus par des colonnettes et superposés ainsi en étages, sont entourés de toutes parts, mais à distance, d'une enveloppe. Les orifices de passage deviennent superflus, parce qu'on peut contourner chaque rayon. Dans tous ces Nids la forme ovoïde ou la forme sphérique est la règle. Mais la disposition intérieure présente deux variétés essentielles représentées sur nos figures 873 et 874.

Le *Chartergus apicalis*, de l'Amérique du Sud, petite Guêpe entièrement noire, fixe ses rayons à plusieurs étages sur un rameau, et les entoure d'une enveloppe papyracée de couleur gris cendré, dont nous représentons la coupe (fig. 873). D'autres espèces, qui construisent leurs Nids sur le même plan, leur donnent un aspect différent : au lieu de fixer isolément les colonnettes de chaque rayon sur un point d'appui étranger, elles s'en servent pour relier les rayons entre eux. C'est ce que font, par

Paris, J.-B. Baillière et Fils, édit.

Corbeil Crété, Imp.

NID DE POLYBIA SCUTELLARIS.

exemple, les *Polybia ampullaria*, dont nous figurons un Nid fixé à la face inférieure d'une feuille (fig. 874). Notons seulement qu'ici le second rayon est relié à l'enveloppe par un pilier latéral.

C'est sur ce type que sont construits les Nids de nos Guêpes (Pl. XVII et XVIII), que les unes fixent aux rameaux des broussailles ou des arbres, d'autres dans des creux de terre, d'autres encore dans des troncs d'arbres, sous des auvents, et dans les endroits analogues qui se trouvent abrités de la pluie. Mais souvent la Guêpe modifie son plan d'après l'emplacement. Ainsi les Frelons qui édifient leurs Nids dans un creux d'arbre s'épargnent le soin de les entourer d'une enveloppe; ils ne manquent jamais, au contraire, lorsqu'ils établissent leurs Guêpiers à l'air libre ou les suspendent dans un grenier, de les revêtir d'un manteau protecteur.

Les Nids, que construisent dans l'Amérique torride les nombreuses espèces du genre *Nectatarina*, diffèrent des précédents et sont peut-être les plus admirables constructions des Guêpes américaines. Leur enveloppe papyracée, généralement sphérique, est formée d'une feuille unique, au lieu d'être constituée par des couches de lambeaux foliacés comme dans nos Guêpiers. En outre, les Nids ne renferment point d'étages à l'intérieur; les cellules sont le plus souvent disposées en sphères concentriques, emboîtées les unes dans les autres, plus ou moins régulières et friables. Des ligaments rattachent les rayons à l'enveloppe, et des crêtes papyracées, contournées en spirale, relient les rayons entre eux, de manière à constituer une véritable rampe en spirale qui part du centre et s'étend jusqu'à la surface inférieure du Guêpier, rampe qui sert de lien commun à tous les gâteaux, d'escalier aux Insectes et remplit enfin un dernier but, en offrant un point d'appui pour l'établissement des cellules. L'intérieur du Nid est traversé par de nombreux rameaux qui donnent de la stabilité à cette construction vacillante. Ces Nids atteignent parfois 62^{cm},8 de diamètre, et renferment un nombre extraordinaire de cellules.

Ces indications suffisent pour donner une idée de la variété et de la délicatesse des édifices élevés par les Guêpes; si elles éveillent en nos lecteurs un sentiment de curiosité, qu'ils jettent les yeux sur les beaux Mémoires de M. H. de Saussure et de M. Mœbius où se trouvent supérieurement représentés les chefs-d'œuvre de l'architecture de ces Insectes, qu'ils viennent à leurs heures de loisir errer dans les galeries de notre Muséum d'Histoire naturelle, ils seront profondément émerveillés et profondément humiliés. Toutes ces constructions ne sont-elles pas établies pour un été seulement? Au printemps, une Femelle fécondée, qui était restée cachée pendant l'hiver, commence l'édifice; l'été venu, des Ouvrières nombreuses l'agrandissent, en suivant exactement le plan que leur a fourni la mère primitive; puis, à l'approche de la saison rigoureuse, elles le délaissent et périssent misérablement.

L'esprit de solidarité et d'association a su en quelques mois enfanter des œuvres monumentales qui contraignent à l'admiration et que le temps efface comme les temples et les palais des Hommes.

LES POLYBIES — *POLYBIA*

Die Polybien.

Caractères. — Ce genre, souvent mentionné, qui a de nombreux représentants dans l'Amérique du Sud, mais qui appartient principalement aux pays équatoriaux, rappelle beaucoup, par son aspect, les *Eumenes*. L'abdomen est aussi séparé ici du thorax par un pédicule qui se renfle considérablement, en arrière. Mais en observant les différences génériques, en constatant qu'ici les jambes moyennes ont toujours deux épines terminales, que les tarses portent des griffes simples, que les yeux ne s'étendent pas jusqu'à la naissance des mâchoires, on n'hésitera pas à reconnaître une Guêpe sociale et non une Guêpe solitaire. En outre, les Polybies n'atteignent pas les dimensions de bien des espèces d'Eumènes; leur abdomen, à partir du second article, est plus ovale, presque sphérique, tandis que chez ces Guêpes solitaires, il est généralement fusiforme et très effilé en arrière. La teinte générale paraît aussi un peu différente, et l'on trouve ainsi toutes sortes de signes distinctifs pour les discerner.

Distribution géographique. — Ces Vespides appartiennent presque exclusivement au nouveau monde; de Saussure en a décrit plus de 50 espèces originaires de la Californie, du Mexique, de Cayenne, du Brésil, des Antilles, etc.; deux espèces habiteraient la Chine.

LES GUÊPES — *VESPA* (1)

Die Wespen.

Caractères. — Le genre *Vespa* renferme, dans nos pays, des espèces dont les formes et les marques colorées sont tellement semblables qu'il est parfois difficile de les distinguer entre elles avec certitude. En outre, chez quelques-unes, les Mâles diffèrent de leurs Femelles, ce qui augmente encore les difficultés lorsqu'il s'agit de reconstituer ces espèces.

Dans nos pays, la plupart sont noires et jaunes, et ces couleurs se trouvent distribuées suivant des modes très analogues. Habituellement les segments du corps sont bordés de jaune en arrière ; dans le milieu ces bordures sont cannelées, et, chez la Femelle, elles sont marquées de deux points noirs ; chez les Ouvrières ces bandes sont moins larges, et prennent plutôt une apparence dentelée, parce que les points noirs n'y sont pas complètement entourés par la teinte jaune.

La tête est concave en arrière ; les antennes des Mâles, dont le fouet est beaucoup plus long, n'ont pas la pointe déviée en dehors ; le chaperon plus ou moins carré, à bord antérieur droit ou concave, ne se termine pas par une dent (ce caractère est essentiel) ; les mandibules, bien plus élargis en avant qu'en arrière, sont coupées obliquement ; leur moitié inférieure est pourvue de quatre fortes dents ; les mâchoires sont courtes et munies de palpes de 6 articles ; la lèvre inférieure très courte est quadrilobée et porte des palpes de 4 grands articles.

Chez les *Vespa*, l'abdomen est sessile et fusiforme ; en avant, il tombe à pic et se rattache au métathorax qui est également abrupt, de sorte que l'espace intermédiaire est étroit et profond d'où l'expression de taille de Guêpe.

Distribution géographique. — Les *Vespa* abondent sur tout l'ancien continent et dans l'Amérique du Nord ; elles ne sont représentées en Europe que par un petit nombre d'espèces ; il y en a davantage dans les régions tempérées et plus froides de l'Amérique ; on en rencontre aussi en Chine, à Java, dans l'Inde occidentale ; on n'en connaît aucune de l'Amérique du Sud, ni de la Nouvelle-Hollande.

Mœurs, habitudes, régime. — « Les Guê-

(1) *Vespa*, Guêpe.

pes (1) peuvent paraître un peuple féroce, qui ne vit que de rapines et de brigandages. Nous nous condamnerions pourtant nous-mêmes, en les jugeant avec tant de rigueur, contentons-nous de les regarder comme des Mouches guerrières qui, ainsi que nous, croyent avoir droit, pour se nourrir, sur les fruits que la terre produit, et sur les Animaux qui l'habitent, auxquels elles sont supérieures en force. Pour être belliqueuses, elles n'en sont pas moins bien policées, elles n'en paraissent pas moins pleines de tendresse pour leurs petits, ni moins animées par le désir de se procurer une nombreuse postérité. Pour y parvenir, elles n'épargnent ni soins ni travaux. Les ouvrages qu'elles exécutent, font honneur à leur patience, à leur adresse et à leur génie : elle ont, comme les Mouches à miel, leur architecture particulière et digne de notre admiration. Il est vrai que leurs édifices construits avec beaucoup d'art, nous sont inutiles, que nous ne savons pas faire usage des matériaux qui les composent, comme nous en faisons de la cire ; cependant lorsqu'on les sait bien voir, ils ne sont pas pour nous des objets de pure curiosité. Nous ne manquerons pas de faire remarquer dans la suite qu'ils peuvent nous apprendre à trouver en abondance des matières utiles pour une de nos principales fabriques, pour celle du papier, et des matières dont on ne s'est pas avisé de se servir jusqu'ici, ou au moins qu'on n'a pas employées à leur façon. »

« Les Guêpes nous apprennent à substituer le bois aux chiffons dans la fabrication du papier » disait Réaumur au siècle dernier (1752) ; ce n'est que de nos jours qu'on est parvenu industriellement à transformer le bois en pâte à papier à l'imitation de nos industrieux Hyménoptères. L'Homme a mis des siècles pour apprendre à copier servilement l'Insecte.

« Ce n'est, au reste (2), que parce que les Guêpes ne trouvent pas mieux, qu'elles râtissent les surfaces des bois qui ont été mouillés, et qui ont séché à une infinité de reprises. Elles s'accommoderaient plus volontiers de papier tout fait, si elles savaient où en trouver : c'est ce que m'ont paru prouver des Guêpes qui, à Paris, s'adonnèrent à venir ronger le papier des carreaux de verre d'une fenêtre auprès de laquelle était mon bureau. Le bruit que faisait une de ces Mouches en cou-

(1) Réaumur, *Mémoires*, t. VI, p. 156.
(2) Réaumur, t. VI, p. 183.

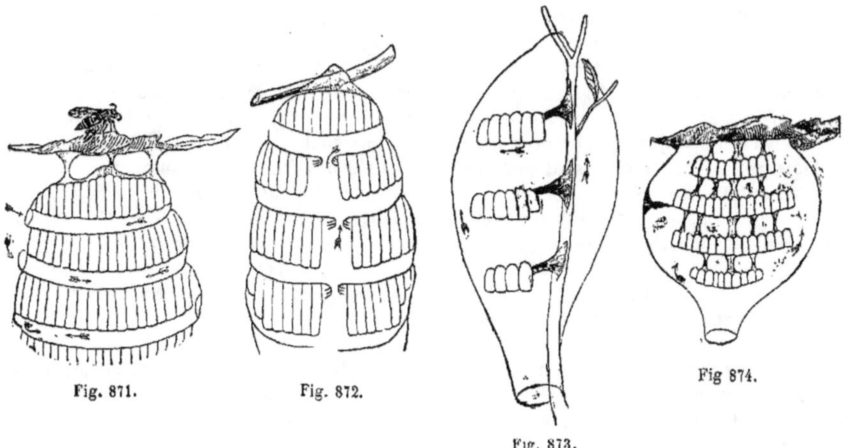

Fig. 871.   Fig. 872.

Fig 874.

Fig. 873.

Fig. 871. — Nid de Polybia sedula.
Fig. 872. — Nid de Polybia rejecta.

Fig. 873. — Nid de Chatergus apicalis.
Fig. 874. — Nid de Polybia ampullaria.

Fig. 871 à 874. — L'architecture des Guêpes.

pant et arrachant le papier d'un carreau m'a souvent distrait de mon travail, et m'a averti de la considérer dans l'action. Cette fenêtre était sur le jardin, ses papiers furent très maltraités par plusieurs Guêpes qui venaient tour à tour les déchirer et les emporter. »

Lorsqu'une de ces Guêpes entre par une fenêtre avec son chant sonore et menaçant : « tsou ! tsou ! » elle éveille la terreur et l'effroi, et cependant elle vient y chercher une Mouche, une Araignée, un morceau de viande, ou n'importe quelle autre friandise, sans s'inquiéter des poursuites du propriétaire légitime, et s'en retourne avec le même bourdonnement quand elle n'a pas trouvé ce qu'elle cherchait. Une boucherie du voisinage, une corbeille pleine de fruits sur laquelle quelque marchande brunie par le soleil tient fixés ses yeux d'Argus, une tarte aux Prunes exposée à l'étalage d'une boulangerie : tels sont les lieux de rendez-vous où ces Guêpes savent trouver un choix abondant de Mouches, de viande, et de friandises, quand elles abandonnent la vie des champs pour tâter de l'existence bourgeoise. « En voici une qui flaire le cognac », s'écriait, sur le lac de Zurich, un touriste, qui après avoir tiré une gorgée de son bidon, ne parvenait pas à se préserver d'une Guêpe importune.

« Les Guêpes, dit Réaumur (1) ne sont pas

(1) Réaumur, t. VI, p. 165.

seulement avides de fruits, elles sont au rang des Insectes les plus carnassiers, elles font une guerre cruelle à toutes les Mouches ; mais c'est surtout à celles du genre des Abeilles à qui elles en veulent. J'en ai souvent observé qui aimaient à se rendre et à se tenir auprès de mes Ruches : là, j'ai vu plusieurs fois une Guêpe se saisir d'une Abeille qui était prête à rentrer dans son habitation, et la poser par terre ; elle restait dessus sans l'abandonner et lui donnait des coups de dents redoublés, qui tendaient à séparer le corselet du corps. Quand la Guêpe en était venue à bout, elle prenait celui-ci entre ses jambes et l'emportait en l'air. Une Abeille entière ne serait pourtant pas un trop lourd fardeau pour certaines Guêpes ; mais le corps de l'Abeille est ce qu'elles en aiment le mieux ; les intestins qu'il renferme sont tendres, et d'ailleurs pleins de miel, au lieu que le corselet ne contient presque que les muscles qui font mouvoir les ailes ; ce sont des chairs trop dures et trop coriaces.

« Elles ne se contentent pas du petit gibier que leur chasse leur peut fournir, nos viandes les plus solides sont à leur goût ; elles savent trouver les lieux où nous allons les prendre : elles se rendent en grand nombre dans les boutiques des bouchers de campagne. Là chacune s'attache à la pièce qu'elle aime le mieux : après s'en être rassasiée elle en coupe ordinairement un morceau pour le porter à son Guêpier. Ce morceau surpasse souvent en volume la moitié du corps de la Mouche, et est quelquefois si pesant, que celle qui s'est élevée en l'air après s'en être chargée est obligée sur-le-champ de redescendre à terre. Nous avons fait remarquer que les deux grandes dents mobiles dont elles sont pourvues ont leur bout taillé en scie; c'est avec ces dents qu'elles coupent les morceaux de viande qu'elles veulent emporter; elles les prennent souvent au milieu d'une pièce : elles les rongent tout autour et par-dessous, jusqu'à ce qu'ils ne tiennent plus à rien. Elles y sont occupées avec tant d'avidité, qu'il serait aisé alors de les tuer même avec la main sans aucun risque d'être piqué, et d'en détruire de la sorte un grand nombre chaque jour. Malgré leurs larcins les bouchers de campagne vivent cependant en paix avec elles; j'en ai même vu un à Charenton qui faisait plus : le foie de veau est la chair qu'elles aiment le mieux; vers la fin de l'été il leur en abandonnait quelquefois un chaque jour, ou quelquefois seulement une rate de Bœuf. Ce sont des viandes auxquelles elles s'attachent par préférence, et qui les empêchent de toucher aux autres; elles peuvent leur paraître d'un meilleur goût; elles ont d'ailleurs l'avantage d'être plus tendres, moins fibreuses, et par là plus aisées à couper. J'ai vu d'autres bouchers qui ne leur abandonnaient que des foies de Bœuf ou de Mouton. Ce n'est pas au reste pour les éloigner des autres viandes qu'ils leur offrent celle-ci, une meilleure raison d'économie les y engage : les Mouches, et surtout les grosses Mouches bleues, déposent sur la viande des Œufs d'où sortent des Vers qui la font corrompre plus vite; les Guêpes gardent la viande contre ces grosses Mouches, qui n'osent rester dans la boutique, où il ne fait pas sûr pour elles; les Guêpes leur donnent la chasse, et il n'en coûte pour cela au boucher par jour qu'une rate de Bœuf, ou, tout au plus, qu'une portion de foie de Veau. »

Mais qui n'excuse l'impétuosité et la fougue de ces Guêpes, en songeant que dans le court espace de six mois il leur faut élever un château-fort et fonder un État, afin d'en assurer un second ou plusieurs pour l'an prochain ? Pour une pareille entreprise elles sont obligées de ménager leur temps et de déployer beaucoup d'activité et de décision; c'est là, précisément, ce qui devrait contraindre les personnes irréfléchies à réfléchir et à admirer.

Leurs Larves sont élevées, comme chez les Frélons, que nous décrirons tout à l'heure.

« J'ai eu quelquefois, rapporte Réaumur (1), des fragments de gâteaux pleins de gros Vers; ces Vers, au défaut de la becquée de la mère qui leur manquait, et qu'ils demandaient inutilement par des mouvements inquiets et par de fréquents bâillements, suçaient avidement et avalaient ce que je mettais à portée de leur bouche. J'aurais pu leur tenir lieu de leurs mères nourrices, et les élever, pour ainsi dire, à la brochette, comme on élève de petits Oiseaux. C'est une expérience qui méritait d'être faite; elle l'a été avec succès il y a déjà quelques années; et ce qui paraîtra encore plus singulier, ç'a été par un écolier âgé d'environ douze ans : on en sera pourtant moins surpris quand on saura que ce jeune écolier était un petit-fils de M. le chancelier, et un fils de M. le comte de Châtelu; dans de telles familles les talents et le goût n'attendent pas l'âge ordinaire pour se montrer : le jeune comte ayant eu en sa possession un gâteau plein de Vers de Guêpes, trouva plus de plaisir à leur donner des becquées de miel, que le commun des écoliers n'en trouve à nourrir des Oiseaux; plusieurs des Vers dont il prit soin parvinrent à se transformer; le nombre de ceux qui périrent fut pourtant le plus grand; et il y a lieu de croire que ce fut plutôt pour avoir trop mangé, que pour avoir jeûné. »

Quand les Vers sont devenus assez gros pour remplir leur cellule, ils sont prêts à se métamorphoser; ils n'ont plus besoin de prendre de nourriture, ils se l'interdisent eux-mêmes, et tout commerce avec les autres Guêpes. Ils bouchent l'ouverture de leur cellule d'un couvercle. Quelques Vers le tiennent presque plat, ce sont ceux qui doivent être des neutres; d'autres le font convexe, et même allongent un peu les côtés de la cellule, en leur ajoutant un bord de même matière que le couvercle. Celui-ci, comme les coques des Chenilles, est de soie; les Vers le filent précisément comme les Chenilles filent leur coque, en se donnant les mêmes mouvements de tête. Le fil dont ils le forment est si fin, que je n'ai pu observer précisément d'où ils le tirent, quoique j'aie quelquefois tenu à la main des gâteaux dont les Vers travaillaient à se fermer : il m'a pourtant paru qu'il venait, comme celui des

(1) Réaumur, t. VI, p. 190.

Chenilles, d'un peu au-dessous de la bouche. En moins de trois à quatre heures le couvercle d'une cellule est entièrement fait ; j'ai souvent pris plaisir à briser ceux qui étaient commencés, pour les faire refaire. Si on détruisait un couvercle fini depuis plusieurs jours, l'expérience pourrait ne pas réussir; le Ver qui aurait épuisé sa provision de soie serait hors d'état de filer. Ces couvercles sont plus blancs que les parois extérieures des cellules. A peine la jeune Guêpe prend-elle rang dans la communauté, qu'elle s'associe aux travaux de ses sœurs aînées. La construction, la chasse, le meurtre, la nourriture des Larves, et l'entretien de leurs propres forces, qu'elles usent sans relâche: telles sont les occupations qui remplissent leur courte existence. En automne, outre les Ouvrières vierges, on voit apparaître des Mâles et des Femelles, qui doivent empêcher l'espèce de s'éteindre; car la mère primitive est épuisée. Pendant que l'accouplement prépare une génération future, tout dans l'État suit son cours ordinaire; mais, à la fin, le temps, plus mauvais, amène un relâchement général. Soudain l'activité ancienne se réveille, et met en jeu la férocité naturelle de ces Guêpes contre leur propre race. Les Larves et les Nymphes, qui sont encore dans le Nid, jusquelà si bien soignées, sont arrachées sans pitié et détruites ; une irritation générale donne un libre cours au désordre. Jusqu'à des Femelles fécondées, toutes ces Guêpes périssent l'une après l'autre, et les champs sont jonchés de cadavres; les uns restent exposés sur la terre nue, les autres sont enterrés sous la verdure, quand les mourants ont eu assez de force pour s'ensevelir eux-mêmes.

« Vers le commencement d'octobre, dit Réaumur (1), il se fait dans chaque Guêpier un singulier et cruel changement de scène. Les Guêpes alors cessent de songer à nourrir leurs petits; elles font pis : de mères ou nourrices si tendres, elles deviennent des marâtres impitoyables; elles arrachent des cellules les Vers qui ne les ont point encore fermées, elles les portent hors du guêpier : c'est alors la grande occupation des mulets et des mâles. Je ne sais si les mères y travaillent aussi, je ne les ai pas vues se prêter à ces barbares expéditions. Ce n'est point, au reste, à une seule espèce de Vers que nos Guêpes s'attachent, comme les Abeilles qui, en certains temps, dé-

truisent les Vers Faux-Bourdons, rien n'est ici épargné : le mulet arrache indifféremment les Vers mulets de leurs cellules, le mâle arrache les Vers mâles, et même les ronge un peu audessous de la tête; le massacre est général.

« Tâcherons-nous de deviner la raison de cette barbarie apparente!

« Est-ce qu'elles veulent faire périr les petits qu'elles ne croient pas pouvoir nourrir, ou qu'elles jugent ne pouvoir venir à bien, à cause des froids dont ils sont menacés, et auxquels les Guêpes les plus fortes ont peine à résister ; car le froid les étonne toutes extrêmement.

« Les premiers jours de gelée blanche, elles ne sortent que quand le soleil a un peu échauffé l'air. Quand la chaleur commence à se faire sentir, les mères quittent le dedans du Guêpier, et s'attroupent sur son enveloppe ou auprès de cette enveloppe ; elles se mettent en tas les unes sur les autres et s'y tiennent parfaitement tranquilles. Lorsque le froid devient plus grand, elles n'ont pas même la force de donner la chasse aux Mouches communes qui entrent dans leur Guêpier; le froid les fait enfin périr. Il n'y a, comme nous l'avons dit, que quelques mères qui réchappent : celles-ci passent tout l'hiver sans manger, car elles ne ressemblent pas aux Abeilles qui font des provisions; en eussentelles de faites, elles n'en profiteraient pas, j'ai souvent mis dans leur Guêpier du sucre, du miel et d'autres mets qu'elles cherchent pendant l'été, en hiver elles n'y touchaient pas. C'est ainsi que les premiers froids nocturnes brisent la puissance si intraitable de ces Guêpes qui ne connaissaient point d'obstacles; leurs cités demeurent vides et désertes, mais témoignent encore de leurs exploits pacifiques. »

« Quelque soin que j'aie apporté à bien couvrir mes Ruches, écrit Réaumur (1), je n'ai pas trouvé un seul mulet en vie à la fin d'un hiver doux; je les ai vus périr presque tous dès les premières gelées.

« Les Femelles plus fortes, et destinées à perpétuer l'espèce, soutiennent mieux l'hiver : heureusement pour nous néanmoins qu'il en périt la plus grande partie, sans quoi nous ne pourrions avoir assez de fruits pour nourrir ces Insectes si prodigieusement féconds. A peine à la fin de l'hiver en était-il resté une douzaine en vie dans chaque Ruche ; plusieurs centaines y étaient mortes : peut-être pourtant y en

(1) Réaumur, t. IV, p. 203.

(1) Réaumur, p. 194.

eut-il eu un plus grand nombre de sauvées, si les Guêpiers eussent été cachés sous terre, comme ils le sont naturellement.

« Ces Femelles qui ont soutenu l'hiver sont destinées à conserver leur espèce. Chacune d'elles devient la fondatrice d'une république dont elle est la mère dans le sens propre. Les établissements qu'elles forment sont bien éloignés de nous être aussi utiles que ceux des Mouches à miel ; ils ne nous sont pas nuisibles : nous ne pouvons pourtant nous empêcher de reconnaître qu'en eux-mêmes ils ont quelque chose de plus grand. Si la gloire est connue parmi les Insectes, si la solide gloire parmi eux, comme parmi nous, se mesure par les difficultés surmontées pour venir à bout d'entreprises utiles à leur espèce, chaque mère Guêpe est une héroïne à laquelle une mère Abeille, si respectée de ses sujets, n'est nullement comparable. Quand celle-ci part de la Ruche où elle est née pour devenir souveraine ailleurs, elle est accompagnée de plusieurs milliers d'Ouvrières très industrieuses, très laborieuses, et prêtes à exécuter tous les ouvrages nécessaires au nouvel établissement ; au lieu que la mère Guêpe, qui n'a pas une seule Ouvrière à sa disposition, puisque nous avons vu que l'hiver fait périr tous les Mulets ; au lieu, dis-je, que la mère Guêpe entreprend seule de jeter les fondements de sa nouvelle république. C'est à elle à trouver ou à creuser sous terre un trou, à y bâtir des cellules propres à recevoir ses Œufs, à nourrir les Vers qui éclosent de ceux-ci. Mais si elle est flattée par le plaisir d'exécuter quelque chose de grand et si elle prévoit le succès de ses travaux, elle doit être bien soutenue par l'espérance. Dès que quelques-uns des Vers auxquels elle a donné naissance se seront transformés en Mouches, elle sera secondée par celles-ci dans les ouvrages de toute espèce. A mesure que le nombre des Mulets croîtra, ils multiplieront journellement le nombre des cellules où doivent être déposés les Œufs qu'elle est pressée de pondre ; ils se chargeront des soins exigés par les Vers qui en écloront ; ceux-ci à leur tour deviendront ailés, et en état de travailler. Enfin, cette mère Guêpe qui au printemps se trouvait seule et sans habitation, qui seule était chargée de tout faire, en automne aura à son service autant de Mouches qu'en a la mère Abeille d'une Ruche très peuplée, et aura pour domicile un édifice qui par la quantité des ouvrages faits pour donner des loge-ments commodes et à l'abri des injures de l'air, peut le disputer à la Ruche la mieux fournie de gâteaux de cire. »

Les anciens connaissaient le caractère farouche des Frelons et des Guêpes, et notre locution actuelle : « *se jeter dans un Guêpier* », était employée dans le même sens par Plaute, qui se servait de l'expression : « *crabrones irritare.* » Au point de vue de leurs modes d'existence, nous ne trouvons dans leurs écrits que des observations assez confuses. Les relations les plus rapprochées de la vérité, et les plus complètes en même temps, sont celles qu'a laissées Aristote (1). Nous reproduisons à titre de curiosité les récits du vieux maître afin que l'on puisse juger les connaissances des naturalistes de l'antiquité ; il sera facile, en se reportant aux pages précédentes, de dégager la vérité de la légende.

« .... Des Abeilles je passe aux Guêpes : on en distingue deux genres. Les unes sont sauvages, et rares. Elles habitent les montagnes et ne se reproduisent point sous terre, mais dans des troncs de Chênes. On les reconnaît à ce qu'elles sont plus grosses, plus allongées et plus noires que les autres : toutes sont tachetées, armées intérieurement d'un aiguillon ; elles sont aussi plus fortes que les autres, et leur piqûre est plus douloureuse, leur aiguillon étant proportionnellement plus grand que celui des autres. Ces Guêpes vivent deux ans ; on en a vu l'hiver s'envoler de dans des Chênes qu'on abattait. Elles demeurent cachées l'hiver, et elles le passent dans les arbres.

« On distingue parmi ces Guêpes, comme parmi celles qui ne sont pas sauvages, des mères et des Ouvrières : mais c'est d'après l'examen des Guêpes non sauvages, que je vais expliquer la différente nature des unes et des autres, puisque ces deux sortes de Guêpes se trouvent également parmi les Guêpes non sauvages. On y distingue les chefs qui sont les mêmes que les mères et les Ouvrières. Les premières sont beaucoup plus grosses que les autres et elles sont en même temps plus douces. Les Guêpes ouvrières ne vivent pas deux ans ; toutes meurent à l'entrée de l'hiver. C'est un fait dont on peut aisément se convaincre. Au commencement de l'hiver on voit ces Guê-

(1) Aristote, *Histoire des animaux* avec la traduction française par M. Camus, avocat au Parlement, censeur royal, etc. Paris, 1783, in-4°, t. I, page 621 (livr. IX, chapitre XLI, 65).

pes perdre, pour ainsi dire, le sens : vers le solstice elles ne paraissent plus du tout : au lieu que les chefs, ou mères, se trouvent pendant tout l'hiver cachées sous terre. Les laboureurs et autres qui fouillent la terre en hiver, rencontrent souvent de ces Guêpes mères, jamais de Guêpes ouvrières. »

La reproduction des Guêpes se fait de cette manière. A l'entrée de l'été, lorsque les chefs ont découvert un lieu convenable, ils forment des gâteaux et construisent ce que l'on appelle des Guêpiers. Ces Guêpiers sont petits, ont quatre cellules ou à peu près, et c'est là que se forment des Guêpes ouvrières et non des Guêpes mères. Ces nouvelles Guêpes ayant pris leur accroissement, les chefs font de nouveaux Guêpiers plus grands, et après ceux-ci, les Guêpes étant toujours augmentées, elles en font d'autres encore, de sorte que les Guêpiers se trouvent et plus nombreux et plus grands à la fin de l'automne que dans tout autre temps : alors ce n'est plus des Ouvrières, mais des mères qu'y produit la Guêpe chef ou mère. On les voit paraître comme de longs Vers en haut et sur la surface du Guêpier, dans quatre rangées de cellules ou un peu plus. Il y a très peu de différence entre leur formation et celle des autres Guêpes ouvrières qui leur apportent leur nourriture. On fonde cette assertion sur ce qu'on ne voit plus les chefs des Ouvrières voler dehors, ils restent tranquilles au dedans. On ne sait pas encore si les chefs de l'année précédente sont tués par les jeunes Guêpes ouvrières, après qu'ils ont donné l'être à de nouveaux chefs, ou bien s'ils pourraient vivre plus longtemps : le premier est le plus vraisemblable. On n'a point non plus d'observation, soit sur la vieillesse, soit sur aucun autre des accidents auxquels peuvent être sujettes ou la mère Guêpe ou les Guêpes sauvages.

La Guêpe mère est large et pesante ; elle est plus épaisse et plus grosse que l'Abeille ouvrière, le poids de son corps lui ôte de la force et ne lui permet pas de voler au loin. Aussi ces Guêpes demeurent-elles toujours dans le Guêpier où elles travaillent et arrangent l'intérieur. Dans la plupart des Guêpiers on trouve de ces Guêpes que l'on nomme mères, mais on doute si elles ont un aiguillon ou si elles n'en ont point. A juger par comparaison avec les chefs des Abeilles, elles auraient un aiguillon, mais qui ne sortirait point et qu'elles ne darderaient point. Entre les Guê-

pes il en est qui, comme les Bourdons, n'ont point d'aiguillon et d'autres qui en ont. Les premières sont petites, faibles, et ne sont pas capables de se battre ; les autres sont grandes et fortes. Quelques-uns donnent aux Guêpes qui ont un aiguillon le nom de Mâles, aux autres le nom de Femelles. Avant l'hiver la plupart des Guêpes qui ont un aiguillon semblent le perdre : mais sur ce fait nous n'avons encore aucun témoin oculaire.

« Les Guêpes naissent surtout dans les temps d'une chaleur sèche, et dans les pays incultes. Elles naissent sous terre, elles forment leurs gâteaux avec de la terre et d'autres matières qu'elles rassemblent.

« Les Frelons et les Guêpes (1), comme les Abeilles, font des gâteaux pour leurs petits. S'ils n'ont point de chefs et qu'ils vaguent sans en trouver, les Frelons construisent ces gâteaux dans quelque lieu élevé, les Guêpes dans un trou. Quand ils ont un chef, les uns et les autres travaillent sous terre. Leurs alvéoles sont toujours hexagones comme ceux des Abeilles : la différence, c'est qu'ils ne sont pas faits avec de la cire, mais avec une matière qui tient de la nature de l'écorce et de celle de la toile d'Araignée. Le gâteau des Frelons est beaucoup mieux fini que celui des Guêpes. Ils déposent *leur semence*, ainsi que les Abeilles, comme une goutte de liqueur, dans le côté de l'alvéole, attachée à ses parois. Cette *semence* n'est pas déposée dans toutes les alvéoles en même temps. Dans quelques-uns on trouve de ces animaux déjà grands et prêts à prendre leur vol ; dans d'autres ils sont encore dans l'état de *Nymphes*, ou même celui de *Ver*. Comme les petits des Abeilles, ceux-ci ne rendent des excréments que dans leur état de Ver. Lorsqu'ils sont devenus Nymphes, ils sont sans mouvement et l'alvéole est fermé. Dans les alvéoles des Frelons il y a comme une goutte de miel placée vis-à-vis de l'endroit où la *semence* est déposée. Les petits qui occupent ces alvéoles ne viennent point au printemps, mais en automne : leur accroissement est particulièrement sensible dans les pleines lunes. Le Ver, ainsi que la semence, tient non pas au bas de l'alvéole, mais à l'un des côtés. »

De la piqûre des guêpes. — Tout le monde connaît suffisamment la férocité et l'insolence effrénée des Guêpes, — taquin comme une Guêpe, dit un proverbe ; — il n'est pas besoin

____

(1) Aristote, livre V, page 301 (chap. xxiii).

pour cela d'avoir subi l'assaut et les piqûres impitoyables de tout un essaim.

Empruntons à M. de Saussure (1), l'historien des Guêpes, les faits les plus importants sur les accidents causés par les piqûres des Guêpes.

« Les Guêpes sont beaucoup plus irritables que les Abeilles. Elles répondent à la moindre injure par des piqûres douloureuses, dont les effets inspirent une légitime terreur. Aussi nos Insectes sont-ils voués à la haine éternelle du genre humain, dont ils sont les ennemis naturels. Cependant, au fond, ils ne sont pas beaucoup à craindre ; ils ne piquent jamais sans raison, et ne le font que pour se venger, ou lorsqu'on les met en état de légitime défense, soit en les attaquant, soit en leur causant quelque frayeur. Leur aiguillon est une arme plutôt défensive qu'offensive ; les Mâles en sont dépourvus et, par cela même, ne sont nullement à craindre ; mais parmi les Insectes qui piquent sous nos climats, les Guêpes possèdent l'aiguillon le plus redoutable. Il est beaucoup plus à craindre que celui des Abeilles et des Bourdons, et les accidents qu'ils déterminent acquièrent dans certaines circonstances un haut degré de gravité. Comme nous venons de le dire, si la vengeance des Guêpes est terrible, elle n'a point lieu sans provocation. Les premiers torts ne sont jamais de leur côté, mais, en revanche, leur susceptibilité est extrême.

« Lorsqu'on approche inconsidérément de leur repaire et que, par des mouvements trop brusques, on attire l'attention des habitants, on risque fort d'être assailli. Mais surtout malheur à qui, sans le savoir, a agité la branche à laquelle un Guêpier est fixé, ou qui cherche imprudemment à détruire un de ces édifices. Alors l'essaim tout entier se précipite au dehors, et chose vraiment surprenante, au milieu des objets de la nature, nos Insectes distinguent sans peine l'agresseur et le poursuivent avec acharnement à de longues distances.

« Je me souviens que, étant enfant, je m'amusais un jour fort inconsidérément à lancer des pierres contre le tronc d'un vieux Chêne qui recélait dans son intérieur un Nid de Frelons. L'un des projectiles vint à frapper le trou qui servait d'entrée au Guêpier, et aussitôt la gent ailée en sortit en frémissant. J'eus beau fuir à toutes jambes, les Frelons me poursuivaient sans relâche et j'entendais toujours à

mes oreilles le bruit strident de leur vol. A force de m'éloigner, j'en laissai le plus grand nombre, mais quelques-uns s'acharnaient encore à ma poursuite. Enfin, après que j'eus franchi un espace de près d'un demi-kilomètre, le dernier Frelon parvint à se cramponner à mes cheveux, et consomma sa vengeance en m'infligeant une correction dont je me souviendrai à tout jamais. Les souffrances accompagnées de fièvre, que j'éprouvai durant deux jours, m'obligèrent à garder le lit.

« Le caractère irritable des Guêpes et la violence de leurs piqûres sont choses trop connues pour qu'il faille beaucoup insister sur cet objet. Toutefois je crois pouvoir reproduire ici la merveilleuse histoire que Palissot de Beauvais relate dans son ouvrage sur les Insectes d'Afrique et d'Amérique. Il s'agit du *Polistes minor*, le plus petit Poliste des Antilles.

« Un habitant de Saint-Domingue, grand chasseur, fort curieux de m'accompagner dans l'une de mes courses botaniques et entomologiques, se trouva pressé par quelque besoin ; il se retira dans les buissons, et se plaça, sans s'en apercevoir, près d'un arbrisseau où se trouvait un Nid de la troisième espèce. En se relevant, il toucha une des branches ; aussitôt il est assailli par ces Animaux ; tous ses vêtements en furent couverts. Son premier mouvement fut de fuir en relevant du mieux qu'il put sa culotte, ne se doutant pas qu'il y enfermait plusieurs de ces Insectes. Arrivé dans le chemin, il poussait les cris les plus perçants, en courant et s'agitant, et ne parvint, d'après mon conseil, à se débarrasser de ses ennemis qu'en se déshabillant entièrement : mais il avait été horriblement piqué.

« Manquant d'alcali volatil, je lui conseillai de se frotter avec son urine. Ce moyen, le seul à notre disposition, ayant été renouvelé plusieurs fois, apaisa les grandes douleurs ; mais il avait été tellement maltraité dans les endroits les plus sensibles, qu'il ne put éviter un petit mouvement fébrile qu'il conserva pendant deux jours. Ce fâcheux début ralentit son zèle et éteignit son goût naissant pour l'Histoire naturelle. »

Il y a quelques années, un berger, avec son troupeau et son chien, reçurent une leçon terrible. Des vaches étaient en train de paître dans une prairie criblée de Taupinières. Le chien, fidèle gardien de son troupeau, las d'errer çà et là, s'assoit sur un de ces tertres ; quand tout à coup, poussant des hurlements affreux,

(1) Henri de Saussure, *Monographie des Guêpes sociales*. Paris, 1853-58 p. 171.

et plein d'angoisse, il se lève affolé et court se
précipiter dans l'eau qui coulait auprès de là.
Le berger, ne sachant ce qui arrive, s'empresse
au secours de son chien, l'appelle à lui, et la
trouve pour ainsi dire lardé par les Guêpes.
Occupé à chasser ces Insectes un peu refroidis
par le bain, il ne s'aperçoit pas, dans son zèle,
qu'il est assailli lui-même par l'essaim cour-
roucé. Les bestioles furieuses grimpent le long
de ses jambes, dans ses vêtements et l'obligent,
comme son chien, à chercher dans l'eau un
soulagement à ses piqûres. La confusion augmente sans cesse : chaque Taupinière est habitée par des essaims nombreux auxquels on
n'avait pas pris garde jusqu'alors. Quelques
vaches en paissant s'étant avancées vers les
points infestés sont assaillies également par
ces Guêpes irritées, et mugis-antes, elles se jetèrent à l'eau et la mêlée devint générale. On eut
bien du mal à rétablir l'ordre d'une manière définitive et l'on dut pour cela employer des forces
nombreuses. Les tentatives faites pour détruire
ces Nids et rendre l'emplacement tolérable aux
bestiaux demeurèrent sans effets; les Guêpes
étaient trop nombreuses cette année, et restèrent maîtresses du champ de bataille.

« L'agilité des Guêpes, dit Henri de Saussure (1), est toujours proportionnelle à la chaleur. Par les belles journées d'été, elles sont
plus particulièrement promptes à la riposte.
C'est alors qu'elles piquent avec le plus de
violence. Au contraire, durant les journées
froides de l'automne, elles subissent un véritable engourdissement produit par l'abaissement de la température, et c'est à peine si,
dans cet état, elles songent à faire usage de
leur aiguillon. On peut alors les toucher sans
éveiller leur fureur; la force leur manque pour
se venger. Le même effet se produit, quoiqu'à
un moindre degré, à la chute du jour. Les
Hyménoptères, en général, ne sortent que par
le soleil. A peine un nuage en obscurcit-il la
splendeur, qu'aussitôt ces Insectes disparaissent comme par enchantement. A l'entrée de
la nuit, surtout par la pluie, elles tombent
dans un état de complète torpeur. Elles cessent
alors d'être redoutables, et c'est de ce moment
qu'il faut profiter pour s'emparer du Guêpier,
en coupant les branches qui le supportent.

« De toutes les Guêpes sociales, les Insectes
du genre *Vespa* offrent de beaucoup l'instinct
le plus belliqueux. Leur colère est la plus

(1) H. de Saussure, *loc. cit.*, p. 173.

prompte, leur aiguillon le plus terrible. Les
petites Guêpes américaines, quoique habitant
un climat brûlant, sont d'humeur beaucoup
plus traitable.

« J'ai fréquemment secoué des Guêpiers de
Nectarina, de *Chartergus*, de *Tatua* et de *Polybia*, en coupant les branches qui les portaient,
sans avoir jamais été piqué, quoique je fusse
souvent, pendant cette opération, entouré d'une
nuée de Guêpes. Aussi, rien n'est plus facile
que de s'emparer de ces Guêpiers, on n'a
même à se plaindre que de la facilité avec laquelle leurs habitants les désertent, car, loin
de le suivre et de le défendre, ils l'abandonnent au ravisseur, qui l'emporte complètement
vide. Pour parer à cet inconvénient, autant
que pour éviter les effets de la colère des Guêpes, j'avais l'habitude de transformer la demeure en prison, en fermant la porte sur ses
habitants, c'est-à-dire en bouchant l'entrée
avec un tampon de papier dans les Nids car-
tacés, ou en liant le goulot à l'improviste sur
les fuseaux des *Chartergus*. Cette ruse réussit à
merveille, mais il faut se hâter, pour conserver
le fruit du larcin, d'enfermer le Guêpier dans
un sac ou dans une caisse, car les Insectes ont
bien vite compris le tour qu'on leur joue.
Aussitôt ils rongent le carton à côté du tampon, agrandissent l'entrée, ou percent l'enveloppe au-dessus de la ligature, et trouvent
ainsi le moyen de s'échapper. Mais lorsqu'on
a affaire à un Nid de *Vespa crabro*, on ne saurait
user de trop de précautions, et il doit en être
bien pis encore des grosses *Vespa* asiatiques.

« Comme je l'ai dit plus haut, si les Guêpes
piquent, c'est toujours par voie de représailles:
tantôt c'est pour leur défense personnelle,
tantôt c'est par vengeance. Dans ce dernier
cas, elles poussent l'ire jusqu'à prendre l'offensive et à poursuivre leur ennemi. Mais tant
qu'on ne les agace pas, on peut en toute sécurité rester au milieu d'elles, leur permettre
même de se promener sur son visage ou sur
ses mains. Elles ne piquent jamais, tant qu'on
se tient immobile ou qu'on se meut avec lenteur; mais au moindre mouvement qui les
effraie, elles répondent par un coup d'aiguillon. Les gens chez qui la vue de ces Insectes
excite une terreur ridicule, et qui cherchent à
les chasser loin d'eux par des mouvements
provocateurs, sont précisément ceux qui se
font piquer, tandis que ceux qui leur laissent
la liberté de se mouvoir autour de leurs personnes ne le sont jamais, au grand étonnement

des premiers. Il serait facile de porter cet étonnement à son comble, et de mystifier ceux qui ont des Guêpes une crainte puérile. En effet, lorsqu'on sait distinguer les Mâles, on peut sans inconvénients les saisir avec les doigts, les enfermer dans la main, se les placer sur le·visage, ou les donner à toucher aux spectateurs atterrés.

« Le mauvais caractère des *Vespa* est évidemment la cause du peu de soin qui fut accordé à leur étude. Les Abeilles, les Bourdons, s'apprivoisent et apprennent à connaître leur gardien. Les Guêpes ne sont pas aussi accommodantes ; elles attaquent l'expérimentateur avec fureur, et le dégoûtent bien vite de recherches trop dangereuses. Loin de se plier comme les Bourdons aux besoins de l'observateur et de s'habituer à obéir dans leurs travaux à la volonté du Naturaliste, elles prennent le plus petit dérangement qu'on leur crée pour une provocation, et ne savent pas se résigner. J'en ai fait plus d'une fois l'expérience à mes dépens.

« Il est toutefois certain que, avec beaucoup de ménagements, on réussit à faire plier leur roideur. Mueller était même parvenu à apprivoiser suffisamment une *Vespa crabro* pour pouvoir sans danger renverser la Ruche au fond de laquelle elle bâtissait son Nid, et l'observer dans ses travaux. Cette Guêpe finit même par se laisser caresser du bout du doigt. Bientôt on put lui donner sa nourriture au bout d'un bâton et même avec la main.

« Dès que la Guêpe sentait soulever sa ruche et qu'elle voyait approcher le morceau, elle se dressait sur ses pattes de derrière pour le recevoir, et à mesure que la société s'accrut, les nouvelles guêpes s'habituèrent au même traitement, en sorte que toute une grande colonie fut apprivoisée. Lorsqu'il survenait des visiteurs, Mueller prenait la ruche et l'emportait avec lui pour la montrer à découvert. Jamais personne ne fut piqué durant ces promenades. Si l'expérimentateur désirait examiner les alvéoles, il écartait simplement les Frelons avec un morceau de bois, sans que ceux-ci s'en montrassent irrités. Enfin, les Guêpes lui permirent même de couper à plusieurs reprises l'enveloppe du Nid, afin de conserver les cellules à découvert. Mais pour obtenir un pareil résultat, il faut prendre la société à son début et la suivre sans relâche.

« Après avoir dit dans quelles occasions les Guêpes font usage de leurs armes, il nous reste encore à montrer quels sont les effets de leurs piqûres.

« Leur aiguillon est établi sur les mêmes principes que celui des Abeilles, mais il est plus grand, mieux armé, et, comme l'a remarqué Réaumur, il forme une canule par laquelle l'Insecte projette, à plusieurs pouces de distance, le liquide venimeux (1). C'est uniquement à l'injection de ce venin dans la blessure qu'il faut attribuer les douleurs aiguës et le trouble physiologique qui succèdent aux piqûres.

« Je ne connais aucune expérience positive à ce sujet, néanmoins il est généralement admis qu'un enfant ou un animal de la grosseur d'un chien succomberait, s'il était piqué simultanément par un grand nombre de nos Guêpes de la plus grosse espèce (*V. Crabro*): il faut sept Frelons pour tuer un homme dit un dicton populaire. Mais, à défaut d'expériences, les observations sur cette matière sont assez nombreuses et plusieurs d'entre elles remontent à une haute antiquité.

« On trouve sur cet objet une intéressante série de faits rassemblés avec une grande érudition par Cloquet (2).

« Pline, déjà, cite à ce propos des auteurs plus anciens et soutient avec eux, à tort ou à raison, que la piqûre des Guêpes a entraîné des accidents d'une haute gravité.

« Il est vrai que l'état général de la santé du patient entre pour beaucoup dans sa prompte guérison, ou dans les conséquences fâcheuses dont ces blessures sont suivies. On a vu des gens n'être que fort peu éprouvés de piqûres nombreuses reçues en même temps, tandis que d'autres ont succombé à la piqûre d'une seule Guêpe. La délicatesse plus ou moins grande de l'organe piqué est une autre source d'irrégularité dans les effets morbides de l'aiguillon de ces Insectes.

« Parmi nos Guêpes indigènes, l'espèce de beaucoup la plus dangereuse est la *Vespa crabro*. Les autres, quoique bien plus petites, sont cependant fort redoutables aussi, même prises isolément. Ainsi, la piqûre de ces dernières est suivie, dans bien des cas, d'enflure considérable, de gonflement érysipélateux, et finit quelquefois par laisser une tumeur persistante. Dans d'autres cas graves, la tuméfaction s'est résolue par une suppuration abondante accompagnée de gangrène, ou bien

(1) Voyez Lacaze-Duthiers, *Annales des sciences naturelles*. 3e série, t. XII, p. 353.
(2) Cloquet, *Faune des médecins*, t. **V**.

Fig. 875 et 876. — La Guêpe frelon, p. 650.

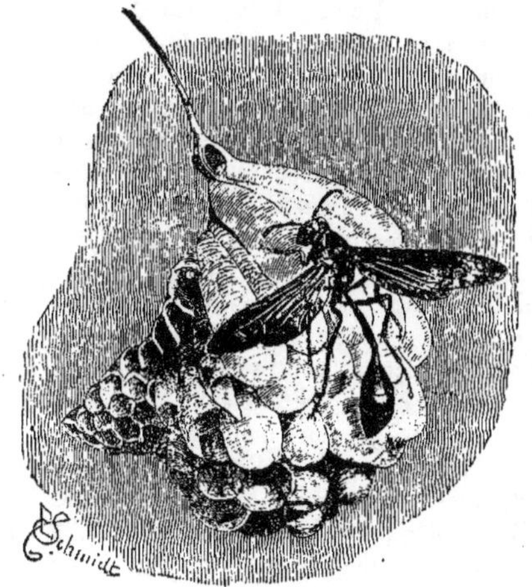

Fig. 877. — Le Belonogaster à ailes rousses, p. 656.

Fig. 875 à 877. — Les Guêpes sociales.

il en est résulté des ulcères rebelles. Évidemment tous ces effets sont accidentels et proviennent de causes prédisposantes dans la condition du sujet atteint.

« Richerand cite une femme qui fut piquée au doigt. En un instant, le corps entier fut tuméfié, la peau devint boutonneuse, et une fièvre ardente se développa. Un bûcheron, attaqué par un essaim de Guêpes, fut saisi d'une manie furieuse, sans doute sous l'influence d'une douleur excessive. Le délire n'est pas rare, au dire de quelques médecins modernes, et, même chez les personnes en parfaite santé, la fièvre est la conséquence presque inévitable des piqûres de Guêpes.

« Les phénomènes qui précèdent ne sont cependant pas les plus graves.

« Dans certains cas, la mort succède à la lésion d'une manière plus ou moins immédiate. Cloquet cite deux paysans qui succombèrent sur le lieu même où ils travaillaient, non loin de leur demeure; il cite aussi des mulets qui, attachés près d'un Guêpier, furent piqués jusqu'à ce que mort s'en suivît.

« D'autres exemples ne seraient sans doute pas difficiles à compulser.

« Mais la piqûre la plus dangereuse est celle qui se fait au pharynx, et cet accident n'est pas aussi rare qu'on pourrait le supposer, parce qu'on introduit souvent sans s'en douter des Guêpes dans la bouche, lorsqu'on y porte

un fruit qu'elles ont excavé, et où l'une d'elles est restée logée. L'effet d'une piqûre dans cet endroit sensible amène la tuméfaction du voile du palais, et fait périr le patient par suffocation, dans l'espace de quelques heures. Dans un cas pareil, le mal exige un remède immédiat.

« Un agronome anglais, dit Chaumeton (1), voyant un de ses amis piqué au pharynx par une Guêpe qu'il avait avalée dans de la bière, lui fit prendre à plusieurs reprises du sel commun, simplement délayé dans une petite quantité d'eau. Les symptômes alarmants qui s'étaient manifestés à l'instant de la piqûre cédèrent comme par enchantement à ce remède, administré par les mains de l'amitié, et la vie du blessé fut ainsi manifestement sauvée..... puisque dans une autre occasion un jeune homme qui se trouvait dans le même cas mourut suffoqué.

« La gravité des blessures que font les Guêpes explique suffisamment comment celles-ci ont pu devenir une véritable plaie, lorsque leur nombre prenait un accroissement extraordinaire. On ne doit pas s'étonner que, par suite des tourments que leur faisaient endurer ces Insectes, certains pays aient été abandonnés de leurs habitants, comme celui des anciens Pharsalites.

(1) Chaumeton, *Dict. des sciences médicales*, I, 40.

« Il faut rapporter au même phénomène les faits mentionnés à plusieurs reprises dans les livres saints, de peuples mis en fuite par les tourments que leur causaient les Guêpes ; ainsi, dans l'*Exode* (1), il est dit que le Seigneur dirigeait des essaims de Guêpes contre les Héthiens, les Chananéens, pour leur faire graduellement abandonner la terre qu'il destinait à son peuple, et au livre de *Josué* (1), le même fait est répété.

« De tout temps, même dans les siècles les plus reculés, les médecins et les charlatans ont imaginé des recettes contre les piqûres des Guêpes, et la littérature ancienne ainsi que celle du moyen âge, voire même la moderne, nous ont transmis une multitude de spécifiques dont les recettes sont plus divertissantes qu'utiles. Voici, pour en donner une idée, la composition de quelques-uns : des feuilles de Chou ; du sel marin, incorporé dans de la graisse de Veau ; la Mélisse des bois ; la fiente de Bœuf ; le jus de la Citrouille et du Pissenlit ; la neige, etc., qui sont de simples résolutifs ; puis aussi la pommade composée avec la Lentille d'eau et des têtes de Mouches ; la prétendue pierre des Crapauds, le sang des Chouettes, le fiel de certains Oiseaux, et la pâte faite avec des toiles d'Araignée, de l'Oignon et du vin ; le decoctum vineux de semences de Mauves, administré en boisson par Guillaume de Varignana, médecin de l'empereur Henri VII ; les cataplasmes d'Abeilles et de Guêpes écrasées, préconisés par Gilbert l'Anglais, à côté desquels on peut citer la singulière habitude des Indiens du Mexique, de bander les piqûres venimeuses avec la peau d'un Serpent à sonnettes, sous prétexte que le venin doit être détruit par le venin.

« A la liste des vulnéraires, on peut ajouter l'eau de Rose, l'eau de Cologne et le vinaigre, appliqués à toute sauce par des femmes vieilles et jeunes de notre siècle.

« En fait de remèdes sérieux, il n'en est guère qui soient d'une grande efficacité. Le seul traitement applicable, en pareil cas, consiste à suivre d'abord le conseil donné par Swammerdam, c'est-à-dire à couper, avec des ciseaux tranchants, à fleur de peau, l'aiguillon qui reste enfoncé dans les chairs, afin d'enlever ainsi la vésicule de venin et le venin même qui est contenu dans la base de l'aiguillon, et que la pression pourrait faire jaillir dans la blessure. Ensuite, il faut extirper ce qui reste

(1) *Exode*, XIII, 28.
(2) *Josué*, XX, 2.

engagé dans les chairs, au moyen d'une aiguille. On peut alors couvrir les parties qui avoisinent la blessure, d'émollients divers, tels que compresses à l'eau salée, à l'eau de mer, comme l'a déjà recommandé Dioscoride, ou simplement à l'urine, lorsqu'on est en voyage. D'autres substances telles que l'huile d'amandes douces ou d'olive, le suc laiteux du pavot, sont d'un bon effet.

« Si les douleurs sont aiguës, on peut ajouter un peu de laudanum. Enfin, dans les cas graves, il est bon de boire de l'eau salée chargée de quelques gouttes d'ammoniaque.

« Nous ne parlons pas ici du conseil peu pratique que donne Réaumur, de se laisser piquer avec patience, au lieu de chasser la Guêpe trop précipitamment, ni de l'instillation de l'ammoniaque (ou alcali volatil), remède qui nous paraît être pire que le mal et qui, dans bien des cas, ne sert qu'à enfermer le venin dans la plaie, en cautérisant superficiellement. »

LA GUÊPE FRELON. — *VESPA CRABRO.*

Hornisse.

Caractères. — La *Guêpe-frelon* ou *Frelon* (fig. 875, 876 et pl. IV, p. 158) se distingue facilement de toutes les autres espèces de *Vespa*, par ses grandes dimensions et par la coloration rouge qui prédomine sur la moitié antérieure de son corps.

Sa tête ferrugineuse a le chaperon, l'échancrure des yeux, une tache triangulaire entre l'insertion des antennes et la base des mandibules de couleur jaune ; ses antennes sont brunes, avec les trois premiers articles d'un roux clair ; son corselet est d'un brun ferrugineux, avec les épaulettes, l'écusson, deux taches au-dessus et au-dessous de l'aile, ainsi que deux lignes sur la partie antérieure du dos, d'un roux clair ; son abdomen en dessus a le premier segment roux clair à la base, brun au milieu avec une étroite ligne jaune sur le bord postérieur ; le second segment est brun à la base, jaune postérieurement, la couleur brune dessinant trois pointes sur la jaune ; le troisième segment rappelle le précédent, mais la couleur brune ne dessine qu'une petite bande sinueuse. Les pattes sont brunes, les ailes rousses.

Distribution géographique. — On trouve cette *Vespa crabro* dans toute l'Europe ; au nord, elle s'étend jusqu'en Laponie.

Mœurs, habitudes, régime. — Dans les premiers jours de mai, la Femelle qui a passé l'hiver commence à construire son Nid, sur quelque solive d'un grenier, dans quelque ancienne Ruche déserte, dans un tronc d'arbre creux, ou dans quelqu'autre endroit isolé et peu fréquenté par les Hommes. Elle débute par la construction d'un morceau de la calotte sphérique qui constituera plus tard l'enveloppe, et fixe à l'intérieur, au moyen d'un pilier solide, le premier rayon dont les cellules hexagonales sont ouvertes par le bas.

Les matériaux sont empruntés au parenchyme verdâtre de divers arbres, notamment aux Frênes, qui se trouvent parfois écorcés circulairement et sont ainsi réellement endommagés. Ce parenchyme, mélangé de salive, constitue une masse régulière et solide, dont la forme et les dimensions rappellent une gesse; la Guêpe l'emporte en le serrant entre ses mâchoires et son prothorax. Arrivée chez elle, elle saisit ces matériaux entre ses pattes antérieures, et les applique à l'aide de ses mandibules sur les places où elle veut construire. Elle mord les morceaux l'un après l'autre, les applique, les presse fortement, et les polit. Ce travail s'accomplit si rapidement que la Guêpe semble dévider un peloton pour l'appliquer sur la construction déjà faite. Pendant que les cellules se multiplient, l'enveloppe s'accroît régulièrement comme par une succession de couches hélicoïdales, et constitue d'abord une coupole, puis une sphère assez friable dont la disposition intérieure est aréolaire.

Lorsque quelques cellules sont terminées, la ponte commence. Ainsi que la Reine des Abeilles, la mère Frelon a soin de fourrer d'abord sa tête dans chaque cellule, et tâte l'intérieur avec ses antennes; puis elle se retourne, introduit son abdomen, et lorsqu'elle en sort au bout de 8 à 9 minutes, on trouve derrière elle un Œuf adhérent au plancher. Cinq jours plus tard éclot une Larve qui trouve là sa provision de nourriture. J'ai possédé un morceau très instructif d'un Nid de Frelons; il contenait à la fois des Larves desséchées dans les cellules ouvertes et dans d'autres à opercules tissés se trouvaient aussi de jeunes Frelons développés. Sur le sol des premières cellules gisait une masse noire pulvérulente, sans doute la nourriture desséchée, constituée évidemment par des cadavres d'Abeilles et d'Insectes divers déchiquetés en morceaux; ils sont très probablement mêlés avec du miel, quand il y a lieu.

Comme toutes les Guêpes, le Frelon fond de haut sur la proie qu'il aperçoit, la jette à terre, lui supprime d'un coup de mandibules les pattes et les ailes, puis la transporte sur quelqu'arbre voisin, pour découper à son aise les morceaux qu'il compte introduire chez lui, et les porte, une fois ce travail fait, dans sa demeure. Arrivé là, la mère prend cette nourriture entre ses pattes antérieures comme les matériaux de construction, la pétrit de nouveau, en mord les parcelles et les dépose sur la bouche des Larves déjà grandes, distribuant ainsi les parts, rangée par rangée, jusqu'à ce que tout ait été partagé. Cette manière de nourrir les Larves déjà grandes a été signalée par le pasteur P. W. F. Müller, qui eut l'occasion de voir se développer un de ces Nids dans son Rucher. Tant que ces Larves étaient petites, il ne put constater ce procédé; il leur fournissait lui-même, sur une baguette, un miel épais qu'elles dévoraient avec la même gloutonnerie que les aliments distribués par la mère.

Quand la **Larve** est devenue grande, vers le neuvième jour, non-seulement elle remplit sa cellule, mais elle la dépasse; c'est pourquoi le couvercle, *qu'elle tisse elle-même* pour fermer sa cellule, prend une forme absolument hémisphérique. Sur mon fragment de Nid, j'ai vérifié nettement que ce couvercle est constitué par une trame nouvelle et non par la masse cellulaire. Maintenant, seulement, que la cellule est close, la Larve peut se mouvoir et se détacher du plancher, sans tomber au dehors; il faut, d'ailleurs, qu'elle s'en détache pour s'envelopper complètement d'un tissu transparent. Sitôt ce tissu terminé, elle mue et se transforme en pupe. Quatorze jours plus tard, la jeune Ouvrière-Frelon apparaît au dehors; son évolution a duré, en tout, quatre semaines. Sitôt qu'elle a maîtrisé l'effarement qui, par suite du manque d'habitude, résulte de son nouvel état, elle se met à fourbir ses pattes et ses antennes; puis, cela fait, elle rentre dans son berceau pour le nettoyer et le disposer à recevoir un deuxième Œuf. C'est là un exemple de sentiment de l'ordre et de la propreté, qui n'est pas l'effet de l'éducation, mais qui est bien véritablement inné. Voit-elle venir quelques sœurs plus avancées qui rapportent de la nourriture, elle en arrache un morceau à la première venue, et le dévore. Après deux jours consacrés à ces occupations domestiques, elle prend son vol avec ses sœurs, se met en chasse, rapporte des matériaux de construction, et ne néglige pas pour cela son entretien personnel.

Bientôt le premier rayon devient insuffisant; la colonie établit un petit pilier, de la longueur d'une cellule environ, à l'extrémité duquel elle commence le second rayon; elle multiplie les piliers suivant les besoins; ils n'ont d'ailleurs pas de positions déterminées, et sont d'autant plus nombreux que le plancher du nouveau rayon est plus vaste. Suivant que le temps est favorable ou non à l'édification et à la chasse, le Nid s'accroît vite ou lentement. J'ai sous les yeux un Nid de Frelons, dont l'enveloppe est brisée à la partie inférieure, et qui n'est pas terminé; il contient cinq rayons et mesure 31,4 centimètres de haut; le diamètre de l'enveloppe au niveau du cinquième rayon atteint 47 centimètres. C'est là un édifice qui doit provenir d'une année ordinairement favorable à ces Insectes. Un Nid de Frelons, terminé, et suspendu à l'air libre, a une forme à peu près sphérique; son enveloppe présente en bas et latéralement une ouverture qui sert d'orifice d'entrée et de sortie et qui est pourvue de sentinelles; à l'approche d'un danger, elles se retirent pour renseigner les habitants, qui se jettent avec courage sur l'assiégeant et font usage de leurs armes empoisonnées.

A partir de la seconde moitié de septembre, et surtout au commencement d'octobre, naissent aussi des Mâles et des Femelles fécondes. On n'a pas encore examiné si ces OEufs se trouvent produits dans les mêmes conditions que chez les Abeilles domestiques; on ne connaît pas davantage les circonstances qui influent sur le développement d'une Femelle féconde. Je n'ai jamais pu découvrir dans un Nid de Frelons de cellules royales, orientées autrement que les autres; mais j'ai vu, parmi les rangées, des cellules isolées qui se distinguaient par leur longueur plus considérable et par un périmètre plus grand.

A l'approche de la mauvaise saison, après que les couples se sont appareillés, la couvée qui existe encore est arrachée et massacrée par les mères elles-mêmes qui, jusque-là si soigneuses, se changent, comme le dit Réaumur, en véritables Furies. Si cette conduite était de règle chez les Frelons et les Guêpes, ce que je désire d'ailleurs laisser dans le doute, on aurait un contraste frappant entre le caractère pacifique des herbivores, tels que les Bourdons ou les Abeilles mellifiques, et les allures sauvages des Guêpes, qui sont carnivores. Les Femelles fécondées s'en vont chercher dans les cachettes ordinaires un abri contre l'hiver, les Mâles et les Ouvrières disparaissent l'un après l'autre, et le règne de ces Animaux redoutés est passé.

Les communications intéressantes du pasteur Müller indiquent qu'on pourrait apprivoiser ces Frelons en les maniant avec beaucoup de prudence et de circonspection; il a pu transporter le Rucher où ils avaient installé leur construction, le couvrir à volonté, et procurer à ses enfants et à ses amis le spectacle de leur activité, sans jamais être importuné par ces petites bêtes ordinairement farouches et indomptables. L'État, du reste, dont il raconte l'histoire, eut une triste fin : un jour, la mère, qui s'envolait et rentrait sans cesse, ne revint pas, le zèle des Ouvrières s'éteignit peu à peu visiblement, et l'édifice demeura tout à fait délaissé.

Les habitations des Frelons donnent asile à un certain nombre de Parasites ou de Commensaux, notamment à un grand Coléoptère staphylinide que son mode d'existence rend fort rare, le *Velleius dilatatus*.

Les autres Insectes du genre *Vespa*, qui animent les campagnes de nos pays pendant l'été et l'automne, et qui à l'époque où l'on rentre la moisson envahissent les vergers et les vignes plus qu'il ne plairait aux propriétaires, passent tous indistinctement, aux yeux peu exercés du monde, pour des Guêpes. L'Entomologiste, plus expérimenté, qui les classe, y reconnaît plusieurs espèces; mais le nombre de leurs dénominations dépasse encore de beaucoup le chiffre réellement considérable des espèces existantes; il en résulte de très fâcheuses confusions. Il faudrait, pour fixer dans la mémoire des espèces si semblables, de longues et fastidieuses descriptions ; indiquons simplement quelques caractères principaux et mentionnons les différences importantes dans leurs modes d'existence et dans leur architecture.

LA GUÊPE COMMUNE. — *VESPA VULGARIS*.

Gemeine Wespe.

Caractères. — La *Vespa vulgaris* a : le chaperon jaune marqué d'une raie noire verticale, se terminant dans une tache noire arquée transversale, — cette marque noire caractéristique a la forme d'une hallebarde; — les orbites

Paris, J.-B. Baillière et fils, éd.t.

Corbeil, Ed. Crété, imp.

GUÊPIER SOUTERRAIN.
NID DE LA GUÊPE GERMANIQUE (VESPA GERMANICA)
ATTAQUÉ PAR UNE BONDRÉE APIVORE.

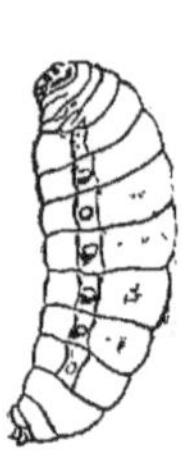

Fig. 879. — Larve de
Frelon.

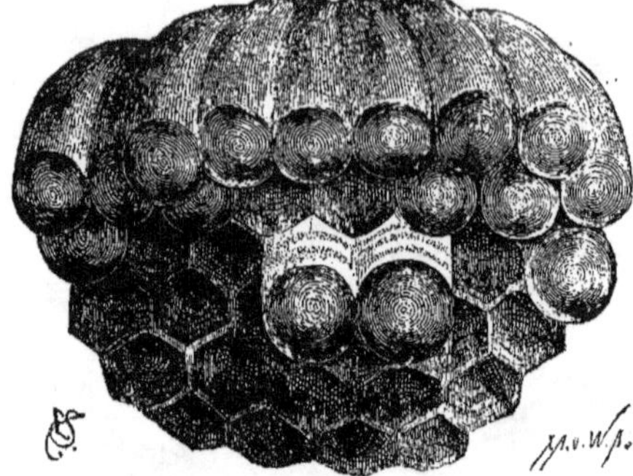

Fig. 878. — Rayon d'un Nid de Frelons (cellules ouvertes
et cellules operculées).

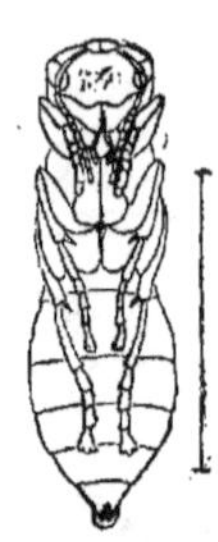

Fig. 880. —Nymphe de
Frelon.

jaunes postérieurement; une ligne jaune depuis le chaperon jusqu'au fond du sinus des yeux, au-dessous des antennes une tache jaune; les mandibules jaunes. L'abdomen a trois segments noirs à la base, jaunes à leur bord; le premier seulement avec une bordure jaune en dessus; cette bordure est échancrée dans tous les anneaux. Dans les segments deux à cinq, la bordure porte un point noir. Cette Guêpe se distingue nettement de la *Vespa germanica* par sa pubescence noire.

Distribution géographique. — Se rencontre à Madère, dans l'Afrique septentrionale, dans l'Amérique du nord, et dans toute l'Europe, où elle est très commune.

Mœurs, habitudes, régime. — Elle nidifie sous terre, mais ses constructions n'ont pas l'ampleur de celles qu'édifie l'espèce suivante et les matériaux qu'elles emploient ont une friabilité infiniment plus grande. Les Nids de cette Guêpe dont de Saussure ne parle pas sont d'une coloration jaune claire avec des zones ternes, comparable à celle des Nids de Frelons, mais encore plus fragile; des Nids de 30 centimètres de diamètre peuvent être considérés comme des édifices de très grandes dimensions. Ils sont établis dans les vallons, souvent même au voisinage immédiat des eaux (Künckel).

LA GUÊPE GERMANIQUE. — *VESPA GERMANICA*.

Deutsche Wespe.

Caractères. — La Guêpe germanique a une très grande ressemblance avec la *Vespa vulgaris*, cependant elle s'en distingue lorsqu'on y prête attention. Chez les Femelles le chaperon porte trois points disposés en triangle; l'abdomen est noir avec tous ses segments largement bordés de jaune; le premier avec un losange noir au milieu et de chaque côté un point noir; les autres portant tous une grande échancrure médiane très régulière en forme de dé à coudre et de chaque côté une tache noire.

Fig. 881. — La Guêpe germanique.

Distribution géographique. — Le choix de son nom n'est pas heureux, car elle ne reste pas dans les limites des frontières politiques de l'Allemagne; elle se trouve non seulement en France et dans toute l'Europe, mais encore en Syrie, dans l'Inde septentrionale, en Algérie et dans l'Amérique du Nord.

Mœurs, habitudes, régime. — Elle nidifie également sous terre. Cette espèce, la plus répandue de toutes, a été la mieux observée par Réaumur et mille observateurs; elle construit des demeures (pl. XVI) qui atteignent souvent, lorsque la saison est favorable, d'énormes proportions; tantôt, lorsque le sol s'y prête, elles s'étendent en longueur et atteignent jusqu'à 50 centimètres de long sur 30 de large; d'autres fois, lorsque des racines les gênent, elles s'élargissent; j'ai sous les yeux un Nid ayant 40 centimètres de large sur 30 de longueur qui contenait une population énorme; les cités qui renferment 2,000 habitants au mois d'octobre ne sont pas rares; souvent même elles sont encore plus peuplées. Dans ces Guêpiers souterrains ne vivent pas seulement des citoyens ; de nombreux parasites et commensaux, des Staphylins, les singuliers *Rhipiphorus paradoxus*

Fig. 882. — Le Rhipiphore paradoxal et la Guêpe germanique gardant l'entrée de son Nid, grand. nat.

(fig. 882; voy. p. 254 et suiv.), des Diptères, Syrphides et Muscides; notamment les belles Volucelles dont nous ferons l'histoire (*Volucella zonaria*, *inanis* et *pellucens*), y trouvent le gîte et le couvert.

LA GUÊPE ROUSSE. — *VESPA RUFA.*
Rothe Wespe.

Caractères. — La *Guêpe rousse* se distingue assez nettement des autres par la couleur rousse de la naissance de son abdomen. Les antennes sont noires ; sa tête est noire avec les mandibules jaunes, aux dentelures noirâtres, avec le chaperon jaune bordé de noir et portant une ligne perpendiculaire également noire, avec une partie de l'orbite des yeux jaunes. Son corselet noir a les épaulettes et le cou bordés de jaune, et deux taches jaunes au-dessus et au-dessous de l'aile; son écusson porte deux taches ovales jaunes. L'abdomen, en dessus, a le premier segment roux avec deux bandes jaunes; les autres segments sont jaunes avec la base assez étroite noire; la partie jaune de chaque segment échancrée porte de chaque côté un point roux ou noirâtre. Les pattes sont jaunes un peu roussâtres; les cuisses sont en grande partie noires. Les ailes transparentes ont leurs nervures rousses.

Distribution géographique. — Elle habite toute l'Europe et même l'Amérique du nord. Elle n'est pas très commune dans nos pays ; cependant elle n'est pas rare aux environs de Paris, notamment dans les vallées de la Bièvre et de l'Yvette.

Mœurs, habitudes, régime. — Elle nidifie sous terre et ne vit qu'en sociétés peu nombreuses.

LA GUÊPE SYLVESTRE — *VESPA SYLVESTRIS.*
Waldwespe.

Caractères. — Les Guêpes sylvestres (*Vespa sylvestris*, ou *holsatica*) ainsi que quelques autres espèces plus rares, et un peu foncées, sont remarquables par l'intervalle qui sépare, chez elles, l'extrémité inférieure des yeux de la naissance des mâchoires ainsi que par leur pubescence ferrugineuse.

Mœurs, habitudes, régime. — Elles établissent leurs Nids (pl. XVII) dans le feuillage des arbres et des buissons, très rarement au niveau du sol. Elles les construisent avec une matière papyracée, provenant d'un mélange de salive et de râclures de bois pourris. Sans doute, le papetier d'Ulm qui, à l'Exposition de Vienne, en 1873, suspendit un de ces Nids au-dessus de ses produits, voulait ainsi démontrer que les fabricants seraient arrivés, depuis longtemps, à satisfaire le monde avec leurs papiers, si mauvais encore aujourd'hui, si l'on prenait pour idéal celui des Guêpes ! (Voy. p. 640.) Ces Nids sont bâtis sur le même plan que ceux des Frelons. Les Guêpes qui les installent à l'air libre ont sur celles qui nidifient dans la terre ou dans les creux d'arbre, l'avantage de n'avoir pas à se préoccuper de l'espace et de pouvoir donner à leurs constructions leur forme naturelle. Cette forme est généralement celle d'un Œuf ou d'un Citron ; l'enveloppe offre à sa partie inférieure et latérale un orifice d'entrée ; à l'intérieur se trouve un nombre plus ou moins grand de rayons en étages suivant la grosseur de l'édifice ; les étages du milieu ont naturellement un périmètre plus grand que ceux des extrémités.

Les Guêpes sylvestres vivent en sociétés peu nombreuses, aussi leurs Nids sont-ils généralement petits ; ils atteignent les plus grandes dimensions dans les contrées où les fruits abondent et lorsque la chaleur favorise leur maturité. On en trouve souvent qui ne sont pas encore terminés, et qui paraissent peuplés de vierges seulement, la mère primitive ayant dû périr, sans doute. Une de ces constructions, d'une couleur blanc-grisâtre, et de la grosseur d'une noix très forte, était appendue à une petite branche de Saule, sous un angle de 45° environ. Le fond était entouré d'une enveloppe extérieure en godet, formant manchette, et indépendante de la seconde enveloppe inachevée, qui doit compléter le double manteau

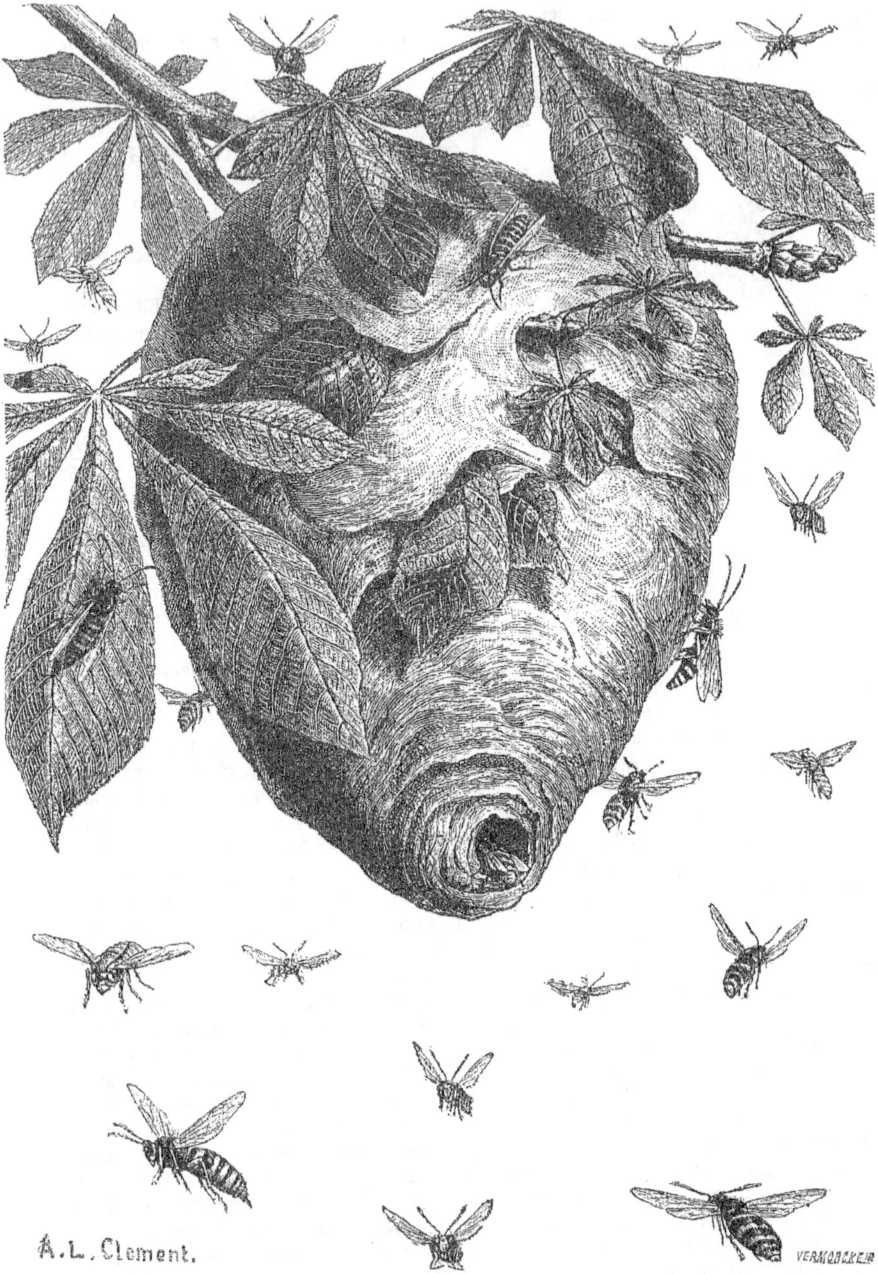

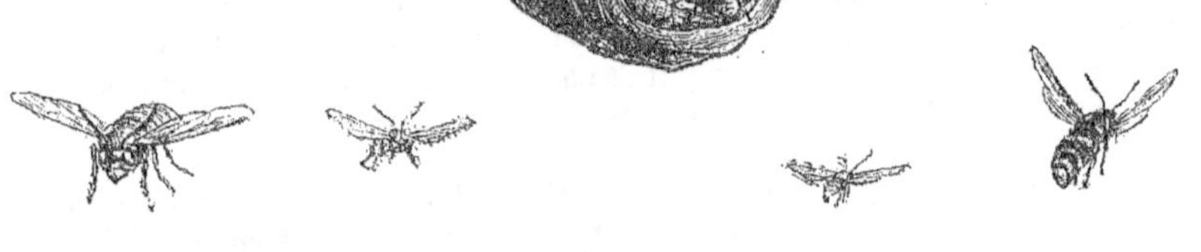

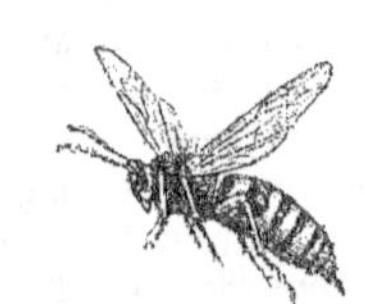

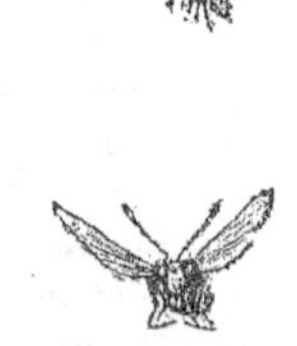

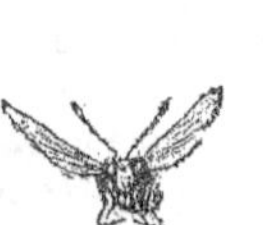

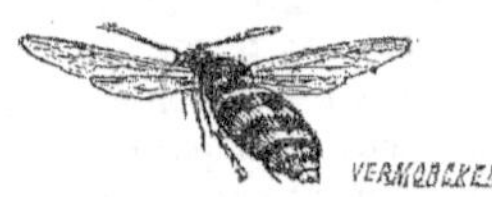

Paris, J.-B. Baillière et fils, édit. Corbeil, Éd. Crété, imp.

GUÊPIER AERIEN.
NID DE LA GUÊPE SYLVESTRE (VESPA SYLVESTRIS).

dont s'entourent les Nids parfaits de cette espèce. A la pointe terminale de l'enveloppe interne était ménagé un trou arrondi de 11 millimètres de diamètre qui servait d'orifice d'entrée, et qui permettait de jeter un coup d'œil à l'intérieur. Du fond de la cavité s'élevait une rosette de douze cellules hexagonales, rétrécies en arrière ; celles du centre étaient plus grandes et plus avancées que les autres.

LA GUÊPE MOYENNE. — *VESPA MEDIA.*

Mittlere Wespe.

Caractères. — La couleur jaune de l'abdomen est plus obscure, d'un jaune plus brun et un peu plus sale.

Distribution géographique. — La *Guêpe moyenne* est aussi répandue chez nous que les espèces précédentes.

Mœurs, habitudes, régime. — Leurs Nids aériens suspendus à des branches d'arbres sont construits avec de petites pièces concaves en forme de coquilles, qui s'imbriquent à la manière des tuiles et ne se touchent qu'à leurs sommets et sur leurs bords ; sur la surface elles laissent des intervalles vides aréolaires. Un de ces Nids mesure 25 centimètres environ de longueur et plus de 18 centimètres de largeur.

LES POLISTES — *POLISTES*

Die Polisten.

Les *Polistes* constituent un deuxième genre de Guêpes sociales.

Caractères. — Le chaperon est anguleux, en avant ; son bord supérieur est coupé presque droit, et les antennes sont assez écartées. Les mâchoires, à peu près aussi longues que larges, sont armées de quatre dents, dont les trois dernières sont égales et équidistantes, tandis que l'antérieure est plus obtuse et plus courte. L'abdomen présente une forme lancéolée ; son premier article se rétrécit bien un peu en avant, mais il n'est pas étiré en forme de pédicule, et comme le métathorax tombe obliquement dessus, il en résulte une sorte de crevasse entre lui et l'abdomen. Les antennes du mâle ont la pointe recourbée en dehors.

Mœurs, habitudes, régime. — Leurs Nids appartiennent au type le plus simple ; ils sont formés d'un seul rayon, rarement de deux, et demeurent découverts.

Distribution géographique. — Les Polistes sont abondants dans toutes les parties du monde.

Französische Papierwespe.

Caractères. — Tout le corps (fig. 883, p. 657) est orné de marques jaunes nombreuses, mais variables, sur un fond noir. Les principales sont des cercles jaunes qui dessinent les bords postérieurs de tous les anneaux abdominaux ; sur la face dorsale ils paraissent comme rongés, en avant.

Distribution géographique. — Cette espèce n'appartient pas exclusivement à la France ; on la trouve aussi en Allemagne, mais sous une forme dégénérée (*Polistes diadema*) dont les antennes, au lieu d'être absolument rouges à la pointe, sont d'une couleur jaune rougeâtre sur leur face inférieure seulement.

Mœurs, habitudes, régime. — Au début du printemps apparaît la Femelle fécondée qui a traversé l'hiver ; elle se met à construire contre une branche, contre un mur, sous un auvent, quelques cellules peu nombreuses, fixées sur une colonnette très courte, qui formeront, avec le temps, une rosette sans enveloppe (fig. 883, page 657). Il faut un été particulièrement favorable pour que la petite société s'accroisse au point de nécessiter un second étage pour la ponte ; dans ce cas il est relié au premier par une petite colonnette centrale. Le Peletier, qui a souvent observé ces Nids à Paris, estime qu'à l'époque un peu plus avancée où les Mâles et les Femelles coexistent, le nombre des habitants varie de soixante à cent vingt, dont vingt à trente Femelles. Dans quelques cellules isolées il a trouvé aussi des provisions de miel, qui, à son avis, étaient destinées à l'accroissement des Larves.

« Le 16 août 1873, je trouvai à Gmunden, rapporte Taschenberg, un Nid de l'espèce dégénérée (*Polistes diadema*) avec ses habitants et de nombreuses cellules couvertes ; il remplissait, sous le montant d'une fenêtre à ras de terre, une petite cavité résultant d'un éclat de pierre. A l'intérieur du Nid, les Guêpes gisaient dans le repos le plus complet ; elles s'élevèrent toutes sur leurs pattes, lorsque je m'approchai, et imprimèrent à leurs ailes des mouvements de vibrations sonores ; mais je pus détacher le Nid rapidement pour le faire choir dans une boîte placée au-dessous de lui, et je parvins à l'y enfermer, sans qu'une seule d'entre elles se fût envolée. Cette circonstance, ainsi que l'emplacement même du Nid, montrent combien ces Guêpes sont peu craintives et peu sauvages ; cette fenêtre appartenait à la devanture d'un hôtel relié à une brasserie, et donnait sur un chemin de voitures très animé. Ne pouvant m'arrêter longtemps en cet endroit, j'assoupis les Guêpes avec de l'éther sulfurique, et je les fis tomber hors du Nid ; j'enveloppai ce dernier de papier et le plaçai dans une boîte en carton parmi d'autres effets de voyage. Quelque temps après, étant assis en wagon, je vis voltiger quelques Polistes autour de mon sac de voyage qui se trouvait placé un peu haut, en face de moi. Toutes les Nymphes étaient écloses dans le Nid l'une après l'autre, et ces Guêpes nouvelles avaient cherché de l'espace, non sans avoir laissé, au préalable, de faibles traces de leurs instincts d'architectes : car dans le milieu du rayon on voyait des cellules dont les bords étaient blancs, et pour lesquelles les papiers d'enveloppe avaient servi de matériaux de construction. »

Les expériences que Siebold a entreprises sur cette même espèce sont bien plus intéressantes. Il fixa à une planchette, pour pouvoir les examiner de tous côtés, quelques-uns de ces Nids qui ne sont pas rares aux environs de Munich sur la face sud ou sur la face ouest des murs en planches ou des bâtiments. Après avoir constaté que la jeune société à l'approche de l'été ne contenait, avec la mère primitive, que des Ouvrières, mais pas encore de Mâles, il enleva la Guêpe-mère de quelques Nids, et retira des cellules les Œufs et les très jeunes Larves, de façon à ne laisser que les Ouvrières plus avancées. Quelques jours après, certaines Ouvrières avaient été choyées par les autres, et l'on trouva, dans les cellules qu'on avait vidées, de nouveaux Œufs. De Siebold pense qu'ils ne peuvent avoir été pondus que par les ouvrières vierges, parce que jamais elles ne tolèrent dans leur Nid une Guêpe étrangère. De ces Œufs éclorent des Mâles, et ce fait démontre, aux yeux de cet observateur, que *chez les Polistes gallica les Mâles procèdent d'Œufs non fécondés*, c'est-à-dire *naissent par parthénogénèse* comme chez les Abeilles.

LES BELONOGASTER — *BELONO-GASTER* (1)

Sandwespenartigen Papierwespe.

Tout à fait à la fin de cette famille des Ves-

(1) Βελόνη, aiguille ; γαστήρ, ventre.

pides, nous décrirons et nous représenterons les *Belonogaster*.

Caractères. — Ce genre aux formes élégantes rappelle, à cause de son abdomen longuement pédicellé, les *Eumènes*, mais il se distingue nettement par la disposition de son pétiole, qui au lieu d'être en cloche est en forme d'entonnoir ; d'autre part, le chaperon se termine par une dent pointue, ce qui est tout à fait caractéristique ; la seconde cellule sous-marginale, très rétrécie au voisinage de la cellule marginale, reçoit les deux nervures récurrentes. Les autres caractères sont représentés sur notre figure 877, p. 649.

LE BÉLONOGASTER A AILES ROUSSES. — *BELONOGASTER RUFIPENNIS.*

Caractères. — La tête, le milieu du corps, les troisième et quatrième anneaux de l'abdomen, qui est extraordinairement long, sont noirs ; la face, les antennes, les pattes, les écailles et le reste de l'abdomen, sont rousses, plutôt ferrugineuses ; les nervures des ailes sont colorées en roux partiellement ; le premier segment porte souvent de chaque côté une tache jaune-blanchâtre qui manque très fréquemment. Les poils courts, serrés, et de couleur claire, qui recouvrent tout le corps, lui donnent une teinte un peu sale. Les ailes sont jaunâtres ; leurs pointes et leurs bords sont très obscurcis.

Distribution géographique. — Elle est très répandue aux environs de Port-Natal.

Mœurs, habitudes. — Cette Guêpe montre une prédilection particulière par les habitations humaines ; mais les piqûres douloureuses, qu'elle fait généralement à proximité des yeux, la font redouter de tous les Indigènes.

Dans ces contrées, c'est à la fin de l'automne (qui coïncide avec notre mois de mai), alors que le temps devient plus sec et plus frais, que ces Guêpes apparaissent isolément dans les maisons pour y passer l'hiver. Après avoir choisi un emplacement convenable, sous l'auvent d'une fenêtre, sous les tuiles, ou dans une chambre inhabitée, la Guêpe construit une longue tige d'aspect corné, qu'elle fixe à quelque point d'attache, à un linteau de porte par exemple, et qu'elle incline légèrement en bas. Ce pédicule est enfin pourvu d'une rosette de cellules blanches, papyracées et fragiles. C'est dans ce petit Nid qu'elle passe l'hiver, tout en prenant librement son essor dans les beaux jours. Au printemps cette petite rangée de cel-

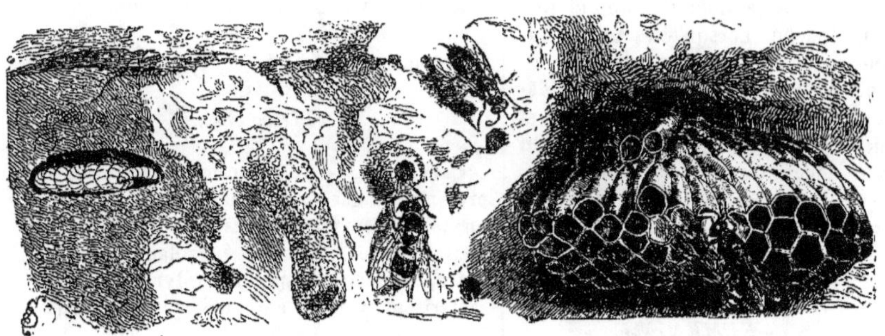

Fig. 883. — La Polistes gallica et son Nid.
Fig. 884. — L'Odynère des murs construisant son Nid.

Fig. 885. — Cheminée du Nid.
Fig. 886. — Le Nid approvisionné de Larves.
Fig. 887. — La Chryside ignée.

Fig. 883 à 887. — Guêpe solitaire, Guêpe sociale et Chryside (le tout de grandeur naturelle).

lules est augmentée; convexe en dehors, concave en dedans, l'édifice se courbe d'abord vers le bas, puis se relève, et se rapproche de son point d'attache pour être relié au pédicule par l'intermédiaire d'une seconde tige. J'ai sous les yeux trois Nids d'une structure un peu plus simple; ils ont tous trois ceci de commun, que leurs bases, qui se dirigent obliquement en haut, sont creusées en godets, et que les cellules les plus externes, c'est-à-dire les plus élevées, sont extrêmement courtes et étroites; elles ne peuvent être utilisées pour recevoir la couvée, et sans doute elles ne servent que d'enveloppe aux cellules d'incubation. Une de ces cellules, isolée, ressemble à un cornet de papier, allongé et légèrement évasé; le couvercle des cellules fermées forme une coiffe à peu près hémisphérique. Ces cellules sont accolées, en rangées peu régulières, et celles du haut ont une forme plus volumineuse que les inférieures.

C'est au missionnaire Gueinzius, qui jusqu'à sa mort, et malgré une santé profondément altérée, a su donner à ses observations de Port-Natal un grand intérêt, que nous devons les communications suivantes ainsi que les pièces à l'appui.

Un jour, il avait fixé un de ces Nids au linteau d'une porte de son habitation; lorsqu'il rentrait, ce Nid se balançait à quelques pouces seulement au-dessus de sa tête. Malgré le va-et-vient de cette porte et malgré les ébranlements qui en résultent pour le Nid, pendant la construction et pendant l'incubation qui durèrent plusieurs mois, il ne fut piqué qu'une fois

par une des jeunes Guêpes; mais cette fois il eut presque une syncope. Aucun Cafre n'osait s'approcher de cette porte, à plus forte raison la traverser. Les Guêpes faisaient bonne garde autour du Nid : à la moindre alerte, elles se levaient, tournaient la tête de ce côté, et se mettaient à bourdonner en agitant leurs ailes avec rapidité. L'heure de la migration sonna enfin; on enleva le Nid, et ce fut, pour les Guêpes, le signal du départ. Nous trouvons dans ces notes bien des détails qui nous rappellent les Guêpes cartonnières de France.

Une autre fois, sitôt que les cellules furent couvertes, avant qu'aucune nymphe fût éclose, Gueinzius introduisit dans ce Nid une jeune Guêpe de la même espèce, qui provenait d'un autre Nid. Il voulait voir comment la mère se comporterait envers elle; ce spectacle l'intéressait vivement. A peine cette Guêpe, encore sans progéniture, eût-elle aperçu la nouvelle venue, qu'elle manifesta la plus grande joie. Elle l'entoura de ses pattes de devant comme pour l'embrasser et la pourlécha avec empressement de toutes parts, comme ferait une brebis de ses agneaux, afin de la débarrasser des grains de poussière qui la couvraient. On lui présenta ainsi plusieurs enfants adoptifs, tous furent accueillis avec autant de joie, adoptés avec autant d'amour, et la mère fit leur toilette de la même manière. Bien que très faibles encore et incertaines de leurs mouvements, les jeunes Guêpes cherchèrent à se rendre utiles, et tâchèrent d'engager les Larves à faire leur apparition, en mordillant et en secouant les cellules qui les renfermaient.

INSECTES. — 83

Elles leur offraient alors comme nourriture quelques gouttes d'une liqueur claire qui sortait de leur bouche. Lorsqu'elles ne découvraient aucune Larve, et ne trouvaient ainsi aucun emploi de ces gouttelettes, elles s'en débarrassaient avec leurs pattes antérieures et les rejetaient par dessus le bord du Nid. On pouvait voir apparaître ces gouttelettes chez toutes ces jeunes Guêpes, très peu de temps après leur éclosion.

LES GUEPES SOLITAIRES OU EUMÉNINES — *EUMENINÆ*

Die Lehmwespen. — Mauerwespen.

Le deuxième groupe de la famille des Vespides est constitué par les Guêpes solitaires ou Euménines.

Caractères. — Chez ces Guêpes : la lèvre inférieure très longue dépasse les mandibules et affecte une forme tri ou quadrifide ; les palpes, filiformes, comptent cinq ou six articles aux mâchoires, et trois ou quatre à la lèvre inférieure ; le chaperon, cordiforme ou ovale, ne se prolonge jamais sous forme de dent ; les mandibules s'abaissent en forme de rostre ; les yeux composés descendent jusqu'à la naissance des mâchoires, et leur bord interne est profondément échancré au voisinage du vertex ; les antennes, brisées ou arquées, s'épaississent faiblement en avant et sont composées de 12 articles chez les mâles ou de 13 chez les femelles ; les ailes antérieures ont trois cellules sous-marginales closes (on pourrait presque dire quatre, parce que la nervure cubitale s'avance jusqu'au bord de l'aile). Les pattes sont grêles ; les jambes moyennes ne sont armées que d'une épine ; les postérieures en ont deux ; leurs griffes portent une dentelure au côté interne.

Distribution géographique. — Les Euménines, extrêmement nombreuses en espèces, ont des représentants à peu près dans toutes les régions du globe.

Mœurs, habitudes, régime. — Elles vivent isolées et habitent volontiers les talus argileux, les pentes abruptes de sable gras ; quelques-unes choisissent des tiges de plantes desséchées, dans lesquelles elles établissent des rangées de cellules argileuses (*Odynerus rubicola*). Les espèces de nos pays, du moins, ne logent jamais à même le sol, ou dans les sables meubles ; elles pourvoient, une fois pour toutes, leurs cellules d'une provision de Larves.

LES ODYNÈRES — *ODYNERUS*

Die Lehmwespen.

Caractères. — Le chaperon est échancré et présente de chaque côté un prolongement en forme de dent ; les palpes labiaux comptent quatre articles, les palpes maxillaires six. En outre, beaucoup d'espèces d'Odynères se caractérisent par des antennes spiralées et déviées en dehors. La disposition de leur abdomen est typique. Il est bien détaché ; son premier article a plus ou moins la forme d'une cloche, dont le sommet est plus étroit que le segment suivant ; en sorte que le point de réunion de ces deux segments présente une dépression profonde, surtout à la face ventrale de l'abdomen, et semble noué.

Presque toutes les espèces sont noires, avec des bandes d'un jaune vif sur l'abdomen, et parfois aussi des taches jaunes sur la tête et le thorax.

Le mâle, plus petit, plus élancé, a l'extrémité abdominale un peu plus large, et pourvue de deux prolongements qui servent d'armature génitale ; souvent, après la mort, ils font saillie, de chaque côté, comme deux aiguillons.

Dans ces derniers temps on a distrait des Odynères plusieurs genres, en se fondant sur de légères modifications dans la structure générale, par exemple sur la forme arrondie ou anguleuse du métathorax, sur la division par une crête transversale du premier segment abdominal en une partie antérieure presque verticale et une postérieure horizontale, sur le nombre de dents (3, 4, ou 5) dont les mâchoires sont armées, sur la disposition des nervures récurrentes suivant qu'elles aboutissent plus ou moins loin des extrémités de la seconde cellule sous-marginale, etc. Tous ces genres ont cependant bien des points de contact.

Distribution géographique. — Les Odynères constituent un genre de Guêpes extrêmement riche en espèces ; de Saussure décrit 207 espèces réparties dans tous les pays du monde.

L'ODYNÈRE DES MURS. — *ODYNERUS PARIETUM.*

Mauerwespe. — Lehmwespe.

Caractères. — L'Odynère des murs (fig. 883) présente de nombreuses variations dans ses dimensions et dans la disposition de ses taches jaunes; aussi les Entomologistes lui ont-ils prodigué les noms. Il faudrait une description bien détaillée pour permettre de la distinguer sûrement de maintes espèces semblables.

Sur la tête, le chaperon est bordé d'un cercle jaune; il y a une tache sur chaque mâchoire, une autre entre les antennes au-dessous de leur base, et parfois encore une derrière le bord supérieur et externe des yeux. Le métathorax possède un sillon médian, et tombe presque verticalement sur le premier anneau abdominal, qui présente aussi une extrémité antérieure très inclinée, et dont le bord postérieur figure une bande jaune prolongée assez loin sur les côtés; les autres anneaux sont également ornés de larges bandes jaunes: parfois il existe une tache arrondie sous la base des ailes; il y en a deux semblables à côté l'une de l'autre sur l'écusson, elles sont souvent suivies d'une ligne jaune; une partie des paraptères est jaune; sur le ventre il existe aussi des bordures jaunes, plus larges au milieu du ventre, réduites à des taches médianes vers la pointe; généralement, les pattes sont jaunes à partir de la moitié inférieure des cuisses.

Chez le Mâle, les deux derniers articles des antennes se recourbent en arrière, le chaperon est entièrement jaune, mais il n'y a point de tache au-dessous des ailes.

Distribution géographique. — C'est une espèce indigène des plus répandues.

Mœurs, habitudes, régime. — Les Odynères des murs apparaissent dans les derniers jours de mai; et l'on peut voir, pendant tout le mois suivant, la Femelle occupée des soins de sa progéniture. Elle établit son Nid dans un vieux mur d'argile, ou sur la paroi d'un fossé. Elle creuse peu à peu avec ses mâchoires un trou d'environ 10^{em} de profondeur et d'un diamètre peu supérieur à celui de son propre corps; en même temps elle amollit l'argile laborieusement avec sa salive et certainement aussi avec de l'eau qu'elle a rapportée dans ce but. Les boulettes ainsi formées vont trouver leur emploi, la Guêpe installant devant sa demeure un conduit qui s'accroît à mesure que le trou s'agrandit, et qui, d'abord perpendiculaire au mur, se recourbe toujours vers le bas (fig. 884 et 885). On peut encore distinguer, dans l'édifice, les grains argileux que l'Abeille a disposés tout autour, à l'aide de sa bouche et de ses pattes antérieures. Elle ne doit pas utiliser, dans la galerie extérieure, toute l'argile qu'elle a retirée de la mu-

raille pour donner au trou la profondeur voulue; car on peut voir souvent la Guêpe passer sa tête hors de cet orifice et laisser tomber de sa bouche une boulette de terre.

On a invoqué bien des raisons pour se rendre compte du motif qui pousse l'Animal à exécuter cette construction extérieure : la protection contre des attaques étrangères, contre la chaleur brûlante du soleil; bien des suppositions merveilleuses ont été faites. Sans pouvoir s'appuyer sur des observations directes, on peut admettre que la Guêpe veut avoir à sa portée les matériaux nécessaires pour fermer son Nid.

Sitôt l'habitation terminée, l'approvisionnement commence. La mère rapporte au vol, en les pressant contre sa poitrine, des Larves d'Insectes, des Chenilles par exemple. A peine arrivée, elle saisit sa proie par la tête, l'entraîne, tout en grimpant sur elle, jusqu'au fond le plus reculé de son Nid, et l'applique contre la paroi. Cette Larve, encore vivante, mais paralysée seulement par la piqûre, occupe dans l'étroit conduit un espace annulaire en rapport avec la forme de son corps. Une deuxième, une troisième, jusqu'à une huitième, et plus encore, une douzaine environ se suivent ainsi régulièrement couche par couche et remplissent à peu près la chambre d'incubation, comme nous l'avons représenté sur un Nid découvert (fig. 886). Quand cette riche provision est rassemblée, la Guêpe dépose un Œuf par-dessus, et ferme l'orifice avec de l'argile.

Pour pouvoir pondre un deuxième Œuf, elle doit avoir recours de nouveau à son habileté de constructeur. Ce travail marche vite, par un temps favorable, ainsi que l'a observé Réaumur, qui a vu une Guêpe pénétrer environ de toute sa longueur, dans un mur, en l'espace d'une heure. Nous ferons observer aussi, comme précédemment, que ces Guêpes utilisent parfois leurs constructions anciennes; on pense même que celles des Abeilles solitaires sont ainsi mises à profit.

Peu de jours après, la Larve éclôt; elle fait disparaître les Larves étrangères l'une après l'autre, et termine sa croissance au bout de trois semaines au plus. Alors elle se tisse une coque assez résistante, d'un brun sale, qui est adhérente au sol de la galerie et attend le printemps. Peu de semaines avant de faire son apparition comme Guêpe, elle subit sa Nymphose, et brise sans peine la fermeture de sa cellule, pour arriver au jour.

Wesmaël raconte une anecdote qui révèle chez cet Animal une certaine intelligence. Une Odynère, ayant trouvé une Chenille logée dans une feuille enroulée, examina avec ses antennes les deux extrémités ouvertes du rouleau, puis courut le tirailler par son milieu à l'aide de ses mandibules; retournant précipitamment vers les deux extrémités pour les inspecter de nouveau, elle renouvela ses tiraillements, et réitéra si bien ces manœuvres, qu'à la fin la petite Chenille, dérangée, parut à l'orifice de sa demeure; aussitôt saisie, elle fut emportée.

L'ODYNÈRE ANTILOPE. — *ODYNERUS ANTILOPE.*

Antilopen Lehmwespe.

Caractères. — Chez cette espèce, très analogue à la précédente, la Femelle atteint près de 15 millimètres, et se reconnaît au bord supérieur jaune de son chaperon, et à l'échancrure plus large que présente la bande jaune de son premier article abdominal.

L'ODYNÈRE SPINIPÈDE. — *ODYNERUS SPINIPES.*

Zahnbeinige Lehmwespe.

Caractères. — Cette Odynère n'a pas de suture sur le premier segment abdominal, comme les deux espèces précédentes, ni d'échancrure sur la bande jaune de ce même segment; sur les autres anneaux les bandes sont plus étroites. En outre, chez le mâle, les cuisses moyennes sont plus fortement crénelées en dessous, et les antennes sont plus fortement spiralées à leur pointe.

Mœurs, habitudes, régime. — C'est à Réaumur que nous sommes redevables des premières observations sur les habitudes de cette Guêpe solitaire (1742); observation que V. Audouin vérifia et compléta un siècle après (1839).

L'Insecte construit sa demeure comme l'espèce précédente, dans le sable et au bord d'un talus, ou dans le mortier qui relie les pierres d'une muraille et protège également l'entrée de son Nid par une cheminée recourbée, travaillée avec art.

« On ne voit pas, dit Réaumur, à quelle fin la Mouche bâtit ce tuyau de sable, dont la construction doit demander beaucoup plus d'art que la façon de percer un trou. En continuant de suivre une Guêpe jusqu'à ce que son ouvrage soit complet, on reconnaîtra au moins un des usages auxquels le tuyau lui est nécessaire. On verra qu'il est précisément, pour elle, ce qu'un tas de moellons bien arrangés est pour des maçons qui bâtissent un mur... C'est pour avoir ce sable sous la main, pour ainsi dire, qu'elle a formé un tuyau de celui qu'elle ôtait; car elle va par la suite ronger le bout de ce tuyau après l'avoir mouillé; elle se charge d'une petite pelote de mortier qu'elle porte dans le trou, elle le rebouche, et il devient aussi exactement fermé qu'il l'était avant qu'elle eut commencé à l'ouvrir.

« La Guêpe emploie ainsi peu à peu la plus grande partie du sable qu'elle avait mis en tuyau. Il y a tel tuyau qu'elle réduit à n'avoir plus une ligne et d'autres une demi-ligne de hauteur. Mais on demandera pourquoi elle se donne la peine de former ainsi un tuyau, s'il n'eut pas suffi de laisser ce sable amoncelé sur le bord du trou? Quand on l'a vue occupée à faire ce tuyau, c'est un travail qui paraît n'être rien pour elle... »

Notre Odynère approvisionne son Nid, comme l'espèce précédente, de petites Larves, mais laissons la parole au célèbre investigateur.

« J'ai été attentif à observer de ces Guêpes dans le temps qu'elles se rendaient à des trous à qui il ne manquait rien du côté de la profondeur. Chacune y arrivait chargée d'une proie semblable, et dont le poids était un peu inférieur au sien : elle tenait la tête d'un Ver vert entre ses dents; et ses jambes étaient occupées à obliger ce Ver à rester étendu tout le long de son corselet et de son ventre. Ainsi, malgré l'inclination qu'il a à se rouler, elle le forçait d'être allongé. Le Ver appliqué et assujetti de la sorte contre le corps de la Mouche augmentait peu le volume de celle-ci; elle enfilait le tuyau avec autant de facilité que lorsqu'elle y entrait à vide. On imagine assez que, parvenue au fond du trou, elle n'avait qu'à laisser le Ver en liberté, pour qu'il s'y contournât en anneau : il ne restait à la Mouche qu'à le presser pour l'approcher assez près du fond de la cellule, s'il était le premier qui y eut été apporté, ou, si d'autres Vers y étaient déjà arrangés, qu'à l'obliger à s'appliquer sur le dernier. Là, ces Vers plus pacifiques que des Agneaux, qui n'ont besoin de prendre aucune nourriture, et qui naturellement passeraient peut-être un certain nombre de jours dans un parfait repos, là, dis-je, ils se trouvent bien et attendent apparemment, sans le prévoir, le moment où ils doivent être mangés... »

Ici la sagacité du grand observateur est en défaut lorsqu'il suppose que l'Odynère a transporté les Larves dans son Nid sans leur faire aucun mal; aussi s'étonne-t-il que celles qu'il avait isolées dans des poudriers soient mortes sans subir leurs transformations. C'est Audouin qui eut la sagacité de reconnaître qu'elles étaient ces Larves dont s'approvisionnait cette Odynère; voici comment il constate sa découverte dans une lettre adressée à Léon Dufour.

« L'étude attentive que j'ai faite des mœurs de l'*Odynerus spinipes*, observée par Réaumur, m'a convaincu de l'exactitude de cet habile Naturaliste. Vous savez, ainsi que moi, combien elle était scrupuleuse. Je ne vous parlerai donc pas des observations qui corroborent simplement les siennes, et je me bornerai à mentionner celles qui leur ajouteront quelque chose.

« Et d'abord, bien qu'il soit vrai que les Femelles ne déposent jamais qu'un Œuf dans chaque tube, ce qui n'a pas lieu cependant pour les Odynères, qui creusent les tiges de diverses plantes, il n'arrive pas toujours, comme semblerait le croire Réaumur, que chaque ouverture extérieure ne corresponde qu'à un seul tube. J'ai constaté qu'un trou servait souvent d'orifice à deux et même à trois tubes. Or, on conçoit l'avantage que l'*O. spinipes* tire de cette disposition; il y a évidemment économie de temps et de peine pour lui, lorsqu'après avoir achevé l'approvisionnement de plusieurs larves dans les Nids, il s'agit de clore une seule entrée. Je faisais mes observations à la fin de mai sur un escarpement à l'extrémité d'une avenue, qui va de la route de Paris au village de Thiais, où je rencontrais par centaine des Nids d'Odynères. Les Œufs étaient alors généralement pondus, et les provisions apportées près d'eux, quelquefois même entamées. Elles consistaient en de petites Larves vertes, apodes, très légèrement poilues, que je jugeai appartenir à quelque Coléoptère. Mais dans quel lieu les Odynères allaient-elles les chercher? Il ne pouvait être très éloigné, car l'intervalle qui s'écoulait entre le départ et le retour d'un individu était souvent à peine d'une minute. D'abord je remarquai que les Insectes, en quittant leur demeure, semblaient se diriger du côté d'un champ de Luzerne qui se trouvait environ à vingt pas à l'est de l'escarpement. Je m'y rendis aussitôt, et l'explorant avec soin, je m'aperçus qu'il était dévoré par des milliers de petites Larves vertes qui me semblèrent avoir beaucoup de rapport avec celles que j'avais trouvées réunies nouvellement dans les Nids;

mais bientôt mon Odynère sortit de dessous une feuille, emportant, entre ses mandibules, une de ces Larves. Je ne puis donc conserver aucun doute sur leur identité.

« Ces petites Larves vertes avaient acquis tout leur développement et étaient sur le point de se métamorphoser. J'en eus la preuve, lorsqu'en ayant placé quelques-unes sur de la terre humide avec la nourriture qui leur convenait, elles la dédaignèrent généralement et se construisirent chacune, du jour au lendemain, un cocon sphérique à mailles assez lâches, pour qu'on vît leur corps à travers, et formé d'un tissu composé de filaments raides, comme empesés et élastiques. Vingt-quatre heures après, ces Larves avaient pris la forme de Nymphes de couleur verte, qui elles-mêmes, au bout de huit jours, se métamorphosèrent en petits Curculionides (*Phytonomus variabilis* Schœnh).

« Il m'avait paru d'autant plus curieux d'obtenir l'Insecte parfait, provenant de ces petites Larves vertes, que Réaumur avait essayé, mais toujours en vain, d'arriver à ce résultat. A quoi était due cette non réussite? Évidemment à ce qu'il avait pris dans les nids des Odynères les Larves qu'il désirait voir se métamorphoser. En effet, je ne fus pas plus heureux que lui, lorsque je répétai les expériences à sa manière, sur plus de cent individus, tandis qu'en prenant directement sur la luzerne un très petit nombre de Larves de Charançon, elles subirent presque toutes leur transformation en moins de vingt-quatre heures. Sans doute, les Larves vertes, retirées du Nid des Odynères par Réaumur et par moi, quoiqu'elles parussent saines, avaient éprouvé de la part de l'Odynère femelle quelque blessure, suivie peut-être de l'inoculation d'une substance, ayant la propriété de les plonger dans un état léthargique et capable d'arrêter leur développement ultérieur, comme aussi de prolonger leur état de Larve, sans qu'elles aient besoin de prendre de la nourriture. La faiblesse de l'Odynère à la sortie de l'œuf rendait ces précautions essentielles, autrement son existence eût pu être compromise en face de Larves du Charançon, qui, beaucoup plus grosses qu'elles, armées de fortes mandibules, et douées de mouvements de contraction très prononcés, eussent résisté facilement à ses attaques. »

Dans un des chapitres suivants, lorsque nous ferons l'histoire des Hyménoptères fouisseurs, des Sphex notamment, nous traiterons cette importante question de physiologie et nous rapporterons les expériences si démonstratives de M. Fabre, qui nous fournissent la preuve que les Hyménoptères rivalisent avec les Flourens, les Longet, les Claude Bernard, et cultivent depuis fort longtemps la Physiologie expérimentale.

L'ODYNÈRE AUX PIEDS GRÊLES. — *ODYNERUS LÆVIPES OU RUBICOLA.*

Caractères. — Chez le Mâle, le chaperon est jaune, les antennes sont noires avec le devant du premier article jaune, les trois articles pénultièmes ferrugineux, le dernier noir ; le premier segment de l'abdomen porte une dépression dorsale à peine apparente ; les hanches médianes jaunes en devant n'ont pas d'éperons ; les cuisses n'ont pas de dents. Chez la femelle le chaperon est bidenté.

Distribution géographique. — C'est une espèce indigène assez répandue.

Mœurs, habitudes, régime. — Grâce aux patientes recherches de Léon Dufour, de Perris, de Giraud, du Dr Laboulbène, nous connaissons admirablement tout un monde d'Hyménoptères, habitants et parasites, qui nichent dans l'intérieur des tiges sèches de la Ronce ; c'est ainsi que Léon Dufour nous a appris que l'*Odynerus rubicola* établissait sa demeure dans les ronciers.

« Ce n'est ni contre les tertres argileux, ni dans le sable gras d'un mur, que notre Odynère, architecte et maçon, vient construire le berceau de sa postérité ; les matériaux ne lui en sont plus fournis par le sol même dont il pénètre les profondeurs, il ne les trouve plus à pied d'œuvre. D'autres difficultés vont mettre à l'épreuve une intelligence d'un degré supérieur. Le domicile de sa famille sera établi dans la tige sèche d'une Ronce et mystérieusement suspendu au milieu des mille branches du buisson aiguillonné. Mais il ne livre pas au hasard le choix de la tige qui doit recéler sa progéniture ; il ne lui est pas indifférent qu'elle ait telle ou telle direction, telle ou telle force : il est soigneux d'éviter celles qui, perpendiculaires au sol, ont leur bout tronqué tourné directement vers le ciel et exposé aux injures du temps ; il sait donner une préférence calculée aux tiges qui sont ou horizontales ou inclinées vers la terre. Ce fait d'un discernement vraiment admirable, je l'ai constaté vingt fois ; il vient confirmer les attributions de ces tuyaux de terre courbés en bas que l'Odynère

de Réaumur élève à la porte de son terrier. Toutes les prévisions de notre Odynère de la Ronce ne se bornent pas là : ses travaux de maçonnerie ne pouvaient pas être confiés à des branches qui, plus faciles à creuser, n'offraient pas des parois assez dures, assez consistantes pour résister au poids et aux efforts de ses constructions ; il faut que ce support fondamental ait un diamètre et une solidité de parois en harmonie avec la grosseur et la pesanteur des coques dont il va devenir le réceptacle. Aussi l'Odynère choisit-il constamment les tiges les plus grosses, les plus dures. Il les creuse d'abord à la profondeur de plusieurs pouces, en enlevant successivement la moelle qui les remplit, puis il va chercher au loin les matériaux pour construire son Nid.

« Les coques allongées, cylindriques, brunes ou d'un gris sale, sont formées de terre, et remplissent exactement l'intérieur de la tige, engagées au milieu de la moelle qui n'est pas toujours détruite jusqu'au bois. Elles ont six à sept lignes de longueur sur trois de largeur. Tantôt au nombre de deux ou trois seulement, tantôt à celui de huit ou dix, elles sont toujours disposées à la file les unes des autres, et renferment chacune, après quelques semaines de leur construction, une Larve ou une Nymphe. On croirait, au premier coup d'œil, qu'elles sont contiguës bout à bout, mais on se convainc bientôt qu'il existe entre elles un intervalle de deux lignes environ occupé soit par de la moelle pétrie, soit par des débris plus ou moins couverts de moisissure. Leurs parois ont de la dureté, de la fermeté et présentent partout une épaisseur uniforme. Lorsqu'on étudie la composition à la loupe, on voit qu'elles sont construites avec une terre bien pétrie et gâchée, mêlée à des grains de sable et à quelques débris de moelle de la Ronce : c'est un mortier, un ciment bien conditionné. Extérieurement, ces coques sont, non pas lisses, mais unies ; leur intérieur est, lorsque la Larve a acquis tout son accroissement, tapissé par une étoffe membraniforme, soyeuse, lustrée, blanchâtre. Avant cette époque, c'est-à-dire lorsque la mère Odynère (car dans ces Insectes il n'y a d'industrieux que le sexe féminin) vient de la construire, la paroi intérieure n'offre aucune trace de soie ni de fils : ainsi c'est la Larve qui, après avoir cessé de manger et de croître, sécrète et file la matière soyeuse dont elle vernit son appartement. Le bout supérieur de la coque, ou du moins celui qui regarde l'orifice extérieur de la tige, est tronqué et correspond à la tête de la Larve ou de la Nymphe ; il est fermé par un diaphragme de la même étoffe que celle des parois intérieures, rond, plan, tendu comme la peau d'un tambour et débordé par un prolongement du tube terreux d'une demi-ligne de saillie..... Le bout inférieur de la coque est arrondi, mais sans diaphragme et fermé par les mêmes matériaux dont est construit tout le tube..... »

C'est dans la première quinzaine de juin que notre Odynère commence à bâtir son Nid ou ses Nids dans les tiges sèches de la Ronce. L'Œuf qu'il place au fond de chaque coque est jaune, oblong, cylindroïde, légèrement arqué, arrondi aux deux bouts et fort prompt à éclore..... Les Larves, comme celles de l'Odynère observée par Réaumur, font leur croissance en dix ou douze jours et s'engourdissent ensuite, demeurant ainsi passives et immobiles pendant dix et même onze mois pour se métamorphoser seulement en avril de l'année suivante et se transformer en Insectes parfaits depuis la fin de mai jusqu'au milieu de juin.

Suivant Léon Dufour, les Larves dont l'Odynère de la Ronce approvisionne son Nid sont de petites Chenilles, mais il ne nous a pas fait connaître à quelle espèce de Lépidoptère on devait les rapporter.

LES EUMÈNES — *EUMENES*

Die Lehmwespen.

Le genre *Eumenes* nous offre une seconde catégorie de Guêpes solitaires construisant avec de l'argile ; il a donné son nom au groupe entier, et récemment il a été partagé en plusieurs genres.

Caractères. — Les mandibules longues, pointues, forment par leur réunion un bec aigu ; les mâchoires larges ont une paire de palpes de 6 articles ; la lèvre inférieure est longue et dépasse les mandibules, ses palpes comptent 4 articles. La tête plate porte : des yeux très bombés envahissant les côtés et ayant une échancrure étroite, des ocelles disposées en triangle, des antennes en massue allongée.

Le thorax, déjà court par lui-même et sphéroïdal, paraît encore raccourci à côté de l'abdomen. L'abdomen, ici, est pédiculé, c'est-à-dire que le premier article, fortement renflé en arrière, se rétrécit en avant sous forme de pétiole ; et l'abdomen, renflé en massue à partir du deuxième article, se trouve relié à ce rétrécissement par une convexité régulièrement arrondie. L'Insecte possède ainsi une véritable « *taille de Guêpe* ».

Chez lé Mâle, le dernier article des antennes forme une pointe étroite, très aiguë ; l'avant-dernier, très court, est plus épais ; et le précédent présente un contour plus large encore.

Distribution géographique. — Les Eumènes ont une aire de distribution géographique fort étendue, mais sont moins riches en espèces.

LA GUÊPE A PILULES. — *EUMENES POMIFORMIS.*

Pillenwespe.

Le Mâle porte aussi le nom d'*Eumenes coarctata.*

Caractères. — Chez la Femelle, la tête est noire avec une tache jaune entre les antennes ; le chaperon est très échancré en avant, jaune et noir ou entièrement jaune ; les antennes sont noires à premier article jaune ; les mandibules sont noires à pointes ferrugineuses ; le thorax s'abaisse brusquement en arrière, il est noir diversement tacheté de jaune ; le premier segment de l'abdomen, formant le pédicule avec sa moitié postérieure un peu plus grande, présente à peu près la forme d'une coupe ; le second est d'égale longueur environ, mais son contour est quatre fois plus grand. Le corps, long de 13 à 15^{mm}, est noir, plus richement décoré de jaune que les autres espèces, et plus variable encore, s'il est possible.

Distribution géographique. — C'est la seule espèce du genre Eumenes qui se rencontre dans le nord de l'Europe et qui ne soit pas une rareté en France et en Allemagne.

Mœurs, habitudes, régime. — Le Peletier a trouvé sur un buisson des cellules argileuses présentant à peu près les dimensions et l'aspect d'une Noisette ; il contenait des Larves vertes, analogues à celles des Nids de l'*Odynerus parietum*. Il pense qu'elles appartenaient à l'*Eumenes pomiformis ;* car une autre fois, par une journée d'été moite et fatigante, il observa une cellule commencée dans des conditions semblables, et dans laquelle se trouvait une Femelle de cette espèce, qui se mit sur la défensive, à son approche ; dans d'autres cellules terminées, se trouvaient les Larves vertes que nous venons de mentionner.

Nous ajouterons que cette espèce a deux générations par an ; car la progéniture des Femelles, qui ont passé l'hiver, apparaît en juin, et les descendants de celle-ci se montrent en août, après une évolution qui a duré 23 jours. La Chryside commune (*Chrysis ignita*) (fig. 886, p. 657) compte parmi les Parasites de l'*Eumenes pomiformis*.

LES GUÊPES PARASITES OU MASA-RINES — *MASARINÆ*

Schmarotzer-Wespen.

Caractères. — Dans ce groupe, les antennes paraissent composées seulement de 8 articles, dont les derniers, renflés en massue à la partie antérieure, sont tellement serrés qu'on ne peut guère les distinguer ; le chaperon présente une échancrure pour recevoir le labre, et la lèvre inférieure se termine par deux filaments ; les ailes antérieures n'ont que deux cellules marginales closes. L'écusson (*scutum*) chevauche sur la partie située en arrière nommée post-écusson (*scutellum*).

Distribution géographique. — La nature a répandu environ une trentaine d'espèces de Masarines dans les pays chauds, et deux dans l'Europe méridionale (*Celonites apiformis*, et *Ceramius Fouscolombi*).

Mœurs, habitudes, régime. — On n'a pas encore beaucoup étudié le mode d'existence de la plupart de ces Guêpes; les quelques espèces qu'on a observées ayant été reconnues pour des Parasites, on suppose qu'il en est de même pour le groupe entier.

LES GUÊPES FOUISSEUSES OU SPHÉGIDES — *SPHEGIDÆ*

Die Grabwespen oder Mordwespen.

L'ancien genre *Sphex*, qui correspond à quelques genres exotiques, et qui habite de préférence les pays chauds, attire l'attention par ses formes et ses dimensions gigantesques. Mais il a été depuis longtemps subdivisé, la richesse de ses variétés ne permettant plus de les réunir toutes sous un nom unique, comme Linnée pouvait se le permettre jadis en raison du petit nombre d'espèces qu'il y comprenait. En se guidant sur la forme toujours pédiculée de l'abdomen, sur les modifications des cellules marginales et des trois cellules sous-marginales closes, principalement sur leurs rapports avec les nervures récurrentes, sur la configuration des griffes des tarses, et sur quelques autres caractères, parfois aussi minimes que possible, on a créé une foule de genres dont le plus petit nombre seulement, et les plus chétifs, sont domiciliés en Europe.

Caractères. — Sous le nom de *Sphégides* ou *Guêpes fouisseuses*, nous réunissons en une seule famille toutes les Guêpes vivant de proie chez lesquelles : les antennes ordinairement grêles, à articles peu serrés, lâches et très arquées, sont contournées au moins chez les Femelles; le bord postérieur du prothorax se rétrécit avant d'atteindre l'insertion des ailes, et paraît souvent un peu étranglé près du mésothorax ; les pattes postérieures sont une fois au moins aussi longues que la tête et le corselet pris ensemble; les tarses antérieurs des Femelles sont pectinés et disposés pour fouir le sol.

Ces Insectes ne se ressemblent ni par le port ni par la coloration, comme ceux de la famille précédente ; leur abdomen est tantôt pourvu d'un pédicule, souvent assez long, tantôt adhérent, ce qui leur donne une très grande variété d'aspects. Beaucoup d'entre eux sont, soit d'un noir uniforme, soit noirs et rouges, soit jaunes ; mais, chez la plupart, des marques d'un jaune vif, plus rarement blanches, sur un fond noir luisant, déterminent des modifications très variées parmi les individus d'une seule et même espèce. Leurs formes, leurs couleurs, leur diversité, ainsi que la vivacité de leurs allures, concourent à donner à ces Animaux les aspects les plus attrayants et les plus gracieux.

Distribution géographique. — Ils sont répandus sur toute la surface de la terre, et l'on en connaît actuellement 1200 espèces environ.

LES SPHEX — *SPHEX*

Die Wegwespen.

Caractères. — Les Sphex comprennent les espèces pourvues d'un pédicule abdominal simple et lisse; les deuxième et troisième cellules sous-marginales reçoivent chacune une nervure récurrente ; les jambes postérieures

Fig. 888. — Le Sphex languedocien, transportant une Éphippigère à son terrier.

sont munies d'un grand nombre d'épines et de cils raides, et les griffes sont bidentées à leurs racines.

Distribution géographique. — Les Sphex appartiennent, aux pays chauds, quelques espèces seulement sont indigènes. Le Sphex à ailes jaunes, le Sphex à raies blanches, et le Sphex languedocien sont trois espèces françaises méridionales. Une espèce (*Sphex maxillosa*) paraît s'étendre très loin dans le Nord de l'Europe.

LE SPHEX A AILES JAUNES ET LE SPHEX A RAIES BLANCHES. — *SPHEX FLAVIPENNIS ET SPHEX ALBISECTA.*

Gelbflügeliger Raupentödter und Weisz durchschnittener Raupentödter.

Caractères. — Le Sphex à ailes jaunes se reconnaît tout d'abord : à ses ailes roussâtres à extrémité enfumée ; en outre à sa tête qui est garnie à sa partie antérieure d'un fin duvet argenté, à l'exception du chaperon qui est nu ; à ses antennes noires ; à son corselet noir à poils blancs, avec une tache sous les ailes de duvet argenté ; à son abdomen presque nu. Le pétiole du premier segment est de couleur noire ; le reste du premier segment ainsi que les deuxième, troisième segments et les côtés du quatrième sont ferrugineux ; le reste du quatrième et le cinquième sont noirs ; les pattes sont noires, à poils et à épines noirs ; mais le bout des cuisses, les jambes et les tarses des quatre pattes antérieures sont ferrugineux.

Le Sphex à bordures blanches a la tête velue, revêtue de poils roux et blanchâtres avec la partie antérieure garnie de duvet argenté ; ses antennes sont noires ; son corselet noir est habillé de poils d'un cendré roussâtre. Les ailes transparentes sont à peine enfumées vers le bout ; les nervures sont ferrugineuses. Son abdomen brillant a le pétiole du premier segment noir ; ce segment, les deuxième et troisième sont ferrugineux ; les quatrième et cinquième sont noirs ; mais, distinction caractéristique, le bord postérieur de tous les segments est bordé de blanc. Les pattes noires ont les poils d'un roux cendré et les épines noires.

Mœurs, habitudes, régime. — Fabre en 1856 (1) a publié à leur sujet des observations intéressantes.

« C'est vers la fin du mois de juillet que le *Sphex flavipennis* déchire le cocon qui l'a protégé jusqu'ici, et s'envole de sa demeure souterraine. Pendant tout le mois d'août, on le voit communément voltiger, à la recherche de quelque gouttelette mielleuse, autour des capitules épineux de l'*Eryngium campestre*, la plus commune des plantes robustes qui bravent impunément les feux caniculaires de ce mois. Mais cette vie insouciante est de courte durée, la conservation de sa race exige le sacrifice du petit nombre de jours qu'il a encore à vivre, et, dès les premiers jours de septembre, le Sphex est à sa rude tâche de pionnier et de chasseur. C'est ordinairement quelque plateau de peu d'étendue, sur les berges élevées des chemins, qu'il choisit pour l'établissement de

(1) Fabre, *Etude sur l'Instinct et les Métamorphoses des Sphégiens* (*Ann. Sc. Nat.*, 1856, p. 140 et suiv.).

son domicile, pourvu qu'il y trouve deux choses indispensables : un sol aréneux facile à creuser et du soleil. Du reste, aucune précaution n'est prise, pour abriter le berceau qu'il va peupler, contre les pluies de l'automne et les frimas de l'hiver. Un emplacement horizontal, sans abri, battu par la pluie et les vents, lui convient à merveille, avec la condition cependant d'être exposé au midi. Aussi, lorsqu'au milieu de ses travaux de mineur, une pluie abondante survient, c'est pitié de voir, le lendemain, les galeries en construction bouleversées, obstruées de sable, et finalement abandonnées. Le *Sphex albisecta* et les Ammophiles ne se montrent guère plus difficiles; cependant le sol qu'ils choisissent est plus compacte, car c'est le plus souvent sur quelque corniche de mollasse, ou sur le sol durci des bords des chemins, qu'ils viennent s'établir. Rarement le *Sphex flavipennis* se livre solitairement à son industrie; c'est par petites peuplades de dix, vingt pionniers ou davantage que l'emplacement élu est exploité. Il faut avoir passé quelques journées en contemplation devant l'une de ces bourgades, par un temps parfaitement calme et par un soleil brûlant, pour se faire une idée de l'activité fiévreuse, de la prestesse saccadée, de la brusquerie de mouvements de ces laborieux mineurs. Le sol est rapidement attaqué avec les rateaux des pattes antérieures : *canis instar*, comme dit Linné. En même temps, chaque ouvrier entonne sa joyeuse chanson, qui se compose d'un bruit strident, aigu, interrompu à de très courts intervalles, et modulé par la vibration du thorax et des ailes. On dirait une troupe de gais compagnons se stimulant au travail par un rythme monotone, mais cadencé. Cependant le sable vole, retombant en fine poussière sur leurs ailes frémissantes, et le gravier trop volumineux arraché grain à grain roule loin du chantier. Sous les efforts redoublés des tarses et des mandibules, l'antre ne tarde pas à se dessiner ; l'Animal peut déjà y plonger en entier. C'est alors une vive alternative de mouvements en avant pour détacher de nouveaux matériaux, et de mouvements de recul pour balayer au dehors les déblais. Dans ce va-et-vient précipité, le Sphex ne marche pas ; il s'élance comme poussé par un ressort ; il bondit, l'abdomen palpitant, les antennes vibrantes, tout le corps enfin animé d'une sonore trépidation. Voilà le mineur dérobé aux regards ; on entend encore sous terre son infatigable chanson, tandis qu'on en-

trevoit, par intervalles, ses jambes postérieures poussant à reculons une ondée de sable jusqu'à l'orifice du terrier. De temps à autre, le Sphex interrompt son travail souterrain, soit pour venir s'épousseter au soleil, se débarrasser des grains de poussière qui, en s'introduisant dans ses fines articulations, gênent la liberté de ses mouvements ; soit pour opérer dans les alentours de son établissement une ronde de reconnaissance. Malgré ces interruptions, qui d'ailleurs sont de courte durée, dans l'intervalle de quelques heures la galerie est creusée, et le Sphex vient sur le seuil de sa porte chanter son triomphe, et donner le dernier poli au travail, en effaçant quelques inégalités, en enlevant quelques parcelles raboteuses, que son coup d'œil clairvoyant peut seul distinguer. Cela fait, la chasse commence.

« Mettons à profit ses courses lointaines, à la recherche au gibier, pour examiner la structure interne de son terrier. L'emplacement général d'une colonie de Sphex est, ai-je dit, un terrain horizontal. Cependant le sol n'y est pas tellement uni qu'on n'y trouve quelques petits mamelons couronnés d'une touffe de Gramen ou d'Armoise, quelques plis consolidés par les racines de la maigre végétation qui les recouvre ; c'est sur le flanc de ces insignifiantes rides que s'ouvre la galerie du Sphex. Cette galerie se compose donc d'abord d'une portion horizontale de 2 ou 3 pouces de profondeur, et servant d'avenue à la retraite cachée, destinée aux provisions et aux Larves. C'est dans ce corridor que le Sphex s'abrite pendant le mauvais temps ; c'est là qu'il se retire la nuit, et qu'il se repose le jour quelques instants, montrant seulement au dehors sa face expressive, ses gros yeux effrontés. A la suite de l'avenue survient un coude brusque, plongeant plus ou moins obliquement à une profondeur de 2 ou 3 pouces encore, et terminé par une cellule ovalaire d'un diamètre un peu plus grand, et dont le grand axe est dirigé horizontalement. Les parois de la cellule ne sont revêtues d'aucun ciment particulier; mais, malgré leur nudité, on voit qu'elles ont été l'objet d'un travail plus soigné. Le sable y est tassé, égalisé avec soin sur le plancher, sur le plafond et les côtés, pour éviter les éboulements, et pour effacer les aspérités qui pourraient blesser la peau délicate de la Larve. Enfin cette cellule communique avec le couloir par une entrée étroite, juste suffisante pour laisser passer le Sphex chargé de sa proie. Quand cette première cellule est munie d'un Œuf et des provisions nécessaires, le Sphex en mure l'entrée, mais il n'abandonne pas encore son terrier. Une seconde cellule est creusée à côté de la première et approvisionnée de la même manière, puis une troisième, et quelquefois enfin une quatrième. C'est seulement alors que le Sphex rejette dans le terrier tous les déblais amassés devant la porte, et qu'il efface complètement les traces extérieures de son travail. Ainsi, à chaque terrier, il correspond ordinairement trois cellules, rarement deux, et plus rarement encore quatre. Or, comme l'apprend le scalpel, on peut évaluer à une trentaine le nombre des Œufs pondus par une Femelle, ce qui porte à dix le nombre des terriers nécessaires. D'autre part, les travaux ne commencent guère avant septembre, et sont achevés avant la fin de ce mois. Par conséquent, le Sphex ne peut consacrer à chaque terrier et à son approvisionnement que deux ou trois jours au plus. On conviendra que l'active bestiole n'a pas un moment à perdre, lorsque, en si peu de temps, elle a à creuser le gîte, à se procurer une douzaine de Grillons, à les transporter quelquefois de loin à travers mille difficultés, à les emmagasiner, et à boucher enfin le terrier, surtout si l'on tient compte des journées où le vent rend la chasse impossible, et des journées pluvieuses, ou même seulement sombres, qui suspendent tout travail. On conçoit d'après cela que le Sphex ne peut donner à ses constructions la solidité séculaire de celles des Cercéris, dont j'ai déjà raconté l'histoire. Ces derniers se transmettent d'une génération à l'autre ces demeures solides, chaque année plus profondément excavées, qui m'ont mis tant en nage lorsque j'ai voulu les visiter, et qui même, le plus souvent, ont impunément résisté aux efforts de mes instruments de fouille. Le Sphex n'hérite pas du travail de ses devanciers; il a tout à faire, et rapidement. Sa demeure est la tente d'un jour, qu'on dresse à la hâte pour la lever le lendemain. Mais, ô ressources infinies de la Providence! les Larves, recouvertes seulement d'une mince couche de sable, savent elles-mêmes suppléer à l'abri que leur mère n'a pu leur créer : elles savent se revêtir d'une triple et quadruple enveloppe imperméable, dont la complication n'étonne plus quand on a sous les yeux l'incroyable luxe de glandes sérifiques dont la nature les a pourvues. . . . . . .

« Mais voici venir bruyamment un *Sphex fla-*vipennis qui, de retour de la chasse, s'arrête sur un buisson voisin et soutient par une antenne, avec ses mandibules, un volumineux Grillon, plusieurs fois aussi pesant que lui. Accablé sous le poids de son gibier, il se repose un instant. Puis il reprend sa capture entre ses pattes, et, par un suprême effort, franchit d'un seul trait la largeur du ravin qui le sépare de son domicile, et s'abat lourdement sur le plateau où je suis en observation, au milieu même d'une bourgade de Sphex; le reste du trajet s'effectue à pied. L'Hyménoptère, que ma présence n'intimide en rien, est à califourchon sur sa victime et s'avance, la tête haute et fière, tirant par une antenne, à l'aide de ses mandibules, le Grillon qui traîne entre ses pattes. Si le sol est nu, ce transport s'effectue sans encombre ; mais si quelque touffe de Gramen étend, en travers de la route à parcourir, le réseau de ses stolons, il est curieux de voir la stupéfaction du Sphex, lorsqu'une de ces cordelettes vient tout à coup à paralyser ses efforts et à arrêter le véhicule ; il est curieux d'être témoin de ses marches et contre-marches, de ses tentatives réitérées jusqu'à ce que l'obstacle soit surmonté, soit par le secours des ailes, soit par un détour habilement calculé. Le Grillon est enfin amené à sa destination, et se trouve placé de manière que ses antennes arrivent précisément à l'orifice du terrier. Le Sphex abandonne alors sa proie, et descend précipitamment au fond du souterrain. Quelques secondes après, on le voit reparaître, montrant sa tête au dehors, et jetant un petit cri allègre. Les antennes du Grillon sont à sa portée ; il les saisit, et le gibier est prestement emmagasiné.

« Je me demande encore, sans pouvoir trouver une solution suffisamment motivée, pourquoi cette complication de manœuvres au moment d'introduire le Grillon dans le terrier. Au lieu de descendre seul dans son gîte pour reparaître ensuite, et reprendre la proie abandonnée quelque temps sur le seuil de la porte, le Sphex n'aurait-il pas plus tôt fait de continuer à traîner le Grillon dans sa galerie, comme il le fait à l'air libre, puisque la largeur du souterrain le permet, ou bien de l'entraîner à sa suite en pénétrant lui-même le premier à reculons ? . . . .

« Pourquoi cette visite domiciliaire qui précède inévitablement l'introduction du gibier ? Ne se peut-il pas qu'avant de descendre avec un fardeau embarrassant le Sphex ne juge prudent de donner un coup d'œil au fond du logis pour s'assurer que tout y est en ordre, pour chasser au besoin quelque Parasite effronté qui aurait pu s'y introduire pendant son absence ? . . . .

« Quoi qu'il en soit, il est constaté que ces manœuvres sont d'une rigoureuse invariabilité. Je citerai à ce sujet une expérience qui m'a singulièrement intéressé : Au moment où le Sphex opère sa visite domiciliaire, je prends le Grillon abandonné à l'entrée du logis, et le place quelques pouces plus loin. Le Sphex revient, jette son cri ordinaire, regarde étonné de çà et de là, et voyant son gibier trop loin, il sort de son trou pour aller le saisir et le ramener dans la position voulue ; cela fait, il redescend encore, mais seul. Même manœuvre de ma part, même désappointement du Sphex à son arrivée. Le gibier est encore rapporté au bord du trou, mais l'Hyménoptère descend toujours seul ; et ainsi de suite, tant que la patience de l'expérimentateur n'est pas lassée. J'ai répété coup sur coup une quarantaine de fois la même épreuve sur le même individu ; son obstination a triomphé de la mienne, et sa tactique n'a jamais varié. . . . .

« J'ai recueilli un second exemple de cette inflexibilité des lois de l'instinct. Le *Sphex albisecta* montre dans ses chasses des goûts analogues à ceux de son congénère ; il attaque comme lui des Orthoptères, mais d'un autre genre, des Criquets de moyenne taille. Par le relevé de nombreuses captures que j'ai faites à ses dépens, j'ai reconnu qu'il bornait ses déprédations au genre *Œdipoda*, dont les diverses espèces, abondamment répandues dans les environs de son terrier, lui fournissent indistinctement leur tribut de victimes. A cause de l'abondance de ces Acridiens, la chasse se fait sans de lointaines pérégrinations. Lorsque le terrier est préparé, le Sphex se borne à parcourir, dans un rayon de peu d'étendue, le voisinage de son gîte, et il ne tarde pas à trouver à sa portée quelque Criquet pâturant au soleil. Fondre sur lui, le piquer de son aiguillon, tout en maîtrisant ses ruades, c'est pour le Sphex l'affaire d'un instant. Après quelques trémoussements des ailes qui déploient convulsivement leur éventail de pourpre ou d'azur, après quelques pandiculations des pattes, la victime est immobile. Il s'agit maintenant de la voiturer au logis, car, à cause de son poids,

il lui est impossible de la transporter au vol. Pour cette pénible opération, il emploie le même procédé que le *Sphex flavipennis*, c'est-à-dire qu'il la traîne entre ses pattes, en la tenant par une antenne avec les mandibules. Si quelque fourré de gazon se présente sur son passage, il s'en va sautillant, voletant d'un brin d'herbe à l'autre, esquivant avec adresse les difficultés, sans jamais se dessaisir de sa capture. Parvenu enfin à quelques pieds de distance de son domicile, il exécute une manœuvre inconnue du *Sphex flavipennis*. Le gibier est momentanément abandonné, et le Sphex, sans qu'aucun danger apparent menace sa demeure, se dirige avec précipitation vers l'orifice de son puits, où il plonge à plusieurs reprises la tête, où il descend même en partie. Ensuite il revient au Criquet, et après l'avoir rapproché davantage du lieu de sa destination, il le lâche une seconde fois pour renouveler sa visite au puits, et ainsi de suite à plusieurs reprises, et avec la vélocité la plus empressée. Il faut que ses visites réitérées soient d'une bien grande importance pour le chasseur, puisqu'il n'y manque jamais, malgré les fâcheux accidents qui en sont la suite. En effet, la victime, quelquefois abandonnée étourdiment sur un sol en pente, roule jusqu'au pied du talus, et le Sphex, à son retour, ne la retrouvant pas à la place où il l'a laissée, est obligé de se livrer à de minutieuses recherches, quelquefois infructueuses. S'il la retrouve, il lui faut recommencer une pénible escalade, ce qui ne l'empêche pas d'abandonner encore sa capture sur la même malencontreuse déclivité. En dépit de ces retards, ce n'est qu'après toutes ces précautions, dictées par un excès de vigilance, que le gibier est amené au bord du puits, les antennes pendantes dans l'orifice. Alors reparaît, fidèlement imitée, la tactique employée en pareil cas par le *Sphex flavipennis*. J'ai, pendant que le chasseur de Criquets effectuait l'examen de son logis, rejeté plus loin sa capture, et j'ai obtenu des résultats en tout point conformes à ceux que m'a fournis l'autre *Sphex*. C'est dans les deux espèces la même opiniâtreté invincible à plonger dans leurs souterrains avant d'y entraîner leurs victimes.

« Mais voici qui est plus étrange, et c'est ce à quoi je voulais finalement arriver. Après avoir, à plusieurs reprises, reculé loin de l'entrée du souterrain la capture du *Sphex albisecta*, et obligé celui-ci à venir la ressaisir, je profite de sa descente au fond de sa demeure pour m'emparer de sa proie, et la mettre en lieu sûr où il ne pourra pas la trouver. Le Sphex revient, cherche longtemps, et quand il s'est convaincu que sa proie est bien perdue, il redescend désappointé dans sa demeure. Quelques instants après il reparaît, sans doute pour recommencer la chasse. Mais non, ô surprise pleine de confusion pour moi ! le Sphex se met à boucher soigneusement son terrier. En peu d'instants toute trace du gîte a disparu. . . . . . .

« C'est, sans doute, au moment d'immoler le Grillon que l'Hyménoptère déploie ses plus savantes ressources ; il importe donc de constater la manière dont la victime est sacrifiée. Instruit par mes tentatives multipliées de l'année dernière pour observer les manœuvres de guerre des Cercéris, j'ai immédiatement appliqué aux Sphex la tactique qui m'avait réussi pour les premiers, et qui consiste à enlever la proie au chasseur et à la remplacer rapidement par une autre vivante. Cette substitution est d'autant plus facile chez le *Sphex flavipennis*, que nous l'avons vu lâcher lui-même sa capture, pour descendre un instant seul dans le terrier. Son audacieuse familiarité, qui le porte à venir saisir au bout de vos doigts et jusque sur votre main le Grillon qu'on vient de lui ravir et qu'on lui offre de nouveau, se prête encore à merveille à l'heureuse issue de l'expérience, en permettant d'observer de très près, à la loupe même au besoin, tous les détails du drame. Trouver des Grillons vivants, c'est encore chose facile ; il n'y a qu'à soulever les premières pierres venues pour en trouver de tapis à l'abri du soleil. Ces Grillons sont des jeunes de l'année, n'ayant encore que des ailes rudimentaires, et qui, dépourvus de l'industrie de l'adulte, ne savent pas encore se creuser ces profondes retraites où ils seraient à l'abri des investigations des Sphex et des miennes. En peu d'instants me voilà possesseur d'autant de Grillons vivants que je peux en désirer. Une précaution indispensable reste encore à prendre. Ma peuplade de Sphex se trouve dans un gradin élevé, où je ne parviens que par escalade à l'aide d'entailles pratiquées dans le nid à pic. Inévitablement, chaque Grillon, dès que je le lâcherai, ne manquera pas de faire usage des ressorts de ses jambes postérieures pour s'élancer hors de ma portée et pour retomber au fond du ravin. Je prive alors mes captifs de leurs moyens si efficaces d'évasion ; je leur arrache sans pitié les jambes postérieures en lais-

sant les cuisses intactes. Cette mutilation ne saurait rebuter les Sphex, puisque je les ai vus charrier des invalides encore plus maltraités que les miens. Voilà tous mes préparatifs faits. Je me hisse au haut de mon observatoire, je m'établis au centre de la bourgade des Sphex, et j'attends. Un chasseur survient, charrie son Grillon jusqu'à l'entrée du logis, et pénètre dans son terrier. Ce Grillon est rapidement enlevé et remplacé, mais à quelque distance du trou, par un des miens. Le ravisseur revient, regarde et court saisir la proie trop éloignée. Je suis tout yeux, tout attention. Pour rien je ne céderais ma part du dramatique spectacle auquel je vais assister. Le Grillon effrayé s'enfuit en clopinant, le Sphex le serre de près, l'atteint et se précipite sur lui. C'est alors au milieu de la poussière un pêle-mêle confus où tantôt vainqueur, tantôt vaincu, chaque champion occupe tour à tour le dessus ou le dessous dans la lutte. Le succès, un instant balancé, couronne enfin les efforts de l'agresseur. Malgré ses vigoureuses ruades rendues, hélas ! moins efficaces par l'amputation des jambes postérieures, malgré les coups de tenaille de ses mandibules, le Grillon est terrassé, étendu sur le dos. Les dispositions du meurtrier sont bientôt prises. Il se met ventre à ventre avec son adversaire, mais en sens contraire, saisit avec ses mandibules l'un ou l'autre des deux filets abdominaux du Grillon, et maîtrise avec ses pattes de devant les efforts convulsifs des grosses cuisses postérieures. En même temps, ses pattes intermédiaires étreignent les flancs pantelants du vaincu, et ses pattes postérieures s'appuyant, comme deux leviers, sur sa face font largement bâiller l'articulation du cou. Le Sphex recourbe alors verticalement l'abdomen de manière à ne présenter aux mandibules du Grillon qu'une surface insaisissable, et l'on voit, non sans émotion, son stylet empoisonné plonger une première fois dans le cou de la victime, puis une seconde fois dans l'articulation des deux segments antérieurs du thorax. En bien moins de temps qu'il n'en faut pour le raconter, le meurtre est consommé, et le Sphex, après avoir réparé les désordres de sa toilette, s'apprête à charrier au logis la victime dont les membres sont encore animés des frémissements de l'agonie. . . . .

« Les victimes des Hyménoptères, dont les Larves vivent de proie, ne sont pas de vrais cadavres malgré leur immobilité parfois complète. Chez elles, il y a simple paralysie, totale ou partielle, des mouvements, il y a anéantissement plus ou moins complet de la vie animale ; mais la vie végétative, la vie des organes de la nutrition, se maintient longtemps encore, et préserve de la décomposition la proie que la Larve ne doit dévorer qu'à une époque assez reculée. Pour conduire cette paralysie, les Hyménoptères déprédateurs emploient précisément les procédés que la science avancée de nos jours pourrait suggérer aux physiologistes, c'est-à-dire la lésion, au moyen de leur dard vénénifère, des centres nerveux qui animent les organes locomoteurs. On sait, en outre, que les divers centres médullaires de la chaîne nerveuse des animaux articulés sont, dans une certaine limite, indépendants les uns des autres dans leur action ; de telle sorte que la lésion de l'un d'entre eux n'entraîne, immédiatement du moins, que la paralysie du segment correspondant ; et ceci est d'autant plus exact que les divers ganglions sont plus séparés, plus distants l'un de l'autre. S'ils sont, au contraire, soudés, fondus ensemble, la lésion de ce centre commun amène la paralysie de tous les segments où se distribuent ses ramifications. C'est le cas qui se présente chez les Buprestes et les Curculionides, que les Cercéris paralysent par un seul coup d'aiguillon dirigé vers la masse commune des centres médullaires du thorax. Mais ouvrons un Grillon. Qu'y trouvons-nous pour animer les trois paires de pattes ? On y trouve ce que le Sphex savait fort bien avant tous les Anatomistes, trois centres nerveux largement distants l'un de l'autre. De là la sublime logique de ses coups d'aiguillon réitérés. Science superbe, humiliez-vous ! . . . . .

« La chasse est terminée. Les quatre Grillons qui forment l'approvisionnement d'une cellule du *Sphex flavipennis* sont méthodiquement empilés, couchés sur le dos, la tête au fond de la cellule, et les pieds à son entrée. L'unique Criquet d'une cellule du *Sphex albisecta* est pareillement disposé, mais les Chenilles des Ammophiles n'ont pas d'arrangement fixe. Il reste encore à clore le terrier. Le procédé employé est le même de part et d'autre. Le sable provenant de l'excavation et amassé devant la porte du logis est prestement balayé à reculons dans le couloir. De temps en temps des grains de gravier assez volumineux sont choisis un à un, en grattant le tas de déblais avec les pattes de devant, et transportés avec les mandibules pour consolider la masse pulvérulente. S'il n'en trouve pas de convenables à sa portée, l'Hymé-

noptère va à leur recherche dans le voisinage, et paraît en faire un choix scrupuleux. Des débris végétaux, des fragments de feuilles sèches, sont employés. En peu d'instants toute trace extérieure de l'édifice souterrain a disparu, et si l'on n'a pas eu soin de marquer d'un signe l'emplacement du domicile, il est impossible à l'œil le plus attentif de le retrouver. Cela fait, un nouveau terrier est creusé, approvisionné et muré autant de fois que le demande la richesse des ovaires. La ponte achevée, l'Animal recommence sa vie insouciante et vagabonde, jusqu'à ce que les premiers froids viennent mettre fin à une vie si bien remplie. »

Le *Sphex flavipennis* dépose son Œuf sur le thorax du Grillon, entre la première et la seconde paire de pattes. La Larve pénètre dans le corps de la victime en agrandissant le petit trou que le second coup de poignard a laissé béant et dévore entièrement l'intérieur en 6 à 7 jours. Le revêtement de chitine demeure presque intact. La Larve, qui mesure alors 13^{mm} de long, ressort par l'orifice d'entrée, et entame le deuxième Grillon généralement à l'abdomen qui est moins résistant ; elle passe bientôt au troisième, enfin au quatrième qui se trouve dévoré en 10 heures environ.

La Larve, qui alors a atteint toute sa taille, mesure 25^{mm} à 30^{mm} ; elle se tisse, en 48 heures, une coque en forme de poire très allongée qu'elle rend imperméable en mêlant à sa trame soyeuse des grains de sable, des parcelles de terre et même les débris de ses victimes ; par surcroît de précaution, elle enduit son intérieur d'un vernis violacé absolument hydrofuge qui la met à l'abri de l'humidité de l'hiver et du printemps. Elle gît là immobile depuis le mois de septembre jusqu'au mois de juillet prochain ; alors seulement elle devient Nymphe, puis, dans le plus court espace de temps possible, il en éclôt l'élégant Sphégide dont nous venons de faire la connaissance.

LE SPHEX LANGUEDOCIEN. — *SPHEX OCCITANICA.*

Caractères. — Ce Sphégide a la tête noire, revêtue de poils noirs à l'exception de la partie antérieure qui est garnie de duvet argenté, les antennes noires, le corselet noir habillé de poils noirs ; l'abdomen a le pétiole noir, le reste du premier segment étant ferrugineux avec une tache noire à peu près triangulaire sur le dos, le deuxième segment ferrugineux à dos noir, les autres segments noirs ; les pattes sont noires ainsi que leurs poils et épines ; les ailes transparentes à extrémité enfumée ont les nervures noires.

Mœurs, habitudes, régime. — C'est encore à J. H. Fabre que nous devons l'observation des mœurs de ce Sphex (1).

Comme les précédents, le Sphex languedocien approvisionne son Nid d'Orthoptères, mais il s'attaque à une proie d'un volume énorme par rapport à sa taille ; aussi n'a-t-il besoin que d'une seule victime pour assurer le sort de sa progéniture ; d'ailleurs, il a l'instinct de ne s'adresser qu'aux grosses Femelles d'Ephippigères, délaissant absolument les Mâles qui n'offrent pas à ses yeux un volume suffisant.

C'est un spectacle émouvant que de le voir traîner par les chemins une lourde Ephippigère à laquelle il s'est courageusement attelé ; attelé est le mot, car il a saisi entre ses mandibules une des longues antennes, et, à cheval sur ce trait d'un nouveau genre, véritable bête de somme, il tire sa proie avec une ardeur infatigable sans qu'aucun obstacle puisse mettre sa vaillance en défaut (fig. 888).

Comme ses congénères, il sait plonger son dard dans le corps de la Locustide et atteindre les centres nerveux dont la lésion détermine une paralysie du système moteur réduisant à l'impuissance le pauvre Orthoptère. A cet effet, il fond sur elle, la saisit par le corselet avec ses fortes mandibules, recourbe son abdomen sous sa poitrine, cherche en tâtonnant le point vulnérable et avec une sûreté merveilleuse plonge son aiguillon là où il atteindra le ganglion thoracique ; mais l'Insecte physiologiste n'a point encore mis le patient dans l'impossibilité de remuer ; il le saisit par la tête, l'appuie contre le sol et introduit son dard dans le cou, sans doute pour atteindre le premier ganglion thoracique. L'opération est terminée, l'Ephippigère paralysée ne peut plus remuer ni pieds, ni pattes ; seul le va-et-vient de ses antennes, de ses pièces buccales et les mouvements respiratoires de son abdomen accusent sa vitalité.

Maître de sa proie, notre Sphex n'agit pas comme ses congénères ; ceux-ci, en bêtes prévoyantes, ont creusé leurs terriers, et n'ont plus, le logis préparé, qu'à se mettre en chasse pour l'approvisionner de gibier ; notre Sphex intervertit les rôles, il commence par se montrer chasseur consommé, et ce n'est que

lorsqu'il a capturé sa proie qu'il songe à préparer son gîte, aussi erre-t-il souvent fort longtemps à travers la campagne, traînant son Ephippigère avant d'avoir choisi l'emplacement favorable à ses fouilles. Enfin il se décide à l'abandonner, se fiant à sa mémoire pour la retrouver, il prend son vol et se met en quête du lieu où il creusera sa tanière ; après mille et mille détours, il a fixé son choix et avec ardeur il fouille le sol ; tout à coup il s'arrête, semble inquiet, mais il se remet à l'œuvre, pour s'interrompre de nouveau, puis sans hésitation prend son vol et se met à la recherche de la précieuse provende qu'il a abandonnée. Il sait la retrouver ; il l'examine alors et semble exprimer sa joie en la retrouvant intacte, il saisit l'antenne et s'attelle de nouveau pour la rapprocher de son gîte ; puis il l'abandonne encore et retourne à ses travaux. Après mille manœuvres, il se décide enfin à traîner son énorme Orthoptère au fond de son terrier ; cela fait, il dépose un Œuf, obture l'entrée de son Nid et se remet en chasse pour assurer le sort de toute sa ponte.

LES CHLORIONS — *CHLORION*

Caractères. — Ces Sphégides sont de magnifiques Insectes du plus beau vert métallique à reflets bleus étincelants, qui se distinguent des Sphex proprement dits par quelques particularités.

Leurs mandibules notamment ont une forte dent médiane à plusieurs pointes ; leurs antennes sont insérées au-dessous du milieu de la tête près de la bouche ; dans les Femelles la seconde cellule cubitale reçoit la première nervure récurrente près de la nervure d'intersection des deuxième et troisième cubitales ; dans les Mâles, cette nervure aboutit à la nervure d'intersection des première et deuxième cubitales ; dans les deux sexes, la troisième cubitale reçoit la deuxième nervure récurrente.

Distribution géographique. — Ces Hyménoptères éclatants appartiennent aux régions les plus chaudes de l'Asie, de l'Amérique et de l'Afrique.

Mœurs, habitudes, régime. — Les Chlorions, comme les Sphex dont nous venons de retracer l'histoire, approvisionnent leurs Nids d'Orthoptères, mais ils s'attaquent aux Blattes ; mais laissons la parole à de Réaumur (1) qui nous

(1) Fabre, *Souvenirs entomologiques*, 1879, p. 91 et suiv.

(1) Réaumur, t. VI, p. 282.

a transmis les observations que M. Cossigni a faites à l'île Bourbon.

« M. Cossigni a vu ces Guêpes d'une couleur si belle et si éclatante livrer des combats dont il ne pouvait que leur savoir gré, à des Insectes qui leur sont fort supérieurs en grandeur, et sur lesquels néanmoins elles remportaient une pleine victoire. Tous ceux qui ont voyagé dans nos îles connaissent les Kakerlaques ; souvent même ils les ont connus avant que d'y être arrivés : nos vaisseaux n'en sont que trop souvent infestés. Ces Kakerlaques sont d'assez grands Insectes dont le corps est aplati ; dans l'espèce dont il s'agit ici (Blatte Orientale, voyez p. 389 et suiv., fig. 589 à 594), le Mâle a des ailes et des élytres, la Femelle n'a point d'ailes, mais a seulement des rudiments d'élytres fort courts ; ce sont des bêtes puantes et dégoûtantes qui s'introduisent partout, hachent tout et n'épargnent ni les habits ni le linge.

« On doit donc aimer des Mouches qui, comme les Guêpes ichneumons dont il s'agit actuellement, attaquent ces Insectes destructeurs et les mettent à mort. M. Cossigni, qui a été témoin de quelques-uns de leurs combats, les a très bien décrits : voici ce qu'il a vu. Quand la Mouche, après avoir rodé de différents côtés, soit en volant, soit en marchant, comme pour découvrir du gibier, aperçoit une Kakerlaque, elle s'arrête un instant, pendant lequel les deux Insectes semblent se regarder ; mais sans tarder davantage, l'Ichneumon s'élance sur l'autre, dont elle saisit le museau ou le bout de la tête avec ses serres ou dents ; elle se replie ensuite sous le ventre de la Kakerlaque pour la percer de son aiguillon. Dès qu'elle est sûre de l'avoir fait pénétrer dans le corps de son ennemie, et d'y avoir répandu un poison fatal, elle semble savoir quel doit être l'effet de ce poison ; elle abandonne la Kakerlaque, elle s'en éloigne, soit en volant, soit en marchant, bien certain de la trouver où elle l'a laissée. La Kakerlaque, naturellement peu courageuse, a alors perdu ses forces, elle est hors d'état de résister à la Guêpe ichneumon qui la saisit par la tête, et, marchant à reculons, la traîne jusqu'à ce qu'elle l'ait conduite à un trou de mur dans lequel elle se propose de la faire entrer. La route est quelquefois longue, et trop longue pour être faite d'une traite : la Guêpe ichneumon, pour prendre haleine, laisse son fardeau et va faire quelques tours, peut-être pour mieux examiner le chemin ; après quoi elle revient reprendre sa proie, et ainsi à

différentes reprises elle la conduit au terme.

« Quelquefois M. Cossigni s'est diverti à dérouter la Mouche ; pendant qu'elle était absente, il changeait la Kakerlaque de place ; les mouvements inquiets qu'elle se donnait à son retour prouvaient assez son embarras : ordinairement elle avait peine à retrouver sa proie, et elle la perdait absolument lorsqu'elle avait été transportée un peu loin. Quand la Guêpe ichneumon était parvenue à la traîner jusqu'où elle la voulait, le fort du travail restait souvent à faire, l'ouverture du trou était trop petite pour laisser passer librement une grosse Kakerlaque ; la Mouche, entrée à reculons, redoublait quelquefois ses efforts inutilement pour l'y faire entrer : le parti qu'elle prenait alors était de sortir et de couper les fourreaux des ailes de l'Insecte mort ou mourant, quelquefois même elle lui arrachait quelques jambes ; elle rentrait ensuite dans le trou, toujours à reculons, et par des efforts plus efficaces que les premiers, elle faisait, pour ainsi dire, passer le corps de la Kakerlaque à la filière, et la conduisait au fond du trou.

« Si M. Cossigni eut en temps utile ouvert le trou dans le fond duquel la Kakerlaque avait été tirée, il y eût sans contredit trouvé un Œuf ou une Larve à la nourriture de laquelle elle était destinée. »

LES AMMOPHILES — *AMMOPHILA*

Die Sandwespen.

Caractères. — Elles diffèrent des Sphex proprement dits par la longueur de leurs mâchoires et de leur lèvre inférieure qui forme une sorte de trompe fléchie en dessous ; par la forme des cellules alaires, en effet la deuxième cubitale reçoit les deux nervures récurrentes et la troisième cubitale atteint la cellule radiale ; par l'absence de dentelures sur les griffes de leurs pattes.

Chez les Ammophiles le pétiole de l'abdomen est formé, tantôt de la moitié antérieure du premier segment, tantôt du premier segment entier et de la moitié du deuxième.

Distribution géographique. — Les Ammophiles ont des représentants dans l'Ancien comme dans le Nouveau continent. L'Ammophile velue avec l'Ammophile commune, qui se rencontrent fréquemment en France, en Allemagne et dans tout le nord de l'Europe, représentent les deux plus grandes espèces de Sphegides indigènes.

Fig. 889.   Fig. 890   Fig. 891.

Fig. 889. — L'Ammophile commune et son terrier.
Fig. 890. — L'Ammophile commune traînant vers sa

demeure une Chenille de Noctuelle.
Fig. 891. — Le Crabro strié.

Fig. 889 à 891. — Ammophiles et Crabro.

Dans le sud de l'Europe vivent encore quelques espèces d'Ammophiles très analogues; les espèces des contrées chaudes se distinguent des nôtres, à leur avantage, par la prédominance de la couleur rouge, et par le nombre plus grand d'écailles argentées.

Mœurs, habitudes, régime. — Tout l'été, elles se pressent dans les endroits sablonneux(1), cherchant, pour apaiser leur faim, les végétaux en fleurs et les buissons garnis de Pucerons. Quand elles se querellent, elles cherchent à grimper l'une sur l'autre et à se mordre à la nuque; une troisième survient, puis une quatrième; elles forment bientôt un groupe confus qui tourbillonne sur le sol, et qui finit par s'envoler. Sont-ce de simples passe-temps, ou sont-ce des combats provoqués par la jalousie ou par des querelles plus sérieuses? Qui pourrait le deviner?

Mais elles ont des devoirs plus sérieux; elles doivent assurer le sort de leur progéniture et pour cela fouir le sol, creuser un terrier, le garnir de provisions de bouche; ce sont des chasseresses habiles qui savent admirablement découvrir les Chenilles dont elles font leur proie.

(1) Ἄμμος, sable; φίλος, ami. — Ὀδυνηρός, douloureux, par allusion à la piqûre, p. 658. — Εὐμένης, nom mythologique, p. 663. — Σφήξ, Guêpe, p. 664.

BREHM. — VII.

L'AMMOPHILE VELUE. — *AMMOPHILA HIRSUTA*
Rauhe Sandwespe.

Caractères. — Cet Ammophile qui appartient au premier groupe, c'est-à-dire, dont le pétiole de l'abdomen est formé de la moitié antérieure du premier segment et que les Entomologistes classificateurs ont rangé dans le genre *Psammophila*, est long de 19^{mm},5; son pédicule abdominal est trois fois plus court que celui de la Pélopée maçonne. Il est noir jusqu'à la base de l'abdomen qui est d'un rouge brun. Les jambes et la moitié antérieure du corps sont pourvues de touffes de poils noirs, abondantes sur le métathorax qui est fortement ridé; mais les deux jambes postérieures sont garnies en dedans d'un duvet blanc argenté.

Mœurs, habitudes, régime. — Pour l'histoire des mœurs nous renverrons au paragraphe suivant.

L'AMMOPHILE COMMUNE. — *AMMOPHILA SABULOSA.*
Gemeine Sandwespe.

Caractères. — Le premier segment abdominal est mince et cylindrique; le second, presque aussi long, s'épaissit un peu en arrière ; à partir de là, jusqu'au 5e segment, l'abdomen se renfle notablement ; puis il se rétrécit brusquement jusqu'à la pointe. En un mot, le pédicule abdominal est formé de 2 segments. En dehors de cela ses caractères sont ceux de tous les *Ammophila* ; la conformation est la même pour les griffes et pour les ailes qui, au repos, sont aplaties sur le corps et ne dépassent pas l'extrémité du pédicule. A l'exception de la base de l'abdomen, qui est d'un rouge pâle, c'est le noir qui domine ; pourtant, sur les côtés du thorax, des poils courts dessinent des taches argentées qui s'usent par le frottement. Chez le Mâle, le chaperon est revêtu de poils argentés, tandis que chez la Femelle il est plus large, mais glabre.

Mœurs, habitudes, régime. — L'Ammophile commune a des mœurs identiques à celles de l'espèce précédente à laquelle elle est souvent associée ; mais elle se rencontre plus fréquemment. Notre figure 889 en représente une redressant son abdomen en massue, d'un air menaçant ; c'est une attitude qu'elle prend volontiers lorsqu'elle se promène.

On rencontre ce Sphégide, tout l'été ; il paraît toujours gai et de bonne humeur. On le trouve tantôt furetant activement sur le sol, tantôt s'occupant de son bien-être sur les Ronces fleuries et les autres plantes mellifères. Pendant des heures entières on se laisse captiver par ces Animaux, et, fasciné, on ne se lasse pas d'étudier l'activité et les mœurs spéciales de ces hardis compagnons, surtout lorsqu'ils habitent en foule les uns auprès des autres, et qu'ils voltigent affairés de ci et de là.

Ils choisissent surtout, pour établir leurs Nids, les talus dégradés des fossés sablonneux orientés vers l'Est, ou quelque autre endroit bien découvert. Comme un Chien qui creuse la terre, notre Hyménoptère fécondé, préoccupé d'assurer le sort de sa postérité, rejette par dessous son corps entre ses pattes postérieures le sable qu'il fouit avec ses pattes antérieures ; dans sa hâte, il fait voltiger autour de lui de petits nuages de poussière, tout en fredonnant sur une note élevée un chant joyeux. Quand on entend ce son spécial, on peut être sûr de surprendre une de ces Guêpes à l'ouvrage. Si le sable, à mesure qu'elle creuse, s'amoncelle en trop grande masse auprès du trou, elle se pose sur le tas et le disperse en tourbillons poudreux. Rencontre-t-elle de petites pierres et du sable humide, qui ne manquent guère dans le sol, elle les saisit entre sa tête

et ses pattes antérieures, et les porte au dehors d'une façon fort originale : sortant de son trou à reculons, elle prend son essor, et laisse tomber son chargement. En un clin d'œil, elle rentre dans sa demeure, et renouvelle deux ou trois fois de suite ce mode de terrassement. Elle se repose alors un instant devant l'entrée, époussetant ses antennes avec ses pattes antérieures ; puis, portant haut l'abdomen, d'un air fier, elle tourne autour de son œuvre et l'examine d'un regard de connaisseur. Crac ! la voilà de nouveau disparue sous terre. Plus elle s'enfonce profondément, plus elle met de temps à ressortir à reculons chargée d'un nouveau déblai ; pourtant elle reparaît toujours au bout d'un temps relativement court. La voici maintenant qui sort et qui s'envole au loin ; elle veut, sûrement, se restaurer après ce travail fatigant et lécher un peu de miel, car elle n'est pas carnivore.

La chasse qu'elle fait aux Chenilles, au profit de sa couvée, n'offre pas moins d'intérêt. D'après diverses observations, elle recherche les Chenilles de diverses espèces, mais seulement quand elles sont grosses et dépourvues de poils. « L'emplacement où j'ai eu occasion d'étudier une foule de Nids de l'Ammophile commune, rapporte Taschenberg, n'était guère favorable au transport des victimes ; car ces Nids se trouvaient dans un talus sur le bord d'un fossé à la lisière d'un bois ; de l'autre côté s'étendait un champ en friche où fourmillaient les Chenilles de certaines Noctuelles. Une fois découvert par le Sphex, c'en était bientôt fait de l'Animal sans défense. Deux piqûres dans le 5e ou dans le 6e segment ventral le privaient de toute volonté ; paralysé, mais non tué, il était préservé de la pourriture. Il fallait alors traîner cette proie par un chemin souvent long, tortueux, inégal, hérissé de mauvaises herbes, jusqu'au fossé, qu'il s'agissait ensuite de traverser pour escalader, de l'autre côté, un bord presque à pic. Ce n'était pas, en vérité, une mince besogne pour un Sphex isolé de tirer sur une telle longueur une charge dix fois plus lourde que son propre poids ! Les Fourmis sociables viennent au secours de leurs camarades lorsqu'il est nécessaire ; mais la Guêpe des sables est réduite à ses propres forces, à ses seuls expédients, à ses seules réflexions, si j'ose m'exprimer ainsi. Elle saisit sa proie entre ses mandibules (fig. 890), la tire et la pousse, comme elle peut, sur la route unie, chevauchant sur elle, la plupart du temps, c'est-à-dire l'entraînant à pas lents sous son propre corps. Arrivés sur la pente plus raide du fossé, monture et cavalier font soudain la culbute. La Guêpe lâche prise, et, seule, arrive en bas saine et sauve. La Chenille, bientôt retrouvée, est saisie et traînée à nouveau. Mais il s'agit à présent de monter, et la méthode précédente n'y trouve plus son emploi. Pour déployer le plus de forces possible, la Guêpe doit grimper à reculons, en tirant sa charge après elle. Celle-ci s'échappe parfois, et toutes les peines prises jusque-là n'ont servi à rien ; mais de telles mésaventures ne sont pas faites pour rebuter l'Insecte qui recommence l'entreprise, et finit, à force de travail, par la couronner de succès. Elle dépose la Chenille à l'entrée, non pas pour se reposer, mais par esprit de méfiance ; comme l'espèce précédente, qui construit d'une façon analogue, elle pénètre d'abord seule dans sa demeure pour s'assurer que tout est en ordre. Pendant cette inspection, elle a repris déjà assez de forces pour pouvoir mener jusqu'au bout son œuvre laborieuse ; et, rampant à reculons, elle entraîne la Chenille après elle. Celle-ci suit presque toujours ; il arrive cependant parfois qu'elle reste accrochée à quelque obstacle. La Guêpe sort aussitôt pour disposer d'avance l'espace nécessaire au passage. N'est-on pas forcé d'admirer la patience que déploient si souvent ces Hyménoptères, ainsi que les Fourmis et d'autres Insectes qui mènent une existence analogue, et ne devrait-on pas la prendre pour modèle ? »

Guêpe et Chenille ont enfin disparu toutes deux, et un temps assez long s'écoule avant que la première reparaisse ; car la conclusion de son travail, c'est de pondre un Œuf unique, blanc et allongé. Elle se montre enfin, mais tout n'est pas fini. Elle sait fort bien qu'au voisinage de son édifice s'agitent de petites Mouches grises dont la face a parfois des reflets argentés, ainsi que d'autres fainéants, qui ne demanderaient qu'à pondre aussi, mais qui, n'ayant ni l'adresse ni la force nécessaires pour faire comme elle, cherchent à utiliser les provisions rassemblées par autrui pour y fourrer leurs Œufs de Coucou. Afin de se défendre contre eux, elle place à l'entrée des trous des cailloux, des amas de terre ou des bouts de bois, pour faire disparaître ainsi toute trace de son existence.

Pour déposer un second Œuf, puis un troisième, et ainsi de suite, elle est obligée de répéter toutes ces manœuvres. Pourtant au milieu de cette vie fatigante, qu'elle partage avec plusieurs Insectes apparentés, elle garde toujours sa gaîté et sa bonne humeur. La mort, à la fin de l'été, vient mettre un terme à son existence agitée. Au sein de la terre, l'Œuf participe bientôt à la vie ; la Larve ronge un pertuis dans les téguments de la Chenille, et la dévore tout entière ; si sa provision de bouche est volumineuse, la Larve devient plus grande que ses sœurs nourries d'une Chenille plus petite ; c'est ce qui explique les dimensions variables observées sur les divers individus d'une même espèce, dont la longueur oscille entre 15 et 30 millimètres.

La Larve, qui à partir de la ponte met quatre semaines à atteindre sa maturité, se file une coque mince et blanche, à l'intérieur de laquelle elle s'enveloppe étroitement d'un tissu plus épais et plus fort, d'aspect brunâtre. Dans cette coque, elle passe bientôt à l'état de Nymphe, et ne tarde pas à terminer son évolution. La nouvelle Guêpe découpe un petit orifice dans le couvercle de son étui, et fait son apparition au dehors. Il peut y avoir deux couvées dans l'année, surtout quand le temps favorise beaucoup le développement ; dans ce cas, la seconde couvée passe l'hiver à l'état de Larve abritée dans son cocon.

LES PÉLOPÉES — *PELOPÆUS* (1)

Die Spinnentödter.

Caractères. — Ces Sphégides ont le faciès des espèces précédentes et ne diffèrent que par quelques particularités. Leurs mandibules ne portent pas de dent ou n'en ont qu'une seule du côté interne ; la seconde cellule sous-marginale reçoit sur l'aile antérieure les deux nervures récurrentes ; les tarses antérieurs ont leurs articles triangulaires, élargis à l'extrémité, appropriés à l'exécution de travaux de maçonnerie ; les jambes postérieures ne sont pas puissamment armées comme chez les Sphex et n'ont que quelques courtes épines.

Distribution géographique. — Les Pélopées sont représentés dans les deux mondes par un assez grand nombre d'espèces, qui habitent les régions chaudes, cependant quelques-uns d'entre eux vivent dans le midi de l'Europe et même en France.

Mœurs, habitudes, régime. — Les Pélopées sont des artistes beaucoup plus consommés que les Sphex, ils ne se contentent pas de creuser des terriers ; ils édifient à la façon des Abeilles

(1) Πελόπειος, de Pelops.

maçonnes des Nids faits de terre gâchée, mêlée de très petits graviers et composés généralement d'un plus ou moins grand nombre de cellules en forme de tubes de même longueur réunies côte à côte (fig. 893, 894 et 895); chacun de ses tubes pris isolément ressemblant assez, ainsi que le fait remarquer Le Peletier, à une torsade des épaulettes de nos officiers supérieurs.

Les Pélopées indigènes, comme d'ailleurs tous les Pélopées exotiques, bâtissent suivant le même plan et emploient généralement la terre argileuse. Ils forment parmi les Insectes la corporation des *Potiers*.

On a signalé cependant une espèce de Port-Natal qui construit ses cellules avec de la bouse de Vache encore fraîche et les fixe isolées ou par paires sur les chaumes. Le Pélopée bleu (*Pelopæus chalybeus*) établit son Nid dans le creux des tiges de Bambou qui, à Port-Natal, forment la toiture des maisons, et emploie pour construire les cloisons qui séparent ses cellules, des excréments d'Oiseaux, qu'il recueille sur les feuilles et qu'il mélange de salive.

Nous devons à M. Maurice Maindron, qui a voyagé à la Nouvelle-Guinée et dans l'Archipel indien, étudiant partout les mœurs des Hyménoptères, de bonnes observations sur les habitudes des Pélopées, notamment sur celles du *Pelopæus lœtus* fort commun à Ternate.

« L'Insecte, dit-il (1), va chercher de la terre humide au bord des mares ou des flaques d'eau. Souvent même, à l'instar des Anthophores, des Chalicodomes et d'autres Hyménoptères, il utilise les matériaux d'anciens Nids d'individus de sa propre espèce, comme j'ai pu l'observer plusieurs fois. Il apporte cette terre entre ses pattes antérieures, l'applique contre le Nid commencé, la pétrit avec ses mandibules et polit ces petites masses avec soin. Souvent le Pélopée va recueillir ce mortier à de grandes distances et revient péniblement à son Nid en se reposant de temps en temps.

« Tant que le Nid n'est pas terminé, l'Insecte ménage deux orifices à chaque cellule, un à chaque extrémité, de telle sorte qu'il peut entrer et sortir sans aller à reculons, car je ne crois pas qu'il puisse se retourner dans un espace aussi étroit, les cellules ne mesurant que 5 ou 6 millimètres dans leur plus grande largeur et 20 dans leur plus grand axe. La Femelle s'abrite durant la nuit dans une des cellules.

(1) Maurice Maindron, *Notes pour servir à l'histoire des Hyménoptères de l'Archipel indien et de la Nouvelle-Guinée* (*Ann. Soc. ent. de Fr.*, 1878, p. 389).

Lorsque l'Insecte nouvellement éclos sort du Nid, c'est toujours dans le pôle supérieur de l'alvéole qu'il pratique son trou de sortie. Il attaque ainsi la paroi la plus mince de la cellule de cette construction, si bien aménagée, qu'il est impossible à l'Insecte de sortir par une des parois latérales de sa prison, et de détruire ainsi son compagnon moins avancé en âge. C'est en effet toujours la partie latérale formant la cloison mitoyenne des cellules qui offre la plus grande épaisseur, et c'est d'autant mieux calculé de la part de l'architecte que ce mode de construction amène le moins de déperdition dans les matériaux employés. Chaque alvéole est garnie à l'intérieur d'une sorte de vernis destiné à garantir les parois contre l'éboulement et contre l'humidité; ces Nids sont toujours préservés de la pluie par la position qu'ils occupent contre les parois latérales des pierres ou des murailles.

« Une autre disposition que l'on remarque dans ces Nids, c'est que la paroi contre laquelle ils sont fixés n'en forme que très rarement un des côtés; il y a presque toujours interposée entre les deux surfaces une mince couche de terre gâchée, isolant ainsi la construction du plan contre lequel elle est fixée.

« Je n'ai jamais rencontré de ces Nids dans les forêts contre les troncs des arbres, et même je n'en ai jamais vu qui fussent construits ailleurs que sous les auvents ou dans les maisons; ils étaient appliqués contre les murs, les stores de toiles, les rideaux; j'en ai même trouvé un bâti tout autour d'une corde soutenant un lustre (fig. 893 et 894); cette corde formait l'axe de cette construction qui affectait une forme arrondie. Les Nids sont assez fréquents dans les maisons où voltige souvent l'Insecte constructeur. Il est bien connu des habitants qui le laissent en paix et respectent ses travaux parce que ce Pélopée détruit les Épeires qui tendent sans cesse leurs toiles dans les appartements. Cet amour des ennemis de la gent Araignée me paraît peu logique dans un pays où les Moustiques sont un véritable fléau. »

Si tous les Sphégides construisent suivant le même plan, tous sont de grands chasseurs d'Araignées, qu'ils ont l'habileté de surprendre sur leurs toiles, évitant leurs filets et leurs pinces empoisonnées, qu'ils ont l'adresse de perforer au point vulnérable du coup de poignard qui amène la paralysie immédiate.

C'est à M. Lucas et à M. Maindron que nous devons la connaissance des Larves et des Nymphes des Pélopées (fig. 896, 897 et 898).

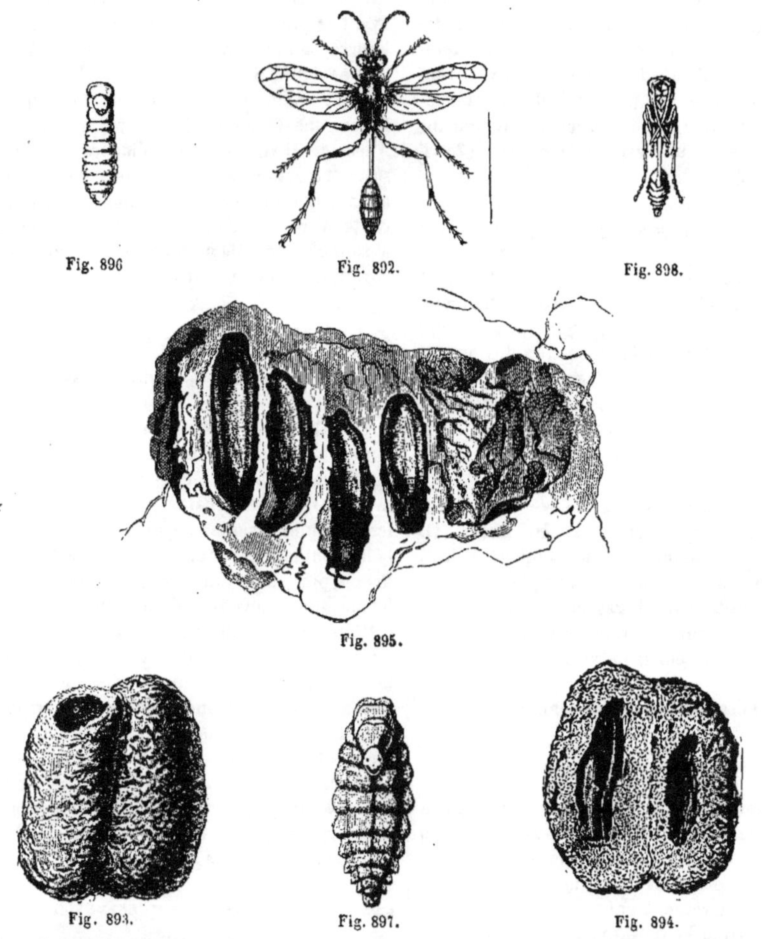

Fig. 896   Fig. 892.   Fig. 898.

Fig. 895.

Fig. 893.   Fig. 897.   Fig. 894.

Fig. 892. — Le Pélopée tourneur.
Fig. 893. — Nid à deux cellules du Pelopæus lætus, vu de face, fac-simile d'après M. Maindron.
Fig. 894. — Le même, détaché de son point d'appui et vu par la face interne, fac-simile.

Fig. 895. — Nid à plusieurs cellules du Pélopée tourneur, fac-simile d'après M. Lucas.
Fig. 896. — Larve de Pélopée, grandeur naturelle.
Fig. 897. — Larve de Pélopée, très grossie, d'après M. Lucas.
Fig. 898. — Nymphe de Pélopée, grand. nat., d'après M. Maindron.

Fig. 892 à 898. — Les Pélopées et leurs Nids.

LE PÉLOPÉE DISTILLATEUR. — *PELOPÆUS DESTILLATORIUS.*

Maurer-Spinnentödter.

Caractères. — Le Pélopée distillateur (fig. 925 et 926) est d'un noir luisant ; mais son long pédicule abdominal, ses épaules, son post-écusson, son scape antennaire, et ses pattes à partir des cuisses, sont jaunes ; les extrémités des cuisses et des jambes des pattes postérieures seulement sont noires.

Distribution géographique. — Le Pélopée distillateur habite les contrées méditerranéennes ; il a été trouvé aussi une fois en Hanovre.

Mœurs, habitudes, régime. — Evermans découvrit, sur un prolongement rocheux des monts Ourals, son Nid irrégulier, un peu réniforme, et constitué d'agrégats terreux. Il renfermait environ quatorze cellules allongées, voisines ou superposées, et contenant chacune dix Araignées d'une espèce assez rare (*Tomisus citrinus*).

LE PÉLOPÉE TOURNEUR. — *PELOPÆUS SPIRIFEX.*

Caractères. — Une espèce bien analogue (si toutefois c'est bien une espèce distincte) est le *Pelopæus spirifex* (fig. 892), qui ne diffère du précédent que par la coloration des antennes et du thorax qui sont entièrement noirs.

Distribution géographique. — Ces Pélopées tourneurs ont été envoyés, avec leurs Nids, du midi de l'Europe, de l'Algérie et même de Port-Natal.

Mœurs, habitudes, régime. — Leur Nid a été fort bien représenté par M. Lucas (1), aussi en donnons-nous un fac-simile (fig. 895) qui permet de se rendre un compte très exact de la disposition des loges et des coques qui abritent les Nymphes ; nous représentons d'après le même auteur la Larve grossie (fig. 897).

LE PÉLOPÉE SIFFLANT. — *PELOPÆUS FISTULARIUS.*

Pfeifender Spinnentödter.

Caractères. — Ce Pélopée se reconnaît à son pédicule abdominal noir, aux six taches jaunes qui ornent son métathorax et s'étendent en partie sur les côtés du mésothorax, et à ses ailes légèrement enfumées.

Distribution géographique. — Il est originaire de l'Amérique du Sud.

Mœurs, habitudes, régime. — Ce Sphégide construit ses cellules en argile, auxquelles il donne 52ᵐᵐ de long, et une forme ovoïde. Comme dans les autres espèces, la Femelle rapporte ses matériaux de construction, avec un bourdonnement aigu, sorte d'hymne triomphal ; tout en continuant son chant joyeux, elle met en place la masse malléable qu'elle polit à l'aide de ses mâchoires et de sa lèvre inférieure ; cela fait, elle tâte avec ses pattes toute la paroi, au dedans comme au dehors, puis disparaît encore pour rapporter de nouvelle argile. Souvent, malgré les rayons du soleil qui viennent sécher

les nouveaux agrégats, ils sont longtemps avant de présenter la couleur des anciens. Elle bourre complètement la cellule terminée avec une Araignée du genre *Castra*, et la ferme ensuite. Pendant un arrêt de huit jours que fit Bates dans le cours de son voyage au fleuve Amazone, il vit un de ces Pélopées commencer sa construction sur la poignée d'une malle ; elle venait de la terminer quand on se remit en route. Après s'être montrée jusque-là familière et sans crainte, elle ne reparut plus, bien qu'on voyageât lentement sur la rive.

LES MELLINES — *MELLINUS* (1)

Die Glattwespen. — *Die Mellinen.*

Caractères. — Les Mellines constituent un genre dont les espèces peu nombreuses diffèrent essentiellement des précédentes par leur aspect. On les reconnaît à quelques caractères : les antennes insérées au-dessous du milieu de la face ont le scape court, mais épais à deuxième article plus court que le premier, le fouet filiforme ; quant aux ailes, leur cellule marginale est sans prolongement, et la première des trois cellules sous-marginales reçoit la première nervure récurrente tandis que la troisième reçoit la seconde nervure récurrente ; leur abdomen elliptique paraît nettement pédiculé et le pédicule est renflé en massue.

Le Mâle, plus petit, plus élancé, a six anneaux ventraux (sternites) ; la Femelle en a un de moins, mais elle a un anneau dorsal (tergite) plus grand, à la pointe.

LA MELLINE DES CHAMPS. — *MELLINUS ARVENSIS.*

Acker-Glattwespe.

Caractères. — Son corps est d'un noir brillant ; le scape, les marques quadrangulaires de sa large face, le cou presque linéaire, l'écusson, les écailles alaires, une petite tache située derrière elle sont également de couleur jaune ; la face dorsale de l'abdomen porte trois larges bandes jaunes ; entre les deux dernières existent deux taches jaunes latérales ; presque immédiatement à partir des naissances des cuisses, qui sont renflées à ce niveau, les pattes sont colorées aussi en jaune. Ici, comme chez bien des Guêpes fouisseuses, la teinte jaune n'est pas permanente. Le corps a une longueur

---

(1) Lucas, *Exploration scientifique de l'Algérie.*

(1) Μήλινος, jaunâtre.

de 8^{mm},75 à 12^{mm} (fig. 910 et 911, p. 689).

Mœurs, habitudes, régime. — La Melline des champs est un Hyménoptère commun et importun qu'on rencontre souvent dans les bois de Pins, et qui erre sur les sols sablonneux à la recherche de quelque friandise, avec des mouvements saccadés. Elle se tourne et se retourne de tous côtés, elle s'envole, en bourdonnant, à une courte distance, se laisse retomber et se promène de ci et de là avec activité. Elle se pose volontiers sur les vêtements des passants, et s'y promène hardiment de droite et de gauche, comme elle fait sur le sol; mais ce n'est pas le moins du monde dans une intention méchante qu'elle choisit ce lieu de parade, c'est plutôt simple curiosité. Dans les bois qu'elle parcourt, elle se montre très occupée, avec des centaines de ses semblables et avec toute espèce d'autres Hyménoptères, à visiter les Pins couverts de diverses espèces de Chermès pour lécher les matières sapides que ces Cochenilles y déposent; on la rencontre rarement sur les fleurs.

Cette Guêpe établit dans le sable des tubes ramifiés dans lesquels elle apporte des Mouches, principalement des Muscides (*Musca rudis* et autres). Elle diffère de toutes les autres Crabronides en ce qu'elle dépose son premier Œuf, sitôt la première Mouche introduite, et qu'elle rapporte encore de la nourriture à sa Larve alors que celle-ci est déjà en train de dévorer. La Larve ne termine son évolution que l'année suivante.

LA MELLINE DES SABLES. — *MELLINUS SABULOSUS*.

Sand-Glattwespe.

Caractères. — Cette seconde espèce plus petite (fig. 899 et 912, p. 689), également marquée de jaune, pourrait d'après Le Peletier n'être qu'une forme de l'espèce précédente.

Fig. 899. — Melline des sables.

Mœurs, habitudes, régime. — Elle se trouve la plupart du temps en compagnie de la précédente. Sa Femelle établit des trous d'incubation isolés, qu'on reconnaît aux petits tas

de sable coniques qui couvrent la surface du sol; elle n'y apporte aussi que des Mouches des genres *Sarcophaga*, *Cœnosia*, *Anthomya*, *Lucilia*, *Cyrtoneura* et *Syrphus*. Elle dépose, un instant, sa proie à l'entrée de sa construction, avant de l'y traîner à reculons.

LES BEMBEX — *BEMBEX* (1)

Die Wirbelwespen. — Die Bembecinen.

Caractères. — Ces Hyménoptères au corps allongé, terminé en pointe, rappellent par leur port les Frelons ou quelque autre grande Guêpe, d'autant mieux que leur couleur dominante est le jaune. Les Bembex se distinguent aisément de tous les autres Vespides par la conformation de leur bouche. La lèvre supérieure, en triangle allongé, pend au repos comme un long rostre recouvrant la lèvre inférieure qui est longue également et s'applique contre le cou; les mandibules étroites, bidentées et croisées en avant, embrassent sa base de chaque côté; les palpes sont courts, les maxillaires ont quatre articles, les labiaux deux seulement; les antennes sont brisées, leur fouet est filiforme et leur pointe légèrement déviée en dehors; chez le Mâle les derniers articles paraissent munis de dentelures assez mousses. Des trois cellules sous-marginales closes, la moyenne reçoit les deux nervures récurrentes qui sont extrêmement longues. Le Mâle se distingue de la Femelle par la présence de quelques tubercules au milieu du ventre.

LE BEMBEX A BEC. — *BEMBEX ROSTRATA*.

Gemeine Wirbelwespe.

Caractères. — Ce Bembex nous représente la plus grande espèce de France et d'Allemagne (fig. 900 à 908, p. 681 et 913, p. 689); elle mesure seulement de 15 à 17^{mm},5 en longueur,

Fig. 900. — Le Bembex à bec.

mais elle atteint 6^{mm},5 en largeur. Sa teinte noire fondamentale est relevée de nombreuses

(1) Βεμβήξ, toupie, à cause de son ronflement.

marques d'un jaune pâle ; sur le thorax, elles sont très variables ; sur l'abdomen, elles prennent comme d'habitude l'aspect de bandelettes, mais au lieu d'occuper les bords postérieurs des segments, elles en occupent le milieu. La première est largement interrompue à mi-longueur ; les suivantes sont ondulées et présentent une échancrure antérieure au centre et deux échancrures postérieures latéralement. Sur la face et les jambes la couleur jaune domine également.

Distribution géographique. — Ce joli Hyménoptère se rencontre dans toute l'Europe ; mais dans les régions moyennes et septentrionales, il se montre isolé et n'apparaît pas tous les ans dans la même localité.

Mœurs, habitudes, régime. — A la fin de juin 1879, j'ai trouvé dans une partie découverte et sablonneuse au milieu des bois qui couvrent les côteaux de la vallée de l'Yvette, près des Vaux-Cernay, une masse de Nids que le bourdonnement sonore de ces Guêpes, tourbillonnant aux alentours, me permit de découvrir. Depuis lors je suis retourné chaque année à la même place, et jamais, pas plus là que dans un autre endroit, je n'ai pu revoir de *Bembex*.

Par leur bourdonnement sonore et par leur vol circulaire autour des terriers destinés à leurs couvées, ces Hyménoptères révèlent plus que tout autre leur caractère sauvage. Les Nids, qu'elles confectionnent en fouissant et en rejetant le sable en dehors, s'enfoncent profondément en terre dans une direction oblique ; mais les observateurs ont émis des opinions diverses sur leur disposition et sur les mœurs des architectes. D'après Westwood, les mères déposent leurs Œufs en même temps que les provisions qu'elles rapportent. Dahlbom pense que leurs longs tubes terrestres sont ramifiés et munis de plusieurs orifices d'entrée et de sortie. Le Peletier dit que chaque Œuf est pourvu de dix à douze Mouches, que les tubes obliques sont bouchés avec du sable, et que chaque Femelle pond une dizaine d'Œufs. Bates, enfin, a trouvé dans l'Amérique du sud des Nids de *Bembex ciliata*, contenant chacun un Œuf unique ; la Femelle, d'après cela, aurait à confectionner autant de Nids qu'elle doit déposer d'Œufs. Tous s'accordent à reconnaître qu'elles ne capturent et ne rapportent que de grandes Mouches pour leurs Larves. La première opinion est en opposition avec les observations recueillies sur toutes les autres Guêpes fouisseuses ; les autres paraissent plus vraisemblables, mais J.-H. Fabre, le patient et consciencieux observateur, est là pour nous enseigner la vérité (1).

« Un Bembex (*B. rostrata*) brusquement survient, je ne sais d'où, et s'abat sans recherches préalables, sans hésitation aucune, en un point qui, pour mes regards, ne diffère en rien du reste de la surface sablonneuse. Avec ses tarses antérieurs, qui, armés de robustes rangées de cils, rappellent à la fois le balai, la brosse et le râteau, il travaille à déblayer sa demeure souterraine. L'Insecte se tient sur les quatre pattes postérieures, les deux de derrière un peu écartées ; celles de devant, à coups alternatifs, grattent et balaient le sable mobile. La précision et la rapidité de la manœuvre ne serait pas plus grande si quelque ressort animait le moulinet des tarses. Le sable, lancé en arrière sous le ventre, franchit l'arcade des jambes postérieures, jaillit en un filet continu semblable à celui d'un liquide, décrit sa parabole et va retomber à deux décimètres plus loin. Ce jet poudreux, toujours également nourri, des cinq et des dix minutes durant, démontre assez l'étourdissante rapidité des outils en action. Je ne pourrais citer un second exemple de pareille prestesse, qui n'enlève rien néanmoins à la grâce dégagée, à la liberté d'évolution de l'Insecte, avançant et reculant d'un côté, puis de l'autre, sans discontinuer la parabole de son jet ». . . . . .

..... « Le Nid de l'Hyménoptère est là certainement sous terre, à quelques pouces de profondeur ; dans une logette creusée au sein du sable frais et fixe se trouve un Œuf, peut-être une Larve que la mère approvisionne au jour le jour de Mouches, invariables victuailles des Bembex dans leur premier état. La mère, à tout moment, doit pouvoir pénétrer dans ce Nid, portant au vol, entre les pattes, le gibier quotidien destiné au nourrisson, de même que l'Oiseau de proie pénètre dans son aire ayant dans les serres la venaison destinée aux petits. Mais si l'Oiseau rentre chez lui, sur quelque corniche de rocher inaccessible, sans autre difficulté que celle du poids et de l'embarras du gibier capturé, le Bembex ne peut le faire qu'en se livrant chaque fois à la rude besogne de mineur et en ouvrant à nouveau une galerie qui s'obstrue, se clôt d'elle-même par le fait seul de

____

(1) J.-H. Fabre, *Souvenirs entomologiques.* Paris, 1879, p. 225.

Fig. 904.   Fig. 905.   Fig. 906.

Fig. 907.   Fig. 908.   Fig. 901.   Fig. 902.   Fig. 903.

Fig. 901 à 903. — Bembex creusant leurs terriers.
Fig. 904. — Bembex portant un Taon à son Nid.
Fig. 905 et 906. — Bembex au vol.

Fig. 907. — Bembex dissimulant son terrier.
Fig. 908. — Bembex sortant de son terrier.

Fig. 901 à 908. — Les Bembex creusant leurs terriers et les approvisionnant.

'éboulement du sable à mesure que l'Insecte progresse. Dans cette demeure souterraine, la seule pièce à parois immobiles, c'est la cellule spacieuse qu'habite la Larve, au milieu des débris de son festin de quinze jours ; le vestibule étroit où la mère s'engage pour pénétrer dans l'appartement du fond ou pour sortir et aller en chasse s'écroule chaque fois, du moins dans la partie antérieure, creusée au milieu d'un sable très sec, que des entrées et des sorties répétées rendent plus mobile encore. Chaque fois qu'il entre et chaque fois qu'il sort, l'Hyménoptère doit par conséquent se frayer un passage au sein de l'éboulis. » . . . .

..... « Le travail de la cellule est donc des plus rustiques   tout se réduit à une grossière excavation sans forme bien déterminée, à plafond surbaissé et d'une capacité qui donnerait place à deux ou trois Noix.

« Dans cette retraite gît une pièce de gibier, une seule, toute petite et bien insuffisante pour le vorace nourrisson auquel elle est destinée. C'est une Mouche d'un vert doré, *Lucilia Cæsar*, hôte des chairs corrompues. Le Diptère servi en pâture est complètement immobile. Est-il tout à fait mort, n'est-il que paralysé ? Cette question s'élucidera plus tard. Pour le moment, constatons sur le flanc du gibier un Œuf cylindrique, blanc, très légèrement courbe et d'une paire de millimètres de longueur. C'est l'Œuf de Bembex. . . . .

..... « Cette particularité de l'approvisionnement initial avec une pièce de gibier unique et de petite taille n'est pas spéciale au Bembex rostré. Toutes les autres espèces se comportent de même. Si l'on ouvre une loge de Bembex quelconque, peu après la ponte, on y trouve toujours l'Œuf collé sur le flanc d'un Diptère. qui forme à lui seul l'approvisionnement ; en outre, cette ration du début est invariablement de petite taille comme si la mère recherchait des bouchées plus tendres pour le faible nourrisson. Un autre motif d'ailleurs, celui des vivres frais, pourrait bien la guider dans ce choix, ainsi que nous l'examinerons plus tard. Ce premier service de table, toujours plus copieux, varie beaucoup de nature suivant la fréquence de telle ou telle autre espèce de gibier aux environs du Nid. C'est tantôt un *Lucilia Cæsar*, tantôt un *Stomoxys* ou quelque petite Éristale, tantôt un délicat Bombylien habillé de velours noir ; mais la pièce la plus fréquente est une Sphérophorie, à ventre fluet.

« Ce fait général, sans exception aucune, de l'approvisionnement de l'Œuf avec un Diptère unique, ration infiniment trop maigre pour une Larve douée d'un vorace appétit, nous met déjà sur la voie du trait de mœurs le plus remarquable chez les Bembex. Les Hyménoptères dont les Larves vivent de proie entassent dans chaque cellule le nombre de victimes nécessaires à l'éducation complète ; ils déposent l'OEuf sur l'une des pièces et clôturent la loge où ils ne rentrent plus. Désormais la Larve éclot et se développe solitaire, ayant devant elle, du premier coup, tout le monceau de vivres qu'elle doit consommer. Les Bembex font exception à cette loi. La cellule est d'abord approvisionnée d'une pièce de venaison, unique toujours, de faible volume, sur laquelle l'OEuf est pondu. Cela fait, la mère quitte le terrier qui se bouche de lui-même ; d'ailleurs, avant de se retirer, l'Insecte a soin de râtisser le dehors pour égaliser la surface et dissimuler l'entrée à tout regard autre que le sien.

« Deux ou trois jours se passent ; l'OEuf éclot et la petite Larve consomme la ration de choix qui lui a été servie. La mère cependant se tient dans le voisinage ; on la voit tantôt lécher pour nourriture les exsudations sucrées des têtes du Panicaut, tantôt se poser avec délices sur le sable brûlant, d'où elle surveille sans doute l'extérieur du domicile. Par moments elle tamise le sable de l'entrée ; puis elle s'envole et disparaît, occupée peut-être ailleurs à creuser d'autres cellules, qu'elle approvisionne de la même manière. Mais, si prolongée que soit son absence, elle n'oublie pas la jeune Larve si parcimonieusement servie ; son instinct de mère lui apprend l'heure où le vermisseau a fini ses vivres et réclame nouvelle pâture. Elle revient donc au Nid, dont elle sait admirablement retrouver l'invisible entrée ; elle pénètre dans le souterrain, cette fois chargée d'un gibier plus volumineux. La proie déposée, elle quitte de nouveau le domicile et attend au dehors le moment d'un troisième service. Ce moment ne tarde pas à venir, car la Larve consomme les victuailles avec un dévorant appétit. Nouvelle arrivée de la mère avec nouvelle provision.

« Pendant deux semaines à peu près que dure l'éducation de la Larve, les repas se succèdent ainsi, un à un, à mesure qu'il en est besoin, et d'autant plus rapprochés que le nourrisson se fait plus fort. Sur la fin de la quinzaine, il faut toute l'activité de la mère pour suffire à l'appétit du goulu, qui traîne lourdement son ventre au milieu des dépouilles dédaignées, ailes, pattes, anneaux cornés de l'abdomen. A tout moment, on la voit rentrer avec une récente capture ; à tout moment, ressortir pour la chasse. Bref, le Bembex élève sa famille au jour le jour, sans provisions amassées d'avance, comme le fait l'Oiseau apportant la becquée à ses petits encore au Nid. » . . . . .

.... « En fin septembre, autour de la Larve du Bembex de Jules (*B. Julii*), parvenue à peu près au tiers de la taille qu'elle doit définitivement acquérir, je trouve le gibier dont suit le détail : 6 *Echynomyia rubescens*, deux entiers et quatre dépecés ; 4 *Syrphus corollæ*, deux au complet, deux autres en pièces ; 3 *Gonia atra*, tous les trois intacts et dont un apporté à l'instant même par la mère, ce qui m'a fait découvrir le terrier ; 2 *Pollenia ruficollis*, l'un intact. l'autre entamé ; 1 *Bombylius* réduit en marmelade ; 2 *Echinomyia intermedia*, à l'état de débris ; enfin 2 *Pollenia floralis*, encore à l'état de débris. Total : 20 pièces. Voilà certes un menu aussi abondant que varié ; mais comme la Larve n'a guère que le tiers de la grosseur finale, la carte complète du festin pourrait bien s'élever à une soixantaine de pièces. ». . . . .

.....« Examinons si les Bembex font usage de cette profonde science du meurtre. Les Diptères retirés d'entre les pattes du ravisseur entrant dans son terrier ont, pour la plupart, toutes les apparences de la mort ». . . . . .

.....« Les Eristales, les Syrphes, tous ceux enfin dont la livrée présente quelque vive coloration, perdent en peu de temps l'éclat de leur parure. Les yeux de certains Taons, magnifiquement dorés avec trois bandes pourpres, pâlissent vite et se ternissent comme le fait le regard d'un mourant. Tous ces Diptères, grands et petits, enfouis dans des cornets où l'air circule, se dessèchent en deux ou trois jours et deviennent cassants ; tous, préservés de l'évaporation dans des tubes de verre où l'air est stagnant, se moisissent et se corrompent. Ils sont donc morts, bien réellement morts lorsque l'Hyménoptère les apporte à la Larve. Si quelques-uns conservent encore un reste de vie, peu de jours, peu d'heures terminent leur agonie. Ainsi, par défaut de talent dans l'emploi de son stylet ou pour tout autre motif, l'assassin tue à fond ses victimes.

« Étant connue cette mort complète du gibier au moment où il est saisi, qui n'admirerait la logique des manœuvres des Bembex ? Comme tout se suit méthodiquement, comme tout s'enchaîne dans les actes de l'Hyménoptère avisé ! Les vivres, ne pouvant se conserver sans pourriture au delà de deux ou trois jours, ne doivent pas être emmagasinés au grand complet dès le début d'une éducation qui durera pour le moins une quinzaine ; forcément la chasse et la distribution doivent se faire au jour le jour, peu à peu, à mesure que le Ver grandit. La première ration, celle qui reçoit l'OEuf, durera plus longtemps que les autres ; il faudra plusieurs jours au naissant vermisseau pour en manger les chairs. Il la faut par conséquent de petite taille, sinon la corruption gagnerait la pièce avant qu'elle fût consommée. Cette pièce ne sera donc pas un Taon volumineux, un corpulent Bombyle, mais bien une menue Sphérophorie, ou quelque chose de semblable, tendre repas pour un Ver si délicat encore. Viendront après et par ordre croissant les pièces de haute venaison »........

......« L'Hyménoptère doit fondre à l'improviste sur son gibier, sans mesurer l'attaque, sans ménager les coups, comme le fait l'Autour chassant dans les guérets. Mandibules, griffes, dard, toutes les armes doivent concourir à la fois à la chaude mêlée pour terminer au plus vite une lutte où la moindre indécision laisserait à l'attaqué le temps de fuir. Si ces prévisions sont d'accord avec les faits, la capture des Bembex ne saurait être qu'un cadavre ou du moins une proie blessée à mort.

« Eh bien, ces prévisions sont justes : l'attaque du Bembex se fait avec une fougue que ne désapprouverait pas l'Oiseau de proie. Surprendre l'Hyménoptère en chasse n'est pas chose aisée ; vainement on s'armerait de patience, pour épier le ravisseur aux environs du terrier ; l'occasion favorable ne se présenterait pas, car l'Insecte s'envole au loin, et il est impossible de le suivre dans ses rapides évolutions. Ses manœuvres me seraient sans doute inconnues sans le concours d'un meuble dont certes je n'avais jamais attendu pareil service. Je veux parler de mon parapluie, qui me servait de tente contre le soleil au milieu des sables du bois des Issarts.

« Je n'étais pas seul à profiter de son ombre ; ma société était habituellement nombreuse. Des Taons d'espèces diverses venaient se réfugier sous le dôme de soie, et se tenaient paisibles, qui d'ici, qui de là, sur l'étoffe tendue. Leur compagnie me faisait rarement défaut lorsque la chaleur était accablante. Pour tromper mes heures d'inaction, j'aimais à voir leurs gros yeux dorés, qui reluisaient comme des escarboucles à la voûte de mon abri ; j'aimais à suivre leur grave marche quand un point trop échauffé au plafond les obligeait de se déplacer un peu.

« Un jour : pan ! La soie tendue résonne comme la membrane d'un tambour. Quelque Gland peut-être vient de tomber d'un Chêne sur le parapluie. Bientôt après, coup sur coup : pan ! pan ! Un mauvais plaisant viendrait-il troubler ma solitude et lancer sur le parapluie des Glands ou des menus cailloux ? Je sors de ma tente, j'inspecte le voisinage : rien. Le même coup sec se reproduit. Je porte mes regards au plafond et le mystère s'explique. Les Bembex du voisinage, consommateurs de Taons, avaient découvert les riches victuailles qui me faisaient société, et pénétraient effrontément sous l'abri pour piller au plafond les Diptères. Les choses se passaient à souhait, je n'avais qu'à laisser faire et à regarder »........

......« Pour donner le coup de grâce à leurs Taons mal sacrifiés, et se débattant encore entre les pattes du ravisseur, j'ai vu des Bembex mâchonner la tête et le thorax des victimes. Ce trait à lui seul démontre que l'Hyménoptère veut un vrai cadavre et non une proie paralysée, puisqu'il met si peu de ménagements à terminer l'agonie du Diptère. Tout considéré, je pense donc que d'une part la nature du gibier trop prompt à se dessécher, et d'autre part les difficultés d'une attaque aussi rapide, sont cause que les Bembex servent à leurs Larves une proie morte, et les approvisionnent par conséquent au jour le jour. »

LES MONÉDULES — *MONEDULA* (1)

La structure des Bembex vivant de préférence dans les pays chauds se modifie quelque peu ; aussi Latreille s'est-il trouvé amené à créer, sous le nom de *Monedula,* un genre spécial.

Caractères. — Tandis que chez les *Bembex* les palpes maxillaires se composent de quatre articles, et les palpes labiaux de deux, chez les *Monedula* ils comptent respectivement six et quatre articles. Les deux dernières cellules sous-marginales se rétrécissent beaucoup plus en avant ; mais, en dehors de quelques différences insignifiantes, ce sont là les deux caractères principaux sur lesquels est basée cette division.

Distribution géographique. — Ce sont des habitants de l'Amérique intertropicale, notamment du Brésil.

Mœurs, habitudes, régime. — Bates écrit, à propos de l'une des espèces de ce genre, la *Monedula signata :* « Ces Hyménoptères consti-

(1) *Monedula,* corneille.

tuent un véritable bienfait pour les voyageurs des régions de l'Amazone martyrisés par les « *Mutucas* » des Indigènes, connues des Diptérologues sous le nom de *Hadans lepidotus*. C'est en débarquant sur un banc de sable, à la lisière d'une forêt, pour y cuire mon déjeuner, que j'ai observé pour la première fois la chasse qu'elles faisaient à ces Mouches. Je fus fort étonné de voir une de ces Guêpes, dont la bande voltigeait au-dessus de nous, s'abattre tout droit sur mon visage ; elle avait épié une *Mutuca* sur mon cou, et s'était précipitée sur elle. Elle saisit la Mouche entre ses quatre pattes antérieures et l'enleva en la serrant délicatement contre son thorax. L'Insecte a la taille d'un Frelon, mais il présente l'aspect d'une Guêpe. »

LES PHILANTHES — *PHILANTHUS* (1)

Die Philanthinen.

Caractères. — Ces Animaux ont une large tête ; leurs antennes, courtes, séparées par un faible intervalle, se distinguent par leur fouet renflé au milieu. Ces Guêpes se caractérisent, en outre, par l'existence sur l'aile antérieure de trois cellules sous-marginales closes et de trois cellules médianes. La seconde cellule médiane, pentagonale, reçoit vers son milieu la première nervure récurrente ; la troisième cellule médiane, très rétrécie en avant, reçoit à son origine la deuxième nervure récurrente. Les segments de l'abdomen ne sont pas séparés.

LE PHILANTHE APIVORE. — *PHILANTHUS APIVORUS OU TRIANGULUM.*

Bunter Bienenwolf,

Caractères. — Sa longueur oscille entre 9 et 16^{mm} (fig. 914, p. 689). Les marques de la tête sont blanches : elles occupent sa partie inférieure jusqu'au niveau des antennes séparées par trois pointes, et les bords internes des yeux, à peu près jusqu'au fond de leur échancrure. Les marques jaunes qui ornent le corps varient de telle sorte que parfois cette couleur noire prédomine sur la teinte fondamentale ; la surface de l'abdomen, sessile et lancéolée, ne présente plus alors qu'un triangle noir à la base de ses segments. Habituellement les anneaux du corps sont noirs et leurs bords postérieurs portent des bandes jaunes qui s'élargissent sur les

(1) Φιλάνθής, qui aime les fleurs.

côtés ; sur le thorax, le collier, les épaules, le postécusson, et deux taches situées en avant, sont de la même teinte.

Mœurs, habitudes, régime. — Le Philante apivore est animé des plus mauvais instincts, et ses attaques de brigandage lui ont fait une triste renommée parmi les Apiculteurs. Le nom de Loup des Abeilles qu'on lui a donné en Allemagne provient de ce qu'il emporte, pour alimenter chacune de ses Larves, quatre à six Abeilles, et qu'il se contente au besoin d'autres Apides. Hardi, et revêtu d'une forte armure, il fond de haut, d'un seul bond, sur sa proie ; celle-ci, prise à l'improviste, est enlevée en toute hâte, jetée à terre, et paralysée, avant d'avoir pu songer à se défendre. Emportant sa proie au-dessus de lui, il s'envole vers son Nid, ainsi que le représente la figure 927, p. 693. Celui-ci se trouve situé auprès d'autres repaires, et au voisinage des Ruches.

Les talus sablonneux exposés au soleil fournissent à l'observateur attentif les meilleures occasions d'étudier les mœurs des Philanthes. Schenck découvrit de ces repaires entre les moellons d'une construction nouvelle à Wiesbaden ; M. Lucas a trouvé ces brigands emportant leur proie dans des endroits très animés autour de Lion-sur-Mer.

Le Philanthe creuse ses couloirs, qui ont jusqu'à 31^{cm},4 de long comme les Hyménoptères apparentés qui mènent le même genre d'existence ; il élargit leur extrémité terminale qui sert de chambre d'incubation, et en ferme l'entrée après avoir déposé un Œuf sur les Abeilles rapportées à son intention. Autant d'Œufs à pondre, autant de mines à creuser. Au mois de juin suivant apparaissent les jeunes Loups-des-Abeilles, dont les Femelles fécondées poursuivront les manœuvres auxquelles leurs mères se livraient l'été précédent.

Fig. 909. — Philanthe coronatus.

Nous figurons également (fig. 909) le Philanthe couronné (*Philanthus coronatus*) du midi de la France.

LES CERCÉRIS — *CERCERIS* (1)

Knoten wespen.

Caractères. — Les Cerceris sont très proches parentes des Philanthes.

Entre les antennes, qui ne sont pas fortement ployées, prend naissance une crête longitudinale qui descend vers la face ; celle-ci est remarquable chez le Mâle, toujours plus petit, par les marques jaunes dont elle est richement décorée, et les cils vibratils dorés qui se trouvent aux angles du chaperon. Cet ornement manque chez la Femelle ; mais celle-ci se distingue en revanche, chez quelques espèces, par la présence sur la face de lames spéciales et de prolongements en forme de nez. La seconde cellule sous-marginale est triangulaire et pédiculée ; la cellule marginale est arrondie et mousse à son extrémité (fig. 743, p. 521). Chez les Cerceris, le premier segment de l'abdomen se détache des autres, en forme de nodosité ; les suivants s'étranglent également aux articulations, en sorte que la forme de l'abdomen permet de reconnaître le genre, au premier coup d'œil. Une particularité différencie les sexes, c'est la forme du dernier arceau dorsal ou tergite, qui constitue la « valve anale supérieure » ; chez le Mâle elle est régulièrement quadrangulaire ; chez la Femelle elle est rétrécie en arc de cercle, en avant et en arrière, ce qui lui donne un contour elliptique.

La plupart des Cerceris ont un revêtement noir avec des bandes jaunes ou blanches sur l'abdomen ; dans les pays chauds, elles sont aussi entièrement rouges ou d'un rouge jaunâtre, avec des marques foncées.

Distribution géographique. — Les nombreuses espèces de ce genre sont répandues sur toute la terre.

Mœurs, habitudes, régime. — On trouve ces Cerceris, assez remuantes, sur les fleurs ; leurs conduits courbes s'enfoncent dans la terre jusqu'à 26^{cm},2 de profondeur. Les différentes espèces rapportent pour nourrir leurs Larves divers Insectes ; celles de nos pays récoltent surtout des Andrènes, des Halictes, et d'autres Hyménoptères fouisseurs ou térébrants. Quelques espèces font la chasse aux Charançons (*Sitones, Phytonomus, Rhynchites, Apion,* etc.) ; c'est ainsi que J.-H. Fabre put recueillir (2), dans un Nid de *Cerceris vespoïdes,*

(1) *Cerceris,* nom d'oiseau.

(2) Fabre, *Souvenirs entomologiques.* Paris, 1879, p. 191.

de Rossi, un *Cleonus ophthalmicus* (Coléoptère Curculionide très difficile à trouver en masse). Une ou deux piqûres faites par le Cerceris entre le premier et le second anneau du thorax plongent le Coléoptère dans une mort apparente. Léon Dufour vit une espèce de Cerceris, dont nous allons retracer l'histoire, rapporter dans son Nid des Coléoptères Buprestides fort beaux et assez rares, et lui donna le nom de Cerceris bupresticide (*Cerceris bupresticida*). Dans ces deux cas, ce fut avec une facilité surprenante que la Guêpe emporta entre ses six pattes sa proie, dont le poids dépassait le sien notablement, et qu'elle en rapporta une nouvelle chaque fois qu'on lui eût soutiré l'ancienne. La chasse minutieuse de l'Entomologiste bien plus encore que la haute vénerie n'offre-t-elle pas attrait, imprévu, variété !

Meurtre, brigandage et fourberie, telles sont les occupations des Cerceris, celles de milliers et de milliers d'autres Insectes, ainsi que des Animaux plus élevés : pour assurer leur propre conservation, et en partie pour faire notre bonheur ou nous remplir de joie !

LA CERCÉRIS DES SABLES. — *CERCERIS ARENARIA.*

Caractères. — La Cercéris-des-sables (fig. 915 et 916, p. 689) représente l'espèce du genre Cerceris la plus grande et la plus commune dans nos pays.

Le Peletier observa parfois une Mouche *Tachina,* qui survenait pendant que la Guêpe introduisait sa proie dans son antre, et qui y déposait son Œuf ; plus tard, il retrouvait dans le Nid la pupe en forme de barillet de cette Mouche.

C'est un Insecte, à tête noire, marquée de quelques taches jaunes ; à chaperon jaune avec le bord antérieur noir ; à antennes noires, à premier article noir avec une petite ligne jaune ; à corselet noir avec une ligne jaune de chaque côté sur les épaules et une tache de même couleur de chaque côté du métathorax ; à écusson noir ; à post-écusson jaune ; à abdomen noir en dessus, avec une grande tache jaune de chaque côté du premier segment, bord postérieur des quatre autres ayant une bande jaune, à ailes un peu rousses, transparentes et enfermées vers le bout et le bord antérieur, avec les nervures ferrugineuses.

Mœurs, habitudes, régime. — « Le choix que la *Cerceris arenaria* fait de ses victimes, raconte

Le Pelétier (1), me parut bien étonnant. J'ai
souvent eu sous les yeux à la fois quatre-vingts
ou plus d'individus Femelles de cette espèce,
travaillant à la construction et à l'approvisionnement de leur Nid. Je les observai entre autres
dans un bout d'allée pavée sur le parterre du châ-
teau de Saint-Germain-en-Laye; elles faisaient
leur fouille presque perpendiculairement dans
l'intervalle qui séparait ces pavés : l'enlèvement
d'un de ceux-ci me fit voir dans plusieurs Nids
qu'elle en changeait la direction lorsqu'une
fois elle avait poussé son petit terrier jusqu'à
la base du pavé et le recourbait sous celui-ci.
C'est dans cette partie ainsi abritée qu'elle
établissait son magasin de provisions, et cette
provision se composait, qui l'aurait cru ? de
huit ou dix Curculionites à l'état parfait, et,
chose plus étonnante encore, ces Curculionites étaient choisis presque tous, quoique
d'espèces différentes (j'en ai reconnu à peu
près 25), parmi les Curculionites à élytres
connées. On se demande naturellement comment une Larve molle toute sa vie, encore plus
tendre à sa naissance, peut attaquer des proies
aussi cuirassées que le sont celles-ci. Cependant
ayant au bout d'un mois soulevé un autre pavé
autour duquel j'avais précédemment remarqué que plusieurs Nids avaient été faits, je
vis de suite que tous les corps de ces Curculionites étaient vides, non pas parce que les
parties liquides de l'intérieur étaient desséi-
chées, mais parce qu'elles avaient été exactement enlevées et mangées. La presque totalité
de ces proies étaient en deux morceaux, l'une
composée de la tête, l'autre du corselet et de
tous les membres qui en dépendent, joint à
l'abdomen recouvert par les élytres. Un petit
nombre conservaient leurs corps entiers et
avaient un petit trou rond sur la partie qu'on
pourrait appeler l'épaule de l'élytre et qui est
ordinairement un peu élevée en tubercule
(anomalie dont je donnerai plus bas la raison),
et l'on en conclura qu'il y a des motifs pour
attribuer aux efforts de la Larve de la *Cerceris*
la séparation des premiers en deux parties,
dont les portions dures ne sont entamées nulle
part.

« J'ai vu maintes fois les mères *Cerceris*
apportant ces Curculionites à leur Nid. La position dans laquelle était la proie par rapport
au ravisseur m'a paru toujours la même dans
le vol : car c'est au vol qu'elle est charriée, et

ce vol est assez lent ; elle est renversée sur le
dos entre les pattes de la Cerceris qu'elle tient
elle-même entre ses six pattes : ses tarses sont
appliqués sur le corps de la Cerceris qui de son
côté le soutient au moyen des épines dont ses
jambes sont garnies. Je me suis amusé quelquefois à dépouiller de leurs proies des Femelles
Cerceris arrivant à leur Nid. Lorsque je les pre-
nais chargées dans mon filet, j'éprouvais de la
résistance à les séparer de leur proie, et celle-
ci m'a paru dans ce cas venir plus de l'adhérence des pattes du Curculionite au corps de
la Cerceris que des efforts de celle-ci pour
garder sa victime. Aussi, pour s'en séparer,
ce qu'elle est obligée de faire pour l'entrer
dans son Nid, la voit-on s'élever de terre sur ses
tarses, et s'efforcer pour l'isoler d'elle au
moyen des épines de ses jambes. J'eus encore
un autre sujet d'étonnement en examinant les
proies enlevées aux *Cerceris* : les étuis de tous
ces individus, ainsi conquis, étaient mous et
tellement souples, qu'ils pliaient sous le
doigt et sous l'épingle, ainsi que les autres
parties que l'on sait être si dures dans la plupart des Curculionites, et surtout dans ceux
dont il s'agit ici à élytres connées, après leur
sortie de la coque, en venant jouir de leurs
facultés d'Insectes parfaits. Où donc ceux-ci
ont-ils été pris, pour se trouver dans cet état de
mollesse ? Ces proies avaient la vie et plus de
mouvement que celles que nous avons vues
jusqu'ici ; laissées libres dans une boîte, elles
prenaient toutes leurs facultés, au bout d'un
laps de quelques jours leur enveloppe connée
devenait dure. Je ne pouvais supposer qu'elles
eussent été piquées de l'aiguillon par la Cerceris. Où cette arme aurait-elle pu se faire
jour ? Je fus réduit en réfléchissant à donner
un talent de plus à nos ravisseurs, celui de
trouver leur proie dans sa coque dans un état
parfait à l'extérieur, mais non pas à l'intérieur
et qui ne permet pas encore l'usage de diverses
facultés, entre autres le service entièrement
libre des organes de locomotion. On sait
qu'après leur dernier changement de peau,
beaucoup d'Insectes restent un assez long
temps dans leurs coques ; probablement pour
attendre une consolidation suffisante des
parties intérieures et extérieures. Il est permis,
d'après ce que nous venons de dire, de croire
que les *Cerceris* vont surprendre dans cet état
les Curculionites. Il était essentiel, pour l'approvisionnement du Nid qui reste ouvert pendant les divers voyages de chasse qui durent

(1) Le Peletier, *Histoire naturelle des Hyménoptères*,
t. II, p. 563.

souvent chacun un quart d'heure, que les Curculionites déjà placés ne pussent pas se déplacer ou même sortir du Nid. Il fallait donc
qu'ils ne pussent encore marcher. »

LA CERCERIS BUPRESTICIDE. — *CERCERIS BUPRESTICIDA.*

Caractères. — La plupart des Cerceris ont
des taches jaunes soit au corselet, soit à l'écusson ; dans cette espèce ces parties, ainsi que le
premier segment nodiforme de l'abdomen,
sont tout à fait noires. La première bande
jaune du dos a une petite échancrure en arrière,
les autres en ont une large en avant ; les cuisses
sont généralement noires avec l'extrémité
jaune ; les jambes et tarses sont jaunes.

Mœurs, habitudes, régime. — « Je ne vois
dans l'histoire des Insectes, dit Léon Dufour (1)
dans une lettre adressée à M. Audouin, aucun
fait aussi curieux, aussi extraordinaire que
celui dont je vais vous entretenir. Il s'agit
d'une espèce de Cerceris qui a un goût des
plus recherchés, puisqu'il n'alimente sa famille
qu'avec les espèces les plus distinguées, les
plus somptueuses du genre *Richard* ou *Bupreste*. Permettez-moi de vous associer et aux
vives impressions que m'ont procurées ces
recherches, et aux conquêtes précieuses que
m'a valu l'étude de cette entomologie souterraine inconnue jusqu'à ce jour. Ces faits
qui sont positifs et matériels paraîtront presque un roman à ceux qui n'en ont jamais
constaté de semblables ; abordons-les en suivant tout simplement l'ordre de leur succession, je vous ferai connaître par la description
et les figures les Métamorphoses du *Cerceris*
qui sont aussi une acquisition nouvelle pour
la science.

« En juillet 1839, M. Diris, un de mes amis,
qui habite la campagne, m'envoya deux individus du *Buprestis bifasciata, Oliv.*, Insecte
alors nouveau pour ma collection, en m'apprenant qu'une espèce de Guêpe qui transportait
un de ces jolis Coléoptères l'avait abandonné
sur son habit et que peu d'instants après une
semblable Guêpe en avait laissé tomber un
autre à terre. En juillet 1840, étant allé pour
une visite, comme médecin, dans la maison
de M. Diris, je lui rappelai sa capture de

l'année précédente, et je m'informai des circonstances qui l'avaient accompagnée. La
conformité de saison et des lieux me faisait
espérer de renouveler moi-même cette conquête ; mais le temps était, ce jour-là, sombre
et froid, peu favorable par conséquent à la
circulation des Hyménoptères. Néanmoins,
nous nous mîmes en observation dans les
allées du jardin, et ne voyant rien venir, il me
restait la ressource de me courber sur le sol
pour y chercher des habitations d'Hyménoptères fouisseurs. Un léger tas de sable récemment remué et formant comme une petite Taupinière attira mon attention. En le grattant, je
reconnus qu'il masquait l'orifice d'un conduit qui s'enfonçait profondément ; au moyen
d'une bêche, nous défonçons avec précaution
le terrain, et nous ne tardons pas à voir briller
des élytres éparses du Bupreste si convoité.
Bientôt ce ne sont plus des élytres isolées, des
fragments que je découvre, c'est un Richard
tout entier, ce sont trois ou quatre Richards,
qui étalent leur or et leurs émeraudes. Je n'en
croyais pas mes yeux. Mais ce n'était là qu'un
prélude de mes jouissances. Dans le chaos des
débris de l'exhumation un Hyménoptère se
présente et tombe sous ma main : c'était le
ravisseur des Buprestes qui cherchait à s'évader
du milieu de ses victimes. Dans cet Insecte
fondateur et fouisseur, je reconnais une vieille
connaissance, un Cerceris que je donne comme
nouveau (1) et que j'ai trouvé deux fois dans
ma vie, soit en Espagne, soit dans les environs
de Saint-Sever.

« Mon ambition était loin d'être satisfaite. Il
ne me suffisait pas de connaître et le ravisseur
et l'objet ravi ; il me fallait le consommateur
de ces opulentes provisions. Après avoir épuisé
ce premier filon buprestigère, que j'avais
suivi jusqu'à un pied de profondeur, je courus
à de nouvelles fouilles, je sondai avec un soin
plus scrupuleux ; je parvins enfin à démêler
deux larves qui complétèrent la bonne fortune
de cette campagne. En moins d'une heure, je
bouleversai trois repaires de Cerceris, et mon
butin fut une quinzaine de Buprestes entiers
avec des fragments d'un plus grand nombre
encore. Je calculai, en restant, je crois, bien
en dessous de la vérité, qu'il y avait dans ce
jardin vingt-cinq Nids, ce qui faisait une somme
énorme de Buprestes enfouis. Que sera-ce donc,
me disais-je, dans des localités où en quelque

---

(1) Léon Dufour, *Observations sur les Métamorphoses
du Cerceris bupresticida et sur l'industrie et l'instinct
entomologique de cet Hyménoptère* (Ann. des sciences
nat., 1841, 2ᵉ série, tome XV, Zoologie, p. 354).

(1) Dufour, *Recherches anatomiques sur les Hyménoptères.*

heures j'ai pu saisir sur les fleurs des Alliacées jusqu'à soixante Cerceris femelles, dont les Nids suivant toute apparence étaient dans le voisinage, et approvisionnés sans doute avec la même somptuosité? Ainsi, mon imagination, d'accord avec les probabilités, me faisait entrevoir sous terre, et dans un rayon peu étendu, des *Buprestis bifasciata* par milliers, tandis que depuis plus de trente ans que j'explore l'entomologie de nos contrées, je n'en ai jamais trouvé un seul dans la campagne. Une fois seulement, il y a peut-être vingt ans, je rencontrai engagé dans un trou d'un vieux Chêne un abdomen de cet Insecte revêtu de ses élytres. Ce dernier fait, tout insignifiant qu'il m'avait paru jusqu'alors, cessa de l'être en ce moment et devint pour moi un trait de lumière. En m'apprenant que la Larve du *B. bifasciata* devait vivre dans le bois de Chêne, il me rendait parfaitement raison de l'abondance de ce Coléoptère dans un pays où les forêts sont exclusivement formées par cet arbre. Mais, comme le *Cerceris bupresticida* est rare dans les collines argileuses de cette dernière contrée, comparativement aux plaines sablonneuses peuplées par le Pin maritime, il devenait piquant pour moi de savoir si cet Hyménoptère fouisseur, lorsqu'il habite la région pinicole où les Chênes ne s'observent qu'isolément et de loin en loin, approvisionnait ses Nids comme dans la région quercicole. J'avais de fortes présomptions qu'il ne devait pas en être ainsi, et vous verrez bientôt avec quelque surprise combien est exquis le tact entomologique de notre *Cerceris*, dans le choix des nombreuses espèces du genre Bupreste.

« Hâtons-nous donc de nous rendre dans le pays des Pins pour moissonner de nouvelles jouissances, et, comme on dit, frappons le fer quand il est chaud. M. de Basquiat, que vous connaissez, possède dans la commune de Souprosse, à quatre lieues au nord-ouest de Saint-Sever et au milieu des forêts de Pin maritime, une propriété où il réside habituellement. C'est sur les fleurs des Alliacées et des Ombellifères de son jardin, que chaque année je trouve en juillet une quantité prodigieuse de *Cerceris*, de *Palarus*, de *Crabro*, de *Philanthus*, de *Larra* et autres Hyménoptères fouisseurs. M. Alphonse de Toulouzette, qui nous est particulièrement connu, m'accompagna dans cette expédition entomologique, et ne contribua pas peu à en assurer les heureux résultats.

« Les repaires de la Cerceris furent bientôt reconnus. Ils étaient exclusivement pratiqués dans les maîtresses allées du jardin, où le sol plus battu, plus compact à sa surface, offrait à l'Hyménoptère fouisseur des conditions nécessaires de solidité pour l'établissement de son domicile souterrain. Nous en visitâmes une vingtaine environ, et, je puis le dire, à la sueur de mon front. C'est un genre d'exploitation plus long et plus pénible qu'on ne le croirait. Les Nids, et par conséquent les provisions, ne se rencontrent qu'à un pied de profondeur. Aussi, pour éviter leur dégradation, il convient, après avoir enfoncé dans la galerie du *Cerceris* un chaume de Graminée ou une tige grêle de plantes qui servent de jalon et de conducteur, d'investir la place par une ligne de sape carrée, dont les côtés soient distants de l'orifice ou du jalon d'environ sept à huit pouces. Il faut saper avec une pelle de jardin, de manière que la motte centrale, bien détachée dans son pourtour, puisse s'élever en une ou deux pièces que l'on renverse sur le sol pour la briser ensuite avec circonspection. Telle est la manœuvre qui m'a réussi.

« Vous eussiez partagé, mon ami, notre enthousiasme, à la vue des belles espèces de Bupreste que cette exploitation si nouvelle étala successivement à nos regards empressés. Il fallait entendre nos exclamations, nos acclamations, toutes les fois qu'en renversant de fond en comble la mine, on mettait en évidence de nouveaux trésors, rendus plus éclatants encore par l'ardeur du soleil, ou lorsque nous découvrions, ici des Larves de tout âge attachées à leur proie, là des coques de ces Larves tout incrustées de cuivre, de bronze ou d'émeraude. Moi qui suis un entomophile praticien, et depuis, hélas! trois ou quatre fois dix ans, je n'avais jamais assisté à un spectacle si ravissant, je n'avais jamais vu pareille fête : vous y manquiez pour en doubler la jouissance. Notre admiration, toujours progressive, se portait alternativement de ces brillants Coléoptères au discernement merveilleux, à la sagacité étonnante de la Cerceris qui les avait ainsi enfouis et emmagasinés.

« Le croiriez-vous, sur plus de quatre cents individus de ces Coléoptères, l'investigation la plus scrupuleuse n'a jamais aperçu un seul fragment, le plus mince débris qui n'appartinssent point au vieux genre Bupreste. La plus minime erreur n'a point été commise par notre savant Hyménoptère prédateur, par cet habile Bupresticide. Quels enseignements à

Fig. 910. Fig. 911. Fig. 918. Fig. 917. Fig. 919. Fig. 915. Fig. 916. Fig. 920.

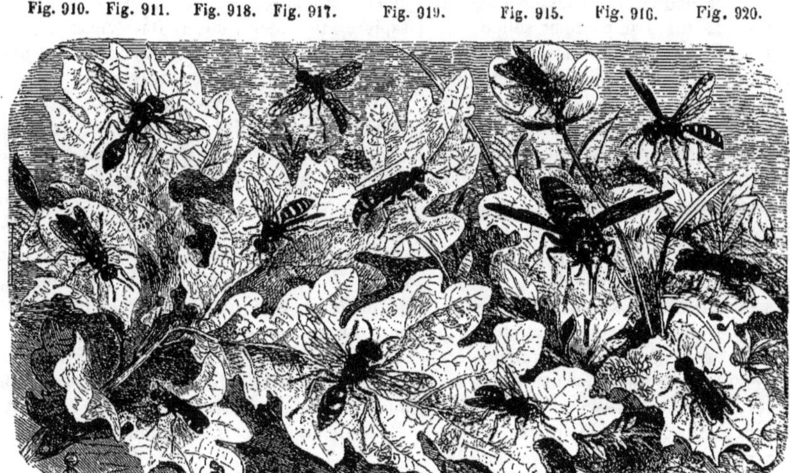

Fig. 912. Fig. 914. Fig. 922. Fig. 913. Fig. 921.

Fig. 910 et 911. — Melline des champs, Mâle et Femelle.
Fig. 912. — Melline des sables.
Fig. 913. — Bembex à bec.
Fig. 914. — Philanthe apivore.
Fig. 915 et 916. — Cerceris des sables, Mâle et Femelle.

Fig. 917. — Tripoxylon potier.
Fig. 918 et 919. — Crabro à patelles, Mâle et Femelle.
Fig. 920. — Crossocerus scutatus, Mâle.
Fig. 921. — Crossocerus elongatus.
Fig. 922. — Oxybèle redoutable.

Fig. 910 à 922. — Différents types de Sphégides (Crabronines).

puiser dans cette intelligente industrie d'un si petit Insecte ! Quel prix Latreille n'aurait-il pas attaché au suffrage de cette Cerceris en faveur de la méthode naturelle ! Quelle critique n'y voyons-nous pas de cette manie germanique de multiplier les noms des genres en détruisant jusqu'à celui du type principal pour surcharger la mémoire de noms plus ou baroques, lorsqu'on pourrait se borner à établir dans le même groupe générique des divisions pour faciliter l'étude des espèces.

« Voici une petite statistique qui vous indiquera la proportion numérique de ces espèces en vous observant que je ne porte en compte que les individus intégralement conservés, résultant de l'exploitation d'une trentaine de Nids, soit dans la région pinicole, soit dans la quercicole :

B. 8-guttata	70	individus.
B. bifasciata	56	—
B. Pruni	37	—
B. tarda	15	—
B. biguttata	12	—
B. micans	7	—
B. flavo-maculata		—
B. chrysostigma		—
B. 9-maculata		fragments.
Total	202	individus.

« Les individus mutilés ou les innombrables fragments, d'après un calcul fondé sur le nombre de cellules qui est de cinq par Nid, et sur le nombre des Buprestes destinés à leur approvisionnement qui est de trois par cellules, sont représentés par la somme 248.

« En sorte que j'ai exhumé dans les trente Nids 450 individus du vieux genre Bupreste.

« N'est-ce pas un fait bien curieux, bien extraordinaire, que cette collection monographique faite par notre Cerceris. Et que ne dois-je pas espérer à l'avenir, en guettant ce ravisseur, ce pourvoyeur de Buprestes, en violant son domicile en temps opportun pour m'emparer de son gibier ? N'est-il pas vraisemblable que si je parviens à découvrir ses Nids dans les localités peuplées d'arbres différents, je finirai par connaître et posséder tous les Buprestes de grande et moyenne taille qui habitent le pays ! D'après cela, mon ami, vous voyez que si je veux trouver des Richards, il faut que je cherche les Cerceris, leurs implacables ennemis. C'est là une insecticeptologie d'un genre tout nouveau.

« Passons maintenant aux diverses manœuvres de la Cerceris pour établir et approvisionner ses Nids. J'ai déjà dit qu'il choisit les terrains dont la surface est battue, compacte et solide ; j'ajoute que ces terrains doivent être secs et exposés au grand soleil. Il y a dans ce choix une intelligence ou, si vous voulez, un instinct qu'on serait tenté de croire le résultat de l'expérience. Une terre meuble, un sol uniquement sableux, sont, sans doute, bien plus faciles à pénétrer ; mais comment y pratiquer un orifice qui peut rester béant pour le besoin du service, et une galerie dont les parois ne fussent pas disposées à s'ébouler à chaque instant, à se déformer, à s'obstruer à la moindre pluie ? Ce choix est donc rationnel ou parfaitement calculé. Notre Hyménoptère fouisseur creuse sa galerie au moyen de ses mandibules et de ses tarses antérieurs, qui à cet effet sont garnis de piquants raides, faisant l'office de rateaux. Il ne faut pas que l'orifice ait seulement le diamètre du corps du mineur, il faut qu'il puisse admettre une proie bien plus épaisse que lui. C'est une prévoyance admirable. A mesure que la Cerceris s'enfonce dans le sol, il amène au dehors les déblais, et ce sont ceux-ci qui forment le tas que j'ai comparé plus haut à une petite Taupinière. Cette galerie n'est pas verticale, ce qui l'aurait infailliblement exposée à se combler, soit par l'effet du vent, soit par bien d'autres causes. Non loin de son origine, elle forme un coude qui le plus souvent m'a semblé dirigé du midi au nord pour revenir ensuite obliquement vers l'axe perpendiculaire. Elle a de sept à huit pouces de longueur. C'est au delà de la terminaison que l'industrieuse mère établit les berceaux de sa postérité. Ces derniers sont cinq cellules séparées et indépendantes les unes des autres, disposées en une sorte de demi-cercle, creusées de manière à avoir la forme et presque la grandeur d'une olive, polies et solides à leur intérieur. Chacune d'elles est assez grande pour contenir trois Buprestes, qui sont la ration ordinaire pour chaque Larve. Il paraît que la mère pond un Œuf au milieu des trois victimes, et bouche ensuite la cellule avec de la terre, de manière que quand l'approvisionnement de toute la couvée est terminé, il n'existe plus de communication avec la galerie.

« Quand la Cerceris revient de la chasse avec son gibier entre les pattes, elle met pied à terre à la porte de son logis souterrain, et l'y dépose momentanément. Elle entre tout aussitôt à reculons dans sa galerie, saisit sa victime avec ses mandibules et l'entraîne au fond du clapier.

Je l'ai aussi surprise souvent pénétrant dans la tanière sans aucun butin. Dans ce cas, lorsque les cellules sont en constructions et non encore approvisionnées, on conçoit sa présence pour des travaux avec des matériaux qu'elle trouve à pied d'œuvre ; mais lorsque, vers la mi-août, les provisions sont consommées et les Larves hermétiquement recluses dans leurs cocons, vous voyez encore entrer la Cerceris dans sa galerie sans y rien apporter. Il est évident alors que cette vigilante mère va s'assurer, par des visites réitérées, qu'aucun ennemi, qu'aucun accident ne menace ou ne dérange le précieux réceptacle de sa progéniture. Il m'est souvent arrivé de la rencontrer au fond de sa galerie vers la fin du jour, et il est probable qu'elle y passe la nuit.

« La *Cerceris Bupresticida*, dont je n'ai pas encore eu l'occasion de suivre les manœuvres prédatrices, doit être un adroit, un intrépide, un habile chasseur. La propreté, la fraîcheur des Buprestes qu'il enfouit dans sa tanière, portent à croire qu'elle les saisit au moment où ces Coléoptères sortent des galeries ligneuses où vient de s'opérer leur dernière Métamorphose.

« Les Buprestes enterrés, ainsi que ceux dont je me suis emparé entre les pattes de leurs ravisseurs, sont toujours dépourvus de tout signe de vie ; en un mot, ils sont décidément morts. Je remarquai avec surprise que, quelle que fût l'époque de l'inhumation de ces cadavres, non seulement, comme je l'ai dit, ils conservaient toute la fraîcheur de leur coloris, mais ils avaient les pattes, les antennes, les palpes et les membranes qui unissent les parties du tronc parfaitement souples et flexibles. On ne reconnaissait en eux aucune mutilation, aucune blessure apparente. On croirait d'abord en trouver la raison, pour ceux qui sont ensevelis, dans la température fraîche des entrailles du sol, dans l'absence de l'air et de la lumière, et, pour ceux enlevés aux ravisseurs, dans une mort très récente. Mais observez, je vous prie, que lors de mes explorations, après avoir placé isolément dans des cornets de papier les nombreux Buprestes exhumés, il m'est souvent arrivé de ne les enfiler avec les épingles qu'après trente-six heures de séjour dans les cornets. Eh bien ! malgré la sécheresse et la vive chaleur de juillet, j'ai toujours trouvé la même flexibilité dans leurs articulations. Il y a plus, c'est qu'après ce laps de temps, j'ai disséqué plusieurs d'entre eux, et leurs viscères étaient aussi parfaitement conservés que si j'avais porté le scalpel dans les entrailles encore vivantes de ces Insectes. Or, une longue expérience m'a appris que, même dans un Coléoptère de cette taille, lorsqu'il s'est écoulé douze heures depuis la mort en été, les organes intérieurs sont ou desséchés ou corrompus, de manière qu'il est impossible d'en constater la forme et la structure. Il y a donc dans les Buprestes mis à mort par la Cerceris, quelque circonstance particulière qui les met à l'abri de la dessiccation et de la corruption pendant une ou peut-être deux semaines? Voyons si nous pourrions arriver à la solution de cette question.

« J'ai observé que quelques-uns de ces Buprestes, un petit nombre à la vérité, avaient la tête déviée sur un côté et comme luxée. J'étais d'autant plus porté à attacher quelque importance à ce fait, que je venais d'être témoin du suivant : Dans le même temps où j'exploitais les mines de Buprestes, je rencontrai plusieurs Nids de *Palarus flavipes* approvisionnés, comme je vous l'ai déjà dit, avec des espèces et des genres très variés d'Hyménoptères. Ceux-ci, morts, mais flexibles dans leurs articulations, avaient tous, sans exception, la tête tordue comme si on les avait étranglés ; et pour peu qu'on les maniât sans précaution, ils se décapitaient facilement. Vous le savez, dans les Hyménoptères, la tête, très mobile, n'est unie au prothorax que par un pédicelle, un col fibro-membraneux, en sorte qu'il n'est pas difficile au *Palarus* de la tordre avec violence, de la luxer. Cette sorte de strangulation amène inévitablement la lésion intérieure du cordon nerveux qui unit le ganglion céphalique au premier ganglion thoracique. Par l'effet de cette lésion, l'innervation est interceptée, il y a perte absolue de la sensibilité, ce qui détermine à l'instant une paralysie générale suivie tout aussitôt de la mort. C'est absolument comme ce qui arrive dans les grands Animaux par la blessure profonde ou la section de la moelle épinière entre la première vertèbre cervicale et le trou occipital. Je suis donc très porté à croire que la Cerceris occasionne la mort prompte du Bupreste en piquant avec son dard vénénifère sa moelle épinière entre la tête et le prothorax. Ce genre d'assassinat est sans doute rendu plus exécutable au moment où ce Coléoptère s'efforce de sortir de son étroite prison, ce qui rend sa défense et même ses mouvements impossibles.

« La Femelle de la Cerceris, comme celle de l'immense majorité des Hyménoptères, est pourvue d'une glande vénénifique composée de vaisseaux sécréteurs, d'un réservoir et d'un canal excréteur qui aboutit à un dard rétractile placé dans le voisinage de l'anus. Mais croyez-vous que cet appareil se borne à être une arme offensive et ne pensez-vous pas avec moi que le liquide subtil qu'il excrète peut avoir cette précieuse qualité conservatrice dont il vient d'être question ? pour moi, j'ai cette conviction intime. Il serait bien curieux que l'analyse chimique pût s'exercer sur cette liqueur et surtout qu'on parvînt à composer un aussi puissant antiseptique. Malgré les découvertes de M. Gannal sur la conservation des chairs, on pourrait peut-être tirer parti de l'observation fournie par nos Hyménoptères. »

On voit d'après cela que L. Dufour fait jouer, chez les Hyménoptères chasseurs, un rôle important au venin comme liquide conservateur du gibier ; en retraçant l'histoire des Sphex (p. 669 et 670) nous avons appris que M. Fabre admet au contraire qu'il y a par piqûre vénénifère lésion des centres nerveux, lésion amenant l'anéantissement de la vie animale, mais laissant intacte la vie végétative.

LES PEMPHRÉDON — *PEMPHREDON* (1)

Die Pemphredoninen.

Caractères. — Chez ces Hyménoptères, aux nombreuses espèces, dont nous ne parlerons que pour mémoire, le corps est plus petit et plus chétif que chez les précédents Insectes.

D'après les dispositions diverses de leurs nervures alaires, on les a subdivisés en différents genres.

Mœurs, habitudes, régime. — Elles sont aussi énergiques et aussi préoccupées de leur postérité que les précédentes ; elles peuplent les buissons garnis de Pucerons, et établissent leurs colonies dans les terrains sablonneux, dans les vieilles murailles et dans les vieilles palissades, soit qu'elles construisent elles-mêmes leurs repaires, soit que, laissant cette peine à autrui, elles usent d'artifice pour s'introduire sournoisement dans les Nids étrangers.

LES TRYPOXYLONS — *TRYPOXY-LON* (2)

Die Töpferwespen.

Caractères. — Ce genre se reconnaît aisément

(1) Πεμφρηδών, Bourdon.
(2) Τρυπάω, perforer ; ξύλον, bois.

à l'échancrure profonde du bord interne des yeux, et à l'étirement de son abdomen en forme de massue, dont l'extrémité est mousse chez le Mâle, pointue chez la Femelle. Les Trypoxylons sont également caractérisés par la disposition des cellules alaires ; ils ont deux cellules sous-marginales, mais la seconde est limitée par une nervure si effacée, que ce genre peut être considéré comme servant de transition entre ceux qui en ont deux et ceux qui n'en ont qu'une.

Mœurs, habitudes, régime. — Nos Trypoxylons indigènes se font remarquer tout l'été par leurs allées et venues et leur vol affairé autour des vieux poteaux, ou des troncs d'arbres dépérissants et dépouillés de leur écorce. Les Femelles, mettant souvent à profit les trous creusés par d'autres Insectes, y rapportent pour leur couvée des Pucerons ou de petites Araignées, et divisent les conduits, déjà forés, en cellules au moyen de cloisons d'argile ; elles obturent l'entrée, finalement, de la même façon, et c'est ce qui leur a valu le nom de potier qu'on leur a donné en Allemagne. Leurs Larves se développent rapidement, se tissent ensuite un cocon, et deviennent Nymphes au printemps de l'année suivante.

Les constructions du Trypoxylon à tarses blancs diffèrent des précédentes. Avec un bourdonnement sonore, il établit des Nids tubulés, de 78mm de long environ, dans les coins ou sur les solives des habitations, et y apporte des Araignées.

Le Trypoxylon passager (*Trypoxylon fugax*) du Brésil utilise les anciens Nids de quelque *Polistes* et ferme les cellules avec une terre rouge.

Une autre espèce, de l'Amérique septentrionale, construit elle-même ses cellules, qui ressemblent à celles d'un certain Pompilide, mais elles sont beaucoup plus courtes ; ou bien elle utilise un Nid de Guêpes abandonné, par exemple un vieux Nid de Polistes, et partage par un mur transversal les cellules qui sont encore assez grandes pour la fin qu'elle se propose.

Le Trypoxylon à front doré (*Trypoxylon aurifrons*) de l'Amazone construit des cellules très élégantes, en forme de vases calcaires arrondis et à col court, adhérentes entre elles, et fixées à divers objets ; l'Insecte les remplit de Chenilles.

LE TRYPOXYLON POTIER. — *TRYPOXYLON FIGULUS.*

Gemeine Töpferwespe.

Caractères. — Le Trypoxylon commun

(fig. 917, p. 689 et fig. 923) est entièrement noir et élancé ; ses ailes sont transparentes, bor-

Fig. 923. — Le Tripoxylon potier.

dées de noir postérieurement ; sa taille varie entre 4mm,5 et 11mm.

LE TRYPOXYLON A TARSES BLANCS. — *TRYPOXYLON ALBITARSE.*

Weiszfüszige Töpferwespe.

Caractères. — Ce Trypoxylon est également entièrement noir avec les tarses blanc de neige ; il mesure 19mm,5 de long.

Distribution géographique. — C'est une des espèces les plus grosses de l'Amérique.

LES CRABRO — *CRABRO* (1)

Die Siebwespen, Die Silbermundwespen.

Caractères. — Au sommet, la tête, vue d'en haut, paraît presque carrée ; le chaperon est orné de poils argentés ou dorés, et c'est cette apparence qui leur a fait donner en Allemagne le nom de *Guêpe-à-bouche-argentée.* On les reconnaît à leur cellule sous-marginale unique, séparée de la cellule médiane sous-jacente, sur l'aile antérieure à leur cellule marginale pourvue d'un court prolongement qui suit à peu

Fig. 924. — Le Crabro céphalote.

près les bords de l'aile (fig. 746, p. 521). En général, l'abdomen d'un noir luisant, un peu rétréci sur les côtés, est décoré de marques jaunes. Il n'y a d'exception que pour les espèces plus petites, très difficiles à distinguer, comme les *Crossocerus* [*Crossoserus scutatus*

(1) *Crabro*, Frelon.

Fig. 926.   Fig. 927.

Fig. 925.   Fig. 928 et 929.   Fig. 930 et 931.

Fig 925 et 926. — Pélopée distillateur, mâles.
Fig. 927. — Philanthe apivore emportant une Abeille.

Fig. 928 à 931. — Pompile des chemins, mâles et femelles.

Fig. 925 à 931. — Sphégides et Pompilides.

(fig. 920, p. 689), *elongatus* (fig. 921, p. 689), et quelques autres] qui sont entièrement noires.

Les Mâles sont plus petits et plus élancés que les Femelles ; leur valve anale supérieure, le plus souvent un peu bombée, est en forme de demi-lune ; et chez quelques espèces, les antennes ou les jambes ont une conformation irrégulière. Ces parties sont simples chez les Femelles ; toutefois les jambes postérieures sont souvent munies d'épines en dent de scie, et la valve anale supérieure se rapproche de la forme triangulaire. Les particularités spéciales aux Mâles consistent soit dans un élargissement de la région moyenne du fouet des antennes, soit dans l'évidement de quelques articles qui paraissent comme rongés. Chez d'autres les jambes antérieures sont élargies en forme de coquille, comme chez le Crabro strié (*Crabro striatus*) (fig. 891, p. 673) et chez le Crabro à patelle (*Thyreopus patellatus*) (fig. 918 et 919, p. 689). En raison des points clairs et transparents qu'il présente, on a comparé cet élargissement à un tamis ; de là le nom familier de Guêpes à tamis qu'on a donné à ces espèces et qu'on a étendu au genre tout entier. Dans d'autres cas, on observe encore des modifications différentes.

Les Crabro ont été subdivisés en plusieurs genres extrêmement riches en espèces.

Mœurs, habitudes, régime. — Les Crabro comptent parmi les représentants les plus animés et les plus remuants de la famille. Ils nichent aussi souvent dans le vieux bois que dans la terre, où ils utilisent fréquemment les trous de ponte et les conduits abandonnés des Coléoptères xylophages en y cloisonnant leurs cellules à l'aide de sciure. Les espèces plus petites, et noires, rapportent, en se servant de leurs mâchoires et de leurs pattes antérieures, des Pucerons ou de petites Mouches. Les espèces plus grosses paraissent s'en tenir de préférence aux Diptères ; tels sont les *Crabro* (*Thyreopus*) *patellatus*, que nous représentons (fig. 918 et 919), et dont Taschenberg a saisi un jour la Femelle, en train de rapporter un Taon pluvial (*Hœmatopota pluvialis*).

Nous figurons également (fig. 924) le Crabro céphalote (*Crabro cephalotes*), espèce indigène qui se rencontre aux environs de Paris.

LES OXYBÈLES — *OXYBELUS* (1)

Die Spieszwespen.

Caractères. — Citons, pour terminer, les Oxybèles, elles forment un genre facilement reconnaissable à l'épine, le plus souvent creusée en gouttière, qui prolonge le post-écusson, et à l'écaille membraneuse située de chaque côté de l'écusson.

Les antennes sont courtes et brisées. La face présente aussi des différences suivant les sexes : chez les Mâles, une crête longitudinale,

(1) ’Οξυβελής, qui porte une pointe acérée.

en forme de nez, s'étend jusqu'au chaperon orné de poils argentés; chez les Femelles, cette crête est mousse et ne forme une bosse que vers le milieu.

L'aile antérieure se distingue par le prolongement de la cellule marginale, et par une cellule sous-marginale unique, qui est séparée de la cellule médiane supérieure par une nervure très pâle et à peine visible. L'abdomen fusiforme se prolonge, chez les Mâles, en une valve anale quadrangulaire et unie ; chez les Femelles cette valve se rétrécit de plus en plus. L'abdomen est orné de taches latérales ou de bandes jaunes, et même blanches.

L'OXYBÈLE REDOUTABLE. — *OXYBELUS UNIGLUMIS.*

Gemeine Spiezwespe.

Caractères. — L'Oxybèle redoutable (fig. 922, p. 669) mesure de 4 à 7^{mm}, 5. C'est une espèce noire, même sur les mâchoires et sur la valve anale supérieure. Sur l'abdomen fortement pointillé, se trouvent des taches latérales inconstantes, d'un blanc d'ivoire ; elles occupent les anneaux 1-4 chez le Mâle, 2-5 chez la Femelle ; sur le cinquième article ces taches se réunissent parfois en une bandelette. Les jambes sont rouges, ainsi que les tarses dont la racine porte souvent un cercle brun. Les écailles de l'écusson, qui chez la Femelle sont le plus souvent blanches, ne s'unissent pas, à leur racine ; et l'épine assez longue, qui émerge entre elles, est mousse à son extrémité. D'une façon générale, les couleurs du Mâle sont plus sombres, moins éclatantes que celles de la Femelle.

Mœurs, habitudes, régime. — La Femelle fécondée creuse, pour chaque Larve, un couloir exposé au soleil, dans un sol sablonneux, et d'une longueur de 5 à 9^{mm} ; elle commence en mai, et continue jusqu'à la fin de l'été. Sitôt qu'un Nid est terminé, elle en ferme la sortie avec soin, et prend son vol pour se livrer à la chasse, afin d'approvisionner la Larve future. D'après les intéressantes communications de de Siebold sur ce sujet, elle ne rapporte la plupart du temps, dans chaque Nid, que des Mouches d'une seule espèce, appartenant de

préférence au genre *Anthomya*. La mère, préoccupée de sa postérité, fond de haut sur sa victime, la jette à terre sur le dos, lui fait une piqûre au cou, et la rapporte au Nid, embrochée sur son aiguillon.

Mais cela ne se passe pas toujours aussi aisément qu'il le dit. A peine l'Oxybèle a-t-elle déposé sa Mouche sur le seuil de son repaire, pour en faire l'inspection, qu'une autre Sphégide s'apprête à la lui voler... Avant que la propriétaire légitime se soit aperçue de sa mésaventure, l'autre a depuis longtemps disparu avec sa proie. C'est vexant pour le pauvre Hyménoptère, qui n'y peut rien, et qui est forcé de se remettre en chasse. Il est alors en butte aux obsessions d'une petite Mouche, que les savants appellent *Miltogramma conica*, et qui a la méchante habitude de vivre en Parasite au détriment des Oxybèles ; elle porte son Œuf dans le Nid de ce Sphégide dont les Larves seront dévorées par les siennes. C'est pourquoi la Mouche fait le guet aux endroits où notre Hyménoptère nidifie. Dès qu'elle la voit revenir chargée de butin, la Miltogramme s'élève et plane immobile au-dessus d'elle, comme un Oiseau de proie qui suit les mouvements de sa victime bien loin au-dessous de lui. Celle-ci reconnaît fort bien son ennemi et vole de ci et de là pour tâcher de s'en défaire en lui faisant perdre sa trace. La Mouche ne s'y laisse pas tromper ; elle accompagne le Sphégide, et s'installe sur un point plus élevé, lorsque celle-ci se repose, sans jamais la quitter des yeux. L'Oxybèle, chargée, se fatigue plus vite que la Mouche qui vole sans entrave et qui poursuit avec autant de ténacité et de résolution le même but : le soin de sa postérité ! L'Hyménoptère ouvre enfin son Nid pour y introduire sa proie. A peine y est-elle entrée, que la Mouche y pénètre à sa suite ; mais elle reparaît aussitôt, car elle a été chassée, trop tard, hélas ! une seconde lui a suffi pour déposer un Œuf sur la proie convoitée.

Il faut remarquer, en passant, que plusieurs espèces de Miltogrammes jouent un rôle analogue à l'égard d'autres Sphégides; d'après les observations de de Siebold, la Psammophile velue est poursuivie ainsi par la *Miltogramme ponctuée.*

LES POMPILIDES — *POMPILIDÆ*

Die Wegwespen.

Jadis on réunissait sous le nom de *Fouisseurs* une foule d'Hyménoptères, qui, pour nourrir leurs Larves, enfouissent d'autres Insectes dans des terriers, dans des trous de murs, ou dans de vieilles boiseries ; aujourd'hui Wesmaël a trouvé dans les rapports du prothorax avec le mésothorax chez ces Insectes des différences qui motivent leur division en deux Familles : celle des Sphégides, dont nous venons de parler longuement, et celle des Pompilides (*Pompilidæ*), appelés vulgairement *Guêpes des chemins*. Ces dénominations n'étant pas très descriptives, nous allons indiquer ici les caractères essentiels, propres aux Hyménoptères qu'on a voulu désigner ainsi.

Caractères. — La tête arrondie, lisse et luisante, porte des antennes qui sont composées de douze articles presque toujours nettement séparés ; il y en a treize chez les Mâles. Le bord postérieur du prothorax s'étend jusqu'à la base des ailes, comme chez les Hétérogynes ; enfin le premier segment abdominal n'est pas séparé du second ; tous deux sont reliés entre eux comme les autres ; il en résulte que l'abdomen est sessile, un peu rétréci en avant et en arrière. Les Pompilides ont un trochanter simple, comme tous les représentants des Familles étudiées jusqu'ici. Les pattes postérieures dépassent de beaucoup l'extrémité du corps, et le bord externe des jambes est armé de nombreuses épines ou ardillons, le plus souvent en dents de scie, surtout chez les Femelles.

La cellule marginale de l'aile antérieure est très éloignée de la pointe, et assez courte ; le nombre des cellules sous-marginales complètement closes oscille entre deux et quatre ; la disposition des nervures varie corrélativement.

Leurs longues pattes et leurs antennes grêles et rectilignes les distinguent très aisément d'un petit groupe de la Famille précédente.

Les couleurs qui dominent sont le rouge et le noir ; on rencontre parfois des marques jaunes et blanches ; et plus souvent encore les ailes sont troubles.

Les Mâles, toujours plus petits, se distinguent de leurs Femelles par leur configuration plus grêle, par leurs antennes plus épaisses qui ne s'enroulent pas après la mort comme celles des Femelles, et par les armements plus faibles de leurs jambes postérieures.

Les Pompilides se distinguent presque tous par un mode de locomotion spécial : leur course est accompagnée d'un tremblottement des ailes des plus singuliers ; ils courent sur les sols sablonneux, les troncs d'arbres, les vieux murs, puis tout à coup ils prennent leur vol et prolongent leur essor, aussi leur course ressemble-t-elle à un vol, et leur vol peut-il être qualifié de sautillant.

Pour grouper les genres dans lesquels on a divisé cette famille et pour distinguer les espèces, on doit considérer en première ligne le trajet des nervures sur l'aile antérieure, puis la conformation de l'extrémité abdominale à la face supérieure et à la face inférieure, ainsi que la disposition des tarses antérieurs. Enfin, chez quelques Femelles, outre les ardillons irrégulièrement implantés dont leurs pattes sont abondamment pourvues, il existe de longues épines régulièrement disposées les unes derrière les autres, au côté externe, et qui donnent au tarse antérieur l'apparence *pectinée*. En le comparant au tarse médian, on reconnaît facilement ce caractère.

Distribution géographique. — Ces espèces s'étendent sur toute la surface de la terre ; elles ne sont pas très nombreuses dans les pays chauds, mais souvent elles y prennent des couleurs plus vives et des dimensions plus grandes que dans nos climats.

LES POMPILES — *POMPILUS* (1)

Die Wegwespen.

Caractères. — Les Pompiles, qui ont donné leur nom à toute la Famille, en représentent le type.

Les caractères génériques consistent dans l'existence de deux cellules humérales à bords juxtaposés d'égale longueur, de trois cellules sous-marginales complètement closes dont la

—————

(1) Πομπίλος, nom d'un Poisson ou d'un Mollusque.

seconde reçoit la première nervure récurrente, et dont la troisième reçoit la deuxième nervure récurrente, de deux cellules médianes. Chez la Femelle il n'y a pas de sillon transversal sur le second anneau ventral, et les jambes plus arrondies n'ont pas sur le bord externe un aspect tranchant ou en dents de scie. ˋ

Mœurs, habitudes, régime. — Les espèces nombreuses, du genre *Pompilus*, possèdent une grande agilité et une grande prestesse surtout dans les mouvements de l'abdomen. Ces Animaux nichent dans les lézardes des murailles, dans les pertuis des vieux poteaux, dans les troncs d'arbres pourris, ou dans la terre. Ils rapportent des Araignées, des Chenilles, des Fourmis, des Mouches, et divers autres Insectes; sans doute, des observations suivies à ce sujet, et qui nous font encore défaut aujourd'hui, dévoileront des prédilections spéciales à chaque espèce. Ils ne guettent pas toujours les Araignées au sortir de leurs retraites, ils saisissent surtout celles qu'ils rencontrent sur leur route; mais ils savent aussi attirer les Araignées hors du Nid par un procédé tout particulier, en marchant à reculons, puis fondent sur elles brusquement et les étourdissent avec une piqûre; jamais ils ne se laissent prendre dans leurs toiles.

« Plusieurs se bornent à la chasse des Aranéides errantes, dit Le Peletier (1); mais d'autres s'attaquent aux espèces qui forment des toiles et ces filets tendus qui prennent tant de Diptères et même des Hyménoptères (j'ai vu des *Apis* et des *Vespa* sucées par des Arachnides) ne les arrêtent pas. Tandis que d'autres s'y empêtrent, nos Pompiles y marchent avec assurance. J'ai vu souvent dans des bâtiments ruraux entrer de ces Pompiles et se diriger pédestrement vers les encognures des murs garnis de toiles vieilles ou neuves de la *Tegenaria domestica*, Walckenaer. Nos intrépides chasseurs, arrivés au bord de la toile, n'hésitaient pas à monter sur celle-ci : alors leur marche devenait saccadée et interrompue de moment en moment, mais toujours directe vers le recoin où se tient la *Tegenaria*. Si la toile n'avait plus d'habitante, ce qu'elle avérait en passant dans le tube où se tient l'Arachnide ou au moins en y présentant sa tête, elle montait ou descendait à une autre toile. Dans le cas où la toile était habitée, l'ébranlement de la toile par la marche brusque du Pompile faisait sortir de son tube la *Tegenaria*, croyant courir à une proie désirée et souvent longtemps attendue ; mais en voyant son ennemie aussi incapable d'avancer comme de fuir, l'Araignée s'arrête; en même temps le Pompile se jette sur elle et, recourbant son abdomen, la perce du fatal aiguillon qui lance dans la plaie la liqueur venimeuse qui occasionne sur-le-champ la paralysie de la victime sans lui ôter la vie. Celle-ci conservée, sans être autrement blessée, montrait encore au bout de trois semaines de légers signes de vie par le mouvement des pattes et la souplesse des articulations. Le Pompile la saisissait avec ses mandibules et la portait à son Nid.

« Ces espèces qui approvisionnent leurs Nids d'Arachnides élisent ordinairement domicile dans le bois, soit qu'elles y creusent elles-mêmes un tube, soit qu'elles profitent de celui creusé auparavant par quelques Coléoptères.

« Arrivé à l'entrée de son Nid, le Pompile y pose sa proie sur le bord du trou et la pousse avec le devant de sa tête au fond du trou où il a déposé un Œuf d'où sortira la Larve, objet des soins qu'il vient de prendre. Sept à huit Arachnides font le complet de sa provision. Ensuite le Pompile bouche l'entrée du Nid avec de la sciure de bois empilée. »

Un jour, raconte Darwin (1), j'observai avec beaucoup d'intérêt, dans les environs de Rio-Janeiro, un combat terrible entre un Pepsis (2) et une grosse Araignée du genre Lycose. La Guêpe se précipita soudain sur sa proie, puis s'envola immédiatement; l'Araignée était évidemment blessée, car, en essayant de fuir, elle se laissa rouler le long d'une petite déclivité de terrain ; il lui resta cependant encore assez de force pour se traîner dans une touffe d'herbes où elle se cacha. La Guêpe revint bientôt et sembla surprise de ne pas retrouver immédiatement sa victime. Elle commença alors une chasse tout aussi régulière que peut l'être celle d'un Chien qui poursuit un Renard ; elle vola, de ci, de là, faisant tout le temps vibrer ses ailes et ses antennes. L'Araignée, quoique bien cachée, fut bientôt découverte; et la Guêpe, redoutant évidemment même encore les chélicères de son adversaire, manœuvra avec soin pour se rapprocher d'elle, et finit par lui infliger deux piqûres, sur le côté inférieur du thorax. Enfin, après avoir examiné soigneu-

<hr>

(1) Le Peletier de Saint-Fargeau, *Histoire naturelle des Insectes hyménoptères*, Paris, 1841, tome II, p 579.

(1) Darwin, *Voyage d'un naturaliste autour du monde fait à bord du navire* le Beagle. Paris, 1875, p. 37.
(2) Sorte de grand Pompilide.

Fig. 937.   Fig. 936.   Fig. 933.

Fig. 932.

Fig. 932. — Le Pompile de Natal s'emparant d'une Araignée.
Fig. 933. — Le Pompile trivial.
Fig. 934. — Larve de ce Pompile dévorant l'abdomen d'une Araignée.

Fig. 935.   Fig. 934.

Fig. 935. — Le Priocnemis varié.
Fig. 936. — L'Agenia punctum au vol.
Fig. 937. — Le même construisant ses cellules.

Fig. 932 à 937. — Les Pompilides.

sement avec ses antennes l'Araignée, actuellement immobile, elle se disposa à emporter sa proie ; mais je me saisis du tyran et de la victime. »

Don Félix Azara (1) dit, en parlant d'un Insecte hyménoptère appartenant probablement au même genre, qu'il le vit traîner le cadavre d'une Araignée à travers de hautes herbes, en droite ligne, jusqu'à son Nid qui se trouvait à une distance de cent cinquante pas. Il ajoute que la Guêpe, afin de reconnaître la route, faisait de temps en temps des demi-tours d'environ trois palmes.

C'est ainsi que le *Pompilus formosus* attrape une Araignée des buissons très commune dans le Texas, le *Mygale Hetzii*, la paralyse et l'entraîne dans son Nid, bien que le poids de cette Arachnide soit au moins trois fois supérieur au sien.

« J'ai vu plusieurs fois, rapporte le colonel Goureau (2), les *Pompilus* (Priocnemis) *fuscus et exaltatus* parcourir avec rapidité la surface d'un terrain sablonneux exposé au midi, entrer, en furetant dans tous les trous qu'ils rencontraient

et en sortir aussitôt, comme s'ils n'avaient pas trouvé l'objet de leurs perquisitions.

« D'autres fois je les ai surpris fouissant le sable à la manière des Chiens qui grattent la terre, y creuser un petit entonnoir et s'enfuir bientôt abandonnant l'ouvrage commencé.

« Le 20 août, j'ai surpris le *Pompilus bipunctatus* enfouissant une Araignée dans le sable au bord du Rhône ; il tenait sa proie entre ses pattes et pénétra dans sa galerie à reculons : mais comme elle était creusée dans un sable sans cohérence et très mobile, des graviers tombés naturellement ou jetés à dessein l'avaient encombrée, et il ne put arriver jusqu'au fond. Alors il en sortit, déposa sa proie sur le bord du trou et se mit à la vider avec ses pattes de derrière et ses mâchoires ; après quoi il vint reprendre son Araignée, l'entraîna dans le fond et l'y déposa. Il reparut ensuite et remplit sa galerie de sable, ce qu'il fit en grattant sur le bord avec ses pattes antérieures, et dirigeant le sable dans l'ouverture. Lorsqu'il eut achevé son opération, je m'emparai de l'Insecte et j'ouvris sa galerie, où je ne trouvai, à ma grande surprise, qu'une seule Araignée, celle qu'il venait d'enterrer. Celle-ci, d'une assez petite taille,

(1) Azara, vol. I, p. 175.
(2) Goureau, *Observations détachées pour servir à l'histoire de quelques Insectes* (*Ann. de la Société entomologique*, 1839, p. 541).

était certainement insuffisante pour la nourriture de la Larve, et je pense que le Pompile devait en apporter d'autres. Probablement qu'à chaque Araignée qu'il enferme il prend la précaution de fermer sa galerie, afin d'empêcher d'autres Insectes fureteurs de venir pondre sur la nourriture qu'il réserve à sa Larve. Cette manœuvre n'est pas particulière au *Pompilus bipunctatus* : j'ai vu le *Larra nigra*, le *Stizus sinuatus*, le *Bembex rostratus* combler leurs galeries avec du sable et s'y prendre de la même manière pour faire cette exploration.

« En examinant l'Araignée déterrée, je remarquai que l'abdomen tenait à peine au corselet, et que le pédicule était comme rompu. En effet, lorsque de retour chez moi je voulus l'examiner de nouveau, il acheva de se déchirer et l'abdomen me tomba dans la main. Cette lésion du pédicule peut venir des tiraillements qu'il a éprouvés lorsque le Pompile entraînait l'Araignée dans sa galerie, mais il peut dépendre d'une autre cause qui mériterait d'être éclairée.

« On admet comme règle générale, que les Hyménoptères fouisseurs blessent les Insectes dont ils nourrissent leurs Larves en les piquant avec leur aiguillon. Je doute que cette règle soit vraie ; je suppose au moins qu'elle souffre plusieurs exceptions.

« La piqûre des Pompiles est très douloureuse et la plus poignante de toutes celles que causent les Hyménoptères à aiguillon de nos contrées; elle produit une inflammation et une enflure qui durent pendant plusieurs jours. Si la très petite goutte de venin qu'ils versent dans la plaie produit un tel effet sur l'Homme, il est probable qu'elle en produisait un analogue sur les Araignées ou sur les autres Insectes et même qu'elle les tuerait, comme il arrive aux Abeilles qui sont piquées dans les combats qu'elles se livrent entre elles et qui meurent bientôt de leurs blessures ; mais on n'observe rien de semblable sur les Insectes que l'on arrache des serres des Fouisseurs; ils vivent, au contraire, fort longtemps après leurs blessures. Des faits particuliers viennent augmenter les doutes que je soulève.

J'ai signalé un Fouisseur qui avait coupé six pattes à une Araignée pour l'empêcher de s'échapper de son Nid.

« Un autre Fouisseur m'a fourni un exemple semblable.

« Un jour, pendant l'été, me trouvant à Besan-çon, je vis tomber à mes pieds une Araignée et en même temps un fouisseur se précipita à terre pour la ramasser ; je fus plus agile que lui, je m'emparai de sa proie et je le pris lui-même, il était du genre Pompile, autant que je puis me le rappeler, car je ne l'ai pas sous les yeux pour le décrire. L'Araignée était étrangement mutilée, elle avait les huit pattes coupées au ras du corselet.

« Il n'était pas nécessaire que ces Araignées fussent blessées par l'aiguillon venimeux des Insectes chasseurs ; elles étaient hors d'état de s'échapper.

« J'ai suivi avec soin la vie du *Cerceris ornata* (1). Cet Insecte blesse les Halictes femelles dont il nourrit ses Larves en leur mordant le pédicule, et cela expliquerait la facilité avec laquelle celui de l'Araignée du *Pompilus bipunctatus* s'est rompu entre mes doigts sans que j'eusse fait aucun effort pour obtenir ce résultat.

« Mais à quoi sert l'aiguillon des Fouisseurs et quel est le but d'une arme aussi redoutable? Je l'ignore, peut-être qu'il n'a pas un autre usage que celui qu'en font les Abeilles et les Guêpes et qu'il ne sert que dans les combats. Les Abeilles n'ont point de proie à blesser ; les Guêpes, qui font la chasse aux Diptères et autres Insectes, ne les piquant pas, elles leur mordent le cou et leur écrasent la tête entre leurs mâchoires et les mettent ainsi dans l'impossibilité de remuer. »

Aristote connaissait déjà les chasses des Pompiles, car il a dit (2) : « Les Guêpes nommées *Ichneumons* (nom sous lequel on désigne aujourd'hui d'autres Hyménoptères) sont plus petites que les autres; elles tuent les Araignées, enfouissent leurs cadavres dans les murailles en ruines ou dans tout autre corps percé de trous, et obturent l'orifice avec de l'argile. De là éclosent les Guêpes chasseresses. »

Le fait observé par Ferd. Karsch, à Münster, paraît beaucoup moins connu.

Le 2 juillet 1870 il trouva une Femelle adulte de *Tarentula inquilina* qui le surprit par le peu de développement de son abdomen, par l'absence de sac ovigère, et par la présence d'une petite tumeur d'un blanc rougeâtre sur la face dorsale de l'abdomen du côté droit; il crut d'abord qu'il avait déterminé quelque lésion en capturant cette Araignée. Puis il l'en-

(1) Goureau, *Mémoires de l'Académie de Besançon*, séance publique du 25 août 1835.
(2) Aristote. IX, 2, 3.

ferma afin de l'observer pendant la ponte.

Le 16 juillet, en introduisant dans sa prison une Mouche et un peu d'eau, il la considéra de plus près, et remarqua une augmentation notable de la petite tumeur rougeâtre. Il reconnut, à la loupe, qu'elle était constituée par la Larve dévorante d'un Parasite (fig. 934). Le plus surprenant, c'est que non seulement l'Araignée ne cherchait pas à l'écraser ou à extirper ce corps annexe, avec sa patte postérieure droite, mais qu'elle évitait soigneusement à son convive les moindres froissements, par une flexion du côté gauche.

Menge, n'ayant pu, dans une observation analogue, obtenir le développement complet de la Larve parasite, prit, cette fois, ses dispositions pour mener l'expérience à meilleure fin.

La bête fut séquestrée dans une cage en verre dont le plancher était couvert de terre meuble. L'Araignée s'y enfouit aussitôt et ferma son entrée par une toile, de sorte qu'on ne pouvait continuer à l'étudier. Le 4 août, on enleva cette toiture bombée, et l'on découvrit une Chrysalide ainsi que des fils tissés, d'un jaune grisâtre ; mais on ne trouva plus trace de l'Araignée.

Le 17 août, enfin, on vit se promener dans la cage une Guêpe des chemins, qu'on reconnut être un *Pompilus trivialis* (fig. 933) et qui s'y démenait tout à son aise. En examinant de plus près le cocon, on y retrouva quelques restes des pattes de l'Araignée, des fragments de sa carapace et ses chélicères.

LE POMPILE COMMUN. — *POMPILUS VIATICUS.*

Gemeine Wegwespe.

Caractères. — Frais, ces Pompiles ont la pointe des ailes presque noire, et la base de l'abdomen rouge ; mais le bord postérieur de chaque segment est noir, et disposé de telle sorte, que les bandes antérieures sont anguleuses. Le métathorax porte quelques poils longs et disséminés ; le bord postérieur du prothorax présente une échancrure anguleuse. Chez la Femelle, les pattes antérieures sont pectinées afin de fouir le sol ; le dernier tergite de l'abdomen est garni de poils ; chez le Mâle, les griffes des pattes antérieures sont un peu élargies du côté interne.

Mœurs, habitudes, régime. — Le Pompile commun ou Pompile des chemins (fig. 930 et 931, page 693), apparaît au début du printemps sur les prairies en fleurs, et reste en activité tout l'été. La Femelle creuse le

sable jusqu'à une profondeur de 8 cent. et au delà ; avec une grande rapidité et avec beaucoup d'adresse, elle le rejette derrière elle à l'aide de ses pattes antérieures, en le faisant passer entre ses pattes postérieures écartées, absolument comme ferait un Chien

Fig. 938. — Le Pompile commun, femelle très grossie.

ou un Lapin. L'alimentation de la couvée y est introduite péniblement ; elle est en partie morcelée et se compose d'Insectes divers. Dahlbom pense que plusieurs conduits distincts y aboutissent, parce qu'une de ces Guêpes poursuivie dans un conduit s'échappa par un autre ; on peut émettre quelques doutes à ce sujet.

LE POMPILE DE NATAL. — *POMPILUS NATALENSIS.*

Natalensische Wegwespe.

Caractères. — « Gueinzius, rapporte Taschenberg, m'envoya parmi d'autres Insectes la Femelle d'un fort joli Pompile à laquelle j'ai donné le nom de *Pompilus natalensis*, et qui ne ressemble à aucune espèce décrite jusqu'à ce jour (fig. 932).

Elle est noire ; les antennes, à l'exception de leurs origines, sont jaunes ; à partir de la moitié antérieure des cuisses, les pattes sont d'un rouge sale, ainsi que l'extrémité de l'abdomen ; les ailes sont d'un jaune d'or ; les antérieures sont plus foncées au niveau de la racine et de la pointe. Ce Pompile énorme, dont la taille dépasse celle des Guêpes de nos climats, mesure 25 millim.

Mœurs, habitudes, régime. — L'envoi de Gueinzius était accompagné d'observations fort intéressantes de mœurs. Familière et inoffensive, elle voltige dans les vieilles maisons ; elle glisse volontiers le long des vitres et sa principale distraction consiste à chercher son butin entre les charpentes et dans les coins garnis de toiles d'Araignées ; aussi est-elle obligée à chaque instant de nettoyer ses antennes à l'aide de ses pattes antérieures. Mère soigneuse, elle enfouit dans quelque endroit sec, poussiéreux ou sablonneux, les Araignées qu'elle capture et qu'elle paralyse par sa piqûre, et dépose sur eux un Œuf ; une caisse remplie de sciure de bois lui convient parfaitement pour ce travail. Entre toutes les Arachnides elle poursuit de préférence une Araignée assez grande, jaune, à pattes munies d'anneaux foncés, qui vit dans les toitures de chaume et qui, par les changements de temps, descend parfois, le soir, lentement le long du mur.

Gueinzius remarqua, un jour, une grosse Araignée femelle qui pénétra en toute hâte dans sa demeure par la porte entr'ouverte, et courut se cacher derrière une petite caisse posée dans le vestibule. La hâte de cet Animal ordinairement si lent lui donna à penser qu'il avait été pourchassé sur le toit et qu'il en était descendu, à la recherche de quelque abri. Il ne se trompait pas ; bientôt parut, à travers la porte, la Guêpe des chemins ; elle se retournait de droite et de gauche, interrogeant le sol avec ses antennes, absolument à la façon d'un limier flairant la trace du gibier. Lorsqu'elle arriva à l'angle de la caisse, derrière laquelle l'Araignée s'était cachée, celle-ci, sentant l'approche du danger, se précipita du côté opposé et manœuvra de nouveau vers la porte en toute hâte. Mais en un clin d'œil elle fut rejointe ; un combat à mort s'engagea. Ce fut en frémissant qu'on vit cette Araignée se renverser sur le dos, et chercher dans un effort désespéré à se garer de son ennemi au moyen de ses longues pattes ; l'infortunée savait bien qu'une piqûre lui serait mortelle. Soudain elle se releva, et chercha à s'enfuir, mais elle se vit bientôt obligée de reprendre son ancienne position. Ses efforts l'avaient épuisée, elle était incapable de résister plus longtemps aux attaques intrépides et incessantes de son adversaire. Elle gisait, comme morte, les pattes étendues. En cet instant la Guêpe fondit sur elle, la saisit avec ses mâchoires entre la tête et le thorax, et lui porta, par en bas, des piqûres réitérées dans l'abdomen. Sauf le tremblement de son palpe unique, l'Araignée ne manifesta pas l'ombre de mouvements, en recevant ces coups mortels. Grande joie du côté de la Guêpe ! Avec un bourdonnement sonore elle se mit à tourner autour du cadavre, en exécutant sa danse victorieuse ; elle le palpait de ci et de là, comme pour se convaincre de sa mort. Lorsqu'enfin

elle eut repris un peu de calme, et qu'elle eut refait sa toilette de fond en comble après ce combat décisif, elle se mit en devoir de transporter sa proie en lieu sûr. Saisissant l'Araignée par devant, et marchant elle-même à reculons, elle l'entraîna hors de la porte pour l'enfouir dans la terre.

LES PRIOCNEMIS — *PRIOCNEMIS* (1)

Die Spurwespen.

Caractères. — Les Priocnemis (fig. 935) diffèrent des Pompiles par la cellule humérale inférieure qui dépasse l'extrémité de la supérieure, et qui est par conséquent plus longue que dans le genre précédent ; par le sillon transversal qui se trouve chez la Femelle sur le deuxième anneau ventral ; par le bord plus tranchant et découpé en dents de scie des jambes postérieures, différence plus accentuée chez les Femelles que chez les Mâles

Comme dans le genre précédent, il est très difficile de distinguer les espèces, qui sont nombreuses et souvent fort semblables.

Nous représentons (fig. 935) le *Priocnemis variegatus*, espèce fort commune, qui n'est pas rare aux environs de Paris.

LES AGÉNIES — *AGENIA* (2)

Caractères. — Les Agénies (fig. 936) ressemblent beaucoup au genre précédent ; seulement, l'abdomen a un pédicule à peine appréciable, et le bord des jambes postérieures ne présente pas la disposition en dents de scie.

Mœurs, habitudes, régime. — Les Femelles construisent dans le sable, sur les murs d'argile, sous l'écorce des arbres (fig. 937), etc., des cellules en forme de barils constituées uniquement par de petites pelotes d'argile accolées les unes aux autres. Notre figure 937 représente les cellules de l'*Agenia punctum*, telles qu'on les a plus d'une fois observées sous des plaques d'écorce dans les parties détériorées des troncs d'arbres. Chacune d'elles est pourvue, pour l'alimentation de la Larve, d'une Araignée dont les pattes ont été préalablement arrachées par la morsure.

Gueinzius esquisse un tableau paisible des mœurs d'une espèce qui mesure 19 millimètres, à laquelle Taschenberg a donné le nom d'A-

(1) Πρίων, scie ; κνημίς, jambe.
(2) Ἀγένεια, naissance obscure.

genia domestica: « c'est, de tous les Hyménoptères que je connais, le plus familier ; il montre pour l'Homme un certain attachement. En divers endroits, où j'ai demeuré pendant des années, dans le voisinage de quelque forêt, j'ai toujours eu quelques-unes de ces Pompiles dans ma chambre. Quand je me postais sur le seuil et qu'un rayon de soleil tombait sur mon pantalon, l'Agénie venait aussitôt s'y poser, les jambes ouvertes, et s'y ensoleillait ; elle voltigeait, à son aise, en oscillant de bas en haut, le long de la vitre, ou bien elle bourdonnait autour de moi devant la fenêtre, puis s'envolait. Si j'avais en main quelque livre, et si le soleil tombait dessus immédiatement, l'Agénie s'y installait, en écartant ses pattes. Quand je soufflais sur elle, elle semblait y prendre plaisir ; jamais je n'ai pu la faire partir ainsi, ou bien elle revenait tout de suite auprès de moi ; elle grimpait le long de mon bras, et se posait sur ma barbe ou sur ma bouche ; j'avais beau alors souffler sur elle, je ne parvenais pas à l'effrayer, et jamais elle ne songea à me piquer. A force d'importunités elle devint gênante. Après avoir joui, au dehors, des derniers rayons du soleil, ces Pompiles se glissaient dans ma chambre par un trou dissimulé dans le châssis, et retournaient à leurs cachettes. Elles contruisent des cellules en argile sous des coffres, ou dans des caisses, parfois dans les Nids sacciformes de certains Oiseaux ; ces cellules manquent d'élégance et de régularité, et ne sont pas recouvertes. Elles ne rapportent, pour alimenter leur couvée, que des Araignées grises (*Lycoside*). »

Dans les pays chauds on connaît encore des espèces extrêmement imposantes, qui mesurent jusqu'à 52 millimètres. Elles ont un mode d'existence analogue ; on en a fait une série de genres distincts sur lesquels nous ne pouvons nous étendre ici davantage.

LES HÉTÉROGYNIDES — *HETEROGYNIDÆ*

Die Heterogynen.

Sous ce nom, Latreille avait réuni des *Fourmis* et des *Mutilles ;* il avait indiqué comme caractère essentiel l'absence des ailes chez les Femelles. Les premières en ont été distraites, et Klug les a remplacées par les Thynnes (*Thynnus*) dont les Femelles sont également aptères. Aujourd'hui, les Mâles doivent entrer en ligne de compte ; aussi, les *Scolies* (*Scolia*) doivent-elles se ranger dans cette famille, car on ne peut négliger les affinités de leurs Mâles avec ceux des *Thynnus*.

On a laissé à cette famille ainsi constituée le nom proposé par Latreille.

Caractères. — On ne peut leur assigner, comme caractères communs, que l'étendue du prothorax dont le bord postérieur arrive jusqu'à la base des ailes, l'aiguillon puissant à l'aide duquel les Femelles savent se défendre, et l'absence d'Ouvrières à organes sexuels atrophiés.

Distribution géographique. — Les douze ou treize cents espèces d'Hétérogynides sont réparties sur tout le globe.

LES SCOLIINES — *SCOLIINÆ*

Die Scoliinen. — Die Dolchwespen

Caractères. — Les antennes sont assez grosses et composées d'articles serrés ; le prothorax affecte la forme tantôt d'un arc dont les extrémités viennent atteindre la base des ailes, tantôt d'un segment indépendant d'apparence noueuse ; les pattes sont courtes et robustes.

Leur surnom allemand provient de ce que les Femelles sont pourvues d'un fort aiguillon.

Les différences sexuelles sont très variables ; certains Mâles ont absolument les mêmes couleurs que leurs Femelles ; d'autres en diffèrent complètement sous ce rapport. Au point de vue de la taille, quelques Scoliines surpassent tous les autres Hyménoptères : la Femelle de la *Scolia capitata* de Java, que Fabricius a nommée *Scolia procer*, atteint 5^{cm},9 de long, son abdomen mesure au moins 1^{cm},3 de large et son envergure dépasse 8 centimètres.

Distribution géographique. — Ces Insectes sont répandus sur tous les continents ; mais amis de la chaleur ils abondent surtout dans les pays chauds et deviennent de plus en plus rares en espèces et en individus à mesure qu'on s'avance vers les pôles ; ils manquent complètement dans la zone froide.

LES SCOLIES — *SCOLIA* (1)

Dic Dolchwespen.

Caractères. — Les caractères génériques sont les suivants : des antennes longues et fortes chez le Mâle, courtes et brisées chez la Femelle ; un sillon profond entre les deux premiers anneaux abdominaux ; des pattes courtes, poilues et épineuses, dont les quatre dernières, ainsi que les hanches correspondantes, sont très écartées ; les ailes que portent les deux sexes présentent des nervures dont le trajet est aussi inconstant que chez les Mutilles. Dans les espèces que nous décrivons, on trouve trois cellules sous-marginales ou cubitales et deux cellules médianes ; chez beaucoup d'autres les cellules cubitales sont seulement au nombre de deux.

Mœurs, habitudes, régime. — Ce qu'on sait de la vie de ces Animaux indique une existence parasitaire. Nous connaissons admirablement, grâce aux travaux de Passerini, les mœurs d'une de nos espèces indigènes, la *Scolia flavifrons* dont nous allons parler. D'après le Dr Coquerel, deux espèces (*Scolia carnifex* et *oryctophaga*) vivent aux dépens des Larves des grands Coléoptères scarabéides, les *Oryctes Radama*, *Ranavalo*, *Simiar* qui, par centaines, perforent à Madagascar les troncs des cocotiers et font pes ravages considérables dans les plantations, mais laissons la parole au savant observateur (2).

« Un des arbres les plus utiles de Madagascar est le Cocotier. Sur tous les points de ce pays on en voit d'immenses forêts ; dans les îles qui avoisinent la grande terre et qui sont maintenant sous la domination française, on a propagé la culture de ces précieux végétaux. A Sainte-Marie, qui depuis près de cent ans appartient à la France, de vastes Cocoteries sont établies depuis longtemps, et leur exploitation donnait autrefois des revenus considérables ; mais aujourd'hui ces établissements dépérissent, et l'on peut évaluer à près de vingt mille pieds le nombre des Cocotiers qui sont morts depuis quelques années. Ce sont des Insectes qui ont occasionné ces ravages ; ils appartiennent au genre Oryctès, et tandis qu'en Europe

les Coléoptères qui rentrent dans la même coupe générique n'ont jamais été signalés comme nuisibles, à Madagascar leurs congénères peuvent être mis au rang des plus destructeurs.

« Il faut dire cependant que l'incurie des Malgaches est pour beaucoup dans ce triste résultat ; les Européens qui séjournent depuis un certain nombre d'années dans ces climats brûlants et malsains se laissent aller bientôt à la paresse des indigènes, et se bornent à déplorer les torts que leur causent ces Insectes sans chercher les moyens d'arrêter leurs ravages. C'est ainsi que dans toutes les Cocoteries on laisse les arbres morts pourrir au milieu des vivants, et partout on voit épars sur le sol des tronçons percés de trous, assez grands souvent pour qu'on puisse y introduire la main et qui deviennent une source de contagion incessante pour leurs voisins. Ces trous, ramollis par les eaux pluviales, deviennent bientôt le séjour de centaines de Larves qui, y trouvant un milieu favorable à leur développement, les ruinent de toutes parts. Mais les Insectes parfaits qui naissent au milieu de ces détritus vont bientôt attaquer les arbres sains et y déposer leurs Œufs, en sorte que dans peu de temps toute la cocoterie se trouve infestée. Il faudrait, aussitôt qu'un Cocotier est mort, le brûler immédiatement en prenant toutefois la précaution d'enlever auparavant les coques de la *Scolia*, parasite des Oryctès, dont nous parlerons bientôt. Combien de fois n'ai-je pas engagé les propriétaires des cocoteries de Madagascar à suivre cette pratique, et toujours sans succès !

Les Oryctès qui détruisent ainsi les Cocotiers appartiennent ainsi à plusieurs espèces qui n'avaient jamais été décrites et que j'ai déjà fait connaître (1).

« L'espèce la plus commune à Sainte-Marie est l'*O. simiar*. A Nossi-Bé, c'est l'*O. Ranavala* et l'*O. Radama* si remarquable par son analogie avec les grandes espèces de Scarabées. Ce dernier se retrouve aussi à Sainte-Marie, mais il y est plus rare que le *Simiar* et beaucoup plus petit qu'à Nossi-Bé. Suivant le milieu plus ou moins favorable où se développent ces Insectes, ils diffèrent considérablement sous le rapport de la taille, et l'*O. Radama* en particulier s'atrophie quelquefois au point qu'on le prendrait pour une espèce distincte, si on ne connaissait pas les passages intermédiaires. A Bourbon, les

(1) Σχολιός, dissimulé.

(2) Ch. Coquerel, *Observations entomologiques sur divers Insectes recueillis à Madagascar: Sur les mœurs des Oryctes et sur deux espèces de Scolia* (Ann. de la Société entomologique, 3e série, 1854).

(1) *Ann. de la Soc. ent. de Fr.* 1852, p. 329.

O. insularis et *colonicus* ont les mêmes habitudes, mais comme les cocotiers sont moins communs ils attaquent aussi les Palmistes, (*Oreodoxa oleracea*), les Dattiers (*Phœnix dactylifera*) et d'autres espèces de la même famille. Aux îles Seychelles les Cocotiers sont ruinés par une espèce différente qui appartient au même genre et qui est encore inédite.

« Les Oryctès de Madagascar, ces infatigables destructeurs, ont cependant un ennemi qui leur fait une guerre acharnée ; et, chose intéressante à remarquer, de même qu'en Europe. M. Passerini (1) a remarqué que l'*O. nasicornis* était dévoré à l'état de larve par une *Scolia* (*scolia hortorum* von der Lind., *S. flavifrons* Fabr.), il en est de même à Madagascar. Ce sont encore des *Scolia* qui dans ce pays s'opposent à la multiplication trop abondante des ennemis des Cocotiers. Toutes les fois que j'ouvrais à coups de hache les troncs attaqués, je trouvais des cocons de la *Scolia*, où les Insectes eux-mêmes venant d'éclore cherchaient leur route au milieu des galeries tortueuses et irrégulières qu'avaient tracées les Larves d'Oryctès, et de même que pour l'espèce dont M. Passerini a décrit les mœurs, les dépouilles de la Larve restent fixées au cocon du Parasite.

« J'ai trouvé dans les Cocotiers attaqués par les Oryctès deux espèces de Scolie, *Scolia oryctophaga* et *S. carnifex*, mais je n'ai pu observer les Métamorphoses que de la première. Cette belle espèce est la plus commune à Sainte-clarie-de-Madagascar, et il est rare d'ouvrir un tronc de Cocotier miné par les Oryctès, sans y trouver quelques-uns de ses cocons.

LA SCOLIE DES JARDINS. — *SCOLIA FLAVIFRONS OU HORTORUM.*

Caractères. — Chez ce grand et magnifique Insecte la tête est noire avec le front, — sauf une ligne noire sur laquelle sont placées les deux ocelles, — le vertex et le derrière des yeux jaunes ; les antennes sont noires ainsi que le corselet ; l'écusson porte deux taches jaunes ; l'abdomen est noir avec une grande tache ovale jaune de côté des 2e et 3e segments ; les pattes sont noires sauf les épines des pattes antérieures qui ont une coloration jaune ; les ailes ferrugineuses et enfumées ont un reflet violet.

Le Mâle ne diffère de la Femelle que par la coloration entièrement noire de la tête et de l'écusson.

Distribution géographique. — Cet Hyménoptère méridional habite notre Midi, l'Italie, l'Espagne, l'Algérie.

Mœurs, habitudes, régime. — La Larve de la Scolie et ses coques ont été trouvées dans la vallonée ou tannée que l'on tient dans les serres chaudes pour maintenir les plantes à une température élevée.

Le 4 juin 1839, M. Piccioli, fils du jardinier du musée de Florence, apporta à M. Passerini une coque, et le 1er juillet une autre coque, et du 3 au 12 septembre cent cinquante coques de même nature que les premières. Ce jardinier l'informa en même temps qu'il avait plusieurs fois vu la Scolie entrer et peu après sortir de la tannée et qu'on y trouve les coques à la profondeur d'environ une brasse. Dans cette tannée des serres se trouvent en grande quantité des Larves de l'*Oryctes nasicornis*. A un grand nombre de coques de Scolie adhérait en dehors une peau desséchée et vide d'Oryctès, ou au moins cette peau se trouvait auprès de chacune d'elles (fig. 949).

Les Larves de cette Scolie vivent donc aux dépens de celles de l'Oryctès Nasicornis. Celles-ci vivent elles-mêmes dans les couches employées à donner une température chaude suffisante aux plantes des climats intertropicaux et dans d'autres matières végétales également en fermentation. La mère Scolie sait les trouver dans les couches mêmes des serres chaudes à la profondeur de plus d'une brasse. On l'a vue pénétrer dans ces couches ; son Œuf a été trouvé posé et fixé sous le ventre de la Larve d'Oryctès sur la ligne du milieu entre le cinquième et le sixième segment. Cet Œuf était cylindrique et adhérent extérieurement à la peau de la Larve d'Oryctès probablement au moyen d'une matière gommeuse sécrétée avec lui. La Larve d'Oryctès est à ce moment parvenue à cet état d'inaction forcée pendant lequel se fait le travail interne qui changera la Larve en Nymphe. Il est donc possible que la mère Scolie n'ait pas besoin d'employer la piqûre de son aiguillon pour engourdir la victime. Celle-ci, qui pendant sa croissance marchait en mangeant les parties végétales qui se trouvent en avant de sa route, se trouve alors environnée d'une coque faite de ces matières qu'elle a solidifiées par la compression ou même peut-être par le mélange de quelque liqueur glutineuse. C'est dans cette coque que

---

(1) *Osserv. sulle larve, ninfe, abitudini della Scolia flavifrons.* Pise, 1840, et *Continuazione delle osservazioni nell'ann. 1841 sulle larve di Scolia flavifrons.* Firenze, 1841.

doit pénétrer la mère Scolie pour déposer son
Œuf immédiatement sur la Larve qui s'est
construit cette demeure. Mais puisqu'elle est
privée d'oviscapte, il faut qu'elle entame la
coque solide et mette à nu la partie du ventre
où il doit être placé. Il faut aussi, puisque cette
coque de l'Oryctès a été trouvée entière postérieurement à l'époque dont nous parlons, que
la mère Scolia, après sa ponte, rétablisse la
partie de la coque d'Oryctès trouée par elle.

Elle a donc creusé pour placer convenablement sa postérité, et si elle n'a pas construit le
Nid entier elle l'a au moins réparé ; puis elle
a déposé son Œuf en dehors de sa proie à
portée de celle-ci.

Voilà l'œuf posé, il éclot ; les expériences ne
nous disent pas combien de temps il reste sans
éclore. Devenue Larve, la Scolie attaque la
Larve Oryctès par le milieu à peu près du ventre (fig. 944). Elle peut apparemment entamer
la peau de celle-ci à l'endroit où elle y pratique une fente transversale régulière, telle
qu'elle est décrite par M. Passerini, d'après les
commissaires du congrès de Pise.

Plus tard, elle laisse cette peau et ne la
mange point. Elle attaque les chairs et certainement les viscères et organes qui s'y rencontrent.

Chaque Larve de Scolie est dans une position
inverse de celle des Larves d'Oryctès (fig. 944 et
945) : à la partie antérieure de celles-ci, correspond la partie postérieure des Larves Scolia,
l'anus de celles-ci correspondant à la tête des
autres. Aussi, quand la Larve de Scolie courbe
sa partie antérieure très mobile, celle qui pénètre dans le corps de la victime, elle la dirige
sur les côtés et sur la partie antérieure, la
partie postérieure de la Scolia restant toujours
posée sur la région antérieure de l'Oryctès.

Nécessairement la Larve de Scolie introduit
la partie antérieure de son corps dans la peau
de l'Oryctès pour y atteindre les parties éloignées des bords de la fente ; en effet, pendant
tout le temps que les jeunes Larves de Scolie
emploient à croître, elles restent constamment
avec la partie antérieure plongée dans l'Oryctès
(fig. 944 et 945), et tandis que la partie extérieure reste immobile, celle qui pénètre dans
la victime se voit au travers de la peau de celle-
ci, et elles paraissent continuellement occupées à s'approprier la substance molle de cette
Larve.

La croissance de la Larve est rapide ; en dix
à douze jours depuis sa sortie de l'Œuf, elle

atteint sa plus grande dimension qui est de
22 lignes (fig. 946, 947 et 948). Alors toute la
chair de l'Oryctès est consommée et sa peau
reste vide.

Quand elle a fini son long repas, elle retire
à l'extérieur cette portion de son corps et
probablement bientôt après, peut-être de suite,
elle file une double coque (fig. 949).

Dans la nuit qui suivit les observations de
M. Passerini, une Larve adulte de Scolie retira
sa partie antérieure du corps de l'Oryctès
qu'elle avait vidé et se mit à filer sa coque. Elle
attachait ses fils à la tannée et à la peau de
l'Oryctès. Au matin surtout, la paroi extérieure
de la coque était déjà faite, mais ses mailles
n'étaient pas remplies de la substance résineuse et l'on voyait très bien la Larve de Scolia
occupée à filer. Le jour suivant cette paroi était
peu transparente parce qu'elle était revêtue de
cette humeur d'aspect résineux qui remplit les
mailles. Le troisième jour M. Passerini ouvrit la
coque encore molle et demi-transparente, et
enleva la Larve. Il vit qu'elle avait commencé
à filer la coque intérieure à fils concentriques
et doublés dans les parties terminales ; ces fils,
bien qu'assez rapprochés les uns des autres,
étaient libres et non pas, comme dans les
coques terminées, réunis et pénétrés uniformément de la substance agglutinante et
flexible.

Combien de temps la Scolie passe-t-elle sous
la forme de Nymphe (fig. 950), cela reste à résoudre et il n'est pas facile de le décider. Devenue Insecte parfait, elle détache un double
couvercle de la partie supérieure de sa double
coque, et traversant la tannée à l'aide de ses
fortes pattes antérieures munies d'épines, elle
vient à la clarté du soleil jouir de ses facultés
nouvelles. Rien de plus singulier et même de
plus extraordinaire que de voir l'accroissement
de volume de la Larve de Scolie correspondre,
jour par jour, heure par heure, à la diminution
de volume de la Larve d'Oryctès ; c'est sans
nul doute l'exemple de parasitisme le plus
frappant qu'on puisse citer ; mais il s'en dégage un enseignement merveilleux ; la Larve
d'Oryctès a su dégager de la tannée les principes élémentaires qui viendront constituer les
tissus d'un lourd et épais Coléoptère ; à son
tour la Larve de Scolie va s'approprier ces éléments plastiques et les transformer en un élégant Hyménoptère. Quel magnifique sujet
d'étude pour les Anatomistes, de méditation
pour les Philosophes !

Fig. 939. Fig. 940. Fig. 941. Fig. 942.

Fig. 939. — Scolie hæmorrhoïdale, Femelle.
Fig. 940. — Scolie hæmorroïdale, Mâle.

Fig. 941. — Mutille européenne, Mâle.
Fig. 942. — Mutille européenne, Femelle.

Fig. 939 à 942. — Scolies et Mutilles (Hétérogynides).

LA SCOLIE HÆMORRHOIDALE. — *SCOLIA HÆMORRHOIDALIS.*

Caractères. — La Scolie hæmorrhoïdale (fig. 939, 940) a le corps noir, parsemé de taches jaunes sur les côtés des deuxième et troisième segments abdominaux, taches tégumentaires qui peuvent d'ailleurs se réunir pour former bandelettes ; la Femelle possède en outre des taches sur la face supérieure de la tête et sur l'écusson. Chez elle, le prothorax et la face supérieure du cinquième anneau portent des poils d'un rouge de rouille ; chez le Mâle (fig. 938), ils existent sur tout le dos, jusqu'à l'écusson, et sur la face supérieure de l'abdomen à partir du quatrième article, où ils sont un peu moins épais. Le reste du corps est couvert de touffes épaisses de poils noirs.

Cette Scolie, qui a beaucoup de ressemblance avec l'espèce précédente, s'en distingue nettement par la coloration rousse des poils qui habillent le corselet et l'abdomen.

Distribution géographique. — Cette Scolie vit dans la France méridionale, en Hongrie, en Turquie, en Grèce, et dans la Russie méridionale.

LES TIPHIES — *TIPHIA* (1)

Die Rollwespen.

Caractères. — Tandis que chez les Scolies et chez quelques genres très rapprochés (*Meria* et *Myzine*), la lèvre inférieure est effilée et allongée, elle disparaît presque entièrement chez les Tiphies ; le deuxième article des antennes est masqué par le premier ; le premier segment abdominal est relié au thorax par un étranglement très distinct.

Ces espèces, sans importance, sont d'un noir brillant, et leur configuration varie peu d'un sexe à l'autre.

Distribution géographique. — Quatre ou cinq espèces se rencontrent en France ; nous

Fig. 943. — La Tiphie noire.

représentons la Tiphie noire (fig. 943), qu'on rencontre parfois aux environs de Paris.

Mœurs, habitudes, régime. — Les Tiphies fouissent le sol, ainsi que le prouvent les fragments de terre qui adhèrent fréquemment à leur corps ; elles visitent volontiers les Ombelles en fleur, dont elles sucent le miel et souvent elles passent la nuit entre leurs pétioles ; elles roulent leur corps en boule, quand elles reposent ou qu'elles veulent se mettre à l'abri de quelque danger, de là le nom qu'elles ont reçu en Allemagne.

(1) Τίφη, sorte de Mouche.

LES MUTILLINES — *MUTILLINÆ*

Die Spinnenameisen, Die Mutillinen.

Caractères. — Les antennes sont insérées vers le milieu de la face ; les yeux sont échancrés chez les Mâles, arrondis et petits chez les Femelles ; le thorax est presque cubique sans trace de division en dessus ; les pattes de longueur moyenne sont très robustes.

Mais, particularité essentielle, les Mâles sont ailés, tandis que les Femelles sont toujours privées de ces appendices.

Ces espèces dont l'abdomen presque sphérique, le thorax bossu, la tête enfoncée, et les jambes longues et velues, rappellent certaines Araignées, motivent mieux que les espèces moins nombreuses de l'Europe méridionale, le nom de *Fourmis-araignées* qu'on leur a quelquefois donné.

Dans les contrées chaudes, on en trouve de nombreuses espèces, qui comptent parmi les plus beaux de tous les Hyménoptères. Outre les taches velues ou les bandes de l'abdomen, qui ont un magnifique éclat argenté ou doré, elles sont souvent ornées de surfaces lisses et brillantes qui ajoutent à leur élégance.

Distribution géographique. — Leur aire de distribution est extrêmement vaste et embrasse le monde entier ; quoiqu'elles préfèrent les régions chaudes où elles abondent et comptent de nombreuses espèces, notre pays n'est point absolument déshérité, car il possède une quarantaine d'espèces, pour la plupart méridionales.

LES MUTILLES — *MUTILLA* (1)

Die Spinnenameisen, Die Bienenameisen.

Caractères. — Les caractères sont ceux de la tribu ; les ailes des Mâles comptent ordinairement quatre cellules cubitales.

Mœurs, habitudes, régime. — On sait que notre Mutille indigène est Parasite des Bourdons ; mais les Mutillines ne vivent pas toutes aux dépens des Apides ; on peut s'en convaincre en songeant que ceux-ci sont rares dans l'Amérique du Sud, tandis que les Mutilles sont communes ; il est probable qu'elles se développent dans les Nids d'autres Hyménoptères ; ne

(1) *Mutilus*, mutilé, par allusion à l'absence des ailes.

sait-on pas qu'en Algérie le *Mutilla capitata* est parasite de l'*Osmia metallica* et le *M. Hottentota* parasite de divers Odynères.

LA MUTILLE EUROPÉENNE. — *MUTILLA EUROPÆA.*

Europaische Bienenameise.

Caractères. — Nous représentons ici les deux sexes de la Mutille européenne (fig. 941 et 942).

Le Mâle (fig. 941) présente des ocelles, des ailes, un thorax disposé pour leur insertion et dont les anneaux sont très distincts malgré leur revêtement poilu. Le mésothorax et l'écusson, chez lui, sont d'un rouge-brun ; les trois bandes claires de l'abdomen ont un reflet plus argenté ; celles du milieu sont plus étroites et non interrompues ; aux poils noirs de l'abdomen et des pattes se mêlent quelques poils blancs.

La Femelle aptère (fig. 942) de cette intéressante espèce possède une tête aplatie, rendue rugueuse par un pointillé irrégulier, couverte de poils noirs épais et munie d'antennes noires ; quoique revêtu de poils noirs, le thorax à contour quadrangulaire, également rugueux, est de couleur rouge, mais le prothorax est noir ainsi que les épaules ; l'abdomen est noir, parsemé de poils noirs, et orné, sur quelques-uns des bords postérieurs, de bandes pâles de poils argentés jaunâtres. Ces bandes velues occupent les trois segments antérieurs ; sur le premier seulement, elles ne sont pas interrompues. Ce sont plutôt des poils hérissés que des épines qui donnent aux pattes, courtes et noires, une apparence rugueuse. Sur le ventre on remarque un sillon transversal profond entre les deux premiers anneaux.

Le frottement des troisième et quatrième anneaux abdominaux produit, chez les deux sexes, un bruit retentissant ; c'est peut-être pour eux un moyen de s'attirer, car leurs modes d'existence les séparent. A la surface du quatrième anneau se trouve une aire triangulaire finement striée recouverte par le troisième anneau qui est muni, en dessous, d'une crête étroite ; en retirant et en repoussant leurs segments abdominaux, qui s'emboîtent comme les tubes d'un télescope, les Mutilles déterminent le frottement de ces organes stridulants.

Distribution géographique. — Cette espèce se rencontre aussi bien dans nos départements méridionaux qu'aux environs de Paris, où elle est rare.

Mœurs, habitudes, régime. — On voit, pendant l'été, les Femelles courir çà et là, toujours

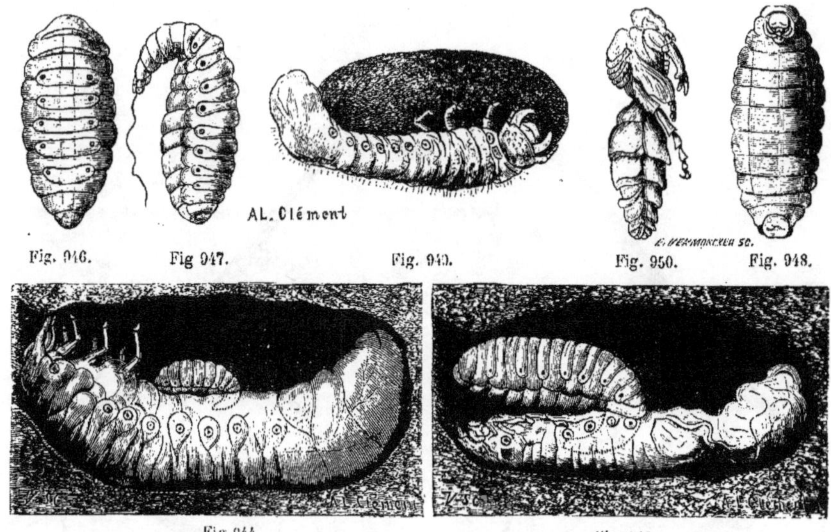

Fig. 944. — Jeune Larve dévorant une Larve d'Oryctès nasicorne enfermée dans sa coque.

Fig. 945. — Larve plus âgée ayant dévoré presque tous les viscères de la Larve d'Oryctès nasicorne.

Fig. 946. — Larve ayant acquis toute sa taille, vue de dos.

Fig. 947. — La même, vue de côté, laissant échapper par sa filière le fil avec lequel elle confectionne son cocon.

Fig. 948. — La même, vue de face.

Fig. 949. — Cocon tissé à côté de la dépouille vide de l'Oryctès.

Fig. 950. — Nymphe, vue de profil.

Fig. 944 à 950. — Métamorphoses de la Scolie des jardins d'après Passerini.

solitaires, sur le sable des routes et des talus, avec autant d'activité que les Fourmis, pendant que les Mâles, plus rares, visitent les fleurs et les buissons garnis de Pucerons. Tous deux sont issus de Nids de Bourdons, car leurs Larves parasites dévorent les Larves de ces Hyménoptères. Christ, qui, le premier, observa dans un cocon de Bourdon l'habitante véritable auprès d'une Larve de Mutille, crut pouvoir en conclure qu'une vie de famille unissait intimement ces Animaux. Mais il n'en est pas ainsi; il est beaucoup plus probable que la Mutille femelle dépose, à l'aide de sa longue tarière, un Œuf dans la Larve du Bourdon, pendant que celle-ci repose, encore nue, sur la pâtée alimentaire dont elle se nourrit. Ce germe de mort nuit, du reste, aussi peu à l'évolution naturelle de cette Larve, que la présence des Ichneumons à l'évolution des nombreux Papillons qu'ils habitent, car elle tisse néanmoins sa coque. Il se passe là, dans l'intimité, des phénomènes qui échappent aux regards des plus savants observateurs. En son temps, éclôt, au lieu d'un Bourdon, une Mutille.

Drewsen, ayant emporté un Nid de Bourdons avec plus de cent cellules closes, n'en obtint que 76 Mutilles dont 44 Mâles, et deux Bourdons mâles seulement; il en sortit en outre plusieurs autres Parasites, notamment des Diptères : deux Mâles et une Femelle de *Volucella bombylans*, dont les Larves sortirent des cellules, pour se transformer en Chrysalide à l'extérieur, ainsi que deux espèces d'*Anthomya*. Si chaque Nid de Bourdons était ainsi rempli de Parasites, les Bourdons auraient bientôt disparu de ce monde.

Les Mutilles adultes s'accouplent; les Mâles meurent tous peu après, et les Femelles s'enfouissent dans le sol, où elles se pelotonnent en boule, pour passer l'hiver. Taschenberg en a trouvé dans cet état d'hibernation, le 5 mai, sous une pierre. Au printemps prochain, sa tâche est de découvrir un Nid de Bourdons pour y introduire ses Œufs.

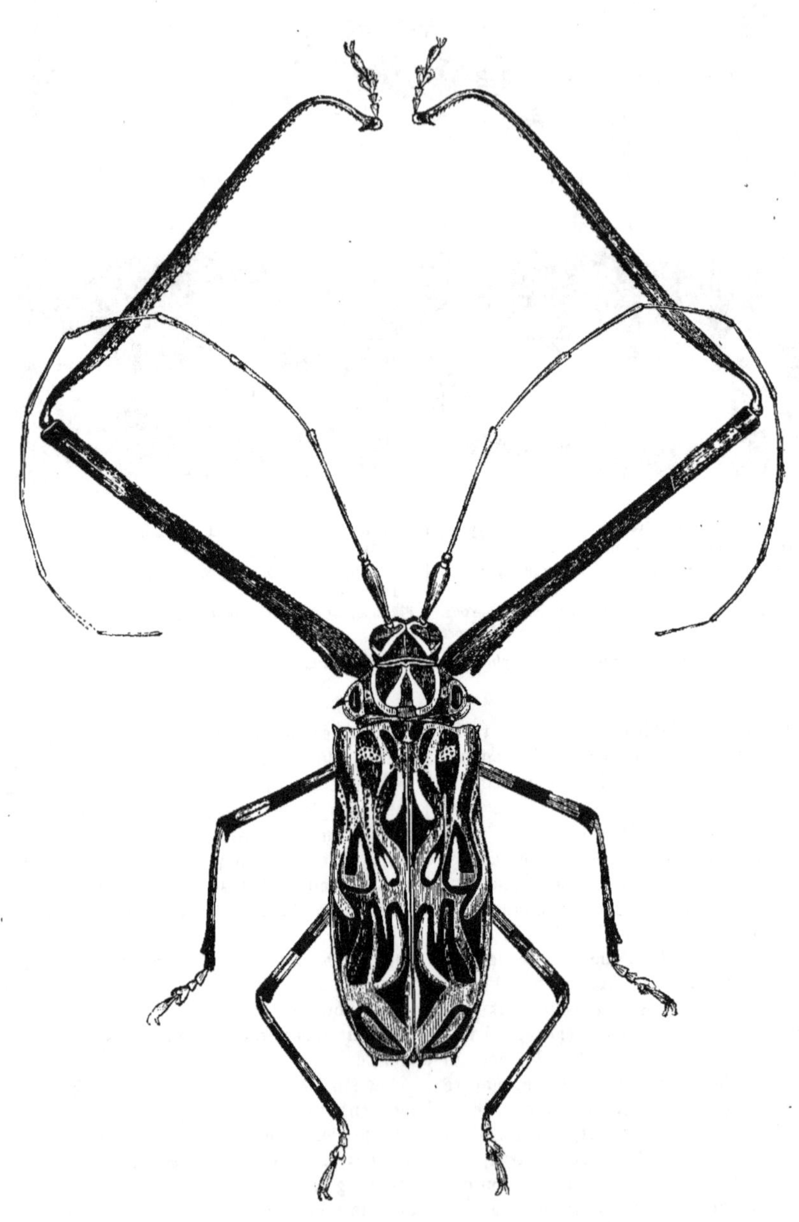

TABLE DES MATIÈRES

FIN DE LA TABLE DES MATIÈRES.

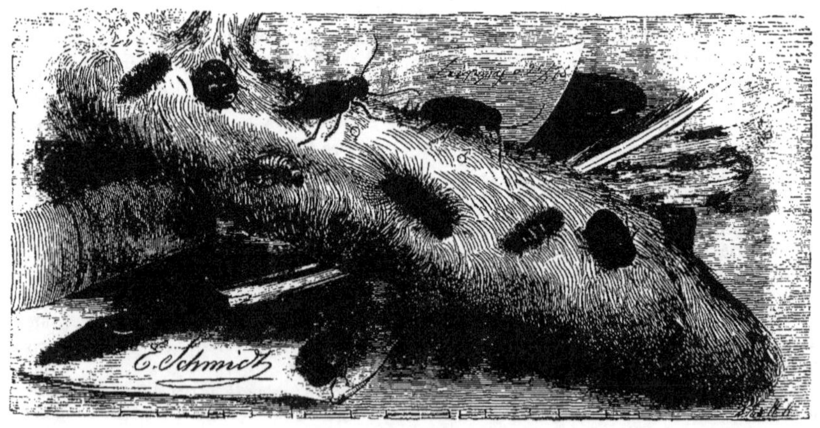

1844-98.— CORBEIL. Imprimerie ÉD. CRÉTÉ.